E. Truckenbrodt

Fluidmechanik

Band 1

Grundlagen und elementare Strömungsvorgänge dichtebeständiger Fluide

Mit 152 Abbildungen und 30 Tabellen

Springer-Verlag
Berlin · Heidelberg · New York 1980

Dr.-Ing. Erich Truckenbrodt
o. Professor, Lehrstuhl für Strömungsmechanik der Technischen Universität München

Zweite, völlig neubearbeitete und erweiterte Auflage (in zwei Bänden) des 1968 in 1. Auflage unter dem Titel „Strömungsmechanik" erschienenen Buches

CIP-Kurztitelaufnahme der Deutschen Bibliothek
Truckenbrodt, Erich:
Fluidmechanik / E. Truckenbrodt. – Berlin, Heidelberg, New York: Springer.
1. Aufl. u. d. T.: Truckenbrodt, Erich: Strömungsmechanik.
Bd. 1. Grundlagen und elementare Strömungsvorgänge dichtebeständiger Fluide. – 2., völlig neubearb. u. erw. Aufl. – 1980.

ISBN 3-540-09499-7 2. Auflage Springer-Verlag Berlin Heidelberg New York
ISBN 0-387-09499-7 2nd edition Springer-Verlag New York Heidelberg Berlin

ISBN 3-540-04366-7 1. Auflage Springer-Verlag Berlin Heidelberg New York
ISBN 0-387-04366-7 1st edition Springer-Verlag New York Heidelberg Berlin

Bindearbeiten: K. Triltsch, Würzburg

2362/3020-543210

Vorwort zur zweiten Auflage

Das unter dem Titel „Strömungsmechanik" im Jahr 1968 erschienene Werk wurde für die zweite Auflage von Grund auf neu bearbeitet und unter den neuen Titel „Fluidmechanik" gestellt. Mit diesem verbindet sich — besser noch als mit dem Begriff Strömungsmechanik — die Vorstellung von der Mechanik einer ganz bestimmten Gruppe von Stoffen, nämlich der Fluide als Sammelbegriff für Flüssigkeit, Dampf und Gas. Ziel und Aufgabenstellung der neuen Auflage sind gegenüber der ersten unverändert geblieben. Der gestiegene Umfang hat aber dazu geführt, das Werk nun in zwei Bänden erscheinen zu lassen.

Das bisher in acht Kapiteln dargebotene umfangreiche Fachwissen wird jetzt in nur sechs Kapitel aufgegliedert. Eine solche Straffung, verbunden mit einer auf wenige Grundprinzipien (Massenerhaltungssatz, Impulssatz, Energiesatz, Entropiesatz) beschränkten Darstellung, erscheint mir sowohl aus sachlichen als auch vor allem aus didaktischen Gründen dringend erforderlich. Bei strömenden Fluiden spielen neben dem mechanischen Verhalten häufig auch thermodynamische Einflüsse eine wesentliche Rolle. Dies wird bei der Herleitung und Anwendung der Energiegleichung der Fluidmechanik (Arbeitssatz der Mechanik) und der Energiegleichung der Thermo-Fluidmechanik (erster Hauptsatz der Thermodynamik) besonders deutlich. Fluid- und Thermo-Fluidmechanik übernehmen häufig die Rolle eines Bindeglieds zwischen Mechanik und Thermodynamik.

Wie bisher enthält Kapitel 1 die physikalischen Stoffgrößen und Eigenschaften der Fluide, wobei mechanische und thermische (kalorische) Einflüsse gleichrangig behandelt sind. Ändert sich die Dichte eines Fluids sowohl mit dem Druck als auch mit der Temperatur, so liegt ein dichteveränderliches Fluid vor. Dieser Begriff präzisiert den bisher häufig hierfür gebrauchten Begriff eines kompressiblen (zusammendrückbaren) Fluids. Entsprechend ist von einem dichtebeständigen und nicht vom inkompressiblen Fluid die Rede. Kapitel 2 beschreibt ausführlich die Grundgesetze der Fluid- und Thermo-Fluidmechanik bei ruhenden und strömenden Fluiden. Die Kapitel 3 und 4 befassen sich mit elementaren Strömungsvorgängen dichtebeständiger bzw. dichteveränderlicher Fluide, wobei die Fluidstatik als Sonderfall auftritt. Ein besonderes Kapitel über ruhende Fluide, wie Kapitel 2 der ersten Auflage, wurde daher entbehrlich. Kapitel 5 mit der Überschrift „Drehungsfreie und drehungsbehaftete Potentialströmungen" faßt die Kapitel 6 und 7 der ersten Auflage zusammen. Dadurch läßt sich das Gebiet der reibungslosen Strömungen sowohl für drehungsfreie als auch drehungsbehaftete Bewegung in geschlossener und übersichtlicher Form darstellen. Schließlich ist Kapitel 6, wie Kapitel 8 der ersten Auflage, den Grenzschichtströmungen gewidmet. Der vorliegende Band I enthält die Kapitel 1 bis 3.

Auf die Darstellung und Erläuterung der Formeln wurde großer Wert gelegt. Dabei entsprechen die Formelzeichen jetzt weitgehend denjenigen der Normung. Sofern es für die Anwendung zweckmäßig ist, sind die erforderlichen Ausgangsgleichungen besonders herausgestellt. Dies trifft vor allem für die Kapitel 3 und 4 zu. Durch zahlreiche Hinweise auf Formeln im selben oder in fremden Kapiteln ist gewährleistet, einerseits das Verständnis für die Herleitung zu erleichtern und andererseits die sachlichen Zusammenhänge deutlicher zu machen.

Am Ende jedes Kapitels findet sich ein Literaturverzeichnis. Das Ziel, dabei Ausgewogenheit zwischen älteren grundlegenden und neueren richtunggebenden Untersuchungen auf dem Gebiet der Fluidmechanik zu erreichen, konnte naturgemäß nur angestrebt werden. Hinweise auf die erstgenannten Arbeiten sind häufig als Beiträge zur geschichtlichen Entwicklung der Fluidmechanik anzusehen, während die zweitgenannten Arbeiten den Zugang zu den neueren Entwicklungen vermitteln sollen und so der wissenschaftlichen Vertiefung dienen können.

Neben den Mitarbeitern meines Lehrstuhls, mit denen ich manche wertvolle fachliche Diskussion führte und daraus nützliche Anregungen erhielt, möchte ich besonders Frau R. Hetzl für die Reinschrift des Manuskripts und Frau A.-M. Winkler für das Nachzeichnen der Abbildungsvorlagen danken. Den Mitarbeitern des Springer-Verlags bin ich für die stets angenehme und verständnisvolle Zusammenarbeit, die zu der hervorragenden Ausstattung des Buchs entscheidend beitrug, ebenfalls zu Dank verpflichtet.

München, im September 1979 E. Truckenbrodt

Aus dem Vorwort zur ersten Auflage

Um die wissenschaftliche und technische Entwicklung, welche die Strömungsmechanik in den letzten Jahrzehnten erfahren hat, ausreichend erfassen zu können, ist eine möglichst einheitliche Beschreibung der Strömungsvorgänge sowohl bei inkompressiblen und kompressiblen als auch bei reibungslosen und reibungsbehafteten Fluiden anzustreben. Die Grundlagen und Methoden, wie sie bei vielen Fragestellungen in ähnlicher Weise häufig wieder auftreten, sind daher weitgehend unter gemeinsamen Gesichtspunkten zu sehen. Eine zu starke Beschränkung nur auf stationäre Strömungen, wie sie sich aus didaktischen Gründen in manchen Fällen anbietet, soll möglichst vermieden werden. Der dargebotene Stoff soll das Verfolgen des Weges vom Ansatz bis zum praktisch verwertbaren Ergebnis erleichtern.

Aus dieser Aufgabenstellung heraus ergibt sich der Grundaufbau des Werkes. Es gliedert sich in acht Kapitel. Kapitel 1 beschreibt die physikalischen Eigenschaften und Stoffwerte der Fluide. Das hinsichtlich des Einflusses von Reibung, Kompressibilität und Schwere teilweise analoge Verhalten strömender Fluide wird einander gegenübergestellt. Die Ähnlichkeitsgesetze der Strömungsmechanik werden aus der Dimensionsanalyse hergeleitet und in ihrer Bedeutung und Anwendung besprochen. Kapitel 2 befaßt sich mit den ruhenden Fluiden und berichtet über die im allgemeinen bekannten Tatsachen der Hydro- und Aerostatik. Ein sehr umfangreiches Kapitel 3 beschäftigt sich sodann mit den Grundgesetzen der Strömungsmechanik. Den ausführlich dargestellten Bewegungsgleichungen der reibungslosen, zähigkeitsbehafteten (laminaren), turbulenten und schleichenden Strömungen folgen die Transportgleichungen und die Erhaltungssätze, wie Massenerhaltungs-, Impuls- und Energiesatz, die sowohl in integraler als auch in differentieller Form gebracht werden. Die Kapitel 4 und 5 beschreiben elementare Strömungsvorgänge bei inkompressiblen und kompressiblen Fluiden. Diese beiden Kapitel dienen in besonderem Maße der Anwendung und Vertiefung der Grundgesetze der Strömungsmechanik. Neben der Rohrhydraulik und der Strömung in offenen Gerinnen findet man in diesem Teil des Buches u. a. Ausführungen über Wellen und Stöße bei Überschallströmungen. Die Kapitel 6 und 7 betreffen die drehungsfreien Potentialströmungen und die drehungsbehafteten Wirbelströmungen. Es wird der Einfluß der Kompressibilität, der Zähigkeit und der Schwere, letzterer bei instationärer Potentialströmung mit freier Oberfläche, aufgezeigt. Kapitel 8 behandelt schließlich Grenzschichtströmungen. Neben den Grundlagen der Grenzschichttheorie werden besonders die Strömungs- und Temperaturgrenzschicht an der längsangeströmten Platte besprochen. Die Aufnahme der Integralsätze der Grenzschichttheorie in dieses Buch dient der Erfassung des Einflusses des Druckgradienten der Außenströmung auf die Ausbildung der Grenzschicht. Fragen der abgelösten Grenzschichtströmungen sowie die Grenzschichten ohne feste Begrenzung bilden den Abschluß der Darstellung.

Dies nahezu alle Bereiche der Strömungsmechanik ansprechende Werk kann für die sehr fortgeschrittenen Teilgebiete, wie etwa diejenigen der kompressiblen Strömungen und der Grenzschichtströmungen, naturgemäß nur als Einführung dienen. Auf die Behandlung der Strömungen realer Gase sowie auf die kinetische Gastheorie mußte verzichtet werden. Um die mathematisch notwendigen Ableitungen leichter verständlich zu machen, ist der Text mit zahlreichen anschaulichen Abbildungen und einfachen Beispielen versehen. Ein sehr ausführliches Schrifttumsverzeichnis weist auf Originalarbeiten sowie Lehr- und Handbücher hin.

Das vorliegende Werk stellt zunächst ein Lehrbuch für Studierende der naturwissenschaftlichen und technischen Fächer dar. Daneben wendet es sich auch an berufstätige Ingenieure und Physiker, die sich mit den neueren Fortschritten der Strömungsmechanik vertraut machen wollen. Für viele Aufgaben kann es als Nachschlagewerk benutzt werden.

München, im Herbst 1968 E. Truckenbrodt

Inhaltsverzeichnis

Bezeichnungen, Dimensionen, Einheiten XV

1 Einführung in die Strömungsmechanik 1

1.1 Überblick 1

1.2 Physikalische Eigenschaften und Stoffgrößen der Fluide 3

1.2.1 Einführung 3
1.2.2 Dichteänderung 5
1.2.2.1 Grundsätzliches 5
1.2.2.2 Dichte von Fluiden 6
1.2.2.3 Schallgeschwindigkeit von Fluiden 11
1.2.3 Reibungseinfluß 12
1.2.3.1 Grundsätzliches 12
1.2.3.2 Normalviskose Fluide (newtonsche Fluide) 12
1.2.3.3 Anomalviskose Fluide (nicht-newtonsche Fluide) 16
1.2.3.4 Wirbelviskosität (Turbulenz) 17
1.2.4 Schwereinfluß 17
1.2.4.1 Grundsätzliches 17
1.2.4.2 Schwerkraft, Schwerkraftpotential 18
1.2.4.3 Wichte von Fluiden 18
1.2.5 Wärmeverhalten 19
1.2.5.1 Grundsätzliches 19
1.2.5.2 Wärmekapazität, innere Energie, Enthalpie 19
1.2.5.3 Wärmeleitfähigkeit, Wärmestromdichte 23
1.2.6 Zusammenwirken mehrerer Stoffe und Aggregatzustände 25
1.2.6.1 Grundsätzliches 25
1.2.6.2 Grenzflächen (Kapillarität) 26
1.2.6.3 Hohlraumbildung (Kavitation) 29

1.3 Physikalisches Verhalten von Strömungsvorgängen 30

1.3.1 Einführung 30
1.3.2 Darstellungsmethoden strömender Fluide 31
1.3.2.1 Beschreibung von Strömungsvorgängen 31
1.3.2.2 Kennzahlen der Fluid- und Thermo-Fluidmechanik 33
1.3.2.3 Ähnlichkeitsgesetze der Strömungsmechanik 37
1.3.3 Erscheinungsformen strömender Fluide 40
1.3.3.1 Allgemeines 40
1.3.3.2 Laminare und turbulente Strömung (Reibungseinfluß) 40
1.3.3.3 Strömende und schießende Flüssigkeitsbewegung (Schwereinfluß) 43
1.3.3.4 Gasströmung mit Unter- und Überschallgeschwindigkeit (Dichteeinfluß) 44

Literatur zu Kapitel 1 47

2 Grundgesetze der Fluid- und Thermo-Fluidmechanik 49

2.1 Überblick 49

2.2 Ruhende und gleichförmig bewegte Fluide (Statik) 49
2.2.1 Einführung 49
2.2.2 Kräfte im Ruhezustand 50
2.2.2.1 Druckkraft (Oberflächenkraft) 50
2.2.2.2 Massenkraft (Volumenkraft) 54
2.2.2.3 Kräftegleichgewicht ruhender Fluide 55
2.2.3 Mechanik ruhender Fluide 57
2.2.3.1 Statische Energiegleichung der Fluidmechanik 57
2.2.3.2 Hydrostatische Grundgleichung (Euler). 58
2.2.3.3 Niveauflächen 59
2.2.3.4 Statischer und thermischer Auftrieb (Archimedes) 60

2.3 Bewegungszustand (Kinematik) 63
2.3.1 Einführung 63
2.3.2 Größen der Bewegung 63
2.3.2.1 Geschwindigkeitsfeld 63
2.3.2.2 Kinematische Begriffe zur Beschreibung des Strömungsverlaufs . 65
2.3.2.3 Beschleunigungsfeld 69
2.3.3 Kinematisches Verhalten eines Fluidelements 75
2.3.3.1 Gradiententensor des Geschwindigkeitsfelds 75
2.3.3.2 Drehung eines Fluidelements 76
2.3.3.3 Verformung eines Fluidelements 78
2.3.3.4 Anwendungen 79
2.3.4 Transportgleichungen der Fluidmechanik 80
2.3.4.1 Physikalische Größen und Eigenschaften 80
2.3.4.2 Transportgleichung für die Feldgröße 81
2.3.4.3 Transportgleichung für die Volumeneigenschaft 82

2.4 Massenerhaltungssatz (Kontinuität) 87
2.4.1 Einführung 87
2.4.2 Kontinuitätsgleichungen 87
2.4.2.1 Kontinuitätsgleichung für den Kontrollraum 87
2.4.2.2 Kontinuitätsgleichung für den Kontrollfaden 89
2.4.2.3 Kontinuitätsgleichung für das Fluidelement 91
2.4.3 Einführen der Stromfunktion 92
2.4.3.1 Vektorielle Stromfunktion 92
2.4.3.2 Zweidimensionale Strömung 93
2.4.3.3 Volumen- und Massenstrom 94

2.5 Impulssatz (Kinetik) 95
2.5.1 Einführung 95
2.5.2 Impulsgleichungen 97
2.5.2.1 Impulsgleichung für den Kontrollraum 97
2.5.2.2 Impulsgleichung für den Kontrollfaden 103
2.5.2.3 Impulsmomentengleichung 106
2.5.3 Bewegungsgleichungen (Impulsgleichung für das Fluidelement) 109
2.5.3.1 Ausgangsgleichung 109
2.5.3.2 Bewegungsgleichung der reibungslosen Strömung (Euler, Bernoulli) 110
2.5.3.3 Bewegungsgleichung der laminaren Strömung normalviskoser Fluide (Navier, Stokes) 119
2.5.3.4 Bewegungsgleichung der schleichenden Strömung normalviskoser Fluide (Stokes, Oseen) 133

2.5.3.5 Bewegungsgleichung der turbulenten Strömung normalviskoser Fluide (Reynolds) . . . 134
2.5.3.6 Über die Entstehung der Turbulenz . . . 148

2.6 Energiesatz (Energetik) . . . 152
2.6.1 Einführung . . . 152
2.6.2 Energiegleichungen der Fluid- und Thermo-Fluidmechanik . . . 156
2.6.2.1 Energiegleichungen für den Kontrollraum . . . 156
2.6.2.2 Energiegleichungen für den Kontrollfaden . . . 162
2.6.2.3 Energiegleichungen für das Fluidelement bei laminarer Strömung 162
2.6.3 Gleichung der Wärmeübertragung . . . 166
2.6.3.1 Energieumwandlung . . . 166
2.6.3.2 Energien und Arbeiten . . . 167
2.6.3.3 Wärmetransportgleichung bei laminarer Strömung . . . 171
2.6.4 Entropiegleichung . . . 173
2.6.4.1 Reversible und irreversible Prozesse . . . 173
2.6.4.2 Entropiegleichung für den Kontrollraum . . . 176
2.6.4.3 Entropiegleichung für das Fluidelement . . . 178
2.6.5 Energiegleichungen bei turbulenter Strömung . . . 108
2.6.5.1 Voraussetzungen und Annahmen . . . 180
2.6.5.2 Energiegleichung der Fluidmechanik bei turbulenter Strömung . 180
2.6.5.3 Wärmetransportgleichung bei turbulenter Strömung . . . 184

Literatur zu Kapitel 2 . . . 185

3 Elementare Strömungsvorgänge dichtebeständiger Fluide . . . 188

3.1 Überblick . . . 188

3.2 Dichtebeständige Fluide im Ruhezustand (Hydrostatik) . . . 188
3.2.1 Ausgangsgleichungen . . . 188
3.2.2 Flüssigkeitsdruck auf feste Begrenzungsfläche . . . 189
3.2.2.1 Druckkraft auf ebene Fläche . . . 189
3.2.2.2 Druckkraft auf gekrümmte Fläche . . . 191
3.2.2.3 Schwimmender Körper . . . 193
3.2.3 Druck auf freie Oberfläche . . . 196
3.2.3.1 Kommunizierendes Gefäß . . . 196
3.2.3.2 Flüssigkeitsmanometer . . . 196
3.2.3.3 Kapillarrohr . . . 197

3.3 Stromfadentheorie dichtebeständiger Fluide . . . 198
3.3.1 Einführung . . . 198
3.3.2 Stationäre Fadenströmung eines dichtebeständigen Fluids . . . 198
3.3.2.1 Voraussetzungen und Annahmen . . . 198
3.3.2.2 Ausgangsgleichungen der stationären Fadenströmung . . . 199
3.3.2.3 Anwendungen zur stationären Fadenströmung . . . 202
3.3.3 Instationäre Fadenströmung eines dichtebeständigen Fluids . . . 211
3.3.3.1 Voraussetzungen und Annahmen . . . 211
3.3.3.2 Ausgangsgleichungen der instationären Fadenströmung . . . 212
3.3.3.3 Anwendungen zur instationären Fadenströmung . . . 214

3.4 Strömung dichtebeständiger Fluide in Rohrleitungen (Rohrhydraulik) . . . 222
3.4.1 Einführung . . . 222
3.4.2 Grundlagen der Rohrhydraulik . . . 224
3.4.2.1 Über Strömungsquerschnitt gemittelte Strömungsgrößen . . . 224
3.4.2.2 Strömungsmechanischer Energieverlust . . . 225
3.4.2.3 Ausgangsgleichungen der Rohrhydraulik . . . 227

3.4.3 Strömung dichtebeständiger Fluide in geradlinig verlaufenden langen Rohren . . . 230
3.4.3.1 Voraussetzungen und Annahmen . . . 230
3.4.3.2 Vollausgebildete Rohrströmung . . . 234
3.4.3.3 Vollausgebildete laminare Rohrströmung . . . 237
3.4.3.4 Vollausgebildete turbulente Strömung durch glattes Rohr . . . 241
3.4.3.5 Vollausgebildete turbulente Strömung durch rauhes Rohr . . . 249
3.4.3.6 Rohreinlaufströmung . . . 256
3.4.4 Strömung durch Rohrverbindungen und Rohrleitungselemente . . . 261
3.4.4.1 Allgemeines . . . 261
3.4.4.2 Stromquerschnittsänderung (Erweiterung, Verengung) . . . 261
3.4.4.3 Stromrichtungsänderung (Stromumlenkung) . . . 273
3.4.4.4 Stromverzweigung . . . 278
3.4.4.5 Einbau einer Strömungsmaschine (Turbine, Pumpe) . . . 283
3.4.5 Aufgaben der Rohrhydraulik . . . 284
3.4.5.1 Ausgangsgleichungen . . . 284
3.4.5.2 Stationäre Rohrströmung dichtebeständiger Fluide . . . 285
3.4.5.3 Instationäre Rohrströmung dichtebeständiger Fluide . . . 288

3.5 Strömung in offenen Gerinnen (Gerinnehydraulik) . . . 297
3.5.1 Einführung . . . 297
3.5.2 Grundlegende Erkenntnisse . . . 300
3.5.2.1 Begriffe der Gerinnehydraulik . . . 300
3.5.2.2 Fließzustand und Grenzverhalten . . . 302
3.5.2.3 Druckverteilung in einem Gerinnequerschnitt . . . 306
3.5.3 Gleichförmige Strömung in geradlinig verlaufenden Gerinnen . . . 301
3.5.3.1 Voraussetzungen und Ausgangsgleichungen . . . 309
3.5.3.2 Gleichförmige laminare Gerinneströmung . . . 311
3.5.3.3 Gleichförmige turbulente Gerinneströmung . . . 312
3.5.4 Ungleichförmige Strömung in geradlinig verlaufenden Gerinnen . . . 314
3.5.4.1 Voraussetzungen und Ausgangsgleichungen . . . 314
3.5.4.2 Lage des Flüssigkeitsspiegels (Wasserspiegel) . . . 315
3.5.4.3 Wechselsprung (Wassersprung) . . . 319
3.5.5 Sonstige Strömungsvorgänge in offenen Gerinnen . . . 322
3.5.5.1 Überfallströmung und Abfluß unter einer Schütze . . . 322
3.5.5.2 Gerinneströmung bei Querschnitts- und Richtungsänderung . . . 326
3.5.5.3 Instationäre Strömungsvorgänge in offenen Gerinnen . . . 326

3.6 Mehrdimensionale stationäre Strömungsvorgänge dichtebeständiger Fluide . . . 327
3.6.1 Voraussetzungen und Ausgangsgleichungen . . . 327
3.6.2 Reibungslose zweidimensionale Strömung dichtebeständiger Fluide . . . 329
3.6.2.1 Theorie des Auftriebs angeströmter ebener Körper . . . 329
3.6.2.2 Strahlkraft auf angeströmte und durchströmte Körper . . . 336
3.6.2.3 Quellströmung eines dichtebeständigen Fluids . . . 346
3.6.3 Reibungsbehaftete mehrdimensionale Strömungen dichtebeständiger Fluide . . . 348
3.6.3.1 Ermittlung des Reibungswiderstands eines Körpers aus dem Impulsverlust hinter dem Körper (Nachlauf) . . . 348
3.6.3.2 Theorie der hydromechanischen Schmiermittelreibung . . . 354

Literatur zu Kapitel 3 . . . 357

Namenverzeichnis . . . 362

Sachverzeichnis . . . 364

Band II
Elementare Strömungsvorgänge dichteveränderlicher Fluide sowie Potential- und Grenzschichtströmungen

4 Elementare Strömungsvorgänge dichteveränderlicher Fluide

5 Drehungsfreie und drehungsbehaftete Strömungen

6 Grenzschichtströmungen

Bibliographie

Namenverzeichnis

Sachverzeichnis

Verzeichnis der Tabellen

Tabelle 1.1. Stoffgrößen von Flüssigkeiten und Gasen sowie von Wasserdampf . . 8
Tabelle 1.2. Spezifische Wärmekapazitäten und Zustandsgleichungen idealer Gase . 22
Tabelle 1.3. Spezifische innere Energie und Enthalpie bei Flüssigkeiten und idealen Gasen 22
Tabelle 1.4. Grenzflächenspannung (Kapillarkonstante) für verschiedene nicht mischbare Fluide 27
Tabelle 1.5. Zur Bestimmung der fluid- und thermo-fluidmechanischen Kennzahlen 35
Tabelle 1.6. Besonders kennzeichnende Erscheinungsformen strömender Fluide . . 42
Tabelle 2.1. Tensor-Operatoren 56
Tabelle 2.2. Beschleunigung eines Fluidelements 72
Tabelle 2.3. Drehung eines Fluidelements 77
Tabelle 2.4. Bilanzgleichungen für das Systemvolumen, den Kontrollraum, den Kontrollfaden und das Fluidelement 88
Tabelle 2.5. Kontinuitätsgleichung 92
Tabelle 2.6. Übersicht über die Impulsgleichungen der Fluidmechanik 110
Tabelle 2.7. Impulsgleichungen der laminaren Strömung normalviskoser Fluide . . 114
Tabelle 2.8. Spannungstensor der laminaren Strömung normalviskoser Fluide . . . 124
Tabelle 2.9. Massebezogene Spannungskraft 125
Tabelle 2.10. Bewegungs- und Energiegleichungen der turbulenten Strömung normalviskoser, homogener Fluide 138
Tabelle 2.11. Beiträge der Mechanik und Thermodynamik zu den Kräften, Arbeiten (einschließlich Wärmemenge) und Energien an der Grenze und im Volumen eines geschlossenen Systems 154
Tabelle 2.12. Dissipationsfunktion der laminaren Strömung normalviskoser Fluide . 170
Tabelle 2.13. Entropieänderung möglicher thermodynamischer Prozesse 175
Tabelle 3.1. Übersicht über mögliche strömungsmechanische Energieverluste in Rohrleitungssystemen 223
Tabelle 3.2. Strömungsquerschnitt mit ungleichmäßiger Geschwindigkeits- und Druckverteilung 225
Tabelle 3.3. Rohrreibungszahlen für technisch rauhe Rohre 251
Tabelle 3.4. Werte für technische Rauheitshöhen in turbulent durchströmten geraden Rohren 253
Tabelle 3.5. Zur Berechnung der Einlaufströmung 259
Tabelle 3.6. Überfallziffern 324
Tabelle 3.7. Zur Berechnung der Schubkraft von Strahlantrieben 345
Tabelle 3.8. Zur theoretischen Ermittlung des Reibungswiderstands aus dem Impulsverlust hinter einem Körper 350
Tabelle 3.9. Widerstandsbeiwerte normal angeströmter Platten 353
Tabelle 3.10. Widerstandsbeiwerte einfacher drehsymmetrischer Körper 353

Bezeichnungen, Dimensionen, Einheiten

Formelzeichen

a, $\boldsymbol{a}$, $(\boldsymbol{a})$	Skalar, Vektor, Tensor (allgemein), Tab. 2.1
$a = \lambda/\varrho\, c_p$	Temperaturleitfähigkeit in m²/s, Tab. 1.1
$\boldsymbol{a}$, a_i	Beschleunigung in m/s², Tab. 2.2
b	Breite in m
c, c_p, c_v	spezifische Wärmekapazität in J/K kg, Tab. 1.1 und 1.2
c, c_0	Ausbreitungsgeschwindigkeit einer schwachen Druckstörung (Schallgeschwindigkeit) in m/s, Tab. 1.1; bzw. einer Grundwelle
$c = 1/\sqrt{\lambda}$	Geschwindigkeitsbeiwert [—]
c_A, c_W	Beiwert (mit Index) [—], z. B. Auftrieb, Widerstand
$\boldsymbol{c} = \boldsymbol{v}_{\text{abs}}$	Absolutgeschwindigkeit in m/s
$\boldsymbol{e}$, e_i	Einheitsvektor [—]
$e = v^2/2$	spezifische kinetische Energie in J/kg, Tab. 2.4
$e_t = e + u$	spezifische totale kinetische Energie in J/kg, Tab. 2.4
E	physikalische (mechanische, thermodynamische) Feldgröße
$\boldsymbol{f}$	massebezogene Kraft (mit Index) in N/kg, Tab. 2.6 und 2.9
$\boldsymbol{g}$	Fallbeschleunigung in m/s², Normfallbeschleunigung $g_n = 9{,}807$ m/s²
h	Höhe in m; Spalthöhe; Flüssigkeitstiefe, Abb. 3.59
h_f	hydraulischer Radius (Profilradius) in m
h	spezifische Enthalpie in J/kg, Tab. 1.3
i	spezifisches Druckkraftpotential, spezifische Enthalpie bei konstanter Entropie in J/kg
j, $\boldsymbol{j}$	spezifische Eigenschaftsgröße (Größe/Masse), Tab. 2.4
k	Rauheitshöhe in m
l	Länge, Bezugslänge in m, $d\boldsymbol{l}$ Linienelement in m
l	turbulenter Mischungsweg in m
m	Masse in kg, Tab. 2.4
$\dot{m}_A = \varrho v A$	Massenstrom in kg/s
n	Polytropenexponent [—]
n	(turbulenter) Geschwindigkeitsexponent [—]
n, t	natürliche Koordinaten (normal, tangential) in m, Abb. 2.17
p	Druck in bar, Druckspannung in N/m² = Pa
p_e	strömungsmechanischer Energieverlust (mit Index) in N/m² = J/m³
$q = (\varrho/2)\, v^2$	Geschwindigkeitsdruck in Pa
q	massebezogene Wärmemenge in J/kg
$\boldsymbol{r}$	Ortsvektor in m, Abb. 2.12
r, φ, z	zylindrische Koordinaten, Abb. 1.13; r, φ polar, Abb. 1.12a; r, z drehsymmetrisch, Abb. 1.12b
r_k	Krümmungsradius in m, Abb. 2.17
s	spezifische Entropie in J/K kg
s, $d\boldsymbol{s}$	Stromlinienkoordinate in m, Abb. 2.14
s', $d\boldsymbol{s}'$	Wirbellinienkoordinate in m

t	Zeit in s
t	Temperatur in °C
u	spezifische innere Energie (im Sinn der Thermodynamik) in J/kg, Tab. 1.3
$u, v = v_x, v_y$	Geschwindigkeitskomponenten bei ebener Strömung in m/s, Abb. 1.12a
u_i	spezifische innere (Druck-) Energie (im Sinn der Mechanik) in J/kg
$u_\tau, v_\tau = \sqrt{\tau_w/\varrho}$	Schubspannungsgeschwindigkeit in m/s
u_B	spezifisches Massenkraftpotential, spezifische äußere potentielle Energie in J/kg
$v = 1/\varrho$	spezifisches Volumen in m³/kg
$\boldsymbol{v}, v_i$	Geschwindigkeit in m/s, Abb. 2.12
$\boldsymbol{v}_\infty$	Anströmgeschwindigkeit in m/s
$v_m = \dot{V}/A$	mittlere Geschwindigkeit in m/s
w	massebezogene Arbeit (mit Index) in J/kg, (2.182), (2.187)
$x, y, z; x_i$	kartesische (rechtwinklige) Koordinaten, Abb. 1.13
z	Hochlage (mit Index) in m, $z > 0$ nach oben, Abb. 3.20 (Ausnahme Kap. 3.2.2)
z_e	Energiehöhe (mit Index) in m, Abb. 3.20
α	Durchströmziffer [—]
α, β	Geschwindigkeitsausgleichswerte (Energie, Impuls), Tab. 3.2
β_p, β_T	(isobarer) Wärmeausdehnungskoeffizient in 1/K, (isothermer) Kompressibilitätskoeffizient in 1/Pa
$\gamma = \varrho g$	Schwerkraftdichte (Wichte) in N/m³
δ_1, δ_2	Verdrängungsdicke, Impulsverlustdicke
$\varepsilon = \varrho j, \boldsymbol{\varepsilon}$	Eigenschaftsdichte (Größe/Volumen), Tab. 2.4
ζ	Verlustbeiwert der Rohrströmung (mit Index) [—]
η	dynamische (molekulare) Viskosität, Scherviskosität in Pa s, Tab. 1.1, Abb. 1.4
$\hat{\eta}$	Volumen-, Druckviskosität in Pa s
$\eta' = A_\tau$	scheinbare (turbulente) Viskosität in Pa s
ϑ	geometrischer Winkel [—]
$\varkappa = c_p/c_v$	Verhältnis der Wärmekapazitäten [—], Tab. 1.1
$\varkappa$	Konstante (linearer Mischungsweg) [—]
$\varkappa_s$	Isentropenexponent, -koeffizient [—], Tab. 1.1
λ	(molekulare) Wärmeleitfähigkeit in J/s m K, Tab. 1.1
$\lambda' = c_p A_q$	scheinbare (turbulente) Wärmeleitfähigkeit in J/s m K
λ	Rohrreibungszahl [—]
μ	Mach-Winkel [—], Abb. 1.17d
μ, μ^*	Einschnürungszahl, (Kontraktionszahl); Ausström-, Überfall-, Abflußziffer [—]
$\nu = \eta/\varrho, \nu'$	kinematische Viskosität in m²/s, Tab. 1.1; Wirbelviskosität
$\boldsymbol{\xi}$	Entropiestromdichte in J/K s m²
$\boldsymbol{\xi}_t = \boldsymbol{\xi} + \varrho s \boldsymbol{v}$	totale Entropiestromdichte in J/K s m²
ϱ	Massendichte (Dichte) in kg/m³, Tab. 1.1; dichteveränderlich $\varrho(p, T)$, kompressibel = barotrop $\varrho(p)$, dichtebeständig ϱ = const
σ	Grenzflächen-, Kapillarspannung, Kapillarkonstante in N/m, Tab. 1.4
$\boldsymbol{\sigma}, \sigma_{ij}$	gesamte (druck- und reibungsbehaftete) Spannung in N/m² = Pa, Tab. 2.8 ($i = j$ Normal-, $i \neq j$ Tangentialspannung)
$\boldsymbol{\tau}, \tau_{ij}$	reibungsbedingte Spannung in N/m²
$\boldsymbol{\tau}_w$	Wandschubspannung in N/m²
$\boldsymbol{\varphi}$	Wärmestromdichte in J/s m²
χ	Entropiequelldichte in J/K s m³J
$\boldsymbol{\omega}, \omega$	Winkelgeschwindigkeit in 1/s, Abb. 2.19; Kreisfrequenz in 1/s
$\boldsymbol{\omega} = (1/2) \operatorname{rot} \boldsymbol{v}$	Drehung (Rotation) des Fluidelements in 1/s, Abb. 2.22, $\omega_{ij} = -\omega_{ji}$, Tab. 2.3
A	Fläche in m²; Oberfläche, Flächenvektor $d\boldsymbol{A}$ positiv nach außen, Abb. 2.6; Querschnitts-, Mantelfläche, Abb. 2.26

A	Auftriebskraft in N (normal zur Anströmrichtung)
A_τ, A_q	(turbulente) Impulsaustauschgröße, Wärmeaustauschgröße in Pa s
$D = 2R$	Durchmesser (Rohr, Kreiszylinder, Kugel) in m
$D_g = 4A/U$	gleichwertiger Durchmesser in m
E	Ergiebigkeit (Quelle, Sinke) in m^2/s (eben), in m^3/s (räumlich)
E	kinetische Energie in J, Tab. 2.4, Tab. 2.11
$E_t = E + U$	totale kinetische Energie in J, Tab. 2.4
$Ec = v^2/c_p T$	Eckert-Zahl [—]
$\boldsymbol{F}$	Kraft (mit Index) in N, Tab. 2.4, Tab. 2.6
$Fr = v/\sqrt{gl}$	Froude-Zahl [—], $l = h$ bei Gerinne
G	Schwerkraft (Gewicht) in N
H	Enthalpie in J, Tab. 1.3
$\boldsymbol{I}$	Impuls (Bewegungsgröße) in kg m/s, Tab. 2.4
J, $\boldsymbol{J}$	Volumeneigenschaft, Transportgröße, Tab. 2.4
J_e, J_s	Energiegefälle [—]; Sohlengefälle [—], Abb. 3.20, Abb. 3.57
L, L_F	Rohrlänge in m; rechnerische Länge des Flüssigkeitsfadens in m
$\boldsymbol{L}$	Impulsmoment (Drall) in kg m^2/s, Tab. 2.4
$\boldsymbol{M}$	Kraftmoment (mit Index) in N m, Tab. 2.4
$Ma = v/c$	Mach-Zahl [—]
O	Oberfläche in m^2
P	Leistung (mit Index) in J/s, Tab. 2.4
$Pe = vl/a$	Péclet-Zahl [—]
$Pr = \nu/a$	(molekulare) Prandtl-Zahl [—], Tab. 1.1
$Pr' = A_\tau/A_q$	turbulente Prandtl-Zahl [—]
Q	Wärmemenge in J
$R = D/2$	Halbmesser (Radius) in m
R	spezifische (spezielle) Gaskonstante in J/K kg, Tab. 1.1
$Re = vl/\nu$	Reynolds-Zahl [—], $l = D$ bei Rohr
S	Oberfläche in m^2, Flächenvektor $d\boldsymbol{S}$ positiv nach außen, Abb. 2.47c
S	Entropie in J/K, Tab. 2.13
$Sr = l/v\,t$	Strouhal-Zahl [—]
T	absolute (thermodynamische) Temperatur in K; thermodynamische Konstanten (mit Index)
T	Schwingungsdauer in s
Tu	Turbulenzgrad [—]
U	innere Energie (im Sinn der Thermodynamik) in J, Tab. 1.3 und 2.11
U	Umfang der inneren Rohrwand in m
U_a	äußere potentielle Energie in J, Tab. 2.11
U_i	innere (Druck-) Energie (im Sinn der Mechanik) in J, Tab. 2.11
V	Volumen in m^3
$\dot{V}$, $\dot{V}_A$	Volumenstrom in m^3/s
W	Arbeit (mit Index) in J, Tab. 2.11
W	Widerstandskraft in N (in Anströmrichtung)
Γ	Zirkulation in m^2/s, (3.239a)
$\boldsymbol{\theta} = \varrho \boldsymbol{v}$	Massenstromdichte in kg/s m^2
$\boldsymbol{\Psi}$, Ψ	(vektorielle) Stromfunktion in m^2/s (in m^3/s bei drehsymmetrischer Strömung)
Φ	Wärmestrom in J/s
$(O) = (A) + (S)$	geschlossene raumfeste Kontrollfläche, Abb. 2.27
(A)	freier Teil der Kontrollfläche
(S)	körpergebundener Teil der Kontrollfläche
$(\boldsymbol{V})$	raumfestes Kontrollvolumen

Fußzeiger

a, i, r	außen, innen, resultierend
abs, rel	absolut, relativ

b	Bezugszustand
c	durch Coriolisbeschleunigung bedingt
e	strömungsmechanischer Energieverlust
f	durch Führungsbeschleunigung bedingt
g	gesamt; geodätisch (Ort)
gr	Grenzwert
$i, j = 1, 2, 3$	kartesische Zeiger
l	durch lokale Beschleunigung bedingt
m	mittlerer Wert, Tab. 3.2
n	normal, Normzustand
o	Ruhezustand (Kessel, Staupunkt), Oberfläche
p	druckbedingt
r	reibungsbedingt
r, φ, z	zylindrische Komponenten
t	tangential, total, turbulenzbedingt
u	laminar-turbulenter Umschlag
v	geschwindigkeitsbedingt
w	beströmte Wand
x, y, z	kartesische Komponenten
z	zähigkeitsbedingt
∞	ungestörter Zustand
σ	spannungsbedingt
A	freier Teil der Kontrollfläche (A), Ersatzkraft; Austrittsströmung, Tab. 3.1
B	Massenkraft (Volumenkraft); Rohrblende, Tab. 3.1
C	Düse (allmähliche Rohrverengung), Tab. 3.1
D	Dissipation; Diffusor (allmähliche Rohrerweiterung), Tab. 3.1
E	Rohreintrittsströmung, Tab. 3.1
F	Flüssigkeit
G	Gas
K	fester Körper; Rohrkrümmer, Tab. 3.1
L	Rohreinlaufströmung, Tab. 3.1
M	Metazentrum, Strömungsmaschine
N	Rohrleitungsteil, Tab. 3.1
P	Druckkraft, Pumpe
Q	Wärmemenge
R	Reibungskraft; Rohr, Tab. 3.1
S	körpergebundener Teil der Kontrollfläche (S), Stützkraft; Strahleinfluß; Stoßdiffusor (plötzliche Rohrerweiterung), Tab. 3.1
T	Turbulenzkraft, Turbine
U	Rohrumlenkung, Tab. 3.1
V	plötzliche Rohrverengung, Tab. 3.1
W	feste Wand
Z	Zähigkeitskraft, Rohrverzweigung; Tab. 3.1
1, 2	Punkte im Strömungsfeld, längs einer Linie (Strom-, Bahnlinie; Zustandsänderung)
$1 \to 2$	Weg im Strömungsfeld; Prozeßablauf

Kopfzeiger

$\cdot$	Ableitung nach der Zeit
$\sim$	dimensionslos gemachte Größe
$\wedge$	Transportgröße bei konstantem Volumen, (2.44b)
$*$	momentane turbulente Bewegung, Tab. 2.10
$'$	turbulente Schwankungsbewegung
$\bar{\ }, \bar{\ }'$	gemittelte turbulente Bewegung, Tab. 2.10

Sonstige Symbole

d	substantielles (vollständiges) Differential
$\bar{d}$	wegabhängiges (unvollkommenes) Differential
∂	partielles Differential
Δ	Differenz zweier Größen gleicher Art, Kennzeichnung der Größen eines Fluidelements
def $\boldsymbol{v}$	Deformationstensor, (2.39)
div $\boldsymbol{v}$	Divergenz des Geschwindigkeitsfelds, Tab. 2.1 A
diss $\boldsymbol{v}$	Dissipationsfunktion, Tab. 2.12
grad $\boldsymbol{v}$	Gradiententensor des Geschwindigkeitsfelds, Tab. 2.1 C
rot $\boldsymbol{v}$	Rotation des Geschwindigkeitsfelds, Tab. 2.1 B
$\Delta\boldsymbol{v}$	Laplace-Operator des Geschwindigkeitsfelds, Tab. 2.1 D
$(i = 1, 2, 3)$	hinter Formel, bedeutet, daß Summationsvereinbarung (Fußnote 14, S. 65) nicht anzuwenden ist, sondern die Formel jeweils für $i = 1, 2$ und 3 anzuschreiben ist, vgl. Fußnote 23, S. 75

Begriffe

spezifische Größe: Zustandsgröße/Masse
(masse-)bezogene Größe: Prozeßgröße/Masse
Größendichte: Größe/Volumen
Größenstrom: Größe/Zeit
Größenstromdichte: Größe/Zeit · Fläche
abgeschlossenes System: Systemgrenze wärme- und masseundurchlässig
geschlossenes System: Systemgrenze wärmedurchlässig, masseundurchlässig
offenes System (Kontrollraum): Systemgrenze wärme- und masseundurchlässig

Dimensionen und Einheiten[1]

Basisgrößen, Basisdimensionen, Basiseinheiten:
Länge L in m (Meter);
Masse M in kg (Kilogramm);
Zeit T in s (Sekunde);
Temperatur $\mathsf{\Theta}$ in K (Kelvin).
Abgeleitete Größen, Dimensionen, Einheiten:
Kraft $\mathsf{F} = \mathsf{ML/T^2}$ in N (Newton) $=$ kg m/s^2;
Spannung, Druck $\mathsf{F/L^2}$ in Pa (Pascal) $=$ N/m^2 oder in bar;
Arbeit, Energie, Wärmemenge FL in J (Joule) $=$ N m;
Leistung $\mathsf{FL/T}$ in W (Watt) $=$ J/s;
Temperatur (Celsius-Skala) °C, absoluter Nullpunkt 0 K $= -273{,}16$ °C.
Umrechnungsformeln in Tabelle A.

---

1 Internationales Einheitensystem: SI = Système International d'Unités.

Tabelle A. Basis- und abgeleitete Größen mit den Einheiten verschiedener Einheitensysteme (eingerahmte Einheiten: Gesetz über Einheiten im Meßwesen, 1969)

	Größenart	Dim.	Einheit	Umrechnung
Basisgröße	Länge	L	Meter, m	1 m = 10^2 cm = 10^3 mm
			inch, in. foot, ft	1 in. = 2,5400 cm 1 ft = 0,3048 m
	Masse	M	Kilogramm, kg	1 t = 10^3 kg = 1 Mg
			pound, lb slug, sl	1 lb = 0,4536 kg 1 sl = 14,5939 kg
	Zeit	T	Sekunde, s	1 min = 60 s, 1 h = 3600 s
	Temperatur	Θ	Kelvin, K Celsius, °C	$t_C = t_K - 273{,}16$[a]
			Fahrenheit, °F	$t_C = \frac{5}{9}(t_F - 32)$
			Rankine, °R	$t_R = \frac{9}{5} t_K$
Abgeleitete Größe	Kraft	$F = \frac{ML}{T^2}$	Newton, N	1 N = 1 kg m/s² = 10^5 dyn
			Kilopond, kp pound, Lb	1 kp = 9,80665 N 1 Lb = 4,4482 N
	Spannung Druck	$\frac{F}{L^2}$	Pascal, Pa Bar, bar	1 Pa = 1 N/m² = 1 kg/m s² 1 bar = 10^5 Pa
			techn. Atmosphäre phys. Atmosphäre Torr	1 at = 1 kp/cm² = 0,980665 bar 1 atm = 1,01325 bar 1 Torr = 1/760 atm
	Arbeit Energie Wärme	FL	Joule, J = Ws	1 J = 1 Nm = 1 kg m²/s² = 10^7 erg
			Kalorie, cal Brit. thermal unit	1 cal = 4,1868 J 1 Btu = 1,0551 kJ
	Leistung	$\frac{FL}{T}$	Watt, W	1 W = 1 J/s = 1 kg m²/s³
			Pferdestärke, PS horse-power, hp	1 PS = 75 kp m/s = 0,7355 kW 1 hp = 0,7457 kW

[a] t_C, t_F, t_R, t_K sind Zahlenwerte der Temperatur in °C, °F, °R bzw. K.

1. Einführung in die Strömungsmechanik

1.1 Überblick

Strömungstechnische Aufgaben kommen in den verschiedensten Bereichen von Naturwissenschaft und Technik vor. Bei den strömenden Medien, allgemein Fluide genannt, kann es sich sowohl um Flüssigkeiten, Dämpfe oder Gase handeln. Im Bauwesen bestehen die Hauptanwendungen in der Ermittlung von Wasserkräften auf Unterwasserbauwerke sowie von Windkräften auf Gebäude, in der Erfassung von Strömungsabläufen in wassergefüllten Rohrleitungen, Kanälen, Flüssen (einschließlich der vielfältigen Einbauten, wie z. B. Überfall und Wasserschloß) sowie im Talsperrenbau, in der Beschreibung von Grundwasser- und Sickerströmung sowie von Geschiebebewegungen. Im Maschinenwesen stellen neben einigen bereits beim Bauwesen genannten Anwendungen (Rohrleitungen) die Energieumsetzung, die Vermischung sowie die Wärmeübertragung bei Strömungsmaschinen (Pumpe, Verdichter, Turbine, Verbrennungsmotor) die Hauptanwendungen dar. Neben der Lüftungs- und Klimatechnik gehören auch die hydraulischen Getriebe, die Lagerschmierung sowie die strömungsmechanischen Steuerelemente (Fluidiks) hierzu. Im Verkehrswesen sind Fragen der Umströmung bei Land-, Wasser- und insbesondere Luftfahrzeugen von großer Bedeutung. In der Verfahrenstechnik (Chemie-Ingenieurwesen) sind die strömungstechnischen Probleme besonders verwickelt, da es sich hierbei im allgemeinen um das Zusammenwirken mehrerer Aggregatzustände (fest, flüssig, dampf- und gasförmig) handelt. Flüssigkeits- und Gasströmungen sind oft Träger von Fremdstoffen (schmutzige Strömung, Staubbewegung). Der hydraulische und pneumatische Transport sowie Mehrstoffströmungen, Misch- und Rührvorgänge stehen im Vordergrund der Betrachtung. Häufig reichen diese Anwendungen in das Gebiet breiartiger und plastischer Medien hinein. In diesem Zusammenhang seien z. B. auch die Strömungsvorgänge im menschlichen Organismus genannt. In der Akustik sind es die Schallbewegungen und Explosionsvorgänge sowie in der Meteorologie das Verhalten der Erdatmosphäre und der Wassermassen der Meere, welche strömungstechnische Fragen aufwerfen. Da es unmöglich und auch nicht beabsichtigt ist, alle mit Strömungsfragen zusammenhängenden Aufgaben lückenlos darzustellen, muß auf das zahlreiche in Buchform und Einzelveröffentlichungen vorliegende Schrifttum verwiesen werden.

Die Grundlagen und Grundgesetze zur Behandlung der genannten Aufgaben der Strömungstechnik liefert die Fluidmechanik. Sie ist ein Teilgebiet der Mechanik und Gegenstand dieses Buches. Während man in der Mechanik fester Körper von der Vorstellung einzelner oder eines Systems freier oder in bestimmter Weise geführter Massenpunkte ausgehen kann, handelt es sich bei der Mechanik der

Fluide (flüssige, dampf- oder gasförmige Körper) um kontinuierlich über bestimmte Räume verteilte Massenelemente. Nach der hierfür entwickelten Mechanik der Kontinua stehen die einzelnen Fluidelemente zu jedem Zeitpunkt unter der Wirkung ihrer Umgebung und beeinflussen sich somit gegenseitig ständig in ihrer Bewegung. In der Mechanik versteht man unter der Kinematik die Lehre von den Bewegungen und unter der Dynamik die Lehre von den Kräften. Das Zusammenwirken von Kinematik und Dynamik wird als Kinetik bezeichnet. Befindet sich der Körper in Ruhe oder in gleichförmiger Bewegung, so wird das (mechanische) Gleichgewicht der Kräfte von der Statik beschrieben. Spielen neben rein mechanischen Vorgängen Einflüsse der Thermodynamik eine Rolle, so soll dies Teilgebiet Thermo-Fluidmechanik genannt werden. Damit in Zusammenhang stehende Fragen gehören in den Bereich der Energetik.

Am häufigsten treten bei technischen Aufgaben Wasser- und Luftströmungen auf. Sie gehören in das Gebiet der Hydro- bzw. Aeromechanik oder gegebenenfalls der Hydro- bzw. Aerostatik. Werden nur Gase betrachtet, so hat man hierfür auch den Namen Gasdynamik (Gasmechanik) eingeführt. Das Übergangsgebiet zwischen dem festen und dem flüssigen Aggregatzustand wird von der Rheologie (Fließkunde) beschrieben.

Bei sehr stark erhitzten Gasen kommen chemische Reaktionen vor, die mit einer Störung des thermodynamischen Gleichgewichts verbunden sein können. Findet dabei eine Beeinflussung des elektrisch leitenden (ionisierten) Fluids durch elektro-magnetische Felder statt, so hat man es mit der Magneto-Fluidmechanik als Teilaufgabe der Plasmaphysik zu tun. Vorgänge, bei denen das Fluid nicht mehr als Kontinuum angesehen werden darf, z. B. bei stark verdünnten Gasen, gehören in das Gebiet der kinetischen Gastheorie. Fragen der stark erhitzten und der stark verdünnten Gase werden in diesem Buch nicht erörtert.

Die vollständigen Bewegungsgleichungen strömender Fluide wurden gegen Mitte des neunzehnten Jahrhunderts von C.-L. Navier und G. G. Stokes angegeben. Wegen der großen mathematischen Schwierigkeiten bei der Lösung dieser Gleichungen wurden jedoch zunächst weitgehend nur Fälle unter Vernachlässigung der inneren Reibung des Fluids behandelt. Die hieraus entstandene theoretische Fluidmechanik, auch klassische Hydromechanik genannt, wich in vielerlei Hinsicht so stark von der Wirklichkeit ab, daß die praktisch arbeitenden Ingenieure eine eigene, den Reibungseinfluß insbesondere bei Rohrströmungen erfassende, stark empirisch ausgerichtete Fluidmechanik als technische Hydraulik schufen. Bis zum Ende des neunzehnten Jahrhunderts haben sich so zwei kaum noch miteinander in Berührung stehende Zweige der Fluidmechanik entwickelt. Durch die Anfang des zwanzigsten Jahrhunderts von L. Prandtl für wandnahe Strömungen (Strömungsgrenzschicht) aufgestellte Reibungsschicht-Theorie konnte die Verbindung beider Zweige hergestellt werden. Seit dieser Zeit arbeiten Mathematiker, Naturwissenschaftler und Ingenieure gemeinsam nach einheitlichen Grundgedanken an der Lösung strömungsmechanischer und strömungstechnischer Aufgaben. Dadurch hat die Fluidmechanik eine sehr starke Entwicklung und Ausweitung genommen. So können z. B. Vorgänge, die in der Strömungsgrenzschicht mit Wärme- und Stoffaustausch verbunden sind (Temperatur- bzw. Diffusionsgrenzschicht), mittels der verallgemeinerten Grenzschicht-Theorie beschrieben werden.

Mathematische Methoden und experimentelle Untersuchungen stellen die Grundlagen der modernen Fluidmechanik dar, wobei die entscheidenden Fortschritte meist durch einige grundsätzliche Versuche zusammen mit entsprechenden theoretischen Überlegungen erzielt werden. Es werden die theoretischen Grundgesetze der Fluid- und Thermo-Fluidmechanik ausführlich dargestellt, um so das Rüstzeug für die Behandlung technischer Anwendungen zur Verfügung zu stellen. Ingenieurmäßige Aufgaben lassen sich bereits in hohem Maß auf theoretischem Weg lösen. Wo dies noch nicht der Fall ist, können sinnvoll ausgeführte experimentelle Untersuchungen die anstehenden Fragen beantworten. Es ist daher verständlich, daß sich zur Bewältigung der meßtechnischen Aufgaben ein sehr ausgedehntes und fortschrittliches strömungstechnisches Versuchswesen entwickelt hat.

Während sich Kap. 1.2 mit den wesentlichen strömungsmechanischen und thermodynamischen Eigenschaften und Stoffgrößen der Fluide beschäftigt, geht Kap. 1.3 auf das grundsätzliche Verhalten von Strömungsvorgängen hinsichtlich ihrer Darstellungsmethoden und Erscheinungsformen ein.

Einen Überblick zur Fluidmechanik geben Prandtl, Oswatitsch und Wieghardt [25]. Auf die einschlägigen Beiträge in den Nachschlagewerken (Lexika) für Technik von Lueger [21] sowie für Physik von Franke [10] und Meyer [23] sei hingewiesen. Beabsichtigt man, sich mit der geschichtlichen Entwicklung der Fluidmechanik zu beschäftigen, so kann die Darstellung von Szabó [34] empfohlen werden. Ausführliche Referate über die wichtigsten Veröffentlichungen erscheinen laufend in den „Applied Mechanics Reviews" (z. Zt. Band 32, 1979).

1.2 Physikalische Eigenschaften und Stoffgrößen der Fluide

1.2.1 Einführung

Fluide kann man entsprechend ihrem Aggregatzustand in Flüssigkeiten, Dämpfe und Gase unterteilen. Während man unter Flüssigkeiten tropfbare Fluide versteht, handelt es sich bei Dämpfen um Gase in der Nähe ihrer Verflüssigung. Man nennt einen Dampf gesättigt, wenn schon eine beliebig kleine Temperatursenkung ihn verflüssigt; er heißt überhitzt, wenn es dazu einer endlichen Temperatursenkung und gegebenenfalls einer Druckerhöhung bedarf. Gase sind nichts anderes als stark überhitzte Dämpfe. Da sich alle Gase verflüssigen lassen, besteht kein grundsätzlicher Unterschied zwischen Gasen und Dämpfen. Bei genügend hoher Temperatur und niedrigen Drücken nähert sich ihr Verhalten dem des idealen Gases.

In der Mechanik des starren Körpers leistet der Begriff des Punkthaufens nützliche Dienste. Er ist dagegen für die Behandlung der Fluide nur bedingt anwendbar. Man denkt sich vielmehr die Masse eines Fluids kontinuierlich verteilt und spricht dann von einem Kontinuum, d. h. von einem im allgemeinen zeitlich veränderlichen, kontinuierlich mit Masse erfüllten Raumbereich. Anstelle der endlich vielen Massenpunkte eines Punkthaufens wird eine unendlich große Anzahl von Massenelementen, die sich ständig gegenseitig beeinflussen, angenommen. Ein Kontinuum ist dadurch gekennzeichnet, daß man es in immer kleiner werdende Volumenbereiche aufteilen kann, ohne daß dadurch die physikalischen Eigenschaften verloren gehen. Das Kontinuum ist physikalisch gesehen eine idealisierte Vorstellung eines materiellen Körpers. Die physikalische Größe Masse kennzeichnet die Eigenschaft eines Körpers, die sich sowohl als Trägheit gegenüber einer Änderung seines Bewegungszustands als auch in der Anziehung zu anderen Körpern äußert. Die mikroskopische Verteilung der Materie sowie das Versagen der Darstellung des Fluids als Kontinuum, wenn die freie Weglänge der Atome oder Moleküle nicht mehr klein gegenüber den Körperabmessungen ist, wird nicht besonders berücksichtigt. Während ein bestimmtes Flüssigkeitsvolumen einen Behälter von größerem und beliebigem Volumen nicht voll ausfüllt, ist dies bei einem Gas durch Ausfüllen des gesamten Behälters immer der Fall. Eine Flüssigkeit wird

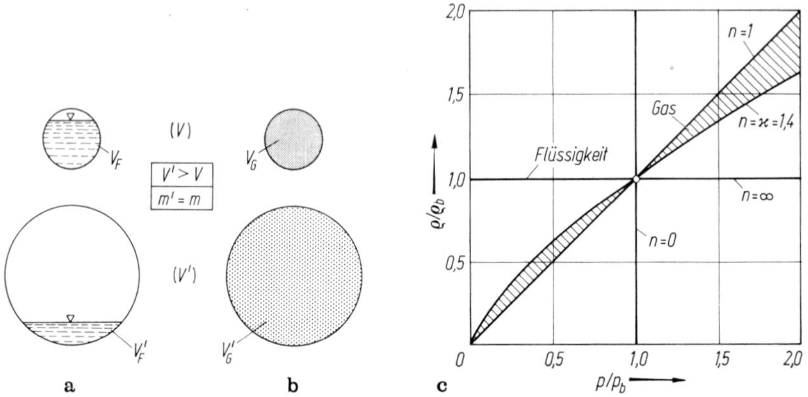

Abb. 1.1. Ruhende Fluide jeweils in zwei Behältern von verschieden großen Volumina $V' > V$, Masse $m' = m$. **a** Flüssigkeit $m'_F = m_F$, $V'_F = V_F$. **b** Gas $m'_G = m_G$, $V'_G > V_G$. **c** Zustandsänderungen barotroper Fluide $\varrho(p)$ nach (1.4c), $n = 0$: isobar ($p =$ const), $n = \infty$: isochor ($\varrho =$ const); Gas (Luft), $n = 1$: isotherm ($T =$ const), $n = \varkappa_s = \varkappa = 1{,}4$: isentrop ($s =$ const)

durch intermolekulare Kräfte eng zusammengehalten, so daß sie zwar ein bestimmtes Volumen, aber keine feste Form besitzt. Bei einem Gas sind die Moleküle in dauernder Bewegung, stoßen dabei miteinander zusammen und verteilen sich so überall in einem vorgegebenen Behälter. Ein Gas besitzt also im allgemeinen weder ein bestimmtes Volumen noch eine feste Form. In Abb. 1.1 wird das unterschiedliche Verhalten von Flüssigkeiten und Gasen, die sich jeweils in einem kleinen und in einem großen Behälter befinden, betrachtet. Bei gleichbleibender Fluidmasse bleibt das von der Flüssigkeit nach Abb. 1.1a eingenommene Volumen gleich groß, während sich beim Gas nach Abb. 1.1b eine starke Volumenänderung ergibt, Kap. 1.2.2. Flüssigkeiten bilden im Gegensatz zu Gasen freie Oberflächen (z. B. Grenzflächen zwischen Wasser und Luft).

Ein Fluid ist durch leichte Verschieblichkeit seiner Elemente gekennzeichnet. Um die ursprüngliche Anordnung der Elemente grundlegend zu verändern, genügen im Gegensatz zum festen Körper sehr kleine Kräfte und Arbeiten, wenn die Formänderung nur hinreichend langsam erfolgt. Das Verschieben der Fluidelemente gegeneinander hängt von den angreifenden Normal- und Tangentialkräften ab. Die ersteren sind im wesentlichen Druckkräfte und die letzteren durch

Reibung bedingte Schubkräfte, Kap. 1.2.3. Beim deformierten Fluid muß weiterhin zwischen elastischem und unelastischem Verhalten unterschieden werden. Während im ersten Fall ein verzerrtes Fluidelement ohne zusätzliche äußere Arbeit in den unverzerrten Zustand zurückkehrt, kann im zweiten Fall der Ausgangszustand nur durch eine zusätzliche äußere Arbeit wieder erreicht werden. Flüssigkeiten unterliegen weit mehr als Gase dem Einfluß der Schwere, Kap. 1.2.4. Umgekehrt sind Temperatureinflüsse bei Gasen von weit größerer Bedeutung als bei Flüssigkeiten, Kap. 1.2.2 und 1.2.5.

Häufig erweist sich eine Unterteilung nach der Zusammensetzung des Fluids als zweckmäßig. Ein Fluid nennt man homogen, wenn es überall aus dem gleichen Stoff (einphasig) besteht und wenn seine physikalischen Stoffgrößen im betrachteten Raum unveränderlich sind. Den Begriff inhomogen (= nicht homogen) verwendet man bei einem räumlich ungleichmäßig verteilten Fluid mit veränderlichen Stoffgrößen. Schließlich kann man von heterogen (= im Gegensatz zu homogen) sprechen, wenn mehrere Aggregatzustände (mehrphasig), verschiedene Fluide oder Fluide mit Fremdstoffen vorliegen, Kap. 1.2.6. Mit Ausnahme gewisser Unstetigkeiten im Strömungsgebiet werden in einem strömenden Fluid als Kontinuum die makroskopischen Eigenschaften als stetige Funktionen von Zeit und Raum angesehen. Diese Betrachtungsweise gestattet die Anwendung der meisten Methoden der Mathematik, da diese in der Hauptsache auf stetigen Funktionen beruhen.

1.2.2 Dichteänderung

1.2.2.1 Grundsätzliches

Flüssigkeiten erfahren in einem Behälter selbst unter sehr hohem Druck nur eine sehr kleine Volumenänderung, so daß man bei fast allen praktisch wichtigen Strömungsvorgängen von Flüssigkeiten, hier insbesondere bei Wasser (Hydromechanik), das Fluid als raumbeständig ansehen kann. So beträgt z. B. die Raumverminderung des Wassers bei normaler Temperatur durch eine Druckerhöhung von 1 bar nur etwa 0,05‰ des ursprünglichen Volumens. Ein solches Fluid besitzt also praktisch ein unveränderliches Volumen, d. h. eine nahezu konstante Dichte (Masse/Volumen). Obwohl man eine Flüssigkeit im allgemeinen als dichtebeständiges Fluid auffassen kann, spielt ihre geringe Elastizität dennoch z. B. bei Druckstoßproblemen eine wichtige Rolle und darf hierbei nicht vernachlässigt werden. Im Gegensatz zu der beschriebenen Eigenschaft der Flüssigkeiten sind die Gase, hier insbesondere die Luft (Aeromechanik), nicht raumbeständig. Sie suchen vielmehr jeden ihnen zur Verfügung stehenden Raum unter Änderung ihrer Dichte gleichförmig zu erfüllen und bleiben nur durch die Wirkung äußerer Druckkräfte auf einen bestimmten Raum beschränkt. Außerdem ist ihr Volumen bei konstant gehaltenem Druck auch noch von der Temperatur abhängig. Ein Gas ist also im allgemeinen als dichteveränderliches Fluid aufzufassen. Indessen hat die Erfahrung gelehrt, daß die Dichteänderungen, welche bei der Strömung eines Gases relativ zu einem festen Körper oder bei der Bewegung eines festen Körpers in einem ruhenden Gas auftreten, nur gering sind, solange die Geschwindigkeiten wesentlich kleiner als die Schallgeschwindigkeit für das betreffende Gas sind. So ergibt sich z. B. für Luft im Normzustand bei einer Geschwindigkeit von 55 m/s $\approx$ 200 km/h gegenüber dem Ruhezustand eine Dichteänderung von etwa 1,5%, vgl. Kap. 3.3.2.2. Vernachlässigt man derartige Schwankungen der Dichte, so können auch die Gase unter den obigen Voraussetzungen angenähert als dichtebeständig angesehen werden, und die Bewegungsgesetze der Hydromechanik gelten dann unverändert auch für Gase.

Bei strömungstechnischen Problemen können sowohl Druck- als auch Temperatureinflüsse eine Rolle spielen. Man bezeichnet häufig die von beiden hervorgerufene Dichteänderung sachlich unvollständig mit Kompressibilität (Zusammendrückbarkeit), da im allgemeinen die Druckeinflüsse gegenüber den Temperatureinflüssen von größerer Bedeutung sind. Eine Strömung, bei der sich das Fluid dichtebeständig verhält, wird daher auch inkompressible Strömung und eine solche mit einem dichteveränderlichen Fluid kompressible Strömung genannt. Obwohl diese Begriffe sehr häufig ganz allgemein für Strömungen dichtebeständiger oder dichteveränderlicher Fluide verwendet werden, wird in diesem Buch auf ihre Verwendung weitgehend verzichtet.

1.2.2.2 Dichte von Fluiden

Definition. Unter der Dichte, genauer als Massendichte bezeichnet, versteht man die auf das Volumen ΔV bezogene Masse Δm eines kontinuierlich verteilten Fluids

$$\varrho = \frac{\text{Masse}}{\text{Volumen}} = \lim_{\Delta V \to 0} \frac{\Delta m}{\Delta V} = \frac{dm}{dV}, \quad \varrho = \frac{1}{v} \text{ (Definition)}. \tag{1.1a, b}$$

Es ist ϱ eine Stoffgröße des Fluids, welche die Dimension $\mathsf{M}/\mathsf{L}^3 = \mathsf{F}\mathsf{T}^2/\mathsf{L}^4$ mit der Einheit $\mathrm{kg/m^3} = \mathrm{Ns^2/m^4}$ besitzt. Den Kehrwert der Dichte nennt man das spezifische Volumen $v = dV/dm = 1/\varrho$. Diese Größe wird häufiger in der Thermodynamik als in der Strömungsmechanik verwendet. Im allgemeinen sind die genannten Stoffgrößen vom Druck p in $\mathrm{N/m^2} = \mathrm{Pa}$ und von der Temperatur T in K abhängig, $v = v(p, T)$ oder $\varrho = \varrho(p, T)$.

Für die totale Dichteänderung kann man schreiben $d\varrho = (\partial\varrho/\partial p)\, dp + (\partial\varrho/\partial T)\, dT$ oder

$$\frac{d\varrho}{\varrho} = \beta_T\, dp - \beta_p\, dT \qquad \text{mit} \qquad \beta_T = \frac{1}{\varrho}\left(\frac{\partial\varrho}{\partial p}\right)_T, \quad \beta_p = -\frac{1}{\varrho}\left(\frac{\partial\varrho}{\partial T}\right)_p. \tag{1.2a, b}$$

Dabei werden β_T als (isothermer) Kompressibilitätskoeffizient in $1/\mathrm{Pa} = \mathrm{m^2/N}$ und β_p als (isobarer) Wärmeausdehnungskoeffizient in 1/K eingeführt. Sie stellen jeweils die bezogenen Änderungen infolge der Kompressibilität (bei konstanter Temperatur) bzw. infolge der Wärmeausdehnung (bei konstantem Druck) dar. Zwischen dem (kubischen) Elastizitätsmodul eines Fluids E_F und dem Kompressibilitätskoeffizienten β_T besteht der Zusammenhang $E_F = 1/\beta_T$. Verlaufen die Strömungsvorgänge bei mäßigen Druck- und Temperaturänderungen, dann ist wegen $dp \approx 0$ und $dT \approx 0$ die Dichteänderung $d\varrho \approx 0$. Bei einem dichtebeständigen Fluid ($\varrho = \text{const}$) ist $\beta_T = 0 = \beta_p$. Für das Dichteverhältnis eines dichteveränderlichen Fluids erhält man durch Integration von (1.2a)

$$\frac{\varrho}{\varrho_b} = \exp\left[\int_{p_b}^{p} \beta_T\, dp - \int_{T_b}^{T} \beta_p\, dT\right] \qquad (\beta_T \neq 0 \neq \beta_p) \tag{1.3}$$

mit ϱ_b als Bezugsdichte bei p_b und T_b. Die Auswertung der Integrale setzt die genaue Kenntnis der Werte β_T und β_p als Funktionen von p, T voraus. Sie sind im allgemeinen positiv.

Barotropes Fluid. Hängt die Dichte nur vom Druck ab, d. h. ist $\varrho = \varrho(p)$, dann gilt $\beta_p = 0 \neq \beta_T$ und man spricht von einem kompressiblen oder auch barotropen Fluid. Eine entsprechende Zustandsänderung läßt sich z. B. durch die polytrope Zustandsgleichung

$$\frac{p}{\varrho^n} = \text{const}, \qquad \frac{dp}{p} = n\,\frac{d\varrho}{\varrho}, \qquad \frac{\varrho}{\varrho_b} = \left(\frac{p}{p_b}\right)^{1/n} \quad \text{(polytrop)} \qquad (1.4\text{a, b, c})$$

mit n als Polytropenexponenten beschreiben. Eine isobare Zustandsänderung $p/p_b = 1{,}0$ liegt für $n = 0$ vor, während mit $n = \infty$ die isochore Zustandsänderung, d. h. ein Vorgang bei dichtebeständigem Fluid $\varrho/\varrho_b = 1{,}0$, erfaßt wird. In Abb. 1.1c sind die beiden Zustandsänderungen für $n = 0$ und $n = \infty$ dargestellt.

In der Fluidmechanik ist die adiabate Zustandsänderung von besonderer Bedeutung. Man versteht darunter einen Vorgang, bei dem eine bestimmte Fluidmasse von ihrer Umgebung wärmedicht abgeschlossen ist, oder anders gesagt, bei welchem ein Wärmeaustausch mit der Umgebung nicht stattfinden kann. Erfolgt darüber hinaus der Strömungsablauf reversibel, z. B. bei Vernachlässigung von innerer Reibung, so bleibt dabei die Entropie unverändert (spezifische Entropie s = const). Die zugehörige Zustandsänderung nennt man isentrop (= adiabatreversibel). Für $n = \varkappa_s$ erhält man aus (1.4c), vgl. Abb. 1.1c,

$$\frac{\varrho}{\varrho_b} = \left(\frac{p}{p_b}\right)^{1/\varkappa_s} \quad \text{(Poisson)} \qquad (1.5)$$

mit $\varkappa_s$ = const als Isentropenexponenten, vergleiche (1.26b). Für ein dichtebeständiges Fluid mit ϱ = const ist $1/\varkappa_s = 0$ oder $\varkappa_s = \infty$.

Flüssigkeiten. Aus Untersuchungen an Wasser ist bekannt, daß sich der Kompressibilitätskoeffizient β_T nur wenig mit dem Druck und der Temperatur ändert, und zwar stellen $\beta_T \approx 5 \cdot 10^{-10}$ 1/Pa bzw. $E_F \approx 2 \cdot 10^9$ Pa brauchbare Mittelwerte dar. Im Gegensatz hierzu hängt der Wärmeausdehnungskoeffizient β_p stark von der Temperatur ab, und zwar gelten bei einem Druck von $p = 1$ bar die Werte $\beta_p = -0{,}08 \cdot 10^{-3}$; 0; $0{,}46 \cdot 10^{-3}$ und $0{,}75 \cdot 10^{-3}$ $1/K$ bei den Temperaturen $t = 0°$, 4°, 50° bzw. 99,6 °C, vgl. [19, 38]. Wegen $\beta_p = 0$ bei $t = 4$ °C hat dort die Dichte ein Maximum. Dies Verhalten ist als Anomalie des Wassers bekannt und erklärt z. B., warum ein stehendes Gewässer von obenher zufriert. Die kleinen Zahlenwerte für β_T und β_p zeigen, daß die Dichte von Wasser nur wenig verändert werden kann. Bei den im Wasserbau im allgemeinen auftretenden Drücken und Temperaturen können die strömungsmechanischen Berechnungen somit genügend genau mit der Dichte von $\varrho \approx 1$ g/cm³ = 1000 kg/m³ durchgeführt werden. Diese Annahme wird auch durch (1.5) bestätigt, wenn man beachtet, daß nach Tab. 1.1 bei $p = 1$ bar der Isentropenexponent $\varkappa_s \approx 20000$ beträgt. Bei nicht reinem Wasser ist die Dichte je nach Salzgehalt oder Verunreinigungsgrad mit Schwebstoffen

Tabelle 1.1. Stoffgrößen von Flüssigkeiten und Gasen (Bezugszustand $p_b = 1$ bar ○) bzw. 1 atm (+), $t_b = 0\,°C$) sowie von Wasserdampf (Bezugszustand $p_b = 1$ bar, $t_b = 100\,°C$)[a]

Fluid			Flüssigkeit			Dampf	Gas					
			Wasser	Methanol	Quecksilber	Wasser	Luft	Sauerstoff	Stickstoff	Wasserstoff	Helium	Kohlendioxid
Stoffgröße			○ H_2O	+ CH_4O	+ Hg	○ H_2O	○	+ O_2	+ N_2	+ H_2	+ He	○ CO_2
Dichte	ϱ	kg/m³	999,8	810	13596	0,589	1,275	1,410	1,234	0,0888	0,176	1,951
	$\beta_T \cdot 10^5$	m²/N	0,0001	0,000	0,000	1,016	1,007	0,987	0,987	0,999	0,987	1,007
	$\beta_p \cdot 10^3$	1/K	−0,085	1,19	0,181	2,879	3,674	3,677	3,678	3,666	3,657	3,746
	$\varkappa_s$	—	19945	11226	284067	1,320	1,397	1,398	1,402	1,412	1,668	1,300
Schallgeschwindigkeit	c	m/s	1412	1185	1455	473	331	315	337	1261	973	258
spezifische Gaskonstante	R	J/kg K	—	—	—	461,5	287,2	259,8	296,8	4124	2077	188,9
dynamische Viskosität	$\eta \cdot 10^5$	Pa s	179,3	81,7	168,5	1,229	1,710	1,924	1,672	0,782	1,871	1,367
	T_A	K	506	1110	160	—	—	—	—	—	—	—
	T_B	K	−150	−20	−96	—	—	—	—	—	—	—
	T_S	K	—	—	—	890	122	125	117	−10	86	242
kinematische Viskosität	$\nu \cdot 10^6$	m²/s	1,794	1,009	0,124	20,85	13,41	13,46	13,37	88,11	104,8	7,006
spezifische Wärmekapazität	$c_p \cdot 10^{-3}$	J/kg K	4,217	2,428	0,140	2,032	1,006	0,917	1,041	14,19	5,193	0,827
	$\varkappa = c_p/c_v$	—	1,001	1,226	1,134	1,341	1,402	1,399	1,402	1,410	1,667	1,309
Wärmeleitfähigkeit	$\lambda \cdot 10$	W/m K	5,683	2,14	77,9	0,247	0,237	0,243	0,240	1,620	1,453	0,150
Temperaturleitfähigkeit	$a \cdot 10^6$	m²/s	0,135	0,109	4,09	20,59	18,49	18,54	18,46	128,8	157,0	9,286
Prandtl-Zahl	Pr	—	13,31	9,25	0,030	1,012	0,72	0,726	0,724	0,685	0,667	0,755
	T_P	K	2071	1970	533	—	—	—	—	—	—	—
Siedetemperatur	t_S	°C	99,63	64,5	357	99,63	—	—	—	—	—	—

[a] Die Zahlenwerte wurden am Institut A für Thermodynamik der TU München (W. Nutz und N. Rosner) nach neuesten Unterlagen zusammengestellt (Abweichungen bei den abgeleiteten Größen sind durch Rundung der Ausgangswerte bedingt). Die Konstanten T_A, T_B, T_S, T_P hat J. Schmid (Institut für Strömungsmechanik der TU München) bestimmt. Auf eine Kennzeichnung des Bezugszustands in der Tabelle selbst durch den Index „b" wird verzichtet.

größer. Für das Dichteverhältnis von Flüssigkeiten kann man näherungsweise

$$\frac{\varrho}{\varrho_b} \approx 1{,}0 \quad \text{(Flüssigkeit)} \tag{1.6}$$

setzen, d. h. das Fluid als dichtebeständig ansehen. In Tab. 1.1 sind Zahlenwerte der bisher besprochenen Stoffgrößen für Wasser und Methanol sowie für Quecksilber (flüssiges Metall) zusammengestellt.

Gase. Strömungsvorgänge von Gasen, die mit größeren Dichteänderungen verbunden sind, können nicht mehr unter der Vorstellung eines dichtebeständigen Fluids behandelt werden. Vielmehr ist bei ihnen die Veränderlichkeit der Dichte in Abhängigkeit von Druck und Temperatur $\varrho = \varrho(p, T)$ in Betracht zu ziehen. Der Zusammenhang zwischen den Zustandsgrößen spezifisches Volumen $v = 1/\varrho$, Dichte $\varrho = 1/v$, Druck p und Temperatur T wird durch die thermische Zustandsgleichung (Boyle, Gay-Lussac, Mariotte)

$$pv = RT,\ p = \varrho RT,\ \frac{dp}{p} = \frac{d\varrho}{\varrho} + \frac{dT}{T};\quad \frac{\varrho}{\varrho_b} = \frac{p}{p_b}\frac{T_b}{T} \quad \text{(Gas)} \tag{1.7a, b, c; d}$$

beschrieben[1]. Hierin stellt $R = \boldsymbol{R}/M$ die spezifische (spezielle) Gaskonstante für das betreffende Gas in J/kg K dar. Ihr Wert entspricht der Arbeit in J, die 1 kg Gas bei der Erwärmung um 1 K gegen konstanten Umgebungsdruck verrichtet. Während R von Gas zu Gas verschieden ist, ist $\boldsymbol{R}$ eine Konstante der Physik, nämlich die molare (universelle) Gaskonstante $\boldsymbol{R} = 8{,}3143$ J/mol K. Es ist M die Molmasse (Molekülmasse) in kg/kmol[2]. Die Zustandsgleichung (1.7) ist ein Grenzgesetz bei sehr kleinen Drücken $p \to 0$ und nicht zu niedrigen Temperaturen. Für Luft ist $M \approx 29$ kg/kmol, was zu $R \approx 287$ J/kg K $= 287$ m^2/s^2 K führt. Gase, welche die thermische Zustandsgleichung (1.7) erfüllen, nennt man thermisch ideale Gase[3]. Aus (1.2b) erhält man durch Einsetzen von (1.7c) bei thermisch idealen Gasen den Kompressibilitäts- und Wärmeausdehnungskoeffizienten zu $\beta_T = 1/p > 0$ bzw. $\beta_p = 1/T > 0$. Durch Einsetzen in (1.3) und anschließende Integration bestätigt man das Ergebnis für das Dichteverhältnis von (1.7d). Für eine isotherme Zustandsänderung mit $T/T_b = 1$ gilt das Boyle-Mariottesche Gesetz $\varrho/\varrho_b = p/p_b$, was nach (1.4c) dem Polytropenexponent $n = 1$ entspricht. Eine isentrope Zustandsänderung wird durch (1.5) beschrieben. Dabei ist, wie in Kap. 1.2.5.2 noch gezeigt wird, für vollkommen ideale Gase der Isentropenexponent gleich dem Verhältnis der spezifischen Wärmekapazitäten bei konstantem Druck und konstantem Volumen, $\varkappa_s = \varkappa = c_p/c_v = \text{const}$. Für Luft ist $\varkappa \approx 1{,}4$.

---

1 Aus der Molekülbewegung können Druck und Temperatur des Fluids, insbesondere eines Gases, als kinetische Größen erklärt werden.

2 Zwischen der Masse m und der Molmasse M besteht der Zusammenhang $m = nM$ mit n als Teilchen- oder Molmenge in mol. Auf die Masse bezogene Größen nennt man spezifische Größen und die auf die Molmenge bezogenen Größen molare Größen.

3 Bei realen Gasen können chemische Reaktionen, wie Dissoziation, Assoziation, Ionisation, Rekombination sowie auch Relaxation (Störung des thermodynamischen Gleichgewichts) auftreten. In solchen Fällen ist eine verallgemeinerte thermische Zustandsgleichung zu benutzen. Die Ausführungen dieses Buches behandeln dies Gebiet der Strömungslehre nicht.

Eine isentrope Zustandsänderung liegt bei stetig verlaufender Strömung eines reibungslosen Fluids vor, vgl. Kap. 4.3.2.5. Nach (1.5) strebt bei sehr kleinen Drücken $p \to 0$ die Dichte dem Wert $\varrho \to 0$ (Vakuum)[4] zu, während sich bei sehr großen Drücken $p \to \infty$ sehr große Werte $\varrho \to \infty$ ergeben. Letztere können physikalisch jedoch nicht vorkommen. Verläuft die Strömung unstetig (anisentrope Zustandsänderung) so treten große Druckerhöhungen in der Unstetigkeitsfläche (Verdichtungsstoß bei Überschallströmung) auf, die jedoch nicht zu unbegrenzt großen Dichten führen, vgl. Kap. 4.3.2.6. In Tab. 1.1 sind Zahlenwerte der bisher besprochenen Stoffgrößen für Luft und einige andere Gase zusammengestellt.

Dämpfe. Ähnlich wie für sehr viele Vorgänge strömender Gase stellt das thermisch ideale Gas auch für stark überhitzte Dämpfe eine brauchbare Idealisierung dar. Bei leicht überhitzten Dämpfen (Gase in der Nähe ihrer Verflüssigung)

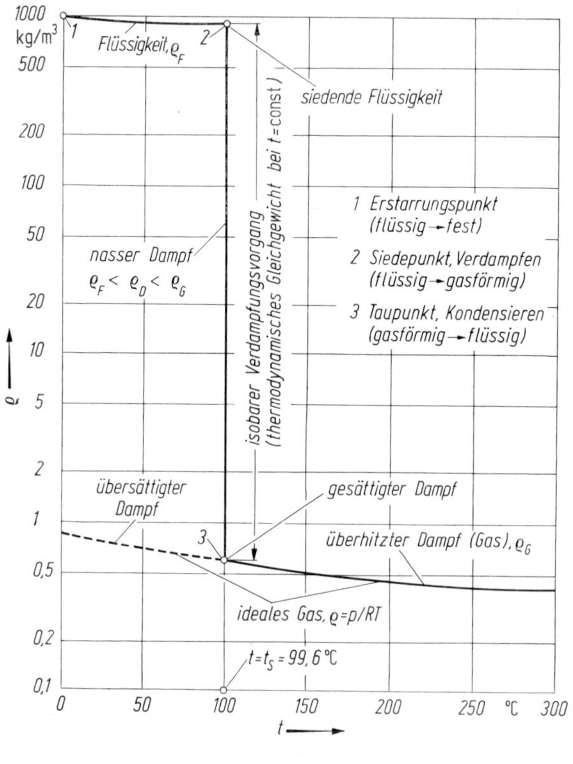

Abb. 1.2. Dichteänderung beim Erwärmen und Verdampfen von Wasser (Flüssigkeit) unter dem konstanten Druck $p = 1$ bar; Siedetemperatur $t_S = 99{,}6\,°C$

treten Abweichungen auf, die von der van der Waalschen Zustandsgleichung als einer Erweiterung der thermischen Zustandsgleichung des idealen Gases erfaßt werden können. In Abb. 1.2 ist die Dichte ϱ beim Erwärmen und Verdampfen einer Flüssigkeit (Wasser) unter konstantem Druck (1 bar) über der Temperatur t in °C dargestellt. Im vorliegenden Fall kleinen Drucks reicht die thermische Zustandsgleichung (1.7) zur Berechnung der Dichte des überhitzten Dampfes aus.

4 Dieser Fall kann von der Kontinuumstheorie nur näherungsweise beschrieben werden. Er gehört in das Gebiet der kinetischen Gastheorie.

In Tab. 1.1 sind Zahlenwerte der bisher besprochenen Stoffgrößen für Wasserdampf zusammengestellt.

Vorgänge mit wesentlichen Dichteänderungen treten in der freien Atmosphäre infolge der Schwere und der damit verbundenen Druckabhängigkeit von der Höhe auf. Diese Vorgänge gehören in das Gebiet der Meteorologie und werden, abgesehen von den in Kap. 4.2.3.1 besprochenen statischen Zuständen, nicht behandelt.

1.2.2.3 Schallgeschwindigkeit von Fluiden

Definition. Ist ein Fluid dichteveränderlich, so kann sich eine im Inneren des Fluids erzeugte kleine Druckstörung als schwache Druckwelle (Longitudinalwelle) allseitig wie der Schall ausbreiten. Jede örtliche Druckänderung bringt auch eine örtliche Dichteänderung mit sich, die sich im Strömungsraum auszubreiten sucht (Dichtewelle). Die Ausbreitungsgeschwindigkeit einer Druckstörung, auch Schallgeschwindigkeit c genannt, erhält man aus der Formel für die Schallgeschwindigkeit, vgl. Kap. 4.3.2.3, zu

$$c^2 = \frac{\text{Druckänderung}}{\text{Dichteänderung}} = \frac{dp}{d\varrho} = \left(\frac{\partial p}{\partial \varrho}\right)_{s=\text{const}} . \qquad (1.8\text{a, b})$$

Sie besitzt die Dimension $\mathsf{L/T}$ mit der Einheit m/s. Da es sich um schwache Druckänderungen handelt, verläuft der Ausbreitungsvorgang bei konstanter Entropie s, was durch (1.8b) beschrieben wird.

Verhält sich das Fluid dichtebeständig, $\varrho = \text{const}$, d. h. wie ein starrer Körper, dann ist nach (1.8a) wegen $d\varrho = 0$ die Schallgeschwindigkeit $c = \infty$. Dies bedeutet, daß sich eine Druckstörung in einem solchen Fluid ohne jeden Zeitverlust sofort überall im Strömungsgebiet bemerkbar macht.

Flüssigkeiten. Für Flüssigkeiten kann man näherungsweise $(\partial\varrho/\partial p)_s \approx (\partial\varrho/\partial p)_T = \varrho\beta_T = \varrho/E_F$ setzen und findet

$$c \approx \sqrt{\frac{1}{\varrho} E_F}, \quad \frac{c}{c_b} \approx 1{,}0, \qquad (1.9\text{a, b})$$

wobei für Wasser mit $E_F \approx 2 \cdot 10^9$ Pa und $\varrho \approx 10^3$ kg/m³ der Wert $c_b \approx 1412$ m/s gilt. Zahlenwerte für weitere Flüssigkeiten entnimmt man Tab. 1.1.

Gase. Für die Schallgeschwindigkeit von vollkommen idealen Gasen gilt nach (1.8b) in Verbindung mit (1.5) und (1.7b) sowie mit $\varkappa_s = \varkappa$

$$c = \sqrt{\varkappa \frac{p}{\varrho}} = \sqrt{\varkappa R T} \sim \sqrt{T}; \quad \frac{c}{c_b} = \sqrt{\frac{T}{T_b}} \quad \text{(Laplace).} \qquad (1.10\text{a; b})$$

Die Schallgeschwindigkeit von Gasen ist außer von den Größen $\varkappa$ und R nur noch von der absoluten Temperatur T abhängig. Liegt der Zustand des Vakuums vor, bei dem ϱ, p und T null sind, dann gilt hierfür $c = 0$. Beim Verhältnis der Schallgeschwindigkeiten stellen c_b und T_b Bezugsgrößen dar. Bei $T_b = 273$ K erhält man mit $\varkappa = 1{,}4$ und $R = 287$ J/kg K für Luft $c_b = 331$ m/s. Da nach Kap. 4.2.3.1

in der ruhenden Atmosphäre die Temperatur mit wachsender Höhe zunächst abnimmt, und zwar in 10 km Höhe auf $T \approx 223$ K, liefert (1.10a) hierfür $c \approx 300$ m/s. Zahlenwerte für andere Gase findet man in Tab. 1.1. Angaben über die Schallgeschwindigkeit von strömenden Gasen werden in Kap. 4.3.2.3 gemacht. Vergleicht man die angegebenen Zahlenwerte für die Schallgeschwindigkeiten von Wasser und Luft, so ergibt sich $c_{\text{Wasser}} \approx 4c_{\text{Luft}}$.

1.2.3 Reibungseinfluß

1.2.3.1 Grundsätzliches

Für viele Strömungsvorgänge erscheint die Annahme berechtigt, von Reibungseinflüssen überhaupt abzusehen. Die Erfahrung hat nämlich gelehrt, daß sich aufgrund einer solchen Hypothese der Gleichgewichtszustand sowie gewisse Bewegungsvorgänge in guter Übereinstimmung mit der Wirklichkeit beschreiben lassen. In solchen Fällen spricht man von reibungslosen Strömungen. Weiterhin ist aus der Erfahrung bekannt, daß zur Bewegung eines Körpers relativ zum Fluid oder umgekehrt eines Fluids relativ zum Körper eine Kraft aufgewendet werden muß, um den dabei auftretenden Widerstand (Reibungskraft) zu überwinden. In diesen Fällen handelt es sich um reibungsbehaftete Strömungen.

Beim Verschieben der Fluidelemente gegeneinander erfahren sie Formänderungen (Verzerrungen). Dies Verhalten der Fluide sagt aus, daß zwischen den einzelnen in Bewegung befindlichen Elementen verhältnismäßig kleine Reibungsspannungen wirken. Hierbei handelt es sich im wesentlichen um Tangentialspannungen. Der Verlust an strömungsmechanischer Energie bzw. der Energiebedarf zur Aufrechterhaltung einer reibungsbehafteten Strömung löst ein physikalisches Verhalten aus, welches man Zähigkeit nennt. Dies ist bedingt durch die dem Fluid eigene Viskosität, welche eine Stoffgröße der inneren Reibung ist. Man spricht je nach der Art des Reibungsverhaltens von einem normalviskosen Fluid (newtonsches Fluid) oder von einem anomalviskosen Fluid (nicht-newtonsches Fluid). Die experimentelle Bestimmung der jeweiligen Stoffeigenschaften ist eine Aufgabe der Viskosimetrie und Rheometrie [36].

Bei den zähigkeitsbehafteten Strömungen bewegen sich die Fluidelemente bei kleinen und mäßigen Geschwindigkeiten als laminare Strömungen wohlgeordnet in Schichten. Unter bestimmten Voraussetzungen können jedoch zeitlich und räumlich ungeordnete Bewegungen der Fluidelemente als turbulente Strömungen auftreten, die zusätzliche Reibungsspannungen hervorrufen. Das Reibungsverhalten in Strömungen kann also außer von der Viskosität des Fluids noch von der Turbulenz der Strömung mitbestimmt werden.

1.2.3.2 Normalviskose Fluide (newtonsche Fluide)

Molekulare Viskosität. Bereits auf I. Newton geht die Vorstellung zurück, daß im Gegensatz zur trockenen Reibung zwischen festen Körpern die innere, molekulare Reibung zwischen zwei aneinander grenzenden Fluidelementen nahezu unabhängig von dem dort herrschenden Normaldruck und proportional der Geschwindigkeitsänderung beim Übergang vom einen zum anderen Element ist. Betrachtet wird nach Abb. 1.3a die Strömung zwischen zwei sehr langen parallelen ebenen Platten, die den Abstand h voneinander haben. Während die untere Platte in Ruhe ist, wird die obere Platte mit der konstanten Geschwindigkeit v_0 in ihrer eigenen Ebene bewegt. Im ganzen mit einem Fluid gefüllten Zwischenraum sei der Druck konstant. Aus dem Versuch erhält man die Aussage, daß das strömende Fluid an beiden Platten haftet (Geschwindigkeit des Fluids an der unteren Platte $v = 0$, an der oberen Platte $v = v_0$) und ferner zwischen den Platten eine lineare Geschwindigkeitsverteilung $v = (v_0/h)\,n$ herrscht. Um diesen Bewegungszustand

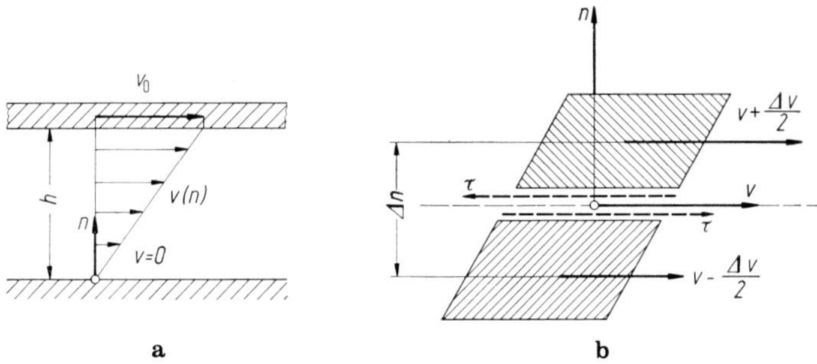

Abb. 1.3. Zur Definition der Schubspannung τ bei der einfachen laminaren Scherströmung. **a** Strömung zwischen zwei ebenen Platten. **b** Bewegung zweier benachbarter Fluidelemente

aufrechtzuerhalten, muß an der oberen Platte eine Tangentialkraft in der Bewegungsrichtung angreifen, welche den Reibungskräften des Fluids das Gleichgewicht hält. Nach den Versuchsergebnissen ist diese auf die Plattenfläche bezogene Kraft, d. h. die Schubspannung τ, proportional der Geschwindigkeit v_0 und umgekehrt proportional dem Plattenabstand h. Der Proportionalitätsfaktor wird mit η bezeichnet. Er hängt von der Art des verwendeten Fluids ab. Mithin ist die Schubspannung der hier betrachteten Scherströmung (Schichtenströmung) $\tau = \eta(v_0/h)$ in $\mathrm{N/m^2} = \mathrm{Pa}$.

Die gemachten Darlegungen gelten verallgemeinert auch für den Einfluß der Reibung im Inneren eines Strömungsgebiets. Nach Abb. 1.3b besitzen zwei normal zur Strömungsrichtung benachbarte in s-Richtung sich bewegende Fluidelemente die Geschwindigkeiten $v - \Delta v/2$ bzw. $v + \Delta v/2$. Von den beiden benachbarten Elementen zweier Fluidschichten wird also dasjenige, welches die größere Geschwindigkeit besitzt, durch die innere Viskosität unter gleichzeitiger Formänderung verzögert, das andere dagegen beschleunigt. Mithin läßt sich die Schubspannung durch

$$\tau = \frac{\text{Schubkraft}}{\text{Berührungsfläche}} = \eta \lim_{\Delta n \to 0} \frac{\Delta v}{\Delta n} = \eta \frac{\partial v}{\partial n} \quad \text{(Newton)} \tag{1.11}$$

beschreiben. Der empirisch gegebene Proportionalitätsfaktor η wird als dynamische Viskosität, Schicht- oder auch Scherviskosität bezeichnet[5]. Sie besitzt die Dimension $\mathsf{FT/L^2} = \mathsf{M/TL}$ mit der Einheit $\mathrm{N\,s/m^2} = \mathrm{Pa\,s} = \mathrm{kg/s\,m}$ [6]. Die mole-

---

5 Der Kehrwert der dynamischen Viskosität $1/\eta$ wird Fluidität genannt.

6 Als SI-Einheit für die dynamische Viskosität soll 1 Pa s (Pascalsekunde) $= 1\,(\mathrm{N/m^2})\,\mathrm{s}$ verwendet werden. Die Größe 1 P (Poise) $= 10^{-1}$ Pa s wird nicht mehr empfohlen.

kulare Viskosität (Austauschgröße) ist eine Stoffgröße, die für die einzelnen Fluide verschieden groß ist. Sie hängt stark von der Temperatur und schwach vom Druck ab, d. h. $\eta = \eta(p, T) \approx (T)$. Es ist $\partial v/\partial n$ die Geschwindigkeitsänderung normal zur Berührungsfläche. Gl. (1.11) bezeichnet man als Newtonsches Elementargesetz der Zähigkeitsreibung laminar strömender normalviskoser Fluide (newtonsche Fluide). Seine Verallgemeinerung auf den dreidimensionalen Fall wird durch das Stokessche Gesetz der Zähigkeitsreibung beschrieben, vgl. Kap. 2.5.3.3.

Oft empfiehlt es sich, die dynamische Viskosität des Fluids auf seine Dichte ϱ zu beziehen, und man definiert

$$\nu = \frac{\text{dynamische Viskosität}}{\text{Dichte}} = \frac{\eta}{\varrho} \quad \text{(abgeleitete Stoffgröße)} \tag{1.12}$$

als kinematische Viskosität. Ihre Dimension L^2/T mit der Einheit m^2/s ist unabhängig vom Masse- und Kraftbegriff, d. h. ν ist eine kinematische Größe[7].

Flüssigkeiten. Es gilt nahezu unabhängig vom Druck im Temperaturbereich $0 < t < 100\,°C$ die für das Verhältnis der dynamischen Viskositäten von Flüssigkeiten in [14] modifizierte Beziehung von Andrade [1]

$$\frac{\eta}{\eta_b} = \exp\left(\frac{T_A}{T + T_B} - \frac{T_A}{T_B + T_b}\right) \quad \text{(Flüssigkeit)}, \tag{1.13}$$

wobei die Bezugswerte η_b sowie die Konstanten T_A und T_B für verschiedene Flüssigkeiten in Tab. 1.1 zusammengestellt sind. Wie aus Abb. 1.4 hervorgeht, nimmt die dynamische Viskosität von Flüssigkeiten mit wachsender Temperatur ab. In Tab. 1.1 sind auch Werte für die kinematische Viskosität ν_b angegeben.

Gase. Es lautet, ebenfalls vom Druck nahezu unabhängig, für das Verhältnis der dynamischen Viskositäten von Gasen die halbempirische Formel von Sutherland [33], vgl. auch [18],

$$\frac{\eta}{\eta_b} = \frac{T_b + T_S}{T + T_S}\left(\frac{T}{T_b}\right)^{3/2}; \quad \frac{\eta}{\eta_b} \approx \left(\frac{T}{T_b}\right)^{\omega} \approx \frac{T}{T_b} \sim T \quad \text{(Gas)}. \tag{1.14a; b, c}$$

Der Bezugswert η_b sowie die Sutherland-Konstante T_S sind für verschiedene Gase in Tab. 1.1 zusammengestellt. Abb. 1.4 zeigt, daß die dynamische Viskosität von Gasen im Gegensatz zu derjenigen von Flüssigkeiten mit wachsender Temperatur zunimmt. Für Luft gilt (1.14b) bei mäßigen Temperaturen $10^2 < T < 10^3$ K mit $\omega = 0{,}7$ bis $0{,}8$ und bei überhitzten Dämpfen bis $\omega = 1{,}2$. Zuweilen wird für ω der Näherungsansatz $\omega = 1/2 + T_S/(T_b + T_S)$ gemacht[8]. Als Näherung nimmt

---

7 Die Einheit 1 St (Stockes) $= 10^{-4}$ m²/s wird nicht mehr empfohlen.

8 Nach der kinetischen Gastheorie [6, 15] ist bei kugelförmigen starren Molekülen (einatomige Moleküle) die Viskosität nicht vom Druck, sondern nur von der Temperatur abhängig, und zwar gilt $\eta = \eta(T) = C\sqrt{T}$, d. h. $\omega = 1/2$, was (1.14a) für sehr große Temperaturen T, $T_b \gg T_S$ richtig wiedergibt. Für sehr kleine Temperaturen T, $T_b \ll T_S$ gilt $\omega = 3/2$.

man häufig einen linearen Zusammenhang von Viskosität und Temperatur entsprechend (1.14c) an, d. h. man setzt $\omega = 1$ und spricht vom linearen Temperaturgesetz der Viskosität, $\eta \sim T$. In Tab. 1.1 sind auch Werte für die kinematische Viskosität ν_b angegeben.

Viskositätsfunktionen. Bei der Behandlung zähigkeitsbehafteter Strömungen, bei denen die Temperatur eine Rolle spielt, tritt die Viskosität in zwei verschiedenen Kombinationen auf, und zwar als Dichte-Viskositätsfunktion ζ und als Temperatur-Viskositätsfunktion μ. Diese dimensionslosen Funktionen seien folgendermaßen definiert:

$$\zeta = \frac{\varrho\eta}{\varrho_b\eta_b} = \frac{\varrho T}{\varrho_b T_b}\,\mu \qquad \text{mit} \qquad \mu = \frac{T_b\eta}{T\eta_b}. \tag{1.15a, b}$$

Für ein homogenes Fluid ($\varrho = \text{const}$, $\eta = \text{const}$) ist $\zeta = \text{const}$. Wegen $\eta/\eta_b = f(T/T_b)$ nach Abb. 1.4 ist $\mu = \mu(T)$. Für Flüssigkeiten mit $\varrho/\varrho_b \approx 1$ gilt $\zeta \approx \eta/\eta_b$. Für Gase geht (1.15a, b) mit (1.7d) und gegebenenfalls mit (1.14b, c) über in

$$\zeta = \frac{p}{p_b}\,\mu \qquad \text{mit} \qquad \mu = \left(\frac{T_b}{T}\right)^{1-\omega} \approx 1{,}0 \qquad \text{(Gas)}. \tag{1.16a, b}$$

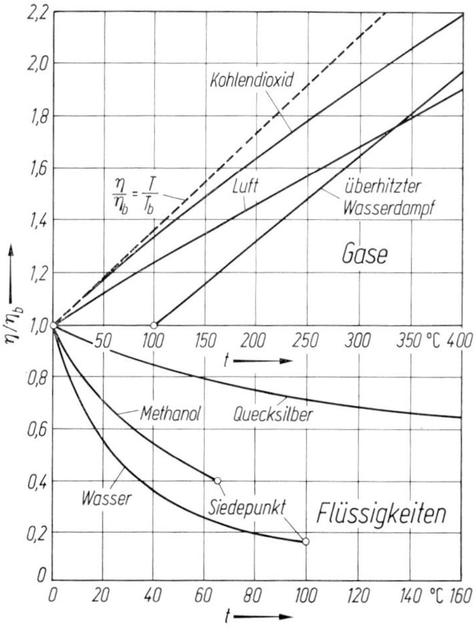

Abb. 1.4.

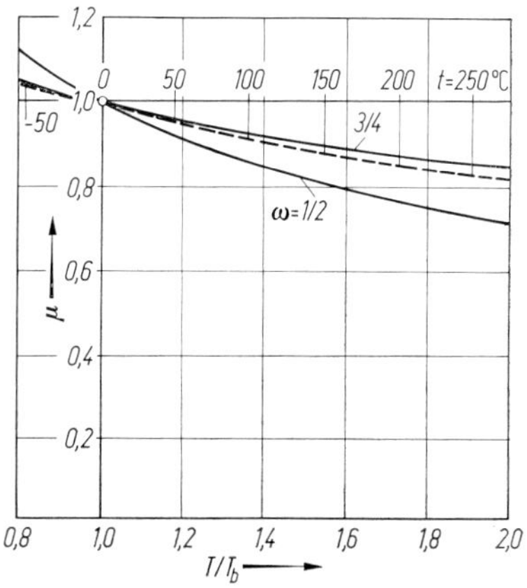

Abb. 1.5.

Abb. 1.4. Temperaturabhängigkeit der dynamischen Viskosität von Flüssigkeiten und Gasen bei einem Druck von 1 bar, vgl. (1.13) und (1.14). Bezugswerte η_b aus Tab. 1.1; gestrichelt: Gase, $\eta \sim T$

Abb. 1.5. Temperatur-Viskositätsfunktion $\mu = T_b\eta/T\eta_b$ für Gase in Abhängigkeit vom Temperaturverhältnis T/T_b. Näherungskurven $\mu = (T_b/T)^{1-\omega}$ nach (1.16b) mit $\omega = 1$, 3/4 und 1/2; gestrichelt: exakt ($T_b = 273{,}2$ K, $t_b = 0\,°\mathrm{C}$)

In Abb. 1.5 ist μ für Luft über T/T_b dargestellt. Es zeigt sich, daß μ in nicht allzu großen Temperaturbereichen in erster Näherung ungeändert ist. Diese Aussage gilt exakt, wenn $\omega = 1$ ist.

Volumenviskosität. Neben der Scherviskosität η tritt bei dichteveränderlichen Fluiden noch die Volumenviskosität, auch Kompressions- oder Druckviskosität $\hat{\eta}$ genannt, auf, vgl. Kap. 2.5.3.3. Hierüber liegen noch keine zuverlässigen Zahlenwerte vor. Als gesichert kann angesehen werden, daß $\eta > 0$ und $\hat{\eta} \geqq 0$ ist. Näherungsweise kann man zunächst $\hat{\eta} \approx 0$ setzen[9].

1.2.3.3 Anomalviskose Fluide (nicht-newtonsche Fluide)

Definition. Die bisherigen Betrachtungen über die Wirkungen der Zähigkeit betreffen die normalviskosen oder newtonschen Fluide. Das sind Medien, die sich durch leichte Verschieblichkeit ihrer Elemente auszeichnen, d. h. einer Formänderung nur geringen Widerstand entgegensetzen. Bei ihnen ist nach (1.11) die Schubspannung dem Geschwindigkeitsgradienten normal zur Strömungsrichtung $\partial v/\partial n$ proportional. Dies Gesetz gilt für viele praktisch interessierende Fluide, wie Wasser und Luft. Daneben gibt es eine ganze Reihe von Fluiden, die dem angegebenen Schubspannungsgesetz nicht gehorchen; man nennt sie anomalviskose oder nicht-newtonsche Fluide. Zu ihnen gehören z. B. Öl, Teer und Asphalt, die einer Formänderung einen mehr oder weniger großen Widerstand entgegensetzen. Sollen bei solchen Medien die zur Formänderung notwendigen Kräfte klein bleiben, so muß diesen Fluiden im weiteren Sinn genügend Zeit für ihre Formänderung zur Verfügung stehen. Das Studium nicht-newtonscher Fluide gehört in das Gebiet der Rheologie. Anomalviskose Fluide werden nach ihrem Reibungsgesetz, welches die Abhängigkeit der Deformation eines Fluidelements von der Belastungsstärke, Belastungsänderung und Belastungsdauer angibt, behandelt. Ein gegenüber (1.11) erweiterter Schubspannungsansatz zwischen dem Geschwindigkeitsgradienten $\partial v/\partial n$, der Schubspannung (Fließspannung) τ, der zeitlichen Schubspannungsänderung $\dot{\tau}$ und der Zeit t lautet

$$\frac{\partial v}{\partial n} = f(\tau, \dot{\tau}, t) \qquad \text{(Ansatz)}, \tag{1.17}$$

wobei man im allgemeinen eine Unterteilung in drei Gruppen vornimmt.

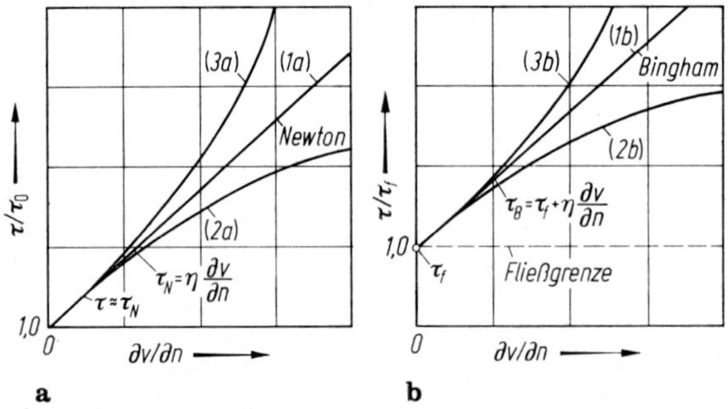

Abb. 1.6. Übersicht über das zeitunabhängige Reibungsverhalten anomalviskoser Fluide (nicht-newtonsche Fluide). **a** Ohne Fließfestigkeit. **b** Mit Fließfestigkeit. (*1a*) Newton-Fluid, (*1b*) Bingham-Fluid, (*2a, b*) strukturviskoses Fluid, (*3a, b*) dilatantes Fluid

Viskounelastische Fluide. Solche Medien verhalten sich zeitunabhängig. In Abb. 1.6 werden verschiedene Schubspannungsgesetze $\tau = f(\partial v/\partial n)$ schematisch dargestellt. Dabei hat man zu unterscheiden in die Fälle ohne Fließfestigkeit nach Abb. 1.6a und mit Fließfestigkeit nach Abb. 1.6b. Das lineare Newtonsche Schubspannungsgesetz (newtonsches

9 Bei einatomigen Molekülen, die nach der kinetischen Gastheorie keine inneren Freiheitsgrade (Rotation, Schwingung) besitzen, ist $\hat{\eta} = 0$. Bei mehratomigen Molekülen ist, bedingt durch das Vorhandensein innerer Freiheitsgrade der Moleküle und das Auftreten von Relaxation, im allgemeinen $\hat{\eta} \neq 0$, [39].

Fluid) nach (1.11) stellt die Gerade (*1a*) dar. Bei Bingham-Fluiden setzt der Fließvorgang erst ein, wenn die Schubspannung gemäß der Geraden (*1b*) einen für das Medium charakteristischen Wert (Fließfestigkeit τ_f) erreicht hat. Abweichungen gegenüber dem linearen Schubspannungsgesetz treten bei strukturviskosen (shear thinning) Fluiden gemäß den Kurven (*2a, b*) sowie bei dilatanten (shear thickening) Fluiden gemäß den Kurven (*3a, b*) auf. Bei wachsender Scherung $\partial v/\partial n$ macht sich im ersten Fall eine Verkleinerung und im zweiten Fall eine Vergrößerung der effektiven Viskosität bemerkbar.

Fluide mit zeitabhängigem Schubspannungsgesetz. Das Zähigkeitsverhalten hängt in besonderem Maß von der Dauer der Belastung ab, $\partial v/\partial n = f(\tau, t)$. Solche Medien können thixotrop oder rheopekt sein, d. h. ihre effektive Viskosität nimmt bei konstant gehaltener Schubbelastung mit der Zeit ab bzw. zu. Sie werden auch „Stoffe mit Gedächtnis" genannt.

Viskoelastische Fluide. Diese Stoffe besitzen sowohl elastische als auch plastische Eigenschaften, $\partial v/\partial n = f(\tau, \dot{\tau})$. Auf die genauere Beschreibung der physikalischen Eigenschaften anomalviskoser Fluide und ihr Vorkommen bei praktischen Aufgabenstellungen kann hier nicht eingegangen werden. Es sei auf die Ausführungen in [4, 7, 9, 11, 28, 32] verwiesen.

1.2.3.4 Wirbelviskosität (Turbulenz)

Bei der in Kap. 1.2.3.1 erwähnten turbulenten Strömung kann man die durch molekularen und turbulenten Transportvorgang hervorgerufene gemittelte Schubspannung bei einer einfachen turbulenten Scherströmung eines normalviskosen Fluids folgendermaßen anschreiben:

$$\overline{\tau^*} = \eta \frac{\partial \bar{v}}{\partial n} + \bar{\tau}' = \bar{\tau} + \bar{\tau}' \quad \text{mit} \quad \bar{\tau}' = \eta' \frac{\partial \bar{v}}{\partial n} = A_\tau \frac{\partial \bar{v}}{\partial n}. \qquad (1.18\text{a, b})$$

Bei $\bar{v}$ handelt es sich um die gemittelte Geschwindigkeit der Hauptbewegung, vgl. Kap. 2.5.3.5. Für die von der turbulenten Schwankungsbewegung zusätzlich hervorgerufene Schubspannung $\bar{\tau}'$ wird ein zu (1.11) analoger formaler Ansatz gemacht, wobei man η' als scheinbare Viskosität der turbulenten Mischbewegung bezeichnet. Den entsprechenden Ausdruck für die kinematische Viskosität $\nu' = \eta'/\varrho$ nennt man die Wirbelviskosität. Es ist η' im eigentlichen Sinn keine physikalische Stoffgröße, sondern eine Impulsaustauschgröße $\eta' = A_\tau$, die vom Geschwindigkeitsverhalten der Strömung selbst noch abhängig ist. Gl. (1.18b) nennt man daher den Austauschansatz für die turbulente Schubspannung. Eine Angabe von allgemein gültigen Zahlenwerten für A_τ ist nicht möglich. In den meisten Fällen ist $\bar{\tau}' \gg \bar{\tau}$ und damit auch $\eta' \gg \eta$. An festen Wänden verschwindet die turbulente Austauschbewegung, so daß dort $A_\tau = 0$ zu setzen ist. Es sei erwähnt, daß auch turbulente Strömungen von anomalviskosen Fluiden (nicht-newtonsche Fluide) vorkommen können.

1.2.4 Schwereinfluß

1.2.4.1 Grundsätzliches

Bei Flüssigkeiten spielt im Gegensatz zu Gasen die Schwere (Gravitation) eine wesentlich größere Rolle. Dies bedeutet, daß in der Hydromechanik alle die Fallbeschleunigung (Schwer-, Gravitationsbeschleunigung) g enthaltenden Glieder im allgemeinen nicht vernachlässigt werden dürfen. Aber auch in der Aeromechanik, z. B. bei der Beschreibung der Atmosphäre, ist die Fallbeschleunigung g zu berücksichtigen. Sie hat die Dimension $\mathsf{L/T^2}$ mit der Einheit m/s². Für sie gilt in Abhängigkeit von der Höhe z

$$g = g(z) = \left(\frac{r_0}{r_0 + z}\right)^2 g_0 \approx g_0 = \text{const.} \qquad (1.19\,\text{a, b})$$

Hierin sind $g_0 \approx g_n$ die Fallbeschleunigung an der Erdoberfläche bei $z = 0$ mit $g_n = 9{,}807$ m/s² als Normfallbeschleunigung und $r_0 = 6370$ km der mittlere Erdradius. Für die meisten strömungsmechanischen Aufgaben genügt es, mit einem konstanten Wert für die Fallbeschleunigung zu rechnen; es sei dann auf die Kennzeichnung durch den Index 0 verzichtet. Um die Richtung der Fallbeschleunigung zu kennzeichnen, führt man den nach unten gerichteten Vektor $\boldsymbol{g}$ ein. Zeigt in einem kartesischen Koordinatensystem x, y, z die z-Achse positiv nach oben, dann wird $g_x = 0 = g_y$ und $g_z = -|\boldsymbol{g}| = -g$. Bei einem massebehafteten jedoch nahezu schwerlosen Fluid (Gas) ist $g \to 0$ zu setzen.

1.2.4.2 Schwerkraft, Schwerkraftpotential

Für ein Massenelement Δm beträgt nach dem Newtonschen Grundgesetz der Mechanik die Schwerkraft (Gravitationskraft) $\Delta \boldsymbol{F}_G = \Delta m \boldsymbol{g}$. Ihr Betrag ist gleich dem Gewicht ΔG des betrachteten Fluidelements in N. Bezogen auf die Masse ergibt dies die nach unten gerichtete massebezogene Schwerkraft in N/kg

$$f_G = g(z) \approx \text{const}, \qquad (1.20\,\text{a, b})$$

vgl. Kap. 2.2.2.2. und 2.2.2.3.

1.2.4.3 Wichte von Fluiden[10]

Unter der Wichte, genauer als Schwerkraftdichte bezeichnet, versteht man die auf das Volumen ΔV bezogene Schwerkraft (Gewicht) ΔG

$$\gamma = \frac{\text{Gewicht}}{\text{Volumen}} = \lim_{\Delta V \to 0} \frac{\Delta G}{\Delta V} = \frac{dG}{dV} = \varrho g \quad \text{(abgeleitete Stoffgröße).} \qquad (1.21\,\text{a, b, c})$$

Wegen $\Delta G = \Delta m g$ und $\Delta m = \varrho \Delta V$ nach (1.1) folgt der Zusammenhang von Wichte γ und Dichte ϱ in (1.21c). Die Wichte hat die Dimension $\mathsf{F/L^3}$ mit der Einheit N/m³. Für Wasser, bei dem die Wichte am häufigsten benutzt wird, ist bei einer Temperatur von 4 °C der Zahlenwert $\gamma = 9806$ N/m³ $= 1000$ kp/m³. Nach (1.19a) ist $g = g(z)$ die örtlich veränderliche Fallbeschleunigung. Mithin ist die Wichte keine eigentliche Stoffgröße des Fluids. Bei $g =$ const besteht ein fester Zusammenhang von Wichte und Dichte, und es gilt für die Wichte das bereits in Kap. 1.2.2.2 bei der Dichte über die Druck- und Temperaturabhängigkeit Gesagte unverändert.

---

10 Diese auch als spezifisches Gewicht bekannte Größe sollte möglichst nicht mehr benutzt werden, da sie keine Stoffgröße im eigentlichen Sinn ist und leicht durch (1.21c) beschrieben werden kann.

1.2.5 Wärmeverhalten

1.2.5.1 Grundsätzliches

Bei den in Kap. 1.2.2 und 1.2.3 besprochenen physikalischen Eigenschaften, insbesondere bei den Stoffgrößen der Dichte ϱ und der Viskosität η, wurde auf den Einfluß der Temperatur T bereits eingegangen. Darüber hinaus sollen jetzt einige bei Strömungsvorgängen auftretende thermodynamische Eigenschaften und Stoffgrößen besprochen werden. Hierbei spielt besonders die Temperaturänderung infolge Wärmezu- oder -abfuhr eine Rolle. Für ein System im thermodynamischen Gleichgewicht genügt für die Beschreibung der thermodynamischen Zustandsänderung die Angabe der Zustandsgrößen Z_1 und Z_2 zu Beginn und am Ende des Prozesses. Beim Auftreten von Wärme ist es jedoch nicht gleichgültig, unter welchen Umständen diese an der Zustandsänderung des Systems beteiligt ist. Die Beschreibung erfordert neben der Angabe der Zustandsgrößen Z_1 und Z_2 auch die Angabe der Bedingungen, unter denen die Zustandsänderung $Z_{1\to 2}$ abläuft. Man nennt dies den thermodynamischen Prozeß. Der Begriff des Prozesses ist weitgehender und umfassender als der Begriff der Zustandsänderung.

1.2.5.2 Wärmekapazität, innere Energie, Enthalpie

Definitionen. Bei einem mit Wärme verbundenen Prozeß besteht nach der kalorimetrischen Gleichung zwischen der in einem Fluidelement der Masse Δm nach Abb. 1.7a gespeicherten Wärmemenge ΔQ in J und der Temperaturänderung ΔT in K der Zusammenhang $\Delta Q = C\Delta T$. Es ist C eine extensive Größe, die man die Wärmekapazität des Systems nennt:

$$C = \frac{\text{Wärmemenge}}{\text{Temperaturänderung}} = \lim_{\Delta T\to 0} \frac{\Delta Q}{\Delta T} = \frac{dQ}{dT}, \quad c = \frac{dq}{dT} \quad \text{(Definition)}. \qquad (1.22\text{a, b})$$

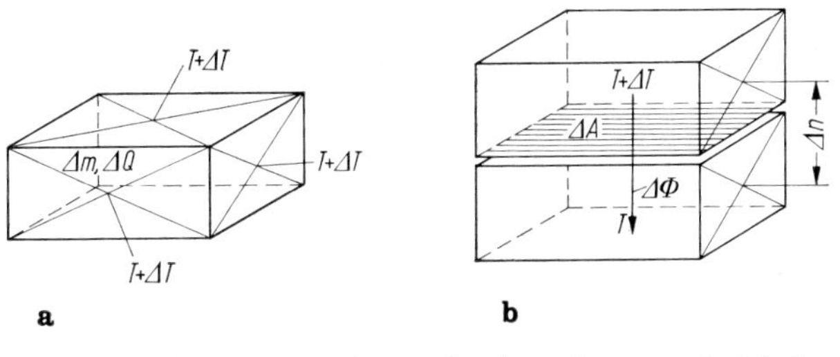

Abb. 1.7. Zur Erläuterung des Wärmeverhaltens an einem einzelnen bzw. zwei sich berührenden Fluidelementen: **a** Wärmemenge ΔQ bei $\Delta T > 0$ (Wärmekapazität c). **b** Wärmestrom $\Delta \Phi$ bei $\Delta T > 0$ (Wärmeleitfähigkeit λ)

Wird unter $q = \Delta Q/\Delta m$ die bezogene Wärmemenge (Wärmemenge/Masse) in J/kg verstanden, dann ist (1.22b) die Definitionsgleichung für die auf die Masse bezogene spezifische Wärmekapazität $c = C/\Delta m$. Sie ist eine Stoffgröße des Fluids, welche die Dimension $\mathsf{FL/M\Theta} = \mathsf{L^2/T^2\Theta}$ mit der Einheit J/kg K $=$ m²/s²K besitzt.

Nach dem ersten Hauptsatz der Thermodynamik bestehen bei einem Gleichgewichtssystem, auf das nur Druckkräfte von außen wirken, zwischen der bezogenen Wärmemenge q als kalorischer Prozeßgröße, dem Druck p und dem spezifischen Volumen v als thermischen Zustandsgrößen sowie der spezifischen inneren Energie u (Energieinhalt der Molekülbewegung bei konstantem Volumen) und der spezifischen Enthalpie h (Wärmeinhalt bei konstantem Druck) als kalorischen Zustandsgrößen die Zusammenhänge

$$\bar{d}q = du + p\,dv = dh - v\,dp \qquad \text{mit} \qquad h = u + pv. \qquad (1.23\text{a; b})^{11}$$

Alle Größen haben die Dimension FL/M mit der Einheit J/kg. Man nennt (1.23a) die kalorische Zustandsgleichung. Aus ihr folgt, daß die einem geschlossenen System zugeführte Wärme $\bar{d}q > 0$ bei konstantem Volumen $v = \text{const}$ dessen innere Energie du und bei konstantem Druck $p = \text{const}$ dessen Enthalpie dh erhöht. Durch Einsetzen von (1.23a) in (1.22b) folgt

$$c = \frac{du}{dT} + p\frac{dv}{dT} = \frac{dh}{dT} - v\frac{dp}{dT}; \qquad c_v = \left(\frac{\partial u}{\partial T}\right)_v, \qquad c_p = \left(\frac{\partial h}{\partial T}\right)_p. \qquad (1.24\text{a; b})$$

Die spezifische Wärmekapazität hängt außer vom thermodynamischen Zustand auch von der Art des Prozesses ab. Die beiden technisch wichtigsten Prozesse erfolgen bei konstantem spezifischem Volumen (isochorer Prozeß mit $dv = 0$) und bei konstantem Druck (isobarer Prozeß mit $dp = 0$). Man definiert daher nach (1.24b) eine spezifische Wärmekapazität bei konstantem Volumen $c_v = (\partial q/\partial T)_v$ und eine spezifische Wärmekapazität bei konstantem Druck $c_p = (\partial q/\partial T)_p$.

Wärmekapazitäten. Nach den grundlegenden Differentialgleichungen der Thermodynamik für die spezifischen Wärmekapazitäten gelten die Zusammenhänge vgl. [31],

$$c_p - c_v = T\left(\frac{\partial p}{\partial T}\right)_v \left(\frac{\partial v}{\partial T}\right)_p \geqq 0, \quad \varkappa = \frac{c_p}{c_v} = \left(\frac{\partial v}{\partial p}\right)_T \left(\frac{\partial p}{\partial v}\right)_s \geqq 1. \qquad (1.25\text{a, b})$$

Verläuft der Strömungsvorgang bei konstanter Entropie ($s = \text{const}$), d. h. sind $p(s, v) = p(v)$ und $v(s, p) = v(p)$, dann lautet die Isentropengleichung $dp = (\partial p/\partial v)_s\,dv$ oder

$$\frac{dp}{p} + \varkappa_s\frac{dv}{v} = 0 \quad \text{mit} \quad \varkappa_s = -\frac{v}{p}\left(\frac{\partial p}{\partial v}\right)_s = \frac{\varrho}{p}\left(\frac{\partial p}{\partial \varrho}\right)_s \quad \text{(isentrop)} \qquad (1.26\text{a, b})$$

als Isentropenkoeffizienten. Dieser ist im allgemeinen eine Zustandsgröße, $\varkappa_s = \varkappa_s(p, T)$. Im Fall $\varkappa_s = \text{const}$ nennt man $\varkappa_s$ den Isentropenexponenten, vgl. (1.5). Zwischen dem Verhältnis der spezifischen Wärmekapazitäten $\varkappa$ nach (1.25b) und dem Isentropenkoeffizienten $\varkappa_s$ nach (1.26b) besteht der Zusammenhang

$$\frac{\varkappa}{\varkappa_s} = -\frac{p}{v}\left(\frac{\partial v}{\partial p}\right)_T = \frac{p}{\varrho}\left(\frac{\partial \varrho}{\partial p}\right)_T. \qquad (1.26\text{c})$$

---

11 Aus (1.23) folgt, daß die Wärmemenge $\bar{d}q$ im Gegensatz zu dv, dp, du und dh kein vollständiges (integrables) Differential ist. Es ist physikalisch gesehen $\bar{d}q$ keine Zustands- sondern eine Prozeßgröße. Dieser Tatbestand soll durch Überstreichen des Differentialoperators gekennzeichnet werden, d. h. $\bar{d}q$.

Für ein dichtebeständiges Fluid mit $v = 1/\varrho = \text{const}$ ist $c_p = c_v = c$, $\varkappa = 1$ und $\varkappa_s = \infty$.

Für ein Fluid im flüssigen Aggregatzustand mit $\varrho \approx \text{const}$ kann auf die Unterscheidung von c_p und c_v häufig verzichtet werden. Dies hängt damit zusammen, daß Flüssigkeiten weitgehend dichtebeständig sind und somit bei einer Wärmezufuhr keine nennenswerte Volumenarbeit verrichtet wird. Es gilt nach (1.25a, b) und (1.26b)

$$c_p \approx c_v \approx c, \varkappa = \frac{c_p}{c_v} \approx 1{,}0, \quad \varkappa_s \approx \infty \text{ (Flüssigkeit)}. \qquad (1.27\text{a, b, c})$$

Für einige Flüssigkeiten sind in Tab. 1.1 Zahlenwerte für c_p, $\varkappa$ und $\varkappa_s$ wiedergegeben.

Für ein thermisch ideales Gas, welches der thermischen Zustandsgleichung (1.7a) gehorcht, gilt nach den grundlegenden Differentialgleichungen der Thermodynamik $(\partial c_v/\partial v)_T = 0 = (\partial c_p/\partial p)_T$, was bedeutet, daß die Wärmekapazitäten $c_v = c_v(T)$ und $c_p = c_p(T)$ nur temperaturabhängig sind. Weiterhin liefert (1.25a) den Zusammenhang $c_p - c_v = R = \text{const}$. Das Verhältnis der Wärmekapazitäten $\varkappa$ nach (1.25b) ist wegen $(\partial v/\partial p)_T = -(v/p)$ gleichbedeutend mit dem Isentropenexponenten $\varkappa_s$ nach (1.26b). Man kann in der Idealisierung noch einen Schritt weitergehen und annehmen, daß nicht nur die Gaskonstante R als Differenz $c_p - c_v$, sondern auch die spezifischen Wärmekapazitäten c_p und c_v jede für sich konstant sein sollen. Ein so stark idealisiertes Gas nennt man ein vollkommen ideales Gas, für das im Gegensatz zu (1.27) gilt

$$c_p > c_v, \quad \varkappa = \frac{c_p}{c_v} = \varkappa_s > 1, \quad R = c_p - c_v \quad \text{(Gas)}. \qquad (1.28\text{a, b, c})$$

Zahlenwerte R, c_p und $\varkappa$ sind für verschiedene Gase in Tab. 1.1 wiedergegeben Für Luft ist $\varkappa = 1{,}4$. Die für ideale Gase gefundenen Beziehungen für die spezifischen Wärmekapazitäten sind in Tab. 1.2 zusammengestellt.

Innere Energie, Enthalpie. Für die Änderungen der spezifischen inneren Energie und der spezifischen Enthalpie gilt, vgl. [31]

$$du = c_v\,dT - \left[p - T\left(\frac{\partial p}{\partial T}\right)_v\right]dv, \quad dh = c_p\,dT + \left[v - T\left(\frac{\partial v}{\partial T}\right)_p\right]dp. \quad (1.29\text{a, b})$$

In Tab. 1.3 ist die für die Thermo-Fluidmechanik zweckmäßige Darstellung wiedergegeben. Zwischen der spezifischen inneren Energie und der spezifischen Enthalpie als abgeleiteter Zustandsgröße besteht der Zusammenhang, vgl. (1.23) mit $v = 1/\varrho$,

$$dh = du + d\left(\frac{p}{\varrho}\right), \quad h = u + \frac{p}{\varrho}. \qquad (1.30\text{a, b})$$

Auf die Angabe einer Integrationskonstanten in (1.30b) kann verzichtet werden. Diese ist physikalisch bedeutungslos, da es stets nur auf Differenzen der kalorischen Zustandsgrößen ankommt.

Tabelle 1.2. Spezifische Wärmekapazitäten und Zustandsgleichungen idealer Gase[a], vgl. Tab. 1.3

	Allgemein	Ideal	
		Thermisch	Vollkommen
spezifische Wärmekapazität	$c = \frac{dq}{dT}$	$c_p(T) - c_v(T) = R$	$c_p - c_v = R$
	$c_v = \left(\frac{\partial u}{\partial T}\right)_v$	$c_v = c_v(T) = \frac{1}{\varkappa - 1} R$	$c_v = \text{const}$
	$c_p = \left(\frac{\partial h}{\partial T}\right)_p$	$c_p = c_p(T) = \frac{\varkappa}{\varkappa - 1} R$	$c_p = \text{const}$
	$\varkappa = \frac{c_p}{c_v}$	$\varkappa = \varkappa(T)$	$\varkappa = \text{const}$
Zustands-gleichungen	thermisch	$p = \varrho R T$	
	kalorisch	$du = c_v(T)\, dT$	$u = c_v T$
		$dh = c_p(T)\, dT$	$h = c_p T$

[a] Nach der kinetischen Gastheorie hängt $\varkappa$ von der Molekülstruktur ab. Es gilt $\varkappa = (2 + f)/f > 1$ mit f als Anzahl der Bewegungsfreiheitsgrade der Moleküle, welche als starre Verbindungen der Atome betrachtet werden. Im einzelnen gilt: einatomige Moleküle $f = 3$ (drei Freiheitsgrade) $\varkappa = 5/3 = 1{,}67$, zweiatomige Moleküle $f = 5$ (Hantelmodell mit drei Translations- und zwei Rotationsfreiheitsgraden) $\varkappa = 7/5 = 1{,}4$, mehratomige Moleküle $f = 6$ (drei Translations- und drei Rotationsfreiheitsgrade) $\varkappa = 8/6 = 1{,}33$.

Tabelle 1.3. Spezifische innere Energie und Enthalpie bei Flüssigkeiten und idealen Gasen, vgl. Tab. 1.2

Innere Energie		Enthalpie	
$du = c_v\, dT + \frac{p}{\varrho}\left[1 - \frac{T}{p}\left(\frac{\partial p}{\partial T}\right)_\varrho\right]\frac{d\varrho}{\varrho}$		$dh = c_p\, dT + \frac{p}{\varrho}\left[1 + \frac{T}{\varrho}\left(\frac{\partial \varrho}{\partial T}\right)_p\right]\frac{dp}{p}$	
$dh = du + d\left(\frac{p}{\varrho}\right)$			

Flüssigkeit $\varrho = \text{const}$	$d\varrho = 0$	$du = c_v\, dT$	$\left(\frac{\partial \varrho}{\partial T}\right)_p = 0$	$dh = c_p\, dT + \frac{dp}{\varrho}$
Gas $\varrho = \frac{p}{RT}$	$\left(\frac{\partial p}{\partial T}\right)_\varrho = \frac{p}{T}$	$du = c_v\, dT$	$\left(\frac{\partial \varrho}{\partial T}\right)_p = -\frac{\varrho}{T}$	$dh = c_p\, dT$

Bei einer Flüssigkeit mit $\varrho = \text{const}$ und $c_p = c_v = c$ ist nach Tab. 1.3 $du = c\, dT$ und $dh = c\, dT + dp/\varrho$. Häufig kann man $c = \text{const}$ setzen und damit die Integration unmittelbar ausführen, d. h. $u = cT$ und $h = cT + p/\varrho$.

Für das vollkommen ideale Gas folgen aus Tab. 1.3 die in Tab. 1.2 angegebenen kalorischen Zustandsgleichungen. Unter Beachtung der thermischen Zustandsgleichung (1.7b) und der Gleichung für die Schallgeschwindigkeit (1.10a) gilt

$$u = \frac{1}{\varkappa - 1}\frac{p}{\varrho} = \frac{c^2}{\varkappa(\varkappa - 1)}, \quad h = \frac{\varkappa}{\varkappa - 1}\frac{p}{\varrho} = \frac{c^2}{\varkappa - 1}, \quad \varkappa = \frac{h}{u} \quad \text{(Gas)}. \qquad (1.31\text{a, b, c})$$

Hieraus folgt für die Änderung der spezifischen Enthalpie

$$dh = \frac{\varkappa}{\varkappa - 1}\left(1 - \frac{p}{\varrho}\frac{d\varrho}{dp}\right) di \quad \text{mit} \quad di = \frac{dp}{\varrho}. \qquad (1.32\text{a, b})$$

Bei einem barotropen Fluid mit der Dichte $\varrho = \varrho(p)$, welches der polytropen Zustandsänderung (1.4) gehorcht, ergibt sich wegen $(p/\varrho)(d\varrho/dp) = 1/n$ und $di = (p_b^{1/n}/\varrho_b)p^{-1/n}\,dp$ nach Ausführen der Integration

$$h = \frac{\varkappa(n - 1)}{n(\varkappa - 1)}\,i \quad \text{mit} \quad i = \int \frac{dp}{\varrho(p)} = \frac{n}{n - 1}\frac{p_b}{\varrho_b}\left(\frac{p}{p_b}\right)^{\frac{n-1}{n}} \quad \text{(polytrop)}. \qquad (1.32\text{c, d})$$

Der Index b kennzeichnet einen bestimmten Bezugszustand. Man nennt $i = i(p)$ häufig die Druckfunktion oder das Druckintegral. Für den Sonderfall einer isentropen Zustandsänderung wird mit $n = \varkappa_s = \varkappa$

$$h = i = \frac{\varkappa}{\varkappa - 1}\frac{p_b}{\varrho_b}\left(\frac{p}{p_b}\right)^{\frac{\varkappa-1}{\varkappa}} = \frac{\varkappa}{\varkappa - 1}\frac{p}{\varrho} \quad \left(\frac{p}{\varrho^{\varkappa}} = \text{const}\right). \qquad (1.32\text{e, f})[12]$$

Diese Beziehung stellt die spezifische Enthalpie bei konstanter Entropie dar. In Kap. 2.2.2.1 wird i als spezifisches Druckkraftpotential eingeführt. Bei einem dichtebeständigen Fluid ($\varrho = \varrho_b$, $n = \infty$) ist $i = p/\varrho$.

1.2.5.3 Wärmeleitfähigkeit, Wärmestromdichte

Wärmeleitfähigkeit. Beim Wärmeübergang zwischen zwei aneinandergrenzenden Fluidelementen nach Abb. 1.7b ist der Wärmestrom proportional der Temperaturänderung beim Übergang von einem zum anderen Element. Der Wärmestrom (Wärmemenge/Zeit) $\Delta\Phi$ in J/s durch das Element der Berührungsfläche ΔA beträgt $\Delta\Phi = \varphi\Delta A$ mit φ als Wärmestromdichte in J/m²s. Nach J. B. Fourier gilt

$$\varphi = \frac{\text{Wärmemenge}}{\text{Fläche} \times \text{Zeit}} = -\lambda \lim_{\Delta n \to 0} \frac{\Delta T}{\Delta n} = -\lambda\frac{\partial T}{\partial n} \quad \text{(Fourier)}. \qquad (1.33)$$

Es ist $\partial T/\partial n$ die Temperaturänderung normal zur Berührungsfläche in K/m und λ die molekulare Wärmeleitfähigkeit (Austauschgröße). Letztere ist eine Stoffgröße des Fluids und besitzt die Dimension $\mathsf{F/T\Theta}$ mit der Einheit N/s K = J/s K m = W/K m. Das negative Vorzeichen drückt aus, daß die Wärme infolge Wärmeleitung in Richtung abnehmender Temperatur strömt. Auf die Ähnlichkeit von (1.33) mit (1.11) für die Schubspannung τ sei hingewiesen. Eine Verallgemeinerung

---

12 Zum selben Ergebnis gelangt man durch Einsetzen von (1.5) mit $\varkappa_s = \varkappa$ in (1.31b).

des Fourierschen Gesetzes der Wärmeleitung wird in Kap. 2.6.2.1 gegeben. Die Wärmeleitfähigkeit wird im wesentlichen von der Temperatur beeinflußt, d. h. $\lambda = \lambda(p, T) \approx \lambda(T)$. Bei Gasen nimmt sie wie die Viskosität η mit der Temperatur zu, während sie bei Flüssigkeiten nahezu temperaturunabhängig ist. Zahlenwerte für λ sind für einige Flüssigkeiten und Gase in Tab. 1.1 zusammengestellt.

Scheinbare Wärmeleitfähigkeit (Turbulenz). Neben dem zusätzlichen Impulsaustausch bei turbulenter Strömung, welcher nach Kap. 1.2.3.4 durch die Impulsaustauschgröße A_τ erfaßt wird, tritt bei turbulenter Strömung auch ein zusätzlicher Wärmeaustausch auf. Für die durch den molekularen und turbulenten Transportvorgang hervorgerufene gemittelte Wärmestromdichte kann man analog zu (1.18a, b) folgendermaßen anschreiben:

$$\overline{\varphi^*} = -\lambda \frac{\partial \overline{T}}{\partial n} + \overline{\varphi}' = \overline{\varphi} + \overline{\varphi}' \qquad \text{mit} \qquad \overline{\varphi}' = -\lambda' \frac{\partial \overline{T}}{\partial y} = -c_p A_q \frac{\partial \overline{T}}{\partial n}. \quad (1.34\text{a, b})$$

Bei $\overline{T}$ handelt es sich um die gemittelte Temperatur der Hauptbewegung, vgl. Kap. 2.6.5.3. Für die von der turbulenten Schwankungsbewegung zusätzlich hervorgerufene Wärmestromdichte wird ein zu (1.33) analoger formaler Ansatz gemacht, wobei man λ' als scheinbare Wärmeleitfähigkeit der turbulenten Mischbewegung bezeichnet. Es ist λ' in gleicher Weise wie η' im eigentlichen Sinn keine physikalische Stoffgröße, sondern eine Wärmeaustauschgröße $c_p A_q$. Damit A_τ in (1.18b) und A_q in (1.34b) gleiche Dimension $\mathsf{M/TL}$ haben, hat man $\lambda' = c_p A_q$ eingeführt. Gl. (1.34b) nennt man den Austauschansatz für die turbulente Wärmestromdichte. Eine Angabe von allgemein gültigen Zahlenwerten ist für A_q, genauso wie für A_τ, nicht möglich. In den meisten Fällen ist $\overline{\varphi}' \gg \overline{\varphi}$ und damit auch $\lambda' \gg \lambda$. Für die Austauschgrößen gilt aufgrund experimenteller Daten $A_\tau \approx A_q$. An festen Wänden verschwindet die turbulente Austauschbewegung, so daß dort $A_q = 0$ zu setzen ist.

Temperaturleitfähigkeit. Eine häufig gebrauchte Stoffgröße stellt die Kombination aus der Dichte ϱ, der spezifischen Wärmekapazität c_p und der Wärmeleitfähigkeit λ dar

$$a = \frac{\text{Wärmeleitfähigkeit}}{\text{Dichte} \times \text{Wärmekapazität}} = \frac{\lambda}{\varrho c_p} \text{ (abgeleitete Größe).} \qquad (1.35)$$

Man nennt a die Temperaturleitfähigkeit; sie hat wie die kinematische Viskosität in (1.12) die Dimension $\mathsf{L^2/T}$ mit der Einheit $\mathrm{m^2/s}$. Zahlenwerte für a sind in Tab. 1.1 zusammengestellt.

Prandtl-Zahl. Die dimensionslose Zahl aus kinematischer Viskosität ν und Temperaturleitfähigkeit a oder aus spezifischer Wärmekapazität c_p, dynamischer Viskosität η und Wärmeleitfähigkeit λ bezeichnet man als Prandtl-Zahl des molekularen Transportvorgangs

$$Pr = \frac{\text{kinematische Viskosität}}{\text{Temperaturleitfähigkeit}} = \frac{\nu}{a} = \frac{c_p \eta}{\lambda} \text{ (Kennzahl).} \qquad (1.36\text{a, b})$$

Die Prandtl-Zahl hängt nur von den physikalischen Stoffgrößen des Fluids ab. Sie ist im Sinn von (1.47i) eine Kennzahl.

Bei Flüssigkeiten besteht eine starke Abhängigkeit der Prandtl-Zahl von der Temperatur, die man nach [8, 27, 38] näherungsweise mit

$$\frac{Pr}{Pr_b} = \exp\left(\frac{T_P}{T} - \frac{T_P}{T_b}\right) \quad \text{(Flüssigkeit)} \tag{1.37}$$

angeben kann. Für Wasser verringert sich die Prandtl-Zahl bei dem kleinen Temperaturunterschied von 20 °C bereits von Pr = 13,3 bei $t = 0\,°C$ auf Pr = 7,0 bei $t = 20\,°C$.

Bei Gasen ist die Prandtl-Zahl im Temperaturbereich $100\,K < T < 1000\,K$ nahezu temperaturunabhängig, d. h. man kann hierfür $Pr \approx$ const setzen. Es gelten die Zahlenwerte[13]

$$0{,}67 < Pr < 0{,}76, \qquad Pr \approx 1{,}0 \qquad \text{(Gas)}. \tag{1.38a, b}$$

Luft besitzt den Wert $Pr \approx 0{,}7$. Zahlenwerte für andere Gase sind in Tab. 1.1 zusammengestellt. Bei vollkommen idealen Gasen folgt wegen $Pr \approx$ const und $c_p \approx$ const aus (1.36b), daß die Wärmeleitfähigkeit λ proportional der Viskosität η und insbesondere $\lambda(T) \sim \eta(T)$ ist. Neben der Prandtl-Zahl der molekularen Transportvorgänge kann man bei turbulenten Strömungen auch eine verallgemeinerte Prandtl-Zahl Pr^* definieren, bei der anstelle der molekularen Viskosität η und der molekularen Wärmeleitfähigkeit λ auch noch die durch turbulente Austauschvorgänge hervorgerufene scheinbare Viskosität $\eta' = A_\tau$ und scheinbare Wärmeleitfähigkeit $\lambda' = c_p A_q$ mitberücksichtigt werden. Es sei also

$$Pr^* = \frac{c_p(\eta + \eta')}{\lambda + \lambda'} = \frac{c_p(\eta + A_\tau)}{\lambda + c_p A_q}, \qquad Pr' = \frac{c_p \eta'}{\lambda'} = \frac{A_\tau}{A_q} \tag{1.39a, b}$$

gesetzt. Da für Strömungen, bei denen turbulente Transportvorgänge wesentlich sind, $\eta' \gg \eta$ und $\lambda' \gg \lambda$ ist, geht die verallgemeinerte Prandtl-Zahl in die sogenannte turbulente Prandtl-Zahl Pr' über. Sie stellt das Verhältnis von Impulsaustauschgröße A_τ und Wärmeaustauschgröße A_q dar. Für Luft liegen die experimentellen Werte für Pr' zwischen 0,8 und 0,9. Hieraus folgt, daß $A_\tau < A_q$ ist. Die häufig bei Luft benutzte Vereinfachung $Pr \approx Pr' \approx 1$ gilt für turbulente Strömung noch besser als für laminare Strömung, bei der nur molekulare Transportvorgänge auftreten.

1.2.6 Zusammenwirken mehrerer Stoffe und Aggregatzustände

1.2.6.1 Grundsätzliches

Bei den bisherigen Betrachtungen über die Eigenschaften und Stoffgrößen von Fluiden in den Kap. 1.2.2 bis 1.2.5 handelt es sich jeweils um gleichartige Stoffe bei ungeändertem Aggregatzustand (Flüssigkeit, Dampf, Gas). Diese werden nach Kap. 1.2.1 homogene oder

13 Nach der kinetischen Gastheorie [6, 15] ist unter Berücksichtigung der Eucken-Korrektur $Pr = (4 + 2f)/(9 + 2f) < 1$ mit f als Anzahl der Bewegungsfreiheitsgrade der Moleküle, vgl. die Fußnote zu Tab. 1.2. Im einzelnen gilt: Einatomige Moleküle $Pr = 2/3 = 0{,}67$, zweiatomige Moleküle $Pr = 14/19 = 0{,}74$ und mehratomige Moleküle $Pr = 16/21 = 0{,}76$.

inhomogene Fluide genannt. Liegen nun mehrere Fluide oder Aggregatzustände gleichzeitig vor, so sollen diese als heterogene Fluide bezeichnet werden. Solche Fälle treten z. B. auf, wenn ein in allen seinen Teilen physikalisch gleichartiges Fluid von einem anderen Fluid gleichen oder anderen Aggregatzustands durch eine Grenzfläche getrennt ist. Diese Erscheinung faßt man häufig unter dem nur teilweise zutreffenden Begriff der Kapillarität zusammen; sie wird in Kap. 1.2.6.2 behandelt. Zu den heterogenen Fluiden gehören besonders die nassen Dämpfe, die ein Zweiphasengemisch aus siedender Flüssigkeit und gesättigtem Dampf (Gas) sind, vgl. Abb. 1.2. Kommen im Inneren einer strömenden Flüssigkeit dampf- oder gasgefüllte Hohlräume vor, so ist diese Erscheinung unter dem Namen der Kavitation oder Hohlraumbildung bekannt; sie wird in Kap. 1.2.6.3 besprochen. Neben den genannten Beispielen gehören auch Fragen der Gemische, der Zerstäubung, des Geschiebe- und Schwebestofftransports in Flüssigkeiten sowie des Sand- und Schneetransports im Sturm zum Themenkreis dieses Kapitels. Es soll jedoch hierauf nicht eingegangen werden.

1.2.6.2 Grenzflächen (Kapillarität)

Allgemeines. Grenzen zwei Fluide, z. B. Flüssigkeiten, die sich nicht mischen, oder Flüssigkeit und Gas aneinander, so unterliegen die Moleküle in der Nähe der Grenzfläche der Wirkung der molekularen Anziehungskräfte beider Fluide. Die Form der Grenzfläche hängt von der Natur der beiden aneinander grenzenden Fluide ab. Hierauf beruht z. B. die Erscheinung, daß ein auf eine Flüssigkeit gebrachter Tropfen einer leichteren Flüssigkeit als Tropfen erhalten bleibt (Wassertropfen auf Schwefelkohlenstoff) oder sich als dünne Haut über die Oberfläche der schwereren Flüssigkeit ausbreitet (Öl auf Wasser, Wasser auf Quecksilber).

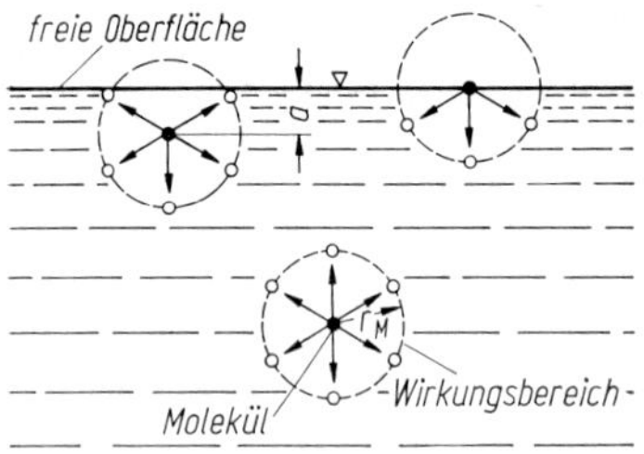

Abb. 1.8. Zur Deutung der molekularen Anziehungskräfte bei freien Flüssigkeitsoberflächen

Freie Grenzfläche. Auf jedes Molekül im Inneren einer ruhenden Flüssigkeit werden nach Abb. 1.8 von seiner Umgebung molekulare Anziehungskräfte (Kohäsion = Zusammenhalt gleichartiger Moleküle) innerhalb eines kleinen Wirkungsbereichs (Radius $r_M \approx 10^{-7}$ cm) ausgeübt. Befindet sich ein solches Molekül mindestens um r_M von einer freien Oberfläche (Grenzfläche zwischen Flüssigkeit und Gas) entfernt, so werden sich die von allen Richtungen her wirkenden Kräfte gegenseitig aufheben. Anders ist es jedoch bei einem Molekül, dessen Abstand a von der Oberfläche kleiner als r_M ist. Es wirkt eine von null verschiedene, in das Innere der Flüssigkeit ziehende resultierende Kraft F_M. Die Anziehungskräfte der Gas- auf die Flüssigkeitsmoleküle sind vernachlässigbar klein. Die Kraft F_M ist um so größer, je kleiner a ist. Hierdurch verbleiben an der Oberfläche nur so viele Moleküle, wie zur Bildung der Oberfläche unbedingt notwendig sind. Die freie Oberfläche einer Flüssigkeit zeigt daher das Bestreben sich zu verkleinern. Bei der Tropfenbildung entstehen also Körper kleinster Oberfläche. Man kann hieraus schließen, daß in der Oberfläche ein Spannungszustand ähnlich einer gleichmäßig gespannten dünnen Haut herrscht.

Grenzflächenspannung. Wesentlich für das Verhalten der Grenzflächen (einschließlich der freien Oberflächen) ist das Auftreten von Spannungskräften in der Grenzfläche. Die

Tangentialkomponente der molekularen Anziehungskraft bezieht man auf die Länge des Linienelements normal zur Spannungsrichtung und bezeichnet die so gewonnene Größe als Grenzflächenspannung, oder auch Kapillarspannung σ. Daß es sich bei σ tatsächlich um eine Spannung handelt, ist von Prandtl [24] gezeigt worden. Die Grenzflächenspannung σ hat an allen Punkten der Grenzfläche unabhängig von der Richtung dieselbe Größe und besitzt die Dimension F/L mit der Einheit N/m. Man kann σ auch als die zur Erzeugung der Grenzfläche benötigte Arbeit je Fläche in $Nm/m^2 = J/m^2$ auffassen. Es ist σ eine jeweils von zwei sich nicht mischenden Fluiden abhängige Stoffgröße. Sie wird Koeffizient der Grenzflächenspannung oder Kapillarkonstante genannt. Der Name Kapillarität rührt her von dem besonders auffälligen Verhalten einer Flüssigkeit unter dem Einfluß von Oberflächenspannungen in engen Röhren (Kapillaren). In Tab. 1.4 sind für einige Fluid-Kombinationen Werte für σ zusammengestellt. Sie nehmen mit wachsender Temperatur stets ab und sind sehr empfindlich gegen Verunreinigungen; vgl. auch [12].

Tabelle 1.4. Grenzflächenspannung (Kapillarkonstante) σ für verschiedene nicht mischbare Fluide. Bezugszustand $p \approx 1$ bar, $t \approx 20\,°C$ (bei Wasser/Wasserdampf $p = 1$ bar, $t = 99{,}6\,°C$) vgl. [2, 19]

Fluid-Kombination		N/m
Wasser	Luft	0,073
	Wasserdampf	0,059
Quecksilber	Luft	0,475
	Wasser	0,427
Alkohol	Luft	0,023
	Wasser	0,004
Öl	Luft	0,025···0,035
	Wasser	0,023···0,048

Grenzflächendruck. An ebenen Grenzflächen tritt die Grenzflächenspannung nicht in Erscheinung, da sie hier in sich im Gleichgewicht ist. Bei gekrümmten Grenzflächen äußert sie sich durch Druckunterschiede, welche sie zur Herstellung des Gleichgewichts hervorbringt. Die Grenzflächenspannung σ ist als eine tangentiale in der Grenzfläche liegende, normal zu den Begrenzungslinien eines Flächenelements wirkende Kraft/Länge aufzufassen. Bei einem gekrümmten Flächenelement liefern die an ihm wirksamen Grenzflächenspannungen eine normal zur Fläche stehende resultierende Kraft. Bezogen auf das Flächenelement ergibt sich der Grenzflächen-, Krümmungs- oder Kapillardruck, welcher der Krümmung proportional ist. Zur Ermittlung des Grenzflächendrucks sei das in Abb. 1.9a skizzierte räumlich gekrümmte Flächenelement dA betrachtet, welches durch die zwei normalen Hauptschnitten entsprechenden Linienelemente ds_1 und ds_2 begrenzt sei. Die zugehörigen Krümmungsradien seien mit r_1 und r_2 sowie die Krümmungswinkel mit ϑ_1 und ϑ_2 bezeichnet. Infolge der Krümmung liefern die Grenzflächenspannungen σ nach Abb. 1.9b eine normal zur Fläche $dA = ds_1\, ds_2$ stehende Resultierende von der Größe $dF_n = \sigma\, ds_1 \vartheta_2 + \sigma\, ds_2 \vartheta_1$, wobei $ds_1 = \vartheta_1 r_1$ und $ds_2 = \vartheta_2 r_2$ ist. Der gesuchte Krümmungsdruck p_K (= Normalkraft dF_n/Fläche dA) in Pa = N/m² ergibt sich also zu

$$p_K = \sigma \left(\frac{1}{r_1} + \frac{1}{r_2}\right), \qquad p_K = \frac{2\sigma}{r_K} \qquad (r_1 = r_2 = r_K) \qquad \text{(Krümmungsdruck).} \qquad (1.40\text{a, b})$$

Er wird positiv, also nach innen gerichtet sein, sofern das Flächenelement wie in Abb. 1.9a einer nach außen konvexen Grenzfläche angehört. Im Fall einer konkaven Grenzfläche sind die Krümmungsradien negativ einzuführen, und das Flächenelement erfährt einen Zug nach außen. Gl. (1.40b) gilt für eine angenähert kugelförmige Grenzfläche mit $r_1 = r_2$

$= r_K$. Da in dem in Abb. 1.9a dargestellten Flächenelement Gleichgewicht bestehen muß, ist der Krümmungsdruck $p_K = p_I - p_{II}$ die Druckdifferenz, welche sich in der gewölbten Grenzfläche zweier Fluide mit verschiedener Dichte ϱ_I bzw. ϱ_{II} einstellt.

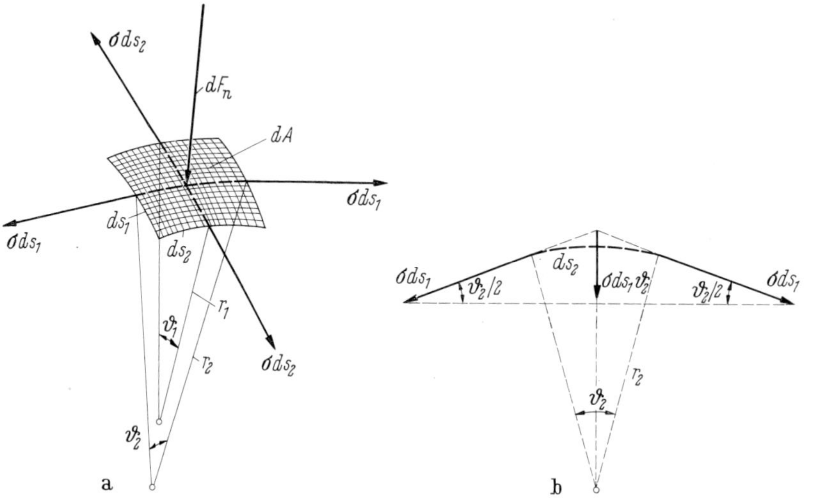

Abb. 1.9. Gekrümmtes Grenzflächenelement. **a** Grenzflächenspannung. **b** Kapillardruck

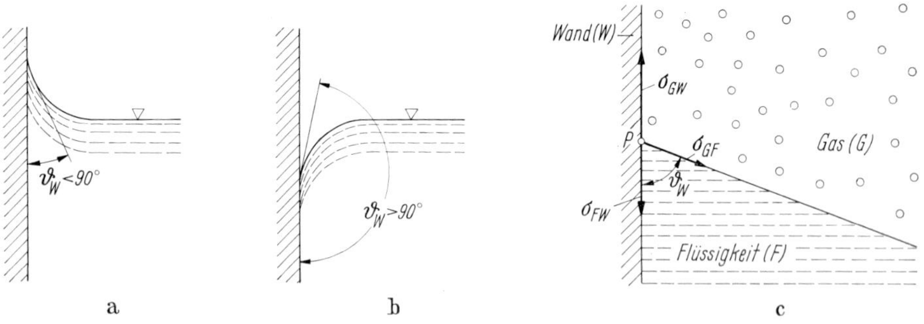

Abb. 1.10. Formen der freien Oberfläche von Flüssigkeiten an festen Wänden. **a** Spitzer Wandwinkel $\vartheta_W < 90°$ (benetzende Flüssigkeit, Glas-Wasser). **b** Stumpfer Wandwinkel $\vartheta_W > 90°$ (nichtbenetzende Flüssigkeit, Glas-Quecksilber, $\vartheta_W = 138°$). **c** Gleichgewicht der Grenzflächenspannungen

Körperhaftende Grenzfläche. Berührt eine Flüssigkeit die Wand eines festen Körpers, so stehen ihre in der Oberfläche liegenden Moleküle nicht nur unter dem Einfluß des an ihre Oberfläche angrenzenden Fluids (flüssig oder gasförmig), sondern auch unter dem des festen Körpers (Adhäsion = Haften verschiedener Stoffe). Sind z. B. die von dem festen Körper herrührenden Anziehungskräfte sehr viel größer als die von den Nachbarmolekülen der Flüssigkeit ausgeübten, so muß sich die Flüssigkeit über die Wand ausbreiten; man spricht von einer benetzenden Flüssigkeit. Bei einer nicht benetzenden Flüssigkeit (z. B. Quecksilber) ist dies nicht der Fall, wohl aber ist der Wandeinfluß deutlich erkennbar, weil er in unmittelbarer Wandnähe zu einer gekrümmten Flüssigkeitsoberfläche führt. Zu unterscheiden sind die in Abb. 1.10a und b angedeuteten beiden Fälle, wie z. B. für Wasser bzw. Quecksilber gegen Glas. In jedem dieser Fälle kommt es zwischen Wand und gekrümmter

Flüssigkeitsoberfläche an der Wand zu einem bestimmten Wandwinkel (Rand-, Kontaktwinkel) ϑ_W, der sich wie folgt bestimmen läßt:

Am Berührungspunkt P zwischen Flüssigkeitsoberfläche und Wand kommen nach Abb. 1.10c drei Stoffe miteinander in Berührung, und zwar die Flüssigkeit (F), das darüberliegende Gas (G) oder auch eine zweite Flüssigkeit und das Material der festen Wand (W). In den jeweiligen Grenzflächen sind dann die Grenzflächenspannungen σ_{GF} (Gas gegen Flüssigkeit), σ_{GW} (Gas gegen Wand) und σ_{FW} (Flüssigkeit gegen Wand) wirksam, und zwar jeweils in Richtung der betreffenden Grenzfläche. Mit dem als ϑ_W eingeführten Wandwinkel zwischen der Wand und der im Gleichgewicht befindlichen Flüssigkeitsoberfläche ergibt sich daraus die Gleichgewichtsbedingung

$$\sigma_W = \sigma_{GW} - \sigma_{FW} = \sigma_{GF} \cos \vartheta_W \quad \text{(Kapillaritätsgesetz)}, \tag{1.41}$$

wobei σ_W als Haftspannung an der Wand bezeichnet wird. Diese als Kapillaritätsgesetz bekannte Bedingung führt hinsichtlich des Wandwinkels ϑ_W zu folgenden Aussagen: Bei $\sigma_W > \sigma_{GF}$, d. h. $\sigma_W/\sigma_{GF} > 1$, ist wegen $\cos \vartheta_W > 1$ kein Gleichgewichtszustand möglich. Der Zustand $\sigma_W = \sigma_{GF}$ tritt bei $\vartheta_W = 0$ auf, wobei die Wand vollständig benetzt wird. Bei $\sigma_W < \sigma_{GF}$ können sich die beiden in Abb. 1.10a und b mit $0 < \vartheta_W < \pi/2$ bzw. $\pi/2 < \vartheta_W < \pi$ dargestellten Oberflächenformen ausbilden. Dabei handelt es sich im ersten Fall mit $\sigma_{GW} > \sigma_{FW}$ um eine benetzte Wand ($\vartheta_W < \pi/2$), bei der sich das Wandmaterial hydrophil verhält (Karbonate, Silikate, Sulfate, Quarz). Im zweiten Fall liegt mit $\sigma_{GW} < \sigma_{FW}$ eine nichtbenetzte Wand ($\vartheta_W > \pi/2$) vor, bei der sich das Wandmaterial hydrophob verhält (reine Metalle, Sulfide, Graphit). Bei verschwindender Haftspannung $\sigma_W = 0$ stellt sich mit $\vartheta_W = \pi/2$ eine ebene freie Oberfläche ein. Der Wandwinkel ϑ_W und die Haftspannung an der Wand σ_W bestimmen maßgeblich die Auswirkungen der Kapillarität, wie sie z. B. bei der Kapillaraszension und -depression in engen Rohren und Spalten sowie beim Emporsteigen von Flüssigkeiten in porösen Körpern und Organen von Pflanzen in Erscheinung treten, vgl. Kap. 3.2.3.3. Auch bei der Ausbreitungsgeschwindigkeit von Oberflächenwellen kann die Grenzflächenspannung (Kapillarspannung) eine wesentliche Rolle spielen, vgl. Kap. 5.3.4.

1.2.6.3 Hohlraumbildung (Kavitation)

Dampfdruck. Jeder Stoff kann bei bestimmten Druck- und Temperaturwerten p, T die drei Aggregatzustände fest, flüssig, gasförmig durchlaufen, z. B. Eis, Wasser, Wasserdampf. Abbildung 1.11 zeigt in einem p,T-Diagramm schematisch die drei Grenzkurven für den

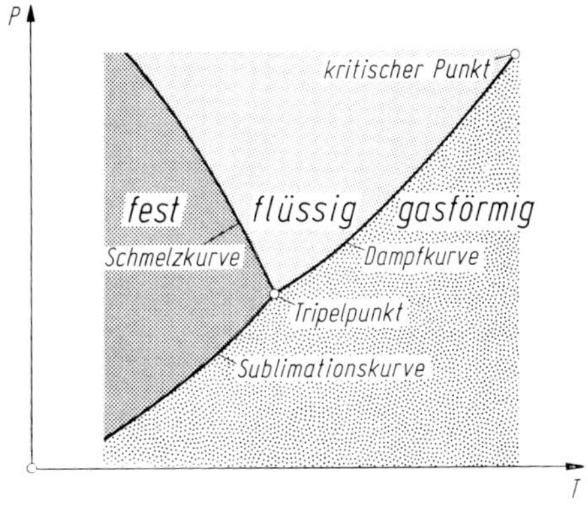

Abb. 1.11. Abhängigkeit der Aggregatzustände eines Stoffs von Temperatur und Druck

Sublimations-, Schmelz- und Dampfdruck. Für Strömungsvorgänge ist besonders der Übergang vom flüssigen zum gasförmigen Zustand, d. h. die Dampfdruckkurve, von Bedeutung. Zu jedem Druck gehört eine bestimmte Sättigungstemperatur (Siedetemperatur)

und umgekehrt gehört zu jeder Temperatur ein bestimmter Druck, bei dem die Flüssigkeit verdampft. Diesen Druck nennt man den Dampfdruck (Sättigungsdruck, Siededruck) der Flüssigkeit $p_D = p_D(T)$. Der Dampfdruck steigt bei allen Fluiden sehr schnell mit der Temperatur an. Zahlenwerte für Wasser findet man in [31]. Bei Wasser mit einer Temperatur von 100°C ist der Dampfdruck gleich dem Atmosphärendruck $p_D = 1{,}0133$ bar, während sich bei einer Temperatur von 20°C ein Wert $p_D = 0{,}0234$ bar, d. h. nur etwa 2% des Atmosphärendrucks ergibt.

Blasenbildung. Grenzt Dampf an eine Wand, deren Temperatur niedriger als die Sättigungstemperatur ist, so findet Kondensation statt. Das Kondensat kann dabei entweder einen zusammenhängenden Film bilden, oder sich in Form kleiner und kleinster Tropfen niederschlagen (Tropfenkondensation). Sinkt der Druck in einer Flüssigkeit bis auf den Dampfdruck $p \to p_D$, so zerreißt die Strömung und scheidet bei Vorhandensein von Verdampfungskernen unter Hohlraumbildung Dampfblasen aus. Dadurch wird der Strömungsvorgang vollständig verändert. Bei wiederansteigendem Druck ist diese Erscheinung infolge schlagartiger Kondensation mit heftigem Zusammenfallen der Blasen verbunden. Dieser kritische Vorgang wird Kavitation oder Hohlsog genannt.

Kavitationszahl. Die beschriebenen Verhältnisse kommen in der wasserbaulichen Praxis, z. B. bei der Umströmung von Turbinenschaufeln, dadurch vor, daß bei großen Strömungsgeschwindigkeiten örtlich Unterdrücke von der Größe des Dampfdrucks auftreten. Die fast immer unerwünschte Kavitation äußert sich im Auftreten von ratternden Geräuschen (Kavitationslärm), im Anfressen des umströmten Wandmaterials u. ä. Durch Einführen einer geeignet definierten Kennzahl lassen sich das Auftreten der Kavitation und die Größe der Kavitationsblasen verhältnismäßig zuverlässig erfassen.

1.3 Physikalisches Verhalten von Strömungsvorgängen

1.3.1 Einführung

Der Ablauf von Strömungsvorgängen wird von den physikalischen Stoffgrößen des betrachteten Fluids (Dichte, Viskosität, Wärmekapazität, Wärmeleitfähigkeit u. a.), von dem kinematischen Verhalten (Zeit, Geschwindigkeit, Beschleunigung) sowie von den dynamischen und thermodynamischen Einwirkungen (Druck, Temperatur, Kraft, Arbeit, Energie, Wärme u. a.) bestimmt. Von den zuletzt genannten Einflüssen wurde bisher noch nicht gesprochen. Hierauf wird bei der Herleitung der Grundgesetze der Fluid- und Thermo-Fluidmechanik in Kap. 2 ausführlich eingegangen. Ohne jedoch bereits über diese Kenntnisse zu verfügen, lassen sich schon jetzt wesentliche Aussagen über das physikalische Verhalten von Strömungsvorgängen machen. Während in Kap. 1.2 die Stoffgrößen der Fluide behandelt wurden, befaßt sich Kap. 1.3.2 mit den Darstellungsmethoden der Strömungslehre. Hierbei ist die Ähnlichkeitsmechanik, nach der aufgrund bestimmter Ähnlichkeitsbetrachtungen charakteristische Kennzahlen der Fluid- und Thermo-Fluidmechanik hergeleitet werden können, von außerordentlicher Bedeutung. Die Kennzahlen dienen der Kennzeichnung und Einteilung der verschiedenen Erscheinungsformen strömender Fluide, worüber in Kap. 1.3.3 berichtet wird.

1.3.2 Darstellungsmethoden strömender Fluide

1.3.2.1 Beschreibung von Strömungsvorgängen

Zur kinematischen Beschreibung der Bewegung eines strömenden Fluids ist die Angabe der Geschwindigkeit und der Beschleunigung zu jeder Zeit und an jeder Stelle des Strömungsgebiets erforderlich, während zur dynamischen Beschreibung der Bewegung außerdem noch die Angabe der auf das Fluid wirkenden Kräfte, wie Trägheits-, Volumen- und Oberflächenkraft, notwendig ist. Zur Lösung dieser Aufgaben kann man von zwei verschiedenen Vorstellungen aus vorgehen.

Die von J. L. Lagrange begründeten Betrachtungsweise entspricht dem Sinn nach der in der allgemeinen Mechanik der Systeme üblichen Methode. Sie faßt das bewegte Fluid als einen Punkthaufen auf, dessen einzelne Massenpunkte (Fluidelemente) gewissen, durch den Zusammenhang des Fluids bedingten Bewegungsbeschränkungen unterworfen sind, und fragt nach dem zeitlichen Ablauf der Bewegung jedes einzelnen Fluidelements. Bei dieser substantiellen Betrachtungsweise weist man jedem Fluidelement einen bestimmten Lagevektor (fluidgebundene Koordinaten) $\boldsymbol{r}_L$ zu, etwa seine Anfangslage zur Zeit $t = 0$. Seine Lage (augenblickliche Koordinaten) $\boldsymbol{r}$ zur Zeit t wird dann als Funktion von $\boldsymbol{r}_L$ und t dargestellt:

$$\boldsymbol{r} = \boldsymbol{r}(t, \boldsymbol{r}_L), \qquad E = E(t, \boldsymbol{r}_L) \qquad \text{(Lagrange)}. \qquad (1.42\text{a, b})$$

Da die Beziehung von (1.42a) entsprechend auch für die sonstigen physikalischen Größen E, wie die Geschwindigkeit, den Druck, die Temperatur u. a. gilt, folgt (1.42b). Die Größe $\boldsymbol{r}_L$ sowie die Zeit t sind die unabhängigen Veränderlichen, während $\boldsymbol{r}$ die abhängige Veränderliche des Problems ist. Die Lagrangesche Methode eignet sich besonders für die Verfolgung der Eigenschaften bestimmter einzelner Fluidelemente, wie sie z. B. bei den Wirbelbewegungen vorkommen.

Wesentlich vorteilhafter für die Strömungsmechanik ist die von L. Euler begründete Betrachtungsweise. Diese verzichtet darauf, den zeitlichen Verlauf der Bewegung jedes Fluidelements in allen Einzelheiten kennenzulernen, sondern fragt nur danach, welche physikalischen Größen zu einer gegebenen Zeit t an jedem Aufpunkt (raum- oder körperfeste Koordinaten) $\boldsymbol{r}$ des Strömungsfelds herrschen. Bei dieser lokalen Betrachtungsweise erscheinen die physikalischen Größen E als Funktionen der Zeit t und des Orts $\boldsymbol{r}$

$$E = E(t, \boldsymbol{r}) \qquad \text{(Euler)}. \qquad (1.42\text{c})$$

Häufig wird die Änderung einer an das Fluidelement gebundenen Größe E mit der Zeit benötigt. Zwischen der Lagrangeschen und Eulerschen Darstellung besteht dann der Zusammenhang

$$\left(\frac{\partial E}{\partial t}\right)_{\text{Lagrange}} = \left(\frac{dE}{dt}\right)_{\text{Euler}} = \frac{dE}{dt}. \qquad (1.42\text{d})$$

Es bedeutet $\partial E/\partial t$ (= partielle Differentiation nach t bei $\boldsymbol{r}_L = \text{const}$) die zeitliche Änderung der Größe E für ein durch den Wert $\boldsymbol{r}_L$ gekennzeichnetes Fluidelement. Der Ausdruck dE/dt (= totale Differentiation) gibt die zeitliche Änderung der Größe E an, die ein bestimmtes Fluidelement, welches sich augenblicklich am

Ort $\boldsymbol{r}$ befindet, bei seiner Bewegung erleidet. Diese setzt sich aus dem lokalen Anteil (= partielle Differentiation nach t bei $\boldsymbol{r}$ = const) und dem konvektiven Anteil (= partielle Differentiation nach $\boldsymbol{r}$ bei t = const) zusammen, vgl. Kap. 2.3.4.2.

Ein Strömungsgebiet nennt man auch ein Strömungsfeld und die zugehörigen physikalischen Größen entsprechend Feldgrößen. Bei einem zeitlich unveränderlichen Strömungsfeld liegt stationäre und bei einem zeitlich veränderlichen Strömungsfeld instationäre Strömung vor. Diese Begriffe beziehen sich nicht auf den Bewegungszustand des einzelnen Fluidelements sondern immer auf den Bewegungszustand des ganzen Fluidsystems.

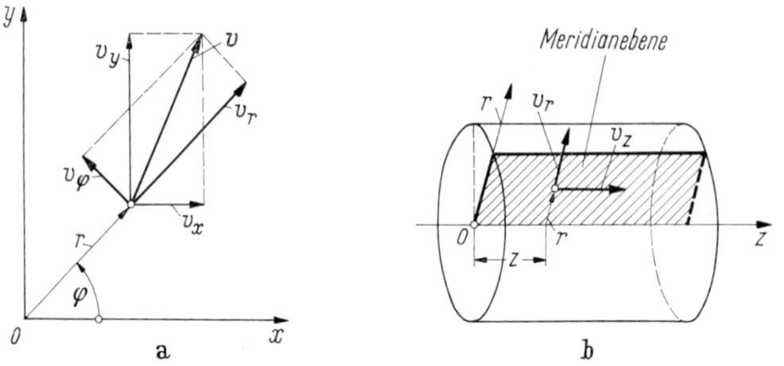

Abb. 1.12. Zweidimensionale Strömungen. **a** Kartesische Koordinaten x, y, Polarkoordinaten r, φ. **b** Drehsymmetrische Koordinaten r, z. (Miteingetragen sind die zugehörigen Geschwindigkeitskomponenten.)

Je nach der Art des räumlich veränderlichen Strömungsfelds kann man drei-, zwei- und eindimensionale Strömungen unterscheiden. Die dreidimensionale Strömung stellt den allgemeinsten Fall eines räumlichen Strömungsfelds dar. Wesentlich einfacher als diese ist die zweidimensionale Strömung zu behandeln. Zu ihr gehört vornehmlich die ebene Strömung, bei der sich zu jeder Zeit sämtliche Fluidelemente nach Abb. 1.12a in Ebenen x, y bzw. r, φ bewegen, derart, daß in jeder Parallelebene das gleiche Strömungsfeld herrscht. Eine solche Strömung kommt strenggenommen nicht vor; vielmehr treten an den Grenzen des betreffenden Strömungsfelds immer gewisse Abweichungen von der ebenen Strömungsform auf. In vielen Fällen ist es jedoch aus Gründen der Vereinfachung vorteilhaft, zunächst von einer ebenen Strömung auszugehen und, sofern es erforderlich ist, nachträglich eine entsprechende Korrektur an den Rändern des Strömungsgebiets vorzunehmen. Auch die drehsymmetrische Strömung ist eine zweidimensionale Strömung. Sie ist der ebenen Strömung nahe verwandt. Bei ihr geht die Strömungsbewegung nach Abb. 1.12b in Ebenen r, z vor sich, welche sich sämtlich in einer festen Achse schneiden, wobei das Strömungsfeld in all diesen Ebenen (Meridianebene) das gleiche ist. Die drehsymmetrische Strömung stellt einen Sonderfall einer in Zylinderkoordinaten r, φ, z dargestellten räumlichen Strömung dar. Noch einfacher zu beschreiben ist die eindimensionale (lineare) Strömung. Zu ihr kann auch die Strömung in Rohren oder Gerinnen gezählt werden. Bei diesen verläuft die Bewegung hauptsächlich in Richtung der Rohr- bzw. Gerinneachse. Die normal zu dieser Achse noch auftretenden kleineren Querbewegungen kann man in erster Näherung außer Betracht lassen und das Strömungsfeld als quasi-eindimensionale Strömung auffassen.

Entsprechend der räumlichen Einteilung der Strömungsfelder kann man Strömungsvorgänge für ein endlich ausgedehntes Volumen, für einen Stromfaden oder ein Volumenelement beschreiben. Dabei können sich diese in der Strömung mitbewegen, d. h. zeitabhängig sein, oder in der Strömung raumfest gehalten werden, z. B. raumfestes Kontrollvolumen nach Kap. 2.3.4.3.

Für die mathematische Beschreibung von Strömungsvorgängen kann die vektorielle und tensorielle Darstellung, welche kurz und im allgemeinen auch recht anschaulich ist, benutzt werden. Für die Anwendungen ist die Komponentendarstellung zu wählen. Hierbei legt man je nach Aufgabenstellung das zweckmäßigste Bezugs- (Koordinaten-)system (kartesisch, zylindrisch, kugelsymmetrisch) zu Grunde, vgl. Abb. 1.13.

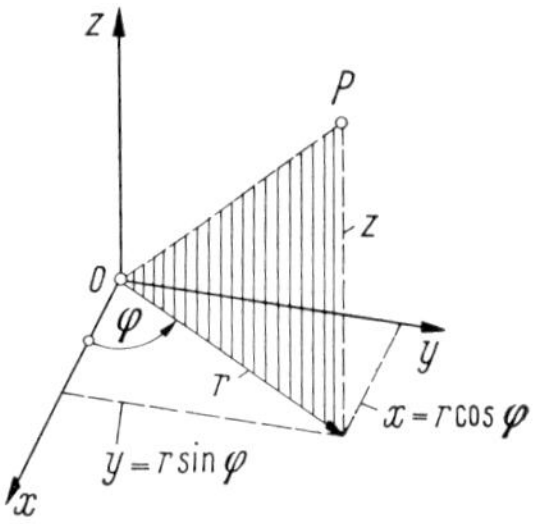

Abb. 1.13. Verwendung verschiedener Koordinatensysteme; Kartesische rechtwinklige Koordinaten x, y, z, (eben x, y), Zylinderkoordinaten r, φ, z, (Polarkoordinaten r, φ)

Nach der klassischen Mechanik ist die Bewegung eines materiellen Körpers, z. B. eines Massenpunkts oder eines Fluidelements, als Ortsänderung in einem ruhenden Bezugssystem aufzufassen. Im Sinn der klassischen Physik (nicht der Relativitätstheorie) bezeichnet man ein solches Bezugssystem als „absolutes Bezugssystem", da es als natürlicher Standort des Beobachters angesehen werden kann. Befindet sich der Beobachter dagegen in einem gegenüber dem absoluten Bezugssystem mitbewegten Bezugssystem (z. B. Fahrzeug, drehendes Teil einer Strömungsmaschine), so nennt man dies ein „relatives Bezugssystem". Man spricht daher auch von Absolut- und Relativbewegung, oder übertragen auf die Strömungsmechanik von Absolut- und Relativströmung. Will man den physikalischen Vorgang nicht im ruhenden, sondern in einem bewegten, insbesondere rotierenden Bezugssystem beschreiben, so erfordert dies zusätzliche Überlegungen.

1.3.2.2 Kennzahlen der Fluid- und Thermo-Fluidmechanik

Um die dimensionslosen Kenngrößen als Kriterien für die physikalische Ähnlichkeit zu bestimmen, kann man drei Wege beschreiten.

a) Methode der gleichartigen Größen. Bei Verwendung von Wirkungsgrößen jeweils gleicher Dimension, wie z. B. von Kraftkomponenten (Trägheits-, Schwer-, Druck-, Zähigkeitskraft u. a.), von Arbeiten (hervorgerufen durch Druck- und Zähigkeitskräfte, Wärmezu- oder abfuhr u. a.) oder von Energien (kinetische, potentielle Energie u. a.), setzt man diese zueinander ins Verhältnis. Das Verfahren eines Kraftvergleichs, bei dem man die verschiedenen Kräfte im allgemeinen jeweils auf die Trägheitskraft bezieht, stellt eine anschauliche Ähnlichkeitsbetrachtung dar, die sehr häufig für die Ableitung der dimensionslosen Kennzahlen benutzt wird. Verschwindet allerdings die Trägheitskraft, wie z. B. bei der vollausgebildeten Strömung durch ein Rohr mit konstantem Querschnitt nach Kap. 3.4.3, dann ist eine Deutung der Kennzahlen als Kräfteverhältnis nicht möglich. In solchen Fällen kann die Betrachtung z. B. über einen Vergleich von Impulsstromdichte und maßgebender Spannung erfolgen.

b) Methode der Differentialgleichungen. Die physikalischen Größen werden nicht im einzelnen betrachtet, sondern die Kennzahlen werden anhand bekannter, den Strömungsvorgang beschreibender Differentialgleichungen (Bewegungsgleichungen, Energiegleichungen) abgeleitet. Dies Verfahren verbindet formale Strenge mit physikalischer Anschaulichkeit.

c) Methode der Dimensionsanalyse. Es ist lediglich die Kenntnis der verschiedenen Größenarten erforderlich, die bei dem zu untersuchenden Strömungsvorgang von wesentlicher Bedeutung sind. Aus diesen Größen, die durchweg verschiedenartige Dimensionen haben, bildet man durch entsprechende Kombination dimensionsfreie Produkte.

Über die Bedeutung der Kennzahlen für die Ähnlichkeitsgesetze und Modellregeln in der Strömungsmechanik berichtet in zusammenfassender Darstellung Zierep [41]. Das sehr vielseitige Verfahren der Dimensionsanalyse wird im folgenden ausführlich beschrieben und angewendet.

Herleitung der Kennzahlen aus der Dimensionsanalyse. Jede physikalische Größe läßt sich als Potenzprodukt der Grunddimensionen (Länge L in m, Zeit T in s, Masse M in kg, Temperatur Θ in K) oder gegebenenfalls mit der abgeleiteten Grunddimension (Kraft F in N = kg m/s^2 anstelle der Masse M) angeben. Hieraus folgt, daß alle Ähnlichkeitskenngrößen als dimensionslose Potenzprodukte auftreten müssen und rein formal aus Dimensionsbetrachtungen gewonnen werden können. Die Kennzahl folgt als Verknüpfung von dimensionsbehafteten Größen zu einem dimensionslosen Ausdruck. Man geht also davon aus, daß sich alle physikalischen Größen in einer Form darstellen lassen müssen, die nicht von dem gewählten Maßsystem abhängig ist. Die Zahl der möglichen Kennzahlen erhält man nach einem von Buckingham [5] aufgestellten allgemeinen Prinzip, dem sogenannten Π-Theorem: Eine Funktion zwischen n dimensionsbehafteten Größen $a_1, a_2, \ldots, a_n$, die mit m voneinander unabhängigen Grunddimensionen gemessen werden, besitzt $n - m$ unabhängige dimensionslose Argumente (Kennzahlen) $\Pi_1, \Pi_2, \ldots, \Pi_{n-m}$. Es gilt also $f(a_1, \ldots, a_n) = 0$ und $F(\Pi_1, \ldots, \Pi_{n-m}) = 0$. Im folgenden seien die wichtigsten Kennzahlen hergeleitet, die sich aus der Berücksichtigung sowohl der strömungsmechanischen als auch der thermodynamischen Größen ergeben. Im einzelnen handelt es sich bei den geometrischen Größen um die Bezugslänge l mit L in m, bei den mechanischen Größen um die Zeit t mit T in s, die Geschwindigkeit v mit $\mathsf{L/T}$ in m/s, die Beschleunigung, insbesondere die Fallbeschleunigung g mit $\mathsf{L/T^2}$ in m/s^2 und den Druck p mit $\mathsf{F/L^2} = \mathsf{M/T^2L}$ in N/m^2 = kg/s^2 m, bei den thermodynamischen Größen um die Temperatur T mit Θ in K sowie bei den Stoffgrößen um die Dichte ϱ mit $\mathsf{M/L^3}$ in kg/m^3, die Schallgeschwindigkeit c mit $\mathsf{L/T}$ in m/s, die kinematische Viskosität ν mit $\mathsf{L^2/T}$ in m^2/s, die Konstante der Grenzflächenspannung (Kapillarkonstante) σ mit $\mathsf{F/L} = \mathsf{M/T^2}$ in N/m = kg/s^2, die spezifische Wärmekapazität, z. B. bei konstantem Druck c_p mit $\mathsf{FL/M}\Theta = \mathsf{L^2/T^2}\Theta$ in J/kg K = m^2/s^2 K und die Wärmeleitfähigkeit λ mit $\mathsf{F/T}\Theta = \mathsf{ML/T^3}\Theta$ in N/s K = kg m/s^3 K. Es sind dies insgesamt zwölf Größen ($n = 12$), die vier Grunddimensionen ($m = 4$) enthalten. Nach dem Π-Theorem lassen sich also $n - m = 8$ Kennzahlen herleiten.

Zum Bilden einer Kennzahl $n - m = 1$ können bei Berücksichtigung der geometrischen und mechanischen Größen wegen L, M, T bzw. L, F, T, d. h. mit $m = 3$, vier unabhängige Größen ($n = 4$) miteinander verknüpft werden. Berücksichtigt man auch die thermodynamischen Größen, dann gilt diese Aussage wegen L, M, T, Θ bzw. L, F, T, Θ, d. h. mit $m = 4$, für fünf unabhängige Größen ($n = 5$). Drei von den vier bzw. fünf unabhängigen Größen, die eine Kennzahl bilden, d. h. a_1, a_2, a_3, seien durch die Länge l, die Geschwindigkeit v und die Dichte ϱ festgelegt. Die noch fehlende vierte bzw. vierte und fünfte Größe sei jeweils eine der oben noch genannten Größen und werde als Platzhalter mit E bzw. $\bar{\mathsf{E}}$ und $\tilde{\mathsf{E}}$ bezeichnet, vgl. Tab. 1.5[14]. Während E die Dimension $\mathsf{L}^{\alpha}\mathsf{T}^{\beta}\mathsf{M}^{\gamma}$ mit bekannten Exponenten α, β, γ haben möge, soll für $\bar{\mathsf{E}}$ und $\tilde{\mathsf{E}}$ gelten $\mathsf{L}^{\bar{\alpha}}\mathsf{T}^{\bar{\beta}}\mathsf{M}^{\bar{\gamma}}\Theta^{\bar{\delta}}$ bzw. $\mathsf{L}^{\tilde{\alpha}}\mathsf{T}^{\tilde{\beta}}\mathsf{M}^{\tilde{\gamma}}\Theta^{\tilde{\delta}}$ mit bekannten Exponenten $\bar{\alpha}$, $\bar{\beta}$, $\bar{\gamma}$, $\bar{\delta}$ bzw. $\tilde{\alpha}$, $\tilde{\beta}$, $\tilde{\gamma}$, $\tilde{\delta}$.

Tabelle 1.5. Zur Bestimmung der fluid- und thermo-fluidmechanischen Kennzahlen

		L	T	M	Θ	Physikalische Größen					Kennzahl Kz
	E	α	β	γ	—	v	l	ϱ	E, $\bar{\mathsf{E}}$	$\tilde{\mathsf{E}}$	
	$\bar{\mathsf{E}}$; $\tilde{\mathsf{E}}$	$\bar{\alpha}$; $\tilde{\alpha}$	$\bar{\beta}$; $\tilde{\beta}$	$\bar{\gamma}$; $\tilde{\gamma}$	$\bar{\delta}$; $\tilde{\delta}$	a	b	c	d	e	
1	t	0	1	0	0	1	−1	0	1	—	$vl^{-1}t$
2	p	−1	−2	1	0	1	0	$\frac{1}{2}$	$-\frac{1}{2}$	—	$v\varrho^{1/2}p^{-1/2}$
3	ν	2	−1	0	0	1	1	0	−1	—	$vl\nu^{-1}$
4	g	1	−2	0	0	1	$-\frac{1}{2}$	0	$-\frac{1}{2}$	—	$vl^{-1/2}g^{-1/2}$
5	c	1	−1	0	0	1	0	0	−1	—	vc^{-1}
6	σ	0	−2	1	0	1	$\frac{1}{2}$	$\frac{1}{2}$	$-\frac{1}{2}$	—	$vl^{1/2}\varrho^{1/2}\sigma^{-1/2}$
7	c_p; λ	2; 1	−2; −3	0; 1	−1; −1	1	1	1	1	−1	$vl\varrho c_p\lambda^{-1}$
8	c_p; T	2; 0	−2; 0	0; 0	−1; 1	1	0	0	$-\frac{1}{2}$	$-\frac{1}{2}$	$vc_p^{-1/2}T^{-1/2}$

Die Kennzahlen der fluidmechanischen und der thermo-fluidmechanischen Ähnlichkeit lassen sich somit in den Formen

$$Kz = v^a l^b \varrho^c \mathsf{E}^d \, [-] \quad \text{(Fluidmechanik)}, \tag{1.43a}$$

$$Kz = v^a l^b \varrho^c \bar{\mathsf{E}}^d \tilde{\mathsf{E}}^e \, [-] \quad \text{(Thermo-Fluidmechanik)} \tag{1.43b}$$

darstellen. Dabei sind die Exponenten a bis e aus der Dimensionsanalyse so zu bestimmen, daß die Kennzahlen dimensionslos werden. Ohne Beschränkung der Allgemeinheit kann man einen der Exponenten gleich eins wählen, da jede beliebige Potenz der dimensionslosen Größe auch wieder eine dimensionslose Zahl ist. Es sei $a = 1$ gesetzt. Führt man in (1.43a, b) die Dimension für v, l, ϱ, E bzw. für v, l, ϱ, $\bar{\mathsf{E}}$, $\tilde{\mathsf{E}}$ ein, dann gilt für die Herleitung

---

14 Die Wahl von l, v, ϱ, E bzw. l, v, ϱ, $\bar{\mathsf{E}}$, $\tilde{\mathsf{E}}$ ist an sich willkürlich. Sie wurde im Hinblick auf die in der Fluid- und Thermo-Fluidmechanik üblichen Kennzahlen getroffen. Jede andere Wahl würde folgerichtig bei etwas geänderter Herleitung zu denselben Ergebnissen führen.

der Kennzahlen

$$\frac{\mathsf{L}}{\mathsf{T}}\,\mathsf{L}^b\left(\frac{\mathsf{M}}{\mathsf{L}^3}\right)^c(\mathsf{L}^\alpha\mathsf{T}^\beta\mathsf{M}^\gamma)^d=\mathsf{L}^0\mathsf{T}^0\mathsf{M}^0=1\,, \tag{1.44a}$$

$$\frac{\mathsf{L}}{\mathsf{T}}\,\mathsf{L}^b\left(\frac{\mathsf{M}}{\mathsf{L}^3}\right)^c(\mathsf{L}^{\bar\alpha}\mathsf{T}^{\bar\beta}\mathsf{M}^{\bar\gamma}\Theta^{\bar\delta})^d(\mathsf{L}^{\tilde\alpha}\mathsf{T}^{\tilde\beta}\mathsf{M}^{\tilde\gamma}\Theta^{\tilde\delta})^e=\mathsf{L}^0\mathsf{T}^0\mathsf{M}^0\Theta^0=1\,. \tag{1.44b}$$

Die rechte Seite folgt aus der Forderung, daß die Kennzahlen dimensionslos sein sollen. Durch Gleichsetzen der Exponenten von $\mathsf{L}, \mathsf{T}, \mathsf{M}, \Theta$ in (1.44b) links und rechts erhält man die vier Gleichungen

$$\left.\begin{aligned}&\mathsf{L}\colon\; 1+b-3c+\bar\alpha d+\tilde\alpha e=0\,, && \mathsf{M}\colon c+\bar\gamma d+\tilde\gamma e=0\,,\\ &\mathsf{T}\colon\; -1+\bar\beta d+\tilde\beta e=0\,, && \Theta\colon \bar\delta d+\tilde\delta e=0\,.\end{aligned}\right\} \tag{1.45}$$

Aus (1.44a) folgen drei Gleichungen für $\mathsf{L}, \mathsf{M}, \mathsf{T}$, die man aus (1.45) erhält, wenn man $e=0$ sowie $\bar\alpha=\alpha$, $\bar\beta=\beta$, $\bar\gamma=\gamma$ setzt. Die bereits getroffene Vereinbarung für a und die Auflösung der Gleichungssysteme liefert die Exponenten in (1.43a, b) zu

$$\left.\begin{aligned}&a=1,\; -\frac{\alpha+\beta+3\gamma}{\beta}=b=-\frac{(\bar\alpha+\bar\beta+3\bar\gamma)\,\tilde\delta-(\tilde\alpha+\tilde\beta+3\tilde\gamma)\bar\delta}{\bar\beta\tilde\delta-\tilde\beta\bar\delta}\,,\\ &-\frac{\gamma}{\beta}=c=-\frac{\bar\gamma\tilde\delta-\tilde\gamma\bar\delta}{\bar\beta\tilde\delta-\tilde\beta\bar\delta},\;\frac{1}{\beta}=d=\frac{\tilde\delta}{\bar\beta\tilde\delta-\tilde\beta\bar\delta}\,,\\ &e=-\frac{\bar\delta}{\bar\beta\tilde\delta-\tilde\beta\bar\delta}\,.\end{aligned}\right\} \tag{1.46}$$

Es gelten die ersten Ausdrücke jeweils für die fluidmechanischen und die zweiten Ausdrücke jeweils für die thermo-fluidmechanischen Kennzahlen.

Auswertung. Betrachtet man jetzt der Reihe nach die verschiedenen Eigenschaften E bzw. $\bar{\mathsf{E}}$, $\tilde{\mathsf{E}}$, und zwar die Zeit t, den Druck p, die kinematische Viskosität ν, die Fallbeschleunigung g, die Schallgeschwindigkeit c, die Konstante der Grenzflächenspannung σ, die Temperatur T, die spezifische Wärmekapazität c_p und die Wärmeleitfähigkeit λ, dann ergibt sich unter Beachtung der jeweiligen oben angegebenen Dimension Tab. 1.5. Die in der letzten Spalte wiedergegebenen Kennzahlen $Kz=\Pi$ werden im folgenden z. T. noch etwas umgeschrieben und hinsichtlich ihrer Bedeutung besprochen.

Die gefundenen Kennzahlen werden mit Namen hervorragender Forscher bezeichnet, die sich zuerst oder besonders eingehend mit dem Problem, welches durch die Kennzahl charakterisiert werden kann, beschäftigt haben. Im einzelnen gilt[15]

$$1.\; Sr=\frac{l}{vt}\;\text{(Strouhal-Zahl)},\qquad 2.\; Eu=\frac{p}{\varrho v^2}\;\text{(Euler-Zahl)}, \tag{1.47a, b}$$

$$3.\; Re=\frac{vl}{\nu}\;\text{(Reynolds-Zahl)},\qquad 4.\; Fr=\frac{v}{\sqrt{gl}}\;\text{(Froude-Zahl)}, \tag{1.47c, d}$$ [16]

---

15 Die Namen ,,Reynolds-Zahl" und ,,Mach-Zahl" wurden von A. Sommerfeld (1908) bzw. von J. Ackeret (1929) eingeführt.

16 Es sei erwähnt, daß die Froude-Zahl häufig auch in der Form $Fr=v^2/gl$ angegeben wird.

5. $Ma = \frac{v}{c}$ (Mach-Zahl), 6. $We = \frac{\varrho v^2 l}{\sigma}$ (Weber-Zahl), (1.47e, f)

7. $Pe = \frac{vl}{a}$ (Péclet-Zahl), 8. $Ec = \frac{v^2}{c_p T}$ (Eckert-Zahl). (1.47g, h)

In (1.47g) wurde die Temperaturleitfähigkeit $a = \lambda/\varrho c_p$ eingeführt. Durch Multiplikation oder Division von zwei oder mehreren Kennzahlen kann man weitere Kennzahlen gewinnen, z. B. liefert der Quotient aus der Péclet-Zahl und der Reynolds-Zahl die nach (1.36) bereits bekannte Prandtl-Zahl

$$9.\ Pr = \frac{Pe}{Re} = \frac{\nu}{a} = \frac{c_p \eta}{\lambda} \text{ (Prandtl-Zahl)}. \qquad (1.47\text{i})$$

Sie ist das Verhältnis zweier Stoffgrößen, und zwar der kinematischen Viskosität ν und der Temperaturleitfähigkeit a. Auch das Verhältnis der spezifischen Wärmekapazitäten $\varkappa = c_p/c_v$ stellt eine Kennzahl von zwei Stoffgrößen dar[17].

Einfluß der Kennzahlen. Aufgrund der zwölf als wesentlich für den gegebenenfalls mit Wärmeeinfluß ablaufenden Strömungsvorgang angesehenen Größen $v, l, \varrho, t, p, \nu, g, c, \sigma, T, c_p, \lambda$ haben sich nach (1.47) die acht Kennzahlen $Sr, Eu, Re, Fr, Ma, We, Pe, Ec$ ergeben. Das Verhalten einer physikalischen Größe läßt sich also durch die Funktion $F(Sr, Eu, Re, Fr, Ma, We, Pe, Ec) = 0$ beschreiben. Nach dem Π-Theorem stellt eine willkürlich herausgegriffene Kennzahl eine abhängige Größe dar. Wählt man hierfür die Euler-Zahl, so ist $Eu = f(Sr, Re, Fr, Ma, We, Pe, Ec)$. Nach (1.47) tritt der Druck p nur bei der Euler-Zahl $Eu = p/\varrho v^2$ auf. Diese Kennzahl ist somit ein Maß für den dimensionslosen Druckbeiwert. Mit p_b als Bezugsdruck kann man also schreiben

$$c_p = \frac{p - p_b}{(\varrho/2)\, v^2} = 2 \cdot f(Sr, Re, Fr, Ma, We, Pe, Ec) \quad \text{(Druckbeiwert)}. \qquad (1.48)$$

Werden alle in der Funktion f angegebenen Kennzahlen als Ähnlichkeitskriterien erfüllt, so stellt sich der Zahlenwert für Eu von selbst ein.

1.3.2.3 Ähnlichkeitsgesetze der Strömungsmechanik

Grundlagen der Ähnlichkeitstheorie. Zwei Strömungen werden als ähnlich bezeichnet, wenn die geometrischen und die charakteristischen physikalischen Größen für beliebige, einander entsprechende Punkte der beiden Strömungsfelder zu entsprechenden Zeiten jeweils ein festes Verhältnis miteinander bilden. Bei geometrischer Ähnlichkeit bezieht sich diese Aussage auf die Längen-, Flächen- und Raumabmessungen, während sich die physikalische Ähnlichkeit auch auf die Stoffgrößen und die den Strömungsverlauf bestimmenden mechanischen und thermodynamischen Größen erstreckt. Vollkommene physikalische Ähnlichkeit zweier Strömungsvorgänge, die bei geometrischer Ähnlichkeit der um- oder durch-

17 Da die miteinander verglichenen Größen nur von der Atomzahl der Gasmoleküle abhängen, kann Ähnlichkeit nur erzielt werden, wenn Gase mit Molekülen gleicher Atomzahl, d. h. gleichen Freiheitsgraden der Molekülbewegung, betrachtet werden.

strömten Körper beide unter der Wirkung gleichartiger mechanischer (kinematischer und dynamischer) sowie thermodynamischer Einflüsse stehen, ist kaum zu erzielen. Es ist vielmehr nur möglich, die wesentlichen physikalischen Größen miteinander zu vergleichen. Hierzu bedient man sich bestimmter dimensionsloser, voneinander unabhängiger Ähnlichkeitsparameter, die in Kap. 1.3.2.2 als Kennzahlen oder Kenngrößen abgeleitet wurden. Man kann so die Strömung in übersichtlicher Weise kennzeichnen, was für die Einordnung theoretisch ermittelter oder experimentell gefundener Ergebnisse von großem Nutzen sein kann.

Eine besondere Bedeutung hat die Ähnlichkeitstheorie für das Versuchswesen erlangt. Der zu untersuchende Strömungsvorgang wird zunächst an einem kleineren Modell dargestellt, welches der Großausführung in bezug auf dessen Randbedingungen geometrisch ähnlich ist und bezüglich der Strömung ganz bestimmte Ähnlichkeitsbedingungen erfüllen muß. Unter Beachtung der Ähnlichkeitsgesetze (Modellgesetze) werden die gefundenen Meßergebnisse sodann auf die Großausführung übertragen. Lassen sich die Ähnlichkeitsforderungen nicht voll erfüllen, so wird manchmal auch näherungsweise zur Methode der geometrischen Modellverzerrung gegriffen.

Reibungseinfluß. Die Reynolds-Zahl Re wird im allgemeinen als Verhältnis von Trägheits- und Zähigkeitskraft gedeutet[18]. Bei Strömungen mit sehr großen Reynolds-Zahlen beschränkt sich der Reibungseinfluß auf dünne Strömungsschichten, die sogenannten Strömungsgrenzschichten. Bei kleinen Reynolds-Zahlen ist der Reibungseinfluß groß. Der Grenzfall sehr kleiner Reynolds-Zahlen beschreibt die sogenannte schleichende Strömung. Auf die Bedeutung der Reynolds-Zahl bei reibungsbehafteter Strömung wird in Kap. 1.3.3.2 eingegangen. Sollen zwei Strömungen hinsichtlich des Reibungseinflusses ähnlich verlaufen, so muß die Reynolds-Zahl für beide Vorgänge den gleichen Zahlenwert Re haben. Innerhalb dieser Forderung können sich v, l und ν beliebig ändern, und man kann bei Versuchen, soweit man nicht durch andere Vorschriften eingeschränkt ist, die Modellgröße, die Geschwindigkeit und das Fluid frei wählen, wenn nur dafür gesorgt wird, daß Re konstant bleibt. Werden mit (1) die Größen der Großausführung und mit (2) diejenigen des Modells gekennzeichnet, so lautet das Reynoldssche Ähnlichkeitsgesetz $v_1 l_1/\nu_1 = v_2 l_2/\nu_2$. Da die Modelle meist verkleinerte Ausführungen des Originals sind, ergeben sich aus der Ähnlichkeitsforderung meist hohe Geschwindigkeiten bei den Modellversuchen. Bei Gasströmungen können diese in vielen Fällen die Schallgeschwindigkeit übersteigen, was den Strömungsablauf grundsätzlich verändert (Machsches Ähnlichkeitsgesetz). Bei Flüssigkeitsströmungen kann man in den Bereich der Kavitation kommen, vgl. Kap. 1.2.6.3. Man ist daher bei der Änderung der Geschwindigkeit ziemlich stark eingeschränkt. Eine Möglichkeit, das Ähnlichkeitsgesetz dennoch zu erfüllen, ergibt sich durch eine Änderung der kinematischen Viskosität entweder durch Wahl eines anderen Fluids für den Modellversuch oder bei gleichen Fluiden durch Änderung der Temperatur und des Drucks, man vgl. hierzu die Ausführungen über die Viskosität in Kap. 1.2.3.2.

18 Auf das Versagen eines Kraftvergleichs bei verschwindender Trägheitskraft wurde in Kap. 1.3.2.2 hingewiesen.

Schwereinfluß. Die Froude-Zahl *Fr* ist das Kriterium für die Ähnlichkeit von Strömungen, die im wesentlichen unter dem Einfluß der Schwerkraft stehen. Sie kann als das Verhältnis von kinetischer und potentieller Energie beschrieben werden. Sie spielt bei Flüssigkeitsströmungen mit freier Oberfläche, d. h. bei der Bildung von Schwerwellen, eine wichtige Rolle, vgl. Kap. 1.3.3.3. Bei Modellversuchen, z. B. zur Ermittlung des Widerstands von Schiffen, der sowohl von der Flüssigkeitsreibung als auch von der Wellenbildung abhängt, müßten gleichzeitig das Reynoldssche und das Froudesche Ähnlichkeitsgesetz erfüllt werden. Wird das gleiche Fluid auch für den Modellversuch verwendet, dann ist sowohl für die Großausführung (1) als auch für das Modell (2) die kinematische Viskosität $\nu_1 = \nu_2$. Weiterhin gilt für die Fallbeschleunigung $g_1 = g_2$. Demnach stellen die beiden Ähnlichkeitsgesetze die Bedingungen $v_1 l_1 = v_2 l_2$ und $v_1^2/l_1 = v_2^2/l_2$. Diese Forderung läßt sich für $l_1/l_2 \neq 1$ nicht erfüllen. Man kann also nur eine angenäherte Ähnlichkeit erzielen, indem man dasjenige Ähnlichkeitsgesetz bevorzugt erfüllt, von dem der Strömungsvorgang maßgeblich bestimmt wird. Bei Untersuchungen an Schiffen und auch sonstigen Wasserbauaufgaben ist dies meistens das Froudesche Gesetz. Der Reibungseinfluß wird durch theoretische Überlegungen oder durch entsprechende Erfahrungswerte berücksichtigt.

Dichteeinfluß. Die Mach-Zahl *Ma* stellt das Verhältnis der Strömungs- zur Schallgeschwindigkeit dar. Sie ist eine wichtige Kennzahl für die Beschreibung von Gasströmungen mit Dichteänderungen des strömenden Fluids, vgl. Kap. 1.3.3.4. Angaben zur Schallgeschwindigkeit werden in Kap. 1.2.2.3 gemacht. Für Strömungen mit $\mathrm{Ma} < 0{,}3$ kann man das Fluid als dichtebeständig ansehen. Das Machsche Ähnlichkeitsgesetz spielt eine besondere Rolle für die Aerodynamik des Flugzeugs.

Grenzflächenspannung. Die Weber-Zahl *We* erfaßt den Einfluß der Grenzflächenspannung (Kapillarität), vgl. Kap. 1.2.6.2. Während für die Ähnlichkeit von Schwerwellen das Froudesche Gesetz maßgebend ist, muß im Fall der durch Oberflächenspannung hervorgerufenen Kapillarwellen das Webersche Ähnlichkeitsgesetz erfüllt werden. Bei Modellversuchen ist zu beachten, daß an kleinen Modellen manchmal Kapillarerscheinungen vorkommen, die bei der Großausführung entweder gar nicht oder in anderer Größenordnung auftreten.

Wärmeeinfluß. Die Péclet-Zahl *Pe* ist das Verhältnis des Wärmestroms durch Konvektion zum Wärmestrom durch Leitung. Sie tritt bei Fragen des Wärmeübergangs strömender Fluide auf. Im Aufbau ist die Péclet-Zahl der Reynolds-Zahl sehr ähnlich, derart, daß an die Stelle der kinematischen Viskosität ν die Temperaturleitfähigkeit a tritt, vgl. Kap. 1.2.5.3. Die Eckert-Zahl *Ec* gibt das Verhältnis von kinetischer Energie und Enthalpie wieder. Sie spielt besonders bei Wärmeproblemen schnellfliegender Körper eine Rolle.

Instationäre Strömung. Die Strouhal-Zahl *Sr* tritt bei instationären Strömungsvorgängen auf. Es ist l/v die Zeit, welche ein Fluidelement benötigt, um mit der Geschwindigkeit v die Strecke l zurückzulegen. Ist diese Zeit klein im Vergleich zur Größenordnung der Zeit t, in welcher sich der instationäre Vorgang abspielt, so ist Sr klein, und die Strömung kann als quasistationär betrachtet werden,

$Sr \to 0$[19]. Bei periodisch wechselnden Vorgängen kann für $1/t$ eine Frequenz f eingeführt werden, so daß $Sr = lf/v$ gesetzt wird. Bei ausreichend niedrigen Frequenzen kann die Strömung wieder als quasistationär aufgefaßt werden, während bei größeren Frequenzen Sr als Ähnlichkeitskriterium angesehen werden muß. Ein Beispiel hierzu stellt die Kármánsche Wirbelstraße in Kap. 5.4.2.3 dar.

1.3.3 Erscheinungsformen strömender Fluide

1.3.3.1 Allgemeines

Die in Kap. 1.2 besprochenen Eigenschaften und Stoffgrößen der Fluide sowie die in Kap. 1.3.2 angegebenen dimensionslosen Kennzahlen lassen erwarten, daß die Strömungen entsprechend dem Überwiegen der einen oder anderen physikalischen Größe besondere kennzeichnende Erscheinungsformen zeigen. Auf die wichtigsten, nämlich die durch Reibung, Schwere und Dichteänderung bedingten Einflüsse, sei nachfolgend kurz eingegangen. Die Darlegungen betreffen Strömungsbewegungen von Flüssigkeiten und Gasen bei umströmten und durchströmten Körpern.

1.3.3.2 Laminare und turbulente Strömung (Reibungseinfluß)

Laminare Bewegung. Bei der Schichtenströmung bewegen sich die Fluidelemente nebeneinander auf voneinander getrennten Bahnen, ohne daß es zu einer Vermischung zwischen den parallel zueinander gleitenden Schichten kommt. Auf dieser Vorstellung beruht die Bezeichnung Laminarströmung. Die Geschwindigkeit ist dabei in allen Schichten tangential zur Hauptströmungsbewegung. Für diese Art der Strömungen gelten die in Kap. 1.2.3 angegebenen Schubspannungsgesetze viskoser bzw. anomalviskoser Fluide. Beachtet man, daß die Fluidelemente

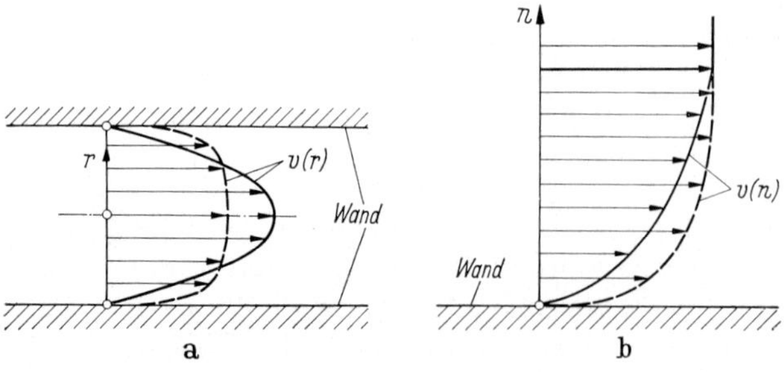

Abb. 1.14. Geschwindigkeitsverteilung infolge Reibungseinfluß. **a** Rohrströmung. **b** Plattenströmung. Ausgezogene Kurve: laminar; gestrichelte Kurve: turbulent

welche eine feste Wand berühren, wegen der Randbedingung (Haftbedingung) dort zur Ruhe kommen, so ergeben sich bei durchströmten Körpern (Rohr) die in Abb. 1.14a und bei umströmten Körpern (Platte) die in Abb. 1.14b gezeigten

19 Vgl. Fußnote 18, S. 71.

Geschwindigkeitsverteilungen $v(r)$ bzw. $v(n)$. Bei der bisher besprochenen laminaren Bewegung verteilen sich die Geschwindigkeiten entsprechend den ausgezogenen Kurven.

Turbulente Bewegung. Im Gegensatz zur laminaren Bewegung kann auch eine durch die gestrichelten Kurven in Abb. 1.14a und b gekennzeichnete Verteilung der gemittelten Geschwindigkeit einer turbulenten Bewegung auftreten. Das strömende Fluid bewegt sich dabei nicht mehr in geordneten Schichten wie bei laminarer Strömung, sondern der Hauptströmungsbewegung sind jetzt zeitlich und räumlich ungeordnete Schwankungsbewegungen (Längs- und Querbewegungen) überlagert. Diese sorgen für eine mehr oder weniger starke Durchmischung des strömenden Fluids sowie für einen Austausch von Masse, Impuls und Energie vor allem quer zur Hauptströmungsrichtung. Die Mischbewegung ist die Ursache für die gleichmäßigere Verteilung der gemittelten Geschwindigkeit. Bei turbulenten Strömungsvorgängen handelt es sich um völlig anders geartete Erscheinungen als bei laminaren Bewegungen. Die turbulenten Vorgänge sind außerordentlich verwickelt und sowohl physikalisch als auch mathematisch noch unvollkommen erfaßbar. In unmittelbarer Wandnähe kommen die Schwankungsbewegungen zur Ruhe, so daß dort nur der Einfluß der Viskosität eine Rolle spielt. Diese dünne wandnahe Strömungsschicht nennt man die viskose Unterschicht. Von den technischen Anwendungen her gesehen kommt den turbulenten Strömungen gegenüber den laminaren Strömungen die weit größere Bedeutung zu.

Bestimmende Kennzahl. Ausgehend von der Ähnlichkeitsbetrachtung in Kap. 1.3.2.3 kann man zeigen, daß sich der Reibungseinfluß durch Viskosität und Turbulenz bei Einführen der Reynolds-Zahl $Re = vl/\nu$ nach (1.47c) erfassen läßt. Hierin ist v eine charakteristische Geschwindigkeit (mittlere Durchströmgeschwindigkeit, äußere Umströmungsgeschwindigkeit), l eine charakteristische Länge (Rohrdurchmesser, Körperlänge) und ν die kinematische Zähigkeit.

Laminar-turbulenter Umschlag. Die Frage, wann eine Strömung laminar oder turbulent verläuft, hat bereits Reynolds [29] beschäftigt. Er führte eine Reihe von systematischen Versuchen durch und zeigte, daß der Übergang von der laminaren zur turbulenten Strömung immer dann eintritt, wenn der Parameter, den man heute Reynolds-Zahl nennt, einen bestimmten Zahlenwert überschreitet. Je nach Form und Oberflächenbeschaffenheit des durch- oder umströmten Körpers gibt es eine bestimmte kritische Reynolds-Zahl oder genauer gesagt Reynolds-Zahl des Umschlagpunkts Re_u, die den Wechsel von laminarer in turbulente Strömung bestimmt, und zwar gilt

$$Re < Re_u\text{: laminare Strömung,} \qquad Re > Re_u\text{: turbulente Strömung.} \qquad (1.49)$$

Für umströmte Körper, d. h. im einfachsten Fall für die längsangeströmte ebene Platte, beträgt die mit der Anströmgeschwindigkeit v_∞ und dem Abstand von dem Plattenanfang bis zum Umschlagpunkt x_u gebildete Reynolds-Zahl $Re_u = v_\infty x_u/\nu \approx 2 \cdot 10^6$. Die Bedeutung der Reynolds-Zahl des Umschlagpunkts sei am Widerstand W von zylindrischen Körpern mit elliptischem Querschnitt und verschiedenem Dickenverhältnis d/l sowie der Breite b gezeigt. In Abb. 1.15 sind die dimensionslosen Widerstandsbeiwerte $c_W = W/q_\infty bl$ mit $q_\infty = (\varrho/2)\, v_\infty^2$ als Geschwindigkeitsdruck der Anströmung in Abhängigkeit von der Reynolds-Zahl $Re_\infty = v_\infty l/\nu$ bei Anströmung mit der Geschwindigkeit v_∞ in Richtung der großen Achse aufgetragen. Es ist $d/l = 0$ die längsangeströmte ebene Platte und $d/l = 1$ der Kreiszylinder. Der gestrichelte Bereich um $Re_\infty \approx 10^6$ stellt den Übergang von der

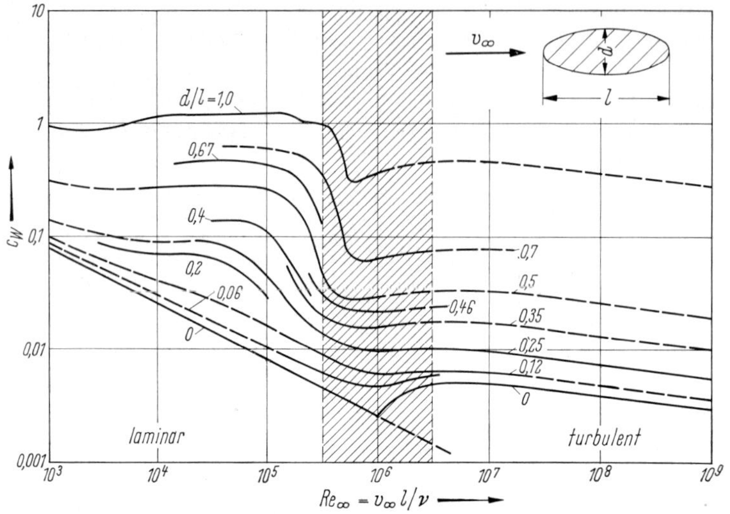

Abb. 1.15. Widerstandsbeiwerte $c_W = W/q_\infty bl$ von elliptischen Zylindern mit verschiedenen Dickenverhältnissen d/l bei Anströmung in Richtung der großen Achse nach [16], $q_\infty = (\varrho/2)\, v_\infty^2$ = Geschwindigkeitsdruck der Anströmung, b = Breite des Körpers

Tabelle 1.6. Besonders kennzeichnende Erscheinungsformen strömender Fluide

Einfluß	Strömungszustand		
Reibung	laminare Strömung $Re < Re_u$	Umschlagpunkt $- Re = Re_u \rightarrow$	turbulente Strömung $Re > Re_u$
Schwere	strömende Bewegung $Fr < 1$	Wassersprung $\leftarrow Fr = 1 -$	schießende Bewegung $Fr > 1$
Dichte- änderung	Unterschallströmung Ma < 1	Verdichtungsstoß $\leftarrow Ma = 1 -$	Überschallströmung $Ma > 1$

laminaren zur turbulenten Strömung dar. Auf die strömungsmechanischen Ursachen, die bei der Platte zu einer Erhöhung und beim Kreiszylinder zu einer Verminderung des Widerstandsbeiwerts führen, wird in Kap. 6.3 eingegangen. Bei durchströmten Körpern, d. h. bei Rohrströmungen, beträgt die mit der mittleren Durchströmgeschwindigkeit v_m und dem Rohrdurchmesser D gebildete Reynolds-Zahl des laminar-turbulenten Umschlags $Re_u = v_m D/\nu \approx 2300$. Hinsichtlich weiterer Einzelheiten sei auf Kap. 3.4.3.4 verwiesen. Die gemachten Feststellungen über den Einfluß der Reynolds-Zahl bei laminaren und turbulenten Strömungen sind in Tab. 1.6 zusammengestellt und werden dort mit anderen typischen Erscheinungsformen strömender Fluide verglichen. Unter bestimmten Voraussetzungen kann auch ein Übergang vom turbulenten in den laminaren Strömungszustand erfolgen (Relaminarisierung).

1.3.3.3 Strömende und schießende Flüssigkeitsbewegung (Schwereinfluß)

Offene Gerinne. Bei Abflußvorgängen in offenen Gerinnen oder teilweise gefüllten Rohrleitungen treten Flüssigkeitsströmungen (Wasserströmungen) mit freien Oberflächen auf. Bei diesen spielt der Einfluß der Schwere eine besondere Rolle. In einem vorgegebenen Gerinnequerschnitt kann die Strömungsbewegung unabhängig vom laminaren oder turbulenten Strömungszustand auf zweierlei Art erfolgen. Nach Abb. 1.16 erzielt man in einem rechteckigen Querschnitt den glei-

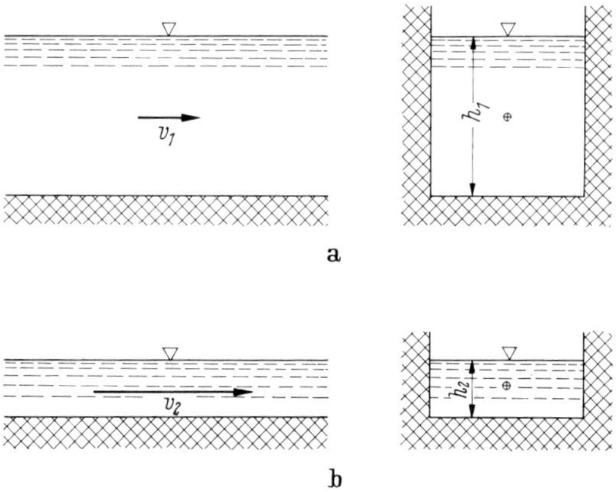

Abb. 1.16. Abfluß von Flüssigkeitsströmungen mit freier Oberfläche. **a** Strömender Abfluß: $v < c_0$, $Fr < 1$. **b** Schießender Abfluß: $v > c_0$, $Fr > 1$

chen Volumenstrom (Volumen/Zeit) entweder bei kleiner Strömungsgeschwindigkeit v_1 und großer Flüssigkeitstiefe h_1 oder bei großer Strömungsgeschwindigkeit v_2 und kleiner Flüssigkeitstiefe h_2. Für diese unterschiedlichen Abflußarten der Freispiegelströmungen hat sich im ersten Fall des ruhigeren Vorgangs die Bezeichnung strömender Abfluß, kurz Strömen, und im zweiten Fall des heftigeren Vorgangs die Bezeichnung schießender Abfluß, kurz Schießen, eingeführt.

Bestimmende Kennzahl. Die Frage, welche Abflußart sich einstellt, hängt vom Verhältnis der Fließgeschwindigkeit v zur Ausbreitungsgeschwindigkeit der Grundwelle c_0 ab. Bei kleinen Flüssigkeitstiefen beträgt die Ausbreitungsgeschwindigkeit der „Flachwasserwelle" $c_0 = \sqrt{gh}$. Nach (1.47d) ist mit $l = h$ dann die Froude-Zahl $Fr = v/c_0$. Es gilt

$$Fr < 1: \text{strömende Bewegung,} \qquad Fr > 1: \text{schießende Bewegung.} \tag{1.50}$$

Wellenbewegung. Die Eigenart der verschiedenen Gerinneabflüsse wird besonders deutlich, wenn man beachtet, daß sich bei freien Oberflächen Druckstörungen stets in Wellenbewegungen äußern. Hat die Gerinneströmung eine Fließgeschwindigkeit von $v < c_0$ (Strömen), dann kann sich die von einer Druckstörung verursachte Wellenbewegung sowohl stromabwärts als auch stromaufwärts ausbreiten. Ist dagegen $v > c_0$ (Schießen), so kann sich die Druckstörung nicht stromaufwärts auswirken. Während sich der Übergang vom Strömen zum Schießen im Gerinne stetig vollzieht, geht der Übergang vom Schießen zum Strömen dagegen unstetig mit einem Wechselsprung (Wassersprung) vor sich. Auf Tab. 1.6 und den Vergleich mit anderen typischen Erscheinungsformen strömender Fluide wird wieder hingewiesen.

1.3.3.4 Gasströmung mit Unter- und Überschallgeschwindigkeit (Dichteeinfluß)

Bestimmende Kennzahl. Die in Gasströmungen starke Abhängigkeit der Dichte vom Druck führt bei Unter- und Überschallgeschwindigkeit sowohl bei durchströmten als auch bei umströmten Körpern z. T. zu grundsätzlich verschiedenen Erkenntnissen. Bezeichnet v die Strömungsgeschwindigkeit und c die Schallgeschwindigkeit, dann ist die Mach-Zahl nach (1.47e) $Ma = v/c$. Es gilt also

$$Ma < 1: \text{Unterschallströmung}, \qquad Ma > 1: \text{Überschallströmung}. \tag{1.51}$$

Bewegte Störquelle. Es sei nach Abb. 1.17 eine Störquelle (A) betrachtet, die sich mit der Geschwindigkeit v von links nach rechts durch das ruhende Fluid

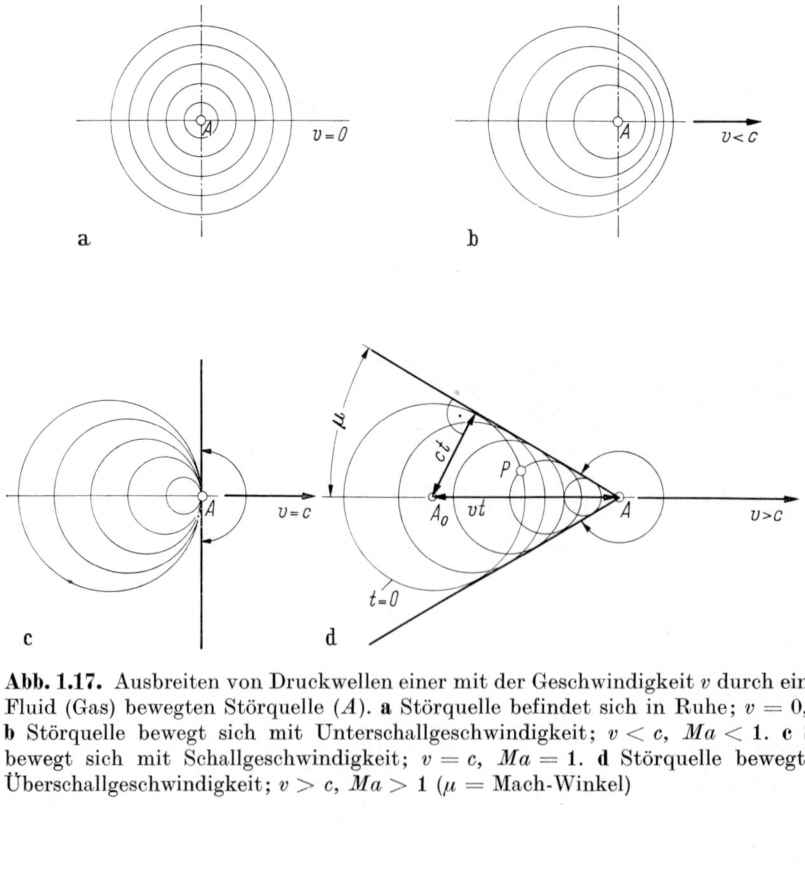

Abb. 1.17. Ausbreiten von Druckwellen einer mit der Geschwindigkeit v durch ein ruhendes Fluid (Gas) bewegten Störquelle (A). **a** Störquelle befindet sich in Ruhe; $v = 0$, $Ma = 0$. **b** Störquelle bewegt sich mit Unterschallgeschwindigkeit; $v < c$, $Ma < 1$. **c** Störquelle bewegt sich mit Schallgeschwindigkeit; $v = c$, $Ma = 1$. **d** Störquelle bewegt sich mit Überschallgeschwindigkeit; $v > c$, $Ma > 1$ (μ = Mach-Winkel)

bewegt. Relativ zu diesem Störzentrum erfolgt dann die Ausbreitung der Druckwellen mit der Schallgeschwindigkeit c. Abb. 1.17a zeigt den Fall der ruhenden Störquelle, $v = 0$, wobei die Ausbreitung der Druckwellen (Schallwellen) auf konzentrischen Kugelflächen erfolgt. Abb. 1.17b bis d geben die Lagen der in zeitgleichen Abständen ausgesandten Druckwellen für die Fälle an, bei denen sich die Störquelle mit Unterschallgeschwindigkeit $v < c$, mit Schallgeschwindigkeit $v = c$ bzw. mit Überschallgeschwindigkeit $v > c$ bewegt. Folgendes Ergebnis wird festgestellt: Für Fortbewegungsgeschwindigkeiten der Störquelle, die kleiner als die Schallgeschwindigkeit sind ($Ma < 1$), breiten sich Druckstörungen nach Abb. 1.17b allseitig im Raum aus. Sind dagegen die Fortbewegungsgeschwindigkeiten größer als die Schallgeschwindigkeit ($Ma > 1$), so können sich Druckstörungen nach Abb. 1.17d nur in einem hinter der Quelle gelegenen Kegel bemerkbar machen, [22]. Die Wirkung der Störquelle beschränkt sich auf das Innere dieses sogenannten Mach-Kegels, dessen halber Öffnungswinkel sich leicht aus der Beziehung

$$\sin \mu = \frac{ct}{vt} = \frac{c}{v} = \frac{1}{Ma} \qquad (Ma > 1) \tag{1.52}$$

berechnet, wobei ct und vt die jeweils in der Zeit t bei der Ausbreitung der Störung bzw. bei der Fortbewegung der Störquelle zurückgelegten Wege bedeuten. Die Begrenzungslinien des Mach-Kegels heißen Mach-Linien (Wellenfront). Der Mach-Winkel ist nur für $Ma > 1$ definiert. Aus Abb. 1.17d ersieht man auch, daß im Gegensatz zur Unterschallströmung (subsonische Strömung) bei der Überschallströmung (supersonische Strömung) jeder Raumpunkt P innerhalb des Mach-Kegels von zwei zu verschiedenen Zeiten ausgesandten Druckwellen getroffen wird. Für $Ma = 1$ wird $\mu = \pi/2$, was in Abb. 1.17c dargestellt ist. Die Störquelle bewegt mit sich eine zur Bewegungsrichtung normal stehende Wellenfront (Schallmauer). Es sei erwähnt, daß die gemachten Aussagen nur für kleine Druckstörungen zutreffen. Bei sehr großen Druckänderungen, z. B. bei Explosionen, gelten andere Gesetzmäßigkeiten.

Stoßfront. Ein Körper werde mit Überschallgeschwindigkeit $Ma_\infty > 1$ angeströmt. Dann stellt jeder Punkt der Körperoberfläche eine Störquelle dar. In Abb. 1.18a, b ist die Ausbildung der Wellenfront (Kopfwelle) um einen vorn spitzen und einen vorn stumpfen Körper dargestellt. In Abb. 1.18b sind die örtlich

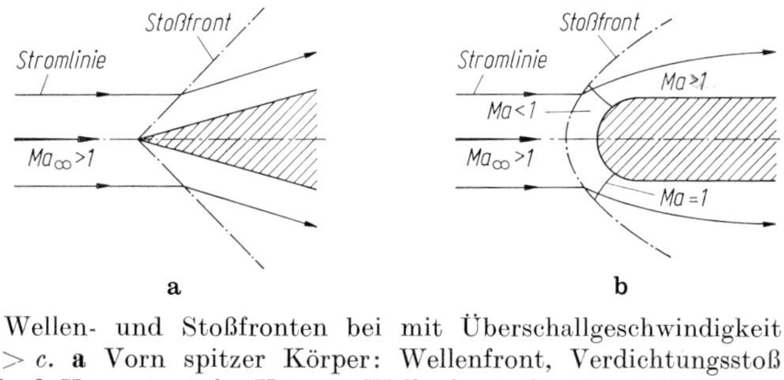

Abb. 1.18. Ausbilden der Wellen- und Stoßfronten bei mit Überschallgeschwindigkeit angeströmten Körpern, $v > c$. **a** Vorn spitzer Körper: Wellenfront, Verdichtungsstoß anliegend, schief und gerade. **b** Vorn stumpfer Körper: Wellenfront, Stoßfront abgehoben und gekrümmt

auftretenden Mach-Zahl-Bereiche $Ma \lessgtr 1$ eingetragen. Die Kopfwelle bezeichnet man auch als Stoßfront (Verdichtungsstoß), da in ihr größere Druckänderungen auftreten. Bei schwachen Störungen (schlanke Körper) gehen die Stoßlinien in Mach-Linien (Wellenfront) über. Zur experimentellen Bestimmung der Lage von Mach-Linien (Wellenfronten) und Verdichtungsstößen (Stoßfronten) können optische Methoden (Schlieren-, Interferometeraufnahmen) angewendet werden.

Stromfadenquerschnitt. Als Beispiel eines durchströmten Körpers sei der Massenstrom durch einen Stromfaden mit veränderlichem Stromfadenquerschnitt nach Abb. 1.19 betrachtet, vgl. Kap. 4.3.2.5. Bei Durchströmgeschwindigkeiten

Geschwindigkeit v	Unterschall Ma<1	Überschall Ma>1
nimmt zu dv>0	$v \rightarrow$ dA<0 $\rightarrow$ v+dv; dp<0,dϱ<0	$v \rightarrow$ dA>0 $\rightarrow$ v+dv; dp<0,dϱ<0
nimmt ab dv<0	$v \rightarrow$ dA>0 $\rightarrow$ v+dv; dp>0,dϱ>0	$v \rightarrow$ dA<0 $\rightarrow$ v+dv; dp>0,dϱ>0

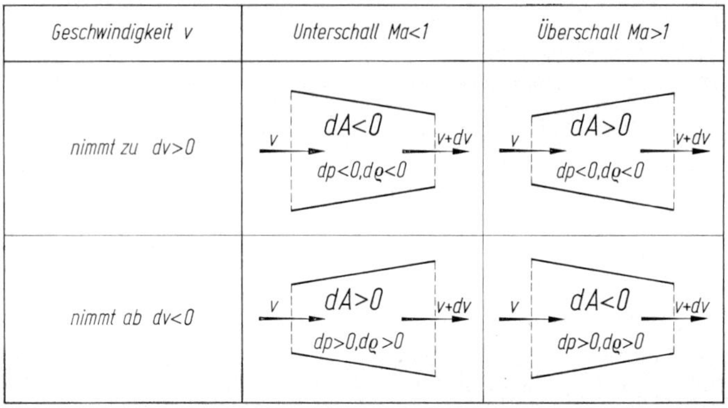

Abb. 1.19. Massenstrom durch einen Stromfaden, der mit Unter- oder Überschallgeschwindigkeit durchströmt wird, Änderung des Stromfadenquerschnitts (schematisch)

unterhalb der Schallgeschwindigkeit ($Ma < 1$) wird mit zunehmender Geschwindigkeit $dv > 0$ der Stromfadenquerschnitt kleiner, $dA < 0$, während bei Durchströmgeschwindigkeiten oberhalb der Schallgeschwindigkeit ($Ma > 1$) mit zunehmender Geschwindigkeit $dv > 0$ der Stromfadenquerschnitt größer wird, $dA > 0$. Diese Unterschiede beruhen darauf, daß im vorliegenden Fall die mit der Drucksenkung $dp < 0$ längs des Strömungsvorgangs bei $Ma > 1$ verbundene große Dichteabnahme $d\varrho < 0$ den Volumenstrom so stark vergrößert, daß mit Rücksicht auf die Erhaltung des Massenstroms im Gegensatz zu $Ma < 1$ eine Erweiterung des Stromfadenquerschnitts erforderlich wird. Bei abnehmender Geschwindigkeit liegen die Verhältnisse umgekehrt. Der kleinste Stromfadenquerschnitt ergibt sich bei $Ma = 1$. Eine Überschallströmung kann unstetig durch einen nahezu normal zur Strömungsrichtung stehenden Verdichtungsstoß in eine Unterschallströmung übergehen, vgl. Kap. 4.3.2.6. Umgekehrt geht der Übergang von Unter- zu Überschallströmung im allgemeinen stetig vor sich. Auf die Zusammenstellung in Tab. 1.6 und den Vergleich mit anderen typischen Erscheinungsformen strömender Fluide sei auch hier hingewiesen.

Flachwasseranalogie. Vergleicht man die Gasströmung bei Unter- und Überschallgeschwindigkeit mit der strömenden und schießenden Flüssigkeitsbewegung nach Kap. 1.3.3.3, so kann man gewisse Analogien feststellen. Bei der Unterschallströmung (Ausbreiten einer Druckstörung im ganzen Strömungsfeld) treten Erscheinungsformen wie beim Strömen und bei der Überschallströmung (Ausbreiten einer Druckstörung nur in einem stromabwärts liegenden Störbereich) wie beim Schießen auf. Das Analogon des Verdichtungsstoßes bei Gasströmungen ist bei Flüssigkeitsströmungen der Wechselsprung. Aus der zwar nicht in allen Einzelheiten vollständigen Ähnlichkeit zwischen den Strömungen dichteveränderlicher, reibungsfreier Fluide (Gase) und den Strömungen schwerer Fluide (Flüssigkeiten) mit freien Oberflächen wurde für das Versuchswesen der Gasdynamik die sogenannte Flachwasseranalogie entwickelt.

Literatur zu Kapitel 1

1. Andrade, E. N. da C.: A theory of the viscosity of liquids. Phil. Mag. Ser. 7, 17 (1934) 497—511; 698—732
2. D'Ans, J.; Lax, E.: Taschenbuch für Chemiker und Physiker, 3. Aufl. 3 Bde. Berlin, Heidelberg, New York: Springer 1964/70
3. Baehr, H. D. (Hrsg.): Thermodynamische Funktionen idealer Gase. Die thermodynamischen Eigenschaften der Luft. Berlin, Heidelberg, New York: Springer 1961 und 1968
4. Bird, R. B.; Armstrong, R. C.; Hassager, O.: Dynamics of polymeric liquids, 2 Bde. New York: Wiley & Sons 1977/79
5. Buckingham, E.: On physically similar systems, Illustrations of the use of dimensional equations. Phys. Rev. 4 (1914) 345—376. Görtler, H.: Dimensionsanalyse, Berlin, Heidelberg, New York: Springer 1975
6. Chapman, S.; Cowling, T. G.: The mathematical theory of non-uniform gases, 2. Aufl. Cambridge: Univ. Press 1960
7. Coleman, B. D.; Markovitz, H.; Noll, W.: Viscometric flows of non-newtonian fluids, Theory and experiment. Berlin, Heidelberg, New York: Springer 1966
8. Denbigh, K. G.: Note on a method of estimating the Prandtl number of liquids. J. Soc. Chem. Ind., Trans. 65 (1946) 61—63
9. Eirich, F. R. (Hrsg.): Rheology, Theory and applications, 5 Bde. New York: Acad. Press 1956/69
10. Franke, H. (Hrsg.): Lexikon der Physik, 3. Aufl. Stuttgart: Franckh 1969.
11. Fredrickson, A. G.: Principles and applications of rheology. Englewood Cliffs: Prentice-Hall 1964
12. Grigull, U.; Bach, J.: Die Oberflächenspannung und verwandte Zustandsgrößen des Wassers; Brennst.-Wärme-Kraft 18 (1966) 73—75. Grigull, U.; Straub, J.: Prog. Heat a. Mass Transf. 2 (1971) 151—162
13. Grigull, U.; Bach, J.; Reimann, M.: Die Eigenschaften von Wasser und Wasserdampf nach „The 1968 IFC Formulation". Wärme- u. Stoffübertr. 1 (1968) 202—213. Grigull, U.; Mayinger, F.; Bach, J.: Wärme- u. Stoffübertr. 1 (1968) 15—34. Scheffler, K.; Rossner, N.; Straub, J.; Grigull, U.: Brennst.-Wärme-Kraft 30 (1978) 73—78
14. Gutmann, F.; Simmons, L. M.: The temperature dependence of the viscosity of liquids. J. Appl. Phys. 23 (1952) 977—978
15. Hirschfelder, J. O.; Curtiss, C. F.; Bird, R. B.: Molecular theory of gases and liquids, 2. Aufl. New York: Wiley & Sons 1964
16. Hoerner, S. F.: Der Widerstand von Strebenprofilen und Drehkörpern. Jb. 1942 d. Deutsch. Luftfahrtforsch. I, 374—384
17. IUPAC: International thermodynamic tables of the fluid state, z. Z. 4 Bde. Oxford: Pergamon Press 1963/76
18. Keyes, F. G.: The heat conductivity, viscosity, spezific heat and Prandtl numbers for thirteen gases. Mass. Inst. Techn., Techn. Rep. 37 (1952). Trans. ASME 73 (1951) 589—596. Bertram, H. J.: J. Spacecr. Rock. 4 (1967) 287

19. Kohlrausch, F.: Praktische Physik, 22. Aufl. 3 Bde. Stuttgart: Teubner 1968
20. Landolt-Börnstein: Zahlenwerte und Funktionen aus Physik, Chemie, Astronomie, Geophysik und Technik, 6. Aufl. Berlin, Heidelberg, New York: Springer 1955/71
21. Lueger: Lexikon der Technik, 4. Aufl. Bd. 1. Beitrag Weise, A.; Brieden, K.: Strömungsmechanik. Stuttgart: Deutsch. Verl.-Anst. 1960
22. Mach, E.; Salcher, P.: Photographische Fixierung der durch Projektile in der Luft eingeleiteten Vorgänge, Sitz.ber. Akad. Wiss. Wien. Abt. II, 95 (1887) 764—780
23. Meyer: Physik-Lexikon. Mannheim: Bibliogr. Inst. 1973
24. Prandtl, L.: Zum Wesen der Oberflächenspannung. Ann. Phys. 6. Folge, 1 (1947) 59—64. Nachdruck: Ges. Abh. (1961) 1598—1603
25. Prandtl, L.; Oswatitsch, K.; Wieghardt, K.: Führer durch die Strömungslehre, 7. Aufl. Braunschweig: Vieweg & Sohn 1969
26. Ražnjević, K.: Thermodynamische Tabellen (jug. Aufl. 1964, franz. Aufl. 1970, engl. Aufl. 1975). Düsseldorf: VDI-Verlag 1977
27. Reid, R. C.; Sherwood, T. K.: The properties of gases and liquids, Their estimation and correlation, 2. Aufl. New York: McGraw-Hill 1966
28. Reiner, M.: Rheologie in elementarer Darstellung, 2. Aufl. (engl. Aufl. 1960). München: Hanser 1969
29. Reynolds, O.: An experimental investigation of the circumstances which determine whether the motion of water shall be direct or sinuous, and of the law of resistance in parallel channels. Phil. Trans. Roy. Soc. 174 (1883) 935—982; A 186 (1895) 123—164
30. Schmidt, E. (Hrsg.): Properties of water and steam in SI-Units (kJ, bar), Zustandsgrößen von Wasser und Wasserdampf. Berlin, Heidelberg, New York: Springer. München: Oldenbourg 1969
31. Schmidt, E.; Stephan, K.; Mayinger, F.: Technische Thermodynamik, Grundlagen und Anwendungen, 11. Aufl. 2 Bde. Berlin, Heidelberg, New York: Springer 1975/77
32. Skelland, A. H. P.: Non-newtonian flow and heat transfer. New York: Wiley & Sons 1967
33. Sutherland, D. M.: The viscosity of gases and molecular forces. Phil. Mag. Ser. 5, 36 (1893) 507—530
34. Szabó, I.: Geschichte der Mechanik der Fluide, Geschichte der mechanischen Prinzipien, Kap. III. Basel: Birkhäuser 1977
35. Touloukian, Y. S. (Hrsg.): Thermophysical properties of matter, A comprehensive compilation of date by TPRC, z. Z. 13 Bde. New York: IFI/Plenum Press 1970/76
36. Umstätter, H.; Schwaben, R.: Einführung in die Viskosimetrie und Rheometrie. Berlin, Göttingen, Heidelberg: Springer 1952
37. Vasserman, A. A.; Kazavchinskii, Y. Z.; Rabinovich, V. A.: Thermophysical properties of air and air components (russ. Aufl. 1966). Jerusalem: Isr. Prog. Sci. Transl. 1971
38. VDI-Wärmeatlas, 2. Aufl. Düsseldorf: VDI-Verlag 1974
39. Vincenti, W. G.; Kruger, C. H. jr.: Introduction to physical gas dynamics. New York: Wiley & Sons 1965
40. Weast, R. C. (Hrsg.): Handbook of chemistry and physics, A ready-reference book of chemical and physical date, 58. Aufl. Cleveland: CRC Press 1977/78
41. Zierep, J.: Ähnlichkeitsgesetze und Modellregeln der Strömungslehre. Karlsruhe: Braun 1972

2. Grundgesetze der Fluid- und Thermo-Fluidmechanik

2.1 Überblick

In Kap. 1 wurden einige grundlegende Erkenntnisse der Strömungsmechanik besprochen. Dabei handelt es sich in Kap. 1.2 um die physikalischen Eigenschaften und Stoffgrößen der Fluide und in Kap. 1.3 um das physikalische Verhalten von Strömungsvorgängen. Aufgabe dieses Kapitels soll es sein, die Grundgesetze der Mechanik ruhender und bewegter Fluide abzuleiten. Diese bestehen im wesentlichen aus den Bilanzgleichungen für die Masse, den Impuls, die Energie und die Entropie.

Für ein ruhendes und gleichförmig bewegtes Fluid wird zunächst in Kap. 2.2 der Satz vom Gleichgewicht der Kräfte (Statik) besprochen. Kommt das Fluid in eine ungleichförmige Bewegung (stationär, instationär), so stellt sich ein Bewegungszustand (Kinematik) ein, der in Kap. 2.3 beschrieben wird. Abgeleitet werden das kinematische Verhalten eines Fluidelements sowie die Transportgleichungen der Fluidmechanik. Kap. 2.4 enthält den für die Fluidmechanik wichtigen Massenerhaltungssatz (Kontinuität). Die beim Strömungsvorgang beteiligten Kräfte (Dynamik) werden beim Impulssatz (Kinetik) in Kap. 2.5 behandelt. Neben der Impuls- und Impulsmomentengleichung für einen raumfesten Kontrollraum gehören hierzu auch die Bewegungsgleichungen der Fluidmechanik. Der Energiesatz (Energetik) in Kap. 2.6 betrifft das Zusammenwirken der verschiedenen Energien (mechanisch, thermodynamisch) und Arbeiten (hervorgerufen durch Kräfte, durch Wärmezu- oder -abfuhr). Dabei werden sowohl die Energiegleichung der Fluidmechanik (Arbeitssatz der Mechanik) als auch die Energiegleichung der Thermo-Fluidmechanik (erster Hauptsatz der Thermodynamik) besprochen. Ausführungen zur Gleichung der Wärmeübertragung, zur Entropiegleichung sowie zur Energiegleichung bei turbulenter Strömung beschließen dies Kapitel. Die jeweils maßgebenden Gleichungen können skalaren oder vektoriellen Charakter haben und in differentieller oder integraler Form auftreten.

2.2 Ruhende und gleichförmig bewegte Fluide (Statik)

2.2.1 Einführung

Bei ruhenden oder auch mit gleichförmiger Geschwindigkeit bewegten Fluiden spielt das kinematische Verhalten der Fluidelemente keine Rolle. Bei der Beschreibung solcher Zustände kommt dem dynamischen Verhalten der Fluidelemente die entscheidende Bedeutung zu. Die jeweils auftretenden Kräfte bilden ein mechanisches Gleichgewichtssystem (Statik). Von den in Kap. 1.2 besprochenen physikalischen Eigenschaften und Stoffgrößen der Fluide bestimmen insbesondere der Druck und die Fallbeschleunigung das statische Gleichgewicht. Entsprechend den vorliegenden Fluiden, wie Flüssigkeiten (z. B. Wasser) und Gasen (z. B. Luft) beziehen sich die folgenden Ausführungen auf die Hydro- bzw. Aerostatik.

2.2.2 Kräfte im Ruhezustand

2.2.2.1 Druckkraft (Oberflächenkraft)

Druckspannung. Denkt man sich aus dem Innern des Fluids ein kleines Volumen herausgeschnitten, so werden auf dessen Oberfläche vom umgebenden Fluid Kräfte ausgeübt, die in Verbindung mit den am Element außerdem wirksamen Massenkräften dessen Bewegungs- oder Ruhezustand bedingen. Die Oberflächenkräfte bestehen im allgemeinen aus Normal- und Tangentialkräften. Bei ruhendem Fluid sowie auch in einer reibungslosen Strömung können offenbar nur Normalkräfte in Form von Druckkräften auftreten. Zugkräfte können im Inneren eines Gases oder einer Flüssigkeit normalerweise nicht übertragen werden. Dies Verhalten hängt bei Gasen damit zusammen, daß eine Gasmasse ein endliches Volumen nur dann einnehmen kann, wenn es unter Druckkräften steht. Bei Flüssigkeiten spielt ihre Zerreißfestigkeit die entscheidende Rolle. Diese verschwindet,

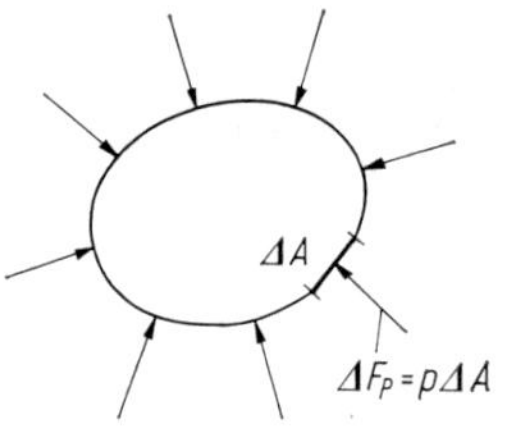

Abb. 2.1

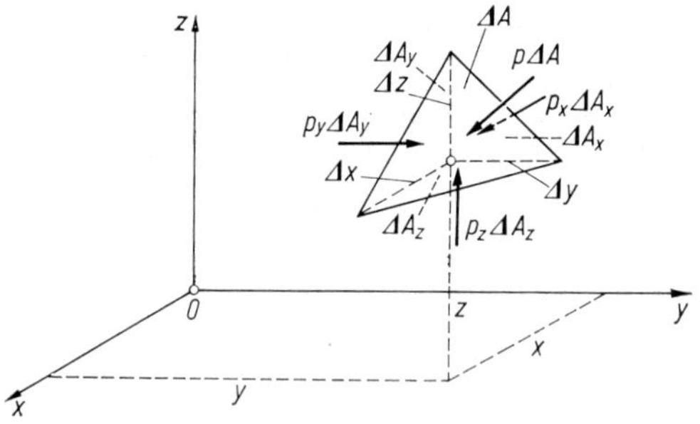

Abb. 2.2

Abb. 2.1. Zur Definition des Drucks p in einem Fluid nach (2.1a)
Abb. 2.2. Kräftegleichgewicht am Tetraeder eines ruhenden Fluids

wenn sich in der technisch nicht vollständig reinen Flüssigkeit Verdampfungskerne befinden, vgl. Kap. 1.2.6.3.

Bezeichnet ΔA nach Abb. 2.1 ein durch einen beliebigen Punkt der Oberfläche des Fluidvolumens gehendes Flächenelement und ΔF_P die auf ΔA wirkende Druckkraft, so heißt der Quotient

$$p = \frac{\text{Druckkraft}}{\text{Fläche}} = \lim_{\Delta A \to 0} \frac{\Delta F_P}{\Delta A} = \frac{dF_P}{dA} > 0 \quad \text{(Definition)} \quad (2.1\text{a})$$

die Druckspannung oder kurz der Druck an der betrachteten Stelle. Er besitzt die Dimension $\mathsf{F/L^2} = \mathsf{M/LT^2}$ mit der Einheit $\mathrm{Pa} = \mathrm{N/m^2} = \mathrm{kg/s^2\,m}$. Da keine Zugspannungen (negative Druckspannungen) auftreten, ist stets $p > 0$. Der Begriff des Drucks in einem Fluid wurde erstmalig von Euler [13] genau definiert und mathematisch beschrieben. Seine Größe ist bei Fluiden im Gegensatz zur Elastizitätstheorie fester Körper, bei der sich die Normalspannung mit der Schnittrichtung ändert, von der durch den gewählten Punkt gelegten Schnittrichtung unabhängig. Um dies zu beweisen, schneide man nach Abb. 2.2 aus dem Innern des Fluids ein kleines Tetraeder heraus, dessen eine Ecke durch die rechtwinkligen Koordinaten x, y, z festgelegt ist. Bezeichnen p_x, p_y, p_z die Drücke in Richtung der Koordinatenachsen und p den Druck normal zur schiefen Tetraederfläche, so ergeben sich die aus Abb. 2.2 ersichtlichen, an den Tetraederoberflächen ΔA, ΔA_x, ΔA_y und ΔA_z angreifenden Normalkräfte. Sie sind als Oberflächenkräfte den Tetraederflächen proportional und demnach klein von zweiter Ordnung. Die auf das Fluidelement außerdem wirkende Massenkraft, z. B. die Schwerkraft, ist eine Volumenkraft. Sie ist proportional dem Tetraedervolumen und somit klein von dritter Ordnung und kann daher gegenüber den Normalkräften als kleine Größe gestrichen werden. Daraus folgt, daß die auf das kleine Tetraeder wirkenden Normalkräfte für sich allein die statische Gleichgewichtsbedingung erfüllen müssen. Bezeichnen α, β, γ die Winkel, welche die Richtungen x, y bzw. z mit der Normalen zur Fläche ΔA bilden, dann ist $\Delta A_x = \Delta A \cos\alpha$, $\Delta A_y = \Delta A \cos\beta$, $\Delta A_z = \Delta A \cos\gamma$. Für die am Tetraeder angreifenden Oberflächenkräfte lauten die Gleichgewichtsbedingungen in den drei Koordinatenrichtungen

$$p_x \Delta A_x - p \Delta A \cos\alpha = 0, \qquad p_y \Delta A_y - p \Delta A \cos\beta = 0,$$

$$p_z \Delta A_z - p \Delta A \cos\gamma = 0,$$

woraus durch Einsetzen der Beziehungen für die Flächenelemente

$$p = p_x = p_y = p_z \qquad \text{(Pascal)} \tag{2.1b}$$

folgt. Diese Erkenntnis stammt bereits von B. Pascal. Sie besagt, daß für jede durch einen bestimmten Punkt im Fluid beliebig gelegte Fläche der Druck p den gleichen Wert hat. In einem Fluid ist somit der Druck eine richtungsunabhängige (skalare) Größe. Er ist eine im allgemeinen stetig differenzierbare Ortsfunktion $p = p(x, y, z)$. Man spricht vom Druckfeld $p = p(\boldsymbol{r})$. Unstetigkeiten können z. B. an einer gekrümmten Grenzfläche zweier verschiedener Fluide infolge der Grenzflächenspannung (Kapillarität) nach Kap. 1.2.6.2 auftreten.

Druckkraft auf eine Fläche. Die vorstehenden Überlegungen über die Druckspannung gelten sowohl für Teile, die aus dem Innern eines stetig zusammenhängenden Fluids herausgeschnitten sind, als auch für den Fall, daß das Fluid mit einem festen Körper, etwa einer Gefäßwand, in unmittelbarer Berührung steht. Die durch die Druckspannung p hervorgerufene Druckkraft $d\boldsymbol{F}_P$, welche auf ein Flächenelement dA ausgeübt wird, steht normal zu diesem und besitzt nach (2.1a) die vektorielle Größe $p\, d\boldsymbol{A}$. Nach Abb. 2.3 ergibt sich

$$d\boldsymbol{F}_P = -p\, d\boldsymbol{A}, \qquad \boldsymbol{F}_P = -\int\limits_{(A)} p\, d\boldsymbol{A}. \tag{2.2a, b}$$

Dabei ist $d\boldsymbol{A} = \boldsymbol{e}_n dA$ der nach außen positiv gezählte Normalvektor des Flächenelements und A eine beliebig geformte Fläche, für welche die resultierende Druckkraft gesucht wird.

Druckkraft am Fluidelement. In einem ruhenden Fluid sei nach Abb. 2.4 ein kleines Raumelement von beliebiger Form betrachtet. Das Element habe das Volumen ΔV und die Masse $\Delta m = \varrho\, \Delta V$ mit ϱ als Dichte nach (1.1). An der Oberfläche ΔA greifen nur normal auf die infinitesimal kleinen Flächenelemente dA gerichtete Druckkräfte an, die von dem umgebenden Fluid ausgeübt werden. Der im Ursprung $x = y = z = 0$ herrschende Druck sei $p = p_0$. Wird das Raum-

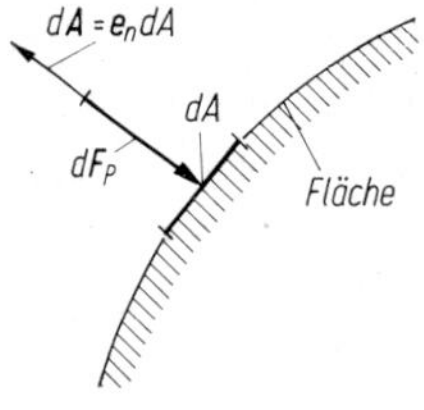

Abb. 2.3

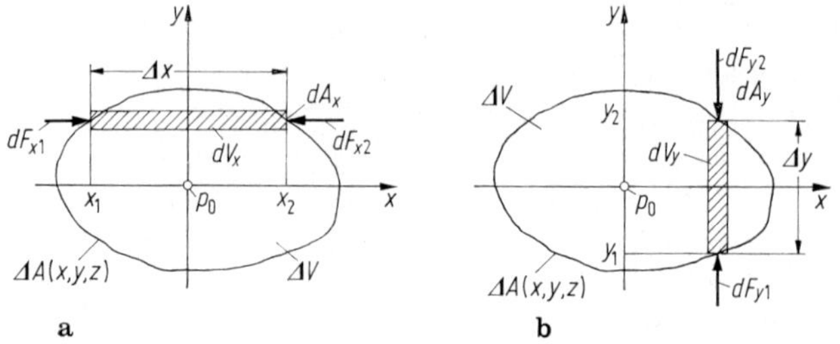

Abb. 2.4

Abb. 2.3. Von einem Fluid auf das Flächenelement dA eines festen Körpers ausgeübte Druckkraft $d\boldsymbol{F}_P$

Abb. 2.4. Druckkraft an einem Fluidelement von beliebiger Form. **a** Teilkraft in x-Richtung. **b** Teilkraft in y-Richtung.

element als klein angenommen, dann kann man die Drücke auf der Oberfläche $\Delta A(x, y, z)$ nach einer Taylorschen Reihe entwickeln:

$$p(x, y, z) = p_0 + \left(\frac{\partial p}{\partial x}\right)_0 x + \left(\frac{\partial p}{\partial y}\right)_0 y + \left(\frac{\partial p}{\partial z}\right)_0 z + \cdots.$$

Hierin sind der Druck p_0 sowie die Druckgradienten $(\partial p/\partial x)_0$, $(\partial p/\partial y)_0$ und $(\partial p/\partial z)_0$ jeweils konstante Größe. Nach (2.2a) erhält man in Verbindung mit Abb. 2.4a die Teilkraft in x-Richtung auf ein normal zur x-Richtung orientiertes Flächenelement dA_x zu $dF_x = dF_{x1} - dF_{x2} = (p_1 - p_2)\, dA_x$ mit $p_1 = p(x_1, y_1, z_1)$ und $p_2 = p(x_2, y_2, z_2)$[1]. Es wird

$$dF_x = -\frac{\partial p}{\partial x}(x_2 - x_1)\, dA_x = -\frac{\partial p}{\partial x}\Delta x\, dA_x, \quad \Delta F_{Px} = -\frac{\partial p}{\partial x}\Delta V,$$

wobei die Komponente der Druckkraft am Raumelement in x-Richtung $\Delta F_{Px} = \int dF_x$ durch Integration über das Volumen $\Delta V = \int dV_x$ mit $dV_x = \Delta x\, dA_x$ als schraffiert dargestelltes Teilvolumen folgt. Zu demselben Ergebnis kommt man, wenn man die einfachere Ableitung für den in Abb. 2.5a gezeigten Quader vornimmt. Für die Komponenten der Druckkraft in y- und z-Richtung gelten die entsprechenden Ausdrücke, man vgl. hierzu Abb. 2.4b. Die auf die Masse $\Delta m = \varrho\, \Delta V$ bezogene Druckkraft beträgt in Vektor- und Zeigerschreibweise

$$\boldsymbol{f}_P = \lim_{\Delta m \to 0} \frac{\Delta \boldsymbol{F}_P}{\Delta m} = \frac{d\boldsymbol{F}_P}{dm} = -\frac{1}{\varrho}\,\mathrm{grad}\, p, \quad f_{Pi} = -\frac{1}{\varrho}\frac{\partial p}{\partial x_i} \quad (i = 1, 2, 3). \qquad (2.3\mathrm{a, b})$$

1 Auf den Index P bei dF_x sowie auf den Index 0 bei $\partial p/\partial x, \ldots$ wird verzichtet.

Die vektorielle Darstellung in (2.3a) ist unabhängig von der Wahl des Koordinatensystems. Gl. (2.3) besitzt die Dimension $\mathsf{F/M} = \mathsf{L/T^2}$ mit der Einheit $\mathrm{N/kg} = \mathrm{m/s^2}$. Hängt die Dichte des Fluids nur vom Druck ab, d. h. handelt es sich um ein barotropes Fluid mit $\varrho = \varrho(p)$ entsprechend Kap. 1.2.2.2, so kann man für (2.3a) auch

$$\boldsymbol{f}_P = -\operatorname{grad} i \qquad \text{mit} \qquad i = i(p) = \int \frac{dp}{\varrho(p)}, \quad i = \frac{p}{\varrho} \qquad (\varrho = \text{const}) \qquad (2.4\text{a, b, c})$$

schreiben[2]. Diese Beziehung besagt, daß man die bezogene Druckkraft $\boldsymbol{f}_P$ aus dem spezifischen Druckkraftpotential $i = i(p)$ ableiten kann[3]. Die Größe i hat die Dimension $\mathsf{FL/M}$ mit der Einheit $\mathrm{N\,m/kg} = \mathrm{J/kg}$. Für ein dichtebeständiges Fluid ist $i = p/\varrho$, während bei polytroper Zustandsänderung (1.32d) gilt.

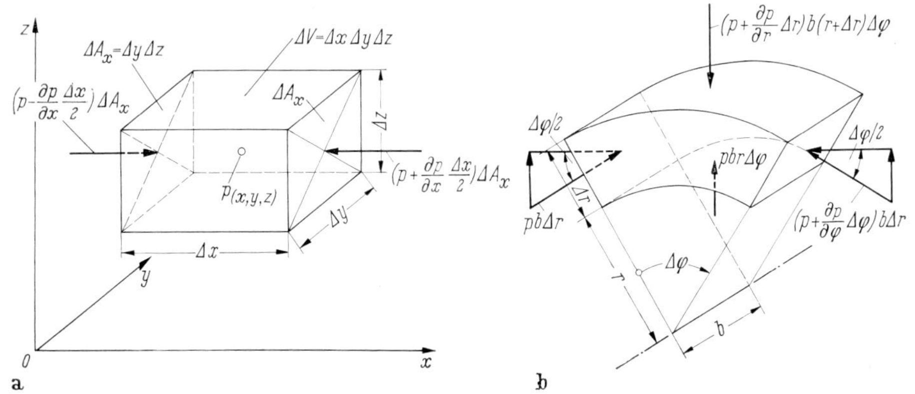

Abb. 2.5. Druckkraft an einem Fluidelement von einfacher geometrischer Form. **a** Quader, kartesische Koordinaten x, y, z. **b** Sektor eines Kreisringkörpers mit rechteckiger Querschnittsfläche, polare Koordinaten r, φ

Die Komponenten der Druckkraft für verschiedene Koordinatensysteme entnimmt man entsprechend (2.3a) Tab. 2.1C mit $a = p$. In Zylinderkoordinaten nach Abb. 1.13 findet man die Komponenten der Druckkraft in radialer, azimutaler und axialer Richtung zu

$$f_{Pr} = -\frac{1}{\varrho}\frac{\partial p}{\partial r}, \quad f_{P\varphi} = -\frac{1}{\varrho}\frac{1}{r}\frac{\partial p}{\partial \varphi}, \quad f_{Pz} = -\frac{1}{\varrho}\frac{\partial p}{\partial z}. \qquad (2.5\text{a, b, c})$$

Im zweidimensionalen Fall liefern die ersten beiden Glieder die Darstellung in Polarkoordinaten.

---

2 Nach den Regeln der Vektor-Analysis ist $\operatorname{grad} f(\alpha) = (df/d\alpha) \operatorname{grad} \alpha$, wenn $f(\alpha)$ eine gewöhnliche Funktion und $\alpha(\boldsymbol{r})$ ein skalares Feld ist. Gl. (2.4a, b) folgt, wenn man $\alpha = p$, $f(\alpha) = i(p)$ und $df/d\alpha = di/dp = 1/\varrho$ setzt.

3 Unter einem Potential versteht man eine Größe, deren Wert zwischen einem Anfangs- und einem Endzustand vom dazwischen durchlaufenden Weg unabhängig ist. Die aus dem Potential abzuleitenden Größen findet man durch Gradientenbildung (partielle Ableitung nach den Ortskoordinaten). In Kap. 1.2.5.2 wird i als Druckfunktion oder Druckintegral bezeichnet.

Es ist aufschlußreich, hierfür auch die Ableitung anzugeben. In Abb. 2.5b ist das gekrümmte Raumelement durch sein Volumen $\Delta V = b\Delta r\, r\Delta\varphi$ gegeben. Die Druckkraft in radialer Richtung ergibt sich aus den Anteilen auf die Zylinderflächen $pbr\,\Delta\varphi$ und $-[p + (\partial p/\partial r)\,\Delta r]\,b(r + \Delta r)\,\Delta\varphi$ sowie aus den Anteilen auf die geraden Keilflächen $pb\Delta r(\Delta\varphi/2)$ und $[p + (\partial p/\partial\varphi)\,\Delta\varphi]\,b\Delta r(\Delta\varphi/2)$[4]. Fügt man die vier Anteile zusammen und läßt die kleinen Glieder höherer Ordnung fort, dann erhält man (2.5a). Für die Druckkraft in Umfangrichtung liefern nur die Drücke auf den geraden Keilflächen einen Beitrag. Da $\Delta\varphi$ sehr klein sein soll, ergeben sich die Anteile $pb\Delta r$ und $-[p + (\partial p/\partial\varphi)\,\Delta\varphi]\,b\Delta r$, was zu (2.5b) führt.

Druckkraft im und am Fluidvolumen. Neben der Druckkraft am Fluidelement interessiert häufig auch die an einem endlich ausgedehnten Fluidvolumen V angreifende Druckkraft. Das beliebig gewählte Volumen sei nach Abb. 2.6 von der Fläche A umschlossen. In dem Volumen befinden sich die Raumelemente

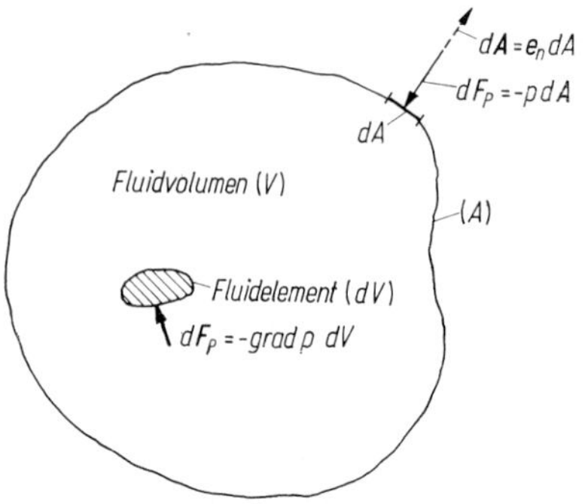

Abb. 2.6. Druckkräfte im Inneren eines Fluidvolumens (V) und an seiner äußeren Begrenzung (A)

dV, an denen gemäß (2.3a) die Druckkräfte $d\boldsymbol{F}_P = \boldsymbol{f}_P\,dm = -\text{grad}\,p\,dV$ angreifen. Die gesamte Druckkraft erhält man durch Integration über V zu

$$\boldsymbol{F}_P = -\int_{(V)} \text{grad}\,p\,dV = -\int_{(A)} p\,d\boldsymbol{A} = \boldsymbol{F}_A. \qquad (2.6\text{a, b, c})$$

Die zweite Beziehung folgt durch Anwenden des Greenschen Integralsatzes

$$\oint_A a\,d\boldsymbol{A} = \int_V \text{grad}\,a\,dV \qquad \text{(Greenscher Integralsatz)},$$

wonach man ein Volumenintegral (V) in ein Integral über die geschlossene Randfläche (A) umformen kann. Dabei ist $d\boldsymbol{A} = \boldsymbol{e}_n\,dA$ der nach außen positiv gezählte Normalvektor des Flächenelements dA. Gl. (2.6b) sagt aus, daß sich die Druckkräfte im Inneren des Volumens V gegenseitig aufheben und die Kraftwirkung nur aus den an der Begrenzungsfläche A herrschenden Druckkräften besteht. Man nennt diese äußere Druckkraft entsprechend (2.6c) auch Oberflächenkraft $\boldsymbol{F}_A$.

2.2.2.2 Massenkraft (Volumenkraft)

Massenkraft am Fluidelement. Neben der in Kap. 2.2.2.1 besprochenen Oberflächenkraft (Druckkraft) wirken am mit Masse belegten Raumelement noch Massenkräfte als äußere Kräfte (Fernwirkungskraft, eingeprägte Volumenkraft,

---

4 Wegen $\Delta\varphi/2 \ll 1$ kann $\sin(\Delta\varphi/2) = \Delta\varphi/2$ gesetzt werden.

elektromagnetische Kraft). Eine beliebig gerichtete Massenkraft sei mit $\Delta \boldsymbol{F}_B = \boldsymbol{f}_B \times \Delta m$ bezeichnet[5]. Dabei bedeutet $\boldsymbol{f}_B$ analog zu (2.3) die auf die Masse des Fluidelements $\Delta m = \varrho \Delta V$ bezogene Massenkraft. Sie besitzt die Dimension F/M = L/T² mit der Einheit N/kg = m/s².

Schwerkraft. Am häufigsten tritt die Massenkraft in Form der Gravitationskraft (Schwerkraft) auf, vgl. Kap. 1.2.4.2. Mit $\boldsymbol{g}$ als Vektor der Fallbeschleunigung (Schwerbeschleunigung) ist $\Delta \boldsymbol{F}_B = \Delta m \boldsymbol{g}$ und damit die bezogene Massenkraft

$$\boldsymbol{f}_B = \boldsymbol{g}; \qquad f_{Bx} = 0 = f_{By}, \qquad f_{Bz} = -f_G = -g < 0, \quad \text{(2.7a, b, c)}$$

wobei die negative z-Achse mit der Lotrechten zusammenfällt. Bei großen Höhenunterschieden ist $g = g(z)$ gemäß (1.19a) zu berücksichtigen. Meistens kann jedoch nach (1.19b) mit $g \approx$ const gerechnet werden. Kann man den Schwereinfluß, z. B. bei Gasen vernachlässigen, so ist $g \to 0$ zu setzen.

Zentrifugalkraft. Bei einem um die vertikale z-Achse mit gleichförmiger Winkelgeschwindigkeit ω rotierenden Fluid greift am Fluidelement der Masse Δm, welches sich im Abstand r von der Drehachse befindet, neben der vertikalen Schwerkraft $F_{Bz} = -\Delta m g$ als zusätzliche Massenkraft eine in radialer Richtung horizontal wirkende Zentrifugalkraft $\Delta F_{Br} = \Delta m \omega^2 r$ an. In Zylinderkoordinaten nach Abb. 1.13 gilt in diesem Fall für die bezogene Massenkraft

$$f_{Br} = \omega^2 r, \qquad f_{B\varphi} = 0, \qquad f_{Bz} = -g. \qquad \text{(2.8a, b, c)}$$

Diese Kräfte bestimmen z. B. nach Kap. 2.2.3.3 die Form der Oberfläche einer Flüssigkeit in einem rotierenden Gefäß.

2.2.2.3 Kräftegleichheit ruhender Fluide

Gleichgewichtsbedingung. Ein Gleichgewichtszustand stellt sich nach Euler [13] am ruhenden Fluidelement $\Delta m = \varrho \Delta V$ ein, wenn die Summe aus Massenkraft $\Delta \boldsymbol{F}_B$ und Druckkraft $\Delta \boldsymbol{F}_P$ verschwindet. Mit den Beziehungen aus Kap. 2.2.2.1 bzw. 2.2.2.2 gilt also bezogen auf die Masse Δm die statische Grundgleichung

$$\boldsymbol{f}_B + \boldsymbol{f}_P = 0 \qquad \text{(ruhendes Fluid)}. \qquad \text{(2.9)}$$

Setzt man nach (2.4a) für die Druckkraft eines barotropen Fluids $\boldsymbol{f}_P = -\text{grad}\, i$ ein, so muß sich die Massenkraft ebenfalls als Gradient einer skalaren Funktion darstellen. Die bezogene Massenkraft beträgt dann

$$\boldsymbol{f}_B = -\text{grad}\, u_B, \; f_{Bi} = -\frac{\partial u_B}{\partial x_i} \qquad (i = 1, 2, 3). \qquad \text{(2.10a, b)}$$

Man bezeichnet die auf die Masse bezogene Größe u_B in N m/kg = J/kg analog zu (2.4b) als spezifisches Massenkraftpotential[6]. Die Komponenten in (2.10a) für

5 Die Massenkraft entspricht der „body force", weshalb der Index B gewählt wurde.

6 Da die Massenkraft von außen wirkt, kann u_B auch als spezifisches äußeres Kraftpotential aufgefaßt werden, vgl. (2.173).

Tabelle 2.1. Tensor-Operatoren Koordinatensysteme nach Abb. 1.13.

Tensor nullter Stufe = Skalar a, Tensor erster Stufe = Vektor $\boldsymbol{a}$, Tensor zweiter Stufe = Tensor $(\boldsymbol{a})$.
A Divergenz div $\boldsymbol{a}$ und div $(\boldsymbol{a})$ (Kontinuitätsgleichung des dichtebeständigen Fluids div $\boldsymbol{v} = 0$, volumenbezogene Spannungskraft $\varrho \boldsymbol{f}_\sigma = \text{div}\,(\boldsymbol{\sigma})$).
B Rotation rot $\boldsymbol{a}$ (Drehung eines Fluidelements $2\boldsymbol{\omega} = \text{rot}\,\boldsymbol{v}$, vektorielles Geschwindigkeitspotential $\boldsymbol{v} = \text{rot}\,\boldsymbol{\Psi}$).
C Gradient grad a und grad $\boldsymbol{a}$ (skalares Geschwindigkeitspotential $\boldsymbol{v} = \text{grad}\,\Phi$, Gradiententensor des Geschwindigkeitsfelds grad $\boldsymbol{v}$).
D Laplace-Operator Δa und $\Delta \boldsymbol{a}$ (Potentialgleichung $\Delta \Phi = 0$, volumenbezogene Zähigkeitskraft $\varrho \boldsymbol{f}_z = \eta \Delta \boldsymbol{v}$).

		A	B	C	D
		Divergenz	Rotation	Gradient	Laplace-Operator
Koordinaten		div $\boldsymbol{a}$	—	grad a	$\Delta a = \text{div}\,(\text{grad}\,a)$
		div $(\boldsymbol{a})$	rot $\boldsymbol{a}$	grad $\boldsymbol{a}$	$\Delta \boldsymbol{a} = \text{grad}\,(\text{div}\,\boldsymbol{a}) - \text{rot}\,(\text{rot}\,\boldsymbol{a})$
kartesisch	x, y, z	$\frac{\partial a_x}{\partial x} + \frac{\partial a_y}{\partial y} + \frac{\partial a_z}{\partial z}$	—	$\left(\frac{\partial a}{\partial x}, \frac{\partial a}{\partial y}, \frac{\partial a}{\partial z}\right)$	$\frac{\partial^2 a}{\partial x^2} + \frac{\partial^2 a}{\partial y^2} + \frac{\partial^2 a}{\partial z^2}$
	x	$\frac{\partial a_{xx}}{\partial x} + \frac{\partial a_{xy}}{\partial y} + \frac{\partial a_{xz}}{\partial z}$	$\frac{\partial a_z}{\partial y} - \frac{\partial a_y}{\partial z}$	$\frac{\partial a_x}{\partial x} \;\; \frac{\partial a_x}{\partial y} \;\; \frac{\partial a_x}{\partial z}$	$\frac{\partial^2 a_x}{\partial x^2} + \frac{\partial^2 a_x}{\partial y^2} + \frac{\partial^2 a_x}{\partial z^2}$
	y	$\frac{\partial a_{yx}}{\partial x} + \frac{\partial a_{yy}}{\partial y} + \frac{\partial a_{yz}}{\partial z}$	$\frac{\partial a_x}{\partial z} - \frac{\partial a_z}{\partial x}$	$\frac{\partial a_y}{\partial x} \;\; \frac{\partial a_y}{\partial y} \;\; \frac{\partial a_y}{\partial z}$	$\frac{\partial^2 a_y}{\partial x^2} + \frac{\partial^2 a_y}{\partial y^2} + \frac{\partial^2 a_y}{\partial z^2}$
	z	$\frac{\partial a_{zx}}{\partial x} + \frac{\partial a_{zy}}{\partial y} + \frac{\partial a_{zz}}{\partial z}$	$\frac{\partial a_y}{\partial x} - \frac{\partial a_x}{\partial y}$	$\frac{\partial a_z}{\partial x} \;\; \frac{\partial a_z}{\partial y} \;\; \frac{\partial a_z}{\partial z}$	$\frac{\partial^2 a_z}{\partial x^2} + \frac{\partial^2 a_z}{\partial y^2} + \frac{\partial^2 a_z}{\partial z^2}$
zylindrisch	r, φ, z	$\frac{1}{r}\left(\frac{\partial(r a_r)}{\partial r} + \frac{\partial a_\varphi}{\partial \varphi}\right) + \frac{\partial a_z}{\partial z}$	—	$\left(\frac{\partial a}{\partial r}, \frac{1}{r}\frac{\partial a}{\partial \varphi}, \frac{\partial a}{\partial z}\right)$	$\frac{1}{r}\frac{\partial}{\partial r}\left(r\frac{\partial a}{\partial r}\right) + \frac{1}{r^2}\frac{\partial^2 a}{\partial \varphi^2} + \frac{\partial^2 a}{\partial z^2}$
	r	$\frac{1}{r}\left(\frac{\partial(r a_{rr})}{\partial r} + \frac{\partial a_{r\varphi}}{\partial \varphi}\right) + \frac{\partial a_{rz}}{\partial z} - \frac{a_{\varphi\varphi}}{r}$	$\frac{1}{r}\frac{\partial a_z}{\partial \varphi} - \frac{\partial a_\varphi}{\partial z}$	$\frac{\partial a_r}{\partial r} \;\; \frac{1}{r}\left(\frac{\partial a_r}{\partial \varphi} - a_\varphi\right) \;\; \frac{\partial a_r}{\partial z}$	$\frac{1}{r}\frac{\partial}{\partial r}\left(r\frac{\partial a_r}{\partial r}\right) + \frac{1}{r^2}\frac{\partial^2 a_r}{\partial \varphi^2} + \frac{\partial^2 a_r}{\partial z^2} - \frac{2}{r^2}\frac{\partial a_\varphi}{\partial \varphi} - \frac{a_r}{r^2}$
	φ	$\frac{1}{r}\left(\frac{\partial(r a_{\varphi r})}{\partial r} + \frac{\partial a_{\varphi\varphi}}{\partial \varphi}\right) + \frac{\partial a_{\varphi z}}{\partial z} + \frac{a_{\varphi r}}{r}$	$\frac{\partial a_r}{\partial z} - \frac{\partial a_z}{\partial r}$	$\frac{\partial a_\varphi}{\partial r} \;\; \frac{1}{r}\left(\frac{\partial a_\varphi}{\partial \varphi} + a_r\right) \;\; \frac{\partial a_\varphi}{\partial z}$	$\frac{1}{r}\frac{\partial}{\partial r}\left(r\frac{\partial a_\varphi}{\partial r}\right) + \frac{1}{r^2}\frac{\partial^2 a_\varphi}{\partial \varphi^2} + \frac{\partial^2 a_\varphi}{\partial z^2} + \frac{2}{r^2}\frac{\partial a_r}{\partial \varphi} - \frac{a_\varphi}{r^2}$
	z	$\frac{1}{r}\left(\frac{\partial(r a_{zr})}{\partial r} + \frac{\partial a_{z\varphi}}{\partial \varphi}\right) + \frac{\partial a_{zz}}{\partial z}$	$\frac{1}{r}\left(\frac{\partial(r a_\varphi)}{\partial r} - \frac{\partial a_r}{\partial \varphi}\right)$	$\frac{\partial a_z}{\partial r} \;\; \frac{1}{r}\frac{\partial a_z}{\partial \varphi} \;\; \frac{\partial a_z}{\partial z}$	$\frac{1}{r}\frac{\partial}{\partial r}\left(r\frac{\partial a_z}{\partial r}\right) + \frac{1}{r^2}\frac{\partial^2 a_z}{\partial \varphi^2} + \frac{\partial^2 a_z}{\partial z^2}$

kartesische und zylindrische Koordinatensysteme entnimmt man Tab. 2.1C mit $a = u_B$.

Konservatives Kraftfeld. Kraftfelder, die sich durch eine eindeutige Potentialfunktion beschreiben lassen, heißen konservativ oder energieerhaltend (Potentialkraft = konservative Kraft). Damit (2.9) erfüllt wird, gilt als notwendige und hinreichende Bedingung wegen rot (grad ..) $\equiv 0$

$$\operatorname{rot} \boldsymbol{f}_P = 0, \qquad \operatorname{rot} \boldsymbol{f}_B = 0. \qquad (2.11\text{a, b})$$

Diese Bedingungen weist man unter Beachtung von Tab. 2.1B mit $\boldsymbol{a} = \boldsymbol{f}_P$ bzw. $\boldsymbol{a} = \boldsymbol{f}_B$ auch mittels der Komponentengleichungen (2.3b) bzw. (2.10b) leicht nach. Man gelangt zu dem wichtigen Satz, daß bei einem barotropen Fluid (der Fall eines dichtebeständigen Fluids ist hierin eingeschlossen) nur dann Gleichgewicht bestehen kann, wenn die Massenkräfte (eingeprägte Kräfte) ein Kraftpotential besitzen.

Massenkraftpotential. Für die Schwer- und Zentrifugalkraft lautet das spezifische Schwerkraftpotential, auch Gravitationspotential genannt, bzw. das Zentrifugalpotential[7]

$$u_B(z) = gz, \qquad u_B(r) = -\frac{1}{2}\,\omega^2 r^2. \qquad (2.12\text{a, b})$$

Im allgemeinen ist $g = g(z) \approx$ const, vgl. (1.19). Durch partielle Differentiationen nach z bzw. r erhält man unter Beachtung des negativen Vorzeichens die Kräfte nach (2.7c) bzw. (2.8a).

2.2.3 Mechanik ruhender Fluide

2.2.3.1 Statische Energiegleichung der Fluidmechanik

Das Gleichgewicht der Druck- und Massenkraft an einem ruhenden Fluidelement wird durch (2.9) beschrieben. Hieraus folgt, daß die Summe der bezogenen Druckkraft- und Massenkraftpotentiale im ganzen, von einem barotropen Fluid angefüllten Raum unverändert ist. Setzt man i nach (2.4b) ein und berücksichtigt bei u_B nur das Schwerkraftpotential nach (2.12a), dann wird

$$u_B + i = \text{const}, \quad \int \frac{dp}{\varrho(p)} + gz = \text{const}, \quad dp + \varrho g\,dz = 0. \qquad (2.13\text{a, b, c})$$

Es bedeutet $\varrho g = \gamma$ nach (1.21c) die Wichte des Fluids. Da (2.13a, b) die Dimension $\mathsf{FL/M}$ mit der Einheit J/kg und (2.13c) die Dimension $\mathsf{F/L^2}$ mit der Einheit J/m^3 besitzen, stellt (2.13) die Energiegleichung der Fluidmechanik für die bei ruhenden Fluiden auftretende Lage- und Druckenergie (potentielle Energien) bezogen auf die Masse bzw. auf das Volumen dar.

Während im folgenden nur über einige grundlegende Beziehungen zur Mechanik ruhender Fluide (Statik) berichtet werden soll, befassen sich die Kap. 3.2 und 4.2

---

7 Die Größe gz ist in der Mechanik als bezogene potentielle Energie bekannt.

mit den Anwendungen bei dichtebeständigem bzw. dichteveränderlichem Fluid im Ruhezustand (Hydro- bzw. Aerostatik).

2.2.3.2 Hydrostatische Grundgleichung (Euler)[8]

Für ein dichtebeständiges Fluid, d. h. näherungsweise für eine Flüssigkeit, folgt nach (2.13b)

$$p + \varrho g z = \text{const}, \qquad p = p_0 + \varrho g(z_0 - z) = p_0 + \varrho g h \qquad (\varrho = \text{const}). \tag{2.14a, b, c}$$

In (2.14b) soll z_0 nach Abb. 2.7 die Lage der freien Oberfläche einer Flüssigkeit bezeichnen, an welcher nach der dynamischen Randbedingung (Druckbedingung) der Atmosphärendruck $p = p_0$ herrscht. Es sind p und $\varrho g z$ zugeordnete Werte an

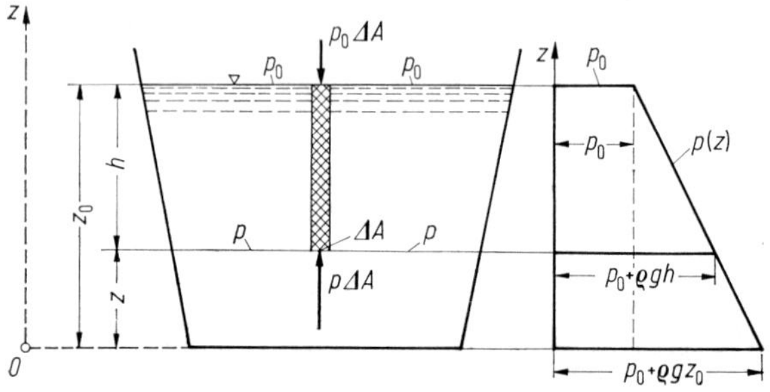

Abb. 2.7. Kräftegleichgewicht an einer ruhenden Flüssigkeitssäule (hydrostatische Grundgleichung)

der Stelle x, y, z. Die Tiefe der betrachteten Stelle wird mit $h = z_0 - z > 0$ angegeben, und man bezeichnet $p - p_0$ als Schwerdruck, auch Ruhedruck oder Gleichgewichtsdruck genannt. Es ist (2.14) die hydrostatische Grundgleichung, die besagt, daß der Druck infolge des Schwereinflusses linear mit der Tiefe zunimmt. Alle Punkte, die sich in gleicher Tiefe unter der freien Oberfläche befinden, besitzen denselben Druck p, vgl. Kap. 2.2.3.3. Wird an irgendeiner Stelle im Inneren der Flüssigkeit oder an einer begrenzenden Wand ein Druck auf die Flüssigkeit ausgeübt, so pflanzt sich dieser durch die Flüssigkeitsmasse gleichmäßig fort und addiert sich an jeder Stelle in gleicher Größe zu dem vorhandenen Schwerdruck.

Gleichung (2.14b, c) kann man auch aus dem Gleichgewicht der Schwerkraft einer Flüssigkeitssäule von der Höhe $h = z_0 - z$ und der Querschnittsfläche ΔA, d. h. dem Volumen $\Delta V = h\Delta A$, mit den vertikal angreifenden Druckkräften erhalten. Es muß $\varrho g \Delta V + (p_0 - p)\,\Delta A = 0$ sein. Somit wird für den Überdruck gegenüber dem Atmosphärendruck $p - p_0 = \varrho g h$. Ist der Überdruck $p - p_0$ gerade eine technische Atmosphäre, 1 at = 0,9807 bar, dann ergibt sich bei Wasser mit $\varrho = 10^3$ kg/m³ bei einer Temperatur von 4 °C die Höhe der Wassersäule zu $h = 10$ m. Man merke also: 1 at $\triangleq$ 10 m H_2O; d. h. auf 10 m Tiefe nimmt der Druck um 1 at $\approx$ 1 bar zu.

Hydrostatisches Paradoxon. Nach Abb. 2.8 mögen Gefäße von verschiedener Form, jedoch jeweils gleichgroßer horizontaler Bodenfläche A bis zur Höhe h mit

8 Auf die aerostatische Grundgleichung für ein dichteveränderliches Fluid wird in Kap. 4.2.1 ausführlich eingegangen.

Flüssigkeit gefüllt werden. Nach (2.14c) beträgt der Bodendruck $p = p_0 + \varrho g h$ und damit die Bodendruckkraft infolge der Flüssigkeit

$$F = \varrho g h A \qquad \text{(Stevin)}. \tag{2.15}$$

Die Kraft ist unabhängig von der Form des Gefäßes. Es kann hiernach bei gleicher Bodenfläche A und gleicher Flüssigkeitshöhe h die Bodendruckkraft wesentlich kleiner oder auch größer als das Gewicht der gesamten Flüssigkeit im Gefäß sein. Diese Tatsache bezeichnet man als das hydrostatische Paradoxon.

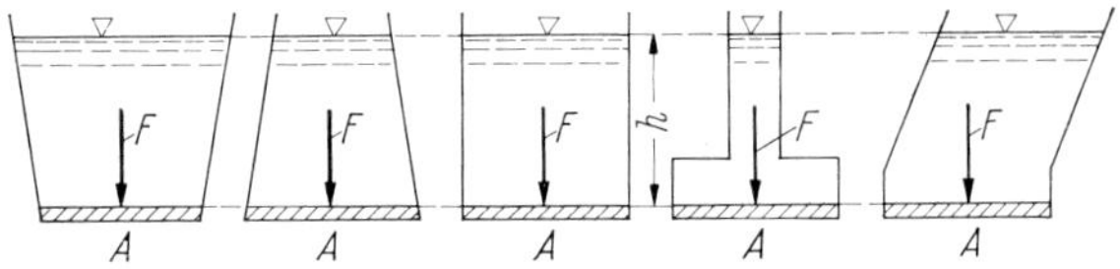

Abb. 2.8. Bodendruckkraft bei gleich hoch mit Flüssigkeit gefüllten Gefäßen verschiedener Form, jedoch gleichgroßer Grundfläche (hydrostatisches Paradoxon)

2.2.3.3 Niveauflächen

Im allgemeinen sind die Drücke p an den einzelnen Stellen eines mit Fluid angefüllten Raums verschieden groß. Denkt man sich alle Punkte im Inneren des Fluids, in denen der gleiche Druck herrscht, durch eine Fläche $A(x, y, z) = \text{const}$ miteinander verbunden, so erhält man eine sog. Niveaufläche. Durch jeden Punkt des Fluids geht immer nur eine Niveaufläche, was sofort aus der Definition dieser Flächen folgt. Nach (2.13a) sind die Niveauflächen wegen $i(p) = \text{const}$ gleichbedeutend mit den Flächen gleichen Massenkraftpotentials (Potentialflächen) $u_B = \text{const}$. Die Tatsache, daß sich beim Fortschreiten auf einer Niveaufläche um das Längenelement $d\boldsymbol{s}$ das Massenkraftpotential nicht ändert, d. h. nach der Druckbedingung $du_B = 0$ ist, führt mit (2.10a) zu nachstehender Erkenntnis:

$$du_B = \operatorname{grad} u_B \cdot d\boldsymbol{s} = -\boldsymbol{f}_B \cdot d\boldsymbol{s} = 0, \qquad u_B = \text{const} \qquad \text{(Niveaufläche)}. \tag{2.16a, b}$$

[9]

Es stellt $\boldsymbol{f}_B \cdot d\boldsymbol{s}$ das skalare Produkt der Vektoren der Massenkraft $\boldsymbol{f}_B$ und des Längenelements $d\boldsymbol{s}$ dar. Dies verschwindet, wenn $\boldsymbol{f}_B$ normal zu $d\boldsymbol{s}$ ist, was bedeutet, daß eine Niveaufläche in jedem Punkt des Fluidgebiets normal zur Richtung der dort herrschenden Massenkraft steht. Das gefundene Ergebnis gilt auch für die freie Oberfläche (Spiegelfläche) einer Flüssigkeit, auf welcher der konstante Atmosphärendruck herrscht. Verallgemeinert besagt die Druckbedingung, daß an Grenzflächen verschiedener sich nicht miteinander mischender Fluide jeweils der Druck des angrenzenden zuoberst liegenden Fluids auf das zuunterst liegende Fluid wirkt. Herrscht nur die Schwerkraft als vertikal nach unten gerichtete Massenkraft, so sind die Niveauflächen sämtlich horizontale Ebenen. Tritt jedoch noch die Zentrifugalkraft hinzu, so entstehen z. B. in einem rotierenden Gefäß gekrümmte Oberflächen.

---

9 Man beachte, daß $\operatorname{grad}(\ldots) \cdot d\boldsymbol{s} = d(\ldots)$ ist.

Flüssigkeit in rotierendem Gefäß. In einem nach Abb. 2.9 oben offenen zylindrischen Gefäß vom Radius R befinde sich eine homogene Flüssigkeit in gleichförmiger Drehbewegung um die Gefäßachse. Die Bewegung denke man sich etwa dadurch erzeugt, daß das mit ω rotierende Gefäß die Flüssigkeit infolge ihrer Zähigkeitskräfte mitnimmt, und diese nach einer gewissen Zeit dieselbe Drehgeschwindigkeit wie das Gefäß annimmt. Es handelt sich also um eine mit dem Gefäß rotierende, aber in sich ruhende Flüssigkeit. Nach Eintritt der gleichförmigen Drehbewegung zeigt sich, daß der anfangs im Zustand der Ruhe horizontale Flüssigkeitsspiegel ($z = H$) in der Mitte abgesenkt und nach der Gefäßwand zu angehoben ist. Dieser Vorgang ist eine Folge der nach (2.8) zusätzlich zur Schwerkraft (Gravitationskraft) wirksamen Zentrifugalkraft. Das zugehörige bezogene Massenkraftpotential ist durch (2.12) gegeben. Die Gleichung zur Berechnung der Spiegelfläche (Niveaufläche) $z(r)$ erhält man aus der Bedingung, daß nach (2.16b) das Potential der Massenkraft in Punkten $P(r, z)$ der Flüssigkeitsoberfläche konstant sein muß, d. h. $u_B(r, z) = \text{const}$ ist. Wird der tiefste Punkt bei $r = 0$ mit $z_{\min} = z(r = 0)$ bezeichnet, dann wird zunächst

$$z(r) = z_{\min} + \frac{\omega^2 r^2}{2g} \quad \text{mit} \quad z_{\min} = H - \frac{\omega^2 R^2}{4g}. \tag{2.17a, b}$$

In der Meridianebene stellt $z(r)$ eine Parabel mit vertikaler Achse dar. Die Spiegelfläche selbst ist das zugehörige Rotationsparaboloid. Zur vollständigen Bestimmung der Spiegelform bedarf es nach (2.17b) noch einer Angabe über die Größe $z_{\min}$, durch welche die Spiegelabsenkung bestimmt ist. Hierzu dient die Bedingung, daß das Flüssigkeitsvolumen im Ruhezustand das gleiche sein muß wie während der Drehbewegung. Mithin erhält man für die Form der Flüssigkeitsoberfläche (Spiegelfläche)

$$z(r) = H - \frac{\omega^2 R^2}{4g}\left[1 - 2\left(\frac{r}{R}\right)^2\right], \quad z_{\max} = H + \frac{\omega^2 R^2}{4g}. \tag{2.17c, d}$$

Man erkennt, daß das Ergebnis für alle Flüssigkeiten unabhängig von ihrer Dichte ist.

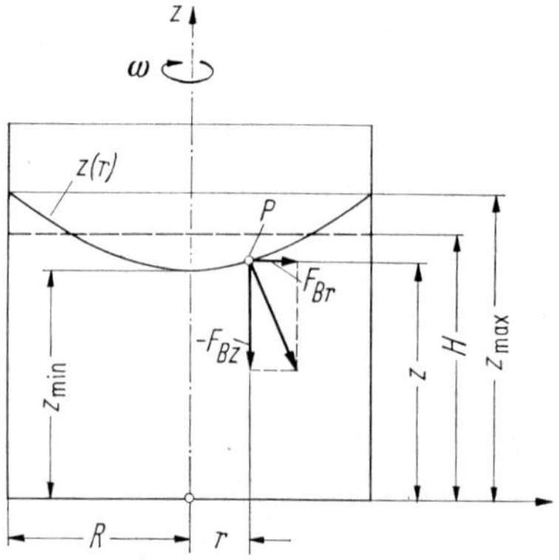

Abb. 2.9

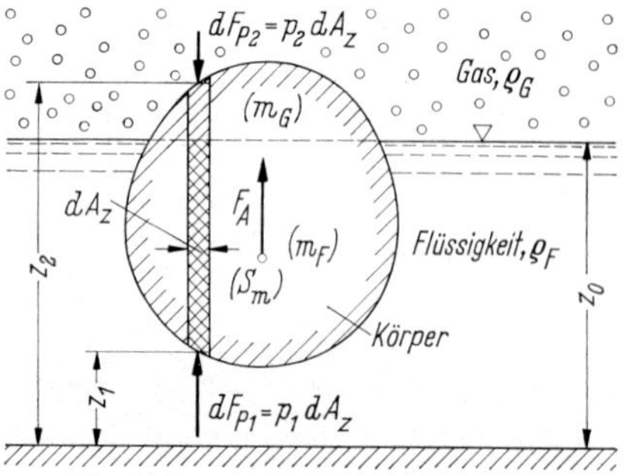

Abb. 2.10

Abb. 2.9. Spiegelfläche einer Flüssigkeit in einem gleichförmig rotierenden zylindrischen Gefäß

Abb. 2.10. Statische Auftriebskraft F_A bei einem teilweise eingetauchten Körper, $m = m_G + m_F$ verdrängte Fluidmasse, G Gas, F Flüssigkeit

2.2.3.4 Statischer und thermischer Auftrieb (Archimedes)

Fester Körper. Ein fester Körper von beliebiger Gestalt nach Abb. 2.10 sei vollkommen von einer ruhenden Flüssigkeit, von einem ruhenden Gas, oder teilweise von beiden umgeben, d. h. allseitig benetzt. Im ersten und zweiten Fall spricht man von einem vollkommen eingetauchten und im dritten Fall von einem teilweise eingetauchten Körper. Auf die Körperoberfläche wirken Druckkräfte, die eine resultierende Kraft $\boldsymbol{F}_P$ ergeben. Da nach Kap. 2.2.3.3 in horizontalen Ebenen (Niveauflächen) die Drücke jeweils gleich sind, können keine Kräfte in horizontaler Richtung auftreten. Es verbleibt also nur eine Kraft in vertikaler Richtung nach oben, die man den Auftrieb $\boldsymbol{F}_A$ nennt. Die Druckkraft an einem Flächenelement des Körpers dA erhält man nach (2.2a) zu $d\boldsymbol{F}_P = -p\, d\boldsymbol{A}$. Von zwei vertikal übereinander liegenden Flächenelementen dA_1 und dA_2 mit gleich großer (positiver) Projektionsfläche dA_z, vgl. Abb. 2.4b, wird zur Auftriebskraft der Beitrag $dF_A = dF_{P1} - dF_{P2}$ geliefert. Es wird

$$dF_A = (p_1 - p_2)\, dA_z \qquad \text{mit} \qquad p_1 - p_2 = g \int_{z_1}^{z_2} \varrho\, dz > 0$$

als Druckdifferenz zwischen der Unter- und Oberseite des Körpers nach (2.13c). Für den in Abb. 2.10 gezeigten teilweise eingetauchten Körper ist für $z_0 \leqq z \leqq z_2$ die Dichte des Gases $\varrho = \varrho_G$ und für $z_1 \leqq z \leqq z_0$ die Dichte der Flüssigkeit $\varrho = \varrho_F$. Durch Integration bekommt man die gesamte nach oben gerichtete Auftriebskraft zu

$$F_A = g \int_{(V)} \varrho\, dV = g(m_G + m_F) = F_{BG} + F_{BF} \qquad \text{(Archimedes).} \qquad (2.18\text{a, b})$$

Es ist über die Massenelemente $dm = \varrho\, dV$ mit $dV = dA_z\, dz$ als Volumenelement zu integrieren. Dabei stellt das Integral die Summe der vom Körper verdrängten Gas- und Flüssigkeitsmasse m_G bzw. m_F dar. Häufig kann wegen $\varrho_G \ll \varrho_F$ die Gasmasse m_G gegenüber der Flüssigkeitsmasse m_F vernachlässigt werden. Die mit der Fallbeschleunigung g multiplizierten Massen sind jeweils die Gewichtskräfte (Massenkräfte F_B) der verdrängten Gas- bzw. Flüssigkeitsvolumina. Man bezeichnet daher die Auftriebskraft auch als Verdrängungskraft. Der Angriffspunkt der Auftriebskraft fällt mit dem Schwerpunkt der verdrängten Fluidmasse S_m zusammen. Gl. (2.18) drückt das zuerst von Archimedes erkannte Gesetz aus, vergleiche hierzu auch (2.81a).

Fluidelement. Im Inneren eines mit Fluid angefüllten Raums sei ein Volumenelement ΔV mit der Masse $\Delta m = \varrho \Delta V$ betrachtet. Dann beträgt die nach unten gerichtete Schwerkraft (Gewichtskraft) $\Delta F_G = g \Delta m$, während sich nach (2.18) mit $\Delta F_A = g \Delta m$ eine nach oben gerichtete Auftriebskraft (Verdrängungskraft) ergibt. Beide Kräfte heben sich am Fluidelement gegenseitig auf, $\Delta F_G - \Delta F_A = 0$. Dies rührt daher, daß im Inneren des mit Fluid angefüllten Raums die Wirkung der Schwerkraft auf das Fluidelement durch den gleich großen statischen Auftrieb, den jedes Fluidelement von seiner Nachbarschaft erfährt, aufgehoben wird. Bei homogenen Fluiden ohne freie Oberflächen herrscht also an jedem Raumelement Gleichgewicht zwischen der Schwerkraft und dem statischen Auftrieb. Die Schwerkraft erlangt erst wieder Bedeutung an Begrenzungsflächen, z. B. bei freien Oberflächen, wo der Druck p gewisse Randbedingungen (Druckbedingung, z. B. p = Atmosphärendruck) erfüllen muß.

Thermischer Auftrieb. Auch bei inhomogenen Fluiden kann der Einfluß der Schwere eine wesentliche Rolle spielen, wenn z. B. durch Temperaturunterschiede (Erwärmung, Abkühlung) eine ungleichmäßige Dichteverteilung im Fluid hervorgerufen wird. Diese hat eine zusätzliche Volumenkraft in Form des thermischen Auftriebs, auch Wärmeauftrieb genannt, zur Folge. Das betrachtete Fluidelement vom Volumen ΔV möge die Dichte ϱ und die Temperatur T besitzen, während in seiner Umgebung die Werte ϱ' und T' herrschen. Die zur eingeschlossenen Masse $\Delta m = \varrho \Delta V$ gehörende Schwerkraft beträgt also $\Delta F_G = g \varrho \Delta V$. Die für die Auftriebskraft maßgebende verdrängte Masse ist dagegen $\Delta m' = \varrho' \Delta V$, was zu $\Delta F_A = g \varrho' \Delta V$ führt. Wegen $\varrho \neq \varrho'$ tritt somit ein Kraftunterschied $\Delta F'_A = \Delta F_A - \Delta F_G = g(\varrho' - \varrho)\, \Delta V$ auf. Bezogen auf die Masse des Fluidelements Δm erhält man den bezogenen Wärmeauftrieb $f'_A = \Delta F'_A / \Delta m$ mit $\Delta \varrho = \varrho' - \varrho$ zu

$$f'_A = g \frac{\Delta \varrho}{\varrho} = \beta g \Delta T, \qquad f'_A = g \frac{\Delta T}{T} \text{ (Gas).} \qquad (2.19\text{a, b, c})$$

Die Dichteänderung $\Delta\varrho$ soll durch eine Temperaturänderung $\Delta T = T - T'$ hervorgerufen sein. Bei Annahme ungeänderten Drucks wird dieser Zusammenhang durch (1.2) in der Form $\Delta\varrho/\varrho = \beta\Delta T$ mit $\beta = \beta_p$ als Wärmeausdehnungskoeffizienten beschrieben, was zu (2.19b) führt. Nach den Angaben in Kap. 1.2.2.2 ist für thermisch ideale Gase $\beta = 1/T$, was (2.19c) liefert. Am Fluidelement tritt also bei Erwärmung mit $\Delta T > 0$ ein thermischer Auftrieb $f'_A > 0$ und bei Abkühlung mit $\Delta T < 0$ ein thermischer Abtrieb $f'_A < 0$ auf[10].

Abschlußbemerkung zu Kapitel 2.2. Wie in Kap. 2.2.1 einführend gesagt wurde, gelten die Grundgesetze ruhender Fluide auch für gleichförmig bewegte Fluide. Die an einem Fluidelement nach Kap. 2.2.2 angreifenden Druck- und Massenkräfte treten in gleicher Weise auch bei ungleichförmig bewegten Fluiden auf. Bei beschleunigter oder verzögerter Strömung muß man nach dem d'Alembertschen Ansatz noch die Trägheitskraft (negativer Betrag der Größe Fluidmasse × Beschleunigung) hinzufügen. Für das in Abb. 2.2 dargestellte Tetraeder gilt z. B. für das Kräftegleichgewicht in x-Richtung, vgl. Kap. 2.2.3,

$$\Delta m \frac{dv_x}{dt} = \Delta F_{Bx} + \Delta F_{Px}, \qquad \frac{\varrho}{2}\left(\frac{dv_x}{dt} - f_{Bx}\right)\Delta x = p_x - p.$$

Hierin ist $\Delta m = \varrho\Delta V = \varrho\Delta x\Delta y\Delta z/4$ die eingeschlossene Masse sowie v_x die Geschwindigkeitskomponente, $\Delta F_{Bx} = f_{Bx}\Delta m$ die Komponente der Massenkraft und $\Delta F_{Px} = p_x\Delta A_x - p\Delta A \cos\alpha = (p_x - p)\,\Delta A_x = (p_x - p)\,\Delta y\Delta z/2$ die Komponente der Druckkraft. Die oben angegebene zweite Gleichung folgt durch Einsetzen der genannten Beziehungen in die erste Gleichung. Läßt man hierin $\Delta x \to 0$ gehen, so wird $p_x = p$ in Übereinstimmung mit dem Pascalschen Gesetz (2.1b). Der Druck ist somit auch bei strömendem Fluid eine skalare Größe.

Da in Kap. 2.2.2.1 nur die druckbedingte Spannungskraft auftritt, gilt die gemachte Aussage zunächst nur für reibungslose Strömung. Dies bedeutet, daß bei reibungsbehafteter Strömung neben den genannten Kräften auch noch die reibungsbedingte Spannungskraft, d. h. die Reibungskraft, zu berücksichtigen ist.

Auf die Handbuchbeiträge von Oswatitsch [27] über die physikalischen Grundlagen der Strömungslehre und von Serrin [41] über die mathematischen Grundlagen der klassischen Fluidmechanik sowie auf die Bibliographie (Abschnitt A) am Ende des Bandes II sei hingewiesen.

10 Als Kennzahl zur Beschreibung von Vorgängen, bei denen im Inneren eines Fluids neben Zähigkeitskräften Auftriebskräfte auftreten, verwendet man häufig die Grashof-Zahl

$$Gr = \frac{g l^3 \beta \Delta T}{\nu^2}.$$

Hierbei ist l eine charakteristische Länge, ΔT eine charakteristische Temperaturdifferenz und $\nu = \eta/\varrho$ die kinematische Viskosität des Fluids.

2.3 Bewegungszustand (Kinematik)

2.3.1 Einführung

Bei der ungleichförmigen Bewegung eines Fluids treten zeitlich und räumlich veränderliche Strömungsfelder auf. Die vorkommenden Größen der Bewegung werden in Kap. 2.3.2 besprochen, wobei unterteilt wird in die Darstellung des Geschwindigkeitsfelds, die Erklärung der kinematischen Begriffe zur Beschreibung des Strömungsverlaufs sowie die Ableitung des Beschleunigungsfelds. Letzteres dient der Aufstellung der Bewegungsgleichungen der Fluidmechanik. Einen vertieften Einblick in das kinematische Verhalten eines Fluidelements vermittelt Kap. 2.3.3, in dem insbesondere seine Drehung und Verformung behandelt werden. Kap. 2.3.4 befaßt sich mit der Herleitung der Transportgleichungen der Fluidmechanik, die für die Transportvorgänge von Masse, Impuls, Energie und Entropie von Bedeutung sind. Abgeleitet werden die Beziehungen für den Kontrollraum, den Kontrollfaden und das Fluidelement bzw. Raumelement (Kontrollelement).

2.3.2 Größen der Bewegung

2.3.2.1 Geschwindigkeitsfeld

Bewegungszustand. Zu einer bestimmten Zeit besitzt jedes Fluidelement, das man sich im Sinn der Mechanik der Kontinua als beliebig klein vorzustellen hat, eine bestimmte an die Masse gebundene Geschwindigkeit. Im allgemeinen werden dabei die Geschwindigkeiten $\boldsymbol{v}$ der einzelnen Fluidelemente nach Größe und Richtung verschieden sein; sie stellen also Geschwindigkeitsvektoren dar. Ordnet man nun jedem Fluidelement zur Zeit t einen bestimmten auf ein gegebenes Bezugssystem (Koordinatensystem) bezogenen Lagevektor $\boldsymbol{r}$ zu, so läßt sich das Geschwindigkeitsfeld des vom Fluid erfüllten Gebiets durch die Angabe der an jedem Aufpunkt herrschenden Geschwindigkeit $\boldsymbol{v} = \boldsymbol{v}(t, \boldsymbol{r})$ beschreiben. Ist $\boldsymbol{v} = \text{const}$, d. h. ist der Geschwindigkeitsvektor nach Größe und Richtung ungeändert, so handelt es sich um eine gleichförmig verlaufende Translationsströmung. Bleibt die Geschwindigkeit an jedem Ort $\boldsymbol{r}$ unabhängig von der Zeit t stets die gleiche $\boldsymbol{v} = \boldsymbol{v}(\boldsymbol{r})$, so nennt man die Strömung stationär; im anderen Fall eines zeitabhängigen Geschwindigkeitsfelds $\boldsymbol{v} = \boldsymbol{v}(t, \boldsymbol{r})$ ist die Strömung instationär.

Eine stationäre Strömung liegt vor, wenn z. B. nach Abb. 2.11a ein homogener Luftstrom von gleichbleibender Geschwindigkeit $\boldsymbol{v}_\infty$ einen in ihm festgehaltenen Kreiszylinder umströmt, da hierbei die örtliche Geschwindigkeit $\boldsymbol{v}$ an einem durch $\boldsymbol{r}$ festgelegten, jedoch beliebig gewählten Raumpunkt P des Geschwindigkeitsfelds stets die gleiche bleibt[11]. Der Ort P wird dabei laufend von verschiedenen, stromabwärts sich bewegenden Fluidelementen berührt. Betrachtet man dagegen nach Abb. 2.11b den umgekehrten Fall eines mit konstanter Geschwindigkeit $\boldsymbol{v}_\infty$ in ruhender Luft bewegten Zylinders, so handelt es sich um eine instationäre Strömung, da sich mit der Fortbewegung des Zylinders an einem festgehalte-

---

11 Die Strömungsbilder in Abb. 2.11 sind idealisiert. In Wirklichkeit bildet sich hinter dem Kreiszylinder infolge Ablösung der Strömung ein Wirbelgebiet aus.

nen Raumpunkt P die Strömungsgeschwindigkeit $\boldsymbol{v}$ mit der Zeit nach Größe und Richtung dauernd ändert. Die Wahl des Koordinatenursprungs, ob körperfest wie in Abb. 2.11a oder raumfest (mit ruhendem Fluid verbundenes Koordinatensystem) wie in Abb. 2.11b, kann also darüber entscheiden, ob die Strömung

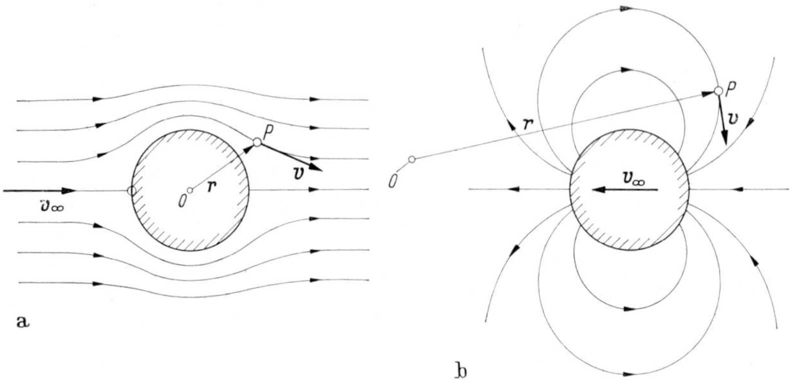

Abb. 2.11. Strömung um einen Kreiszylinder (Stromlinienbild bei reibungsloser Strömung). **a** Betrachtung im körperfesten Koordinatensystem, stationäre Strömung. **b** Betrachtung im raumfesten Koordinatensystem, instationäre Strömung

stationär oder instationär verläuft. Es sei hervorgehoben, daß die Strömungsvorgänge um einen mit der ungeänderten Geschwindigkeit $\boldsymbol{v}_\infty$ translatorisch in ruhendem Fluid bewegten festen Körper für einen Beobachter, welcher die Bewegung des Körpers mitmacht, die gleichen sind, als wenn der ruhende Körper von einem Fluidstrom getroffen wird, dessen Geschwindigkeit die gleiche Größe, aber die entgegengesetzte Richtung wie $\boldsymbol{v}_\infty$ hat.

Geschwindigkeit. Bewegt sich das Fluidelement nach Abb. 2.12 in der Zeit Δt auf seiner Bahn um das Wegelement $\Delta \boldsymbol{r} = \Delta \boldsymbol{s}$ weiter, dann ist seine Geschwindigkeit bei der Eulerschen Betrachtungsweise entsprechend (1.42d)

$$\boldsymbol{v} = \lim_{\Delta t \to 0} \frac{\Delta \boldsymbol{s}}{\Delta t} = \frac{d\boldsymbol{s}}{dt}, \quad v_i = \frac{dx_i}{dt} \quad (i = 1, 2, 3) \quad \text{(Definition).} \qquad (2.20\text{a, b})^{12}$$

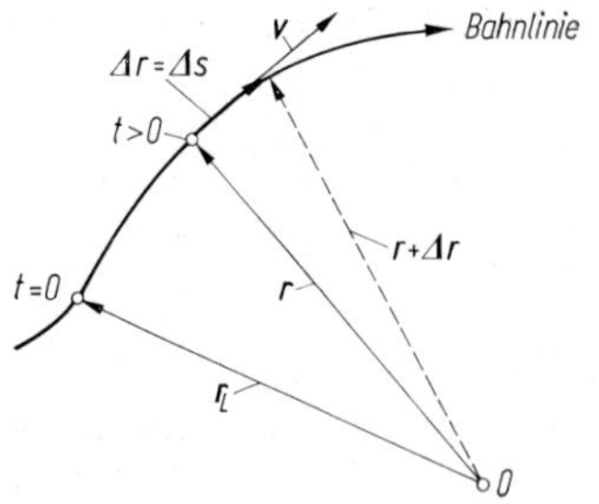

Abb. 2.12. Zur Erläuterung der Geschwindigkeit $\boldsymbol{v}(t, \boldsymbol{r})$

12 Nach der Lagrangeschen Betrachtungsweise würde sich gemäß (1.42a, b) die Geschwindigkeit des gleichen durch $\boldsymbol{r}_L$ gekennzeichneten Fluidelements zu $\boldsymbol{v} = \partial \boldsymbol{s}/\partial t$ ergeben.

Sie besitzt die Dimension L/T mit der Einheit m/s. Werden bei räumlicher Strömung in einem kartesischen Koordinatensystem x, y, z die Geschwindigkeitskomponenten mit v_x, v_y, v_z bezeichnet, dann gilt für den Geschwindigkeitsvektor $\boldsymbol{v} = \boldsymbol{e}_x v_x + \boldsymbol{e}_y v_y + \boldsymbol{e}_z v_z$ oder in Zeigerschreibweise $v_i = v_i(t, x_j)$ mit $i, j = 1, 2, 3$[13]. Der Betrag der Bahngeschwindigkeit wird

$$v = |\boldsymbol{v}| = \sqrt{v_x^2 + v_y^2 + v_z^2} = \sqrt{v_i^2}. \qquad (2.21\text{a, b})^{14}$$

Bei ebener Strömung, z. B. in der x,y-Ebene nach Abb. 1.12a, ist $\partial/\partial z = 0$ und $v_z = 0$. Für die Umrechnung der kartesischen Koordinaten in Polarkoordinaten r, φ gilt $x = r \cos \varphi$ und $y = r \sin \varphi$ sowie für die radialen und azimutalen Geschwindigkeitskomponenten v_r bzw. v_φ

$$v_r = v_x \cos \varphi + v_y \sin \varphi\,, \qquad v_\varphi = v_y \cos \varphi - v_x \sin \varphi\,. \qquad (2.22\text{a, b})$$

In Zylinderkoordinaten r, φ, z nach Abb. 1.13 mögen die Geschwindigkeitskomponenten mit v_r, v_φ, v_z bezeichnet werden. Bei drehsymmetrischer Strömung nach Abb. 1.12b genügt die Bestimmung des Strömungsverlaufs in einer Meridianebene r, z. Es ist also hierfür $\partial/\partial\varphi = 0$ und $v_\varphi = 0$. Es treten nur radiale und axiale Geschwindigkeitskomponenten v_r bzw. v_z auf. Eine schraubenförmig verlaufende Strömung liegt bei $v_r = 0$, v_φ, $v_z \triangleq$ const vor.

2.3.2.2 Kinematische Begriffe zur Beschreibung des Strömungsverlaufs

Bahnlinie. Die von einem Fluidelement in der Zeit dt nach Abb. 2.12 zurückgelegte Wegänderung $d\boldsymbol{s}$ bzw. ihre Komponenten dx, dy, dz oder dx_i betragen gemäß (2.20)

$$d\boldsymbol{s} = \boldsymbol{v}\, dt\,, \qquad dx_i = v_i\, dt \qquad (i = 1, 2, 3)\,. \qquad (2.23\text{a, b})$$

Durch Integration über die Zeit t erhält man hieraus die Bahnlinie, auch Strombahn genannt. Sie stellt den geometrischen Ort aller Raumpunkte dar, welche dasselbe Fluidelement m_0 während seiner Bewegung ($t \neq$ const) nacheinander durchläuft. Das Verfolgen eines Fluidelements längs seiner Bahn entspricht nach Kap. 1.3.2.1 der Lagrangeschen Betrachtungsweise. Bahnlinien können mittels einer ortsfesten Kamera durch Zeitaufnahmen sichtbar gemacht werden, wenn man dem strömenden Fluid suspendierte Teilchen (Schwebeteilchen oder Farbzusätze) beigibt.

Stromlinie. Bei der Eulerschen Betrachtungsweise kommt es nach Kap. 1.3.2.1 bei festgehaltener Zeit t auf die Kenntnis der Strömungsgeschwindigkeit $\boldsymbol{v}$ an

13 In kartesischen Koordinaten ist $x_1 = x$, $x_2 = y$, $x_3 = z$ und $v_1 = v_x$, $v_2 = v_y$, $v_3 = v_z$.

14 Die Summationsvereinbarung besagt, daß über jeden Index ($i, j = 1, 2, 3$), der in einem Produkt zweimal vorkommt, zu summieren und das Summenzeichen fortzulassen ist. Es gilt $a_i b_i = a_1 b_1 + a_2 b_2 + a_3 b_3$. Bei Differentialquotienten erster Ordnung $\partial a_i/\partial x_j$ besteht das Produkt aus dem Operator $\partial/\partial x_j$ und der Feldfunktion a_i. Kommt der Differentialquotient quadratisch vor, so ist $(\partial a_i/\partial x_j)^2$ gleichbedeutend mit $(\partial a_i/\partial x_j) \times (\partial a_i/\partial x_j)$. Für Differentialquotienten zweiter Ordnung $\partial^2 a_i/\partial x_j^2$ wird im allgemeinen $\partial^2 a_i/\partial x_j\, \partial x_j$ geschrieben. Treten die Indizes i und j jeweils doppelt auf, so handelt es sich um eine Doppelsumme über i und j.

jedem Ort $\boldsymbol{r}$ des Strömungsfelds an. Das Gesamtbild des Geschwindigkeitsfelds wird besonders anschaulich durch Einführen der Stromlinien beschrieben. Unter einer Stromlinie versteht man diejenige Kurve in einem Strömungsfeld, welche zu einer bestimmten Zeit an jeder Stelle mit der dort vorhandenen Richtung des Geschwindigkeitsvektors übereinstimmt. Die Geschwindigkeitsvektoren der zu einer Stromlinie gehörenden verschiedenen Fluidelemente stellen also nach

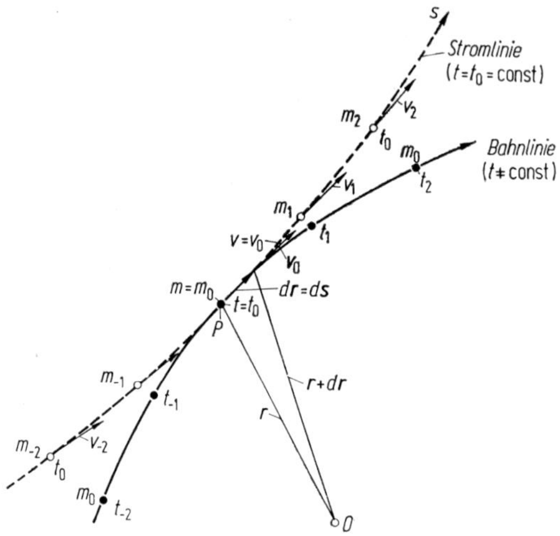

Abb. 2.13. Erläuterung der Bahn- und Stromlinie

Abb. 2.13 die Tangenten der Stromlinie dar. Stromlinien können durch Momentaufnahmen zugesetzter suspendierter Teilchen sichtbar gemacht werden. Jedes Teilchen beschreibt dabei kurze Striche, die zusammengefügt das Richtungsfeld der Stromlinien bestimmen. In Abb. 2.13 wird der Verlauf einer Stromlinie mit demjenigen einer Bahnlinie verglichen. Zur Zeit $t = t_0$ befinde sich im Punkt P ein Fluidelement der Masse $m = m_0$ sowohl auf der Bahn- als auch auf der Stromlinie. In diesem Punkt berühren sich beide Kurven. Das Fluidelement m_0 besitze dort die Geschwindigkeit $v = v_0$ und würde in der Zeit dt den Weg $ds = v\,dt$ zurücklegen. Die Bahnlinie ist die Verbindungslinie aller Orte, an denen sich das Fluidelement m_0 zu verschiedenen Zeiten $t = t_{-2}, t_{-1}, t_0, t_1, t_2$ aufhält. Die Stromlinie ist dagegen die Verbindungslinie von Orten, an denen sich zur gleichen Zeit $t = t_0$ verschiedene Massen $m = m_{-2}, m_{-1}, m_0, m_1, m_2$ mit den Geschwindigkeiten $v = v_{-2}, v_{-1}, v_0, v_1, v_2$ befinden[15].

Bei instationärer Strömung ändern die Stromlinien entsprechend der zeitlichen Änderung der Geschwindigkeit an einem bestimmten Ort des Strömungsfelds im allgemeinen dauernd ihre Gestalt. Sie weichen daher von den Bahnlinien ab. Eine Ausnahme bilden jedoch Strömungsvorgänge, bei denen sich die Geschwindigkeiten mit der Zeit nur hinsichtlich ihrer Beträge, jedoch nicht ihrer Richtungen ändern. In einem solchen Fall, der z. B. bei pulsierender Strömung in einer Rohrleitung auftreten kann, fallen die Strom- und Bahnlinien zusammen. Diese Aussage gilt immer für die stationäre Strömung. Stromlinien können keinen Knick haben und können sich auch niemals schneiden, da anderenfalls an der betreffen-

15 Auf den wichtigen kinematischen Begriff der Drehung wird in Kap. 2.3.3.2 eingegangen.

den Stelle gleichzeitig zwei verschiedene Geschwindigkeiten herrschen müßten, was bei endlichen Geschwindigkeiten nicht möglich ist. Eine Ausnahme liegt im Staupunkt eines umströmten Körpers vor, in welchem die Geschwindigkeit den Wert null annimmt.

Die Tatsache, daß bei den Stromlinien der Geschwindigkeitsvektor $\boldsymbol{v}$ parallel zu $d\boldsymbol{s}$ ist, kann durch das vektorielle Produkt aus Geschwindigkeit und Stromlinienelement $\boldsymbol{v} \times d\boldsymbol{s} = 0$ beschrieben werden. Hieraus folgen bei festgehaltener Zeit t die Stromliniengleichungen für drei- und zweidimensionale Strömungen, vgl. Abb. 2.14, zu

$$\frac{dx}{v_x} = \frac{dy}{v_y} = \frac{dz}{v_z}, \quad \frac{dy}{dx} = \frac{v_y}{v_x}; \quad \frac{1}{r}\frac{dr}{d\varphi} = \frac{v_r}{v_\varphi}; \quad \frac{dz}{dr} = \frac{v_z}{v_r} \quad \text{(Stromlinie).} \tag{2.24a, b; c; d}$$

Diese drei Beziehungen sind bei gegebenen Komponenten der Geschwindigkeit die Differentialgleichungen für die Stromlinien der ebenen Strömung $y(x)$ bzw. $r(\varphi)$ nach Abb. 2.14 und der drehsymmetrischen Strömung $z(r)$. Geschlossene Lösungen gelingen in einfachen Fällen.

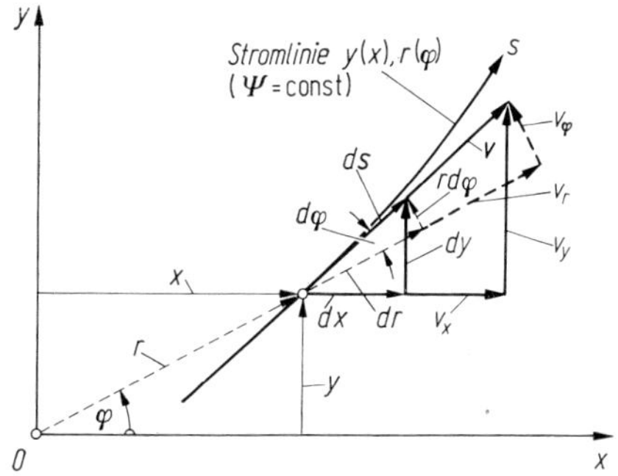

Abb. 2.14. Analytische Beschreibung der Stromlinie für eine ebene Strömung, $y(x)$ bzw. $r(\varphi)$

Stromfunktion. Für zweidimensionale Strömungen lassen sich die Stromlinienbilder durch Einführen einer Stromfunktion Ψ einfach darstellen. Die nachstehenden Ausführungen gelten für ein dichtebeständiges Fluid[16]. Bei ebener Strömung bestehen nach J. L. Lagrange zwischen der Stromfunktion und den Geschwindigkeitskomponenten $v_x = u$, $v_y = v$ bzw. v_r, v_φ die Ansätze

$$u = \frac{\partial \Psi}{\partial y}, \quad v = -\frac{\partial \Psi}{\partial x}; \quad v_r = \frac{1}{r}\frac{\partial \Psi}{\partial \varphi}, \quad v_\varphi = -\frac{\partial \Psi}{\partial r}; \quad v_r = -\frac{1}{r}\frac{\partial \Psi}{\partial z}, \quad v_z = \frac{1}{r}\frac{\partial \Psi}{\partial r}, \tag{2.25a; b; c}$$

während die letzte Beziehung nach G. G. Stokes bei drehsymmetrischer Strömung gilt. Die Geschwindigkeitsfelder werden jeweils durch eine einzige Funktion, nämlich $\Psi(x, y)$, $\Psi(r, \varphi)$ in m^2/s bzw. $\Psi(r, z)$ in m^3/s beschrieben. Setzt man die Ausdrücke für die Geschwindigkeitskomponenten nach (2.25a) in die zugehörige

16 Auf die Bedeutung der Stromfunktion bei der Kontinuitätsgleichung wird in Kap. 2.4.3 eingegangen. Dort wird auch gezeigt, daß man für dichteveränderliche Fluide ebenfalls eine Stromfunktion einführen kann.

Stromliniengleichung (2.24b), d. h. $v_y\,dx - v_x\,dy = 0$, ein, dann wird $(\partial\Psi/\partial x)\,dx + (\partial\Psi/\partial y)\,dy = d\Psi = 0$. Dies Ergebnis bedeutet, daß längs einer Stromlinie, welche in der x,y-Ebene verläuft, $d\Psi = 0$ und damit $\Psi = \text{const}$ ist. Jeder Stromlinie kann also ein ganz bestimmter Wert Ψ zugeordnet werden. Wie man leicht zeigt, gilt diese Aussage auch für die r,φ-Ebene sowie für die r,z-Ebene der drehsymmetrischen Strömung.

Stromfaden, Stromröhre. Die Gesamtheit aller Stromlinien, die nach Abb. 2.15 durch eine Fläche A (gegebenenfalls ein Flächenelement dA) hindurchtreten, kann man zu einem gedachten Stromfaden zusammenfassen. Er besteht aus der

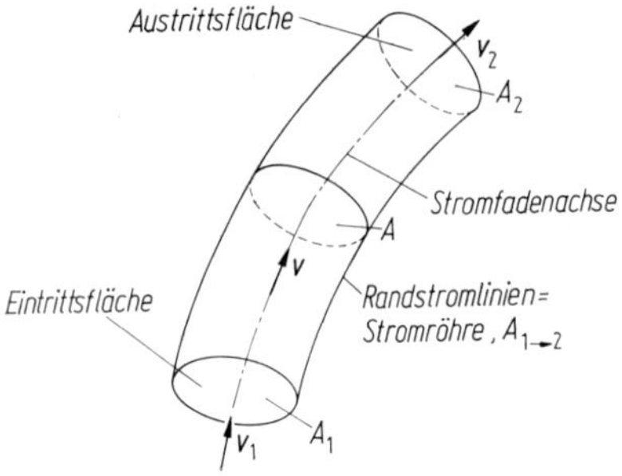

Abb. 2.15. Zum Begriff des Stromfadens und der Stromröhre

Eintritts- und Austrittsfläche A_1 bzw. A_2 sowie der Stromröhre (Mantelfläche) $A_{1\to2}$, welche die Summe der Randstromlinien darstellt, vgl. Abb. 2.26. Im allgemeinen werden die verschiedenen physikalischen Größen, wie z. B. Dichte, Druck und Geschwindigkeit, gleichmäßig über die Stromfadenquerschnitte verteilt angenommen, was einen eindimensionalen Strömungsvorgang darstellt. Da durch die Stromröhre, in welcher die Geschwindigkeitsvektoren tangential verlaufen, kein Massenstrom möglich ist, kann ein solcher nur durch die Ein- und Austrittsfläche erfolgen. Über die hiermit in Zusammenhang stehende Kontinuitätsgleichung wird in Kap. 2.4.2.2 berichtet.

Stromfläche. In Abb. 2.11a wurde das Stromlinienbild für einen stationär umströmten Körper (Kreiszylinder) wiedergegeben, wie es theoretisch ohne Einfluß der Reibung entstehen würde. Dabei gibt es eine Stromlinie, die vorn auf den Körper auftrifft, sich dort teilt, der Kontur des Körpers folgt und sich

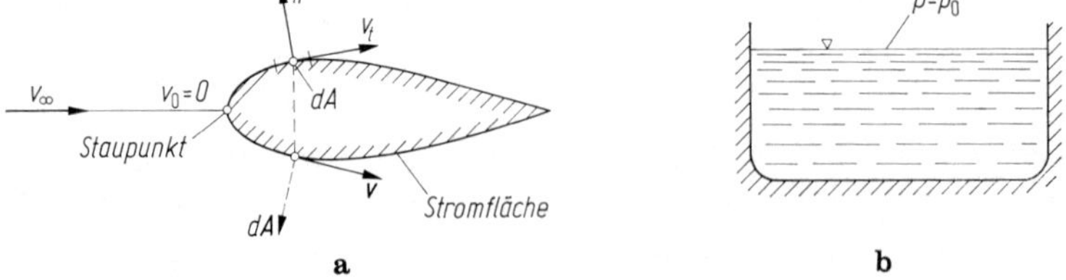

Abb. 2.16. Randbedingungen der Strömungsmechanik. **a** Geschwindigkeitsverteilung an einem umströmten Körper (kinematische Randbedingung), Staupunkt: $v_0 = 0$, kinematische Wandbedingung: $v_n = 0$, Haftbedingung: $v_t = 0$, reibungslose Strömung: $v_n = 0$, $v_t \neq 0$, reibungsbehaftete Strömung: $v_n = 0$, $v_t = 0$. **b** Flüssigkeitsoberfläche (dynamische Randbedingung)

hinten am Körper vereinigt. Die Teilungspunkte, insbesondere den vorderen, nennt man Staupunkt. Dort herrscht nach Abb. 2.16a die Geschwindigkeit $v = v_0 = 0$. Der Körper selbst wird von Stromlinien gebildet, deren Gesamtheit Stromfläche genannt wird.

Entsprechend der Definition der Stromlinie dürfen die Geschwindigkeiten keine Komponenten normal zu den Stromflächen haben. An der Körperkontur muß nach Abb. 2.16a also $v_n = 0$ sein, was man als kinematische Strömungsbedingung bezeichnet. Diese Aussage kann als das skalare Produkt $\boldsymbol{v} \cdot d\boldsymbol{A} = 0$ mit $\boldsymbol{v}$ als Geschwindigkeit am Körper und $d\boldsymbol{A}$ als nach außen positiv zählendem Vektor des Oberflächenelements geschrieben werden. Ist dagegen die Körperoberfläche porös (stoffdurchlässige Wand), so kann Fluid aus der Strömung in den Körper abgesaugt oder Fluid aus dem Körper in die Strömung ausgeblasen werden. In solchen Fällen stellt $v_n \lesseqgtr 0$ die Absaug- oder Ausblasgeschwindigkeit dar. Solange man eine reibungslose Strömung annimmt und den festen Körper als eine herausgegriffene Stromfläche betrachtet, ist die Geschwindigkeitskomponente tangential zur Körperkontur $v_t \neq 0$. Dies bedeutet, daß die mit dem Körper in Berührung kommenden Fluidelemente an diesem entlanggleiten. Ist die Strömung dagegen reibungsbehaftet, so kommt sie relativ zur Wand zur Ruhe, d. h. es muß dort die tangentiale Geschwindigkeitskomponente v_t mit derjenigen des Körpers bei bewegter Wand übereinstimmen, was man als Haftbedingung bezeichnet. Ruht der feste Körper, so verschwindet an der Berührungsstelle die tangentiale Geschwindigkeitskomponente $v_t = 0$[17]. Es gilt also für eine nichtporöse Wand

$$v_n = 0 \neq v_t \quad \text{(reibungslos)}, \qquad v_n = 0 = v_t \quad \text{(reibungsbehaftet)}. \tag{2.26a, b}$$

Ist die Begrenzung des Strömungsfelds nach Abb. 2.16b eine freie Oberfläche (Wasseroberfläche), so muß dort überall der gleiche Druck (Atmosphärendruck) $p = p_0$ herrschen. Es ist dies im Gegensatz zu den kinematischen Randbedingungen eine dynamische Randbedingung (Druckbedingung).

2.3.2.3 Beschleunigungsfeld

Allgemeines. Eine weitere kinematische Größe, die besonders bei der Aufstellung der dynamischen Grundgleichung eine wichtige Rolle spielt, ist die Beschleunigung $\boldsymbol{a}$. Sie wird in der Mechanik als die Änderung der Geschwindigkeit $\boldsymbol{v}$ mit der Zeit t definiert und hat die Dimension $\mathsf{L/T^2}$ mit der Einheit m/s². Das Beschleunigungsfeld wird also durch $\boldsymbol{a} = \boldsymbol{a}(t, \boldsymbol{r})$ beschrieben. Hierin ist

$$\boldsymbol{a} = \lim_{\Delta t \to 0} \frac{\Delta \boldsymbol{v}}{\Delta t} = \frac{d\boldsymbol{v}}{dt}, \quad a_i = \frac{dv_i}{dt} \quad (i = 1, 2, 3) \quad \text{(Definition)}. \tag{2.27a, b}$$

Diese totale Ableitung stellt die materielle oder substantielle Beschleunigung dar, die ein bestimmtes Fluidelement zur Zeit t am Aufpunkt $\boldsymbol{r}$ bei seiner Bewegung längs des nach Abb. 2.13 zusammenfallenden Bahn- oder Stromlinienelements $d\boldsymbol{s}$

17 Die Haftbedingung ist für die meisten Fluide unter normalen Drücken und Temperaturen experimentell bestätigt worden. Bei stark verdünnten Gasen, die nicht mehr als Kontinuum angesehen werden können, treten dagegen gewisse Gleitbewegungen relativ zur Wand auf.

erfährt. Sie hat wie die Geschwindigkeit vektoriellen Charakter. Der Beschleunigungsvektor hat die Richtung der Geschwindigkeitsänderung $\boldsymbol{dv}$, die jedoch nicht mit der Richtung der Geschwindigkeit $\boldsymbol{v}$ übereinstimmen muß.

Bewegung in der Schmiegebene. Untersucht wird die eindimensionale Strömung eines Fluidelements in der Schmiegebene nach Abb. 2.17a. Ein Element dieser Ebene wird aus dem Bahnlinienelement (Stromlinienelement) ds und dem vom Bahnkrümmungsmittelpunkt 0 gemessenen Krümmungsradius r_k gebildet. Es ist

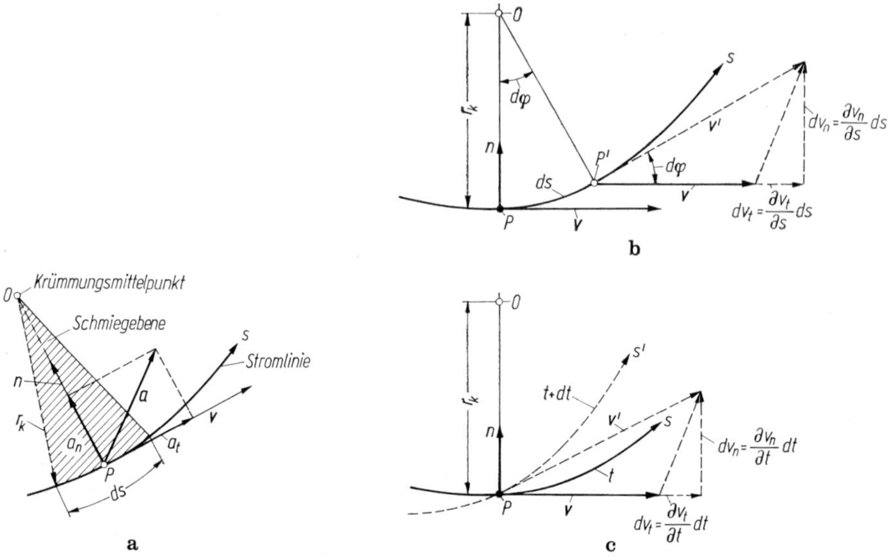

Abb. 2.17. Strömungsbewegung in der Schmiegebene. **a** Lage des Beschleunigungsvektors; a_t Tangential-, Bahnbeschleunigung, a_n Normal-, Zentripetalbeschleunigung (negative Zentrifugalbeschleunigung). **b** Konvektive Beschleunigungsanteile. **c** Lokale Beschleunigungsanteile

r_k ein Maß für die Abweichung der Stromlinie von einer Geraden, $r_k \to \infty$. Einem im Punkt P befindlichen Fluidelement sei ein begleitendes Bezugssystem (Dreibein) mit den natürlichen Koordinaten in Strömungsrichtung (tangential), in Richtung auf den Krümmungsmittelpunkt (normal) und in Richtung normal auf der Schmiegebene (binormal) zugeordnet. Der Beschleunigungsvektor $\boldsymbol{a}$ fällt, wie aus der allgemeinen Mechanik bekannt ist, stets in die Schmiegebene. Seine zwei Komponenten heißen die Bahnbeschleunigung (Tangentialbeschleunigung) a_t und die Zentripetalbeschleunigung (Normalbeschleunigung) a_n. Eine Komponente in binormaler Richtung tritt nicht auf.

Für eine instationäre Bewegung mit der Geschwindigkeit $v(t, s)$ sei die Bestimmung der Beschleunigungskomponenten $a_t(t, s)$ und $a_n(t, s)$ in zwei Schritten vorgenommen. Betrachtet man den Strömungsvorgang zunächst nach Abb. 2.17b bei festgehaltener Zeit t, so haben zwei auf dem Stromlinienelement befindliche Punkte P und P' den Abstand ds voneinander. Da die zugehörigen Geschwindigkeiten v und v' jeweils in Stromlinienrichtung verlaufen, treten bei der Ortsveränderung (konvektive Betrachtung) vom Punkt P aus gesehen Geschwindigkeits-

änderungen in tangentialer und normaler Richtung auf, nämlich $dv_t = (\partial v_t/\partial s)\, ds$ bzw. $dv_n = (\partial v_n/\partial s)\, ds$. Für das Stromlinienelement $ds = r_k\, d\varphi$ kann man auch $ds = v\, dt$ schreiben und findet so $d\varphi/dt = v/r_k$. Aus Abb. 2.17b kann man weiterhin den Zusammenhang $dv_n = (v + dv)\, d\varphi = v\, d\varphi$ ablesen. Unter Beachtung der gefundenen Beziehungen betragen somit die konvektiven Beiträge zu den Beschleunigungskomponenten $a_t = dv_t/dt = v(\partial v/\partial s)$ und $a_n = dv_n/dt = v(d\varphi/dt) = v^2/r_k$. Betrachtet man jetzt den Strömungsvorgang nach Abb. 2.17c bei festgehaltenem Ort (lokale Betrachtung), so hat man es bei der angenommenen instationären Strömung im allgemeinen zu den Zeiten t und $t + dt$ mit zwei nicht zusammenfallenden Stromlinien zu tun. Gegenüber der zur Zeit t gehörenden Stromlinie treten im Zeitintervall dt Geschwindigkeitsänderungen in tangentialer und normaler Richtung auf, nämlich $dv_t = (\partial v_t/\partial t)\, dt = (\partial v/\partial t)\, dt$ bzw. $dv_n = (\partial v_n/\partial t)\, dt$. Für die lokalen Beschleunigungskomponenten ergibt sich somit $a_t = dv_t/dt = \partial v/\partial t$ und $a_n = \partial v_n/\partial t$.
Durch Zusammenfügen der gefundenen Anteile erhält man die Komponenten der Beschleunigung bei der Bewegung eines Fluidelements längs einer gekrümmten Stromlinie zu

$$a_t = \frac{dv}{dt} = \frac{\partial v}{\partial t} + v\,\frac{\partial v}{\partial s}, \qquad a_n = \frac{\partial v_n}{\partial t} + \frac{v^2}{r_k} \quad \text{(Schmiegebene).} \qquad (2.28\text{a, b})$$

Während für die Bahnbeschleunigung $a_t \lesseqgtr 0$ ist, gilt für die Zentripetalbeschleunigung bei stationärer Strömung mit $\partial v_n/\partial t = 0$ immer $a_n > 0$ (positiv zum Krümmungsmittelpunkt hin). Der Ausdruck dv/dt stellt die substantielle Beschleunigung längs der Bahnlinie und das Glied $\partial v/\partial t$ die lokale Beschleunigung, d. h. die zeitliche Geschwindigkeitsänderung bei festgehaltenem Ort auf der Stromlinie dar. Es tritt bei stationärer Strömung nicht auf. Die Glieder $v(\partial v/\partial s)$ und v^2/r_k sind die konvektiven Beschleunigungen, d. h. die Geschwindigkeitsänderungen infolge Ortsveränderung des Fluidelements. Sie verschwinden bei stationärer Strömung im allgemeinen nicht[18]. Betrachtet man die in Abb. 2.11a dargestellte stationäre Strömung um einen in ihr festgehaltenen Zylinder, so ist z. B. an einer bestimmten Stelle s auf dem Zylinderumfang zwar $\partial v/\partial t = 0$, jedoch $a_t = dv/dt = v(\partial v/\partial s) \neq 0$. Die Geschwindigkeit $v(s)$ und damit auch die Beschleunigung $a_t(s)$ ändern sich, wenn sich das Fluidelement von der angenommenen Stelle s zu einer Stelle $s + ds$ fortbewegt.

Bewegung im dreidimensionalen Raum. Bei einem räumlichen Strömungsfeld mit den Geschwindigkeitskomponenten v_x, v_y, v_z in einem kartesischen Koordinatensystem x, y, z sind die Beschleunigungskomponenten nach (2.27) durch $a_x = dv_x/dt$, $a_y = dv_y/dt$ und $a_z = dv_z/dt$ gegeben. Hierbei handelt es sich um substantielle Beschleunigungen, die ein Fluidelement, welches sich zur Zeit t augenblicklich am Ort x, y, z befindet, bei seiner Bewegung in Richtung der jeweiligen Koordinatenachse erfährt. Der Beschleunigungsvektor lautet $\boldsymbol{a} = \boldsymbol{e}_x a_x + \boldsymbol{e}_y a_y + \boldsymbol{e}_z a_z$ oder in Zeigerschreibweise $a_i = a_i(t, x_j)$ mit $i, j = 1, 2, 3$. Das totale Differential von $v_i(t, x_j)$ beträgt $dv_i = (\partial v_i/\partial t)\, dt + (\partial v_i/\partial x_j)\, dx_j$[19]. Hierin ist dx_j

18 Das Verhältnis von lokaler zu konvektiver Beschleunigung entspricht nach (1.47a) der Strouhal-Zahl $Sr = (\partial v/\partial t)/[v(\partial v/\partial s)] \sim l v/t$.

19 Siehe Fußnote 14, S. 65.

$= v_j\, dt$ der im Zeitintervall dt in Richtung der durch j angegebenen Achse zurückgelegte Weg. Nach Division durch dt erhält man die Komponenten der Beschleunigung in Zeigerschreibweise

$$a_i = \frac{dv_i}{dt} = \frac{\partial v_i}{\partial t} + v_j \frac{dv_i}{dx_j} \qquad (i = 1, 2, 3). \qquad (2.29\,\mathrm{a})$$

Das Glied $\partial v_i/\partial t$ stellt die lokale und die Summe der restlichen drei Glieder die konvektive Beschleunigung dar. Als Verallgemeinerung von (2.29a) erhält man unabhängig von der Wahl des Koordinatensystems das Beschleunigungsfeld zu

$$\boldsymbol{a} = \frac{d\boldsymbol{v}}{dt} = \frac{\partial \boldsymbol{v}}{\partial t} + \boldsymbol{v} \cdot \operatorname{grad} \boldsymbol{v} = \frac{\partial \boldsymbol{v}}{\partial t} + \operatorname{grad}\left(\frac{\boldsymbol{v}^2}{2}\right) - (\boldsymbol{v} \times \operatorname{rot} \boldsymbol{v}) \qquad (\text{räumlich}). \qquad (2.29\,\mathrm{b,\ c})$$

Man bezeichnet grad $\boldsymbol{v}$ als Gradiententensor des Geschwindigkeitsfelds, vgl. Kap. 2.3.3.1[20]. Die tensorielle Darstellung $\boldsymbol{v} \cdot \operatorname{grad} \boldsymbol{v}$ läßt sich nach den Regeln der Tensor-Analysis in die vektorielle Form grad $(\boldsymbol{v}^2/2) - (\boldsymbol{v} \times \operatorname{rot} \boldsymbol{v})$ überführen.

Tabelle 2.2. Beschleunigung eines Fluidelements $\boldsymbol{a} = d\boldsymbol{v}/dt$, Koordinatensysteme nach Abb. 1.13; substantielle Beschleunigung $d\boldsymbol{v}/dt$, lokale Beschleunigung $\partial\boldsymbol{v}/\partial t$, konvektive Beschleunigung $\boldsymbol{v} \cdot \operatorname{grad} \boldsymbol{v}$ (vgl. Tab. 2.1C mit $\boldsymbol{a} = \boldsymbol{v}$)

Koordinaten		$\boldsymbol{a} = \frac{d\boldsymbol{v}}{dt} = \frac{\partial \boldsymbol{v}}{\partial t} + \boldsymbol{v} \cdot \operatorname{grad} \boldsymbol{v}$
kartesisch	x	$\frac{dv_x}{dt} = \frac{\partial v_x}{\partial t} + v_x \frac{\partial v_x}{\partial x} + v_y \frac{\partial v_x}{\partial y} + v_z \frac{\partial v_x}{\partial z}$
	y	$\frac{dv_y}{dt} = \frac{\partial v_y}{\partial t} + v_x \frac{\partial v_y}{\partial x} + v_y \frac{\partial v_y}{\partial y} + v_z \frac{\partial v_y}{\partial z}$
	z	$\frac{dv_z}{dt} = \frac{\partial v_z}{\partial t} + v_x \frac{\partial v_z}{\partial x} + v_y \frac{\partial v_z}{\partial y} + v_z \frac{\partial v_z}{\partial z}$
zylindrisch	r	$\frac{dv_r}{dt} = \frac{\partial v_r}{\partial t} + v_r \frac{\partial v_r}{\partial r} + \frac{v_\varphi}{r} \frac{\partial v_r}{\partial \varphi} + v_z \frac{\partial v_r}{\partial z} - \frac{v_\varphi^2}{r}$
	φ	$\frac{dv_\varphi}{dt} = \frac{\partial v_\varphi}{\partial t} + v_r \frac{\partial v_\varphi}{\partial r} + \frac{v_\varphi}{r} \frac{\partial v_\varphi}{\partial \varphi} + v_z \frac{\partial v_\varphi}{\partial z} + \frac{v_r v_\varphi}{r}$
	z	$\frac{dv_z}{dt} = \frac{\partial v_z}{\partial t} + v_r \frac{\partial v_z}{\partial r} + \frac{v_\varphi}{r} \frac{\partial v_z}{\partial \varphi} + v_z \frac{\partial v_z}{\partial z}$

In Tab. 2.2 sind die Beschleunigungskomponenten für kartesische und zylindrische Koordinatensysteme zusammengestellt. In Polarkoordinaten, als Sonderfall der Zylinderkoordinaten r, φ, $\partial/\partial z = 0$, erhält man z. B. mit $\boldsymbol{v}(v_r, v_\varphi, v_z = 0)$ für die

20 Um den Unterschied zwischen dem Gradienten eines Skalars a und eines Vektors $\boldsymbol{a}$ für kartesische und zylindrische Koordinatensysteme zu zeigen, sind in Tab. 2.1C die Größen grad a und grad $\boldsymbol{a}$ einander gegenübergestellt.

Radial- bzw. Azimutalbeschleunigung

$$a_r = \frac{\partial v_r}{\partial t} + v_r \frac{\partial v_r}{\partial r} + \frac{v_\varphi}{r}\left(\frac{\partial v_r}{\partial \varphi} - v_\varphi\right), \quad a_\varphi = \frac{\partial v_\varphi}{\partial t} + v_r \frac{\partial v_\varphi}{\partial r} + \frac{v_\varphi}{r}\left(\frac{\partial v_\varphi}{\partial \varphi} + v_r\right). \tag{2.30a, b}$$

Mit $v_r = 0$ und $v_\varphi = v$ sowie $r = r_k$ und $\partial s = r\,\partial\varphi$ werden wegen $a_\varphi = a_t$ und $a_r = -a_n$ die Beziehungen für die Strömung in der Schmiegebene (2.28a, b) bestätigt. Wäre man bei der Ableitung ähnlich wie bei den kartesischen Koordinaten vorgegangen, indem man z. B. von $v_r(t, r, \varphi)$ das totale Differential $dv_r = (\partial v_r/\partial t)\,dt + (\partial v_r/\partial r)\,dr + (\partial v_r/\partial\varphi)\,d\varphi$ geschrieben hätte, dann wäre in (2.30a) das entscheidende Glied $-v_\varphi^2/r$ (Zentrifugalbeschleunigung) überhaupt nicht aufgetreten.

Die Beziehung in (2.29c) enthält nur Vektoren, die in Abb. 2.18 anschaulich dargestellt sind. Die Größe rot $\boldsymbol{v}$ ist, wie in Kap. 2.3.3.2 noch gezeigt wird, ein

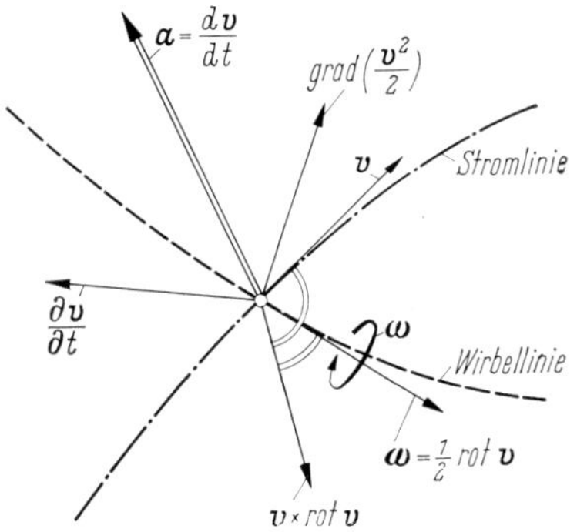

Abb. 2.18. Erläuterung der einzelnen Anteile des räumlichen Beschleunigungsvektors

Maß für die Drehung eines Fluidelements und spielt in der Strömungsmechanik eine beachtliche Rolle sowohl bei den drehungsfreien als auch bei den drehungsbehafteten Potentialströmungen in Kap. 5. Man kann zeigen, daß das Glied ($\boldsymbol{v} \times$ rot $\boldsymbol{v}$) in (2.29c) in drei Fällen verschwindet; nämlich, wenn a) die Bewegung längs einer Stromlinie betrachtet wird ($\boldsymbol{v} \perp$ rot $\boldsymbol{v}$), b) die Strömung drehungsfrei ist (rot $\boldsymbol{v} = 0$) und c) Geschwindigkeits- und Drehvektor mit ihren Richtungen zusammenfallen ($\boldsymbol{v} \parallel$ rot $\boldsymbol{v}$), d. h. Strom- und Wirbellinie parallel verlaufen (Beltrami-Strömung). Die Aussage in a) folgt aus der Tatsache, daß der aus $\boldsymbol{v}$ und rot $\boldsymbol{v}$ durch das vektorielle Produkt gebildete neue Vektor ($\boldsymbol{v} \times$ rot $\boldsymbol{v}$) normal auf $\boldsymbol{v}$ und rot $\boldsymbol{v}$ steht; mithin also keine Komponente in Geschwindigkeitsrichtung, die gleichbedeutend mit der Stromlinienrichtung ist, besitzen kann. Eine Strömung nach c) kann bei ebener und drehsymmetrischer Strömung nicht auftreten, da in diesen Fällen rot $\boldsymbol{v}$ stets normal auf der Geschwindigkeitsebene steht.

Rotierendes Bezugssystem. Oft empfiehlt es sich, den Strömungsvorgang nicht in einem ruhenden raumfesten, sondern in einem mitbewegten körperfesten Bezugssystem (Führungssystem) zu beschreiben. Führt das mitbewegte oder relative Bezugssystem wie bei rotierenden Schaufelrädern in Strömungsmaschinen nur eine Drehung um eine feste Achse mit der Winkelgeschwindigkeit $\boldsymbol{\omega}$ aus, so handelt es sich um ein rotierendes Bezugssystem[21]. Zum Beispiel verhält sich die Strömung im rotierenden Schaufelrad im ruhenden

21 Im allgemeinen Fall eines mitbewegten Bezugssystems tritt neben der Rotations- auch eine Translationsbewegung des bewegten Systems auf.

Bezugssystem periodisch instationär, während sie im mitbewegten System stationär verläuft. Die Strömung im mitbewegten Bezugssystem bezeichnet man als Relativströmung, während man die gleiche Strömung im ruhenden Bezugssystem Absolutströmung nennt, vgl. Kap. 1.3.2.1.

Die Absolutgeschwindigkeit $\boldsymbol{v}_{\text{abs}} = \boldsymbol{c}$ eines Fluidelements setze sich aus der Relativgeschwindigkeit $\boldsymbol{v}$ und der Führungsgeschwindigkeit (Umfangsgeschwindigkeit) $\boldsymbol{u}$ zusammen. Letztere beträgt bei dem angenommenen rotierenden Bezugssystem $\boldsymbol{u} = \boldsymbol{\omega} \times \boldsymbol{r}' = \boldsymbol{\omega} \times \boldsymbol{r}$, wobei das Fluidelement im Punkt P nach Abb. 2.19a von dem auf der Drehachse

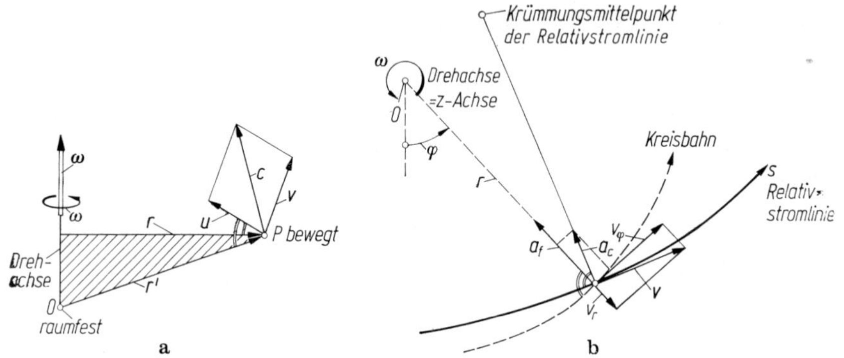

Abb. 2.19. Rotierendes Bezugssystem. **a** Geschwindigkeiten. **b** Beschleunigungen (Ebene normal zur Drehachse, Zylinderkoordinaten r, φ, z)

liegenden Bezugspunkt 0 den Abstand (Fahrstrahl) $\boldsymbol{r}'$ bzw. von der Drehachse den kürzesten (normalen) Abstand $\boldsymbol{r}$ besitzt. Die Absolutgeschwindigkeit eines zu einer bestimmten Zeit t an einer Stelle $\boldsymbol{r}'$ befindlichen Fluidelements erhält man durch vektorielle Zusammensetzung von $\boldsymbol{v}$ und $\boldsymbol{u}$, d. h.

$$\boldsymbol{v}_{\text{abs}} = \boldsymbol{c} = \boldsymbol{v} + \boldsymbol{u} = \boldsymbol{v} + \boldsymbol{\omega} \times \boldsymbol{r}. \qquad (2.31\,\text{a, b})$$

Nach dem Gesetz über die Kinetik der Relativbewegung gilt für die Absolutbeschleunigung

$$\boldsymbol{a}_{\text{abs}} = \boldsymbol{a}_{\text{rel}} + \boldsymbol{a}_f + \boldsymbol{a}_c \quad \text{mit} \quad \boldsymbol{a}_{\text{rel}} = \frac{d\boldsymbol{v}}{dt} \qquad (2.32\,\text{a, b})$$

als Relativbeschleunigung sowie mit den Zusatzbeschleunigungen bei gleichförmiger Drehung ($\boldsymbol{\omega}$ = const)

$$\boldsymbol{a}_f = \boldsymbol{\omega} \times \boldsymbol{u} = -\omega^2 \boldsymbol{r} = -\text{grad}\left(\frac{\boldsymbol{\omega}^2 \boldsymbol{r}^2}{2}\right) \quad \text{und} \quad \boldsymbol{a}_c = 2(\boldsymbol{\omega} \times \boldsymbol{v}) \qquad (2.32\,\text{c, d})^{22}$$

als Führungs- bzw. Coriolisbeschleunigung. Der Vektor der Führungsbeschleunigung $\boldsymbol{a}_f$ liegt in der von $\boldsymbol{\omega}$ und $\boldsymbol{r}$ gebildeten Ebene und zeigt als Zentripetalbeschleunigung normal zur Drehachse in die negative Richtung von $\boldsymbol{r}$. Der Vektor der Coriolis-Beschleunigung $\boldsymbol{a}_c$ steht normal auf der von $\boldsymbol{\omega}$ und $\boldsymbol{v}$ gebildeten Ebene, d. h. er wirkt stets normal zur Relativstromlinie in Richtung auf den Krümmungsmittelpunkt der Relativstromlinie hin. Der weiteren Betrachtung sei nach Abb. 2.19b ein Bezugssystem in Zylinderkoordinaten (r, φ, z) zugrunde gelegt. Die Drehung des bewegten Bezugssystems erfolge um die feststehende z-Achse mit der Winkelgeschwindigkeit ω (positiv im Sinn des Umfangwinkels φ), d. h. der Drehvektor $\boldsymbol{\omega}$ steht normal auf den durch r und φ beschriebenen Ebenen. Aus (2.31b) folgt für die Geschwindigkeitskomponenten $c_r = v_r$, $c_\varphi = v\ \ + \omega r$, $c_z = v_z$ und aus (2.32c, d) für

---

22 Man beachte, daß $\boldsymbol{\omega} \times \boldsymbol{u} = \boldsymbol{\omega} \times (\boldsymbol{\omega} \times \boldsymbol{r}) = -\boldsymbol{\omega}^2 \boldsymbol{r} = -\omega^2 \boldsymbol{r}$ ist, wobei die letzte Beziehung aus der Tatsache folgt, daß die Vektoren $\boldsymbol{\omega}$ und $\boldsymbol{r}$ normal aufeinander stehen. Weiterhin gilt $\text{grad}\,(\boldsymbol{\omega}^2\boldsymbol{r}^2/2) = (1/2)\,[\boldsymbol{\omega}^2\,\text{grad}\,\boldsymbol{r}^2 + \boldsymbol{r}^2\,\text{grad}\,\boldsymbol{\omega}^2]$ mit $\text{grad}\,\boldsymbol{r}^2 = 2\,|\boldsymbol{r}|\,\text{grad}\,|\boldsymbol{r}| = 2\boldsymbol{r}$ und $\boldsymbol{r}^2\,\text{grad}\,\boldsymbol{\omega}^2 = 0$ wegen $\boldsymbol{\omega}$ = const.

die Zusatzbeschleunigungen $\boldsymbol{a}_f = (-\omega^2 r, 0, 0)$; $\boldsymbol{a}_c = (-2\omega v_\varphi, 2\omega v_r, 0)$. In Abb. 2.19b ist dies Ergebnis in der r,φ-Ebene (z = const) dargestellt. Mit eingezeichnet ist die Projektion der Relativstromlinie in der r,φ-Ebene. Während die Führungsbeschleunigung zur Drehachse gerichtet ist, zeigt die Coriolisbeschleunigung zum Krümmungsmittelpunkt der projizierten Schmiegebene. Bei kreisförmig verlaufender Relativstromlinie ($v_r = 0$, $v_\varphi \neq 0$, $v_z = 0$) fallen Drehpunkt der Achse und Krümmungsmittelpunkt der Stromlinie und damit auch die Richtungen der Zentripetal- und Coriolisbeschleunigung zusammen.

2.3.3 Kinematisches Verhalten eines Fluidelements

2.3.3.1 Gradiententensor des Geschwindigkeitsfelds

Bei der Bewegung eines Fluidelements kann dies im Strömungsfeld sowohl seine räumliche Lage als auch seine Form verändern. Während die räumliche Lage durch die Angabe des Ortsvektors $\boldsymbol{r}$ und gegebenenfalls die Winkelgeschwindigkeit $\boldsymbol{\omega}$ bestimmt ist, wird eine Verformung durch die bei der Bewegung auftretenden Änderungen der ursprünglichen Längen und Winkel des Elements beschrieben. Will man die Drehung und die Verformung bestimmen, so kommt es nur auf die zu einer gegebenen Zeit t = const vorhandene relative Bewegung (Verschiebung) zwischen zwei benachbarten Punkten A und B an. Die betrachteten Punkte mögen nach Abb. 2.20 durch die Lagen $\boldsymbol{r}$ bzw. $\boldsymbol{r} + d\boldsymbol{r}$ gegeben sein. Ihre

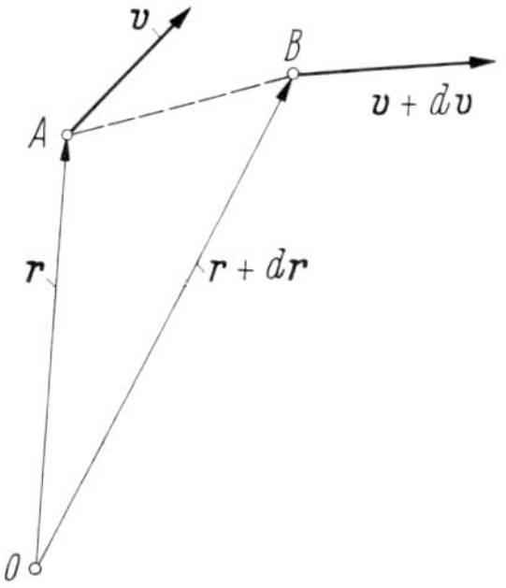

Abb. 2.20. Relative Bewegung zwischen zwei benachbarten Punkten A und B bei gleichbleibender Zeit t = const

Geschwindigkeiten betragen dann $\boldsymbol{v}$ bzw. $\boldsymbol{v} + d\boldsymbol{v}$, wobei $d\boldsymbol{v}$ die gesuchte Geschwindigkeitsänderung ist. In einem kartesischen rechtwinkligen Koordinatensystem x_i mit $i = 1, 2, 3$ beträgt die räumliche Geschwindigkeitsänderung, auch Verschiebungstensor genannt, in Zeigerschreibweise

$$dv_i = \frac{\partial v_i}{\partial x_j}\, dx_j = (D_{ij} + R_{ij})\, dx_j \qquad (i = 1, 2, 3) \tag{2.33a}$$

mit den Abkürzungen

$$D_{ij} = \frac{1}{2}\left(\frac{\partial v_i}{\partial x_j} + \frac{\partial v_j}{\partial x_i}\right) = D_{ji}, \qquad D_{ii} = \frac{\partial v_i}{\partial x_i} \qquad (i = 1, 2, 3), \tag{2.33b}$$ [23]

$$R_{ij} = \frac{1}{2}\left(\frac{\partial v_i}{\partial x_j} - \frac{\partial v_j}{\partial x_i}\right) = -R_{ji}, \qquad R_{ii} = 0 \qquad (i = 1, 2, 3). \tag{2.33c}$$

Bei $D_{ij} = D_{ji}$ handelt es sich um einen symmetrischen und bei $R_{ij} = -R_{ji}$ um einen schiefsymmetrischen (alternierenden) Tensor zweiter Stufe. Nachstehend sei die physikalische

23 Für $i = j$ ist $D_{ii} = \partial v_i/\partial x_i$ jeweils für $i = 1, 2$ oder 3. Obwohl bei $\partial v_i/\partial x_i$ der Index i zweimal vorkommt, soll hier die Summationsvereinbarung gemäß der Fußnote 14 auf S. 65 nicht angewendet werden. Um dies auszuschließen, wird hier und auch später in ähnlich gearteten Fällen stets der Zusatz ($i = 1, 2, 3$) gemacht.

Bedeutung der angegebenen kinematischen Größen besprochen. Dabei soll gezeigt werden, wie ein Fluidelement bei seiner Bewegung im Strömungsfeld sowohl seine räumliche Lage als auch seine Form (Gestalt) ändert.

2.3.3.2 Drehung eines Fluidelements

Drehvektor. Die Bewegung eines zunächst noch unverformten Fluidelements wird an einer Stelle $\boldsymbol{r}$ des Strömungsfelds durch die Translation, d. h. die Verschiebung des Schwerpunkts mit der Geschwindigkeit $\boldsymbol{v}$, und durch die Rotation, d. h. die Drehung des Fluidelements um seinen Schwerpunkt mit der Winkelgeschwindigkeit $\boldsymbol{\omega}$, bestimmt. Für ein Fluidelement in Form eines Quaders mit den Kantenlängen Δx, Δy, Δz betragen in ebener Strömung nach Abb. 2.21a die Komponenten der Translation $v_x\, dt$ und $v_y\, dt$, während sich bei

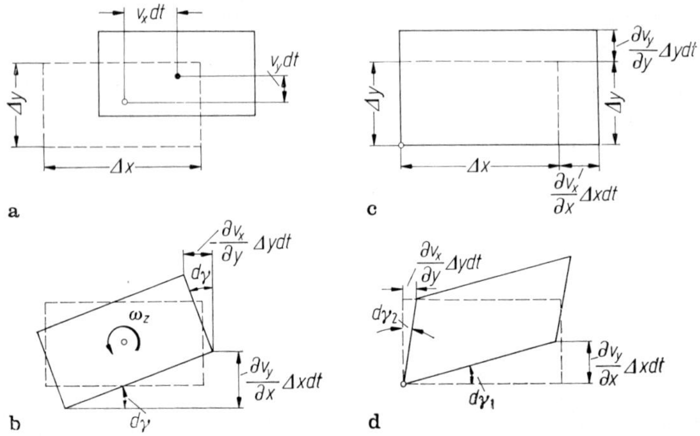

Abb. 2.21. Bewegung und Verformung eines quaderförmigen Fluidelements in ebener Strömung (kinematisches Verhalten). **a** Translationsbewegung. **b** Rotationsbewegung (Drehung). **c** Dehnung (Volumendilatation). **d** Schiebung (Scherung)

der Rotation die in Abb. 2.21b dargestellte Lage des Fluidelements ergibt. Dabei haben sich die Eckpunkte um die Strecken $-(\partial v_x/\partial y)\, \Delta y\, dt$ und $(\partial v_y/\partial x)\, \Delta x\, dt$ in x- bzw. y-Richtung verschoben. Der unverformte Körper hat sich also wie ein fester Körper um den Winkel $d\gamma = (\partial v_y/\partial x)\, dt = (-\partial v_x/\partial y)\, dt$ gedreht (Festkörperrotation). Die auf die Zeit bezogene Winkeländerung $\dot{\gamma} = d\gamma/dt$ ist gleich der Winkelgeschwindigkeit in 1/s um die z-Achse (linksdrehend positiv in Richtung der positiven z-Achse). Diese kann man als arithmetisches Mittel von $\partial v_y/\partial x$ und $-\partial v_x/\partial y$ darstellen, d. h., $2\omega_z = \partial v_y/\partial x - \partial v_x/\partial y$ setzen. Im räumlichen Fall treten nach Abb. 2.22 Winkelgeschwindigkeiten um alle drei Achsen auf. Die zugehörigen Beziehungen für ω_x und ω_y erhält man durch zyklisches Vertauschen aus ω_z. Die Drehung läßt sich als Dreh- oder Wirbelvektor $\boldsymbol{\omega} = \boldsymbol{e}_x \omega_x + \boldsymbol{e}_y \omega_y$

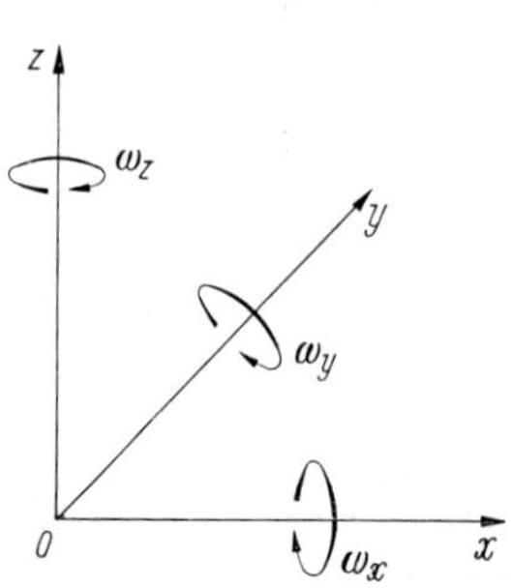

Abb. 2.22. Festlegung der Vorzeichen für die Drehung (Rotation) eines Fluidelements in kartesischen Koordinaten

$+ \boldsymbol{e}_z \omega_z$ oder als Tensor der Rotation ω_{ij} darstellen, und zwar ist unabhängig von der Wahl des Koordinatensystems

$$\boldsymbol{\omega} = \frac{1}{2} \operatorname{rot} \boldsymbol{v}, \qquad \omega_{ij} = -\omega_{ji} = \frac{1}{2}\left(\frac{\partial v_j}{\partial x_i} - \frac{\partial v_i}{\partial x_j}\right) \quad \text{(Rotation)}. \qquad (2.34\text{a, b})$$

Es bedeutet $\omega_{23} = \omega_x$, $\omega_{31} = \omega_y$ und $\omega_{12} = \omega_z$. Ein Vergleich von (2.34b) mit (2.33c) zeigt, daß es sich bei $\omega_{ij} = -R_{ij}$ um den schiefsymmetrischen Teil des Tensors der Geschwindigkeitsänderung handelt. Der Dreh- oder Wirbelvektor ist rein kinematischer Natur und fällt in die Richtung der Drehachse des betreffenden Fluidelements. Die Komponenten für kartesische und zylindrische Koordinatensysteme sind in Tab. 2.3 zusammengestellt.

Tabelle 2.3. Drehung eines Fluidelements, Koordinatensysteme nach Abb. 1.13 und 2.22 (vgl. Tab. 2.1B mit $\boldsymbol{a} = 2\boldsymbol{\omega}$)

Koordinaten		$\boldsymbol{\omega} = \frac{1}{2} \operatorname{rot} \boldsymbol{v}$
kartesisch	x	$\omega_x = \frac{1}{2}\left(\frac{\partial v_z}{\partial y} - \frac{\partial v_y}{\partial z}\right)$
	y	$\omega_y = \frac{1}{2}\left(\frac{\partial v_x}{\partial z} - \frac{\partial v_z}{\partial x}\right)$
	z	$\omega_z = \frac{1}{2}\left(\frac{\partial v_y}{\partial x} - \frac{\partial v_x}{\partial y}\right)$
zylindrisch	r	$\omega_r = \frac{1}{2}\left(\frac{1}{r}\frac{\partial v_z}{\partial \varphi} - \frac{\partial v_\varphi}{\partial z}\right)$
	φ	$\omega_\varphi = \frac{1}{2}\left(\frac{\partial v_r}{\partial z} - \frac{\partial v_z}{\partial r}\right)$
	z	$\omega_z = \frac{1}{2r}\left(\frac{\partial}{\partial r}(r v_\varphi) - \frac{\partial v_r}{\partial \varphi}\right)$

Der Begriff der Drehung möge noch anschaulich erklärt werden. Auf die freie Oberfläche einer sich bewegenden Flüssigkeit sei ein Korkstück gelegt, auf welchem eine bestimmte Richtung $\boldsymbol{l}$ markiert ist. Ändert diese markierte Richtung bei der Fortbewegung des Stücks längs einer Stromlinie zu verschiedenen Zeiten t_1, t_2, t_3 ihre Richtung gegenüber ihrer Ausgangslage, wie z. B. bei der rotierenden Flüssigkeit in einem zylindrischen Gefäß nach Abb. 2.23a, dann ist die Strömung längs der gezeichneten Stromlinie drehungsbehaftet, $d\boldsymbol{l}/dt \neq 0$. Bleibt dagegen die Markierung entsprechend Abb. 2.23b parallel zur Anfangslage, so liegt eine drehungsfreie Strömung vor, $d\boldsymbol{l}/dt = 0$.

Wirbellinie. Analog zu den Stromlinien nach Kap. 2.3.2.2 bezeichnet man in einem drehungsbehafteten Strömungsfeld Kurven, die an jeder Stelle jeweils tangential zum Wirbelvektor verlaufen, als Wirbellinien. Bei festgehaltener Zeit t lautet die Wirbelliniengleichung $\boldsymbol{\omega} \times d\boldsymbol{s}' = 0$ oder

$$\frac{dx'}{\omega_x} = \frac{dy'}{\omega_y} = \frac{dz'}{\omega_z} \quad \text{(Wirbellinie)}, \qquad (2.35)$$

wobei dx', dy', dz' die Komponenten des Längenelements $d\boldsymbol{s}'$ der Wirbellinie sind, vgl. hierzu (2.24a).

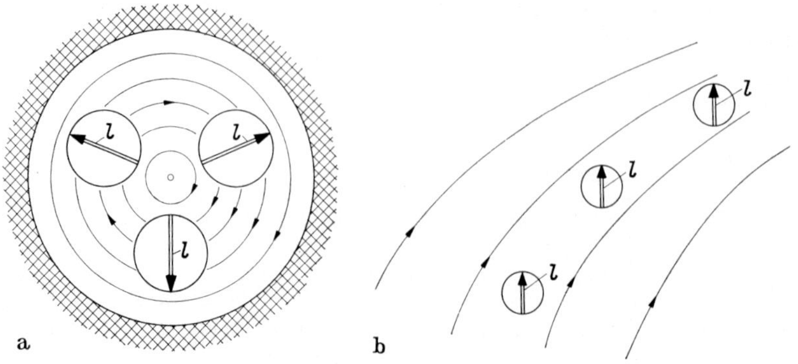

Abb. 2.23. Zur anschaulichen Erklärung der Drehung einer Strömungsbewegung: **a** drehungsbehaftet: $d\boldsymbol{l}/dt \neq 0$, **b** drehungsfrei: $d\boldsymbol{l}/dt = 0$

2.3.3.3 Verformung eines Fluidelements

Allgemeines. Jeder Körper kann unter der Einwirkung äußerer Kräfte oder durch Wärmeeinfluß eine Formänderung erfahren. Die auf die Grundgrößen (Längen, Winkel) bezogene Formänderung nennt man auch Verzerrung. Der Verzerrungszustand läßt sich in Dehnung (Längenänderung) und in Scherung (Schiebung, Winkeldeformation) unterteilen. Diese beiden Grundtypen der Verformung lassen sich linear überlagern und können daher getrennt voneinander behandelt werden.

Dehnung, Volumendichte. Ein ursprünglich unverformter Quader mit den Kantenlängen Δx, Δy, Δz erfahre nach Abb. 2.21c bei der Bewegung Längenänderungen in x-, y- und z-Richtung der Größe $d(\Delta x) = (\partial v_x/\partial x)\,\Delta x\,dt$, $d(\Delta y) = (\partial v_y/\partial y)\,\Delta y\,dt$ bzw. $d(\Delta z) = (\partial v_z/\partial z)\,\Delta z\,dt$. Die auf die Zeit dt bezogenen Dehnungen werden Dehngeschwindigkeiten in 1/s genannt und betragen

$$\varepsilon_x = \frac{\partial v_x}{\partial x}, \quad \varepsilon_y = \frac{\partial v_y}{\partial y}, \quad \varepsilon_z = \frac{\partial v_z}{\partial z}; \quad \varepsilon_{ii} = \frac{\partial v_i}{\partial x_i} \quad (i = 1, 2, 3). \qquad (2.36\text{a, b})$$

Ein Vergleich mit (2.33b) zeigt, daß es sich bei $\varepsilon_{ii} = D_{ii}$ um die Glieder der Hauptdiagonalen des symmetrischen Teils des Tensors der Geschwindigkeitsänderung handelt.

Die durch die Formänderung der Dehnung hervorgerufene Volumenänderung (Raumdehnung) beträgt $d(\Delta V) = [\Delta x + d(\Delta x)]\,[\Delta y + d(\Delta y)]\,[\Delta z + d(\Delta z)] - \Delta x \Delta y \Delta z$. Macht man durch Division mit dem Ausgangsvolumen $\Delta V = \Delta x \Delta y \Delta z$ dimensionslos und setzt die oben angegebenen Beziehungen für $d(\Delta x)$, $d(\Delta y)$ und $d(\Delta z)$ ein, dann erhält man unter Vernachlässigung der Glieder höherer Ordnung die auf die Zeit dt bezogene relative Volumenänderung, d. h. die Dilatationsgeschwindigkeit in 1/s zu

$$\psi = \frac{1}{\Delta V}\frac{d(\Delta V)}{dt} = \frac{\partial v_x}{\partial x} + \frac{\partial v_y}{\partial y} + \frac{\partial v_z}{\partial z} = \frac{\partial v_j}{\partial x_j}, \qquad \psi = \operatorname{div} \boldsymbol{v}, \qquad (2.37\text{a, b})$$

wobei $\operatorname{div} \boldsymbol{v}$ die Divergenz des Vektors $\boldsymbol{v}$ ist, vergleiche Tab. 2.1A mit $\boldsymbol{a} = \boldsymbol{v}$. Die letzte Beziehung gilt unabhängig von der Gestalt des betrachteten Elements und von der Wahl des Koordinatensystems. Es ist $d(\Delta V)/\Delta V$ die aus der Elastizitätstheorie bekannte Volumendilatation (Volumenausdehnuug, kubische Dehnung). So hat sich z. B. das Volumen nicht geändert, wenn $\psi = 0$ ist, was bei einem dichtebeständigen Fluid der Fall ist, vgl. die Kontinuitätsgleichung (2.61b).

Scherung. Der zunächst unverformte Quader möge jetzt eine Winkelverformung erfahren. Am einfachsten führt man diese Überlegung, wie bei der Drehung in Kap. 2.3.3.2, für den ebenen Fall nach Abb. 2.21d durch. Aus dem Rechteck ist durch Scherung ein

Parallelepiped entstanden. Es haben sich jeweils die untere und die obere Fläche um den Winkel $d\gamma_1$ sowie die linke und rechte Fläche um den Winkel $d\gamma_2$ gedreht. Dadurch wird der ursprüngliche rechte Winkel um den Winkel $d\gamma = d\gamma_1 + d\gamma_2$ geändert. Aus den Verschiebungen $(\partial v_y/\partial x)\,\Delta x\,dt$ und $(\partial v_x/\partial y)\,\Delta y\,dt$ ergibt sich die auf die Zeit dt bezogene gesamte Winkeländerung zu $\dot{\gamma} = d\gamma/dt$. Ähnlich wie bei der Winkelgeschwindigkeit der Drehung kann jetzt eine Winkelgeschwindigkeit der Scherung oder kurz Schergeschwindigkeit in 1/s mit $2\vartheta_z = \partial v_y/\partial x + \partial v_x/\partial y$ eingeführt werden. Im räumlichen Fall erhält man ϑ_x und ϑ_y durch zyklisches Vertauschen. In Zeigerschreibweise wird

$$\vartheta_{ij} = \vartheta_{ji} = \frac{1}{2}\left(\frac{\partial v_i}{\partial x_j} + \frac{\partial v_j}{\partial x_i}\right) \quad (i \neq j). \tag{2.38}$$

Es bedeutet $\vartheta_{23} = \vartheta_x$, $\vartheta_{31} = \vartheta_y$ und $\vartheta_{12} = \vartheta_z$. Ein Vergleich von (2.38) mit (2.33b) zeigt, daß es sich bei $\vartheta_{ij} = D_{ij}$ um den symmetrischen Teil des Tensors der Geschwindigkeitsänderung handelt. Die nach (2.37) berechnete Dilatationsgeschwindigkeit bleibt von der Scherung unbeeinflußt.

Deformationszustand. Die aus Dehnung und Scherung zusammengesetzte Verformung (Verzerrung) wird durch den symmetrischen Teil des Tensors der Geschwindigkeitsänderung beschrieben. Dabei stellen die Glieder der Hauptdiagonalen $i = j$ die Dehnung und die übrigen Glieder $i \neq j$ die Scherung dar. Man nennt die Matrix, die aus $D_{ij} = D_{ji}$ gebildet werden kann, den Tensor der Deformation. Der Verzerrungszustand eines Fluidelements wird also durch sechs Verzerrungskomponenten, nämlich drei Dehngeschwindigkeiten ε_{ii} und drei Schergeschwindigkeiten ϑ_{ij}, d. h. durch den Tensor der Formänderungsgeschwindigkeit def $\boldsymbol{v} = (D_{ij})$ gekennzeichnet. Unabhängig von der Wahl des Koordinatensystems gilt

$$\operatorname{def} \boldsymbol{v} = \frac{1}{2}\left[\operatorname{grad} \boldsymbol{v} + (\operatorname{grad} \boldsymbol{v})^*\right] \quad \text{(Deformation)}. \tag{2.39}$$

Hierin ist $(\operatorname{grad} \boldsymbol{v})^*$ der transponierte Gradiententensor des Geschwindigkeitsfelds (Spiegelung an der Hauptdiagonalen), vgl. Tab. 2.1C.

Bei den Ableitungen wurde vorausgesetzt, daß der Verschiebungsgradient so klein ist, daß in ihm quadratische Ausdrücke neben linearen vernachlässigt werden dürfen. Es handelt sich also um eine lineare Theorie infinitesimaler Verformungen. Jeder Deformationszustand ist mit einem Spannungszustand verknüpft, und zwar erzeugen die Dehnungen Normal- und die Scherungen Tangentialspannungen, vgl. Kap. 2.5.3.3.

2.3.3.4 Anwendungen

Beispiele. Um die Anschaulichkeit der abgeleiteten Begriffe der Drehung nach Kap. 2.3.3.2 und der Verformung nach Kap. 2.3.3.3 zu beleben, seien einige einfache stationäre, ebene Strömungen eines dichtebeständigen Fluids besprochen. Für solche Strömungen darf keine Volumendilatation am Fluidelement auftreten. Für die nachstehend behandelten Beispiele ist gemäß (2.37) stets $\psi = 0$, d. h. die Kontinuitätsgleichung (2.61b) erfüllt. Zu untersuchen bleiben die Drehung ω_z sowie die Verformung, bestehend aus der Dehnung ε_x, ε_y und der Scherung ϑ_z.

a) Translationsströmung. Der Ausdruck $v_x = a$, $v_y = b$ stellt eine ebene Parallelströmung dar. Erwartungsgemäß tritt bei einem solchen Strömungsvorgang weder Drehung noch Verformung der sich parallel fortbewegenden Fluidelemente auf.

b) Eckenströmung. Durch den Ansatz $v_x = ax$, $v_y = -ay$ wird die in Abb. 2.24 dargestellte ebene Strömung im Raum zwischen zwei normal aufeinander stehenden Wänden beschrieben, vgl. Kap. 5.3.2.4, Beispiel a, 3. Im einzelnen gilt $\omega_z = 0$ sowie $\varepsilon_x = a$, $\varepsilon_y = -a$ und $\vartheta_z = 0$. Es handelt sich also um eine drehungsfreie Strömung, bei welcher die Fluidelemente nur konstante Dehnungen in x- und y-Richtung erfahren. Um dies Ergebnis deutlich zu machen, ist in Abb. 2.24 ein Fluidelement an einer bestimmten Stelle des Strömungsfelds in Form eines Kreises (K) dargestellt. Auf der zu (K) gehörenden Stromlinie wird der Kreis infolge der Dehnungen verformt und nimmt die Form von flächengleichen Ellipsen ($\psi = 0$) an. Da keine Drehung der durch die Ellipsen erfaßten Fluidmasse auftritt, bestehen der obere bzw. der untere Teil der Ellipsen immer aus den gleichen Fluidmassen.

c) Scherströmung. Die Beziehung $v_x = ay$, $v_y = 0$ gibt die einfache Schichtenströmung eines viskosebehafteten Fluids nach Abb. 1.3a wieder. Hierfür gilt $\omega_z = -a/2$ sowie $\varepsilon_x = 0 = \varepsilon_y$ und $\vartheta_z = a/2$. Es handelt sich also um eine drehungsbehaftete Strömung, bei der die Verformung nur in einer Winkeldeformation besteht.

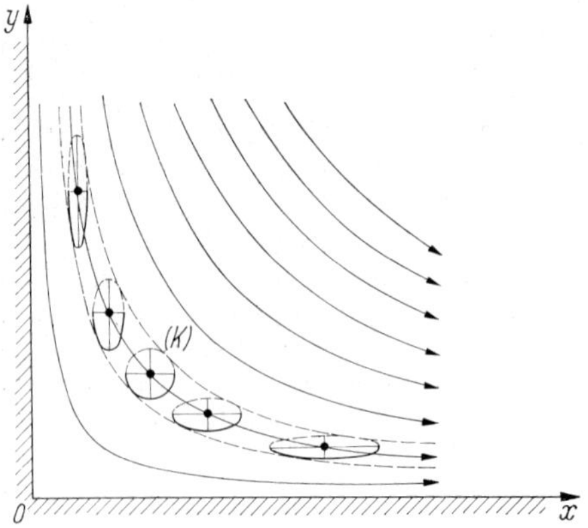

Abb. 2.24. Ebene drehungsfreie Eckenströmung, Verformung besteht nur in einer Dehnung

d) Kreisströmung. Der Ansatz $v_r = 0$, $v_\varphi = a/r + br + c$ stellt die Strömung auf konzentrischen Kreisbahnen dar, wobei es sich um einen mit $1/r$ abnehmenden, um einen mit r zunehmenden und um einen konstanten Geschwindigkeitsanteil handelt. Es sei nur der Begriff der Drehung erläutert. Diese erhält man nach Tab. 2.3 wegen $2\omega_z = \partial v_\varphi/\partial r + v_\varphi/r$ zu $\omega_z = b + c/2r$. Es besitzt also nur das erste Glied keine Drehung, während die beiden letzten Glieder drehungsbehaftete Strömungen zur Folge haben. Der Ausdruck $v_\varphi = br$ entspricht einem mit konstanter Winkelgeschwindigkeit $\omega_z = b$ rotierenden Fluid (Festkörperrotation). Dieser Fall tritt auf, wenn in einem rotierenden Gefäß nach Abb. 2.23a ein Fluid durch die Zähigkeitskräfte (Reibung) in rotierende Bewegung versetzt wird. Die drehungsfreie Strömung $v = a/r$ stellt den sog. Potentialwirbel eines reibungslosen Fluids mit $vr = a =$ const dar. Hierüber wird in Kap. 5.3.2.4, Beispiel c, berichtet.

Folgerungen. Vergleicht man die vorstehenden Beispiele untereinander, so kann man feststellen, daß die zähigkeitsbehafteten Strömungen drehungsbehaftet und die anderen Strömungen drehungsfrei sind. Der zunächst rein kinematisch abgeleitete Begriff der Drehung hat also auch eine wichtige physikalische Bedeutung, vgl. Kap. 2.5.3.2. Weiterhin tritt Drehung auf bei Trennungsschichten, vgl. Kap. 5.4.2.4, sowie bei gekrümmten Verdichtungsstößen, vgl. Kap. 5.4.4.3. Stetig verlaufende und nicht durch Zähigkeitskräfte beeinflußte Strömungen besitzen dagegen im allgemeinen keine Drehung. Die Gesamtheit der Strömungen läßt sich also in zwei Klassen einteilen, die sich sowohl rein kinematisch wie auch physikalisch und damit auch in ihrer mathematischen Behandlung unterscheiden. Es sind dies die drehungsfreien- und drehungsbehafteten Strömungen.

2.3.4 Transportgleichungen der Fluidmechanik

2.3.4.1 Physikalische Größen und Eigenschaften

Bei der Beschreibung von Strömungsvorgängen spielt die zeitliche und räumliche Änderung bestimmter physikalischer Eigenschaften und Transportgrößen, die sowohl skalaren als auch vektoriellen Charakter haben können, die beherrschende Rolle[24]. Die hierzu be-

24 Solange bei der Darstellung für die skalaren und vektoriellen Größen kein Unterschied besteht, wird nur die skalare Schreibweise verwendet.

nötigten Beziehungen seien als Transportgleichungen der Strömungsmechanik bezeichnet.

Eine physikalische Größe, die von der Masse des betrachteten Fluids nicht abhängt, nennt man eine masseunabhängige oder intensive Größe (Intensitätseigenschaft). Sie kann als Feldgröße eine Funktion der Zeit t und des Orts $\boldsymbol{r}$ sein und werde mit $\mathsf{E} = \mathsf{E}(t, \boldsymbol{r})$ bezeichnet. Zu den skalaren Feldgrößen rechnet man den Druck p und die Temperatur T, während die Geschwindigkeit $\boldsymbol{v}$ eine vektorielle Feldgröße darstellt. Ist die betrachtete Transportgröße proportional der Masse eines abgegrenzten Fluidsystems, so spricht man von einer masseabhängigen oder extensiven Größe (Massen- oder Volumeneigenschaft). Sie ist nur von der Zeit t abhängig und werde mit $J = J(t)$ bezeichnet. Hierzu gehören neben der Masse m der Impuls $\boldsymbol{I}$, die Energie E sowie die Entropie S[25]. Statt der Masseneigenschaft führt man auch die auf die Masse bezogene, d. h. die spezifische Eigenschaftsgröße (Größe/Masse) ein und bezeichnet diese im Grenzfall verschwindender Masse mit $j = dJ/dm$. Die Geschwindigkeit $\boldsymbol{v}$ kann man entsprechend der genannten Definition auch als spezifischen Impuls (Impuls/Masse = Masse $\times$ Geschwindigkeit/Masse) auffassen. Bezieht man dagegen auf das Volumen, so nennt man dies die Eigenschaftsdichte (Größe/Volumen) und bezeichnet diese im Grenzfall verschwindenden Volumens mit $\varepsilon = dJ/dV$. Von besonderer Bedeutung ist die Massendichte ϱ nach (1.1). Zwischen der spezifischen Eigenschaft und der Eigenschaftsdichte oder den Integralwerten über ein geschlossenes zeitlich veränderliches Fluidvolumen $V(t)$, auch Systemvolumen genannt, welches stets die gleiche Masse m besitzt, bestehen die Zusammenhänge

$$J(t) = \int\limits_{(m)} j\,dm = \int\limits_{V(t)} \varepsilon\,dV = \int\limits_{V(t)} \varrho j\,dV \qquad (m = \text{const}). \qquad (2.40\text{a, b})$$

Die Aufgabe besteht jetzt darin, von der Feldgröße $\mathsf{E}(t, \boldsymbol{r})$ und von der Volumeneigenschaft $J(t)$ jeweils deren zeitlichen und räumlichen Transport im Strömungsfeld zu bestimmen. Für die Aufstellung der Bilanzgleichungen in Kap. 2.4 (Massenerhaltungssatz), in Kap. 2.5 (Impulssatz) und in Kap. 2.6 (Energiesatz) werden jeweils die totalen zeitlichen Änderungen $d\mathsf{E}/dt$ und dJ/dt gesucht. Die Transportgleichungen sind rein kinematischer Natur.

2.3.4.2 Transportgleichung für die Feldgröße

Grundsätzliches. Die einem bestimmten Fluidelement zu einer Zeit t an einem Ort $\boldsymbol{r}$ zugeordneten Feldgröße $\mathsf{E}(t, \boldsymbol{r})$ befinde sich in einer stetig verlaufenden Strömung[26]. Von den Feldfunktionen sei vorausgesetzt, daß sie einschließlich der in den folgenden Gleichungen auftretenden Differentialquotienten stetige Funktionen ihrer Argumente sind. Es werden also Unstetigkeiten, wie Trennungsflächen oder Verdichtungsstöße, ausgeschlossen. Für dasselbe Fluidelement sei jetzt der Wert $(t + dt, \boldsymbol{r} + d\boldsymbol{r})$ gesucht. Dies ist aufgrund der Tatsache möglich, daß sich das Fluidelement nach Abb. 2.12 mit der Geschwindigkeit $\boldsymbol{v}$ längs einer Bahnlinie bewegt und dabei während der Zeit dt nach (2.23a) das Bahnelement (= Stromlinienelement) $d\boldsymbol{s} = d\boldsymbol{r} = \boldsymbol{v}\,dt$ zurücklegt. Die zeitliche und räumliche Änderung der Feldgröße ist also $d\mathsf{E} = \mathsf{E}(t + dt, \boldsymbol{r} + d\boldsymbol{r}) - \mathsf{E}(t, \boldsymbol{r})$. Die substantielle (totale) Ableitung $d\mathsf{E}/dt$ liefert die Transportgleichung für die Feldgröße. Wird $d\mathsf{E}/dt = 0$, so bedeutet dies, daß das betrachtete Fluidelement seine Eigenschaft während der Fortbewegung beibehält. Sie kann jedoch von Fluidelement zu Fluidelement verschieden sein. Im folgenden sollen die skalare Feldgröße E und die vektorielle Feldgröße $\boldsymbol{\mathsf{E}}$ getrennt voneinander behandelt werden.

Skalare Feldgröße. Bei eindimensionaler Strömung erhält man mit s als Stromlinienkoordinate die totale Änderung der Feldgröße $\mathsf{E}(t, s)$ zu $d\mathsf{E} = (\partial\mathsf{E}/\partial t)\,dt + (\partial\mathsf{E}/\partial s)\,ds$ mit $ds = v\,dt$, während sich bei dreidimensionaler Strömung mit x_j als Komponenten der Stromlinie die totale Änderung der Feldgröße $\mathsf{E}(t, x_j)$ zu $d\mathsf{E} = (\partial\mathsf{E}/\partial t)\,dt + (\partial\mathsf{E}/\partial x_j)\,dx_j$

25 Mit Ausnahme der Masse werden extensive Größen mit großen und spezifische Größen mit kleinen Buchstaben gekennzeichnet.

26 Die folgenden Aussagen für E gelten gleichermaßen auch für j.

mit $dx_j = v_j\,dt$ ergibt. Hieraus folgen die auf die Zeit dt bezogenen totalen Änderungen

$$\frac{dE}{dt} = \frac{\partial E}{\partial t} + v\frac{\partial E}{\partial s}, \qquad \frac{dE}{dt} = \frac{\partial E}{\partial t} + v_j\frac{\partial E}{\partial x_j}. \tag{2.41 a, b}$$

Es stellen jeweils die linke Seite die totale sowie das erste und zweite Glied auf der rechten Seite die lokale bzw. konvektive Ableitung dar. Die totale, materielle (massegebundene) oder auch substantielle Änderung einer Eigenschaft läßt sich in Eulerscher Darstellung als Summe der lokalen Änderung (zeitliche Änderung bei festgehaltenem Ort) und der konvektiven Änderung (räumliche Änderung bei festgehaltener Zeit) angeben. Während der erste Anteil nur bei instationärer Strömung auftritt, kommt der zweite Anteil im allgemeinen bei jeder Strömungsbewegung vor, da er die Verschiebung der Fluidelemente längs Bahnlinien bei verschiedener Geschwindigkeitsrichtung und -größe beschreibt. Mit $E = v$ als Geschwindigkeit geht (2.41 a) in die Beziehung (2.28 a) für die Bahnbeschleunigung dv/dt über. Für (2.41 b) kann man unabhängig von der Wahl des Koordinatensystems auch

$$\frac{dE}{dt} = \frac{\partial E}{\partial t} + \boldsymbol{v}\cdot\operatorname{grad} E = \frac{\partial E}{\partial t} + \operatorname{div}(E\boldsymbol{v}) - E\operatorname{div}\boldsymbol{v} \quad \text{(skalar)} \tag{2.41 c}$$

schreiben. Hierin bedeutet $\operatorname{grad} E$ nach Tab. 2.1 C den Gradientenvektor der skalaren Feldfunktion E mit $a = E$. Gl. (2.41 c) folgt wegen $\operatorname{div}(E\boldsymbol{v}) = \boldsymbol{v}\cdot\operatorname{grad} E + E\operatorname{div}\boldsymbol{v}$, wobei das letzte Glied bei Strömungen dichtebeständiger Fluide verschwindet. Bei der Darstellung einer ebenen Strömung in Polarkoordinaten gilt

$$\frac{dE}{dt} = \frac{\partial E}{\partial t} + v_r\frac{\partial E}{\partial r} + \frac{v_\varphi}{r}\frac{\partial E}{\partial \varphi} \quad \text{(skalar)}, \tag{2.41 d}$$

wobei v_r und v_φ nach Abb. 1.12 a die Komponenten der Geschwindigkeit in radialer und azimutaler Richtung sind.

Vektorielle Feldgröße. Führt man die Ableitung für die totale Änderung einer vektoriellen Feldgröße $\boldsymbol{E}(t, \boldsymbol{r})$, z. B. für den Geschwindigkeitsvektor $\boldsymbol{v}$, in kartesischen Koordinaten durch, so gilt (2.41 b), wenn man $\boldsymbol{E}$ durch die Komponenten $E_i(t, x_j)$ ersetzt. Auch (2.41 c) kann formal übernommen werden:

$$\frac{d\boldsymbol{E}}{dt} = \frac{\partial \boldsymbol{E}}{\partial t} + \boldsymbol{v}\cdot\operatorname{grad}\boldsymbol{E} \quad \text{(vektoriell)}. \tag{2.42 a}$$

Ein entscheidender Unterschied gegenüber (2.41 c) besteht jedoch darin, daß jetzt $\operatorname{grad}\boldsymbol{E}$ der Gradiententensor der vektoriellen Feldfunktion $\boldsymbol{E}$ ist. In welcher Weise dieser für nichtkartesische Koordinatensysteme vom Gradientenvektor $\operatorname{grad} E$ abweicht, wird in Tab. 2.1 C mit $a = E$ bzw. $\boldsymbol{a} = \boldsymbol{E}$ gezeigt. Die Bestimmung der Größe $\boldsymbol{v}\cdot\operatorname{grad}\boldsymbol{E}$ erfordert besondere Aufmerksamkeit. Die tensorielle Darstellung läßt sich in eine vektorielle Form überführen, und man erhält für den konvektiven Anteil

$$\boldsymbol{v}\cdot\operatorname{grad}\boldsymbol{E} = \frac{1}{2}\left[\operatorname{grad}(\boldsymbol{v}\cdot\boldsymbol{E}) - \boldsymbol{v}\times\operatorname{rot}\boldsymbol{E} - \boldsymbol{E}\times\operatorname{rot}\boldsymbol{v} - \operatorname{rot}(\boldsymbol{v}\times\boldsymbol{E}) + \boldsymbol{v}\operatorname{div}\boldsymbol{E} - \boldsymbol{E}\operatorname{div}\boldsymbol{v}\right]. \tag{2.42 b}$$

Für $\boldsymbol{E} = \boldsymbol{v}$ als Geschwindigkeit ergibt sich für die Beschleunigung $d\boldsymbol{v}/dt$ der Ausdruck in (2.29 c).

2.3.4.3 Transportgleichung für die Volumeneigenschaft

Systemvolumen. Während in Kap. 2.3.4.2 die Transportgleichung für die skalare und vektorielle Feldgröße E bzw. $\boldsymbol{E}$ besprochen wurde, soll jetzt die Transportgleichung für die skalare und vektorielle Volumeneigenschaft J bzw. $\boldsymbol{J}$ nach (2.40) behandelt werden. Diese Betrachtung hat gegenüber derjenigen für die Feldgröße den Vorteil, daß hierbei nicht die

Voraussetzung der stetigen räumlichen Differenzierbarkeit der Eigenschaftsdichte $\varepsilon(t, \boldsymbol{r})$ bzw. $\boldsymbol{\varepsilon}(t, \boldsymbol{r})$ gemacht werden muß. In dem betrachteten mitbewegten Fluidvolumen $V(t)$, das jeweils die gleiche Fluidmasse m enthält, dürfen sich also räumliche Unstetigkeiten, wie z. B. Trennungsflächen oder Verdichtungsstöße befinden. Der Volumenbereich (Systemvolumen) sei als einfach zusammenhängend betrachtet. Ähnlich wie für die Feldgrößen sei jetzt von der Volumeneigenschaft die substantielle Änderung dJ/dt mit $J(t)$ gesucht[27]. In dem Integral für $J(t)$ tritt die Zeit sowohl im Integranden $\varepsilon(t, \boldsymbol{r})$ als auch im Integrationsbereich $V(t)$ auf, was eine wesentliche Erschwernis für die Differentiation nach der Zeit t ist. Es besteht jedoch die Möglichkeit, den konvektiven Beitrag so umzuformen, daß diese Schwierigkeit vermieden wird. Das zur Zeit t gehörige Volumen $V(t)$ hat sich nach Abb. 2.25a

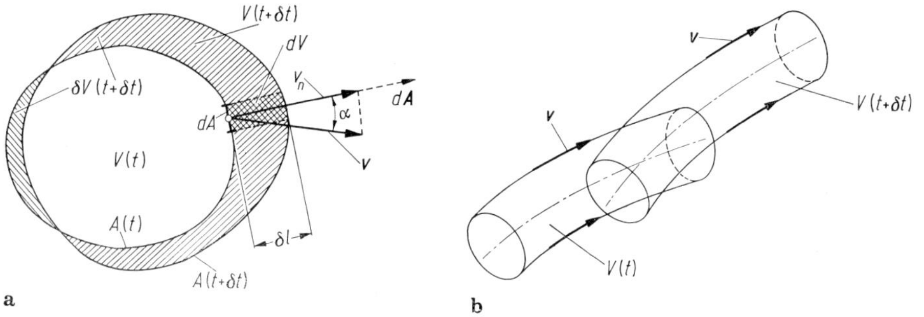

Abb. 2.25. Zur Erläuterung der Transportgleichung für die Volumeneigenschaft, Systemvolumen $V(t)$ mit Begrenzungsfläche $A(t)$: **a** mitbewegtes beliebiges Fluidvolumen, **b** mitbewegter Fluidfaden

zur Zeit $t + \delta t$ in das Volumen $V(t + \delta t) = V(t) + \delta V(t + \delta t) = V + \delta V$ geändert. Entsprechend gehen die Eigenschaftsdichten von $\varepsilon(t)$ in $\varepsilon(t + \delta t)$ über. Im Grenzwert $\delta t \to 0$ verschwindet die Volumenänderung $\delta V \to 0$. Die Ableitung nach der Zeit erhält man entsprechend der Definition für den Differentialquotienten (Ableitung) durch den Grenzwert

$$\frac{dJ}{dt} = \lim_{\delta t \to 0} \frac{J(t + \delta t) - J(t)}{\delta t} = \lim_{\delta t \to 0} \frac{1}{\delta t} \left[\int [\varepsilon(t + \delta t) - \varepsilon(t)] \, dV + \int_{\delta V} \varepsilon(t + \delta t) \, dV \right].$$

Für die weitere Umformung sei ε als räumlich integrierbare Funktion angenommen. Nach Abb. 2.25a ist die Begrenzungsfläche $A(t)$ im Zeitintervall δt in die Begrenzungsfläche $A(t + \delta t)$ übergegangen. Dabei haben sich die Flächenelemente dA jeweils mit den Normalkomponenten der Geschwindigkeit v_n verschoben und im raumfesten Bezugssystem die Strecke $\delta l = v_n \, \delta t$ zurückgelegt. Das zugehörige doppelt-schraffiert gezeichnete Volumenelement beträgt $dV = dA \, \delta l = (v_n \, dA) \, \delta t = (\boldsymbol{v} \cdot d\boldsymbol{A}) \, \delta t$, woraus sich durch Integration die einfach-schraffiert dargestellte Volumenänderung $\delta V = \int dV$ errechnet. Berücksichtigt man weiterhin, daß sich während des Zeitintervalls δt die Eigenschaftsdichten $\varepsilon(t)$ in $\varepsilon(t + \delta t) = \varepsilon(t) + (\partial\varepsilon/\partial t) \, \delta t + \cdots$ geändert haben, dann erhält man nach Ausführen des Grenzwertes $\lim \delta t \to 0$ die substantielle Änderung der Volumeneigenschaft $J(t)$ zu

$$\frac{dJ}{dt} = \frac{d}{dt} \int_{V(t)} \varepsilon \, dV = \int_{V(t)} \frac{\partial \varepsilon}{\partial t} \, dV + \oint_{A(t)} \varepsilon (\boldsymbol{v} \cdot d\boldsymbol{A}). \tag{2.43a, b}$$

Die Integration über das Systemvolumen $V(t)$ setzt für $\partial\varepsilon/\partial t$ eine gebietsweise stetige Funktion von $\boldsymbol{r}$ voraus, während die Integration über die Systemoberfläche $A(t)$ erfordert, daß ε eine beschränkte Funktion ist.

---

27 Vgl. Fußnote 24, S. 80.

Kontrollraum. Da $V(t)$ und $A(t)$ in (2.43b) nur noch von der Zeit t und nicht mehr von $t + \delta t$ abhängen, kann man jetzt von dem mitbewegten Volumen $V(t)$ mit der zugehörigen Begrenzungsfläche $A(t)$ zu einem raumfesten Volumen $V(t) = V = \text{const}$ mit der zugehörigen raumfesten Begrenzungsfläche $A(t) = A = \text{const}$ übergehen. Es seien hierfür die Namen Kontrollraum oder Kontrollvolumen (V) sowie Kontrollfläche (A) eingeführt. Man kann für die Transportgleichung der Volumeneigenschaft also schreiben

$$\frac{dJ}{dt} = \int\limits_{(V)} \frac{\partial \varepsilon}{\partial t} \, dV + \oint\limits_{(A)} \varepsilon \, d\dot{V} \qquad \text{mit} \qquad d\dot{V} = \boldsymbol{v} \cdot d\boldsymbol{A} \lesseqgtr 0 \tag{2.44a}$$

als Volumenstrom in m^3/s über das Flächenelement dA. Es ist $d\dot{V}$ das skalare Produkt aus den beiden Vektoren $\boldsymbol{v}$ und $d\boldsymbol{A}$, wobei nach Abb. 2.25a der Flächenvektor $d\boldsymbol{A}$ nach außen positiv gerechnet wird und α der Winkel zwischen den beiden Vektoren ist. Für eintretende Volumenströme ist $|\alpha| > \pi/2$ und somit $d\dot{V} = d\dot{V}_{\text{ein}} < 0$, und für austretende Volumenströme ist $|\alpha| < \pi/2$ und somit $d\dot{V} = d\dot{V}_{\text{aus}} > 0$, man vgl. hierzu die Ausführungen in Kap. 2.4.2.1. Da (V) raumfest angenommen wird, kann beim Volumenintegral der Differentialquotient nach der Zeit $\partial/\partial t$ auch vor das Integral gezogen werden. Das Oberflächenintegral beschreibt den Eigenschaftsstrom über die raumfeste, jedoch beliebig wählbare Kontrollfläche (A). Dieser beträgt örtlich $\varepsilon \, d\dot{V}$ und ergibt sich aus dem Produkt von Eigenschaftsdiche $\varepsilon = \varrho j$ und Volumenstrom $d\dot{V}$. Mithin lautet die Transportgleichung für den Kontrollraum auch

$$\frac{dJ}{dt} = \frac{\partial \hat{J}}{\partial t} + \oint\limits_{(A)} \varrho j \, d\dot{V} \qquad \text{mit} \qquad \hat{J}(t) = \int\limits_{(V)} \varrho j \, dV \qquad \text{und} \qquad d\dot{V} = \boldsymbol{v} \cdot d\boldsymbol{A} \lesseqgtr 0. \tag{2.44b}$$

Es bedeutet dJ/dt die zeitliche Änderung der Volumeneigenschaft $J(t)$ bei mitbewegtem Volumen $V(t)$ nach (2.43), während mit $\partial\hat{J}/\partial t \equiv (\partial\hat{J}/\partial t)_V$ die zeitliche Änderung der Volumeneigenschaft $\hat{J}(t)$ bei raumfestem Kontrollvolumen (V) gemeint ist. Wegen $\hat{J}(t)$ gilt auch die Identität $\partial\hat{J}/\partial t \equiv d\hat{J}/dt$ Die Beziehung (2.44a, b) entspricht der Eulerschen Betrachtungsweise, nach der sich die substantielle Änderung aus der lokalen und der konvektiven Änderung zusammensetzt. Der lokale Anteil $\partial\hat{J}/\partial t$ verschwindet bei stationärer Strömung. Man bezeichnet (2.44) auch als das Reynoldssche Transport-Theorem. Befindet sich in dem betrachteten Strömungsbereich ein fester Körper, so gehört dieser nicht zum Kontrollraum (V). Die geschlossene Kontrollfläche (A) ist entsprechend zu legen. Auf die diesbezüglichen Ausführungen in Kap. 2.4.2.1 und 2.5.2.1 wird verwiesen.

Eine spezielle Form der Transportgleichung für die Volumeneigenschaft nach (2.43) kann man angeben, wenn es sich bei der spezifischen Eigenschaftsgröße j um eine skalare Größe handelt. Unter Ausschluß von Unstetigkeiten innerhalb des Integrationsbereichs wird zunächst der Gaußsche Integralsatz der Vektor-Analysis

$$\oint\!\!\oint\limits_{A} \boldsymbol{a} \cdot d\boldsymbol{A} = \iiint\limits_{V} \operatorname{div} \boldsymbol{a} \, dV \qquad \text{(Gaußscher Integralsatz)}$$

angewendet, wonach man ein Oberflächenintegral (Hüllenintegral) über (A) in ein Raumintegral über (V) umwandeln kann. Mit $\boldsymbol{a} = \varepsilon\boldsymbol{v} = \varrho j \boldsymbol{v}$ nach (2.40b) wird durch Vergleich mit (2.43b)

$$\frac{dJ}{dt} = \int\limits_{V(t)} \left[\frac{\partial \varepsilon}{\partial t} + \operatorname{div}(\varepsilon \boldsymbol{v})\right] dV = \int\limits_{V(t)} \left[\varrho \frac{dj}{dt} + j\left(\frac{\partial \varrho}{\partial t} + \operatorname{div}(\varrho \boldsymbol{v})\right)\right] dV. \tag{2.45a, b}$$

Bei der Herleitung der zweiten Beziehung wurde beachtet, daß $\partial\varepsilon/\partial t = \partial(\varrho j)/\partial t = \varrho(\partial j/\partial t) + j(\partial\varrho/\partial t)$ sowie $\operatorname{div}(\varepsilon\boldsymbol{v}) = \operatorname{div}(\varrho j \boldsymbol{v}) = j \operatorname{div}(\varrho\boldsymbol{v}) + \varrho\boldsymbol{v} \cdot \operatorname{grad} j$ ist und weiterhin $dj/dt = \partial j/\partial t + \boldsymbol{v} \cdot \operatorname{grad} j$ entsprechend (2.41c) gilt. Für ein quellfreies stetiges Strömungsfeld wird in (2.60b) gezeigt, daß in (2.45b) der mit j multiplizierte Klammerausdruck verschwindet, was zu

$$\frac{dJ}{dt} = \frac{d}{dt}\int\limits_{V(t)} \varrho j \, dV = \int\limits_{V(t)} \varrho \frac{dj}{dt} \, dV = \int\limits_{(V)} \varrho \frac{dj}{dt} \, dV \qquad \left(\frac{d\varrho}{dt} + \varrho \operatorname{div} \boldsymbol{v} = 0\right) \tag{2.45c}$$

führt. Diese zunächst nur für die skalare Volumeneigenschaft $J(t)$ abgeleitete Beziehung gilt auch für die vektorielle Volumeneigenschaft $\boldsymbol{J}(t)$. Dies zeigt man, indem man (2.45c) zunächst für die drei Komponenten anschreibt und anschließend die drei entstandenen Gleichungen zu einer Vektorgleichung zusammenfaßt. Im Sinn der Eulerschen Betrachtungsweise kann man beim letzten Integral statt über das mitbewegte Volumen $V(t)$ auch über das raumfeste Volumen (V) integrieren. Bei einem dichtebeständigen Fluid läßt sich die Dichte $\varrho = \text{const}$ vor die Integrale und vor den Differentialquotienten d/dt beim ersten Integral ziehen.

Die vorstehend gegebene Ableitung bezieht sich auf ein raumfestes Systemvolumen mit nichtbewegter Systemgrenze ($\boldsymbol{v}_A = 0$). Auf zwei Erweiterungen dieser Überlegungen sei hingewiesen. Der Fall mit bewegter Systemgrenze ($\boldsymbol{v}_A \neq 0$) wird von Jeffrey [18] untersucht. Über die Gestalt der Transport- und Bilanzgleichungen der Fluidmechanik an Unstetigkeitsflächen berichtet Bednarczyk [2].

Kontrollfaden. Wie in Kap. 2.3.2.2 gezeigt wurde, erhält man ein anschauliches Bild des Strömungsfelds durch Einführen der Stromlinien, die zusammengefaßt nach Abb. 2.15 einen Stromfaden bilden. In Anlehnung an diese Darstellung soll nach Abb. 2.25b ein

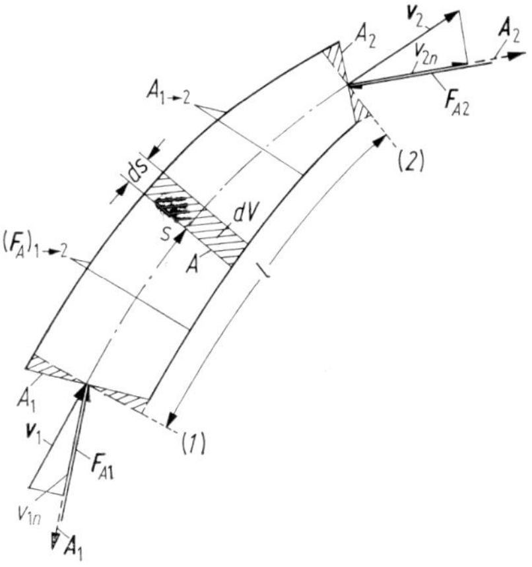

Abb. 2.26. Zur Erläuterung der Transport-, Kontinuitäts- und Impulsgleichung für den Kontrollfaden

mitbewegter Fluidfaden betrachtet werden, der als Sonderfall von Abb. 2.25a aufzufassen ist. Entsprechend dem Übergang vom mitbewegten Fluidvolumen zum raumfesten Kontrollvolumen in diesem Kapitel gelangt man vom mitbewegten Fluidfaden zum Kontrollfaden. Dieser sei nach Abb. 2.26 durch eine zwischen den Stellen (*1*) und (*2*) raumfest angenommene Achse (Richtung der Geschwindigkeitsvektoren) der Länge $l = s_2 - s_1 = \text{const}$ gekennzeichnet. Das Volumen des Kontrollfadens wird von der Ein- und Austrittsfläche A_1 bzw. A_2 sowie der verbindenden Mantelfläche $A_{1\to2}$ begrenzt. Längs der Kontrollfadenachse seien die Querschnittsflächen im allgemeinen Fall sowohl räumlich als auch zeitlich veränderlich. Es kann sich also entweder um einen elastischen Kontrollfaden mit $A = A(t, s)$ oder um einen unelastischen Kontrollfaden mit $A = A(s)$ handeln. Innerhalb des Kontrollfadens seien die Querschnittsflächen A stets normal zur Achse angenommen, während die Querschnitte am Ein- und Austritt A_1 bzw. A_2 beliebig, d. h. auch schräg zur Achse liegen können. Ihre Größen und Richtungen werden durch die Flächennormalen $\boldsymbol{A}_1$ bzw. $\boldsymbol{A}_2$ (positiv jeweils nach außen) beschrieben. Es sei angenommen, daß sich sowohl die Geschwindigkeiten $\boldsymbol{v}_1$ und $\boldsymbol{v}_2$ als auch die Eigenschaftsdichten ε_1 und ε_2 bzw. $\boldsymbol{\varepsilon}_1$ und $\boldsymbol{\varepsilon}_2$ gleichmäßig (konstant) über die Querschnitte A_1 und A_2 verteilen. Die gleiche Aussage gilt auch für

Querschnitte $A(s)$. Nach sinngemäßer Anwendung von (2.44b) lautet die Transportgleichung für den Kontrollfaden mit $dV = A\,ds$ als Volumen eines Kontrollfadenelements der Länge ds und $\varrho j = \varepsilon$

$$\frac{dJ}{dt} = \frac{d}{dt}\int\limits_{l(t)} \varepsilon A\,ds = \int\limits_{(1)}^{(2)} \frac{\partial(\varepsilon A)}{\partial t}\,ds + \varepsilon_1(\boldsymbol{v}_1\cdot\boldsymbol{A}_1) + \varepsilon_2(\boldsymbol{v}_2\cdot\boldsymbol{A}_2). \qquad (2.46\text{a, b})$$

Hierbei wurde berücksichtigt, daß ein Eigenschaftsstrom über die Mantelfläche $A_{1\to 2}$ weder ein- noch austreten kann. Am Ein- und Austritt heben sich bei schrägliegenden Querschnitten die in Abb. 2.26 schraffiert gezeichneten Volumenanteile gegeneinander auf. Dies kann bei kleinen und nicht zu stark längs s veränderlichen Querschnitten stets angenommen werden. Da (*1*) und (*2*) raumfeste Punkte sind, kann in (2.46b) der Differentialquotient nach der Zeit $\partial/\partial t$ auch vor das Integral gezogen werden[28]. Stellen $\boldsymbol{n}_1$ und $\boldsymbol{n}_2$ die Einheitsvektoren der Flächennormalen $\boldsymbol{A}_1 = \boldsymbol{n}_1 A_1$ bzw. $\boldsymbol{A}_2 = \boldsymbol{n}_2 A_2$ dar, dann gelten für den Fall, daß die Querschnitte normal zur Kontrollfadenachse stehen, zwischen den Flächen- und Geschwindigkeitsvektoren mit $\boldsymbol{v}_1 = -\boldsymbol{n}_1 v_1$ bzw. $\boldsymbol{v}_2 = \boldsymbol{n}_2 v_2$ die Zusammenhänge $(\boldsymbol{v}_1\cdot\boldsymbol{A}_1) = -v_1 A_1$ bzw. $(\boldsymbol{v}_2\cdot\boldsymbol{A}_2) = v_2 A_2$. Wenn ε_1 und ε_2 vektorielle Größen $\boldsymbol{\varepsilon}_1$ und $\boldsymbol{\varepsilon}_2$ sind, müssen zunächst die skalaren Produkte $(\boldsymbol{v}_1\cdot\boldsymbol{A}_1)$ sowie $(\boldsymbol{v}_2\cdot\boldsymbol{A}_2)$ gebildet und diese dann mit $\boldsymbol{\varepsilon}_1$ bzw. $\boldsymbol{\varepsilon}_2$ multipliziert werden. Das Integral in (2.46b) tritt bei stationärer Strömung nicht auf.

Kontrollfadenelement. Oft interessiert die Transportgleichung für ein Kontrollfadenelement der konstanten Länge Δs. Bei normal zur Kontrollfadenachse liegenden Querschnitten wird mit $\varepsilon_2 v_2 A_2 = \varepsilon_1 v_1 A_1 + [\partial(\varepsilon v A)/\partial s]\,\Delta s + \cdots$ die zeitliche Änderung der Volumeneigenschaft $\Delta J = \varepsilon\Delta V$ entsprechend (2.46b)

$$\frac{1}{\Delta s}\frac{d(\Delta J)}{dt} = \frac{\partial(\varepsilon A)}{\partial t} + \frac{\partial(\varepsilon v A)}{\partial s} = \frac{1}{v}\left[\frac{d(\varepsilon v A)}{dt} - \varepsilon A\frac{\partial v}{\partial t}\right], \qquad (2.47\text{a, b})$$

wobei die letzte Beziehung unter sinngemäßer Anwendung von (2.41a) folgt. Bei instationärer Strömung verschwinden jeweils die Glieder mit $\partial/\partial t$.

Fluidelement. Läßt man in (2.45a) das Volumen V auf das Elementarvolumen ΔV zusammenschrumpfen, so kann man den Integranden vor das Integral ziehen (Mittelwertsatz der Integralrechnung) und erhält für die Transportgleichung der Volumeneigenschaft des Raumelements

$$\frac{1}{\Delta V}\frac{d(\Delta J)}{dt} = \frac{\partial\varepsilon}{\partial t} + \operatorname{div}(\varepsilon\boldsymbol{v}) = \frac{d\varepsilon}{dt} + \varepsilon\operatorname{div}\boldsymbol{v} = \varrho\frac{dj}{dt}. \qquad (2.48\text{a, b, c})$$

Die zweite Beziehung folgt aus der ersten, wenn man beachtet, daß $\operatorname{div}(\varepsilon\boldsymbol{v}) = \varepsilon\operatorname{div}\boldsymbol{v} + \boldsymbol{v}\cdot\operatorname{grad}\varepsilon$ und $d\varepsilon/dt = \partial\varepsilon/\partial t + \boldsymbol{v}\cdot\operatorname{grad}\varepsilon$ entsprechend (2.41c) ist. Während (2.48a) nur für eine skalare Eigenschaftsdichte $\varepsilon = \Delta J/\Delta V$ gilt, beschreibt (2.48b) gemäß den Ausführungen zu (2.45c) den Transport von skalaren und vektoriellen Eigenschaftsdichten $\varepsilon = \Delta J/\Delta V$ bzw. $\boldsymbol{\varepsilon} = \Delta\boldsymbol{J}/\Delta V$. Angaben über $\operatorname{div}\boldsymbol{v}$ für verschiedene Koordinatensysteme kann man Tab. 2.1A mit $\boldsymbol{a} = \boldsymbol{v}$ entnehmen.

Zu demselben Ergebnis von (2.48b) gelangt man durch folgende Überlegung: Betrachtet man ein mitströmendes Fluidelement vom Volumen $\Delta V(t)$, dann lautet die Transportgleichung für $\Delta J = \varepsilon\,\Delta V$ nach Anwenden der Produktregel der Differentialrechnung $d(\Delta J)/dt = \Delta V(d\varepsilon/dt) + \varepsilon[d(\Delta V)/dt]$. Die auf ΔV bezogene zeitliche Volumenänderung berechnet sich nach (2.37b) zu $\operatorname{div}\boldsymbol{v}$. Durch Einsetzen in den angegebenen Ausdruck findet man (2.48b) bestätigt. Der Ausdruck (2.48c) folgt mit $\varepsilon = \varrho j$ unter Beachtung der Kontinuitätsgleichung (2.60a). Für die substantielle Änderung dj/dt gelten sinngemäß die in Kap. 2.3.4.2 abgeleiteten Beziehungen.

---

28 Zu (2.46b) gelangt man auch, wenn man die Ableitung ähnlich wie beim Kontrollraum durchführt. Bei der Ausführung des Grenzwerts $\lim \delta t \to 0$ ist zu beachten, daß im Zeitintervall δt anstelle von $\varepsilon(t)$ jetzt der Ausdruck $\varepsilon(t)\,A(t)$ in $\varepsilon(t+\delta t)\,A(t+\delta t) = \varepsilon(t)\,A(t) + [\partial(\varepsilon A)/\partial t]\,\delta t + \cdots$ übergeht.

2.4 Massenerhaltungssatz (Kontinuität)

2.4.1 Einführung

Im Sinn der Mechanik der Kontinua wird eine zu einer bestimmten Zeit t in einem abgegrenzten Systemvolumen $V(t)$ befindliche Fluidmasse m als ein System von kontinuierlich verteilten Massenelementen $dm = \varrho\, dV$ mit ϱ als Massendichte in kg/m³ und dV als Volumenelement in m³ gebildet. Von dem Volumen $V(t)$ wird angenommen, daß es stets vollkommen ausgefüllt ist und keinerlei Hohlräume besitzt. Man nennt dies die Kontinuitätsbedingung der Strömungsmechanik. Der Massenerhaltungssatz, oder auch als Kontinuitätsgleichung der Fluidmechanik bezeichnet, besagt nun, daß in einem abgegrenzten Fluidvolumen im allgemeinen Masse weder verlorengehen noch entstehen kann. Die mathematische Formulierung dieser Bilanzgleichung lautet

$$\frac{dm}{dt} = 0 \qquad \text{mit} \qquad m(t) = \int_{V(t)} \varrho\, dV \qquad \text{(mitbewegtes Systemvolumen)} \qquad (2.49\text{a, b})$$

als Gesamtmasse in kg. Die Dichte im Inneren des Volumens $\varrho = \varrho(t, \boldsymbol{r})$ kann sowohl von der Zeit t als auch vom Ort $\boldsymbol{r}$ abhängig sein. Es ist dm/dt die substantielle Änderung der Masse m nach der Zeit t. Befinden sich jedoch im Innern des betrachteten Volumens Quellen, durch die sich die Masse vergrößern, oder Sinken, durch die sie sich verkleinern kann, so läßt sich dies dadurch berücksichtigen, daß man solche singulären Stellen nicht zum Systemvolumen zählt, sondern sie als örtlich verteilte feste, poröse Systemgrenzen betrachtet, über die Masse in das System ein- oder ausströmen kann. Die Kontinuitätsgleichung wird der Reihe nach in Kap. 2.4.2.1 für den Kontrollraum, in Kap. 2.4.2.2 für den Kontrollfaden und in Kap. 2.4.2.3 für das Fluidelement abgeleitet.

2.4.2 Kontinuitätsgleichungen

2.4.2.1 Kontinuitätsgleichung für den Kontrollraum

Im Strömungsfeld sei ein endliches Fluidvolumen $V(t)$ betrachtet. Wenn sich dies zunächst als abgegrenztes Volumen mit der Strömung mitbewegt, dann gilt der Satz von der Erhaltung der Masse nach (2.49) mit $dm/dt = 0$, vgl. Tab. 2.4. Für die praktische Handhabung dieser Gleichung empfiehlt es sich nach Kap. 2.3.4.3, anstelle des mitbewegten Volumens $V(t)$ zeitlich gleichbleibende raumfeste Begrenzungen, und zwar den Kontrollraum (V) mit der zugehörigen Kontrollfläche (O), zu wählen. Letztere setzt sich nach Abb. 2.27 aus einem im Strömungsfeld liegenden freien Teil (A) und einem gegebenenfalls mit einem Körper in Berührung stehenden körpergebundenen Teil (S) zusammen, d. h. $(O) = (A) + (S)$. Geht man von der Transportgleichung (2.44b) aus und setzt für die Volumeneigenschaft

Tabelle 2.4. Bilanzgleichungen (Kontinuitäts- Impuls- und Energiegleichung) für das Systemvolumen, den Kontrollraum, den Kontrollfaden und das Fluidelement (Größen jeweils mit Δ versehen)

	Bilanzgleichung		Transportgröße (Kap. 2.3)		
			$J, \boldsymbol{J}$	$\varepsilon, \boldsymbol{\varepsilon}$	$j, \boldsymbol{j}$
Kontinuität	Masse	$\frac{dm}{dt} = 0$	m	ϱ	1
Kinetik	Impuls	$\frac{d\boldsymbol{I}}{dt} = \boldsymbol{F}$	$\boldsymbol{I}$	$\varrho \boldsymbol{v}$	$\boldsymbol{v}$
Kinetik	Impulsmoment	$\frac{d\boldsymbol{L}}{dt} = \boldsymbol{M}$	$\boldsymbol{L}$	$\varrho(\boldsymbol{r} \times \boldsymbol{v})$	$\boldsymbol{r} \times \boldsymbol{v}$
Energetik	mechanische Energie	$\frac{dE}{dt} = P$	E	$\frac{\varrho}{2} \boldsymbol{v}^2$	$\frac{\boldsymbol{v}^2}{2}$
Energetik	totale Energie	$\frac{dE_t}{dt} = P_t$	E_t	$\varrho \left(\frac{\boldsymbol{v}^2}{2} + u \right)$	$\frac{\boldsymbol{v}^2}{2} + u$

$J = m$ sowie für die spezifische Eigenschaftsgröße $j = 1$, so wird

$$\frac{dm}{dt} = \frac{\partial \hat{m}}{\partial t} + \int_{(A)} \varrho \, d\dot{V} + \int_{(S)} \varrho \, d\dot{V} = 0 \quad \text{mit} \quad \hat{m}(t) = \int_{(V)} \varrho \, dV . \qquad (2.50\text{a, b})^{29}$$

Dies ist die integrale Form der Kontinuitätsgleichung für ein quellfreies Strömungsfeld. Die substantielle Massenänderung dm/dt setzt sich aus dem lokalen Anteil (erstes Glied auf der rechten Seite) und dem konvektiven Anteil (zweites und drittes Glied) zusammen. Ersterer ist aus dem Volumenintegral über (V) zu berechnen und tritt nur bei instationärer Strömung auf. Letzterer stellt den Massenstrom über die Kontrollfläche (O) dar und ist aus den beiden Oberflächenintegralen über (A) und (S) zu ermitteln. Im Inneren des Kontrollraums können sich Unstetigkeiten, wie Trennungsflächen oder Verdichtungsstöße, befinden. Durch die zusammenfallenden Teile (A') des freien Teils der Kontrollfläche tritt, sofern sich dort nicht gerade eine Unstetigkeit in der Strömung in Form von Quellen und

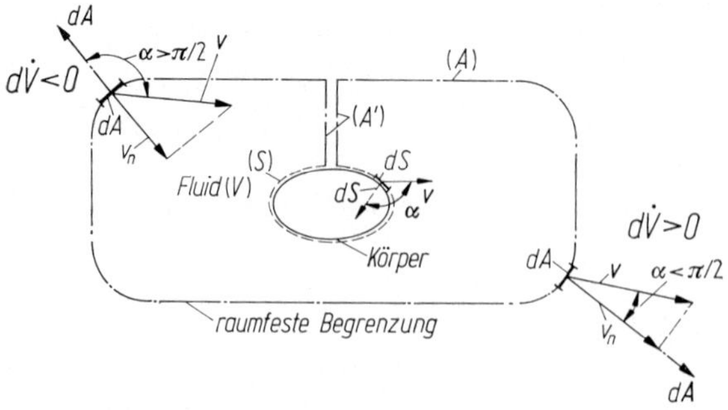

Abb. 2.27. Zur Anwendung des Massenerhaltungssatzes (Kontinuitätsgleichung) auf das Kontrollvolumen (V) mit der Kontrollfläche $(O) = (A) + (S)$; freier Teil der Kontrollfläche (A), körpergebundener Teil der Kontrollfläche (S)

29 Es ist $\partial \hat{m}/\partial t = d\hat{m}/dt$, vgl. Ausführung zu (2.44b).

Sinken befindet, genauso viel ein wie aus. Man kann also diesen Teil der Kontrollfläche bei der Auswertung des Integrals über (A) im allgemeinen fortlassen. Die Größe $d\dot{V}$ in (2.50a) stellt den Volumenstrom durch ein Element der Kontrollfläche (O) dar. Sie hängt von der Geschwindigkeit normal zum Flächenelement v_n und von der Größe des Flächenelements dA bzw. dS ab. Dies leuchtet ohne weiteres ein, da nur die Normalkomponente der Geschwindigkeit Fluidmasse durch die Fläche transportieren kann, während die Tangentialkomponente der Geschwindigkeit v_t nur ein Verschieben des Fluids innerhalb der Flächenelemente bewirken kann. Es ist nach (2.44b)

$$d\dot{V} = \boldsymbol{v} \cdot d\boldsymbol{A} \lesseqgtr 0, \qquad d\dot{V} = \boldsymbol{v} \cdot d\boldsymbol{S} \lesseqgtr 0 \qquad \text{(Teilvolumenstrom)}. \qquad (2.51\text{a, b})$$

Hierbei sind jeweils die skalaren Produkte aus den Vektoren der Geschwindigkeiten $\boldsymbol{v}$ und den Vektoren der Flächenelemente $d\boldsymbol{A}$ bzw. $d\boldsymbol{S}$ (nach außen positiv) zu bilden. Die Vorzeichenregelung bedeutet, daß $d\boldsymbol{S}$ jeweils in das Körperinnere gerichtet ist. Eintretende Volumenströme mit $|\alpha| > \pi/2$ werden negativ $d\dot{V} < 0$ und austretende Volumenströme mit $|\alpha| < \pi/2$ positiv $d\dot{V} > 0$ gerechnet. Die Größen $d\dot{m}_A = \varrho\, d\dot{V}$ und $d\dot{m}_S = \varrho\, d\dot{V}$ in kg/s werden Massenströme (Masse/Zeit) durch die Kontrollfläche $(O) = (A) + (S)$ bezeichnet. Nach Einsetzen in (2.50a) folgt auch

$$\frac{\partial \hat{m}}{\partial t} + \int\limits_{(A)} \varrho \boldsymbol{v} \cdot d\boldsymbol{A} + \int\limits_{(S)} \varrho \boldsymbol{v} \cdot d\boldsymbol{S} = 0 \qquad \text{(Kontrollraum)}. \qquad (2.52)$$

Die Größe $\varrho\boldsymbol{v}$ wird Massenstromdichte in kg/s m² genannt. Das Integral über den körpergebundenen Teil der Kontrollfläche (S) tritt auf, wenn sich im Körper Quellen oder Sinken befinden, was beim Ausblasen oder Absaugen (ein- bzw. austretendes Fluid) durch eine poröse Wand mit $v_n \neq 0$ der Fall sein kann. Neben einem solchen Ein- oder Austritt von Fluidmasse durch den körpergebundenen Teil der Kontrollfläche kann auch fluide oder feste Masse in den Kontrollraum gelangen, die von der körpereigenen Masse herrührt. Dies ist z. B. bei einer Rakete der Fall, bei welcher der zeitliche Abbrand des Raketentreibstoffs $\dot{m}_S$ bei verschwindender Geschwindigkeit $v_n = 0$ die Masse im Kontrollraum vergrößert. In einem solchen Fall ist das letzte Glied in (2.52) durch $\dot{m}_S < 0$ (eintretend) zu ersetzen. Der Fall der stationären Strömung ist in (2.52) mit $\partial\hat{m}/\partial t = 0$ enthalten.

2.4.2.2 Kontinuitätsgleichung für den Kontrollfaden

Für den in Kap. 2.3.2.2 definierten und in Abb. 2.26 dargestellten Kontrollfaden liefert die Transportgleichung (2.46) mit der Masse als skalarer Volumeneigenschaft $J = m$ und der Massendichte als Eigenschaftsdichte $\varepsilon = \varrho$ bei Annahme gleichmäßiger Dichte- und Geschwindigkeitsverteilung über die Kontrollfadenquerschnitte die Kontinuitätsgleichung in integraler Form, vgl. Tab. 2.4[30],

$$\int\limits_{(1)}^{(2)} \frac{\partial(\varrho A)}{\partial t}\, ds + \varrho_1 \boldsymbol{v}_1 \cdot \boldsymbol{A}_1 + \varrho_2 \boldsymbol{v}_2 \cdot \boldsymbol{A}_2 = 0 \qquad \text{(Kontrollfaden)}. \qquad (2.53)$$

30 Der Fall ungleichmäßiger Geschwindigkeitsverteilung über den Kontrollfadenquerschnitt wird bei der Rohrströmung in Kap. 3.4.2.3 behandelt.

Die Dichte $\varrho = \varrho(t, s)$ ist im allgemeinen Fall für die einzelnen Schnitte verschieden und wird von den längs der Achse des Kontrollfadens veränderlichen Drücken und gegebenenfalls Temperaturen bestimmt. Bei einem unelastischen Kontrollfaden ist $A(t, s) = A(s)$. Handelt es sich darüber hinaus um ein dichtebeständiges Fluid, dann wird nach (2.53)

$$\boldsymbol{v}_1(t) \cdot \boldsymbol{A}_1 + \boldsymbol{v}_2(t) \cdot \boldsymbol{A}_2 = 0, \qquad v_1(t)\, A_1 = v_2(t)\, A_2 \; (\varrho = \text{const}) \qquad (2.54\text{a, b})$$

wegen $-\boldsymbol{v}_1 \cdot \boldsymbol{A}_1 = \boldsymbol{v}_2 \cdot \boldsymbol{A}_2$ bei normal durchströmten Querschnitten. Da A_1 und A_2 zwei längs des Kontrollfadens beliebig gewählte Querschnitte sein können, gilt (2.54b) für jeden Querschnitt $A(s)$. Damit wird der zeitlich veränderliche Volumenstrom (Volumen/Zeit) in m^3/s durch normal zur Kontrollfadenachse liegende Querschnitte

$$\dot{V}_A(t) = v(t, s)\, A(s) = C(t) \qquad \text{(Volumenstrom)}. \qquad (2.55)$$

In differentieller Form erhält man die Kontinuitätsgleichung für ein Kontrollfadenelement der Länge Δs bei normal zur Kontrollfadenachse liegenden Querschnitten nach (2.47) mit $\Delta J = \Delta m$ und $\varepsilon = \varrho$ zu

$$\frac{\partial(\varrho A)}{\partial t} + \frac{\partial(\varrho v A)}{\partial s} = \frac{d(\varrho A)}{dt} + \varrho A\, \frac{\partial v}{\partial s} = 0, \qquad \frac{d(\varrho v A)}{dt} - \varrho A\, \frac{\partial v}{\partial t} = 0. \qquad (2.56\text{a, b, c})$$

Hierin bedeutet $d/dt = \partial/\partial t + v(\partial/\partial s)$ die substantielle Änderung nach (2.41a). In (2.56a) hat man es mit zwei Anteilen zu tun, nämlich einem, der von der zeitlichen Massenänderung im Kontrollfadenelement herrührt, und einem, der durch den Massenstrom über den Kontrollfadenquerschnitt $\dot{m}_A = \varrho v A$ entsteht. Nach Einsetzen des Massenstroms bzw. bei dichtebeständigem Fluid des Volumenstroms $\dot{V}_A = vA$ in (2.56c) erhält man zwei Beziehungen für die lokale Beschleunigung in der Form

$$\frac{\partial v}{\partial t} = \frac{1}{\varrho A}\, \frac{d\dot{m}_A}{dt} \; (\varrho \neq \text{const}), \qquad \frac{\partial v}{\partial t} = \frac{1}{A}\, \frac{d\dot{V}_A}{dt} \; (\varrho = \text{const}), \qquad (2.57\text{a, b})$$

die eine besondere Rolle bei der instationären Strömung durch einen Kontrollfaden spielen.

Stationäre Strömung. Für diesen Fall ist $\partial/\partial t = 0$, was nach (2.53) zu

$$\varrho_1 \boldsymbol{v}_1 \cdot \boldsymbol{A}_1 = \varrho_2 \boldsymbol{v}_2 \cdot \boldsymbol{A}_2 = 0, \qquad \varrho_1 v_1 A_1 = \varrho_2 v_2 A_2 \; (\varrho \neq \text{const}) \qquad (2.58\text{a, b})$$

führt, wobei die zweite Beziehung gilt, wenn die Querschnitte A_1 und A_2 jeweils normal zur Strömungsrichtung stehen. Für ein dichtebeständiges Fluid ($\varrho_1 = \varrho_2$) stimmt (2.58) formal mit (2.54) für die instationäre Strömung überein. Analog zum Volumenstrom führt man für das dichteveränderliche Fluid den Massenstrom (Masse/Zeit) in kg/s durch normal zur Kontrollfadenachse liegende Querschnitte mit

$$\dot{m}_A = \varrho v A = \text{const}, \quad \frac{d\varrho}{\varrho} + \frac{dv}{v} + \frac{dA}{A} = 0 \qquad \text{(Massenstrom)} \qquad (2.59\text{a, b})$$

ein. Den auf die Querschnittsfläche bezogenen Massenstrom bezeichnet man als Massenstromdichte $\Theta = \varrho v$ in kg/s m².

Schlußfolgerung. Aus den in diesem Kapitel angegebenen Beziehungen kann geschlossen werden, daß in einer endlich begrenzten Strömung eine Stromlinie weder beginnen noch enden kann; wohl aber kann sie in sich zurücklaufen.

2.4.2.3 Kontinuitätsgleichung für das Fluidelement

Man denke sich zur Zeit t am Ort $\boldsymbol{r}$ aus einem stetigen Strömungsfeld ein Fluidelement mit dem Volumen ΔV und der Masse $\Delta m = \varrho \Delta V$ der Betrachtung unterworfen. In dem Element sollen sich weder Quellen noch Sinken befinden. Für den Massenerhaltungssatz eines Fluidelements gilt (2.49) mit $d(\Delta m)/dt = 0$. Diese Beziehung wertet man mittels der Transportgleichung für das Raumelement (2.48) dadurch aus, daß man für die Volumeneigenschaft $\Delta J = \Delta m$ und für die Eigenschaftsdichte $\varepsilon = \varrho$ mit $\varrho = \varrho(t, \boldsymbol{r})$ als Massendichte setzt, vgl. Tab. 2.4. Es folgt unabhängig von der Wahl des Koordinatensystems in vektorieller Darstellung

$$\frac{d\varrho}{dt} + \varrho \operatorname{div} \boldsymbol{v} = \frac{\partial \varrho}{\partial t} + \operatorname{div}(\varrho \boldsymbol{v}) = \frac{\partial \varrho}{\partial t} + \boldsymbol{v} \cdot \operatorname{grad} \varrho + \varrho \operatorname{div} \boldsymbol{v} = 0. \qquad (2.60\text{a, b, c})$$

Es bedeutet $d\varrho/dt$ die substantielle, $\partial\varrho/\partial t$ die lokale und $\operatorname{div}(\varrho \boldsymbol{v})$ die konvektive Dichteänderung. Die Größe $\boldsymbol{\Theta} = \varrho \boldsymbol{v}$ bezeichnet man als Vektor der Massenstromdichte in kg/s m². Gl. (2.60a) findet man auch unmittelbar aus $d(\Delta m)/dt = d(\varrho \Delta V)/dt = \Delta V(d\varrho/dt) + \varrho\, d(\Delta V)/dt = 0$ mit $d(\Delta V)/dt = \Delta V \operatorname{div} \boldsymbol{v}$ nach (2.37b). Bei stationärer Strömung ist $\partial/\partial t = 0$ sowie $\varrho(t, \boldsymbol{r}) = \varrho(\boldsymbol{r})$ und $\boldsymbol{v}(t, \boldsymbol{r}) = v(\boldsymbol{r})$. Für (2.60) assen sich zwei Sonderfälle angeben, nämlich

$$d\varrho = 0 \quad \text{(isochor)}, \qquad \operatorname{div} \boldsymbol{v} = 0 \quad \text{(homochor)}. \qquad (2.61\text{a, b})$$

Gl. (2.61a) sagt aus, daß die Dichte auf den einzelnen Bahnlinien jeweils unverändert ist. Es handelt sich also um die Strömung eines dichteveränderlichen Fluids, bei dem die Dichte von Bahnlinie zu Bahnlinie verschieden sein kann. Gl. (2.61b) ist zunächst eine rein kinematische Bedingung, die für das gesamte Geschwindigkeitsfeld $\boldsymbol{v}(t, \boldsymbol{r})$ gilt. In diesem Fall ist die Dichte im gesamten Strömungsfeld unveränderlich, d. h. es handelt sich um ein dichtebeständiges Fluid mit $\varrho = \text{const}$. In Zeigerschreibweise folgt bei instationärer Strömung eines dichteveränderlichen Fluids aus (2.60a, b)

$$\frac{d\varrho}{dt} + \varrho \frac{\partial v_j}{\partial x_j} = \frac{\partial \varrho}{\partial t} + \frac{\partial(\varrho v_j)}{\partial x_j} = 0. \qquad (2.62\text{a, b})$$

Es sind bei kartesischen Koordinaten $v_1 = v_x$, $v_2 = v_y$ und $v_3 = v_z$ die zu $x_1 = x$, $x_2 = y$ bzw. $x_3 = z$ parallelen Geschwindigkeitskomponenten. In (2.60b) und (2.62b) hat man es analog zu (2.56a) mit zwei Anteilen zu tun, nämlich einem, der von der zeitlichen Massenänderung im Raumelement herrührt, und einem, der durch den Massenstrom über die Oberflächen des Raumelements entsteht.

Für kartesische und zylindrische Koordinatensysteme ist die Kontinuitätsgleichung (2.60b) in Tab. 2.5 zusammengestellt.

Für ein dichtebeständiges Fluid ($\varrho = \text{const}$) seien die Beziehungen bei ebener Strömung entsprechend Abb. 1.12a sowie bei drehsymmetrischer Strömung entsprechend Abb. 1.12b gesondert angegeben:

Tabelle 2.5. Kontinuitätsgleichung, Koordinatensysteme nach Abb. 1.13, dichtebeständiges Fluid $\varrho = \text{const}$ (vgl. Tab. 2.1A mit $\boldsymbol{a} = \varrho \boldsymbol{v}$)

Koordinaten		$\frac{\partial \varrho}{\partial t} + \operatorname{div}(\varrho \boldsymbol{v}) = 0$
kartesisch	x, y, z	$\frac{\partial \varrho}{\partial t} + \frac{\partial(\varrho v_x)}{\partial x} + \frac{\partial(\varrho v_y)}{\partial y} + \frac{\partial(\varrho v_z)}{\partial z} = 0$
zylindrisch	r, φ, z	$\frac{\partial \varrho}{\partial t} + \frac{1}{r}\left(\frac{\partial(\varrho r v_r)}{\partial r} + \frac{\partial(\varrho v_\varphi)}{\partial \varphi}\right) + \frac{\partial(\varrho v_z)}{\partial z} = 0$

$$\frac{\partial u}{\partial x} + \frac{\partial v}{\partial y} = 0, \quad \frac{\partial v_r}{\partial r} + \frac{v_r}{r} + \frac{1}{r}\frac{\partial v_\varphi}{\partial \varphi} = 0, \quad \frac{\partial(r v_r)}{\partial r} + \frac{\partial(r v_z)}{\partial z} = 0. \qquad (2.63\text{a, b, c})^{31}$$

Es wurde $v_x = u$ und $v_y = v$ gesetzt. Für eine radiale Strömung mit $v_r \neq 0$, $v_\varphi = 0$, $v_z = 0$ wird die Kontinuitätsgleichung (2.63b) nur erfüllt, wenn $v_r = a/r$ ist. Dies ist die sogenannte ebene Quellströmung nach Kap. 3.6.2.3, Beispiel *e*,1. Für eine schraubenförmig verlaufende Strömung mit $v_r = 0$, $v_\varphi = v_\varphi(r)$, $v_z = \text{const}$ zeigt man unter Zuhilfenahme von Tab. 2.5, daß hierfür die Kontinuitätsgleichung von selbst erfüllt ist, wenn $\varrho = \text{const}$ oder auch $\varrho = \varrho(r)$ ist. Alle in diesem Kapitel angegebenen Beziehungen stellen die differentielle Form der Kontinuitätsgleichung dar. Über die Möglichkeit, die Kontinuitätsgleichung durch Einführen einer Stromfunktion zu lösen, wird anschließend berichtet.

2.4.3 Einführen der Stromfunktion

2.4.3.1 Vektorielle Stromfunktion

Die Kontinuitätsgleichung für ein quellfreies Strömungsfeld in Kap. 2.4.2.3 kann durch Einführen einer vektoriellen Stromfunktion Ψ, auch vektorielles Geschwindigkeitspotential genannt, erfüllt werden. Macht man für die Massenstromdichte den Ansatz

$$\varrho \boldsymbol{v} = \varrho_b \operatorname{rot} \Psi \qquad \text{(Ansatz)}, \tag{2.64}$$

wobei ϱ_b eine konstante Bezugsdichte ist, dann verschwindet wegen der Vektoridentität div (rot ..) $\equiv 0$ die Größe $\operatorname{div}(\varrho \boldsymbol{v})$. Damit erfüllt der gemachte Ansatz bei stationärer Strömung mit $\partial/\partial t = 0$ die Kontinuitätsgleichung (2.60b) von selbst. Für kartesische Koordinaten lauten die Beziehungen für die Komponenten

31 Man beachte, daß $r(\partial v_z/\partial z) = \partial(r v_z)/\partial z$ ist.

der Massenstromdichte nach Tab. 2.1B mit $\boldsymbol{a} = \varrho \boldsymbol{v}$

$$\varrho v_x = \varrho_b \left(\frac{\partial \Psi_z}{\partial y} - \frac{\partial \Psi_y}{\partial z} \right), \quad \varrho v_y = \varrho_b \left(\frac{\partial \Psi_x}{\partial z} - \frac{\partial \Psi_z}{\partial x} \right), \quad \varrho v_z = \varrho_b \left(\frac{\partial \Psi_y}{\partial x} - \frac{\partial \Psi_x}{\partial y} \right). \tag{2.65}$$

Praktischen Nutzen bringt die gewonnene Erkenntnis erst bei zweidimensionalen Strömungen.

2.4.3.2 Zweidimensionale Strömung

Ebene Strömung. Für die stationäre Strömung eines dichteveränderlichen Fluids erhält man für die Geschwindigkeitskomponenten in kartesischen Koordinaten x, y nach Abb. 1.12a sowie in natürlichen Koordinaten s, n nach Abb. 2.28a zu

$$u = \frac{\varrho_b}{\varrho} \frac{\partial \Psi}{\partial y}, \quad v = -\frac{\varrho_b}{\varrho} \frac{\partial \Psi}{\partial x}; \quad v_s = \frac{\varrho_b}{\varrho} \frac{\partial \Psi}{\partial n}, \quad v_n = -\frac{\varrho_b}{\varrho} \frac{\partial \Psi}{\partial s} = 0. \tag{2.66a, b}$$

Dabei wurde wegen $\Psi(0, 0, \Psi_z)$ nach J. L. Lagrange die skalare Stromfunktion $\Psi \equiv \Psi_z$ in m²/s eingeführt. Für die Strömung eines dichtebeständigen Fluids

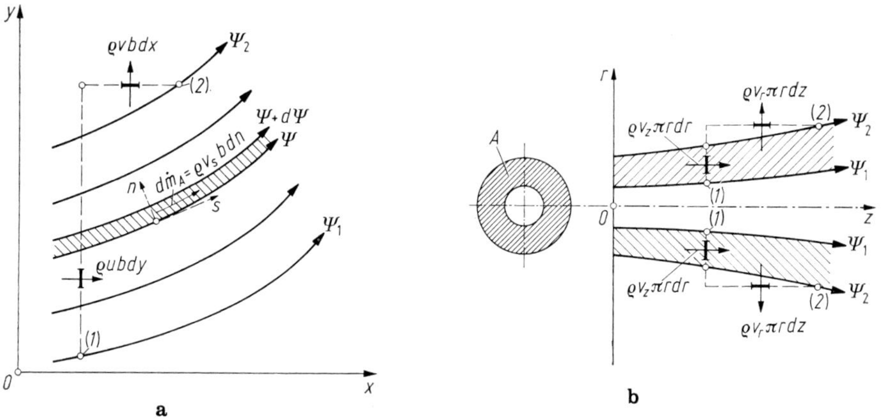

Abb. 2.28. Berechnung des Massenstroms $\dot{m}_A$ bei zweidimensionaler Strömung aus den Werten der Stromfunktion Ψ. **a** Ebene Strömung (x,y-Ebene). **b** Drehsymmetrische Strömung (r,z-Ebene = Meridianebene)

erhält man mit $\varrho = \varrho_b = \text{const}$ für kartesische bzw. polare Koordinaten die bereits in (2.25a, b) angegebenen Beziehungen.

Liegt eine instationäre Strömung vor, so kann dies in (2.66a) durch eine Ergänzung erfaßt werden. Man macht für den Zusammenhang zwischen den Geschwindigkeitskomponenten und der Stromfunktion $\Psi(t, x, y)$ z. B. die Ansätze

$$u = \frac{\varrho_b}{\varrho} \frac{\partial \Psi}{\partial y}, \quad v = -\frac{\varrho_b}{\varrho} \left(\frac{\partial \Psi}{\partial x} + \frac{\partial \tilde{y}}{\partial t} \right) \quad \text{mit} \quad \tilde{y} = \int \frac{\varrho}{\varrho_b} dy \tag{2.67a, b}$$

als transformierter Koordinate in y-Richtung eines dichteveränderlichen Fluids bei $x = \text{const}$. Die Integrationsgrenzen bei $\tilde{y}$ sind gemäß der Aufgabenstellung zu wählen.

Die Richtigkeit von (2.67) weist man bei Stetigkeit der auftretenden Ableitungen durch Einsetzen in (2.62 b) mit $v_1 = u$ und $v_2 = v$ sowie $x_1 = x$ und $x_2 = y$ nach. Für ein dichtebeständiges Fluid braucht die Größe $\tilde{y}$ nicht eingeführt zu werden. In diesem Fall gelten die Beziehungen in (2.66) auch für den instationären Fall mit $\Psi(t, x, y)$.

Drehsymmetrische Strömung. Für die zweidimensionale Strömung in der r,z-Ebene mit den Geschwindigkeitskomponenten v_r und v_z wird wegen $\partial/\partial\varphi = 0$ und $v_\varphi = 0$ aus (2.64), vgl. Tab. 2.1 B mit $\boldsymbol{a} = \varrho_b \Psi$,

$$v_r = -\frac{\varrho_b}{\varrho}\frac{\partial \Psi_\varphi}{\partial z} = -\frac{\varrho_b}{\varrho}\frac{1}{r}\frac{\partial \Psi}{\partial z}, \qquad v_z = \frac{\varrho_b}{\varrho}\frac{1}{r}\frac{\partial(r\Psi_\varphi)}{\partial r} = \frac{\varrho_b}{\varrho}\frac{1}{r}\frac{\partial \Psi}{\partial r}. \tag{2.68}$$

In der zweiten Beziehung wird anstelle der Komponente Ψ_φ die skalare Stokesche Stromfunktion $\Psi(r, z) = r\Psi_\varphi$ verwendet, vgl. (2.25c). Auch die Ansätze mit Ψ statt Ψ_φ als Stromfunktion erfüllen die Kontinuitätsgleichung bei stationärer Strömung, was man z. B. für $\varrho = \varrho_b$ leicht durch Einsetzen in (2.63c) nachweist.

Feststellung. Die gefundenen Ergebnisse lassen sich folgendermaßen zusammenfassen: Durch Einführen einer Stromfunktion Ψ, welche in bestimmter Weise mit den Geschwindigkeitskomponenten zusammenhängt, wird die Kontinuitätsgleichung eines quellfreien Strömungsfelds, insbesondere bei ebener und drehsymmetrischer Strömung von selbst erfüllt. Benutzt man für die weitere Rechnung die Stromfunktion Ψ, so braucht die Kontinuitätsgleichung nicht mehr besonders berücksichtigt zu werden. Diese Aussage gilt sowohl für reibungslose als auch reibungsbehaftete Strömungen. Auf eine weitere bereits in Kap. 2.3.2.2 besprochene Eigenschaft der Stromfunktion sei hingewiesen: Bei ebener und drehsymmetrischer Strömung werden Stromlinien durch Linien jeweils konstanter Werte der Stromfunktion ($\Psi = \text{const}$) beschrieben. Bei drehsymmetrischer Strömung gilt diese Aussage für die Stokessche Stromfunktion $\Psi = r\Psi_\varphi$; nicht dagegen für Ψ_φ, was man durch Auswerten von (2.24c) mittels (2.68) zeigt.

2.4.3.3 Volumen- und Massenstrom

Die Stromfunktion läßt sich für ein stationäres, zweidimensionales Strömungsfeld vorteilhaft zur Berechnung des Volumenstroms $\dot{V}_A$ in m³/s bei einem dichtebeständigen Fluid und des Massenstroms $\dot{m}_A$ in kg/s bei einem dichteveränderlichen Fluid zwischen zwei durch die Stromlinienwerte Ψ_1 und Ψ_2 gekennzeichnete Flächen heranziehen.

Ebene Strömung. Zwischen zwei nach Abb. 2.28a in der x,y-Ebene im Abstand dn benachbarten Stromlinien mit den Werten Ψ und $\Psi + d\Psi$ beträgt der Volumenstrom $d\dot{V}_A = v_s b\, dn$, wobei v_s die Geschwindigkeit längs der Stromlinien und b die Breite normal zur x,y-Ebene ist, und der zugehörige Massenstrom $d\dot{m}_A = \varrho d\dot{V}_A$. Mit v_s nach (2.66b) erhält man wegen $d\Psi = (\partial\Psi/\partial n)\, dn$ die Teilströme $d\dot{V}_A = (\varrho_b/\varrho)\, b\, d\Psi$ bzw. $d\dot{m}_A = \varrho_b b\, d\Psi$. Zwischen zwei in endlichem Abstand voneinander liegenden Stromlinien Ψ_1 und Ψ_2 findet man durch Integration

$$\dot{m}_A = \varrho_b b(\Psi_2 - \Psi_1)\ (\varrho \neq \text{const}), \qquad \dot{V}_A = b(\Psi_2 - \Psi_1)\ (\varrho = \text{const}). \tag{2.69a, b}$$

Man gelangt zu demselben Ergebnis von (2.69a), wenn man nach Abb. 2.28a zunächst die Teilmassenströme durch die Teilflächen $b\, dy$ und $b\, dx$ mit den Massenstromdichten ϱu bzw. ϱv nach (2.66a) bestimmt und unter Beachtung der Vorzeichen für die ein- bzw. austretenden Ströme zwischen (*1*) und (*2*) integriert. Die Ströme in (2.69) hängen von der Differenz der Werte derjenigen Stromfunktionen Ψ ab, welche durch die Stellen (*1*) und (*2*) gehen. Ist $\Psi_2 > \Psi_1$, wie in Abb. 2.28a, so strömt das Fluid mit $\dot{m}_A > 0$ von links nach rechts durch die von (*1*) nach (*2*) verlaufende Querschnittsfläche.

Drehsymmetrische Strömung. Für die Strömung in der r,z-Ebene nach Abb. 2.28b wird eine ähnliche Betrachtung wie bei der ebenen Strömung in der x,y-Ebene nach Abb. 2.28a durchgeführt. Die in z-Richtung und in r-Richtung durchströmten Flächenelemente sind $2\pi r\,dr$ bzw. $2\pi r\,dz$. Für die Massenstromdichten wird (2.68) herangezogen. Man erhält, ohne hier auf die Einzelheiten der Ableitung einzugehen,

$$\dot{m}_A = 2\pi\varrho_b(\Psi_2 - \Psi_1)\ (\varrho \neq \text{const}), \qquad \dot{V}_A = 2\pi(\Psi_2 - \Psi_1)\ (\varrho = \text{const}). \qquad (2.70\text{a, b})$$

Es bedeuten Ψ_1 und Ψ_2 in m³/s die Werte der Stokesschen Stromfunktion, die in einer Meridianebene r, z durch die Stellen (*1*) und (*2*) gehen. Gl. (2.70) bestimmt den Massen- bzw. Volumenstrom durch die schraffiert dargestellte Kreisringfläche A.

2.5 Impulssatz (Kinetik)

2.5.1 Einführung

Allgemeines. Die Mechanik ist die Lehre von der Bewegung und vom Kräftegleichgewicht materieller Körper, im vorliegenden Fall der Fluide. Während in Kap. 2.3 die Bewegungsvorgänge als Kinematik der Fluide bereits behandelt wurden, sollen jetzt die den Bewegungsablauf bestimmenden Kräfte, d. h. die Dynamik der Fluide miteinbezogen werden. Die Verbindung von Kinematik und Dynamik wird als Kinetik bezeichnet. Bei ruhenden oder gleichförmig bewegten Fluiden spielt die Kinematik keine Rolle, und man spricht von der Statik der Fluide, vergleiche die Abschlußbemerkung zu Kap. 2.2. Das Gleichgewicht der Kräfte und der von ihnen hervorgerufenen Momente erfassen die Impuls- bzw. Impulsmomentengleichung. Zur vollständigen Beschreibung von Strömungsvorgängen ist im allgemeinen die Kontinuitätsgleichung nach Kap. 2.4 mit heranzuziehen. Unter einer Bewegungsgleichung soll daher das aus der Impuls- und gegebenenfalls auch aus der Impulsmomentengleichung sowie der Kontinuitätsgleichung bestehende Gleichungssystem verstanden werden.

Impulsgleichung. Das Newtonsche Grundgesetz der Mechanik (Impulssatz) gilt bei sinngemäßer Anwendung auch für Strömungsvorgänge von Fluiden. Es ist die zeitliche Änderung des Impulses (Bewegungsgröße) $\boldsymbol{I}$ einer Masse m, die sich in einem abgegrenzten Systemvolumen $V(t)$ befindet, gleich der auf das System wirkenden resultierenden Kraft $\boldsymbol{F}$. Mithin lautet die Impulsgleichung der Fluidmechanik (Bilanzgleichung für das Kräftegleichgewicht) bei einem mitbewegten Fluidvolumen

$$\frac{d\boldsymbol{I}}{dt} = \boldsymbol{F} \quad \text{mit} \quad \boldsymbol{I}(t) = \int_{V(t)} \varrho\boldsymbol{v}\,dV \quad \text{(mitbewegtes Systemvolumen)} \qquad (2.71\text{a, b})$$

als Gesamtimpuls in kg m/s. Bei der Bewegung eines Massenelements $dm = \varrho\,dV$ mit der Geschwindigkeit $\boldsymbol{v}(t, \boldsymbol{r})$ beträgt der zugehörige Teilimpuls $d\boldsymbol{I} = \boldsymbol{v}\,dm = \varrho\boldsymbol{v}\,dV$, was durch Integration über $V(t)$ zu (2.71b) führt. Es ist $d\boldsymbol{I}/dt$ die substantielle Änderung des Impulses $\boldsymbol{I}$ mit der Zeit t, vgl. Tab. 2.4. Die im und am Volumen $V(t)$ angreifende Gesamtkraft $\boldsymbol{F}$ besteht nur aus der Summe der äußeren Kräfte, da sich die inneren Spannungskräfte, wie in Kap. 2.5.2.1 noch gezeigt wird, gegenseitig aufheben. Ist der Impuls zeitlich unverändert, was bei zeitunabhängiger Masse und gleichförmiger Bewegung $\boldsymbol{v} = \text{const}$ der Fall ist, oder befindet sich das Fluid in Ruhe $\boldsymbol{v} = 0$, so ist nach der Gleichgewichtsbedingung der Statik $\boldsymbol{F} = 0$, vgl. Kap. 2.2.2.3.

Impulsmomentengleichung. Eine der Impulsgleichung analoge Aussage gilt für den Zusammenhang von Impulsmoment (Drehimpuls, Drall) und Kraftmoment. Es ist die zeitliche Änderung des Impulsmoments $\boldsymbol{L}$ einer Masse m, die sich in einem abgegrenzten Systemvolumen $V(t)$ befindet, in Bezug auf einen Bezugspunkt 0 gleich dem resultierenden Moment $\boldsymbol{M}$ aller auf den gleichen Punkt 0 bezogenen auf das System wirkenden Kräfte. Mithin lautet die Impulsmomentgleichung der Fluidmechanik (Bilanzgleichung für das Momentengleichgewicht)

$$\frac{d\boldsymbol{L}}{dt} = \boldsymbol{M} \qquad \text{mit} \qquad \boldsymbol{L}(t) = \int_{V(t)} \varrho(\boldsymbol{r} \times \boldsymbol{v})\, dV \qquad \text{(mitbewegtes Systemvolumen)} \tag{2.72a, b}$$

als Gesamtimpulsmoment in kg m²/s. Hat ein Massenelement dm in Bezug auf einen Bezugspunkt 0 den Abstand (Fahrstrahl) $\boldsymbol{r}$ und bewegt sich mit der Geschwindigkeit $\boldsymbol{v}(t, \boldsymbol{r})$, dann ergibt sich das zugehörige Teilimpulsmoment aus dem vektoriellen Produkt aus Fahrstrahl $\boldsymbol{r}$ und Teilimpuls $d\boldsymbol{I} = \boldsymbol{v}\, dm$ zu $d\boldsymbol{L} = (\boldsymbol{r} \times \boldsymbol{v}) \times dm = \varrho(\boldsymbol{r} \times \boldsymbol{v})\, dV$. Es ist $d\boldsymbol{L}$ ein Vektor, der normal auf der von $\boldsymbol{r}$ und $\boldsymbol{v}$ gebildeten Ebene steht. Durch Integration über $V(t)$ folgt (2.72b). Es ist $d\boldsymbol{L}/dt$ die substantielle Änderung des Impulsmoments $\boldsymbol{L}$ mit der Zeit t, vgl. Tab. 2.4.

Feststellung. Die Impuls- und Impulsmomentengleichung sind frei von Einschränkungen und gelten daher sowohl für Strömungen mit Verlusten an strömungsmechanischer Energie (Reibungsverluste) als auch für Strömungen mit Unstetigkeiten (Trennungsschichten, Verdichtungsstöße). Ein Wärmeaustausch über die Systemgrenze hat keinen Einfluß. Entsprechend dem Newtonschen Grundgesetz beziehen sich (2.71)und (2.72) auf die Absolutströmung, die von einem ruhenden Bezugssystem aus beobachtet wird. Will man, was z. B. bei Strömungsmaschinen zweckmäßig ist, die Betrachtung in einem mitbewegten Bezugssystem, d. h. für die Relativströmung vornehmen, so werden zusätzliche Überlegungen erforderlich, man vgl. die Ausführungen in Kap. 2.3.2.3 über die Beschleunigung in einem rotierenden Bezugssystem. Der Impuls $\boldsymbol{I}$ und das Impulsmoment $\boldsymbol{L}$ sowie die Kraft $\boldsymbol{F}$ und das Kraftmoment $\boldsymbol{M}$ sind Vektoren, d. h. die Impuls- und Impulsmomentengleichung sind Vektorgleichungen. Sie können jeweils durch drei Komponentengleichungen ersetzt werden. In vielen Fällen genügt bereits eine Komponentengleichung zur Lösung der gestellten Aufgabe. Die Impulsgleichungen sind fast immer in Verbindung mit der Kontinuitätsgleichung nach Kap. 2.4 sowie sehr häufig auch in Verbindung mit der Energiegleichung nach Kap. 2.6 anzuwenden. Ähnlich wie in Kap. 2.4 für die Kontinuitätsgleichung wird die Impulsgleichung der Reihe nach in Kap. 2.5.2.1 für den Kontrollraum, in Kap. 2.5.2.2 für den Kontrollfaden und in Kap. 2.5.3 für das Fluidelement, dort in Verbindung mit der Kontinuitätsgleichung Bewegungsgleichung genannt, abgeleitet. Die Impulsmomentengleichung wird in Kap. 2.5.2.3 nur für den Kontrollraum besprochen.

2.5.2 Impulsgleichungen

2.5.2.1 Impulsgleichung für den Kontrollraum

Ausgangsgleichung. Bei vielen technischen Strömungsvorgängen kommt es weniger auf die Kenntnis der Bewegung jedes einzelnen Fluidelements an, sondern vielmehr auf die Vorgänge an den Oberflächen eines in bestimmter Weise abgegrenzten Fluidvolumens. Für solche Fälle ist die Impulsgleichung und entsprechend auch die Impulsmomentengleichung von besonderer Bedeutung. Die Impulsgleichung (2.71) besagt, daß $d\boldsymbol{I}/dt = \boldsymbol{F}$ sein muß, wobei es sich zunächst um ein abgegrenztes mitbewegtes Volumen handelt. Ähnlich wie bei der Kontinuitätsgleichung in Kap. 2.4.2.1 kann man anstelle des zeitlich veränderlichen Volumens $V(t)$ die weiteren Überlegungen für einen zeitlich gleichbleibenden Kontrollraum (V) mit der zugehörigen Kontrollfläche $(O) = (A) + (S)$ durchführen. Dabei wird wie in Abb. 2.27 der freie Teil der Kontrollfläche mit (A) und der körpergebundene Teil mit (S) bezeichnet. Zunächst werden im folgenden die Impulsänderung $d\boldsymbol{I}/dt$ sowie die im und am Volumen angreifenden Kräfte ermittelt.

Impulsbeitrag. Geht man von der Transportgleichung (2.44b) aus und setzt für die Volumeneigenschaft $\boldsymbol{J} = \boldsymbol{I}$ sowie für die spezifische Eigenschaftsgröße $\boldsymbol{j} = \boldsymbol{v}$, dann erhält man in Analogie zu (2.50) die zeitliche Impulsänderung

$$\frac{d\boldsymbol{I}}{dt} = \frac{\partial \hat{\boldsymbol{I}}}{\partial t} + \int\limits_{(A)} \varrho \boldsymbol{v}\, d\dot{V} + \int\limits_{(S)} \varrho \boldsymbol{v}\, d\dot{V} \qquad \text{mit} \qquad \hat{\boldsymbol{I}}(t) = \int\limits_{(V)} \varrho \boldsymbol{v}\, dV. \qquad (2.73\text{a, b})^{32}$$

Das erste Glied auf der rechten Seite von (2.73a) stellt den lokalen Anteil (Volumenintegral) dar und tritt nur bei instationärer Strömung auf, während das zweite und dritte Glied den konvektiven Anteil (Oberflächenintegral) beschreiben. Die Größe $\varrho \boldsymbol{v}$ wird nach Kap. 2.4.2. als Massenstromdichte in kg/s m² bezeichnet. Weiterhin ist $d\dot{V} \lesseqgtr 0$ nach (2.51) der Volumenstrom in m³/s, welcher durch ein Flächenelement der Kontrollfläche (O), d. h. durch dA bzw. dS ein- oder austritt. Den Ausdruck $\varrho \boldsymbol{v}\, d\dot{V}$ in kg m/s² = N nennt man Impulsstrom (Impuls/Zeit) durch ein Flächenelement der Kontrollfläche. Er besitzt die Dimension einer Kraft. Für die zusammenfallenden Teile (A') des freien Teils der Kontrollfläche heben sich die Impulsströme gegenseitig auf, sofern sich dort nicht gerade eine Unstetigkeit in der Strömung befindet. Man braucht also bei der Auswertung des Integrals über (A) diesen Teil der Kontrollfläche im allgemeinen nicht besonders zu berücksichtigen. Das Integral über den körpergebundenen Teil der Kontrollfläche (S) liefert nur dann einen Beitrag, wenn am Körper durch eine poröse Wand abgesaugt oder ausgeblasen wird, d. h. dort $d\dot{V} \neq 0$ ist. Über die zweckmäßige Wahl der Kontrollfläche wird unten noch berichtet werden.

Kraftbeiträge. In (2.71a) stellt $\boldsymbol{F}$ die auf das Fluid im mitbewegten Volumen und an der zugehörigen Systembegrenzung wirkende Kraft dar. Da das Impulsintegral auf einen raumfesten Kontrollraum erstreckt werden soll, hat man jetzt auch die Volumen- und Oberflächenkräfte für den Kontrollraum (V) bzw. für die Kontrollfläche $(O) = (A) + (S)$ zu bestimmen. Neben den bereits im Ruhezustand oder bei gleichförmiger Bewegung auf das Fluidvolumen nach Kap. 2.2.2 wirkenden Massen- und Druckkräften treten bei ungleichförmigen Bewegungszuständen zusätzliche, spannungsbedingte Zähigkeitskräfte auf. Darüber hinaus kann der Bewegungsvorgang durch Turbulenzeinflüsse verändert werden. Hierbei handelt es sich um Impulsänderungen, die durch die turbulenten Schwankungsbewegungen hervorgerufen werden. Man kann diese Impulsänderungen entsprechend dem

32 Es ist $\partial \hat{\boldsymbol{I}}/\partial t = d\hat{\boldsymbol{I}}/dt$, vgl. Ausführung zu (2.44b).

d'Alembertschen Ansatz vom Gleichgewicht der Kräfte bei der Bewegung als (negative) spannungsbedingte Turbulenzkräfte auffassen[33].

In einem abgegrenzten Fluidvolumen (V) verteilen sich bei der Annahme des Fluids als Kontinuum die Fluidelemente (Massenelemente) $dm = \varrho\, dV$ kontinuierlich über V. Dabei greifen jeweils an den Elementen die Massenkräfte $d\boldsymbol{F}_m = \boldsymbol{f}_m\, dm = \varrho \boldsymbol{f}_m\, dV$ an mit $\boldsymbol{f}_m$ als der auf die Masse bezogenen Massenkraft. Sie kann durch äußere Ursachen, wie z. B. durch Schwereinfluß oder durch elektromagnetische Einwirkung, hervorgerufen werden (eingeprägte Kraft). Die resultierende Massenkraft gewinnt man durch Integration über (V). Herrscht in einem Körper ein Spannungszustand, so treten nach den Erkenntnissen der Mechanik an den Begrenzungsflächen eines Volumenelements dV Spannungskomponenten auf, die durch den Spannungstensor $(\boldsymbol{\sigma})$ beschrieben werden. Die von dem Spannungszustand am Volumenelement dV hervorgerufene Spannungskraft beträgt $d\boldsymbol{F}_\sigma = \operatorname{div}(\boldsymbol{\sigma})\, dV$ nach (2.116a) mit div $(\boldsymbol{\sigma})$ als Divergenz des Tensors $(\boldsymbol{\sigma})$. Die resultierende Spannungskraft folgt durch Integration über (V). Zusammengefaßt gilt für die gesuchten Kräfte

$$\boldsymbol{F}_m = \int\limits_{(V)} \varrho \boldsymbol{f}_m\, dV, \qquad \boldsymbol{F}_\sigma = \int\limits_{(V)} \operatorname{div}(\boldsymbol{\sigma})\, dV = \oint\limits_{(O)} \boldsymbol{\sigma}\, dO. \qquad (2.74\,\text{a, b})^{34}$$

Dabei erhält man die letzte Beziehung durch Anwenden des auf Tensoren erweiterten Gaußschen Integralsatzes von S. 84. Das Volumenintegral über (V) läßt sich unter Beachtung der erforderlichen Stetigkeitsbedingungen in das zugehörige Oberflächenintegral (Hüllenintegral) über (O) umwandeln. Es ist $\boldsymbol{\sigma}$ der Spannungsvektor am Flächenelement dO. Da bei der Bestimmung von $\boldsymbol{F}_m$ über das Volumen V zu integrieren ist, kann anstelle der Bezeichnung Massenkraft auch der Ausdruck (äußere) Volumenkraft eingeführt werden. Gl. (2.74b) besagt, daß nur Spannungskräfte an der Oberfläche des abgegrenzten Fluidvolumens auftreten. Die Spannungskräfte im Inneren des Volumens heben sich also gegenseitig auf. Da bei der Bestimmung von $\boldsymbol{F}_\sigma$ über die Oberfläche O zu integrieren ist, kann anstelle der Bezeichnung Spannungskraft auch der Ausdruck (äußere) Oberflächenkraft benutzt werden. Da sowohl die Volumenkraft (Massenkraft) als auch die Oberflächenkraft von außen auf das abgegrenzte Fluidvolumen wirken, kann man diese beiden Anteile zur äußeren Kraft $\boldsymbol{F}_a = \boldsymbol{F}_m + \boldsymbol{F}_{\sigma a}$ zusammenfassen, während eine innere Kraft nicht auftritt, $\boldsymbol{F}_i = \boldsymbol{F}_{\sigma i} = 0$. Die massegebundene Volumenkraft $\boldsymbol{F}_m$ wird hiernach nicht zur inneren Kraft gerechnet. Aufgrund der gemachten Ausführungen wird die Kraft im Kontrollvolumen (V) aus der Massenkraft $\boldsymbol{F}_B = \boldsymbol{F}_m$, am freien Teil der Kontrollfläche (A) aus der Spannungskraft $\boldsymbol{F}_A$ und dem körpergebundenen Teil der Kontrollfläche (S) aus der Spannungskraft $\boldsymbol{F}_S$ gebildet, d. h.

$$\boldsymbol{F} = \boldsymbol{F}_B + \boldsymbol{F}_A + \boldsymbol{F}_S \qquad \text{(Gesamtkraft).} \qquad (2.75)$$

Die Massenkraft (Volumenkraft) im Kontrollraum beträgt nach (2.74a) mit $\boldsymbol{f}_m \equiv \boldsymbol{f}_B$

$$\boldsymbol{F}_B = \int\limits_{(V)} \varrho \boldsymbol{f}_B\, dV, \qquad \boldsymbol{F}_B = \boldsymbol{F}_G = m\boldsymbol{g} \qquad \text{(Schwerkraft),} \qquad (2.76\,\text{a, b})$$

wobei die zweite Beziehung für den Fall gilt, daß nur der Einfluß der Schwere (Gravitationskraft = Gewicht $\boldsymbol{F}_G$) mit $\boldsymbol{f}_B = \boldsymbol{g}$ wirksam ist. Fällt die negative z-Achse mit der Lotrechten zusammen, dann ist $F_{Bx} = O = F_{By}$ und $F_{Bz} = F_G = -mg$.

Die Spannungskraft (Oberflächenkraft) setzt sich aus den Kräften zusammen, die von den Normal- und Tangentialspannungen an der Kontrollfläche $(O) = (A) + (S)$ herrühren. Mit $\boldsymbol{\sigma} = \boldsymbol{\sigma}_n + \boldsymbol{\sigma}_t$ als Vektor der resultierenden Spannung an einem Flächenelement des freien oder körpergebundenen Teils der Kontrollfläche (A) bzw. (S) nach Abb. 2.29a ergeben sich die jeweils von außen her angreifenden Oberflächenkräfte nach Abb. 2.29b zu $d\boldsymbol{F}_A = \boldsymbol{\sigma}\, dA$ bzw. $d\boldsymbol{F}_S = \boldsymbol{\sigma}\, dS$. Sie haben jeweils die Richtung von $\boldsymbol{\sigma}$. Die

33 Vgl. Ausführungen in Kap. 2.5.3.5.

34 Es sei vermerkt, daß $\boldsymbol{\sigma} = \boldsymbol{e}_n \cdot (\boldsymbol{\sigma})$ ist.

gesamte Kraft an der Kontrollfläche beträgt also

$$\boldsymbol{F}_O = \boldsymbol{F}_A + \boldsymbol{F}_S = \int\limits_{(A)} \boldsymbol{\sigma}\, dA + \int\limits_{(S)} \boldsymbol{\sigma}\, dS \qquad \text{mit} \qquad \boldsymbol{\sigma} = -\boldsymbol{e}_n p + \boldsymbol{\tau}. \qquad (2.77\,\text{a, b})$$

Der Spannungsvektor $\boldsymbol{\sigma}$ setzt sich aus einem druckbedingten Anteil $-\boldsymbol{e}_n p$ mit $\boldsymbol{e}_n$ als Einheitsvektor der Flächennormale und p als normal auf das jeweilige Flächenelement wirkendem (skalarem) Druck sowie dem reibungsbedingten Anteil $\boldsymbol{\tau}$ zusammen. Letzterer läßt sich in eine Normal- und in eine Tangentialkomponente zerlegen, d. h. $\boldsymbol{\tau} = \boldsymbol{\tau}_n + \boldsymbol{\tau}_t$, wobei $\boldsymbol{\tau}_t$ in der Ebene des betrachteten Flächenelements liegt. In der freien Strömung,

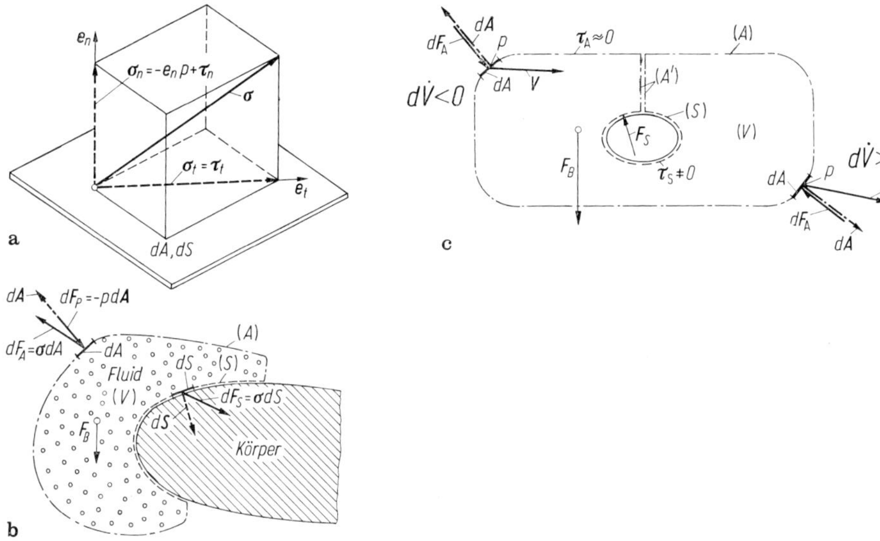

Abb. 2.29. Zur Anwendung der Impulsgleichung auf den raumfesten Kontrollraum, vgl. Abb. 2.27. **a** Normal- und Tangentialspannung $\boldsymbol{\sigma} = \boldsymbol{\sigma}_n + \boldsymbol{\sigma}_t$ an einem Element der Kontrollfläche dA oder dS. **b, c** Auf Kontrollvolumen (V) und Kontrollfläche (O) wirkende Kräfte; freier Teil der Kontrollfläche (A), körpergebundener Teil der Kontrollfläche (S)

d. h. am freien Teil der Kontrollfläche (A) sind die durch Viskosität und Turbulenz reibungsbedingten Spannungen $\boldsymbol{\tau}_A$ nur gering und können im allgemeinen gegenüber der druckbedingten Spannung p vernachlässigt werden, $\boldsymbol{\sigma}_A \approx -\boldsymbol{e}_n p$, $\boldsymbol{\tau}_A \approx 0$. Am körpergebundenen Teil der Kontrollfläche (S) können dagegen sowohl druck- als auch reibungsbedingte Spannungen auftreten, $\boldsymbol{\sigma}_S = -\boldsymbol{e}_n p + \boldsymbol{\tau}_S$. Nach Einführen der positiv nach außen gerichteten Vektoren der Flächenelemente $d\boldsymbol{A} = \boldsymbol{e}_n\, dA$ und $d\boldsymbol{S} = \boldsymbol{e}_n\, dS$ erhält man aus (2.77)

$$\boldsymbol{F}_A \approx \boldsymbol{F}_P = -\int\limits_{(A)} p\, d\boldsymbol{A}, \qquad \boldsymbol{F}_S = -\int\limits_{(S)} p\, d\boldsymbol{S} + \int\limits_{(S)} \boldsymbol{\tau}\, dS = -\boldsymbol{F}_K. \qquad (2.78\,\text{a, b})$$

$\boldsymbol{F}_A$ ist näherungsweise gleich der Druckkraft $\boldsymbol{F}_P$ auf den freien Teil der Kontrollfläche. Man kann sie als Ersatzkraft auffassen, welche den freien Teil der Kontrollfläche raumfest in der Strömung hält. Bei $\boldsymbol{F}_S$ handelt es sich um die Kraft, die vom festen Körper auf das strömende Fluid wirkt. Sie ist die Kraft, welche den körpergebundenen Teil der Kontrollfläche festhält. Wegen der ausgeübten Stützwirkung nennt man sie Stützkraft oder, da sie von außen auf einen in der Strömung befindlichen Körper übertragen werden muß, auch Halte- oder Fremdkraft. Nach dem Konzept der Grenzschicht-Theorie, über das in Kap. 6.2.3.2 noch ausführlich berichtet wird, kann an beströmten Wänden innerhalb der Strömungsgrenzschicht die reibungsbedingte Normalspannung $\boldsymbol{\tau}_n$ gegenüber der Druckspannung p vernachlässigt werden. Mithin kann man in (2.78b) für die reibungsbedingte Spannung schreiben $\boldsymbol{\tau}_S \approx \boldsymbol{\tau}_t = -\boldsymbol{\tau}_w$, wobei $\boldsymbol{\tau}_w$ die vom Fluid auf die Wand (Körper) ausgeübte Wandschubspannung ist. Bei reibungsloser Strömung besteht die Stützkraft wegen $\boldsymbol{\tau}_S = 0$ nur aus einer Druckkraft. Nach dem Wechselwirkungsgesetz ist die Reaktionskraft, welche vom Fluid auf den körperfesten Teil der Kontrollfläche, und damit auf den Körper selbst, übertragen wird $\boldsymbol{F}_K = -\boldsymbol{F}_S$. Häufig ist diese Körperkraft die gesuchte Größe der Aufgabe, so daß sich in diesem Fall eine Auswertung von (2.78b) erübrigt.

Kraftgleichung. Nach Zusammenfügen der Ausdrücke für den Impulsbeitrag und für die Kraftbeiträge erhält man die Impulsgleichung für den Kontrollraum nach Abb. 2.29c zu

$$\frac{\partial \hat{\boldsymbol{I}}}{\partial t} + \int\limits_{(A)} \varrho \boldsymbol{v}\, d\dot{V} + \int\limits_{(S)} \varrho \boldsymbol{v}\, d\dot{V} = \boldsymbol{F}_B + \boldsymbol{F}_A + \boldsymbol{F}_S \quad \text{(Kontrollraum)}. \qquad (2.79)$$

Hierin werden die Teilvolumenströme $d\dot{V}$ durch (2.51a, b) beschrieben. Bei der Anwendung der Impulsgleichung, die eine Vektorgleichung ist, ist stets darauf zu achten, daß die Kontinuitätsgleichung (2.52) erfüllt ist.

Stationäre Strömung. Für diesen Fall ist $\partial \hat{\boldsymbol{I}}/\partial t = 0$. Liegt darüber hinaus eine undurchlässige Körperoberfläche (S) vor, dann verschwindet das zweite Integral auf der linken Seite von (2.79). Mit $d\dot{V}$ nach (2.51a) und $\boldsymbol{F}_A$ nach (2.78a) erhält man

$$\int\limits_{(A)} [\varrho \boldsymbol{v}(\boldsymbol{v} \cdot d\boldsymbol{A}) + p\, d\boldsymbol{A}] = \boldsymbol{F}_B + \boldsymbol{F}_S, \qquad \int\limits_{(A)} \varrho \boldsymbol{v} \cdot d\boldsymbol{A} = 0 \qquad (\boldsymbol{v}_S = 0), \qquad (2.80\text{a, b})$$

wobei der zweite Ausdruck die Kontinuitätsbedingung liefert. Die Anwendung der Impulsgleichung in Verbindung mit der Kontinuitätsgleichung erfordert nicht die Kenntnis der Strömungsvorgänge im Inneren des betreffenden raumfesten Strömungsbereichs, sondern nur die Strömungsgrößen an seinen äußeren Begrenzungsflächen[35]. Aus diesem Grund bildet die Impulsgleichung ein wertvolles Hilfsmittel zur Lösung einer großen Anzahl technisch wichtiger Strömungsaufgaben.

Wahl des Kontrollraums. Im Folgenden seien noch einige Angaben über die Wahl des Kontrollraums gemacht. Die den Kontrollraum abgrenzende Kontrollfläche $(O) = (A) + (S)$ muß in sich einfach zusammenhängend sein. Man muß sie in einem Zug zeichnen können. Will man die Wirkung eines Körpers oder eines Teils von ihm auf das strömende Fluid oder umgekehrt die Wirkung des strömenden Fluids auf den gesamten Körper nach Abb. 2.29c oder einen Teil von ihm nach Abb. 2.29b bestimmen, so muß der körpergebundene Teil der Kontrollfläche (S) mit der betrachteten Körperkontur zusammenfallen. Der andere Teil der Kontrollfläche, nämlich der freie Teil (A), ist möglichst weit entfernt vom Körper zu wählen, damit die Voraussetzung $\boldsymbol{\tau}_A \approx 0$ als erfüllt angesehen werden kann. Es ist (A) so im Strömungsfeld festzulegen, daß die dort herrschenden Drücke und Geschwindigkeiten möglichst einfach zu beschreiben sind. In Abb. 2.30 sind drei typische Fälle für die Wahl des freien Teils der Kontrollfläche (A) dargestellt:

a) Nach Abb. 2.30a wird der freie Teil der Kontrollfläche (A) weitgehend nach geometrischen Gesichtspunkten gewählt. Dies hat im allgemeinen Vorteile bei der

35 Die Integration über das Volumen (V) nach (2.76a) enthält keine vom Strömungsvorgang abhängigen Größen.

Berechnung der Volumen- und Oberflächenkraft nach (2.76a) bzw. (2.78a), während die Bestimmung des Impulsstroms, konvektiver Anteil des Impulsintegrals über (A) nach (2.79), nicht so einfach wird. Die Vorteile bestehen darin, daß man einerseits den freien Teil der Kontrollfläche aus ebenen Flächen aufbauen und andererseits diese Flächen soweit entfernt vom Körper annehmen kann, daß dort überall der gleiche Druck $p \approx$ const herrscht, was die Integration nach

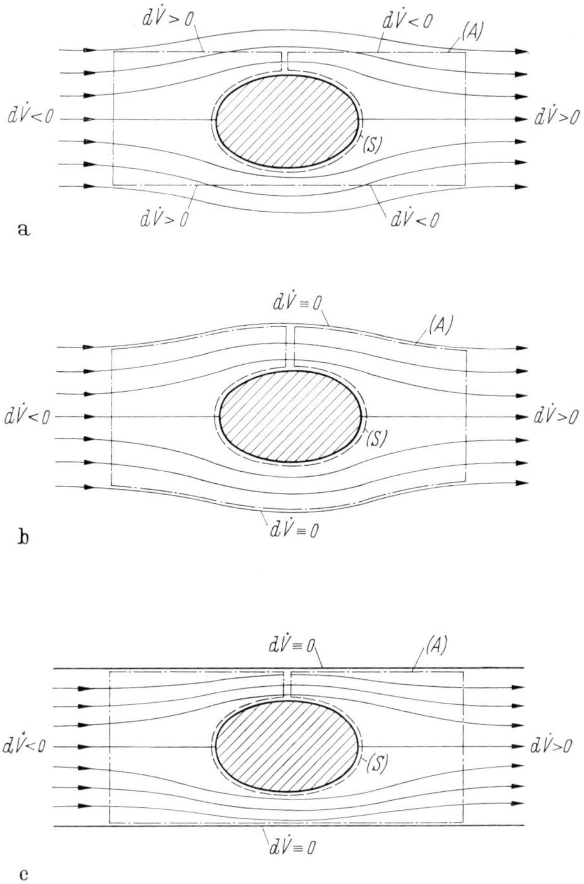

Abb. 2.30. Wahl des freien Teils der Kontrollfläche (A) bei der Anwendung der Impulsgleichung. **a** Geometrisch orientierte freie Kontrollfläche. **b** Strömungsmechanisch orientierte freie Kontrollfläche. **c** Erzwungene freie Kontrollfläche

(2.78a) erheblich erleichtert. Die Erschwerung hat ihre Ursache darin, daß bei der Auswertung von (2.73a) der Volumenstrom über (A) überall von null verschieden sein kann, $d\dot{V} \neq 0$. Es kommen sowohl eintretende $(d\dot{V} < 0)$ als auch austretende Volumenströme $(d\dot{V} > 0)$ vor. Auch wenn die seitlichen Begrenzungen der freien Kontrollfläche sehr weit vom Körper entfernt sind, wo man annehmen kann, daß die Geschwindigkeitsvektoren $\boldsymbol{v}$ bereits in die Ebenen dieser Flächen fallen, können von dort Beiträge zum Impulsintegral geliefert werden. Dies hängt mit der Erfüllung der Kontinuitätsgleichung, konvektiver Anteil des Integrals über (A), nach (2.80b), zusammen, man vgl. hierzu das Beispiel in Abb. 2.31.

b) Nach Abb. 2.30b wird der freie Teil der Kontrollfläche (A) weitgehend nach strömungsmechanischen Gesichtspunkten gewählt, indem man diesen möglichst mit Stromflächen (Stromlinien) zusammenfallen läßt. Dies bedeutet für die Berechnung der Volumen- und Oberflächenkraft im allgemeinen größere Schwierigkeiten als bei der Wahl des freien Teils der Kontrollfläche nach Abb. 2.30a, da die Drücke längs der Stromlinien verschieden groß sind. Bezüglich der örtlichen Volumenströme $d\dot{V}$ treten dagegen erhebliche Vorteile dadurch auf, daß durch die Stromfläche kein Massenstrom möglich ist, d. h. dort immer $d\dot{V} = 0$ ist. Man braucht also bei der Bestimmung des Impulsstroms, konvektiver Anteil des Impulsintegrals über (A) in (2.79), nur über denjenigen Teil der freien Kontrollfläche zu integrieren, der nicht Stromfläche ist. Dies sind die Eintrittsfläche mit

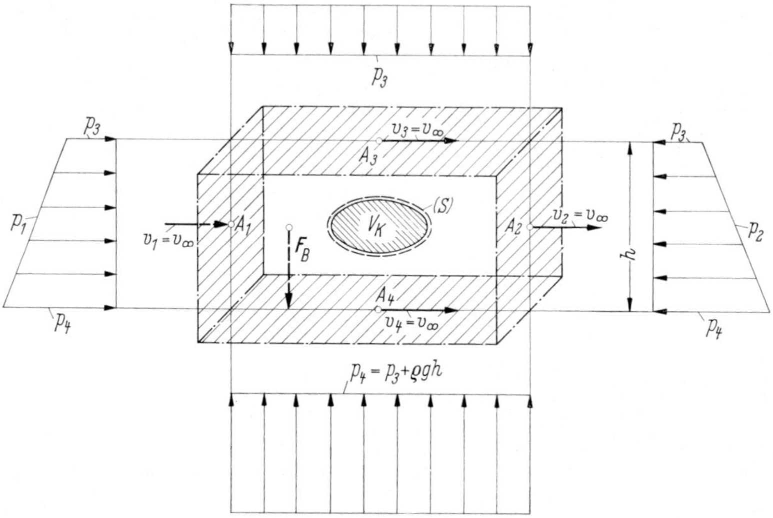

Abb. 2.31. Zur Anwendung der Impulsgleichung bei der Berechnung der Kräfte auf einen beliebigen Körper in der reibungslosen Strömung eines dichtebeständigen Fluids

$d\dot{V} < 0$ und die Austrittsfläche mit $d\dot{V} > 0$. Bei dieser Betrachtungsweise erübrigt sich häufig die Nachprüfung der Kontinuitätsgleichung. Der in Kap. 2.5.2.2 noch zu behandelnde Kontrollfaden ist ein besonders einfaches Beispiel der hier gewählten Kontrollfläche.

c) Nach Abb. 2.30c handelt es sich bei dem freien Teil der Kontrollfläche (A) um eine erzwungene freie Kontrollfläche. Man denke sich den Körper z. B. von einem Rohr mit konstantem Durchmesser D so umgeben, daß die reibungslos angenommene Strömung an der Mantelfläche geführt wird. Dort ist dann überall $d\dot{V} = 0$. Sucht man die Druckkraft in Richtung der Rohrachse, so liefert die Mantelfläche keinen Beitrag, da dort die Druckkräfte normal zur Rohrachse wirksam sind. Hat man die Rechnung für den endlichen Durchmesser D durchgeführt, dann gewinnt man das Ergebnis für die ungestörte Umströmung des Körpers durch den Grenzübergang $D \to \infty$. Wie man die Kontrollfläche zweckmäßig festlegt, hängt von der Aufgabenstellung, d. h. von den gegebenen und gesuchten Größen ab.

Kräfte auf einen Körper in der reibungslosen Strömung eines dichtebeständigen Fluids. An einem einfachen Beispiel soll die Anwendung der Impulsgleichung für den Kontrollraum gezeigt werden. Dabei werden zwei grundlegende Erkenntnisse der Strömungsmechanik hergeleitet. Ein beliebig geformter undurchlässiger Körper vom Volumen V_K befinde sich nach Abb. 2.31 in einer unbegrenzten stationären Parallelströmung, die weit vor dem Körper die horizontale Geschwindigkeit v_∞ besitzt. Verläuft die Strömung ohne Einfluß der Reibung, dann schließen sich die Stromlinien hinter dem Körper in ähnlicher Weise, wie sie sich vor dem Körper geteilt haben, vgl. Abb. 2.11a. In einiger Entfernung hinter dem Körper, theoretisch bei unendlich großem Abstand, herrscht dann überall wieder Parallelströmung mit der Geschwindigkeit v_∞. Zur Berechnung der bei der Anströmung auf den Körper ausgeübten Kräfte soll die Impulsgleichung benutzt werden. Die Kontrollfläche möge nach geometrischen Gesichtspunkten festgelegt werden. Der freie Teil der Kontrollfläche (A) bestehe aus einem Quader mit den Flächen A_1 bis A_6, während der körpergebundene Teil durch die den Körper umgebende Fläche (S) gebildet werde. Befinden sich die Flächen A_1 bis A_6 weit genug vom Körper entfernt, so herrscht dort überall die ungestörte konstante Geschwindigkeit v_∞.

Soll der Körper keine Quellen oder Sinken enthalten, so ist die Kontinuitätsgleichung für die Kontrollfläche $(O) = (A) + (S)$ in einfacher Weise erfüllt. Weiterhin ist im vorliegenden Fall sofort einzusehen, daß die Summe der ein- und austretenden Impulsströme für alle Richtungen verschwindet. Von der Impulsgleichung (2.79) bleibt für die Lösung der Aufgabe also nur $O = \boldsymbol{F}_B + \boldsymbol{F}_A + \boldsymbol{F}_S$ übrig. Besteht die Massenkraft $\boldsymbol{F}_B$ nur aus der Schwerkraft, dann ist $\boldsymbol{F}_B = \varrho \boldsymbol{g}(V_Q - V_K)$ nach (2.76b) mit $V = V_Q - V_K$ als Kontrollvolumen (V_Q = Volumen des abgegrenzten Quaders, V_K = Körpervolumen). Der Vektor der Fallbeschleunigung $\boldsymbol{g}$ ist nach unten gerichtet. In Abb. 2.31 sind die auf die Flächen A_1 bis A_4 wirkenden Drücke dargestellt. Diese sind über die Flächen $A_3 = A_4$ jeweils konstant verteilt und hängen mit h als Höhenunterschied der beiden Flächen nach (2.14c) durch $p_4 = p_3 + \varrho g h$ miteinander zusammen. Über die Flächen $A_1 = A_2$ und $A_5 = A_6$ verteilen sich die Drücke entsprechend (2.14b) linear vom Wert p_3 auf den Wert p_4. In vertikaler Richtung (positiv nach oben, Index v) hat die vertikale Komponente der Massenkraft den Wert $F_{Bv} = -\varrho g(V_Q - V_K)$. Die vertikale Komponente der Druckkraft beträgt $F_{Av} = F_{Pv} = (p_4 - p_3)\,A_3 = \varrho g h A_3 = \varrho g V_Q$ mit $V_Q = hA_3$ als Volumen des abgegrenzten Quaders. Somit erhält man nach dem Wechselwirkungsgesetz für die vertikal nach oben gemessene Auftriebskraft $A = -F_{Sv} = F_{Bv} + F_{Av} = \varrho g V_K$. In horizontaler Richtung (Index h) ist $F_{Bh} = 0$. Da auch $F_{Ah} = 0$ ist, folgt sofort $F_{Sh} = 0$ und somit für die in Anströmrichtung gemessene Widerstandskraft $W = -F_{Sh} = 0$. Beide Ergebnisse zusammengefaßt lauten

$$A = \varrho g V_K \quad \text{(Archimedes)}, \qquad W = 0 \quad \text{(d'Alembert)}. \qquad (2.81\text{a, b})$$

Die Auftriebsformel (2.81a) stimmt mit (2.18) für den statischen Auftrieb überein und ist als Archimedessches Prinzip bekannt. Die Anströmgeschwindigkeit spielt keine Rolle. Es sei bemerkt, daß (2.81a) nicht mehr gilt, wenn um den Körper eine zirkulatorische Strömung herrscht, vgl. Kap. 3.6.2.1. Nach der Widerstandsformel (2.81b) tritt bei der stationären reibungslosen Strömung eines dichtebeständigen Fluids um einen festen Körper keine Widerstandskraft auf. Diese Feststellung ist als d'Alembertsches Paradoxon bekannt[36]. Befindet sich der Körper in einer reibungsbehafteten Strömung mit auftretender Nachlaufdelle in der Geschwindigkeitsverteilung hinter dem Körper, oder liegen Störungen in Form von Trennungsschichten (Wirbelschichten) vor, welche die Begrenzungen des freien Teils der Kontrollfläche durchschreiten, so gilt die obige Aussage für den Widerstand nicht.

2.5.2.2 Impulsgleichung für den Kontrollfaden

Für den in Kap. 2.3.4.3 definierten und in Abb. 2.26 dargestellten Kontrollfaden geht man zur Ermittlung des Impulsbeitrags analog wie bei der Kontinuitätsgleichung in Kap. 2.4.2.2 vor, indem man jetzt in (2.46) für die vektorielle Volu-

---

36 Dies Paradoxon wird im allgemeinen d'Alembert zugeschrieben, obwohl die von ihm gegebene Begründung nicht befriedigt und bereits vor ihm L. Euler einen einwandfreien Nachweis hierzu geliefert hat, vgl. Szabó [44, S. 237–245].

meneigenschaft $\boldsymbol{J} = \boldsymbol{I}$ als Impuls und für die vektorielle Eigenschaftsdichte $\varepsilon = \varrho \boldsymbol{v}$ als Massenstromdichte setzt, vgl. Tab. 2.4. Bei gleichmäßiger Geschwindigkeits- und Impulsverteilung über die Kontrollfadenquerschnitte folgt für schräg durchströmte Ein- und Austrittsflächen nach Abb. 2.26 analog zu (2.53) und in Verbindung mit (2.79) die Kraftgleichung[37]

$$\int_{(1)}^{(2)} \frac{\partial(\varrho v A)}{\partial t}\, d\boldsymbol{s} + \varrho_1 \boldsymbol{v}_1(\boldsymbol{v}_1 \cdot \boldsymbol{A}_1) + \varrho_2 \boldsymbol{v}_2(\boldsymbol{v}_2 \cdot \boldsymbol{A}_2) = \boldsymbol{F}_B + \boldsymbol{F}_A + \boldsymbol{F}_S. \qquad (2.82)$$

Da die Geschwindigkeit $\boldsymbol{v}$ und das Längenelement $d\boldsymbol{s}$ die gleiche Richtung haben, wurde im ersten Glied berücksichtigt, daß $\boldsymbol{v}\; ds = v\, d\boldsymbol{s}$ ist. Die Massenkraft $\boldsymbol{F}_B$ ermittelt man nach (2.76). In den meisten Fällen ist nur die Schwerkraft wirksam. Die Oberflächenkraft bestimmt man entsprechend (2.77). Für den freien Teil der Kontrollfläche (A) besteht diese, sofern man entsprechend den Ausführungen in Kap. 2.5.2.1 am Ort der Kontrollfläche (A) von Reibungseinflüssen absieht, nach (2.78a) nur aus einer Druckkraft. Die Ersatzkraft $\boldsymbol{F}_A \approx \boldsymbol{F}_P$ setzt sich nach Abb. 2.26 zusammen aus den Komponenten auf die Eintritts- und Austrittsfläche $\boldsymbol{F}_{A1} = -p_1 \boldsymbol{A}_1$ bzw. $\boldsymbol{F}_{A2} = -p_2 \boldsymbol{A}_2$, wobei die Drücke p_1 und p_2 jeweils über die

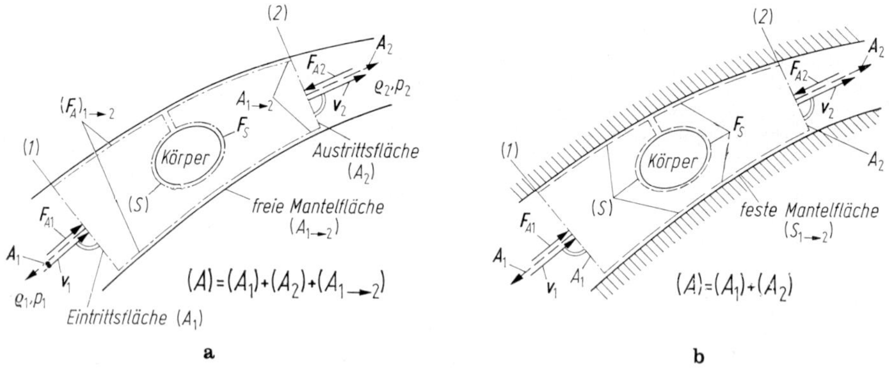

Abb. 2.32. Zur Anwendung der Impulsgleichung auf den Kontrollfaden, in dem sich ein Körper befindet, vgl. Abb. 2.26. **a** Mantelfläche (Stromfläche) gehört zum freien Teil der Kontrollfläche $(A_{1\to 2})$. **b** Mantelfläche (feste Rohrwand) gehört zum körpergebundenen Teil der Kontrollfläche $(S_{1\to 2})$

Querschnittsfläche A_1 bzw. A_2 gleichmäßig verteilt angenommen werden sowie aus der Komponente auf die Mantelfläche $A_{1\to 2}$, d. h. $\boldsymbol{F}_A = \boldsymbol{F}_{A1} + \boldsymbol{F}_{A2} + (\boldsymbol{F}_A)_{1\to 2}$. Die Stützkraft $\boldsymbol{F}_S$ auf den körpergebundenen Teil der Kontrollfläche (S) kommt vor, wenn sich wie in Abb. 2.32a, b ein fester Körper im Kontrollfaden befindet. Besteht nach Abb. 2.32b auch die Mantelfläche aus einer festen Wand (Rohr), so wäre diese mit $S_{1\to 2}$ statt mit $A_{1\to 2}$ zu bezeichnen, und es würde dann $(\boldsymbol{F}_A)_{1\to 2} = 0$ sein. Die jetzt auftretende Kraft $(\boldsymbol{F}_S)_{1\to 2}$ soll in $\boldsymbol{F}_S$ enthalten sein. Bei $\boldsymbol{F}_S$ handelt es sich dann um die Kraft von der festen Mantelfläche und gegebenenfalls von dem festen Körper auf das strömende Fluid. Nach dem Wechselwirkungsgesetz

37 Siehe Fußnote 30, S. 89.

ist $\boldsymbol{F}_K = -\boldsymbol{F}_S$ die Reaktionskraft, welche vom Fluid auf den körpergebundenen Teil der Kontrollfläche als Körperkraft ausgeübt wird. Häufig ist sie die gesuchte Größe der Aufgabe. Werden die Querschnitte A_1 und A_2 gemäß Abb. 2.32 normal durchströmt, so ist $\boldsymbol{v}_1(\boldsymbol{v}_1 \cdot \boldsymbol{A}_1) = v_1^2\boldsymbol{A}_1$ und $\boldsymbol{v}_2(\boldsymbol{v}_2 \cdot \boldsymbol{A}_2) = v_2^2\boldsymbol{A}_2$, und man erhält

$$\int_{(1)}^{(2)} \frac{\partial(\varrho v A)}{\partial t}\, d\boldsymbol{s} + (p_1 + \varrho_1 v_1^2)\,\boldsymbol{A}_1 + (p_2 + \varrho_2 v_2^2)\,\boldsymbol{A}_2 = \boldsymbol{F}_B + (\boldsymbol{F}_A)_{1\to 2} + \boldsymbol{F}_S. \quad (2.83)$$

Die Druckanteile auf die Querschnittsflächen und die Impulsbeiträge haben jeweils die gleiche Richtung, nämlich diejenige von $\boldsymbol{A}_1$ bzw. $\boldsymbol{A}_2$. Die Größen $\varrho_1 v_1^2$ bzw. $\varrho_2 v_2^2$ werden Impulsstromdichten in kg/s²m = N/m² und die mit $\boldsymbol{A}_1$ bzw. $\boldsymbol{A}_2$ multiplizierten Summenausdrücke totale Impulsströme in kg m/s² = N gel nannt. Jedes Glied in (2.83) stellt einen Kraftvektor dar, so daß diese Gleichung, ähnlich wie in der Statik fester Körper, durch vektorielle Addition der einzelnen Größen gelöst werden kann.

Kraft auf Rohrkrümmer. Als Beispiel zur Anwendung der Impulsgleichung für den unelastischen Kontrollfaden ist in Abb. 2.33a ein gekrümmtes Stück eines in der Horizontalebene verlegten Rohrs dargestellt. Gesucht ist die beim stationären Durchströmen ($\partial/\partial t = 0$) auf die Wandung des Krümmers ausgeübte Kraft. Es soll eine reibungslose Strömung eines dichtebeständigen Fluids ($\varrho_1 = \varrho_2 = \varrho = \text{const}$) vorausgesetzt werden, bei

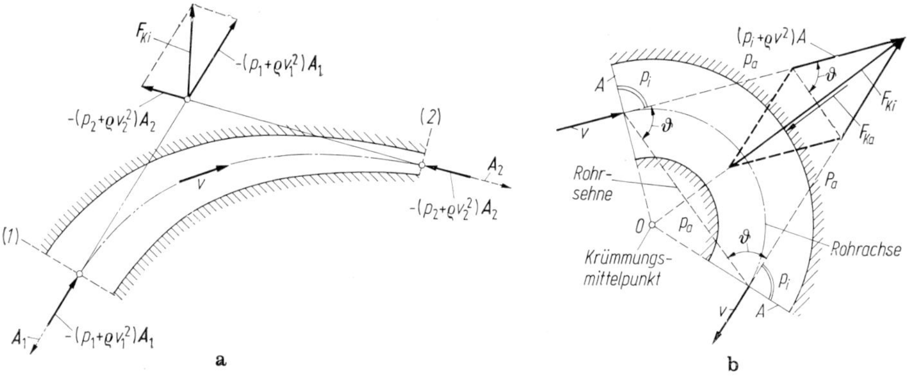

Abb. 2.33. Reaktionskraft des strömenden Fluids auf die Wandung eines Rohrkrümmers. **a** Beliebig gekrümmtes Rohr. **b** Kreisförmig gekrümmtes Rohr ($\vartheta = \pi/2$)

der nur Normal- und keine Tangentialkräfte auftreten. Dies berechtigt zur Annahme einer über die Rohrquerschnitte jeweils konstanten Geschwindigkeitsverteilung. Für die Berechnung wird die für den Kontrollfaden angegebene Impulsgleichung (2.83) benutzt. Wegen der horizontalen Lage des Krümmers liefert die Schwerkraft (Massenkraft) keinen Beitrag, d. h. es ist $\boldsymbol{F}_B = 0$. Die Mantelfläche des Kontrollfadens ist zugleich die feste Wandfläche des Krümmers, was bedeutet, daß $(\boldsymbol{F}_A)_{1\to 2}$ nicht auftritt, sondern als $(\boldsymbol{F}_S)_{1\to 2}$ in $\boldsymbol{F}_S$ enthalten ist. Nach dem Wechselwirkungsgesetz ist $-\boldsymbol{F}_S$ die vom strömenden Fluid auf die innere Krümmerwand übertragene Körperkraft $\boldsymbol{F}_{Ki} = -\boldsymbol{F}_S = -(p_1 + \varrho v_1^2)\,\boldsymbol{A}_1 - (p_2 + \varrho v_2^2)\,\boldsymbol{A}_2$. Diese ergibt sich als geometrische Summe zweier Kräfte mit den negativen Richtungen der Flächennormalen. In Abb. 2.33a ist die graphische Bestimmung der Größe und Lage von $\boldsymbol{F}_{Ki}$ gezeigt. Für den Sonderfall eines kreisförmig gekrümmten Rohrs mit konstantem Querschnitt $A_1 = A_2 = A$ nach Abb. 2.33b wird $v_1 = v_2 = v$. Verläuft die Strömung reibungslos, so ist auch $p_1 = p_2 = p_i$ mit p_i als Innendruck. Mit ϑ als Neigungswinkel der Rohrsehne gegen die Normalen der Endquerschnitte erhält man die vom Krümmungsmittelpunkt nach außen gerichtete Kraft auf die innere Krümmerwand $F_{Ki} = 2(p_i + \varrho v^2)\, A \sin\vartheta$. Die Kraft F_{Ka} infolge des Außendrucks p_a auf die Außenwand wirkt F_{Ki} entgegen. Sie ist zum Krümmungsmittelpunkt hin gerichtet und wird nach (2.2b) berechnet. Sie beträgt $F_{Ka} = 2p_a A \sin\vartheta$. Formal erhält man diesen Ausdruck auch, wenn man in der Beziehung für F_{Ki} die Geschwindigkeit $v = 0$, den Druck $p_i = p_a$ und $F_{Ka} = F_{Ki}$ setzt. Die gesamte auf den Kreiskrümmer ausgeübte Kraft wird also

$$F_K = 2(p_i - p_a + \varrho v^2)\, A \sin\vartheta = 2\varrho v^2 A \sin\vartheta \qquad \text{(Kreiskrümmer)}, \quad (2.84\,\text{a, b})$$

wobei die letzte Beziehung für einen Krümmer gilt, bei dem der innere gleich dem äußeren Druck ist, d. h. $p_i = p_a$. Die Kraft auf den Krümmer ist in diesem Fall dem Quadrat der Durchflußgeschwindigkeit v proportional. Hieraus folgt, daß die bei Änderung der Strömungsrichtung (Strömungsumkehr) sowohl nach Größe als auch nach Richtung wegen $v^2 = (-v)^2$ ungeändert bleibt. Für einen Halbkreiskrümmer mit $\vartheta = \pi/2$ ist $F_K = 2\varrho v^2 A$. Weitere Anwendungsbeispiele werden bei der Fadenströmung in Kap. 3.3 und 4.3, bei der Rohrströmung in Kap. 3.4 und 4.4 sowie bei der Gerinneströmung in Kap. 3.5 behandelt.

2.5.2.3 Impulsmomentengleichung

Ausgangsgleichung. Nach der Impulsmomentengleichung (2.72) ist die substantielle Änderung des Impulsmoments der im abgegrenzten mitbewegten Volumen $V(t)$ enthaltenen Masse gleich der vektoriellen Summe der an ihr angreifenden Kraftmomente, d. h. $d\boldsymbol{L}/dt = \boldsymbol{M}$. Es ist zu beachten, daß Impulsmoment und Kraftmoment auf den gleichen, jedoch frei wählbaren Momentenbezugspunkt zu beziehen sind. Impulsmoment und damit auch das Kraftmoment sind links drehend positiv definiert. Zunächst werden im folgenden die Impulsmomentenänderung $d\boldsymbol{L}/dt$ sowie die im und am Volumen angreifenden Kraftmomente $\boldsymbol{M}$ ermittelt. Ähnlich wie bei der Kontinuitätsgleichung in Kap. 2.4.2.1 und bei der Impulsgleichung in Kap. 2.5.2.1 kann man anstelle des mitbewegten Volumens $V(t)$ die weiteren Überlegungen für einen zeitlich gleichbleibenden Kontrollraum (V) mit der zugehörigen Kontrollfläche $(O) = (A) + (S)$ durchführen. Bezüglich der Aufteilung der Kontrollfläche (O) in einen freien Teil (A) und einen körpergebundenen Teil (S), der gegebenenfalls bei der Umströmung eines festen Körpers auftritt, wird auf Kap. 2.5.2.1 verwiesen. Dort werden auch Angaben über die zweckmäßige Wahl des freien Teils der raumfesten Kontrollfläche gemacht. Der Bezugspunkt für das Impuls- und Kraftmoment ist ebenfalls raumfest anzunehmen.

Impulsmomentenbeitrag. Geht man von der Transportgleichung (2.44b) aus und setzt für die Volumeneigenschaft $\boldsymbol{J} = \boldsymbol{L}$ sowie für die spezifische Eigenschaftsgröße $\boldsymbol{j} = (\boldsymbol{r} \times \boldsymbol{v})$, dann wird für die zeitliche Änderung des Impulsmoments

$$\frac{d\boldsymbol{L}}{dt} = \frac{\partial \hat{\boldsymbol{L}}}{\partial t} + \int\limits_{(A)} \varrho(\boldsymbol{r} \times \boldsymbol{v})\, d\dot{V} + \int\limits_{(S)} \varrho(\boldsymbol{r} \times \boldsymbol{v})\, d\dot{V} \qquad \text{mit} \qquad \hat{\boldsymbol{L}}(t) = \int\limits_{(V)} \varrho(\boldsymbol{r} \times \boldsymbol{v})\, dV. \quad (2.85\,\text{a, b})^{38}$$

Das erste Glied auf der rechten Seite von (2.85a) stellt den lokalen Anteil (Volumenintegral) dar und tritt nur bei instationärer Strömung auf, während das zweite und dritte Glied den konvektiven Anteil (Oberflächenintegral) beschreibt. In (2.85a) ist $d\dot{V} \lessgtr 0$ nach (2.51) der Volumenstrom, der durch ein Flächenelement der Kontrollfläche (O), d. h. durch dA bzw. dS ein- oder austritt.

---

38 Es ist $\partial\hat{\boldsymbol{L}}/\partial t = d\hat{\boldsymbol{L}}/dt$, vgl. Ausführung zu (2.44b).

Kraftmomentenbeiträge. Das resultierende Moment $\boldsymbol{M}$ in (2.72a) setzt sich ähnlich wie die resultierende Kraft $\boldsymbol{F}$ aus dem Moment der Massenkraft $\boldsymbol{M}_B$ im Kontrollraum, dem Moment der Ersatzkraft am freien Teil der Kontrollfläche $\boldsymbol{M}_A$ und dem Moment der Stützkraft am körpergebundenen Teil der Kontrollfläche $\boldsymbol{M}_S$ zusammen, d. h. $\boldsymbol{M} = \boldsymbol{M}_B + \boldsymbol{M}_A + \boldsymbol{M}_S$.

Mit $\boldsymbol{f}_B$ als Vektor der bezogenen Massenkraft (Volumenkraft) beträgt das Moment der Massenkraft analog zu (2.76)

$$\boldsymbol{M}_B = \int\limits_{(V)} \varrho(\boldsymbol{r} \times \boldsymbol{f}_B)\, dV, \qquad \boldsymbol{M}_B = \int\limits_{(V)} \varrho(\boldsymbol{r} \times \boldsymbol{g})\, dV \quad \text{(Schwerkraftmoment)}, \tag{2.86a, b}$$

wobei die zweite Beziehung gilt, wenn nur der Einfluß der Schwerkraft wirksam ist. Für (2.86b) kann man auch $\boldsymbol{M}_B = \boldsymbol{r}_B \times \boldsymbol{F}_B$ schreiben. Dabei ist $\boldsymbol{r}_B$ der Fahrstrahl vom Momentenbezugspunkt zum Schwerpunkt der im Kontrollraum (V) abgegrenzten Masse und $\boldsymbol{F}_B$ nach (2.76b) die zugehörige Schwerkraft mit den Komponenten $F_{Bx} = 0 = F_{By}$ und $F_{Bz} = F_G$. Die Momentenachse steht normal auf der von $\boldsymbol{F}_B$ und $\boldsymbol{r}_B$ aufgespannten Ebene. In gleicher Weise wie die Kräfte bei der Impulsgleichung in Kap. 2.5.2.1 heben sich die Momente aus den Spannungskräften im Inneren des abgegrenzten Kontrollvolumens (V) gegenseitig auf. Es tritt also nur ein Moment der Oberflächenkräfte am freien und körpergebundenen Teil der Kontrollfläche $(O) = (A) + (S)$ auf. Unter den gleichen Annahmen für die an den Flächenelementen dA und dS wirksamen Spannungen wie in Kap. 2.5.2.1 folgt in Analogie zu (2.78a, b) mit $\boldsymbol{\sigma}_S = -\boldsymbol{e}_n p + \boldsymbol{\tau}$

$$\boldsymbol{M}_A \approx \boldsymbol{M}_P = -\int\limits_{(A)} p(\boldsymbol{r} \times d\boldsymbol{A}), \qquad \boldsymbol{M}_S = \int\limits_{(S)} (\boldsymbol{r} \times \boldsymbol{\sigma})\, dS = -\boldsymbol{M}_K. \tag{2.87a, b}$$

Man bezeichnet $\boldsymbol{M}_A$ als Ersatzmoment, $\boldsymbol{M}_S$ als Stützmoment und $\boldsymbol{M}_K$ als das Moment der Körperkraft (Reaktionsmoment = Moment, welches vom Fluid auf den Körper übertragen wird).

Momentengleichung. Nach Zusammenfügen der Ausdrücke für den Impulsmomentenbeitrag und für die Kraftmomentenbeiträge erhält man die Impulsmomentengleichung für den Kontrollraum nach Abb. 2.29c zu

$$\frac{\partial \hat{\boldsymbol{L}}}{\partial t} + \int\limits_{(A)} \varrho(\boldsymbol{r} \times \boldsymbol{v})\, d\dot{V} + \int\limits_{(S)} \varrho(\boldsymbol{r} \times \boldsymbol{v})\, d\dot{V} = \boldsymbol{M}_B + \boldsymbol{M}_A + \boldsymbol{M}_S \quad \text{(Kontrollraum)}. \tag{2.88}$$

Dies ist wie die Impulsgleichung (2.79) eine Vektorgleichung. Bei stationärer Strömung ist $\partial\hat{\boldsymbol{L}}/\partial t = 0$ zu setzen. Diese Beziehung sagt aus, daß das Moment des aus der Kontrollfläche $(O) = (A) + (S)$ austretenden Impulsstroms (Impuls/Zeit) in Bezug auf einen beliebigen Festpunkt, vermindert um das Moment des eintretenden Impulsstroms, gleich der Summe der auf denselben Festpunkt bezogenen Momente aller am strömenden Fluid im Kontrollvolumen und an der Kontrollfläche angreifenden äußeren Kräfte ist.

Hauptgleichung der Strömungsmaschinentheorie. Eine seit langem bekannte Anwendung der Impulsmomentengleichung stellt die stationäre Strömung eines dichtebeständigen Fluids durch ein Laufrad (kreisförmiges Flügelgitter) nach Abb. 2.34 dar. Dies soll sich in gleichförmiger Drehbewegung um die feste, vertikale Laufradachse 0 befinden. Die Ein- und Austrittsgeschwindigkeiten der Relativbewegung seien $\boldsymbol{v}_1$ bzw. $\boldsymbol{v}_2$ und die entsprechenden Umfangsgeschwindigkeiten der Führungsbewegung $\boldsymbol{u}_1$ bzw. $\boldsymbol{u}_2$. Dann gilt nach (2.31a) für die absoluten Geschwindigkeiten $\boldsymbol{c}_1 = \boldsymbol{v}_1 + \boldsymbol{u}_1$ bzw. $\boldsymbol{c}_2 = \boldsymbol{v}_2 + \boldsymbol{u}_2$. Diese sind als maßgebliche Geschwindigkeiten in der Impulsmomentengleichung (2.88) mit $\varrho = \text{const}$ einzusetzen. Die Kontrollfläche (O) falle mit einer Kanalbegrenzung zusammen, wie sie in Abb. 2.34 strichpunktiert als freier Teil (A) und gestrichelt als körpergebundener Teil (S)

dargestellt ist. Die Momentenbezugsachse sei gleich der Laufradachse durch den Punkt *0*. Nach (2.88) ist im Fall stationärer Strömung das Moment des bei (*2*) aus dem Kanal austretenden Impulsstroms, vermindert um das Moment des bei (*1*) eintretenden Impulsstroms, gleich dem Moment der äußeren Kräfte, welche auf die augenblicklich im Kanal vorhandene Fluidmasse wirken. Es stellen $-\dot{m}_A c_{1\varphi}$ und $+\dot{m}_A c_{2\varphi}$ die Komponenten des eintretenden bzw. austretenden Impulsstroms in Umfangsrichtung (Umfangsimpuls $\boldsymbol{I}_\varphi$) an den Stellen (*1*) bzw. (*2*) dar, wenn $\dot{m}_A$ der Massenstrom durch sämtliche Gitterkanäle ist. Die Komponenten des Impulsstroms in radialer Richtung (Radialimpuls $\boldsymbol{I}_r$) können keinen Beitrag zum Impulsmoment liefern, da ihre Richtungen jeweils durch den Bezugspunkt *0* gehen. Sowohl die Massenkraft (parallel zur Momentenachse gerichtete Schwerkraft) als auch die Kräfte

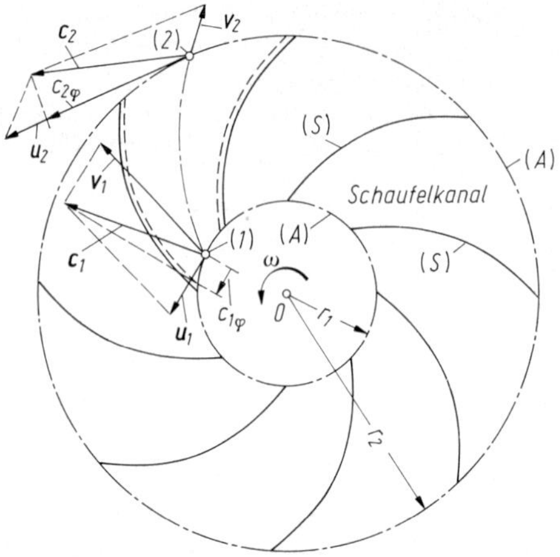

Abb. 2.34. Zur Anwendung der Impulsmomentengleichung: Strömung durch ein kreisförmiges Flügelgitter; (Eulersche Turbinengleichung)

auf den freien Teil der Kontrollfläche (Kraftangriffslinien der Druckkräfte an den Abschlußflächen des Kanals innen und außen gehen durch den Punkt *0*) liefern keine Beiträge zum Kraftmoment, $M_B = M_A = 0$ [39]. Ein Moment entsteht nur von den Stützkräften auf den körpergebundenen Teil der Kontrollfläche (Kanalwände), $M_S \neq 0$. Bleiben Reibungskräfte unberücksichtigt, dann wird dies Moment nur von den Schaufeldrücken hervorgerufen. Ein entgegengesetzt gleich großes Moment übt die Strömung als Reaktionsmoment $M_K = -M_S$ auf die Kanalwandung aus. Für das von allen Gitterkanälen an die Laufradachse abgegebene Drehmoment gilt also die Momentengleichung

$$M_K = -\dot{m}_A(r_2 c_{2\varphi} - r_1 c_{1\varphi}) \quad \text{(Drehmoment).} \qquad (2.89)$$

Dreht sich das Gitter mit der gleichförmigen Winkelgeschwindigkeit ω um die Achse, so beträgt die Leistung $P_K = \omega M_K$. Beachtet man noch, daß die Umfangsgeschwindigkeiten $u_1 = \omega r_1$ und $u_2 = \omega r_2$ sind, dann erhält man aus (2.89) die Leistungsgleichung

$$P_K = \dot{m}_A(u_1 c_{1\varphi} - u_2 c_{2\varphi}), \qquad P_{K\max} = \dot{m}_A u_1 c_{1\varphi} \quad \text{(Leistung).} \qquad (2.90\text{a, b})$$

Die maximale Leistung ergibt sich aus (2.90a) für $c_{2\varphi} = 0$, d. h. bei radialem Austritt. Gl. (2.90) ist als Hauptgleichung der Strömungsmaschinentheorie (Eulersche Turbinengleichung) bekannt. Ihrer Ableitung liegt die Voraussetzung zugrunde, daß die in einen Gitterkanal eintretenden Fluidelemente sich sämtlich in Richtung der Mittellinie dieses Kanals bewegen, d. h. durch das Gitter in gleicher Weise geführt und umgelenkt werden. Es ist einleuchtend, daß die Annahme nur bei kleinen Gitterabständen zulässig ist, bei größeren dagegen nicht, weil dann keine eigentlichen Kanäle mehr vorliegen. Man vgl. die Ausführungen über Gitterströmungen in Kap. 3.6.2.1, Beispiel a,1 und a,2 sowie in Kap. 5.4.3.4, Beispiel a.

---

39 Da es sich um eine ebene Strömung handelt, können die Momente als skalare Größen geschrieben werden.

2.5.3 Bewegungsgleichungen (Impulsgleichung für das Fluidelement)

2.5.3.1 Ausgangsgleichung

Während in den Kap. 2.5.2.1 und 2.5.2.2 die integrale Form der Impulsgleichung für das räumlich ausgedehnte Strömungsgebiet (Kontrollraum, Kontrollfaden) abgeleitet wurde, soll jetzt die differentielle Form der Impulsgleichung (Kraftgleichung) näher untersucht werden. Dies führt in Verbindung mit der Kontinuitätsgleichung auf die Bewegungsgleichungen der Fluidmechanik.

Impulsgleichung für das Fluidelement. Zwischen der Impulsänderung $d(\Delta \boldsymbol{I})/dt$ eines bewegten Fluidelements der Masse Δm, welches sich zur Zeit t in einem bestimmten Raumpunkt $\boldsymbol{r}$ befindet und der angreifenden Schleppkraft $\Delta \boldsymbol{F}$ gilt nach (2.71) der Zusammenhang $d(\Delta \boldsymbol{I})/dt = \Delta \boldsymbol{F}$ mit $\Delta \boldsymbol{I} = \Delta m \boldsymbol{v}$ als Impuls des Massenelements[40]. Wegen der Kontinuitätsbedingung nach (2.49) mit $d(\Delta m)/dt = 0$, d. h. $\Delta m = \text{const}$ gilt somit auch $\Delta m(d\boldsymbol{v}/dt) = \Delta \boldsymbol{F}$, was mit $\boldsymbol{a} = d\boldsymbol{v}/dt$ als substantieller Beschleunigung nach (2.27) der häufig gebrauchten Formulierung der Newtonschen Impuls- (Kraft-) gleichung entspricht (Kraft = Masse $\times$ Beschleunigung): $\boldsymbol{a}\Delta m = \Delta \boldsymbol{F}$, vgl. Tab. 2.4[41]. Diese Beziehung entspricht der Eulerschen Betrachtungsweise, bei welcher die Bewegung eines Fluidelements, das sich augenblicklich am Ort $\boldsymbol{r}$ befindet, betrachtet wird. Bei der Lagrangeschen Betrachtungsweise wäre entsprechend (1.42d) die Beschleunigung eines bestimmten Fluidelements bei festgehaltenem Wert $\boldsymbol{r}_L$ zu nehmen, d. h. $(\partial \boldsymbol{v}/\partial t)\,\boldsymbol{r}_L$ anstelle von $d\boldsymbol{v}/dt$ einzusetzen. Die Anwendung und Auswertung der Lagrangeschen Bewegungsgleichung ist für die Beschreibung von Strömungsvorgängen im allgemeinen weniger gut geeignet. Sie wird daher hier nicht weiter besprochen. Die am Fluidelement angreifende Kraft $\Delta \boldsymbol{F}$ wird entsprechend den Ausführungen in Kap. 2.5.2.1 aus den äußeren Kräften gebildet. Hierzu gehören nach (2.74) die Massenkraft (Volumenkraft) $\Delta \boldsymbol{F}_m$ und die Spannungskraft (Oberflächenkraft) $\Delta \boldsymbol{F}_\sigma$. Während die erstere nach (2.76b) meistens gleich der Schwerkraft ist, setzt sich die letztere nach (2.77) aus Normal- und Tangentialkräften zusammen. Entsprechend ihrer physikalischen Bedeutung soll für die resultierende Kraft $\Delta \boldsymbol{F} = \Delta \boldsymbol{F}_B + \Delta \boldsymbol{F}_P + \Delta \boldsymbol{F}_Z + \Delta \boldsymbol{F}_T$ geschrieben werden. Unter $\Delta \boldsymbol{F}_P$ wird die durch Abspalten des (mittleren statischen) Drucks aus dem gesamten Spannungszustand gewonnene Druckkraft verstanden werden, vgl. Kap. 2.2.2.1. Der Einfluß der Reibung soll durch die Reibungskraft $\Delta \boldsymbol{F}_R = \Delta \boldsymbol{F}_Z + \Delta \boldsymbol{F}_T$ erfaßt werden, wobei die Zähigkeitskraft $\Delta \boldsymbol{F}_Z$ von der Viskosität des Fluids herrührt. Sie ist bei normalviskosen Fluiden dieser proportional, vgl. Kap. 1.2.3.2. Unter der Turbulenzkraft $\Delta \boldsymbol{F}_T$ soll diejenige Kraft verstanden werden, welche durch die der Turbulenz eigenen zusätzlichen Schwankungsbewegungen hervorgerufen wird, vgl. Kap. 1.2.3.4. Dem Wesen nach ist die Turbulenzkraft die (negative) Trägheitskraft der turbulenten Schwankungsbewegung. Führt man die Turbulenzkraft in der beschriebenen Weise in die Impulsgleichung ein, dann sind die Geschwindigkeit, die Beschleunigung, der Druck und gegebenenfalls auch die Stoffgrößen als (zeitlich) gemittelte Werte anzusehen, vgl. die Ausführungen in Kap. 2.5.3.5 über

---

40 Der auf die Masse bezogene Impuls ist gleich der Geschwindigkeit $\boldsymbol{v}$.

41 Das Newtonsche Gesetz bezieht sich auf die Absolutströmung, vgl. S. 96.

die Bewegungsgleichung der turbulenten Strömung. Für die weitere Behandlung sollen alle Kräfte $\Delta \boldsymbol{F}$ als bezogene Kräfte $\boldsymbol{f} = \Delta \boldsymbol{F}/\Delta m$ eingeführt werden, was zu der differentiellen Form der Impulsgleichung für das Fluidelement

$$\boldsymbol{a} = \frac{d\boldsymbol{v}}{dt} = \boldsymbol{f} = \boldsymbol{f}_B + \boldsymbol{f}_P + \boldsymbol{f}_R = \boldsymbol{f}_B + \boldsymbol{f}_P + \boldsymbol{f}_Z + \boldsymbol{f}_T \qquad (2.91\text{a, b})$$

führt. Sie hat wie jede Kraftgleichung vektoriellen Charakter. Bei reibungsloser Strömung tritt die Reibungskraft nicht auf, $\boldsymbol{f}_R = \boldsymbol{f}_Z + \boldsymbol{f}_T = 0$, was in Verbindung mit der Kontinuitätsgleichung zur Eulerschen Bewegungsgleichung in Kap. 2.5.3.2 führt. Bei der zähigkeitsbehafteten laminaren Strömung ist $\boldsymbol{f}_Z \neq 0$ und $\boldsymbol{f}_T = 0$, was die Navier-Stokessche Bewegungsgleichung in Kap. 2.5.3.3 liefert. Ist die Trägheitskraft $\Delta \boldsymbol{F}_E = -\boldsymbol{a}\Delta m$ bzw. $\boldsymbol{f}_E = -\boldsymbol{a}$ sehr klein und kann gegenüber den

Tabelle 2.6. Übersicht über die Impulsgleichungen der Fluidmechanik; Impulsgleichung für das Fluidelement nach (2.91)

Strömungszustand	$\boldsymbol{a} = \boldsymbol{f}$	Newton	Kapitel	Gleichung
ruhend	$0 = \boldsymbol{f}_B + \boldsymbol{f}_P$	Euler	2.2.2.3	(2.9)
reibungslos, drehungsfrei	$\boldsymbol{a} = \boldsymbol{f}_B + \boldsymbol{f}_P$	Euler, Bernoulli	2.5.3.2	(2.92)
zähigkeitsbehaftet laminar	$\boldsymbol{a} = \boldsymbol{f}_B + \boldsymbol{f}_P + \boldsymbol{f}_Z$	Navier, Stokes	2.5.3.3	(2.108)
zähigkeitsbehaftet schleichend	$0 = \boldsymbol{f}_B + \boldsymbol{f}_P + \boldsymbol{f}_Z$	Stokes, Oseen	2.5.3.4	(2.131)
zähigkeitsbehaftet turbulent	$\bar{\boldsymbol{a}} = \bar{\boldsymbol{f}}_B + \bar{\boldsymbol{f}}_P + \bar{\boldsymbol{f}}_Z + \bar{\boldsymbol{f}}_T$	Reynolds	2.5.3.5	(2.142)

anderen Kräften vernachlässigt werden, so gelangt man mit $\boldsymbol{a} = d\boldsymbol{v}/dt \approx 0$ zur Bewegungsgleichung der schleichenden Strömung in Kap. 2.5.3.4. Soll bei reibungsbehafteter Strömung auch die Turbulenz mit berücksichtigt werden, dann ist $\boldsymbol{f}_Z \neq 0$ und $\boldsymbol{f}_T \neq 0$, was durch die Reynoldssche Bewegungsgleichung in Kap. 2.5.3.5 erfaßt wird. Ist das Fluid im ganzen Strömungsraum in gleichförmiger Bewegung ($\boldsymbol{v}$ = const) oder in Ruhe ($\boldsymbol{v} = 0$), so sind $\boldsymbol{a} = 0$ sowie $\boldsymbol{f}_Z + \boldsymbol{f}_T = 0$, und man erhält die statische Grundgleichung (2.9). In Tab. 2.6 sind für die verschiedenen Fälle die Impulsgleichungen zusammengestellt. Um die Bewegungsgleichungen angeben zu können, sind jeweils die Kontinuitätsgleichungen nach Tab. 2.5 mitheranzuziehen.

2.5.3.2 Bewegungsgleichung der reibungslosen Strömung (Euler, Bernoulli)

Allgemeines. Im folgenden soll die Strömung ohne Einfluß von Reibungskräften untersucht werden. Diese Aufgabe wurde erstmalig und grundlegend von Euler

[13] gelöst. Es lautet die Impulsgleichung (2.91a) mit $\boldsymbol{f}_R = 0$ entsprechend Tab. 2.6

$$\boldsymbol{a} = \frac{d\boldsymbol{v}}{dt} = \boldsymbol{f}_B + \boldsymbol{f}_P \qquad \text{(reibungslos)}. \tag{2.92}$$

Während über die Beschleunigung in Kap. 2.3.2.3 berichtet wird, gelten für die Massen- und Druckkraft die Ausführungen von Kap. 2.2.2.2 bzw. 2.2.2.1.

Bewegung in der Schmiegebene. Für viele technische Aufgabenstellungen spielt die Verfolgung von Strömungsvorgängen in natürlichen Koordinaten eine besondere Rolle. Die Bewegung eines Fluidelements wird also nach Abb. 2.17 längs gekrümmter Stromlinien in der Schmiegebene betrachtet. Zu einem bestimmten Zeitpunkt wird ein Element der Schmiegebene aus derjenigen Ebene

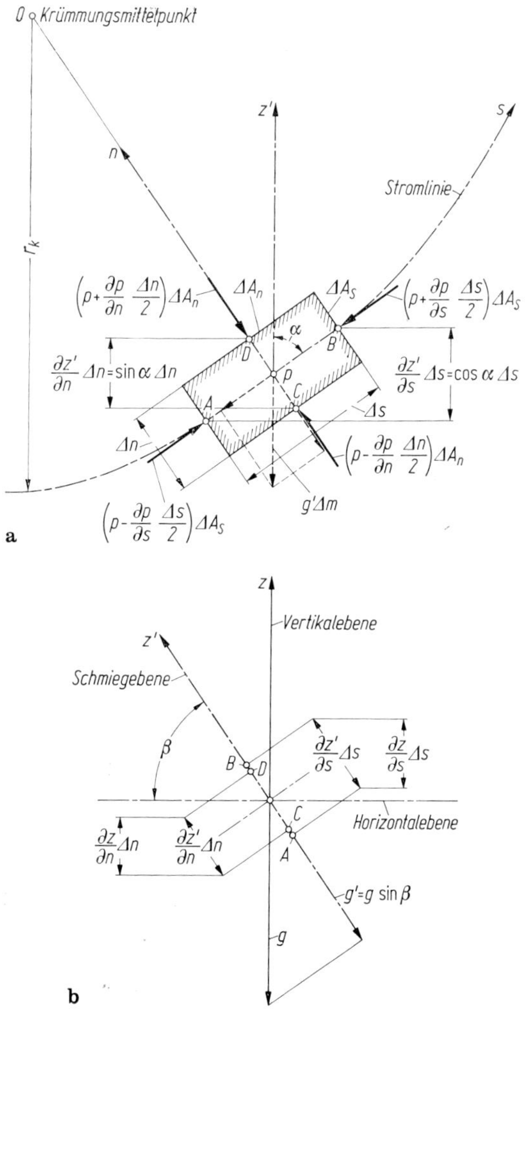

Abb. 2.35. Zur Ableitung der eindimensionalen Eulerschen Bewegungsgleichung ($t = $ const). **a** Fluidelement in der Schmiegebene. **b** Lage der Schmiegebene

gebildet, die vom Krümmungsmittelpunkt 0 und dem Stromlinienelement (Bahnelement) ds aufgespannt wird. Die Koordinate in Strömungsrichtung (tangential zur Stromlinie) wird nach Abb. 2.35a mit s und die Koordinate normal zur Strömungsrichtung (positiv zum Krümmungsmittelpunkt hin) mit n angenommen. Im allgemeinsten Fall fällt die Schmiegebene nach Abb. 2.35b weder mit der Horizontal- noch mit der Vertikalebene zusammen. Die Neigung der Schmiegebene gegenüber der Horizontalebene wird nach Abb. 2.35b durch den Winkel β angegeben. Für $\beta = \pi/2$ fallen Schmieg- und Vertikalebene zusammen. Aus Abb. 2.35a, b lassen sich die geometrischen Beziehungen $\partial z/\partial s = \sin\beta \cos\alpha$ und $\partial z/\partial n = \sin\beta \sin\alpha$ ablesen, wobei α der Winkel der Stromlinie mit der z'-Achse ist. Das dargestellte Fluidelement besitze die Masse $\Delta m = \varrho \Delta V$ mit ϱ als Dichte und $\Delta V = \Delta A_s \Delta n = \Delta A_n \Delta s$ als Volumen und bewege sich mit der zeitlich veränderlichen Geschwindigkeit $v(t, s)$ in Stromlinienrichtung. Die Komponenten der Beschleunigung in Stromlinienrichtung und normal zur Stromlinienrichtung beschreibt (2.28a, b). Bei der Betrachtung der am Fluidelement in der Schmiegebene angreifenden Kräfte wirkt von der Fallbeschleunigung g nach Abb. 2.35b nur die Komponente $g' = g \sin\beta$. Die Komponenten der bezogenen Massenkraft (Schwerkraft) $\boldsymbol{f}_B = \boldsymbol{g}$ nach (2.7a) betragen $f_{Bt} = -g' \cos\alpha$ und $f_{Bn} = -g' \sin\alpha$. Die Komponente der Druckkraft in Stromlinienrichtung und normal dazu ergeben sich aus den Drücken an den Begrenzungsflächen normal zur s-Richtung ΔA_s und normal zur n-Richtung ΔA_n. Die resultierende Druckkraft z. B. in s-Richtung beträgt $\Delta F_P = [p - (\partial p/\partial s)(\Delta s/2)]\,\Delta A_s - [p + (\partial p/\partial s) \times (\Delta s/2)]\,\Delta A_s = -(\partial p/\partial s)\,\Delta V$, vgl. (2.3). Unter Beachtung der bereits angegebenen geometrischen Beziehungen findet man für die auf die Masse $\Delta m = \varrho \Delta V$ bezogenen Komponenten der Massen- und Druckkraft

$$f_{Bt} = -g\,\frac{\partial z}{\partial s}, \quad f_{Bn} = -g\,\frac{\partial z}{\partial n}; \quad f_{Pt} = -\frac{1}{\varrho}\,\frac{\partial p}{\partial s}, \quad f_{Pn} = -\frac{1}{\varrho}\,\frac{\partial p}{\partial n}. \qquad (2.93\text{a}; \text{b})$$

Durch Einsetzen von (2.28a, b) und (2.93a; b) in (2.92) folgt die Eulersche Bewegungsgleichung längs und normal zur Stromlinienrichtung für ein Fluidelement in einer reibungslosen Strömung zu

$$\frac{\partial v}{\partial t} + v\,\frac{\partial v}{\partial s} + g\,\frac{\partial z}{\partial s} + \frac{1}{\varrho}\,\frac{\partial p}{\partial s} = 0, \quad \frac{\partial v_n}{\partial t} + \frac{v^2}{r_k} + g\,\frac{\partial z}{\partial n} + \frac{1}{\varrho}\,\frac{\partial p}{\partial n} = 0. \qquad (2.94\text{a, b})$$

Man erkennt, daß weder die Neigung der Schmiegebene noch die Form des Fluidelements eine Rolle spielen. In (2.94a, b) stellen die ersten beiden Glieder jeweils substantielle Beschleunigungen (Summe von lokalem und konvektivem Anteil) dar. Gl. (2.94) hat die Dimension einer massebezogenen Kraft in $\text{N/kg} = \text{m/s}^2$. Zur Beschreibung des Strömungsablaufs braucht im vorliegenden Fall die Kontinuitätsgleichung nicht besonders herangezogen zu werden.

Die Bewegungsgleichung in Stromlinienrichtung (2.94a) sei für den Fall stationärer Strömung weiter untersucht. Wegen $\partial v/\partial t = 0$ sind die übriggebliebenen Glieder nur noch Funktionen des Orts s. Man kann also $\partial/\partial s = d/ds$ schreiben. Durch Multiplikation mit dem Wegelement ds erhält man dann die differentielle

Form der Bernoullischen Energiegleichung [4, 5]

$$v\,dv + g\,dz + \frac{dp}{\varrho} = 0, \qquad v\,dv + g\,dz + di = 0 \qquad \text{(reibungslos).} \qquad (2.95\text{a, b})^{42}$$

In der zweiten Beziehung wurde das spezifische Druckkraftpotential i nach (2.4b) eingeführt, wobei angenommen wird, daß es sich um die Strömung eines barotropen Fluids mit $\varrho = \varrho(p)$ handelt. Aus (2.95b) wird durch Integration

$$\frac{v^2}{2} + gz + i = C \qquad \text{mit} \qquad i = i(p) = \int \frac{dp}{\varrho(p)} \qquad \text{(barotrop).} \qquad (2.96\text{a, b})$$

Die Lage des betrachteten Stromlinienpunkts wird durch seine Hochlage z angegeben. Die Integrationskonstante C kann von Stromlinie zu Stromlinie verschieden sein. Unter welchen Voraussetzungen die Konstante $C = \text{const}$ im ganzen Strömungsfeld unveränderlich ist, wird noch gezeigt. In (2.96a) stellen die einzelnen Glieder auf die Masse bezogene Größen für die kinetische Energie, die potentielle Lagenenergie und die potentielle Druckenergie in N m/kg = J/kg = $(\text{m/s})^2$ dar, vgl. Kap. 2.6.2.3.

Für die Bewegungsgleichung quer zur Stromlinienrichtung (2.94b) lassen sich bei stationärer Strömung mit $\partial v_n/\partial t = 0$ zwei aufschlußreiche Sonderfälle ableiten, nämlich

$$\frac{\partial p}{\partial n} = -\varrho\,\frac{v^2}{r_k} \qquad (z = \text{const}), \qquad \varrho g z + p = C \qquad (\varrho = \text{const},\ r_k \to \infty). \qquad (2.97\text{a, b})$$

Häufig ist bei Strömungsvorgängen der Einfluß der Schwere ohne praktische Bedeutung, $g \to 0$. Er entfällt vollkommen, wenn es sich um Strömungen in horizontalen Ebenen $z = \text{const}$ handelt. Gl. (2.97a) wird Querdruckgleichung genannt. Aus ihr erkennt man, daß bei einer Stromlinienkrümmung ($r_k \neq \infty$) ein Druckabfall quer zur Stromlinienrichtung (negativer Druckgradient) nach dem Krümmungsmittelpunkt hin stattfindet. Bei geraden Stromlinien ist dieser wegen $r_k \to \infty$ gleich null. Bei einem Strahl, der geradlinig aus einer Öffnung austritt, ist daher der Druck quer zum Strahl konstant, d. h. er ist gleich demjenigen des umgebenden Fluids, $p = \text{const}$. Man sagt, der Druck wird dem Strahl von außen aufgeprägt. Vernachlässigt man den Schwereinfluß nicht, so folgt für die Strömung eines dichtebeständigen Fluids ($\varrho = \text{const}$) bei ungekrümmten Stromlinien ($r_k \to \infty$) aus (2.94b) die Beziehung (2.97b). Diese besagt, daß sich der Druck p mit der Höhe z entsprechend der hydrostatischen Grundgleichung (2.14a) ändert.

Bewegung im dreidimensionalen Raum. Durch Einsetzen der Beziehungen für die aus einem äußeren Kraftpotential u_B ableitbare bezogene Massenkraft $\boldsymbol{f}_B$ nach (2.10) und für die bezogene Druckkraft $\boldsymbol{f}_P$ nach (2.3) in (2.92) gelangt man zur Eulerschen Bewegungsgleichung. Bei dreidimensionaler reibungsloser Strömung

---

42 Über die bedeutenden Beiträge, die sowohl von Daniel als auch Johann Bernoulli (Vater von Daniel) stammen, berichtet ausführlich Szabó [44, S. 157–198].

gilt für die Impulsgleichung in Vektor- und Zeigerschreibweise[43]

$$\frac{d\boldsymbol{v}}{dt} = -\operatorname{grad} u_B - \frac{1}{\varrho}\operatorname{grad} p, \qquad \frac{dv_i}{dt} = -\frac{\partial u_B}{\partial x_i} - \frac{1}{\varrho}\frac{\partial p}{\partial x_i} \qquad (i = 1, 2, 3). \tag{2.98a, b}$$

Hierin ist die substantielle Beschleunigung (jeweils die linke Seite) durch (2.29) gegeben. Für ein barotropes Fluid mit $\varrho = \varrho(p)$ und $i = i(p)$ als spezifischem Druckkraftpotential nach (2.96b) kann man wegen (2.4a) und (2.29c) auch

$$\frac{\partial \boldsymbol{v}}{\partial t} - (\boldsymbol{v} \times \operatorname{rot} \boldsymbol{v}) + \operatorname{grad}\left(\frac{\boldsymbol{v}^2}{2} + u_B + i\right) = 0 \qquad \text{(barotrop)} \tag{2.98c}$$

schreiben. Für die vollständige Beschreibung des Strömungsvorgangs muß neben der Impulsgleichung stets die Kontinuitätsgleichung (2.60) bzw. (2.62) beachtet werden. Weiterhin ist bei der Strömung eines dichteveränderlichen Fluids ($\varrho \neq$ const) auch eine Angabe über die Druckabhängigkeit der Dichte erforderlich, z. B. bei polytroper Zustandsänderung nach (1.4) und (1.32d). Bei gegebenem

Tabelle 2.7. Impulsgleichungen der laminaren Strömung normalviskoser Fluide, Koordinatensysteme nach Abb. 1.13. Beschleunigung (links vom Gleichheitszeichen) nach Tab. 2.2.
Impulsgleichung der reibungslosen Strömung (Euler) für $\nu = 0$ (vgl. Tab. 2.1C mit $a = u_B$ bzw. $a = p$).
Impulsgleichung der reibungsbehafteten Strömung (Navier, Stokes) für ein homogenes Fluid mit $\nu = \eta/\varrho = \text{const}$ (vgl. Tab. 2.1D mit $\boldsymbol{a} = \boldsymbol{v}$).

Koordinaten		$\frac{d\boldsymbol{v}}{dt} = \frac{\partial \boldsymbol{v}}{\partial t} + \boldsymbol{v}\cdot\operatorname{grad}\boldsymbol{v} = -\operatorname{grad} u_B - \frac{1}{\varrho}\operatorname{grad} p + \nu\Delta\boldsymbol{v}$
kartesisch	x	$\frac{dv_x}{dt} = -\frac{\partial u_B}{\partial x} - \frac{1}{\varrho}\frac{\partial p}{\partial x} + \nu\left[\frac{\partial^2 v_x}{\partial x^2} + \frac{\partial^2 v_x}{\partial y^2} + \frac{\partial^2 v_x}{\partial z^2}\right]$
kartesisch	y	$\frac{dv_y}{dt} = -\frac{\partial u_B}{\partial y} - \frac{1}{\varrho}\frac{\partial p}{\partial y} + \nu\left[\frac{\partial^2 v_y}{\partial x^2} + \frac{\partial^2 v_y}{\partial y^2} + \frac{\partial^2 v_y}{\partial z^2}\right]$
kartesisch	z	$\frac{dv_z}{dt} = -\frac{\partial u_B}{\partial z} - \frac{1}{\varrho}\frac{\partial p}{\partial z} + \nu\left[\frac{\partial^2 v_z}{\partial x^2} + \frac{\partial^2 v_z}{\partial y^2} + \frac{\partial^2 v_z}{\partial z^2}\right]$
zylindrisch	r	$\frac{dv_r}{dt} = -\frac{\partial u_B}{\partial r} - \frac{1}{\varrho}\frac{\partial p}{\partial r} + \nu\left[\frac{1}{r}\frac{\partial}{\partial r}\left(r\frac{\partial v_r}{\partial r}\right) + \frac{1}{r^2}\frac{\partial^2 v_r}{\partial \varphi^2} + \frac{\partial^2 v_r}{\partial z^2} - \frac{2}{r^2}\frac{\partial v_\varphi}{\partial \varphi} - \frac{v_r}{r^2}\right]$
zylindrisch	φ	$\frac{dv}{dt} = -\frac{1}{r}\left(\frac{\partial u_B}{\partial \varphi} + \frac{1}{\varrho}\frac{\partial p}{\partial \varphi}\right) + \nu\left[\frac{1}{r}\frac{\partial}{\partial r}\left(r\frac{\partial v_\varphi}{\partial r}\right) + \frac{1}{r^2}\frac{\partial^2 v_\varphi}{\partial \varphi^2} + \frac{\partial^2 v_\varphi}{\partial z^2} + \frac{2}{r^2}\frac{\partial v_r}{\partial \varphi} - \frac{v_\varphi}{r^2}\right]$
zylindrisch	z	$\frac{dv_z}{dt} = -\frac{\partial u_B}{\partial z} - \frac{1}{\varrho}\frac{\partial p}{\partial z} + \nu\left[\frac{1}{r}\frac{\partial}{\partial r}\left(r\frac{\partial v_z}{\partial r}\right) + \frac{1}{r^2}\frac{\partial^2 v_z}{\partial \varphi^2} + \frac{\partial^2 v_z}{\partial z^2}\right]$

43 Häufig läßt man für die bezogene Massenkraft die Bezeichnung $\boldsymbol{f}_B$ anstelle von $-\operatorname{grad} u_B$ in den Gleichungen stehen. Liegt nur ein Einfluß der Schwere vor, dann gilt nach (2.12a) für das bezogene Schwerkraftpotential $u_B = gz$.

Kraftfeld u_B und bekannter Dichte $\varrho(p)$ oder bekanntem Potential $i(p)$ steht ein Gleichungssystem mit vier Gleichungen für die drei Komponenten der Geschwindigkeit $\boldsymbol{v}(t, \boldsymbol{r})$ und für den Druck $p(t, \boldsymbol{r})$ zur Verfügung. Für kartesische und zylindrische Koordinatensysteme sind die Beziehungen für die Eulersche Bewegungsgleichung in Tab. 2.5 und Tab. 2.7 mit $\nu \equiv 0$ wiedergegeben.

Die Randbedingungen sind der Aufgabenstellung anzupassen. Bei den technisch wichtigen Strömungen liegen die Verhältnisse im allgemeinen so, daß gewisse feste oder bewegte Wände gegeben sind, längs derer die Strömung vor sich gehen soll. Da das strömende Fluid nicht in die Wand eindringen soll (poröse Wände sollen hier ausgeschlossen sein), muß gemäß der kinematischen Randbedingung nach (2.26a) die zur Wandrichtung normale Geschwindigkeitskomponente verschwinden, $v_n = 0$. Bei der hier behandelten reibungslosen Strömung ist im allgemeinen die Geschwindigkeitskomponente parallel zur Wand entsprechend (2.26a) von null verschieden, $v_t \neq 0$. An einer freien Oberfläche, worunter im allgemeinen eine an die Luft grenzende Flüssigkeitsoberfläche verstanden wird, muß aus Stetigkeitsgründen der Flüssigkeitsdruck gemäß der dynamischen Randbedingung gleich dem auf die Fläche wirkenden äußeren Druck, im allgemeinen also gleich dem Atmosphärendruck sein, $p = p_0$. Die Randbedingungen lauten also

$$v_n = 0 \quad \text{(nichtporöse Wand)}, \qquad p = p_0 \quad \text{(freier Flüssigkeitsspiegel)}. \tag{2.99a, b}$$

Bei instationären Strömungsvorgängen sind weiterhin die Anfangsbedingungen zu beachten.

Für den Fall ebener Strömung ergibt sich das Gleichungssystem zur Berechnung der drei Unbekannten $v_x = u(t, x, y)$, $v_y = v(t, x, y)$ und $p(t, x, y)$ zu

$$\varrho = \varrho(p) \quad \text{(barotrop)}, \tag{2.100a}$$

$$\frac{\partial \varrho}{\partial t} + \frac{\partial(\varrho u)}{\partial x} + \frac{\partial(\varrho v)}{\partial y} = 0, \tag{2.100b}$$

$$\frac{\partial u}{\partial t} + u\frac{\partial u}{\partial x} + v\frac{\partial u}{\partial y} = -\frac{\partial u_B}{\partial x} - \frac{1}{\varrho}\frac{\partial p}{\partial x}, \tag{2.100c}$$

$$\frac{\partial v}{\partial t} + u\frac{\partial v}{\partial x} + v\frac{\partial v}{\partial y} = -\frac{\partial u_B}{\partial y} - \frac{1}{\varrho}\frac{\partial p}{\partial y}. \tag{2.100d}$$

Beschreibt bei einer festen Berandung $y_w(x)$ die Wandstromlinie, dann lautet nach (2.24b) die Randbedingung $(dy/dx)_w = v_w/u_w$.

Strömungsumkehr. Bei Annahme eines zeitlich unveränderlichen Kraftfelds (Volumenkraft) $u_B = u_B(\boldsymbol{r})$ und bei Vorgabe einer ebenfalls zeitlich gleichbleibenden Randbedingung sei $\boldsymbol{v}(t, \boldsymbol{r})$ eine Lösung der Eulerschen Bewegungsgleichung, Impulsgleichung (2.98a) und Kontinuitätsbedingung (2.60a). Soll die Strömung längs der Stromlinien jetzt rückwärts statt vorwärts verlaufen, so ist für die Geschwindigkeit $-\boldsymbol{v}(-t, \boldsymbol{r})$ zu setzen. Der Vorzeichenwechsel in $\boldsymbol{v}$ bedeutet für die Beschleunigung keine Änderung, da $\boldsymbol{a}(t, \boldsymbol{r}) = d\boldsymbol{v}/dt = d(-\boldsymbol{v})/d(-t) = \boldsymbol{a}(-t, \boldsymbol{r})$ ist. Aus (2.98a) kann man dann folgern, daß dann auch der Druck $p(t, \boldsymbol{r}) = p(-t, \boldsymbol{r})$ unverändert bleibt. Auch die Kontinuitätsbedingung bleibt wegen $d\varrho/dt =$

$-d\varrho/d(-t)$ und $\operatorname{div}(\varrho\boldsymbol{v}) = -\operatorname{div}(-\varrho\boldsymbol{v})$ erfüllt. Das gefundene Ergebnis besagt, daß stetige reibungslose Strömungen kinematisch und dynamisch umkehrbar, d. h. reversibel, sind. Bei einem umströmten Körper bleibt die Druckverteilung auch bei Umkehr der Anströmrichtung dieselbe.

Lösungsmöglichkeit der Eulerschen Bewegungsgleichung. Es sei jetzt noch eine Aussage über die grundsätzliche Lösungsmöglichkeit der Eulerschen Bewegungsgleichung gemacht. Gl. (2.98c) vereinfacht sich außerordentlich, wenn man von ihr die Rotation bildet[44]

$$\operatorname{rot}\left(\frac{\partial \boldsymbol{v}}{\partial t}\right) - \operatorname{rot}(\boldsymbol{v} \times \operatorname{rot} \boldsymbol{v}) = 0, \quad \frac{\partial \boldsymbol{\omega}}{\partial t} - \operatorname{rot}(\boldsymbol{v} \times \boldsymbol{\omega}) = 0, \quad \boldsymbol{\omega} = 0 \tag{2.101a, b, c}$$

mit $\boldsymbol{\omega} = (1/2) \operatorname{rot} \boldsymbol{v}$ nach (2.34a) als Drehung des Fluidelements. Diese Gleichung besagt nun, daß jede drehungsfreie Strömung ($\boldsymbol{\omega} = 0$) Lösung der Eulerschen Impulsgleichung ist. Drehungsfreie, reibungslose Strömungen nennt man Potentialströmungen, weil man bei diesen das Geschwindigkeitsfeld stets durch den Ausdruck $\boldsymbol{v} = \operatorname{grad} \Phi$ mit Φ als skalarem Geschwindigkeitspotential darstellen kann. Wegen $\operatorname{rot} \boldsymbol{v} = \operatorname{rot}(\operatorname{grad} \Phi) \equiv 0$ wird die Bedingung der Drehungsfreiheit von selbst erfüllt. Zur Lösung braucht also nur noch die Kontinuitätsgleichung herangezogen zu werden, siehe hierfür Kap. 5.3. Bei der bisher besprochenen Lösungsmöglichkeit wird das Verschwinden des Vektorprodukts ($\boldsymbol{v} \times \operatorname{rot} \boldsymbol{v}$) dadurch herbeigeführt, daß $\operatorname{rot} \boldsymbol{v} = 0$ gesetzt, d. h. die Strömung als drehungsfrei angesehen wird. Indessen besteht auch bei stationärer drehungsbehafteter Strömung die Möglichkeit, daß ($\boldsymbol{v} \times \operatorname{rot} \boldsymbol{v}) = 0$ wird, nämlich dann, wenn die Wirbellinien mit den Stromlinien zusammenfallen (Beltrami-Strömung)[45]. Dieser Fall spielt eine wichtige Rolle in der Tragflügeltheorie, bei der unter gewissen Annahmen die hinter dem Flügel entstehenden freien Wirbellinien zugleich Stromlinien sind, vgl. Kap. 5.4.3.3

Bemerkungen zur Bernoullischen Energiegleichung[46]**.** Für eine stationäre, drehungsfreie Strömung eines barotropen Fluids geht (2.98c) mit $\partial \boldsymbol{v}/\partial t = 0$ und $\operatorname{rot} \boldsymbol{v} = 0$ über in $\operatorname{grad}(v^2/2 = u_B + i) = 0$[47]. Dies bedeutet, daß der Klammerausdruck mit $u_B = gz$ im Gegensatz zu dem Ausdruck von (2.96a) im ganzen Strömungsfeld unveränderlich ist Mithin lautet jetzt die Bernoullische Energiegleichung

$$\frac{v^2}{2} + u_B + i = \text{const} \qquad \text{(barotrop, drehungsfrei).} \tag{2.102a}$$

Im Ruhezustand geht diese Beziehung mit $v = 0$ in (2.13a) über. Am Beispiel der stationären ebenen reibungslosen Strömung soll die Zusammenfassung der Impulsgleichungen (2.100c) und (2.100d) zur Energiegleichung der Fluidmechanik bei reibungsloser Strömung gezeigt werden. Multipliziert man die genannten Gleichungen mit dx bzw. dy und addiert sie anschließend, so folgt nach Umformung mit $|\boldsymbol{v}| = \sqrt{u^2 + v^2}$ als resultierender

44 Man beachte, daß $\operatorname{rot}(\operatorname{grad} \ldots) \equiv 0$ und $\operatorname{rot}(\partial \boldsymbol{v}/\partial t) = \partial(\operatorname{rot} \boldsymbol{v})/\partial t$ ist, da $\operatorname{rot}(\ldots)$ nur Differentiationen nach den Ortskoordinaten enthält.

45 Vgl. hierzu die Ausführung auf S. 73.

46 Ausführlich wird über die Energiegleichung der Fluidmechanik in Kap. 2.6.2 berichtet.

47 Es ist $\boldsymbol{v}^2 = v^2$ sowie $\boldsymbol{v} \cdot d\boldsymbol{v} = v\,dv = d(v^2/2)$ mit $v = |\boldsymbol{v}|$ als resultierender Geschwindigkeit.

Geschwindigkeit[47]

$$\boldsymbol{v} \cdot d\boldsymbol{v} + du_B + \frac{dp}{\varrho} = -2\omega_z \, d\Psi \qquad \text{(drehungsbehaftet).} \tag{2.102 b}$$

Bei der Ableitung ist im einzelnen zu beachten, daß für das totale Differential $d = (\partial/\partial x)\,dx + (\partial/\partial y)\,dy$ gilt und $u\,du + v\,dv = |\boldsymbol{v}|\,d|\boldsymbol{v}|$, $\partial v/\partial x - \partial u/\partial y = 2\omega_z$ nach Tab. 2.3 sowie $u = \partial\Psi/\partial y$, $v = -\partial\Psi/\partial x$ nach (2.25a) ist. Auf der rechten Seite tritt das Produkt aus der Drehung ω_z und der Änderung des Werts der Stromfunktion $d\Psi$ auf. Verfolgt man die Strömung längs einer Stromlinie, dann ist nach Kap. 2.3.2.2 hierfür $d\Psi = 0$. In diesem Fall geht (2.102b) mit $u_B = gz$ in (2.95a) über. Verschwindet dagegen im ganzen Strömungsfeld die Drehung, dann führt die Integration von (2.102b) für ein barotropes Fluid zu (2.102a).

Gegenüberstellung. Um den Unterschied in den zwei Lösungen (Integration längs Stromlinie oder drehungsfreie Strömung) anschaulich zu machen, sei auf die in Kap. 2.3.3.4 als Beispiel d besprochenen Strömungen auf konzentrischen Kreisbahnen zurückgegriffen, von denen der erste Geschwindigkeitsansatz $v = a/r$ drehungsfrei und der zweite Ansatz $v = br$ drehungsbehaftet ist. Es sei die Strömung eines dichtebeständigen Fluids betrachtet. Nach (2.97a) beträgt bei Vernachlässigung der Massenkraft die Druckänderung in radialer Richtung (negative n-Richtung) $dp = \varrho(v^2/r)\,dr$. Für $v = a/r$ wird mit $dp = \varrho(a^2/r^3)\,dr$ nach Ausführen der Integration

$$p - p_0 = -\left(\frac{1}{r^2} - \frac{1}{r_0^2}\right)\frac{\varrho}{2}\,a^2 = \left[1 - \left(\frac{r_0}{r}\right)^2\right]\frac{\varrho}{2}\,v_0^2 \qquad \text{(drehungsfrei),} \tag{2.103 a}$$

wobei p_0 den Druck und $v_0 = a/r_0$ die Geschwindigkeit für den Kreis vom Radius r_0 bezeichnen. Diese Strömung ist im ganzen Strömungsbereich mit Ausnahme der singulären Stelle im Kreismittelpunkt ($r \to 0$) drehungsfrei. Es darf also (2.102a) für Punkte der Kreise $r \geqq r_0$ angewendet werden. Man überzeugt sich leicht, daß hierbei mit $u_B = 0$ und $i = p/\varrho$ das Ergebnis von (2.103a) bestätigt wird.

Setzt man dagegen $v = br$, so wird mit $dp = \varrho b^2 r\,dr$ nach Ausführen der Integration

$$p - p_0 = (r^2 - r_0^2)\frac{\varrho}{2}\,b^2 = \left[\left(\frac{r}{r_0}\right)^2 - 1\right]\frac{\varrho}{2}\,v_0^2 \qquad \text{(drehungsbehaftet).} \tag{2.103 b}$$

Diese Strömung ist im betrachteten Gebiet drehungsbehaftet. Gl. (2.102a) gilt also nicht, wenn man von einem zum anderen Kreis $r \geqq r_0$ übergeht. Würde man sie dafür dennoch anwenden, dann würde sich $p - p_0 = -(\varrho/2)\,b^2(r^2 - r_0^2)$ errechnen, was zu obigem Ergebnis hinsichtlich des Vorzeichens in Widerspruch steht. In Abb. 2.36 sind für die beiden Fälle die Geschwindigkeits- und die Druckverteilungen über dem Radius dargestellt. Mit wachsendem Abstand r steigt danach der Druck jeweils verschieden stark an.

Radiales Gleichgewicht. Für eine stationäre Strömung sei noch das radiale Gleichgewicht an einem Fluidelement betrachtet. Ein nur der Schwerkraft unterworfenes Fluid möge sich in einer Strömung befinden, deren Strömungsgrößen nur vom Radius r abhängen. Für die Darstellung in Zylinderkoordinaten mit vertikaler z-Achse gilt also $\partial/\partial t = 0$, $u_B = gz$ mit $z(r)$, $v_r(r)$, $v_\varphi(r)$, $v_z(r)$ sowie $p(r)$. Nach Tab. 2.7 erhält man hierfür die Eulersche Impulsgleichung mit $\nu \equiv 0$

$$v_r \frac{dv_r}{dr} - \frac{v_\varphi^2}{r} = -g\frac{dz}{dr} - \frac{1}{\varrho}\frac{dp}{dr}, \qquad \frac{1}{r^2}\frac{d(rv_\varphi)^2}{dr} + \frac{d(v_z^2)}{dr} = 0, \tag{2.104 a}$$

wobei sich der Druck in der ersten Beziehung nach (2.95a) durch $dp = -(\varrho/2)\,d(v_r^2 + v_\varphi^2 + v_z^2) - \varrho g\,dz$ eliminieren läßt. In der so gewonnenen zweiten Beziehung treten die Dichte ϱ, die Höhe z sowie die Geschwindigkeitskomponente v_r nicht mehr auf. Besitzt das Fluidelement mit der Masse Δm den konstanten Drall (Impulsmoment) $\Delta L = \Delta m v_\varphi r$, so folgt, daß die Geschwindigkeit $v_z = \text{const}$ ist. Wegen $v_\varphi \sim 1/r$ verläuft die Strömung entsprechend

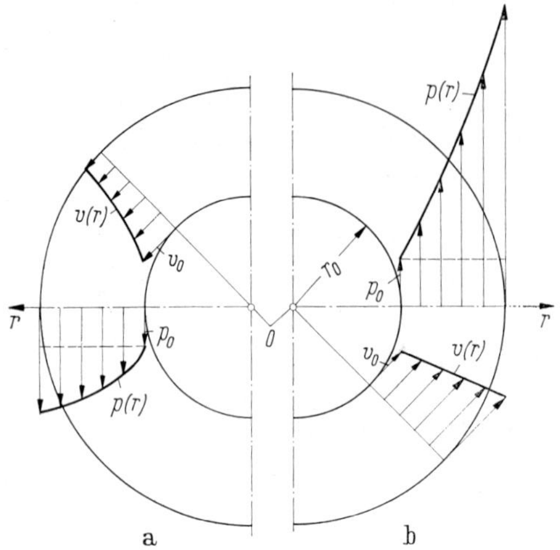

Abb. 2.36. Geschwindigkeits- und Druckverteilungen bei Strömungen auf konzentrischen Kreisen. **a** $v = a/r$, drehungsfrei. **b** $v = br$, drehungsbehaftet

Beispiel d in Kap. 2.3.3.4 für $r \neq 0$ drehungsfrei. Sie tritt bei der Wirbelflußmaschine auf. Erfolgt die Strömung wie bei der Festkörperrotation mit gleichförmiger Winkelgeschwindigkeit ($\omega = \text{const}$), dann gilt für die Geschwindigkeitskomponenten

$$v_\varphi = \omega r, \qquad v_z = \sqrt{v_{z0}^2 - 2\omega^2 r^2} \qquad \text{mit} \qquad v_{z0} = v(r = 0). \tag{2.104b}$$

Diese Strömung ist drehungsbehaftet, vgl. (2.103b).

Rotierendes Bezugssystem. Bei Strömungsmaschinen spielt oft der Fall eine Rolle, bei dem das Bezugssystem (Koordinatensystem) nicht mehr in Ruhe ist, sondern sich z. B. um eine feststehende Achse dreht. Während in Kap. 2.3.2.3 zunächst nur die Kinematik bei rotierendem Bezugssystem behandelt wurde, soll jetzt die Kinetik bei rotierendem Bezugssystem besprochen werden. Da die Aussage des Newtonschen Grundgesetzes entsprechend Kap. 2.5.1 für die Absolutströmung gilt, ist $\boldsymbol{a}$ in (2.92) durch die Absolutbeschleunigung $\boldsymbol{a}_{\text{abs}}$ nach (2.32a) zu ersetzen. Man erhält für die auf die Masse bezogene Impulsgleichung $\boldsymbol{a}_{\text{rel}} = \boldsymbol{f}_B + \boldsymbol{f}_P - \boldsymbol{a}_f - \boldsymbol{a}_c$. Die durch die Führungsbeschleunigung $\boldsymbol{a}_f$ und durch die Coriolis-Beschleunigung $\boldsymbol{a}_c$ nach (2.32c, d) hervorgerufenen Anteile sind zusätzliche Trägheitskräfte der Relativbewegung. Es ist $\boldsymbol{f}_f = -\boldsymbol{a}_f = \text{grad}\,(\omega^2 r^2/2)$ die nach Abb. 2.37

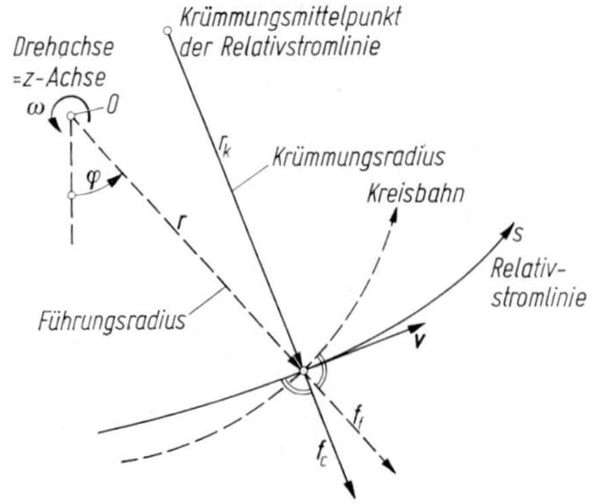

Abb. 2.37. Rotierendes Bezugssystem, Zentrifugal- und Corioliskraft (Ebene normal zur Drehachse, Zylinderkoordinaten r, φ, z), vgl. Abb. 2.19b

in Richtung des Führungsradius $\boldsymbol{r}$ wirkende bezogene Zentrifugalkraft der Relativbewegung und $\boldsymbol{f}_c = -\boldsymbol{a}_c = -2(\boldsymbol{\omega} \times \boldsymbol{v})$ die in Richtung des Krümmungsradius der Stromlinie r_k (normal zur Stromlinie) wirkende Corioliskraft, vgl. Abb. **2.19.** Wenn man den Index „rel" bei der Relativbeschleunigung $\boldsymbol{a}_{\text{rel}} = (d\boldsymbol{v}/dt)_{\text{rel}}$ fortläßt, wird $\boldsymbol{a} = d\boldsymbol{v}/dt = \boldsymbol{f}_B + \boldsymbol{f}_P + \boldsymbol{f}_f + \boldsymbol{f}_c$. Nach Einsetzen aller Beziehungen für die auf die Masse bezogenen Kräfte wird in Erweiterung von (2.98c) mit $d\boldsymbol{v}/dt$ nach (2.29c)

$$\frac{d\boldsymbol{v}}{dt} = -\text{grad}\left(u_B + i - \frac{\boldsymbol{\omega}^2\boldsymbol{r}^2}{2}\right) - 2(\boldsymbol{\omega} \times \boldsymbol{v}) \qquad (\boldsymbol{\omega} = \text{const}), \tag{2.105}$$

Dies ist die Eulersche Impulsgleichung im rotierenden Bezugssystem. Für Zylinderkoordinaten r, φ, z mit z als Drehachse wird, vgl. Tab. 2.7 mit $\nu = 0$,

$$\frac{dv_r}{dt} - \omega^2 r - 2\omega v_\varphi = -\frac{\partial u_B}{\partial r} - \frac{1}{\varrho}\frac{\partial p}{\partial r}, \tag{2.106a}$$

$$\frac{dv_\varphi}{dt} + 2\omega v_r = -\frac{1}{r}\frac{\partial u_B}{\partial \varphi} - \frac{1}{\varrho}\frac{1}{r}\frac{\partial p}{\partial \varphi} \tag{2.106b}$$

$$\frac{dv_z}{dt} = -\frac{\partial u_B}{\partial z} - \frac{1}{\varrho}\frac{\partial p}{\partial z}. \tag{2.106c}$$

Während die Glieder auf den rechten Seiten für die Massen- und Druckkraft von der Drehung des Bezugssystems unbeeinflußt bleiben, treten auf den linken Seiten neben den substantiellen Beschleunigungen d/dt nach Tab. 2.2 z. T. zusätzliche von der Drehung des Bezugssystems abhängige Ausdrücke auf. Multipliziert man (2.105) skalar mit $d\boldsymbol{s} = \boldsymbol{v}\,dt$, dann verschwindet wegen $(\boldsymbol{\omega} \times \boldsymbol{v})\,\boldsymbol{v} = 0$ der Einfluß der Corioliskraft (diese wirkt normal zur Stromlinie). Weiterhin ist $(d\boldsymbol{v}/dt) \cdot d\boldsymbol{s} = \boldsymbol{v} \cdot d\boldsymbol{v}$ und $\text{grad}\,(\ldots) \cdot d\boldsymbol{s} = d(\ldots)$. Nach Integration längs einer Stromlinie wird dann bei stationärer Strömung

$$\frac{v^2}{2} + u_B + i - \frac{\omega^2 r^2}{2} = C \qquad \text{(längs Stromlinie, barotrop)}, \tag{2.107}$$

wobei die Konstante C von Stromlinie zu Stromlinie verschieden ist. Gl. (2.107) stellt die auf ein rotierendes Bezugssystem angewendete Energiegleichung der Fluidmechanik dar. Gegenüber der Beziehung für die stationäre Relativströmung nach (2.96) ist bei einem mit gleichförmiger Winkelgeschwindigkeit ($\omega = \text{const}$) rotierenden Bezugssystem auf der linken Seite die Größe $\omega^2 r^2/2$ abzuziehen mit r als kürzestem Abstand des auf der Stromlinie betrachteten Punkt s von der Drehachse des Bezugssystems.

2.5.3.3 Bewegungsgleichung der laminaren Strömung normalviskoser Fluide (Navier, Stokes)

Allgemeines. Bisher wurde die reibungslose Strömung untersucht, die sich einstellen würde, wenn in ihr keine durch die Viskosität bedingten Kräfte an den einzelnen Fluidelementen wirksam wären. Die Erfahrung hat gelehrt, daß durch diese Hypothese gewisse Strömungsvorgänge in guter Übereinstimmung mit der Wirklichkeit erklärt werden können, andere dagegen nicht. Das letztere gilt besonders dann, wenn es sich um Strömungen in der Nähe fester Wände oder an freien Strahlgrenzen handelt. In diesen Fällen spielt die Viskosität des Fluids eine wichtige Rolle. Die Strömung eines viskosen Fluids, bei dessen Bewegung keinerlei turbulente Erscheinungen auftreten, verläuft laminar und soll als laminare Strömung viskoser Fluide bezeichnet werden. Begrifflich wird unterschieden zwischen Viskosität als physikalischer Stoffgröße eines Fluids nach Kap. 1.2.3.2 und der Zähigkeit als physikalischem Verhalten der Strömung eines viskosen Fluids nach

Kap. 1.3.3.2. Wegen des Fehlens der Turbulenzkraft $\boldsymbol{f}_T = 0$ erhält man aus (2.91b) entsprechend Tab. 2.6

$$\boldsymbol{a} = \frac{d\boldsymbol{v}}{dt} = \boldsymbol{f}_B + \boldsymbol{f}_P + \boldsymbol{f}_Z \qquad \text{(laminar)}. \tag{2.108}$$

Bei der Ableitung der Impulsgleichung für die zähigkeitsbehaftete laminare Strömung geht man zunächst in ähnlicher Weise wie in Kap. 2.5.3.2 bei der Aufstellung der Impulsgleichung für die reibungslose Strömung vor. Nur hat man jetzt neben den am Element wirkenden Massen- und Druckkräften $\boldsymbol{f}_B + \boldsymbol{f}_P$ auch die Kraft aus der Zähigkeitswirkung $\boldsymbol{f}_Z$ zu berücksichtigen. Als Elementaransatz für die Reibung bei zähigkeitsbehafteten laminaren Strömungsvorgängen wurde mit (1.11) das Newtonsche Schubspannungsgesetz eingeführt. Danach sind bei der einfachen laminaren Scherströmung nach Abb. 1.3b die zwischen den Fluidelementen auftretenden Tangentialspannungen proportional der Schergeschwindigkeit $\partial v/\partial n$[48]. Hierbei erfahren die Fluidelemente eine Verformung in Form einer Winkeländerung. Verallgemeinert wird angenommen, daß die an einem Fluidelement auftretenden Normal- und Tangentialspannungen jeweils proportional der Formänderungsgeschwindigkeit def $\boldsymbol{v}$ nach (2.39) sind. Hierin unterscheiden sich die Fluide grundsätzlich von den festen Körpern, bei denen die Spannungen den Formänderungen selbst proportional sind (Hookesches Gesetz der Elastizitätstheorie). Wesentlich für die Herleitung der gesuchten Bewegungsgleichung einer zähigkeitsbehafteten laminaren Strömung ist die Kenntnis des vollständigen Spannungszustands $(\boldsymbol{\sigma})$ an einem Fluidelement in Abhängigkeit vom Deformationszustand def $\boldsymbol{v}$. Die grundlegenden Arbeiten hierzu stammen von Navier [25], de Saint-Venant [36] und Stokes [42], vgl. hierzu Schlichting [37] und White [53]. Auf den Handbuchbeitrag von Berker [3] über die Integration der Bewegungsgleichungen zähigkeitsbehafteter Strömung bei einem dichtebeständigen Fluid sei hingewiesen[49].

Spannungen am Fluidelement. Die dem Newtonschen Reibungsansatz bei einfacher Scherströmung zugrunde liegende Vorstellung soll für die dreidimensionale Bewegung einer zähigkeitsbehafteten laminaren Strömung übernommen und erweitert werden. Bezeichnet ΔA_x nach Abb. 2.38a das Flächenelement einer normal zur x-Achse liegenden Schnittfläche und $\Delta F_{\sigma y}$ die an der Fläche ΔA_x in Richtung der y-Achse wirkende tangentiale Komponente der Spannungskraft, so lautet analog der Definition für die Druckspannung in (2.1a) die zugehörige Komponente der Tangentialspannung

$$\sigma_{xy} = \frac{\text{Spannungskraft}}{\text{Schnittfläche}} = \lim_{\Delta A_x \to 0} \frac{\Delta F_{\sigma y}}{\Delta A_x} = \frac{dF_{\sigma y}}{dA_x}, \qquad \sigma_{ij} = \frac{dF_{\sigma j}}{dA_i}. \tag{2.109a, b}$$

In entsprechender Weise lassen sich am Flächenelement ΔA_x die Komponente

48 Der Begriff der Schergeschwindigkeit wurde in Kap. 2.3.3.3 erläutert.

49 In seiner Darstellung der Geschichte der Theorie zäher Flüssigkeiten kommt Szabó [44] bei der Würdigung der Verdienste von De Saint-Venant und Stokes zu der Feststellung, daß hinsichtlich der Namensgebung für die Bewegungsgleichung zäher Fluide De Saint-Venant anstelle von Stokes hätte „fungieren“ müssen.

der Tangentialspannung in z-Richtung σ_{xz} sowie die Normalspannung in x-Richtung σ_{xx} definieren.

Abb. 2.38 b zeigt ein Element (Quader) des strömenden Fluids mit den Kantenlängen Δx, Δy, Δz, für dessen Eckpunkt P der Spannungszustand angegeben werden soll. An den Oberflächen des Quaders wirken die neun Oberflächenspannungen σ_{xx}, σ_{yy}, σ_{zz} bzw. σ_{xy}, σ_{xz}, σ_{yx}, σ_{yz}, σ_{zx}, σ_{zy}, wobei die Normalspannungen mit zwei

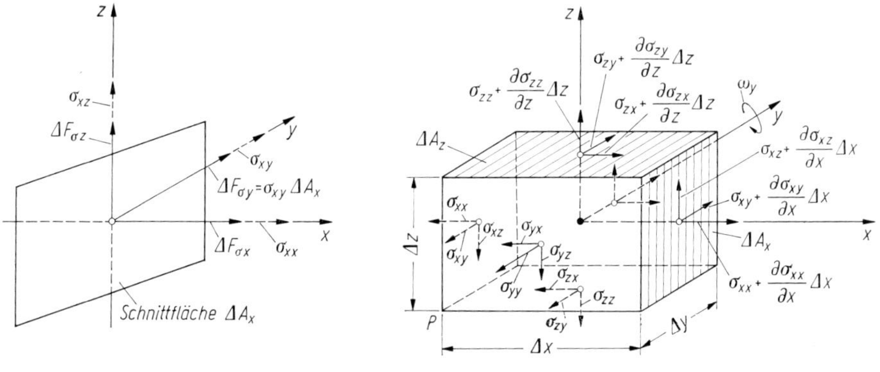

a b

Abb. 2.38. Spannungszustand an einem Fluidelement (σ gesamte Spannung, τ reibungsbedingte Spannung). **a** Definition der Spannung am Element einer Schnittfläche. **b** Spannungskomponenten an einem herausgeschnittenen Raumelement (Quader)

gleichen Indizes und die Tangentialspannungen mit zwei verschiedenen Indizes versehen sind. Der erste Index kennzeichnet entsprechend (2.109a) das normal zur angegebenen Richtung stehende Flächenelement ΔA_x, ΔA_y, ΔA_z, während der zweite Index die durch den ersten Index noch nicht bestimmte Richtung x, y, z der Spannungskomponente festlegt. In Zeigerschreibweise gilt für die Spannungen σ_{ij} gemäß (2.109b). Die Spannungen mit $i = j = 1, 2, 3$, d. h. σ_{ii} bzw. σ_{jj} stellen somit die drei Normalspannungen und diejenigen mit $i \neq j$, d. h. σ_{ij} die sechs Tangentialspannungen dar. Der bei der Deformation des strömenden Fluidelements infolge Druck- und Zähigkeitswirkung ausgelöste Spannungszustand ist also zunächst durch neun unbekannte skalare Spannungsgrößen bestimmt. Diese bilden den Spannungstensor $(\sigma_{ij}) = (\sigma)$. Die Normalspannungen werden formal als Zugspannungen $\sigma_{ii} > 0$ eingeführt, obwohl Gase und im allgemeinen auch Flüssigkeiten im Gegensatz zu festen Körpern kaum Zugspannungen übertragen können, vgl. Kap. 2.2.2.1. Im ruhenden Zustand oder bei reibungsloser Strömung sind im Punkt P die Normalspannungen nach (2.1b) in allen Richtungen gleich groß, nämlich gleich dem negativen Druck $\sigma_{ii} = -p$. Weiterhin treten hierbei keine Tangentialspannungen auf, $\sigma_{ij} = 0$ für $i \neq j$. Bei einer ungleichförmigen Drehbewegung des Fluidelements sei die Drehung um die durch den Schwerpunkt des Elements gehende y-Achse betrachtet. Das von der Winkelbeschleunigung $\dot{\omega}_y = d\omega_y/dt$ und dem Massenträgheitsmoment $\Delta\Theta_y$ hervorgerufene Kraftmoment muß gleich den aus den Tangentialkräften in den Flächen ΔA_x und ΔA_z um die y-Achse wirksamen Momenten sein, d. h. $-\Delta\Theta_y\dot{\omega}_y = \sigma_{xz}\Delta A_x\Delta x - \sigma_{zx}\Delta A_z\Delta z = (\sigma_{xz} - \sigma_{zx})\,\Delta V$. Die Spannungsänderungen $(\partial\sigma_{xz}/\partial x)$

$\times \Delta x$ und $(\partial \sigma_{zx}/\partial z)\,\Delta z$ können gegenüber den Spannungen σ_{xz} bzw. σ_{zx} vernachlässigt werden. Da das Trägheitsmoment $\Delta \Theta_y = (\varrho/12)\,(\Delta x^2 + \Delta z^2)\,\Delta V$ der fünften Potenz der Längenabmessung, das Volumen $\Delta V = \Delta A_x \Delta x = \Delta A_z \Delta z$ jedoch nur der dritten Potenz proportional ist, kann bei Anwendung auf das infinitesimal kleine Fluidelement bei $\dot{\omega}_y \neq \infty$ die linke Seite gegenüber der rechten vernachlässigt werden, was zu $\sigma_{xz} = \sigma_{zx}$ führt. Dies Ergebnis ist in der Mechanik als Satz von der Gleichheit einander zugeordneter Tangentialspannungen bekannt. Die Erkenntnisse über die an einem Fluidelement auftretenden Oberflächenspannungen lauten zusammenfassend

$$\sigma_{ii} = -p + \tau_{ii} \quad (i = 1, 2, 3), \qquad \sigma_{ij} = \sigma_{ji} = \tau_{ij} = \tau_{ji} \quad (i \neq j). \tag{2.110a, b}$$

Bei den Normspannungen σ_{ii} empfiehlt es sich nach (2.110a) diese aus der negativen Druckspannung $(-p)$ und der durch die Viskosität des Fluids zusätzlich hervorgerufenen zähigkeitsbedingten Normalspannung τ_{ii} zusammenzusetzen. Im allgemeinen ist $\sigma_{11} \neq \sigma_{22} \neq \sigma_{33}$. Da die Tangentialspannungen nach (2.110b) nur aus den drei Komponenten $\sigma_{12} = \sigma_{21}$, $\sigma_{13} = \sigma_{31}$ und $\sigma_{23} = \sigma_{32}$ bestehen, bilden die neun Komponenten also einen symmetrischen Tensor. Bei den Tangentialspannungen handelt es sich stets um zähigkeitsbedingte Spannungen, die mit $\tau_{ij} = \tau_{ji}$ gekennzeichnet werden sollen.

Zusammenhang von Deformations- und Spannungszustand. Die Bewegung und Verformung eines strömenden Fluidelements wird nach Kap. 2.3.3 durch die Translation (Parallelverschiebung) und die Rotation (Drehung) sowie durch die Dehnung und Scherung bestimmt. Man kann sich überlegen, daß die Translation und Rotation, durch die sich das Fluidelement wie ein starrer Körper durch das Strömungsfeld bewegt, nicht die Ursache für irgendwelche an den Oberflächen des Elements zusätzlich zum Druck hervorgerufene Spannungen sein können. Zusätzliche Spannungen können also nur bei der Verformung (Deformation) des Elements entstehen. Der Deformationszustand eines Fluidelements (Volumenelement) wird nach Kap. 2.3.3.3 durch den Deformationstensor def $\boldsymbol{v} = (D_{ij})$ beschrieben, in dem nur Geschwindigkeitsänderungen nach den Raumkoordinaten $\partial v_i/\partial x_j$ in der Anordnung von (2.33b) vorkommen. Wegen $D_{ij} = D_{ji}$ sowie $\tau_{ij} = \tau_{ji}$ sind sowohl der Deformationstensor (D_{ij}) als auch der Spannungstensor (τ_{ij}) symmetrisch. Sie haben also gleiche Symmetrieeigenschaften. Ausgehend vom Newtonschen Reibungsansatz wird nun angenommen, daß die Spannungen proportional den Geschwindigkeitsänderungen des Deformationstensors (Formänderungsgeschwindigkeit) sind. Diese Festsetzung trifft für die in Kap. 1.2.3.2 besprochenen normalviskosen Fluide (newtonsche Fluide) zu. Bei dem Fluid handele es sich darüber hinaus um einen isotropen Körper, bei dem keine Koordinatenrichtung vor der anderen ausgezeichnet ist. Bei der Verformung erfährt das Fluidelement eine Dehnung mit der Dehngeschwindigkeit $\varepsilon_{ii} = D_{ii}$ nach (2.36b), eine Volumenausdehnung mit der Dilatationsgeschwindigkeit ψ nach (2.37) und eine Scherung mit der Schergeschwindigkeit $\vartheta_{ij} = D_{ij}$ nach (2.38). Die von der Viskosität herrührenden Beiträge zu den Normalspannungen können in einem isotropen Fluid aus Symmetriegründen nur von den Dehngeschwindigkeiten abhängen. Weiterhin ist auch verständlich, daß die Dilatationsgeschwindigkeit nur bei den Normalspannungen vorkommt. Für die zähigkeitsbedingten Normal- und Tangentialspannungen τ_{ij} kann man somit die Ansätze

$$\tau_{ii} = 2\eta\varepsilon_{ii} + \lambda \frac{\partial v_j}{\partial x_j} \quad (i = 1, 2, 3), \qquad \tau_{ij} = \tau_{ji} = 2\eta\vartheta_{ij} \quad (i \neq j) \tag{2.111a, b}$$

machen. Es stellen η und λ Proportionalitätsfaktoren für die Stoffgrößen dar, über deren physikalische Bedeutung noch gesprochen wird. Der Faktor 2 wurde aus Gründen der

Zweckmäßigkeit eingeführt. Gl. (2.111) hätte man, wie es häufig geschieht, auch aus einer Analogiebetrachtung zur linearen Elastizitätstheorie fester Körper gewinnen können (Hookesches Gesetz). Wendet man (2.111b) auf die einfache Scherströmung $v_1 = u$ und $v_2 = 0 = v_3$ mit $\partial/\partial x_1 = 0 = \partial/\partial x_3$ und $\partial/\partial x_2 = \partial/\partial y$ sowie $\vartheta_{12} = (1/2)\,(\partial u/\partial y)$, $\vartheta_{13} = 0 = \vartheta_{23}$ nach (2.38) an, so folgt mit $\tau_{12} = \tau = \eta(\partial u/\partial y)$ das Newtonsche Elementargesetz der Zähigkeitsspannung, vgl. (1.11). Der Faktor η stellt also die Scher- oder Schichtviskosität nach Kap. 1.2.3.2 dar.

Nach Einsetzen von (2.36b) zunächst in (2.111a) und anschließend in (2.110a) erhält man die gesamte Normalspannung zu

$$\sigma_{ii} = -p + \eta\left(2\,\frac{\partial v_i}{\partial x_i} - \frac{2}{3}\,\frac{\partial v_j}{\partial x_j}\right) + \hat{\eta}\,\frac{\partial v_j}{\partial x_j} \qquad (i = 1, 2, 3) \qquad \text{mit} \qquad \hat{\eta} = \lambda + \frac{2}{3}\,\eta \tag{2.112a, b}$$

als neuer Stoffgröße[50]. Man nennt $\hat{\eta}$ die Volumen-, Kompressions- oder Druckviskosität (bulk viskosity). Während über die Scherviskosität η genaue Unterlagen vorliegen, sind die Kenntnisse über die Volumenviskosität $\hat{\eta}$ noch sehr lückenhaft. Will man den wirklichen Wert von $\hat{\eta}$ berücksichtigen, so müßte man ein nicht im thermodynamischen Gleichgewicht befindliches Fluid zugrunde legen. Hierzu fehlen aber noch wesentliche physikalische Grundlagen. Nach den bisherigen Erfahrungen kann man nach Kap. 1.2.3.2 als Näherung $\hat{\eta} \approx 0$ setzen. Diese Hypothese wurde bereits von Stokes [42] vorgeschlagen. Unter der gemachten Annahme besteht dann also ein fester Zusammenhang zwischen η und λ, nämlich $\lambda = -(2/3)\,\eta$ In der Strömung eines dichtebeständigen Fluids ist p eine grundlegende dynamische Größe, während man in der Strömung eines dichteveränderlichen Fluids den Druck p als eine thermodynamische Größe aufzufassen hat. Im letzteren Fall sind η und $\hat{\eta}$ skalare Funktionen des thermodynamischen Zustands.

Als mittlere Normalspannung $\bar{\sigma}_{ii}$ definiert man das arithmetische Mittel der drei Komponenten der Normalspannungen

$$\bar{\sigma}_{ii} = \frac{1}{3}\sum_i \sigma_{ii} = -p + \hat{\eta}\,\frac{\partial v_j}{\partial x_j} = -p + \hat{\eta}\,\operatorname{div}\boldsymbol{v}. \tag{2.113a, b}$$

Die mittlere Normalspannung stimmt mit dem negativen Wert des Drucks überein $\bar{\sigma}_{ii} = -p$, wenn $\operatorname{div}\boldsymbol{v} = 0$ ist, d. h. nach (2.61b) bei einem dichtebeständigen Fluid, oder, wenn die Volumenviskosität unberücksichtigt bleibt, $\hat{\eta} = 0$. Die Scherviskosität η tritt überhaupt nicht auf. Bei einem dichteveränderlichen Fluid mit $\operatorname{div}\boldsymbol{v} \neq 0$, bei dem $\hat{\eta} \neq 0$ sein kann, kann also $\bar{\sigma}_{ii} \neq -p$ werden.

Der gesamte Spannungstensor $(\boldsymbol{\sigma})$, bestehend aus den Normalspannungen nach (2.112a) und aus den Tangentialspannungen nach (2.111b) in Verbindung mit (2.38), läßt sich als Stokessches Gesetz der Druck- und Zähigkeitsspannungen mit $\hat{\eta} = 0$ folgendermaßen zusammenfassen:

$$\sigma_{ij} = \sigma_{ji} = -\delta_{ij}\left(p + \frac{2}{3}\,\eta\,\frac{\partial v_k}{\partial x_k}\right) + \eta\left(\frac{\partial v_i}{\partial x_j} + \frac{\partial v_j}{\partial x_i}\right) \qquad (\hat{\eta} = 0). \tag{2.114}$$ [51]

Diese Beziehung gibt die zähigkeitsbedingten Spannungen $\tau_{ij} = \tau_{ji}$ in (2.111) wieder, wenn man $p = 0$ setzt. Aus (2.114) erkennt man, daß die Tangentialspannungen $\sigma_{ij} = \tau_{ij}$ mit $i \neq j$ wegen $\delta_{ij} = 0$ nicht von der Dichteänderung des Fluids, enthalten in $\partial v_k/\partial x_k = \operatorname{div}\boldsymbol{v}$, abhängen. Für den Fall ebener Strömung $\partial/\partial x_3 = 0$ und $v_3 = 0$ eines dichtebeständigen Fluids ($\varrho = \text{const}$) erhält man mit $x_1 = x$ und $x_2 = y$ sowie $v_1 = u$ und $v_2 = v$ bei laminarer Strömung

$$\sigma_{xx} = -p + 2\eta\,\frac{\partial u}{\partial x}, \qquad \sigma_{yy} = -p + 2\eta\,\frac{\partial v}{\partial y}, \qquad \tau = \eta\left(\frac{\partial u}{\partial y} + \frac{\partial v}{\partial x}\right), \tag{2.115a, b, c}$$

50 Auf Fußnote 23, S. 75 sei hingewiesen.

51 Es ist $\delta_{ij} = \boldsymbol{e}_i \cdot \boldsymbol{e}_j$ der Einheitstensor mit $\boldsymbol{e}_i$, $\boldsymbol{e}_j$ als Einheitsvektoren; und zwar gilt $\delta_{ij} = 1$ für $i = j$ und $\delta_{ij} = 0$ für $i \neq j$.

Tabelle 2.8. Spannungstensor der laminaren Strömung normalviskoser Fluide ($\hat{\eta} = 0$), Koordinatensysteme nach Abb. 1.13

Koordinaten		x	y	z
kartesisch	x	$-p + 2\eta\left(\frac{\partial v_x}{\partial x} - \frac{1}{3}\operatorname{div}\boldsymbol{v}\right)$	$\eta\left(\frac{\partial v_x}{\partial y} + \frac{\partial v_y}{\partial x}\right)$	$\eta\left(\frac{\partial v_x}{\partial z} + \frac{\partial v_z}{\partial x}\right)$
	y	$\eta\left(\frac{\partial v_y}{\partial x} + \frac{\partial v_x}{\partial y}\right)$	$-p + 2\eta\left(\frac{\partial v_y}{\partial y} - \frac{1}{3}\operatorname{div}\boldsymbol{v}\right)$	$\eta\left(\frac{\partial v_y}{\partial z} + \frac{\partial v_z}{\partial y}\right)$
	z	$\eta\left(\frac{\partial v_z}{\partial x} + \frac{\partial v_x}{\partial z}\right)$	$\eta\left(\frac{\partial v_z}{\partial y} + \frac{\partial v_y}{\partial z}\right)$	$-p + 2\eta\left(\frac{\partial v_z}{\partial z} - \frac{1}{3}\operatorname{div}\boldsymbol{v}\right)$
Koordinaten		r	φ	z
zylindrisch	r	$-p + 2\eta\left(\frac{\partial v_r}{\partial r} - \frac{1}{3}\operatorname{div}\boldsymbol{v}\right)$	$\eta\left(\frac{1}{r}\frac{\partial v_r}{\partial \varphi} + r\frac{\partial}{\partial r}\left(\frac{v_\varphi}{r}\right)\right)$	$\eta\left(\frac{\partial v_r}{\partial z} + \frac{\partial v_z}{\partial r}\right)$
	φ	$\eta\left(r\frac{\partial}{\partial r}\left(\frac{v_\varphi}{r}\right) + \frac{1}{r}\frac{\partial v_r}{\partial \varphi}\right)$	$-p + 2\eta\left(\frac{1}{r}\frac{\partial v_\varphi}{\partial \varphi} + \frac{v_r}{r} - \frac{1}{3}\operatorname{div}\boldsymbol{v}\right)$	$\eta\left(\frac{\partial v_\varphi}{\partial z} + \frac{1}{r}\frac{\partial v_z}{\partial \varphi}\right)$
	z	$\eta\left(\frac{\partial v_z}{\partial r} + \frac{\partial v_r}{\partial z}\right)$	$\eta\left(\frac{1}{r}\frac{\partial v_z}{\partial \varphi} + \frac{\partial v_\varphi}{\partial z}\right)$	$-p + 2\eta\left(\frac{\partial v_z}{\partial z} - \frac{1}{3}\operatorname{div}\boldsymbol{v}\right)$

wobei $\tau = \sigma_{xy} = \sigma_{yx}$ die Schubspannung bezeichnet. Wegen $\partial u/\partial x = -\partial v/\partial y$ nach der Kontinuitätsgleichung (2.63a) folgt aus (2.115a, b) der Zusammenhang $\sigma_{xx} + \sigma_{yy} = -2p$. Bei der einfachen Scherströmung $u(y)$, $v = 0$ ergibt sich $\sigma_{xx} = \sigma_{yy} = -p$ und $\tau = \eta(\partial u/\partial y)$, wobei die letzte Beziehung wieder den Newtonschen Schubspannungssatz entsprechend (1.11) bestätigt. Die Komponentendarstellung des Spannungstensors $(\boldsymbol{\sigma})$ der laminaren Strömung normalviskoser Fluide für kartesische und zylindrische Koordinatensysteme wird in Tab. 2.8 mitgeteilt.

Spannungskraft am Fluidelement. Die an den einzelnen Flächenelementen des in Abb. 2.38b gezeigten Raumelements angreifenden Oberflächenkräfte erhält man durch Multiplikation der Spannungen mit den jeweils zugehörigen Flächen $\Delta A_x = \Delta y \Delta z$, $\Delta A_y = \Delta x \Delta z$ und $A_z = \Delta x \Delta y$. Wie man aus Abb. 2.38b sofort abliest, ergibt sich am betrachteten Fluidelement die resultierende Komponente der Spannungskraft in x-Richtung zu

$$\Delta F_{\sigma x} = \left(\frac{\partial \sigma_{xx}}{\partial x} + \frac{\partial \sigma_{yx}}{\partial y} + \frac{\partial \sigma_{zx}}{\partial z}\right) \Delta x \Delta y \Delta z = \left(\frac{\partial \sigma_{xx}}{\partial x} + \frac{\partial \sigma_{xy}}{\partial y} + \frac{\partial \sigma_{xz}}{\partial z}\right) \Delta V .$$

Die zweite Beziehung folgt unter Beachtung von (2.110b) mit $\Delta V = \Delta x \Delta y \Delta z$. Mit $\boldsymbol{\sigma}_x = \boldsymbol{e}_x \sigma_{xx} + \boldsymbol{e}_y \sigma_{xy} + \boldsymbol{e}_z \sigma_{xz}$ als Spannungsvektor der Fläche ΔA_x kann man auch $\Delta F_{\sigma x} = \operatorname{div} \boldsymbol{\sigma}_x \Delta V$ schreiben. Verallgemeinert erhält man die auf die Masse $\Delta m = \varrho \Delta V$ bezogene Spannungskraft am Fluidelement zu

$$\boldsymbol{f}_\sigma = \frac{1}{\varrho} (\boldsymbol{e}_x \operatorname{div} \boldsymbol{\sigma}_x + \boldsymbol{e}_y \operatorname{div} \boldsymbol{\sigma}_y + \boldsymbol{e}_z \operatorname{div} \boldsymbol{\sigma}_z) = \frac{1}{\varrho} \operatorname{div} (\boldsymbol{\sigma}) \qquad (2.116\text{a})$$

$$f_{\sigma i} = \frac{1}{\varrho} \frac{\partial \sigma_{ij}}{\partial x_j}, \qquad f_{\tau i} = \frac{1}{\varrho} \frac{\partial \tau_{ij}}{\partial x_j} \qquad (i = 1, 2, 3). \qquad (2.116\text{b, c})$$

Es ist $\operatorname{div}(\boldsymbol{\sigma})$ die Tensordivergenz des Spannungstensors, Tab. 2.9. Die gesamte Spannungskraft setzt sich nach (2.108) aus der Druckkraft $\boldsymbol{f}_P$ und der Zähigkeitskraft $\boldsymbol{f}_Z$ zusammen. Während für die druckbedingte Spannungskraft bereits (2.3b) angegeben wurde, gilt für die zähigkeitsbedingte Spannungskraft (2.116c).

Tabelle 2.9. Massebezogene Spannungskraft $\boldsymbol{f}_\sigma = \frac{1}{\varrho} \operatorname{div}(\boldsymbol{\sigma})$, Koordinatensysteme nach Abb. 1.13.
Tensordivergenz des Spannungstensors $\operatorname{div}(\boldsymbol{\sigma})$, (vgl. Tab. 2.1A mit $(\boldsymbol{a}) = (\boldsymbol{\sigma})$)

Koordinaten		$\operatorname{div}(\boldsymbol{\sigma})$
kartesisch	x	$\frac{\partial \sigma_{xx}}{\partial x} + \frac{\partial \sigma_{yx}}{\partial y} + \frac{\partial \sigma_{zx}}{\partial z}$
	y	$\frac{\partial \sigma_{xy}}{\partial x} + \frac{\partial \sigma_{yy}}{\partial y} + \frac{\partial \sigma_{zy}}{\partial z}$
	z	$\frac{\partial \sigma_{xz}}{\partial x} + \frac{\partial \sigma_{yz}}{\partial y} + \frac{\partial \sigma_{zz}}{\partial z}$
zylindrisch	r	$\frac{1}{r}\left(\frac{\partial(r\sigma_{rr})}{\partial r} + \frac{\partial \sigma_{\varphi r}}{\partial \varphi}\right) + \frac{\partial \sigma_{zr}}{\partial z} - \frac{\sigma_{\varphi\varphi}}{r}$
	φ	$\frac{1}{r}\left(\frac{\partial(r\sigma_{r\varphi})}{\partial r} + \frac{\partial \sigma_{\varphi\varphi}}{\partial \varphi}\right) + \frac{\partial \sigma_{z\varphi}}{\partial z} + \frac{\sigma_{r\varphi}}{r}$
	z	$\frac{1}{r}\left(\frac{\partial(r\sigma_{rz})}{\partial r} + \frac{\partial \sigma_{\varphi z}}{\partial \varphi}\right) + \frac{\partial \sigma_{zz}}{\partial z}$

Zähigkeitskraft am Fluidelement. In (2.116c) führt man die zähigkeitsbedingten Spannungen nach (2.114), indem dort $p = 0$ zu setzen ist, ein und erhält für die bezogene Zähigkeitskraft in der Strömung eines inhomogenen Fluids (veränderliche Stoffgrößen $\varrho \neq \text{const}$, $\eta \neq \text{const}$)

$$f_{Zi} = \frac{1}{\varrho}\left[\frac{\partial}{\partial x_j}\left(\eta\left(\frac{\partial v_i}{\partial x_j} + \frac{\partial v_j}{\partial x_i}\right)\right) - \frac{2}{3}\frac{\partial}{\partial x_i}\left(\eta\,\frac{\partial v_j}{\partial x_j}\right)\right] \quad (i = 1, 2, 3). \qquad (2.117\text{a})^{52}$$

Ohne auf den Nachweis einzugehen, kann man mit (2.39) frei von der Wahl des Koordinatensystems auch schreiben

$$\boldsymbol{f}_Z = \frac{1}{\varrho}\left[2\,\operatorname{div}\,(\eta\,\operatorname{def}\,\boldsymbol{v}) - \frac{2}{3}\operatorname{grad}\,(\eta\,\operatorname{div}\,\boldsymbol{v})\right]. \qquad (2.117\text{b})$$

Für die Strömung eines homogenen Fluids ($\varrho = \text{const}$, $\eta = \text{const}$) ist nach der Kontinuitätsgleichung (2.61b) $\operatorname{div}\boldsymbol{v} = 0$ sowie unter Beachtung dieser Beziehung nach den Regeln der Tensor-Analysis $2\operatorname{div}(\operatorname{def}\boldsymbol{v}) = -\operatorname{rot}(\operatorname{rot}\boldsymbol{v}) = \Delta\boldsymbol{v}$ mit Δ als Laplace-Operator angewendet auf einen Vektor.[53] Für diesen Fall erhält man die bezogene Zähigkeitskraft zu

$$\boldsymbol{f}_Z = -\nu\,\operatorname{rot}\,(\operatorname{rot}\boldsymbol{v}) = \nu\Delta\boldsymbol{v}, \qquad f_{Zi} = \nu\Delta v_i = \nu\,\frac{\partial^2 v_i}{\partial x_j^2} \quad (i = 1, 2, 3). \qquad (2.118\text{a, b})$$

Hierin ist $\nu = \eta/\varrho = \text{const}$ die kinematische Viskosität nach (1.12). Die Zähigkeitskraft verschwindet nur für $\operatorname{rot}\boldsymbol{v} = 0$ und zugleich $\operatorname{div}\boldsymbol{v} = 0$, d. h. für die drehungsfreie Strömung eines dichtebeständigen Fluids. Dabei spielt die Viskosität selbst keine Rolle. Der rein kinematische Begriff der Drehung erlangt für Strömungen dichtebeständiger Fluide somit eine sehr weitgehende physikalische Bedeutung, da er aussagt, daß es sich für diesen Fall um eine reibungslose Strömung im Sinn der getroffenen Voraussetzungen für die Eulersche Bewegungsgleichung in Kap. 2.5.3.2 handelt. Das Verschwinden der Zähigkeitskraft ist jedoch nicht gleichbedeutend damit, daß keine Zähigkeitsspannungen auftreten können. Diese sind gemäß (2.114) im allgemeinen immer vorhanden. Lediglich wenn man $\eta = 0$ setzt, sind sowohl die von der Viskosität bedingten Spannungen als auch die Zähigkeitskraft am Fluidelement null. Für $\nu = \text{const}$ sind die bezogenen Zähigkeitskräfte für verschiedene Koordinatensysteme in Tab. 2.7 zusammengestellt.

Navier-Stokessche Bewegungsgleichung. Die Impulsgleichung der zähigkeitsbehafteten laminaren Strömung erhält man aus (2.108) durch Einsetzen der Beziehungen für die Beschleunigung nach (2.29), für die bezogene Massenkraft nach (2.10), die bezogene Druckkraft nach (2.3) und die bezogene Zähigkeits-

---

52 Bei der Ableitung wurde berücksichtigt, daß $\delta_{ij}\,\dfrac{\partial}{\partial x_j} = \dfrac{\partial}{\partial x_i}$ ist.

53 Es ist $\Delta\boldsymbol{a} = \operatorname{grad}(\operatorname{div}\boldsymbol{a}) - \operatorname{rot}(\operatorname{rot}\boldsymbol{a})$ im Gegensatz zu $\Delta a = \operatorname{div}(\operatorname{grad} a)$. Für kartesische Koordinaten gilt der einfache Zusammenhang $\Delta\boldsymbol{a} = \boldsymbol{e}_x\Delta a_x + \boldsymbol{e}_y\Delta a_y + \boldsymbol{e}_z\Delta a_z$ mit $\Delta = \partial^2/\partial x^2 + \partial^2/\partial y^2 + \partial^2/\partial z^2$.

kraft nach (2.117). Für den allgemeinen Fall der Strömung eines inhomogenen Fluids ($\varrho \neq$ const, $\eta \neq$ const, $\hat{\eta} = 0$) erhält man als Erweiterung der Eulerschen Bewegungsgleichung (2.98) die Navier-Stokessche Bewegungsgleichung zu

$$\frac{d\boldsymbol{v}}{dt} = -\text{grad}\, u_B - \frac{1}{\varrho}\,\text{grad}\, p + \frac{1}{\varrho}\left[2\,\text{div}\,(\eta\,\text{def}\,\boldsymbol{v}) - \frac{2}{3}\,\text{grad}\,(\eta\,\text{div}\,\boldsymbol{v})\right], \tag{2.119a}$$

$$\frac{dv_i}{dt} = -\frac{\partial u_B}{\partial x_i} - \frac{1}{\varrho}\frac{\partial p}{\partial x_i} + \frac{1}{\varrho}\left[\frac{\partial}{\partial x_j}\left(\eta\left(\frac{\partial v_i}{\partial x_j} + \frac{\partial v_j}{\partial x_i}\right)\right) - \frac{2}{3}\frac{\partial}{\partial x_i}\left(\eta\,\frac{\partial v_j}{\partial x_j}\right)\right] \quad (i = 1, 2, 3), \tag{2.119b}$$

wobei zur vollständigen Beschreibung des Strömungsfelds noch die Kontinuitätsgleichung (2.60) bzw. (2.62) sowie die Stoffgesetze für ϱ gemäß Kap. 1.2.2.2 und für η gemäß Kap. 1.2.3.2 gehören. Bei gegebenem bezogenen Kraftfeld u_B, z. B. nur des Schwerkraftpotentials $u_B = gz$, und bekannten Stoffgrößen (ϱ, η) steht ein Gleichungssystem mit vier Gleichungen für die drei Komponenten der Geschwindigkeit $\boldsymbol{v}(t, \boldsymbol{r})$ und für den Druck $p(t, \boldsymbol{r})$ zur Verfügung[54]. Bei der Umströmung fester nichtporöser Wände sind die kinematischen Randbedingungen nach (2.26b) zu erfüllen, und zwar muß

$$v_n = 0 = v_t \qquad \text{(feste nichtporöse Wand)} \tag{2.119c}$$

sein, wobei n den Index der Normal- und t denjenigen der Tangentialrichtung bezeichnen. Außerdem sind bei instationären Strömungsvorgängen die Anfangsbedingungen zu beachten.

Für die Strömung eines homogenen Fluids ergibt sich mit (2.118a)

$$\frac{\partial \boldsymbol{v}}{\partial t} + \boldsymbol{v}\cdot\text{grad}\,\boldsymbol{v} = -\text{grad}\left(u_B + \frac{p}{\varrho}\right) + \nu\Delta\boldsymbol{v} \quad (\varrho = \text{const}, \quad \eta = \text{const}). \tag{2.120}$$

Für kartesische und zylindrische Koordinatensysteme sind die Beziehungen der Navier-Stokesschen Bewegungsgleichung für die Strömung eines homogenen Fluids in Tab. 2.5. und Tab. 2.7 mit $\varrho =$ const bzw. $\nu \neq 0$ wiedergegeben. Bei ebener Strömung folgt hieraus das Gleichungssystem zur Berechnung von $v_x = u(t, x, y)$, $v_y = v(t, x, y)$ und $p(t, x, y)$ mit $\nu = \eta/\varrho$ als kinematischer Viskosität:

$$\frac{\partial u}{\partial x} + \frac{\partial v}{\partial y} = 0, \tag{2.121a}$$

$$\frac{\partial u}{\partial t} + u\,\frac{\partial u}{\partial x} + v\,\frac{\partial u}{\partial y} = -\frac{\partial u_B}{\partial x} - \frac{1}{\varrho}\frac{\partial p}{\partial x} + \nu\left(\frac{\partial^2 u}{\partial x^2} + \frac{\partial^2 u}{\partial y^2}\right), \tag{2.121b}$$

$$\frac{\partial v}{\partial t} + u\,\frac{\partial v}{\partial x} + v\,\frac{\partial v}{\partial y} = -\frac{\partial u_B}{\partial y} - \frac{1}{\varrho}\frac{\partial p}{\partial y} + \nu\left(\frac{\partial^2 v}{\partial x^2} + \frac{\partial^2 v}{\partial y^2}\right). \tag{2.121c}$$

54 Sind die Stoffgrößen neben dem Druck p auch von der Temperatur T abhängig, so muß noch die Energiegleichung der Thermo-Fluidmechanik entsprechend Kap. 2.6.2.3 herangezogen werden.

Für reibungslose Strömung geht das Gleichungssystem mit $\nu = 0$ in (2.100) über. Die ebene Strömung eines inhomogenen Fluids ($\varrho \neq \text{const}$, $\eta \neq \text{const}$) wird durch (6.12) beschrieben.

Strömungsumkehr. Unter gewissen Voraussetzungen wurde in Kap. 2.5.3.2 gezeigt, daß die Eulersche Bewegungsgleichung für reibungslose Strömungen kinematisch und dynamisch umkehrbar (reversibel) ist. Wird jedoch die Viskosität des Fluids mitberücksichtigt, so folgt aus der Navier-Stokesschen Gleichung, daß die zähigkeitsbehaftete Strömung nicht umkehrbar, d. h. irreversibel ist. Während für die Beschleunigung $d\boldsymbol{v}/dt = d(-\boldsymbol{v})/d(-t)$ ist, gilt z. B. nach (2.118a) für die Zähigkeitskraft $\nu\Delta\boldsymbol{v} = -\nu\Delta(-\boldsymbol{v})$.

Ähnlichkeitsbetrachtung. Weiß man die einen Strömungsvorgang beschreibenden Differentialgleichungen, so lassen sich daraus, ohne die Lösung der Gleichung im einzelnen zu kennen, bereits gewisse Ähnlichkeitseigenschaften angeben. Auf die Methode zur Bestimmung der dabei auftretenden Kennzahlen wurde in Kap. 1.3.2.2 hingewiesen. Am Beispiel der Navier-Stokesschen Gleichung für die ebene Strömung eines homogenen Fluids in der x,y-Ebene sei diese näher erläutert. Ausgangspunkt ist das Gleichungssystem (2.121). Als Massenkraft sei nur die Schwerkraft berücksichtigt. Nimmt man mit y die vertikal nach oben zeigende Achse an, dann ist $u_B(x, y) = gy$. Die in den angegebenen Gleichungen auftretenden Längen x, y seien durch die Bezugslänge L, die Geschwindigkeiten u, v durch die Bezugsgeschwindigkeit U, der Druck p durch den Bezugsdruck ϱU^2 und die Zeit t durch die Bezugszeit T dimensionslos gemacht. Mit den Abkürzungen

$$\bar{x} = \frac{x}{L}, \quad \bar{y} = \frac{y}{L}, \quad \bar{u} = \frac{u}{U}, \quad \bar{v} = \frac{v}{U}, \quad \bar{p} = \frac{p}{\varrho U^2}, \quad \bar{t} = \frac{t}{T}$$

wird nach Einsetzen in (2.121) für das Gleichungssystem der dimensionslosen Größen

$$\frac{\partial \bar{u}}{\partial \bar{x}} + \frac{\partial \bar{v}}{\partial \bar{y}} = 0, \tag{2.122a}$$

$$Sr\,\frac{\partial \bar{u}}{\partial \bar{t}} + \bar{u}\,\frac{\partial \bar{u}}{\partial \bar{x}} + \bar{v}\,\frac{\partial \bar{u}}{\partial \bar{y}} = -\frac{\partial \bar{p}}{\partial \bar{x}} + \frac{1}{Re}\left(\frac{\partial^2 \bar{u}}{\partial \bar{x}^2} + \frac{\partial^2 \bar{u}}{\partial \bar{y}^2}\right), \tag{2.122b}$$

$$Sr\,\frac{\partial \bar{v}}{\partial \bar{t}} + \bar{u}\,\frac{\partial \bar{v}}{\partial \bar{x}} + \bar{v}\,\frac{\partial \bar{v}}{\partial \bar{y}} = -\frac{1}{Fr} - \frac{\partial \bar{p}}{\partial \bar{y}} + \frac{1}{Re}\left(\frac{\partial^2 \bar{v}}{\partial \bar{x}^2} + \frac{\partial^2 \bar{v}}{\partial \bar{y}^2}\right). \tag{2.122c}$$

Bei dieser Darstellung treten die dimensionslosen Größen $Sr = L/U\,T$, $Re = UL/\nu$ und $Fr = U^2/g\,L$ auf. Sie stellen nach (1.47) Kennzahlen der Fluidmechanik dar. Man nennt sie die Strouhal-, die Reynolds- und die Froude-Zahl, wobei die erste den instationären Strömungsvorgang, die zweite den Reibungseinfluß (Zähigkeit) und die dritte den Schwerkrafteinfluß beschreibt[55]. Das Gleichungssystem (2.122) besagt, daß zähigkeitsbehaftete laminare Strömungen um geometrisch ähnliche Körper dynamisch ähnlich sind, wenn die genannten Kennzahlen für die Vergleichskörper jeweils unverändert sind. Man spricht von dynamischer Ähnlichkeit,

---

55 Bezüglich der Definition der Froude-Zahl vgl. Fußnote 16, S. 36.

weil es sich bei der betrachteten Impulsgleichung um das Gleichgewicht von Kräften handelt. Bei stationärer Strömung ($Sr = 0$) und Vernachlässigung des Schwerkrafteinflusses ($Fr \gg 1$) wird die Impulsgleichung der zähigkeitsbehafteten laminaren Strömung allein von der Reynolds-Zahl Re bestimmt. Diese Kennzahl spielt daher bei reibungsbehafteten Strömungen, hier der laminaren Strömung eines viskosen Fluids, die entscheidende Rolle.

Lösungsmöglichkeiten der Navier-Stokesschen Bewegungsgleichung. Von der Eulerschen Bewegungsgleichung der reibungslosen Strömung nach (2.92) unterscheidet sich die Navier-Stokessche Bewegungsgleichung der zähigkeitsbehafteten laminaren Strömung nach (2.108) durch die zusätzlich auftretende Zähigkeitskraft, z. B. bei einem homogenen Fluid nach (2.118a) durch $\boldsymbol{f}_Z = \nu \Delta \boldsymbol{v}$. Vom mathematischen Standpunkt aus ist dieser Unterschied insofern wesentlich, als die Eulersche Gleichung nur erste Ableitungen und die Navier-Stokessche Gleichung dagegen in den zähigkeitsbehafteten Gliedern auch die zweiten Ableitungen der Geschwindigkeiten enthalten. Letztere Gleichung ist also von höherer Ordnung als erstere. Dieser Unterschied wird auch vom physikalischen Standpunkt aus verständlich, wenn man die bereits angegebenen Randbedingungen betrachtet, die in den Flächen erfüllt sein müssen, in denen die Strömung an feste Wände grenzt. Bei der reibungsbehafteten Strömung müssen sowohl die normale als auch die tangentiale Geschwindigkeitskomponente nach (2.119c) verschwinden, während dies bei der reibungslosen Strömung nach (2.99a) nur für die Normalkomponente der Fall ist. Für die Eulersche Gleichung genügt diese eine Randbedingung, für die um eine Ordnung höhere Navier-Stokessche Gleichung dagegen nicht. Aus diesem Grunde ist es also selbst bei sehr kleinen Werten für die Viskosität nicht zulässig, die zähigkeitsbehafteten Glieder in den Differentialgleichungen zu streichen, wenn man das wirkliche Verhalten der Strömung an den festen Wänden richtig beschreiben will. Durch das aus der Kontinuitäts- und Impulsgleichung bestehenden Gleichungssystem in Verbindung mit den Randbedingungen, ist die zähigkeitsbehaftete laminare Strömung eines homogenen Fluids (unveränderliche Dichte ϱ und Viskosität η) vollkommen bestimmt. Diese Aussage gilt, sofern man die oben eingeführte Hypothese hinsichtlich der Proportionalität von Spannungen und Formänderungsgeschwindigkeiten als zutreffend ansieht. Darüber kann jedoch nur der Versuch entscheiden. Eine Vergleichsmöglichkeit mit der Theorie wird dadurch erschwert, daß von der Bewegungsgleichung zähigkeitsbehafteter laminarer Strömungen wegen der großen mathematischen Schwierigkeiten eine Lösung in allgemeiner Form nicht möglich ist. Die an Sonderfällen vorgenommenen Vergleiche der Theorie mit dem Versuch bestätigen die Richtigkeit der obigen Spannungshypothese.

Für die Lösung der Navier-Stokesschen Bewegungsgleichung empfiehlt sich auch die Darstellung der Impulsgleichung als Wirbeltransportgleichung. Sie ist für den Fall ebener Strömung und der Annahme eines homogenen Fluids in Kap. 5.2.3.2 angegeben und enthält als Unbekannte die Geschwindigkeitskomponenten u und v sowie die Drehung ω. In der Definitionsgleichung für ω treten nach (2.34b) ebenfalls nur die Geschwindigkeitskomponenten u und v auf. In beiden Gleichungen lassen sich u und v durch die Stromfunktion Ψ nach (2.67a) mit $\varrho = \varrho_b$ ausdrücken, wobei das Einführen von Ψ die Kontinuitätsgleichung

(2.121a) von selbst erfüllt. Die genannten Umformungen liefern ein aus zwei Gleichungen bestehendes Gleichungssystem für $\omega(t, x, y)$ und $\Psi(t, x, y)$.

Mittels des Einsatzes hochleistungsfähiger Rechner ist es gelungen, die Navier-Stokessche Bewegungsgleichung für viele bis dahin nicht erfaßbare Fälle numerisch zu lösen. Die hierbei erzielten Ergebnisse, die in guter Übereinstimmung mit Meßergebnissen sind, haben die theoretischen Erkenntnisse über laminare Strömungen normalviskoser Fluide erheblich erweitert[56]. Aufgrund aller bisher durchgeführten Untersuchungen darf die Gültigkeit der Navier-Stokesschen Bewegungsgleichung weitestgehend als gesichert angesehen werden. Die Impulsgleichungen vereinfachen sich erheblich, wenn überhaupt keine Trägheitsglieder auftreten. Dies ist bei den technischen Anwendungen besonders für die stationäre laminare Strömung in Rohren und in Gerinnen der Fall. Bei solchen Strömungen ist der Einfluß der Viskosität des Fluids über den ganzen Strömungsquerschnitt wirksam. Man spricht hierbei von einer vollausgebildeten Strömung. Solche Strömungen werden ausführlich in Kap. 3.4 und 3.5 für dichtebeständige Fluide sowie in Kap. 4.4 für dichteveränderliche Fluide besprochen. Bei sehr langsamer Strömung können die Trägheitsglieder gegenüber den Zähigkeitsgliedern vernachlässigt werden. Solche schleichenden Strömungen, deren Grundlagen in Kap. 2.5.3.4 behandelt werden, verlaufen im allgemeinen bei großen Werten der kinematischen Viskosität $\nu = \eta/\varrho$ und bei entsprechend kleiner Reynolds-Zahl. In dies Gebiet gehören von den technischen Anwendungen her besonders die Schmiermittelströmung sowie die Sickerströmung. Die meisten praktisch interessierenden Strömungsvorgänge werden allerdings durch das gleichzeitige Vorhandensein von Trägheits- und Zähigkeitskräften in den Impulsgleichungen beherrscht, wobei die letzteren sich besonders in der Nähe fester Wände bemerkbar machen. Schwierigkeiten bei der Integration der partiellen Differentialgleichungen treten immer dann auf, wenn die auf der linken Seite stehenden nichtlinearen Trägheitsglieder von der gleichen Größenordnung wie die rechts stehenden Zähigkeitsglieder sind, was bei mittleren Reynolds-Zahlen der Fall ist. Im allgemeinen ist in diesen Fällen die kinematische Viskosität ν klein. Aber selbst dann, wenn die Zähigkeitsglieder sehr klein sind, bleiben die Schwierigkeiten bestehen, da die Randbedingungen nach (2.119c) eben nur bei Berücksichtigung der Viskosität befriedigt werden können. Auf die bei großen Reynolds-Zahlen zusätzlich zu den Zähigkeitseinflüssen auftretenden turbulenten Schwankungsbewegungen und die sich daraus für den Strömungsablauf ergebenden Folgen wird in Kap. 2.5.3.5 eingegangen. Handelt es sich um die zähigkeitsbehaftete laminare Strömung eines inhomogenen Fluids ($\varrho \neq$ const, $\eta \neq$ const), so treten zusätzlich zu dem bereits Gesagten weitere Schwierigkeiten dadurch auf, daß noch Angaben über die Abhängigkeiten von $\varrho = \varrho(p, T)$ und $\eta \approx \eta(T)$ und deren Auswirkungen auf den Strömungsverlauf benötigt werden. Die Stoffgrößen werden mittels der Stoffgesetze des Fluids gemäß Kap. 1.2.2 bzw. 1.2.3 erfaßt und deren Einflüsse durch die Energiegleichung der Thermo-Fluidmechanik (Wärmetransportgleichung) nach Kap. 2.6.2.3 bzw. 2.6.3.3 beschrieben.

---

56 In diesem Zusammenhang sei erwähnt, daß sich neben der theoretischen und experimentellen Fluidmechanik, insbesondere bei reibungsbehafteter Strömung, die numerische Fluidmechanik entwickelt hat, vgl. u. a. Roache [33].

Beschränkt sich der Einfluß der Viskosität auf eine kleine wandnahe Schicht, was besonders bei umströmten Körpern der Fall ist, so kann man nach Prandtl [28] die Navier-Stokessche Bewegungsgleichung entscheidend vereinfachen und gelangt so zur Prandtlschen Grenzschichtgleichung. Über Grenzschichtströmungen wird gesondert in Kap. 6.2.3 berichtet, vgl. u. a. die ausführliche Darstellung von Schlichting [37].

Einfache Lösungen der Navier-Stokesschen Gleichung. Bei Strömungen eines homogenen Fluids (ϱ = const, η = const), die auf geradlinigen oder kreisförmigen Stromlinien stationär oder auch instationär verlaufen, nehmen die Navier-Stokesschen Gleichungen linearen Charakter an. Drei einfache Fälle zähigkeitsbehafteter laminarer Strömungen sollen im folgenden behandelt werden:

a) Stationäre Spaltströmung (Poiseuille). In einem ebenen Spalt der Höhe $h = 2$ a nach Abb. 2.39a herrsche bei mittlerer Reynolds-Zahl eine stationäre Schichtenströmung. Im zweidimensionalen Fall ist also $u = u(x, y)$, $v = 0$ mit der Randbedingung (Haftbedingung) $u = 0$ für $y = \pm a$. Aus (2.121a, b, c) wird bei Vernachlässigung der Massenkraft ($u_B = 0$)

$$\frac{\partial u}{\partial x} = 0, \qquad \varrho u \frac{\partial u}{\partial x} = -\frac{\partial p}{\partial x} + \eta\left(\frac{\partial^2 u}{\partial x^2} + \frac{\partial^2 u}{\partial y^2}\right), \qquad 0 = -\frac{\partial p}{\partial y}. \qquad (2.123\,\text{a, b, c})$$

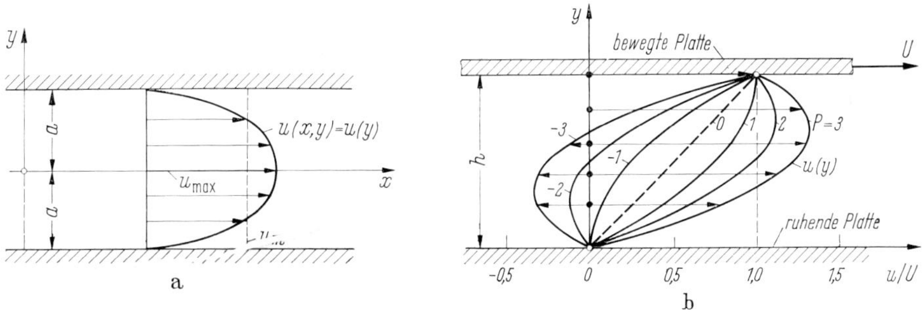

Abb. 2.39. Einfache Lösungen der Navier-Stokesschen Bewegungsgleichung. **a** Laminare Spaltströmung (Poiseuille). **b** Laminare Scherströmung (Couette), $P = -(h^2/2\eta U)\,(dp/dx)$, $P = 0$: einfache Scherströmung; $u/U < 0$: Rückströmung

Aus (2.123a) folgt, daß die Geschwindigkeit von x unabhängig, d. h. $u = u(y)$ ist. Im Gegensatz dazu hängt nach (2.123c) der Druck nur von der Lauflänge x ab, d. h. $p = p(x)$. Damit nimmt (2.123b) die Form $\eta(d^2u/dy^2) = dp/dx$ = const an und besitzt die Lösung

$$u(y) = -\frac{1}{2\eta}(a^2 - y^2)\frac{dp}{dx}, \qquad u_{\max} = -\frac{a^2}{2\eta}\frac{dp}{dx} \qquad \left(\frac{dp}{dx} = \text{const}\right). \qquad (2.124\,\text{a, b})$$

Man spricht von einer Druckströmung in einem Spalt mit parabolischer Geschwindigkeitsverteilung über die Spalthöhe $-a \leqq y \leqq a$.

Der zeitlich unveränderliche Volumenstrom $\dot{V}$ durch den Spalt mit der Breite b in m³/s sowie die mittlere Durchflußgeschwindigkeit $u_m = \dot{V}/A$ mit $A = 2ab$ betragen

$$\dot{V} = b\int_{-a}^{a} u(y)\,dy = -\frac{2}{3\eta}\,ba^3\frac{dp}{dx}, \qquad u_m = -\frac{a^2}{3\eta}\frac{dp}{dx} = \frac{2}{3}\,u_{\max}. \qquad (2.125\,\text{a, b})$$

Bei der angenommenen laminaren Schichtenströmung sind sowohl die Strömungsgeschwindigkeiten als auch der Volumenstrom proportional dem Druckgefälle $(-dp/dx)$.

Die Druckänderung Δp für einen Spalt der Länge l folgt aus (2.125b) zu $\Delta p = -(3\eta l/a^2)\, u_m < 0$. Die hier besprochene Spaltströmung stellt die ebene Kanalströmung dar. Die entsprechende drehsymmetrische Rohrströmung wird in Kap. 3.4.3.3 besprochen. Die stationäre Bewegung eines Fluids durch ein poröses Medium, wie z. B. die Sickerströmung, besitzt einen ähnlichen Strömungscharakter wie die hier besprochene laminare Spaltströmung, da hierbei ebenfalls Proportionalität zwischen der Fließgeschwindigkeit und dem Druckgefälle besteht.

b) Stationäre Scherströmung (Couette). Von zwei parallelen ebenen Platten, die sich im Abstand h voneinander befinden, möge sich nach Abb. 2.39b eine in Ruhe befinden, während sich die andere mit der konstanten Geschwindigkeit U in ihrer eigenen Ebene bewege. Die Randbedingungen für die Geschwindigkeitsverteilung $u = u(x, y)$ und $v = 0$ lauten $u = 0$ für $y = 0$ und $u = U$ für $y = h$. Die Ausgangsgleichungen stimmen mit (2.123) überein, so daß auch im vorliegenden Fall die Bestimmungsgleichung $\eta(d^2u/dy^2) = dp/dx = \text{const}$ zu lösen ist. Es folgt

$$u(y) = \frac{y}{h}\left[U - \left(1 - \frac{y}{h}\right)\frac{h^2}{2\eta}\frac{dp}{dx}\right]\left(\frac{dp}{dx} = \text{const}\right), \qquad u(y) = \frac{y}{h}\,U\left(\frac{dp}{dx} = 0\right), \tag{2.126a, b}$$

wobei man von einer Schleppströmung infolge Plattenbewegung spricht. Gl. (2.126b) gilt für verschwindende Druckgradienten ($dp/dx = 0$) und beschreibt die einfache Scherströmung gemäß Abb. 1.3a. Die Form der Geschwindigkeitsverteilung wird durch den dimensionslosen Druckgradienten $P = -(h^2/2\eta U)\,(dp/dx)$ bestimmt. In Abb. 2.39b sind einige Geschwindigkeitsverteilungen für verschiedene Werte von P dargestellt. Danach ist für $P > -1$ die Geschwindigkeitsverteilung über die ganze Spalthöhe positiv, während sie für $P < -1$ negativ sein kann, was Rückströmung in der Nähe der ruhenden Platte bedeutet. Man kann zeigen, daß sich (2.126a) aus der linearen Überlagerung der einfachen Scherströmung nach (2.126b) mit der Spaltströmung nach (2.124a) zusammensetzt, wobei entsprechend dem in Abb. 2.39a zugrunde gelegten Koordinatensystem y durch $(y - h/2)$ und a durch $h/2$ zu ersetzen ist.

c) Strömung zwischen zwei konzentrischen, gleichförmig rotierenden Kreiszylindern (Couette). Es sei die stationäre Strömung zwischen zwei mit verschiedener Winkelgeschwindigkeit gleichförmig umlaufenden Zylindern (*1*) und (*2*) berechnet. Der innere Zylinder habe den Halbmesser r_1 und der äußere r_2; die zugehörigen Winkelgeschwindigkeiten seien ω_1 bzw. ω_2. In Zylinderkoordinaten gilt für die Geschwindigkeitskomponenten und für den Druck bei der vorliegenden ebenen Strömung $v_r = 0$, $v_\varphi = v(r)$, $v_z = 0$, $p = p(r)$. Nach Tab. 2.7 lautet die Navier-Stokessche Bewegungsgleichung bei Vernachlässigung der Massenkraft, $u_B = 0$,

$$\varrho\,\frac{v^2}{r} = \frac{dp}{dr}, \qquad \eta\left(\frac{d^2v}{dr^2} + \frac{1}{r}\frac{dv}{dr} - \frac{v}{r^2}\right) = 0. \tag{2.127a, b}$$

Die Kontinuitätsgleichung (2.63c) ist wegen der gleichförmigen Kreisbewegung von selbst erfüllt. Die Randbedingungen werden durch $v = v_1 = r_1\omega$ für $r = r_1$ und $v = v_2 = r_2\omega_2$ für $r = r_2$ erfüllt. Die Lösung von (2.127b) erhält man zu

$$v(r) = \frac{a}{r} + br \qquad \text{mit} \qquad a = -\frac{r_1^2 r_2^2(\omega_2 - \omega_1)}{r_2^2 - r_1^2}, \qquad b = \frac{r_2^2\omega_2 - r_1^2\omega_1}{r_2^2 - r_1^2}. \tag{2.128a, b}$$

Bei (2.128) handelt es sich um die Geschwindigkeitsverteilung, die bereits in Kap. 2.3.3.4 als Beispiel d kurz behandelt wurde. Bei ihr spielt die Viskosität keine Rolle. Die radiale Druckverteilung berechnet man nach (2.127a), vgl. hierzu die Ergebnisse in (2.103a, b). Steht der innere Zylinder mit $\omega_1 = 0$ still, dann wird von dem äußeren umlaufenden Zylinder auf das strömende Fluid das Drehmoment $M_2 = (2\pi b r_2 \tau_2)\, r_2$ übertragen. Hierin ist b die Breite des Zylinders und nach Tab. 2.8 die Schubspannung $\tau_2 = \tau_{r\varphi}(r = r_2) = -2\eta(a/r_2^2)$.

Mithin ist

$$M_2 = 4\pi\eta b \frac{r_1^2 r_2^2}{r_2^2 - r_1^2} \omega_2 \qquad (\omega_1 = 0). \tag{2.129}$$

Ebenso groß ist auch das Moment M_1, welches von dem strömenden Fluid auf den ruhenden inneren Zylinder übertragen wird.

Für den Fall eines einzigen Zylinders (*1*) in einer unendlich ausgedehnten Strömung ($r_2 \to \infty$, $\omega_2 \to 0$) ergibt sich aus (2.128) mit $a = r_1^2\omega_1$ und $b = 0$

$$v(r) = \frac{r_1^2\omega_1}{r} = \frac{\Gamma}{2\pi r} \qquad (r_2 = \infty). \tag{2.130}$$

Dies ist nach Kap. 5.3.2.4, Beispiel c die Geschwindigkeitsverteilung in der Umgebung eines Wirbelfadens in reibungsloser Strömung (Potentialwirbel) mit der Zirkulation $\Gamma = 2\pi r_1^2\omega_1$.

Den vorstehenden Untersuchungen liegt die Voraussetzung der laminaren Strömungsform zugrunde, d. h. die dabei auftretenden Schubspannungen sind lediglich eine Folge der Viskosität. Die Erfahrung hat indessen gezeigt, daß bei größeren Reynolds-Zahlen eine Instabilität der Strömung eintreten kann, die zur Turbulenz führt. Bei der Strömung zwischen rotierenden Zylindern wird der Umschlag vom laminaren zum turbulenten Strömungszustand wesentlich durch das Auftreten von Zentrifugalkräften beeinflußt. Eine theoretische Erklärung hat bereits Prandtl [29] gegeben. Im Fall eines gedrehten inneren und eines ruhenden äußeren Zylinders wirken die Zentrifugalkräfte destabilisierend. Diese besondere Art von Instabilität wurde von Taylor [46] eingehend theoretisch und experimentell untersucht. Dabei treten als Sekundärströmung zwischen den Zylinderwänden oberhalb einer gewissen Reynolds-Zahl ganz bestimmt ausgeprägte, abwechselnd links und rechts drehende Wirbel von der Tiefe des Spalts und ungefähr gleicher Höhe mit Achsen, die der Umfangsrichtung parallel sind, auf. Diese Wirbel werden als Taylor-Wirbel bezeichnet, vgl. hierzu auch [9, 40].

2.5.3.4 Bewegungsgleichung der schleichenden Strömung normalviskoser Fluide (Stokes, Oseen)

Allgemeines. Streicht man in (2.91) das Glied auf der linken Seite $d\boldsymbol{v}/dt = 0$, so erhält man eine stark vereinfachte Navier-Stokessche Impulsgleichung für die zähigkeitsbehaftete laminare Strömung. Nach Tab. 2.6 lautet die Impulsgleichung

$$0 = \boldsymbol{f}_B + \boldsymbol{f}_P + \boldsymbol{f}_Z \qquad \text{(schleichend)}. \tag{2.131}$$

Diese zuerst von G. G. Stokes getroffene Annahme bedeutet, daß man die Trägheitskraft $\Delta\boldsymbol{F}_E = -\Delta m(d\boldsymbol{v}/dt)$ gegenüber der Zähigkeitskraft $\Delta\boldsymbol{F}_Z = \Delta m\boldsymbol{f}_Z$ vernachlässigt, was unter der Voraussetzung sehr kleiner Reynolds-Zahlen, d. h. im allgemeinen bei sehr großen Werten der Viskosität, näherungsweise zulässig ist. Man nennt solche Strömungsvorgänge eine schleichende Bewegung. In diesem Sinn rechnet man die Strömung bei der Schmiermittelreibung nach Kap. 3.6.3.2 und die Sickerströmung (Strömung durch poröse Stoffe) nach Kap. 5.5.4 zu den schleichenden Strömungen. Bei gleichförmig verlaufenden laminaren Strömungen, wie z. B. der Spalt-, Scher- und Rohrströmung (Beispiel *a* und *b* in Kap. 2.5.3.3 bzw. Kap. 3.4.3.3) sind die Trägheitsglieder identisch null. Das bedeutet jedoch nicht, daß die Voraussetzung kleiner Reynolds-Zahl gegeben ist. Diese Strömungen rechnet man daher nicht zu den schleichenden Strömungen.

Lösungsmöglichkeiten. Zugrunde gelegt wird die Strömung eines homogenen Fluids (ϱ = const, η = const) bei Vernachlässigung der Massenkraft ($u_B = 0$). Hierfür gilt die Navier-Stokessche Impulsgleichung (2.120) mit $d\boldsymbol{v}/dt = 0$ in Verbindung mit den Randbedingungen bei fester Wand nach (2.119c). Durch Bilden der Divergenz von grad $p = -\eta$ rot (rot $\boldsymbol{v}$) folgt wegen div (rot ...) $\equiv 0$ und mit Δ als Laplace-Operator

$$\operatorname{div}(\operatorname{grad} p) = \Delta p = \frac{\partial^2 p}{\partial x_j^2} = 0, \qquad \operatorname{div} \boldsymbol{v} = \frac{\partial v_j}{\partial x_j} = 0. \qquad (2.132\text{a, b})$$

Die zweite Beziehung stellt die Kontinuitätsgleichung (2.62) dar. Gl. (2.132a) ist eine Laplacesche Potentialgleichung mit dem Druck p als Potentialfunktion.

Strömung um eine Kugel. Die älteste bekannte Lösung für eine schleichende Strömung wurde von Stokes [43] für die stationäre Parallelströmung um eine Kugel angegeben. Die Kugel habe den Radius R und werde mit der Geschwindigkeit U_∞ angeströmt. Als Ursprung des Koordinatensystems wird der Kugelmittelpunkt gewählt und der Abstand von diesem mit r bezeichnet. Als Randbedingungen sind die Haftbedingung mit $\boldsymbol{v} = 0$ für $r = R$ sowie die Bedingung im Unendlichen mit $u = U_\infty$ und $p = p_\infty$ für $r \to \infty$ einzuhalten. Auf die Lösung wird im einzelnen nicht eingegangen, man vgl. hierfür z. B. [21, 47, 54]. Kennt man die örtlichen Normal- und Tangentialspannungen auf der Körperkontur, so ergibt sich durch Integration eine in Anströmrichtung wirkende Widerstandskraft $W = 6\pi\eta R U_\infty$. Bildet man den Widerstandsbeiwert in der Form $c_W = W/q_\infty A$ mit $q_\infty = (\varrho/2)\, U_\infty^2$ als Geschwindigkeitsdruck der Anströmung sowie $A = \pi R^2$ als Stirnfläche der Kugel, so wird

$$c_W = \frac{24}{Re} \quad \text{(Stokes)}, \qquad c_W = \frac{24}{Re}\left(1 + \frac{3}{16}\, Re\right) \quad \text{(Oseen)}. \qquad (2.133\text{a, b})$$

Für die Reynolds-Zahl gilt $Re = U_\infty D/\nu$ mit $D = 2R$ als Kugeldurchmesser. Gl. (2.133a) liefert nur für sehr kleine Reynolds-Zahlen $Re < 1$ eine befriedigende Übereinstimmung mit dem Experiment. Dies sind Kennzahlen, die lediglich in viskosen Ölen vorkommen, oder bei Fluiden mit geringer Viskosität nur dann, wenn der Kugeldurchmesser D, wie z. B. bei winzigen Nebeltröpfchen in der Atmosphäre sehr klein ist. Erweiterungen der Stokesschen Theorie durch teilweise Berücksichtigung der Trägheitskräfte stammen u. a. von Oseen [26] und Goldstein [14]. Man gelangt dabei zu der in (2.133b) wiedergegebenen Beziehung, wobei der zweite Summand in der Klammer ein Korrekturglied gegenüber der Stokesschen Gleichung (2.133a) ist. Nach den vorliegenden Versuchsergebnissen gilt (2.133b) etwa bis zur Reynolds-Zahl $Re \approx 5$. Eine ausführliche Darstellung der Fluidmechanik bei kleinen Reynolds-Zahlen geben Happel und Brenner [16].

2.5.3.5 Bewegungsgleichung der turbulenten Strömung normalviskoser Fluide (Reynolds)

Allgemeines. Wie in Kap. 1.3.3.2 bereits ausgeführt wurde, verlaufen technisch wichtige Strömungen im allgemeinen turbulent. Hierunter versteht man eine Strömungsform, bei der sich das Fluid nicht wie bei laminarer Strömung in geordneten Schichten bewegt, sondern es überlagern sich der Hauptströmungsbewegung zeitlich und räumlich ungeordnete Schwankungsbewegungen. Aufgrund experimenteller Beobachtung hat man erkannt, daß nicht einzelne Moleküle die Schwankungsbewegungen ausführen, sondern ganze Molekülhaufen, die zu Turbulenzballen von verschieden großer Ausdehnung zusammengeschlossen sind und die im Bewegungsablauf ständig neu entstehen und sich wieder auflösen. In Abb. 2.40 sind für eine Rohrströmung mit zeitlich konstantem und mit zeitlich sinkendem

Druckabfall an einem festgehaltenen Raumpunkt die Geschwindigkeitsänderungen in Abhängigkeit von der Zeit für eine statistisch-stationäre Strömung als Kurve (*1*) bzw. (*2*) wiedergegeben. Die in Kap. 2.5.3.3 für die laminare Strömung normalviskoser Fluide abgeleitete Navier-Stokessche Bewegungsgleichung gilt grundsätzlich auch für die turbulente Strömung normalviskoser Fluide. Bei einer vorgegebenen Aufgabenstellung müßte sie mittels eines geeigneten Berechnungsverfahrens numerisch gelöst werden. Daß dies nicht möglich ist, liegt in der Tatsache begründet, daß wesentlichen Einzelheiten des Turbulenzmechanismus, wie z. B. der turbulenten Dissipation (irreversible Umwandlung turbulenter Schwankungsenergie in Wärme) Längenmaße der kleinsten Turbulenzballen zugeordnet sind, deren Größenordnung für eine typische Gasströmung bei 10^{-2} cm liegt. Um nur einen Raum von 1 cm³ zu überdecken, müßte ein numerisches Verfahren an 10^6 diskreten Punkten die Unbekannten der Navier-Stokesschen Bewegungsgleichung berechnen. Allein ein solcher für die praktische Anwendung im allgemeinen uninteressant kleiner Raum würde die Kapazität hochleistungsfähiger Rechner übersteigen.

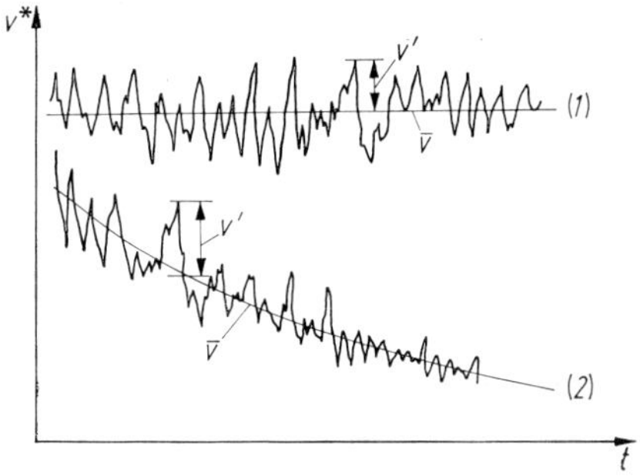

Abb. 2.40. Turbulente Geschwindigkeitsschwankung in einer Rohrströmung mit zeitlich konstantem und zeitlich sinkendem Druckabfall; Geschwindigkeitsänderung bei festgehaltenem Raumpunkt in Abhängigkeit von der Zeit, $v^*(t, r) = \bar{v}(t, r) + v'(t, r)$ bei $r = \text{const}$ nach (*1*) statistisch-stationäre Strömung $\partial\bar{v}/\partial t = 0$, (*2*) statistisch-instationäre Strömung $\partial\bar{v}/\partial t \neq 0$

Da sich turbulente Strömungen veränderten Randbedingungen jeweils mit einer räumlichen Verzögerung unter Ausnutzung der durch die Schwankungsbewegung gegenüber laminaren Strömungen zusätzlich vorhandenen Bewegungsfreiheitsgraden anpassen, spricht man in diesem Zusammenhang von der „Vorgeschichte" oder dem „Gedächtnis" der turbulenten Strömungen. Der genannte Entwicklungsprozeß läßt sich durch Transportgleichungen für bestimmte charakteristische Mittelwerte der Turbulenz erfassen. Nach einem erstmals von Reynolds [32] gemachten Vorschlag kann man sich die turbulente Strömung aus einer regulären Grundbewegung (Hauptströmung) mit der gemittelten Geschwindigkeit $\bar{\boldsymbol{v}}$ und einer unregelmäßigen hochfrequenten Schwankungsbewegung (Nebenströmung) mit der Geschwindigkeit $\boldsymbol{v}'$ zusammengesetzt denken. Entsprechende Aussagen gelten auch für die anderen physikalischen Größen, wie z. B. den Druck p und die Temperatur T. Die momentanen Verteilungen lassen sich in der Form

$$\boldsymbol{v}^* = \bar{\boldsymbol{v}} + \boldsymbol{v}', \qquad v_i^* = \bar{v}_i + v_i'; \qquad p^* = \bar{p} + p'; \qquad T^* = \bar{T} + T' \qquad (2.134\text{a; b; c})$$

anschreiben. Ist $E^* = \bar{E} + E'$ die betrachtete physikalische Feldgröße, so liegt der Darstellung der Gedanke zugrunde, daß der gemittelte Wert über die Schwankungsgröße null ist, d. h. $\overline{E'} = 0$.

Mittelwertbildung. Um zu einer Definition über die gemittelten Werte zu kommen, bedient man sich der Methode der Wahrscheinlichkeitsrechnung, nach der turbulente Strömungen als stochastische Prozesse mit der Zufallsvariablen E^* aufzufassen sind. Für den allgemeinen Fall einer statistisch-instationären oder statistisch-inhomogenen Strömung kann man einen geeigneten gemittelten Wert (Ensemble-Mittel), z. B. in der Form

$$\overline{E^*}(t, \boldsymbol{r}) = \frac{1}{n} \sum_{\nu=1}^{n} E_\nu^* (t, \boldsymbol{r}) = \bar{E}(t, \boldsymbol{r}), \qquad \overline{E'}(t, \boldsymbol{r}) = 0 \qquad (E^* = \bar{E} + E') \qquad (2.135\,\text{a, b, c})$$

bilden. Aus einer großen Anzahl n von momentanen Beobachtungen, die, insbesondere bei zeitlich veränderlicher Strömung, stets unter den gleichen Bedingungen durchzuführen sind, ist das arithmetische Mittel zu nehmen. Bei statistisch-stationärer Strömung bietet sich eine zeitliche und bei statistisch-homogener Strömung eine räumliche Mittelung an:

$$\overline{E^*}(\boldsymbol{r}) = \frac{1}{\Delta t} \int_{\Delta t} E^*(t', \boldsymbol{r})\, dt', \qquad \overline{E^*}(t) = \frac{1}{\Delta V} \int_{\Delta V} E^*(t, \boldsymbol{r}')\, dV'. \qquad (2.136\,\text{a, b})$$

Hierbei sind die Integrationen über ein hinreichend großes Zeitintervall Δt bzw. über einen hinreichend großen Volumenbereich ΔV zu erstrecken. Im Hinblick auf spätere Anwendungen seien einige Rechenregeln für die Mittelung bestimmter physikalischer Feldgrößen E^*, E_1^* und E_2^* zusammengestellt, deren Herleitung aus (2.135a, b) folgt. Es gilt u. a.

$$\overline{E^*} = \bar{E}, \qquad \bar{\bar{E}} = \bar{E}, \qquad \overline{E'} = 0; \qquad \overline{E_1^* \cdot E_2^*} = \bar{E}_1 \cdot \bar{E}_2 + \overline{E_1' \cdot E_2'}; \qquad (2.137\,\text{a})$$

$$\overline{\frac{\partial E^*}{\partial s}} = \frac{\partial \bar{E}}{\partial s}, \qquad \overline{\frac{\partial E'}{\partial s}} = 0; \qquad \overline{E_1^* \cdot \frac{\partial E_2^*}{\partial s}} = \bar{E}_1 \cdot \frac{\partial \bar{E}_2}{\partial s} + \overline{E_1' \cdot \frac{\partial E_2'}{\partial s}}, \qquad (2.137\,\text{b})$$

wobei s eine der unabhängigen Veränderlichen entweder der Zeit t oder der Ortskoordinaten x_i mit $i = 1, 2, 3$ darstellt[57].

Aus dem zahlreichen in Buchform niedergelegten Schrifttum über turbulente Strömungen seien hier die Werke von Schlichting [37], Hinze [17], Rotta [35], Cebeci und Smith [7] sowie White [53] genannt. Auf die Handbuchbeiträge von Lin und Reid [23] über die theoretischen Gesichtspunkte sowie von Corrsin [8] über die Versuchsmethoden bei turbulenter Strömung sei hingewiesen.

Im folgenden sollen nur Strömungen eines homogenen Fluids mit $\varrho = \text{const}$ und $\eta = \text{const}$ behandelt werden. Das Ziel der Untersuchung besteht in der Angabe von Beziehungen, denen die zeitlich gemittelten Werte der Geschwindigkeit und des Drucks genügen müssen.

Kontinuitätsgleichung. Setzt man (2.134b) mit $v_j \triangleq v_j^* = \bar{v}_j + v_j'$ in die Kontinuitätsgleichung (2.62) für $\varrho = \text{const}$ ein und schreibt die so entstandene Beziehung zum einen für die momentanen und zum anderen für die gemittelten Werte an, so folgt unter Beachtung von (2.137b) mit $E^* = v_j^*$ aus dem Vergleich

$$\frac{\partial \bar{v}_j}{\partial x_j} = 0, \qquad \overline{\frac{\partial v_j'}{\partial x_j}} = 0, \qquad \frac{\partial v_j'}{\partial x_j} = 0 \qquad (\varrho = \text{const}). \qquad (2.138\,\text{a, b, c})$$

---

57 In diesem Kapitel über die turbulente Strömung wird ausschließlich die Zeigerdarstellung für ein kartesisches rechtwinkliges Koordinatensystem $(i, j = 1, 2, 3)$ verwendet.

Sowohl das Feld der gemittelten Geschwindigkeit $\bar{\boldsymbol{v}}$ als auch das der Schwankungsgeschwindigkeit $\boldsymbol{v}'$ erfüllen jeweils für sich die Kontinuitätsgleichung, vgl. Tab. 2.10 A.

Reynoldssche Bewegungsgleichung. Führt man die Reynoldsschen Ansätze für die Geschwindigkeit v_i^* und für den Druck p^* in die Navier-Stokessche Gleichung mit $v_i \triangleq v_i^*$ und $p \triangleq p^*$ ein und mittelt über die jeweils auftretenden Glieder, so führt dies zur Reynoldsschen Bewegungsgleichung der gemittelten turbulenten Strömung normalviskoser Fluide. Man kann sie auch als erweiterte Navier-Stokessche Bewegungsgleichung bezeichnen. Ausgangsgleichung ist die Impulsgleichung (2.119b), vgl. auch (2.120) sowie Tab. 2.10 A, in der Form

$$\frac{dv_i^*}{dt} = -\frac{\partial u_B^*}{\partial x_i} - \frac{1}{\varrho}\frac{\partial p^*}{\partial x_i} + \nu \Delta v_i^* \qquad (\varrho = \text{const}, \eta = \text{const}) \qquad (2.139)[58]$$

mit $u_B^* = \bar{u}_B + u_B'$. Nachfolgend werden von den einzelnen Gliedern gemäß (2.137) die gemittelten Werte gebildet, und zwar gilt für die Beschleunigung gemäß (2.29a)

$$\overline{\frac{dv_i^*}{dt}} = \frac{\partial \bar{v}_i}{\partial t} + \bar{v}_j \frac{\partial \bar{v}_i}{\partial x_j} + \overline{v_j' \frac{\partial v_i'}{\partial x_j}} = \frac{d\bar{v}_i}{dt} + \overline{v_j' \frac{\partial v_i'}{\partial x_j}} \qquad (2.140\text{a})$$

sowie für die massebezogene gemittelte Massen-, Druck- und Zähigkeitskraft gemäß (2.10b), (2.3b) bzw. (2.118b)

$$\bar{f}_{Bi} = -\frac{\partial \bar{u}_B}{\partial x_i}, \quad \bar{f}_{Pi} = -\frac{1}{\varrho}\frac{\partial \bar{p}}{\partial x_i}, \quad \bar{f}_{Zi} = \nu \frac{\partial^2 \bar{v}_i}{\partial x_j^2} = \nu \Delta \bar{v}_i. \qquad (2.140\text{b, c, d})$$

Diese Kräfte werden jeweils nur von den gemittelten Werten der betrachteten physikalischen Größen bestimmt. Durch Einsetzen der gefundenen Beziehungen in (2.139) erhält man die Impulsgleichung der turbulenten Strömung normalviskoser Fluide zu

$$\frac{d\bar{v}_i}{dt} = -\frac{\partial \bar{u}_B}{\partial x_i} - \frac{1}{\varrho}\frac{\partial \bar{p}}{\partial x_i} + \nu \Delta \bar{v}_i - \overline{v_j' \frac{\partial v_i'}{\partial x_j}} \qquad (i = 1, 2, 3). \qquad (2.141)$$

Dies Gleichungssystem bildet den Ausgangspunkt zur theoretischen Behandlung der turbulenten Bewegung. Die Größe $d\bar{v}_i/dt$ auf der linken Seite von (2.141) stellt die substantielle Beschleunigung der Hauptströmung dar. Das erste, zweite und dritte Glied auf der rechten Seite sind die auf die Masse bezogene Massen-, Druck- bzw. Zähigkeitskraft. Das vierte Glied auf der rechten Seite tritt nur bei turbulenten Strömungen auf. Da dieser Ausdruck die Dimension einer Kraft bezogen auf die Masse hat, sei hierfür der Begriff der bezogenen Turbulenzkraft $\bar{f}_{Ti}$ eingeführt. Für die Impulsgleichung der turbulenten Hauptströmung (2.141) kann man also

$$\frac{d\bar{v}_i}{dt} = \bar{f}_{Bi} + \bar{f}_{Pi} + \bar{f}_{Zi} + \bar{f}_{Ti} = \bar{f}_{Bi} + \bar{f}_{Pi} + \bar{f}_{Ri} \quad \text{(turbulent)} \qquad (2.142\text{a, b})$$

---

58 Es ist $\Delta = \partial^2/\partial x_j^2$ der Laplace-Operator.

Tabelle 2.10. Bewegungs- und Energiegleichungen der turbulenten Strömung normalviskoser, homogener Fluide

A	Kontinuitätsgleichung	Impulsgleichung (Kraftgleichung): Masse × Beschleunigung		Druckkraft		Zähigkeitskraft		Turbulenzkraft
Gesamtströmung (momentan)	$\frac{\partial v_j^*}{\partial x_j} = 0$	$\frac{dv_i^*}{dt}$	=	f_{Pi}^*	⊕	f_{Zi}^*		
	$\frac{\partial v_j'}{\partial x_j} = 0$	$\frac{\partial v_i^*}{\partial t} + v_j^* \frac{\partial v_i^*}{\partial x_j}$	=	$-\frac{1}{\varrho}\frac{\partial p^*}{\partial x_i}$	⊕	$\nu \frac{\partial^2 v_i^*}{\partial x_j^2}$		
Gesamtströmung (gemittelt)	$\frac{\partial \bar{v}_j}{\partial x_j} = 0$	$\frac{\partial \bar{v}_i}{\partial t} + \bar{v}_j \frac{\partial \bar{v}_i}{\partial x_j} + \overline{v_j' \frac{\partial v_i'}{\partial x_j}}$	=	$-\frac{1}{\varrho}\frac{\partial \bar{p}}{\partial x_i}$	⊕	$\nu \frac{\partial^2 \bar{v}_i}{\partial x_j^2}$		—
		$\frac{\partial \bar{v}_i}{\partial t} + \bar{v}_j \frac{\partial \bar{v}_i}{\partial x_j}$	=	$-\frac{1}{\varrho}\frac{\partial \bar{p}}{\partial x_i}$	⊕	$\nu \frac{\partial^2 \bar{v}_i}{\partial x_j^2}$	⊖	$\frac{\partial(\overline{v_i' v_j'})}{\partial x_j}$
	$\frac{\partial \overline{v_j'}}{\partial x_j} = 0$	$\frac{d\bar{v}_i}{dt} = \frac{\partial \bar{v}_i}{\partial t} + \bar{v}_j \frac{\partial \bar{v}_i}{\partial x_j}$	=	$-\frac{1}{\varrho}\frac{\partial \bar{p}}{\partial x_i}$	⊕	$\frac{1}{\varrho}\frac{\partial}{\partial x_j}\left(\eta \frac{\partial \bar{v}_i}{\partial x_j} - \varrho \overline{v_i' v_j'}\right)$		
		Trägheitskraft $\bar{f}_{Ei} = -d\bar{v}_i/dt$		Druckkraft $\bar{f}_{Pi}$		Reibungskraft $\bar{F}_{Ri} = \bar{f}_{Zi} + \bar{f}_{Ti}$		

Tabelle 2.10. (Fortsetzung)

B	Energiegleichung der Fluidmechanik (Arbeitssatz der Mechanik)								
	Kinetische Energie		Arbeit der Druckkräfte		Arbeit der Zähigkeitskräfte				Arbeit der Turbulenzkräfte
Gesamtströmung (momentan)	$v_i^*\left(\frac{\partial v_i^*}{\partial t} + v_j^*\frac{\partial v_i^*}{\partial x_j}\right)$	=	$v_i^* f_{Pi}^*$	⊕	$v_i^* f_{Zi}^*$				
	$\frac{de^*}{dt} = \frac{\partial e^*}{\partial t} + v_j^*\frac{\partial e^*}{\partial x_j}$	=	$-\frac{1}{\varrho}\, v_i^*\frac{\partial p^*}{\partial x_i}$	⊕	$\nu v_i^*\frac{\partial^2 v_i^*}{\partial x_j\,\partial x_j}$				
Hauptströmung (gemittelt)	$\bar{v}_i\overline{\left(\frac{\partial v_i^*}{\partial t} + v_j^*\frac{\partial v_i^*}{\partial x_j}\right)}$	=	$-\frac{1}{\varrho}\,\bar{v}_i\frac{\partial \bar{p}}{\partial x_i}$	⊕	$\nu\bar{v}_i\frac{\partial^2 \bar{v}_i}{\partial x_j\,\partial x_j}$				—
	$\frac{d\bar{e}}{dt} = \frac{\partial \bar{e}}{\partial t} + \bar{v}_j\frac{\partial \bar{e}}{\partial x_j}$	=	$-\frac{1}{\varrho}\,\bar{v}_i\frac{\partial \bar{p}}{\partial x_i}$	⊕	$\nu\bar{v}_i\frac{\partial^2 \bar{v}_i}{\partial x_j\,\partial x_j}$			⊖	$\bar{v}_i\frac{\partial\left(\overline{v_i'v_j'}\right)}{\partial x_j}$
Nebenströmung (gemittelt)	$\overline{v_i'\left(\frac{\partial v_i^*}{\partial t} + v_j^*\frac{\partial v_i^*}{\partial x_j}\right)}$	=	$-\frac{1}{\varrho}\,\overline{v_i'\frac{\partial p'}{\partial x_i}}$	⊕	$\overline{\nu v_i'\frac{\partial^2 v_i'}{\partial x_j\,\partial x_j}}$				—
	$\frac{d\bar{e}'}{dt} = \frac{\partial \bar{e}'}{\partial t} + \bar{v}_j\frac{\partial \bar{e}'}{\partial x_j}$	=	$-\frac{\partial}{\partial x_j}\overline{\left[v_j'\left(\frac{p'}{\varrho} + e'\right)\right]}$	⊕	$\nu\frac{\partial}{\partial x_j}\overline{\left[v_i'\left(\frac{\partial v_i'}{\partial x_j} + \frac{\partial v_j'}{\partial x_i}\right)\right]}$	⊖	$\frac{\nu}{2}\overline{\left(\frac{\partial v_i'}{\partial x_j} + \frac{\partial v_j'}{\partial x_i}\right)^2}$	⊖	$\overline{v_i'v_j'}\,\frac{\partial \bar{v}_i}{\partial x_j}$
	substantielle Änderung der Schwankungsenergie		konvektive		zähigkeitsbedingte		turbulente Dissipation		turbulente Energieproduktion
			turbulente Diffusion						

schreiben. Die Erweiterung der Navier-Stokesschen Gleichung für die laminare Strömung viskoser Fluide (2.108) besteht also darin, daß der Gleichung für eine mit der gemittelten Geschwindigkeit $\bar{\boldsymbol{v}}$ und beim gemittelten Druck $\bar{p}$ ablaufende Hauptströmung eines viskosen Fluids additiv die gemittelte Turbulenzkraft $\bar{f}_{Ti}$ hinzuzufügen ist, vgl. Tab. 2.6. Es ist $\bar{f}_R = \bar{f}_Z + \bar{f}_T$ die bezogene reibungsbedingte (zähigkeits- und turbulenzbedingte) Kraft. Zur Lösung von (2.142) muß die Abhängigkeit der Turbulenzkraft von der gemittelten Bewegung bekannt sein, wobei diese nur halbempirisch angegeben werden kann.

Turbulenzkraft. Durch Vergleich von (2.141) mit (2.142a) gilt für die massebezogene Turbulenzkraft

$$\bar{f}_{Ti} = -\overline{v'_j \frac{\partial v'_i}{\partial x_j}} = -\frac{\partial \overline{(v'_i v'_j)}}{\partial x_j} \qquad (i = 1, 2, 3), \qquad (2.143\,\mathrm{a,\ b})$$

wobei die zweite Beziehung aus der ersten Beziehung durch Hinzufügen der mit $(-v'_i)$ multiplizierten Kontinuitätsgleichung (2.138c) folgt. Nach dem d'Alembertschen Ansatz stellt $\bar{f}_{Ti}$ die von der konvektiven Beschleunigung der Schwankungsbewegung hervorgerufene Trägheitskraft der Nebenströmung dar.

Turbulenter Spannungszustand. Vergleicht man die letzte Beziehung von (2.143b) mit (2.116c) für die bezogene Spannungskraft an einem Fluidelement, so kann für die durch die turbulente Schwankungsbewegung zusätzlich hervorgerufenen Spannungen geschrieben werden[59]

$$\bar{\tau}'_{ij} = -\varrho\overline{v'_i v'_j}, \qquad \bar{\tau}'_{ii} = -\varrho\overline{v'^2_i} \qquad (i = 1, 2, 3). \qquad (2.144\,\mathrm{a,\ b})^{60}$$

Es spielen also die gemittelten Produkte der Geschwindigkeitsschwankungen die bestimmende Rolle. Die durch Impulsaustausch infolge turbulenter Schwankungsbewegung zusätzlich auftretenden Spannungen stellen Trägheitsspannungen dar. Da sie zusätzlich zu den Spannungen einer mit der gemittelten Geschwindigkeit $\bar{v}_i$ ablaufenden laminaren Strömung viskoser Fluide nach (2.114) auftreten und sich in ähnlicher Weise wie diese auf den Bewegungsablauf auswirken, nennt man sie formal die scheinbaren Zähigkeitsspannungen der turbulenten Strömung oder einfach auch die Reynolds-Spannungen. Die gesamten durch die Viskosität und die Turbulenz verursachten Reibungsspannungen setzen sich aus dem zähigkeits- und dem turbulentbedingten Anteil zusammen. Für den vorliegenden Fall der Strömung eines homogenen Fluids folgt aus (2.114) mit $(\partial v_k/\partial x_k) = 0$ wegen $\varrho = \mathrm{const}$ sowie aus (2.144) der Spannungstensor der gemittelten turbulenten Bewegung normalviskoser Fluide

$$\overline{\sigma^*_{ij}} = -\,\delta_{ij}\bar{p} + \overline{\tau^*_{ij}} \qquad \text{mit} \qquad \overline{\tau^*_{ij}} = \bar{\tau}_{ij} + \bar{\tau}'_{ij} = \eta\left(\frac{\partial \bar{v}_i}{\partial x_j} + \frac{\partial \bar{v}_j}{\partial x_i}\right) - \varrho\overline{v'_i v'_j}. \qquad (2.145\,\mathrm{a})$$

Dieser Tensor ist wie bei der laminaren Strömung viskoser Fluide symmetrisch. Für die Normal- und Tangentialspannungen gilt

$$\overline{\sigma^*_{ii}} = -\bar{p} + 2\eta\frac{\partial \bar{v}_i}{\partial x_i} - \varrho\overline{v'^2_i} \qquad (i = 1, 2, 3), \qquad \overline{\tau^*_{ij}} = \overline{\tau^*_{ji}} \qquad (i \neq j). \qquad (2.145\,\mathrm{b,\ c})$$

59 Um bei den durch die turbulente Bewegung bedingten Spannungen den Charakter der Mittelung hervorzuheben, wird $\bar{\tau}'_{ij}$ geschrieben. (Eine Kennzeichnung $\overline{\tau'_{ij}}$ würde bei folgerichtiger Anwendung von (2.137a) wegen $\overline{E'} = 0$ zu dem falschen Ergebnis $\overline{\tau'_{ij}} = 0$ führen.)

60 Auf Fußnote 23, S. 75 sei hingewiesen.

Bei ebener Strömung ($i, j = 1, 2$) ist, vgl. (2.115),

$$\overline{\sigma_{xx}^*} = -\bar{p} + 2\eta \frac{\partial \bar{u}}{\partial x} - \varrho \overline{u'^2}, \qquad \overline{\sigma_{yy}^*} = -\bar{p} + 2\eta \frac{\partial \bar{v}}{\partial y} - \varrho \overline{v'^2}, \qquad (2.146\,\text{a, b})$$

$$\overline{\tau^*} = \bar{\tau} + \bar{\tau}' = \eta \left(\frac{\partial \bar{v}}{\partial x} + \frac{\partial \bar{u}}{\partial y}\right) - \varrho \overline{u'v'}. \qquad (2.146\,\text{c})$$

Im allgemeinen überwiegen die Spannungen der turbulenten Schwankungsbewegung bei weitem die durch die Viskosität hervorgerufenen Spannungen, so daß man letztere in vielen Fällen vernachlässigen kann. In unmittelbarer Wandnähe ist die Schwankungsgeschwindigkeit normal zur Wand sehr klein, so daß man hier die von der Turbulenz hervorgerufenen zusätzlichen Schubspannungen gegenüber den Zähigkeitsspannungen der Hauptströmung unberücksichtigt lassen kann. Es tritt also bei jeder turbulenten Strömung in unmittelbarer Wandnähe eine sehr dünne viskose Unterschicht auf. An der Wand selbst verschwindet die turbulente Schwankungsbewegung vollständig.

Berechnung turbulenter Scherströmungen. Turbulente Scherströmungen sind dadurch gekennzeichnet, daß erhebliche Gradienten der gemittelten Geschwindigkeiten $\bar{v}_i$, $\bar{v}_j$ auftreten. Sie besitzen nach (2.38) für $\bar{\vartheta}_{ij} = (1/2)\,(\partial \bar{v}_i/\partial x_j + \partial \bar{v}_j/\partial x_i)$ einen von null verschiedenen Wert. Solche Strömungen kommen bei durch- und umströmten Körpern in vielfältiger Weise vor. Gl. (2.141) lautet unter Vernachlässigung der Massenkraft und in Verbindung mit (2.143), vgl. Tab. 2.10 A,

$$\frac{\partial \bar{v}_i}{\partial t} + \bar{v}_j \frac{\partial \bar{v}_i}{\partial x_j} = -\frac{1}{\varrho} \frac{\partial \bar{p}}{\partial x_i} + \nu \frac{\partial^2 \bar{v}_i}{\partial x_j^2} - \frac{\partial \overline{(v_i' v_j')}}{\partial x_j} \quad (i = 1, 2, 3). \qquad (2.147)$$

Zur Beschreibung des Strömungsfelds gehören neben diesen drei Komponentengleichungen noch die Kontinuitätsgleichung (2.138a). Die Komponenten der Turbulenzkraft (letztes Glied) stellen neue Unbekannten dar, was bedeutet, daß das aus vier Gleichungen bestehende Gleichungssystem mehr als vier Unbekannte hat. Das Gleichungssystem ist also nicht geschlossen. Diese durch die Mittelwertbildung entstandene Tatsache wird das Schließungsproblem bei der Berechnung turbulenter Strömungen genannt. Die Lösung dieser Aufgabe besteht offensichtlich darin, einen funktionalen Zusammenhang zwischen den neuen Unbekannten, nämlich den sechs voneinander unabhängigen Komponenten des Spannungstensors der turbulenten Schwankungsbewegung (Reynoldsscher Korrelationstensor) $\bar{\tau}'_{ij} = \bar{\tau}'_{ji} = -\varrho \overline{v_i' v_j'}$ gemäß (2.144) in Verbindung mit (2.145b) und dem gemittelten Geschwindigkeitsfeld $\bar{v}_i$ anzugeben. Die dazu notwendigen Schließungsansätze in Form von Turbulenzmodellen beruhen nach dem derzeitigen Stand der Turbulenztheorie sowohl auf Hypothesen als auch auf Erkenntnissen, die aus Meßergebnissen gewonnen werden (halbempirische Ansätze). Die Randbedingungen, welche die Geschwindigkeit zu erfüllen haben, sind die gleichen wie bei der laminaren Strömung, nämlich nach (2.119c) Verschwinden sämtlicher Geschwindigkeitskomponenten bei der Umströmung fester nichtporöser Wände, d. h.

$$\bar{v}_n = 0 = \bar{v}_t, \qquad v_n' = 0 = v_t' \qquad \text{(feste nichtporöse Wand)}. \qquad (2.148\,\text{a, b})$$

Für die statistisch-stationäre ebene turbulente Strömung eines homogenen Fluids folgt in Abänderung (gemittelte Werte) und Ergänzung (Turbulenzkraft) des Gleichungssystems für die laminare Strömung (2.121) aus (2.138a) und (2.147) das Gleichungssystem

$$\frac{\partial \bar{u}}{\partial x} + \frac{\partial \bar{v}}{\partial y} = 0, \tag{2.149a}$$

$$\bar{u}\,\frac{\partial \bar{u}}{\partial x} + \bar{v}\,\frac{\partial \bar{u}}{\partial y} = -\frac{1}{\varrho}\,\frac{\partial \bar{p}}{\partial x} + \nu\left(\frac{\partial^2 \bar{u}}{\partial x^2} + \frac{\partial^2 \bar{u}}{\partial y^2}\right) - \left(\frac{\partial(\overline{u'^2})}{\partial x} + \frac{\partial(\overline{u'v'})}{\partial y}\right), \tag{2.149b}$$

$$\bar{u}\,\frac{\partial \bar{v}}{\partial x} + \bar{v}\,\frac{\partial \bar{v}}{\partial y} = -\frac{1}{\varrho}\,\frac{\partial \bar{p}}{\partial y} + \nu\left(\frac{\partial^2 \bar{v}}{\partial x^2} + \frac{\partial^2 \bar{v}}{\partial y^2}\right) - \left(\frac{\partial(\overline{v'^2})}{\partial y} + \frac{\partial(\overline{u'v'})}{\partial x}\right). \tag{2.149c}$$

Man erkennt, daß den drei Gleichungen die sechs Unbekannten $\bar{u}$, $\bar{v}$, $\bar{p}$, $\overline{u'^2}$, $\overline{v'^2}$ und $\overline{u'v'}$ gegenüberstehen. Für Strömungsgrenzschichten, die in Kap. 6.3 ausführlich behandelt werden, reduzieren sich die beiden Impulsgleichungen auf eine Gleichung in Hauptstromrichtung (z. B. die x-Achse), nämlich

$$\bar{u}\,\frac{\partial \bar{u}}{\partial x} + \bar{v}\,\frac{\partial \bar{u}}{\partial y} = -\frac{1}{\varrho}\,\frac{d\bar{p}}{dx} + \nu\,\frac{\partial^2 \bar{u}}{\partial y^2} - \frac{\partial(\overline{u'v'})}{\partial y} \quad \text{(Grenzschicht)}. \tag{2.150}$$

Dabei ist $\bar{p} = p(x)$ der am Rand der Grenzschicht vorgegebene Druck. In Verbindung mit (2.149a) kommen also die drei Unbekannten $\bar{u}$, $\bar{v}$ und $\overline{u'v'}$ vor. Das reduzierte Gleichungssystem läßt sich dadurch schließen, daß man für die Reynoldssche Schubspannung $\bar{\tau}' = -\varrho\overline{u'v'}$ einen algebraischen Ausdruck angibt.

Schließungsansätze auf der Grundlage des gemittelten Geschwindigkeitsfelds. Die zu besprechenden Ansätze beruhen auf der Annahme, daß sich der Einfluß der turbulenten Schwankungsbewegung auf das gemittelte Geschwindigkeitsfeld ohne Berücksichtigung des eigentlichen Turbulenzmechanismus durch gewisse Analogiebetrachtungen erfassen läßt. Damit ist die Anwendbarkeit dieser Ansätze auf verschiedene Strömungstypen (Grenzschicht-, Rohrströmung u. a.) von vornherein eingeschränkt; es sei denn, die in den Ansätzen enthaltenen freien Parameter werden dem jeweiligen Strömungstyp angepaßt. Den ersten Vorstoß in dieser Richtung hat Boussinesq [6] unternommen. In Analogie zum Newtonschen Schubspannungsansatz für die laminare Scherströmung eines viskosen Fluids $u(y)$ entsprechend (1.11) wird für die gesamte Schubspannung bei der gemittelten Geschwindigkeit $\bar{u}(y)$ ausgehend von (2.146c)

$$\overline{\tau^*} = \eta\,\frac{\partial \bar{u}}{\partial y} + \bar{\tau}' \qquad \text{mit} \qquad \bar{\tau}' = -\varrho\overline{u'v'} = \eta'\,\frac{\partial \bar{u}}{\partial y} = A_\tau\,\frac{\partial \bar{u}}{\partial y} \tag{2.151a, b, c, d}$$

gesetzt, vgl. (1.18). Die Größe η' besitzt die gleiche Dimension wie die molekulare Viskosität η und wird daher formal als scheinbare Viskosität der turbulenten Strömung bezeichnet. Den entsprechenden Ausdruck der kinematischen Viskosität $\nu = \eta/\varrho$ nennt man die Wirbelviskosität (eddy viscosity) $\nu' = \eta'/\varrho$. Da es sich bei der turbulenten Schwankungsbewegung jedoch im wesentlichen um einen Austauschvorgang von Impuls handelt, wird η' sinnvoller als Impulsaustauschgröße A_τ bezeichnet, vgl. Kap. 1.2.3.4. Trotz der formalen Übereinstimmung der Schubspannungsansätze für die laminare und turbulente Strömung bestehen jedoch zwischen den beiden Größen η und η' grundsätzliche physikalische Unterschiede. Während die Viskosität η den Impulsaustausch aufgrund der molekularen Bewegung beschreibt und abgesehen von möglichen Druck- und Temperaturschwankungen vom Ort unabhängig, d. h. eine reine Stoffgröße ist, beschreibt η' den Impulsaustausch aufgrund der makroskopischen turbulenten Schwankungsbewegung der Fluidelemente. Damit ist die Austauschgröße $A_\tau = \eta'$ sowohl vom Ort als auch von der Verteilung der gemittelten Geschwindigkeit abhängig. Um den Ansatz (2.151d) als Berechnungsgrundlage nutzbar zu machen, ist diese Abhängigkeit funktional auszudrücken.

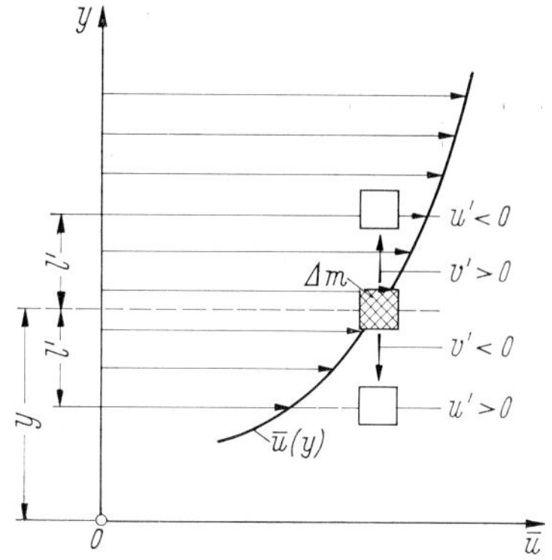

Abb. 2.41. Zur Erläuterung der Schwankungsgeschwindigkeiten und des Mischungswegs in einer ebenen turbulenten Scherströmung

In Analogie zur kinetischen Gastheorie hat Prandtl [30] diesen Weg beschritten. Die aus der kinetischen Gastheorie ableitbare Proportionalitätsbeziehung $\nu \sim \lambda c$ mit λ als mittlerer freier Weglänge und c als Schallgeschwindigkeit, läßt sich im Hinblick auf die Wirbelviskosität ν' formal übernehmen, nämlich $\nu' = l_c v_c$ mit l_c und v_c als einer für die turbulente Schwankungsbewegung charakteristischen Länge bzw. Geschwindigkeit. Für die charakteristische Länge wird der sogenannte Mischungsweg l und für die charakteristische Geschwindigkeit der Ausdruck $l(\partial\bar{u}/\partial y)$ angesetzt. Der Mischungsweg wird nur als eine Funktion des Orts angenommen und kann anschaulich folgendermaßen gedeutet werden: Man betrachte einen Fluidballen der Masse Δm in einer ebenen gemittelten Scherströmung, der sich entsprechend Abb. 2.41 augenblicklich an der Stelle y befindet und dort parallel zur x-Achse die gemittelte Geschwindigkeit $\bar{u}(y)$ besitzt. Infolge der Querschwankung $v' \gtrless 0$ durchlaufe er in der y-Richtung den Weg $\pm l'$, bis er sich mit den Schichten an den Stellen $y \pm l'$ vermischt hat. Unter der Annahme, daß er bei dieser Querbewegung seinen x-Impuls $\Delta m\,\bar{u}$ beibehält, besitzt er an den Stellen $y \pm l'$ eine kleinere bzw. größere gemittelte Geschwindigkeit in x-Richtung als dieser Stelle mit $\bar{u}(y \pm l') = \bar{u}(y) \pm (\partial\bar{u}/\partial y)\,l' + (1/2)\,(\partial^2\bar{u}/\partial y^2)\,l'^2 + \ldots$ entspricht. Die infolge der Querbewegung entstehende Geschwindigkeitsdifferenz kann nun als Längsschwankung $u' \lessgtr 0$ gedeutet werden. Bei der Bewegung von $y - l'$ bis $y + l'$ beträgt die Geschwindigkeitsdifferenz $\Delta\bar{u} = 2(\partial\bar{u}/\partial y)\,l'$.[61] Um etwas über die Größe der Querschwankung v' aussagen zu können, denke man sich zwei Ballen, die sich infolge der Schwankungsbewegung aus verschiedenen Schich-

61 Die Glieder mit der zweiten Ableitung $\partial^2\bar{u}/\partial y^2$ heben sich heraus.

ten oberhalb und unterhalb von y, d. h. $y \pm l'$, kommend in der Schicht y mit verschieden großer Geschwindigkeit $\overline{u}$ bewegen. Besitzt der hintere Ballen eine größere Geschwindigkeit als der davorliegende, so stoßen sie aufeinander, im anderen Fall entfernen sie sich voneinander. Ihre Relativgeschwindigkeit beträgt $\Delta\overline{u} = 2(\partial\overline{u}/\partial y)\, l'$, wenn man die beiden Mischungswege als gleich groß annimmt[61]. Beim Zusammenstoß der beiden Fluidballen weichen diese nach beiden Seiten aus, umgekehrt dringt Fluidmasse aus der Umgebung in die entstandene Lücke ein, wenn die Ballen sich voneinander entfernen. Die in beiden Fällen auftretenden Querbewegungen v' sind aus Kontinuitätsgründen von der gleichen Größenordnung der Längsschwankungen u'. Für die zeitlichen Mittelwerte der absoluten Beträge der Geschwindigkeitsschwankungen kann man also $\overline{|u'|} = (\partial\overline{u}/\partial y)\, l'$ und $\overline{|v'|} = k_1\, \overline{|u'|}$ schreiben, wobei k_1 eine unbekannte Zahl darstellt. Aus Abb. 2.41 ist ersichtlich, daß einem positiven v' immer ein negatives u' entspricht und umgekehrt. Damit erhält man für den zeitlichen Mittelwert der Schwankungsbewegung (Korrelation der Schwankungsgeschwindigkeiten) $\overline{u'v'} = -k_2\, \overline{|u'|} \cdot \overline{|v'|} = -(\partial\overline{u}/\partial y)^2\, l^2$. Das negative Vorzeichen ist wegen der wechselnden Vorzeichen von u' und v' erforderlich. Weiterhin ist $l^2 = k_1 k_2 l'^2$ gesetzt worden, was lediglich einer Abänderung der ohnehin noch unbekannten Länge l' entspricht. Die Größe l wird als Mischungsweg bezeichnet. Durch Einsetzen von $\overline{u'v'}$ in (2.151b) erhält man für die Reynoldssche Schubspannung

$$\overline{\tau}' = \varrho l^2 \left(\frac{\partial\overline{u}}{\partial y}\right)^2 = A_\tau \frac{\partial\overline{u}}{\partial y} \quad \text{mit} \quad A_\tau = \varrho l^2 \left|\frac{\partial\overline{u}}{\partial y}\right| \qquad (2.152\text{a, b})$$

als Impulsaustauschgröße. Um zum Ausdruck zu bringen, daß einem positiven Wert $\partial\overline{u}/\partial y$ eine positive Schubspannung $\overline{\tau}'$ entspricht und umgekehrt, wird in (2.152b) der Absolutwert $|\partial\overline{u}/\partial y|$ eingeführt. Der Vergleich von (2.152) mit (2.151b, c) liefert für die Wirbelviskosität den Ausdruck $\nu' = \sqrt{|\overline{u'v'}|}\, l$. Neben dem Austauschansatz und dem Einführen der Mischungswegformel liegen noch einige andere Überlegungen vor. So wird z. B. von Taylor [45] die Wirkung der Turbulenzbewegung auf die gemittelte Strömungsgeschwindigkeit als Wirbeltransport gedeutet.

Der Prandtlsche Mischungswegansatz (2.152) hat sich bei der theoretischen Behandlung einfacher turbulenter Scherströmungen mittels der Reynoldsschen Bewegungsgleichung als recht erfolgreich erwiesen. Um die Mischungswegformel praktisch anwenden zu können, ist es zunächst notwendig, aus typischen Versuchsergebnissen, den Mischungsweg l als Funktion des Orts zu ermitteln, wobei (2.152) die Bedeutung einer Definitionsgleichung besitzt. Die empirisch gewonnenen Größen korreliert man mit geeigneten Parametern mit dem Ziel, die so gefundenen Zusammenhänge auch auf andere Strömungstypen oder Randbedingungen übertragen zu können. Tatsächlich haben entsprechende Untersuchungen gezeigt, daß dies Vorgehen für einzelne Strömungstypen jeweils möglich ist. Für Strömungen mit fester Begrenzung (Rohrströmung, Wandgrenzschicht) oder für Strömungen mit freien Grenzen (Nachlaufströmung, Freistrahl) kann man näherungsweise die Ansätze

$$l = \varkappa y \quad \text{(feste Wand)}, \qquad l = \beta b(x) \quad \text{(freie Strömung)} \qquad (2.153\text{a, b})$$

machen. Hierin stellen y den Wandabstand und $b(x)$ z. B. die Breite einer Nachlaufströmung sowie $\varkappa$ und β konstante Werte dar. Letztere sind dem jeweiligen Strömungstyp einschließlich der Randbedingungen anzupassen. Aufgrund einer Ähnlichkeitsbetrachtung über den Schwankungsmechanismus turbulenter Strömungen gibt von Kármán [19] für den Mischungsweg die Beziehung $l = \varkappa(\partial\overline{u}/\partial y)/(\partial^2\overline{u}/\partial y^2)$ mit $\varkappa = \text{const}$ an. Sie läßt erkennen, daß der Mischungsweg nur von der Art der Geschwindigkeitsverteilung $\overline{u}(y)$ an der betrachteten Stelle y abhängt, was in Wirklichkeit nur in Wandnähe zutrifft. Darüber hinaus versagt sie, wenn die Geschwindigkeitsverteilung $\overline{u}(y)$ einen Wendepunkt $(\partial^2\overline{u}/\partial y^2 = 0)$ besitzt.

Trotz der grundsätzlich verschiedenen Vorgänge bei den molekularen und turbulenten Transportvorgängen, haben es die angegebenen phänomenologischen Ansätze ermöglicht, eine halbempirische Turbulenztheorie zur Lösung vieler praktischer Aufgaben zu entwickeln. Auf eine Erweiterung und damit auch eine Verbesserung dieser Theorie durch Einführen von Schließungsansätzen auf der Grundlage des gemittelten Energiefelds wird bei der Behandlung der Energiegleichung in Kap. 2.6.5.2 eingegangen.

Geschwindigkeitsverteilung einer ebenen turbulenten Strömung in der Nähe fester Wände. Messungen von turbulenten Geschwindigkeitsschwankungen in der Nähe fester Wände wurden verschiedentlich durchgeführt. Abb. 2.42a zeigt die von Laufer [22] für ein zylindrisches Rohr mit glatter Innenwand gewonnenen Ergebnisse. Aufgetragen sind über dem dimensionslosen Wandabstand $y_\tau = u_\tau y/\nu$ mit $u_\tau = \sqrt{\overline{\tau}_w/\varrho}$ als sogenannter Schubspannungsgeschwindigkeit und $\overline{\tau}_w$ als Wandschubspannung die drei Schwankungskomponenten in der Form $\sqrt{\overline{u'^2}}/u_\tau$, $\sqrt{\overline{v'^2}}/u_\tau$ und $\sqrt{\overline{w'^2}}/u_\tau$. Der dimensionslose Wandabstand y_τ stellt eine mit der Schubspannungsgeschwindigkeit u_τ, dem Wandabstand y und der kinematischen Viskosität ν gebildete örtliche Reynolds-Zahl dar. Wie aus Abb. 2.42a ersichtlich ist, ist die Schwankungsbewegung in unmittelbarer Wandnähe $(y \to 0)$ stark behindert. Diese Aussage gilt nach Abb. 2.42b auch für die Reynoldssche Schubspannung $\overline{\tau}'/\varrho u_\tau^2 = -\overline{u'v'}/u_\tau^2$. In unmittelbarer Wandnähe ist die Reynoldssche Schubspannung gegenüber der zähigkeitsbedingten Spannung $\overline{\tau}/\varrho u_\tau^2$ mit $\overline{\tau} = \eta(\partial\overline{u}/\partial y)$ vernachlässigbar klein (viskose Unterschicht). An der Wand selbst ist $\overline{\tau}'_w = 0$, was nach (2.146c) für die Wandschubspannung zu $\overline{\tau_w^*} = \overline{\tau}_w$ führt. In Abb. 2.42c ist die gemittelte Geschwindigkeit in der Form $\overline{u}/u_\tau$ über $y_\tau = u_\tau y/\nu$ in halblogarithmischer Darstellung aufgetragen. Je nach Größe y_τ läßt sich der Verlauf in drei Bereiche unterteilen; und zwar in die viskose Unterschicht $(0 \leqq y_\tau \lesssim 5)$, in welcher der Einfluß der Viskosität vorherrscht, in die Übergangsschicht $(5 \lesssim y_\tau \lesssim 60)$, in welcher die Newtonsche (viskose) und Reynoldssche (turbulente) Schubspannung von gleicher Größenordnung sind, und in die vollturbulente Wandschicht $(y_\tau \gtrsim 60)$, in welcher bei ausreichend großer Reynolds-Zahl nur die Reynoldssche Schubspannung wesentlich ist.

Mit den experimentell bestätigten Erkenntnissen läßt sich nun die Verteilung der gemittelten Geschwindigkeit in Wandnähe $\overline{u}(y)$ theoretisch, oder genauer gesagt halbempirisch, ermitteln. Hierbei soll die Prandtlsche Mischungsformel zur Anwendung kommen. Bei der betrachteten ebenen Scherströmung $\overline{u}(y)$ soll keine Rückströmung mit $\overline{u} < 0$ auftreten. Weiterhin gelte $\partial\overline{u}/\partial y = d\overline{u}/dy > 0$. Aus (2.151a) und (2.152a) folgt für die gesamte Schubspannung der turbulenten Strömung:

$$\overline{\tau^*} = \left(\eta + \varrho l^2 \frac{d\overline{u}}{dy}\right)\frac{d\overline{u}}{dy} \qquad \text{(Scherströmung).} \tag{2.154a}$$

In unmittelbarer Wandnähe, d. h. in der viskosen Unterschicht $0 \leqq y \leqq \delta_0$ mit δ_0 als Dicke der Unterschicht ist $l = 0$ und in der turbulenten Wandschicht $y > \delta_t$ ist $\eta = 0$ zu setzen. Damit ergeben sich aus (2.154a) mit $\overline{\tau}_w = \varrho u_\tau^2$ folgende Bestimmungsgleichungen

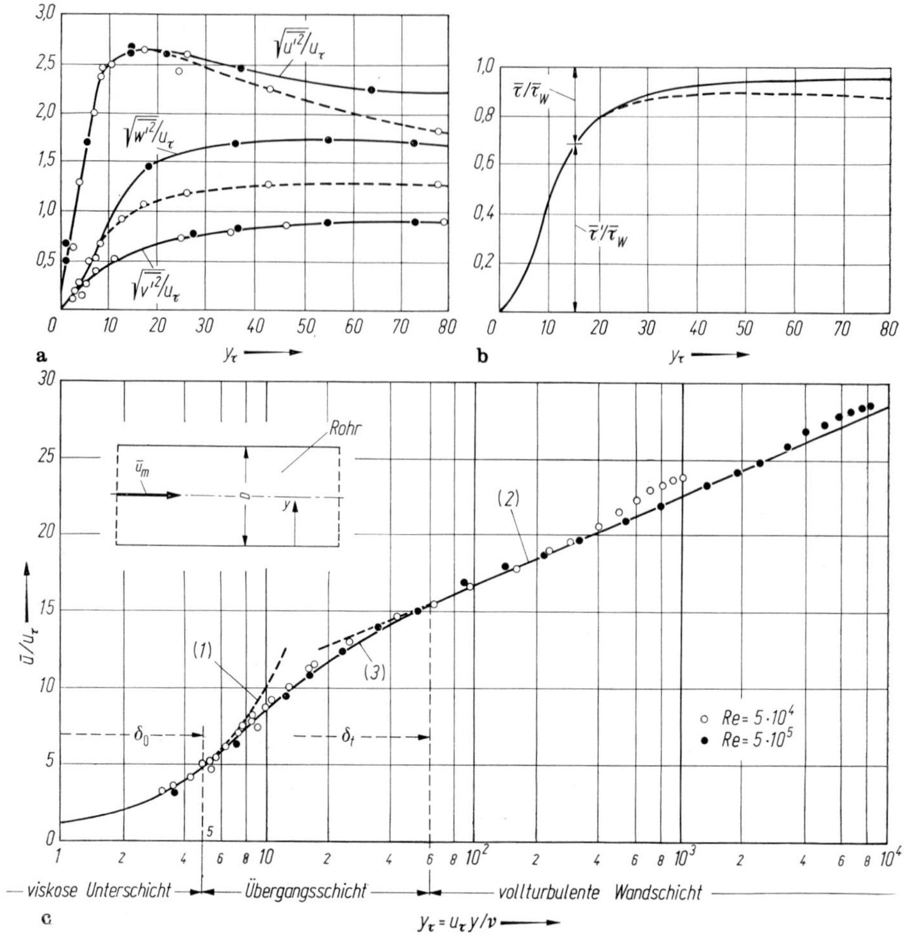

Abb. 2.42. Turbulente Strömungsbewegung in der Nähe der glatten Wand ($y \to 0$) eines mit der mittleren Geschwindigkeit $\bar{u}_m$ durchströmten zylindrischen Rohrs vom Durchmesser D, Messungen nach [22], Schubspannungsgeschwindigkeit $u_\tau = \sqrt{\bar{\tau}_w/\varrho}$, dimensionsloser Wandabstand $y_\tau = yu_\tau/\nu$, Reynolds-Zahl $Re = u_m D/\nu$. **a** Schwankungsgeschwindigkeiten. **b** Reynoldssche und Newtonsche Schubspannung, $\bar{\tau}'/\bar{\tau}_w$ bzw. $\bar{\tau}/\bar{\tau}_w$ $\left(\overline{\tau^*}/\bar{\tau}_w \approx 1\right)$. **c** Gemittelte Geschwindigkeit $\bar{u}/u_\tau$ (halblogarithmische Auftragung), vgl. [10]. (*1*) Viskose Unterschicht nach (2.155), (*2*) universelles logarithmisches Wandgesetz nach (2.156), (*3*) Übergangsbereich nach (2.158a) in Verbindung mit (2.158c), nach [10]

für die Geschwindigkeitsverteilungen in den beiden genannten Bereichen:

$$\frac{d\bar{u}}{dy} = \frac{u_\tau^2}{\nu}\,\frac{\overline{\tau^*}}{\bar{\tau}_w}\quad (0 \leqq y \leqq \delta_0), \qquad \frac{d\bar{u}}{dy} = \frac{u_\tau}{l}\sqrt{\frac{\overline{\tau^*}}{\bar{\tau}_w}}\quad (y \geqq \delta_t). \tag{2.154b, c}$$

Für die gesamte Wandschicht sei die für Strömungen ohne Druckgradient in Hauptströmungsrichtung experimentell bestätigte weitgehende Annahme getroffen, daß die Schubspannung $\overline{\tau^*}(y) \approx \bar{\tau}_w$ ungeändert gleich der Wandschubspannung ist, d. h. $\overline{\tau^*}/\bar{\tau}_w \approx 1$.

Hiermit erhält man als Lösung von (2.154b) in dimensionsloser Darstellung

$$\frac{\bar{u}}{u_\tau} = \frac{u_\tau y}{\nu} = y_\tau \qquad \text{(viskose Unterschicht, } 0 \leqq y \leqq \delta_0\text{)}. \tag{2.155}$$

Es nimmt die Geschwindigkeit linear mit dem Wandabstand zu. Dies Ergebnis ist in Abb. 2.42c als Kurve (*1*) wiedergegeben. Es gilt bis etwa $y_\tau = 5$, woraus sich die Dicke der viskosen Unterschicht zu $\delta_0 \approx 5(\nu/u_\tau)$ ergibt. Für die vollturbulente Wandschicht gilt nach (2.153a) für den Mischungsweg der Ansatz $l = \varkappa y$. Nach Einsetzen in (2.154c) und Ausführen der Integration findet man in dimensionsloser Darstellung

$$\frac{\bar{u}}{u_\tau} = A \ln y_\tau + B = \hat{A} \lg y_\tau + B \qquad \text{(turbulente Wandschicht, } y > y_t\text{)} \tag{2.156a, b}$$

Die Größen $A = 1/\varkappa$ und B sind universelle Konstanten, die aus Meßergebnissen zu bestimmen sind, vgl. z. B. [10]. Bei glatter Wand ergeben sich die Werte $\varkappa = 0{,}4$ bzw. $A = 2{,}5$ oder $\hat{A} = 5{,}75$ sowie $B \approx 5{,}24$. Die Beziehung nach (2.156) ist in Abb. 2.42c als Kurve (*2*) im halblogarithmischen Maßstab als Gerade dargestellt. Man nennt (2.156) das universelle logarithmische Wandgesetz der turbulenten Geschwindigkeitsverteilung. Bei Annäherung an die Wand ($y \to 0$) würde die Geschwindigkeit $\bar{u}$ nach (2.156) gegen $-\infty$ gehen, während wegen der Haftbedingung dort $\bar{u} = 0$ sein muß. Dies unbefriedigende Ergebnis ist die Folge der unberücksichtigten viskosen Unterschicht. Bei rauher Wand geht B in eine Funktion der Wandrauheit $B = B(k_\tau)$ mit $k_\tau = k u_\tau/\nu$ (k = Rauheitshöhe) über. Die angegebenen Gesetze (2.155) und (2.156) lassen sich nach von Kármán [19] auch aus einer Ähnlichkeitshypothese ableiten. Die Ähnlichkeitsgesetze lauten

$$\frac{\bar{u}}{u_\tau} = f(y_\tau) \quad \text{(glatt)}, \qquad \frac{\bar{u}}{u_\tau} = f(y_\tau, k_\tau) \quad \text{(rauh)}. \tag{2.157 a, b}$$

Dabei beschreibt (2.157a) auch den durch Meßergebnisse an glatter Wand in Abb. 2.42c als Kurve (*3*) dargestellten Übergang von der viskosen Unterschicht zur vollturbulenten Wandschicht $\delta_0 \leqq y \leqq \delta_t$. Um diesen Übergangsbereich theoretisch beschreiben zu können, geht man von dem Ansatz (2.154a) für die gesamte Schubspannung aus, indem man nach $d\bar{u}/dy$ auflöst und über y integriert. Nach Einführen der dimensionslosen Größen $y_\tau = u_\tau y/\nu$, $l_\tau = u_\tau l/\nu$ und $\hat{\tau} = \overline{\tau^*}/\bar{\tau}_w$ sowie Umformung wird

$$\frac{\bar{u}}{u_\tau} = \int\limits_0^{y_\tau} \frac{2\hat{\tau}}{1 + \sqrt{1 + 4\hat{\tau} l_\tau^2}}\, dy_\tau . \tag{2.158a}$$

Unter der bereits oben gemachten Annahme, wonach näherungsweise $\overline{\tau^*} \approx \bar{\tau}_w$, d. h. $\hat{\tau} \approx 1$, sein soll, führt (2.158a) mit $l_\tau = 0$ zu (2.155) und mit $2 l_\tau = 2\varkappa y_\tau \gg 1$ zu (2.156). Um jetzt auch den Übergangsbereich erfassen zu können, ist eine Abänderung des einfachen linearen Ansatzes für den Mischungsweg $l = \varkappa y$ nach (2.153a) in der Weise vorzunehmen, daß die

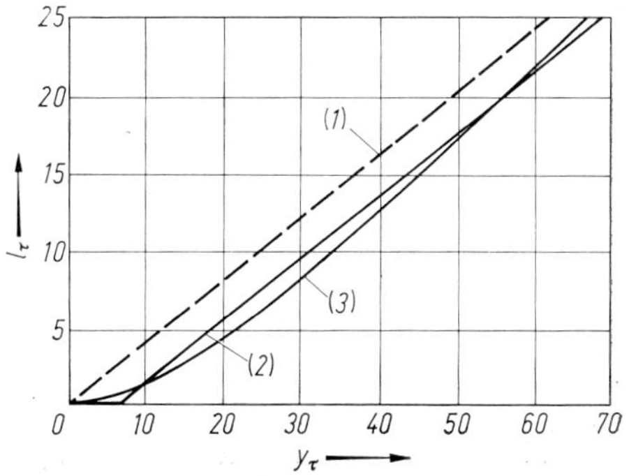

Abb. 2.43. Ansätze für den turbulenten Mischungsweg, (*1*) nach Prandtl, (2.153a), (*2*) nach Rotta, (2.158b), (*3*) nach van Driest, (2.158c)

Verhältnisse in der viskosen Unterschicht richtig wiedergegeben werden. Nach Rotta [34] bzw. van Driest [10] kann man

$$l = 0 \quad \text{für } 0 \leqq y \leqq \delta_0, \qquad l = \varkappa(y - \delta_0) \quad \text{für } y \geqq \delta_0 \quad \text{(Rotta)}, \tag{2.158b}$$

$$l = \varkappa y \left[1 - \exp\left(-\frac{y}{y_b}\right)\right] \quad \text{für } y \geqq 0 \quad \text{(Driest)} \tag{2.158c}$$

setzen. Für die durch Vergleich mit Messungen an glatten Wänden bestimmten Konstanten gilt $\varkappa = 0{,}4$, $\delta_0 = 6{,}7\nu/u_\tau$ und $y_b = 26\nu/u_\tau$. In Abb. 2.43 sind die dimensionslosen Mischungswege $l_\tau = u_\tau l/\nu$ über dem dimensionslosen Wandabstand $y_\tau = u_\tau y/\nu$ aufgetragen. Während sich (2.158a) für den einfacheren Ansatz (2.158b) geschlossen lösen läßt, ist dies für den physikalisch einleuchtenderen Ansatz (2.158c) nur numerisch möglich. Das letzte Ergebnis ist in Abb. 2.42c als Kurve (*3*) eingetragen und gibt die Meßergebnisse sehr gut wieder.

2.5.3.6 Über die Entstehung der Turbulenz

Methode der kleinen Schwingung. Bisher wurde der Zustand turbulenter Strömung als eine gegebene physikalische Tatsache angesehen, ohne daß dabei die Frage nach der Entstehung der Turbulenz erörtert wurde. Wie man weiß, stellen die laminaren Strömungen auch für beliebig große Reynolds-Zahlen eine strenge Lösung der Navier-Stokesschen Gleichung dar. Da sie aber unter gegebenen Voraussetzungen (große *Re*-Zahlen) nicht beobachtet werden, sprach Reynolds [32] wohl als erster die Vermutung aus, daß die Laminarbewegung möglicherweise instabil wird und in die turbulente Strömungsform umschlägt. Unterstellt man diese Annahme als richtig, so kann man zur Erklärung des Phänomens theoretisch folgendermaßen vorgehen: Man denkt sich der anfangs laminaren Bewegung kleine Störungen überlagert. Klingen diese mit der Zeit, d. h. im weiteren Verlauf der Bewegung ab, so ist die Laminarbewegung stabil, vergrößern sie sich dagegen in zunehmendem Maß, dann ist sie instabil und kann in die turbulente Form umschlagen. Die Frage nach der Entstehung der Turbulenz ist nach dieser Anschauung ein Stabilitätsproblem ähnlich dem Knick- oder Beulproblem der Elastizitätstheorie. Zu seiner Lösung kann die Methode der kleinen Schwingungen herangezogen werden. Der Behandlung dieser für die gesamte Fluidmechanik äußerst wichtigen Frage ist seit O. Reynolds große Aufmerksamkeit geschenkt worden. Der grundlegende Gedanke sei nachstehend kurz wiedergegeben. Der Betrachtung sei die ebene Strömung eines dichtebeständigen Fluids mit konstanter Viskosität zugrunde gelegt, für welche bei Vernachlässigung der Massenkraft die Grundgleichungen (2.121a, b, c) gelten. Die stationäre laminare Grundströmung habe die Geschwindigkeitskomponenten $\bar{u}(x, y)$, $\bar{v}(x, y)$ und den Druck $\bar{p}$, denen jetzt die Störkomponenten $u'(t, x, y)$, $v'(t, x, y)$, $p'(t, x, y)$ überlagert werden sollen, so daß

$$u = \bar{u} + u', \qquad v = \bar{v} + v', \qquad p = \bar{p} + p' \quad \text{(Ansatz)} \tag{2.159}$$

die entsprechenden Werte der gestörten Strömung sind[62]. Dabei sollen u', v', p' sehr viel kleiner als $\bar{u}$, $\bar{v}$, $\bar{p}$ sein. Der Einfachheit halber sei als Grundströmung die einfache Scherströmung $\bar{u} = \bar{u}(y)$, $\bar{v} = 0$ angenommen. Während die Kontinuitätsgleichung (2.121a) erfüllt ist, gilt mit $\partial\bar{u}/\partial t = 0 = \partial\bar{v}/\partial t$, $u_B = 0$ für die Impulsgleichungen (2.121b, c)

$$0 = -\frac{1}{\varrho}\frac{\partial\bar{p}}{\partial x} + \nu\frac{\partial^2\bar{u}}{\partial y^2}, \qquad 0 = -\frac{1}{\varrho}\frac{\partial\bar{p}}{\partial y} \quad \text{(Grundströmung)}. \tag{2.160a, b}$$

Für die Störbewegung folgt aus (2.121) nach Einsetzen von (2.159) und (2.160) das Gleichungssystem für u', v' und p'

$$\frac{\partial u'}{\partial x} + \frac{\partial v'}{\partial y} = 0, \tag{2.161a}$$

62 Es sei ausdrücklich darauf hingewiesen, daß hier unter u', v' die Störgeschwindigkeiten und nicht die turbulenten Schwankungsgeschwindigkeiten zu verstehen sind.

$$\frac{\partial u'}{\partial t} + \bar{u}\,\frac{\partial u'}{\partial x} + v'\,\frac{\partial \bar{u}}{\partial y} = -\frac{1}{\varrho}\,\frac{\partial p'}{\partial x} + \nu\left(\frac{\partial^2 u'}{\partial x^2} + \frac{\partial^2 u'}{\partial y^2}\right), \qquad (2.161\,\text{b})$$

$$\frac{\partial v'}{\partial t} + \bar{u}\,\frac{\partial v'}{\partial x} = -\frac{1}{\varrho}\,\frac{\partial p'}{\partial y} + \nu\left(\frac{\partial^2 v'}{\partial x^2} + \frac{\partial^2 v'}{\partial y^2}\right). \qquad (2.161\,\text{c})$$

Bei der Herleitung von (2.161b, c) wurde entsprechend der getroffenen Annahme über die Größe der Störgeschwindigkeiten berücksichtigt, daß $u' \ll \bar{u}$ ist. Weiterhin wurde in (2.161c) das quadratische Glied $v'(\partial v'/\partial y)$ als klein vernachlässigt. Zu den drei Gleichungen der Störbewegung für u', v', p' treten noch die Randbedingungen, wonach u' und v' z. B. an der festen Berandung der Strömung (Rohr, Platte) verschwinden müssen. Eliminiert man aus (2.161 b) und (2.161 c) den Druck p', indem man die erste Gleichung nach y und die zweite nach x differenziert und dann die umgeformten Gleichungen voneinander subtrahiert, so entsteht eine einzige Gleichung für (2.116 b, c), die wie (2.161 a) nur noch u' und v' als Unbekannte enthält. Die Kontinuitätsgleichung kann man durch Einführen einer Stromfunktion $\Psi'(t, x, y)$ mit $u' = \partial\Psi'/\partial y$ und $v' = -\partial\Psi'/\partial x$ nach (2.67) erfüllen. Nach Einsetzen dieser Ausdrücke in die durch Elimination des Drucks p' gewonnene Gleichung entsteht eine Differentialgleichung vierter Ordnung für die Störfunktion Ψ'. Um nun mit Hilfe dieser Gleichung etwas über die Stabilität der laminaren Grundströmung aussagen zu können, muß zunächst eine Festlegung über die Art der Störbewegung gemacht werden. Als solche soll eine in der x-Richtung verlaufende Wellenbewegung eingeführt werden, die sich in einzelne Teilschwingungen aufspalten läßt. Für die Störfunktion einer solchen Schwingung kann der zweidimensionale Ansatz

$$\Psi'(t, x, y) = f(y) \exp\left[i(\alpha x - \beta t)\right] \qquad \text{(Störansatz)} \qquad (2.162)$$

gemacht werden, wobei anstelle einer trigonometrischen Funktion die komplexe Schreibweise gewählt wird. (Physikalisch kommt für die Schwingung nur der reelle Anteil dieses Ausdrucks in Frage.) Es bedeuten $f(y)$ die Amplitudenfunktion der Störbewegung, $\lambda = 2\pi/\alpha$ die Wellenlänge der Schwingung und $\beta = \beta_r + i\beta_i$ eine komplexe Größe, deren reeller Teil β_r die Kreisfrequenz der Schwingung und deren imaginärer Teil β_i eine Anfachungs- bzw. Dämpfungsgröße darstellt. Setzt man β ein, d. h. $\exp\,(i[\alpha x - (\beta_r + i\beta_i)\,t])$, so erkennt man, daß der reelle Teil des Exponenten $-i^2\beta_i t = \beta_i t$ für $\beta_i > 0$ positiv wird. In diesem Fall wächst Ψ' mit der Zeit, die Schwingungen werden also angefacht, was gleichbedeutend ist mit einer Instabilität der laminaren Grundströmung. Dagegen tritt für $\beta_i < 0$ Dämpfung ein; die Strömung ist also stabil. Schließlich gibt der Wert $\beta_i = 0$ die Grenze der Stabilität an. Die ihm entsprechenden Schwingungen werden als neutrale Schwingungen bezeichnet. Es ist zweckmäßig, neben α und β auch noch die aus ihnen gebildete Größe $c = \beta/\alpha = c_r + ic_i$ einzuführen. Dabei bedeutet c_r die Wellenfortpflanzungsgeschwindigkeit der Störung (Phasengeschwindigkeit). Setzt man (2.162) in die Differentialgleichung für Ψ' ein, so erhält man eine gewöhnliche lineare Differentialgleichung für $f(y)$ von der Form

$$(\alpha\bar{u} - \beta)\,(f'' - \alpha^2 f) - \alpha\bar{u}''f = -i\nu(f'''' - 2\alpha^2 f'' + \alpha^4 f), \qquad (2.163)$$

welche als Differentialgleichung der Störbewegung (Orr-Sommerfeldsche Gleichung) bezeichnet wird. Es bedeuten $()'$, $()''$ und $()''''$ jeweils Differentiationen nach y. An einer festen Wand ($y = 0$) gelten die Randbedingungen $f = 0 = f'$. Man kann (2.163) noch dimensionslos machen, indem man alle Längen auf eine geeignet gewählte Länge l (Kanalbreite, Grenzschichtdicke) und alle Geschwindigkeiten auf eine charakteristische Geschwindigkeit $\bar{u}_m$ der Grundströmung (maximale oder mittlere Geschwindigkeit) bezieht. Dann tritt neben den Parametern α und β noch die Reynolds-Zahl $Re = \bar{u}_m l/\nu$ auf. Aufgabe der Stabilitätsuntersuchung ist nun die Lösung von (2.163) für eine vorgegebene Laminarströmung mit verschiedenen Geschwindigkeitsprofilen $\bar{u}(y)$, wobei Re als bekannt anzusehen ist. Es handelt sich dabei um ein Eigenwertproblem, bei dem für vorgegebene Re-Zahlen und ebenfalls gegebene Wellenlängen $\lambda = 2\pi/\alpha$ die zugehörigen Eigenwerte $\beta = \beta_r + i\beta_i$ und Eigenfunktionen (Eigenlösungen) $f(y)$ zu bestimmen sind. Aus dem Vorzeichen von $\beta_i \lessgtr 0$ läßt sich dann erkennen, ob die Laminarströmung unter den gemachten Voraussetzungen stabil ist oder nicht. Die Lösung der vorstehend in seinen Grundzügen dargelegten Aufgabe ist schwierig und hat lange nicht zu dem erhofften Erfolg geführt. Tollmien [48] gelang es, eine Reynolds-Zahl des Instabilitätspunkts für die längsangeströmte ebene Platte theoretisch zu bestimmen.

Ergebnisse der Stabilitätstheorie. Aufgrund der Tollmienschen Rechnungen kann eine Indifferenzkurve angegeben werden, durch die sich der stabile vom instabilen Bereich abtrennen läßt. Abb. 2.44 zeigt diese Indifferenzkurve für die längsangeströmte ebene Platte. Als Abszisse ist die mit der Verdrängungsdicke der Reibungsschicht δ_1, der ungestörten Anströmungsgeschwindigkeit U_∞ und der kinematischen Viskosität ν gebildete Reynolds-Zahl $U_\infty \delta_1/\nu$ sowie als Ordinate die auf U_∞ bezogene Wellenfortpflanzungs-

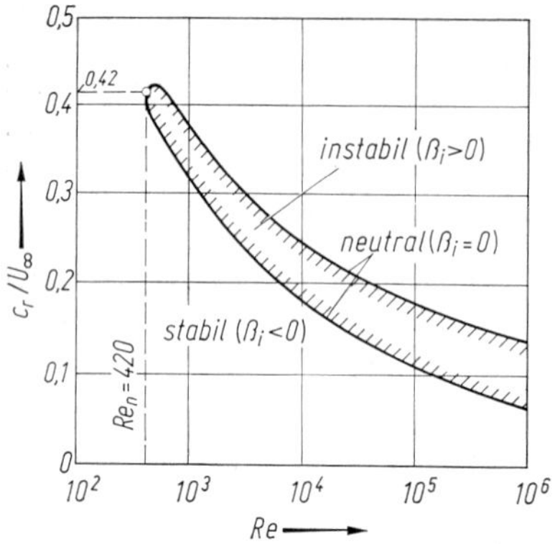

Abb. 2.44. Indifferenzkurve der laminaren Strömung einer längsangeströmten ebenen Platte nach [48]; $Re = U_\infty \delta_1/\nu$ = Reynolds-Zahl. δ_1 Verdrängungsdicke der Reibungsschicht, vgl. Abb. 6.10, c_r Wellenfortpflanzungsgeschwindigkeit der Störung

geschwindigkeit c_r/U_∞ gewählt worden[63]. Die Kurve $\beta_i = 0$ bestimmt die Grenze des stabilen Bereichs der Strömung. Durch die Tangente an die Indifferenzkurve parallel zur Ordinatenachse wird diejenige Reynolds-Zahl der neutralen Schwingung Re_n festgelegt, unterhalb welcher die Störungen gedämpft verlaufen. Danach ist

$$Re_n = \left(\frac{U_\infty \delta_1}{\nu}\right)_n = 420, \qquad Re_n = \left(\frac{U_\infty x}{\nu}\right)_n = 0{,}59 \cdot 10^5. \tag{2.164a, b}$$

Die zweite Beziehung folgt aus der ersten nach Einsetzen der Beziehung für die Verdrängungsdicke $\delta_1(x)$. Die durch Messung bestimmbare Reynolds-Zahl Re_u, bei der der Umschlag laminar-turbulent auftritt, beträgt etwa $3{,}6 \cdot 10^5$. Dieser bemerkenswerte Unterschied gegenüber Re_n läßt sich daraus erklären, daß die berechneten Störwellen, welche zur Instabilität führen, sehr langgestreckt sind, im Gegensatz zur eigentlichen Turbulenz, die wesentlich kurzwelliger ist. Die errechnete Reynolds-Zahl des Indifferenzpunkts (Neutralpunkts) Re_n gibt also erst die Grenze der Stabilität an, aber noch nicht den Umschlag in die turbulente Strömungsform. Dieser erfolgt stets erst in einem gewissen Abstand stromabwärts vom theoretisch berechneten Instabilitätspunkt. Für die Reynolds-Zahl des Umschlagpunkts gilt also $Re_u > Re_n$.

Ein wichtiges Stabilitätskriterium, das mit der Form des Geschwindigkeitsprofils $\bar{u}(y)$ in unmittelbarem Zusammenhang steht, konnte ebenfalls von Tollmien [49] nachgewiesen werden. Es besagt, daß bei hinreichend großen Reynolds-Zahlen Geschwindigkeitsprofile mit Wendepunkt instabil sind. Wendepunkte treten bei Strömungen mit Druckanstieg $dp/dx > 0$ auf, während bei Druckabfall $dp/dx < 0$ die Profile frei von Wendepunkten sind. Druckabfall bedeutet also Stabilität, Druckanstieg dagegen Labilität. Bei der längsangeströmten Platte besitzt das laminare Geschwindigkeitsprofil einen Wendepunkt am Plattenrand $y = 0$. Es liegt also ein Grenzfall des Wendepunktkriteriums vor. Daß hier trotzdem bei entsprechend großen Reynolds-Zahlen Instabilität auftritt, ist auf eine anfachende Wirkung der Viskosität zurückzuführen, durch welche Energie von der Haupt-

63 Die Definition der Verdrängungsdicke ist in Kap. 6.3.2.3. gegeben.

bewegung an die Störbewegung abgegeben wird. Ein weiteres wichtiges Anwendungsgebiet der Stabilitätstheorie ist die Untersuchung von Strömungen dichteveränderlicher Fluide. Dabei hat sich gezeigt, daß der Einfluß der Dichteänderung auf die Größe der Reynolds-Zahl Re_n gering ist, solange kein Wärmeübergang von der Wand zum strömenden Fluid stattfindet. Im anderen Fall dagegen macht sich ein erheblicher Einfluß auf die Stabilität der Strömung bemerkbar. Bei der Strömung längs einer konvex gekrümmten Wand unterliegt die wandnahe Strömung (Reibungsschicht) infolge ihrer geringen Geschwindigkeit im Gegensatz zur äußeren Strömung nur kleinen Zentrifugalkräften. Sie wirken stabilisierend, was einer Abschwächung der turbulenten Vermischung entspricht. Das Entgegengesetzte tritt ein bei konkav gekrümmten Wänden, da jetzt die schnelleren Fluidelemente nach innen zu wandern suchen und damit die Vermischung in der Reibungsschicht verstärken. Die Ergebnisse der Tollmienschen Theorie konnten zunächst durch den Versuch nicht erhärtet werden. Erst die experimentellen Untersuchungen in einem turbulenzarmen Kanal von Dryden [11] sowie Schubauer und Skramstad [39] bestätigen die Gültigkeit der beschriebenen Stabilitätstheorie. Über die Entwicklung und die Fortschritte zur Forschung der Turbulenzentstehung geben zusammenfassende Berichte von Tollmien [50] und Schlichting [38] Auskunft.

Turbulenzgrad. Als Maß für die Störungen eines Fluidstrahls führt man den Turbulenzgrad

$$Tu = \frac{1}{U_\infty}\sqrt{\frac{1}{3}\left(\overline{u'^2} + \overline{v'^2} + \overline{w'^2}\right)}, \qquad Tu = \frac{1}{U_\infty}\sqrt{\overline{u'^2}} \quad \text{(isotrop)} \qquad (2.165\,\text{a, b})$$

ein, wobei die Wurzel das arithmetische Mittel aus den zeitlich gemittelten Quadraten der turbulenten Schwankungskomponenten darstellt. Bei isotroper Turbulenz ($u' = v' = w'$) gilt (2.165b). Bei Messungen im Windkanal spielt der Turbulenzgrad für die Übertragbarkeit der Messungen vom Modell auf die Großausführung und auch für den Vergleich der Messungen in verschiedenen Kanälen untereinander eine wichtige Rolle. Die Maschenweite der eingebauten Gitter und Siebe bestimmen maßgebend den Turbulenzgrad. Während normale Windkanäle Werte $Tu \approx 0{,}01$ besitzen, lassen sich bei sogenannten turbulenzarmen Wind-

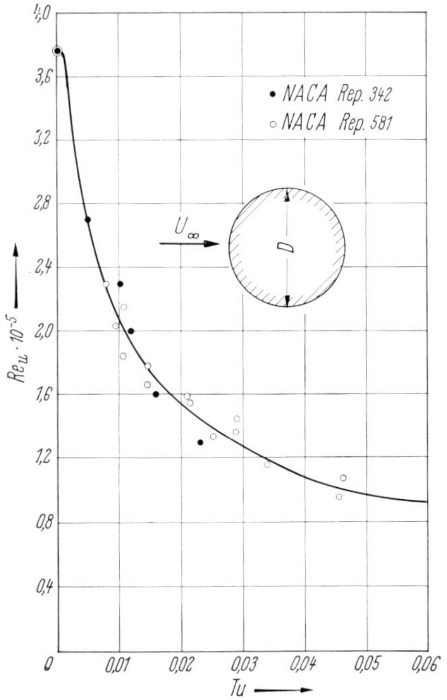

Abb. 2.45. Reynolds-Zahl des Umschlagpunkts $Re_u = U_\infty D/\nu$ (Kugelkennzahl) in Abhängigkeit von der Windkanalturbulenz $Tu = \sqrt{\overline{u'^2}}/U_\infty$ nach Messungen von Dryden und Kuethe [12]

kanälen durchaus Werte $Tu \approx 0{,}001$ erzielen. Eine wichtige experimentelle Feststellung ist, daß die Reynolds-Zahl Re_u (Kugelkennzahl), bei welcher nach Abb. 3.84 ein steiler Abfall des Widerstandsbeiwerts mit der Reynolds-Zahl eintritt, stark vom Turbulenzgrad des Windkanals abhängt. In Abb. 2.45 ist Re_u über Tu aufgetragen. Es leuchtet ein, daß Re_u um so kleiner wird, je größer Tu wird, da eine große äußere Turbulenz das Auftreten des Umschlagpunkts in der wandnahen Strömungsschicht am Körper (Reibungsschicht) begünstigt.

2.6 Energiesatz (Energetik)

2.6.1 Einführung

Allgemeines. Der alle Naturwissenschaften beherrschende Energiesatz (Energieerhaltungssatz) besagt, daß bei einem physikalischen Vorgang Energie weder erzeugt noch vernichtet, sondern nur von einem Körper auf den anderen übergehen oder nur von einer Erscheinungsform in eine andere umgewandelt werden kann. Alle Energieformen sind untereinander gleichwertig. Diese als Energetik bekannte Lehre befaßt sich mit der Fähigkeit, durch Änderung der Energie Arbeit zu verrichten. Sowohl Energien (Zustandsgrößen) als auch Arbeiten (Prozeßgrößen)

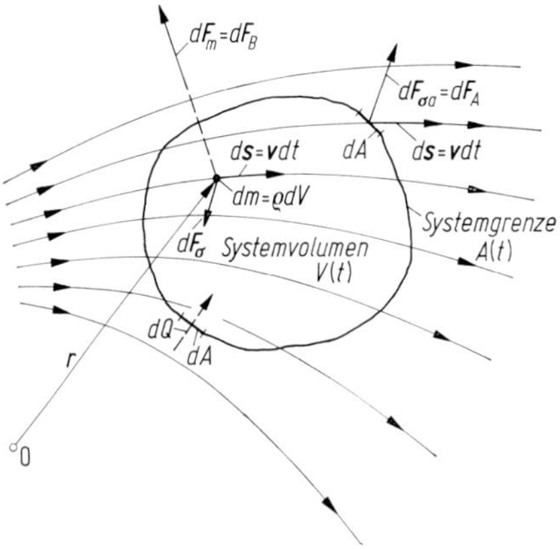

Abb. 2.46. Beiträge der Mechanik und Thermodynamik zu den Energiegleichungen, vgl. Tab. 2.11

treten in verschiedenen Formen als mechanische, kalorische oder elektromagnetische Größen auf. Sie werden in Nm = J (Joule) gemessen. Für das Gebiet der Strömungsmechanik beschreibt die Energetik vornehmlich das Zusammenwirken von mechanischen und thermodynamischen Vorgängen. Es sollen die elektrischen und magnetischen Eigenschaften der Fluide nicht berücksichtigt und weiterhin Grenzflächenerscheinungen (Kapillarwirkung) vernachlässigt werden. Im allgemeinen spielen die zeitlichen Änderungen der Energien und Arbeiten die bestimmende Rolle. Obwohl es sich dabei um die Größen Energie/Zeit = Energiestrom, Arbeit/Zeit = Leistung oder Wärmemenge/Zeit = Wärmestrom in J/s = W (Watt) handelt, spricht man immer vom Energiesatz. Kommen nur rein mechanische Größen vor, so werden diese vom Energiesatz der Fluidmechanik (Form I) erfaßt. Werden die Aussagen der Mechanik durch Einbeziehen von dort nicht explizit auftretenden Energie- und Arbeitsformen der Thermodynamik (innere

Energie, Wärme) erweitert, so wird dies vom Energiesatz der Thermo-Fluidmechanik (Form II) beschrieben. Den weiteren Überlegungen sei wie beim Massenerhaltungssatz nach Kap. 2.4.1 und wie beim Impulssatz nach Kap. 2.5.1 zunächst ein abgegrenztes zeitveränderliches Systemvolumen $V(t)$ entsprechend Abb. 2.46. zugrunde gelegt. Dies wird von seiner Umgebung durch eine gedachte Begrenzungsfläche (Systemgrenze) $A(t)$ getrennt. Ein solches System enthalte stets dieselbe Masse m. Die Systemgrenze soll für einen Wärmeaustausch Q durchlässig, d. h. diabat sein[64].

Beiträge der Mechanik und Thermodynamik zu den Energiegleichungen. An einem herausgegriffenen Volumenelement dV wirkt einerseits am Massenelement $dm = \varrho\, dV$ die von einem äußeren Kraftfeld herrührende Massenkraft (eingeprägte Volumenkraft, Fernkraft) $d\boldsymbol{F}_m = d\boldsymbol{F}_B$ und andererseits steht die Oberfläche des Volumenelements unter der Einwirkung von Normal- und Tangentialspannungen, die eine Spannungskraft $d\boldsymbol{F}_\sigma$ hervorrufen. Die im und am System angreifende resultierende Kraft $\boldsymbol{F}$ erhält man durch Integration über die genannten Teilkräfte. Dabei heben sich die Spannungskräfte im Inneren des Systems gegenseitig auf, $\boldsymbol{F}_i = 0$, vgl. hierzu die Ausführung im Anschluß an (2.74b). Es verbleibt also nur eine äußere Kraft $\boldsymbol{F} = \boldsymbol{F}_a = \boldsymbol{F}_B + \boldsymbol{F}_A$. Als weitere am Massenelement angreifende Kraft kann man nach d'Alembert noch die Trägheitskraft $d\boldsymbol{F}_E = -\boldsymbol{a}\, dm$ ansehen, wobei $\boldsymbol{a} = d\boldsymbol{v}/dt$ die substantielle Beschleunigung des Massenelements ist[65]. Die gesamte Trägheitskraft beträgt $\boldsymbol{F}_E$. Bei der Bewegung des abgegrenzten Systems werden sowohl an den Volumenelementen (Massenelemente) als auch an der Systemgrenze Arbeiten verrichtet. Herrscht an der betrachteten Stelle die Geschwindigkeit $\boldsymbol{v}$, so legt das Volumenelement dV bzw. das Oberflächenelement dA im Zeitintervall dt jeweils die Wege $d\boldsymbol{s} = \boldsymbol{v}\, dt$ zurück. Nach dem Arbeitssatz der Mechanik ist die dabei verrichtete mechanische Arbeit als skalares Produkt aus Kraft und Wegänderung definiert. Analog zu den genannten Kräften treten somit nach Tab. 2.11 sowohl Arbeiten der äußeren Kräfte $W_a = W_B + W_A$ als auch Arbeiten der inneren Kräfte W_i auf. Während die im Systemvolumen auftretende resultierende innere Kraft verschwindet ($\boldsymbol{F}_i = 0$), ist die resultierende Arbeit der inneren Kräfte, wenn sich das System nicht starr verhält, von null verschieden ($W_i \neq 0$). Man nennt W_i auch die innere Arbeit im Sinn der Mechanik. Diese Arbeit kann ganz oder teilweise als elastische Arbeit im Systemvolumen aufgespeichert werden. Sie kann aber auch ganz oder teilweise durch Reibung als mechanische Arbeit verloren gehen und in kalorische Arbeit (Dissipationsarbeit, Reibungswärme) umgewandelt werden. Die Arbeit der Oberflächenkräfte enthält die von einer Maschine aufgebrachte oder verbrauchte Maschinenarbeit, sofern die Systemgrenze mit den beweglichen Maschinenteilen in Berührung ist. Neben den mechanischen Arbeiten kommt noch die kalorische Arbeit in Form der über die Systemgrenze zu- oder abgeführten Wärmemenge Q vor. Sie tritt zwischen dem System und seiner Umgebung auf, sofern zwischen beiden ein Tempe-

---

64 In der Thermodynamik unterscheidet man ein abgeschlossenes System (isoliert = masse- und wärmeundurchlässig) von einem geschlossenen System (masseundurchlässig), wobei letzteres dem oben definierten System entspricht.

65 Da die Trägheitskraft in engem Zusammenhang mit der kinetischen Energie steht, wurde zu ihrer Kennzeichnung der Index E gewählt.

Tabelle 2.11. Beiträge der Mechanik und Thermodynamik zu den Kräften, Arbeiten (einschließlich Wärmemenge) und Energien an der Systemgrenze $A(t)$ und im Systemvolumen $V(t)$ eines geschlossenen (massebeständigen und wärmedurchlässigen) Systems

$W_a = W_A + W_B$: äußere Arbeit
W_i: innere Arbeit (U_i gilt nur für elastische innere Druckkräfte)
$W_t = W_a + Q$: totale Arbeit
$E_t = E + U$: totale kinetische Energie

Ort	Mechanik			Thermodynamik	Einfluß
	Arbeit	Energie		Arbeit	
$A(t)$	äußere Spannungskraft $\boldsymbol{F}_A \to W_A$	—		Wärmemenge Q	äußerer
$V(t)$	Massenkraft $\boldsymbol{F}_B \to W_B$	äußere potentielle Energie $U_a = -W_B$		—	äußerer
	Trägheitskraft $\boldsymbol{F}_E \to W_E$	kinetische Energie $E = -W_E$		—	innerer
	innere Spannungskraft $\boldsymbol{F}_i = 0 \to W_i \neq 0$	innere potentielle Energie $U_i = -W_i$	U	—	innerer

raturgradient vorhanden ist. Strahlungseinflüsse sollen vernachlässigt werden, so daß Wärme nur durch Leitung übertragen wird.

Der im Systemvolumen gespeicherte Energieinhalt besteht nach Tab. 2.11 aus der mechanischen und der kalorischen Energie. Unter der mechanischen Energie versteht man im allgemeinen die Summe aus der äußeren potentiellen Energie und der kinetischen Energie. Läßt sich die Massenkraft aus einem Kraftpotential U_a ableiten, so ist die äußere potentielle Energie gleich diesem Kraftpotential, d. h. dem negativen Betrag der von den Massenkräften verrichteten Arbeit $U_a = -W_B$. Besteht die Massenkraft nur aus der Schwerkraft, so stellt die äußere potentielle Energie die Lageenergie dar. Die kinetische Energie E, auch Geschwindigkeitsenergie genannt, ist gleichbedeutend mit der Arbeit der d'Alembertschen Trägheitskraft $\boldsymbol{F}_E$, d. h. es ist $E = -W_E$. Bestehen die inneren Kräfte nur aus elastischen Druckkräften, so kann man die von ihnen verrichtete Arbeit als negative innere potentielle Energie im Sinn der Mechanik auffassen, d. h. $U_i = -W_i$. Unter der kalorischen Energie wird die innere Energie U(im Sinn der Thermodynamik) verstanden. Sie ist ein Maß für die kinetische Energie der Molekülbewegung.

Energiegleichungen. Nach dem Arbeitssatz der Mechanik ist die zeitliche Änderung der kinetischen Energie dE/dt einer Masse m, die sich in einem abgegrenzten Systemvolumen $V(t)$ befindet, gleich der zeitlichen Änderung der im und am System verrichteten Arbeit, d. h. der Leistung $P = \bar{d}W/dt$[66]. Mithin lautet

66 Zeitliche Änderungen von Energien bedeuten substantielle Änderungen und werden mit d/dt gekennzeichnet. Die zeitlichen Änderungen der Arbeiten und der Wärmemenge (Prozeßgrößen) stellen wegabhängige Änderungen dar, was durch $\bar{d}/dt$ zum Ausdruck gebracht wird.

die Energiegleichung der Fluidmechanik (Bilanzgleichung für das Gleichgewicht von mechanischer Energie und Arbeit) bei einem mitbewegten Fluidvolumen

$$\frac{dE}{dt} = P = P_a + P_i \qquad \text{mit} \qquad E(t) = \int\limits_{V(t)} \frac{\varrho}{2}\, v^2\, dV \qquad \text{(Form I)} \qquad (2.166\text{a, b})$$

als gesamte kinetische Energie in Nm = J. Bei der Bewegung eines Massenelements $dm = \varrho\, dV$ mit der Geschwindigkeit $\boldsymbol{v}(t, \boldsymbol{r})$ nach Abb. 2.46 beträgt die zugehörige Teilenergie $dE = (1/2)\, \mathrm{dm}\, v^2 = (\varrho/2)\, v^2\, dV$, was durch Integration über $V(t)$ zu (2.166b) führt[67]. Es ist dE/dt die substantielle Änderung der kinetischen Energie E mit der Zeit t, vgl. Tab. 2.4. Die im und am Volumen verrichtete Gesamtleistung P setzt sich aus den Leistungen der äußeren Arbeit $P_a = \bar{d}W_a/dt$ mit $W_a = W_B + W_A$ und der inneren Arbeit $P_i = \bar{d}W_i/dt$ zusammen. Eine möglicherweise dem System über die Grenze zu- oder abgeführte Wärmemenge bleibt bei der Energiegleichung der Fluidmechanik ohne Einfluß.

Treten neben den mechanischen Größen auch thermodynamische (kalorische) Größen bei der Energieumwandlung und -erhaltung auf, so wird dies mittels des ersten Hauptsatzes der Thermodynamik erfaßt. Bei der Formulierung dieses Satzes hat man zu unterscheiden zwischen der in einem abgegrenzten Massensystem gespeicherten Energie und der während des Prozesses von außen am bewegten System (Systemgrenze) verrichteten Arbeit. Die Energiegleichung der Thermo-Fluidmechanik (Bilanzgleichung für das Gleichgewicht von mechanischer und kalorischer Energie sowie mechanischer Arbeit und Wärmemenge) lautet

$$\frac{dE_t}{dt} = P_t = P_a + P_Q \qquad \text{mit} \qquad E(t) = \int\limits_{V(t)} \varrho \left(\frac{v^2}{2} + u\right) dV \qquad \text{(Form II)}$$
$$(2.167\text{a, b})$$

als gesamter (totaler) kinetischer Energie $E_t = E + U$ in Nm = J, mit E als kinetischer Energie nach (2.166b) und U als innerer (thermodynamischer) Energie bzw. $u = dU/dm$ als spezifischer innerer Energie. Die von den Massenkräften im Systemvolumen und von den äußeren Spannungskräften an der Systemgrenze verrichteten Arbeiten sowie die Arbeit durch Wärmeübertragung über die Systemgrenze seien als totale Arbeit $W_t = W_a + Q$ bezeichnet. Die zugehörige totale Leistung ist dann $P_t = \bar{d}W_t/dt = P_a + P_Q$ mit $P_Q = \bar{d}Q/dt$. Bei der gegebenen Formulierung des ersten Hauptsatzes der Thermodynamik sind innere Reibung und Wärmeleitung im Inneren des Systemvolumens zulässig. Weiterhin dürfen auch Strömungen mit Unstetigkeiten (Trennungsschichten, Verdichtungsstöße) vorkommen.

Gleichung der Wärmeübertragung. Die Energiegleichungen der Fluid- und Thermo-Fluidmechanik lassen sich zusammenfassen, wenn man in (2.167a) die Größen dE/dt und P_a mittels (2.166a) eliminiert. Es verbleibt

$$\frac{dU}{dt} = -P_i + P_Q, \qquad dU = \bar{d}Q - \bar{d}W_i \qquad \text{(Form III)}. \quad (2.168\text{a, b})$$

67 Es soll fortan $\boldsymbol{v}^2 = v^2$ geschrieben werden.

Dies ist die integrale Form der Gleichung für die Wärmeübertragung. Bei wärmedichter (adiabater) Systemgrenze ist $\bar{d}Q = 0$, was bedeutet, daß in diesem Fall die Änderung der inneren Energie (im Sinn der Thermodynamik) gleich der negativen Änderung der inneren Arbeit (im Sinn der Mechanik) ist.

Feststellung. Im Gegensatz zur Impuls- und Impulsmomentengleichung (2.71) bzw. (2.72) haben die Energiegleichungen nicht vektoriellen, sondern skalaren Charakter, was für ihre Anwendung häufig von wesentlicher Bedeutung ist. So wird die Energiegleichung besonders einfach für Fälle, bei denen die Strömungsrichtung zumindest im Mittel als bekannt angesehen werden kann. Solche im Mittel eindimensionalen (quasi-eindimensionale) Bewegungsvorgänge liegen z. B. beim Durchströmen von Rohren und Kanälen vor.

Zur vollständigen Beschreibung von Strömungsvorgängen stehen neben den Stoffgleichungen für die Dichte, Viskosität und gegebenfalls für die spezifische Wärmekapazität und Wärmeleitfähigkeit nach Kap. 1.2 drei Bilanzsätze zur Verfügung, nämlich der Massenerhaltungssatz (Kontinuitätsgleichung) nach Kap. 2.4, der Impulssatz nach Kap. 2.5 und der hier zu untersuchende Energiesatz. Die nachstehenden Ausführungen betreffen in Kap. 2.6.2 die Energiegleichungen der Fluid- und Thermo-Fluidmechanik, aus denen in Kap. 2.6.3 die Gleichung der Wärmeübertragung hergeleitet wird. Kap. 2.6.4 befaßt sich mit der Entropiegleichung und ihrer Bedeutung für die Strömungsmechanik. Abgesehen von den allgemein geltenden Beziehungen in den Kap. 2.6.1 bis 2.6.4 beziehen sich die Ausführungen zunächst auf den laminaren Strömungszustand. Die Besonderheiten bei turbulenter Strömung werden in Kap. 2.6.5 gesondert besprochen. Ähnlich wie in Kap. 2.4 für die Kontinuitätsgleichung und in Kap. 2.5 für die Impulsgleichung werden die Energiegleichungen der Reihe nach in Kap. 2.6.2.1 für den Kontrollraum, in Kap. 2.6.2.2 für den Kontrollfaden und in Kap. 2.6.2.3 für das Fluidelement abgeleitet. Auf die Arbeiten [51, 52] sei hingewiesen.

2.6.2 Energiegleichungen der Fluid- und Thermo-Fluidmechanik

2.6.2.1 Energiegleichungen für den Kontrollraum

Ausgangsgleichungen. Für ein abgegrenztes Fluidvolumen werden die Energiegleichungen der Fluidmechanik (mechanische Form = Form I) und der Thermo-Fluidmechanik (kalorische Form = Form II) in (2.166) bzw. (2.167) mit $dE/dt = P$ bzw. $dE_t/dt = P_t$ angegeben. Ähnlich wie bei der Kontinuitätsgleichung in Kap. 2.4.2.1 und bei der Impulsgleichung in Kap. 2.5.2.1 kann man nach Abb. 2.47a anstelle des mitbewegten Fluidvolumens $V(t)$ die weiteren Überlegungen für einen zeitlich gleichbleibenden Kontrollraum (V) durchführen[68]. Die raumfeste Kontrollfläche $(O) = (A) + (S)$ setzt sich aus dem freien Teil (A) und dem körpergebundenen Teil (S) zusammen. Im folgenden werden zunächst

68 In der Thermodynamik spricht man statt von einem Kontrollraum von einem offenen System (unveränderliches Volumen, masse- und wärmedurchlässige Begrenzung), vgl. Fußnote 64, S. 153.

die Energieänderungen dE/dt bzw. dE_t/dt, die im und am System verrichteten Leistungen P_a und P_i sowie die durch Wärmeleitung übertragene Wärmeleistung P_Q ermittelt.

Energiebeiträge. Geht man von der Transportgleichung (2.44b) aus und setzt für die Volumeneigenschaft $J = E$ bzw. $J = E_t = E + U$ sowie für die spezifischen Eigenschaftsgröße $j = v^2/2$ bzw. $j = v^2/2 + u$, dann erhält man die zeitlichen Energieänderungen zu

$$\frac{dE}{dt} = \frac{\partial \hat{E}}{\partial t} + \oint\limits_{(O)} \frac{\varrho}{2}\, v^2\, d\dot{V} \quad \text{mit} \quad \hat{E}(t) = \int\limits_{(V)} \frac{\varrho}{2}\, v^2\, dV, \qquad (2.169\text{a, b})^{69}$$

$$\frac{dE_t}{dt} = \frac{\partial \hat{E}_t}{\partial t} + \oint\limits_{(O)} \varrho \left(\frac{v^2}{2} + u\right) d\dot{V} \quad \text{mit} \quad \hat{E}_t(t) = \int\limits_{(V)} \varrho \left(\frac{v^2}{2} + u\right) dV. \qquad (2.170\text{a, b})^{69}$$

Das erste Glied auf den rechten Seiten von (2.169a) bzw. (2.170a) stellt den lokalen Anteil (Volumenintegral) dar und tritt nur bei instationärer Strömung auf, während das zweite Glied den konvektiven Anteil (Oberflächenintegral) beschreibt und bei stationärer Strömung im allgemeinen nicht verschwindet. Es ist $d\dot{V} \lessgtr 0$ nach (2.51) der Volumenstrom in m³/s,

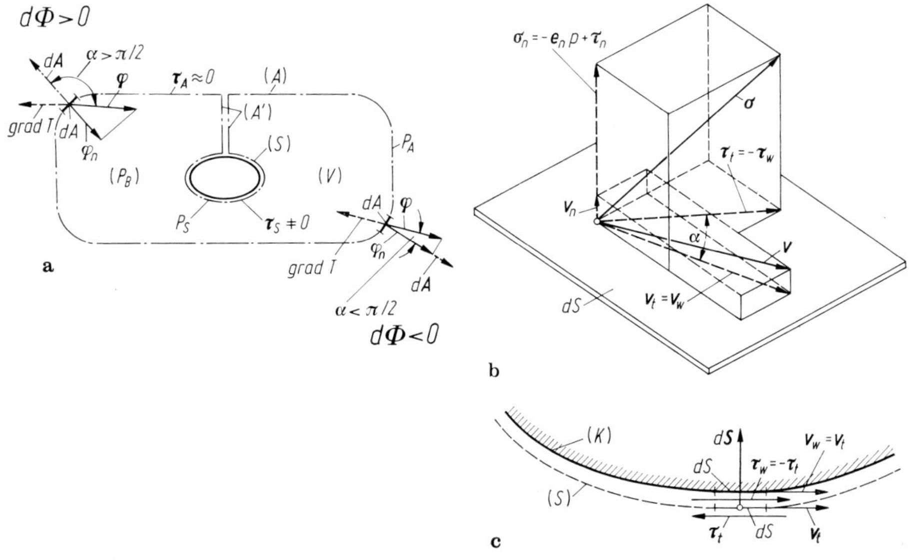

Abb. 2.47. Zur Herleitung der Energiegleichungen für den raumfesten Kontrollraum, vgl. Abb. 2.27 und 2.29c; Kontrollvolumen (V) und Kontrollfläche $(O) = (A) + (S)$. **a** Darstellung der ein- und austretenden Wärmeströme $d\Phi = -\boldsymbol{\varphi} \cdot d\boldsymbol{A}$ sowie der verrichteten Kraftleistungen P_B, P_A, P_S. **b** Geschwindigkeits- und reibungsbedingte Spannungskomponenten an einem Element dS des körpergebundenen Teils der Kontrollfläche (S), $\boldsymbol{v} = \boldsymbol{v}_n + \boldsymbol{v}_t$ bzw. $\boldsymbol{\tau} = \boldsymbol{\tau}_n + \boldsymbol{\tau}_t$. **c** Wechselwirkung zwischen körpergebundenem Teil der Kontrollfläche (S) und Körperwand (K)

welcher durch ein Flächenelement der Kontrollfläche (O), d. h. durch dA bzw. dS, ein- oder austritt. Den Ausdruck $\varrho(v^2/2)\, d\dot{V}$ bzw. $\varrho(v^2/2 + u)\, d\dot{V}$ in Nm/s = J/s = W nennt man Energiestrom (Energie/Zeit) durch ein Flächenelement der Kontrollfläche. Für die zusammenfallenden Teile (A') des freien Teils der Kontrollfläche heben sich die Energie-

69 Es ist $\partial \hat{E}/\partial t = d\hat{E}/dt$ bzw. $\partial \hat{E}_t/\partial t = d\hat{E}_t/dt$, vgl. Ausführung zu (2.44b).

ströme gegenseitig auf, sofern sich dort nicht gerade eine Unstetigkeit in der Strömung befindet. Man braucht also bei der Auswertung des Integrals über (A) diesen Teil der Kontrollfläche im allgemeinen nicht besonders zu berücksichtigen. Das Integral über den körpergebundenen Teil der Kontrollfläche (S) liefert nur dann einen Beitrag, wenn am Körper durch eine poröse Wand abgesaugt oder ausgeblasen wird, d. h. $d\dot{V} \lesseqgtr 0$ ist. Über die zweckmäßige Wahl der Kontrollfläche wird in Kap. 2.5.2.1, vgl. Abb. 2.30, berichtet.

Arbeitsbeiträge. In (2.166a) und (2.167a) stellen P_a und P_i die von den Kräften am mitbewegten Volumen (Systemvolumen) und der zugehörigen Systembegrenzung verrichteten zeitbezogenen Arbeiten, d. h. die Leistung $P = \bar{d}W/dt$, dar. Da die Energieintegrale jeweils auf einen raumfesten Kontrollraum erstreckt werden, hat man ähnlich wie für die Kräfte in Kap. 2.5.2.1 jetzt auch die Arbeiten für das durch die Kontrollfläche abgegrenzte Kontrollvolumen zu bestimmen. Die im Inneren des Volumens am Massenelement $dm = \varrho\, dV$ angreifende Trägheitskraft $d\boldsymbol{F}_E = -\varrho\,(d\boldsymbol{v}/dt)dV$ verrichtet den Leistungsbetrag $dP_E = -\varrho\boldsymbol{v}\cdot(d\boldsymbol{v}/dt)\,dV = -\varrho[d(v^2/2)/dt]\,dV$. Die gesamte Leistung ergibt sich durch Integration zu

$$P_E = \frac{\bar{d}W_E}{dt} = -\int\limits_{(V)} \varrho\,\frac{d}{dt}\left(\frac{v^2}{2}\right) dV = -\frac{dE}{dt} \qquad \text{mit} \qquad E(t) = \int\limits_{V(t)} \frac{\varrho}{2}\,v^2\,dV \qquad (2.171\,\text{a, b})$$

in Übereinstimmung mit (2.166b). Bei der Herleitung der zweiten Beziehung in (2.171a) wurde unter der Annahme eines quellfreien Strömungsfelds (2.45c) mit $j = v^2/2$ herangezogen. Der gefundene Zusammenhang bestätigt das aus der Mechanik fester Körper bekannte Ergebnis, wonach die Arbeit der Trägheitskräfte W_E gleich dem negativen Betrag der kinetischen Energie E ist, vgl. Tab. 2.11.

Die Arbeit der äußeren Kräfte setzt sich zusammen aus der im Kontrollvolumen (V) von den räumlich verteilten Massenkräften verrichteten Arbeit W_B und den an der Kontrollfläche $(O) = (A) + (S)$ von den flächenhaft verteilten Spannungskräften verrichteten Arbeiten $W_O = W_A + W_S$. Mithin gilt für die Leistung der äußeren Kräfte

$$P_a = P_B + P_O = P_B + P_A + P_S. \qquad (2.172\,\text{a, b})$$

Die durch äußere Einwirkung am Massenelement $dm = \varrho\,dV$ angreifende Massenkraft $d\boldsymbol{F}_B = \boldsymbol{f}_B\,dm$ mit $\boldsymbol{f}_B$ als bezogener Massenkraft (Kraft/Masse) liefert den Leistungsbetrag $dP_B = \varrho\boldsymbol{v}\cdot\boldsymbol{f}_B\,dV$ (skalares Produkt aus Geschwindigkeit und Kraft). Es sei angenommen, daß sich die bezogene Massenkraft nach (2.10a) aus dem bezogenen Kraftpotential u_B in der Form $\boldsymbol{f}_B = -\text{grad}\,u_B$ ableiten läßt, wobei $u_B = u_B(\boldsymbol{r})$ zeitunabhängig angenommen werden soll. Durch Integration über das Kontrollvolumen ergibt sich die gesamte von den örtlich verteilten Massenkräften verrichtete Leistung mit $\boldsymbol{v}\cdot\text{grad}\,u_B = du_B/dt$ zu

$$P_B = \frac{\bar{d}W_B}{dt} = -\int\limits_{(V)} \varrho\,\frac{du_B}{dt}\,dV = -\frac{dU_a}{dt} \qquad \text{mit} \qquad U_a(t) = \int\limits_{V(t)} \varrho u_B\,dV. \qquad (2.173\,\text{a})$$

Die zweite Beziehung in (2.173a), die man aus (2.45c) mit $j = u_B$ erhält, gilt für ein quellfreies Strömungsfeld. Es ist U_a das Massenkraftpotential der im mitbewegten Systemvolumen eingeschlossenen Fluidmasse. Gl. (2.173a) bestätigt das aus der Mechanik fester Körper bekannte Ergebnis, wonach bei einem konservativen Kraftfeld die Arbeit der Massenkräfte W_B gleich dem negativen Betrag des Kraftpotentials U_a, auch äußere potentielle Energie genannt, ist, vgl. Tab. 2.11. Mit $J = U_a$ und $j = u_B$ folgt aus (2.44b)

$$\frac{dU_a}{dt} = \frac{\partial\hat{U}_a}{\partial t} + \oint\limits_{(O)} \varrho u_B\,d\dot{V} \qquad \text{mit} \qquad \hat{U}_a(t) = \int\limits_{(V)} \varrho u_B\,dV. \qquad (2.173\,\text{b})$$

Herrscht nur der Einfluß der Schwere, dann ist $u_B = gz$ nach (2.12a) mit z als vertikaler Koordinate (positiv nach oben). Die Leistung der äußeren Spannungskräfte (Oberflächenkräfte) $P_O = P_A + P_S$ erhält man in einfacher Weise, wenn man die Integranden in (2.78a, b) skalar mit der Geschwindigkeit $\boldsymbol{v}$ multipliziert. Im einzelnen gilt für die am freien Teil der Kontrollfläche (A) verrichtete Ersatzleistung sowie für die am körpergebundenen Teil der Kontrollfläche (S) verrichtete Stützleistung

$$P_A \approx -\int_{(A)} p\, d\dot{V}, \qquad P_S = -\int_{(S)} p\, d\dot{V} + \int_{(S)} \boldsymbol{v} \cdot \boldsymbol{\tau}\, dS = -P_K \qquad (2.174\text{a, b})$$

mit $d\dot{V} = \boldsymbol{v} \cdot d\boldsymbol{A}$ bzw. $d\dot{V} = \boldsymbol{v} \cdot d\boldsymbol{S}$ nach (2.51a, b) als Volumenströme durch die Flächenelemente dA bzw. dS. Das erste Integral in (2.174b) liefert einen Beitrag, wenn $d\dot{V} \neq 0$ ist, d. h. wenn durch eine poröse Körperwand Fluid ausgeblasen (eintretendes Fluid mit $d\dot{V} < 0$) oder abgesaugt (austretendes Fluid mit $d\dot{V} > 0$) wird. Bei nichtporöser Wand muß das erste Glied wegen der kinematischen Wandbedingung (2.26a) mit $\boldsymbol{v}_n = 0$ verschwinden. Im zweiten Integral von (2.174b) ist $\boldsymbol{v} \cdot \boldsymbol{\tau} = (\boldsymbol{v}_n + \boldsymbol{v}_t) \cdot (\boldsymbol{\tau}_n + \boldsymbol{\tau}_t) = \boldsymbol{v}_n \cdot \boldsymbol{\tau}_n + \boldsymbol{v}_t \cdot \boldsymbol{\tau}_t$, wobei die Vektoren $\boldsymbol{v}_t$ und $\boldsymbol{\tau}_t$ in der Ebene dS liegen, ihre Richtungen im allgemeinen jedoch nicht zusammenfallen, vgl. Abb. 2.47b, $\alpha \neq 0$. Wie bereits im Anschluß an die Gleichung für die Stützkraft nach (2.78b) ausgeführt wurde, kann $\boldsymbol{\tau}_n$ aufgrund des Konzepts der Grenzschicht-Theorie vernachlässigt werden. Es darf also $\boldsymbol{v} \cdot \boldsymbol{\tau} \approx \boldsymbol{v}_t \cdot \boldsymbol{\tau}_t = -\boldsymbol{v}_w \cdot \boldsymbol{\tau}_w$ gesetzt werden, wobei $\boldsymbol{v}_w$ die Geschwindigkeit der gegebenenfalls bewegten Körperwand und $\boldsymbol{\tau}_w$ die vom Fluid auf die Körperwand ausgeübte Wandschubspannung ist, vgl. Abb. 2.47c. Bei nichtbewegter Wand $(\boldsymbol{v}_w = 0)$ oder auch bei reibungsloser Strömung $(\boldsymbol{\tau}_w = 0)$ ist $\boldsymbol{v} \cdot \boldsymbol{\tau} = 0$. In diesem Fall tritt in (2.174b) ähnlich wie in (2.174a) nur der druckbedingte Anteil auf. Nach dem Wechselwirkungsgesetz ist die Körperleistung, welche vom Fluid auf den körperfesten Teil der Kontrollfläche, und damit auf den Körper selbst, übertragen wird $P_K = -P_S$. Besteht der Körper aus einem bewegten Maschinenteil (Index M), so entspricht die Körperleistung einer Maschinenleistung (Wellenleistung) $P_M = P_K$. Dabei bedeutet $P_M > 0$ Entnahme und $P_M < 0$ Zufuhr von mechanischer Arbeit, z. B. durch Turbinen bzw. Pumpen.

Die Ermittlung der Arbeit der inneren Spannungskräfte soll unter Annahme einer reibungslosen Strömung $(\boldsymbol{\tau} = 0)$ erfolgen. Von den Spannungskräften treten also nur elastische Druckkräfte auf. An einem Fluidelement beträgt nach Abb. 2.6 die Spannungskraft $d\boldsymbol{F}_\sigma = d\boldsymbol{F}_P = -\text{grad}\, p\, dV$, was der Leistung $dP_\sigma = -\boldsymbol{v} \cdot \text{grad}\, p\, dV = -\text{div}(p\boldsymbol{v})\, dV + p\, \text{div}\, \boldsymbol{v}\, dV$ entspricht. Durch Integration über das Volumen (V) sowie Anwenden des Gaußschen Integralsatzes (S. 84) mit $\boldsymbol{a} = p\boldsymbol{v}$ auf das erste Glied erhält man mit $d\dot{V}$ nach (2.51) als Volumenstrom durch die Elemente der Kontrollfläche $(O) = (A) + (S)$

$$P_\sigma = -\oint_{(O)} p\, d\dot{V} + \int_{(V)} p\, \text{div}\, \boldsymbol{v}\, dV, \quad P_i = -\int_{(V)} \frac{p}{\varrho} \frac{d\varrho}{dt}\, dV \qquad (\text{reibungslos}). \qquad (2.175\text{a, b})$$

Das erste Integral in (2.175a) stellt nach (2.174a, b) die Leistung der äußeren Druckkräfte dar, was bedeutet, daß das zweite Integral gleich der Leistung der inneren Druckkräfte ist. Diesen Ausdruck kann man unter Beachtung der Kontinuitätsgleichung (2.60a) in (2.175b) überführen. Er ist nur für ein dichteveränderliches Fluid ($\varrho \neq$ const) von null verschieden. Unter der Annahme eines barotropen Fluids $\varrho = \varrho(p)$ sei die neue Größe $u_i = i - p/\varrho$ mit $i = i(p)$ als spezifischem Druckkraftpotential nach (2.4b) definiert. Wegen $di = dp/\varrho$ folgt $\varrho\, du_i = (p/\varrho)\, d\varrho$, was durch Einsetzen in (2.175b) zu

$$P_i = \frac{\bar{d} W_i}{dt} = -\int_{(V)} \varrho \frac{du_i}{dt}\, dV = -\frac{dU_i}{dt} \qquad \text{mit} \qquad U_i(t) = \int_{V(t)} \varrho u_i\, dV \qquad (2.176\text{a})$$

führt, wobei die zweite Beziehung in gleicher Weise wie bei (2.173b) für ein quellfreies Strömungsfeld gilt. Sie besagt, daß $W_i = -U_i$ ist, vgl. Tab. 2.11. Analog der äußeren potentiellen Energie U_a soll für U_i der Ausdruck innere potentielle Energie (innere Druckenergie) eingeführt werden. Die Umformung vom mitbewegten Volumen $V(t)$ in das Kontrollvolumen (V) geschieht in gleicher Weise wie bei der Umformung von (2.173a) in (2.173b), so daß man

$$\frac{dU_i}{dt} = \frac{\partial \hat{U}_i}{\partial t} + \oint_{(O)} \varrho u_i\, d\dot{V} \qquad \text{mit} \qquad \hat{U}_i(t) = \int_{(V)} \varrho u_i\, dV \qquad (2.176\text{b})$$

schreiben kann. Für ein barotropes Gas bei konstanter Entropie folgt mit (1.32f), daß $\varrho u_i = [(1/(\varkappa - 1))]\,p$ ist. Dies Ergebnis legt es nahe, die neue eingeführte Größe u_i in Anlehnung an die Benennung der spezifischen inneren Energie u (im Sinn der Thermodynamik) nach (1.31a) mit „spezifische innere Energie im Sinn der Mechanik" zu bezeichnen.

Wärmearbeit. Eine Wärmeübertragung (Wärmeaustausch) über die Kontrollfläche (Systemgrenze) $(O) = (A) + (S)$ kann durch Wärmeleitung erfolgen. Diese erhält man mittels des Fourierschen Gesetzes der Wärmeleitung. Durch Verallgemeinerung von (1.33) auf den dreidimensionalen Fall erhält man den Vektor der Wärmestromdichte zu $\boldsymbol{\varphi} = -\lambda \operatorname{grad} T$. Hierin bedeutet λ die molekulare Wärmeleitfähigkeit nach Kap. 1.2.5.3. Der über das Flächenelement dA der Kontrollfläche ausgetauschte Wärmestrom in J/s beträgt mit den in Abb. 2.47a dargestellten vektoriellen Größen

$$d\Phi = -\boldsymbol{\varphi}\cdot d\boldsymbol{A} = \lambda \operatorname{grad} T \cdot d\boldsymbol{A} = \lambda \frac{\partial T}{\partial n}\, dA. \qquad (2.177)^{70}$$

Hiernach gilt für den in den Kontrollraum eintretenden Wärmestrom $d\Phi > 0$ und für den austretenden Wärmestrom $d\Phi < 0$. Durch Integration über die Kontrollfläche $(O) = (A) + (S)$ erhält man die gesamte durch Leitung über die Kontrollfläche übertragene Wärmeeistung (Wärmearbeit/Zeit) zu

$$P_Q = \frac{\bar{d}Q}{dt} = \oint\limits_{(O)} d\Phi = \int\limits_{(A)} \lambda \frac{\partial T}{\partial n}\, dA + \int\limits_{(S)} \lambda \frac{\partial T}{\partial n}\, dS \qquad \text{(diabat)}. \qquad (2.178\text{a, b})$$

Eine Wärmezufuhr erfolgt bei einer Temperaturabnahme von außen nach innen, d. h. $\partial T/\partial n > 0$, und eine Wärmeabfuhr bei einer entsprechenden Temperaturzunahme, d. h. $\partial T/\partial n < 0$.

Energiegleichungen. Mit den Ausdrücken für die äußere potentielle Energie (Massenkraftpotential) nach (2.173) und für die innere potentielle Energie (Potential der elastischen Druckkräfte) nach (2.176) lauten die Energiegleichungen der Fluidmechanik (2.166a) und der Thermo-Fluidmechanik (2.167a) in Verbindung mit (2.172b)

$$\left.\begin{aligned} &\frac{d}{dt}(E + U_a + U_i) = P_A + P_S \qquad \text{(Form I)}, \qquad (2.179\text{a})\\ &\frac{d}{dt}(E + U_a + U) = P_A + P_S + P_Q \qquad \text{(Form II)} \qquad (2.179\text{b}) \end{aligned}\right\} \text{(Kontrollraum)}.$$

Für den angenommenen raumfesten Kontrollraum (V) und die raumfeste Kontrollfläche $(O) = (A) + (S)$ bestimmen sich die verschiedenen Größen nach den oben im einzelnen abgeleiteten Beziehungen. Es gilt (2.179a) entsprechend den getroffenen Einschränkungen für die reibungslose Strömung eines barotropen Fluids. Für diesen Fall erhält man durch Vergleich mit (2.179b) den Zusammenhang $dU = dU_i + \bar{d}Q$ (Form III), vgl. (2.168b). Die Änderung der inneren Energie im Sinn der Mechanik dU_i stimmt mit der Änderung der inneren Energie im Sinn der Thermodynamik dU für $dQ = 0$ überein, d. h. für Strömungen mit einem Fluid, bei welchem die Viskosität und die Wärmeleitfähigkeit vernachlässigt werden können (homentrope Zustandsänderung). Die Energiegleichung der

70 Man beachte, daß $\boldsymbol{\varphi}\cdot d\boldsymbol{A} = |\boldsymbol{\varphi}|\,|d\boldsymbol{A}|\cos(\boldsymbol{\varphi}, d\boldsymbol{A}) = |\boldsymbol{\varphi}|\,|d\boldsymbol{A}|\cos(\pi - \alpha) = -|\boldsymbol{\varphi}|\,|d\boldsymbol{A}|\cos\alpha < 0$ ist.

Thermo-Fluidmechanik (2.179b) besagt, daß die Änderung der kinetischen, äußeren und inneren Energie eines abgegrenzten Strömungsbereichs, auch Strömungsenergie genannt, gleich ist der Änderung der an der freien und körpergebundenen Berandung von den Oberflächenkräften verrichteten Arbeit zuzüglich der von der Wärmeübertragung durch Leitung über die Berandung herrührenden Wärmemenge. Die energieumsetzenden Vorgänge im Inneren des Bereichs haben keinen Einfluß auf die analytische Darstellung der abgeleiteten Energiegleichung.

Stationäre Strömung. Im folgenden seien die Betrachtungen auf den Fall stationärer und reibungsloser Strömung ($\partial/\partial t = 0$, $\tau = 0$) beschränkt. Nach Einsetzen der für die raumfeste Kontrollfläche gefundenen Einflußgrößen in (2.179a, b) erhält man

$$\oint_{(O)} \varrho \left(\frac{v^2}{2} + u_B + i\right) d\dot{V} = 0 \quad \text{(I)}, \qquad \oint_{(O)} \varrho \left(\frac{v^2}{2} + u_B + h\right) d\dot{V} = P_Q \quad \text{(II)}, \tag{2.180a, b}$$

wobei das spezifische Druckkraftpotential i entsprechend der Definition $i = u_i + p/\varrho$ bzw. die spezifische Enthalpie h entsprechend der Definition $h = u + p/\varrho$ nach (1.30b) eingeführt wurde. Gl. (2.180a) besagt, daß durch die Kontrollfläche $(O) = (A) + (S)$ die Summe an eintretender kinetischer, äußerer und innerer potentieller Energie gleich der entsprechenden Summe an austretender Energie ist. Der Klammerausdruck unter dem Integral ist bei stationärer und drehungsfrei verlaufender Strömung nach (2.102a) konstant und kann somit vor das Integral gezogen werden. Das verbleibende Integral stellt den Massenstrom durch die Kontrollfläche (O) dar und ist bei der angenommenen quellfreien Strömung null. Die Energiegleichung für den Kontrollraum liefert also für den vorliegenden Fall gegenüber der aus der Eulerschen Bewegungsgleichung hergeleiteten Bernoullischen Energiegleichung (2.102a) keine neue Erkenntnis. Wird nach (2.180b) dem System von außen, d. h. über die Kontrollfläche (O), Wärme weder zu- noch abgeführt $P_Q = 0$, so verhält sich das System adiabat (wärmeundurchlässig). In diesem Fall verschwindet die rechte Seite der Energiegleichung (2.180b), was besagt, daß durch die Kontrollfläche (O) die Summe an eintretender kinetischer und äußerer potentieller Energie sowie Enthalpie gleich der entsprechenden Summe an austretender Energie und Enthalpie ist. Als Zustandsänderungen ohne Wärmeaustausch mit der Umgebung können solche Vorgänge angesehen werden, bei denen entweder das strömende Fluid vollständig in eine wärmeundurchlässige Hülle eingeschlossen ist, oder bei denen die Strömung so schnell abläuft, daß praktisch kein oder doch nur ein geringer Wärmeaustausch mit der Umgebung möglich ist. Der Klammerausdruck unter dem Integral ist bei stationärer und homenerget verlaufender Strömung konstant und kann vor das Integral gezogen werden. Das verbleibende Integral verschwindet unter den oben angegebenen Voraussetzungen. Auf eine weitere Diskussion dieses Ergebnisses wird hier verzichtet und statt dessen auf Kap. 2.6.2.3 verwiesen.

2.6.2.2 Energiegleichungen für den Kontrollfaden

Für den in Kap. 2.3.2.2 definierten und in Abb. 2.26 dargestellten Kontrollfaden wird hier nur die Energiegleichung der Thermo-Fluidmechanik (Form II) bei stationärer reibungsloser Strömung behandelt, während über die Energiegleichung der Fluidmechanik in Kap. 3.3.2.2 und 3.4.2.3 berichtet wird. Es sei angenommen, daß sich alle physikalischen Größen gleichmäßig über die Ein- und Austrittsfläche A_1 bzw. A_2 verteilen. Da über die Mantelfläche $A_{1\to2}$ kein Volumenstrom stattfindet, erhält man mit $\dot{m}_A = \varrho v A$ entsprechend (2.51a) unmittelbar aus (2.180b) die Beziehung $(v^2/2 + u_B + h)_1 (\varrho \boldsymbol{v} \cdot \boldsymbol{A})_1 + (v^2/2 + u_B + h)_2 (\varrho \boldsymbol{v} \cdot \boldsymbol{A})_2 = P_Q$. Unter Berücksichtigung der Kontinuitätsgleichung wird hieraus mit $u_B = gz$ (nur Schwereinfluß, z = Hochlage der Kontrollfadenachse)

$$\frac{v_2^2}{2} + gz_2 + h_2 = \frac{v_1^2}{2} + gz_1 + h_1 + q_{1\to2} \quad \text{(diabat)}. \tag{2.181}$$

Hierin stellt $q_{1\to2} = P_Q/\dot{m}_A$ mit $\dot{m}_A = \varrho v A = \text{const}$ als Massenstrom durch den Kontrollfadenquerschnitt die infolge Leitung auf die Masse bezogene Wärmemenge $Q_{1\to2}$ dar, die dem Kontrollfaden über die Mantelfläche $A_{1\to2}$ und gegebenenfalls über die Ein- und Austrittsfläche A_1 bzw. A_2 zu- oder abgeführt wird. Tritt kein Wärmeaustausch auf, d. h. verhält sich der Kontrollfaden wärmeundurchlässig (adiabat), so liegt mit $q_{1\to2} = 0$ eine adiabat-reversible (isentrope) Zustandsänderung vor. Für diese ist nach (1.32e) bei einem barotropen Fluid die spezifische Enthalpie h gleich dem spezifischen Druckkraftpotential i. Unter Beachtung aller Voraussetzungen geht dann (2.181) in die Energiegleichung der Fluidmechanik für den Stromfaden nach (2.96) über.

2.6.2.3 Energiegleichungen für das Fluidelement bei laminarer Strömung

Allgemeines. Ähnlich wie in Kap. 2.4.2.3 für die Kontinuitätsgleichung und in Kap. 2.5.3 für die Bewegungsgleichung (Impulsgleichung) soll jetzt für die Energiegleichungen die Betrachtung an einem Fluidelement (Raumelement) durchgeführt werden, und zwar zunächst bei laminarer Strömung. Der Fall turbulenter Strömung wird besonders in Kap. 2.6.5 besprochen. Auf die Arbeit [52] sei hingewiesen.

Energiegleichung der Fluidmechanik. Die Ableitung der gesuchten Beziehung ist auf zweierlei Weise möglich. Entweder geht man von den Überlegungen für den Kontrollraum nach Kap. 2.6.2.1 aus, indem man das endlich ausgedehnte raumfeste Kontrollvolumen V zum Volumen des Raumelements ΔV zusammenzieht, oder man benutzt die Bewegungsgleichung (Kraftgleichung), indem man diese mit dem zurückgelegten Weg skalar multipliziert. Es möge hier der zweite Weg gewählt werden. In einer stetigen Strömung bewege sich das Fluidelement der Masse $\Delta m = \varrho\, \Delta V$ längs seiner Bahn mit der Geschwindigkeit $\boldsymbol{v}$, wobei der Schwerpunkt in der Zeit dt den Weg $d\boldsymbol{s} = \boldsymbol{v}\, dt$ zurücklegt. Die zur Bewegung erforderliche Schleppkraft beträgt $\Delta \boldsymbol{F}$. Die vektorielle Kraftgleichung $\Delta m(d\boldsymbol{v}/dt) = \Delta \boldsymbol{F}$ ist skalar mit dem Wegelement (Verschiebung des Kraftangriffspunkts) $d\boldsymbol{s}$ zu multiplizieren, wobei die neue Beziehung skalaren Charakter hat. Sie besagt, daß die in der Zeit dt am Raumelement ΔV eingetretenen Änderungen der kinetischen Energie = Geschwindigkeitsenergie $d(\Delta E) = \Delta m(d\boldsymbol{v}/dt) \cdot d\boldsymbol{s} = \Delta m\boldsymbol{v} \cdot d\boldsymbol{v}$ und der Schlepparbeit = Arbeit am Schwerpunkt $\bar{d}(\Delta W) = \Delta\boldsymbol{F} \cdot d\boldsymbol{s} = \Delta m\boldsymbol{f} \cdot \boldsymbol{v}\, dt$ mit $\boldsymbol{f} = \Delta\boldsymbol{F}/\Delta m$ als bezogener Kraft gleich groß sein müssen, $d(\Delta E) = \bar{d}(\Delta W)$. Mit der spezifischen Geschwindigkeitsenergie $e = \Delta E/\Delta m$ und der bezogenen Schlepparbeit $w = \Delta W/\Delta m$ wird

$$de = \bar{d}w = \bar{d}w_B + \bar{d}w_P + \bar{d}w_Z \qquad \text{(Form I)} \tag{2.182}$$

mit $de = \boldsymbol{v} \cdot d\boldsymbol{v}$ und $\bar{d}w = \boldsymbol{f} \cdot \boldsymbol{v}\, dt$, vgl. (2.91 b)[71]. Auf der rechten Seite handelt es sich um die bezogenen Arbeiten der Massen-, Druck- und Zähigkeitskraft (zähigkeitsbedingte Reibungskraft).

Die zeitliche Änderung der Geschwindigkeitsenergie beträgt

$$\frac{de}{dt} = v \cdot \frac{dv}{dt} = \frac{\partial e}{\partial t} \quad \boldsymbol{v} \cdot \operatorname{grad} e \quad \text{mit} \quad e = \frac{v^2}{2}, \tag{2.183a, b)[72}$$

wobei sich die substantielle Änderung bei zeit- und ortsabhängigem Geschwindigkeitsfeld $\boldsymbol{v} = \boldsymbol{v}(t, \boldsymbol{v})$ nach (2.41 c) mit $E = e$ aus der lokalen und konvektiven Änderung zusammensetzt. Gl. (2.183 b) erhält man auch aus (2.29 c) durch Multiplikation mit $\boldsymbol{v}$, wobei zu beachten ist, daß $(\boldsymbol{v} \times \operatorname{rot} \boldsymbol{v}) \cdot \boldsymbol{v} = 0$ ist, da der Vektor $\boldsymbol{v}$ normal auf dem Vektor $(\boldsymbol{v} \times \operatorname{rot} \boldsymbol{v})$ steht. Die zeitlichen Änderungen der bezogenen Arbeiten der Massen- und Druckkraft erhält man mit (2.10 a) bzw. (2.3 a) zu

$$\frac{\bar{d}w_B}{dt} = \boldsymbol{v} \cdot \boldsymbol{f}_B = -\left(\frac{du_B}{dt} - \frac{\partial u_B}{\partial t}\right), \quad \frac{\bar{d}w_P}{dt} = \boldsymbol{v} \cdot \boldsymbol{f}_P = -\frac{1}{\varrho}\left(\frac{dp}{dt} - \frac{\partial p}{\partial t}\right). \tag{2.184a, b}$$

Bei den Herleitungen treten die Ausdrücke $\boldsymbol{v} \cdot \operatorname{grad}$ auf, die nach (2.41 c) zu $(d/dt - \partial/\partial t)$ führen, wenn $u_B = u_B(t, \boldsymbol{r})$ und $p = p(t, \boldsymbol{r})$ sowohl zeit- als auch ortsabhängig sind. Im allgemeinen ist das spezifische Massenkraftpotential $u_B(t, \boldsymbol{r}) = u_B(\boldsymbol{r})$ zeitunabhängig, so daß das Glied $\partial u_B/\partial t = 0$ ist. In diesem Fall besteht $\bar{d}w_B = -du_B = -g\, dz$ (nur Schwereinfluß) aus einem vollständigen Differential. Die zeitliche Änderung der bezogenen Arbeit der Zähigkeitskraft (hemmende Schleppkraft) $\boldsymbol{f}_Z$ beträgt $\bar{d}w_Z = \boldsymbol{v} \cdot \boldsymbol{f}_Z$. In der Strömung eines homogenen Fluids ($\varrho = \text{const}$, $\eta = \text{const}$) erhält man unter Beachtung von (2.118 a) für die Arbeit der Zähigkeitskraft $\bar{d}w_Z = \nu\boldsymbol{v} \cdot \Delta\boldsymbol{v}$. Auf die mathematische Auswertung dieser Beziehung für bestimmte Fälle sowie auf die Wiedergabe weiterer Einzelheiten wird hier verzichtet; vgl. hierzu die Ausführungen in Kap. 2.6.3.2.

Nach Einsetzen der gefundenen Beziehungen in (2.182) erhält man die Energiegleichung der Fluidmechanik für das Fluidelement zu

$$\frac{de}{dt} + \frac{du_B}{dt} + \frac{1}{\varrho}\frac{dp}{dt} = \frac{\partial u_B}{\partial t} + \frac{1}{\varrho}\frac{\partial p}{\partial t} + \frac{\bar{d}w_Z}{dt}, \quad v\, dv + du_B + \frac{dp}{\varrho} = \bar{d}w_Z, \tag{2.185a, b}$$

wobei die zweite Beziehung für den Fall stationärer Strömung mit $\partial/\partial t = 0$ gilt. Beachtet man, daß längs einer Stromlinie s nach (2.41 a) die Beziehung $d/dt = \partial/\partial t + v(\partial/\partial s)$ besteht, dann erhält man durch Integration von (2.185 a) längs einer Stromlinie bei festgehaltener Zeit t für eine reibungslose, nur der

---

71 Bei den Arbeiten handelt es sich um Prozeßgrößen. Ihre Änderungen stellen im allgemeinen unvollständige Differentiale dar und werden daher mit dem Symbol $\bar{d}$ gekennzeichnet, man vgl. hierzu die Fußnoten 11 und 66, auf den S. 20 und 154.

72 Vgl. Fußnote 47, S. 116.

Schwere ($u_B = gz$) unterworfenen Strömung[73]

$$\int \frac{\partial v}{\partial t}\, ds + \frac{v^2}{2} + gz + \int \frac{1}{\varrho}\frac{\partial p}{\partial s}\, ds = C(t) \qquad \text{(reibungslos)}. \qquad (2.186)$$

Diese Beziehung folgt gleichermaßen aus (2.94a) und stellt die Bernoullische Energiegleichung der instationären reibungslosen Strömung dar. Die zeitabhängige Konstante $C(t)$ wird häufig als Bernoullische Konstante bezeichnet. Sie ist im allgemeinen von Stromlinie zu Stromlinie verschieden. Herrscht jedoch in einem Kessel oder bei der Anströmung eines Körpers im Unendlichen eine ungestörte stationäre Strömung (stationäre Randbedingung), so ist C für alle von dieser Voraussetzung betroffenen Stromlinien sowohl vom Ort als auch von der Zeit unabhängig. Die Dimension von (2.186) macht man sich am besten am letzten Glied auf der linken Seite klar. Die zugehörige Einheit beträgt N m/kg = J/kg. Es handelt sich also um eine Energiegleichung, bei welcher die Energie- und Arbeitsbeträge jeweils auf die Masse bezogen sind.

Energiegleichung der Thermo-Fluidmechanik. Bezogen auf die Masse lautet der erste Hauptsatz der Thermodynamik analog (2.167a) und (2.182)[74]

$$de_t = de + du = \bar{d}w_B + \bar{d}w_p + \bar{d}w_z + \bar{d}q \qquad \text{(Form II)}. \qquad (2.187)$$

Hierin bedeutet auf der linken Seite $de_t = de + du$ die spezifische totale Energie, die sich aus der spezifischen kinetischen Energie de nach (2.183) und der spezifischen inneren Energie du zusammensetzt. Auf der rechten Seite handelt es sich um die bezogene Arbeit der Massenkraft $\bar{d}w_B$ im Fluidelement (Systemvolumen) nach (2.184a), um die bezogenen Arbeiten der Druck- und Zähigkeitskraft $\bar{d}w_{\sigma a} = \bar{d}w_p + \bar{d}w_z$ an der Begrenzung des Fluidelements (Systemgrenze) sowie um die gegebenenfalls durch die Begrenzungsfläche des Fluidelements mittels Wärmeleitung übertragene bezogene Wärmemenge $\bar{d}q = \bar{d}w_Q$ mit $w_Q = \Delta Q/\Delta m$.

Die Arbeiten der äußeren Spannungskräfte (Oberflächenkräfte) $\bar{d}w_{\sigma a}$ beinhalten sowohl die Schlepparbeit als auch die Formänderungsarbeit, da die Spannungskräfte (Druck- und Schubspannungskräfte) neben der Bewegung des Fluidelements auch eine Verschiebung der Begrenzungsflächen (Dehnung, Scherung), verursachen. Die gesamte in der Zeit dt verrichtete Arbeit der Druckspannungskräfte erhält man durch Summation (Integration) aller an der Fläche ΔA des Fluidelements ΔV verrichteten Teilarbeiten. Herrscht an einem Flächenelement $d(\Delta A)$ die Druckkraft $d(\Delta \boldsymbol{F}_p) = -p\, d(\Delta \boldsymbol{A})$ sowie die Geschwindigkeit $\boldsymbol{v} = d\boldsymbol{s}/dt$, dann beträgt die zugehörige Arbeit $-p\boldsymbol{v} \cdot d(\Delta \boldsymbol{A})\, dt$. Die von allen Druckkräften am Fluidelement verrichtete Oberflächenarbeit erhält man auf die Zeit dt bezogen zu

$$\frac{\bar{d}(\Delta W_p)}{dt} = -\oint_{\Delta A} p\boldsymbol{v} \cdot d(\Delta \boldsymbol{A}) = -\int_{\Delta V} \operatorname{div}(p\boldsymbol{v})\, d(\Delta V) = -\operatorname{div}(p\boldsymbol{v})\, \Delta V.$$

Zunächst wird durch Anwenden des Gaußschen Integralsatzes (S. 84) das Oberflächenintegral über ΔA mit $\boldsymbol{a} = p\boldsymbol{v}$ in ein Volumenintegral über ΔV umgeformt und sodann das

73 Die Geschwindigkeit längs der Stromlinie wird als Skalar $v = v(t, s)$ dargestellt.

74 Zur Kennzeichnung der Arbeitsanteile der Spannungskräfte an den einzelnen Oberflächen des Fluidelements werden Indizes mit kleinen Buchstaben verwendet, während die Indizes mit großen Buchstaben für die Arbeitsanteile der Schleppkräfte (Kräfte am Schwerpunkt) benutzt werden, vgl. (2.182).

Volumen ΔV auf einen Punkt zusammengezogen, wobei der Integrand div $(p\boldsymbol{v})$ vor das Integral genommen werden kann. Mit div $(p\boldsymbol{v}) = \boldsymbol{v} \cdot \operatorname{grad} p + p \operatorname{div} \boldsymbol{v}$ sowie $\boldsymbol{v} \cdot \operatorname{grad} p = dp/dt - \partial p/\partial t$ nach (2.41c) mit $\mathsf{E} = p$ und $\varrho \operatorname{div} \boldsymbol{v} = -d\varrho/dt$ nach (2.60a) erhält man auf die Masse $\Delta m = \varrho \Delta V$ bezogen

$$\frac{\bar{d}w_p}{dt} = -\frac{1}{\varrho}\left(\frac{dp}{dt} - \frac{p}{\varrho}\frac{d\varrho}{dt} - \frac{\partial p}{\partial t}\right) = -\frac{d}{dt}\left(\frac{p}{\varrho}\right) + \frac{1}{\varrho}\frac{\partial p}{\partial t}. \qquad (2.188\text{a, b})$$

Nach Einsetzen der gefundenen Beziehungen in (2.187) sowie Einführen der Enthalpie anstelle der inneren Energie entsprechend (1.30a) mit $dh = du + d(p/\varrho)$ erhält man die Energiegleichung der Thermo-Fluidmechanik für das Fluidelement zu

$$\frac{de}{dt} + \frac{du_B}{dt} + \frac{dh}{dt} = \frac{\partial u_B}{\partial t} + \frac{1}{\varrho}\frac{\partial p}{\partial t} + \frac{\bar{d}w_z}{dt} + \frac{\bar{d}q}{dt}, \quad v\,dv + du_B + dh = \bar{d}w_z + \bar{d}q, \qquad (2.189\text{a, b})$$

wobei die zweite Beziehung für den Fall stationärer Strömung mit $\partial/\partial t = 0$ gilt[75]. Für eine reibungslose Strömung mit $\bar{d}w_z = 0$ läßt sich (2.189b) längs einer Stromlinie integrieren und führt mit $u_B = gz$ angewendet auf zwei Stellen (*1*) und (*2*) längs der Stromlinie zu (2.181). Wird der Einfluß der Massenkraft vernachlässigt und eine adiabate Zustandsänderung zugrundegelegt, so folgt

$$v\,dv + dh = 0, \quad \frac{v^2}{2} + h = C \qquad \text{(isenerget)}. \qquad (2.190\text{a})$$

Die Integrationskonstante C entspricht zunächst einer von Stromlinie zu Stromlinie verschieden großen spezifischen totalen Enthalpie $h_t = v^2/2 + h$. In einem solchen Fall spricht man von einer isenergeten Strömung[76]. Nimmt man an, was im allgemeinen zutrifft, daß im gesamten Strömungsfeld, d. h. auf allen Stromlinien, die spezifische totale Enthalpie h_t denselben Wert hat, so spricht man in Erweiterung von (2.190a) von einer homenergeten Strömung

$$\operatorname{grad}\left(\frac{v^2}{2} + h\right) = 0, \quad \frac{v^2}{2} + h = h_0 = \text{const} \qquad \text{(homenerget)}. \qquad (2.190\text{b})$$

Man bezeichnet $h_t = h_0$ als spezifische Ruheenthalpie, da sie im Ruhezustand bei $v = 0$ auftritt. Die für die reibungslose Strömung bei adiabater Zustandsänderung angegebenen Beziehungen (2.190a, b) enthalten nur Zustandsgrößen und gelten daher sowohl für stetig (adiabat-reversibel) als auch unstetig (adiabat-

75 Die differentielle Form von (2.181) lautet mit den hier verwendeten Bezeichnungen $v\,dv + du_B + dh = \bar{d}q$. Sie unterscheidet sich auf der rechten Seite von (2.189b) durch das Glied der Reibungsarbeit $\bar{d}w_z \neq 0$. Dieser Unterschied erklärt sich daraus, daß bei der Herleitung der Energiegleichung für den Kontrollfaden in Kap. 2.6.2.2 die am freien Teil der Kontrollfläche von den reibungsbedingten Spannungskräften verrichtete Arbeit vernachlässigt wird.

76 Auf einen Unterschied in den Bezeichnungen sei hingewiesen. Während nach (2.187) die Größe $e_t = e + u$ als spezifische totale Energie eingeführt wird, wird nach (2.190) die Größe $h_t = e + h$ als spezifische totale Enthalpie definiert. Wenn von isenergeter oder homenergeter Strömung gesprochen wird, sei jeweils $h_t = C$ bzw. $h_t = \text{const}$ und nicht $e_t = C$ bzw. $e_t = \text{const}$ gemeint.

irreversibel) verlaufende Strömungen, wobei letztere z. B. bei Verdichtungsstößen auftreten. Durch Vergleich der Energiegleichung der Thermo-Fluidmechanik (2.189b) bei adiabatem Zustand mit der Energiegleichung der Fluidmechanik (2.185b) erhält man für die stationäre stetige reibungslose Strömung eines barotropen Fluids bei adiabater Zustandsänderung die Identität $dh = dp/\varrho = di$ mit i als spezifischem Druckkraftpotential nach (2.4b), vergleiche (1.32e). Für ein vollkommen ideales Gas bestehen zwischen der Enthalpie $h = c_p T$, dem Druck p und der Dichte ϱ einerseits oder zwischen der Enthalpie h und der Schallgeschwindigkeit c andererseits die Zusammenhänge nach (1.31b). Die Energiegleichung (2.190b) kann somit unter den gemachten Voraussetzungen in der Form

$$\frac{v^2}{2} + \frac{c^2}{\varkappa - 1} = \frac{v^2}{2} + \frac{\varkappa}{\varkappa - 1}\frac{p}{\varrho} = \frac{v^2}{2} + c_p T = \text{const} \qquad \text{(Gas)} \qquad (2.191\,\text{a, b})$$

geschrieben werden. Mit einer Zunahme der kinetischen Energie $v^2/2$ ist stets eine Abnahme der Enthalpie $h = c_p T$ verbunden, oder umgekehrt. Für die Temperaturänderung bei adiabat und reibungslos verlaufender Strömung eines dichteveränderlichen Gases erhält man

$$T = T_0 - \frac{v^2}{2c_p} \leqq T_0 \qquad \text{(adiabat)}, \qquad (2.192)$$

wobei T_0 die Temperatur des Ruhezustandes $v = 0$ bedeutet. Gl. (2.192) besagt, daß einer Geschwindigkeitszunahme (Beschleunigung) eine Temperaturabnahme (Abkühlung) und umgekehrt einer Geschwindigkeitsabnahme (Verzögerung) eine Temperaturzunahme (Erwärmung) entspricht. Von der Energiegleichung der Thermo-Fluidmechanik für vollkommen ideale Gase wird bei der Behandlung elementarer Strömungsvorgänge dichteveränderlicher Fluide in Kap. 4 häufig Gebrauch gemacht werden.

2.6.3 Gleichung der Wärmeübertragung

2.6.3.1 Energieumwandlung

Allgemeines. Im folgenden sollen die in Kap. 2.6.1 und 2.6.2 besprochenen Energiegleichungen der Fluid- und Thermo-Fluidmechanik zur Beschreibung des Wärmeverhaltens strömender Fluide herangezogen werden. Dabei interessiert besonders das Zusammenwirken von innerer Energie, Enthalpie und Wärmeleitung sowie Wärmekonvektion durch die Strömung und Wärmeerzeugung durch die Reibungsarbeit. Auf die Berücksichtigung der durch Strahlung übertragenen Wärme soll wegen der bei strömungsmechanischen Aufgaben im allgemeinen nur mäßigen Temperaturunterschiede verzichtet werden. Die Untersuchungen werden entsprechend Kap. 2.6.2.3 für das Fluidelement bei laminarer Strömung durchgeführt.

Ausgangsgleichungen. Durch Subtraktion der Energiegleichung der Fluidmechanik (Form I) nach (2.182) von der Energiegleichung der Thermo-Fluidmechanik (Form II) nach (2.187), wird in differentieller Darstellung für die spezifische innere Energie u oder die spezifische Enthalpie $h = u + p/\varrho$ nach (1.30b) im mitbewegten Bezugssystem

$$du = \bar{d}w_V + \bar{d}w_D + \bar{d}q, dh = d(p/\varrho) + \bar{d}w_V + \bar{d}w_D + \bar{d}q \quad \text{(Form III)}. \qquad (2.193\text{a, b})$$

Während die spezifische Geschwindigkeitsenergie de und die bezogene Arbeit durch die Massenkraft $\bar{d}w_B$ nicht mehr vorkommen, treten die neuen Größen

$$\bar{d}w_V = \bar{d}w_p - \bar{d}w_P, \qquad \bar{d}w_D = \bar{d}w_z - \bar{d}w_Z \qquad (2.194\text{a, b})$$

als bezogene Volumenänderungsarbeit (Arbeit, die durch Kompression eine Volumendilatation bewirkt) bzw. als bezogene Dissipationsarbeit (Arbeit, die durch Dissipation in Wärme umgewandelt wird, Wärmeproduktion) sowie $\bar{d}q$ als bezogene Arbeit durch Wärmeleitung auf. Zunächst werden in den Kap. 2.6.3.2 und 2.6.3.3 die Vorgänge bei laminarer Strömung eingehend behandelt. In Kap. 2.6.5.3 wird sodann die turbulente Strömung besprochen.

2.6.3.2 Energien und Arbeiten

Innere Energie, Enthalpie. Die allgemein gültigen Beziehungen für die spezifische innere Energie und für die spezifische Enthalpie sind in (1.29a, b) angegeben. Führt man anstelle des spezifischen Volumens v die Dichte $\varrho = 1/v$ ein, dann gelten die in Tab. 1.3 allgemein und speziell für Flüssigkeiten sowie ideale Gase zusammengestellten Formeln. In den genannten Beziehungen stellt d/dt jeweils die substantielle Änderung gemäß (2.41b, c) mit $E = u$, $E = h$, $E = p$ bzw. $E = T$ dar. Für ein vollkommen ideales Gas sind nach Tab. 1.2 die spezifischen Wärmekapazitäten $c_v = \text{const}$ und $c_p = \text{const}$. In diesem Fall gilt z. B. für die Änderung der spezifischen inneren Energie

$$\frac{du}{dt} = \frac{\partial(c_v T)}{\partial t} + \boldsymbol{v} \cdot \text{grad}\,(c_v T) = \frac{1}{\varrho}\left[\frac{\partial(\varrho c_v T)}{\partial t} + \text{div}\,(\varrho c_v T \boldsymbol{v})\right], \qquad (2.195\text{a, b})$$

wobei die zweite Beziehung folgt, wenn man nach den Regeln der Vektor-Analysis $\text{div}\,(\varrho c_v T \boldsymbol{v}) = \varrho \boldsymbol{v} \cdot \text{grad}\,(c_v T) + c_v T\,\text{div}\,(\varrho \boldsymbol{v})$ setzt und die Kontinuitätsgleichung für ein quellfreies Strömungsfeld (2.60b) mit $\partial\varrho/\partial t + \text{div}\,(\varrho\boldsymbol{v}) = 0$ berücksichtigt. Die Beziehung (2.195) gilt in gleicher Weise für die Änderung der Enthalpie bei Gasen, wenn man entsprechend Tab. 1.2 u durch h und c_v durch c_p ersetzt. Während (2.195) bei Flüssigkeiten ebenfalls für u zutrifft, ist bei h das Zusatzglied $(1/\varrho)\,(dp/dt)$ zu beachten, vgl. (2.205a, b).

Wärmeübertragung durch Konvektion. In Strömungen überlagern sich grundsätzlich zwei Vorgänge der Wärmeübertragung, und zwar der Wärmetransport mit dem strömenden Fluid (Konvektion = Mitführung) sowie der Wärmetransport durch Wärmeleitung. Je nach den Eigenschaften des Fluids und nach der Art der Strömung kann der eine oder andere Vorgang überwiegen. Im folgenden möge zunächst gezeigt werden, daß die konvektive Wärmeübertragung durch die Änderung der inneren Energie beschrieben wird. Über die Wärmeübertragung durch Leitung wird dann anschließend berichtet. Die in einem Fluidelement gespeicherte und über die Oberflächen durch Massentransport zu- oder abgeführte Wärmemenge läßt sich nach der kalorimetrischen Gleichung (1.22) berechnen. Die Betrachtung sei analog zur Kontinuitätsgleichung durchgeführt, indem man einerseits an die Stelle der Massendichte $\Delta m/\Delta V = \varrho$ die Wärmedichte $\Delta Q/\Delta V = \varrho c T$ mit T als Temperatur gegenüber einer beliebig gewählten Bezugstemperatur und andererseits an die Stelle der Massenstromdichte $\varrho\boldsymbol{v}$ die Wärmestromdichte $\varrho c T \boldsymbol{v}$ setzt. Die auf die Zeit und Masse bezogene Änderung der Wärmemenge $\bar{d}q_c/dt = \bar{d}(\Delta Q/\Delta m)/dt$ liefert dann in Analogie zu (2.60b) die bezogene Wärmeleistung

$$\frac{\bar{d}q_c}{dt} = \frac{1}{\varrho}\left[\frac{\partial(\varrho cT)}{\partial t} + \operatorname{div} \boldsymbol{\varphi}_c\right] \quad \text{mit} \quad \boldsymbol{\varphi}_c = \varrho cT\boldsymbol{v}. \qquad (2.196\,\text{a, b})^{77}$$

Diese Beziehung stimmt für $c = c_v$ mit (2.195b) überein, d. h. es ist $\bar{d}q_c/dt = du/dt$. Während das erste Glied die lokale Änderung angibt, beschreibt das zweite Glied den konvektiven Wärmetransport. Man bezeichnet $\boldsymbol{\varphi}_c$ als Wärmestromdichte infolge Wärmekonvektion in J/m²s. Die Wärmekonvektion wird bei Gasen über die innere Energie u, c_v oder über die Enthalpie h, c_p in der Wärmebilanz berücksichtigt. Bei dem beschriebenen Wärmetransport spricht man von einer erzwungenen Wärmekonvektion, da sie den Wärmetransport mit dem strömenden Fluid (Massentransport durch Ortsveränderung) beschreibt. Neben der erzwungenen Konvektionsströmung kennt man noch die natürliche Konvektionsströmung, die durch den Wärmeauftrieb erzeugt wird und die sich bei kleinen Strömungsgeschwindigkeiten abspielt. Einzelheiten hierzu werden in Kap. 6.3 besprochen.

Volumenänderungsarbeit. Durch Einsetzen von (2.184b) und (2.188b) in (2.194a) erhält man die massebezogene Leistung der druckbedingten reversiblen Dichteänderung zu[78]

$$\frac{\bar{d}w_V}{dt} = -\frac{d}{dt}\left(\frac{p}{\varrho}\right) + \frac{1}{\varrho}\frac{dp}{dt} = \frac{p}{\varrho^2}\frac{d\varrho}{dt} = -\frac{p}{\varrho}\operatorname{div}\boldsymbol{v} = -\frac{p}{\varrho}\frac{\partial v_j}{\partial x_j}. \qquad (2.197\,\text{a, b, c, d})$$

Dabei hebt sich die lokale Änderung $\partial p/\partial t$ heraus. Die Gln. (2.197c, d) erhält man für ein quellfreies Strömungsfeld durch Einsetzen der Kontinuitätsgleichung (2.60a) bzw. (2.62a). Die Volumenänderungsarbeit tritt nur bei Strömungen dichteveränderlicher Fluide mit $\varrho \neq$ const auf. Für $d\varrho > 0$ spricht man von einer Arbeit durch Verdichtung (Kompression) und für $d\varrho < 0$ von einer Arbeit durch Verdünnung (Depression). Häufig benutzt man anstelle von Verdünnung die Bezeichnung Entspannung (Expansion).

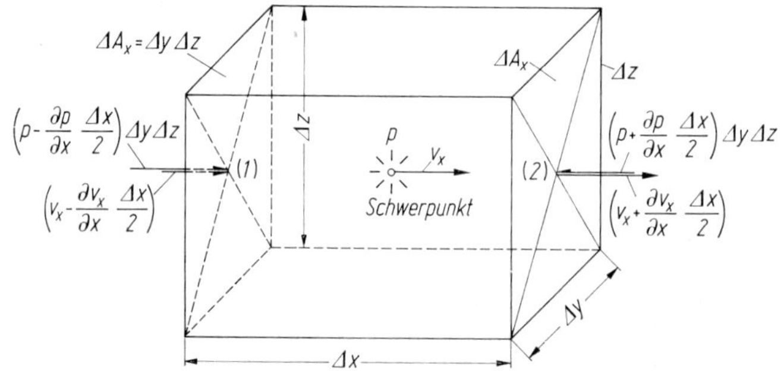

Abb. 2.48. Zur Berechnung der Arbeit, die von den Oberflächenkräften (Druckkräften) an den Flächen eines sich verformenden Fluidelements verrichtet werden

Die von den Druckkräften an der Systemgrenze verrichteten Arbeiten mögen unter Verwendung der Komponentendarstellung nochmals anschaulich hergeleitet werden. Dabei ist zu unterscheiden in die Schlepparbeit ΔW_P (Index P) sowie in die Schlepp- und Formänderungsarbeit ΔW_p (Index p), vgl. Fußnote 74 auf S. 164. Nach Abb. 2.48 wird ein Fluidelement als Quader mit den Seitenlängen Δx, Δy, Δz aus dem Strömungsfeld herausgegriffen. Es besitzt das Volumen $\Delta V = \Delta x \Delta y \Delta z = \Delta x \Delta A_x$ und die Masse $\Delta m = \varrho \Delta V$. An den durch (1) und (2) gekennzeichneten Flächenelementen $\Delta A_x = \Delta y \Delta z$ greifen in x-Richtung die Druckkräfte $[p - (\partial p/\partial x)(\Delta x/2)]\,\Delta A_x$ bzw. $[p + (\partial p/\partial x)(\Delta x/2)]\,\Delta A_x$ an.

77 Der Index c weist auf den Einfluß der Wärmekapazität c hin.

78 Die Volumenänderungsarbeit kann auch Dichteänderungsarbeit genannt werden. Man beachte dabei, daß $d\varrho/\varrho = -dv/v$ mit $v = 1/\varrho$ ist.

Dabei ist p der Druck im Schwerpunkt des Fluidelements. Die zugehörigen Geschwindigkeitskomponenten in x-Richtung sind $v_x - (\partial v_x/\partial x)(\Delta x/2)$ bzw. $v_x + (\partial v_x/\partial x)(\Delta x/2)$, wenn v_x die mittlere Geschwindigkeit am Schwerpunkt des Fluidelements ist. In x-Richtung wird in der Zeit dt einerseits die druckbedingte Schlepparbeit $\bar{d}(\Delta W_P)_x$ sowie andererseits die druckbedingte Schlepp- und Formänderungsarbeit $\bar{d}(\Delta W_p)_x$ verrichtet:

$$\bar{d}(\Delta W_P)_x = \left[\left(p - \frac{\partial p}{\partial x}\frac{\Delta x}{2}\right) - \left(p + \frac{\partial p}{\partial x}\frac{\Delta x}{2}\right)\right]\Delta A_x v_x\,dt = -v_x\frac{\partial p}{\partial x}\Delta V\,dt,$$

$$\bar{d}(\Delta W_p)_x = \left[\left(p - \frac{\partial p}{\partial x}\frac{\Delta x}{2}\right)\left(v_x - \frac{\partial v_x}{\partial x}\frac{\Delta x}{2}\right) - \left(p + \frac{\partial p}{\partial x}\frac{\Delta x}{2}\right)\left(v_x + \frac{\partial v_x}{\partial x}\frac{\Delta x}{2}\right)\right]\Delta A_x\,dt$$

$$= -\frac{\partial(p v_x)}{\partial x}\Delta V\,dt.$$

Analoge Gleichungen gelten für die y- und z-Richtung. Nach Division dieser Beziehungen durch die Masse $\Delta m = \varrho\Delta V$ folgt für die bezogenen Leistungen

$$\frac{\bar{d}w_P}{dt} = -\frac{1}{\varrho}v_j\frac{\partial p}{\partial x_j}, \quad \frac{\bar{d}w_p}{dt} = -\frac{1}{\varrho}\frac{\partial(p v_j)}{\partial x_j}, \qquad (2.198\,\text{a, b})$$

was durch Einsetzen in (2.194a) ebenfalls zu (2.197d) führt. Durch Vergleich von (2.197b) mit der bezogenen Arbeit der inneren Druckkräfte entsprechend (2.175b) und (2.176a) folgt für ein barotropes Fluid der Zusammenhang $\bar{d}w_V = du_i$. Dabei ist $u_i = i - p/\varrho$ die spezifische innere Druckenergie mit i als spezifischem Druckkraftpotential nach (2.4b). Da du_i ein vollständiges Differential ist, gilt dies jetzt auch für dw_V, d. h. die Volumenänderungsarbeit ist bei einem barotropen Fluid eine Zustandsgröße. Verläuft die Strömung darüber hinaus reibungslos und adiabat, d. h. $\bar{d}w_D + \bar{d}q = 0$, dann geht (2.193a) über in $du = du_i$. Hiernach ist die innere Energie (im Sinn der Thermodynamik) gleich der inneren Druckenergie (im Sinn der Fluidmechanik), vgl. die Ausführung im Anschluß an (2.176b).

Dissipationsarbeit. Ein Teil der an den Oberflächen des Fluidelements durch Zähigkeitskräfte des strömenden Fluids verrichteten mechanischen Arbeit wird in Wärme umgewandelt (dissipiert). Die bezogene Dissipationsarbeit ist durch (2.194b) gegeben. Ihre Ermittlung soll analog wie bei der Volumenänderungsarbeit unter Benutzung der Komponentendarstellung durchgeführt werden. Betrachtet wird ein Quader nach Abb. 2.38b. Die an den einzelnen Oberflächen wirkenden Spannungen σ_{ij} sind dargestellt. Die zähigkeitsbedingten Spannungen werden nach (2.111) mit $\tau_{ij} = \tau_{ji}$ bezeichnet und ergeben sich aus (2.114), wenn man dort $p = 0$ setzt. In x-Richtung wird in der Zeit dt einerseits die zähigkeitsbedingte (hemmende) Schlepparbeit $\bar{d}(\Delta W_Z)_x$ sowie andererseits die zähigkeitsbedingte Schlepp- und Formänderungsarbeit $\bar{d}(\Delta W_z)_x$ verrichtet:

$$\bar{d}(\Delta W_Z)_x = v_x\left[\frac{\partial\tau_{xx}}{\partial x} + \frac{\partial\tau_{yx}}{\partial y} + \frac{\partial\tau_{zx}}{\partial z}\right]\Delta V\,dt,$$

$$\bar{d}(\Delta W_z)_x = \left[\frac{\partial(v_x\tau_{xx})}{\partial x} + \frac{\partial(v_x\tau_{yx})}{\partial y} + \frac{\partial(v_x\tau_{zx})}{\partial z}\right]\Delta V\,dt.$$

Entsprechende Gleichungen gelten für die y- und z-Richtung, so daß man die bezogenen Leistungen zu

$$\frac{\bar{d}w_Z}{dt} = \frac{1}{\varrho}v_i\frac{\partial\tau_{ij}}{\partial x_j}, \quad \frac{\bar{d}w_z}{dt} = \frac{1}{\varrho}\frac{\partial(v_i\tau_{ij})}{\partial x_j} \qquad (2.199\,\text{a, b})$$

erhält. Nach Einsetzen in (2.194b) folgt die Dissipationsleistung zu

$$\frac{\bar{d}w_D}{dt} = \frac{1}{\varrho}\tau_{ij}\frac{\partial v_i}{\partial x_j} = r_D = \nu\,\text{diss}\,\boldsymbol{v} \quad \text{(laminar).} \qquad (2.200\,\text{a, b, c})$$

Die Dissipationsarbeit stellt die irreversible Reibungswärme (Wärmeproduktion) dar, wobei nach Lord Rayleigh mit der Abkürzung r_D die mit der kinematischen Viskosität $\nu = \eta/\varrho$ multiplizierte Dissipationsfunktion diss $\boldsymbol{v}$ bezeichnet wird. Da die zähigkeitsbedingten Spannungen τ_{ij} neben der Viskosität η nur von den Geschwindigkeitsänderungen abhängen, soll durch diss $\boldsymbol{v}$ symbolisch zum Ausdruck gebracht werden, daß die Dissipation neben der Stoffgröße ν nur vom Geschwindigkeitsfeld $\boldsymbol{v}$ abhängt. Die Berechnung von r_D ist somit eine rein strömungsmechanische Aufgabe. Nach Einsetzen von (2.114) mit $p = 0$ in (2.200a) ergibt sich bei Vernachlässigung der Volumenviskosität ($\hat{\eta} = 0$) für die Dissipationsfunktion[79]

$$\text{diss}\,\boldsymbol{v} = \frac{1}{2}\left(\frac{\partial v_i}{\partial x_j} + \frac{\partial v_j}{\partial x_i}\right)^2 - \frac{2}{3}\left(\frac{\partial v_j}{\partial x_j}\right)^2 \tag{2.201a}$$

$$= \sum_k \left[\left(\frac{\partial v_i}{\partial x_j} + \frac{\partial v_j}{\partial x_i}\right)^2 + \frac{2}{3}\left(\frac{\partial v_i}{\partial x_i} - \frac{\partial v_j}{\partial x_j}\right)^2\right] > 0. \tag{2.201b}$$

Gl. (2.201b) folgt aus (2.201a), wenn über $k = 1, 2, 3$ mit den Zuordnungen $k = 1$ ($i = 2$, $j = 3$), $k = 2$ ($i = 3$, $j = 1$) und $k = 3$ ($i = 1$, $j = 2$) summiert wird. Die Zusammensetzung der Dissipationsfunktion nur aus quadratischen Ausdrücken entspricht ihrer physikalischen Bedeutung als richtungsunabhängiger Größe (irreversibler Prozeß). Man erkennt aus (2.201b) weiterhin, daß sie stets positiv ist. Dies bedeutet für die Dissipationsarbeit $r_D > 0$. In Tab. 2.12 sind die Beziehungen diss $\boldsymbol{v}$ für kartesische und zylindrische Koordinaten zu-

Tabelle 2.12. Dissipationsfunktion der laminaren Strömung normalviskoser Fluide, diss $\boldsymbol{v}$, Koordinatensysteme nach Abb. 1.13

Koordinaten		diss $\boldsymbol{v}$
kartesisch	x, y, z	$2\left[\left(\frac{\partial v_x}{\partial x}\right)^2 + \left(\frac{\partial v_y}{\partial y}\right)^2 + \left(\frac{\partial v_z}{\partial z}\right)^2\right]$
		$+\left(\frac{\partial v_x}{\partial y} + \frac{\partial v_y}{\partial x}\right)^2 + \left(\frac{\partial v_y}{\partial z} + \frac{\partial v_z}{\partial y}\right)^2 + \left(\frac{\partial v_z}{\partial x} + \frac{\partial v_x}{\partial z}\right)^2$
		$-\frac{2}{3}\left(\frac{\partial v_x}{\partial x} + \frac{\partial v_y}{\partial y} + \frac{\partial v_z}{\partial z}\right)^2$
zylindrisch	r, φ, z	$2\left[\left(\frac{\partial v_r}{\partial r}\right)^2 + \left(\frac{1}{r}\frac{\partial v_\varphi}{\partial \varphi} + \frac{v_r}{r}\right)^2 + \left(\frac{\partial v_z}{\partial z}\right)^2\right]$
		$+\left(\frac{\partial v_z}{\partial \varphi} + \frac{\partial v_\varphi}{\partial z}\right)^2 + \left(\frac{\partial v_r}{\partial z} + \frac{\partial v_z}{\partial r}\right)^2 + \left(\frac{1}{r}\frac{\partial v_r}{\partial \varphi} + \frac{\partial v_\varphi}{\partial r} - \frac{v_\varphi}{r}\right)^2$
		$-\frac{2}{3}\left(\frac{\partial v_r}{\partial r} + \frac{1}{r}\frac{\partial v_\varphi}{\partial \varphi} + \frac{v_r}{r} + \frac{\partial v_z}{\partial z}\right)^2$

79 Man beachte, daß

$$\left(\frac{\partial v_i}{\partial x_j} + \frac{\partial v_j}{\partial x_i}\right)\frac{\partial v_i}{\partial x_j} = \frac{1}{2}\left(\frac{\partial v_i}{\partial x_j} + \frac{\partial v_j}{\partial x_i}\right)^2, \qquad \delta_{ij}\frac{\partial v_i}{\partial x_j}\frac{\partial v_k}{\partial x_k} = \left(\frac{\partial v_j}{\partial x_j}\right)^2$$

ist. In der ersten Beziehung hat man es mit einer Doppelsumme über $i, j = 1, 2{,}3$ zu tun.

sammengestellt. Bei der Strömung eines dichtebeständigen Fluids (ϱ = const) verschwindet in (2.201 a) wegen der Kontinuitätsgleichung (2.62) das letzte Glied, und es ist diss $\boldsymbol{v} = 2\vartheta_{ij}^2$ mit ϑ_{ij} nach (2.38). In Vektordarstellung kann man

$$\operatorname{diss} \boldsymbol{v} = 2 \operatorname{div}\left[\operatorname{grad}\left(\frac{\boldsymbol{v}^2}{2}\right) - (\boldsymbol{v} \times \operatorname{rot} \boldsymbol{v})\right] + (\operatorname{rot} \boldsymbol{v})^2 > 0 \qquad (\varrho = \text{const}) \tag{2.202}$$

schreiben. Diese Gleichung zeigt nun, daß die durch die Viskosität des Fluids in Wärmearbeit umgewandelte mechanische Arbeit bei Strömungsvorgängen immer vorhanden ist. Obwohl bei drehungsfreier Strömung eines dichtebeständigen Fluids mit $rot\,\boldsymbol{v} = 0$ nach (2.118 a) keine Zähigkeitskraft $\boldsymbol{f}_Z$ auftritt, verbleibt dennoch ein Betrag an Dissipationsarbeit $r_D \neq 0$. Für die ebene Strömung ist in (2.201) zu setzen $i, j = 1, 2$ und $x_1 = x$, $x_2 = y$ sowie $v_1 = u$ und $v_2 = v$. Insbesondere gilt für die einfache Scherströmung $u = u(y)$, $v = 0$

$$\varrho \frac{\bar{d} w_D}{dt} = \eta \operatorname{diss} \boldsymbol{v} = \eta \left(\frac{\partial u}{\partial y}\right)^2 = \tau \frac{\partial u}{\partial y} > 0 \qquad \big(u = u(y), v = 0\big). \tag{2.203 a, b}$$

Dabei wurde in der letzten Beziehung der Newtonsche Ansatz für die Schubspannung einer laminaren Strömung nach (2.115 c) eingeführt.

Arbeit durch Wärmeleitung. Vernachlässigt man die erst bei sehr großen Temperaturen auftretende Wärmezufuhr durch Strahlung, so ist neben dem Wärmetransport durch Massentransport (Änderung der inneren Energie, Wärmekonvektion) eine Wärmezufuhr- oder -abfuhr noch durch Leitung möglich. Die gesamte in der Zeit durch Wärmeleitung verrichtete Arbeit $\bar{d}(\Delta W_Q) = \bar{d}(\Delta Q)$ erhält man durch Integration aller über die Fläche ΔA des Raumelements ΔV ein- oder austretenden Wärmeströme nach (2.178 a) in Verbindung mit (2.177) auf die Zeit dt bezogen zu

$$\frac{\bar{d}(\Delta Q)}{dt} = -\oint_{\Delta A} \boldsymbol{\varphi} \cdot d(\Delta \boldsymbol{A}) = -\int_{\Delta V} \operatorname{div} \boldsymbol{\varphi}\, d(\Delta V) = -\operatorname{div} \boldsymbol{\varphi}\, \Delta V.$$

Zunächst wird durch Anwenden des Gaußschen Integralsatzes (S. 84) das Oberflächenintegral über ΔA in ein Volumenintegral über ΔV umgeformt und sodann das Volumen ΔV auf einen Punkt zusammengezogen, wobei der stetig angenommene Integrand div $\boldsymbol{\varphi}$ vor das Integral genommen werden kann. Bezieht man auf die Masse $\Delta m = \varrho \Delta V$, dann erhält man die bezogene Wärmeleistung zu

$$\frac{\bar{d}q}{dt} = -\frac{1}{\varrho} \operatorname{div} \boldsymbol{\varphi} \qquad \text{mit} \qquad \boldsymbol{\varphi} = -\lambda \operatorname{grad} T, \qquad \frac{\bar{d}q}{dt} = \frac{1}{\varrho} \frac{\partial}{\partial x_j}\left(\lambda \frac{\partial T}{\partial x_j}\right). \tag{2.204 a, b}$$

Man bezeichnet $\boldsymbol{\varphi}$ als Wärmestromdichte infolge Wärmeleitung in J/m² s. Für ein Fluid mit gleichbleibender Wärmeleitfähigkeit folgt aus (2.204 b) mit λ = const $\bar{d}q/dt = (\lambda/\varrho)\, \Delta T$ mit $\Delta = \partial^2/\partial x_j^2$ als Laplace-Operator. Der Strömungsvorgang verläuft adiabat, wenn, wie bei einem wärmedicht abgeschlossenen System, zwischen den einzelnen Fluidelementen keine Wärme durch Leitung ausgetauscht wird, $\bar{d}q = 0$. Dies trifft im allgemeinen bei höheren Strömungsgeschwindigkeiten zu. Außerdem ist dies der Fall, wenn der Temperaturgradient quer zur Strömung vernachlässigbar klein ist, oder es sich bei dem strömenden Fluid um ein schwach- oder nicht-wärmeleitendes Fluid mit $\lambda \to 0$ handelt.

2.6.3.3 Wärmetransportgleichung bei laminarer Strömung

Für die laminare Strömung normalviskoser Fluide kann man die Wärmetransportgleichung angeben, wenn man die Ergebnisse über die Energien und Arbeiten aus Kap. 2.6.3.2 in die Ausgangsgleichungen (2.193 a) oder (2.193 b) einsetzt. Mit der inneren Energie bzw. der Enthalpie nach Tab. 1.3, der Volumenänderungsarbeit nach (2.197 a, b), der Dissipationsarbeit nach (2.200 c) und der Arbeit durch

Wärmeleitung nach (2.204a) — alle Größen auf die Masse und Zeit bezogen — erhält man für Flüssigkeiten und ideale Gase

$$c_v \frac{dT}{dt} = \frac{1}{\varrho}\left(\frac{p}{\varrho}\frac{d\varrho}{dt} - \operatorname{div} \boldsymbol{\varphi} + \eta \operatorname{diss} \boldsymbol{v}\right), \tag{2.205a}$$

$$c_p \frac{dT}{dt} = \frac{1}{\varrho}\left(\alpha_p \frac{dp}{dt} - \operatorname{div} \boldsymbol{\varphi} + \eta \operatorname{diss} \boldsymbol{v}\right) \quad \text{mit} \quad \alpha_p = \beta_p T = -\frac{T}{\varrho}\left(\frac{\partial \varrho}{\partial T}\right)_p. \tag{2.205b}$$

Es ist β_p nach (1.2b) der (isobare) Wärmeausdehnungskoeffizient, und zwar gilt $\alpha_p = 0$ für Flüssigkeiten ($\varrho = \text{const}$) und $\alpha_p = 1$ für ideale Gase ($p = \varrho RT$). Es stellen die Differentialoperatoren d/dt substantielle Änderungen gemäß (2.41) dar. Für ein homogenes Fluid (konstante Stoffgrößen) erhält man aus (2.205a, b) mit $c_v = c_p = c$ sowie $\boldsymbol{\varphi}$ nach (2.204a) nur eine Beziehung, nämlich

$$c\left(\frac{\partial T}{\partial t} + \boldsymbol{v} \cdot \operatorname{grad} T\right) = \frac{1}{\varrho}\left[\lambda \operatorname{div}(\operatorname{grad} T) + \eta \operatorname{diss} \boldsymbol{v}\right] \text{ (homogen)}. \tag{2.206}$$

Für den Fall der ebenen Strömung eines idealen Gases wird aus (2.205b)

$$c_p\left[\frac{\partial T}{\partial t} + u\frac{\partial T}{\partial x} + v\frac{\partial T}{\partial y}\right] = \frac{1}{\varrho}\left[\frac{\partial p}{\partial t} + u\frac{\partial p}{\partial x} + v\frac{\partial p}{\partial y} + \frac{\partial}{\partial x}\left(\lambda\frac{\partial T}{\partial x}\right) + \frac{\partial}{\partial y}\left(\lambda\frac{\partial T}{\partial y}\right)\right]$$
$$+ \nu\left[2\left[\left(\frac{\partial u}{\partial x}\right)^2 + \left(\frac{\partial v}{\partial y}\right)^2\right] + \left(\frac{\partial v}{\partial x} + \frac{\partial u}{\partial y}\right)^2 - \frac{2}{3}\left(\frac{\partial u}{\partial x} + \frac{\partial v}{\partial y}\right)^2\right]. \tag{2.207}$$

Diese Gleichung enthält als Unbekannte die beiden Geschwindigkeitskomponenten $u(t, x, y)$ und $v(t, x, y)$, den Druck $p(t, x, y)$ sowie die Temperatur $T(t, x, y)$. Außerdem können die Stoffgrößen infolge ihrer möglichen Abhängigkeiten von den Zustandsgrößen p, T veränderlich sein. Zu ihrer Lösung ist neben den gegebenenfalls benötigten Stoffgesetzen die Bewegungsgleichung nach Kap. 2.5.3.3 heranzuziehen. Auf Einzelheiten wird bei der Behandlung der Temperaturgrenzschicht in Kap. 6.3 eingegangen.

Lösung der Wärmetransportgleichung für die einfache Scherströmung (Couette). Ähnlich wie in Kap. 2.5.3.3 für die Bewegungsgleichung der laminaren Strömung (Navier, Stokes) soll auch für die Wärmetransportgleichung eine einfache Lösung angegeben werden. Gewählt wird die stationäre Scherströmung eines homogenen Fluids ohne Druckgradient nach Abb. 2.39b mit $P = 0$. Die über den normalen Wandabstand y lineare Geschwindigkeitsverteilung ist in (2.126b) mit $u(y) = (y/h)\, u_a$ angegeben, wobei $u_a = u(y = h)$ die Geschwindigkeit der bewegten Platte ist. Wegen $u(y)$, $v = 0$ sowie $p = \text{const}$ folgt aus (2.207) für die Temperaturverteilung $T(x, y) = T(y)$. Mithin lautet die Wärmetransportgleichung mit $\nu = \eta/\varrho = \text{const}$ und $\lambda = \text{const}$

$$\lambda \frac{d^2T}{dy^2} = -\eta\left(\frac{du}{dy}\right)^2 = -\eta\left(\frac{u_a}{h}\right)^2 = \text{const}, \tag{2.208a}$$

wobei folgende Randbedingungen zu erfüllen sind:

$$y = 0: \quad T = T_0; \qquad y = h: \quad T = T_a. \tag{2.208b}$$

Als Lösung ergibt sich für die Temperaturverteilung

$$T(y) = T_0 + (T_a - T_0)\frac{y}{h} + \frac{1}{2}\frac{\eta}{\lambda}u_a^2\frac{y}{h}\left(1 - \frac{y}{h}\right). \qquad (2.209\,\mathrm{a})$$

In dimensionsloser Darstellung kann man für (2.209a) auch schreiben

$$\frac{T - T_0}{T_a - T_0} = \frac{1}{2}\left[2 + Pr \cdot Ec\left(1 - \frac{y}{h}\right)\right]\frac{y}{h}. \qquad (2.209\,\mathrm{b})$$

Dabei werden als Kennzahlen für das vorliegende Problem die Prandtl-Zahl $Pr = \eta c_p/\lambda$ entsprechend (1.47i) und die Eckert-Zahl $Ec = u_a^2/c_p(T_a - T_0)$ entsprechend (1.47h) eingeführt.

Für die Wärmestromdichten $\varphi = \varphi_y = -\lambda(dT/dy)$ an der ruhenden Platte ($y = 0$) und an der bewegten Platte ($y = h$) gilt

$$\varphi_0 = -\lambda\frac{T_a - T_0}{2h}(2 + Pr \cdot Ec), \qquad \varphi_a = -\lambda\frac{T_a - T_0}{2h}(2 - Pr \cdot Ec). \qquad (2.210\,\mathrm{a, b})$$

Die Temperaturverteilung besteht aus einem linearen Anteil, wie er sich normalerweise bei ruhendem Fluid einstellt, wenn keine Reibungswärme ($\eta = 0$) erzeugt wird. Dieser Verteilung überlagert sich eine parabolische Verteilung, welche von der Reibungswärme ($\eta \neq 0$) herrührt und die von der Kennzahl $Pr \cdot Ec$ abhängt. Für $T_a > T_0$ besitzen nach (2.210a, b) die Wärmestromdichten die Vorzeichen $\varphi_0 < 0$ bzw. $\varphi_a \lesseqgtr 0$. Diese Ergebnisse besagen, daß an der nichtbewegten Platte der Wärmestrom entgegen der y-Richtung, d. h. vom Fluid auf die Wand (Aufheizen der ruhenden Platte) vor sich geht. Bemerkenswert ist, daß an der bewegten Platte ein Wärmestrom nicht auftritt, wenn $Pr \cdot Ec = 2$ oder $(T_a - T_0) = \eta u_a^2/2\lambda$ ist. Für $Pr \cdot Ec < 2$ ist $\varphi_a < 0$, so daß der Wärmestrom von der Wand auf das Fluid (Kühlen der bewegten Platte) verläuft. Für $Pr \cdot Ec > 2$ ist $\varphi_a > 0$, wodurch sich die obige Aussage umkehrt (Aufheizen der bewegten Wand). Aus dem besprochenen einfachen Beispiel ist also zu entnehmen, daß durch die Reibungswärme die Kühlwirkung beträchtlich beeinträchtigt wird und bei großen Strömungsgeschwindigkeiten sogar statt der erwarteten Abkühlung ein Aufheizen der wärmeren Wand durch die Reibungswärme eintritt. Dieser Einfluß ist von grundlegender Bedeutung für das Kühlungsproblem bei großen Strömungsgeschwindigkeiten, d. h. im vorliegenden Fall für $u_a^2 > (2\lambda/\eta)(T_a - T_0)$.

2.6.4 Entropiegleichung

2.6.4.1 Reversible und irreversible Prozesse

Allgemeines. Während der erste Hauptsatz der Thermodynamik als Energiegleichung der Thermo-Fluidmechanik nach Kap. 2.6.1 bis 2.6.3 das Gesetz von der Erhaltung und Umwandlung mechanischer und kalorischer Energien und Arbeiten ausspricht, dient der zweite Hauptsatz der Thermodynamik der Beschreibung des möglichen oder auch unmöglichen Ablaufs einer mit Wärmevorgängen verbundenen Strömung, vgl. [1, 15, 24]. Befindet sich ein durch eine materielle oder gedachte Begrenzungsfläche festgelegtes System im thermodynamischen Gleichgewicht (Gleichgewichtszustand), so läßt sich sein Zustand verändern, indem man z. B. das Volumen des Systems vergrößert oder/und eine Arbeit durch Krafteinwirkung bzw. durch Wärmeleitung über die Systemgrenze zu- oder abführt. Einen solchen Vorgang bezeichnet man als thermodynamischen Prozeß. Bei jedem Prozeß ändert sich der Zustand des Systems; es durchläuft eine Zustandsänderung. Die Erfassung des Prozesses erfordert aber nicht nur die

Angabe der Zustandsänderung, sondern es müssen darüber hinaus auch das Verfahren und die näheren Umstände festgelegt werden, unter denen die Zustandsänderung abläuft. Der Begriff des Prozesses ist weitergehender und umfassender als der Begriff der Zustandsänderung. Die Angabe der Zustandsänderung ist nur ein Teil der Prozeßbeschreibung.

Befindet sich das System zu Beginn des Prozesses in einem Gleichgewichtszustand, so wird die Zustandsänderung im allgemeinen auf Nichtgleichgewichtszustände führen. Eine derartige Zustandsänderung wird nicht-statische Zustandsänderung genannt. Besteht dagegen die Zustandsänderung aus einer Folge von Gleichgewichtszuständen, so spricht man von einer quasi-statischen Zustandsänderung als idealisiertem Grenzfall. Für die folgenden Ausführungen seien immer quasi-statische Zustandsänderungen vorausgesetzt, d. h. die Abweichungen vom thermodynamischen Gleichgewicht sind vernachlässigbar. Die klassische Thermodynamik beschränkt sich auf die Beschreibung von Gleichgewichtszuständen. Zugehörige Zustandsgrößen nennt man Zustandsfunktionen. Eine Größe ist eine Zustandsgröße, wenn die Differenz ihrer Werte in zwei Gleichgewichtszuständen nur von den beiden Zuständen des Systems abhängt und nicht davon, wie das System von dem einen Zustand in den anderen gelangt. Mathematisch gesehen besitzen Prozeßgrößen im Gegensatz zu Zustandsgrößen im allgemeinen unvollständige Differentiale, vgl. Fußnote 71, S. 163.

Kann ein System, in dem ein Prozeß abgelaufen ist, durch Richtungsumkehr von selbst vollständig und ohne bleibende Veränderung in der Umgebung des Systems in seinen Anfangszustand gebracht werden, so heißt dieser Prozeß reversibel (umkehrbar). Ein solcher Prozeß besteht immer, d. h. in jedem Augenblick, aus einer Folge von Gleichgewichtszuständen. Außer der quasi-statischen Zustandsänderung verlangt der reversible Prozeß, daß Reibung und andere dissipative Einflüsse in allen Teilen des Prozesses ausgeschlossen sind. Reversible Prozesse sind Grenzfälle (idealisierte Prozesse) der tatsächlich in der Natur vorkommenden Prozesse. Sie sind zur Darstellung einfacher, stetig verlaufender Strömungsvorgänge sehr gut geeignet. Ist der Anfangszustand des Systems ohne Änderungen in der Umgebung nicht von selbst wiederherzustellen, so nennt man den Prozeß irreversibel (nichtumkehrbar). Die tatsächlich vorkommenden natürlichen Prozesse sind strenggenommen immer irreversibel. Dabei unterteilt man in Ausgleichsprozesse und in dissipative Prozesse. Bei den Ausgleichsvorgängen liegen stets nicht-statische Zustandsänderungen vor. Sie werden hier, wie bereits gesagt wurde, nicht behandelt. Die dissipativen Prozesse sind im wesentlichen mit Reibungseinflüssen verbunden und sollen hier als quasi-statische Zustandsänderungen des Systems angesehen werden.

Einführen der Entropie. In qualitativer Hinsicht spricht der zweite Hauptsatz der Thermodynamik das Prinzip der Irreversibilität aus. Zur quantitativen Kennzeichnung reversibler, irreversibler oder auch unmöglicher Prozesse bedient man sich der Entropie, auch Verwandlungsgröße genannt. Sie ist eine extensive Zustandsgröße und besitzt die Dimension FL/Θ mit der Einheit J/K. Zur Unterscheidung der verschiedenen Prozesse genügt die Kenntnis des Anfangs- und Endwerts der Entropie. Die Änderung der Entropie kann als Summe zweier Terme

$$dS = dS_a + dS_i; \qquad dS_a \lesseqgtr 0, \qquad dS_i \geqq 0; \qquad dS \geqq dS_a \qquad (2.211\text{a, b, c})$$

geschrieben werden, wobei dS_a die dem System von außen zu- oder abgeführte Entropie und dS_i die innerhalb des Systems erzeugte Entropie darstellt. Je nach der Wechselwirkung des Systems mit seiner Umgebung (abgeschlossenes System = masse- und wärmedicht, geschlossenes System = massedicht und wärmedurchlässig, offenes System = masse- und wärmedurchlässig) kann dS_a positiv, null oder negativ sein. Der zweite Hauptsatz der Thermodynamik besagt, daß dS_i null für reversible und positiv für irreversible Umwandlungen des Systems sein muß. In Tab. 2.13 sind die Entropieänderungen thermodynamisch möglicher

Tabelle 2.13. Entropieänderung möglicher thermodynamischer Prozesse. Reversibler Prozeß: $dS_i = 0$, $dS = dS_a$; irreversibler Prozeß: $dS_i > 0$, $dS > dS_a$; (unmöglicher Prozeß: $dS_i < 0$, $dS < dS_a$)

System		Prozeß	Entropie
abgeschlossen (adiabat)	$dS_a=0$	reversibel	$dS=0$
		irreversibel	$dS>0$
geschlossen, offen (Wärmezu- oder abfuhr)	$dS_a>0$	reversibel, $dS_i=0$	$dS=dS_a$
	$dS_a<0$		
	$dS_a>0$	irreversibel, $dS_i>0$	$dS>dS_a$
	$dS_a<0$		

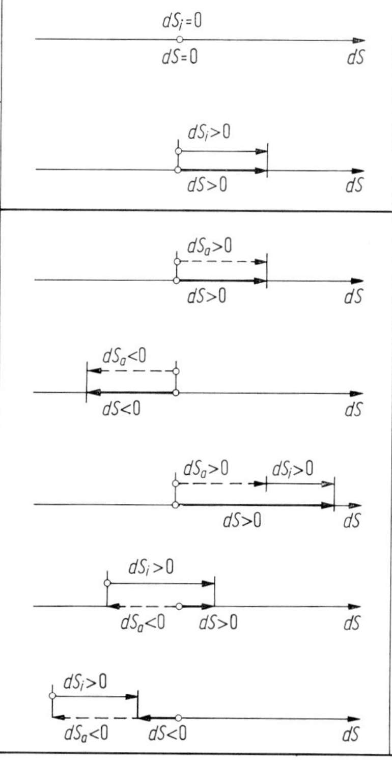

Prozesse schematisch dargestellt. Für ein geschlossenes System stellt dS_a nur den Entropieaustausch durch Wärme dar. Bei einem offenen System muß beachtet werden, daß sich dS_a sowohl aus dem Entropieaustausch durch Wärme als auch aus dem Entropieaustausch durch Masse zusammensetzt. Ein Fall $dS < dS_a$ würde nur bei $dS_i < 0$ auftreten, was jedoch nach (2.211b) dem zweiten Hauptsatz widerspricht. Solche Prozesse sind also thermodynamisch unmöglich, während der reversible Prozeß mit $dS_i = 0$ als idealisierter Prozeß gerade noch denkbar ist.

Bezeichnet $s = s(t, \boldsymbol{r})$ die auf die Masse $dm = \varrho\, dV$ bezogene spezifische Entropie in J/kg K, dann beträgt die zeitliche Änderung der Entropie dS/dt einer Masse m, die sich in einem abgegrenzten (geschlossenen) Systemvolumen $V(t)$ befindet[80],

$$\frac{dS}{dt} = \frac{dS_a}{dt} + \frac{dS_i}{dt} \quad \text{mit} \quad S(t) = \int\limits_{V(t)} \varrho s \, dV. \tag{2.212a, b}$$

Da die Systemgrenze masseundurchlässig ist, enthält dS_a/dt nur den Entropiestrom infolge Wärmeleitung.

2.6.4.2 Entropiegleichung für den Kontrollraum

Ausgangsgleichung. Ähnlich wie bei der Kontinuitätsgleichung in Kap. 2.4.2.1 und der Impulsgleichung in Kap. 2.5.2.1 sowie bei den Energiegleichungen in Kap. 2.6.2.1 kann man nach Abb. 2.47a anstelle des mitbewegten Fluidvolumens $V(t)$ die weiteren Überlegungen für einen zeitlich gleichbleibenden Kontrollraum (offenes System) (V) durchführen. Die raumfeste Kontrollfläche $(O) = (A) + (S)$ setzt sich aus dem freien Teil (A) und dem körpergebundenen Teil (S) zusammen. Geht man von der Transportgleichung (2.44b) aus und setzt für die Volumeneigenschaft $J = S$ sowie für die spezifische Eigenschaftsgröße $j = s$, dann erhält man

$$\frac{dS}{dt} = \frac{\partial \hat{S}}{\partial t} + \oint\limits_{(O)} \varrho s \, d\dot{V} \qquad \text{mit} \qquad \hat{S}(t) = \int\limits_{(V)} \varrho s \, dV \tag{2.213a}$$ [81]

und $d\dot{V}$ nach (2.51) als Volumenstrom durch ein Element der Kontrollfläche (O). Das erste Glied auf der rechten Seite von (2.213a) stellt den lokalen Anteil (Volumenintegral) dar und tritt nur bei instationärer Strömung auf, während das zweite Glied den konvektiven Anteil (Oberflächenintegral) beschreibt. Die Größe $\varrho s \boldsymbol{v}$ wird analog zur Massenstromdichte $\varrho \boldsymbol{v}$ mit Entropiestromdichte infolge Massentransport bezeichnet. Für die weitere Behandlung sei ein quellfreies Strömungsfeld angenommen, d. h. eine Strömung, bei der sich im Kontrollraum keine Massenquelldichten befinden. Nach (2.45c) kann man dann mit $J = S$ und $j = s$ für die substantielle Änderung der Entropie schreiben

$$\frac{dS}{dt} = \frac{dS_a}{dt} + \frac{dS_i}{dt} = \int\limits_{(V)} \varrho \frac{ds}{dt} dV \left(\frac{d\varrho}{dt} + \varrho \ \mathrm{div} \boldsymbol{v} = 0 \right). \tag{2.213b}$$

Die totale Änderung der spezifischen Entropie ds findet man nach der Gibbsschen Fundamentalgleichung, angewendet auf einfache Systeme (ohne Arbeit der Grenzflächenspannung sowie ohne elektromagnetische Einwirkung, thermodynamische und chemische Potentiale), für quasi-statische Prozesse (thermodynamische Gleichgewichte) aus $T\,ds = du + p\,dv = du - (p/\varrho^2)\,d\varrho = du - \bar{d}w_V$, vgl. (2.197b), zu

$$ds = \frac{1}{T}(du - \bar{d}w_V) = \frac{1}{T}(\bar{d}w_D + \bar{d}q), \quad \varrho \frac{ds}{dt} = \frac{1}{T}(\eta \ \mathrm{diss}\, \boldsymbol{v} - \mathrm{div}\, \boldsymbol{\varphi}). \tag{2.214a, b}$$

---

80 Es wird für die spezifische Entropie derselbe Buchstabe s verwendet, der in anderer Bedeutung auch zur Beschreibung des Wegs benutzt wird.

81 Es ist $\partial\hat{S}/\partial t = d\hat{S}/dt$, vgl. Ausführung zu (2.44b).

Bei der Ableitung der zweiten Beziehung in (2.214a) wurde du nach (2.193a) eingesetzt. Es sei vermerkt, daß weder die bezogene Volumenänderungsarbeit $\bar{d}w_V$ noch die bezogene Arbeit der Massenkraft $\bar{d}w_B$ vorkommen. Gl. (2.214a) enthält nur die bezogene Dissipationsarbeit $\bar{d}w_D$ bei laminarer Strömung und die bezogene Wärmemenge $\bar{d}q$. Bei beiden Größen handelt es sich um Prozeßgrößen, die unvollständige Differentiale besitzen. Durch Multiplikation des Klammerausdrucks mit dem integrierenden Faktor $1/T$ wird dieser in das vollständige Differential ds überführt. Bezieht man die Änderung der spezifischen Entropie ds auf die Zeit dt, dann ergibt sich mit (2.200c) und (2.204a) die Beziehung (2.214b). Für das letzte Glied kann man auch $(1/T)\operatorname{div}\boldsymbol{\varphi} = \operatorname{div}(\boldsymbol{\varphi}/T) - \boldsymbol{\varphi}\cdot\operatorname{grad}(1/T) = \operatorname{div}(\boldsymbol{\varphi}/T) + (\boldsymbol{\varphi}/T^2)\cdot\operatorname{grad} T$ schreiben. Setzt man (2.214b) mit dieser Umformung in (2.213b) ein und wandelt das Volumenintegral über $\operatorname{div}(\boldsymbol{\varphi}/T)$ entsprechend dem Gaußschen Integralsatz (S. 85) mit $\boldsymbol{a} = \boldsymbol{\varphi}/T$ in das Oberflächenintegral über (O) um, dann folgt

$$\frac{dS}{dt} = -\oint\limits_{(O)} \frac{\boldsymbol{\varphi}}{T}\cdot d\boldsymbol{O} + \int\limits_{(V)} \frac{1}{T}\left(\eta \operatorname{diss}\boldsymbol{v} - \boldsymbol{\varphi}\cdot\frac{\operatorname{grad} T}{T}\right) dV.$$

Durch Vergleich mit (2.212a) zeigt man, daß der erste Ausdruck auf der rechten Seite den Entropiestrom infolge Wärmeleitung über die Kontrollfläche (O) und der zweite Ausdruck die Entropieerzeugung im Kontrollvolumen (V) darstellen:

$$\frac{dS_a}{dt} = -\oint\limits_{(O)} \boldsymbol{\xi}\cdot d\boldsymbol{O} \qquad \text{mit} \qquad \boldsymbol{\xi} = \frac{\boldsymbol{\varphi}}{T} = -\lambda\,\frac{\operatorname{grad} T}{T} \gtrless 0, \tag{2.215a}$$

$$\frac{dS_i}{dt} = \int\limits_{(V)} \chi\, dV \qquad \text{mit} \qquad \chi = \eta\,\frac{\operatorname{diss}\boldsymbol{v}}{T} + \lambda\left(\frac{\operatorname{grad} T}{T}\right)^2 \geqq 0. \tag{2.215b}$$

In (2.215a) wurde die Wärmestromdichte $\boldsymbol{\varphi}$ nach (2.204a) berücksichtigt. Es bedeutet $\boldsymbol{\xi}$ den Vektor der Entropiestromdichte (Entropie/Zeit $\times$ Fläche) infolge Wärmeleitung, wobei diese sowohl über den freien als auch über den körpergebundenen Teil der Kontrollfläche (O) erfolgen kann. Die Entropiestromdichte hängt neben der Wärmeleitfähigkeit λ und der Temperatur T vom Temperaturgradienten $\operatorname{grad} T$ am Ort der Kontrollfläche ab. Es stellt χ die Entropiequelldichte (Entropie/Zeit $\times$ Volumen) dar. Man nennt χ auch die auf die Zeit und auf das Volumen bezogene Entropieänderung. Gl. (2.215b) besagt, daß die Entropieerzeugung (Entropieproduktion) zwei stets positive oder im Grenzwert verschwindende Beiträge enthält. Der erste Term rührt neben der Viskosität η her von der Temperatur T und vom Geschwindigkeitsgradienten (enthalten in der Dissipationsfunktion) im Inneren des Kontrollvolumens (V), und der zweite Term wird neben der Wärmeleitfähigkeit λ vom Quadrat der Temperatur T und des Temperaturgradienten $\operatorname{grad} T$ im Inneren des Kontrollvolumens hervorgerufen. Von den Stoffgrößen spielen bei der Entropieerzeugung sowohl die Viskosität als auch die Wärmeleitfähigkeit eine Rolle. Aufgrund der gemachten Ausführungen kann man sich die Entropie als einen Stoff vorstellen, der über die Systemgrenze strömen kann und der außerdem im Inneren des Systems Quellen besitzt, so daß bei jedem irreversiblen Prozeß Entropiestoff neu erzeugt wird.

Für (2.213a) kann man jetzt mit (2.215a, b) schreiben

$$\frac{dS}{dt} = -\oint_{(O)} \boldsymbol{\xi} \cdot d\boldsymbol{O} + \int_{(V)} \chi \, dV, \quad \frac{d\hat{S}}{dt} = -\oint_{(O)} \boldsymbol{\xi}_t \cdot d\boldsymbol{O} + \int_{(V)} \chi \, dV \qquad (2.216\text{a, b})$$

mit $\boldsymbol{\xi}_t = \varrho s \boldsymbol{v} + \boldsymbol{\xi}$ als der totalen (gesamten) durch Massentransport und Wärmeleitung hervorgerufenen Entropiestromdichte. Während dS/dt nach (2.216a) die substantielle Formulierung darstellt, beschreibt $d\hat{S}/dt$ nach (2.216b) die lokale Formulierung[82]. Bei stationärer Strömung ist $d\hat{S}/dt = 0$, und man erhält den Zusammenhang zwischen Entropiestrom und Entropieerzeugung zu

$$\oint_{(O)} (\boldsymbol{\xi} + \varrho s \boldsymbol{v}) \cdot d\boldsymbol{O} = \int_{(V)} \chi \, dV \geqq 0 \quad \text{(stationäre Strömung)}. \qquad (2.216\text{c})$$

Da die Entropieerzeugung im Inneren des Kontrollvolumens (V) stets positiv oder im Grenzfall null sein muß, besagt dies, daß der gesamte Entropiestrom über die Kontrollfläche (O) ebenfalls positiv bzw. null sein muß.

2.6.4.3 Entropiegleichung für das Fluidelement

Quellfreies Strömungsfeld. Ausgehend von den für den Kontrollraum (V) bei einem quellfreien Strömungsfeld (verschwindende Massenquelldichte) gefundenen Beziehungen werde die Änderung der spezifischen Entropie für ein aus dem Fluid herausgegriffenes Fluidelement (ΔV) bestimmt. Wandelt man in (2.216a) das Integral über die Kontrollfläche ΔO mittels des Gaußschen Integralsatzes (S. 84) mit $\boldsymbol{a} = \boldsymbol{\xi}$ in ein Volumenintegral über ΔV um, dann lassen sich im Fall sehr kleinen Volumens ΔV die Integranden bei Annahme stetiger Funktionen für $\operatorname{div} \boldsymbol{\xi}$ und χ vor die Integrale ziehen. Die so entstandene Gleichung wird auf die Masse $\Delta m = \varrho \Delta V$ bezogen, was zu

$$\frac{ds}{dt} = \frac{\partial s}{\partial t} + \boldsymbol{v} \cdot \operatorname{grad} s = \frac{1}{\varrho} (-\operatorname{div} \boldsymbol{\xi} + \chi) \left(\frac{d\varrho}{dt} + \varrho \operatorname{div} \boldsymbol{v} = 0 \right) \quad (2.217\text{a, b})$$

führt, wobei $\boldsymbol{\xi}$ der Vektor der Entropiestromdichte nach (2.215a) und χ die Entropiequelldichte nach (2.215b) ist. Die spezifische Entropie s hat die Dimension $\mathsf{FL/M\Theta}$ mit der Einheit J/kg K. Ihre substantielle Änderung nach (2.217a) erhält man aus der Transportgleichung (2.41c) mit $\mathsf{E} = s$. In Analogie zu (2.213b) und (2.215a, b) folgt:

$$\frac{ds}{dt} = \frac{ds_a}{dt} + \frac{ds_i}{dt} \quad \text{mit} \quad \frac{ds_a}{dt} = -\frac{1}{\varrho} \operatorname{div} \boldsymbol{\xi} \gtrless 0, \quad \frac{ds_i}{dt} = \frac{1}{\varrho} \chi \geqq 0. \qquad (2.218\text{a, b})$$

Entsprechend (2.211c) muß stets $ds/dt \geqq ds_a/dt$ sein. Ausgehend von der Definition für die Änderung der spezifischen Enthalpie $T\,ds = dh - v\,dp$ mit $v = 1/\varrho$ seien noch einige weitere Beziehungen abgeleitet, und zwar gilt nach der Gibbsschen Fundamentalgleichung auch

$$T\,ds = dh - \frac{1}{\varrho}\,dp, \qquad T \operatorname{grad} s = \operatorname{grad} h - \frac{1}{\varrho} \operatorname{grad} p \quad \text{(stetig)}. \qquad (2.219\text{a, b})$$

---

82 Wegen $\hat{S}(t)$ nach (2.213a) gilt $d\hat{S}/dt = \partial\hat{S}/\partial t$, vgl. Ausführung zu (2.44b).

Zu der zweiten Formel gelangt man durch die Überlegung, daß die spezifische Entropie s eine Zustandsgröße ist und daher von zwei anderen Zustandsgrößen, z. B. der spezifischen Enthalpie h und dem Druck p abhängt, d. h. $s = s(h, p)$. Für das totale Differential gilt also $ds = (\partial s/\partial h)\, dh + (\partial s/\partial p)\, dp$. Durch Vergleich mit (2.219a) folgt $\partial s/\partial h = 1/T$ und $\partial s/\partial p = -1/\varrho T$. Bei einem stetigen Entropiefeld muß $\operatorname{grad} s = (\partial s/\partial h) \operatorname{grad} h + (\partial s/\partial p) \operatorname{grad} p$ sein, was zu (2.219b) führt. Ist die spezifische Entropie längs einer Bahnlinie, d. h. längs einer Kurve, die ein bestimmtes Fluidelement bei seiner Bewegung durchläuft, ungeändert, so spricht man von einem isentropen Zustand. Dieser ist durch $ds = 0$ gekennzeichnet. Ist dagegen die Entropie im ganzen Strömungsfeld ungeändert, so drückt man dies für den Fall stationärer Strömung ($\partial/\partial t = 0$) durch $\operatorname{grad} s = 0$ aus und spricht von einem homentropen Zustand. Diese Zustandsänderung stellt sich im einfachsten Fall ein, wenn sowohl die Entropiestromdichte $\mathfrak{s}$ als auch die Entropiequelldichte χ im ganzen Strömungsfeld verschwinden. Es handelt sich dann um stetige Strömungen, bei denen weder die Wärmeleitfähigkeit λ noch die Viskosität η eine Rolle spielen. Die zugehörige Zustandsänderung verläuft adiabat-reversibel. Liegt ein barotropes Fluid mit $\varrho = \varrho(p)$ vor, so kann man für (2.219a, b) unter Einführen des spezifischen Druckkraftpotentials $i = i(p)$ gemäß (2.4b) bzw. (2.3a) und (2.4a) auch schreiben:

$$ds = \frac{1}{T}\, d(h - i), \qquad \operatorname{grad} s = \frac{1}{T} \operatorname{grad}(h - i) \quad \text{(barotrop)}. \qquad (2.220\text{a, b})$$

Bei konstanter Entropie wird $i = h$ und kann als spezifische Enthalpie bei konstanter Entropie bezeichnet werden, vgl. (1.32e, f).

Entropiegleichung idealer Gase. Die Entropieänderung für das thermisch ideale Gas erhält man aus (2.219a) durch Heranziehen von (1.7b, c) sowie Tab. 1.2 zu

$$ds c_p \frac{dT}{T} - (c_p - c_v) \frac{dp}{p} = c_v \frac{dp}{p} - c_p \frac{d\varrho}{\varrho}. \qquad (2.221\text{a, b})$$

Beim vollkommen idealen Gas mit $c_v = \text{const}$ und $c_p = \text{const}$ läßt sich (2.221b) integrieren und liefert angewendet auf zwei durch (1) und (2) gekennzeichnete Zustände mit $\varkappa = c_p/c_v = \text{const}$

$$s_2 - s_1 = c_p \ln \left[\frac{\varrho_1}{\varrho_2} \left(\frac{p_2}{p_1} \right)^{\frac{1}{\varkappa}} \right], \quad \frac{\varrho_2}{\varrho_1} = \left(\frac{p_2}{p_1} \right)^{\frac{1}{\varkappa}} \exp\left(-\frac{s_2 - s_1}{c_p} \right), \qquad (2.222\text{a, b})$$

wobei die zweite Beziehung die Auflösung nach dem Dichteverhältnis darstellt. Bei konstanter Entropie ($s_2 - s_1 = 0$) erhält man das für die isentrope Zustandsänderung in (1.5) bereits angegebene Poissonsche Gesetz. Da bei adiabat verlaufender Strömung wegen $ds \geqq 0$ stets $s_2 - s_1 \geqq 0$ sein muß, folgt aus (2.222b), daß das Dichteverhältnis einer adiabat-irreversiblen, d. h. anisentrop verlaufenden Strömung ($s_2 > s_1$) stets kleiner als das Dichteverhältnis bei adiabat-reversibler,

d. h. isentroper Strömung ($s_2 = s_1$) sein muß

$$\left(\frac{\varrho_2}{\varrho_1}\right)_{s_2 \geqq s_1} \leqq \left(\frac{\varrho_2}{\varrho_1}\right)_{s_2 = s_1} = \left(\frac{p_2}{p_1}\right)^{\frac{1}{\varkappa}} \quad \text{(adiabat)}. \tag{2.223a, b}$$

Die Beziehung spielt eine große Rolle bei Strömungen dichteveränderlicher Fluide (Gase), über die in Kap. 4 ausführlich berichtet wird.

2.6.5 Energiegleichungen bei turbulenter Strömung

2.6.5.1 Voraussetzungen und Annahmen

Über die Besonderheiten turbulenter Strömungen wurde bei der Herleitung der Bewegungsgleichung der turbulenten Strömung normalviskoser Fluide in Kap. 2.5.3.5 berichtet. In Analogie zu den dortigen Ausführungen sollen entsprechende Aussagen über die Energiegleichungen der Fluidmechanik und Thermo-Fluidmechanik gemacht werden, wobei sich die Untersuchungen auf die turbulente Strömung eines homogenen Fluids (Dichte $\varrho =$ const, Viskosität $\eta =$ const, spezifische Wärmekapazität $c = c_v = c_p =$ const, Wärmeleitfähigkeit $\lambda =$ const) erstrecken sollen. Wie bei der Reynoldsschen Bewegungsgleichung wird auch hier die Zeigerschreibweise benutzt. Gemittelte Werte werden durch Überstreichen gekennzeichnet und gemittelte Größen genannt, vgl. (2.137) sowie die Fußnote 59 auf S. 140. Auf die Darstellungen in [7, 17, 35, 53] sei hingewiesen.

2.6.5.2 Energiegleichung der Fluidmechanik bei turbulenter Strömung

Allgemeines. In Kap. 2.5.3.5 wurde die Bewegungsgleichung der turbulenten Strömung normalviskoser Fluide (Reynoldssche Bewegungsgleichung) durch eine Erweiterung der Bewegungsgleichung der laminaren Strömung normalviskoser Fluide (Navier-Stokessche Bewegungsgleichung) nach Kap. 2.5.3.3 hergeleitet. In ähnlicher Weise soll jetzt die Energiegleichung der Fluidmechanik bei turbulenter Strömung aus der Energiegleichung der Fluidmechanik bei laminarer Strömung nach Kap. 2.6.2.3 gefunden werden. Für den Turbulenzmechanismus gelten die in Kap. 2.5.3.5 gemachten Ausführungen, wobei die Reynoldsschen Ansätze, d. h. die Aufteilung der Gesamtströmung in eine Haupt- und in eine Nebenströmung nach (2.134) sowie die Mittelung nach (2.136) und (2.137) als Grundlage dienen. Hinzu kommt die Kontinuitätsgleichung (2.138).

Besitzt ein Massenelement Δm die momentane Geschwindigkeit $\boldsymbol{v}^* = \overline{\boldsymbol{v}} + \boldsymbol{v}'$ mit $\overline{\boldsymbol{v}'} = 0$, so beträgt die auf die Masse bezogene Geschwindigkeitsenergie (kinetische Energie) $e^* = \Delta E^*/\Delta m = v^{*2}/2$. Für die momentane und gemittelte Geschwindigkeitsenergie gilt dann[83]

$$e^* = \bar{e} + e' + \bar{v}_j v'_j, \qquad \overline{e^*} = \bar{e} + \bar{e}', \qquad \overline{\bar{v}_j v'_j} = 0, \tag{2.224a, b, c}$$

83 Anstelle der Bezeichnung „spezifische Energie“ soll vereinfacht nur der Ausdruck „Energie“ benutzt werden. Die gleiche Vereinbarung soll auch für massebezogene Kräfte, Arbeiten und Leistungen gelten. Auf die Summationsvereinbarung nach der Fußnote 14, S. 65 sei hingewiesen.

wobei die einzelnen Größen folgendermaßen lauten:

$$\bar{e} = \frac{1}{2}\,\bar{v}_j^2, \quad e' = \frac{1}{2}\,v_j'^2, \quad \bar{e}' = \frac{1}{2}\,\overline{v_j'^2}. \tag{2.225a, b, c}$$

Weiterhin gilt nach (2.134b) für den momentanen Druck $p^* = \bar{p} + p'$. Die Impulsgleichung der momentanen Bewegung lautet nach (2.108) bzw. (2.139)[84]

$$\frac{dv_i^*}{dt} = \frac{\partial v_i^*}{\partial t} + v_j^*\,\frac{\partial v_i^*}{\partial x_j} = f_{Pi}^* + f_{Zi}^* = -\,\frac{1}{\varrho}\,\frac{\partial p^*}{\partial x_i} + \nu\,\frac{\partial^2 v_i^*}{\partial x_j^2}. \tag{2.226a, b}$$

Durch Multiplikation dieser Beziehung mit der Geschwindigkeit v_i^* und anschließende Summation über $i = 1, 2, 3$ erhält man die Energiegleichung der Fluidmechanik für die momentane Bewegung, vgl. (2.182),[84]

$$\frac{de^*}{dt} = \frac{\bar{d}w_P^*}{dt} + \frac{\bar{d}w_Z^*}{dt} = -\,\frac{1}{\varrho}\,v_i^*\,\frac{\partial p^*}{\partial x_i} + \nu v_i^*\,\frac{\partial^2 v_i^*}{\partial x_j^2} \qquad (\varrho = \text{const},\ \eta = \text{const}). \tag{2.227a, b}$$

Hierin bedeutet $d/dt = \partial/\partial t + v_j^*(\partial/\partial x_j)$ die substantielle Änderung mit der Momentanbewegung. Um zu weiteren Ansätzen zu gelangen, soll wie bei der Reynoldsschen Bewegungsgleichung eine Mittelung vorgenommen werden. Es empfiehlt sich, die weitere Darstellung getrennt für die Hauptströmung (gemittelte Bewegung) und für die Nebenströmung (Schwankungsbewegung) durchzuführen. Zu diesem Zweck multipliziert man (2.226b) einerseits mit der gemittelten Geschwindigkeit $\bar{v}_i$ sowie andererseits mit der Schwankungsgeschwindigkeit v_i', bildet die jeweiligen Mittelwerte und summiert anschließend die drei Gleichungen für $i = 1, 2, 3$, vgl. Tab. 2.10B.

Hauptströmung. Die Multiplikation von (2.226b) mit $\bar{v}_i$, die anschließende Mittelung sowie die Summation über $i = 1, 2, 3$ liefert die Energiegleichung der Hauptströmung

$$\frac{d\bar{e}}{dt} = -\,\frac{1}{\varrho}\,\bar{v}_i\,\frac{\partial \bar{p}}{\partial x_i} + \nu\bar{v}_i\,\frac{\partial^2 \bar{v}_i}{\partial x_j^2} - \bar{v}_i\,\frac{\partial(\overline{v_i' v_j'})}{\partial x_j}. \tag{2.228a}$$

Hierin bedeutet jetzt $d/dt = \partial/\partial t + \bar{v}_j(\partial/\partial x_j)$ die substantielle Änderung mit der Hauptbewegung. Die Glieder auf der rechten Seite lassen sich durch Einführen der massebezogenen Kräfte entsprechend (2.140c, d) und (2.143b) noch umformen. Für (2.228a) kann man somit auch schreiben

$$\frac{d\bar{e}}{dt} = \frac{\partial \bar{e}}{\partial t} + \bar{v}_j\,\frac{\partial \bar{e}}{\partial x_j} = \bar{v}_i\,(\bar{f}_{Pi} + \bar{f}_{Zi} + \bar{f}_{Ti}). \tag{2.228b}$$

Hierbei stellt die rechte Seite die druck-, zähigkeits- und turbulenzbedingte massebezogene Schleppleistung dar. In Analogie zu (2.182) lautet somit die Ener-

---

84 Auf die Erfassung des Einflusses der Massenkraft wird hier verzichtet.

giegleichung der Fluidmechanik für die turbulente Hauptbewegung

$$d\bar{e} = \bar{d}w_B + \bar{d}w_P + \bar{d}w_Z + \bar{d}w_T = \bar{d}w_B + \bar{d}w_P + \bar{d}w_R \qquad (2.229\,\mathrm{a,\ b})^{85}$$

mit $\bar{d}w_R = \bar{d}w_Z + \bar{d}w_T$ als massebezogener reibungsbedingter Schlepparbeit.

Nebenströmung. Die Multiplikation von (2.226b) mit v_i', die anschließende Mittelung sowie die Summation über $i = 1, 2, 3$ liefert die Energiegleichung der Nebenströmung

$$\frac{d\bar{e}'}{dt} + \overline{v_j' \frac{\partial e'}{\partial x_j}} = -\frac{1}{\varrho}\overline{v_i' \frac{\partial p'}{\partial x_i}} + \nu\overline{v_i' \frac{\partial^2 v_i'}{\partial x_j^2}} - \overline{v_i' v_j'}\frac{\partial \bar{v}_i}{\partial x_j}. \qquad (2.230)$$

Hierin bedeuten e' und $\bar{e}'$ die momentane bzw. die gemittelte Geschwindigkeitsenergie der Schwankungsbewegung (turbulente Schwankungsenergie). Unter $d/dt = \partial/\partial t + \bar{v}_j(\partial/\partial x_j)$ wird wieder die substantielle Änderung mit der Hauptbewegung verstanden. Die Energiegleichungen der Haupt- und Nebenströmung (2.228a) bzw. (2.230) unterscheiden sich in folgender Weise voneinander: Die lokalen Änderungen der gemittelten Geschwindigkeitsenergien treten in den Formen $\partial\bar{e}/\partial t$ bzw. $\partial\bar{e}'/\partial t$ auf. Die gemittelten konvektiven Änderungen der Geschwindigkeitsenergien erfolgen mit der Hauptbewegung $\bar{v}_j(\partial\bar{e}/\partial x_j)$ bzw. mit der Gesamtbewegung $\bar{v}_j(\partial\bar{e}'/\partial x_j) + \overline{v_j'(\partial e'/\partial x_j)} = \overline{v_j^*(\partial e'/\partial x_j)}$. Bei den druck- und zähigkeitsbedingten Leistungen kommen die Werte für die gemittelte Bewegung $\bar{v}_i$, $\bar{p}$ bzw. für die Schwankungsbewegung v_i', p' vor. Die Beziehungen der turbulenzbedingten Leistungen (jeweils das letzte Glied) sind verschieden aufgebaut.

Aufgrund einer Analogiebetrachtung mit (2.199a, b) lassen sich wegen $\tau_{ij} \triangleq \bar{\tau}_{ij}' = -\varrho\overline{v_i'v_j'}$ bei geänderten Bezeichnungen die Größen

$$\frac{\bar{d}w_T}{dt} = -\bar{v}_i\frac{\partial(\overline{v_i'v_j'})}{\partial x_j}, \quad \frac{\bar{d}w_t}{dt} = -\frac{\partial(\bar{v}_i\overline{v_i'v_j'})}{\partial x_j} \qquad (2.231\,\mathrm{a,\ b})$$

bilden. Die Differenz dieser beiden Ausdrücke stellt das letzte Glied in (2.230) dar. Es soll hierfür in Anlehnung an die Größe r_D in (2.200b) geschrieben werden

$$\bar{r}_T' = \frac{\bar{d}w_t}{dt} - \frac{\bar{d}w_T}{dt} = -\overline{v_i'v_j'}\frac{\partial\bar{v}_i}{\partial x_j} = \mathrm{prod}\,\bar{\boldsymbol{v}}'. \qquad (2.232\,\mathrm{a,\ b})$$

Während $r_D = \nu$ diss $\bar{\boldsymbol{v}}$ ein Maß für die Wärmeproduktion (Dissipationsarbeit) bei laminarer Strömung ist, kann $\bar{r}_T' = \mathrm{prod}\,\bar{\boldsymbol{v}}'$ als Maß für die Turbulenzproduktion (Erzeugung von turbulenter Schwankungsenergie) aufgefaßt werden.

Das zähigkeitsbehaftete Glied in (2.230) sei im Hinblick auf eine weitere Deutung noch umgeformt, und zwar liefert eine elementare Rechnung unter Beachtung der Kontinuitätsgleichung (2.138c)

$$\nu\overline{v_i'\frac{\partial^2 v_i'}{\partial x_j^2}} = \nu\frac{\partial}{\partial x_j}\left[\overline{v_i'\left(\frac{\partial v_i'}{\partial x_j} + \frac{\partial v_j'}{\partial x_i}\right)}\right] - \bar{r}_D'. \qquad (2.233)$$

Neu eingeführt wurde der Ausdruck

$$\bar{r}_D' = \nu\,\mathrm{diss}\,\bar{\boldsymbol{v}}' \qquad \text{mit} \qquad \mathrm{diss}\,\bar{\boldsymbol{v}}' = \frac{1}{2}\overline{\left(\frac{\partial v_i'}{\partial x_j} + \frac{\partial v_j'}{\partial x_i}\right)^2} > 0 \qquad (2.234\,\mathrm{a,\ b})$$

als Dissipationsfunktion der gemittelten Schwankungsbewegung, vgl. (2.201a). Mit der

85 Auf eine besondere Kennzeichnung der gemittelten Werte für die Arbeiten durch Überstreichen wird verzichtet. Wegen der Bezeichnung $\bar{d}$ sei auf Fußnote 71, S. 163 verwiesen.

kinematischen Viskosität ν multipliziert ist sie ein Maß für die durch innere (molekulare) Reibung infolge der turbulenten Schwankungsbewegung irreversibel in Wärme umgewandelte (dissipierte) mechanische Strömungsenergie. Es wird $\bar{r}'_D$ als turbulente Dissipation bezeichnet. Sie wird von den gemittelten Gradienten der Geschwindigkeitsschwankungen verursacht und ist stets positiv (Entropieerhöhung).

Alle im einzelnen noch nicht besprochenen Glieder seien wieder unter Beachtung von (2.138c) zusammengefaßt, vgl. Tab. 2.10B, und wie folgt gekennzeichnet:

$$\bar{r}'_C = -\frac{\partial}{\partial x_j}\left[\overline{v'_j\left(e' + \frac{p'}{\varrho}\right)}\right] + \nu\,\frac{\partial}{\partial x_j}\left[\overline{v'_i\left(\frac{\partial v'_i}{\partial x_j} + \frac{\partial v'_j}{\partial x_i}\right)}\right] = \operatorname{diff}\,\overline{\boldsymbol{v}}'. \tag{2.235}$$

Dieser Ausdruck hängt nur von der Schwankungsbewegung (Mischbewegung) ab. Man nennt ihn turbulente Diffusion mit dem Symbol diff $\overline{\boldsymbol{v}}'$, da man diesen Vorgang als Transport infolge von Konzentrationsunterschieden im verallgemeinerten Sinn auffassen kann. Man unterscheidet in einen Transport durch turbulenten Austausch (Energie- und Druckdiffusion) und in einen Transport durch molekularen Austausch (Zähigkeitsdiffusion). Die beiden eckigen Klammern (im zweiten Glied mit ν multipliziert) stellen die Diffusionsstromdichte γ' dar, was in Vektor-Symbolik zu diff $\bar{v}$ = div γ' führt.

Nach Einsetzen der gefundenen Beziehungen in (2.230) erhält man schließlich die Energiegleichung der Fluidmechanik für die Nebenströmung zu

$$\frac{d\bar{e}'}{dt} = \bar{r}'_T + \bar{r}'_C - \bar{r}'_D = \operatorname{prod}\,\overline{\boldsymbol{v}}' + \operatorname{diff}\,\overline{\boldsymbol{v}}' - \nu\,\operatorname{diss}\,\overline{\boldsymbol{v}}'. \tag{2.236}$$

Gesamtströmung. Die Energiegleichung für die gesamte turbulente Strömung setzt sich additiv aus den Energiegleichungen der Haupt- und Nebenströmung zusammen, $\overline{de^*} = d\bar{e} + d\bar{e}'$. Man kann dies aufgrund obiger Ableitung erwartete Ergebnis auch unmittelbar aus (2.226b) finden, wenn man diese Beziehung mit $v_i^* = \bar{v}_i + v'_i$ multipliziert und die gemittelten Werte bildet.

Schließungsansätze auf der Grundlage des gemittelten Energiefelds. In Kap. 2.5.3.5 wurde die Berechnung turbulenter Scherströmungen mittels der Reynoldsschen Bewegungsgleichung (gemittelte Impulsgleichung in Verbindung mit der gemittelten Kontinuitätsgleichung) beschrieben, wobei die Komponenten des Reynoldsschen Korrelationstensors $\overline{v'_i v'_j}$ die unbekannten Größen der Schwankungsbewegung sind. Dabei wurde gezeigt, daß man ein geschlossenes Gleichungssystem nur durch Einführen bestimmter phänomenologischer Annahmen (Wirbelviskosität, Impulsaustauschgröße, Mischungsweg) gewinnen kann. Die Methode zur Berechnung turbulenter Scherströmungen kann man durch Heranziehen der Gleichung für die gemittelte Geschwindigkeitsenergie der Schwankungsbewegung $\bar{e}'$ verbessern. Um mit (2.236) arbeiten zu können, müssen weitere phänomenologische Annahmen, und zwar für die Turbulenzproduktion nach (2.232), für die turbulente Diffusion nach (2.235) sowie für die turbulente Dissipation nach (2.234) getroffen werden. Als erste haben unabhängig voneinander Prandtl [31] und Kolmogoroff [20] die Verwendung von (2.236) in Verbindung mit einem Austauschansatz vorgeschlagen. Für die Reynoldssche Schubspannung gilt (2.151d), wobei jetzt für die Austauschgröße

$$A_\tau = c_1 \varrho l \sqrt{\bar{e}'} \tag{2.237}$$

gesetzt werden kann mit c_1 als empirisch zu bestimmendem dimensionslosem Koeffizienten und l als charakteristischem Längenmaßstab (z. B. Ausdehnung der großen Wirbel, Mischungsweg). Der neue Ansatz unterscheidet sich formal von (2.152b) dadurch, daß als charakteristische Geschwindigkeit $\sqrt{\bar{e}'}$ statt des Ausdrucks $l\,|\partial\bar{u}/\partial y|$ genommen wird. Physikalisch bedeutet dies die Kopplung der Impulsgleichung mit der Energiegleichung. Für den Mischungsweg können die bereits angegebenen algebraischen Ausdrücke (2.153) benutzt werden. Zur Schließung des aus Kontinuitäts-, Impuls- und Energiegleichung gebildeten Gleichungssystems müssen noch die Abhängigkeiten der in (2.236) auftretenden Größen von der gemittelten Geschwindigkeitsenergie der turbulenten Schwankungsbewegung $\bar{e}'$ bestimmt werden. Unter der Voraussetzung großer Reynolds-zahl kann man die Ansätze

$$\bar{r}'_T = c_1 l \sqrt{\bar{e}'} \left(\frac{\partial \bar{u}}{\partial y}\right)^2, \qquad \bar{r}'_C = \frac{\partial}{\partial y}\left(c_2 l \sqrt{\bar{e}'} \frac{\partial \bar{e}'}{\partial y}\right), \qquad \bar{r}'_D = c_3 \frac{1}{l} \sqrt{\bar{e}'^3} \tag{2.238a, b, c}$$

machen mit c_2 und c_3 als weiteren empirisch zu bestimmenden dimensionslosen Koeffizienten. Durch die zusätzliche Verwendung der Energiegleichung der Schwankungsbewegung werden die Möglichkeiten zur Berechnung turbulenter Scherströmungen erheblich verbessert. Auf weitere Einzelheiten muß hier verzichtet werden, vgl. [35].

2.6.5.3 Wärmetransportgleichung bei turbulenter Strömung

Allgemeines und Ausgangsgleichung. In Kap. 2.6.3.3 wurde die Wärmetransportgleichung bei laminarer Strömung behandelt. Diese Untersuchung soll jetzt auf den Fall turbulenter Strömung eines homogenen Fluids erweitert werden, indem in (2.206) die den Turbulenzmechanismus beschreibenden Größen mit $\boldsymbol{v} \triangleq \boldsymbol{v}^* = \bar{\boldsymbol{v}} + \boldsymbol{v}'$, $p \triangleq p^* = \bar{p} + p'$ und $T \triangleq T^* = \bar{T} + T'$ eingeführt werden. In Zeigerdarstellung lautet die Ausgangsgleichung für die weitere Untersuchung

$$\varrho c \frac{dT^*}{dt} = \varrho c \left(\frac{\partial T^*}{\partial t} + v_j^* \frac{\partial T^*}{\partial x_j}\right) = \lambda \frac{\partial^2 T^*}{\partial x_j^2} + \frac{\eta}{2}\left(\frac{\partial v_i^*}{\partial x_j} + \frac{\partial v_j^*}{\partial x_i}\right)^2 \quad \text{(homogen)}. \tag{2.239}$$

Entsprechend dem Reynoldsschen Ansatz sind jetzt von den einzelnen Gliedern gemäß (2.137) die gemittelten Werte zu bilden.

Gesamtströmung. Als Ergebnis der vorzunehmenden Umformung erhält man den Wärmetransport bei turbulenter Strömung zu

$$c\left(\frac{\partial \bar{T}}{\partial t} + \bar{v}_j \frac{\partial \bar{T}}{\partial x_j}\right) = \frac{1}{\varrho} \frac{\partial}{\partial x_j}\left(\lambda \frac{\partial \bar{T}}{\partial x_j} - \varrho c \overline{v_j' T'}\right) + \bar{r}_D + \bar{r}'_D. \tag{2.240}$$

Die Größen $\bar{r}_D = \nu \operatorname{diss} \bar{\boldsymbol{v}}$ und $\bar{r}'_D = \nu \operatorname{diss} \bar{\boldsymbol{v}}'$ stellen die direkte bzw. die turbulente Dissipation mit den gemittelten Dissipationsfunktionen

$$\operatorname{diss} \bar{\boldsymbol{v}} = \frac{1}{2}\left(\frac{\partial \bar{v}_i}{\partial x_j} + \frac{\partial \bar{v}_j}{\partial x_i}\right)^2 > 0, \qquad \operatorname{diss} \bar{\boldsymbol{v}}' = \frac{1}{2}\overline{\left(\frac{\partial v_i'}{\partial x_j} + \frac{\partial v_j'}{\partial x_i}\right)^2} > 0 \tag{2.241a, b}$$

dar. Die gesamte Dissipation setzt sich additiv aus einem Anteil der Hauptströmung $\bar{r}_D$ und aus einem Anteil der Nebenströmung $\bar{r}'_D$ zusammen, vgl. (2.201a) bzw. (2.234).

Der erste Ausdruck auf der rechten Seite von (2.240) erfaßt den Wärmetransport infolge Wärmeleitung sowie den konvektiven Wärmetransport infolge der turbulenten Schwankungsbewegung. Es seien hierfür in Analogie zur turbulenzbedingten Spannung nach (2.145a) die neuen Bezeichnungen

$$\overline{r_L^*} = -\frac{1}{\varrho} \frac{\partial \overline{\varphi_j^*}}{\partial x_j} \quad \text{mit} \quad \overline{\varphi_j^*} = \bar{\varphi}_j + \bar{\varphi}'_j = -\lambda \frac{\partial \bar{T}}{\partial x_j} + \varrho c \overline{v_j' T'} \tag{2.242a, b}$$

eingeführt, wobei $\bar{\varphi}_j$ und $\bar{\varphi}'_j$ die Wärmestromdichten der Haupt- bzw. Nebenströmung bedeuten. Auf die formale Übereinstimmung zwischen der turbulenzbedingten Spannung $\overline{\tau'_{ij}} = -\varrho\overline{v'_i v'_j}$ nach (2.144) und der turbulenzbedingten Wärmestromdichte $\overline{\varphi'_j} = \varrho c\overline{v'_j T'}$ nach (2.242b) sei besonders aufmerksam gemacht.

Schließungsansatz auf der Grundlage des gemittelten Temperaturfelds. Ähnlich wie in der Bewegungsgleichung und in der Energiegleichung ist auch in der Wärmetransportgleichung (2.240) der durch die Schwankungsbewegung verursachte Einfluß mittels einer phänomenologischen Annahme zu erfassen. Bei turbulenten Scherströmungen kann man in Analogie zu (2.151) für die Gesamtwärmestromdichte den Austauschansatz, vgl. (1.34),

$$\overline{\varphi^*} = -\lambda \frac{\partial \overline{T}}{\partial y} + \overline{\varphi'} \quad \text{mit} \quad \overline{\varphi'} = \varrho c\overline{v'T'} = -\lambda' \frac{\partial \overline{T}}{\partial y} = -cA_q \frac{\partial \overline{T}}{\partial y} \qquad (2.242\,\text{a, b})$$

machen. Bei dem angenommenen dichtebeständigen Fluid ist $c = c_p = \text{const}$. Die Größe λ' besitzt die gleiche Dimension wie die molekulare Wärmeleitfähigkeit und wird als sogenannte scheinbare Wärmeleitfähigkeit der turbulenten Strömung bezeichnet. Da es sich bei der turbulenten Schwankungsbewegung im vorliegenden Fall im wesentlichen um einen Austauschvorgang von Wärme handelt, wird sinnvoller die Wärmeaustauschgröße A_q eingeführt, vgl. Kap. 1.2.5.3. Sie hat die gleiche Dimension wie die Impulsaustauschgröße A_τ in (2.151d) und ist wie diese keine Stoffgröße. Das Verhältnis der beiden Austauschgrößen stellt nach (1.39b) die turbulente Prandtl-Zahl $Pr' = A_\tau/A_q$ dar. Bei der beschriebenen Analogie wird vorausgesetzt, daß zwischen den Geschwindigkeits- und Temperaturschwankungen eine statistische Korrelation besteht.

Literatur zu Kapitel 2

1. Baehr, H. D.: Thermodynamik, 4. Aufl. Berlin, Heidelberg, New York: Springer 1978
2. Bednarczyk, H.: Zur Gestalt der Grundgleichungen der Kontinuumsmechanik an Unstetigkeitsflächen. Acta Mech. 4 (1967) 122—127; 6 (1968) 117—139
3. Berker, R.: Intégration des équations du mouvement d'un fluide visqueux incompressible, Handb. Phys. (Hrsg. S. Flügge) VIII/2, S. 1—384. Berlin, Göttingen, Heidelberg: Springer 1963
4. Bernoulli, D. (1700—1782): Hydrodynamica, sive de viribus et motibus fluidorum commentarii. Straßburg: 1733/38
5. Bernoulli, J. (1667—1748): Hydraulica, nunc primum detecta ac demonstrata directe ex fundamentis pure mechanicis. Opera Omnia IV (1732) 392
6. Boussinesq, J.: Théorie de l'écoulement tourbillant. Mém. Acad. Sci. 23 (1877) 46
7. Cebeci, T.; Smith, A. M. O.: Analysis of turbulent boundary layers. New York: Acad. Press 1974
8. Corrsin, S.: Turbulence, Experimental methods, Handb. Phys. (Hrsg. S. Flügge) VIII/2, S. 524—590. Berlin, Göttingen, Heidelberg: Springer 1963
9. Davey, A.: The growth of Taylor vortices in flow between rotating cylinders. J. Fluid Mech. 14 (1962) 336—368
10. Driest, E. R., van: On turbulent flow near a wall. J. Aer. Sci. 23 (1956) 1007—1011
11. Dryden, H. L.: Recent advances in the mechanics of the boundary layer flow. Adv. Appl. Mech. 1 (1948) 2—40
12. Dryden, H. L.; Kuethe, A. M.: Effect of turbulence in wind-tunnel measurements. NACA Rep. 342 (1929)
13. Euler, L. (1707—1783): Principes généraux de l'état d'équilibre des fluides und: Principes géneraux du mouvement des fluides. Mém. Acad. Sci. Berlin, 11 (1755) 217—315; Opera Omnia II 12, 1—91
14. Goldstein, S.: The forces on a solid body moving through a viscous fluid. Proc. Roy. Soc. A 123 (1929) 216—225; A 123 (1929) 225—35; A 131 (1931) 198—208; J. Fluid Mech. 21 (1965) 33—45
15. Groot, S. R., de; Mazur, P.: Grundlagen der Thermodynamik irreversibler Prozesse. Mannheim: Bibliogr. Inst. 1969

16. Happel, J.; Brenner, H.: Low Reynolds number hydrodynamics. Leyden: Noordhoff 1973
17. Hinze, J. O.: Turbulence, An introduction to its mechanism and theory, 2. Aufl. New York: McGraw-Hill 1975
18. Jeffrey, A.: A note on the integral form of the fluid dynamic conservation equations relative to an arbitrarily moving volume. Z. Angew. Math. Phys. 16 (1965) 835—837
19. Kármán, Th., von: Mechanische Ähnlichkeit und Turbulenz, Nachr. Ges. Wiss. Gött., Math.-phys. Kl. (1930) 58—76. Nachdruck: Coll. Works 2, S. 322—346. London: Butterworths 1956
20. Kolmogoroff, A. N.: The local structure of turbulence in incompressible viscous fluid for very large Reynolds numbers. Dokl. Akad. Nauk. SSSR 30 (1941) 299—303; 31 (1941) 538—541; 32 (1941) 19—21; deutsche Übersetzung in: Sammelband zur statistischen Theorie der Turbulenz (Hrsg. H. Goering). Berlin: Akademie-Verlag 1958. Auch: J. Fluid Mech. 13 (1962) 82—85
21. Lamb, H.: Hydrodynamics, 6. Aufl. Cambridge: Univ. Press 1932. Nachdruck: New York: Dover Publ. 1945. Lehrbuch der Hydrodynamik, Übersetzg. 5. Aufl. Leipzig: Teubner 1931
22. Laufer, J.: The structure of turbulence in fully developed pipe flow. NACA Rep. 1174 (1954)
23. Lin, C. C.; Reid, W. H.: Turbulent flow, Theoretical aspects, Handb. Phys. (Hrsg. S. Flügge) VIII/2, S. 438—523. Berlin, Göttingen, Heidelberg: Springer 1963
24. Meixner, J.; Reik, H. G.: Thermodynamik der irreversiblen Prozesse, Handb. Phys. (Hrsg. S. Flügge) III/2, S. 413—523. Berlin, Göttingen, Heidelberg: Springer 1959
25. Navier, C. L. M. H. (1785—1836): Mémoire sur les lois du mouvement des fluides. Mém. Acad. Roy. Sci. 6 (1823) 389—416
26. Oseen, C. W.: Über die Stokessche Formel und über eine verwandte Aufgabe in der Hydromechanik. Ark. Mat. Astr. Fys. 6 (1910) Nr. 29
27. Oswatitsch, K.: Physikalische Grundlagen der Strömungslehre, Handb. Phys. (Hrsg. S. Flügge) VIII/1, S. 1—124. Berlin, Göttingen, Heidelberg: Springer 1959
28. Prandtl, L.: Über Flüssigkeitsbewegung bei sehr kleiner Reibung. Verh. 3. Intern. Math. Kongr., Heidelberg 1904, S. 484—491. Nachdruck: Ges. Abh. S. 575—584; Berlin Göttingen, Heidelberg: Springer 1961
29. Prandtl, L.: Einfluß stabilisierender Kräfte auf die Turbulenz. Vortr. Aerodyn., Aachen 1929. Nachdruck: Ges. Abh. S. 778—785. Berlin, Göttingen, Heidelberg: Springer 1961
30. Prandtl, L.: Bericht über Untersuchungen zur ausgebildeten Turbulenz. Z. ang. Math. Mech. 5 (1925) 136—139. Nachdruck: Ges. Abh. S. 714—718; Berlin, Göttingen, Heidelberg: Springer 1961
31. Prandtl, L.: Über ein neues Formelsystem für die ausgebildete Turbulenz. Nachr. Akad. Wiss. Göttingen, Math.-phys. Kl. (1945) 6—19. Nachdruck: Ges. Abh. S. 874 bis 887; Berlin, Göttingen, Heidelberg: Springer 1961
32. Reynolds, O.: On the dynamical theory of incompressible viscous fluids and the determination of the criterion. Phil. Trans. Roy. Soc. A 186 (1895) 123—164
33. Roache, P. J.: Computational fluid dynamics. Albuquerque: Hermosa Publ. 1972
34. Rotta, J.: Das in Wandnähe gültige Geschwindigkeitsgesetz turbulenter Strömungen. Ing.-Arch. 18 (1950) 277—280. Szablewski, W.: Ing.-Arch. 23 (1955) 295—306, 29 (1960) 291—300
35 Rotta, J. C.: Turbulente Strömungen. Stuttgart: Teubner 1972
36. Saint-Venant, B., de (1797—1886): Mémoire sur la dynamique des fluides. Note in: Comp. Rend. 17 (1843) 1240—1243
37. Schlichting, H.: Grenzschicht-Theorie, 5. Aufl. Karlsruhe: Braun 1965. Boundary-layer theory, 7. Aufl. (Übersetzg. J. Kestin). New York: McGraw-Hill 1979
38. Schlichting, H.: Entstehung der Turbulenz, Handb. Phys. (Hrsg. S. Flügge) VIII/1, S. 351—450. Berlin, Göttingen, Heidelberg: Springer 1959
39. Schubauer, G. B.; Skramstad, H. K.: Laminar boundary-layer oscillations and stability of laminar flow. J. Aer. Sci. 14 (1947) 69—78; Nat. Bur. Stand, J. Res. 38 (1947) 251—292; NACA Rep. 909 (1947)

40. Schultz-Grunow, F.; Hein, H.: Beitrag zur Couette-Strömung. Z. Flugwiss. 4 (1956) 28–30
41. Serrin, J.: Mathematical principles of classical fluid mechanics, Handb. Phys. (Hrsg. S. Flügge) VIII/1, S. 125–263. Berlin, Göttingen, Heidelberg: Springer 1959
42. Stokes, G. G. (1819–1903): On the theories of the internal friction of fluids in motion. Trans. Camb. Phil. Soc. 8 (1845) 287–305
43. Stokes, G. G.: On the effect of internal friction of fluids on the motion of pendulums. Trans. Camb. Phil. Soc. 9 (1851) II, 8–106
44. Szabó, I.: Geschichte der mechanischen Prinzipien, Kap. III. Basel: Birkhäuser 1977
45. Taylor, G. I.: The transport of vorticity and heat through fluids in turbulent motion. Proc. Roy. Soc. A 135 (1932) 685–705. Nachdruck: Sci. Pap. 2 (1960) 253–267
46. Taylor, G. I.: Stability of a viscous liquid contained between two rotating cylinders. Phil. Trans. Roy. Soc. A 223 (1923) 289–343. Nachdruck: Sci. Pap. 4 (1971) 34–85
47. Tietjens, O.: Strömungslehre, 2 Bde. Berlin, Heidelberg, New York: Springer 1960/70
48. Tollmien, W.: Über die Entstehung der Turbulenz. 1. Mitt. Nachr. Ges. Wiss. Göttingen, Math.-phys. Kl. (1929) 21–44
49. Tollmien, W.: Ein allgemeines Kriterium der Instabilität laminarer Grenzschichten. Nachr. Ges. Wiss. Göttingen, Math.-phys. Kl., Fachgr. I (1935) 79–114
50. Tollmien, W.: Fortschritte der Turbulenzforschung. Z. angew. Math. Mech. 33 (1953) 200–211
51. Truckenbrodt, E.: Zur integralen Darstellung der Energiegleichungen der Strömungsmechanik. Dtsch. Luft- und Raumf. FB 77–16 (1977) 265–270
52. Truckenbrodt, E.: Über den Einfluß der Reibung in den Energiegleichungen der Strömungsmechanik; Recent developments in theoretical and experimental fluid mechanics S. 616–626. Berlin, Heidelberg, New York: Springer 1979
53. White, F. M.: Viscous fluid flow. New York: McGraw-Hill 1974
54. Wieghardt, K.: Theoretische Strömungslehre. Stuttgart: Teubner 1965

3. Elementare Strömungsvorgänge dichtbeständiger Fluide

3.1 Überblick

Nachdem in den Kapiteln 1 und 2 über die Grundlagen und Grundgesetze der Strömungsmechanik ausführlich berichtet wurde, mögen jetzt die Anwendungen im Vordergrund stehen. Hierbei sollen einfach zu übersehende elementare Strömungsvorgänge behandelt werden. Während sich in diesem Kapitel die Untersuchungen zunächst auf ein dichtebeständiges Fluid beschränken, erfolgt die Erweiterung auf ein dichteveränderliches Fluid im anschließenden Kapitel[1]. Zunächst beschreibt Kap. 3.2 das dichtebeständige Fluid im Ruhezustand (Hydrostatik) als Grenzfall einer Strömung mit verschwindender Geschwindigkeit. Sodann wird in Kap. 3.3 die eindimensionale Strömung eines reibungslosen Fluids, d. h. die Stromfadentheorie, besprochen. Anschließend befassen sich Kap. 3.4 und 3.5 mit quasi-eindimensionalen Strömungen eines reibungsbehafteten Fluids, wie sie bei der Rohr- und Gerinneströmung auftreten. Abschließend werden in Kap. 3.6 einfache mehrdimensionale Vorgänge sowohl bei reibungsloser als auch bei reibungsbehafteter Strömung behandelt.

3.2 Dichtebeständige Fluide im Ruhezustand (Hydrostatik)

3.2.1 Ausgangsgleichungen

Zur Behandlung hydrostatischer Aufgaben stehen die in Kap. 2.2 bereitgestellten Beziehungen zur Verfügung. Danach berechnet sich die Druckkraft $d\boldsymbol{F}_P$ auf ein Flächenelement dA bzw. die Gesamtkraft $\boldsymbol{F}_P$ auf die Fläche A gemäß (2.2) und Abb. 2.3 zu

$$d\boldsymbol{F}_P = -p\, d\boldsymbol{A}, \qquad \boldsymbol{F}_P = -\int_{(A)} p\, d\boldsymbol{A} \qquad \text{mit} \qquad p = p_0 + \varrho g(z_0 - z) \qquad (3.1\text{a, b, c})$$

als Druck nach der hydrostatischen Grundgleichung (2.14b). Es ist p_0 der Druck (Atmosphärendruck) an der freien Oberfläche z_0, während p der nach Abb. 2.7 mit der Tiefe ($z < 0$) linear zunehmende Druck an einer beliebigen Stelle z ist.

---

1 Über die Begriffe inkompressibel und kompressibel anstelle von dichtebeständig und dichteveränderlich wird in Kap. 1.2.2.1 berichtet.

3.2.2 Flüssigkeitsdruck auf feste Begrenzungsfläche[2]

3.2.2.1 Druckkraft auf ebene Fläche

a.1) Geneigte Wand. Ein nach Abb. 3.1 gestaltetes, oben offenes Gefäß sei mit Flüssigkeit gefüllt. In einer unter dem Winkel α gegen die Vertikale z geneigten ebenen Seitenwand sei eine Fläche A abgegrenzt, die in Abb. 3.1a durch Umklappen in die x,z'-Ebene dargestellt ist. Die x-Achse liegt in Höhe der Spiegelfläche. Der vertikale Abstand von der Spiegel-

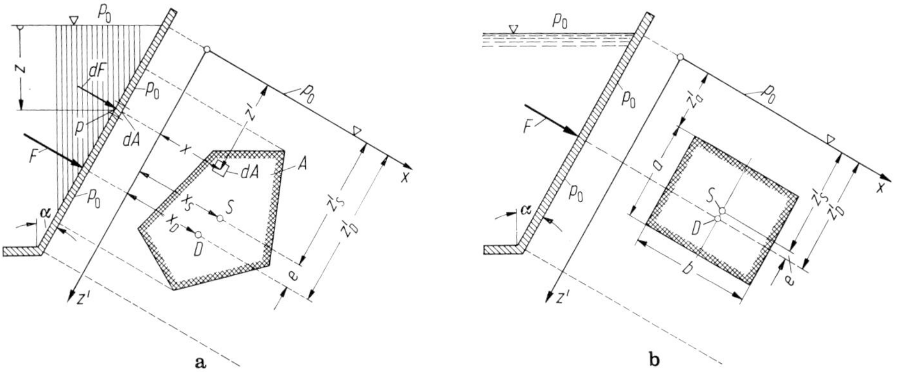

Abb. 3.1. Druckverteilung und Druckkraft einer ruhenden Flüssigkeit auf eine geneigte ebene Fläche. **a** Beliebige Fläche. **b** Rechteckige Fläche

fläche beträgt dann $z = z' \cos\alpha > 0$. Nach (3.1c) gilt unter Beachtung des Vorzeichenwechsels bei z für die Druckverteilung in Tiefenrichtung mit $z_0 = 0$

$$p = p_0 + \varrho g z = p_0 + \varrho g z' \cos\alpha > 0 \qquad (z, z' > 0), \qquad (3.2\,\mathrm{a, b})$$

wobei p_0 der Druck an der Spiegelfläche ist. Auf ein Flächenelement dA an der Stelle z wirkt nach (3.1a) von innen her die Druckkraft $dF_p = p\,dA$. Betrachtet man nur den vom Schwerdruck der Flüssigkeit herrührenden Anteil $(p - p_0)$, dann ist $dF = \varrho g z' \cos\alpha\, dA$, hier ohne Index. Durch Integration über die Fläche A ergibt sich die Druckkraft zu

$$F = \varrho g z_S' \cos\alpha A = (p_S - p_0)\,A \qquad \text{mit} \qquad z_S' = \frac{1}{A}\int\limits_{(A)} z'\,dA \qquad (3.3\,\mathrm{a, b, c})$$

als Abstand des Schwerpunkts S der Fläche A in z'-Richtung gemessen. Gl. (3.3b) besagt, daß die auf die Fläche A von der ruhenden Flüssigkeit ausgeübte Druckkraft gleich dem Produkt aus der Fläche A und der im Flächenschwerpunkt wirkenden Druckdifferenz $(p_S - p_0)$ ist. Da die Druckverteilung nach (3.2) über die Fläche nicht gleichförmig verteilt, sondern eine lineare Funktion der Tiefe z bzw. z' ist, geht der Angriffspunkt der Druckkraft F nicht durch den Flächenschwerpunkt S, sondern durch den Druckmittelpunkt D, dessen Lage x_D, z_D' aus den Momentengleichgewichten um die z'- bzw. x-Achse zu ermitteln ist. Es wird

$$z_D' = \frac{1}{F}\int\limits_{(A)} z'\,dF = \frac{I_{xx}}{Az_S'}, \qquad x_D = \frac{1}{F}\int\limits_{(A)} x\,dF = \frac{I_{xz'}}{Az_S'}, \qquad (3.4\,\mathrm{a, b})$$

2 Zwecks einer anschaulicheren Darstellung wird in Kap. 3.2.2 die x,y-Ebene in die Flüssigkeitsoberfläche (Spiegelfläche) $z = z_0 = 0$ gelegt und die Koordinate $z > 0$ nach unten positiv gezählt.

wobei I_{xx} das axiale Flächenträgheitsmoment in bezug auf die x-Achse und $I_{xz'}$ das zugehörige Flächenzentrifugalmoment in bezug auf die Achsen x, z' ist:

$$I_{xx} = \int_{(A)} z'^2 \, dA\,, \qquad I_{xz'} = \int_{(A)} xz' \, dA\,. \tag{3.5a, b}$$

Nach dem Steinerschen Satz gilt für das axiale Flächenträgheitsmoment $I_{xx} = I_S + Az_S'^2$ mit I_S als axialem Flächenträgheitsmoment in bezug auf die zu x parallele Achse durch S. Führt man dies in (3.4a) ein, dann folgt für den Abstand des Druckmittelpunkts vom Schwerpunkt in z'-Richtung

$$e = z_D' - z_S' = \frac{I_S}{Az_S'} > 0 \quad \text{mit} \quad I_S = \int_{(A)} (z' - z_S')^2 \, dA\,. \tag{3.6a, b}$$

Da I_S und z_S' stets positiv sind, liegt der Druckpunkt D immer tiefer als der Schwerpunkt S, d. h. $z_D' > z_S'$. Die in Abb. 3.1b dargestellte Fläche ist ein geneigtes Rechteck von der Höhe a und der Breite b, wobei die Oberkante vom Flüssigkeitsspiegel in z'-Richtung den Abstand z_a' besitzt. Im einzelnen ist $A = ab$, $I_S = a^3b/12$ und $z_S' = z_a' + a/2$. Nach Einsetzen in (3.3a) bzw. (3.6) wird

$$F = \varrho gab\left(z_a' + \frac{a}{2}\right)\cos\alpha = \varrho g\,\frac{a^2b}{2}\,, \qquad e = \frac{1}{6}\,\frac{a^2}{a + 2z_a'} = \frac{a}{6}\,. \tag{3.7a, b}$$

Die zweiten Ausdrücke gelten jeweils bei vertikal stehendem Rechteck ($\alpha = 0$), dessen Oberkante mit der Spiegelfläche abschließt ($z_a' = 0$). Die Kraft F ist das Produkt aus der Wichte $\varrho g = \gamma$ und dem Inhalt eines Dreieckkeils, der aus der Breite b und dem gleichschenkligen Dreieck mit den Katheten a gebildet wird. Der Druckmittelpunkt liegt bei $z_D' = z_D = (2/3)\,a$ unter dem Flüssigkeitsspiegel.

a.2) Horizontale Wand (Boden). Die auf eine horizontal liegende Wand, welche die Fläche A besitzt und sich im Abstand h unter der Spiegelfläche befindet, ausgeübte Bodendruckkraft beträgt nach (3.2a) bzw. (3.3a) mit $z = z_S' = h$ und $\alpha = 0$

$$F_P = (p_0 + \varrho gh)\,A\,, \qquad F = \varrho ghA\,. \tag{3.8a, b}$$

Dabei beschreibt (3.8b) nur die flüssigkeitsbedingte Kraft. Auf die Bedeutung dieser Beziehung bei flüssigkeitsgefüllten Gefäßen verschiedener Formen nach Abb. 2.8 wurde in Kap. 2.2.3.2 bei der Erläuterung des hydrostatischen Paradoxons eingegangen.

a.3) Vertikale Wand (Spundwand). Eine vertikale Wand der Breite b steht nach Abb. 3.2 beidseitig unter Flüssigkeitsdruck; die verschieden großen Spiegelhöhen seien z_1 und z_2. Nach (3.7a) wirkt auf die linke Wandfläche die Druckkraft $F_1 = \varrho gbz_1^2/2$, wobei der Angriffspunkt von der Sohle um $z_1/3$ entfernt ist, und auf die rechte Wandfläche die Kraft $F_2 = \varrho gbz_2^2/2$, die in der Höhe $z_2/3$ von der Sohle angreift. Beide Druckkräfte werden in Abb. 3.2 durch die Inhalte der gleichschenkligen, rechtwinkligen Dreiecke dargestellt. Die

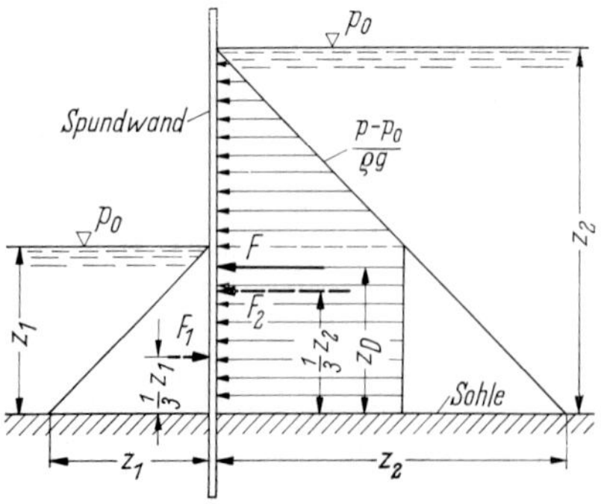

Abb. 3.2. Hydrostatische Druckkraft auf eine vertikal stehende Wand (Spundwand) bei beidseitig verschiedener Flüssigkeitshöhe

von der Flüssigkeit auf die Wand ausgeübte Druckkraft sowie ihr von der Sohle aus gemessener Abstand betragen

$$F = \varrho g \frac{1}{2} b(z_2^2 - z_1^2), \qquad z_D = \frac{1}{3} \frac{z_2^3 - z_1^3}{z_2^2 - z_1^2}, \qquad (3.9\,\text{a, b})$$

wobei z_D sich aus der Momentengleichung $Fz_D = F_2(z_2/3) - F_1(z_1/3)$ ergibt. Für $z_1 = 0$ geht (3.9b) in $z_D = z_2/3$ und für $z_1 = z_2$ in $z_D = z_s/2$ über.

3.2.2.2 Druckkraft auf gekrümmte Fläche

b.1) Gesamtkraft[3]. Das in Abb. 3.3 dargestellte Flächenstück A sei Teil der Wandung eines beliebig geformten, oben offenen Gefäßes, das mit Flüssigkeit gefüllt ist. Die betrachtete einfach gekrümmte Fläche wird auf ein rechtwinkliges Koordinatensystem x, y, z bezogen.

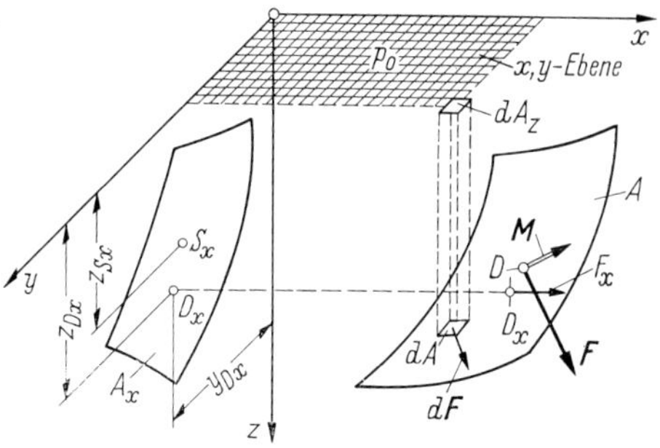

Abb. 3.3. Zur Berechnung der hydrostatischen Druckkraft auf eine gekrümmte Fläche

Die von der Flüssigkeit herrührende resultierende Druckkraft beträgt nach (3.1b)

$$\boldsymbol{F} = \int_{(A)} (p - p_0)\, d\boldsymbol{A} = \varrho g \int_{(A)} z\, d\boldsymbol{A}, \qquad (3.10\,\text{a, b})$$

wobei $(p - p_0)$ der Flüssigkeitsdruck nach (3.2a) und $d\boldsymbol{A}$ der auf die Gefäßinnenwand gerichtete Flächenvektor ist. Die Zerlegung in rechtwinklige Koordinaten liefert die Kraftkomponenten

$$F_x = \varrho g \int_{(A_x)} z\, dA_x, \qquad F_y = \varrho g \int_{(A_y)} z\, dA_y, \qquad F_z = \varrho g \int_{(A_z)} z\, dA_z. \qquad (3.11\,\text{a, b, c})$$

Es sind A_x, A_y, A_z die Projektionen der Fläche A auf die y,z-, x,z- bzw. x,y-Ebene. Bei beliebiger Form der gekrümmten Fläche A gehen die drei Komponenten der Druckkräfte F_x, F_y, F_z im allgemeinen nicht durch denselben Punkt. Nach der Methode der räumlichen Kräftezusammensetzung lassen sich die Kräfte stets auf eine Einzelkraft $\boldsymbol{F}$ und ein Moment $\boldsymbol{M}$ reduzieren. In einzelnen Fällen ist die Zusammensetzung der Druckkraftkomponenten nur zu einer Einzelkraft jedoch möglich; so z. B. wenn die unter Druck stehende Fläche kugelförmig gekrümmt ist, da in diesem Fall alle Teildruckkräfte durch den Kugelmittelpunkt gehen müssen.

b.2) Horizontalkraft. Mit z_{Sx} als Schwerpunktabstand der Flächenprojektion A_x von der x,y-Ebene erhält man nach (3.11a) die horizontale Kraftkomponente in x-Richtung F_x analog zu (3.3a) mit $F = F_x$, $\alpha = 0$ und $z'_S = z_{Sx}$. Die Richtungslinie von F_x möge die

---

3 Die Anwendungsbeispiele werden in Kap. 3.2.2 fortlaufend mit kleinen Buchstaben gekennzeichnet.

y,z-Ebene nach Abb. 3.3 im Punkt D_x schneiden. Seine Koordinaten y_{Dx}, z_{Dx} berechnet man analog zu (3.4). Mithin gilt

$$F_x = \varrho g z_{Sx} A_x; \qquad z_{Dx} = \frac{I_{yy}}{A_x z_{Sx}}, \quad y_{Dx} = \frac{I_{yz}}{A_x z_{Sx}}. \tag{3.12a; b, c}$$

Dabei ist I_{yy} das axiale Flächenträgheitsmoment der Flächenprojektion A_x in bezug auf die y-Achse sowie I_{yz} ihr Flächenzentrifugalmoment in bezug auf die Achsen y und z, vgl. (3.5a, b). Unter Beachtung der in Kap. 3.2.2.1 gefundenen Ergebnisse erkennt man, daß die Druckkraft F_x genauso zu bestimmen ist, als handele es sich um eine der y,z-Ebene parallele ebene Fläche von der Größe A_x. Eine entsprechende Überlegung gilt für die Druckkraftkomponente F_y, nur daß jetzt an die Stelle der Fläche A_x die Flächenprojektion A_y mit den ihr entsprechend (3.12) zugeordneten geometrischen Größen tritt. Da die Lage des Achsenkreuzes x, y in der Spiegelfläche beliebig angenommen werden kann, läßt sich das Ergebnis der vorstehenden Betrachtungen wie folgt zusammenfassen. Die in einer beliebigen Richtung gemessene horizontale Druckkraft einer ruhenden Flüssigkeit

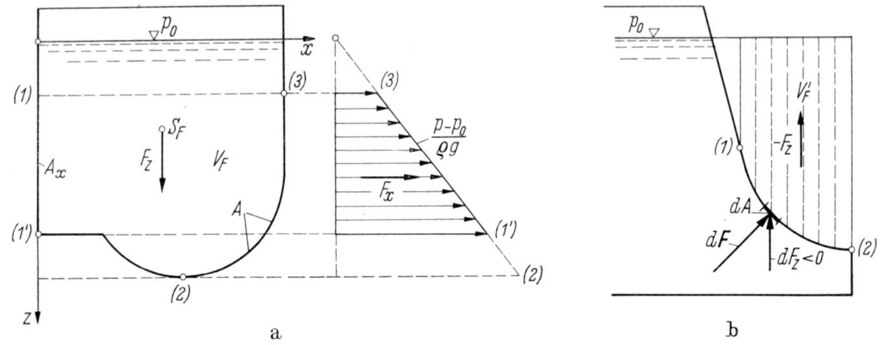

Abb. 3.4. Zur Berechnung der hydrostatischen Druckkraft auf gekrümmte Flächen: **a** horizontale Druckkraft auf die Fläche *(1)*—*(1')*—*(2)*—*(3)*, maßgebend ist nur die vertikale Flächenprojektion *(1)*—*(1')*, **b** vertikale Druckkraft auf die von unten benetzte Fläche *(1)*—*(2)*, maßgebend ist das über *(1)*—*(2)* befindliche Volumen V_F'

auf eine gekrümmte Gefäßfläche ist gleich der Druckkraft, welche die Projektion dieser Fläche auf eine zur angenommenen Richtung normale Ebene erfährt. Zeigt sich beim Projizieren, daß einzelne Flächenteile sich überschneiden, so sind diese Teile bei der Bestimmung von A_x bzw. A_y auszuschalten, da die auf sie wirkenden horizontalen Druckkraftanteile sich gegenseitig aufheben. So kommt z. B. in Abb. 3.4a bei der Berechnung der horizontalen Druckkraft auf die krumme Fläche *(1')*—*(2)*—*(3)* als Projektion A_x nur die Fläche *(1)*—*(1')* in der y,z-Ebene in Betracht.

b.3) Vertikalkraft. Die vertikale Komponente der auf die Fläche A in Abb. 3.3 wirkenden Druckkraft F ergibt sich nach (3.11c) zu

$$F_z = \varrho g \int\limits_{(A_z)} z\, dA_z = \varrho g V_F, \tag{3.13a, b}$$

wobei V_F das Volumen und $\varrho g V_F$ die Schwerkraft (Gewicht) des Flüssigkeitskörpers mit dem Querschnitt A_z und den veränderlichen Tiefen z sind. In Abb. 3.4a ist F_z das Gewicht der auf der Fläche *(1')*—*(2)*—*(3)* ruhenden Flüssigkeit vom Volumen V_F. Die Richtungslinie von F_z geht durch den Schwerpunkt S_F von V_F, womit F_z nach Größe und Lage bestimmt ist. Gl. (3.13) gilt auch für gekrümmte Wände nach Abb. 3.4b, bei denen die zugehörigen Flächenelemente dA eine aufwärts gerichtete vertikale Druckkraft $dF_z < 0$ erfahren. Die Druckkraft auf das Flächenstück *(1)*—*(2)* bestimmt man aus dem Volumen V_F' einer über *(1)*—*(2)* als Druckfläche ruhend gedachten Flüssigkeit, durch dessen Schwerpunkt die vertikale, nach oben gerichtete Druckkraft $-F_z$ geht.

3.2.2.3 Schwimmender Körper

Schwimmbedingung. Nach dem Gesetz von Archimedes (2.18) ist die hydrostatische Auftriebskraft F_A eines in einem ruhenden Fluid befindlichen Körpers gleich der Schwerkraft (Gewicht) der verdrängten Fluidmasse $m_G + m_F$. Für einen teilweise in eine Flüssigkeit mit der unveränderlichen Dichte $\varrho_F = \text{const}$ eingetauchten Körper kann die verdrängte Gasmasse m_G mit der Dichte $\varrho_G \ll \varrho_F$ gegenüber der verdrängten Flüssigkeitsmasse m_F vernachlässigt werden, so daß $F_A \approx g m_F = g \varrho_F V_F$ mit V_F als verdrängtem Flüssigkeitsvolumen zu setzen ist. Dabei gilt die Bedingung, daß sich der Körper frei in der Flüssigkeit befindet[4]. Bei vollkommenem Eintauchen des Körpers in die Flüssigkeit stellt V_F das Körpervolumen V_K dar, $V_F = V_K$. Wirken am Körper nur der Auftrieb der Flüssigkeit F_A und sein Gewicht F_K, so lautet die notwendige Gleichgewichtsbedingung, damit der Körper schwimmt

$$F_A = g \varrho_F V_F = F_K, \qquad V_F = \frac{\varrho_K}{\varrho_F} V_K \quad \text{(teilweise eingetaucht).} \tag{3.14a, b}$$

Dabei gilt die zweite Beziehung für einen homogenen Körper mit $\varrho_K = \text{const}$, d. h. $F_K = g \varrho_K V_K$. Da beim teilweise eingetauchten Körper immer $V_F < V_K$ ist, muß im Gleichgewichtsfall stets $\varrho_F > \varrho_K$ sein.

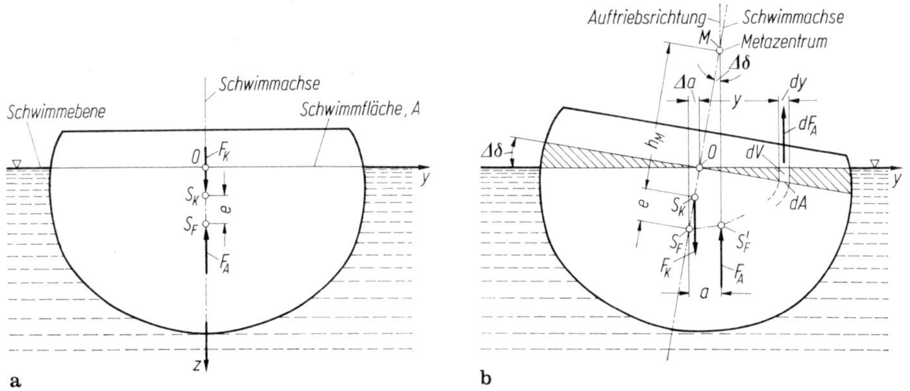

Abb. 3.5. Zur Stabilität schwimmender Körper: **a** Gleichgewichtslage, **b** Definition des Metazentrums M

c.1) Eintauchtiefe. Ist $F_A < F_K$, sinkt der Körper, während er bei $F_A > F_K$ steigt. In Flüssigkeiten taucht im letzten Fall der Körper soweit aus, bis (3.14a) erfüllt wird. Gl. (3.14b) stellt somit die Bestimmungsgleichung für die Berechnung der Eintauchtiefe eines in einer Flüssigkeit schwimmenden Körpers dar. Handelt es sich bei dem Körper um einen Quader mit der Länge a, der Breite b und der Höhe c, dann erhält man die Eintauchtiefe t mit $V_K = abc$ und $V_F = abt$ zu $t = (\varrho_K/\varrho_F)\,c$. Auf der Messung der Eintauchtiefe beruht das Prinzip des Aräometers zur Bestimmung der Dichte von Flüssigkeiten.

Schwimmstabilität. Bei vollkommen eingetauchten Körpern, für welche die Bedingung (3.14a) erfüllt ist, kann stabiles Gleichgewicht nur bestehen, wenn der Körperschwerpunkt S_K lotrecht unter dem Schwerpunkt der Verdrängung S_F ist. Bei teilweise eingetauchten Körpern nach Abb. 3.5a genügt (3.14a) mit $F_A = F_K$ allein noch nicht zur Aufrechterhaltung des Gleichgewichts. Dazu ist weiter erforderlich, daß die Kräfte F_K und F_A kein Moment bilden, welches eine Drehung des Körpers zur Folge hätte. Die

4 Steht er jedoch mit festen Wänden in Berührung, so hat die Berechnung für die an ihm angreifenden flüssigkeitsbedingten Druckkräfte nach Kap. 3.2.2.2 zu erfolgen.

Wirkungslinien dieser Kräfte müssen sich also decken. Dies ist der Fall, wenn die Verbindungslinie des Körperschwerpunkts S_K und des Schwerpunkts der verdrängten Flüssigkeit S_F, die sogenannte Schwimmachse (z-Achse), vertikal steht. Schließlich muß noch untersucht werden, ob das Gleichgewicht des Körpers auch stabil, d. h. unempfindlich gegen kleine Störungen ist, die seine Gleichgewichtslage zu verändern suchen. Zur Entscheidung dieser besonders für die Schiffstechnik wichtigen Frage denke man sich den in einer Flüssigkeit befindlichen Körper durch irgendeine äußere Ursache um ein geringes Maß aus seiner Gleichgewichtslage gebracht und untersuche, ob die am Körper in dieser neuen Lage wirkenden Kräfte das Bestreben haben, den ursprünglichen Gleichgewichtszustand wiederherzustellen oder nicht. Ist ersteres der Fall, so nennt man das Gleichgewicht statisch stabil. Haben die angreifenden Kräfte dagegen das Bestreben, die störende Ursache zu verstärken, d. h. den Körper noch weiter aus der Gleichgewichtslage zu bringen, so ist letztere labil. Schließlich nennt man das Gleichgewicht indifferent, wenn die äußeren Kräfte bei der betrachteten kleinen Lageänderung weder das eine noch das andere Bestreben haben. Ein schwimmender, teilweise eingetauchter Körper, welcher die oben genannten zwei Bedingungen ($F_A = F_K$, Schwimmachse $=$ z-Achse) erfüllt, befindet sich hinsichtlich einer Parallelverschiebung in vertikaler Richtung im stabilen Gleichgewicht. Bei einer Abwärtsverschiebung in z-Richtung, d. h. bei tieferem Eintauchen, vergrößert sich der Auftrieb und sucht den Körper in seine ursprüngliche Lage zurückzuführen. Beim Austauchen wird der Auftrieb verkleinert, was wiederum eine Rückführung des Körpers in die anfängliche Lage zur Folge hat. Hinsichtlich einer Parallelverschiebung in Richtung seiner Längs- oder Querachse (x- bzw. y-Achse) und einer Drehung um die Schwimmachse (z-Achse) ist das Gleichgewicht indifferent, da unter der Voraussetzung einer reibungslosen Flüssigkeit in keinem dieser Fälle die äußeren Kräfte das Bestreben haben, eine derartige Lageänderung aufzuhalten oder zu vergrößern. Maßgebend für die Beurteilung der Stabilität bleibt also nur eine Drehung um zwei die Schwimmachse rechtwinklig schneidende Achsen (Längs- bzw. Querachse).

c.2) Metazentrum. Abb. 3.5a zeigt den schwimmenden Körper in der Gleichgewichtslage. Die x,y-Ebene, in welcher der Flüssigkeitsspiegel den Körper schneidet, wird als Schwimmebene, die in ihr liegende Körperschnittfläche als Schwimmfläche (auch Wasserlinienfläche) bezeichnet. Es sei 0 der Schnittpunkt von Schwimmachse und Schwimmfläche und V_F das Volumen der verdrängten Flüssigkeit. Zur Untersuchung der Stabilität denke man sich den Körper entsprechend Abb. 3.5b um die durch 0 gehende, zur Bildebene normale x-Achse (Längsachse) um den als klein angenommenen Winkel $\Delta\delta$ gedreht. Bezeichnen dA ein beliebiges Flächenelement der Schwimmfläche im Abstand y von der Drehachse 0 und $dV = y\Delta\delta\, dA$ das Volumen, so ist $dF_A = \varrho_F g\, dV = \varrho_F gy\, \Delta\delta\, dA \gtrless 0$ die bei $y \gtrless 0$ positive bzw. negative Auftriebskraft. Die gesamte bei der Drehung durch Verdrängung hervorgerufene Auftriebsänderung ΔF_A erhält man durch Integration über die zur Drehachse symmetrische Schwimmfläche $A(x, y, z \to 0)$. Sie nimmt dabei den Wert $\Delta F_A = 0$ an. Während sich also der Auftrieb des eingetauchten Körpers nicht ändert, verlagert sich jedoch sein Angriffspunkt relativ zum schwimmenden Körper. Der Auftrieb F_A geht jetzt durch den Schwerpunkt S'_F der Verdrängung, die für die gedrehte Lage des Körpers maßgebend ist, und bildet mit dem Körpergewicht F_K ein Kräftepaar. Sofern dies wie im Fall der Abb. 3.5b rückdrehend wirkt, ist die betrachtete Gleichgewichtslage stabil, im andern Fall labil. Um die Lage des Punkts M, in dem die Auftriebsrichtung die Schwimmachse schneidet, zu bestimmen, sei zunächst die horizontale Verschiebung a des Punkts S'_F vom Punkt S_F berechnet. Bezogen auf die Momentenachse durch S_F wird mit Δa als horizontalem Abstand von S_F und 0 für das Momentengleichgewicht

$$F_A a = \int_{(A)} (\Delta a + y)\, dF_A = g\varrho_F I_0 \Delta\delta \qquad \text{mit} \qquad \Delta F_A = 0 \qquad \text{und} \qquad I_0 = \int_{(A)} y^2\, dA$$

als polarem Flächenträgheitsmoment der Schwimmfläche in bezug auf die Drehachse. Aus Abb. 3.5b und mit F_A nach (3.14a) folgt

$$a = (h_M + e)\,\Delta\delta = \frac{I_0}{V_F}\,\Delta\delta, \qquad h_M = \frac{I_0}{V_F} - e \qquad (\text{stabil}, \quad h_M > 0). \qquad (3.15\text{a, b})$$

Es ist h_M der auf der Schwimmachse liegende Abstand des Punkts M vom Körperschwerpunkt S_K. Der Punkt M heißt das Metazentrum des Körpers für die hier betrachtete Drehung um die Längsachse (x-Achse). Die Strecke h_M wird entsprechend als metazentrische Höhe bezeichnet. Für die Drehung um die Querachse (y-Achse) gibt es ein zweites Metazentrum, das in entsprechender Weise zu berechnen ist. Nach (3.15b) ist h_M bei kleinem Drehwinkel unabhängig von $\Delta\delta$; bei stärkeren Neigungen trifft dies jedoch nicht mehr zu. Andererseits hängt h_M vom polaren Moment I_0 der Schwimmfläche, von dem verdrängten Flüssigkeitsvolumen V_F und vom Abstand der Punkte S_K und S_F ($e > 0$) ab. Dieser wird bei anderen als der hier angenommenen Tauchtiefe seinen Wert ändern. Für $h_M > 0$ liefern F_A und F_K ein rückdrehendes Kräftepaar, also ein stabiles Gleichgewicht. Umgekehrt verhält sich der Körper bei $h_M < 0$ instabil.

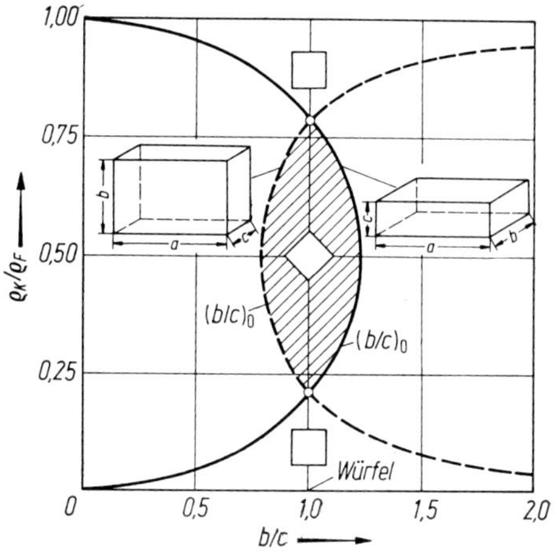

Abb. 3.6. Stabilitätskurven $(b/c)_0$ eingetauchter Quader. Ausgezogene Kurve: stabil $b/c > (b/c)_0$, gestrichelte Kurve: stabil $b/c < (b/c)_0$

Für den Quader nach Abb. 3.6 rechts mit den Kantenlängen a, b, c sei $a \gg b$, so daß sich der Körper um eine zur Kante a parallele x-Achse drehen kann. Die in (3.15b) benötigten Größen betragen $I_0 = ab^3/12$, $V_F = abt$ und $e = (c - t)/2$ mit $t = (\varrho_K/\varrho_F)\,c$ als Eintauchtiefe, so daß

$$\frac{h_M}{c} = \frac{1}{12}\frac{\varrho_F}{\varrho_K}\left(\frac{b}{c}\right)^2 - \frac{1}{2}\left(1 - \frac{\varrho_K}{\varrho_F}\right), \quad \frac{b}{c} > \left(\frac{b}{c}\right)_0 = \sqrt{6\,\frac{\varrho_K}{\varrho_F}\left(1 - \frac{\varrho_K}{\varrho_F}\right)} \quad \text{(stabil)} \tag{3.16a, b}$$

ist, wobei die zweite Beziehung die Bedingung für die Stabilität ($h_M > 0$) angibt, bei der die Kante c nach einer kleinen Störung des Gleichgewichts um die x-Achse normal zum Flüssigkeitsspiegel (x, y-Ebene) bleibt. In Abb. 3.6 ist die Grenzkurve $(b/c)_0$ für $h_M = 0$ in Abhängigkeit von $0 \leqq \varrho_K/\varrho_F \leqq 1$ ausgezogen dargestellt. Der Bereich außerhalb der Kurve, d. h. für $b/c > (b/c)_0$, gibt den stabilen und der Bereich innerhalb der Kurve den labilen Gleichgewichtszustand an. In der um $\pi/2$ gekippten Lage des Körpers nach Abb. 3.6 links, bei der die Kante b normal zum Flüssigkeitsspiegel bleibt, sind zur Berechnung der Stabilität b und c in (3.16) miteinander zu vertauschen. Werden die Bezeichnungen für die Kantenlängen beibehalten, so ergibt sich die in Abb. 3.6 gestrichelte Grenzkurve, und zwar gilt jetzt für den stabilen Zustand $b/c < (b/c)_0$. In dem schraffierten Bereich zwischen den beiden Kurven ist nur eine schräge stabile Schwimmlage möglich. Auf die ausführliche Wiedergabe weiterer Beispiele in [13] sei hingewiesen.

3.2.3 Druck auf freie Oberfläche

3.2.3.1 Kommunizierendes Gefäß

Die einfachste Anwendung der hydrostatischen Grundgleichung stellt die Berechnung der Flüssigkeitshöhen in den zwei Schenkeln eines kommunizierenden Gefäßes (U-Rohr) nach Abb. 3.7a dar. Auf die freien Oberflächen der beiden oben offenen Schenkel des mit einer homogenen Flüssigkeit gefüllten Gefäßes wirken die Drücke p_1 und p_2. Für die Druckdifferenz folgt aus (3.1c) jeweils auf die Stellen (*1*) und (*2*) angewendet $p_2 - p_1 = \varrho g(z_1 - z_2)$.

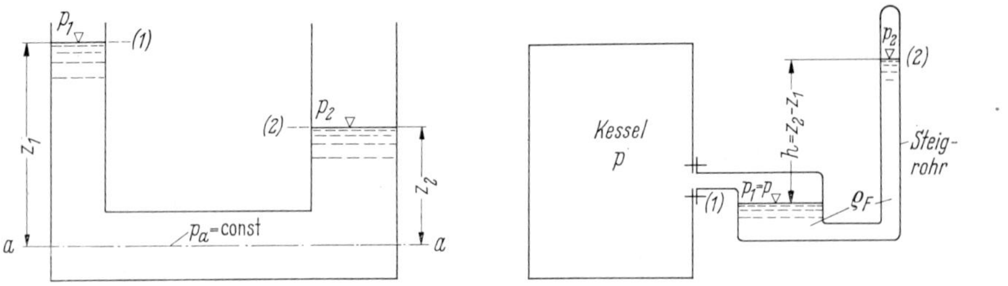

a b

Abb. 3.7. Kommunizierende Gefäße. **a** U-Rohr, **b** Flüssigkeitsmanometer (schematisch)

Dabei ist $(z_2 - z_1)$ der Höhenunterschied beider Spiegel. Die Ebene a—a ist eine Niveaufläche, in der nach Kap. 2.2.3.3 der gleiche Druck $p_a = p_1 + \varrho g z_1 = p_2 + \varrho g z_2 = \text{const}$ herrscht. Für $p_2 = p_1$ stehen die Flüssigkeitsspiegel in beiden Schenkeln gleich hoch, $z_2 = z_1$. Die Form des kommunizierenden Gefäßes einschließlich einer gegebenenfalls veränderlichen Verteilung der Flächenquerschnitte längs der Gefäßachse ist ohne Einfluß auf das gefundene Ergebnis.

3.2.3.2 Flüssigkeitsmanometer

Die vorstehenden Überlegungen finden u. a. Anwendung bei den Flüssigkeitsmanometern zur Messung von Druckunterschieden. Soll z. B. der Druck p gemessen werden, der innerhalb eines mit Dampf oder Gas gefüllten, allseitig geschlossenen Behälters (Kessel) herrscht, so ordnet man gemäß Abb. 3.7b eine Vorrichtung (*1*)—(*2*) an, welche mit Meßflüssigkeit gefüllt ist und deren Steigrohr (Meßrohr) bei (*2*) oben offen oder geschlossen sein kann. Der auf den Flüssigkeitsspiegel (*1*) wirkende Druck ist gleich dem gesuchten Kesseldruck $p_1 = p$, während im Steigrohr auf dem Flüssigkeitsspiegel (*2*) der Druck p_2 herrscht. Bei oben offenem Rohr ist $p_2 = p_0$ gleich dem Atmosphärendruck. Bei oben geschlossenem Rohr kann man das Gas an der Stelle (*2*) entfernen und so ein Vakuum mit $p_2 \to 0$ erzeugen. Bezeichnet man den Höhenunterschied der beiden Flüssigkeitsspiegel, auch Steighöhe genannt, mit $h = z_2 - z_1$ und die Dichte der Meßflüssigkeit, z. B. Quecksilber, mit ϱ_F, dann wird unter Einsetzen der angegebenen Bezeichnungen in die hydrostatische Grundgleichung

$$p = p_2 + \varrho_F g h, \qquad h = \frac{p - p_2}{\varrho_F g} \gtrless 0. \qquad (3.17\text{a, b})$$

Es bedeutet $h > 0$ Überdruck und $h < 0$ Unterdruck im Kessel gegenüber dem Druck p_2 im oberen Teil des offenen oder geschlossenen Meßrohrs.

3.2.3.3 Kapillarrohr

Taucht man nach Abb. 3.8a ein zylindrisches Rohr von sehr kleinem Radius R in eine benetzende Flüssigkeit (z. B. Wasser), so steigt letztere erfahrungsgemäß um ein gewisses Maß im Rohr in die Höhe. Dies Aufsteigen nennt man Kapillaraszension. Die Oberfläche der Flüssigkeit im Inneren des Rohrs bildet dabei eine nach innen konkav gekrümmte Umdrehungsfläche. Handelt es sich dagegen um eine das Rohr nicht benetzende Flüssigkeit (z. B. Quecksilber), so tritt nach Abb. 3.8b eine Kapillardepression ein, d. h. ein Absinken der Flüssigkeit im Rohr, wobei die Krümmung nach außen konvex ist. Die Ursache für die Kapillarwirkungen sind molekulare Anziehungskräfte (Adhäsion, Kohäsion), vgl. Kap. 1.2.6.2.

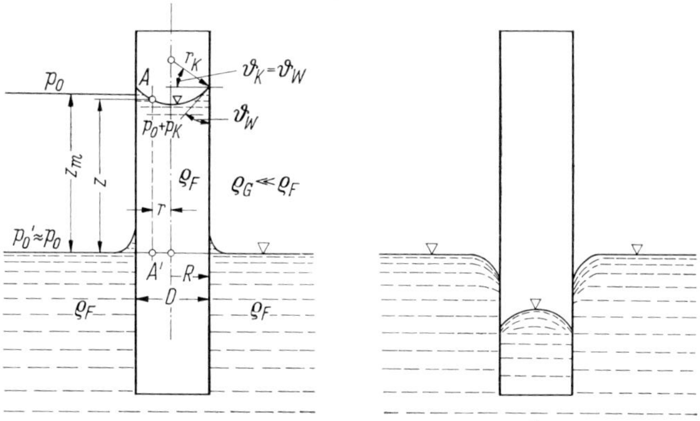

Abb. 3.8. Kapillarrohre. **a** Benetzende Flüssigkeit steigt im Rohr (Kapillaraszension). **b** Nichtbenetzende Flüssigkeit sinkt im Rohr (Kapillardepression)

Kapillaraszension. Dieser in Abb. 3.8a für eine benetzende Flüssigkeit dargestellte Fall sei näher untersucht. Hierfür ist entsprechend Abb. 1.10a der Wandwinkel $\vartheta_W < \pi/2$. Die gekrümmte Umdrehungsfläche sei näherungsweise kugelförmig angenommen. Ein beliebiger Punkt A dieser Fläche möge in bezug auf den umgebenden äußeren Flüssigkeitsspiegel um die Höhe $z > 0$ angehoben werden. Bezeichnen p_0 den äußeren Luftdruck und ϱ_F die Dichte der Flüssigkeit im Kapillarrohr, so herrscht an der Stelle A' vertikal unter A der Druck $p_A' = p_0 + p_K + \varrho_F g z$. Hierin ist p_K der Kapillardruck, dessen Kraftwirkung an der Flüssigkeitsoberfläche im Rohr zum Krümmungsmittelpunkt hin, d. h. nach oben gerichtet ist. Er berechnet sich nach (1.40b) zu $p_K = 2\sigma/r_K$, wobei $r_K = -R/\cos\vartheta_W$ als Krümmungsradius der konkaven Oberfläche mit ϑ_W als Wandwinkel und σ als Kapillarkonstante nach Tab. 1.4 zu setzen ist. Beachtet man, daß $p_A' \approx p_0' = p_0 + \varrho_G g z \approx p_0$ gleich dem Druck der umgebenden Luft (Dichte ϱ_G) in der Höhe $z = 0$ ist, dann erhält man die mittlere Steighöhe im Rohr $z_m \approx z$ zu

$$z_m = -\frac{2\sigma}{g\varrho_F r_K} = \frac{2\sigma}{g\varrho_F}\,\frac{\cos\vartheta_W}{R}, \quad z_m = \frac{4\sigma}{g\varrho_F D} \quad (\vartheta_W = 0). \qquad (3.18\text{a, b})$$

Nimmt man für sehr enge Rohre näherungsweise die Oberfläche der Flüssigkeit im Rohr als Halbkugel an, so erhält man mit $\vartheta_W = 0$ die in (3.18b) angegebene Beziehung. Die Steighöhe z_m ist also dem Durchmesser D umgekehrt proportional. Nach Tab. 1.4 ist für Wasser gegen Luft $\sigma = 0{,}073 \cdot 10^{-2}$ N/cm. Mit $g = 9{,}81 \cdot 10^2$ cm/s² und $\varrho_F = 10^3$ kg/m³ $= 10^{-5}$ Ns²/cm⁴ erhält man somit in einem Kapillarrohr mit dem Durchmesser $D = 0{,}1$ cm eine Steighöhe von $z_m = 3{,}0$ cm. Für den Fall der Kapillardepression einer nicht benetzenden Flüssigkeit nach Abb. 3.8b ist entsprechend Abb. 1.10b der Wandwinkel $\vartheta_W > \pi/2$, und die obige Untersuchung kann auch hier sinngemäß angewendet werden.

3.3 Stromfadentheorie dichtebeständiger Fluide

3.3.1 Einführung

Nach Abb. 2.15 kann man eine bestimmte Anzahl von Stromlinien als Stromfaden zusammenfassen, wobei dieser von der Stromröhre umschlossen wird. Im Sinn von Kap. 2.3.4.3 soll an die Stelle des mitbewegten Fluidfadens entsprechend Abb. 2.26 der Kontrollfaden mit raumfester Kontrollfadenachse treten. Dieser besteht aus der Ein- und Austrittsfläche A_1 bzw. A_2 sowie aus der verbindenden Mantelfläche $A_{1\to 2}$. Bei stationärer Strömung besteht zwischen einem Stromfaden und einem Kontrollfaden kein Unterschied. Es sei der unelastische Kontrollfaden angenommen, bei dem die Kontrollfadenquerschnitte nur ortsabhängig sind, d. h. $A(t, s) = A(s)$. Den folgenden Untersuchungen liegt der Fall einer reibungslosen Fadenströmung zugrunde. Diese ist im Gegensatz zu den reibungsbehafteten Rohr- und Gerinneströmungen in Kap. 3.4 bzw. 3.5 als charakteristisches Kennzeichen für die im folgenden dargestellte Stromfadentheorie anzusehen. Es werden hier in Kap. 3.3 nur Strömungen dichtebeständiger Fluide besprochen, während sich Kap. 4.3 mit der Stromfadentheorie dichteveränderlicher Fluide befaßt.

3.3.2 Stationäre Fadenströmung eines dichtebeständigen Fluids

3.3.2.1 Voraussetzungen und Annahmen

Flüssigkeiten (Wasser) können meistens als dichtebeständige Fluide angesehen werden, während Gase (Luft) im allgemeinen dichteveränderlich sind. Es wurde in Kap. 1.2.2.1 bereits erwähnt und wird in Kap. 3.3.2.2 noch gezeigt, daß Dichteänderungen gering sind, solange die Strömungsgeschwindigkeit v des betreffenden Fluids wesentlich kleiner als seine Schallgeschwindigkeit c ist, $v \ll c$. Trifft dies zu, so kann man angenähert die kleinen Dichteänderungen vernachlässigen und ein Gas genauso behandeln wie eine dichtebeständige Flüssigkeit, d. h. Dichte $\varrho = \text{const}$. Eine ähnliche Aussage gilt auch für den Fall, daß die Abmessungen des betrachteten Strömungsraums so klein sind, daß die durch Schwereinfluß hervorgerufenen Druckänderungen keine wesentlichen Dichteänderungen zur Folge

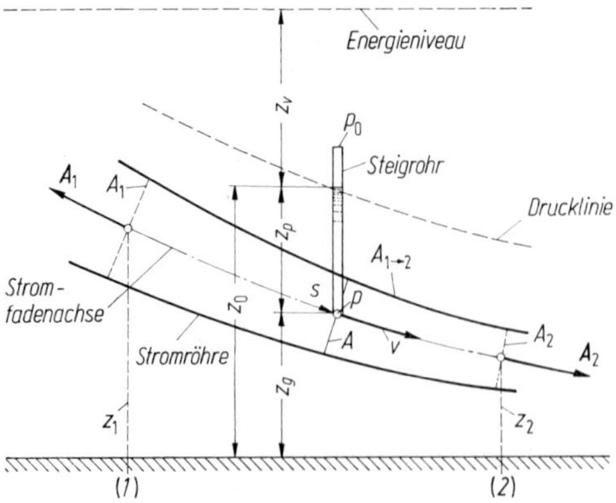

Abb. 3.9. Darstellung der Höhenform der Bernoullischen Energiegleichung bei stationärer reibungsloser Strömung eines dichtebeständigen Fluids

haben. Wegen der Voraussetzung einer reibungslosen Strömung kann man annehmen, daß sich die physikalischen Größen, wie z. B. der Druck p und die Geschwindigkeit v gleichmäßig über die Kontrollfadenquerschnitte $A = A(s)$ verteilen[5]. Im folgenden wird also die stationäre eindimensionale Strömung eines dichtebeständigen Fluids bei Vernachlässigung des Einflusses der Reibung (Viskosität, Turbulenz) behandelt, wobei $p = p(s)$ und $v = v(s)$ ist. Die Querschnitte A sollen nach Abb. 3.9 normal zur Kontrollfadenachse s liegen. An den Stellen (*1*) und (*2*) werden die Größen A, p und v mit dem Index 1 bzw. 2 gekennzeichnet. Größen, welche die Mantelfläche $A_{1\to 2}$ betreffen, werden mit dem Index $1 \to 2$ versehen.

3.3.2.2 Ausgangsgleichungen der stationären Fadenströmung

Kontinuitätsgleichung. Durch die Kontrollfadenquerschnitte $A(s)$ ist nach dem Massenerhaltungssatz gemäß Kap. 2.4.2.2 bei dichtebeständigem Fluid mit $\varrho_1 = \varrho_2 = \varrho$ der Volumenstrom $\dot{V}$ in m³/s unverändert und berechnet sich nach der Kontinuitätsgleichung (2.55) zu[6]

$$\dot{V} = v(s)\,A(s) = v_1 A_1 = v_2 A_2 = \text{const}. \qquad (3.19\text{a, b})$$

Ein Volumenstrom kann nur über die Ein- und Austrittsfläche A_1 bzw. A_2, dagegen nicht über die Mantelfläche $A_{1\to 2}$ erfolgen.

Impulsgleichung. Der Impulssatz gemäß Kap. 2.5.2.2 liefert für das dichtebeständige Fluid mit $\varrho_1 = \varrho_2 = \varrho$ und $\partial/\partial t = 0$ nach (2.83) die Kraftgleichung für den Kontrollfaden

$$(p_1 + \varrho v_1^2)\,\boldsymbol{A}_1 + (p_2 + \varrho v_2^2)\,\boldsymbol{A}_2 = \boldsymbol{F}_B + (\boldsymbol{F}_A)_{1\to 2} + \boldsymbol{F}_S. \qquad (3.20)$$

Hierin sind $\boldsymbol{A}_1$ und $\boldsymbol{A}_2$ die normal zu den Querschnitten A_1 bzw. A_2 stehenden, nach außen gerichteten Flächennormalen. Gl. (3.20) gilt unter der Voraussetzung, daß nach Abb. 2.32 die Stromlinien die Flächen A_1 und A_2 normal schneiden, d. h. daß $\boldsymbol{A}_1$ und $\boldsymbol{A}_2$ parallel zu $\boldsymbol{v}_1$ bzw. $\boldsymbol{v}_2$ verlaufen[7]. $\boldsymbol{F}_B$ ist die Massenkraft (Volumenkraft) der im Kontrollraum (V) von der Kontrollfläche $(O) = (A) + (S)$ eingeschlossenen Fluidmasse m. Besteht sie nur aus der Schwerkraft, so ist $\boldsymbol{F}_B$ die nach unten wirkende Gewichtskraft entsprechend (2.76b). $(\boldsymbol{F}_A)_{1\to 2}$ ist die Druckkraft auf die Mantelfläche des Kontrollfadens $A_{1\to 2}$, sofern diese zum freien Teil der Kontrollfläche (A) gehört. Fällt die Mantelfläche jedoch mit einer festen Wand (z. B. Rohrwandung) zusammen, so ist sie mit $S_{1\to 2}$ zu bezeichnen und zum körpergebundenen Teil der Kontrollfläche (S) zu rechnen, wobei die auf das Fluid ausgeübte Kraft in diesem Fall $(\boldsymbol{F}_S)_{1\to 2} = (\boldsymbol{F}_A)_{1\to 2}$ beträgt. Sie soll in der vom Fluid auf den körpergebundenen Teil der Kontrollfläche (S) ausgeübten Stützkraft $\boldsymbol{F}_S$ enthalten sein, was bedeutet, daß in (3.20) der Ausdruck $(\boldsymbol{F}_A)_{1\to 2}$ nicht auftritt. Die vom Fluid auf den Körper ausgeübte Körperkraft $\boldsymbol{F}_K$ folgt aus

---

5 Bei der Rohrströmung in Kap. 3.4.2.1 wird gezeigt, wie eine ungleichmäßige Geschwindigkeitsverteilung über den Rohrquerschnitt durch Einführen von Geschwindigkeitsausgleichswerten zu erfassen ist.

6 Bei $\dot{V}$ wird auf den Index A verzichtet.

7 Ist dies nicht der Fall, so muß (2.82) in Verbindung mit Abb. 2.26 angewendet werden.

dem Wechselwirkungsgesetz (2.78b). Mithin gilt

$$\boldsymbol{F}_B = m\boldsymbol{g} = \varrho \boldsymbol{g} V = \varrho \boldsymbol{g} \int_{(1)}^{(2)} A \, ds, \qquad \boldsymbol{F}_K = -\boldsymbol{F}_S. \tag{3.21a, b}$$

Gl. (3.20) ist eine Vektorgleichung, die entweder zeichnerisch oder numerisch gelöst werden kann. Oft ist die Komponentendarstellung zu wählen.

Energiegleichung. Der Energiesatz gemäß Kap. 2.6.2.2 liefert u. a. die Energiegleichung der Fluidmechanik, wobei diese bereits in Kap. 2.5.3.2 aus der Impulsgleichung der reibungslosen Strömung in (2.96) hergeleitet wurde. Mit $i = p/\varrho$ erhält man auf die Stellen (*1*) und (*2*) angewendet

$$g z_1 + \frac{v_1^2}{2} + \frac{p_1}{\varrho} = g z_2 + \frac{v_2^2}{2} + \frac{p_2}{\varrho} \quad \text{(Form I)}. \tag{3.22a}$$

Diese Beziehung ist als Bernoullische Energiegleichung der reibungslosen Strömung bekannt. Neben den bereits in (3.19) und (3.20) auftretenden Größen ϱ, g, p_1, p_2, v_1 und v_2 stellen z_1 und z_2 die Hochlage der Kontrollfadenachse bei (*1*) und (*2*) dar. Im Gegensatz zur Kontinuitätsgleichung (3.19) und Impulsgleichung (3.20) enthält die Energiegleichung (3.22a) die Querschnittsflächen des Kontrollfadens nicht. Die einzelnen Glieder der als „Form I" bezeichneten Gleichung stellen die auf die Masse des strömenden Fluids bezogenen Energien in J/kg dar. Die ersten beiden Glieder sind aus der Punktmechanik bekannt. Sie heißen potentielle und kinetische Energie oder auch Lage- bzw. Geschwindigkeitsenergie. Das dritte Glied bezeichnet man analog als Druckenergie. Gl. (3.22a) besagt, daß bei der stationären reibungslosen Strömung eines dichtebeständigen nur der Schwere unterworfenen Fluids die Summe aus Lage-, Geschwindigkeits- und Druckenergie (Strömungsenergie) längs der Kontrollfadenachse ungeändert ist[8]. Durch Multiplikation von (3.22a) mit der Dichte ϱ erhält man eine zweite Form der Energiegleichung, bei der die einzelnen Glieder auf das Volumen bezogene Energien (Energiedichten) in $N/m^2 = J/m^3$ darstellen:

$$p_1 + \varrho g z_1 + \frac{\varrho}{2} v_1^2 = p_2 + \varrho g z_2 + \frac{\varrho}{2} v_2^2 \quad \text{(Form II)}. \tag{3.22b}$$

Hierin ist $\varrho g = \gamma$ nach Kap. 1.2.4.3 die Wichte des strömenden Fluids. Da die Glieder in (3.22b) die Dimension eines Drucks haben, bezeichnet man diese Beziehung auch als Bernoullische Druckgleichung der reibungslosen Strömung. Die drei Druckglieder faßt man in ihrer Summe $p + \varrho g z + (\varrho/2)\, v^2 = p_t$ als Totaldruck zusammen. Das letzte Glied nennt man den kinetischen Druck oder Geschwindigkeitsdruck und führt hierfür die neue Größe $q = (\varrho/2)\, v^2$ ein[9]. Im Ruhe-

---

8 Da es sich um die reibungslose Strömung eines dichtebeständigen Fluids handelt, ist die Strömung nach (2.102a) drehungsfrei. Die Energiegleichung gilt daher nicht nur für Stellen auf der Achse eines Kontrollfadens, sondern auch für beliebige Punkte in einem räumlich ausgedehnten Strömungsfeld.

9 Die früher üblichen Bezeichnungen „Gesamtdruck" und „Staudruck" werden nach DIN 5492 nicht mehr empfohlen.

zustand $v_1 = 0 = v_2$ liefert (3.22b) mit $p_1 + \varrho g z_1 = p_2 + \varrho g z_2$ die hydrostatische Grundgleichung (2.14a). Man bezeichnet daher p auch als statischen Druck. Nach Division von (3.22a) durch g folgt als dritte Form der Energiegleichung

$$z_1 + \frac{p_1 - p_0}{\varrho g} + \frac{v_1^2}{2g} = z_2 + \frac{p_2 - p_0}{\varrho g} + \frac{v_2^2}{2g} \quad \text{(Form III)}. \qquad (3.22\text{c})$$

Alle Glieder stellen auf die Schwerkraft (Gewicht) bezogene Energien in J/N = Nm/N oder Längen in m dar. Man bezeichnet daher (3.22c) auch als Höhenform der Energiegleichung und nennt die Glieder der Reihe nach Ortshöhe oder auch geodätische Höhe gegenüber einer beliebig gewählten horizontalen Bezugsebene $z_g = z$, Druckhöhe $z_p = (p - p_0)/\varrho g$, wobei p_0 einen konstanten Bezugsdruck bedeutet, sowie Geschwindigkeitshöhe $z_v = v^2/2g$. Die Definition für die Druckhöhe entspricht der Höhe h von (3.17b). Bei einem flüssigkeitsführenden Kontrollfaden ist also z_p nach Abb. 3.9 die Steighöhe der Flüssigkeit in einem vertikalen Steigrohr, bei dem am unteren Ende der Druck p und am oberen Spiegel der Druck p_0 (bei offenem Rohr ist p_0 gleich dem Atmosphärendruck) herrscht. Die durch die Höhe $z_0 = z_g + z_p$ gekennzeichnete Linie wird Drucklinie genannt. Für sie findet man auch die Ausdrücke Flüssigkeits- oder Wasserlinie, da sie nach Abb. 3.9 die Verbindungslinie der Flüssigkeitsspiegel in Steigrohren an verschiedenen Stellen längs des Kontrollfadens ist. Die Größe z_v entspricht der Höhe, die ein Körper im freien Fall zurücklegen muß, um die Geschwindigkeit v zu erlangen. Eine graphische Darstellung der Höhenform der Energiegleichung (3.22c), wonach die Summe aus Orts-, Druck- und Geschwindigkeitshöhe konstant ist, d. h. $z_g + z_p + z_v = \text{const}$, zeigt Abb. 3.9. Dort sind für die Punkte längs der Stromfadenachse über den Ortshöhen die zugehörigen Druck- und Geschwindigkeitshöhen aufgetragen. Die Endpunkte dieser Streckensumme liegen in einer horizontalen Ebene, dem Energieniveau der reibungslosen Strömung. Diese Darstellung zeigt, daß z_v und damit die Geschwindigkeit v um so kleiner wird, je größer z_0 ist, d. h. je höher die Flüssigkeit im Steigrohr steigt.

Druckverhalten dichtebeständiger Fluide bei stationärer Strömung. Bei einem horizontal liegenden Kontrollfaden, d. h. bei $z_1 = z_2$, oder für eine Strömung, bei welcher der Schwereinfluß vernachlässigt werden kann, d. h. bei einem massebehafteten ($\varrho \neq 0$) aber schwerlos angesehenen Fluid ($g \to 0$), insbesondere bei Gasen, folgt aus (3.22b) längs der Kontrollfadenachse

$$p + \frac{\varrho}{2} v^2 = p_0 = p_t \quad \text{(Totaldruck)}, \qquad q = \frac{\varrho}{2} v^2 \quad \text{(Geschwindigkeitsdruck)}. \qquad (3.23\text{a, b})$$

Kommt das Fluid aus dem Ruhezustand (Kesselzustand) oder nimmt die Geschwindigkeit wie im Staupunkt eines umströmten Körpers den Wert $v = v_0 = 0$ an, so erreicht der Druck seinen größten Wert, $p = p_0$. Man bezeichnet $p_0 = p_t = \text{const}$ als Ruhe- oder Totaldruck. Er setzt sich aus dem (statischen) Druck p und dem Geschwindigkeitsdruck q zusammen und ist für Punkte, die in Horizontalebenen liegen, konstant. Gl. (3.23a) sagt aus, daß mit sinkender Geschwindigkeit der Druck zunimmt, während mit wachsender Geschwindigkeit der Druck abnimmt. Nähert sich der Druck dem Wert null, so zerreißt die Strömung und scheidet bei tropfbaren Flüssigkeiten unter Hohlraumbildung Dampf- oder Gasblasen aus. Man vgl. die Ausführungen über die Kavitation in Kap. 1.2.6.3. Dadurch wird der Strömungsvorgang vollständig verändert, und die angegebenen Beziehungen besitzen keine Gültigkeit mehr.

Neben der Druckgleichung längs des Stromfadens (3.22b) ist häufig auch die Druckgleichung quer zum Stromfaden, d. h. die Querdruckgleichung (2.94b) mit $\partial/\partial t = 0$ oder (2.97a) von Bedeutung.

Gas als dichtebeständiges Fluid. Die Bernoullische Druckgleichung (3.22b) bietet die Möglichkeit, die Größe der Dichteänderung eines Gases bei verschiedenen Geschwindigkeiten abzuschätzen. Zwischen zwei gleich hoch liegenden Stellen (*1*) und (*2*) tritt die größte Druckänderung auf, wenn eine der Geschwindigkeiten verschwindet, z. B. $v_2 = 0$. Mit $z_1 = z_2$ ist dann $p_2 = p_1 + (\varrho_1/2)\, v_1^2$. Stetige reibungslose Strömungen verlaufen im allgemeinen bei konstanter Entropie, d. h. bei isentroper Zustandsänderung gemäß (1.5) mit $\varkappa_s = \varkappa$. Aus $\varrho_2/\varrho_1 = (p_2/p_1)^{1/\varkappa}$ ergibt sich unter Einsetzen von $p_2/p_1 = 1 + (\varrho_1/2p_1)\, v_1^2$ für das Dichteverhältnis

$$\frac{\varrho_2}{\varrho_1} = \left[1 + \frac{1}{2}\frac{\varrho_1}{p_1} v_1^2\right]^{\frac{1}{\varkappa}} = \left[1 + \frac{\varkappa}{2} Ma_1^2\right]^{\frac{1}{\varkappa}} \approx 1 + \frac{1}{2} Ma_1^2. \tag{3.24}$$

Als Kennzahl wurde die Mach-Zahl $Ma_1 = v_1/c_1$ mit $c_1 = \sqrt{\varkappa p_1/\varrho_1}$ als Schallgeschwindigkeit des Gases eingeführt. Bei kleiner Mach-Zahl ist $(\varkappa/2)\, Ma_1^2 \ll 1$, was zu der letzten Beziehung führt. Man erkennt, daß die Dichteänderung um so größer wird, je größer Ma_1 ist. Für $Ma_1 = 0{,}2$ ergibt sich z. B. für Luft ein Dichteverhältnis von $\varrho_2/\varrho_1 \approx 1{,}020$ und für $Ma_1 = 0{,}3$ bereits $\varrho_2/\varrho_1 \approx 1{,}045$. Hieraus folgt als Voraussetzung für Strömungen dichtebeständiger Fluide, daß die Mach-Zahl den Wert $Ma > 0{,}3$ nicht übersteigen sollte, sofern man eine Dichteänderung von 5% noch als vernachlässigbar ansieht.

3.3.2.3 Anwendungen zur stationären Fadenströmung

An einigen einfachen Beispielen durch- und umströmter Körper seien die vielfältigen Möglichkeiten der Anwendung der Stromfadentheorie auf stationäre reibungslose Strömungen eines dichtebeständigen Fluids gezeigt. Man erkennt hieraus die große Bedeutung dieser, den Reibungseinfluß zunächst noch nicht berücksichtigten Theorie.

a) Ermittlung von Drücken und Geschwindigkeiten

a.1) Druckverteilung an umströmten Körperwänden. Bei der reibungslosen Umströmung eines Körpers nach Abb. 3.10 mit der ungestörten Geschwindigkeit v_∞ beim ungestörten Druck p_∞ herrschen an der Körperoberfläche (Wand) die Geschwindigkeit v_K und der zugehörige Druck p_K. Die Anwendung der Druckgleichung (3.22b) liefert bei Vernach-

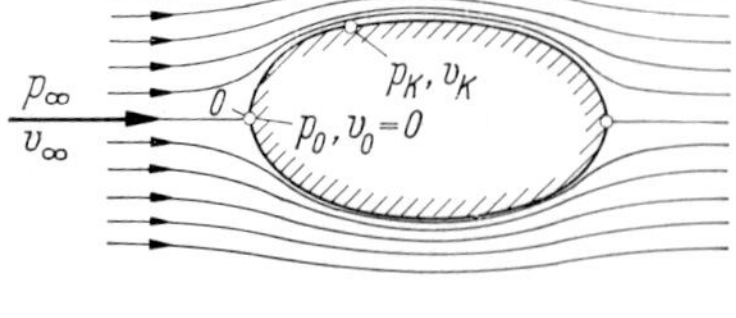

Abb. 3.10. Zur Berechnung der Druckverteilung an einem umströmten Körper (Stromlinien entsprechen reibungsloser Strömung)

lässigung des Schwereinflusses mit $p_K + (\varrho/2)\, v_K^2 = p_\infty + (\varrho/2)\, v_\infty^2$ die mit dem Geschwindigkeitsdruck der Anströmung $q_\infty = (\varrho/2)\, v_\infty^2$ dimensionslos gemachten Druckverteilung

$$\frac{\Delta p}{q_\infty} = \frac{p_K - p_\infty}{q_\infty} = 1 - \left(\frac{v_K}{v_\infty}\right)^2 \approx -2\,\frac{\Delta v}{v_\infty} \quad \text{(Druckbeiwert).} \qquad (3.25\,\text{a, b})$$

Bei beschleunigter Strömung $v_K > v_\infty$ ist der Druckbeiwert negativ; es herrscht Unterdruck gegenüber dem Druck der ungestörten Strömung $p_K < p_\infty$. Bei verzögerter Strömung $v_K < v_\infty$ herrscht wegen $p_K > p_\infty$ Überdruck. Die Beziehung (3.25b) gilt für den Fall kleiner Störung $v_K = v_\infty + \Delta v$ mit $|\Delta v| \ll v_\infty$ als Störgeschwindigkeit. Unmittelbar vor einem vorn stumpfen oder auch spitzen Körper staut sich nach Abb. 3.10 die Strömung auf und teilt sich dann vor dem Körper nach allen Seiten, um ihn zu umströmen. Die Verzweigungsstromlinie führt zum Staupunkt 0, in welchem das Fluid völlig zur Ruhe kommt, $v_K = 0$. Bei der Strömung eines dichtebeständigen Fluids beträgt also nach (3.25a) der größtmögliche Druckbeiwert $(\Delta p/q_\infty)_{\max} = (\Delta p/q_\infty)_0 = 1$ oder $\Delta p_0 = q_\infty$.

a.2) Druckmessung. Zur experimentellen Bestimmung der Wanddruckverteilung, d. h. des (statischen) Drucks einer Strömung längs einer Körperoberfläche, kann man nach Abb. 3.11a in der Wand ein sauber bearbeitetes Bohrloch anbringen und an dies entsprechend Abb. 3.7b ein U-förmig gebogenes Manometerrohr anschließen, dessen freier Schenkel oben offen ist. Im U-Rohr befindet sich eine Meßflüssigkeit (Alkohol, Wasser oder Quecksilber) mit der Dichte ϱ_F. Je nach der Größe des an der Anschlußstelle herr-

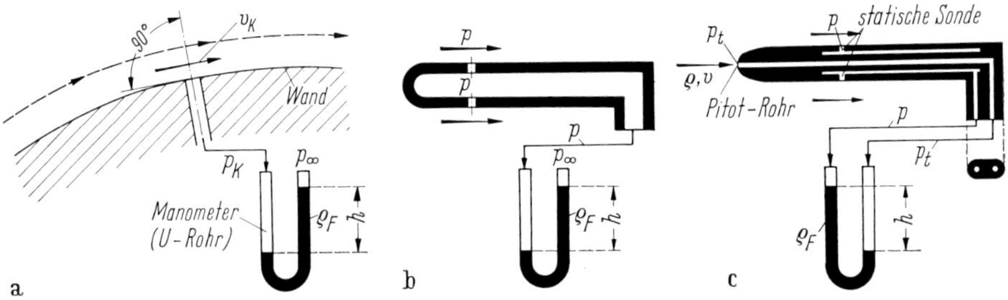

Abb. 3.11. Zur Messung von Druck und Geschwindigkeit (schematische Darstellungen). **a** Druckverteilung an umströmten Körperwänden. **b** Statische Drucksonde. **c** Pitot-Rohr, Prandtl-Rohr

schenden Wanddrucks p_K werden die Spiegel der Meßflüssigkeit in den Rohrschenkeln gehoben oder gesenkt, bis sich im Manometer (U-Rohr) Gleichgewicht eingestellt hat. Nach (3.17a) ist der (statische) Druck an der Anschlußstelle des U-Rohrs $p_K = p_\infty + \varrho_F g h$. U-Rohre oder Gefäßmanometer eignen sich nur zur Bestimmung kleiner oder mäßiger Drücke. Bei größeren Drücken verwendet man zweckmäßig Federmanometer.

Soll der Druck in einer freien Strömung bestimmt werden, so kann man anstelle der hier nicht vorhandenen Wand eine statische Drucksonde nach Abb. 3.11b verwenden. Diese besteht aus einem in Strömungsrichtung liegenden vorn verschlossenen, aber mit seitlichen Schlitzen versehenen dünnen Meßrohr, in das ein rechtwinklig abgebogener Schenkel angeschlossen ist. Dieser steht mit einem außerhalb der Strömung liegenden Manometer in Verbindung. Der in der Strömungsrichtung liegende Rohrschenkel ersetzt dabei die oben besprochene angebohrte Wand. Dies Gerät ist stark richtungsempfindlich. Zur Bestimmung des Totaldrucks in einer Strömung kann man nach Abb. 3.11c ein Pitot-Rohr, das ein rechtwinklig abgebogenes Meßrohr mit Öffnungen an beiden Enden ist, benutzen. In dem abgebogenen Rohrschenkel findet ein Aufstau der Strömung statt, so daß der im Horizontalschenkel vorhandene Druck gleich dem Totaldruck (Pitot-Druck) p_t der Strömung an der betreffenden Stelle ist. Der vertikale Schenkel wird wieder mit einem Manometer verbunden.

a.3) Geschwindigkeitsmessung. Hat man den (statischen) Druck p mit Hilfe einer statischen Drucksonde und den Totaldruck p_t mittels eines Pitot-Rohrs bestimmt, so liefert (3.23a) in Verbindung mit (3.17a) für die Geschwindigkeit v die Beziehung

$$v = \sqrt{\frac{2}{\varrho}(p_t - p)} = \sqrt{2g\frac{\varrho_F}{\varrho}h} > 0 \qquad \text{(Prandtl-Rohr)} \qquad (3.26\text{a, b})$$

mit ϱ als Dichte des strömenden Fluids und ϱ_F als Dichte der Meßflüssigkeit im U-Rohr. Eine von L. Prandtl angegebene Verbindung von Drucksonde und Pitot-Rohr zeigt Abb. 3.11c. Mit Hilfe dieses Prandtlschen Druckrohrs ist es möglich, den Geschwindigkeitsdruck unmittelbar aus der Druckdifferenz $h = (p_t - p)/\varrho_F g$ der beiden Schenkel des mit dem Staurohr verbundenen U-Rohrs (oder eines anderen Manometers) zu bestimmen. Das Prandtl-Rohr ist verhältnismäßig unempfindlich gegenüber kleineren Abweichungen der Rohrachse von der Strömungsrichtung.

a.4) Volumenstrommessung. Zur Messung des Durchströmvolumens in Rohrleitungen bedient man sich vielfach des Venturi-Rohrs, auch Venturi-Düse genannt. Dies besteht nach Abb. 3.12 im wesentlichen aus einem sich in Strömungsrichtung von dem vollen Rohrquerschnitt A_1 allmählich auf einen etwa halb so großen Querschnitt A_2 verjüngenden Rohr mit daran anschließender Erweiterung auf den normalen Querschnitt A_1. An den

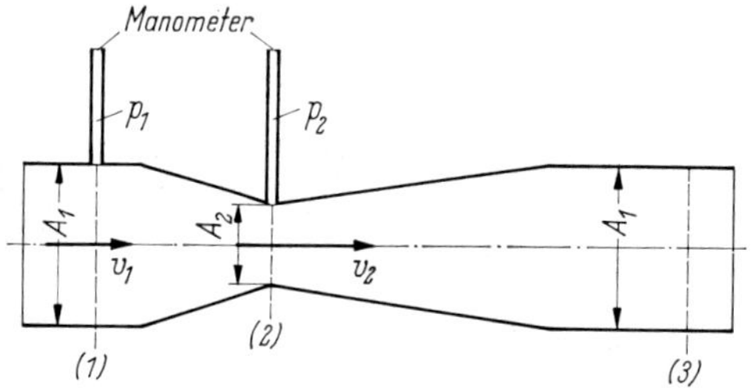

Abb. 3.12. Zur Volumenstrommessung mittels eines Venturi-Rohrs und manometrischer Druckmessung

Stellen (*1*) und (*2*) können die in den betreffenden Querschnitten herrschenden Drücke p_1 und p_2 mit Hilfe von Manometern gemessen werden; sie sind also als bekannte Größen anzusehen. Bezeichnen v_1 die mittlere Geschwindigkeit im Querschnitt A_1 und v_2 diejenige im Querschnitt A_2, so folgt aus der Kontinuitätsgleichung (3.19b) die Beziehung $v_1 = (A_2/A_1)v_2$. Den Zusammenhang zwischen Druck und Geschwindigkeit liefert die Druckgleichung (3.22b), und zwar beträgt bei Annahme eines horizontal liegenden Rohrs mit $z_1 = z_2$ die Druckänderung

$$\Delta p = p_1 - p_2 = \frac{\varrho}{2}(v_2^2 - v_1^2) = \frac{\varrho}{2}v_2^2[1 - (A_2/A_1)^2].$$

Der Volumenstrom (Volumen/Zeit) ergibt sich wegen $\dot{V} = v_2 A_2$ zu

$$\dot{V} = \alpha A_2 \sqrt{\frac{2\Delta p}{\varrho}} \qquad \text{mit} \qquad \alpha = \frac{1}{\sqrt{1 - (A_2/A_1)^2}} > 1 \qquad \text{(Venturi-Rohr)} \qquad (3.27\text{a, b})$$

als Durchströmziffer. Wird der Druckunterschied Δp z. B. manometrisch bestimmt, so kann $\dot{V}$ aus vorstehender Gleichung berechnet werden. Zur Erlangung möglichst genauer Ergebnisse ist eine Eichung der Vorrichtung erforderlich, da Querschnittsänderungen eines Rohrs, wie später in Kap. 3.4.4.2 bei der Rohrströmung gezeigt wird, stets gewisse Verluste an Strömungsenergie zur Folge haben. Da diese bei einer allmählichen Verengung des Rohrs (Düse) wesentlich geringer sind als bei einer allmählichen Erweiterung (Diffusor), muß der Druckunterschied für die sich verjüngende Rohrstrecke (*1*)—(*2*) gemessen werden und nicht für die darauffolgende Erweiterung (*2*)—(*3*). Durchströmziffern, die den Einfluß der Reibung miterfassen, sind für die Normventuridüse in [8, 15] wiedergegeben. Sie sind erwartungsgemäß stets kleiner als diejenigen nach (3.27b). Wird das Venturi-Rohr in schräger Lage eingebaut, so muß die Druckänderung infolge des Höhenunterschieds $\Delta z = z_1 - z_2$ durch $\Delta p = \varrho g \Delta z$ zusätzlich berücksichtigt werden. Eine weitere Möglichkeit zur Volumenstrommessung besteht in der Verwendung der Meßdüse oder der Meßblende nach Abb. 3.39b, c.

b) Ausfluß einer Flüssigkeit aus einem oben offenen Gefäß

b.1) Ausfluß ins Freie durch kleine Öffnung. Aus einem nach Abb. 3.13a oben offenen Gefäß, dessen Flüssigkeitsspiegel durch gleichmäßig über den Gefäßquerschnitt A_1 verteilten Zufluß dauernd auf konstanter Höhe $z = z_1 =$ const gehalten wird, möge durch eine an der Stelle $z_2 = 0$ im Verhältnis zur Spiegelfläche sehr kleine geneigte Öffnung A_2 Flüssigkeit ins Freie ausströmen[10]. Es handelt sich dabei um den Ausfluß eines Fluids größerer Dichte, z. B. einer Flüssigkeit (Wasser) mit ϱ_F, in ein Fluid weniger großer Dichte, z. B. eines Gases (Luft) mit ϱ_G. Die Gefäßöffnung an der Ausflußstelle sei zunächst mit einem abgerundeten Ansatzstück versehen, an das sich der austretende Strahl gut anschmiegen kann. Unter der getroffenen Voraussetzung des ständigen Zuflusses verhält sich

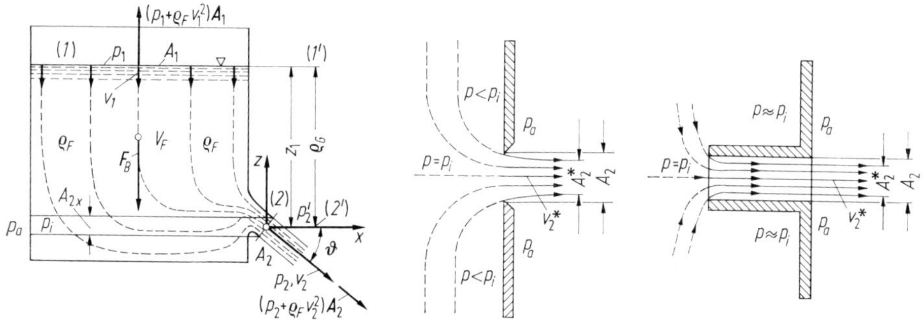

Abb. 3.13. Ausfluß einer Flüssigkeit ins Freie aus einem oben offenen Gefäß mit kleiner Öffnung, Freistrahl. **a** Zur Berechnung der Ausflußgeschwindigkeit und der Strahlreaktion. **b** Strahlkontraktion bei scharfkantiger Öffnung. **c** Strahlkontraktion in der Borda-Mündung

der Strömungsvorgang stationär. Dabei herrschen längs der Stromlinien am Flüssigkeitsspiegel die Geschwindigkeit v_1 und am Austritt die Geschwindigkeit v_2. Zur Berechnung der Ausflußgeschwindigkeit kommt die Energiegleichung (3.22b) mit $\varrho = \varrho_F$ und $z_2 = 0$ zur Anwendung. Während am freien Flüssigkeitsspiegel der Druck gleich dem Atmosphärendruck p_1 in der Höhe $z = z_1$ ist, nimmt der Druck in Höhe der Ausflußöffnung $z = z_2 = 0$ außerhalb des Gefäßes zwischen (*1'*) und (*2'*) nach (3.1c) den Wert $p_2' = p_1 + \varrho_G g z_1$ an. Dieser Druck wird dem längs geradliniger Stromlinien ins Freie austretenden Strahl von außen aufgeprägt, $p_2 = p_2'$[11]. Zwischen den Geschwindigkeiten v_1 und v_2 besteht nach der Kontinuitätsgleichung (3.19b) der Zusammenhang $v_1 = (A_2/A_1)\, v_2$. Nach Einsetzen der Beziehungen für p_2 und v_1 in (3.22b) erhält man für die Ausflußgeschwindigkeit des Freistrahls

$$v_2 = \sqrt{2gz_1 \frac{1 - \varrho_G/\varrho_F}{1 - (A_2/A_1)^2}} \approx \sqrt{2gz_1} \quad \text{(Torricelli).} \qquad (3.28\text{a, b})$$

Im allgemeinen ist $\varrho_G/\varrho_F \ll 1$ und kann somit unberücksichtigt bleiben. Nimmt man darüber hinaus an, daß A_2 gegenüber A_1 sehr klein ist, dann kann auch $(A_2/A_1)^2 \ll 1$ in (3.28a) vernachlässigt werden. Unter den gemachten Annahmen folgt dann die Torricellische

10 Die folgenden Überlegungen gelten auch für beliebige Gefäßformen.
11 Vgl. Ausführung zu (2.97b).

Ausflußformel (3.28b). In dieser Beziehung kommt die Dichte der ausfließenden Flüssigkeit nicht vor. Auch spielen Größe, Querschnittsform und Neigung der Ausflußöffnung keine Rolle. Es ist v_2 gleichbedeutend mit der Geschwindigkeit, die ein Körper erfährt, der im Vakuum aus der Ruhe heraus die Höhe z_1 durchfällt. Ist neben $z_1 \neq z_2$ auch $p_1 \neq p_2$, was bei einem oben geschlossenen Gefäß der Fall sein kann, dann steht nach (3.22b) die gesamte hydraulische Höhe $h = z_1 + (p_1 - p_2)/\varrho g$ für den Ausflußvorgang zur Verfügung[12]. In diesem Fall ist in (3.28b) die Höhe z_1 durch h zu ersetzen. Während beim oben offenen Gefäß $p_1 - p_2 \ll \varrho g z_1$ ist, gilt für ein geschlossenes Hochdruckgefäß im allgemeinen $p_1 - p_2 \gg \varrho g z_1$, d. h. $v_2 = \sqrt{2(p_1 - p_2)/\varrho}$ bei $A_2/A_1 \ll 1$.

Aus Versuchen hat sich ergeben, daß die wirkliche Ausflußgeschwindigkeit etwas kleiner als die theoretisch ermittelte ist, was auf die Vernachlässigung der Reibung zurückzuführen ist, die einen Verlust an strömungsmechanischer Energie zur Folge hat. Man kann dies durch Einführen einer Geschwindigkeitsziffer c zum Ausdruck bringen, indem man $v_2' = c\sqrt{2gz_1}$ anstelle von v_2 in (3.28b) schreibt. Nach Versuchen von Weisbach [85] ist c von der Höhe z_1 abhängig und hat für Wasser Werte von $0{,}96 < c < 1{,}0$. Sieht man nicht wie in Abb. 3.13a ein abgerundetes Ansatzstück vor, sondern läßt die Flüssigkeit nach Abb. 3.13b unmittelbar durch eine scharfkantige Öffnung in der Gefäßwand austreten, so können die nach der Gefäßöffnung gerichteten Stromlinien nicht plötzlich in die Austrittsrichtung umbiegen. Der ins Freie austretende Strahl erfährt vielmehr eine Einschnürung (Kontraktion), d. h. sein Querschnitt A_2^* ist kleiner als der Querschnitt A_2 der Ausflußöffnung. Das Verhältnis $\mu = A_2^*/A_2$ wird als Einschnürungs- oder Kontraktionsziffer bezeichnet. Man kann μ im allgemeinen nur empirisch bestimmen [85]. Für scharfkantige Öffnungen, die sich in größerer Entfernung von den seitlichen Gefäßwandungen und vom Flüssigkeitsspiegel befinden, ist $\mu \approx 0{,}61$. Über die theoretische Abschätzung der Kontraktionsziffer wird in Beispiel b.3 berichtet. Der aus dem oben offenen Gefäß austretende Volumenstrom beträgt analog (3.19b) $\dot V = v_2' A_2^* = c\mu v_2 A_2 = \mu^* v_2 A_2$.

$$\dot V = \mu^* A_2 \sqrt{\frac{2gz_1}{1 - (A_2/A_1)^2}} \approx \mu^* A_2 \sqrt{2gz_1} \quad \text{(Freistrahl).} \qquad (3.29\text{a, b})$$

Durch den Einfluß der Reibung auf die Ausflußgeschwindigkeit v_2 und die Wirkung der Strahleinschnürung auf den tatsächlich für den Ausflußvorgang zur Verfügung stehenden Ausflußquerschnitt A_2^* wird der Volumenstrom entsprechend verkleinert, was durch die Ausflußziffer $\mu^* = c\mu \approx 0{,}6$ erfaßt wird, [85].

Beim Ausfließen übt die Flüssigkeit auf die innere Gefäßwand eine Strahlreaktion aus, die sich in einer im wesentlichen der Ausflußgeschwindigkeit entgegengesetzt gerichtete Reaktions- oder Rückstoßkraft auswirkt. Diese läßt sich mittels der Impulsgleichung (3.20) berechnen, die auf die Stellen (*1*) und (*2*) in Abb. 3.13a mit $p_2 = p_1$ anzuwenden ist. Da die Mantelfläche als Gefäßwand zum festen Teil der Kontrollfläche gehört, ist $(\boldsymbol{F}_A)_{1\to 2} = 0$ zu setzen. Die Massenkraft (Volumenkraft) $\boldsymbol{F}_B = \varrho \boldsymbol{g} V_F$ zeigt als Schwerkraft vertikal nach unten und ist gleich mit dem Gewicht der Flüssigkeit im Gefäß. Diese Größe wird vom Ausflußvorgang wegen des ungeänderten Flüssigkeitsvolumens V_F nicht beeinflußt und liefert somit keinen Beitrag zu der vom Strömungsvorgang selbst verursachten Reaktionskraft. Die vom körpergebundenen Teil der Kontrollfläche ausgeübte Stützkraft $\boldsymbol{F}_S$ entspricht, mit negativem Vorzeichen versehen, nach (3.21b) der vom Fluid auf die inneren Gefäßwände übertragenen Kraft $\boldsymbol{F}_i = \boldsymbol{F}_K = -\boldsymbol{F}_S$. Die resultierende Kraft auf das Gefäß (fester Körper) setzt sich aus den Kräften auf die innere und äußere Gefäßwand $\boldsymbol{F}_r = \boldsymbol{F}_i + \boldsymbol{F}_a$ zusammen. Da der äußere Druck überall $p_a = p_1$ ist, greift am Gefäß von außen die Kraft $\boldsymbol{F}_a = p_1(\boldsymbol{A}_1 + \boldsymbol{A}_2)$ an. Zu dieser Formel gelangt man durch Anwenden der Beziehungen für ruhende Fluide nach Kap. 3.2.2. Die vom Strömungsvorgang hervorgerufene Rückstoßkraft (einschließlich der Kraft $\boldsymbol{F}_a$) beträgt $\boldsymbol{F} = \boldsymbol{F}_r - \boldsymbol{F}_B$ und berechnet sich nach (3.20) zu

$$\boldsymbol{F} = -\varrho(v_1^2 \boldsymbol{A}_1 + v_2^2 \boldsymbol{A}_2) = -\dot m_A \left(\frac{A_2}{A_1}\boldsymbol{n}_1 + \boldsymbol{n}_2\right) v_2 \quad (\boldsymbol{F}_B = \text{const}). \qquad (3.30\text{a, b})$$

12 Es wird bei ϱ der Index „F" fortgelassen.

In der letzten Beziehung wurde berücksichtigt, daß nach der Kontinuitätsgleichung $v_1 = (A_2/A_1)\, v_2$ und $\dot{m}_A = \varrho v_2 A_2$ der austretende Massenstrom ist. Weiterhin wurden die Einheitsvektoren der Flächennormalen in der Form $\boldsymbol{A}_1 = A_1 \boldsymbol{n}_1$ und $\boldsymbol{A}_2 = A_2 \boldsymbol{n}_2$ eingeführt. Die von den ersten Gliedern in (3.30a, b) herrührende Kraftkomponente wirkt entgegen der Richtung des Flächenvektors $\boldsymbol{A}_1$ vertikal nach unten und diejenige von den zweiten Gliedern entgegen der Richtung des Flächenvektors $\boldsymbol{A}_2$ nach links oben. Die Reaktionskraft besitzt somit sowohl eine horizontale als auch eine vertikale Komponente. Nimmt man wieder einen kleinen Ausflußquerschnitt an, dann folgt mit $A_2/A_1 \ll 1$

$$\boldsymbol{F} = -\dot{m}_A \boldsymbol{v}_2 = -\varrho v_2^2 \boldsymbol{A}_2 = -2\varrho g z_1 \boldsymbol{A}_2 \quad (A_2/A_1 \ll 1). \qquad (3.31\text{a, b, c})$$

Hierbei wurde berücksichtigt, daß $v_2 \boldsymbol{n}_2 = \boldsymbol{v}_2$ ist und für v_2 die Beziehung für ein kleines Querschnittsverhältnis nach (3.28b) eingesetzt werden kann. Die Kraft wirkt entgegen der Geschwindigkeitsrichtung $\boldsymbol{v}_2$. Ihre Größe hängt nach (3.31a) vom Massenstrom und von der Ausflußgeschwindigkeit oder nach (3.31b) von der Austrittsfläche und vom Quadrat der Geschwindigkeit oder nach (3.31c) von der Austrittsfläche und von der Flüssigkeitshöhe ab. Aus (3.31b) entnimmt man, daß die Rückstoßkraft bei Strömungsumkehr wegen $v_2^2 = (-v_2)^2$ weder die Größe verändert noch die Richtung wechselt, man vgl. die Ausführung über die reibungslose Strömung in einem Rohrkrümmer nach Kap. 2.5.2.2. Ist ϑ nach Abb. 3.13a die Neigung des Ausflußstrahls gegen die Horizontale, dann findet man die Komponenten der Rückstoßkraft in x- und z-Richtung zu

$$F_x = -2\varrho g z_1 A_2 \cos\vartheta, \qquad F_z = 2\varrho g z_1 A_2 \sin\vartheta \quad (A_2/A_1 \ll 1). \qquad (3.32\text{a, b})$$

Bei horizontalem Ausfluß mit $\vartheta = 0$ ist $F_x = -2\varrho g z_1 A_2$ und $F_z = 0$, sowie bei vertikalem Ausfluß nach unten mit $\vartheta = \pi/2$ ist $F_x = 0$ und $F_z = 2\varrho g z_1 A_2$ (entgegen der Schwerkraft der eingeschlossenen Fluidmasse). Das Auftreten des doppelten Werts der Öffnungsfläche $2A_2$ in (3.32a) kann man sich z. B. für $\vartheta = 0$ anhand von Abb. 3.13a, b folgendermaßen erklären: Zusätzlich zum Wegfall der Kraft im Bereich der Öffnung mit der Querschnittsfläche $A_{2x} = A_2$ als Folge des (statischen) Überdrucks $p_i - p_a = \varrho g z_1$ entsteht durch die Zuströmung zur Öffnung in ihrer unmittelbaren Umgebung längs der Wand ein Unterdruck $p < p_i$, der nochmals einen gleichgroßen Kraftbetrag liefert.

b.2) Ausfluß unterhalb der Flüssigkeitsspiegel. Gegeben sind nach Abb. 3.14 zwei sehr große mit Flüssigkeit gefüllte Gefäße, die durch eine vertikale Wand, welche eine Öffnung mit der Fläche A besitzt, voneinander getrennt sind. Die Flüssigkeitsspiegel z_1 und z_2

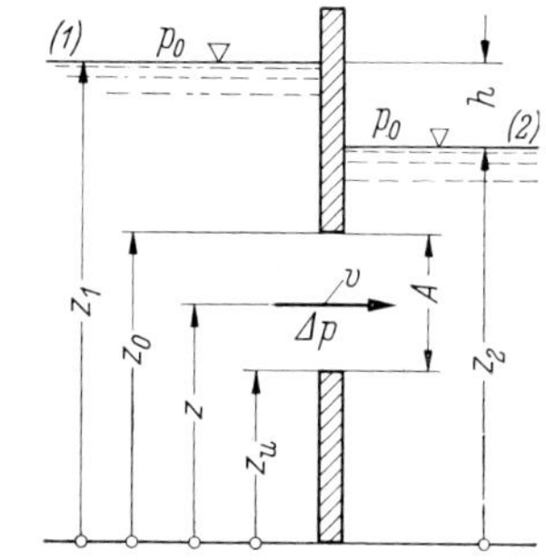

Abb. 3.14. Ausfluß einer Flüssigkeit unterhalb der Flüssigkeitsspiegel (Oberwasser → Unterwasser), Tauchstrahl

stehen verschieden hoch, und zwar soll $z_2 < z_1$ sein. Im Gegensatz zum Ausfluß ins Freie nach Beispiel b.1 handelt es sich jetzt um den Ausfluß einer Flüssigkeit aus einem Gefäß (Oberwasser) in die gleiche Flüssigkeit eines zweiten Gefäßes (Unterwasser). Mit $z_2 > z_0$ erfolgt der Ausfluß vollkommen unterhalb des Flüssigkeitsspiegels im Gefäß (*2*). Die Anwendung der Energiegleichung auf den Ausflußvorgang beruht auf der Kenntnis des

Gegendrucks am Ort z der Austrittsöffnung. Die Spiegelhöhen z_1 und z_2 des oberen und unteren Flüssigkeitsspiegels seien als unveränderlich angenommen. Es wirkt also an der Eintrittsseite $z < z_1$ der hydrostatische Druck $p = p_0 + \varrho g(z_1 - z)$, während an der Austrittsseite $z < z_2$ der Druck $p = p_0 + \varrho g(z_2 - z)$ beträgt. Der maßgebende Druckunterschied ist also $\Delta p = \varrho g(z_1 - z_2)$. Er ist unabhängig von der Lage des Punkts z im Bereich der Ausflußöffnung. Die Anwendung von (3.22b) auf zwei gleich hoch liegende Stellen ($z = \text{const}$) sehr weit vor ($v = 0$) und unmittelbar hinter der Öffnung liefert für die Ausflußgeschwindigkeit und für den Volumenstrom

$$v = \sqrt{\frac{2}{\varrho}\Delta p} = \sqrt{2gh}, \qquad \dot{V} = \mu^* A\sqrt{2gh} \qquad \text{(Tauchstrahl)} \qquad (3.33\,\text{a, b})$$

mit $h = z_1 - z_2 = \text{const}$ als unveränderlichem Höhenunterschied der oberen und unteren Spiegelflächen[13]. Die Geschwindigkeit verteilt sich gleichmäßig über den Austrittsquerschnitt A. Analog zu (3.29b) wurde beim Volumenstrom die Ausflußziffer μ^* eingeführt [85].

b.3) Abschätzung der Kontraktionsziffer. Erfolgt der Ausfluß nicht, wie in Abb. 3.13b gezeigt, durch eine einfache Öffnung, sondern durch eine in Abb. 3.13c dargestellte Borda-Mündung, so kann man hierfür eine Abschätzung der Kontraktionsziffer durchführen, welche als Ergebnis zugleich die unterste Grenze für μ liefert. Während sich bei der Öffnung nach Abb. 3.13b in der Umgebung der Öffnung im Inneren des Gefäßes ein Unterdruck $p < p_i$ einstellt, kann man bei der Borda-Mündung in grober Näherung abschätzen, daß im Inneren des Gefäßes, dort, wo bei der einfachen Öffnung $p < p_i$ war, jetzt $p \approx p_i$ ist. Dies bedeutet, daß der in der Umgebung der einfachen Öffnung wirksame Anteil der Reaktionskraft $(1/2)\,F_x$ jetzt fehlt, siehe die Ausführung im Anschluß an (3.32a). Ausgehend von (3.31b) ergibt sich der Betrag der Rückstoßkraft bei der Borda-Mündung zu $F_x = -(1/2)\,\varrho v_2^2 A_2$. Wendet man jedoch die Impulsgleichung auf eine Kontrollfläche an, welche die wirksame Ausflußfläche A_2^* enthält, dann ergibt sich nach (3.31b) für die gesuchte Kraft auch $F_x^* = -\varrho v_2^{*2} A_2^*$. Zu beachten ist, daß jetzt der eingeschnürte Querschnitt A_2^* und die zugehörige Geschwindigkeit v_2^* einzusetzen sind. Wie mit (3.28b) gezeigt wurde, ist bei kleinen Ausflußöffnungen die Ausflußgeschwindigkeit von der Größe der Austrittsquerschnittsfläche A_2 bzw. A_2^* unabhängig, d. h. es ist $v_2 = v_2^*$. Durch Gleichsetzen der beiden Beziehungen für F_x folgt dann $A_2 = 2A_2^*$, oder wegen $A_2^* = \mu A_2$ für die Kontraktionsziffer $\mu = 1/2$. Dieser durch eine einfache Abschätzung gewonnene Wert läßt sich für ebene Strömung exakt herleiten [48]. Mithin gilt für die Kontraktionsziffer unabhängig von der Dichte des Fluids

$$0{,}5 \leq \mu \leq 1{,}0 \qquad \text{(Wertebereich).} \qquad (3.34)$$

Weitere Ausführungen über μ werden in Kap. 3.4.4.2 bei der Rohrverengung und bei der Blende sowie in Kap. 3.6.2.3 bei der Quellströmung gemacht.

c) Propeller und Windrad

c.1) Scheibenförmiger Propeller. Propeller sind Vortriebsorgane, die das von einer Kraftquelle (Motor) gelieferte Drehmoment in axialen Schub umsetzen. Bei der Drehung des Propellers wird ständig neues Fluid durch die Propellerebene nach hinten beschleunigt. Es entsteht auf diese Weise ein Strahl, dessen Querschnitt von den Propellerabmessungen abhängt und der gegenüber dem übrigen Fluid nicht nur eine fortschreitende, sondern auch eine drehende Bewegung ausführt. Ein Propeller mit den genannten strömungsmechanischen Eigenschaften wird Schraubenpropeller genannt. In Abb. 3.15a ist ein freifahrender Pro-

---

13 Will man den Ausflußvorgang durch Anwenden der Energiegleichung auf die Stellen (*1*) und (*2*) berechnen, so muß gemäß (3.67a) der Austrittsverlust des Tauchstrahls berücksichtigt werden. Mit $p_1 \approx p_2$ und $v_1 \approx 0 \approx v_2$ lautet die erweiterte Bernoullische Energiegleichung in Verbindung mit (3.65b) und (3.124) $\varrho g z_1 = \varrho g z_2 + (\varrho/2)\,v^2$, was dem Ergebnis (3.33a) entspricht.

peller mit dem zugehörigen Bild der Strahlgrenzen dargestellt[14]. Es sei angenommen, daß der Propeller selbst in Ruhe ist und in Achsrichtung angeströmt wird. Eine stark vereinfachte Wirkungsweise kann man sich nach W. J. M. Rankine dadurch vorstellen, daß man den Propeller als durchlässige Scheibe ansieht. Dabei sollen nur Geschwindigkeiten in axialer Richtung auftreten. Einflüsse der Strahldrehung und Reibung werden vernachlässigt. Die hierauf aufbauende Methode bezeichnet man als einfache Rankinesche Strahltheorie.

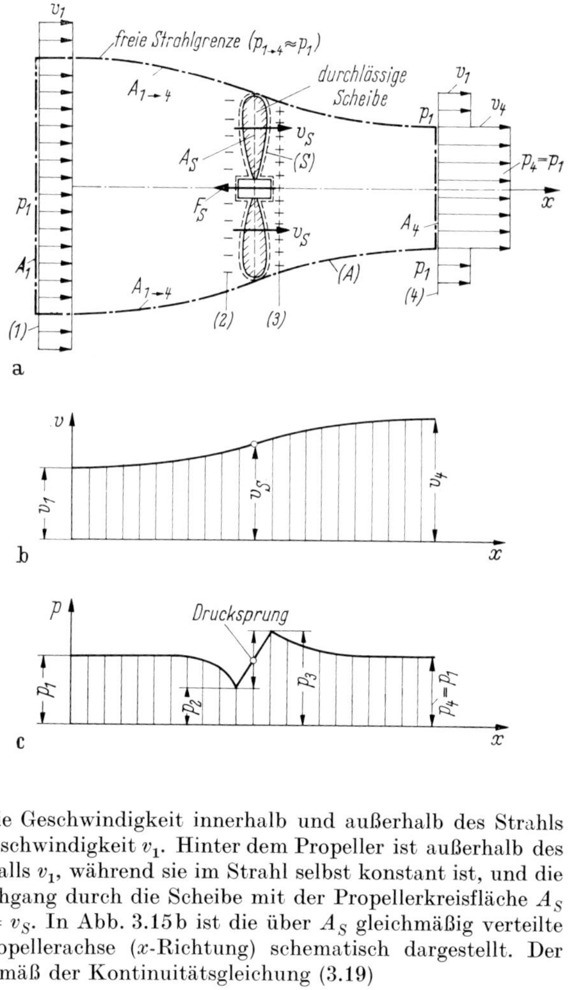

Abb. 3.15. Zur Berechnung des Propellerschubs nach der einfachen Strahltheorie (schematische Darstellung). **a** Freifahrender scheibenförmiger Propeller. **b** Geschwindigkeitsverteilung längs Propellerachse. **c** Druckverteilung längs Propellerachse

Weit vor dem Propeller ist die Geschwindigkeit innerhalb und außerhalb des Strahls gleich der ungestörten Anströmgeschwindigkeit v_1. Hinter dem Propeller ist außerhalb des Strahls die Geschwindigkeit ebenfalls v_1, während sie im Strahl selbst konstant ist, und die Größe $v_4 > v_1$ besitzt. Beim Durchgang durch die Scheibe mit der Propellerkreisfläche A_S sei die Geschwindigkeit $v_2 = v_3 = v_S$. In Abb. 3.15b ist die über A_S gleichmäßig verteilte Geschwindigkeit v längs der Propellerachse (x-Richtung) schematisch dargestellt. Der durchtretende Massenstrom ist gemäß der Kontinuitätsgleichung (3.19)

$$\dot{m}_S = \varrho v_1 A_1 = \varrho v_S A_S = \varrho v_4 A_4. \tag{3.35a, b, c}$$

Vor dem Propeller und auch im Strahl sehr weit hinter dem Propeller, wo die Stromlinien wieder geradlinig und parallel verlaufen, sind die Drücke gleich groß $p_4 = p_1$. Unmittelbar vor der Propellerscheibe herrsche der über A_S gleichmäßig verteilte Unterdruck $p_2 < p_1$

14 In Kap. 3.6.2.2 wird als Beispiel d.1 der Propeller im Rohr behandelt. Das vereinfachte Modell des scheibenförmigen Propellers entspricht in seiner strömungsmechanischen Wirkung dem Turbostrahltriebwerk, über das als Beispiel d.2 noch ausführlich berichtet wird.

und unmittelbar hinter ihr ebenfalls konstant über A_S der Überdruck $p_3 > p_1$. Das Druckverhalten längs der Propellerachse ist in Abb. 3.15c skizziert. Für die Drücke vor und hinter dem Propeller, d. h. an den Stellen (*2*) und (*3*) erhält man aus der Bernoullischen Energiegleichung (3.22a) bei horizontal liegender Propellerachse

$$p_1 + \frac{\varrho}{2} v_1^2 = p_2 + \frac{\varrho}{2} v_S^2 \qquad \text{bzw.} \qquad p_3 + \frac{\varrho}{2} v_S^2 = p_4 + \frac{\varrho}{2} v_4^2.^{15}$$

Die Druckdifferenz $(p_3 - p_2)$ liefert als Integralwert über A_S eine erste Beziehung für die Schubkraft (Schub) F_S (positiv entgegen der x-Richtung), und zwar gilt mit $p_4 = p_1$

$$F_S = (p_3 - p_2) A_S = \frac{\varrho}{2} (v_4^2 - v_1^2) A_S > 0 \qquad \text{(Form I)}. \qquad (3.36\text{a, b})$$

Durch Anwenden der Impulsgleichung (3.20) in Strahlrichtung läßt sich eine zweite Beziehung zur Berechnung der Schubkraft herleiten. Die raumfeste Kontrollfläche (*O*) $= (A) + (S)$ besteht aus dem freien Teil (*A*), der aus der Strahleintrittsfläche A_1, der von der Strahlgrenze gebildeten Mantelfläche $A_{1\to4}$ und der Strahlaustrittsfläche A_4 besteht, sowie aus dem um die Propellerscheibe gelegten körpergebundenen Teil (*S*). Unter Beachtung der Vorzeichen der Flächennormalen wird in x-Richtung

$$-(p_1 + \varrho v_1^2) A_1 + (p_4 + \varrho v_4^2) A_4 = (F_{Ax})_{1\to2} + F_{Sx}.$$

Wegen der horizontalliegenden Propellerachse liefert die Massenkraft $\boldsymbol{F}_B$ keinen Beitrag. Der Schub F_S soll entsprechend Abb. 3.15a positiv nach vorn gerichtet sein[16]. Er ist dann nach (3.21b) gleich der Komponente der Stützkraft in x-Richtung, d. h. $F_S = -F_{Kx} = F_{Sx}$. Der freie Teil der Kontrollfläche (*A*) steht nur unter der Einwirkung von Druckkräften. Die gesamte auf (*A*) ausgeübte Kraft verschwindet, d. h. es ist $p_1 A_1 + (F_{Ax})_{1\to2} - p_4 A_4 = 0$, wenn man annimmt, daß auf der freien Strahlgrenze $A_{1\to2}$ der Druck des umgebenden Fluids herrscht, d. h. $p_{1\to4} = p_1 = p_4$ ist. An der freien Strahlgrenze kann man die Querdruckgleichung (2.97a) wegen der zunächst konvexen und dann konkaven Krümmung im Mittel als erfüllt ansehen. Aus der Impulsgleichung folgt somit unter Berücksichtigung der Kontinuitätsgleichung (3.35)

$$F_S = \varrho(v_4^2 A_4 - v_1^2 A_1) = \dot{m}_S(v_4 - v_1) > 0 \qquad \text{(Form II)}. \qquad (3.37\text{a, b})^{17}$$

Für die Schuberzeugung kommt es also neben der Größe des durch den Propeller erfaßten Massenstroms $\dot{m}_S$ insbesondere auf den Unterschied der Strahlgeschwindigkeit v_4 hinter dem Propeller und der Anströmgeschwindigkeit v_1 vor dem Propeller an. Aus (3.35b), (3.36b) und (3.37b) bzw. aus (3.36b) findet man für die einzelnen Geschwindigkeiten die Zusammenhänge

$$v_S = \frac{1}{2} (v_1 + v_4), \qquad \frac{v_4}{v_1} = \sqrt{1 + c_S}, \qquad (3.38\text{a, b})$$

wobei $c_S = F_S / q_1 A_S$ mit $q_1 = (\varrho/2)\, v_1^2$ als Schubbelastungsgrad eingeführt wird. Nach (3.38a) ist die axiale Geschwindigkeit v_S, mit welcher der Strahl die Propellerkreisfläche durchströmt, gleich dem arithmetischen Mittel aus v_1 und v_4. Man kann jetzt noch eine Betrachtung über die Nutzleistung $P_1 = v_1 F_S$, den Leistungsaufwand $P_S = v_S F_S$ sowie den

---

15 Wegen der Energiezufuhr durch den Propeller an der Stelle (*2*)—(*3*) darf die benutzte Energiegleichung nicht über diese Stelle hinweg, d. h. z. B. für die Stellen (*1*) und (*4*), angewendet werden. Eine solche Einschränkung trifft jedoch nicht für die Impulsgleichung zu.

16 Man beachte, daß mit F_S nicht die Stützkraft im Sinn der Impulsgleichung, sondern die mit entgegengesetztem Vorzeichen versehene Strahlkraft auf die durchlässige Scheibe gemeint ist.

17 Vgl. (3.260a).

Propellerwirkungsgrad η_a anschließen. Es ergibt sich mit (3.38a, b)

$$\eta_a = \frac{P_1}{P_S} = \frac{v_1}{v_S} = \frac{2}{1 + v_4/v_1} = \frac{2}{1 + \sqrt{1 + c_S}} < 1. \tag{3.39}$$

Man bezeichnet η_a als axialen Wirkungsgrad. Er ist um so größer, je kleiner c_S ist. Dies ist der Fall bei schwachbelasteten Propellern, die verhältnismäßig große Propellerflächen haben. Bei der Berechnung des Werts η_a für den scheibenförmigen Propeller wurde auf die Strahldrehung eines Schraubenpropellers sowie auf Reibungseinflüsse keine Rücksicht genommen, so daß der für η_a gefundene Wert sicher zu hoch ist. Da bei technisch ausgeführten Propellern weitere Verluste infolge der Vorgänge an den einzelnen Propellerblättern unvermeidlich sind, gibt η_a einen oberen Grenzwert an, welcher mit dem wirklichen Wirkungsgrad durch die Beziehung $\eta = \zeta\eta_a$ verknüpft ist, wobei der Gütegrad ζ einen Erfahrungswert bezeichnet, der für gut durchgebildete Propeller etwa 0,85 bis 0,90 beträgt. Wird die Strömung durch einen Propeller, wie bisher beschrieben, beschleunigt ($v_4 > v_1$), so handelt es sich um eine Energiezufuhr in die Strömung, wie sie auch bei Ventilatoren, Verdichtern und Pumpen auftritt.

c.2) Scheibenförmiges Windrad. Soll der Propeller dagegen so arbeiten, daß die Strömung durch ihn verzögert wird ($v_4 < v_1$), so ist dies mit einer Energieentnahme aus der Strömung verbunden. Dieser Fall entspricht dem Windrad und liegt auch bei Turbinen vor. Die erzielbare Leistung (negativer Leistungsaufwand) ergibt sich zu $P_S = -v_S F_S$ mit F_S nach (3.36b) und v_4 aus (3.38a) zu

$$P_S = 2\varrho v_1^3 \left(1 - \frac{v_S}{v_1}\right)\left(\frac{v_S}{v_1}\right)^2 A_S, \qquad P_{S\max} = \frac{8}{27}\,\varrho v_1^3 A_S = \dot{m}_S v_S^2. \tag{3.40a, b}$$

Die maximale Leistung berechnet man aus $dP_S/dv_S = 0$ bei $v_S/v_1 = 2/3$.

Aus den vorstehenden Überlegungen geht hervor, daß die besprochene einfache Strahltheorie keinen Aufschluß über den Einfluß der Flügelzahl und der Profilform der Propellerblätter zu geben vermag. Dazu kommt, daß die Annahme eines drehungsfreien, zylindrischen Strahls, der sich mit einer bestimmten Geschwindigkeit durch das ihn umgebende Fluid bewegen soll, physikalisch nicht voll befriedigend ist. Der wirkliche Charakter des Schraubenstrahls wird klarer beschrieben, wenn man die Wirbelbildung verfolgt, die durch die Bewegung der einzelnen Propellerflügel bedingt ist. Hierzu wird in Kap. 5.4.3.4, Beispiel b, noch berichtet.

3.3.3 Instationäre Fadenströmung eines dichtebeständigen Fluids

3.3.3.1 Voraussetzungen und Annahmen

Nachdem bisher in Kap. 3.3.2 nur stationäre Strömungen behandelt wurden, sollen jetzt instationäre reibungslose Strömungen eines dichtebeständigen Fluids nach der Stromfadentheorie besprochen werden. Nach Kap. 3.3.1 wird ein unelastischer Kontrollfaden zugrunde gelegt, bei dem die Querschnitte $A = A(s)$ normal zur Kontrollfadenachse s liegen. Für die gleichmäßig über die Kontrollfadenquerschnitte verteilten Drücke und Geschwindigkeiten gilt $p = p(t, s)$ bzw. $v = v(t, s)$. Der Kontrollfaden besteht nach Abb. 2.32 aus der Eintritts- und Austrittsfläche A_1 bzw. A_2 sowie der Mantelfläche $A_{1\to 2}$. Die Indizes 1 und 2 geben die auf der Kontrollfadenachse raumfest zu haltenden Stellen $s_1 = \text{const}$ bzw. $s_2 = \text{const}$ an. Bei instationären Flüssigkeitsströmungen mit freien Oberflächen, wie sie in Kap. 3.3.3.3 behandelt werden, kann man die Einflüsse der über den Flüssigkeitsspiegeln befindlichen Gase vernachlässigen. Dies führt dazu, daß man die Stellen (*1*) und (*2*) in die sich zeitlich ändernden Flüssigkeitsspiegel, d. h. $s_1 = s_1(t)$ bzw. $s_2 = s_2(t)$ legt. Da neben der Ortskoordinate s auch die Zeit t als unabhängige Veränderliche auftritt, hängen die Lösungen sowohl von den (örtlichen) Randbedingungen als auch von den (zeitlichen) Anfangsbedingungen ab.

3.3.3.2 Ausgangsgleichungen der instationären Fadenströmung

Kontinuitätsgleichung. Der von der Zeit abhängige Volumenstrom $\dot{V}$ beträgt nach (2.55)[18]

$$\dot{V}(t) = v(t, s)\; A(s) = v_1(t)\, A_1 = v_2(t)\, A_2. \tag{3.41a, b}$$

Bei dem angenommenen unelastischen Kontrollfaden stimmt (3.41a, b) formal mit der Beziehung für die stationäre Strömung nach (3.19a, b) überein.

Energiegleichung[19]. Angewendet auf die Stellen (*1*) und (*2*) längs der Kontrollfadenachse lautet die Energiegleichung der Fluidmechanik (2.186), vgl. (3.22b),

$$p_1 + \varrho g z_1 + \frac{\varrho}{2} v_1^2 = p_2 + \varrho g z_2 + \frac{\varrho}{2} v_2^2 + (p_l)_{1\to 2}. \tag{3.42}$$

Der aus der konvektiven Beschleunigung herrührende Geschwindigkeitsdruck läßt sich unter Beachtung von (3.41b) in der Form

$$\frac{\varrho}{2}\,(v_2^2 - v_1^2) = \frac{\varrho}{2}\, a\dot{V}^2 \qquad \text{mit} \qquad a = \frac{1}{A_2^2} - \frac{1}{A_1^2} \tag{3.43a}$$

schreiben. Für das letzte Glied in (3.42) gilt

$$(p_l)_{1\to 2} = \varrho \int\limits_{(1)}^{(2)} \frac{\partial v}{\partial t}\, ds = \frac{\varrho}{2}\, b_{1\to 2}\, \frac{d\dot{V}}{dt} \qquad \text{mit} \qquad b_{1\to 2} = 2 \int\limits_{(1)}^{(2)} \frac{ds}{A(s)}. \tag{3.43b}$$

Dieser Ausdruck enthält die lokale Beschleunigung $\partial v/\partial t$ und soll Beschleunigungsdruck genannt werden. Unter Einführen des Volumenstroms nach (3.41a) mit $v(t, s) = \dot{V}(t)/A(s)$ gilt $\partial v/\partial t = \partial[\dot{V}(t)/A(s)]/\partial t = [1/A(s)]\, d\dot{V}(t)/dt$. Bei dieser Darstellung kann die partielle Differentiation $\partial/\partial t$ in eine totale Differentiation d/dt überführt werden, was eine wesentliche Vereinfachung darstellt. Durch Einführen von $\partial v/\partial t$ in die Ausgangsgleichung folgt die in (3.43b) angegebene Beziehung. Um die Größe $b_{1\to 2}$ zu bestimmen, braucht nur über die reziproke Querschnittsverteilung $1/A(s)$ längs des Kontrollfadens integriert zu werden. Für die in (3.42) noch nicht besprochenen Glieder sei geschrieben

$$H = 2gh \qquad \text{mit} \qquad h = z_1 - z_2 + \frac{p_1 - p_2}{\varrho g} \tag{3.43c}$$

18 Bei $\dot{V}$ wird auf den Index A verzichtet.

19 Aus Gründen der zweckmäßigeren Darstellung wird die Energiegleichung vor der Impulsgleichung gebracht.

als hydraulischer Höhe. Diese setzt sich zusammen aus dem Höhenunterschied $z_1 - z_2$ der beiden Stellen (*1*) und (*2*) sowie einer Druckhöhe $(p_1 - p_2)/\varrho g$, sofern $p_1 \neq p_2$ ist. Nach Einsetzen der angegebenen Abkürzungen in (3.42) erhält man als Bestimmungsgleichung für den Volumenstrom $\dot{V}(t)$ die Differentialgleichung

$$a\dot{V}^2 + b_{1\to 2}\frac{d\dot{V}}{dt} = H \quad \text{(instationär)}, \quad \dot{V} = \sqrt{\frac{H}{a}} \quad \text{(stationär)}. \qquad (3.44\,\text{a, b})$$

Gl. (3.44a) drückt die Energieerhaltung bei der instationären Strömung durch einen unelastischen Kontrollfaden aus. Während die Größen a und $b_{1\to 2}$ ausschließlich von geometrischen Daten abhängen, kann H darüber hinaus noch von den Drücken an den Stellen (*1*) und (*2*) beeinflußt werden.

Impulsgleichung. Unter den gemachten Voraussetzungen gilt nach dem Impulssatz die Kraftgleichung (2.83), vgl. (3.20),

$$(p_1 + \varrho v_1^2)\,\boldsymbol{A}_1 + (p_2 + \varrho v_2^2)\,\boldsymbol{A}_2 + (\boldsymbol{F}_L)_{1\to 2} = \boldsymbol{F}_B + (\boldsymbol{F}_A)_{1\to 2} + \boldsymbol{F}_S. \qquad (3.45)$$

Setzt man mittels der Kontinuitätsgleichung (3.41b) den Volumenstrom $\dot{V}$ in die von der konvektiven Beschleunigung herrührenden Glieder ein, dann kann man hierfür

$$\varrho(v_1^2\boldsymbol{A}_1 + v_2^2\boldsymbol{A}_2) = \varrho\boldsymbol{e}\dot{V}^2 \quad \text{mit} \quad \boldsymbol{e} = \frac{\boldsymbol{n}_1}{A_1} + \frac{\boldsymbol{n}_2}{A_2} \qquad (3.46\,\text{a})$$

schreiben. Dabei wurden die Einheitsvektoren der Flächennormalen in der Form $\boldsymbol{A}_1 = A_1\boldsymbol{n}_1$ bzw. $\boldsymbol{A}_2 = A_2\boldsymbol{n}_2$ eingeführt. Das von der lokalen Beschleunigung $\partial v/\partial t$ herrührende Glied läßt sich wegen $\partial v/\partial t = (1/A)\,(d\dot{V}/dt)$ in

$$(\boldsymbol{F}_L)_{1\to 2} = \varrho\int\limits_{(1)}^{(2)}\frac{\partial v}{\partial t}\,A\,d\boldsymbol{s} = \varrho\,\frac{d\dot{V}}{dt}\,\boldsymbol{r}_{1\to 2} \quad \text{mit} \quad \boldsymbol{r}_{1\to 2} = \int\limits_{(1)}^{(2)} d\boldsymbol{s} \qquad (3.46\,\text{b})$$

umformen. Es stellt $\boldsymbol{r}_{1\to 2}$ die Vektordifferenz aus dem Fahrstrahl nach der Stelle (*2*) und demjenigen nach der Stelle (*1*) dar, d. h. die vektorielle Verbindungslinie zwischen (*2*) und (*1*). Die noch nicht besprochenen Glieder in (3.45) werden zur Kraft

$$\boldsymbol{F}' = \boldsymbol{F}_B - (p_1\boldsymbol{A}_1 + p_2\boldsymbol{A}_2) + (\boldsymbol{F}_A)_{1\to 2} + \boldsymbol{F}_S, \qquad \boldsymbol{F}_K = -\boldsymbol{F}_S \qquad (3.46\,\text{c, d})$$

zusammengefaßt. Über die Bedeutung der Kräfte $\boldsymbol{F}_B$, $(\boldsymbol{F}_A)_{1\to 2}$, $\boldsymbol{F}_S$ und $\boldsymbol{F}_K$ wurde bereits in Kap. 3.3.2.2 im Anschluß an (3.20) berichtet. Nach Einsetzen der angegebenen Abkürzungen in (3.45) erhält man die Vektorgleichung

$$\varrho\left(\boldsymbol{e}\dot{V}^2 + \boldsymbol{r}_{1\to 2}\frac{d\dot{V}}{dt}\right) = \boldsymbol{F}' \quad \text{(Form I)}. \qquad (3.47\,\text{a})$$

Sie drückt das Kräftegleichgewicht bei der instationären Strömung durch einen unelastischen Kontrollfaden aus. Die Größen $\boldsymbol{e}$ und $\boldsymbol{r}_{1\to 2}$ hängen ähnlich wie a und $b_{1\to 2}$ in (3.44a) von geometrischen Daten ab. Zur Auswertung von (3.47a) müssen $\dot{V}$ und $d\dot{V}/dt$ bekannt sein. Die letzte Größe kann man mittels (3.44a) eliminieren.

Dann wird

$$\varrho \left[\boldsymbol{e}\dot{V}^2 + (H - a\dot{V}^2) \frac{\boldsymbol{r}_{1\to 2}}{b_{1\to 2}} \right] = \boldsymbol{F}' \qquad \text{(Form II)}. \tag{3.47b}$$

Bei stationärer Strömung gilt wegen $d\dot{V}/dt = 0$ oder $H - a\dot{V}^2 = 0$ nach (3.47b) die Beziehung $\varrho \boldsymbol{e}\dot{V}^2 = \boldsymbol{F}'$.

3.3.3.3 Anwendungen zur instationären Fadenströmung

An einigen Beispielen von zeitlich veränderlichen Flüssigkeitsströmungen mit freien Oberflächen sei die Anwendung der Stromfadentheorie auf instationäre Strömungen gezeigt. Auf die in Kap. 3.3.3.1 über die Wahl des Kontrollfadens gemachte Bemerkung wird hingewiesen.

a) Instationäre Bewegung von Flüssigkeitsspiegeln

Spiegelgeschwindigkeit. Von besonderem Interesse sind die bei instationären Flüssigkeitsströmungen an den Spiegelflächen auftretenden zeitlichen Änderungen der Spiegelhöhen und Spiegelgeschwindigkeiten. Dabei kann man grundsätzlich die Strömungen in kommunizierenden Gefäßen von den Strömungen in Ausflußgefäßen unterscheiden. Bei einem kommunizierenden Gefäß sind nach Abb. 3.16 die Stellen (*1*) und (*2*) in die Spiegelflächen

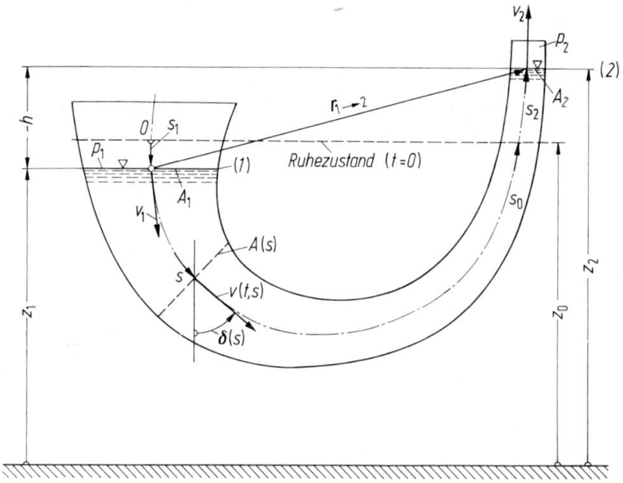

Abb. 3.16. Zur Berechnung der instationären Flüssigkeitsbewegung in einem kommunizierenden Gefäß (oben offener Kontrollfaden) bei reibungsloser Strömung

der beiden Schenkel zu legen. Die Querschnitte A_1, $A(s)$ und A_2 sind normal zur Kontrollfadenachse $s_1 \leqq s \leqq s_2$. Die Spiegelflächen sind immer horizontale Niveauflächen. Sind diese nicht normal zur Kontrollfadenachse, so sind sie durch die normal stehenden Flächen zu ersetzen, man vgl. hierzu Abb. 2.26 (schraffierte Bereiche). Während $s = 0$ und $s = s_0$ die Ruhelage (Beharrungszustand bei $t = 0$) beschreiben, geben die Strecken $s_1(t)$ und $s_2(t)$ die jeweiligen Spiegellagen an. Sind ds_1 und ds_2 die zeitlichen Verschiebungen der Spiegelflächen, dann betragen die zugehörigen Spiegelgeschwindigkeiten $v(t, s_1) = v[s_1(t)] = v_1(t) = ds_1/dt = \dot{s}_1$ und $v(t, s_2) = v[s_2(t)] = v_2(t) = ds_2/dt = \dot{s}_2$. Da das abgesenkte

Volumen im Bereich $0 \leqq s \leqq s_1$ gleich dem hochgehobenen Volumen im Bereich $s_0 \leqq s \leqq s_2$ sein muß, gilt

$$\int_{s=0}^{s_1} A(s)\,ds = \int_{s=s_0}^{s_2} A(s)\,ds, \qquad s_2 = s_0 + s_1 \qquad (A = \text{const}). \qquad (3.48\,\text{a, b})$$

Bei gegebener Querschnittsverteilung $A(s)$ lassen sich die Integrale analytisch oder graphisch auswerten. Aus diesem Ergebnis kann man die Abhängigkeit des Wegs $s_2 = f(s_1)$ und hieraus wegen $A(s)$ auch diejenige der Fläche $A_2 = A(s_2) = A_2(s_1)$ ermitteln. Bei ungeändertem Fadenquerschnitt erhält man aus (3.48a) die einfache Beziehung (3.48b), wobei s_0 eine Konstante ist. Da das Gefäß an den beiden Stellen (*1*) und (*2*) offen sein soll, ist $p_1 = p_2$ gleich dem Atmosphärendruck, was nach (3.43c) zu $h = h(s_1) = z_1 - z_2$ führt.

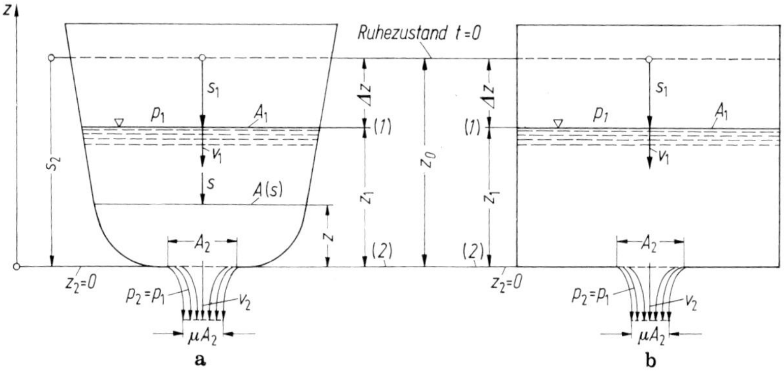

Abb. 3.17. Zur Berechnung des zeitlichen Ausflußvorgangs aus einem oben offenen Gefäß (Ausflußgefäß) bei reibungsloser Strömung. **a** Beliebiger Gefäßquerschnitt. **b** Konstanter Gefäßquerschnitt (zylindrisch)

Bei einem Ausflußgefäß nach Abb. 3.17 ist die Stelle (*1*) in die Spiegelfläche und die Stelle (*2*) in die Ausflußöffnung zu legen. Es ist also während des Ausflußvorgangs $s_1 = s_1(t)$ und $s_2 = \text{const}$. Ein Zusammenhang $s_2 = f(s_1)$ wie bei einem kommunizierenden Gefäß nach Abb. 3.16 besteht also nicht.

Die nachfolgenden Ausführungen gelten unter jeweiliger Beachtung der aufgezeigten Besonderheiten für die beiden in Abb. 3.16 und 3.17 dargestellten Fälle. Führt man (3.41b) in (3.44a) ein, dann erhält man je eine Bestimmungsgleichung für die Geschwindigkeit $v_1(t)$ oder $v_2(t)$. Im folgenden sei nur die Gleichung für die Stelle $s_1(t)$ angeschrieben, während sich die Gleichung für die Stelle $s_2(t)$ in entsprechender Weise durch Auswechseln der Indizes angeben läßt. Beim Gefäßausfluß gilt die letzte Aussage wegen $s_2 = \text{const}$ nicht. Wegen $\dot V = v[s_1(t)]\,A[s_1(t)] = v_1 A_1$ mit $v_1 = v[s_1(t)] = ds_1/dt = \dot s_1$ sowie $dv_1/dt = d^2 s_1/dt^2 = \ddot s_1$ gilt für die zeitliche Änderung des Volumenstroms, vgl. hierzu Immich [79],

$$\frac{d\dot V}{dt} = A_1 \frac{dv_1}{dt} + \frac{dA_1}{dt} v_1 = A_1 \ddot s_1 + \frac{dA_1}{ds_1} \dot s_1^2 = \frac{A_1}{2} \frac{d(v_1^2)}{ds_1} + \frac{dA_1}{ds_1} v_1^2 .$$

Nach Einsetzen von $\dot V$ und $d\dot V/dt$ in (3.44a) erhält man zur Ermittlung der Spiegellage $z_1(t)$ zwei Darstellungen der Bestimmungsgleichung

$$\ddot s_1 + \frac{1}{2} c(s_1)\, \dot s_1^2 + \frac{1}{2} d(s_1) = 0, \qquad \frac{d(v_1^2)}{ds_1} + c(s_1)\, v_1^2 + d(s_1) = 0. \qquad (3.49\,\text{a, b})$$

Dabei werden gemäß (3.43a, b, c) mit $p_1 = p_2$ die neuen Abkürzungen

$$c(s_1) = \frac{1}{L(s_1)}\left[\left(\frac{A_1}{A_2}\right)^2 - 1\right] + \frac{2}{A_1}\frac{dA_1}{ds_1}, \quad d(s_1) = -\frac{2gh(s_1)}{L(s_1)} \tag{3.50a, b}$$

mit der rechnerischen Länge des Flüssigkeitsfadens zwischen den Stellen (*1*) und (*2*)

$$L(s_1) = \frac{1}{2}A_1 b_{1\to 2} = \int\limits_{(1)}^{(2)} \frac{A_1}{A(s)}\,ds \tag{3.50c}$$

eingeführt. Ist wie in Abb. 3.16 und 3.17a die Querschnittsverteilung $A(s)/A_1 \leqq 1$, dann wird $L(s_1) \geqq s_2 - s_1$. Bei konstantem Kontrollfadenquerschnitt $A(s) = A_1 = A_2$ wird $L(s_1) = s_2 - s_1$ gleich der tatsächlichen Länge des Flüssigkeitsfadens. In diesem Fall ist weiterhin $c = 0$ und $d = -2gh/L$.

Gl. (3.49a) ist eine nichtlineare Differentialgleichung zweiter Ordnung für die Spiegellage $s_1(t)$, während (3.49b) eine lineare Differentialgleichung erster Ordnung für das Quadrat der Geschwindigkeit $v_1^2(s_1)$ ist[20]. Auf das bemerkenswerte Ergebnis, daß die Dichte der Flüssigkeit keine Rolle spielt, d. h. die Bestimmungsgleichung (3.49a, b) für beliebige Flüssigkeiten gilt, sei hingewiesen. Die allgemeine Lösung der Differentialgleichung (3.49b) lautet

$$v_1^2 = [C - \int d\exp(\int c\,ds_1)\,ds_1]\cdot\exp(-\int c\,ds_1), \tag{3.51}$$

wobei sich die Integrationskonstante C z. B. aus der Anfangsbedingung bestimmt, wenn für die Ruhelage $s_1 = 0$ die Geschwindigkeit v_1 bekannt ist. Nimmt man an, daß der Strömungsvorgang aus der Ruhe heraus erfolgt, so erhält man mit $v_1 = \dot{s}_1 = 0$ nach (3.49a) die Anfangsbeschleunigung $(dv_1/dt)_0 = gh(s_1 = 0)/L(s_1 = 0)$. Sie ist bei einem Ausflußgefäß nach unten gerichtet. Bei der Gefäßform mit beliebigem Gefäßquerschnitt nach Abb. 3.17a oder nach 3.17b mit konstantem Gefäßquerschnitt gilt wegen $h(s_1 = 0) \leqq L(s_1 = 0)$ für die Anfangsbeschleunigung $(dv_1/dt)_0 \leqq g$.

Spiegelhöhe. Die Lage des Flüssigkeitsspiegels an der Stelle (*1*) in Abhängigkeit von der Zeit t wird durch Angabe der Funktion $s_1(t)$ beschrieben. Sie läßt sich unmittelbar aus (3.49a) berechnen. Aus $s_1(t)$ ergibt sich aufgrund der gegebenen Geometrie die Hochlage des Spiegels $z_1(t)$. Kennt man als Lösung von (3.49a) die Spiegelgeschwindigkeit $v_1(t) = \dot{s}_1 = ds_1/dt$, so kann man durch Trennung der Veränderlichen $ds_1 = v_1(t)\,dt$ die Integration sofort ausführen und gelangt zu dem Ergebnis

$$s_1(t_1) = \int\limits_{t=0}^{t_1} v_1(t)\,dt, \qquad z_1(t) = z_0 - \int\limits_0^{s_1}\cos\delta(s)\,ds, \tag{3.52a, b}$$

wobei die zweite Beziehung durch Einführen des Neigungswinkels $\delta(s)$ der Kontrollfadenachse s gegen die Vertikale z nach Abb. 3.16 folgt. Bei einem ungekrümmten Faden, wie er z. B. beim Ausflußgefäß nach Abb. 3.17 vorliegt, ist $\delta(s) = 0$ und damit $z_1 = z_0 - s_1$ mit s_1 nach (3.52a). Dies Ergebnis bestätigt man sofort, wenn man die Beziehung $dz_1 = -ds_1$ integriert. Ist die Geschwindigkeit als Lösung von (3.49b) oder (3.51) mit $v_1(s_1) = ds_1/dt$ gegeben, dann läßt sich der Zusammenhang von Ort und Zeit durch Integration der Beziehung $ds_1/v_1(s_1) = dt$ gewinnen.

Instationäre Kräfte. Von weiterem Interesse ist häufig auch die Kenntnis der Kräfte, die bei der instationären Bewegung auf die Mantelfläche eines flüssigkeitsgefüllten Gefäßes ausgeübt werden. Zu ihrer Berechnung stehen (3.47a, b) zur Verfügung. Wird der Volumenstrom $\dot{V}$ gemäß (3.41b) durch die Spiegelgeschwindigkeit $v_1 = \dot{V}/A_1$ ausgedrückt, und führt man die bereits definierten Funktionen a, $\boldsymbol{e}$, $b_{1\to 2}$, $\boldsymbol{r}_{1\to 2}$, H sowie L ein, so erhält man

---

20 Es stellt $v_1^2/2$ die auf die Masse bezogene kinetische Energie am Ort der Spiegelfläche (*1*) dar.

mit (3.47 b) die in (3.46 c) beschriebene Kraft[21]

$$\boldsymbol{F}' = \varrho A_1 \left\{ \left[\boldsymbol{n}_1 + \frac{A_1}{A_2} \boldsymbol{n}_2 \right] v_1^2 + \left[2gh(s_1) - \left(\left(\frac{A_1}{A_2} \right)^2 - 1 \right) v_1^2 \right] \frac{\boldsymbol{r}_{1\to 2}}{2L(s_1)} \right\}. \tag{3.53}$$

In dieser Beziehung kommen neben der konstanten Dichte der Flüssigkeit ϱ und der Fallbeschleunigung g an geometrischen Größen die Querschnittsflächen A_1 und A_2 mit ihren Einheitsvektoren $\boldsymbol{n}_1 = \boldsymbol{A}_1/A_1$ und $\boldsymbol{n}_2 = \boldsymbol{A}_2/A_2$, die hydraulische Höhe $h(s_1)$ nach (3.43 c), die rechnerische Länge des Flüssigkeitsfadens L nach (3.50 c) sowie der Fahrstrahl $\boldsymbol{r}_{1\to 2}$ von der Stelle (*1*) zur Stelle (*2*) nach Abb. 3.16 vor. Weiterhin benötigt man zur Auswertung die Kenntnis der Spiegelgeschwindigkeit $v_1 = \dot{s}_1$ nach (3.49). In $\boldsymbol{F}'$ ist entsprechend (3.46 c) die gesuchte Kraft enthalten. Nach Abb. 3.16 stellt die Mantelfläche des Kontrollfadens eine feste Begrenzung dar. Dies bedeutet, daß die Kraft $(\boldsymbol{F}_A)_{1\to 2} = (\boldsymbol{F}_S)_{1\to 2}$ als Teil der Stützkraft in $\boldsymbol{F}_S$ enthalten ist. Nach dem Wechselwirkungsgesetz (3.46 d) ist die von der Flüssigkeit auf die innere Wandung des Gefäßes übertragene Kraft $\boldsymbol{F}_i = \boldsymbol{F}_K = -\boldsymbol{F}_S$. Für die Drücke soll angenommen werden, daß sie gleich dem Atmosphärendruck sind, d. h. $p_1 = p_2$ ist. Die Druckkraft auf die äußere Wandung des Gefäßes ist $\boldsymbol{F}_a = p_1(\boldsymbol{A}_1 + \boldsymbol{A}_2)$. Die resultierende Kraft auf das Gefäß beträgt also mit $\boldsymbol{F}'$ nach (3.53)

$$\boldsymbol{F}_r = \boldsymbol{F}_i + \boldsymbol{F}_a = \boldsymbol{F}_B - \boldsymbol{F}', \qquad \boldsymbol{F} = \boldsymbol{F}_r - \boldsymbol{F}_B = -\boldsymbol{F}' \qquad (\boldsymbol{F}_B = \text{const}). \tag{3.54 a, b}$$

Die zweite Beziehung stellt die vom instationären Strömungsvorgang hervorgerufene Reaktionskraft dar, wenn, wie z. B. bei einem kommunizierenden Gefäß die Massenkraft $\boldsymbol{F}_B$ unverändert ist, vgl. [80].

b) Schwingung einer Flüssigkeit in einem kommunizierenden Gefäß bei reibungsloser Strömung

b.1) Geneigte Schenkel. In einem nach Abb. 3.18 a gebogenen Rohr von konstantem Querschnitt A, dessen oben offene Schenkel gegen die Vertikale um die Winkel $\delta_1 < \pi/2$ bzw. $\delta_2 > \pi/2$ geneigt sind, befinde sich eine reibungslose Flüssigkeit zunächst in Ruhe. Dann steht die Flüssigkeit nach dem Gesetz der kommunizierenden Röhren in beiden Rohrschenkeln gleich hoch, $s_1 = 0$. Denkt man sich das Gleichgewicht durch irgendeine äußere Ursache vorübergehend gestört, so führt die Flüssigkeit nach Fortfall der Störung

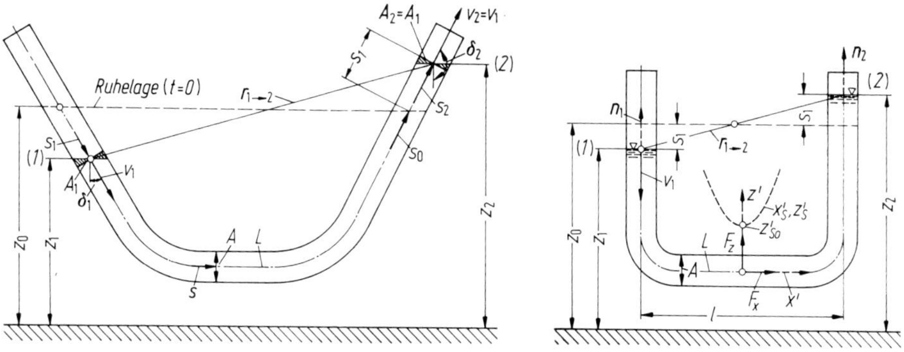

Abb. 3.18. Zur Berechnung einer schwingenden Flüssigkeit in kommunizierenden Gefäßen bei reibungsloser Strömung. **a** Rohr mit geneigten Schenkeln. **b** U-Rohr

21 Man beachte die Ausführungen für die stationäre Strömung in Kap 3.3.2.3, Beispiel b.1 (Ausfluß aus einem Gefäß). Mit $h = z_1$ nach (3.43 c), $2gz_1 = [1 - (A_2/A_1)^2]\, v_2^2$ nach (3.28 a) sowie $v_1 = (A_2/A_1)\, v_2$ nach (3.19 b) zeigt man in (3.53), daß die zweite eckige Klammer verschwindet. Es verbleibt mit $\dot{m}_A = \varrho v_1 A_1$ und $\boldsymbol{F} = -\boldsymbol{F}'$ nach (3.54 b) die in (3.30 b) angegebene Beziehung.

unter der Wirkung der Schwere im Rohr Schwingungen aus. Es liegt somit der Fall einer instationären Strömung vor. Zur Berechnung der Spiegelbewegung empfiehlt sich (3.49a). Bezeichnet man die Lage der linken Spiegelfläche mit (*1*) und die Lage der rechten Spiegelfläche mit (*2*), dann erhält man mit $A_1 = A_2 = A$ nach (3.50c) die Länge des Flüssigkeitsfadens zu $L(s_1) = s_2 - s_1 = s_0 = \text{const}$. Sofern sich die Flüssigkeitsspiegel oberhalb des gekrümmten Teils des Rohrs befinden, beträgt der Spiegelunterschied $h(s_1) = z_1 - z_2 = -(\cos\delta_1 - \cos\delta_2)\, s_1$, vgl. (3.52b). Gemäß (3.50a, b) ist weiterhin $c(s_1) = 0$ und $d(s_1) = (2g/L)(\cos\delta_1 - \cos\delta_2)\, s_1$. Mithin wird

$$\ddot{s}_1 + \frac{g}{L}(\cos\delta_1 - \cos\delta_2)\, s_1 = 0, \qquad s_1 = s_{1\,\max}\sin(\omega t), \tag{3.55a, b}$$

was einer harmonischen Schwingung entspricht. Mit $s_1 = 0$ für $t = 0$ und mit $\omega = \sqrt{(g/L)(\cos\delta_1 - \cos\delta_2)}$ als Kreisfrequenz der ungedämpften Schwingung beschreibt $s_1(t)$ die zeitabhängige Spiegellage, wobei $s_{1\,\max}$ den größten Ausschlag gegenüber der Ruhelage $z = z_0$ angibt. Für die Dauer einer vollen Schwingung (Zeit zwischen zwei Durchgängen in gleicher Richtung) erhält man die Schwingdauer

$$T = \frac{2\pi}{\omega} = 2\pi\sqrt{\frac{L}{g(\cos\delta_1 - \cos\delta_2)}}, \qquad T = 2\pi\sqrt{\frac{L}{2g}} \quad \text{(U-Rohr)}, \tag{3.56a, b}$$

während $T' = T/4$ die Zeit zwischen dem größten Ausschlag $s_{1\,\max}$ und dem Nulldurchgang $z = z_0$ bedeutet. Die Spiegelgeschwindigkeit $v_1 = \dot{s}_1$ findet man in bekannter Weise aus (3.55b) durch Differentiation nach der Zeit t. Theoretisch würde die von der Dichte der schwingenden Flüssigkeit unabhängige Bewegung unendlich lange andauern. Tatsächlich wird sie jedoch bei reibungsbehafteter Strömung infolge der strömungsmechanischen Reibungsverluste gedämpft, so daß die Flüssigkeit nach einiger Zeit im Rohr wieder zur Ruhe gelangt, vgl. Kap. 3.4.5.3, Beispiel b.

b.2) U-Rohr. Für $\delta_1 = 0$ und $\delta_2 = \pi$ geht das Rohr nach Abb. 3.18b in ein Rohr mit parallel nach oben gerichteten Schenkeln über. Die Spiegelbewegung und Spiegelgeschwindigkeit erhält man aus (3.55b) zu $s_1 = s_{1\,\max}\sin(\omega t)$ bzw. $v_1 = \omega s_{1\,\max}\cos(\omega t)$ mit $\omega = \sqrt{2g/L}$. Nachstehend soll die beim Schwingungsvorgang nach (3.54b) auftretende instationäre Reaktionskraft (ohne die Massenkraft $\boldsymbol{F}_B = \text{const}$) berechnet werden. Diese besteht aus einer horizontalen und einer vertikalen Komponente, F_x bzw. F_z. Folgende Größen treten neben v_1 bei der Auswertung von (3.53) auf: die Rohrquerschnitte $A_1 = A_2 = A$, die zugehörigen Einheitsvektoren der Flächennormalen $\boldsymbol{n}_1 = \boldsymbol{n}_2$, die hydraulische Höhe $h = -2s_1$, die Länge des Flüssigkeitsfadens L sowie die Komponenten des Fahrstrahls $\boldsymbol{r}_{1\to 2}$ in x- und z-Richtung $r_x = l$ bzw. $r_z = 2s_1$. Die gesamte Masse der schwingenden Flüssigkeit beträgt $m = \varrho AL$ mit L als Länge des Flüssigkeitsfadens. Mit $m_x = \varrho Al$ werde die horizontal schwingende Masse bezeichnet. Nach Einsetzen in (3.53) und anschließend in (3.54b) wird nach Umformung, vgl. [80],

$$F_x = 2gm_x k \sin\left(2\pi\frac{t}{T}\right), \qquad F_z = -4gmk^2\cos\left(4\pi\frac{t}{T}\right). \tag{3.57a, b}$$

Dabei wurde die Abkürzung $k = s_{1\,\max}/L$ und $T = 2\pi/\omega$ nach (3.56b) eingeführt. Die horizontale Kraftkomponente F_x ändert sich in gleicher Weise wie die Schwingung des Flüssigkeitsspiegels $s_1(t)$. Sie verschwindet beim Durchgang durch die Nullage $t = 0$, $t = T/2$, $t = T$ usw. Die vertikale Kraftkomponente F_z wirkt beim Durchgang durch die Nullage immer mit der Größe $F_{z0} = -4mgk^2$ nach unten. Bei den maximalen negativen oder positiven Ausschlägen bei $t = T/4$, $t = (3/4)\,T$ usw. ist sie in gleicher Stärke nach oben gerichtet. Die Kraft F_z verschwindet bei $t = T/8$, $t = (3/8)\,T$ usw., vgl. [80]. Das Ergebnis von (3.57a, b) kann man bestätigen, wenn man aus der zeitveränderlichen Lage des Schwerpunkts der schwingenden Flüssigkeitsmasse zunächst die Beschleunigung $\ddot{x}_S$, $\ddot{z}_S$ bestimmt und hieraus die Kräfte $F_x = -m\ddot{x}_S$, $F_z = -m\ddot{z}_S$ berechnet. Für das in Abb. 3.18b gewählte Koordinatensystem gilt $x'_S = (l/L)\, s_1$ und $z'_S = (1/L)(z_0'^2 + s_1^2)$. Danach bewegt sich der Massenschwerpunkt auf dem Parabelbogen $z'_S = z'_{S0} + L(x'_S/l)^2$ mit $z'_{S0} = z_0'^2/L$ als der Hochlage im Ruhezustand ($s_1 = 0$).

c) Instationärer Ausfluß aus einem Gefäß

Das nach Abb. 3.17a beliebig gestaltete oben offene Gefäß sei mit einer Flüssigkeit gefüllt, deren Spiegel anfangs (Zustand der Ruhe zur Zeit $t = 0$) um die Höhe $z = z_0$ über der Ausflußöffnung bei $z = z_2 = 0$ liegt. Nach plötzlicher Öffnung des Bodenabflusses A_2 tritt eine instationäre, nach Voraussetzung reibungslose Strömung ein, in deren Verlauf der Spiegel sinkt. Zur Zeit t_1 habe er die Höhe $z = z_1$ über der Ausflußöffnung erreicht, wobei der von ihm erfüllte Gefäßquerschnitt A_1 ist. Dort herrsche die mittlere Spiegelgeschwindigkeit v_1, während v_2 die zugehörige Ausflußgeschwindigkeit bezeichnet. Wirkt auf den freien Spiegel der äußere Atmosphärendruck p_1 und erfolgt der Ausfluß ins Freie, so gilt $p_2 = p_1$.

Zur Ermittlung der Spiegelgeschwindigkeit geht man von (3.51) aus, wobei man die Integrationsveränderliche durch $s_1 = z_0 - z_1$ bzw. $ds_1 = -dz_1$ ersetzt. Die Funktionen $c(z_1)$, $d(z_1)$ und $L(z_1)$ lassen sich nach (3.50a, b, c) bei bekannter Gefäßform $A(z)$ angeben. Für ein Gefäß mit konstantem Querschnitt (z. B. zylindrisches Gefäß) nach Abb. 3.17b, d. h. mit $A(z_1) = A_1 = \text{const}$, wird $L(z_1) = z_1$, $c(z_1) = (\sigma^2 - 1)/z_1$ mit dem Flächenverhältnis $\sigma = A_1/A_2 = \text{const}$ und $d(z_1) = -2g = \text{const}$. Mit diesen Größen sowie der Anfangsbedingung für das plötzliche Öffnen mit $v_1 = 0$ und $z_1 = z_0$ liefert die Auswertung der Integrale in (3.51) für die Spiegelgeschwindigkeit $v_1 = v(z_1)$

$$v_1 = \sqrt{\frac{2gz_1}{\sigma^2 - 2}\left[1 - \left(\frac{z_1}{z_0}\right)^{\sigma^2-2}\right]} \quad \text{(instationär).} \tag{3.58}$$

Nach Abb. 3.17b bedeutet $\Delta z = z_0 - z_1$ die Absenkung des Flüssigkeitsspiegels nach einer bestimmten Zeit t_1. In Abb. 3.19a ist die Größe $v_1^2/2gz_0$ über $\Delta z/z_0$ mit $0 < A_2A_1 \leqq 1{,}0$ als Parameter als ausgezogene Kurve aufgetragen. Sie stellt das Verhältnis der kinetischen Energie $v_1^2/2$ bei einem bestimmten Zeitpunkt zur potentiellen Energie des Ausgangszustands gz_0 dar. Wie zu erwarten war, nimmt die Geschwindigkeit v_1 beim instationären Ausflußvorgang vom Wert null bei $z_1 = z_0$ bzw. $\Delta z = 0$ ausgehend mit größer werdender Absenkung $\Delta z > 0$ zu, erreicht einen Höchstwert und fällt bis zur Beendigung des Ausflußvorgangs bei $z_1 = 0$ bzw. $\Delta z = z_0$ wieder auf den Wert null ab. Die Maximalwerte von $(v_1^2/2gz_0)_{\max}$ stellen jeweils Zustände dar, bei denen die Beschleunigung der Spiegelbewegung in eine Verzögerung übergeht. Eine häufig benutzte Näherung stellt der quasistationäre Ausflußvorgang dar. Man nimmt an, daß die Strömung in jedem Augenblick als näherungsweise stationär betrachtet werden kann, d. h. man vernachlässigt die lokale Beschleunigung $\partial v/\partial t = 0$. Dies drückt sich in (3.49b) durch Fortfall des ersten Glieds aus. Mithin erhält man wegen $v_1^2 = -d(z_1)/c(z_1)$ die auch für Gefäße mit veränderlichen Querschnittsflächen $A_1 = A(z_1)$ geltende Beziehung

$$v_1 = \sqrt{\frac{2gz_1}{(A_1/A_2)^2 - 1}} \approx \frac{A_2}{A_1}\sqrt{2gz_1} \quad \text{(quasistationär).} \tag{3.59a, b}$$

Die letzte Beziehung gilt für $A_2 \ll A_1$. Diesen Fall kann man als pseudo-quasistationären Ausflußvorgang bezeichnen. Er stimmt wegen $v_1A_1 = v_2A_2$ formal mit der Torricellischen Ausflußformel (3.28b) für stationäre Strömung überein. Die Ergebnisse nach (3.59a, b) sind in Abb. 3.19a auch für die nach Voraussetzung nicht zulässigen großen Flächenverhältnisse A_2/A_1 in der Form $v_1^2/2gz_0$ als strichpunktierte bzw. gestrichelte Geraden miteingetragen. In beiden Fällen erhöht sich die Geschwindigkeit v_1 nach Beginn des Öffnens bei $\Delta z = 0$ sprunghaft auf den Wert des stationären Ausflußvorgangs und nimmt dann stetig bis auf den Wert $v_1 = 0$ bei Beendigung des Ausflußvorgangs bei $\Delta z = z_0$ ab. Dies Ergebnis steht bei mittleren und größeren Flächenverhältnissen A_2/A_1 in krassem Widerspruch zu der exakten Lösung nach (3.58). Eine ausführliche Diskussion dieses Sachverhalts findet man in [79].

Die Ausflußzeit t_1 erhält man aus der Beziehung für die Spiegelabsenkung $v_1 = -dz_1/dt$, d. h. mit $dt = -dz_1/v(z_1)$ zu

$$t_1 = -\int_{z_0}^{z_1} \frac{dz_1}{v_1(z_1)} \approx \frac{1}{A_2}\int_{z_1}^{z_0} \frac{A(z_1)}{\sqrt{2gz_1}}\,dz_1 \left(\frac{A_2}{A_1} \ll 1\right). \tag{3.60a, b}$$

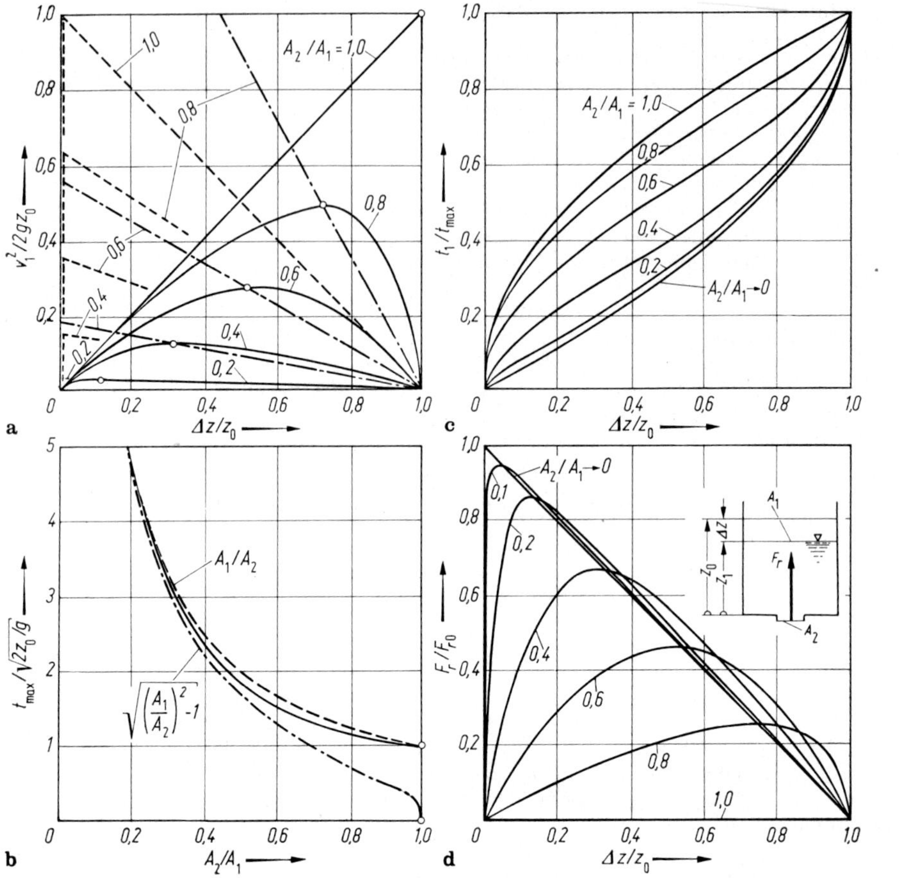

Abb. 3.19. Instationärer Ausfluß aus einem Gefäß mit konstantem Querschnitt nach Abb. 3.17b bei reibungsloser Strömung. —— instationäre Bewegung ($\partial v/\partial t \neq 0$), —·—· quasistationäre Bewegung ($\partial v/\partial t = 0$), ---- pseudo-quasistationäre Bewegung ($\partial v/\partial t = 0$, $v_1 \ll v_2$). **a** Spiegelgeschwindigkeit $v_1^2/2gz_0$ in Abhängigkeit von der Spiegelabsenkung $\Delta z/z_0$ für verschiedene Querschnittsverhältnisse $0 < A_2/A_1 \leqq 1{,}0$. **b** Entleerungszeit $t_{max}/\sqrt{2z_0/g}$ in Abhängigkeit vom Querschnittverhältnis A_2/A_1. **c** Ausflußzeiten t_1/t_{max} in Abhängigkeit von der Spiegelabsenkung $\Delta z/z_0$ für verschiedene Querschnittsverhältnisse A_2/A_1. **d** Reaktionskraft F_r/F_{r0} in Abhängigkeit von der Spiegelabsenkung $\Delta z/z_0$ für verschiedene Querschnittsverhältnisse A_2/A_1

Für die Geschwindigkeit $v(z_1) = v_1$ wird der nach (3.59b) für ein sehr kleines Querschnittsverhältnis gültige Ausdruck eingesetzt. Da, wie schon früher beim Beispiel a gezeigt wurde, die Spiegelgeschwindigkeit nicht von der Dichte des Fluids abhängt, gelten die Beziehungen zur Berechnung der Ausflußzeit für beliebige Flüssigkeiten. Für ein Gefäß mit konstantem Querschnitt $A(z_1) = A_1 = \text{const}$ erhält man nach Ausführen der Integration in (3.60b)

$$t_1 = \frac{A_1}{A_2}\left(1 - \sqrt{\frac{z_1}{z_0}}\right)\sqrt{\frac{2z_0}{g}}, \qquad t_{max} = \frac{A_1}{A_2}\sqrt{\frac{2z_0}{g}} \qquad (A_2/A_1 \ll 1). \qquad (3.61\,\text{a, b})$$

Die Entleerungszeit (maximale Ausflußzeit) t_{max} ergibt sich nach (3.61b) für $z_1 = 0$. In Abb. 3.19b ist $t_{max}/\sqrt{2z_0/g}$ über dem Querschnittsverhältnis A_2/A_1 bei dem zugrunde gelegten pseudoquasistationären Ausflußvorgang als gestrichelte Kurve aufgetragen. Von besonderem Interesse ist jedoch die Kenntnis der tatsächlichen Entleerungszeit des instationären Ausflußvorgangs, vgl. [79]. Das Ergebnis ist in Abb. 3.19b als ausgezogene Kurve dargestellt. Trotz der sehr verschiedenen Abhängigkeiten von $v_1 = f(\Delta z)$ nach Abb. 3.19a stimmen die Entleerungszeit für verschiedene Werte $0 < A_2/A_1 \leqq 1$ nahezu überein. Schließlich ist auch der quasistationäre Ausfluß als strichpunktierte Kurve wiedergegeben. Bei $A_2/A_1 = 1$ wird das Gefäß nach dem Öffnen ohne Zeitverlust entleert, was bedeutet, daß sich bei großen Flächenverhältnissen grundsätzliche Unterschiede gegenüber der exakten Lösung ergeben. Obwohl (3.60b) zwei einschneidende Annahmen (vernachlässigte lokale Beschleunigung, kleine Spiegelgeschwindigkeit im Gefäß) enthält, gibt sie die Entleerungszeit für alle Werte $0 < A_2/A_1 \leqq 1$ recht gut wieder. Wie stark sich jedoch die unterschiedlichen Geschwindigkeitsgesetze auf den zeitlichen Verlauf des Ausflußvorgangs auswirken, geht aus Abb. 3.19c hervor. Dort ist die exakte Ausflußzeit t_1/t_{max} über der Spiegelabsenkung $\Delta z/z_0$ mit A_2/A_1 als Parameter dargestellt. Die Untersuchung zeigt, daß man mit (3.61a) rechnen kann, solange $A_2/A_1 < 0{,}2$ ist.

Im folgenden soll noch die beim instationären Ausflußvorgang auftretende Rückstoßkraft berechnet werden. Dabei wird die Untersuchung wieder auf Gefäße mit konstantem Querschnitt beschränkt. Aus Symmetriegründen tritt keine horizontale Kraftkomponente in x-Richtung auf. Mit den in (3.53) in vertikaler Richtung (z-Richtung) auftretenden Größen $\boldsymbol{n}_1 = 1$, $\boldsymbol{n}_2 = -1$, $L = h = z_1$ und $r_z = -z_1$ sowie $F_{Bz} = F_B = -\varrho g A_1 z_1$ (Schwerkraft zur Zeit t_1) erhält man aus (3.54a) die vertikale Kraftkomponente in z-Richtung $F_{rz} = F_r$. Sie ist zugleich die am Gefäß beim Ausflußvorgang angreifende resultierende Kraft (einschließlich der zeitveränderlichen Massenkraft F_B). Nach Einführen des Volumenstroms $\dot{V} = v_1 A_1$ nach (3.41b) sowie der Abkürzung $\sigma = A_1/A_2$ folgt nach kurzer Zwischenrechnung

$$F_r = -\frac{\varrho}{2}\,\frac{(\sigma-1)^2}{A_1}\,\dot{V}^2 \approx -\varrho g A_1 z_1 = F_B < 0 \quad (A_2/A_1 \ll 1), \qquad (3.62\text{a, b})$$

wobei die zweite Beziehung für ein sehr kleines Querschnittsverhältnis ($\sigma \gg 1$) mit $\dot{V} \approx A_2\sqrt{2gz_1}$ nach (3.59b) gilt. Hiernach entspricht F_r, wie zu erwarten war, der Schwerkraft F_B der im Gefäß befindlichen Masse. Wegen $F_r < 0$ wirkt die resultierende Kraft immer nach unten. Das Verhältnis der resultierenden Kräfte bei instationärem und stationärem Ausflußvorgang (Index 0) beträgt mit $\dot{V} = v_1 A_1$ nach (3.58) und $\dot{V}_0$ nach (3.29a) mit $\mu^* = 1$ und $z_1 = z_0$

$$\frac{F_r}{F_{r0}} = \left(\frac{\dot{V}}{\dot{V}_0}\right)^2 = \frac{\sigma^2-1}{\sigma^2-2}\left[1-\left(\frac{z_1}{z_0}\right)^{\sigma^2-2}\right]\frac{z_1}{z_0} \approx \frac{z_1}{z_0} \quad (A_2/A_1 \ll 1). \qquad (3.63\text{a, b})[22]$$

Es hängt $F_r(t)/F_{r0}$ bei vorgegebenem Querschnittsverhältnis $A_2/A_1 = 1/\sigma$ nur vom Verhältnis der Flüssigkeitshöhen $z_1(t)/z_0$ ab. Letzteres kann der Abb. 3.19c in Verbindung mit Abb. 3.19b entnommen werden. In Abb. 3.19d ist F_r/F_{r0} über $\Delta z/z_0 = (z_0 - z_1)/z_0$ mit A_2/A_1 als Parameter dargestellt. Sowohl bei $\Delta z/z_0 = 0$ (Beginn des Öffnens) als auch bei $\Delta z/z_0 = 1{,}0$ (vollständig entleertes Gefäß) wird $F_r/F_{r0} = 0$. Zum Zeitpunkt des plötzlichen Öffnens ($t = 0$) ändert sich die resultierende Kraft sprunghaft, derart, daß kurzfristig F_r null wird. Durch die instationäre Strömung wird die Massenkraft F_B zunächst bei $t = 0$ vollständig und dann anschließend bei $t > 0$ zu einem größer werdenden Anteil aufgehoben. Für den Grenzfall $A_2/A_1 \to 0$ nimmt $F_r \to F_B$ während des Ausflußvorgangs linear mit der Spiegelabsenkung ab. Weitere Beispiele über Kräfte bei instationären Flüssigkeitsbewegungen in oben offenen Gefäßen werden in [80] mitgeteilt.

22 F_{r0} ist in Übereinstimmung mit (3.30b), wenn man beachtet, daß in z-Richtung $F_{r0} = F_B - \dot{m}_A(A_2/A_1 - 1)\,v_2$ mit $F_B = -\varrho g A_1 z_0$ und $2gz_0 = [1 - (A_2/A_1)^2]\,v_2^2$ ist.

3.4 Strömung dichtebeständiger Fluide in Rohrleitungen (Rohrhydraulik)

3.4.1 Einführung

Allgemeines. Rohrleitungen dienen dem geregelten Transport von Stoff oder Energie. Sie werden nach dem strömenden Stoff (Fluid) als Wasser-, Öl-, Dampf- oder Gasleitung oder nach dem Druck des Strömungsmittels als Druck-, Saug-, Hochdruck- oder Niederdruckleitung bezeichnet. Beim Durchströmen von Rohrleitungssystemen setzt sich ein Teil der mechanischen Strömungsenergie in andere Energieformen (Wärme, Schall) um; geht also für den mechanischen Strömungsvorgang verloren. Solche Verluste an strömungsmechanischer Energie sind im wesentlichen durch Reibungseinflüsse bedingt. In Tab. 3.1 ist ein Überblick über die möglichen Energieverluste gegeben, welche an der eigentlichen Rohrleitung durch die innere Rohrwand, an den Rohrverbindungen (Formstücke) durch Querschnittsänderung (Verengung, Erweiterung), Richtungsänderung (Umlenkung) und Verzweigung (Trennung, Vereinigung) sowie an den Rohrleitungselementen (Armaturen) durch Blenden (Drosselscheiben), Stromdurchlässe (Siebe, Gitter) und Rohrleitungsschalter (Regel-, Drossel-, Absperrorgan) auftreten können. Da durch eine in das Rohrleitungssystem eingebaute energieverbrauchende Strömungsmaschine (Turbine) strömungsmechanische Energie verloren geht, kann auch die Turbinenarbeit als Verlust in obigem Sinn aufgefaßt werden. Entsprechend bringt eine eingebaute energiezuführende Strömungsmaschine (Pumpe) einen Gewinn, d. h. einen negativen Verlust an strömungsmechanischer Energie[23]. Die einzelnen Rohrleitungsteile seien als starre (unelastische) Körper gegeben. Im Gegensatz zur Gerinneströmung in Kap. 3.5 soll bei der Rohrströmung das Rohrleitungssystem stets vollständig gefüllt sein. Das umfangreiche Aufgabengebiet, welches sich mit den strömungstechnischen Problemen in Rohrleitungssystemen unter Berücksichtigung der genannten strömungsmechanischen Verluste befaßt, bezeichnet man als Rohrhydraulik[24].

Strömungsverhalten. Gegenüber der in Kap. 3.3 behandelten reibungslosen Strömung ist bei der Rohrströmung auch der Reibungseinfluß zu berücksichtigen. Dieser drückt sich durch das Auftreten von Reibungsspannungen (vornehmlich Schubspannungen) im strömenden Fluid und an den begrenzenden festen Wänden sowie als Folge hiervon durch ungleichmäßige Geschwindigkeitsverteilungen über die Strömungsquerschnitte aus. Dies soll durch entsprechende Erweiterungen der Beziehungen für die Stromfadentheorie in Kap. 3.3 erfolgen, wobei entsprechend Kap. 1.3.3.2 zwischen laminarer und turbulenter Strömung zu unterscheiden ist. Auch die Wandbeschaffenheit der durchströmten Rohrteile (glatt, rauh)

---

23 Bei Strömungsmaschinen unterscheidet man entsprechend der Richtung der Energieübertragung häufig in Leistung abgebende Kraftmaschinen (Turbine) und in Leistung aufnehmende Arbeitsmaschinen (Pumpe). Vom Standpunkt der Mechanik aus gesehen erscheinen die Beziehungen Kraft- bzw. Arbeitsmaschine nicht sinnvoll, da Kraft und Arbeit (= Kraft × Weg) keine grundsätzlichen Unterschiede sind.

24 Einschlägiges in Buchform erschienenes Schrifttum ist in der Bibliographie (Abschnitt D) am Schluß des Bandes II zusammengestellt.

Tabelle 3.1. Übersicht über mögliche strömungsmechanische Energieverluste in Rohrleitungssystemen

Bezeichnung	Index N	Rohrleitungsteil	Strömungsverhalten
Rohrströmung	R	geradlinig verlaufendes langes Rohr Rohrquerschnitt: kreis-, nichtkreisförmig, ebener Spalt	Wandreibung (Haftbedingung), vollausgebildetes Geschwindigkeitsprofil (laminar, turbulent), Oberfläche (glatt, rauh)
Rohreinlaufströmung	L	geradlinig verlaufendes Rohr (ebener Spalt) an Behälter angeschlossen: Rohreinlaufstrecke	Entwicklung des Geschwindigkeitsprofils vom Rohranschluß (gleichmäßig) bis Beendigung der Beschleunigung der reibungslosen Kernströmung (vollausgebildet)
Stromquerschnittsänderung	S	plötzliche Rohrerweiterung: Stoßdiffusor	unstetige Stromerweiterung (Vermischung, Wirbelbildung)
	A	offenes Rohrende (Austritt)	Strahlaustritt ins Freie (Sprungübergang)
	D, DA	allmähliche Rohrerweiterung: Übergangs-, Austrittsdiffusor	divergente Stromquerschnittsänderung (verzögerte Strömung, Gefahr der Strömungsablösung)
	C, CA	allmähliche Rohrverengung: Übergangs-, Austrittsdüse	konvergente Stromquerschnittsänderung (beschleunigte Strömung, keine Strömungsablösung)
	V B Q	plötzliche Rohrverengung Blende: Drosselscheibe Durchlaß: Sieb, Gitter, Geflecht	unstetige Stromverengung (Strahleinschnürung = Kontraktion mit anschließender unstetiger Stromerweiterung), Stromdurchlaß
	E	Ansatzrohr an einem Behälter (Eintritt) Rohransatzöffnung: scharf, abgerundet	Stromeintritt (Sprungübergang), Rohreintrittsströmung (Entstehung des Geschwindigkeitsprofils im Eintrittsquerschnitt)
Stromrichtungsänderung	K U, UA	Rohrkrümmer: Bogen, Knie, Winkel, Segmentbogen, Schlange (Krümmungsverhältnis, Umlenkwinkel) Übergangskrümmer, Austrittskrümmer, Einbau von Umlenkschaufeln	Stromumlenkung = Krümmer mit anschließender Ablaufstrecke (gestörte Ablaufströmung) schraubenförmige Stromumlenkung Verbesserung des Strömungsverhaltens
Stromverzweigung	Z (1, 2, 3)	Rohrtrennung, Rohrvereinigung: Verzweigstück (T-Stück), Hosenstück (Y-Stück), Kreuzstück (X-Stück) (Verzweigwinkel, Querschnittsverhältnis)	Stromtrennung, Stromvereinigung (Gegenstrom, Gleichstrom), Veränderliche Volumenströme in den Rohrsträngen

Fortsetzung von Tabelle 3.1

Bezeichnung	Index N	Rohrleitungsteil	Strömungsverhalten
Volumen-strom-änderung	G	Rohrleitungsschalter (Schaltorgan): Drossel-, Regel-, Absperrorgan, Schieber, Klappe, Hahn, Ventil	Volumenstromänderung als Folge verschiedener Öffnungsgrade (Teilquerschnitt/Gesamtquerschnitt)
Strömungs-maschine	M	energieverbrauchend: Turbine (Index T)	Fallhöhe = Verlust an strömungsmechanischer Energie
		energiezuführend: Pumpe (Index P)	Förderhöhe = Gewinn an strömungsmechanischer Energie = negativer Verlust

kann den Strömungsvorgang erheblich beeinflussen. Die Rohrströmung läßt sich als stationäre oder gegebenenfalls instationäre quasi-eindimensionale Strömung beschreiben, wobei in diesem Kapitel ein dichtebeständiges Fluid vorausgesetzt wird. Mit der Rohrströmung dichteveränderlicher Fluide befaßt sich Kap. 4.4.

3.4.2 Grundlagen der Rohrhydraulik

3.4.2.1 Über Strömungsquerschnitt gemittelte Strömungsgrößen

Infolge des Reibungseinflusses kommen die Fluidelemente an der Wand zum Stillstand (Haftbedingung), was eine über den Strömungsquerschnitt ungleichmäßige Geschwindigkeitsverteilung zur Folge hat. Um den Strömungsvorgang quasieindimensional beschreiben zu können, ist für die Geschwindigkeit v und den Druck p mit bestimmten Mittelwerten über den Querschnitt A zu rechnen. Dabei werden neben der mittleren Geschwindigkeit v_m und dem mittleren Druck p_m insbesonders bestimmte Geschwindigkeitsausgleichswerte für den Impuls- und Energiestrom eingeführt.

Mittlere Geschwindigkeit. Die mittlere Geschwindigkeit v_m ist als das Verhältnis von Volumenstrom $\dot{V}$ und Strömungsquerschnitt A, d. h. $v_m = \dot{V}/A$, definiert. Dabei ergibt sich der Volumenstrom durch Integration der über den Querschnitt verschieden stark herrschenden Volumenströme $d\dot{V} = v\,dA$, vgl. Tab. 3.2a.

Mittlerer Impulsstrom. Ausgangspunkt ist die Impulsgleichung (3.45) mit der entsprechenden Erweiterung auf die über den Querschnitt A ungleichmäßig verteilten Geschwindigkeiten v und Drücke p. Für den von der lokalen Beschleunigung $\partial v/\partial t$ herrührenden Anteil sowie für den totalen Impulsstrom sind die Beziehungen in Tab. 3.2b zusammengestellt. Man nennt $\beta > 1$ den Impulsbeiwert[25].

Mittlerer Energiestrom. Ausgangspunkt ist die Energiegleichung der Fluidmechanik für den Kontrollfaden bei instationärer Strömung nach (3.42). Die

25 Genauer müßte es Impulsstrom- bzw. Energiestrombeiwert (Leistungsbeiwert) heißen.

Tabelle 3.2. Strömungsquerschnitt mit ungleichmäßiger Geschwindigkeits- und Druckverteilung; Mittelwertbildung, α = Energiebeiwert, β = Impulsbeiwert

a	Volumenstrom	$\dot{V} = \int_{(A)} v\,dA = v_m A$	
		$v_m = \frac{1}{A}\int_{(A)} v\,dA$	
b	Impulsstrom[a]	$\varrho \int_{(A)} \frac{\partial v}{\partial t}\,dA = \varrho\,\frac{\partial v_m}{\partial t}\,A$	
		$\int_{(A)} (p + \varrho v^2)\,dA = (p_m + \beta\varrho v_m^2)\,A$	
		$p_m = \frac{1}{A}\int_{(A)} p\,dA$	$\beta = \frac{1}{v_m^2 A}\int_{(A)} v^2\,dA$
c	Energiestrom[a]	$\varrho \int_{(A)} \frac{\partial v}{\partial t}\,v\,dA = \frac{\varrho}{2}\,\frac{\partial(\beta v_m^2)}{\partial t}\,A = \frac{\varrho}{2}\left[\frac{\partial(\beta v_m)}{\partial t} + \beta\,\frac{\partial v_m}{\partial t}\right]\dot{V}$	
		$\int_{(A)} \left(p + \varrho g z + \frac{\varrho}{2}\,v^2\right) v\,dA = \left(p_m + \varrho g z_m + \alpha\,\frac{\varrho}{2}\,v_m^2\right)\dot{V}$	
		$p_m + \varrho g z_m = \frac{1}{v_m A}\int_{(A)} (p + \varrho g z)\,v\,dA$	$\alpha = \frac{1}{v_m^3 A}\int_{(A)} v^3\,dA$

[a] Man beachte, daß die beiden Definitionen für den mittleren Druck p_m nicht übereinstimmen.

Glieder der zunächst für reibungslose Strömung gültigen Beziehung stellen Energiedichten in J/m³ dar. Je nach der Größe des örtlich verschiedenen Volumenstroms $d\dot{V}$ in m³/s ist der Beitrag der einzelnen Glieder von Stromlinie zu Stromlinie verschieden. Um den gesamten in einem Strömungsquerschnitt enthaltenen Energiestrom in J/s zu erfassen, müssen die Energiedichten in (3.42) jeweils mit dem durch das betrachtete Flächenelement des Rohrquerschnitts dA hindurchtretenden Volumenstrom $d\dot{V} = v\,dA$ multipliziert und das Ergebnis über die Querschnittsfläche A integriert werden. Dies liefert die in Tab. 3.2c wiedergegebenen Beziehungen. Man bezeichnet α als Energiebeiwert[26]. Ist die Geschwindigkeit über den gesamten Querschnitt positiv ($v > 0$), so gilt $\alpha > \beta > 1$, während bei konstanter Geschwindigkeitsverteilung $\alpha = \beta = 1$ ist.

3.4.2.2 Strömungsmechanischer Energieverlust

Als Kraftwirkungen treten infolge der Reibung des strömenden Fluids im wesentlichen Schubspannungen auf, die an den festen Rohrwänden am größten sind. Sie hemmen den Strömungsvorgang. Dieser kann nur durch ein entsprechend

26 Siehe Fußnote 25, S. 224.

größeres Druckgefälle als bei reibungsloser Strömung in Strömungsrichtung aufrechterhalten bleiben. Befinden sich in dem Rohrleitungssystem neben der eigentlichen Rohrleitung auch andere Rohrleitungsteile gemäß Tab. 3.1, so bewirken diese infolge zusätzlich auftretender Sekundärströmungen und Strömungsablösungen strömungsmechanische Energieverluste, zu deren Überwindung eine weitere Vergrößerung des Druckgefälles erforderlich ist. Der sich als Druckabfall äußernde Verbrauch an strömungsmechanischer Energie stellt einen Gesamtdruckverlust dar, da er die dem Rohrleitungssystem ursprünglich zur Verfügung stehende gesamte strömungsmechanische Energie (Lage-, Geschwindigkeits- und Druckenergie) vermindert. Wird der auf das Volumen bezogene Verlust an strömungsmechanischer Energie in J/m^3 gemessen, so entspricht dies der Dimension eines Drucks in N/m^2. Die Verluste an strömungsmechanischer Energie (Index e) seien mit $(p_e)_N$ angegeben, wobei der Index N das jeweils betrachtete Rohrleitungsteil kennzeichnet. Für die praktische Anwendung kommt es darauf an, für die einzelnen Energieverluste geeignete Beziehungen zu finden. Häufig ist neben den theoretischen Ansätzen das Einführen von gewissen, experimentell zu ermittelnden Beiwerten unerläßlich. Man kann davon ausgehen, daß der Verlust $(p_e)_N$ näherungsweise proportional der auf das Volumen bezogenen kinetischen Energie (Energiedichte) ist, d. h. proportional dem Geschwindigkeitsdruck $(\varrho/2)\, v_N^2$ mit $v_N = (v_m)_N$ als mittlerer, jeweils genau zu definierender Geschwindigkeit. Mit A_N als Bezugsquerschnitt des betrachteten Rohrleitungsteils N erhält man bei gegebenem Volumenstrom $\dot{V}$ nach der Kontinuitätsgleichung (3.41) die Bezugsgeschwindigkeit zu $v_N = \dot{V}/A_N$. Der dimensionslose Proportionalitätsfaktor sei mit ζ_N bezeichnet und werde Verlustbeiwert genannt. Der Verlust eines in Tab. 3.1 aufgeführten Rohrleitungsteils N läßt sich also in der Form

$$(p_e)_N = \zeta_N \frac{\varrho}{2} v_N^2, \quad (z_e)_N = \zeta_N \frac{v_N^2}{2g} \quad \left(v_N = \frac{\dot{V}}{A_N}\right) \qquad (3.64\text{a, b})$$

angegeben. Besonders bei wasserbaulichen Aufgaben benutzt man gern die Verlusthöhe $z_e = p_e/\varrho g$ gemäß (3.64b). Formeln für die Berechnung von ζ_N oder aus Versuchen gewonnene Zahlenwerte werden in den folgenden Kapiteln mitgeteilt. Bei der instationären Rohrströmung ist das Problem schwieriger, da hierbei die Verlustbeiwerte wegen der zeitlich sich ändernden Geschwindigkeit auch von der Zeit abhängen können. Untersuchungen zu dieser Frage wurden von Schultz-Grunow [72], Daily u. a. sowie Kochenov und Kuznetsov [41] durchgeführt. Bei nicht zu großen zeitlichen Geschwindigkeitsänderungen kann man näherungsweise die entsprechenden Werte der stationären Rohrströmung verwenden. Man kann daher im allgemeinen von einer zeitlichen Änderung der Verlustbeiwerte ζ_N absehen. Der gesamte Verlust an strömungsmechanischer Energie eines Rohrleitungssystems zwischen zwei Stellen (*1*) und (*2*) ergibt sich durch Addition der einzelnen Verlustgrößen der verschiedenen Rohrleitungsteile zu

$$(p_e)_{1\to 2} = \sum_{(1)}^{(2)} (p_e)_N = \frac{\varrho}{2} \sum_{(1)}^{(2)} \zeta_N v_N^2 = \sum_{(1)}^{(2)} \frac{\zeta_N}{A_N^2} \frac{\varrho}{2} \dot{V}^2. \qquad (3.65\text{a, b, c})$$

Aufgabe der folgenden Ausführungen ist die Bestimmung der verschiedenen Verlustbeiwerte, wobei zunächst in Kap. 3.4.3 der Einfluß der inneren Rohrwand und sodann in Kap. 3.4.4 die Einflüsse der verschiedenen Rohrverbindungen und -elemente einschließlich der Wirkung von eingebauten Strömungsmaschinen behandelt werden.

3.4.2.3 Ausgangsgleichungen der Rohrhydraulik

Kontinuitätsgleichung. Für ein Rohrleitungssystem mit unelastischen Querschnitten lautet die Kontinuitätsgleichung (3.41) zwischen zwei Stellen (*1*) und (*2*) vergleiche Abb. 3.20,

$$\dot{V}(t) = v_m(t, s)\, A(s) = v_1(t)\, A_1 = v_2(t)\, A_2 \qquad \text{(Volumenstrom)}, \qquad (3.66\text{a, b})$$

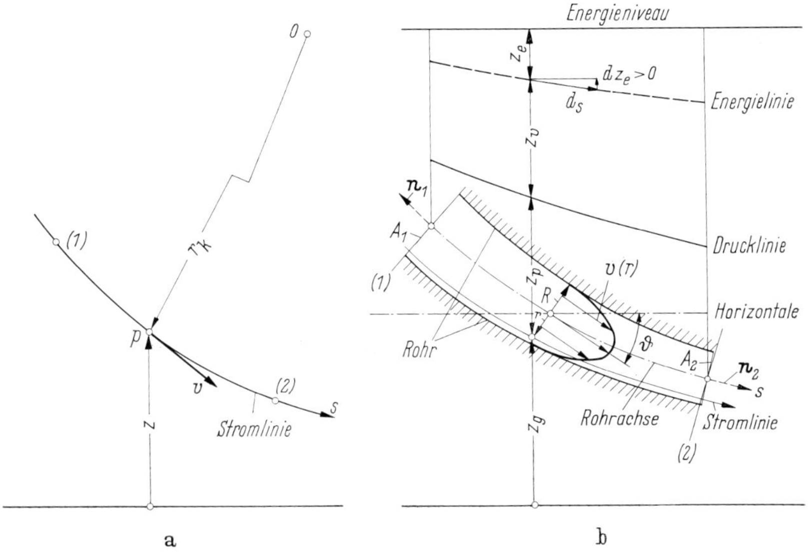

Abb. 3.20. Zur Ableitung und Erläuterung der erweiterten Bernoullischen Energiegleichung (Höhenform) für die Rohrströmung. **a** Reibungslose Strömung (Stromlinie). **b** Reibungsbehaftete Strömung (Rohr)

wobei v_1 und v_2 die mittleren Geschwindigkeiten in den normal zu den Stromlinien stehenden Querschnitten A_1 bzw. A_2 gemäß Tab. 3.2a bedeuten. Liegt eine Rohrverzweigung nach Kap. 3.4.4.4 vor, dann ist die Kontinuitätsgleichung bei Rohrtrennung oder Rohrvereinigung jeweils für die verschiedenen Rohrstränge getrennt anzuschreiben.

Energiegleichung. Die Ausdrücke für die Mittelwerte der Energieströme in einem Rohrleitungssystem nach Tab. 3.2c enthalten den längs der Rohrachse unveränderlichen Volumenstrom $\dot{V}(t) = v_m(t, s)\, A(s)$. Addiert man entsprechend (3.42) zwischen den Stellen (*1*) und (*2*) die Druck-, Lage-, Geschwindigkeits- und Beschleunigungsenergie und dividiert das Ergebnis durch $\dot{V}$, dann erhält man[27]

$$p_1 + \varrho g z_1 + \alpha_1 \frac{\varrho}{2} v_1^2 = p_2 + \varrho g z_2 + \alpha_2 \frac{\varrho}{2} v_2^2 + (p_l)_{1\to 2} + (p_e)_{1\to 2} \qquad (3.67\text{a})$$

27 Auf die Kennzeichnung der Mittelwerte durch den Index m wird analog zu (3.66b) verzichtet.

mit

$$(p_l)_{1\to 2} = \varrho \int\limits_{(1)}^{(2)} \beta \frac{\partial v}{\partial t}\, ds \qquad \text{(Beschleunigungsenergie)}. \tag{3.67b}$$

Die Geschwindigkeitsausgleichswerte α und β berücksichtigen mittelbar die über die Strömungsquerschnitte als Folge der Reibung veränderlichen Geschwindigkeitsverteilungen. Grundsätzlich können $\alpha = \alpha(t, s)$ und $\beta = \beta(t, s)$ zeit- und ortsabhängig sein. Näherungsweise soll jedoch $\alpha \approx \alpha(s)$ und $\beta \approx \beta(s)$ gesetzt werden, was für β in (3.67b) bereits beachtet wurde. Um auch den unmittelbaren Einfluß der Reibung zu erfassen, muß noch der strömungsmechanische Energieverlust, d. h. $(p_e)_{1\to 2}$ nach (3.65) auf der rechten Seite hinzugefügt werden. Gl. (3.67) stellt die Erweiterung der Energiegleichung für reibungslose Strömung auf den Fall reibungsbehafteter Rohrströmung dar. Man nennt sie auch die erweiterte Bernoullische Energiegleichung. Diese Beziehung hat die Dimension einer Energie bzw. Arbeit bezogen auf das Volumen in J/m^3, was gleichbedeutend der Dimension eines Drucks in N/m^2 ist.

Häufig verzichtet man auf die Berücksichtigung der Geschwindigkeitsausgleichswerte in (3.67a) und schreibt vereinfacht

$$p_1 + \varrho g z_1 + \frac{\varrho}{2} v_1{}^2 = p_2 + \varrho g z_2 + \frac{\varrho}{2} v_2^2 + (p_l)_{1\to 2} + (\overline{p}_e)_{1\to 2}. \tag{3.68}$$

Es wird der Bernoullischen Energiegleichung für die reibungslose Strömung formal nur das Reibungsglied $(\overline{p}_e)_{1\to 2}$ hinzugefügt. Aus dem Vergleich von (3.67a) und (3.68) folgt der Zusammenhang

$$(\overline{p}_e)_{1\to 2} \qquad\qquad {}_{\to 2} + \frac{\varrho}{2} [(\alpha_2 - 1)\, v_2^2 - (\alpha_1 - 1)\, v_1^2], \tag{3.69}$$

wonach sich das rechnerische Reibungsglied $(\overline{p}_e)_{1\to 2}$ aus dem strömungsmechanischen Energieverlust (Dissipationsarbeit) $(p_e)_{1\to 2}$ zuzüglich der Änderung der kinetischen Energie infolge ungleichmäßiger Geschwindigkeitsverteilung über die Strömungsquerschnitte (*1*) und (*2*) ergibt. Da bei turbulenter Strömung $\alpha_1 \approx 1 \approx \alpha_2$ ist, kann man in diesem Fall in (3.69) das zweite Glied gegenüber dem ersten Glied vernachlässigen, was zu $(\overline{p}_e)_{1\to 2} \approx (p_e)_{1\to 2}$ führt. Zwischen (3.67a) und (3.68) besteht dann kein Unterschied.

Läßt man die Stellen (*1*) und (*2*) sehr nahe zusammenrücken, so findet man aus (3.67a) die Energiegleichung für ein Rohrelement der Länge Δs, wenn man das Ergebnis durch $\varrho\, \Delta s$ dividiert, zu

$$\beta \frac{\partial v}{\partial t} + \frac{1}{2} \frac{\partial(\alpha v^2)}{\partial s} + g \frac{\partial z}{\partial s} + \frac{1}{\varrho} \left(\frac{\partial p}{\partial s} + \frac{\partial p_e}{\partial s} \right) = 0. \tag{3.70}$$

Mit $\alpha = \beta = 1$ und $p_e = 0$ geht diese Beziehung in die differentielle Form der Eulerschen Bewegungsgleichung für reibungslose Strömung (2.94a) über.

Nach Division von (3.67a) mit ϱg gelangt man bei stationärer Strömung, ähnlich wie für die reibungslose Strömung nach (3.22c), zur Höhenform der

Energiegleichung. Zusätzlich zur Orts-, Druck- und Geschwindigkeitshöhe tritt noch die Verlusthöhe (Energieverlusthöhe) $z_e = p_e/\varrho g$ auf. Bei stationärer reibungsbehafteter Rohrströmung nimmt die Summe aus Orts-, Druck- und Geschwindigkeitshöhe, die man auch Energiehöhe nennt, in Strömungsrichtung ab. In Abb. 3.20b ist dieser Sachverhalt schematisch dargestellt, vgl. Abb. 3.9. Die Verbindungslinie der Energiehöhen bezeichnet man mit Energielinie. Auf die Höhenform der Energiegleichung wird in Kap. 3.5.2.1 bei der Gerinneströmung nochmals eingegangen, vgl. (3.177).

Analog dem Vorgehen in Kap. 3.3.3.2 wird jetzt in (3.67a) anstelle der mittleren Geschwindigkeit der Volumenstrom $\dot{V}$ nach (3.66) eingeführt. Dabei kommt man zu der mit (3.44) formal übereinstimmenden Beziehung

$$a\dot{V}^2 + b_{1\to 2}\frac{d\dot{V}}{dt} = H \qquad \text{(instationär)}, \qquad \dot{V} = \sqrt{\frac{H}{a}} \qquad \text{(stationär)}. \tag{3.71a, b}$$

Es erfahren die Größen a und $b_{1\to 2}$ gegenüber (3.43a, b) Erweiterungen in der Form

$$a = \frac{\alpha_2}{A_2^2} - \frac{\alpha_1}{A_1^2} + \sum_{(1)}^{(2)} \frac{\zeta_N}{A_N^2}, \qquad b_{1\to 2} = 2\int_{(1)}^{(2)} \frac{\beta(s)}{A(s)}\, ds. \tag{3.72a, b}$$

Die Größe H ist unverändert durch (3.43c) gegeben, wenn man beachtet, daß unter z und p die Mittelwerte nach Tab. 3.2c zu verstehen sind.

Impulsgleichung. Ausgangspunkt ist (3.45) mit der entsprechenden Erweiterung hinsichtlich der Mittelwerte nach Tab. 3.2b. Die ungleichmäßige Geschwindigkeitsverteilung über den Strömungsquerschnitt wird durch den Impulsbeiwert $\beta > 1$ erfaßt, während für den Druck der Mittelwert nach Tab. 3.2b einzusetzen ist. Es ergibt sich die erweiterte Impulsgleichung der reibungsbehafteten Rohrströmung zu

$$(p_1 + \beta_1 \varrho v_1^2)\,\boldsymbol{A}_1 + (p_2 + \beta_2 \varrho v_2^2)\,\boldsymbol{A}_2 + (\boldsymbol{F}_L)_{1\to 2} = \boldsymbol{F}_B + \boldsymbol{F}_S \tag{3.73a}$$

mit

$$(\boldsymbol{F}_L)_{1\to 2} = \varrho \int_{(1)}^{(2)} A\,\frac{\partial v}{\partial t}\, d\boldsymbol{s} = \varrho\,\frac{d\dot{V}}{dt}\,\boldsymbol{r}_{1\to 2} \qquad \text{und} \qquad \boldsymbol{r}_{1\to 2} = \int_{1)}^{(2)} d\boldsymbol{s}. \tag{3.73b}$$

Die Mantelfläche besteht aus der festen inneren Rohrwand; sie gehört damit zum körpergebundenen Teil der Kontrollfläche (S). Von diesem wird eine Stützwirkung auf das strömende Fluid ausgeübt. Es ist somit $(\boldsymbol{F}_A)_{1\to 2} = (\boldsymbol{F}_S)_{1\to 2}$ definitionsgemäß in der Stützkraft $\boldsymbol{F}_S$ enthalten, man vgl. hierzu das Beispiel in Kap. 2.5.2.2 über die Kraft auf einen Rohrkrümmer. $\boldsymbol{F}_B$ ist die Massenkraft (Schwerkraft) der im Rohr zwischen den Stellen (*1*) und (*2*) befindlichen Masse m, d. h. $\boldsymbol{F}_B = m\boldsymbol{g}$ mit $\boldsymbol{g}$ als Fallbeschleunigung. In (3.73a) sind $\boldsymbol{A}_1 = \boldsymbol{n}_1 A_1$ und $\boldsymbol{A}_2 = \boldsymbol{n}_2 A_2$ die normal zu den Rohrquerschnitten A_1 bzw. A_2 stehenden nach außen gerichteten Flächennormalen. Gl. (3.73) hat die Dimension einer Kraft in N. Sie ist eine Vektorgleichung für das Kräftegleichgewicht zwischen den Stellen (*1*) und (*2*) längs der Rohrachse bei instationärer Strömung. Sie kann entweder rechnerisch oder zeichnerisch gelöst werden. Unter Einführen des Volumenstroms $\dot{V}(t)$ nach (3.66) kann man (3.73a) in die Form I nach (3.47a) und bei weiterer Umformung mittels (3.71a) in die Form II nach (3.47b) überführen:

$$\varrho\left(\boldsymbol{e}\dot{V}^2 + \boldsymbol{r}_{1\to 2}\frac{d\dot{V}}{dt}\right) = \boldsymbol{F}' \qquad \text{(Form I)} \tag{3.74a}$$

$$\varrho\left[\boldsymbol{e}\dot{V}^2 + (H - a\dot{V}^2)\frac{\boldsymbol{r}_{1\to 2}}{b_{1\to 2}}\right] = \boldsymbol{F}' \qquad \text{(Form II)}. \tag{3.74b}$$

Dabei treten neben H nach (3.43c), a und $b_{1\to 2}$ nach (3.72a, b) sowie $\boldsymbol{r}_{1\to 2}$ nach (3.73b) folgende gegenüber (3.46a) und (3.46c) abgeänderte Größen auf:

$$\boldsymbol{e} = \beta_1\frac{\boldsymbol{n}_1}{A_1} + \beta_2\frac{\boldsymbol{n}_2}{A_2}, \quad \boldsymbol{F}' = \boldsymbol{F}_B - (p_1\boldsymbol{A}_1 + p_2\boldsymbol{A}_2) + \boldsymbol{F}_S. \tag{3.75a, b}$$

Bei geradlinig verlaufender Rohrachse erhält man eine skalare Gleichung für das Kräftegleichgewicht in Richtung der Rohrachse, wenn man in (3.73a) die Größen $\boldsymbol{A}_1$ durch $-A_1$, $\boldsymbol{A}_2$ durch A_2, $\boldsymbol{F}_B$ durch $F_B = mg \sin\vartheta$ (Komponente der Schwerkraft in Richtung der Rohrachse) mit ϑ als Neigungswinkel der Rohrachse gegenüber der Horizontalen nach Abb. 3.20b sowie $\boldsymbol{F}_S$ durch F_S ersetzt. Läßt man die Stellen (*1*) und (*2*) sehr nahe zusammenrücken, dann findet man aus (3.73a) die Impulsgleichung für ein Rohrelement der Länge Δs. Bei horizontal verlegtem Rohr wird nach Division mit Δs

$$\varrho\left[\frac{\partial(vA)}{\partial t} + \frac{\partial(\beta v^2 A)}{\partial s}\right] + \frac{\partial(pA)}{\partial s} + \tau_w U = 0. \tag{3.76}$$

Die Stützkraft ΔF_S rührt her von der Schubspannungskraft, welche die innere Rohrwand auf das strömende Fluid überträgt, und zwar ist $\Delta F_S = \tau_w \Delta S$ mit $\Delta S = U\Delta s$ als benetzter Oberfläche (U = Umfang des Rohrquerschnitts) und τ_w als Wandschubspannung (Wand $\to$ Fluid, positiv entgegen der s-Richtung).

3.4.3 Strömung dichtebeständiger Fluide in geradlinig verlaufenden langen Rohren

3.4.3.1 Voraussetzungen und Annahmen

Geometrie. Als wichtigstes Rohrleitungsteil ist das geradlinig oder schwach gekrümmte Rohr anzusehen. Stärkere Umlenkungen durch Krümmer werden in Kap. 3.4.4.3 gesondert erfaßt. Wie für den Kontrollfaden in Kap. 3.3 sei ein unelastisches Rohr vorausgesetzt, bei welchem die Rohrquerschnittsflächen A nur von der Lage s längs der Rohrachse und nicht von der Zeit t abhängen, $A(t, s)$. An zwei längs der Rohrachse s festgelegten Stellen (*1*) und (*2*) ist also $A_1 = A(s_1)$ bzw. $A_2 = A(s_2)$. Die zugehörige Rohrlänge beträgt $L = s_2 - s_1$. Im allgemeinen besitzen die Rohre kreisförmigen Querschnitt vom Durchmesser $D = 2R$. Bei Rohren mit nichtkreisförmigem Querschnitt kann anstelle von D

näherungsweise mit dem gleichwertigen Durchmesser

$$D_g = 4\,\frac{A}{U} \qquad \text{(gleichwertiger Durchmesser)} \tag{3.77}$$

gerechnet werden, wobei U der Umfang der inneren Rohrwand und A die Querschnittsfläche ist. Für kreisförmigen Querschnitt ist wegen $A = \pi R^2$ und $U = 2\pi R$ der gleichwertige Durchmesser gleich dem tatsächlichen Durchmesser $D_g = 2R = D$.[28]

Rohrreibung. Die Viskosität des strömenden Fluids bewirkt, daß an der festen Innenwand des Rohrs im Gegensatz zur reibungslosen Strömung eine Wandschubspannung auftritt. Sie hat zur Folge, daß das Fluid an der Wand zur Ruhe kommt (Haftbedingung) und sich der Strömungsverlauf über den Rohrquerschnitt stark verändert. Die am Rohranfang nach Abb. 3.21 über den Querschnitt zunächst konstante Geschwindigkeitsverteilung wird weiter stromabwärts ungleich-

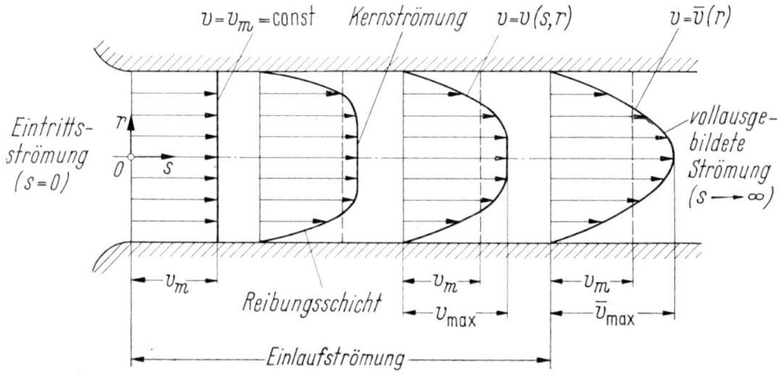

Abb. 3.21. Entwicklung der Geschwindigkeitsverteilung im Einlauf eines Rohrs vom gleichmäßigen bis zum vollausgebildeten Geschwindigkeitsprofil, dargestellt für laminare Strömung

förmig, da die Geschwindigkeit an der Wand mit dem Wert null beginnend zur Rohrmitte bis zu einem Maximum ansteigt. Der vom Reibungseinfluß erfaßte Strömungsbereich (Reibungsschicht) nimmt mit zunehmender Entfernung vom Rohranschluß zu. Die von der Reibungswirkung noch nicht betroffene Kernströmung wird dabei wegen der Kontinuitätsbedingung beschleunigt, bis sich nach einer gewissen Einlauflänge die Reibung über den gesamten Rohrquerschnitt auswirkt. Von dieser Stelle an ändert sich die Geschwindigkeitsverteilung stromabwärts nicht mehr. Es spielt also dann der Einfluß des Rohranschlusses keine Rolle mehr. Man spricht in diesem Fall von der vollausgebildeten, unbeschleunigten Rohrströmung im Gegensatz zur noch nicht vollausgebildeten, beschleunigten Rohreinlaufströmung[29]. Über erstere wird in den Kap. 3.4.3.2 bis 3.4.3.5 und über letztere in Kap. 3.4.3.6 berichtet.

---

28 Eine früher häufig auch bei Rohren als hydraulischer Radius $R_h = A/U$ verwendete Größe führt bei kreisförmigem Querschnitt zu dem wenig sinnvollen Ergebnis $R_h = R/2$.

29 Im Gegensatz zur örtlich veränderlichen Rohreinlaufströmung ist eine sich zeitlich ausbildende Rohrströmung mit Rohranlaufströmung zu bezeichnen.

Geschwindigkeit. Bei einem kreisförmigen Rohrquerschnitt stellt sich je nach Strömungsart (laminar, turbulent) die Geschwindigkeitsverteilung (Geschwindigkeitsprofil) $v(r)$ entsprechend Abb. 3.22b ein, wobei insbesondere

$$r = R\colon v = 0 \quad \text{(Haftbedingung)}, \qquad r = 0\colon v = v_{max} \tag{3.78a, b}$$

ist. Die Bedingung (3.78a) gilt für alle reibungsbehafteten Fluide, d. h. sowohl für newtonsche als auch für nichtnewtonsche Fluide. In der Rohrmitte hat die Geschwindigkeit nach (3.78b) im allgemeinen einen Höchstwert. Die mittlere Geschwindigkeit ist nach Tab. 3.2a zu $v_m = \dot{V}/A$ definiert, wobei $\dot{V}$ der längs der

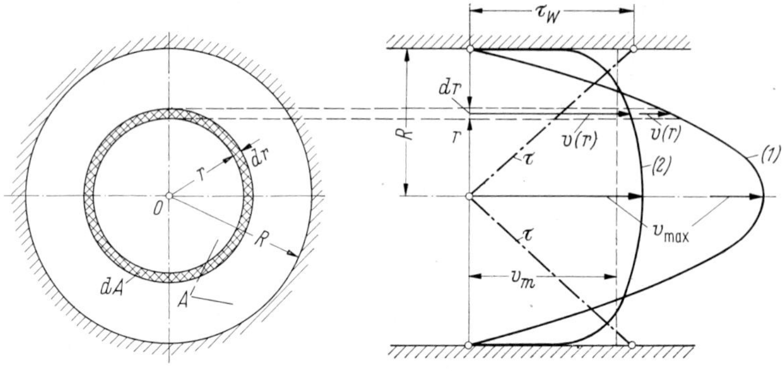

Abb. 3.22. Strömung durch ein Rohr von kreisförmigem Querschnitt. **a** Rohrquerschnitt **b** Geschwindigkeitsverteilung $v(r)$. (*1*) Laminare Strömung für $Re < Re_u$, (*2*) turbulente Strömung für $Re > Re_u$; Schubspannungsverteilung $\tau(r)$, gilt für (*1*) und (*2*)

Rohrachse unveränderliche Volumenstrom (zeitliche Änderung des durchströmenden Volumens) und A die Rohrquerschnittsfläche bedeuten. Für ein kreisförmiges Rohr nach Abb. 3.22a gilt mit den Querschnittsflächen $dA = 2\pi r\, dr$ (Ringquerschnitt) und $A = \pi R^2$ (Gesamtquerschnitt)

$$v_m = \frac{\dot{V}}{A} = \frac{2}{R^2} \int_0^R v(r)\, r\, dr \qquad \text{(mittlere Geschwindigkeit)}. \tag{3.79a}$$

Bei bekannter Geschwindigkeitsverteilung $v(r)$ läßt sich (3.79a) unmittelbar auswerten. Die in Abb. 3.22b dargestellte laminare bzw. turbulente Geschwindigkeitsverteilung ist jeweils auf den Wert der mittleren Geschwindigkeit bezogen, d. h. in beiden Fällen strömt zeitlich das gleiche Volumen durch den betrachteten Querschnitt $A(s)$. Die mittlere Geschwindigkeit kann zeit- und ortsabhängig sein, $v_m = v_m(t, s)$. Da stets mit der mittleren Geschwindigkeit v_m gerechnet werden soll, sind die über den Querschnitt veränderlichen Geschwindigkeitsverteilungen gegebenenfalls durch Einführen von Geschwindigkeitsausgleichswerten zu berücksichtigen. Solche Werte treten bei der Energie- und Impulsgleichung als Energie-

und Impulsbeiwert α bzw. β auf. Nach Tab. 3.2 b, c gilt

$$\alpha = \frac{2}{R^2}\int_0^R \left(\frac{v}{v_m}\right)^3 r\,dr \approx 3\beta - 2, \quad \beta = \frac{2}{R^2}\int_0^R \left(\frac{v}{v_m}\right)^2 r\,dr \approx \frac{1}{3}(\alpha + 2). \tag{3.79 b, c}$$

(3.79 b, c)[30]

Bei bekanntem Geschwindigkeitsprofil $v(r)/v_m$, z. B. nach Abb. 3.22 b, lassen sich die Zahlenwerte für α und β ermitteln. Bei laminarer Strömung ist die Abweichung vom Wert eins besonders groß, während bei turbulenter Strömung infolge des über den Rohrquerschnitt ausgeglicheneren Geschwindigkeitsprofils näherungsweise $\alpha \approx \beta \approx 1$ gesetzt werden darf.

Kennzahl. Der Strömungsverlauf in einer Rohrleitung hängt von der Reynolds-Zahl und von der Rauheit der inneren Rohrwand ab. Die Reynolds-Zahl lautet bei der Rohrströmung gemäß (1.47 c) mit dem Rohrdurchmesser $D = 2R$ als charakteristischer Länge, der mittleren Geschwindigkeit v_m nach (3.79 a) als charakteristischer Geschwindigkeit und der kinematischen Viskosität ν nach (1.12)

$$Re = \frac{v_m D}{\nu} \quad \text{mit} \quad \nu = \frac{\eta}{\varrho}, \quad v_m = \frac{\dot V}{A} \quad \text{und} \quad D = D_g = 4\,\frac{A}{U}. \tag{3.80 a}$$

Die Größe der Reynolds-Zahl ist nach Kap. 1.3.3.2 maßgebend dafür, ob es sich um eine laminare oder turbulente Strömung handelt, und zwar beträgt die Reynolds-Zahl, bei welcher der Wechsel von der laminaren in die turbulente Strömung eintritt,

$$Re_u = 2320 \quad \text{(laminar-turbulenter Umschlag)}. \tag{3.80 b}$$

Nähere Angaben hierzu werden in Kap. 3.4.3.2 noch gemacht. Unterhalb des Werts $Re < Re_u$ verläuft die Strömung laminar, Kurve (*1*) in Abb. 3.22 b, während sie oberhalb ($Re > Re_u$) turbulent ist, Kurve (*2*).

Druck. Für das vorausgesetzte schwach gekrümmte Rohr ist der Krümmungsradius nach Abb. 3.20 sehr groß, $r_k \to \infty$. Aus dem Kräftegleichgewicht quer zur Stromlinie gilt nach (2.97 b) an jeder Stelle längs der Rohrachse[31]

$$\varrho g z + p = \text{const} \qquad (r_k \to \infty, \quad s = \text{const}). \tag{3.81}$$

---

30 Der Näherungsausdruck in (3.79 b) folgt, wenn man $v = v_m + \Delta v$ setzt und das Glied $(\Delta v/v_m)^3$ vernachlässigt sowie außerdem (3.79 a) beachtet.

31 Bei reibungsbehafteter Strömung nimmt (2.94 b) für das Kräftegleichgewicht in radialer Richtung (Polarkoordinaten $r = r_k$, $\partial r = -\partial n$, $r\,\partial\varphi = \partial s$, φ; $v_r = 0$, $v\varphi = v$ gemäß Abb. 2.17 a) in Verbindung mit Tab. 2.7 die Form

$$\varrho\left(\frac{v^2}{r_k} + g\,\frac{\partial z}{\partial n}\right) + \frac{\partial p}{\partial n} + \eta\,\frac{2}{r_k}\,\frac{\partial v}{\partial s} = 0,$$

an. Man erkennt, daß das zähigkeitsbehaftete Glied für $r_k \to \infty$ in gleicher Weise wie v^2/r_k verschwindet.

Die Drücke verteilen sich über die Rohrquerschnitte A nach der hydrostatischen Grundgleichung (3.1c), vgl. Tab. 3.2c. Sie sind bei horizontal verlegtem Rohr wegen $z = \text{const}$ über die Rohrquerschnitte unverändert. Sie können jedoch längs der Rohrachse s zeit- und ortsabhängig sein, d. h. $p = p(t, s)$.

3.4.3.2 Vollausgebildete Rohrströmung

Rohrreibungszahl. Bei vollausgebildeter Strömung durch ein Rohr mit konstantem Querschnitt A und von der Länge L kann man den Verlust an strömungsmechanischer Energie (Druckverlust) infolge von Wandreibung nach dem erstmalig von H. Darcy und J. Weisbach angegebenen Rohrreibungsgesetz entsprechend (3.64a) mit dem Index $N = R$ in der Form

$$(p_e)_R = \zeta_R \frac{\varrho}{2} v_m^2 = \lambda \frac{L}{D} \frac{\varrho}{2} v_m^2, \; \zeta_R = \lambda \frac{L}{D}, \; \lambda = \lambda\,(Re,\, k/D) \quad (3.82\text{a, b, c})$$

anschreiben[32/33]. Hierin ist v_m die mittlere Geschwindigkeit nach (3.79a), ζ_R der dimensionslose Rohrverlustbeiwert und λ die zugehörige dimensionslose Rohrreibungszahl. Der Rohrverlustbeiwert ist bei gleichbleibender Rohrreibungszahl um so größer je länger das Rohr und je kleiner sein Durchmesser ist. Bei glatter Rohrwand kann man zeigen, daß die Rohrreibungszahl λ von den Stoffgrößen des Fluids (Dichte ϱ, Viskosität η oder $\nu = \eta/\varrho$), dem Rohrdurchmesser D und der mittleren Durchflußgeschwindigkeit v_m abhängen muß. Die genannten Größen bilden die in (3.80a) angegebene Reynolds-Zahl, so daß sowohl für laminare als auch turbulente Strömung $\lambda = \lambda(Re)$ gilt. Vom technischen Standpunkt aus gesehen sind die inneren Rohrwände jedoch mehr oder weniger rauh. Daraus folgt, daß die Rohrreibungszahl nicht nur eine Funktion der Reynolds-Zahl sein kann, sondern auch von einer anderen dimensionslosen Größe abhängen muß, welche die Wandrauheit zum Ausdruck bringt. Als solche führt man den Rauheitsparameter (relative Rauheit) k/D ein und versteht darunter das Verhältnis einer noch näher zu definierenden Rauheitshöhe k zum Durchmesser D. Mithin gilt $\lambda = \lambda(Re, k/D)$. Kann man die Rohrwand als strömungsmechanisch vollkommen rauh ansehen, dann hängt die Rohrreibungszahl nur vom Rauheitsparameter $\lambda = \lambda(k/D)$ ab. Die Gesetzmäßigkeiten für die Rohrreibungszahlen sind bei laminarer und bei turbulenter Strömung sowie bei der Strömung in rauhen Rohren verschieden und werden daher in Kap. 3.4.3.3 bis 3.4.3.5 getrennt untersucht. Ist $\lambda = \text{const}$, so stellt (3.82a) das in bezug auf die mittlere Geschwindigkeit quadratische Rohrreibungsgesetz dar, $(p_e)_R \sim v_m^2$. Da der Volumenstrom bei kreisförmigem Rohrquerschnitt $\dot{V} = v_m A = (\pi/4)\, D^2 v_m$ ist, verhält sich bei $\dot{V} = \text{const}$ und $\lambda = \text{const}$ der Druckverlust infolge Wandreibung wie $(p_e)_R \sim 1/D^5$. Man erkennt, daß der Rohrdurchmesser eine sehr entscheidende Rolle für den Strömungsvorgang spielt.

Für ein Rohrstück der Länge ds kann man nach (3.82a) in Verbindung

---

32 Den Zusammenhang (3.82b) kann man gemäß Kap. 1.3.2.2 aus einer Dimensionsanalyse mit den unabhängigen Größen ϱ, v_m, D und $(p_e)_R/L$ (auf Länge bezogener Druckverlust) herleiten.

33 Im vorliegenden Fall ist an zwei Stellen (*1*) und (*2*) längs der Rohrleitung $v_1 = v_2$ und $\alpha_1 = \alpha_2$, was nach (3.69) zu $(\bar{p}_e)_{1\to 2} = (\bar{p}_e)_R = (p_e)_R = (p_e)_{1\to 2}$ führt.

mit (3.64b)

$$\left(\frac{dp_e}{ds}\right)_R = \varrho g \left(\frac{dz_e}{ds}\right)_R = \frac{\lambda}{D}\,\frac{\varrho}{2}\,v_m^2, \quad J_e = \left(\frac{dz_e}{ds}\right)_R = \lambda\,\frac{v_m^2}{2gD} \qquad (3.83\text{a, b})$$

setzen, wobei man die Größe $J_e > 0$ als Energiegefälle bezeichnet, vgl. Abb. 3.20b. Den Verlust an strömungsmechanischer Energie infolge Wandreibung bei veränderlichem Rohrquerschnitt zwischen zwei Stellen (*1*) und (*2*) erhält man durch Integration von (3.83a) über s. Bei geringer Querschnittsänderung längs Rohrachse kann mit stückweise konstanten mittleren Werten für die Teilrohrlängen gerechnet werden. Die Integration bzw. die Summation ist unter Beachtung der Kontinuitätsgleichung mit $v_m = \dot{V}/A$ auszuführen.

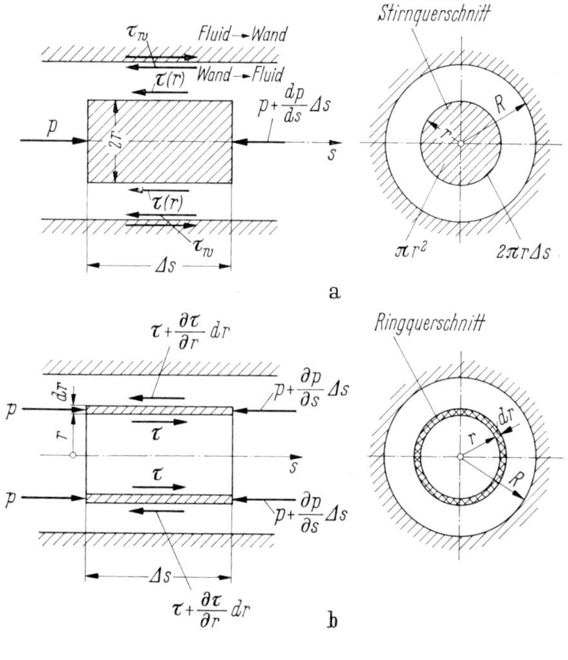

Abb. 3.23. Vollausgebildete stationäre Rohrströmung, Druck- und Schubspannungen: **a** am Element eines Kreiszylinders, **b** am Ringelement

Stationäre Strömung. Für horizontalliegende Rohre mit konstantem Querschnitt seien unter der Annahme stationärer Strömung weitere allgemein gültige Beziehungen angegeben, welche die Kenntnis des genauen Strömungszustands (laminar, turbulent, rauh) noch nicht erfordern. In der Strömung durch ein gerades zylindrisches Rohr werde nach Abb. 3.23a ein koaxiales zylindrisches Stück von der Länge Δs und vom Radius r betrachtet. Zum Aufrechterhalten des Strömungsvorgangs in Richtung der Rohrachse (s-Richtung) greifen Normalkräfte an den Stirnflächen πr^2 und Tangentialkräfte an der Mantelfläche $2\pi r \Delta s$ an. Da der Vorgang stationär sein soll, treten Trägheitskräfte nicht auf[34]. Bei der angenommenen

34 Hinsichtlich des Verschwindens der Trägheitskraft bei der Kennzahl-Bestimmung sei auf die Bemerkung in Kap. 1.3.2.2 aufmerksam gemacht. Die Reynolds-Zahl ist in einem solchen Fall als das Verhältnis von Impulsstromdichte und Wandschubspannung zu deuten, $Re \sim \varrho v_m^2/\tau_w$ mit $\tau_w \sim \eta(v_m/D)$.

geradlinig horizontalen Bewegung ist der Druck (Normalspannung) in Querschnittsebenen jeweils konstant $p(s, r) = p(s)$[35]. Am linken Querschnitt greift in Strömungsrichtung die Druckkraft $p\pi r^2$ und am rechten Querschnitt die entgegengesetzt gerichtete Kraft $[p + (dp/ds)\,\Delta s]\,\pi r^2$ an. Weiterhin wirkt der Strömungsrichtung entgegen die Schubspannungskraft, die sich mit $\tau(s, r) = \tau(r)$ als Schubspannung zu $2\pi\tau r\Delta s$ ergibt. Aus dem Kräftegleichgewicht in Strömungsrichtung wird also

$$\tau = -\frac{r}{2}\frac{dp}{ds}, \quad \tau_w = -\frac{R}{2}\frac{dp}{ds}, \quad \frac{\tau}{\tau_w} = \frac{r}{R}. \qquad (3.84\text{a, b, c})$$

Die Schubspannung verteilt sich, wie in Abb. 3.22b dargestellt, von der Rohrachse aus linear über den örtlichen Radius $0 \leqq r \leqq R$. In der Rohrmitte ($r = 0$) verschwindet sie, während sie an der Rohrwand ($r = R$) den größten Wert annimmt, nämlich die Wandschubspannung $\tau_w = \text{const}$. Für die stationäre, vollausgebildete Rohrströmung eines horizontal liegenden Rohrelements mit dem konstanten Querschnitt $A = \text{const}$ und der Länge Δs erhält man aus der differentiellen Form der Energie- und Impulsgleichung (3.70) bzw. (3.76) mit $\partial/\partial t = 0$, $z = \text{const}$, $v = \text{const}$, $\alpha = \text{const}$, $\beta = \text{const}$ und $\partial/\partial s = d/ds$

$$\frac{dp}{ds} = -\left(\frac{dp_e}{ds}\right)_R = -\frac{U}{A}\tau_w = -\frac{4}{D}\tau_w = \text{const}. \qquad (3.85\text{a, b})$$

Der Druckabfall im Rohr $dp/ds < 0$ ist gleich dem Druckverlust infolge Wandreibung nach (3.83a). Zwischen der Rohrreibungszahl λ und der Wandschubspannung τ_w bestehen somit die Zusammenhänge

$$\lambda = 8\frac{\tau_w}{\varrho v_m^2}, \quad \tau_w = \frac{\lambda}{8}\varrho v_m^2, \quad v_\tau = \sqrt{\frac{\tau_w}{\varrho}} = \sqrt{\frac{\lambda}{8}}\,v_m. \qquad (3.86\text{a, b, c})$$

Man kann also λ ermitteln, wenn man die Wandschubspannung τ_w kennt oder auch umgekehrt. Häufig wird auch die sogenannte Schubspannungsgeschwindigkeit v_τ zur Beschreibung des Reibungseinflusses eingeführt.

Energiebetrachtung. Im folgenden seien noch einige Bemerkungen über den Zusammenhang des strömungsmechanischen Energieverlusts (Druckverlust) mit der von der Reibungskraft verrichteten Arbeit sowie über die durch Reibung in Wärme umgewandelte Energie bei stationärer, vollausgebildeter Rohrströmung gemacht. In der Strömung soll nach Abb. 3.23b ein Volumenelement (Ringelement) betrachtet werden, das aus dem Ringquerschnitt $2\pi r\,dr$ und der Länge Δs gebildet wird. Die Schubspannungen τ und $\tau + (\partial\tau/\partial r)\,dr$ wirken in der gezeichneten Weise. Die am Zylinder der Länge Δs in s-Richtung angreifende Reibungskraft (Schleppkraft, Index R) beträgt nach Integration über $0 \leqq r \leqq R$ mit $\tau(r = 0) = 0$ und $\tau(r = R) = \tau_w$

$$\Delta F_R = 2\pi\Delta s\int_0^R \left[\tau r - \left(\tau + \frac{\partial\tau}{\partial r}dr\right)(r + dr)\right] dr = -2\pi\Delta s\int_0^R \frac{\partial(\tau r)}{\partial r}\,dr = -2\pi\tau_w R\Delta s.$$

---

35 Während diese Aussage für die laminare Rohrströmung exakt gilt, stellt sie für die turbulente Rohrströmung wegen der auftretenden Schwankungsbewegung nur eine — im allgemeinen jedoch ausreichende — Näherung dar.

Dies Ergebnis hätte man einfacher auch an Hand von Abb. 3.23a finden können. Die auf die Masse $\Delta m = \varrho \pi R^2 \Delta s$ bezogene Schleppkraft beträgt $f_R = \Delta F_R / \Delta m = -2\tau_w / \varrho R$. Weiterhin erhält man die massebezogene Schleppleistung dw_R/dt mit $w_R = \Delta W_R / \Delta m$ zu

$$\frac{dw_R}{dt} = -\frac{2}{\varrho R^2} \int_0^R v \frac{\partial(r\tau)}{\partial r} dr = -\frac{2\tau_w}{\varrho R} v_m = -\frac{1}{\varrho} \left(\frac{dp_e}{ds}\right)_R v_m. \tag{3.87a}$$

Bei der Auswertung des Integrals wurde (3.84c) mit $\tau = (r/R)\,\tau_w$ berücksichtigt und weiterhin die mittlere Geschwindigkeit nach (3.79a) eingesetzt. Der letzte Ausdruck folgt aus (3.85a, b).

Will man jetzt die bei dem Strömungsvorgang entstandene Reibungswärme berechnen, so muß man zunächst die von den Schubspannungskräften an den einzelnen Flächen des betrachteten Ringelements verrichteten reibungsbedingten Leistungen (Index r) ermitteln. Es sei hierzu auf die Ausführungen in Kap. 2.6.3.2 hingewiesen. In Analogie zur Berechnung der Schleppleistung findet man die am Zylinder der Länge Δs verrichtete Schlepp- und im Zylinder gespeicherte Formänderungsleistung zu

$$\frac{d(\Delta W_r)}{dt} = 2\pi \Delta s \int_0^R \left[\tau v r - \left(\tau v + \frac{\partial(\tau v)}{\partial r} dr\right)(r + dr)\right] dr = -2\pi \Delta s \int_0^R \frac{\partial(\tau v r)}{\partial r} dr = 0.$$

Wegen $\tau(r = 0) = 0$ und $v(r = R) = 0$ verschwindet diese Größe, d. h. es ist, wenn man die massebezogene Arbeit mit $w_r = \Delta W_r / \Delta m$ bezeichnet, $dw_r/dt = 0$. Die Dissipationsarbeit ist in (2.194b) definiert, wobei die Indizes z und Z durch r und R zu ersetzen sind. Für den vorliegenden Fall der Rohrströmung gilt also für die massebezogene Dissipationsleistung

$$\frac{dw_D}{dt} = \frac{dw_r}{dt} - \frac{dw_R}{dt} = -\frac{dw_R}{dt} = \frac{1}{\varrho}\left(\frac{dp_e}{ds}\right)_R v_m. \tag{3.87b}$$

Die vorstehende Betrachtung zeigt also, daß der Druckverlust tatsächlich ein Verlust an strömungsmechanischer Energie ist, da die durch die hemmende Reibungskraft verrichtete Arbeit vollständig als Dissipationsarbeit in Wärme umgewandelt wird.

3.4.3.3 Vollausgebildete laminare Rohrströmung

Kreisförmiger Rohrquerschnitt. Beim Durchströmen von geraden Kreisrohren mit mäßigen Geschwindigkeiten, genauer gesagt bei Reynolds-Zahlen Re, die kleiner als die Reynolds-Zahl des laminar-turbulenten Umschlags Re_u nach (3.80b) sind, stellt sich im Rohr Laminar- oder Schichtenströmung ein. Es lassen sich hierfür die Geschwindigkeitsverteilung über den Rohrquerschnitt sowie der Druckverlust infolge Reibung längs der Rohrachse exakt berechnen. Ausgangspunkt ist der Elementaransatz für die infolge Viskosität η eines newtonschen Fluids auftretende Schubspannung[36]. Nach (1.11) gilt mit $\partial n = -\partial r$ sowie nach Einsetzen von (3.84a)

$$\tau = -\eta \frac{\partial v}{\partial r} = -\eta \frac{dv}{dr} > 0, \quad \frac{dv}{dr} = \frac{r}{2\eta} \frac{dp}{ds} < 0 \quad (Re < Re_u). \tag{3.88a, b}$$

36 Auf das Verhalten nichtnewtonscher Fluide soll hier nicht eingegangen werden, vgl. Kap. 1.2.3.3 und die Ausführungen in [9].

Da bei stationärer, vollausgebildeter laminarer Rohrströmung $v(t, r, s) = v(r)$ ist, d. h. die Geschwindigkeitsverteilung sich über den Rohrquerschnitt A achsensymmetrisch verteilt, kann in (3.88a) $\partial/\partial r = d/dr$ gesetzt werden. Es ist $dv/dr < 0$, da v von $r = 0$ nach $r = R$ abfällt. Die Beziehung (3.88b) stellt die Bestimmungsgleichung zur Berechnung der Geschwindigkeitsverteilung dar[37]. Wegen der Haftbedingung (3.78a) verschwindet die Geschwindigkeit an der Rohrwand. Für den Druckgradient gilt $dp/ds = \text{const}$, vgl. (3.85). Gl. (3.88b) läßt sich sofort über r integrieren und liefert mit der Randbedingung $v(r = R) = 0$

$$v(r) = -\frac{1}{4\eta}(R^2 - r^2)\frac{dp}{ds}, \quad v_{\max} = -\frac{R^2}{4\eta}\frac{dp}{ds}, \quad v_m = -\frac{R^2}{8\eta}\frac{dp}{ds}, \qquad (3.89\text{a, b, c})$$

wobei die Geschwindigkeit auf der Rohrachse am größten ist, $v(r = 0) = v_{\max}$. Die Geschwindigkeit v_m erhält man durch Einsetzen von (3.89a) in (3.79a) und anschließende Integration. Aus (3.89b, c) folgt, daß die maximale Geschwindigkeit in Rohrmitte doppelt so groß wie die mittlere Geschwindigkeit ist. In dimensionsloser Schreibweise ergibt sich für die Geschwindigkeitsverteilung

$$\frac{v(r)}{v_{\max}} = 1 - \left(\frac{r}{R}\right)^2, \quad \frac{v(r)}{v_m} = 2\left[1 - \left(\frac{r}{R}\right)^2\right], \quad \frac{v_{\max}}{v_m} = 2. \qquad (3.90\text{a, b, c})$$

Hiernach ist die Geschwindigkeit nach einem Rotationsparaboloid über den Rohrquerschnitt verteilt, dessen Scheitel in die Rohrachse fällt, Kurve (*1*) in Abb. 3.22a. Die in (3.79b, c) definierten Geschwindigkeitsausgleichswerte berechnet man zu[38]

$$\alpha = 2, \qquad \beta = 4/3 = 1{,}333. \qquad (3.91\text{a, b})$$

Der Volumenstrom durch den Rohrquerschnitt beträgt nach (3.66a)

$$\dot{V} = v_m A = -\frac{\pi}{8}\frac{R^4}{\eta}\frac{dp}{ds} > 0 \qquad \text{(Kreisquerschnitt)}. \qquad (3.92\text{a, b})$$

Er ist bei laminarer Rohrströmung proportional der vierten Potenz des Rohrradius R und proportional dem Druckabfall $dp/ds < 0$ sowie umgekehrt proportional der Viskosität des Fluids. Dies Ergebnis wird als das Hagen-Poiseuillesche Gesetz bezeichnet. Es wird durch den Versuch mit großer Genauigkeit bestätigt. Den zugehörigen Druckverlust sowie die Rohrreibungszahl erhält man mittels (3.85a), (3.89c) und (3.83a) zu

$$\left(\frac{dp_e}{ds}\right)_R = \frac{8\eta}{R^2} v_m \sim v_m, \qquad \lambda = \frac{64}{Re} \sim \frac{1}{Re} \; (Re < Re_u) \qquad (3.93\text{a, b})$$

---

37 In Zylinderkoordinaten r, $\partial/\partial\varphi = 0$, $z = s$ lautet nach Tab. 2.7 die Navier-Stokessche Bewegungsgleichung mit $\partial u_B/\partial s = 0$ sowie $v_r = 0$, $v_\varphi = 0$, $v_z = v(r)$ und $p(r, \varphi, z) = p(s)$

$$\frac{\eta}{r}\frac{d}{dr}\left(r\frac{dv}{dr}\right) = \frac{dp}{ds} = \text{const}.$$

Durch einmalige Integration über r mit der Randbedingung $dv/dr = 0$ bei $r = 0$ zeigt man die Übereinstimmung mit (3.88b).

38 Der Zusammenhang von α und β wird für das Kreisrohr von den Näherungsformeln (3.79b, c) exakt wiedergegeben.

mit der Reynolds-Zahl Re nach (3.80a). In Abb. 3.24 ist die Rohrreibungszahl über der Reynolds-Zahl $\lambda = \lambda(Re)$ in doppeltlogarithmischem Maßstab als Kurve (*1*) aufgetragen. Die Übereinstimmung mit Meßergebnissen ist bis zur Reynolds-Zahl des laminar-turbulenten Umschlags $Re_u = 2320$ sehr gut. Das heißt, für $Re < Re_u$ verläuft die Strömung laminar, während sie für $Re > Re_u$ turbulent sein kann. Nähere Ausführungen hierzu werden in Kap. 3.4.3.4 gemacht. Da $\lambda \sim 1/v_m$ ist, gilt das im Anschluß an (3.82a) für $\lambda = \text{const}$ besprochene quadratische Rohr-

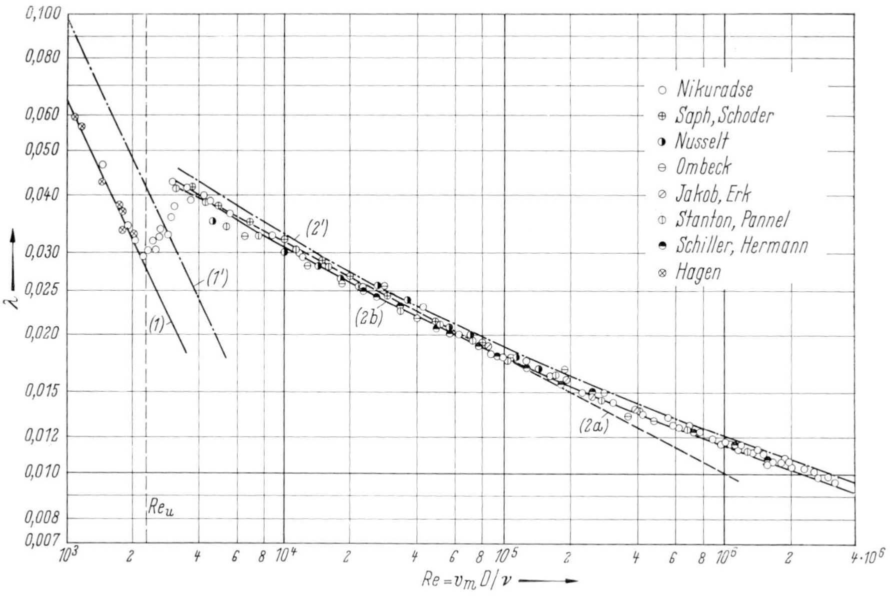

Abb. 3.24. Rohrreibungszahlen λ für glatte Rohre und gerade Spalte. (*1*) Laminare Rohrströmung (3.93b) für $Re < Re_u$, (*1'*) laminare Spaltströmung (3.95c), (*2a*) turbulente Rohrströmung (3.96) für $Re_u < Re < 10^5$, (*2b*) turbulente Rohrströmung (3.103) für $Re_u < Re < \infty$, (*2'*) turbulente Spaltströmung (3.104)

reibungsgesetz bei laminarer Rohrströmung nicht; in diesem Fall liegt vielmehr gemäß (3.93a) ein in bezug auf die mittlere Geschwindigkeit lineares Rohrreibungsgesetz vor, $(p_e)_R \sim v_m$.

Nichtkreisförmiger Rohrquerschnitt. Es stellt sich die Frage, inwieweit die vorstehenden Überlegungen für das geradlinig verlaufende Rohr mit Kreisquerschnitt auch auf andere Querschnittsformen (Ellipse, Polygon, Dreieck, Trapez, Rechteck, Spalt) übertragen werden können. Für regelmäßige Polygone darf man die obigen Gesetze als gültig ansehen, wenn es sich dabei um eine genügend große Zahl von Polygonseiten handelt, wodurch das Profil dem Kreis stark angenähert ist. Anstelle des Kreisdurchmessers D ist dann der gleichwertige Durchmesser D_g nach (3.77) einzusetzen. Bei beliebig gestalteter Querschnittsform sind jedoch nicht alle Elemente des benetzten Umfangs in gleichem Maß an der Übertragung der Wandschubspannung beteiligt. Es ist also die Rohrreibungszahl neben ihrer Abhängigkeit von der Reynolds-Zahl $Re = v_m D_g/\nu$ mit $v_m = \dot{V}/A$ auch eine Funktion der Querschnittsform, und zwar besteht bei laminarer Rohrströmung stets die Beziehung $\lambda = c/Re$. Angaben über c findet man u. a. bei Brauer [9]. Für elliptischen, rechteckigen und ringförmigen Querschnitt sind die Werte c in Abb. 3.25 wiedergegeben. Für den elliptischen Querschnitt läßt sich eine einfache Formel zur Berechnung des Volumenstroms angeben, nämlich

$$\dot{V} = -\frac{\pi}{64\eta}\frac{b^3h^3}{b^2+h^2}\frac{dp}{ds} > 0 \qquad \text{(Ellipsenquerschnitt)}. \tag{3.94}$$

Gerader Spalt. Die laminare Strömung in einem ebenen Spalt wurde bereits in Kap. 2.5.3.3, Beispiel *a*, als exakte Lösung der Navier-Stokesschen Bewegungsgleichung behandelt, vergleiche Abb. 2.39a. Nach (2.124) stellt sich zwischen den zwei parallelen Wänden vom Abstand $h = 2a$, ähnlich wie bei der Strömung durch den Kreisquerschnitt, eine parabolische Geschwindigkeitsverteilung ein.

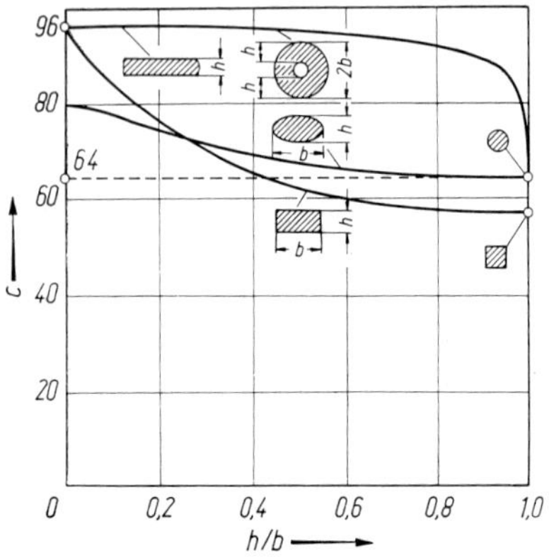

Abb. 3.25. Rohrreibungszahlen $\lambda = c/Re$ bzw. $c = \lambda Re$ für verschiedene Rohrquerschnittsformen bei laminarer Strömung nach [9], $Re = v_m D_g/\nu$; Rechteck $D_g = 2h/(1 + h/b)$, Ringspalt sowie gerader Spalt $D_g = 2h$ und Ellipse $D_g = h \cdot f(h/b)$ mit $f(h/b) \approx (\pi/2) \times (1 + h/b)/[\pi h/b + (1 - h/b)^2]$ [a]

[a] Bei der exakten Berechnung des Umfangs einer Ellipse tritt ein vollständiges elliptisches Integral zweiter Gattung auf; Näherungsformel nach Hütte-Mathematik, 2. Aufl., S. 182.

Dabei gelten im vorliegenden Fall für das Verhältnis der maximalen zur mittleren Geschwindigkeit, die Geschwindigkeitsausgleichswerte sowie die Spaltreibungszahl

$$\frac{v_{\max}}{v_m} = \frac{3}{2}; \quad \alpha = \frac{54}{35} = 1{,}543, \qquad \beta = \frac{6}{5} = 1{,}20; \qquad \lambda = \frac{96}{Re} \quad \text{(Spalt)} \tag{3.95a, b, c}$$

mit $D_g = 4A/U = 2h$. Die Spaltreibungszahl $\lambda = \lambda(Re)$ ist in Abb. 3.24 als Kurve (*1'*) wiedergegeben. Bei gleicher Reynolds-Zahl (gebildet mit dem gleichwertigen Durchmesser D_g) ist sie um den Faktor 1,5 größer als beim Kreisrohr.

Anwendungsbereich. Die bisher behandelte Laminarbewegung bei Rohr- und Spaltströmungen tritt bei entsprechend kleinen Geschwindigkeiten und kleinen Abmessungen der Strömungsquerschnitte auf. Sie stellt sich außerdem je eher ein, desto größer die kinematische Viskosität des Fluids ist. Sie umfaßt nur eine verhältnismäßig kleine Gruppe technisch wichtiger Strömungen, und zwar gehören hierzu die Schmiermittel- und Sickerströmung in Kap. 3.6.3.2 bzw. 5.5.4. Die für die laminare Bewegung geltenden Bedingungen werden von den Strömungen in menschlichen und tierischen Gefäßsystemen weitgehend erfüllt. Damit spielt die in diesem Kapitel besprochene laminare Rohrströmung in der Bio-Fluidmechanik eine größere Rolle, insbesondere, wenn man die Untersuchungen auf die Strömungen nicht-newtonscher Fluide und auf Mehrphasenströmungen ausdehnt. Im Rahmen dieses Buches kann hierauf nicht eingegangen werden.

3.4.3.4 Vollausgebildete turbulente Strömung durch glattes Rohr

Grundsätzliches. Während die laminare Scherströmung durch ihr geordnetes Verhalten in nebeneinander verlaufenden Schichten gekennzeichnet ist, hat man es bei der turbulenten Scherströmung mit einer Bewegung zu tun, bei welcher sich die nebeneinander strömenden Schichten ständig miteinander vermischen. Es entsteht das Bild einer unruhigen, scheinbar ohne jegliche Gesetzmäßigkeit wirbeligen Bewegung. Sofern die Strömung als Ganzes betrachtet von der Zeit unabhängig ist, besitzt dabei die Geschwindigkeit jedes strömenden Fluidelements einen stationären Mittelwert (Hauptströmung), dem unregelmäßige Schwankungen in Längs- und Querrichtung (Nebenströmung) überlagert sind. Durch die Turbulenz werden Impuls und Energie zwischen benachbarten Fluidschichten ausgetauscht und damit vom Inneren an die Wand transportiert. Dies bewirkt einen Ausgleich der Geschwindigkeit über den Rohrquerschnitt. Die Geschwindigkeitsverteilung in einem kreiszylindrischen Rohr ist nicht mehr wie bei der laminaren Bewegung parabolisch, sondern im mittleren Strömungskern nahe der Rohrachse wesentlich gleichmäßiger, während der Geschwindigkeitsabfall nach dem Rand zu entsprechend steiler ist, Kurve (*2*) in Abb. 3.22b. Zwischen dem Druckverlust $(dp_e/ds)_R$ und der mittleren Geschwindigkeit v_m besteht nicht mehr die durch (3.93a) zum Ausdruck kommende lineare Abhängigkeit, sondern vielmehr ist $(dp_e/ds)_R$ bei der turbulenten Strömung entsprechend (3.83a) bei nahezu konstanter Rohrreibungszahl λ eher proportional dem Quadrat der Geschwindigkeit. Es stellen sich erheblich größere Strömungswiderstände in Form von Verlusten an strömungsmechanischer Energie ein. Die Ursache dieser Verluste sind in den Mischbewegungen zu suchen, welche durch die oben erwähnten Geschwindigkeitsschwankungen entstehen.

Die charakteristischen Unterschiede der beiden Strömungsarten (laminar, turbulent) wurden schon von Hagen [24] und Poiseuille [54] beobachtet. Die richtunggebende Grundlage, welche für das Verständnis und die Beurteilung des Problems von Bedeutung geworden ist, verdankt man indessen erst Reynolds [61], vgl. Kap. 2.5.3.5. Nach dem erstmalig von ihm durchgeführten Versuch läßt man Wasser, dem man mit Hilfe eines Kapillarrohrs gefärbte Flüssigkeit in Richtung der Rohrachse zuführt, durch Glasrohre von verschiedenem Durchmesser fließen. Dabei zeigt sich, daß bei kleinen Durchflußgeschwindigkeiten die gefärbte Flüssigkeit einen geraden Faden innerhalb des ungefärbten Wassers bildet, was auf laminare Bewegung schließen läßt. Bei Erreichen einer gewissen kritischen Geschwindigkeit zerreißt dieser gefärbte Stromfaden und durchsetzt mit seinen Farbteilchen nahezu alle übrigen Stromfäden des Rohrs. Dies ist ein Zeichen dafür, daß sich jetzt die turbulente Strömungsform eingestellt hat. Außerdem stellte O. Reynolds bei seinen Versuchen fest, daß die kritische Geschwindigkeit um so kleiner ist, je größer die Rohrweite gewählt wird. Aus dieser Beobachtung schloß er zunächst auf das Vorhandensein einer zahlenmäßig feststellbaren Grenze für den Übergang von der laminaren zur turbulenten Strömungsform. Aus einer Ähnlichkeitsbetrachtung erkannte er weiter, daß diese Grenze durch eine dimensionslose Kombination aus der mittleren Durchflußgeschwindigkeit v_m, dem Rohrdurchmesser D und der kinematischen Viskosität des Fluids ν bestimmt ist. Die hieraus gebildete Kennzahl, vgl. Kap. 1.3.2.2, und später nach ihm benannte Reynolds-Zahl ist in (3.80a) mit $Re = v_m D/\nu$ angegeben. Unter der Voraussetzung gleicher Versuchsbedingungen, besonders hinsichtlich des Zulaufs im Rohr, tritt danach der Umschlag der laminaren in die turbulente Strömungsform bei einer bestimmten Reynolds-Zahl des laminar-turbulenten Umschlags Re_u, häufig auch als kritische Reynolds-Zahl Re_{kr} bezeichnet, ein. Während laminare Rohrströmung bei $Re < Re_u$ vorliegt, stellt sich bei $Re > Re_u$ die turbulente Rohrströmung ein.

O. Reynolds sprach bereits die Vermutung aus, daß die laminare Bewegung, da sie mathematisch eine mögliche Strömungsform darstellt, jenseits der oben angegebenen Grenze labil werden müsse und zugunsten der turbulenten Form geändert werde. Diese Auffassung hat sich in der Tat bestätigt, wie bei den Ausführungen über die Entstehung der Turbulenz in Kap. 2.5.3.6 bereits gezeigt wurde. Als Reynolds-Zahl des laminar-turbulenten Umschlags für die Rohrströmung ermittelte O. Reynolds aus eigenen und älteren Versuchen von H. Darcy den Wert $Re_u \approx 2000$, mit geringen Streuungen nach beiden Seiten. Nach späteren Messungen von Schiller [63] ist für technisch glatte, gerade Rohre $Re_u = 2320$, bei scharfkantigem Anschluß des Rohrs an eine vertikale Wand $Re_u = 2800$. O. Reynolds beobachtete auch, daß sich bei entsprechend vorsichtigem Experimentieren die laminare Strömung wesentlich länger aufrechterhalten läßt, als es den vorstehend angegebenen Werten entspricht[39]. Die turbulente Strömung in Rohren besitzt eine große technische Bedeutung. Für Wasser von 10 °C mit einer kinematischen Viskosität $\nu = 1{,}3 \cdot 10^{-6}\ \mathrm{m^2/s}$ ergibt sich z. B. bei einem Rohrdurchmesser von $D = 0{,}1$ m aus $Re_u = 2320$ eine Geschwindigkeit für den laminar-turbulenten Umschlag von $v_m = 0{,}03$ m/s $= 3$ cm/s. Man erkennt daraus, daß Strömungen in Wasserleitungsrohren im allgemeinen turbulent verlaufen, da bei ihnen gewöhnlich wesentlich größere Geschwindigkeiten auftreten.

Erschwerend für die Beurteilung der strömungsmechanischen Vorgänge in einem Rohr tritt noch die Frage nach der Wandbeschaffenheit des Rohrs auf. Erfahrungsgemäß besteht hinsichtlich der Größe des Strömungswiderstands in

39 Die Größenordnung des Werts von Re_u haben Meißner und Schubert [61] auf der Grundlage des Entropieprinzips auch theoretisch gefunden.

Rohren ein Unterschied, je nachdem ob es sich um glatte oder rauhe Rohrinnenwände handelt. Nun gibt es zwar absolut glatte Flächen selbst bei feinster Polierung der Oberfläche in der Natur nicht. Indessen hat sich gezeigt, daß sich Rohre mit nicht zu großer Rauheit als technisch oder strömungsmechanisch (hydraulisch) glatt verhalten. Hierüber geben die Betrachtungen in Kap. 3.4.3.5 einige Aufschlüsse.

Kreisförmiger Rohrquerschnitt. Im folgenden sollen experimentelle und theoretische Untersuchungen über die Geschwindigkeitsverteilung und über die Rohrreibungszahl der vollausgebildeten turbulenten, im Mittel stationären Strömung durch kreisförmige, strömungsmechanisch glatte Rohre besprochen werden. Die Ermittlung des Druckverlusts infolge der Reibung an der inneren Rohrwand geschieht unter Einsetzen zeitlich gemittelter Werte für Geschwindigkeit und Druck in (3.83a)[40]. Auch bei der vollausgebildeten turbulenten Strömung ist die Rohrreibungszahl λ im allgemeinen keine Konstante, sondern sie hängt nach (3.82c) von der Reynolds-Zahl Re ab. Über die zahlreichen Beziehungen zur Berechnung der Rohrreibungszahl bei strömungsmechanisch glatter Rohrinnenwand $\lambda = \lambda(Re)$ berichten Unser und Holzke [82] in einer sogenannten Bestandsaufnahme. Man beachte auch die kritischen Betrachtungen zur Frage der Rohrreibung von Kirschmer [39].

Aufgrund experimenteller Auswertung stellt Blasius [7] die Abhängigkeit der Rohrreibungszahl von der Reynolds-Zahl $Re > Re_u = 2320$ durch die halbempirische Potenzformel

$$\lambda = \frac{0{,}316}{\sqrt[4]{Re}} = (100Re)^{-1/4} \quad (Re_u < Re < 10^5) \qquad \text{(Blasius)} \qquad (3.96)$$

dar. In Abb. 3.24 ist der Verlauf $\lambda = \lambda(Re)$ als Kurve (*2a*) wiedergegeben. Verglichen mit der Kurve (*1*) für die laminare Strömung ergibt sich eine erheblich geringere Abhängigkeit von der Reynolds-Zahl. Spätere Versuche, besonders von Nikuradse [50], haben gezeigt, daß das Blasiussche Rohrreibungsgesetz kein für beliebig große Reynolds-Zahlen extrapolierbares Gesetz ist, sondern für Werte $Re > 100\,000$ seine Gültigkeit verliert. Mit wachsender Reynolds-Zahl Re geht der Abfall von λ langsamer vor sich, als es (3.96) entsprechen würde.

Außer der Rohrreibungszahl wurde auch die Geschwindigkeitsverteilung über den Rohrquerschnitt experimentell untersucht. Solche Messungen sind in Abb. 3.26 wiedergegeben. Während bei laminarer Rohrströmung nach (3.90) keine Abhängigkeit der Geschwindigkeitsverteilung von der Reynolds Zahl besteht, tritt eine solche bei der Verteilung der (gemittelten) Geschwindigkeit der turbulenten Rohrströmung auf. Man erkennt, daß sich mit wachsender Reynolds-Zahl eine immer gleichmäßigere Verteilung der Geschwindigkeit über den Querschnitt einstellt. Ist $y = R - r$ der Abstand von der Rohrwand ($y = 0$, $r = R$) und $v_{\max}$ die größte Geschwindigkeit in der Rohrmitte ($y = R$, $r = 0$), dann läßt

---

40 Auf eine besondere Kennzeichnung der gemittelten Größen, z. B. durch Überstreichen wie in Kap. 2.5.3.5, wird hier verzichtet.

sich das Geschwindigkeitsprofil näherungsweise durch die Interpolationsformeln

$$\frac{v}{v_{max}} = \left(\frac{y}{R}\right)^n = \left(1 - \frac{r}{R}\right)^n, \quad \frac{v}{v_{max}} = \left[1 - \left(\frac{r}{R}\right)^m\right]^n \qquad \text{(Potenzprofile)} \qquad (3.97\,\text{a, b})$$

beschreiben. Aus dem Blasiusschen Rohrreibungsgesetz hat Prandtl [55] für den Exponenten n in (3.97a) den Zahlenwert $n = 1/7$ abgeleitet. Man spricht daher auch vom Einsiebentel-Potenzgesetz der Geschwindigkeitsverteilung bei turbulenter

	Re	$\frac{v_{max}}{v_m}$
○	$4{,}00 \cdot 10^3$	$1{,}250$
●	$2{,}33 \cdot 10^4$	$1{,}217$
□	$1{,}05 \cdot 10^5$	$1{,}205$
■	$1{,}11 \cdot 10^6$	$1{,}159$
△	$2{,}35 \cdot 10^6$	$1{,}143$
▲	$3{,}24 \cdot 10^6$	$1{,}138$

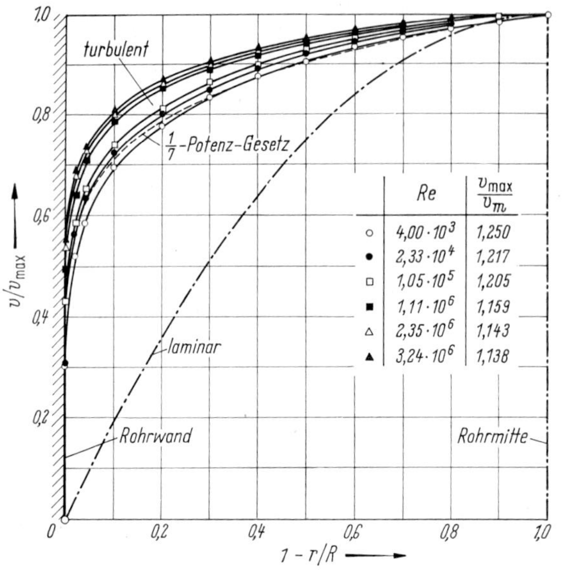

Abb. 3.26. Geschwindigkeitsverteilungen in einem turbulent durchströmten glatten Rohr bei verschiedenen Reynolds-Zahlen nach [50], $y = R - r = $ Wandabstand, das laminare Geschwindigkeitsprofil ist nach (3.90a) zum Vergleich mit dargestellt

Rohrströmung. Dies ist in Abb. 3.26 gestrichelt dargestellt. Nach den wiedergegebenen Geschwindigkeitsverteilungen muß bei Anwendung der Potenzformel (3.97a) der Exponent $n = n(Re)$ sein; so ist z. B. $n = 1/6$ bei $Re = 4 \cdot 10^3$ bis herab zu $n = 1/10$ bei $3{,}2 \cdot 10^6$. Nunner [43] gibt für den Exponenten n die einfache Beziehung $n = \sqrt{\lambda}$ mit $\lambda = \lambda(Re)$ als Rohrreibungszahl an. Die Formel (3.97b) mit $1{,}25 \leq m \leq 2$ und $n = 1/7$ stammt von Kármán [33]. Sie ergibt eine etwas bessere Annäherung an die Messungen in Rohrmitte. Den Einfluß der ReynoldsZahl kann man nach Dubs [16] mit $m = 2$ und $n = 1/(1 + 0{,}141Re^{1/6})$ erfassen[41]. Es sei darauf hingewiesen, daß nach beiden Interpolationsformeln der die Wandschubspannung bestimmende Geschwindigkeitsgradient bei $n < 1$ den Wert $(dv/dr)_{r=R} = -\infty$ annimmt. Es wird also von (3.97a, b) die viskose Unterschicht nicht richtig beschrieben. Nach Einsetzen von (3.97a, b) in (3.79a) erhält man nach Integration für das Verhältnis der maximalen zur mittleren Geschwindigkeit für $m = 1$ bzw. $m = 2$

$$\frac{1}{2}(1 + n)(2 + n) \geq \frac{v_{max}}{v_m} \geq 1 + n. \qquad (3.98\,\text{a})$$

---

41 Gl. (3.97b) gibt mit $m = 2$ und $n = 1$ die Geschwindigkeitsverteilung der laminaren Rohrströmung nach (3.90a) wieder.

Weiterhin findet man nach Auswertung von (3.79b, c) die Geschwindigkeitsausgleichswerte zu

$$\frac{1}{4}\frac{(1+n)^3\,(1+n)^3}{(1+3n)\,(2+3n)} \geqq \alpha \geqq \frac{(2+n)^3}{1+3n}, \quad \frac{1}{4}\frac{(1+n)(2+n)^2}{1+2n} \geqq \beta \geqq \frac{(1+n)^2}{1+2n}. \tag{3.98b, c}$$

Für das Einsiebentel-Potenzgesetz ($n = 1/7$) gelten die Zahlenwerte $1{,}224 \geqq v_{\max}/v_m \geqq 1{,}143$, $1{,}058 \geqq \alpha \geqq 1{,}045$ und $1{,}020 \geqq \beta \geqq 1{,}016$. Für die Geschwindigkeitsverteilungen in Abb. 3.26 sind die zugehörigen Werte $v_{\max}/v_m$ mitangegeben. Die Ausgleichswerte der turbulenten Rohrströmung sind im Gegensatz zur laminaren Rohrströmung nach (3.91) nur wenig von eins verschieden, so daß man näherungsweise $\alpha \approx \beta \approx 1$ setzen kann.

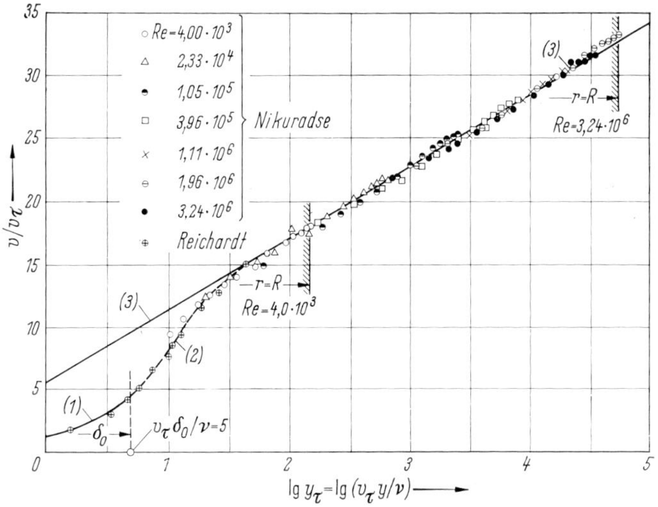

Abb. 3.27. Geschwindigkeitsverteilungsgesetz einer turbulenten Strömung im glatten Rohr nach [50], vgl. Abb. 2.42c. (*1*) Viskose Unterschicht, (*2*) Übergang von der viskosen Unterschicht zur vollausgebildeten turbulenten Rohrströmung, (*3*) logarithmisches Gesetz nach (3.99b)

Nachstehend seien einige theoretische Aussagen über die Verteilung der Geschwindigkeit über den Rohrquerschnitt bei turbulenter Strömung gemacht. Bei der Ableitung des asymptotischen logarithmischen Wandgesetzes für die Geschwindigkeitsverteilung turbulenter Strömungen in Kap. 2.5.3.5 wurde bereits festgestellt, daß sich der Einfluß der Viskosität bei wenig viskosen Fluiden im wesentlichen auf eine sehr dünne viskose Unterschicht, $0 \leqq y \leqq \delta_0$, beschränkt, während im übrigen nur die durch die Schwankungsbewegung hervorgerufene turbulente Schubspannung von maßgebendem Einfluß ist. Trägt man analog zu Abb. 2.42c die Abb. 3.26 zugrunde liegenden Meßwerte in der Form $v/v_\tau = f(y_\tau)$ mit $v_\tau = \sqrt{\tau_w/\varrho}$ als Schubspannungsgeschwindigkeit und $y_\tau = v_\tau y/\nu$ als dimensionslosem Wandabstand auf, so erhält man Abb. 3.27. Von der viskosen Unterschicht

Kurve (*1*), gelangt man über die Übergangsschicht, Kurve (*2*), zur vollturbulenten Schicht, Kurve (*3*). In der gewählten Darstellung (Abszisse: logarithmisch, Ordinate: linear) stellt die Kurve (*3*) eine Gerade dar, welche durch das universelle Wandgesetz (2.156) beschrieben wird, vgl. Prandtl [56, 57]. Mit den hier verwendeten Bezeichnungen gilt nach Nikuradse [50]

$$\frac{v}{v_\tau} = \frac{1}{\varkappa} \ln\left(\frac{v_\tau y}{\nu}\right) + B = 5{,}75 \lg y_\tau + 5{,}5 \qquad \text{(Log.-Profile)}, \qquad (3.99\text{a, b})$$

wobei die Zahlenwerte den Meßergebnissen angepaßt sind, $\varkappa = 0{,}4$ und $B = 5{,}5$. Bestätigt durch die experimentellen Ergebnisse folgt, daß das zunächst nur für Punkte in Wandnähe aufgestellte Geschwindigkeitsgesetz außerhalb der viskosen Unterschicht und der Übergangsschicht auf den ganzen Strömungsbereich bis zur Rohrmitte angewendet werden kann. In der Rohrmitte ist $y = R$ und die maximale Geschwindigkeit $v = v_{\max}$ zu setzen. Aus (3.99a) erhält man mit $y = R - r$ für die Geschwindigkeitsverteilung $v(r)$ die Beziehung

$$\frac{v_{\max} - v}{v_\tau} = -\frac{1}{\varkappa} \ln\left(1 - \frac{r}{R}\right) \qquad \text{(Prandtl)}. \qquad (3.100\text{a})$$

Weiterhin ergibt sich durch Integration über den Rohrquerschnitt gemäß (3.79a) die mittlere Durchströmgeschwindigkeit zu

$$\frac{v_m}{v_\tau} = \frac{v_{\max}}{v_\tau} - C = \frac{1}{\varkappa} \ln\left(\frac{v_\tau R}{\nu}\right) + B - C \qquad (3.100\text{b, c})$$

mit $\varkappa = 0{,}4$, $B = 5{,}5$, $C = 3/2\varkappa = 3{,}75$ und $B - C = 1{,}75$. Nach vorliegenden Messungen ist $C = 4{,}07$. Auf die der Herleitung von (3.99) zugrunde liegenden Annahmen, nämlich konstante Schubspannung über den gesamten Strömungsquerschnitt, $\tau/\tau_w = 1$, sowie lineare Zunahme des Mischungswegs mit wachsendem Wandabstand, $l = \varkappa y$, sei besonders aufmerksam gemacht.

Kármán [34] gibt ebenfalls eine Formel für die Geschwindigkeitsverteilung an, indem er für die Schubspannungsverteilung den in (3.84c) angegebenen exakten Verlauf mit $\tau/\tau_w = r/R$ und für den Mischungsweg den von ihm vorgeschlagenen Ansatz $l = -\varkappa(dv/dr)/(d^2v/dr^2)$ verwendet. Es ist

$$\frac{v_{\max} - v}{v_\tau} = -\frac{1}{\varkappa}\left[\ln\left(1 - \sqrt{\frac{r}{R}}\right) + \sqrt{\frac{r}{R}}\right] \qquad \text{(von Kármán)}. \qquad (3.101)$$

Man nennt dies das Mittengesetz der turbulenten Rohrströmung, da es im Gegensatz zu der aus dem Wandgesetz hergeleiteten Beziehung (3.100a) die Schubspannung auch in Rohrmitte richtig erfaßt. Gl. (3.101) gilt eigentlich nur für ebene Strömung. Ein Vorschlag zur genaueren Erfassung der achsensymmetrischen Strömung wird in [71] gemacht.

In den besprochenen beiden Fällen ist die mit der Schubspannungsgeschwindigkeit v_τ dimensionslos gemachte Differenz $(v_{\max} - v)$ eine universelle Funktion von r/R. Da die Reynolds-Zahl nicht explizit auftritt, gelten die Geschwindigkeitsgesetze, wenn man von kleinen Reynolds-Zahlen absieht, bei denen sich die Viskosität stärker bemerkbar macht, für alle Reynolds-Zahlen. In Abb. 3.28 sind die Geschwindigkeitsverteilungen nach (3.100a) als Kurve (*1*) mit $\varkappa = 0{,}4$ und nach (3.101) als Kurve (*2*) mit $\varkappa = 0{,}36$ dargestellt. Trotz der erheblich verschiedenen Annahmen bei dem Wandgesetz mit konstanter Schubspannung und linearer Mischungsverteilung sowie bei dem Mittengesetz mit linearer Schubspannungsverteilung und nicht-linearer Mischungswegverteilung weichen diese beiden Kurven nur wenig voneinander ab. An der Rohrwand $r = R$ treten in beiden Fällen

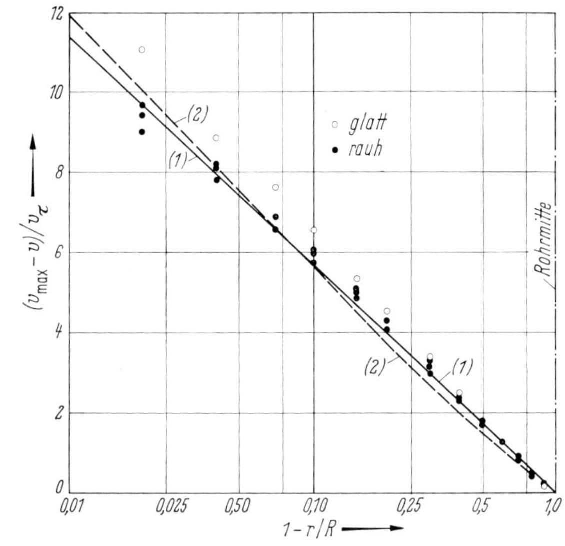

Abb. 3.28. Vergleich zweier Geschwindigkeitsverteilungsgesetze für glatte und rauhe Rohre bei turbulenter Strömung, $Re = 10^6$. (*1*) Prandtlsches Wandgesetz (3.100a), (*2*) von Kármánsches Mittengesetz (3.101), Messungen nach Nikuradse [50]

unendlich große Geschwindigkeiten auf, d. h. die Haftbedingung $v_w = 0$ ist nicht erfüllt. Dies Ergebnis wird wegen der nicht berücksichtigten viskosen Unterschicht (Impulsaustauschgröße $A_\tau \gg$ molekulare Viskosität η) verständlich. Die theoretisch ermittelten Geschwindigkeitsverteilungen stimmen nach Abb. 3.28 sowohl für glatte als auch rauhe Rohrinnenwände mit experimentellen Ergebnissen sehr gut überein.

Im folgenden sei noch eine Bemerkung zum Verlauf des Mischungswegs über den Rohrquerschnitt $0 \leqq r \leqq R$ gemacht. Nikuradse [50] hat diesen aus seinen Messungen ermittelt. Die Verteilung ist in Abb. 3.29 für Reynolds-Zahlen $Re = v_m D/\nu > 10^5$ dargestellt. Dabei zeigt sich praktisch eine Unabhängigkeit sowohl von der Reynolds-Zahl Re als auch vom Rauheitsparameter k/R. Es ist k die Rauheitshöhe, über die in Kap. 3.4.3.5 noch ausführlich berichtet wird. Weiterhin läßt die Auftragung $l/R = f(r/R)$ erkennen, daß der Mischungsweg für kleine Wandabstände linear ansteigt, dann aber langsamer zunimmt, bis er in der Rohrmitte ein Maximum erreicht. Für $y/R \to 0$ bzw. $r/R \to 1$ folgt der Prandtlsche Ansatz (2.153a) mit $l = \varkappa y = \varkappa(R - r)$ und $\varkappa = 0{,}4$.

Für die technischen Anwendungen interessiert im allgemeinen weniger die genaue Geschwindigkeitsverteilung über den Rohrquerschnitt als vielmehr der bei der Rohrströmung auftretende strömungsmechanische Energieverlust. Dieser läßt sich nach (3.82) durch die Rohrreibungszahl λ erfassen. Während über experimentelle Ergebnisse bereits berichtet wurde, möge jetzt die theoretische Ableitung eines allgemein gültigen halbempirischen Gesetzes besprochen werden. Ausgangspunkt hierfür sind das logarithmische Geschwindigkeitsgesetz für die mittlere Geschwindigkeit (3.100c) sowie die Definitionsgleichungen (3.86c) für die Schubspannungsgeschwindigkeit und (3.80a) für die Reynolds-Zahl; d. h. es gilt $\lambda/8$

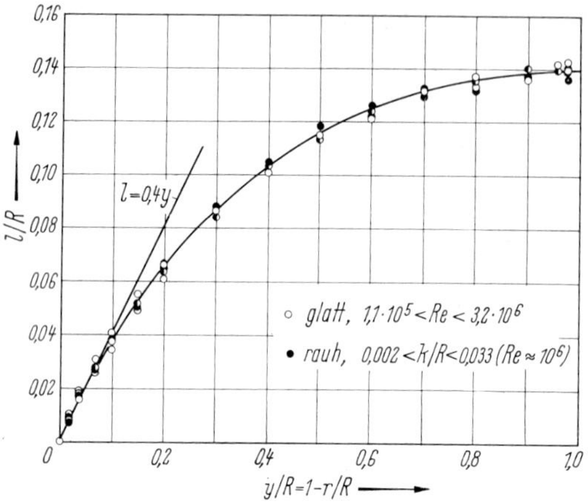

Abb. 3.29. Verteilung des Mischungswegs l/R über dem Rohrquerschnitt $0 \leqq y/R = 1 - r/R \leqq 1$ für glatte und rauhe Rohre nach [50]

$= (v_\tau/v_m)^2$. Auf diese Weise erhält man die von Prandtl [57] angegebene Beziehung für die Rohrreibungszahl des strömungsmechanisch glatten Rohrs in der Form

$$\frac{1}{\sqrt{\lambda}} = a \ln\left(Re\sqrt{\lambda}\right) - b = \hat{a} \lg\left(Re\sqrt{\lambda}\right) - b \qquad \text{(Prandtl)} \qquad (3.102\text{a, b})$$

mit den Zahlenwerten $a = 1/\varkappa\sqrt{8} = 0{,}884$ bzw. $\hat{a} = 2{,}035$ und $b = [(3 + \ln 32)/2\varkappa - B]/\sqrt{8} = 0{,}913$. Der Ausdruck (3.102b) stellt die Gleichung einer Geraden der Veränderlichen $1/\sqrt{\lambda}$ und $\lg\left(Re\sqrt{\lambda}\right)$ dar und wird durch Versuche von Nikuradse [50] sehr gut bestätigt, wenn die Zahlenwerte den ausgewerteten Messungen noch angepaßt werden. Man erhält mit $\hat{a} = 2{,}0$ und $b = 0{,}8$ schließlich

$$\frac{1}{\sqrt{\lambda}} = 2{,}0 \lg\left(Re\sqrt{\lambda}\right) - 0{,}8 \qquad \text{(Rohr)}. \qquad (3.103)$$

Diese Beziehung enthält die Rohrreibungszahl λ nur implizit. Einfach auswertbare explizite Näherungsausdrücke sind in [82] sowie mit $\lambda \approx 1{,}02\,(\lg Re)^{-2{,}5}$ von White [86] wiedergegeben. Mit (3.103) liegt ein Rohrreibungsgesetz für Kreisrohre vor, das für alle Reynolds-Zahlen der vollturbulenten Rohrströmung gilt, sofern die Rohre als strömungsmechanisch (hydraulisch) glatt angesehen werden können, vgl. Kap. 3.4.3.5. Der Verlauf $\lambda = \lambda(Re)$ ist in Abb. 3.24 als Kurve (*2b*) eingezeichnet. Bis $Re = 100000$ stimmen die Kurven (*2a*) und (*2b*) zufriedenstellend überein.

Nichtkreisförmiger Rohrquerschnitt. Auch für Rohre mit nichtkreisförmigem Querschnitt ist die Rohrreibungszahl, sofern die Rohre als strömungsmechanisch glatt angesehen werden können, nur eine Funktion der Reynolds-Zahl, $\lambda = \lambda(Re)$. Versuche von Schiller [64] (gleichseitiges Dreieck, Quadrat, Rechteck, Wellenrohr) und Nikuradse [52] (Dreieck und Trapez) haben gezeigt, daß der Einfluß der Querschnittsform auf die Rohrreibungszahl λ gegenüber demjenigen der Reynolds-Zahl eine geringere Bedeutung besitzt. Es läßt sich (3.103) näherungsweise auch auf Dreieck-, Trapez- und Rechteckquerschnitte anwenden, wenn man anstelle des Rohrdurchmessers D überall den gleichwertigen Durchmesser D_g nach (3.77) einführt. Nikuradse [50] hat auch die Geschwindigkeitsverteilung in recht- und dreieckförmigen Querschnitten durch Messung bestimmt. Dabei hat sich gezeigt, daß in den Querschnittsecken verhältnismäßig hohe Geschwindigkeiten auftreten, was auf Sekundärbewegungen zurückzuführen ist. Im einzelnen kann hierauf nicht eingegangen werden.

Gerader Spalt. Für die Strömung durch einen strömungsmechanisch glatten Spalt liefert eine ähnliche Rechnung wie bei der Kreisrohrströmung die Spaltreibungszahl λ zu

$$\frac{1}{\sqrt{\lambda}} = 2{,}0 \lg \left(Re \sqrt{\lambda}\right) - 1{,}0 \qquad \text{(Spalt)} \qquad (3.104)$$

mit Re nach (3.80a) und $D_g = 2h$, wenn h die Spalthöhe ist. Wie die Kurve (*2'*) in Abb. 3.24 zeigt, ergeben sich keine großen Abweichungen gegenüber den Werten bei der Strömung durch kreisförmige Querschnitte.

3.4.3.5 Vollausgebildete turbulente Strömung durch rauhes Rohr

Grundsätzliches. Für die Erforschung des Verhaltens einer turbulenten Rohrströmung sind die am glatten Rohr gewonnenen Erkenntnisse von großer Bedeutung. Jedoch handelt es sich dabei um einen Sonderfall, da technisch verwendete Rohre mehr oder weniger rauhe Innenwände besitzen. Es erhebt sich dann die Frage, unter welchen Umständen der Strömungswiderstand beim rauhen Rohr größer als beim glatten ist. Bei sonst gleichen Verhältnissen bestehen je nach Art der Rauheit (Größe und Anzahl der Wandunebenheiten, Entfernung derselben voneinander, Neigung gegen die Strömungsrichtung usw.) erhebliche Unterschiede. Die Wandunebenheit wird durch die Rauhheitshöhe k erfaßt. Das Verhältnis dieser Größe zum Rohrdurchmesser D, bei nichtkreisförmigem Querschnitt zum gleichwertigen Durchmesser D_g nach (3.77), bezeichnet man als relative Rauheit oder als Rauheitsparameter k/D.

Es wurde bereits in Kap. 3.4.3.4 darauf eingegangen und in Abb. 3.27 gezeigt, daß der Übergang von der über den Rohrquerschnitt vollausgebildeten turbulenten Strömung in unmittelbarer Wandnähe über eine schmale viskose Unterschicht von der Dicke δ_0 erfolgt. Diese bildet sich sowohl bei glatter als auch bei rauher Rohrinnenwand aus. Neben der turbulenten Rohrströmung bei glatter Wand hat Nikuradse [50] auch die turbulente Rohrströmung bei rauher Wand experimentell untersucht. Einige dieser Ergebnisse sind in Abb. 3.28 für die auf die Schubspannungsgeschwindigkeit bezogene Geschwindigkeitsverteilung und in Abb. 3.29 für die Verteilung des Mischungswegs wiedergegeben. In beiden Fällen gelten für die glatte und rauhe Rohrwand die gleichen Gesetzmäßigkeiten. Diese Feststellung trifft für größere Reynolds-Zahlen ($Re > 10^5$) zu. Für die Darstellung der Geschwindigkeitsverteilung durch ein Potenzgesetz entsprechend (3.97a) findet Nunner [43], daß dies in gleicher Weise auch für die Strömung in einem Rohr mit rauher Wand gilt, wobei wieder $n = \sqrt{\lambda}$ ist mit λ als Rohrreibungszahl des rauhen Rohrs. Aufgrund der Erkenntnisse ist zu folgern, daß die Wandbeschaffenheit des Rohrs auf die Schwankungsbewegung der Strömung nahezu ohne Einfluß ist, solange man von den Vorgängen in der schmalen, von der Viskosität stark beeinflußten Zone in Wandnähe absieht. Es ist nun einleuchtend, daß die Frage glatt oder rauh offenbar von dem Verhältnis der Größe der Wandunebenheit k zur Dicke δ_0 abhängt. Da nach Abb. 3.27 $\delta_0 \sim \nu/v_\tau$ ist, gilt also $k/\delta_0 \sim v_\tau k/\nu$. Je größer dieser Verhältniswert ist, desto rauher ist das Rohr. Sind nun die unvermeidlichen Wandunebenheiten so klein, daß sie von der viskosen Unterschicht vollkommen eingehüllt werden, dann ist die Wandrauhheit auf den viskosen Strömungsvorgang ohne Bedeutung. Das Rohr wird in diesem Fall als strömungsmechanisch (hydraulisch) glatt bezeichnet, und es gelten die in Kap. 3.4.3.4 abgeleiteten Gesetze. Ragen dagegen die Rauheitselemente erheblich über die mit wachsender Reynolds-Zahl schmaler werdende viskose Unterschicht hinaus, dann setzen sie der turbulenten Strömung zusätzliche Widerstände entgegen. Ein solches Rohr wird als strömungsmechanisch vollkommen rauh angesehen, und es gelten dafür andere Gesetzmäßigkeiten. Aus systematischen Versuchen an rechteckigen Kanälen von verschiedener Höhe und unter Verwenden verschiedenen Wandmaterials (Drahtnetz, sägeartig bearbeitetes Zinkblech, zwei Arten von Waffelblech) sowie aus weiteren zum Vergleich herangezogenen Versuchsergebnissen kann man schließen, daß bei der turbulenten Strömung zwei Arten von Rauheit zu unterscheiden sind. Diese gehorchen zwei verschiedenen Ähnlichkeitsgesetzen und werden als eigentliche Wandrauheit bzw. als Wandwelligkeit bezeichnet. Wandrauheit zeigt sich bei besonders groben und dicht nebeneinanderliegenden Wandunebenheiten, z. B. bei rauhen Eisen- und Betonrohren, und umfaßt das Gebiet des vollkommen rauhen Rohrs. Wandwelligkeit liegt bei kleinerer Rauheit oder bei sanfteren Übergängen zwischen den einzelnen Rauheitselementen vor und betrifft das Übergangsgebiet vom glatten zum rauhen Rohr.

Rohrreibungszahl des vollkommen rauhen Rohrs. Während für das glatte Rohr die Rohrreibungszahl λ nur von der Reynolds-Zahl Re abhängt, tritt jetzt für das rauhe Rohr die Frage nach der Abhängigkeit der Rohrreibungszahl λ vom Rauheitsparameter k/D neu hinzu, vgl. (3.82c). Umfangreiche Messungen zur Erforschung des Rohrreibungsgesetzes in rauhen Rohren werden in [50] mitgeteilt. Sie erstrecken sich über den laminaren und turbulenten Bereich bis zu Reynolds-Zahlen von $Re \approx 10^6$. Die Innenwände der Versuchsrohre wurden durch ein Gemisch aus Lack und Sand von bestimmter Korngröße künstlich rauh gemacht, sogenannte Sandkornrauheit. Als relative Rauheit wurde das Verhältnis k/R mit $R = D/2$ als Rohrradius und k als Höhe der Sandkornrauheit (künstliche oder ideelle Rauheit im Gegensatz zur natürlichen oder technischen Rauheit) eingeführt. Die Versuchsergebnisse gibt Abb. 3.30 wieder, in welcher die Rohrreibungszahl λ als Funktion der Reynolds-Zahl Re im doppellogarithmischen Maßstab aufgetragen ist. Die stark geneigte Gerade (*1*) stellt die Rohrreibungszahlen $\lambda = \lambda(Re)$ im laminaren Bereich für glatte Rohre und die ihr parallele gestrichelte Gerade (*1a*) diejenigen im gleichen Bereich für rauhe Rohre dar. Bei gleicher Reynolds-Zahl

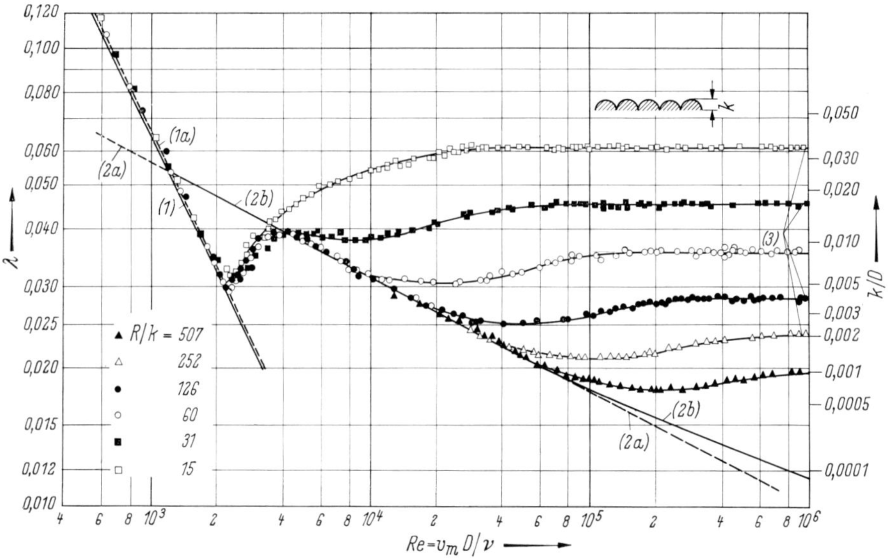

Abb. 3.30. Experimentell bestimmte Rohrreibungszahlen für künstlich rauhe (sandrauhe) Rohre, theoretische Beziehungen für glatte Rohre. (*1*) Laminar glatt, nach (3.93b), (*1a*) laminar rauh, (*2a*) turbulent glatt, nach (3.96), (*2b*) turbulent glatt, nach (3.103), (*3*) turbulent sandrauh, Messungen nach [50], vgl. Tab. 3.3

unterscheiden sich die Werte von λ praktisch nicht voneinander. Als Reynolds-Zahl des laminar-turbulenten Umschlags wurde für das rauhe Rohr $2160 < Re_u < 2410$ gefunden; also etwa der gleiche Wert wie für das glatte Rohr mit $Re_u = 2320$. Die übrigen Kurven entsprechen der turbulenten Strömungsform, und

Tabelle 3.3. Rohrreibungszahlen $\lambda = \lambda(Re, k/D)$ für technisch rauhe Rohre mit Kreisquerschnitt, $Re = v_m D/\nu$, k/D nach Tab. 3.4

Zustand		Rohrreibungszahl	Reynolds-Zahl	Gleichung	Abb.
laminar (glatt)		$\frac{1}{\sqrt{\lambda}} = \frac{Re\sqrt{\lambda}}{64}$	$Re < Re_u = 2320$	(3.93b)	3.24 3.30
turbulent	allgemein	$\frac{1}{\sqrt{\lambda}} = -2{,}0 \lg\left(\frac{2{,}51}{Re\sqrt{\lambda}} + 0{,}27\frac{k}{D}\right)$	$Re_u < Re < \infty$	(3.108a)	3.31
turbulent	glatt	$\frac{1}{\sqrt{\lambda}} = 2{,}0 \lg(Re\sqrt{\lambda}) - 0{,}8$	$\frac{k}{D} \to 0$	(3.103)	3.24 3.30
turbulent	rauh	$\frac{1}{\sqrt{\lambda}} = 1{,}14 - 2{,}0 \lg\left(\frac{k}{D}\right)$	$Re \to \infty$	(3.107b)	3.30 3.31
turbulent	Grenze	$\frac{1}{\sqrt{\lambda}} = -2{,}0 \lg\left(\frac{56{,}51}{Re\sqrt{\lambda}}\right)$	$\lambda \approx$ const	(3.109b)	3.31 3.32

zwar stellen die Kurven (*2a*) und (*2b*) die Rohrreibungszahl für das glatte Rohr $\lambda = \lambda(Re)$ dar, während die Kurven (*3*) mit $\lambda = \lambda(Re, k/R)$ für rauhe Rohre bei wachsender relativer Rauheit gelten. Alle Werte von λ für das rauhe Rohr liegen höher als diejenigen für das glatte Rohr. Außerdem erkennt man, daß bei größeren Reynolds-Zahlen für alle untersuchten Rauheiten das quadratische Rohrreibungsgesetz (3.82a) gilt, da bei vorgegebener Geometrie $\lambda = \lambda(k/R) = \text{const}$ nicht mehr von der Reynolds-Zahl abhängt. Dies Gesetz wird um so eher erreicht, je größer der Rauheitsparameter k/R ist.

Zur Ableitung eines theoretischen Gesetzes für die Rohrreibungszahl der vollausgebildeten Rauheitsströmung in kreiszylindrischen Rohren $\lambda = \lambda(k/D)$ kann nach von Kármán [34] die Beziehung (3.100b, c) benutzt werden. Ist, wie hier vorausgesetzt wird, die mittlere Wandrauheit k groß gegenüber der Dicke der viskosen Unterschicht δ_0, so besteht, wie bereits oben angegeben, die Abhängigkeit $v_\tau/\nu \sim 1/k$. Führt man diesen Zusammenhang in die Beziehung (3.100c) für die mittlere Geschwindigkeit ein, so geht diese mit einem geänderten Wert für die Konstante B über in

$$\frac{v_m}{v_\tau} = \frac{1}{\varkappa} \ln\left(\frac{R}{k}\right) + B - C \qquad (3.105)$$

mit $\varkappa = 0{,}4$, $B = 8{,}5$, $C = 3{,}75$ und $B - C = 4{,}75$.
In Analogie zu (3.102) erhält man aus $\lambda/8 = (v_\tau/v_m)^2$ die Beziehung für die Rohrreibungszahl des strömungsmechanisch vollkommen rauhen Rohrs in der Form

$$\frac{1}{\sqrt{\lambda}} = a \ln\left(\frac{R}{k}\right) + d = \hat{a} \lg\left(\frac{k}{D}\right) + \hat{d} \qquad \text{(von Kármán)} \qquad (3.106\text{a, b})$$

mit den Zahlenwerten $a = 1/\varkappa\sqrt{8} = 0{,}884$ bzw. $\hat{a} = -2{,}035$ und $d = (B - C)/\sqrt{8} = 1{,}679$ bzw. $\hat{d} = d - a \ln 2 = 1{,}067$. Nach Anpassen der Zahlenwerte an die Messungen von Nikuradse [50] findet man schließlich

$$\frac{1}{\sqrt{\lambda}} = 1{,}74 - 2{,}0 \lg\left(\frac{k}{R}\right), \quad \lambda = \left[1{,}14 - 2{,}0 \lg\left(\frac{k}{D}\right)\right]^{-2}. \qquad (3.107\text{a, b})$$

Im Gegensatz zu (3.103) läßt sich λ explizit berechnen. Die auftretenden Konstanten gelten zunächst nur für die den Versuchen zugrunde liegende künstliche Rauheit, d. h. für die Sandkornrauheit, vgl. die in Abb. 3.30 an der rechten Ordinate angegebenen Werte. In gleicher Weise wie beim glatten Rohr sei auch hier auf [39, 82] hingewiesen.

Um nun (3.107) auch für die in der Technik vorkommende natürliche Rauheit verwenden zu können, empfiehlt es sich, der tatsächlichen Rauheit eine äquivalente Sandkornrauheit zuzuordnen, die nach (3.107) dieselbe Rohrreibungszahl λ liefert wie die vorliegende natürliche Rauheit. Systematische Messungen der äquivalenten Sandkornrauheit für eine größere Anzahl von regelmäßig angeordneten Rauheitselementen in Kugel-, Kalotten- und Kegelform stammen von Schlichting [66]. Anhaltswerte über die Größe der äquivalenten Rauheitshöhen

Tabelle 3.4. Werte für technische Rauheitshöhen in turbulent durchströmten geraden Rohren, nach [12]

Nr.	Wandbeschaffenheit	Beispiele	k in mm
1	besonders glatt, d. h. annähernd strömungsmechanisch glatt	Glas, Metall, Gummi, Kunststoff, gezogen, gepreßt, poliert, geschliffen, extrudiert, lackiert, ...	$\leqq$ 0,002
2	technisch glatt	wie Nr. 1, jedoch nicht so sorgfältig hergestellt, Asbestzement, nahtlose Stahlrohre (handelsübliche Ware), ...	$\leqq$ 0,05
3	mäßig rauh	Schleuderbeton, Sonderbeton, Steinzeug, asphaltierte Rohre, Rohre mit Kunststoffauskleidung, Pechfaserrohre, ...	normal 0,20/0,25···0,5
4	rauh	wie Nr. 3, jedoch mit leichten bis mittleren Verkrustungen, Beton ohne besondere Güte, rauhes Holz, regelmäßiges Mauerwerk, versenkt genietete Rohre, torkretierte Stollen, ...	0,5···2,0
5	sehr rauh und unregelmäßig	schlechte Ausführungen von Nr. 4, mit schlechten Stoßstellen, Fugen, Querlaschen, starken Verkrustungen im langjährigen Betrieb, ...	10···20

für eine Anzahl technisch wichtiger Rohre liefert Tab. 3.4, welche Kirschmer [12] zusammengestellt hat. Sie zeigt den verhältnismäßig großen Streubereich, welcher in der richtigen Wahl von k bei allen technischen, d. h. natürlichen Rauhheiten besteht. Eine weitere Schwierigkeit liegt in der dauernden Veränderung, welche die Innenwand der Rohre im Betriebszustand durch Rostbildung, Verschleimung, Verkrustung, chemische Einwirkung von Säuren und dergleichen erleidet. Dadurch wird nicht nur die Wandbeschaffenheit, sondern auch bis zu einem gewissen Grad der Strömungsquerschnitt, beeinflußt. Einen überschlägigen Anhalt für eine erste Abschätzung der Rohrreibungszahl liefert der Wert $\lambda \approx 0{,}03$, der für neue Rohre zu groß ist, aber für gebrauchte mit dünner Ansatzschicht bei 0,5 bis 1 m/s ungefähr zutrifft.

Rohrreibungszahl im Übergangsbereich. Eine Unsicherheit liegt noch vor, wenn man sich im Übergangsgebiet zwischen glatter und rauher Rohrwand bewegt, wo sich ein Teil der Wandunebenheiten noch in der viskosen Unterschicht befindet, während ein anderer bereits in die turbulente Zone hineinragt. Um diese Lücke zu schließen, hat Colebrook [12] eine Interpolationsformel angegeben, welche als Übergangsgesetz bekannt ist, und zwar gilt für $\lambda = \lambda(Re, k/D)$[42]

$$\frac{1}{\sqrt{\lambda}} = -2{,}0 \lg\left(\frac{2{,}51}{Re\sqrt{\lambda}} + 0{,}27\,\frac{k}{D}\right) \approx 2{,}0 \lg\left[\frac{Re\sqrt{\lambda}}{1 + 0{,}1(k/D)\,Re\sqrt{\lambda}}\right] - 0{,}8. \tag{3.108a, b}$$

Es ist k in (3.108) wieder die für technische Rohre maßgebende äquivalente Sandrauheit gemäß Tab. 3.4. Dieses für technische oder natürliche Rauheit gültige Gesetz ist in Abb. 3.31 als sogenanntes Moody-Diagramm [12] dargestellt. Es

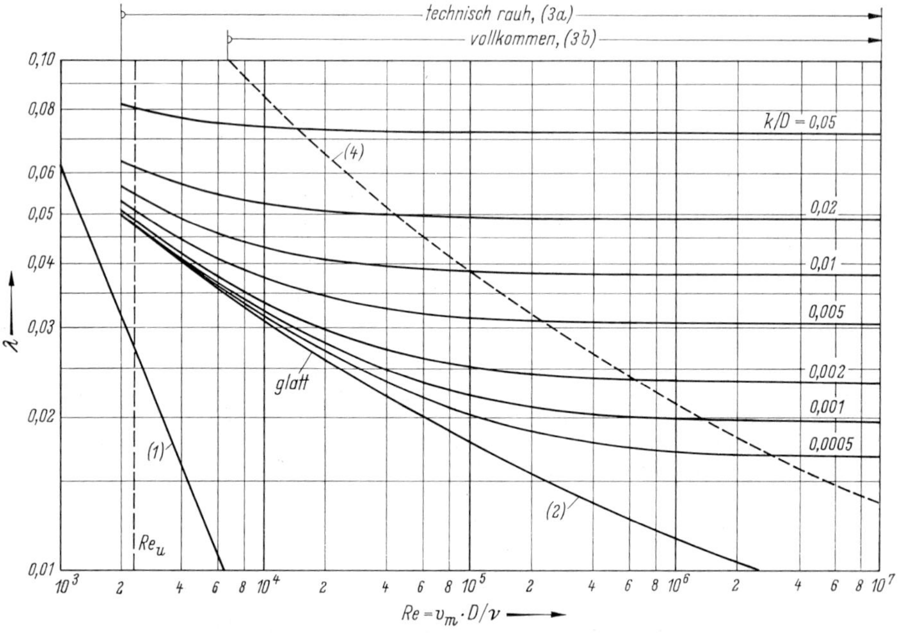

Abb. 3.31. Rohrreibungszahlen für technisch rauhe Rohre (Moody-Diagramm [12]. (*1*) laminar nach (3.93b), (*2*) turbulent glatt, nach (3.103), (*3a*) turbulent technisch rauh, nach (3.108), (*3b*) turbulent vollkommen rauh, nach (3.107), (*4*) Grenzkurve nach (3.109) vgl. Tab. 3.3

weicht gegenüber Abb. 3.30 im Übergangsbereich von den Werten für künstliche Sandrauheit entscheidend ab. Die Beziehung (3.108) enthält mit $k \to 0$ den Grenzfall des strömungsmechanisch glatten Rohrs nach (3.103) und mit $Re \to \infty$ den Grenzfall des strömungsmechanisch vollkommen rauhen Rohrs nach (3.107).[42] Der Aufbau der Gleichungen (3.103), (3.107) und (3.108) kann somit als in sich geschlossen angesehen werden. Hinsichtlich weiterer Beziehungen zur Berechnung der Rohrreibungszahl für den Übergangsbereich vom glatten zum rauhen Rohr sei wieder auf [82] verwiesen.

Um den Unterschied im Übergangsbereich vom strömungsmechanisch glat-

42 Häufig wird (3.108a) als Formel von C. F. Colebrook und C. M. White bezeichnet. Formel (1.108b) stammt von F. M. White [86]. Für das vollkommen rauhe Rohr wäre danach in (3.107b) der Wert 1,14 durch 1,2 zu ersetzen.

ten zum vollkommen rauhen Zustand noch klarer hervortreten zu lassen, ist in Abb. 3.32 die Größe $f = 1/\sqrt{\lambda} + 2{,}0 \lg (k/D)$ über $g = (k/D)\, Re \sqrt{\lambda}$ logarithmisch aufgetragen. Kurve (*1*) stellt nach (3.103) das glatte Rohr mit $f = 2{,}0 \lg g - 0{,}8$ dar, Kurve (*2*) nach (3.107b) das vollkommen rauhe Rohr mit $f = 1{,}14$, Kurve (*3*) die Messungen für das künstlich rauhe (sandrauhe) Rohr nach Abb. 3.30

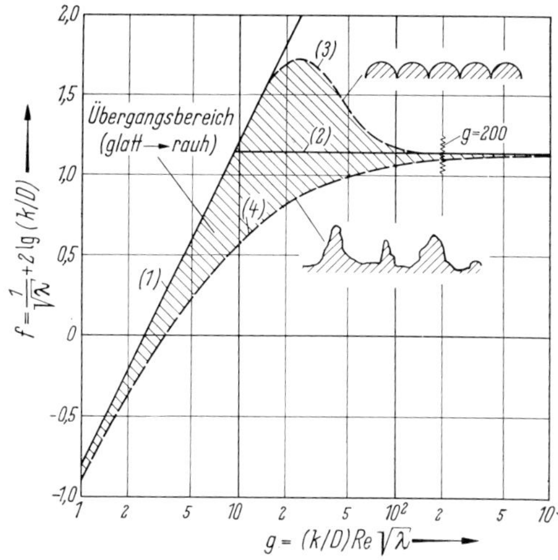

Abb. 3.32. Übergangsbereich von strömungsmechanisch glattem zu vollkommen rauhem Rohr bei turbulenter Strömung.
(*1*) Strömungsmechanisch glatt, nach (3.103),
(*2*) vollkommen rauh, nach (3.107),
(*3*) künstlich rauh, nach Abb. 3.30,
(*4*) technisch rauh, nach (3.108),
$g = 200$: Übergangsbereich, nach (3.109)

und Kurve (*4*) den Übergangsbereich für das technisch rauhe Rohr nach (3.108a) mit $f = -2{,}0 \lg (2{,}51/g + 0{,}27)$. Es zeigt sich, daß beim technisch rauhen Rohr entscheidende Abweichungen gegenüber den am künstlich rauhen Rohr ermittelten Werten auftreten. Im ersten Fall sind die Werte der Rohrreibungszahl stets größer als im zweiten Fall.

Für Werte $g > 200$ treten keine merklichen Unterschiede zwischen der künstlichen und technischen Rauheit auf. Die beiden Kurven (*3*) und (*4*) gehen in die Kurve (*2*) für das vollkommen rauhe Rohr über. Für den Übergangsbereich vom vollkommen glatten zum vollkommen rauhen Rohr gelten also Werte $g < 200$. Mithin läßt sich für die Grenze, von der ab die Rohrwand sich strömungsmechanisch vollkommen rauh verhält, mit $g = 200$ die Beziehung

$$\frac{1}{\sqrt{\lambda}} = \frac{Re}{200}\,\frac{k}{D} = 2{,}0 \lg \left(Re \sqrt{\lambda}\right) - 3{,}5 \qquad \text{(Grenzkurve)} \qquad (3.109\text{a, b})$$

angeben. Dabei folgt der Zusammenhang in (3.109b) durch Einsetzen von $k/D = 200/Re \sqrt{\lambda}$ in (3.108a). Das so gefundene Ergebnis ist in Abb. 3.31 als Kurve (*4*) dargestellt.

Die Formeln zur Berechnung der Rohrreibungszahlen $\lambda(Re, k/D)$ für Rohre mit kreisförmigem Querschnitt sind in Tab. 3.3 zusammengestellt. Die daraus berechneten, in Abb. 3.31 wiedergegebenen Werte kann man auch für nichtkreisförmige Querschnitte verwenden, wenn man anstelle des Rohrdurchmessers D den gleichwertigen Durchmesser D_g nach (3.77) einsetzt.

Fließformel. Schon A. Brahms und A. de Chezy haben eine Formel zur Berechnung der Strömungsgeschwindigkeit in geradlinig verlaufenden Rohrleitungen mit konstantem Querschnitt angegeben. Diese kann man nach (3.83b) folgendermaßen schreiben:

$$v_m = c\sqrt{2gDJ_e} \qquad \text{mit} \qquad c = \frac{1}{\sqrt{\lambda}}. \tag{3.110a, b}$$

Hierin bedeutet D den Rohrdurchmesser, g die Fallbeschleunigung, J_e das Energiegefälle und c den Geschwindigkeitsbeiwert. Das Energiegefälle gibt die Neigung der Energielinie in Abb. 3.20b an. Der Geschwindigkeitsbeiwert c wurde zunächst empirisch bestimmt. Aufgrund der jetzt vorliegenden theoretischen oder zumindest halbempirischen Ergebnisse kann die zuverlässigere Formel (3.110b) zur Ermittlung von c angegeben werden[43].

3.4.3.6 Rohreinlaufströmung

Grundsätzliches. Die bisher gefundenen Rohrreibungsgesetze gelten für die vollausgebildete Rohrströmung, die sich bei Anschluß des Rohrs an ein Gefäß theoretisch nach unendlich langer Strecke hinter dem Rohranschluß einstellt. Auf das beim Einlaufvorgang (Index $N = L$) vorliegende Strömungsverhalten wurde bereits bei der Erläuterung von Abb. 3.21 hingewiesen. Bei gut abgerundetem Rohranschluß ist die Geschwindigkeitsverteilung dort gleichmäßig über den Querschnitt verteilt (Kolbenprofil) und entwickelt sich stromabwärts als Rohreinlaufströmung in die vollausgebildete Geschwindigkeitsverteilung der reibungsbehafteten Strömung (z. B. Paraboloid-Profil bei laminarer Strömung). Die Ausbildung der wandnahen reibungsbehafteten Strömung (Reibungsschicht) und der reibungslosen beschleunigten Kernströmung im Inneren des Rohrs ist in Abb. 3.33 schematisch dargestellt. Dabei kann es sich nach Abb. 3.33a um eine laminare oder eine turbulente sowie in Abb. 3.33b um eine laminar-turbulente Einlaufströmung handeln. Bei einem scharfkantigen Rohranschluß nach Abb. 3.33c würde zunächst kurz hinter dem Eintritt des Fluids in das Rohr eine Strömungsablösung auftreten und sich von hieraus die Rohreinlaufströmung ausbilden. Über die mit der Rohreintrittsströmung zusammenhängenden Fragen wird in Kap. 3.4.4.2 berichtet. Bei stationär verlaufender Strömung besteht die Beschleunigung nur aus dem konvektiven (ortsveränderlichen) Anteil. Praktisch kann man den Beschleunigungsvorgang der Kernströmung als beendet ansehen, wenn die maximale Geschwindigkeit in der Rohrmitte etwa 99% des endgültigen Werts der vollausgebildeten Geschwindigkeitsverteilung erreicht hat. Mit dieser Annahme kann man eine endliche Beschleunigungs- oder Einlaufstrecke (Einlauflänge) $s_L = s_3 - s_1 = s_3$ definieren. Die Rohreinlaufströmung erfährt gegenüber einer vollausgebildeten Rohrströmung bei gleicher Rohrlänge und ungeändertem Volumenstrom einen zusätzlichen strömungsmechanischen Energieverlust.

Experimentelle und theoretische Untersuchungen zur Einlaufströmung wurden

43 Die Beziehung (3.110) wird besonders bei der Gerinneströmung in Kap. 3.5.3 verwendet, vgl. Abb. 3.64.

sowohl für die laminare als auch für die turbulente Strömung in großer Zahl durchgeführt. Den theoretischen Methoden liegen im allgemeinen Näherungsverfahren zugrunde, bei denen entweder eine Vereinfachung über die beschleunigte Kernströmung (Linearisierung) gemacht wird, oder bei denen das reibungsbedingte Strömungsverhalten mittels der Grenzschicht-Theorie (Differential- oder Integralverfahren) erfaßt wird. Ansätze, die laminare Einlaufströmung

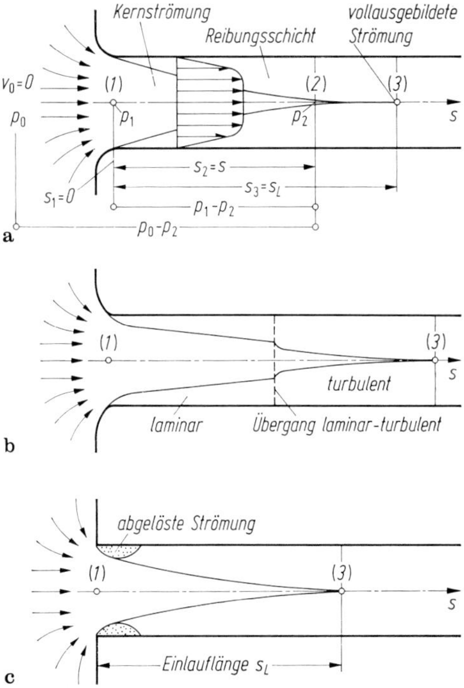

Abb. 3.33. Schematische Darstellung der Rohreinlaufströmung, vgl. Abb. 3.21. **a** Laminare oder turbulente Strömung. **b** Laminar-turbulente Strömung. **c** Scharfkantiger Eintritt mit Strömungsablösung

mittels der Navier-Stokesschen Bewegungsgleichung exakt zu lösen, gewinnen in neuerer Zeit an Bedeutung. Die zunächst für das Kreisrohr und den ebenen Spalt durchgeführten Untersuchungen wurden laufend verbessert und auch auf nichtkreisförmige Rohrquerschnitte (Ellipse, Rechteck, Dreieck, Ringspalt) sowie auf Rohre mit gekrümmter Achse oder mit in Strömungsrichtung abnehmenden Querschnitten erweitert.

Das Problem der laminaren Einlaufströmung haben erstmalig Schiller [63] und Schlichting [65] behandelt, während für die turbulente Einlaufströmung ein erstes Ergebnis von Latzko [43] stammt. Einfache Berechnungsformeln für beide Strömungsformen gibt Scholz [68] an. Von den weiteren Untersuchungen sei für die laminare Strömung auf [10, 46, 75] und für die turbulente Strömung auf [2, 14, 43] hingewiesen.

Druckabfall. Die Umformung des Geschwindigkeitsprofils in der Einlaufstrecke gemäß Abb. 3.21, $v = v(s, r)$, bedeutet eine Erhöhung der örtlichen Wandschubspannung gegenüber derjenigen eines vollausgebildeten Geschwindigkeitsprofils bei gleicher mittlerer Geschwindigkeit $v_m = \bar{v}_m$[44]. Diese Erhöhung ist am Rohranschluß ($s = s_1$) sehr groß und nimmt mit wachsendem Abstand ($s = s_2$) stromabwärts laufend ab, bis sie nach Beendigung des Einlaufvorgangs ($s = s_3$) den Wert null erreicht hat. Bei der Einlaufströmung ist also $\tau_w(s) \geqq \bar{\tau}_w = \text{const}$. Dies Verhalten erfordert zur Aufrechterhaltung der Einlaufströmung einen zusätzlichen Druckabfall (Druckdifferenz). Dieser beträgt nach der Energiegleichung (3.67a) mit $z_1 = z_2$, $\partial v/\partial t = 0$ und $v_1 = v_2 = v_m$

$$p_1 - p_2 = (\alpha_2 - \alpha_1)\frac{\varrho}{2}v_m^2 + (p_e)_{1\to 2} = (\alpha_2 - \alpha_1 + \zeta_{1\to 2})\frac{\varrho}{2}v_m^2. \tag{3.111a, b}$$

Hierin ist wegen der gleichmäßigen Geschwindigkeitsverteilung am Eintritt (Kolbenprofil) $\alpha_1 = 1$. Weiterhin gilt für den auf die Geschwindigkeit v_m bezogenen Verlustbeiwert $\zeta_{1\to 2} = \zeta_R + \zeta_L$ mit $\zeta_R = \lambda(s/D)$ als Rohrverlustbeiwert und ζ_L als zusätzlichem Verlustbeiwert der Einlaufströmung. Aus der Druckdifferenz $(p_1 - p_2)$ erhält man bezogen auf den Geschwindigkeitsdruck $(\varrho/2)\,v_m^2$ den dimensionslosen Druckbeiwert mit $\alpha_2 = \alpha_2(s) > 1$ zu

$$c_p = \frac{p_1 - p_2}{(\varrho/2)\,v_m^2} = \lambda\frac{s}{D} + \zeta'_L > 0 \qquad \text{mit} \qquad \zeta'_L = \alpha_2 - 1 + \zeta_L. \tag{3.112a, b}$$

Es stellt $\zeta'_L > \zeta_L$ den durch die Einlaufströmung bedingten dimensionslosen Druckabfall (hier positiv gerechnet) dar. Im allgemeinen ist diese Größe Gegenstand der theoretischen und experimentellen Untersuchungen. In [46] wird für die laminare Strömung die auch für nichtkreisförmige Querschnittsformen gültige Näherungsformel

$$\zeta'_{L\max} = 2(\bar{\alpha} - \bar{\beta}) \qquad \text{(beendete Einlaufströmung, } s \geqq s_L) \tag{3.113}$$

abgeleitet, wobei $\bar{\alpha}$ und $\bar{\beta}$ die Geschwindigkeitsausgleichswerte der vollausgebildeten Strömung bedeuten. Mit (3.91a, b) gilt für das Kreisrohr bei laminarer Strömung $\zeta'_{L\max} = 1{,}33$. Im Schrifttum findet man bedingt durch die getroffenen Annahmen für das Kreisrohr als theoretische Werte $1{,}08 \leqq \zeta'_{L\max} \leqq 1{,}41$. Die zugehörigen experimentellen Werte betragen $1{,}12 \leqq \zeta'_{L\max} \leqq 1{,}45$. Für den Spalt erhält man mit (3.95b, c) den Zahlenwert $\zeta'_{L\max} = 0{,}686$, während anderen Orts $0{,}543 \leqq \zeta'_{L\max} \leqq 0{,}676$ angegeben wird. Benutzt man (3.113) auch bei turbulenter Strömung, was aufgrund von Erfahrungswerten gerechtfertigt erscheint, dann ergeben sich für das Kreisrohr mit (3.98b, c) für $n = 1/7$ die Zahlenwerte $0{,}076 \geqq \zeta'_{L\max} \geqq 0{,}058$, vgl. Tab. 3.5. Die [75] entnommenen Abhängigkeiten $\zeta'_L(s/Re')$ sind für das Kreisrohr und den ebenen Spalt bei laminarer Strömung in Abb. 3.34 wiedergegeben. Häufig interessiert auch der Druckabfall, der sich ergibt, wenn das Fluid vom Ruhezustand vor dem Rohreintritt (Behälter, Kessel, Index 0) auf die Strömung im Rohr beschleunigt wird. Die Energiegleichung (3.67a) liefert analog (3.111) mit $v_0 = 0$

$$p_0 - p_2 = \alpha_2\frac{\varrho}{2}v_m^2 + (p_e)_{0\to 2} = (\alpha_2 + \zeta_E + \zeta_{1\to 2})\frac{\varrho}{2}v_m^2. \tag{3.114}$$

44 Die vollausgebildete Strömung wird durch Überstreichen gekennzeichnet.

Tabelle 3.5. Zur Berechnung der Einlaufströmung nach (3.112) bis (3.116)

Näherungsformel	Laminar		Turbulent
	Kreis	Spalt	Kreis[a]
$\zeta_{L\max} = 1 + \bar{\alpha} - 2\bar{\beta}$	0,333	0,143	0,018 0,013
$\zeta'_{L\max} = 2(\bar{\alpha} - \bar{\beta})$	1,333	0,686	0,076 0,058
$\zeta''_{L\max} = 1 + 2(\bar{\alpha} - \bar{\beta})$	2,333	1,686	1,076 1,058

[a] Die jeweils angegebenen beiden Zahlenwerte beziehen sich auf die im Anschluß an (3.98) angegebenen Geschwindigkeitsausgleichswerte.

Neben den bereits bekannten Größen α_2, $\zeta_{1\to 2} = \zeta_R + \zeta_L$ tritt noch der Verlustbeiwert der Rohreintrittsströmung ζ_E auf, der bei nicht ausreichend abgerundeter Eintrittsöffnung, vgl. Abb. 3.33c, von Bedeutung ist. Auf ihn wird in Kap. 3.4.4.2 näher eingegangen. Als Druckbeiwert im Sinn von (3.112a) gilt dann

$$c_{p0} = \frac{p_0 - p_2}{(\varrho/2)\, v_m^2} = \zeta_E + \lambda \frac{s}{D} + \zeta''_L \qquad \text{mit} \qquad \zeta''_L = \alpha_2 + \zeta_L = 1 + \zeta'_L. \quad (3.115\text{a, b})$$

Mit (3.113) ist näherungsweise $\zeta''_{L\max} = 1 + 2(\bar{\alpha} - \bar{\beta})$, vgl. Tab. 3.5.

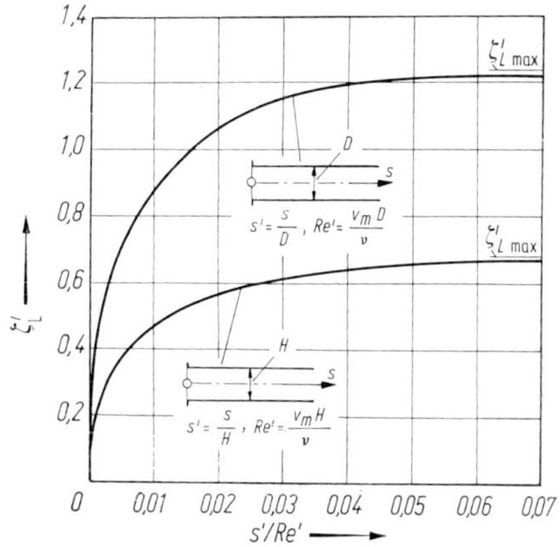

Abb. 3.34. Druckabfall der laminaren Einlaufströmung bei Rohren mit kreisförmigem Querschnitt und bei geraden Spalten (Einfluß der Beschleunigung der Kernströmung) nach [75]

Strömungsmechanischer Energieverlust. Kennt man die Größe ζ'_L in (3.112b), so folgt der maximale Verlustbeiwert der Einlaufströmung (Gesamtdruckverlust) in Verbindung mit (3.113)

$$\zeta_{L\max} = \zeta'_{L\max} + 1 - \bar{\alpha} = 1 + \bar{\alpha} - 2\bar{\beta} \qquad (s \geqq s_L) \qquad (3.116\text{a, b})$$

mit $\bar{\alpha}$ und $\bar{\beta}$ als den Geschwindigkeitsausgleichswerten der vollausgebildeten Rohrströmung. Zahlenwerte sind in Tab. 3.5 wiedergegeben.

Einlauflänge. Die Kenntnis der Größe der Einlaufstrecke s_L ist für experimentelle Untersuchungen von Rohrströmungen von besonderer Bedeutung. Nach Schiller [63] ist es z. B. für die Bestimmung der Viskosität mittels eines Viskosimeters notwendig, daß sich die Meßstrecke in vollausgebildeter Rohrströmung befindet. Eine grobe Abschätzung, insbesondere über den Einfluß der Reynolds-Zahl kann man folgendermaßen vornehmen: Für die reibungslose Kernströmung beträgt für die Stellen (*1*) und (*3*) auf der Rohrachse der Druckabfall nach der Energiegleichung $p_1 - p_3 = (\varrho/2)\,(\varphi_{\max}^2 - 1)\, v_m^2$ mit $\varphi_{\max} = v_{3\max}/v_m > 1$ und $v_{1\max}/v_m = 1$. Bei sinngemäßer Anwendung von (3.112) und (3.113) erhält man nach der Lauflänge $s_2 = s_3 = s_L$ aufgelöst

$$\frac{s_L}{D} = \frac{1}{\lambda}\,(\varphi_{\max}^2 - \zeta'_{L\max} - 1), \qquad \frac{s_L}{D} = a\, Re^{\mathrm{b}} \quad \text{(glatt)}. \qquad (3.117\,\text{a, b})$$

Während der Klammerausdruck in (3.117a) für die laminare und turbulente Rohrströmung jeweils ein fester Zahlenwert ist, enthält der Faktor $1/\lambda$ (reziproke Rohrreibungszahl) gemäß (3.82c) die Abhängigkeit von der Reynolds-Zahl $Re = v_m D/\nu$ und gegebenenfalls vom Rauheitsparameter k/D. Unter Beachtung der Gesetze für die Rohrreibungszahl eines glatten Rohrs nach (3.93b) bzw. (3.96) findet man die in (3.117b) angeschriebene Beziehung mit $b = 1$ für die laminare und $b = 1/4$ für die turbulente Strömung. Für die laminare Strömung erhält man mit $\varphi_{\max} = 2$ nach (3.90c), $\varphi'_{L\max} = 1{,}333$ nach Tab. 3.5 sowie $\lambda = 64/Re$ den Zahlenwert $a = 0{,}0261$. Dies Ergebnis gibt die Einlauflänge zu klein wieder. Im Schrifttum findet man hierfür stark voneinander abweichende Werte, nämlich $0{,}029 \leqq a \leqq 0{,}061$. Dies braucht nicht zu verwundern, da ja eigentlich das vollausgebildete Geschwindigkeitsprofil der Rohrströmung erst bei $s_L \to \infty$ auftreten kann. Als Richtwerte können für das Kreisrohr dienen:

$$\text{laminar: } a \approx 0{,}06, \qquad b = 1; \qquad \text{turbulent: } a \approx 0{,}6, \qquad b \approx 0{,}25 \text{ (glatt)}. \qquad (3.118\,\text{a, b})$$

Der Einfluß der Reynolds-Zahl ist bei laminarer Strömung besonders groß. Für $Re = 2000$ würde sich $s_L \approx 120D$ ergeben. Die Einlauflängen können also verhältnismäßig groß sein. In kurzen, am Eintritt gut abgerundeten Rohrstücken kommt es daher vielfach überhaupt nicht zu einer vollausgebildeten laminaren Geschwindigkeitsverteilung. Über die genaue Abhängigkeit der Länge der Einlaufstrecke von der Reynolds-Zahl bei turbulenter Strömung ($Re > Re_u = 2320$) herrscht noch verhältnismäßig große Unsicherheit. Nach Nikuradse [50] hat sich das vollausgebildete turbulente Geschwindigkeitsprofil bei glatter und auch rauher Rohrinnenwand nahezu unabhängig von der Reynolds-Zahl nach einer Länge von $s_L = 40$ bis $50D$ eingestellt.

Geschwindigkeitsverteilung. Unterlagen über die Verteilung der Geschwindigkeiten in der Einlaufstrecke findet man für die laminare Strömung durch Kreisrohre und Spalte in [10, 65, 75].

3.4.4 Strömung durch Rohrverbindungen und Rohrleitungselemente

3.4.4.1 Allgemeines

Die in Kap. 3.4.3 angestellten Untersuchungen zur Berechnung des strömungsmechanischen Energieverlusts in einer Rohrleitung gelten zunächst nur für das gerade oder schwach gekrümmte Rohr mit konstantem oder nahezu konstantem Querschnitt. Bei einem technisch ausgeführten Rohrleitungssystem handelt es sich indessen meistens nicht nur um ein einziges gerades Rohr, sondern um mehrere gerade Rohrteile, die zwecks Querschnitts- oder Richtungsänderung oder auch Verzweigung durch Zwischenstücke (Formstücke) miteinander verbunden sind. Ein Sonderfall liegt vor, wenn das Rohr ins Freie führt. In diesem Fall geht das Zwischenstück in ein Endstück über. Für den Betrieb der Leitungsanlage, insbesondere der Volumenstromsteuerung, sind noch Einbauten (Armaturen) vorzusehen. Aus Tab. 3.1 geht hervor, um welches Rohrleitungsteil (Index N) es sich im einzelnen handeln kann. Alle Zwischenstücke, Endstücke und Einbauten haben gewisse zusätzliche strömungsmechanische Energieverluste (Gesamtdruckverluste) zur Folge, die ähnlich wie derjenige durch Wandreibung im geraden Rohr mittels (3.64a, b) zu erfassen sind. Der dort definierte Verlustbeiwert ζ_N hängt wesentlich von der Art des Rohrleitungsteils und der hiervon beeinflußten Strömung ab. Er ist bedingt teils durch Strömungsablösung und teils durch Sekundärströmung, die sich dem Hauptstrom überlagert und so zu einem erhöhten Energieaustausch führt. Er kann von der Reynolds-Zahl abhängig sein. Bei der Bestimmung der zusätzlichen Verlustbeiwerte ζ_N ist man häufig auf Versuche angewiesen. In Einzelfällen führen auch theoretische Überlegungen zu einer Abschätzung der Größe von ζ_N. Den strömungsmechanischen Energieverlust des Rohrleitungssystems zwischen den Stellen (*1*) und (*2*) erhält man durch Summation über alle Rohrleitungsteile entsprechend (3.65). Berücksichtigt man den Verlust infolge der Wandreibung nach (3.83a), so wird der gesamte Verlust zwischen den Stellen (*1*) und (*2*)

$$(p_e)_{1\to 2} = (p_e)_R + \frac{\varrho}{2} \sum_{(1)}^{(2)}{}' \zeta_N v_N^2 \quad \text{mit} \quad (p_e)_R = \frac{\varrho}{2} \int_{(1)}^{(2)} \frac{\lambda}{D} v_m^2 \, ds. \qquad (3.119\text{a, b})^{45}$$

Bei konstantem Rohrdurchmesser D geht (3.119b) in (3.82a) über.

3.4.4.2 Stromquerschnittsänderung (Erweiterung, Verengung)

Bei den möglichen Querschnittsänderungen in einem Rohrleitungssystem kann es sich nach Abb. 3.35 und Tab. 3.1 um eine allmähliche und plötzliche Querschnittserweiterung oder Querschnittsverengung handeln. Der Strömungsvorgang sowie das Strömungsverhalten und damit die Größe des strömungsmechanischen Energieverlusts hängen wesentlich davon ab, ob eine Stromerweiterung oder Stromverengung vorliegt, und ferner davon, ob die Änderung des Stromquerschnitts stetig oder unstetig vor sich geht.

---

45 Das Summenzeichen $\sum'$ soll kennzeichnen, daß $\zeta_N = \zeta_R$ nicht in der Summe enthalten ist, da dieser Einfluß bereits durch das Integral erfaßt wird.

Plötzliche Rohrerweiterung (Stoffdiffusor). Bei der unstetigen Erweiterung eines Rohrs vom Querschnitt A_1 auf den Querschnitt A_2 nach Abb. 3.36a, vgl. Abb. 3.35, die man auch Stoßdiffusor (Index S) nennt, tritt das strömende Fluid mit der mittleren Geschwindigkeit v_1 zunächst als geschlossener Strahl aus dem engeren in den weiteren Querschnitt ein und vermischt sich weiter stromabwärts infolge des Reibungseinflusses unter starker Wirbelbildung mit dem umgebenden Fluid, das dadurch z. T. mitgerissen wird, Abb. 3.36b. Die Wirbeldrehung begünstigt das Wiederanlegen des aufgerissenen Strahls an die Rohrwand, so daß

Querschnittsänderung $(A_2/A_1 \gtreqless 1)$			
allmählich (stetig)		plötzlich (unstetig)	
Übergangsdiffusor ζ_D	Austrittsdiffusor ζ_{DA}	Stoßdiffusor ζ_S	Austritt ζ_A
Übergangsdüse ζ_C	Austrittsdüse ζ_{CA}	Einschnürung ζ_V	Eintritt ζ_E

(Erweiterung $(A_2/A_1>1)$ / Verengung $(A_2/A_1<1)$)

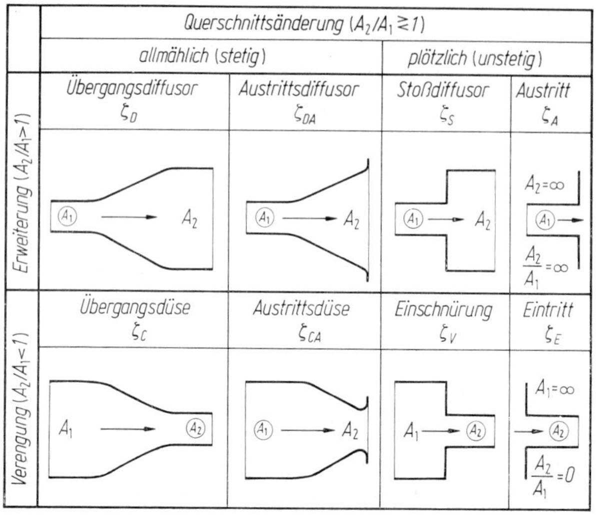

Abb. 3.35. Schematische Darstellung der möglichen Rohrquerschnittsänderungen, vgl. Tab. 3.1; Bezeichnung der Verlustziffern ζ_N; ○ Bezugsquerschnitt

a

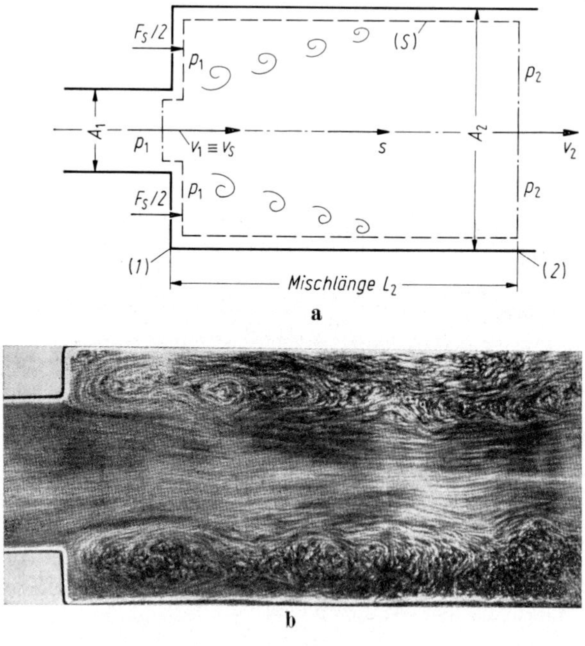

Abb. 3.36. Plötzliche Rohrerweiterung (Stoßdiffusor, Index S). **a** Zur Berechnung des strömungsmechanischen Energieverlusts.
b Strömungsaufnahme mit Ablösung der Strömung nach der Erweiterung

b

sich nach einer gewissen Übergangsströmung wieder eine nahezu gleichmäßige Strömung mit der kleineren mittleren Geschwindigkeit $v_2 < v_1$ einstellt. Das Rohr möge horizontal liegen. Sowohl im Strahlquerschnitt A_1 als auch in der Umgebung des Strahls unmittelbar nach der Erweiterung, d. h. über die Stirnfläche $(A_2 - A_1)$, herrsche der Druck p_1. Da der Strahl zunächst geradlinige Stromlinien besitzt, tritt nach (2.97a) kein Druckgradient quer zur Strömungsrichtung auf, was die gemachte Annahme begründet. In dem hinreichend weit stromabwärts liegenden Querschnitt (*2*) stellt sich der Druck p_2 über die Fläche A_2 ein.

Für die Berechnung des durch den Mischvorgang verursachten strömungsmechanischen Energieverlusts müssen die drei Grundgesetze der Rohrhydraulik, nämlich die Kontinuitäts-, die Energie- und die Impulsgleichung (in Richtung der Rohrachse) entsprechend Kap. 3.4.2.3 herangezogen werden. Bei horizontaler Lage der Rohrerweiterung und bei stationärer Strömung gilt mit $z_1 = z_2$ und $\partial/\partial t = 0$ nach (3.66b), (3.67) bzw. (3.73) das Gleichungssystem

$$v_1 A_1 = v_2 A_2 , \tag{3.120a}$$

$$(p_e)_{1\to 2} = \frac{\varrho}{2}\,(\alpha_1 v_1^2 - \alpha_2 v_2^2) + p_1 - p_2 , \tag{3.120b}$$

$$p_2 A_2 - p_1 A_1 - F_S = \varrho(\beta_1 v_1^2 A_1 - \beta_2 v_2^2 A_2) . \tag{3.120c}$$

In der letzten Beziehung ist $F_B = 0$ und F_S die in s-Richtung auf den körpergebundenen Teil der in Abb. 3.36a gestrichelt gezeichneten Kontrollfläche (S) wirkende Stützkraft. Diese besteht aus zwei Anteilen, und zwar aus den Schubspannungskräften an der Wand des erweiterten Rohrs A_2 sowie aus der Druckkraft auf die Stirnfläche $(A_2 - A_1)$. Oberhalb eines nicht genau festgelegten Werts $A_2/A_1 > 1$ kann man die Wirkung der Wandschubspannungen vernachlässigen, so daß die Stützkraft nur aus der Druckkraft auf die Stirnfläche $(A_2 - A_1)$, d. h. $F_S = p_1(A_2 - A_1)$ besteht. Hiermit nimmt die linke Seite von (3.120c) den Ausdruck $(p_2 - p_1)\,A_2$ an. Auf der rechten Seite wird $v_1 A_1$ nach (3.120a) durch $v_2 A_2$ ersetzt, so daß man die Druckdifferenz zwischen den Stellen (*2*) und (*1*) zu $p_1 - p_2 = -\varrho(\beta_1 v_1 - \beta_2 v_2)\,v_2$ erhält. Nach Einsetzen in (3.120b) findet man den durch die plötzliche Erweiterung (Stoßdiffusor) verursachten Energieverlust $(p_e)_{1\to 2} = (p_e)_S$ zu

$$(p_e)_S = \frac{\varrho}{2}\,[\alpha_1 v_1^2 - 2\beta_1 v_1 v_2 + (2\beta_2 - \alpha_2)\,v_2^2] \approx \frac{\varrho}{2}\,(v_1 - v_2)^2 \quad (\alpha = \beta = 1). \tag{3.121a, b}$$

Zu seiner Berechnung ist die genaue Kenntnis des Strömungsvorgangs in der Vermischungszone nicht erforderlich. An den Stellen (*1*) und (*2*) treten neben den mittleren Geschwindigkeiten v_1 bzw. v_2 nur die zugehörigen Ausgleichswerte α und β für die ungleichmäßigen Geschwindigkeitsverteilungen über die Querschnitte gemäß (3.79b, c) auf. Nach Eliminieren der Geschwindigkeit v_2 mittels (3.120a) ergibt sich der Verlustbeiwert gemäß (3.64a) zu

$$\zeta_S = \alpha_1 - 2\beta_1 \frac{A_1}{A_2} + (2\beta_2 - \alpha_2)\left(\frac{A_1}{A_2}\right)^2 \approx \left(1 - \frac{A_1}{A_2}\right)^2 \quad (v_S = v_1), \tag{3.122a, b}$$

wobei $v_S = v_1$ als Bezugsgeschwindigkeit gewählt wurde. Je nach den Geschwindigkeitsverteilungen in den Querschnitten A_1 und A_2 sind die Werte für $\alpha > \beta > 1$ einzusetzen. Bei konstanter Geschwindigkeitsverteilung über die Querschnitte ist $\alpha_1 = \alpha_2 = \beta_1 = \beta_2 = 1$, was dann zu der einfacheren Borda-Carnotschen Formel (3.122b) führt. Durch Versuche ist ihre Brauchbarkeit zur Berechnung des strömungsmechanischen Energieverlusts infolge plötzlicher Querschnittserweiterung (Stoßdiffusor) bestätigt worden, [73]. Wichtig ist dabei die Feststellung, daß der Mischvorgang von der Erweiterungsstelle stromabwärts eine Längenausdehnung von $L_2 \approx 10D_2$ besitzen muß. Erst dort hat sich wieder ein normaler Strömungszustand eingstellt. Einen neueren bemerkenswerten experimentellen Beitrag haben Durst, Melling und Whitelaw [17] für den Fall kleiner Reynolds-Zahl geliefert.

Definiert man das Verhältnis des tatsächlichen Druckanstiegs der reibungsbehafteten Strömung $(p_2 - p_1)$ zum theoretisch größtmöglichen Druckanstieg bei reibungsloser Strömung $(p_2 - p_1)_{\text{th}} = (\varrho/2)\,(v_1^2 - v_2^2)$, so kann man für den hieraus gebildeten Wirkungsgrad η_S schreiben

$$\eta_S = \frac{p_2 - p_1}{(p_2 - p_1)_{\text{th}}} = \frac{2(\beta_1 v_1 - \beta_2 v_2)\,v_2}{v_1^2 - v_2^2} \approx \frac{2}{1 + A_2/A_1} < 1\,. \quad (3.123\text{a, b})$$

Für nicht zu große Flächenverhältnisse $A_2/A_1 < 1{,}5$ ist $\eta_S > 0{,}8$ bzw. $\zeta_S < 0{,}111$. In Abb. 3.38a sind die Wirkungsgrade der unstetigen Querschnittserweiterung (Stoßdiffusor) η_S denjenigen einer stetigen Querschnittserweiterung (Übergangsdiffusor) η_D gegenübergestellt, vgl. die zu Abb. 3.38a gemachten Bemerkungen.

Abschließend möge noch eine Betrachtung über den Einfluß der im erweiterten Rohr vernachlässigten Wandschubspannung gemacht werden. Für den Fall ohne Querschnittserweiterung folgt mit $A_1/A_2 = 1$ aus (3.122a) der Verlustbeiwert zu $\zeta_S = \alpha_1 - \alpha_2 - 2(\beta_1 - \beta_2)$. Je nach Vorgabe der Geschwindigkeitsverteilungen an den Stellen (*1*) und (*2*) kann $\zeta_S \lesseqgtr 0$ sein. Bei ungeänderten Geschwindigkeitsverteilungen an den Stellen (*1*) und (*2*), was der vollausgebildeten Rohrströmung nach Kap. 3.4.3.3 bis 3.4.3.5 entspricht, wird $\zeta_S = 0$, während bei berücksichtigter Wandschubspannung $\zeta_S = \zeta_R > 0$ sein müßte. Bei der Rohreinlaufströmung nach Kap. 3.4.3.6 ergäbe sich mit $\alpha_1 = \beta_1 = 1$ das unbrauchbare Ergebnis $\zeta_S = \zeta_{1\to 2} = -(1 + \alpha_2 - 2\beta_2) \approx -(\beta_2 - 1) < 0$. Für die Erfassung des Wandschubspannungseinflusses mittels eines zusätzlichen Verlustbeiwerts $\Delta\zeta_S = \zeta_{R2} = \bar{\lambda}_2 \cdot (L_2/D_2)$ fehlen noch allgemein gültige theoretische oder experimentelle Angaben über die längs L_2 gemittelte Rohrreibungszahl $\bar{\lambda}_2$.

Austritt. Tritt am Rohrende der Strahl ins Freie aus, dann geht nach Abb. 3.35 $A_2 \to \infty$. Es liegt also der Fall des Ausströmens aus einer Rohrleitung in einen großen Raum vor. Hierbei ergibt sich aus (3.122a) mit $A_2/A_1 = \infty$ der maximale Verlustbeiwert einer Querschnittserweiterung, der zugleich der Austrittsverlustbeiwert (Index A) ist, zu

$$\zeta_A = \zeta_{S\max} = \alpha_1 > 1 \qquad (v_A = v_1)\,. \quad (3.124)$$

Dies Ergebnis besagt, daß die gesamte kinetische Energie des austretenden Strahls als strömungsmechanische Energie verlorengeht, d. h. $(p_e)_A = \alpha_1(\varrho/2)\,v_1^2$. Sind die Geschwindigkeiten konstant über die Austrittsfläche verteilt, wie dies bei turbulenten Strömungen nahezu der Fall ist, so gilt $\zeta_A = 1$. Ist die Strömung im Austrittsquerschnitt dagegen laminar, so wird mit $\alpha_1 = 2$ nach (3.91a) und damit $\zeta_A = 2$.

Allmähliche Rohrerweiterung (Übergangsdiffusor). Mittels einer stetigen Querschnittsvergrößerung (divergente Querschnittsänderung, Index D) soll in einem Übergangsdiffusor nach Abb. 3.37a, vgl. Abb. 3.35, eine Strömung bei großer Geschwindigkeit v_1 und kleinem Druck p_1 mit möglichst geringem Verlust an strömungsmechanischer Energie in eine Strömung bei kleiner Geschwindigkeit $v_2 < v_1$ und großem Druck $p_2 > p_1$ umgewandelt werden. Durch die Wandreibung wird das Fluid stark abgebremst und vermindert dadurch den theoretisch möglichen Druckanstieg der reibungslosen Strömung. Sofern der Öffnungswinkel des

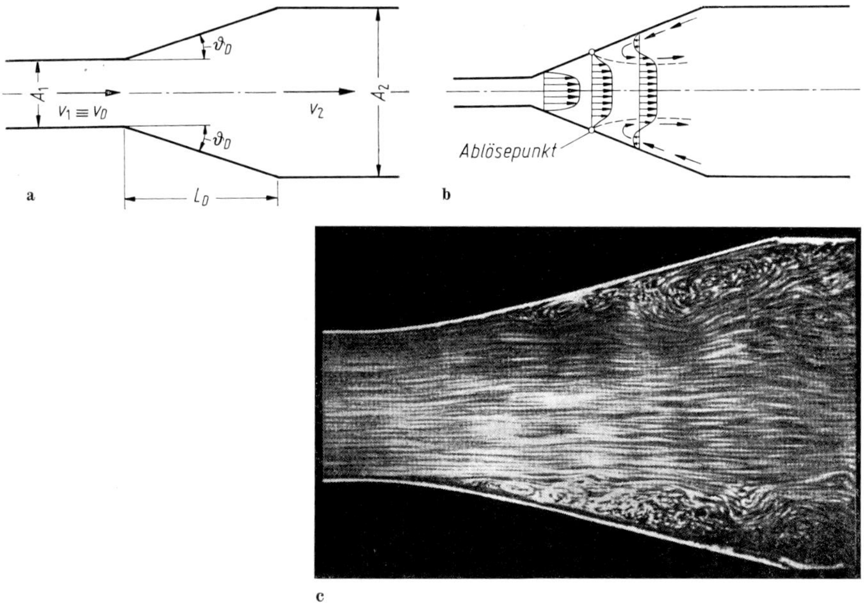

Abb. 3.37. Allmähliche Rohrerweiterung (Übergangsdiffusor). **a** Bezeichnungen (Index D). **b** Geschwindigkeitsverteilungen bei $\vartheta_D > \vartheta_D^*$. **c** Strömungsaufnahme mit abgelöster Strömung bei $\vartheta_D > \vartheta_D^*$

Diffusors (Diffusorwinkel) $2\vartheta_D$ einen bestimmten günstigsten Wert $2\vartheta_D^*$ nicht übersteigt, d. h. $\vartheta_D \leqq \vartheta_D^*$, entsteht ein mäßiger Verlust an strömungsmechanischer Energie. Ist der Diffusorwinkel dagegen $\vartheta_D > \vartheta_D^*$, so findet nach Abb. 3.37b, c eine Ablösung der Strömung von der Wand statt, was erheblich größere strömungsmechanische Energieverluste zur Folge hat als bei Diffusorwinkeln $\vartheta_D \leqq \vartheta_D^*$. Eine grobe Abschätzung für den optimalen Diffusorwinkel bei kreisförmigen Diffusoren ist $2\vartheta_D^* \approx 8°$, während in rechteckigen Kanälen Ablösung bei $2\vartheta_D^* \approx 10°$ auftreten kann. Mit wachsender Reynolds-Zahl nimmt ϑ_D^* ab, und zwar gilt nach Nikuradse [51] $2\vartheta_D^* \approx 150/\sqrt[4]{Re}$ mit $Re = v_m a/\nu$ (a = halbe Kanalhöhe). Auf die Möglichkeit, die Ablösung durch Beeinflussung der wandnahen Reibungsschicht (z. B. Absaugen) zu verhindern, wird in Kap. 6.3 hingewiesen. Für ein vorgegebenes Querschnittsverhältnis A_2/A_1 und einen mit Rücksicht auf eine ablösungsfreie Strömung nicht zu großen Diffusorwinkel kann die Diffusorlänge

$$\frac{L_D}{D_1} = \frac{1}{2}\left(\frac{D_2}{D_1} - 1\right) \cot \vartheta_D \qquad \text{(Kreisquerschnitt)} \tag{3.125}$$

sehr groß werden. Oft ist dies in Strömungsmaschinen nur schwer zu verwirklichen.

Aus der Vielzahl der Untersuchungen über das Strömungsverhalten von Diffusoren seien die umfangreichen Messungen an geraden und gekrümmten Diffusoren von Sprenger [76], die Veröffentlichungen von Kline und Mitarbeitern [60], die zusammenfassenden Berichte [5, 11, 74] sowie die Handbücher von Idel'chik [28] und Miller [47] genannt.

Als Druckrückgewinnziffer, häufig auch als Diffusorwirkungsgrad η_D bezeichnet, definiert man wie in (3.123) das Verhältnis des tatsächlichen Druckanstiegs der reibungsbehafteten Strömung $(p_2 - p_1)$ zum theoretisch größtmöglichen Druckanstieg bei reibungsloser Strömung $(p_2 - p_1)_{\text{th}}$, d. h.

$$\eta_D = \frac{p_2 - p_1}{(p_2 - p_1)_{\text{th}}} = 1 - \frac{\zeta_D - (\alpha_1 - 1) + (\alpha_2 - 1)(A_1/A_2)^2}{1 - (A_1/A_2)^2} < 1. \tag{3.126a, b}$$

Die zweite Beziehung folgt, wenn man bei ungleichmäßigen Geschwindigkeitsverteilungen über die Querschnitte (*1*) und (*2*), d. h. $\alpha_1 \neq \alpha_2 \neq 1$, mittels der Energiegleichung (3.120b) den Druckanstieg $p_2 - p_1 = (\varrho/2)(\alpha_1 v_1^2 - \alpha_2 v_2^2) - (p_e)_D$ mit $(p_e)_D = \zeta_D(\varrho/2)\, v_D^2$ als strömungsmechanischem Verlust gemäß (3.64a) berechnet. Hierbei wird $v_D = v_1$ als Bezugsgeschwindigkeit gewählt. Weiterhin gilt nach der Kontinuitätsgleichung (3.120a) für das Geschwindigkeitsverhältnis $v_2/v_1 = A_1/A_2$. Aus (3.126b) ergibt sich der Diffusorverlustbeiwert

$$\zeta_D = (\alpha_1 - \eta_D) - (\alpha_2 - \eta_D)\left(\frac{A_1}{A_2}\right)^2 \approx (1 - \eta_D)\left[1 - \left(\frac{A_1}{A_2}\right)^2\right] \quad (v_D = v_1). \tag{3.126c, d}$$

Verläuft die Strömung turbulent, so kann man für die Energiebeiwerte $\alpha_1 \approx \alpha_2 \approx 1$ setzen, was dann zu (3.126d) führt. Die Zahlenwerte für den Diffusorwirkungsgrad η_D schwanken in sehr weiten Grenzen. Sie hängen vom Diffusorwinkel ϑ_D, vom Flächenverhältnis A_2/A_1, von der Diffusorlänge L_D/D_1, von der Querschnittsform (kreisförmig, elliptisch, rechteckig) und von der Art der Erweiterung (stückweise geradlinig oder geschwungene Mantelbegrenzung) sowie besonders auch von der Zuströmbedingung (Geschwindigkeitsverteilung) am Diffusoreintritt ab.

In Abb. 3.38a sind Wirkungsgrade von Diffusoren mit gerader Achse in Abhängigkeit vom Diffusorwinkel ϑ_D für verschiedene Querschnittsverhältnisse A_2/A_1 wiedergegeben. Für Winkel $\vartheta_D \approx \vartheta_D^*$ arbeitet der gerade Diffusor bei Werten $\eta_D \approx 0{,}8$ nahezu ablösungsfrei. Für $\vartheta_D = 90°$ geht der Übergangsdiffusor in den Stoßdiffusor über. Dort gilt $\eta_D = \eta_S$ nach (3.123b). Aus den verschiedenen Kurvenverläufen ersieht man, daß bei gleichgehaltenem Querschnittsverhältnis für größere Diffusorwinkel der Stoßdiffusor günstiger als der Übergangsdiffusor arbeitet.

Ein wichtigstes Ergebnis der Untersuchung an Diffusoren ist die Feststellung,

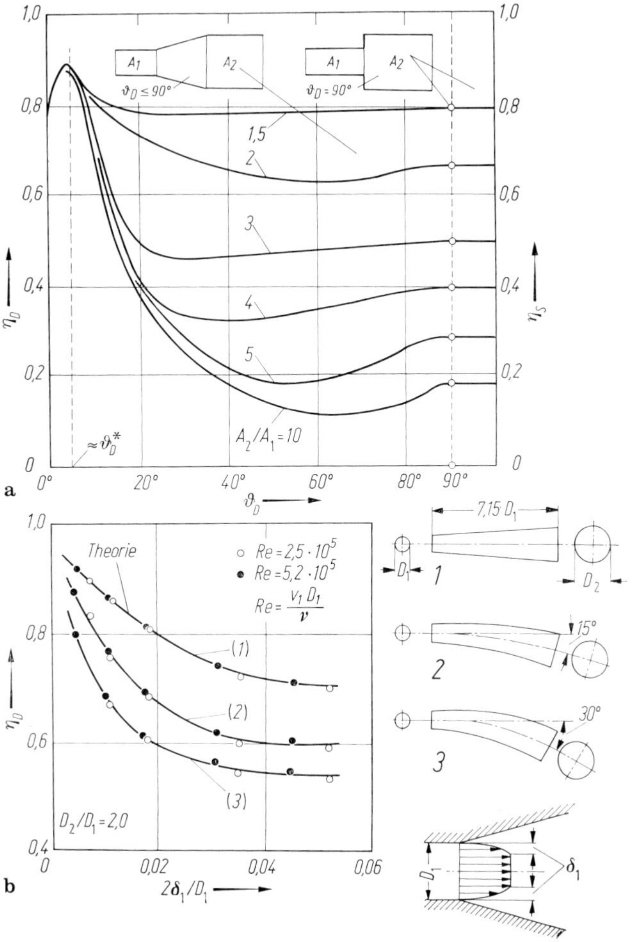

Abb. 3.38. Diffusorwirkungsgrad η_D. **a** In Abhängigkeit vom Diffusorwinkel ϑ_D, nach [22][a], Vergleich mit Wirkungsgrad bei plötzlicher Erweiterung η_S. **b** In Abhängigkeit von der Grenzschichtdicke (Verdrängungsdicke δ_1) am Eintritt, nach [1, 76]

[a] Die Auswertung nach den ESDU-Unterlagen [22] hat P. Schmid (Inst. f. Strömungsmechanik der TU München) vorgenommen, vgl. hierzu auch Patterson [11]

daß die Dicke der turbulenten Reibungsschicht im Einlauf einen sehr großen Einfluß auf den Wirkungsgrad der Druckumsetzung ausübt. In Abb. 3.38b ist der Wirkungsgrad η_D nach [76] als Funktion von $2\delta_1/D_1$ für Diffusoren mit Kreisquerschnitt wiedergegeben[46]. Dabei ist δ_1 die Verdrängungsdicke der Reibungsschicht

46 Für den Wirkungsgrad gilt die Definition

$$\eta_D = \frac{p_2 - p_1}{\frac{\varrho}{2}\,(\alpha_1 v_1^2 - v_2^2)} \qquad \text{statt} \qquad \eta_D = \frac{p_2 - p_1}{\frac{\varrho}{2}\,(v_1^2 - v_2^2)} \qquad \text{nach (3.123a).}$$

Es wird die im Schnitt (*1*) infolge der ungleichmäßigen Geschwindigkeitsverteilung vergrößerte Geschwindigkeitsenergie berücksichtigt.

am Eintritt und D_1 der Eintrittsdurchmesser[47]. Gegenüber dem geraden Diffusor fällt der Wirkungsgrad beim gekrümmten Diffusor mit zunehmendem Umlenkwinkel stark ab. Für den geraden Diffusor konnte η_D von Ackeret [1] theoretisch ermittelt werden. Dies Ergebnis stimmt gut mit den Messungen überein. Systematische Grenzschichtrechnungen an geraden Diffusoren wurden auch von Schlichting und Gersten [67] durchgeführt. Mit dem Einfluß eines Dralls in Diffusoren befassen sich Versuche von Liepe [45].

Austrittsdiffusor. Führt ein Diffusor ins Freie, so nennt man ihn im Gegensatz zu dem bereits besprochenen Übergangsdiffusor, welcher die stetige Rohrverbindung von einem kleinen zu einem großen Rohrquerschnitt darstellt, Austritts- oder Enddiffusor, vgl. Abb. 3.35. Tritt der Strahl aus einer solchen Anordnung ins Freie, ist (3.124) sinngemäß anzuwenden, wonach die gesamte kinetische Energie des austretenden Strahls strömungsmechanisch verlorengeht. Der gesamte strömungsmechanische Energieverlust beträgt also

$$(p_e)_{DA} = (p_e)_D + (p_e)_A = \zeta_D \frac{\varrho}{2} v_1^2 + \alpha_2 \frac{\varrho}{2} v_2^2. \qquad (3.127\text{a})$$

Hieraus folgt nach Einsetzen von (3.126c) der Verlustbeiwert des Austrittsdiffusors zu

$$\zeta_{DA} = \alpha_1 - \eta_D \left[1 - \left(\frac{A_1}{A_2}\right)^2\right] < \zeta_A \qquad (v_{DA} = v_1). \qquad (3.127\text{b})$$

Für das abgeschnittene nicht erweiterte Rohr gilt nach (3.124) für den Austrittsverlustbeiwert $\alpha_1 = \zeta_A$. Wegen $A_1/A_2 < 1$ und $\eta_D > 0$ ist stets $\zeta_{DA} < \zeta_A$. Dies Ergebnis besagt, daß man den Austrittsverlust durch einen einwandfrei arbeitenden Enddiffusor ($\vartheta_D \leqq \vartheta_D^*$) gegenüber einem einfach abgeschnittenen Rohr (Rohraustritt) verkleinern kann. Für $\alpha_1 \approx 1$ und $\eta_D \approx 1$ ist $\zeta_{DA} \approx (A_1/A_2)^2 < 1$.

Allmähliche Rohrverengung (Übergangsdüse)[48]**.** Bei der stetigen Querschnittsverengung (konvergente Querschnittsänderung, Index C) in einer Übergangsdüse nach Abb. 3.35, die der Beschleunigung der Strömung dient, entstehen nur geringe Verluste an strömungsmechanischer Energie, da sich das Fluid hier in einer Strömung abnehmenden Drucks bewegt. Das durch die Wandreibung verzögerte Fluid erhält durch das vorhandene Druckgefälle ständig neuen Antrieb, so daß die Vorwärtsbewegung auch in der wandnahen Reibungsschicht aufrechterhalten bleibt. Bei der Querschnittsverengung wird daher das Geschwindigkeitsprofil immer völliger. Infolge der Wandreibung ist im Querschnitt A_2 die tatsächliche Geschwindigkeit v_2 etwas kleiner als die theoretisch bei reibungsloser Strömung berechenbare Geschwindigkeit $(v_2)_{th}$, d. h. $v_2 = c(v_2)_{th}$ mit c als Geschwindigkeitsziffer, vgl. Kap. 3.3.2.3, Beispiel b.1. Nimmt man in den Querschnitten (*1*) und (*2*) gleichmäßige Geschwindigkeitsverteilungen mit $\alpha_1 = \alpha_2 = 1$ an, dann gilt für die

47 Die Definition der Verdrängungsdicke ist in Kap. 6.3 gegeben.

48 Während man bei Strömungen dichtebeständiger Fluide unter einer Düse immer eine Querschnittsverengung (Konfusor) versteht, wird bei Überschallströmungen dichteveränderlicher Fluide sowohl von konvergenten als auch divergenten Düsen gesprochen, man vergleiche die Ausführungen zur Laval-Düse in Kap. 4.3.2.7, Beispiel a.3.

Energiegleichung (3.120b)

$$p_1 + \frac{\varrho}{2} v_1^2 = p_2 + \frac{\varrho}{2} v_2^2 + (p_e)_C \quad \text{mit} \quad p_1 - p_2 = \frac{\varrho}{2} [(v_2)_{\text{th}}^2 - v_1^2]$$

Der strömungsmechanische Verlust ergibt sich zu $(p_e)_C = (\varrho/2) [(v_2)_{\text{th}}^2 - v_2^2] = (1/c^2 - 1) (\varrho/2) v_2^2$, und hieraus erhält man den Düsenverlustbeiwert

$$\zeta_C = \frac{1 - c^2}{c^2} \approx 0{,}5 (1 - \mu)^2 \qquad (v_C = v_2). \qquad (3.128\text{a, b})^{49}$$

Mit $1{,}0 > c > 0{,}965$ ist $0 < \zeta_C < 0{,}075$.

Austrittsdüse. Tritt der Strahl nach Abb. 3.35 aus einer Enddüse ($A_2 < A_1$) ins Freie, so ist (3.124) sinngemäß anzuwenden, wonach die gesamte kinetische Energie des austretenden Strahls $(p_e)_A = \alpha_2(\varrho/2) v_2^2$ verlorengeht. Wird als Bezugsgeschwindigkeit die Geschwindigkeit vor der Düse $v_{CA} = v_1$ gewählt, dann ist v_2 nach der Kontinuitätsgleichung (3.120a) durch $v_2 = (A_1/A_2) v_1$ zu ersetzen. Für den Verlustbeiwert der Austrittsdüse erhält man in Verbindung mit (3.128) in Analogie zu (3.127a)

$$\zeta_{CA} = (\zeta_C + \alpha_2) \left(\frac{A_1}{A_2}\right)^2 \approx \left(\frac{A_1}{A_2}\right)^2 \zeta_A > \zeta_A \qquad (v_{CA} = v_1). \qquad (3.129\text{a, b})$$

Durch Vernachlässigen des Reibungseinflusses in der Düse mit $\zeta_C \approx 0$ erhält man mit (3.124) die in (3.129b) angegebene Beziehung. Durch Anbringen einer Austrittsdüse $A_2 < A_1$ an ein Rohr mit konstantem Querschnitt $A_1 = \text{const}$ wird der Austrittsverlustbeiwert ζ_{CA} (bezogen auf die Geschwindigkeit vor der Düse) gegenüber derjenigen eines abgeschnittenen Rohrs ohne Düse ζ_A erheblich vergrößert.

Plötzliche Rohrverengung. Bei der unstetigen Verengung eines Rohrs (Index V) vom Querschnitt A_1 auf den kleineren Querschnitt A_2 nach Abb. 3.39a, vgl. Abb. 3.35, findet ähnlich wie bei der Strömung durch eine Öffnung in dünner Wand nach Abb. 3.13b eine Einschnürung (Kontraktion) der ankommenden Strömung auf den Querschnitt A_2^* statt. Diese zunächst verengte Strömung erfährt dann stromabwärts wieder eine Erweiterung auf den Querschnitt A_2 und legt sich somit nach einiger Entfernung wieder an die Rohrwand an. Zwischen dem eingeschnürten Strahl und der Rohrwand entsteht ein Wirbelgebiet (Totraum). Bei hinreichend großer Länge des kleineren Rohrs verlaufen die einzelnen Stromfäden wieder parallel. Die plötzliche Stromverengung kann man in ihrer strömungsmechanischen Wirkung auffassen wie eine allmähliche Verengung in Form einer Düse (hier ohne feste Wand) mit $A_2^*/A_2 < 1$, der sich hinter dem eingeschnürten Querschnitt eine plötzliche Stromerweiterung in Form eines Stoßdiffusors mit $A_2/A_2^* > 1$ anschließt.

Wegen $v_2^* A_2^* = v_2 A_2$ nach der Kontinuitätsgleichung (3.120a) ist die Geschwindigkeit im verengten Strömungsquerschnitt $v_2^* = (A_2/A_2^*) v_2$. Es ist $\mu = A_2^*/A_2 < 1$

---

49 Vgl. Fußnote 50, S. 271.

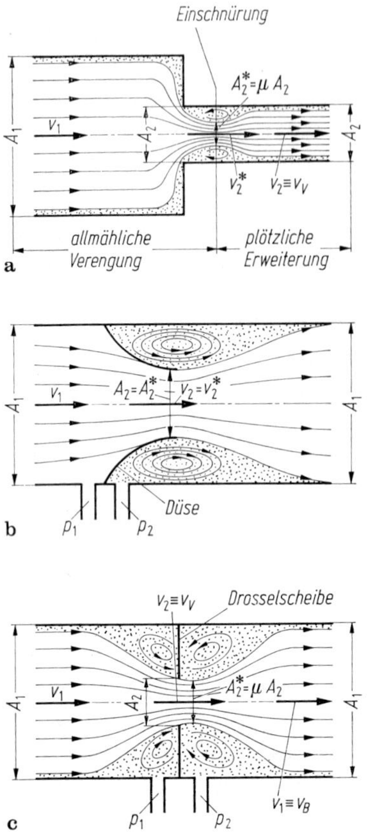

Abb. 3.39.

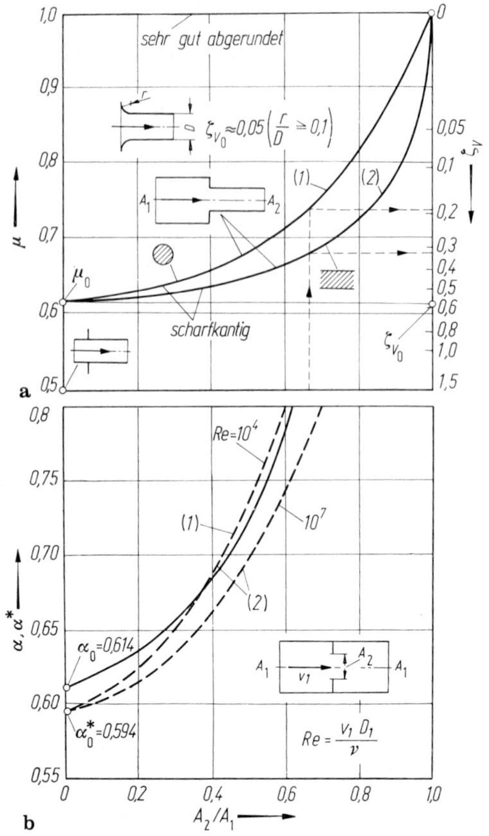

Abb. 3.40.

Abb. 3.39. Plötzliche Querschnittsverengung (Strahleinschnürung). **a** Rohrverengung (Index V). **b** Meßdüse. **c** Meßblende (Drosselscheibe, Index B)

Abb. 3.40. Plötzliche Querschnittsverengung (Rohrverengung, Blende, Querschnittsverhältnis $A_2/A_1 < 1$). **a** Kontraktionsziffer μ und Verlustbeiwert ζ_V. (*1*) Kreisrohr, (*2*) Spalt. **b** Durchströmziffern für Blenden mit kreisförmigem Querschnitt. (*1*) α berechnet nach (3.133b) mittels (3.130a), (*2*) α^* für Normblende nach DIN 1952, [15]

die Kontraktionsziffer, vgl. Kap. 3.3.2.3, Beispiel b.3. Die Kontraktionszziffern μ hängen vom Querschnittsverhältnis der Verengung ($0 < A_2/A_1 < 1$) ab und überdecken den Wertebereich $0{,}5 \leqq \mu \leqq 1{,}0$, vgl. (3.34). Sie sind in Abb. 3.40a für die Rohrverengung mit kreisförmigem Querschnitt (achsensymmetrischer Fall) als Kurve (*1*) und für die Spaltverengung (ebener Fall) als Kurve (*2*) dargestellt. Während die Kurve (*1*) die Wiedergabe gemessener Werte darstellt [3, 85], ist die Kurve (*2*) das Ergebnis einer theoretischen Untersuchung [48]. Für die Kontraktionsziffern lauten die Beziehungen

$$\mu = 0{,}614 + \sum_{1} a_n \beta^n \qquad \text{mit} \qquad \beta = \frac{D_2}{D_1} = \sqrt{\frac{A_2}{A_1}} \qquad \text{(Rohr)} \qquad (3.130\text{a})$$

und $a_1 = 0$, $a_2 = 0{,}133$, $a_3 = 0$, $a_4 = -0{,}261$, $a_5 = 0$, $a_6 = 0{,}511$

$$\mu = \left[1 + \frac{2}{\pi}\,\frac{1-\delta^2}{\delta}\,\arctan\delta\right]^{-1} \quad \text{mit } \delta = \mu\,\frac{A_2}{A_1} \qquad \text{(Spalt)}. \qquad (3.130\,\text{b})$$

Es gelten für $A_2/A_1 = 0$ die Werte $\mu_0 = 0{,}614$ bzw. $\mu_0 = (\pi/(\pi + 2) = 0{,}611$.

Als Ausgangsbeziehungen zur Berechnung des strömungsmechanischen Energieverlusts einer plötzlichen Rohrverengung sind für die Stromverengung (3.128a) mit $v_C \triangleq v_2^*$ und für die Stromerweiterung (3.122b) mit $A_1/A_2 \triangleq A_2^*/A_2 = \mu$ sowie $v_S \triangleq v_2^*$ heranzuziehen. Es gilt somit

$$(p_e)_V = \left[\frac{1-c^2}{c^2} + \left(1 - \frac{A_2^*}{A_2}\right)^2\right]\frac{\varrho}{2}\,v_2^{*2} = (\zeta_{VC} + \zeta_{VS})\,\frac{\varrho}{2}\,v_2^2 = \zeta_V\,\frac{\varrho}{2}\,v_2^2.$$

Wegen $v_2^*/v_2 = A_2/A_2^* = 1/\mu$ erhält man hieraus den Verlustbeiwert der plötzlichen Verengung zu

$$\zeta_V = \frac{1}{\mu^2}\left[\frac{1-c^2}{c^2} + (1-\mu)^2\right] \approx 1{,}5\left(\frac{1-\mu}{\mu}\right)^2 \qquad (v_V = v_2). \qquad (3.131\,\text{a, b})$$

In [3] wird zur Berechnung des Verlustbeiwerts einer plötzlichen Rohrverengung die Beziehung

$$\zeta_V = 0{,}578 + \sum_1 b_n \beta^n \qquad \text{(Rohr)} \qquad (3.131\,\text{c})$$

mit $b_1 = 0{,}395$, $b_2 = -4{,}538$, $b_3 = 14{,}243$, $b_4 = -19{,}222$ und $b_5 = 8{,}540$ angegeben. Bezogen auf den Verlustbeiwert infolge der plötzlichen Erweiterung $\zeta_{VS} = (1-\mu)^2/\mu^2$ erhält man mittels (3.130a) und (3.131c) $\zeta_V/\zeta_{VS} = k \approx \text{const}$ mit $k = 1{,}5$. Dies Ergebnis ist die Grundlage für die einfache Beziehung (3.131b) und besagt, daß sich die Verlustbeiwerte der Verengung und Erweiterung wie 1:2 verhalten[50]. Die den Kontraktionsziffern μ zugeordneten Verlustbeiwerte ζ_V sind in Abb. 3.40a an der rechten Ordinate abzulesen. Für $A_2/A_1 = 0$ ergibt sich $\zeta_{V0} \approx 0{,}58$. Durch Abrunden der Kante läßt sich der Verlustbeiwert erheblich verkleinern.

Rohreintrittsströmung. Der Fall $A_2/A_1 = 0$ bedeutet nach Abb. 3.35, daß an die Ausflußöffnung eines großen Behälters ein Ansatzrohr mit scharfkantigem Übergang von der Behälterwand zur Rohrwand angeschlossen ist. Es liegt also der Fall des Einströmens aus einem Raum in eine Rohrleitung vor. Das Fluid wird aus dem Ruhezustand auf die Geschwindigkeit im Eintrittsquerschnitt des Ansatzrohrs (Index E) beschleunigt. Der Eintrittsverlustbeiwert folgt aus (3.131b) zu

$$\zeta_E = \zeta_{V0} = 1{,}5\left(\frac{1-\mu_0}{\mu_0}\right)^2 \qquad (v_E = v_2). \qquad (3.132)$$

50 Mit $\zeta_V \approx 1{,}5\ [(1-\mu)/\mu]^2$ folgt aus (3.131a) $(1-c^2)/c^2 \approx 0{,}5(1-\mu)^2$. Zwischen der Geschwindigkeits- und Kontraktionsziffer besteht somit der Zusammenhang $c^2 = [1 + 0{,}5(1-\mu)^2]^{-1}$ mit μ nach (3.130a).

Von der Ausbildung der Ansatzöffnung werden die Kontraktionsziffer μ_0 und damit auch der Verlustbeiwert ζ_E stark beeinflußt. Den kleinsten Wert für die Kontraktionsziffer besitzt das in den Behälter hereinragende Ansatzrohr (Borda-Mündung) mit $\mu_0 = 1/2$ nach Kap. 3.3.2.3, Beispiel b.3. Der zugehörige Verlustbeiwert beträgt je nach Schärfe der Rohransatzkante $0{,}6 < \zeta_E < 1{,}5$.

Für einen abgewinkelten scharfkantigen Rohransatz gilt etwa $\zeta_E = 0{,}6 + 0{,}3 \sin \vartheta_E + 0{,}2 \sin^2 \vartheta_E$ mit ϑ_E als Winkel gemessen von der Normalen auf die Behälterwand. Während man bei leicht abgerundetem Rohransatz mit $\zeta_E \approx 0{,}25$ zu rechnen hat, besitzen sehr große und glatte Abrundungen (geformtes Ansatzrohr) Werte bis herunter zu $0{,}06 < \zeta_E < 0{,}10$.

Meßdüse, Meßblende. Große praktische Bedeutung haben Meßmethoden gewonnen, die mit einer Rohrverengung arbeiten. In Kap. 3.3.2.3 wurde als Beispiel a.4 bereits das Venturi-Rohr nach Abb. 3.12 als Meßinstrument zur Bestimmung des Volumenstroms beschrieben. Auf ähnlicher Grundlage arbeiten die Meßdüse und die Meßblende. Bei einer Meßdüse wird nach Abb. 3.39b der Rohrquerschnitt A_1 durch eine Düse auf den Querschnitt A_2 verengt. Nachdem das Fluid die Düse verlassen hat, tritt eine plötzliche Erweiterung auf den ursprünglichen Querschnitt A_1 ein. Wie beim Venturi-Rohr ist für eine Volumenstrommessung nur die beschleunigte Strömung in der Düse von Interesse. Der Volumenstrom wird nach Messung des Druckunterschieds $\Delta p = p_1 - p_2$ mittels (3.27a) berechnet. Werte für die Durchströmziffer von Normdüsen sind in [15] angegeben[51]. Bedingt durch den Reibungseinfluß sind sie wie beim Venturi-Rohr etwas kleiner als nach (3.27b) und hängen von der Reynolds-Zahl ab.

Eine ähnliche Wirkung wie die Meßdüse hat die Meßblende nach Abb. 3.39c. Bei ihr erfährt die Strömung unmittelbar hinter einer Drosselscheibe (scharfkantig begrenztes kreisförmiges Loch) eine Einschnürung auf den Querschnitt $A_2^* = \mu A_2$, wenn A_2 die lichte Öffnung der Scheibe und $\mu = A_2^*/A_2$ die Kontraktionsziffer sind. Die Strömung in der Meßblende entspricht derjenigen in der Meßdüse, wenn A_2 durch μA_2 ersetzt wird. Die bei der Blende nicht vorhandene Abrundung verschafft sich das strömende Fluid von selbst. Der Volumenstrom beträgt durch die Drosselscheibe in Analogie zu (3.27) mit $\Delta p = p_1 - p_2$

$$\dot{V} = \alpha A_2 \sqrt{\frac{2\Delta p}{\varrho}} \quad \text{mit} \quad \alpha = \frac{\mu}{\sqrt{1 - \mu^2 (A_2/A_1)^2}} \quad \text{(Meßblende)}. \quad (3.133\text{a, b})$$

Außer von der Strahleinschnürung hängt die Größe des Volumenstroms u. a. noch von Einflüssen der Reibung, der Zuströmgeschwindigkeit und der Druckabnahme am Drosselgerät ab. Diese kann man in (3.133a) durch Einführen der erweiterten Durchströmziffer $\alpha^* < \alpha$ anstelle von α erfassen. In Abb. 3.40b sind die Werte α nach (3.133b) unter Zugrundelegen der Kontraktionsziffern μ nach (3.130a) in Abhängigkeit von A_2/A_1 als Kurve (*1*) dargestellt. Weiterhin zeigen die Kurven (*2*) die für Normblenden experimentell bestimmten Werte α^* für den Bereich der Reynolds-Zahlen $10^4 < Re = v_m D/\nu < 10^7$ nach [15]. Bei $A_2/A_1 = 0$ gehen

51 Auf die doppelte Bedeutung von α als Druckströmziffer oder als Energiebeiwert nach (3.79b) sei hingewiesen.

die Durchströmziffern α bzw. α^* in die Ausflußziffern $\alpha_0 = \mu_0$ bzw. $\alpha_0^* = \mu_0^*$ über, vgl. die Ausführung in Kap. 3.3.2.3, Beispiel b.1.

Hinsichtlich des strömungsmechanischen Energieverlusts verhält sich die Blende (Index B) ähnlich wie die plötzliche Verengung. Der Verlustbeiwert ergibt sich danach zu

$$\zeta_B = \left[0{,}5(1-\mu)^2 + \left(1 - \frac{\mu A_2}{A_1}\right)^2\right]\left(\frac{A_1}{\mu A_2}\right)^2 \qquad (v_B = v_1). \tag{3.134}$$

Wegen $\mu = \mu(A_2/A_1)$ ist $\zeta_B = \zeta_B(A_2/A_1)$, vgl. [47, 81].

Stromdurchlässe. In Rohrleitungssysteme eingebaute Siebe und Gitter (gelochtes Blech, Drahtgeflecht, Parallelstäbe; Index Q) werden in zahllosen Bauformen und zuweilen auch in unterschiedlicher Einbauweise verwendet. Stromdurchlässe stellen plötzliche Querschnittsänderungen dar. Die von ihnen verursachten strömungsmechanischen Energieverluste hängen vom Versperrungsgrad (Öffnungsverhältnis = offene Fläche/Gesamtfläche) A_2/A_1 und von der Ausbildung der jeweiligen Sieb- bzw. Gitterform ab. Darüber hinaus kann bei Runddrahtgittern auch die Reynolds-Zahl eine Rolle spielen. Dementsprechend zeigen die Verlustbeiwerte ζ_Q so große Abweichungen, daß allgemein gültige Werte nur bedingt anzugeben sind, vgl. [28, 47, 81].

Siebe und Gitter bewirken den Ausgleich einer über den Rohrquerschnitt ungleichmäßigen Zuströmung. Mehrere Siebe oder Gitter hintereinander angeordnet können die Aufgabe eines Gleichrichters übernehmen, durch den die Strömung vergleichmäßigt und die Turbulenz herabgesetzt wird.

Stromregelung. Eingebaute Schaltorgane (Index G) dienen als Drossel-, Regel- und Absperreinrichtung der Änderung des Volumenstroms in Rohrleitungssystemen. Je nach Art der meist beweglichen Organe (Schieber, Klappe, Hahn, Ventil) und Größe des Öffnungsgrads wird die Geschwindigkeitsverteilung durch die plötzliche Querschnittsänderung stark ungleichmäßig, und es treten verschieden große strömungsmechanische Energieverluste auf, die Funktionen der Stellgröße (Weg, Winkel) sind. Zahlenwerte für die Verlustbeiwerte ζ_G sind in [28, 47, 81] zusammengestellt.

3.4.4.3 Stromrichtungsänderung (Stromumlenkung)

Die in Kap. 3.4.3 abgeleiteten Rohrreibungsgesetze gelten für Rohre mit geradlinig verlaufender Achse. Dabei sind bei kreisförmigem Rohrquerschnitt die Geschwindigkeitsverteilungen sowohl bei laminarer als auch bei turbulenter Strömung achsensymmetrisch. Bei der Strömung durch Rohre mit gekrümmter Achse (Stromumlenkung, Index U) sind die Geschwindigkeitsverteilungen nicht mehr achsensymmetrisch. Darüber hinaus können örtlich in der Rohrleitung Strömungsablösungen sowie Sekundärströmungen auftreten. Durch Stromumlenkungen werden zusätzliche Verluste an strömungsmechanischer Energie hervorgerufen, über die im einzelnen nachstehend berichtet wird.

Rohrkrümmer. Hierunter werden Rohrleitungselemente (Index K) verstanden, die nach Abb. 3.41 zwei gerade Leitungsabschnitte (Zu- und Ablaufstrecke) miteinander verbinden. Abb. 3.42a zeigt das Verhalten der Geschwindigkeitsverteilungen über die Querschnitte eines Rohrkrümmers. Durch die Wirkung der Zentrifugalkräfte längs der gekrümmten Stromlinien wird entsprechend der Querdruckgleichung (2.97a) ein radialer Druckanstieg von der Innen- zur Außenseite des Rohrs hervorgerufen. Der im Zulaufquerschnitt (*1*) gleichmäßig über

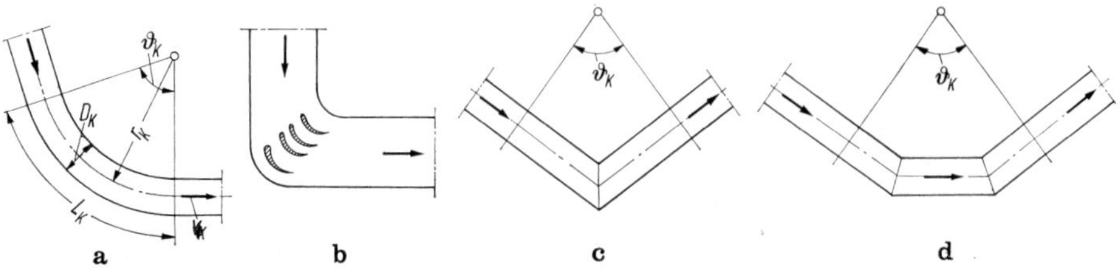

a b c d

Abb. 3.41. Rohrkrümmer. **a** Rohrbogen. **b** Krümmer mit Umlenkschaufeln. **c** Rohrknie (einfach geknickt). **d** Segmentbogen (zweifach geknickt)

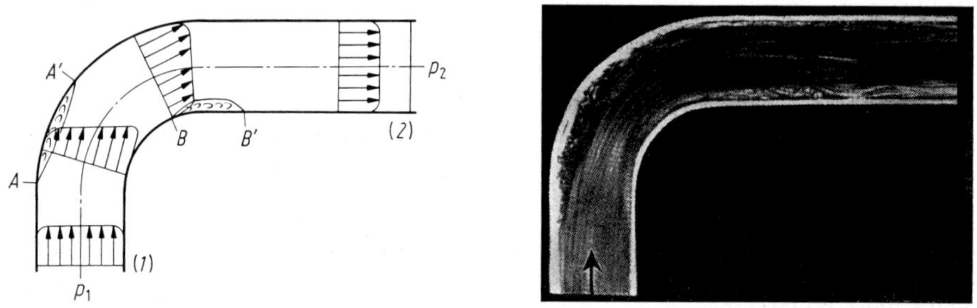

a b

Abb. 3.42. Stromumlenkung durch einen Rohrkrümmer. **a** Ausbildung des Geschwindigkeitsprofils und der Strömungsablösung. **b** Strömungsaufnahme mit Ablösungsbereichen der Strömung

den Rohrquerschnitt verteilte Druck p_1 erfährt auf der Außenseite vom Punkt A bis zum Punkt A' eine Druckerhöhung $p'_A > p_A \approx p_1$, so daß sich im Bereich $A - A'$ das Fluid gegen steigenden Druck bewegt. Auf der Innenseite sinkt der Druck zunächst bis zum Punkt B und steigt dann beim Punkt B' näherungsweise auf den Druck p_2 an, $p_2 \approx p'_B > p_B$. Erst wenn sich der Ablaufquerschnitt (*2*) weit genug hinter der Rohrkrümmung befindet, verteilt sich der Druck p_2 wieder gleichmäßig über den Rohrquerschnitt. Im Bereich $B - B'$ bewegt sich das strömende Fluid also ebenfalls gegen steigenden Druck. In beiden Bereichen liegen demnach ähnliche Verhältnisse wie bei Diffusoren (Druckanstieg in erweiterten Rohren) vor. Solche Strömungen führen nach Abb. 3.37b in Wandnähe zu verminderter Geschwindigkeit und bei genügend großen Druckanstiegen zur Ablösung der wandnahen Reibungsschicht mit verbundener Wirbelbildung, Abb. 3.42b. Das achsensymmetrische Geschwindigkeitsprofil im Schnitt (*1*) erfährt durch die Richtungsänderung der Strömung im gekrümmten Rohr (Rohrkrümmer) die in Abb. 3.42a dargestellte starke Änderung. Diese wird erst im geraden Anschlußrohr (gestörte Ablaufströmung) am Schnitt (*2*) wieder in ein achsensymmetrisches Geschwindigkeitsprofil zurückverwandelt, was ungeänderte Energiebeiwerte

$\alpha_1 = \alpha_2$ bedeutet. Die gestörte Ablaufstrecke (Einflußzone) kann eine Rohrlänge von etwa 50- bis 70fachem Durchmesser hinter dem Krümmer betragen. Bei der Durchführung von Versuchen an gekrümmten Rohrleitungen ist diese Erkenntnis besonders wichtig.

Neben dem in der Hauptströmung auftretenden Strömungsverhalten hat man es bei der Strömung in einer Rohrumlenkung noch mit einer anderen Erscheinung zu tun, welche zu Sekundärströmungen innerhalb der einzelnen Querschnitte führt. Betrachtet werde ein Rohrquerschnitt (rechteckförmig, kreisförmig) nach Abb. 3.43. Bei der Strömung eines viskosen Fluids haften die Fluidelemente an der

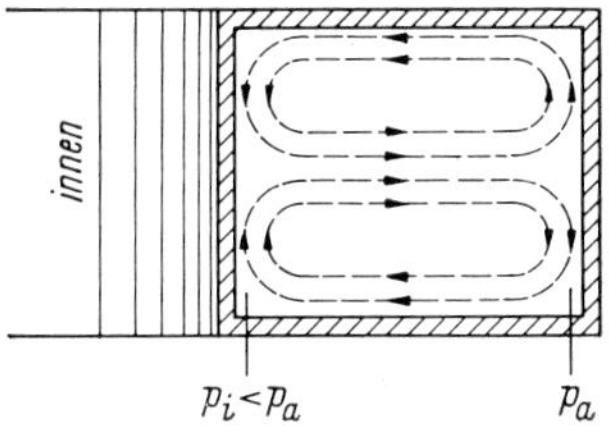

a

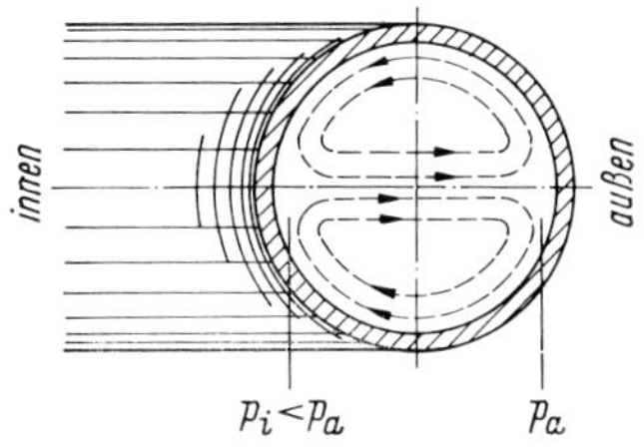

b

c

Abb. 3.43. Sekundärströmung in einer Rohrumlenkung. **a, b** Doppelwirbel im Strömungsquerschnitt (rechteck-, kreisförmig). **c** Schraubenförmiges Strömungsbild

Rohrwand. Das an der Innen- und Außenseite der Rohrwand sich nur langsam vorwärtsbewegende Fluid unterliegt besonders stark dem durch die Krümmung hervorgerufenen Druckgefälle $p_i < p_a$. Das wandnahe Fluid wandert dem Druckgefälle folgend von außen nach innen, während sich in der Querschnittsmitte ein Rückstrom von innen nach außen einstellt. Auf diese Weise entsteht eine Nebenströmung in Gestalt eines Doppelwirbels nach Abb. 3.43a, b, die sich der Hauptströmung überlagert und mit dieser nach Abb. 3.43c ein schraubenförmiges Strömungsbild liefert.

Der bei einer Stromumlenkung infolge Reibungseinfluß eintretende Verlust an strömungsmechanischer Energie entsteht aus der Änderung der Wandschubspannung als Folge der nicht mehr achsensymmetrischen Geschwindigkeitsverteilungen, aus den Strömungsablösungen an der Innen- und Außenseite des Rohrs sowie aus dem Auftreten von Sekundärströmungen. Die genannten drei Einflüsse hängen von der Stärke der Rohrkrümmung ab, so daß das Krümmungsverhältnis r_K/D_K mit D_K als Durchmesser des Rohrkrümmers mit der konstanten Rohr-

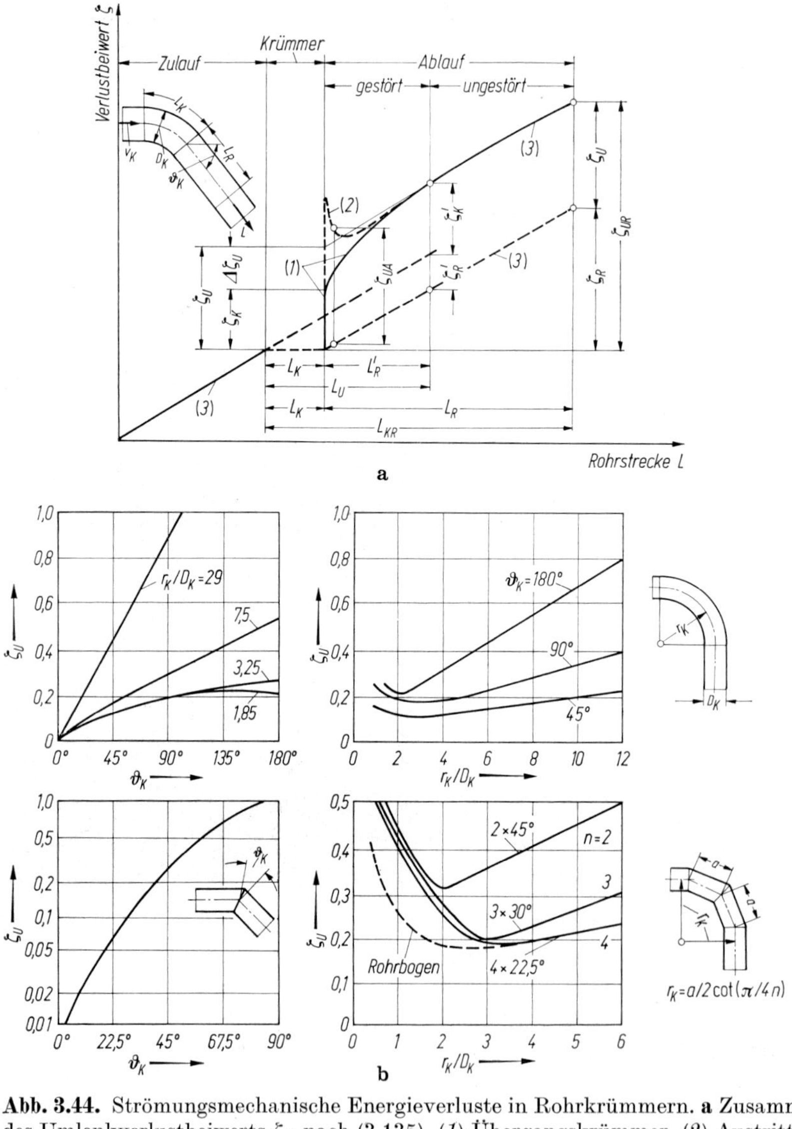

Abb. 3.44. Strömungsmechanische Energieverluste in Rohrkrümmern. **a** Zusammensetzung des Umlenkverlustbeiwerts ζ_U nach (3.135). (*1*) Übergangskrümmer, (*2*) Austrittskrümmer, (*3*) gerades Rohr. **b** Umlenkverlustbeiwert ζ_U bei turbulent durchströmtem Rohrbogen, Rohrknie, Segmentbogen in Abhängigkeit vom Krümmerwinkel ϑ_K bzw. vom Krümmungsverhältnis r_K/D_K, $Re = 2 \cdot 10^5$ nach [29, 47]

querschnittsfläche A_K und r_K als Krümmungsradius der Rohrachse nach Abb. 3.41a eine wesentliche Kennzahl ist, die bei der Darstellung der Rohrreibungsgesetze für Krümmer berücksichtigt werden muß. Eine weitere entscheidende Größe ist der Krümmerwinkel (Umlenkwinkel) ϑ_K. Darüber hinaus spielen wie bei der Strömung durch gerade Rohre auch die Reynolds-Zahl $Re = v_m D_K/\nu$ mit $v_m = v_K = \dot{V}/A_K$ sowie der Rauheitsparameter k/D_K eine Rolle. In Abb. 3.44a wird die Definition des Umlenkverlustbeiwerts ζ_U durch einen Krümmer schematisch gezeigt. Danach besteht dieser aus dem Verlustbeiwert des gekrümmten Rohrs (Krümmerverlustbeiwert) ζ_K und dem durch die gestörte Geschwindigkeitsverteilung in der geraden Ablaufstrecke L'_R zusätzlich verursachten Verlustbeiwert $\Delta\zeta_U$. Eine andere Darstellung des Umlenkverlustbeiwerts ζ_U besteht darin, daß man ihn zusammensetzt aus dem rechnerischen Verlustbeiwert eines geraden Rohrs ζ'_R von gleichem Durchmesser $D = D_K$ und gleicher Länge $L = L_K$ des Krümmers (Krümmerachse) und dem rechnerischen Krümmerverlustbeiwert ζ'_K. Bei gleichem Krümmerwinkel nimmt ζ'_K mit größer werdendem Krümmungsradius ab, während ζ'_R wegen der wachsenden Länge des Krümmers zunimmt, d. h. ζ'_R gewinnt gegenüber ζ'_K an Bedeutung.

Der gesamte strömungsmechanische Energieverlust einer Stromumlenkung mit gerader Ablaufstrecke (Übergangskrümmer) der Länge $L_{KR} = L_K + L_R$ beträgt, ausgedrückt als Verlustbeiwert

$$\zeta_{UR} = \zeta_U + \zeta_R \qquad \text{mit} \qquad \zeta_U = \zeta_K + \Delta\zeta_U = \zeta'_R + \zeta'_K \qquad (v_U = v_m). \quad (3.135\text{a, b})$$

Hierin gilt für alle Verlustbeiwerte die gleiche Bezugsgeschwindigkeit $v_U = v_K = v_m$. Weiterhin ist $\zeta_R = \lambda(L_R/D_K)$ und $\zeta'_R = \lambda(L_K/D_K)$ mit $\lambda = \lambda(Re, k/D_K)$ als Rohrreibungszahl nach Abb. 3.31. Will man die Rauheit bei ζ_U berücksichtigen, so kann man nach [47] näherungsweise mit

$$\zeta_{U\text{rauh}} = \frac{\lambda_{\text{rauh}}}{\lambda_{\text{glatt}}}\, \zeta_{U\text{glatt}} \qquad (3.135\text{c})$$

rechnen. Zahlenwerte ζ_U für einen in eine Rohrleitung eingebauten gebogenen oder geknickten Übergangskrümmer bei strömungsmechanisch glatter Rohrwand in Abhängigkeit vom Krümmungsverhältnis r_K/D_K, vom Krümmerwinkel ϑ_K bei turbulenter Strömung enthält Abb. 3.44b. Wegen der großen Zahl der möglichen geometrischen und strömungsmechanischen Parameter (Krümmungsverhältnis, Krümmerwinkel, Querschnittsform, Wandbeschaffenheit, Reynolds-Zahl) muß auf die Angabe weiterer Verlustbeiwerte hier verzichtet werden. Erste Versuche zur Ermittlung der strömungsmechanischen Energieverluste in Rohrkrümmern (Rohrbogen, Rohrknie) bei glatter und z. T. rauher Rohrinnenwand stammen von Hofmann, Kirchbach u. a. sowie von Nippert [27, 38, 53]. Bekannte und eigene Untersuchungen an Krümmern werden von Itō [29] sowie von Ward Smith [84] einer kritischen Bewertung unterzogen. Auf den zusammenfassenden Bericht [5] sowie auf die Handbücher von Idel'chick [28] und Miller [47] sei hingewiesen.

Endet die Rohrleitung unmittelbar hinter dem Krümmer, so liegt ein Austrittskrümmer mit der Verlustziffer ζ_{UA} vor, vgl. Abb. 3.44a und [47].

Einbau von Leitschaufeln. Durch Unterteilung eines Krümmerquerschnitts mittels besonderer Führungen, wie Umlenkschaufeln oder Leitapparate nach Abb. 3.41b, kann der Umlenkverlust nicht unwesentlich herabgesetzt werden. Voraussetzung ist dabei allerdings die richtige Formgebung der Leitschaufeln, die zweckmäßig durch Modellversuche bestimmt wird, [42, 53].

Rohrschlange. Hierunter wird ein gekrümmtes Rohr verstanden, das ähnlich einer Schraubenfeder kreisförmig, d. h. bei $r_K/D_K = \text{const}$, gebogen ist und die Länge L_K besitzt. Aus der Vielzahl der Untersuchungen über das Strömungsverhalten so gekrümmter Rohre sei wieder besonders auf die Veröffentlichung von Itō [29] hingewiesen. Läßt man die Einflüsse der Zu- und Ablaufstrecke unberücksichtigt, so kann man für die Umlenkverlustbeiwerte analog zu (3.82b) und Abb. 3.44a schreiben

$$\zeta_U = \zeta_K = \lambda_K \frac{L_K}{D_K} = c_K \lambda \frac{L_K}{D_K} = c_K \zeta_R \qquad (v_K = v_m). \tag{3.136}$$

Dabei ist $\lambda_K = c_K \lambda$ die krümmungsbedingte Rohrreibungszahl und $\zeta_R = \lambda(L_K/D_K)$ der Verlustbeiwert eines geraden Rohrs der Länge L_K mit der zugehörigen Rohrreibungszahl λ nach Abb. 3.31. Bei laminarer Strömung hängt der Umlenkverlustbeiwert von der Größe $Re\sqrt{D_K/r_K}$ (Dean-Zahl) und bei turbulenter Strömung von $Re(D_K/r_K)^2$ ab. Nach Itō [29] gilt für die Reynolds-Zahl des laminar-turbulenten Umschlags $Re_u = 1{,}6 \cdot 10^4 (D_K/r_K)^{0{,}32}$ für $r_K/D_K < 430$ und $Re_u = 2320$ für $r_K/D_K > 430$ wie beim geraden Rohr. In Abb. 3.45 ist das Verhältnis $c_K = \zeta_K/\zeta_R$ über den angegebenen Abhängigkeitsgrößen dargestellt. Danach machen sich die Einflüsse der Rohrumlenkung bei turbulenter Strömung wesentlich schwächer als bei laminarer Strömung bemerkbar und können näherungsweise sogar vernachlässigt werden.

Abschließend sei noch auf die Möglichkeit der Berechnung der bei der Durchströmung eines Rohrkrümmers auftretenden Kraft mittels der Impulsgleichung hingewiesen. Für den Fall reibungsloser Strömung gilt hierfür (2.84).

3.4.4.4 Stromverzweigung

Im Fall einer Rohrverzweigung (Index Z) ist je nach Strömungsrichtung zwischen einer Stromtrennung (Rohrtrennung) nach Abb. 3.46a und einer Stromvereinigung (Rohrvereinigung) nach Abb. 3.46b zu unterscheiden. Die vom Verzweigungspunkt ausgehenden geradlinigen Rohrstücke haben zunächst je nach Länge, Durchmesser, Durchströmgeschwindigkeit und gegebenenfalls Rauheitsparameter bestimmte strömungsmechanische Energieverluste (Druckverluste) zur Folge, die sich nach den Rohrreibungsgesetzen in Kap. 3.4.3 berechnen lassen. Dem im Bereich der Verzweigung und weiter stromabwärts gestörten Strömungsverhalten entsprechen zusätzliche Verluste an strömungsmechanischer Energie, sogenannte Verzweigungsverluste. Diese bestehen ähnlich wie bei der Stromquerschnittsänderung und der Stromumlenkung im wesentlichen aus Verlusten infolge des Auftretens von Ablösungsbereichen und Sekundärströmungen. Die Verzweigungsverluste können für die Strömungen durch die Verzweigungsrohre (*1*) und (*2*) jeweils verschieden groß sein. Sie hängen von der Form der Querschnitte A_1, A_2, A_3, von den Quer-

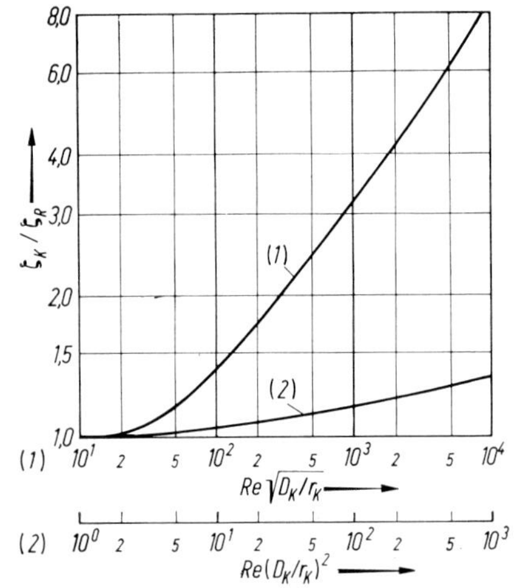

Abb. 3.45.

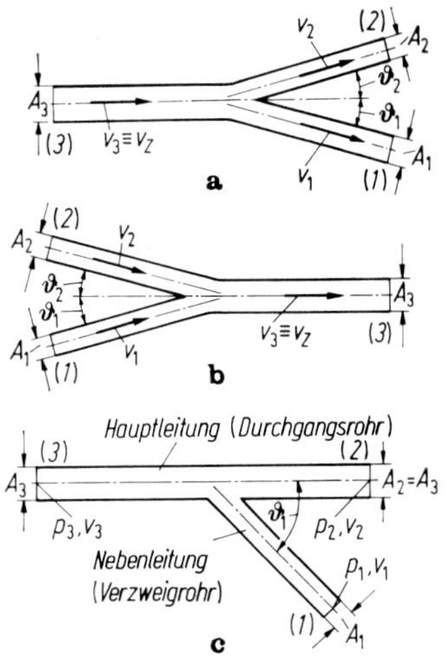

Abb. 3.46.

Abb. 3.45. Strömungsmechanischer Verlust in Rohrschlangen, vgl. [9], Verlustbeiwert ζ_U nach (3.136), (*1*) laminare Strömung, (*2*) turbulente Strömung

Abb. 3.46. Rohrverzweigungen. **a** Stromtrennung. **b** Stromvereinigung. **c** durchgehende Hauptleitung mit abgewinkelter Nebenleitung

schnittsverhältnissen A_1/A_3, A_2/A_3, von den Verzweigwinkeln ϑ_1, ϑ_2, von der Art der Rohrdurchdringung (scharfkantig, abgerundet), vom Verhältnis der Volumenströme $\dot{V}_1/\dot{V}_3$, $\dot{V}_2/\dot{V}_3$ mit $\dot{V}_3 = \dot{V}_1 + \dot{V}_2$ als Gesamtvolumenstrom in m³/s sowie besonders von der Strömungsrichtung (Geschwindigkeiten v_1, v_2, v_3) in den einzelnen Rohren (Trennung, Vereinigung) ab. Die durch die einzelnen Rohrquerschnitte (A) ein- und austretenden Volumenströme betragen nach (3.66)

$$\dot{V}_3 = \dot{V}_1 + \dot{V}_2 \qquad \text{mit} \quad \dot{V}_1 = v_1 A_1,\ \dot{V}_2 = v_2 A_2 \quad \text{und} \quad \dot{V}_3 = v_3 A_3. \qquad (3.137\text{a, b})$$

Energiebetrachtung. Die folgenden Ausführungen sollen Aufschluß über das Energieverhalten in einer Rohrverzweigung vermitteln. Das Fluid in der Rohrverzweigung (Trennung, Vereinigung), befinde sich nach Abb. 3.47 von einer raumfesten Kontrollfläche $(O) = (A) + (S)$ eingeschlossen. Über die Rohr-

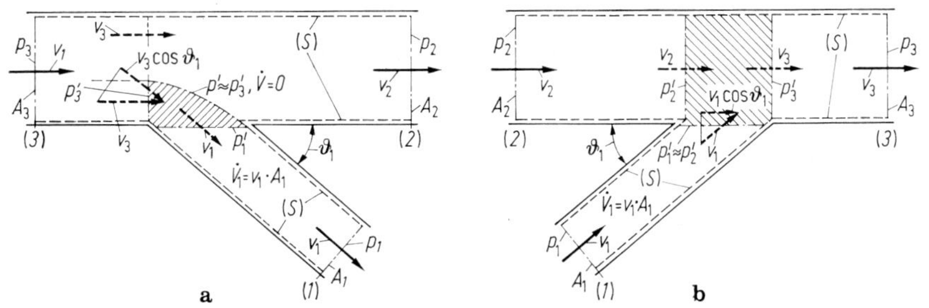

Abb. 3.47. Zur Berechnung der strömungsmechanischen Energieverluste in Rohrverzweigungen. **a** Stromtrennung. **b** Stromvereinigung

wandung (S) kann kein Volumenstrom erfolgen. Bei stationärer Strömung lautet die für den Kontrollraum angeschriebene Energiegleichung der Fluidmechanik (2.166a) in Verbindung mit (2.169a), (2.172b) und (2.174a)

$$\int\limits_{(A)} \left(p + \frac{\varrho}{2}\, v^2\right) d\dot{V} = P_B + P_S + P_i = P_i = -P_e \quad \text{(stationär)}. \tag{3.138}$$

Gemäß (2.51a) besitzen eintretende Volumenströme negatives und austretende Volumenströme positives Vorzeichen. Die Leistung der reibungsbedingten Spannungskräfte in (A) wird vernachlässigt.

Die Stützleistung P_S tritt in (3.138) nicht auf, da die Geschwindigkeit an der Rohrwand verschwindet. Weiterhin soll die Leistung der Massenkraft P_B unberücksichtigt bleiben. Da hier ein dichtebeständiges Fluid ($\varrho = \text{const}$) zugrunde gelegt wird, stellt P_i die Leistung der reibungsbedingten inneren Spannungskräfte dar. Es ist $-P_i = P_e$ die strömungsmechanische Leistung, die in Wärmeleistung (Dissipationsarbeit/Zeit) übergeht. Sie stellt den gesuchten strömungsmechanischen Energieverlust dar. Führt man in (3.138) die Integration über die drei Querschnitte an den Stellen (*1*), (*2*) und (*3*) aus, dann findet man die gesamte strömungsmechanische Verlustleistung

$$P_e = \pm \left(p_1 + \alpha_1 \frac{\varrho}{2}\, v_1^2\right) \dot{V}_1 \pm \left(p_2 + \alpha_2 \frac{\varrho}{2} v_2^2\right) \dot{V}_2 \mp \left(p_3 + \alpha_3 \frac{\varrho}{2}\, v_3^2\right) V_3 \tag{3.139}$$

Das untere Vorzeichen ist der Stromtrennung und das obere Vorzeichen der Stromvereinigung zugeordnet. Die Ausdrücke in den Klammern stellen jeweils Totaldrücke im Sinn von (3.23a) dar. Weiterhin bedeuten α_1, α_2, α_3 Energiebeiwerte nach Tab. 3.2c bzw. nach (3.79b), welche der Erfassung ungleichmäßiger Geschwindigkeitsverteilungen über die Rohrquerschnitte A_1, A_2, A_3 dienen. Die Verlustleistung kann man sich folgendermaßen zusammengesetzt denken:

$$P_e = (P_e)_R + (P_e)_Z \quad \text{mit} \quad (P_e)_Z = (P_e)_{31} + (P_e)_{32} \quad \text{(Trennung)}, \tag{3.140a}$$

$$P_e = (P_e)_R + (P_e)_Z \quad \text{mit} \quad (P_e)_Z = (P_e)_{13} + (P_e)_{23} \quad \text{(Vereinigung)}. \tag{3.140b}$$

Dabei ist $(P_e)_R$ die Verlustleistung infolge der Wandreibung, die bereits bei ungestörter Strömung vorliegt, und $(P_e)_Z$ die durch die Verzweigung (Index Z) zusätzlich auftretende Verlustleistung. Im einzelnen ist z. B. $(P_e)_{31}$ die Verlustleistung auf dem Weg von (*3*) nach (*1*). Die Leistungen lassen sich durch die Gesamtdruckverluste und diese wiederum im Sinn von (3.64a) durch die Verlustbeiwerte darstellen, wobei letztere stets auf die Geschwindigkeit des Gesamtstroms $v_Z = v_3$ bezogen werden. Mit $(P_e)_Z = (p_e)_Z \cdot \dot{V}_3$ und $(p_e)_Z = \zeta_Z(\varrho/2)\, v_{Z'}^2$, $(P_e)_{31} = (p_e)_{31} \cdot \dot{V}_1$ und $(p_e)_{31} = \zeta_{31}(\varrho/2)\, v_{Z'}^2$, usw. erhält man

$$\zeta_Z = \zeta_{31} \frac{\dot{V}_1}{\dot{V}_3} + \zeta_{32} \frac{\dot{V}_2}{\dot{V}_3}, \; \zeta_Z = \zeta_{13} \frac{\dot{V}_1}{\dot{V}_3} + \zeta_{23} \frac{\dot{V}_2}{\dot{V}_2} \; (v_Z = v_3). \tag{3.141a, b}$$

Die Energiegleichung (3.67a) ist für die Stromtrennung zwischen den Querschnitten A_3 und A_1 oder A_3 und A_2 sowie für die Stromvereinigung zwischen den Querschnitten A_1 und A_3 oder A_2 und A_3 anzuwenden. Es gilt für die Strömung durch das Verzweigrohr (*1*)

$$p_3 + \alpha_3 \frac{\varrho}{2} v_3^2 = p_1 + \alpha_1 \frac{\varrho}{2} v_1^2 + (p_e)_R + \zeta_{31} \frac{\varrho}{2} v_3^2 \quad \text{(Trennung)}, \tag{3.142a}$$

$$p_1 + \alpha_1 \frac{\varrho}{2} v_1^2 = p_3 + \alpha_3 \frac{\varrho}{2} v_3^2 + (p_e)_R + \zeta_{13} \frac{\varrho}{2} v_3^2 \quad \text{(Vereinigung)}. \tag{3.142b}$$

Hierin bedeutet $(p_e)_R$ den durch die Wandreibung bei ungestörter Strömung auftretenden Energieverlust der beiden Rohre mit den Querschnitten A_3 und A_1. Für die Strömung durch das Verzweigungsrohr (*2*) gilt (3.142), wenn man darin den Index 1 durch 2 ersetzt.

Berechnung der Verlustbeiwerte. Die weitere Untersuchung sei für die Rohrverzweigung nach Abb. 3.46c, d. h. für eine gerade Hauptleitung (*3*)—(*2*) von konstantem Querschnitt $A_2 = A_3$ mit einer unter einem bestimmten Verzweigwinkel ϑ_1 angeschlossenen Nebenleitung (*1*) mit dem Querschnitt A_1, durchgeführt (T-Stück mit Gleichstrom in der Hauptleitung und recht- oder schiefwinklig angeschlossener Nebenleitung). Diese Verzweigung kann als Rohrtrennung oder Rohrvereinigung durchströmt werden.

Bei stark gedrosseltem Verzweigrohr (*1*) ist $\dot{V}_1 \to 0$, so daß ein Volumenstrom $\dot{V}_3 = \dot{V}_2$ nur in der geraden Hauptleitung vorkommt. Es stellt sich dort eine vollausgebildete Rohrströmung entsprechend Kap. 3.4.3.2 ein. Hierfür beträgt der durch die Wandreibung verursachte Druckverlust bei der Stromtrennung $(p_e)_R = p_3 - p_2$ und bei der Stromvereinigung $(p_e)_R = p_2 - p_3$. Mit $v_3 = v_2$ und $\alpha_3 = \alpha_2$ erhält man aus (3.142a, b), wenn man dort den Index 1 durch 2 ersetzt, wie zu erwarten war, $\zeta_{32} = 0 = \zeta_{23}$. Obwohl im Verzweigrohr (*1*) keine wesentliche Strömung herrscht, läßt sich hierfür ein Verlustbeiwert aus (3.142a, b) ableiten, wenn man neben $(p_e)_R = p_3 - p_1$ bzw. $(p_e)_R = p_1 - p_3$ noch $v_1 = 0$ einführt. Es gelten also die Grenzwerte

$$\zeta_{32} = 0 = \zeta_{23}; \qquad \zeta_{31} = \alpha_3 \approx 1, \qquad \zeta_{13} = -\alpha_3 \approx -1 \qquad (\dot{V}_1/\dot{V}_3 \to 0). \tag{3.143a; b}$$

Bei turbulenter Strömung kann man mit dem Energiebeiwert $\alpha_3 \approx 1$ rechnen. Die angegebenen Verlustbeiwerte sind vom Verzweigwinkel ϑ_1 und auch vom Flächenverhältnis A_1/A_3 unabhängig. Ein negativer Verlustbeiwert bedeutet einen Gewinn an strömungsmechanischer Energie. Dieser macht sich in dem betroffenen Rohr durch eine pumpenartige Wirkung bemerkbar. Bei vollkommenem Verschluß des Verzweigrohrs (*1*) mit $\dot{V}_1 = 0$ oder gleichwertig damit bei nichtvorhandener Nebenleitung ($A_1/A_3 = 0$) sind rechnerisch die Werte $\zeta_{31} > 1$ und $\zeta_{13} < -1$ möglich.

Unter bestimmten stark vereinfachenden Annahmen (gleichmäßige Geschwindigkeitsverteilungen über die einzelnen Rohrquerschnitte, plausible Annahmen über die Drücke der verzweigenden Teilströme, Vernachlässigung der Wandschubspannungen) läßt sich eine näherungsweise Berechnung der Verlustbeiwerte für die Strömung in T-Stücken durch Anwenden der Energie- und Impulsgleichung durchführen. Wegen $A_2 = A_3$ gilt nach (3.137) für die Geschwindigkeitsverhältnisse

$$\frac{v_1}{v_3} = \frac{A_3}{A_1}\frac{\dot{V}_1}{\dot{V}_3}, \quad \frac{v_2}{v_3} = \frac{\dot{V}_2}{\dot{V}_3} = 1 - \frac{\dot{V}_1}{\dot{V}_3} \qquad (A_2/A_3 = 1) \tag{3.144a, b}$$

Bei der Stromtrennung nach Abb. 3.47a sei der Druck auf dem gekrümmten Teil der Trennfläche ($\dot{V} = 0$) des abführenden Teilstroms $p' \approx p_3'$. Die Strömung unterliegt in dem durchgehenden Strang im wesentlichen einer starken Stromquerschnittserweiterung, so daß man für den strömungsmechanischen Verlust gemäß (3.121b) den Ansatz $(p_e)_{32}$

$\sim (\varrho/2(v_3 - v_2)^2$ machen kann. Dies führt für den Verlustbeiwert zu dem Ausdruck

$$\zeta_{32} = k\left(1 - \frac{v_2}{v_3}\right)^2 \quad (\text{Trennung}, A_2 = A_3). \tag{3.145a}$$

Unabhängig vom Querschnittsverhältnis A_1/A_3 und vom Verzweigwinkel ϑ_1 beträgt der Korrekturfaktor nach Gilman [23] und Levin [44] $0{,}35 < k < 0{,}4$. Im abgehenden Strang tritt der strömungsmechanische Verlust $(p_e)_{31} = (\varrho/2(v_3^2 - v_1^2) + p_3' - p_1'$ im wesentlichen durch eine plötzliche Stromumlenkung auf. Durch Anwenden der Impulsgleichung (schraffierter Bereich) in Richtung des Verzweigrohrs erhält man die Druckdifferenz $p_3' - p_1' = \varrho v_1(v_1 - v_3 \cos\vartheta_1)$. Mithin gilt für den Verlustbeiwert

$$\zeta_{31} = 1 + \left(\frac{v_1}{v_3}\right)^2 - 2\frac{v_1}{v_3}\cos\vartheta_1. \tag{3.145b}$$

Bei der Stromvereinigung nach Abb. 3.47b sei der Druck am Eintritt des zuführenden Teilstroms in die Hauptleitung $p_1' \approx p_2'$. Der Impulsaustausch vollzieht sich in einer Vermischungszone, an deren Ende sich ein neues Geschwindigkeitsprofil einstellt. In dem durchgehenden Strom tritt der strömungsmechanische Energieverlust $(p_e)_{23} = (\varrho/2)(v_2^2 - v_3^2) + p_2' - p_3'$ auf. Durch Anwenden der Impulsgleichung in Richtung des Hauptrohrs erhält man die Druckdifferenz $p_2' - p_3' = \varrho[v_3^2 - v_2^2 - (A_1/A_3)\, v_1^2 \cos\vartheta_1]$. Mithin gilt für den Verlustbeiwert

$$\zeta_{23} = 1 - \left(\frac{v_2}{v_3}\right)^2 - 2\frac{A_1}{A_3}\left(\frac{v_1}{v_3}\right)^2\cos\vartheta_1 \quad (\text{Vereinigung}, \quad A_2 = A_3). \tag{3.146a}$$

In dem umgelenkten Strom tritt der strömungsmechanische Energieverlust $(p_e)_{13} = (\varrho/2)\,(v_1^2 - v_3^2) + p_1' - p_3'$ auf. Wegen $p_1' \approx p_2'$ kann für die Druckdifferenz $(p_1' - p_3') \approx (p_2' - p_3')$ mit der bereits angegebenen Beziehung gerechnet werden. Mithin gilt für den Verlustbeiwert

$$\zeta_{13} = 1 - 2\left(\frac{v_2}{v_3}\right)^2 + \left(1 - 2\frac{A_1}{A_3}\cos\vartheta_1\right)\left(\frac{v_1}{v_3}\right)^2. \tag{3.146b}$$

Mit Ausnahme von ζ_{32} sind die Verlustbeiwerte ζ_{31}, ζ_{23} und ζ_{13} neben dem Volumenstromverhältnis $\dot V_1/\dot V_3$ sowohl vom Flächenverhältnis A_1/A_3 als auch vom Verzweigwinkel ϑ_1 abhängig. Der Fall der Stromvereinigung wurde in der vorliegenden Form erstmalig theoretisch von Favre [18] behandelt.

Einige Ergebnisse. Versuche zur Bestimmung der Verlustbeiwerte ζ_{32}, ζ_{31}, ζ_{23} und ζ_{21} an einer gerade durchgehenden Hauptleitung von konstantem Durchmesser ($A_2 = A_3$) und einer unter den Winkeln $\vartheta_1 = 45°$, $60°$ und $90°$ seitlich abgehenden Nebenleitung wurden von Vogel, Petermann und Kinne [37] angestellt. Der Durchmesser des Verzweigrohrs (A_1) sowie der Übergang vom Haupt- zum Nebenrohr wurden systematisch verändert. Alle Messungen bestätigen, daß die Verlustbeiwerte neben dem Querschnittsverhältnis A_1/A_3 im wesentlichen nur vom Verhältnis der Volumenströme $\dot V_1/\dot V_3$ abhängig sind. In Abb. 3.48 sind einige Versuchsergebnisse für den einfachen Fall $A_1 = A_2 = A_3$ und $\vartheta_1 = 90°$ dargestellt und mit den theoretisch berechneten Werten verglichen. Die Grenzwerte (3.143) werden dabei sehr gut bestätigt. Für die Kurven selbst geben die obigen Näherungsformeln den grundsätzlichen Verlauf wieder. Für kleinere Verzweigwinkel $\vartheta_1 < 90°$ stimmen Theorie und Experiment besser miteinander überein. Umfangreiche Messungen an Rohrvereinigungen haben Blaisdell und Manson [6] durchgeführt. Gardel [21] sowie Itō und Imai [30] geben halbempirische Formeln zur Berechnung der Verlustbeiwerte von Rohrverzweigungen an, vgl. auch [44, 83]. Mit der Aufklärung der Abweichungen von Theorie und Experi-

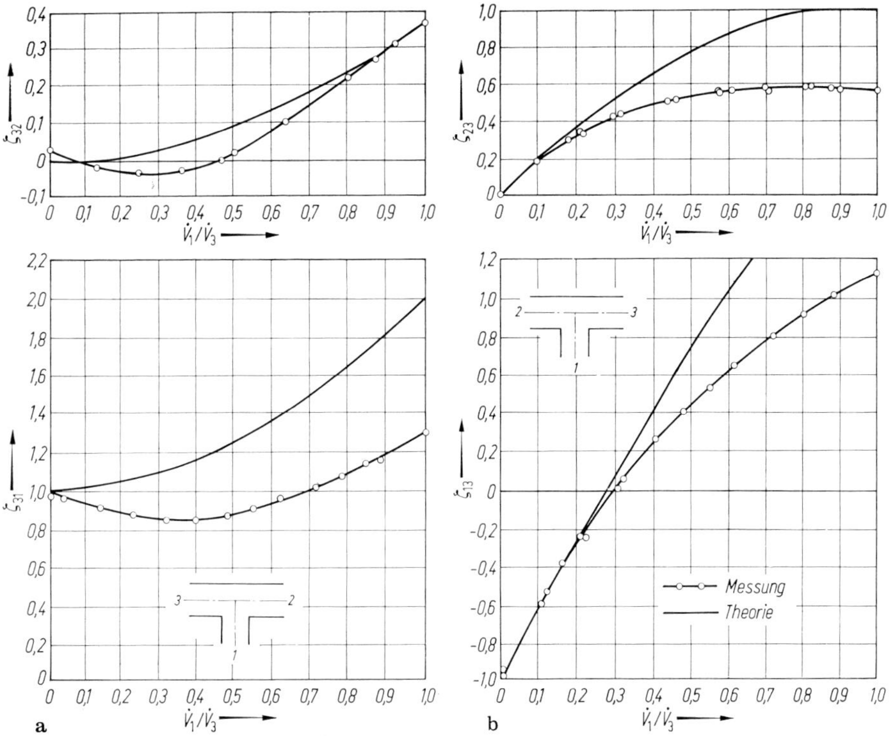

Abb. 3.48. Verlustbeiwerte in Rohrverzweigungen (T-Stück, $A_1 = A_2 = A_3$, $\vartheta_1 = 90°$); Messung nach [37], Vergleich mit Theorie nach (3.145a, b), (3.146a, b). **a** Stromtrennung, ζ_{32}, ζ_{31}. **b** Stromvereinigung, ζ_{23}, ζ_{13}

ment bei Rohrvereinigungen hat sich u. a. Schmid [21] befaßt. Auf die zusammenfassenden Berichte [5, 87] sowie die Handbücher von Idel'chik [28] und Miller [47] sei hingewiesen. Von den anwendungsbezogenen Arbeiten sei diejenige von Katz [35] besonders genannt.

3.4.4.5 Einbau einer Strömungsmaschine (Turbine, Pumpe)

Befindet sich im Rohrleitungssystem eine Strömungsmaschine (Index $N = M$) entweder als Turbine oder als Pumpe, so wird dem System strömungsmechanische Energie entnommen bzw. zugeführt. Dies entspricht am Ort der Strömungsmaschine einem positiven bzw. negativen Verlust an strömungsmechanischer Energie $(p_e)_M$. Die der Strömung entnommene bzw. zugeführte Maschinenleistung, (Kraft der Druckänderung $(p_e)_M A_M$) $\times$ (Strömungsgeschwindigkeit v_M), beträgt

$$P_M = (p_e)_M \, A_M v_M = (p_e)_M \, \dot{V} \qquad (v_M = \dot{V}/A_m) \qquad (3.147\text{a, b})$$

mit A_M als Bezugsfläche und v_M als Bezugsgeschwindigkeit.

Handelt es sich um eine Turbine (Index T), dann beträgt bei Berücksichtigung des Turbinenwirkungsgrads η_T die entnommene Turbinenleistung (Nutzleistung) $P_T = \eta_T P_M$. Hieraus ergeben sich der Energieverlust durch die Turbine und die zugehörige Verlusthöhe entsprechend (3.64) zu

$$(p_e)_T = \varrho g (z_e)_T = \frac{P_T}{\eta_T \dot{V}} = \varrho g h_T > 0. \tag{3.148a}$$

Die Verlusthöhe $(z_e)_T > 0$ wird auch Fallhöhe (Nutzhöhe) $h_T > 0$ genannt. Bei Einbau einer Pumpe (Index P) wird Arbeit auf das Fluid übertragen, was einem Gewinn an strömungsmechanischer Energie oder einem negativen Verlust entspricht. Mit dem Pumpenwirkungsgrad η_P beträgt die effektive Pumpenleistung (Antriebsleistung) $\eta_P P_P = -P_M$. Der negative Energieverlust und die zugehörige negative Verlusthöhe ergeben sich jetzt zu

$$(p_e)_P = \varrho g (z_e)_P = -\frac{\eta_P P_P}{\dot{V}} = -\varrho g h_P < 0. \tag{3.148b}$$

Die negative Verlusthöhe $(z_e)_P < 0$ wird Förderhöhe $h_P > 0$ genannt. Die angegebenen Beziehungen gelten für Strömungsmaschinen, die ein dichtebeständiges Fluid verarbeiten.

Der Einbau einer Strömungsmaschine in ein Rohrleitungssystem kann wie alle anderen Rohrleitungsteile nach Tab. 3.1 durch Einführen des Energieverlusts $(p_e)_M = P_M/\dot{V}$ nach (3.147b) oder speziell nach (3.148a, b) in (3.65) berücksichtigt werden.

3.4.5 Aufgaben der Rohrhydraulik

3.4.5.1 Ausgangsgleichungen

Die in den Kap. 3.4.1 bis 3.4.4 abgeleiteten Beziehungen sollen jetzt auf Rohrleitungssysteme angewendet werden, die ein dichtebeständiges Fluid verarbeiten. Die zwischen zwei besonders herausgegriffenen Stellen *(1)* und *(2)* vorhandenen Rohrleitungsteile, gegebenenfalls einschließlich eingebauter Strömungsmaschinen, werden nach Tab. 3.1 mit dem Index N gekennzeichnet. Die Rohrquerschnitte seien jeweils unelastisch angenommen $A_N(t, s) = A_N(s)$. Für die Anwendung empfiehlt es sich, die mittleren Geschwindigkeiten v_N über die Strömungsquerschnitte A_N jeweils durch den Volumenstrom $\dot{V} = v_N A_N$ entsprechend der Kontinuitätsgleichung (3.66b) auszudrücken. Als weitere Beziehung wird die Energiegleichung (erweiterte Bernoullische Gleichung) in der Form (3.71) herangezogen. Die Bestimmungsgleichung zur Berechnung instationärer und stationärer Rohrströmungen lautet dann

$$a\dot{V}^2 + \frac{m}{\dot{V}} + b\frac{d\dot{V}}{dt} = H \quad \text{(instationär)}, \qquad a\dot{V}^2 + \frac{m}{\dot{V}} = H \quad \text{(stationär)}. \tag{3.149a, b}$$

Für die Abkürzungen gilt nach (3.72) unter Beachtung von (3.119)[52,53]

$$a = \frac{\alpha_2}{A_2^2} - \frac{\alpha_1}{A_1^2} + \int\limits_{(1)}^{(2)} \frac{1}{A^2}\frac{\lambda}{D}\,ds + \sum_{(1)}^{(2)}{}'' \frac{\zeta_N}{A_N^2}, \qquad b = 2\int\limits_{(1)}^{(2)} \frac{\beta}{A}\,ds, \tag{3.150a, b}$$

52 Das Summenzeichen $\sum''$ soll kennzeichnen, daß der Einfluß der Rohrreibung und derjenige einer Strömungsmaschine darin nicht enthalten sind, da sie getrennt aufgeführt werden.

53 Der Einfachheit halber wird $b \equiv b_{1\to 2}$ gesetzt.

$$m = \frac{2}{\varrho} P_M, \qquad H = 2gh \qquad \text{mit} \qquad h = z_1 - z_2 + \frac{p_1 - p_2}{\varrho g}, \qquad (3.150\,\text{c, d})$$

Die Größe a enthält die Rohrlänge $L = s_2 - s_1$ sowie die verschiedenen Querschnittsflächen A_1, A_2, $A(s)$ und A_N der Rohrleitung bzw. der Rohrleitungsteile. Darüber hinaus kommen die Energiebeiwerte α_1, α_2, die Rohrreibungszahl λ und die Verlustbeiwerte ζ_N vor. Für α gelten die Zahlenwerte nach (3.79b) und (3.98b). Bei den praktisch meist vorkommenden turbulenten Strömungen kann $\alpha \approx 1{,}0$ gesetzt werden. Die Rohrreibungszahl $\lambda = \lambda(Re, k/D)$ kann nach Abb. 3.30 oder 3.31 sowohl von der Reynolds-Zahl Re als auch vom Rauheitsverhältnis k/D abhängen. Die Größe der Rauheit k ist nach Tab. 3.4 geometrisch gegeben. Lediglich die Reynolds-Zahl $Re = vD/\nu$ wird von der Strömungsgeschwindigkeit bestimmt. Wegen $v = \dot{V}/A$ ist die Rohrreibungszahl eine Funktion des Volumenstroms, sofern sich die Wand des Rohrs nicht strömungsmechanisch vollkommen rauh verhält, d. h. $\lambda = \lambda(k/D)$ ist. Die Beziehungen für die Verlustbeiwerte ζ_N sind für die verschiedenen Rohrleitungsteile in Kap. 3.4.4 angegeben. Ihre Größen werden im wesentlichen von den geometrischen Parametern des jeweiligen Rohrteils bestimmt. Die Größe b ist weitgehend durch die Rohrquerschnittsverteilung $A(s)$ bestimmt. Für den Impulsbeiwert β gelten die Zahlenwerte nach (3.79c) und (3.98c). Für praktische Aufgaben genügt es im allgemeinen ähnlich wie beim Energiebeiwert $\beta \approx 1{,}0$ zu setzen. Die Größe m berücksichtigt nach (3.147) bzw. (3.148) den Einbau von Strömungsmaschinen mit $P_M = P_T/\eta_T > 0$ für eine Turbine und $P_M = -\eta_P P_P < 0$ für eine Pumpe. Die Größe H ist ein Maß für die zur Verfügung stehende Druckhöhe. Nach (3.43c) wird $h = H/2g$ als hydraulische Höhe bezeichnet. Sie setzt sich zusammen aus dem Höhenunterschied $z_1 - z_2$ der beiden Stellen (*1*) und (*2*) zuzüglich einer Druckhöhe $(p_1 - p_2)/\varrho g$, wenn $p_1 \neq p_2$ ist.

Entsprechend den gegebenen und gesuchten Größen hat die Anwendung und Auswertung der Bestimmungsgleichung (3.149) zu erfolgen. Die in der Größe a auftretende Rohrreibungszahl λ und die Verlustbeiwerte ζ_N sind nach den dafür angegebenen Formeln einzuführen. Die Rohrreibungszahl λ kann, wie bereits gesagt wurde, u. a. von der Reynolds-Zahl $Re = vD/\nu$ abhängen. Am einfachsten gestaltet sich daher die Rechnung, wenn v und D unmittelbar gegeben sind. Ist dies nicht der Fall, so muß man λ zunächst schätzen, dann mittels (3.149) die jeweils noch unbekannte Größe v oder D ermitteln und so die Reynolds-Zahl bestimmen. Jetzt hat man zu prüfen, ob die gemachte Annahme für λ richtig war. Meistens muß man mit den in erster Näherung gewonnenen Werten v oder D einen neuen Wert für λ bestimmen, usw. Für eine erste Schätzung empfiehlt sich bei nicht zu großen Rauheiten der Wert $\lambda \approx 0{,}03$.[54]

3.4.5.2 Stationäre Rohrströmung dichtebeständiger Fluide

Wie man bei der Behandlung von Rohrströmungen im einzelnen zu verfahren hat, soll nachstehend zunächst an einigen Beispielen stationärer Strömung gezeigt werden.

a) Berechnung des Volumenstroms. Befindet sich in einem Rohrleitungssystem keine Strömungsmaschine (Turbine, Pumpe), und besitzt die Rohrleitung der Länge $L = s_2 - s_1$ konstanten Querschnitt ($A = \text{const}$), so erhält man aus (3.149b) mit $m = 0$ für den Volumenstrom

$$\dot{V} = A \sqrt{\frac{2g(z_1 - z_2) + \dfrac{2}{\varrho}(p_1 - p_2)}{\alpha_2 \left(\dfrac{A}{A_2}\right)^2 - \alpha_1 \left(\dfrac{A}{A_1}\right)^2 + \lambda \dfrac{L}{D} + \sum\limits_{(1}^{(2)}{}'' \zeta_N \left(\dfrac{A}{A_N}\right)^2}} \quad (P_M = 0). \qquad (3.151)$$

Verbindet nach Abb. 3.49a eine lange Rohrleitung von konstantem Querschnitt $A = A_N$

54 Da in den nachstehend wiedergegebenen Anwendungen die Impulsgleichung nicht benötigt wird, wird sie hier nicht besonders erwähnt, vgl. hierzu die Berechnung der Kraft auf einen Rohrkrümmer bei reibungsloser Strömung in Kap. 2.5.2.2.

= const zwei große mit Flüssigkeit gefüllte oben offene Gefäße miteinander, dann gilt, wenn man die Stellen (*1*) und (*2*) in die Flüssigkeitsspiegel legt, $A/A_2 \ll 1$, $A/A_1 \ll 1$ sowie $p_1 = p_2$. Mithin ergibt sich für diesen Fall

$$\dot{V} = A \sqrt{\frac{2gh}{\lambda \dfrac{L}{D} + \sum\limits_{(1)}^{(2)}{}'' \zeta_N}} \quad \text{mit} \quad h = z_1 - z_2 \quad \text{und} \quad \sum_{(1)}^{(2)}{}'' \zeta_N = \zeta_E + \zeta_L + \zeta_U + \zeta_A. \tag{3.152}$$

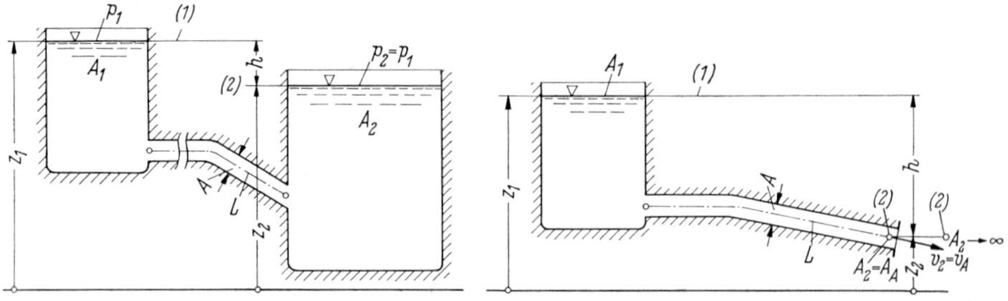

Abb. 3.49. Zur Berechnung des Volumenstroms in Rohrleitungssystemen bei stationärer Strömung. **a** Verbindung zweier großer oben offener flüssigkeitsgefüllter Gefäße durch lange Rohrleitung. **b** Ausfluß aus einem oben offenen Gefäß durch eine lange Rohrleitung ins Freie

Die Bedeutung der Verlustbeiwerte ζ_N geht aus Tab. 3.1 hervor. Im vorliegenden Beispiel erfolgt der Ausfluß unterhalb der Flüssigkeitsspiegel, vgl. hierzu Beispiel b.2 in Kap. 3.3.2.3. Sofern die Rohrreibungszahl von der Reynolds-Zahl $Re = vD/\nu = (4/\pi\nu D)\,\dot{V}$, d. h. vom Volumenstrom abhängt, ist die Rechnung, wie bereits in Kap. 3.4.5.1 beschrieben wurde, iterativ durchzuführen.

Beim Ausfluß ins Freie nach Abb. 3.49b wird die Stelle (*1*) in den Flüssigkeitsspiegel des Gefäßes und die Stelle (*2*) entweder außerhalb des Rohrs hinter die Austrittsöffnung in Höhe ihres Flächenschwerpunkts mit $A/A_2 = 0$ oder innerhalb des Rohrs kurz vor die Austrittsöffnung mit $A/A_2 = 1$ gelegt. Im ersten Fall enthält (3.151) den Austrittsverlustbeiwert ζ_A, während im zweiten Fall der Austrittsverlustbeiwert nicht vorkommen kann, sondern statt dessen die Größe $\alpha_2(A/A_2)^2 = \alpha_2$ auftritt. Aus den beiden Betrachtungsweisen folgt $\zeta_A = \alpha_2$ in sinngemäßer Übereinstimmung mit (3.124). Da dem austretenden Flüssigkeitsstrahl der Außendruck p_1 aufgeprägt wird, ist in beiden Fällen an der Stelle (*2*) der Druck $p_2 = p_1$. Nach (3.150d) ist somit $h = z_1 - z_2$ die Lage der Austrittsöffnung unterhalb des Flüssigkeitsspiegels im Gefäß. Für das vorliegende Beispiel des Ausflusses ins Freie gilt ebenfalls (3.152), vgl. Beispiel b.1 in Kap. 3.3.2.3.

Wird die Rohrleitung am Austritt mit einem Enddiffusor versehen, so findet man für den Volumenstrom verglichen mit demjenigen beim Austritt ohne Diffusor nach (3.152)

$$\frac{\dot{V}_{mD}}{\dot{V}_{0D}} = \sqrt{\frac{\lambda \dfrac{L}{D} + \zeta_A}{\lambda \dfrac{L}{D} + \zeta_{DA}}} > 1 \quad \text{mit} \quad \lambda \frac{L}{D} \gg \zeta_E + \zeta_L + \zeta_U. \tag{3.153}$$

Wegen $\zeta_{DA} < \zeta_A$ nach (3.127b) ist bei sonst ungeänderten Größen $\dot{V}_{mD} > \dot{V}_{0D}$; d. h. durch Anbringen eines ablösungsfrei arbeitenden Enddiffusors (Austrittsdiffusors) kann der Volumenstrom gesteigert werden. Besitzt das Gefäß nur eine Öffnung mit einem kurzen Ausflußrohr, so bestehen die strömungsmechanischen Energieverluste nur aus den Verlusten der Eintritts- und Austrittsströmung, d. h. es spielen nur die Eintritts- und Austrittsverlustbeiwerte $\zeta_E + \zeta_A \gg \lambda(L/D)$ eine Rolle. Aus (3.152) folgt für den Volumenstrom

$$\dot{V} = A\sqrt{\frac{2gh}{\zeta_E + \zeta_A}} = \varphi A\sqrt{2gh} \quad \text{mit} \quad \varphi = \frac{\mu_0}{\sqrt{1{,}5 - 3\mu_0 + 2{,}5\mu_0^2}} \qquad (3.154\,\text{a, b, c})$$

als Ausflußziffer, auch Geschwindigkeitsziffer genannt. Diese ergibt sich nach Einsetzen von (3.132) und (3.124) mit $\zeta_A = 1$. Für einen sehr gut abgerundeten Rohranschluß an die Gefäßwand ist $\mu_0 \approx 1$ und damit auch $\varphi \approx 1$. Damit geht (3.154b) in die Torricellische Ausflußformel (3.28b) über. Bei scharfkantigem Rohranschluß ist nach (3.130) mit $\mu_0 = 0{,}61$ zu rechnen, was für die Ausflußziffer den Wert $\varphi \approx 0{,}79$ ergibt, so daß man für den Volumenstrom $\dot{V} = 0{,}79A\sqrt{2gh}$ erhält. Dieser Wert ist kleiner als der mit $\varphi = 1$ bei reibungsloser Strömung berechnete, aber größer als der entsprechende Wert beim scharfkantigen Austritt ohne Ausflußrohr nach (3.29b). Der Wert $\mu_0 \approx 0{,}61$ stellt sich etwa bei einer Rohrlänge von $L/D = 2{,}5$ bis $3{,}0$ ein. Bei kleineren Ausflußrohren (Ansatzrohren) kommt der austretende Strahl an der Rohrwand nicht mehr zum Anliegen, so daß für $L/D < 1$ wie beim Ausfluß ohne Ansatzrohr mit (3.29b) zu rechnen ist.

b) Berechnung des Rohrdurchmessers. Gegeben sind eine sehr lange Rohrleitung der Länge L von konstantem Kreisquerschnitt A, jedoch unbekannter Größe des Durchmessers D, der Volumenstrom $\dot{V}$ und die Maschinenleistung P_M einer Turbine oder einer Pumpe, sofern eine solche in das Rohrleitungssystem von Abb. 3.49a oder 3.49b eingebaut ist. In diesem Fall muß, da die Reynolds-Zahl Re wegen des gesuchten Durchmessers noch nicht bekannt ist, die Rechnung zunächst mit einer geschätzten Rohrreibungszahl λ begonnen werden. Der Verlust an strömungsmechanischer Energie durch Reibung an der Rohrwand sei so groß, daß in (3.150a) sowohl die Verluste durch andere Rohrleitungsteile vernachlässigt als auch die Glieder α_2/A_2^2 und α_1/A_1^2 unberücksichtigt bleiben können. Mit $a = \lambda L/DA^2 = 16\lambda L/\pi^2 D^5$ und $H = 2gh$ ergibt sich durch Auflösen von (3.149b) nach dem Durchmesser

$$D = \sqrt[5]{\frac{8}{\pi^2}\frac{\lambda L}{gh}\frac{\dot{V}^2}{1 - E_M}} \quad \text{(turbulent)}, \qquad D = \sqrt[4]{\frac{128}{\pi}\frac{\nu L}{gh}\frac{\dot{V}}{1 - E_M}} \quad \text{(laminar)}. \qquad (3.155\,\text{a, b})$$

Hierin wird der Einfluß einer Strömungsmaschine durch $E_M = m/H\dot{V} = P_M/\varrho g h \dot{V}$ mit $P_M = P_T/\eta_T$ für Turbinen und $P_M = -\eta_P P_M$ für Pumpen erfaßt. Mit $\lambda = \text{const}$ gilt (3.155a) in guter Näherung für die turbulente Rohrströmung. Bei laminarer Strömung ist nach (3.93b) $\lambda = 64\nu/v_m D = 16\pi\nu D/\dot{V}$, was nach Einsetzen in (3.155a) zu (3.155b) führt. Für den Fall, daß keine Strömungsmaschine eingebaut ist, ist $E_M = 0$ zu setzen. Energieverbrauchende Turbinen $E_M > 0$ erfordern bei gleichem Volumenstrom größere Durchmesser, während energiezuführende Pumpen $E_M < 0$ mit kleineren Durchmessern auskommen.

c) Berechnung des Druckgefälles und der Pumpleistung. Bei konstant gewähltem Rohrdurchmesser D und gegebenem Volumenstrom $\dot{V}$ kann die Rohrreibungszahl λ sofort nach Kap. 3.4.3 berechnet werden. Bei sehr langen Rohren erhält man unter den gleichen Annahmen wie bei (3.155a) aus (3.149b) für die Druckänderung zwischen den Stellen *(2)* und *(1)*

$$p_2 - p_1 = \varrho\left[g(z_1 - z_2) - \frac{8\lambda}{\pi^2}\frac{L}{D^5}\dot{V}^2\right] - \frac{P_M}{\dot{V}}. \qquad (3.156)$$

Ist die Stelle *(1)* mit der Atmosphärenluft vom Druck p_0 in Verbindung, z. B. die Spiegelfläche eines mit Flüssigkeit gefüllten Gefäßes, und die Stelle *(2)* irgendein Punkt des flüssigkeitsführenden Rohrsystems, so gilt für die Drücke $p_1 = p_0$ und $p_2 \neq p_0$. Bei $p_2 > p_0$ herrscht in der Leitung Überdruck; man spricht dann von einer Druckrohrleitung. Ist dagegen $p_2 < p_0$, so herrscht in der Leitung Unterdruck. Undichte Leitungen, z. B. Stollen, würden in einem solchen Bereich Luft ansaugen. Steht am Rohraustritt nicht wieder genügend Druck zur Verfügung, so kann der Fließvorgang unterbrochen werden. Beim Absinken des Unterdrucks in der Rohrleitung bis auf den Dampfdruck kann sich Kavitation einstellen, wodurch neben dem Unterbrechen des Strömungsablaufs auch eine Beschädigung der Rohrwand auftreten kann, vgl. hierzu Kap. 1.2.6.3.

Stehen die Flüssigkeitsspiegel in den beiden nach Abb. 3.49a oben offenen Gefäßen gleich hoch, dann ist $p_2 = p_1$ und $z_2 = z_1$. Eine stationäre Strömung vom Gefäß (*1*) ins Gefäß (*2*) ist in diesem Fall nur durch Einbau einer Pumpe möglich. Die Pumpleistung ergibt sich wegen $P_M = -\eta_P P_P$ aus (3.156) zu

$$P_P = \varrho \frac{8\lambda}{\pi^2 \eta_P} \frac{L}{D^5} \dot{V}^3 \sim \frac{\dot{V}^3}{D^5} \quad (p_2 = p_1, z_2 = z_1). \tag{3.157}$$

Hiernach ist die Pumpleistung bei unverändert angenommener Rohrreibungszahl $\lambda \approx$ const proportional der dritten Potenz des Volumenstroms.

3.4.5.3 Instationäre Rohrströmung dichtebeständiger Fluide

Während bei den vorstehend besprochenen Beispielen nur stationäre Rohrströmungen behandelt werden, sollen jetzt auch noch einige einfache Beispiele instationärer Rohrströmungen besprochen werden. Dabei soll sich keine Strömungsmaschine im Rohrleitungssystem befinden. Nach (3.149a) ist also mit $m = 0$ die Beziehung

$$a\dot{V}^2 + b\frac{d\dot{V}}{dt} = H \quad \text{(ohne Strömungsmaschine)} \tag{3.158}$$

zu lösen. Diese Darstellung stimmt formal mit (3.44a) für die instationäre Fadenströmung eines reibungslosen Fluids überein[55]. Während H nach (3.150d) unverändert mit (3.43c) übereinstimmt, weicht b nach (3.150b) wegen $\beta \approx 1{,}0$ nur geringfügig von (3.43b) ab. Die Größe a nach (3.150a) erfährt gegenüber (3.43a) eine wesentliche Erweiterung durch die Berücksichtigung der Reibungseinflüsse α, λ und ζ_N. Von diesen Werten soll angenommen werden, daß sie von der Zeit nicht abhängen, vgl. hierzu die Feststellung in Kap. 3.4.2.2.

a) Instationäre Bewegung von Flüssigkeitsspiegeln. Ähnlich wie in Kap. 3.3.3.3 soll auch hier die instationäre Bewegung von Flüssigkeitsspiegeln behandelt werden. Wegen der formalen Übereinstimmung von (3.44a) und (3.158) gelten die in (3.49a, b) für die Spiegelgeschwindigkeit $v_1 = \dot{s}_1$ angegebenen Beziehungen. Die Stelle (*1*) fällt nach Abb. 3.17 oder 3.18 in die Spiegelfläche eines mit Flüssigkeit gefüllten Behälters bzw. Rohrs. Für die Funktionen $c(s_1)$ und $d(s_1)$ gilt jetzt in Erweiterung von (3.50)

$$c(s_1) = \frac{1}{L_F(s_1)} \left\{ \alpha_2 \left(\frac{A_1}{A_2}\right)^2 - \alpha_1 + \frac{2L_F}{A_1}\frac{dA_1}{ds_1} \pm \left[\int_{(1)}^{(2)} \frac{\lambda}{D}\left(\frac{A_1}{A}\right)^2 ds + \sum_{(1)}^{(2)}{}'' \zeta_N \left(\frac{A_1}{A_N}\right)^2 \right] \right\} \tag{3.159a}$$

$$d(s_1) = -\frac{2gh(s_1)}{L_F(s_1)}, \qquad L_F(s_1) = \int_{(1)}^{(2)} \frac{A_1}{A}\, ds. \tag{3.159b, c}$$

$L_F(s_1)$ stellt wie $L(s_1)$ in (3.50c) die rechnerische Länge des Flüssigkeitsfadens zwischen den Stellen (*1*) und (*2*) dar[56]. Ändert sich wie bei Schwingungsvorgängen die Stromrichtung von (*1*) → (*2*) in (*2*) → (*1*), so ist dies bei der Erfassung der irreversiblen Reibungsverluste $(p_e)_{1\to 2} = (p_e)_{2\to 1}$ in der Größe c durch sinngemäße Vorzeichen zu berücksichtigen. Für (*1*) → (*2*) gilt das positive und für (*2*) → (*1*) das negative Vorzeichen.

---

55 Beachte die Fußnote 53, S. 284.

56 Zum Unterscheiden von der geometrischen Rohrlänge L wurde für die rechnerische Länge L_F eingeführt.

b) Schwingungen in kommunizierenden Gefäßen und Rohren bei reibungsbehafteter Strömung. Zwei mit Flüssigkeit gefüllte, oben offene Gefäße mit den Querschnitten A_1 und A_2 seien nach Abb. 3.50 durch ein langes Rohr vom Querschnitt A miteinander verbunden. Im Ruhezustand steht die Flüssigkeit nach dem Gesetz der kommunizierenden Gefäße gemäß Kap. 3.2.3.1 in beiden Gefäßen gleich hoch. Denkt man sich das Gleichgewicht durch eine äußere Ursache vorübergehend gestört, so führt die sich selbst überlassene Flüssigkeit nach Entfernen der Störung Schwingungen aus, die je nach der Art, in welcher man die Reibung berücksichtigt, verschiedenes Verhalten haben. Zur Lösung der Aufgabe mittels (3.49a) oder (3.49b) sind zunächst die Funktionen $c(s_1)$ und $d(s_1)$ nach (3.159a, b) zu

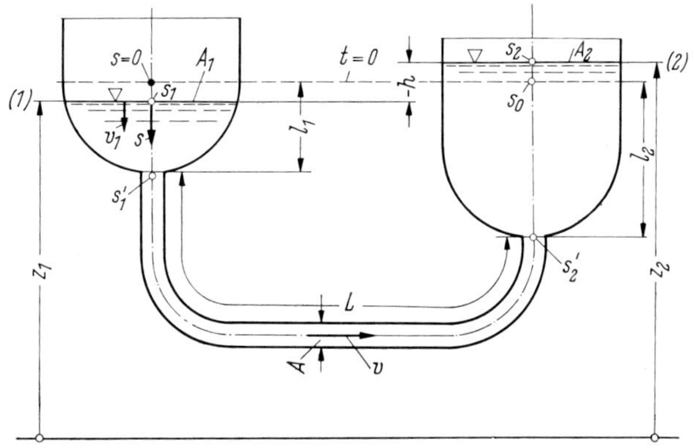

Abb. 3.50. Zur Berechnung einer schwingenden Flüssigkeit in kommunizierenden Gefäßen bei reibungsbehafteter Strömung (reibungslose Strömung, Abb. 3.18)

bestimmen. Der Rechengang soll für den einfachen Fall erläutert werden, bei dem zwei große zylindrische Gefäße von gleichem Querschnitt $A_1 = A_2 = \text{const}$, d. h. $A_1/A_2 = 1$, durch eine lange Rohrleitung von ebenfalls konstantem Querschnitt $A = \text{const}$ miteinander verbunden sind. Es bedeutet $L = s_2' - s_1'$ die Rohrlänge und $l = (s_1' - s_1) + (s_2 - s_2')$ $= l_1 + l_2$ die Summe der Flüssigkeitshöhen in den beiden Gefäßen. Die Reibungsverluste in den Gefäßen (*1*) und (*2*), an den Rohranschlußstellen (*1'*) und (*2'*) sowie durch die Rohrumlenkungen (Rohrkrümmer) seien gegenüber denjenigen, die durch die Wandreibung des Verbindungsrohrs hervorgerufen werden, vernachlässigbar klein. Weiterhin sei $\alpha_1 \approx \alpha_2 \approx 1$ und $\beta \approx 1$ angenommen. Da die Gefäße oben offen sind, ist für die Drücke auf die Flüssigkeitsspiegel $p_2 = p_1$ zu setzen. Dies führt nach (3.150d) zur hydraulischen Höhe $h = z_1 - z_2$ $= -2s_1$. Unter Beachtung der gemachten Angaben wird aus (3.159)

$$c = \pm \frac{\lambda}{D} \frac{L}{L_F} \left(\frac{A_1}{A}\right)^2, \qquad d = \frac{4g}{L_F} s_1, \qquad L_F = l + \frac{A_1}{A} L. \qquad (3.160\text{a, b, c})$$

Die Beziehung (3.160c) für die rechnerische Länge des Flüssigkeitsfadens gilt, sofern bei den Schwingungen der Flüssigkeitsspiegel die Rohranschlußstellen (*1'*) und (*2'*) nicht erreichen; es ist $L_F = \text{const}$. Die Rohrreibungszahl $\lambda > 0$ hängt vom Strömungszustand (laminar, turbulent, rauh) und grundsätzlich auch von der Zeit ab. Wie bereits gesagt wurde, soll die Zeitabhängigkeit vernachlässigt werden. Das obere Vorzeichen in (3.160a) bezieht sich auf die in Abb. 3.50 eingetragene Strömrichtung (*1*) → (*2*), während das untere Vorzeichen für die rückläufige Bewegung (*2*) → (*1*) gilt.

Bei reibungsloser Strömung ist wegen $\lambda = 0$ auch $c = 0$. In diesem Fall liegt eine harmonische Schwingung entsprechend Beispiel b in Kap. 3.3.3.3 vor. Bei reibungsbehafteter Strömung wird die Schwingung wegen $\lambda \neq 0$ bzw. $c \neq 0$ in jedem Fall gedämpft. Bei laminarer Rohrströmung in einem Kreisrohr erhält man mit (3.93b) für die Rohrreibungszahl

$$\pm\lambda = \frac{64}{Re} = \frac{64\nu}{vD} = \frac{64}{v_1(A_1/A)\,D} = \frac{64\nu}{\dot{s}_1 D} \frac{A}{A_1} \qquad (\dot{s}_1 \gtrless 0). \qquad (3.160\text{d})$$

Nach Einsetzen in (3.160a) ergibt sich mit den Größen c und d aus (3.49a) für den Schwingungsvorgang die Differentialgleichung

$$\ddot{s}_1 + \frac{32\nu}{D^2}\frac{A_1}{A}\frac{L}{L_F}\dot{s}_1 + \frac{2g}{L_F}s_1 = 0 \quad \text{(laminar)}. \qquad (3.161\,\text{a})$$

Die Faktoren bei $\dot{s}_1$ und s_1 sind Konstante und seien mit $2\delta = 32\nu A_1 L/D^2 A L_F$ sowie $\omega = \sqrt{2g/L_F}$ bezeichnet, wobei δ die Dämpfungskonstante und ω die Kreisfrequenz der ungedämpften Schwingung bezeichnet. Bei $\ddot{s}_1 + 2\delta\dot{s}_1 + \omega^2 s_1 = 0$ handelt es sich um die Differentialgleichung einer geschwindigkeitsproportional gedämpften Schwingung. Ihre aus der Mechanik fester Körper her bekannte Lösung wird hier nicht besonders angegeben. Ist $\delta < \omega$, so ergibt sich eine schwach gedämpfte Schwingung, deren Schwingungsdauer (Zeit zwischen zwei gleichartig aufeinanderfolgenden Durchgängen, von der Anzahl der vorausgegangenen Schwingungen unabhängig)

$$T = \frac{2\pi}{\sqrt{\omega^2 - \delta^2}}, \qquad T = \frac{2\pi}{\sqrt{\dfrac{2g}{L} - \left(\dfrac{16\nu}{D^2}\right)^2}} > 2\pi\sqrt{\frac{L}{2g}} \quad \text{(U-Rohr)} \qquad (3.161\,\text{b})$$

beträgt. Die zweite Beziehung gilt für ein U-Rohr nach Abb. 3.18b mit $A/A_1 = 1 = L_F/L$, vgl. (3.56b). Für $\delta > \omega$ liegt eine stark gedämpfte Schwingung mit aperiodischer Bewegung vor.

Bei turbulenter Rohrströmung kann, sofern sich dieser Zustand während des gesamten Schwingungsvorgangs überhaupt einstellt, in (3.160a) für die Rohrreibungszahl $\lambda \approx$ const gesetzt werden. In diesem Fall handelt es sich um eine geschwindigkeitsquadratische Dämpfung. Für die zugehörige Differentialgleichung läßt sich keine geschlossene Lösung angeben.

c) Instationärer Ausfluß aus einem geschlossenen Behälter mit Ausflußrohr. Das bei stationärer Strömung nach Abb. 3.49b vorgegebene Gefäß war oben offen. Im folgenden soll für die Betrachtung bei instationärer Strömung nach Abb. 3.51 ein oben geschlossenes Gefäß (Behälter) von konstantem Querschnitt A_1 mit einem ins Freie führenden Ausflußrohr von konstantem Querschnitt A angenommen werden. Der Behälter sei mit Flüssigkeit der Dichte $\varrho_F \equiv \varrho =$ const gefüllt, wobei der Spiegel im Ruhezustand die Höhe z_0 besitzt. Nach Öffnen des Ausflußrohrs tritt ein instationärer Ausflußvorgang mit $z_1 < z_0$ ein. Dieser möge als quasistationär angesehen werden. Entsprechend Beispiel c in Kap. 3.3.3.3 bedeutet dies, daß die Beschleunigung des Flüssigkeitsspiegels im Behälter vernachlässigbar klein ist, $dv_1/dt = 0$. Dies kann nur für $A/A_1 \ll 1$ angenommen werden, vgl. (3.59b)[57]. Ausgangspunkt für die weiteren Überlegungen stellen (3.149a) mit $m = 0$, $d\dot{V}/dt \approx 0$, (3.150a) mit $\alpha_2/A_2^2 \gg \alpha_1/A_1^2$, $A =$ const und (3.150d) mit $H = 2gh$ dar. Die hydraulische Höhe h enthält jetzt wegen $p_1 \neq p_2$ auch eine Änderung der Druckhöhe. Die im Ruhezustand (Index 0) im oberen Teil des Behälters befindliche Gasmasse $m_G = \varrho_{G0}(z_B - z_0)\,A_1$ bleibt für die Dauer des Ausflußvorgangs unverändert, während sich das Volumen laufend vergrößert. Es findet also eine Dichteabnahme des Gases statt, die man für den Zustand *(1)* aus $\varrho_{G0}(z_B - z_0) = \varrho_{G1}(z_B - z_1)$ ermittelt. Zwischen der Dichte, der Temperatur und dem Druck des Gases besteht ein Zusammenhang nach der thermischen Zustandsgleichung (1.7b). Es möge eine isotherme Zustandsänderung, d. h. ungeänderte Temperatur des Gases vorliegen, dann findet man für das Druckverhältnis $p_1/p_0 = \varrho_{G1}/\varrho_{G0} = (z_B - z_0)/(z_B - z_1)$. Die für den Ausflußvorgang zur Verfügung stehende hydraulische Druckhöhe beträgt also mit $z_2 = 0$ nach Abb. 3.51

$$h = z_1 + \frac{1}{\varrho g}\left(\frac{z_B - z_0}{z_B - z_1}\,p_0 - p_2\right) \quad \text{(isotherm)} \qquad (3.162)$$

57 Im Anschluß an (3.59b) wurde bei Vorliegen beider Annahmen ($dv_1/dt = 0$, $A/A_1 \ll 1$) der Begriff der pseudo-quasistationären Strömung eingeführt.

Legt man die Stelle (2) in das Rohr kurz vor dem Austritt, dann ist bei der Größe a nach (3.150a) in der Summe $\sum''$ die Austrittsverlustziffer ζ_A nicht zu berücksichtigen, man vgl. die Ausführung in Kap. 3.4.5.2 zu Beispiel a (Ausfluß ins Freie). Mit den gefundenen Ausdrücken für a, $b = 0$, $m = 0$ und $H = 2gh$ wird nach (3.149a) für den mit der Höhe z_1 veränderlichen Volumenstrom, vgl. (3.151),

$$\dot{V}(z_1) = A_2 \sqrt{\frac{2gz_1 + \dfrac{2}{\varrho}\left(\dfrac{z_B - z_0}{z_B - z_1}\, p_0 - p_2\right)}{\alpha_2 + \lambda \dfrac{L}{D} + \sum\limits_{(1)}^{(2)}{}'' \zeta_N \left(\dfrac{A}{A_N}\right)^2}} \quad \left(\frac{A_2}{A_1} \ll 1\right). \tag{3.163}$$

Bei reibungsloser Strömung ist $\alpha_2 = 1$, $\lambda = 0$ und $\zeta_N = 0$. Die Druckminderung im oberen Bereich des Behälters beim Ausströmen der Flüssigkeit hemmt genauso wie die Reibung im Ausflußrohr den Ausflußvorgang. Der Volumenstrom wird null bei $h = 0$ nach (3.162). Dies führt auf die Lösung einer quadratischen Gleichung für z_1

$$\left(\frac{z_1}{z_B}\right)_{\dot{V}=0} = \frac{1}{2}\left(1 + \frac{p_2}{\varrho g z_B}\right) - \sqrt{\frac{1}{4}\left(1 - \frac{p_2}{\varrho g z_B}\right)^2 + \left(1 - \frac{z_0}{z_B}\right)\frac{p_0}{\varrho g z_B}} \quad (\dot{V} = 0). \tag{3.164}$$

Das Vorzeichen der Wurzel bestimmt sich aus der Überlegung, daß mit wachsendem Innendruck p_0 die Spiegellage z_1, bei der $\dot{V} = 0$ wird, kleiner werden muß. War der Behälter im Ruhezustand vollständig gefüllt ($z_0 = z_B$) oder herrscht im oberen Bereich des Behälters Vakuum ($p_0 = 0$), dann kommt der Ausflußvorgang bei einer Höhe $z_1 = p_2/\varrho g$ zum Stillstand.

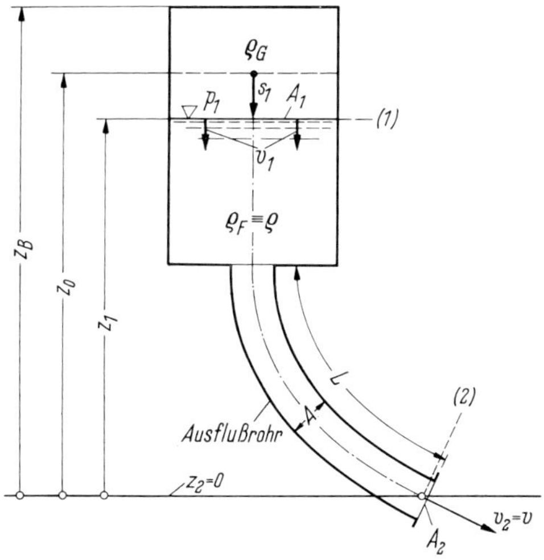

Abb. 3.51. Zur Berechnung des zeitlichen Ausflußvorgangs aus einem geschlossenen Behälter mit Ausflußrohr bei reibungsbehafteter Strömung (reibungslose Strömung aus oben offenem Gefäß, Abb. 3.17)

Die Ausflußzeit t_1 kann man mittels (3.60a) berechnen, wenn man dort $v(z_1) = \dot{V}(z_1)/A_1$ einsetzt. Die Integration geschieht am besten grafisch, wobei noch zu beachten ist, daß wegen der möglichen Abhängigkeit der Rohrreibungszahl λ von der Reynolds-Zahl $Re = vD/\nu$ mit $v = \dot{V}/A$ die Rechnung gegebenenfalls iterativ durchzuführen ist.

d) Wasserschloßschwingungen

Wirkungsweise eines Wasserschlosses. Ein für den Wasserbau wichtiges Beispiel instationärer Flüssigkeitsbewegung stellen die Schwingungen in einem Wasserschloß dar. Nach Abb. 3.52 liege ein hydraulisches System vor, welches aus einem Staubecken, einem Druckstollen, einem Wasserschloß, einer Druckrohrleitung (Falleitung) und schließlich einer Regelvorrichtung (Kraftstation) besteht. Eine solche Anlage hat die Aufgabe, aus der

Wasserfassung (Staubecken, Wasserschloß) einer Kraftstation das benötigte Wasser zum Betrieb von Turbinen zuzuführen. Solange der Wasserbedarf der Turbinen gleichmäßig ist, besteht ein Beharrungszustand in der Fließbewegung des gesamten Systems von der Wasserfassung bis zu den Turbinen. Ändert sich der Wasserbedarf der Turbinen, so spricht die Wasserbewegung hierauf instationär an. Durch Öffnen oder Schließen der Regelvorrichtung entstehen in der Rohrleitung Druckwellen von kurzer Periode, auch Druckstöße genannt, während sich zwischen Staubecken und Wasserschloß Schwingungen von anger Periode, auch Massenschwingungen genannt, einstellen[58]. Bei erhöhtem Bedarf der Turbine fließt augenblicklich mehr Wasser durch die Rohrleitung ab, als durch den Stollen nachströmen kann. Dieser Mehrbedarf wird aus dem Wasserschloß gedeckt, dessen Spiegel

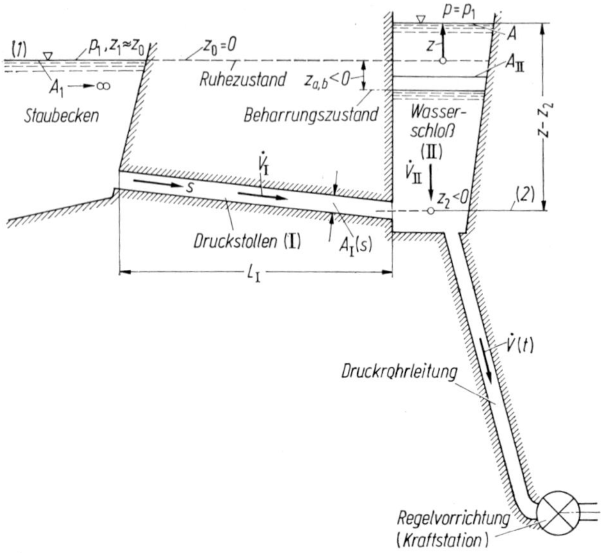

Abb. 3.52. Schematische Darstellung eines Wasserschlosses, bestehend aus Staubecken, Druckstollen (I), Wasserschloß (II), Druckrohrleitung (Falleitung) und Kraftstation (Regelvorrichtung, Turbine)

sich daher senkt. Das Absinken des Wasserspiegels im Wasserschloß erhöht das Druckgefälle zwischen Staubecken und Wasserschloß, wodurch das Wasser im Stollen beschleunigt wird. Da dieser Vorgang zeitlich der Steigerung des Wasserbedarfs nachhinkt, entstehen Schwingungen des Spiegels im Wasserschloß. Bei vermindertem Bedarf der Turbine werden ebenfalls Schwingungen in ähnlicher Weise erzeugt. Da der Stollen im allgemeinen gegen stärkere Druckänderungen empfindlich ist, kommt dem Wasserschloß auch noch die Aufgabe zu, ihn gegen zu hohe Druckschwankungen zu schützen, indem von der Rohrleitung herkommende Druckwellen im Wasserschloß aufgefangen werden. Die Art und Form des Wasserschlosses ist von wesentlichem Einfluß auf den Verlauf der Wasserschloßschwingungen. Im folgenden sollen nur grundsätzliche Erkenntnisse besprochen werden; bezüglich der vielfältigen Einzelfragen sei auf die ausführlichen Darstellungen in [19, 20, 31, 58, 78] verwiesen.

Allgemeine Berechnungsgrundlage. Es werden zunächst die Ausgangsgleichungen zur Berechnung eines Wasserschlosses (II) angegeben, welches eine veränderliche Querschnittsverteilung in vertikaler Richtung $A_{II}(z)$ besitzt. Das im Zeitintervall dt im Wasserschloß

---

58 Über die Druckstoßwellen, die stark von der Kompressibilität des Wassers und von der Elastizität der Druckrohrleitung abhängen, wird in Kap. 4.3.3.3, welches sich mit Strömungen dichteveränderlicher Fluide beschäftigt, als Beispiel b berichtet.

ab- oder zufließende Volumen beträgt $dV_{II} = -A\,dz$ (abfließend positiv), was zum Volumenstrom $\dot V_{II} = dV_{II}/dt = -A(dz/dt)$ führt[59]. Bezeichnet $\dot V(t)$ den augenblicklichen Wasserbedarf (Volumenstrom) der Kraftstation (Turbine), der aus dem Staubecken durch den Stollen mit $\dot V_I(t)$ und aus dem Wasserschloß mit $\dot V_{II}(t)$ gedeckt wird, dann ist wie bei einer Rohrvereinigung die Kontinuitätsgleichung (3.137a) mit

$$\dot V = \dot V_I + \dot V_{II}, \qquad \dot V_I = \dot V + A\,\frac{dz}{dt} \qquad \text{(Durchflußgleichung)} \qquad (3.165\,a)$$

heranzuziehen. Zur weiteren Berechnung wird die Energiegleichung (3.158) benutzt und nach Abb. 3.52 auf den Wasserspiegel des Staubeckens (*1*) sowie auf einen Punkt (2) im Wasserschloß in Höhe des Stollens angewendet. Bei dem maßgeblichen Volumenstrom handelt es sich um $\dot V_I$, so daß man

$$a\dot V_I^2 + b\,\frac{d\dot V_I}{dt} = H \qquad \text{(Beschleunigungsgleichung)} \qquad (3.165\,b)$$

schreiben kann. Die Systemgrößen a und b sind durch (3.150a, b) gegeben. Auf ihre Bestimmung soll im einzelnen noch nicht eingegangen werden. Alle zwischen den Stellen (*1*) und (*2*) auftretenden strömungsmechanischen Energieverluste sind unter Beachtung der Vorzeichen für die im Stollen vor- oder rückläufige Strömung zu berücksichtigen; man vergleiche Beispiel b in diesem Kapitel. An der Stelle (*2*) herrsche bei Vernachlässigung der Strömung im Wasserschloß nach der hydrostatischen Grundgleichung (3.1c) der Druck $p_2 = p + \varrho g(z - z_2)$, so daß sich H nach (3.150d) mit $p = p_1$ und $z_1 = 0$ zu $H = -2gz$ berechnet. Die Größe H ist somit proportional dem Spiegelunterschied z der Wasseroberflächen im Wasserschloß und im Staubecken. Von letzterem sei angenommen, daß sich der Wasserstand wegen $A_1 \to \infty$ nicht ändert, d. h. $z_1 \approx z_0$ (Koordinatensprung) ist.

Durch Einsetzen von (3.165a) in (3.165b) erhält man die Schwingungsgleichung für die Spiegelbewegung im Wasserschloß $z(t)$ zu

$$a\left(\dot V + A\,\frac{dz}{dt}\right)^2 + b\,\frac{d}{dt}\left(\dot V + A\,\frac{dz}{dt}\right) + 2gz = 0 \qquad \text{(Form I)}. \qquad (3.166\,a)$$

Hierin sind $\dot V$ und z Funktionen der Zeit t. Die vorkommende Spiegelquerschnittsfläche im Wasserschloß hängt zunächst von z ab, d. h. $A(z)$. Wegen $z(t)$ ist dann aber auch $A[z(t)] = A(t)$. Dies ist zu berücksichtigen, wenn man beim zweiten Glied auf der linken Seite die Differentiation nach t ausführt, und zwar ist $dA/dt = (dA/dz)\,(dz/dt)$.

Mit $d\dot V_I/dt = (d\dot V_I/dz)\,(dz/dt)$ und dz/dt aus (3.165a) findet man aus (3.165b) die Schwingungsgleichung für den Volumenstrom im Stollen $V_I(t)$ zu

$$a\dot V_I^2 + \frac{b}{A}\,(\dot V_I - \dot V)\,\frac{d\dot V_I}{dz} + 2gz = 0 \qquad \text{(Form II)}. \qquad (3.166\,b)$$

Diese Beziehung liefert mit $v_I(t) = \dot V_I(t)/A_I$ auch die Geschwindigkeit im Stollen. Bei den Gleichungen (3.166a, b) handelt es sich um nichtlineare Differentialgleichungen, deren Lösungen nur in einfachen Fällen geschlossen gelingt.

Als Anfangsbedingung ist im allgemeinen der durch die Rohrleitung der Kraftstation zufließende Volumenstrom gegeben. Er wird durch das Regelgesetz (Schließen, Öffnen) der Turbine (Regelvorrichtung) $\dot V = \dot V(t)$ bestimmt. Verhältnismäßig einfach zu übersehende Betriebsvorgänge sind plötzliches vollständiges Schließen (Fall a) von $\dot V = \dot V_a = \text{const}$ auf $\dot V = 0$, plötzliches vollständiges Öffnen aus der Ruhe heraus (Fall b) von $\dot V = 0$ auf konstanten Wasserverbrauch $\dot V = \dot V_b = \text{const}$ und plötzliches teilweises Öffnen

59 Die dem Wasserspiegel im Wasserschloß zugeordneten Größen werden ohne Index angeschrieben, d. h. seine Lage mit $z(t)$ und seine Querschnittsfläche mit $A(t)$.

mit Regelung auf konstante Turbinenleistung (Fall c). Der Fall a des vollständigen Schließens entspricht dem in diesem Kapitel behandelten Beispiel b der Flüssigkeitsschwingungen in kommunizierenden Rohren und Gefäßen, hier im System Staubecken-Stollen-Wasserschloß. Der Fall b kann nur verwirklicht werden, wenn die Absperrvorrichtung entsprechend geregelt wird, da anderenfalls die zeitlich veränderliche Druckhöhe bei konstant gehaltener Stellung der Regelvorrichtung einen von der Zeit abhängigen Volumenstrom $\dot{V} = \dot{V}_b(t)$ zur Folge hätte. Beschreibt $t \leqq 0 - \varepsilon$ mit $\varepsilon \to 0$ die Zeit des stationären Ausgangszustands, so ist wegen $dz/dt = 0$ nach (3.165a) $\dot{V}_\mathrm{I} = \dot{V} = \mathrm{const}$ und $\dot{V}_\mathrm{II} = 0$. Die vorgesehenen Regelvorgänge spielen sich jeweils im Zeitintervall $0 - \varepsilon \leqq t \leqq 0 + \varepsilon$ ab, dem sich für $t > 0 + \varepsilon$ der instationäre Strömungsvorgang anschließt. Zusammengefaßt gelten folgende Reglergleichungen[60]:

Fall	Regelung	$t \leqq 0 - \varepsilon$	$t \geqq 0 + \varepsilon$		$t \to \infty$	
a	Schließen	$\dot{V} = \dot{V}_\mathrm{I} = \dot{V}_a$	$\dot{V} = 0$	$\dot{V}_\mathrm{I} = A \dfrac{dz}{dt}$	$\dot{V}_\mathrm{I} = 0$	(3.167a)
b	Öffnen	$\dot{V} = \dot{V}_\mathrm{I} = 0$	$\dot{V} = \dot{V}_b$	$\dot{V}_\mathrm{I} = \dot{V}_b + A \dfrac{dz}{dt}$	$\dot{V}_\mathrm{I} = \dot{V}_b$	(3.167b)

In Abb. 3.53 sind die beiden Regelgesetze über der Zeit t dargestellt. Für den Beharrungszustand ist $\dot{V}_\mathrm{II} = \dot{V} - \dot{V}_\mathrm{I} = 0$, und es ergeben sich aus (3.166b) die stationären Wasserspiegellagen im Wasserschloß zu

$$z_a = -\frac{a}{2g}\dot{V}_a^2 < 0 \quad (t < 0), \qquad z_b = -\frac{a}{2g}\dot{V}_b^2 < 0 \quad (t \to \infty). \tag{3.168a, b}$$

Gegenüber dem Ruhezustand $z_0 = 0$ sind die Spiegelabsenkungen z_a bzw. z_b erwartungsgemäß um so größer, je größer die in der Größe a enthaltene Reibung im Stollen ist.

Schachtwasserschloß. Bei einem ungedrosselten Schachtwasserschloß ist der Querschnitt $A(z) = A_\mathrm{II} = \mathrm{const}$ über die gesamte Höhe des Wasserschlosses. Bei plötzlicher Änderung des Volumenstroms $\dot{V}(t)$ erhält man zur Berechnung des Schwingungsvorgangs $z(t)$ bei $t > 0 + \varepsilon$ aus (3.166a) in Verbindung mit (3.167a, b) mit $dz/dt = \dot{z}$ und $d^2z/dt^2 = \ddot{z}$[61]

Fall a: $$bA_\mathrm{II}\ddot{z} + aA_\mathrm{II}^2\dot{z}^2 + 2gz = 0 \qquad (\dot{V} = 0), \tag{3.169a}$$

Fall b: $$bA_\mathrm{II}\ddot{z} + a(\dot{V}_b + A_\mathrm{II}\dot{z})^2 + 2gz = 0 \qquad (\dot{V} = \dot{V}_b). \tag{3.169b}$$

Man erkennt, daß beim plötzlichen vollständigen Schließen (Fall a) die mathematische Lösung erheblich einfacher als beim plötzlichen Öffnen aus der Ruhe heraus ist, da die zweite Beziehung den Volumenstrom $\dot{V}_b = \mathrm{const}$ enthält. Für die weitere Betrachtung wird ein unveränderlicher Querschnitt des Stollens $A_\mathrm{I}(s) = A_\mathrm{I} = \mathrm{const}$ mit dem Durchmesser $D_\mathrm{I} = \mathrm{const}$ längs seiner Länge L_I angenommen. Die Größe a erhält man aus (3.150a), wenn man diese Beziehung für die Stelle *(1)* des Wasserspiegels im Staubecken und für die Stelle *(2)* im Wasserschloß in Höhe des Stollens jeweils für die Strömung vom Staubecken *(1)* in Richtung des Wasserschlosses *(2)* und umgekehrt anschreibt, vergleiche die Ausführungen zu (3.159)

$$a = \frac{\alpha_2}{A_2^2} - \frac{\alpha_1}{A_1^2} \pm \left(\frac{\lambda_\mathrm{I}}{A_\mathrm{I}^2}\frac{L_\mathrm{I}}{D_\mathrm{I}} + \sum_{(1)}^{(2)}{}'' \frac{\zeta_N}{A_N^2}\right) \approx \pm\left(\frac{\lambda_\mathrm{I}}{A_\mathrm{I}^2}\frac{L_\mathrm{I}}{D_\mathrm{I}} + \sum_{(1)}^{(2)}{}'' \frac{\zeta_N}{A_N^2}\right). \tag{3.170a, b}$$

60 Der Fall c wird nicht weiter besprochen.
61 Auf die Wiedergabe der aus (3.166b) folgenden Beziehungen wird hier verzichtet.

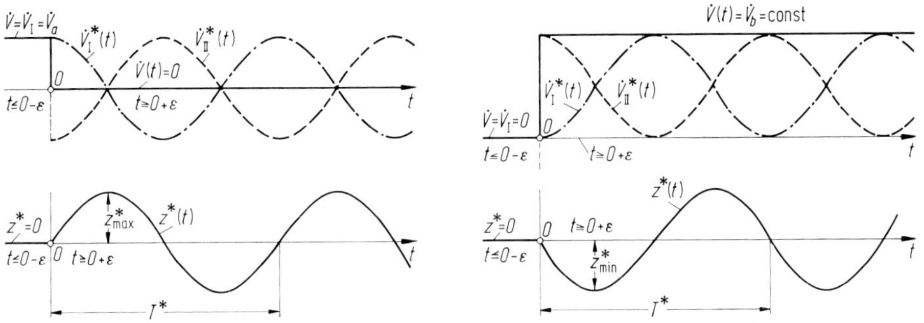

a b

Abb. 3.53. Wasserschloßschwingungen; Volumenströme in der Rohrleitung $\dot{V}(t)$, im Stollen $\dot{V}_{\mathrm{I}}^*(t)$ und im Wasserschloß $\dot{V}_{\mathrm{II}}^*(t)$, Wasserspiegellagen im Wasserschloß $z^*(t)$ mit $z^*_{\max}$, $z^*_{\min}$ nach (3.171) bei reibungsloser Strömung (mit Stern als Index). **a** Plötzliches vollständiges Schließen entsprechend (3.167a). **b** Plötzliches vollständiges Öffnen aus der Ruhe heraus auf konstanten Wasserverbrauch entsprechend (3.167b)

Bei den Verlustbeiwerten ζ_N in dem Summenzeichen $\sum''$ (ohne Rohrreibung, ohne Strömungsmaschine) ist der Verlustbeiwert $\zeta_A \approx 1$ entsprechend (3.124) mit $A_A = A_{\mathrm{I}}$ enthalten. Wegen $A_1 \gg A_{\mathrm{I}} \ll A_2$ können in (3.170a) die beiden ersten Glieder gegenüber den beiden letzten Gliedern vernachlässigt werden, was zu (3.170b) führt. Es gilt bei a das obere Vorzeichen, wenn das Wasser von (*1*) nach (*2*), d. h. für $v_{\mathrm{I}} > 0$, und das untere Vorzeichen für die entgegengesetzte Fließrichtung von (*2*) nach (*1*), d. h. für $v_{\mathrm{I}} < 0$[62]. Wegen der Vorzeichenregelung vgl. man (3.160a). Zur Berechnung der Rohrreibungszahl λ_{I} bei laminarer Strömung sei auf (3.160d) hingewiesen. Ist der Stollen sehr lang, so enthält a im wesentlichen die Verluste an strömungsmechanischer Energie infolge der Wandreibung, so daß die anderen Anteile häufig vernachlässigt werden können, $a \approx \pm(\lambda_{\mathrm{I}}/A_{\mathrm{I}}^2)\,(L_{\mathrm{I}}/D_{\mathrm{I}})$. Für die Größe b findet man nach (3.150b) mit $\beta \approx \text{const}$ und $A = A_{\mathrm{I}}$ durch Integration über die Länge des Stollens $s = L_{\mathrm{I}}$

$$b = 2\beta\,\frac{L_{\mathrm{I}}}{A_{\mathrm{I}}} \approx 2\,\frac{L_{\mathrm{I}}}{A_{\mathrm{I}}}, \qquad \text{(3.170c, d}$$

wobei die zweite Beziehung für $\beta \approx 1$ (turbulente Strömung) gilt.

Einen ersten Anhaltspunkt über das Schwingungsverhalten in einem einfachen Wasserschloß und dem zugehörigen Stollen gewinnt man, wenn man in (3.169a, b) zunächst $a = 0$ setzt und für b mit (3.170d) rechnet. Dies entspricht dem Fall der reibungslosen Strömung‘ dessen Zustand mit einem Stern (*) gekennzeichnet wird. Sowohl für den Schließ- als auch für den Öffnungsvorgang bleibt die gleiche lineare homogene Differentialgleichung zweiter Ordnung mit konstanten Koeffizienten, bei welcher kein Glied mit $\dot{z}$ vorkommt, zu lösen, d. h. $\ddot{z}^* + (g/L_{\mathrm{I}})\,(A_{\mathrm{I}}/A_{\mathrm{II}})\,z^* = 0$, vergleiche (3.55). Mit $z^*(t = 0) = 0$ erhält man für $t \geqq 0$ die harmonische Schwingung

$$z^* = z_m^* \sin(\omega t) \qquad \text{mit} \qquad \omega = \sqrt{\frac{g}{L_{\mathrm{I}}}\,\frac{A_{\mathrm{I}}}{A_{\mathrm{II}}}} \qquad \text{(reibungslose Strömung)}, \qquad \text{(3.171a, b}$$

wobei ω die Kreisfrequenz und $z_m^* = z^*_{\max}$ bzw. $z_m^* = z^*_{\min}$ die Amplituden der ungedämpften Schwingung sind. Letztere findet man aus den Anfangsbedingungen für $t = 0 \mp \varepsilon$ (Index 0). Aus (3.171a) erhält man zunächst $\dot{z}_0^* = \omega z_m^*$. Im Fall a (plötzliches vollständiges Schließen) ist nach (3.167a) $\dot{V}_{\mathrm{I}0} = A_{\mathrm{II}}\dot{z}_0^* = \dot{V}_a$ und hieraus $z_0^* = \dot{V}_a/A_{\mathrm{II}}$. Im Fall b (plötzliches voll-

62 Für den stationären Strömungszustand verläuft die Strömung von (*1*) nach (*2*); es gilt hierfür das obere Vorzeichen.

ständiges Öffnen) ist nach (3.167b) $\dot V_{I0} = \dot V_b + A_{II}\dot z_0^* = 0$ und $\dot z_0^* = -\dot V_b/A_{II}$. Zusammengefaßt gilt für die Amplituden der ungedämpften Schwingung $z_m^* = \dot z_0^*/\omega$

$$\text{Fall a:}\quad z_{\max}^* = \frac{\dot V_a}{A_{II}}\sqrt{\frac{L_I}{g}\frac{A_{II}}{A_I}} > 0,\qquad \text{Fall b:}\quad z_{\min}^* = -\frac{\dot V_b}{A_{II}}\sqrt{\frac{L_I}{g}\frac{A_{II}}{A_I}} < 0. \qquad (3.171\,\text{c, d})$$

Die Spiegelbewegungen im Wasserschloß $z^*(t)$ sind in Abb. 3.53a, b dargestellt. Dabei ist die Schwingdauer (Zeit zwischen zwei Durchgängen in gleicher Richtung) $T^* = 2\pi/\omega$ mit ω nach (3.171b).

Die zeitlich veränderlichen Volumenströme im Stollen $\dot V_I^*(t)$ lassen sich für $t \geqq 0 + \varepsilon$ nach (3.167a, b) mit $\dot z^* = \dot z_0^* \cos(\omega t)$ berechnen. Nach Einsetzen der Beziehungen für $\dot z_0^*$ erhält man

$$\text{Fall a:}\quad \dot V_I^* = \dot V_a \cos(\omega t),\qquad \text{Fall b:}\quad \dot V_I^* = \dot V_b[1 - \cos(\omega t)], \qquad (3.172\,\text{a, b})$$

wobei ω durch (3.171b) bestimmt ist. Abb. 3.53 zeigt für $t \geqq 0 + \varepsilon$ die Verläufe $\dot V_I^*(t)$ sowie die Verläufe $\dot V_{II}^*(t) = \dot V - \dot V_I^*(t)$, und zwar für Fall a mit $\dot V = 0$ und im Fall b mit $\dot V = \dot V_b$. Man erkennt, daß im Fall a die Volumenströme $\dot V_I^*(t)$ und damit auch die Geschwindigkeiten $v_I^*(t) = \dot V_I^*(t)/A_I$ im Stollen ihre Richtungen wechseln (verschiedenes Vorzeichen), während im Fall b die Stromrichtung immer erhalten bleibt (positives Vorzeichen). Die gefundenen Ergebnisse machen deutlich, daß die Verläufe $\dot V_I^*(t)$ und $\dot V_{II}^*(t)$ mit $z^*(t)$ nicht in Phase sind.

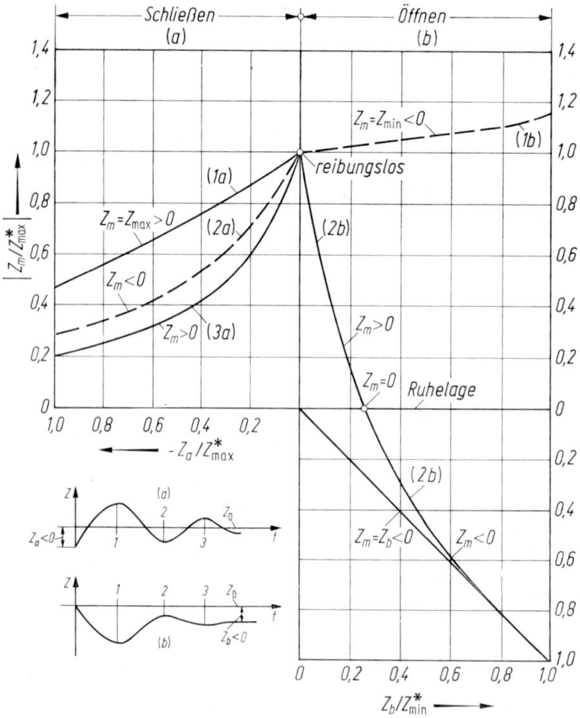

Abb. 3.54. Höchste und tiefste Wasserstände ($z_m/z_{\max}^*$, $z_m/z_{\min}^*$) in einem ungedrosselten Schachtwasserschloß bei reibungsbehafteter turbulenter Strömung in Abhängigkeit von der Spiegellage im Wasserschloß beim Beharrungszustand ($z_a/z_{\max}^*$, $z_b/z_{\min}^*$) nach [78]. Spiegelanstieg: ausgezogen. Spiegelabsenkung: gestrichelt. **a** Plötzliches vollständiges Schließen, (3.167a). (*1a*) Erster Spiegelanstieg ($z_m = z_{\max}$), (*2a*) erste Spiegelabsenkung, (*3a*) zweiter Spiegelanstieg. **b** Plötzliches vollständiges Schließen auf konstanten Wasserverbrauch, (3.167b). (*1b*) Erste Spiegelabsenkung ($z_m = z_{\min}$), (*2b*) erster Spiegelanstieg

Liegt jetzt die reibungsbehaftete Strömung mit $a \neq 0$ in (3.169) vor, so werden bei $a \approx$ const (turbulente Strömung mit $\lambda \approx$ const) die Schwingungen proportional dem Quadrat der Geschwindigkeit gedämpft oder angefacht. Während sich (3.169a) noch analytisch geschlossen lösen läßt, muß die Auswertung von (3.169b) iterativ oder grafisch erfolgen. Auf Einzelheiten der Rechnung wird hier nicht eingegangen. Für das erste Aufschwingen des Wasserspiegels (maximaler Spiegelanstieg z_{max}) beim plötzlichen vollständigen Schließen (Fall a) und für das erste Abschwingen (maximale Spiegelsenkung z_{max}) beim plötzlichen Öffnen aus der Ruhe heraus (Fall b), lassen sich die Amplitudenverhältnisse z_{max}/z^*_{max} und z_{min}/z^*_{min} unabhängig von den sonstigen Daten des Wasserschlosses als Funktionen von $z_a/z^*_{max} < 0$ bzw. $z_b/z^*_{min} > 0$ darstellen. Dabei sind $z^*_{max} > 0$ bzw. $z^*_{min} < 0$ nach (3.171c, d) die Amplituden bei reibungsloser Strömung und $z_a < 0$ bzw. $z_b < 0$ nach (3.168a, b) die Spiegelabsenkungen im Beharrungszustand bei reibungsbehafteter Strömung. In Abb. 3.54 ist dies Ergebnis wiedergegeben, wobei die Zahlenwerte aus [31] entnommen sind. Während beim Schließvorgang durch den Reibungseinfluß eine Verkleinerung der ersten Amplitude eintritt, führt die Berücksichtigung der Reibung beim Öffnungsvorgang zu einer Vergrößerung der ersten Amplitude. Es liefert also die reibungslose Strömung nicht immer die extremen Wasserspiegellagen im Wasserschloß. In [78] wird der Einfluß der Reibung auch auf die der ersten Amplitude folgenden Auslenkungen (Spiegelabsenkung, Spiegelanstieg) untersucht. Solche Ergebnisse sind in Abb. 3.54 miteingetragen. Die für das Schwingungsverhalten $z(t)$ wiedergegebene Skizze gilt für $z_a/z^*_{max} = -0{,}6$ bzw. $z_b/z^*_{min} = 0{,}4$. Im Fall a (Schließen) beginnt die Schwingung im Beharrungszustand mit $z(t = 0) = z_a < 0$ und geht im Ruhezustand asymptotisch gegen den Wert $z(t \to \infty) = 0$. Die Schwingung im Fall b (Öffnen) geht aus dem Ruhezustand $z_0 = z(t = 0) = 0$ und nimmt im Beharrungszustand asymptotisch den Wert $z(t \to \infty) = z_b < 0$ an. Dabei kann die Auslenkung für den ersten Spiegelanstieg sowohl positiv als auch negativ sein, $z_m \gtrless 0$.

Stabilität des Wasserschlosses. Man kann zeigen, daß bei Berücksichtigung der Reibung Wasserschloßschwingungen stabil sind, wenn der abfließende Volumenstrom $\dot{V}(t) =$ const ist oder der Vorgang bei konstant gehaltener Stellung der Absperrvorrichtung erfolgt. Eine auf konstante Leistung selbsttätig geregelte Turbinenanlage (Fall c) kann zu angefachten Schwingungen im Wasserschloß führen. Von den Systemabmessungen hängt es dabei ab, ob die unter der Einwirkung der Regelung entstehenden Schwingungen gedämpft (Stabilität) oder angefacht (Instabilität, Resonanz) sind. Es sind daher auch Stabilitätsuntersuchungen für das Wasserschloß erforderlich, aus denen man beurteilen kann, ob eine Schwingungsanfachung möglich ist. Die Regelung auf konstante Turbinenleistung bedingt eine Mindestgröße für den Querschnitt des Wasserschlosses.

3.5 Strömung in offenen Gerinnen (Gerinnehydraulik)

3.5.1 Einführung

Allgemeines. Die Bewegung einer Flüssigkeit in offenen Gerinnen (Kanälen, Flüssen usw.) hat mancherlei gemeinsame Kennzeichen mit der Strömung in geschlossenen Rohrleitungen. Während jedoch bei vollgefüllten Rohren die Flüssigkeit allseitig von festen Wandungen umgeben ist, hat man es bei offenen Gerinnen sowie auch bei teilgefüllten Rohren neben festen Wänden außerdem noch mit einer freien Oberfläche zu tun. In der Mehrzahl der praktisch wichtigen Fälle stellt diese eine Trennungsfläche zwischen Wasser und Luft dar, so daß an ihr überall der als konstant anzusehende Atmosphärendruck herrscht. Bei den offenen Gerinnen unterscheidet man zwischen künstlichen und natürlichen Gerinnen. Zu den ersteren gehören die Kanäle und Gräben mit mehr oder weniger regelmäßigen Querschnitten (Rechteck, Trapez, Parabel usw.) und zu den letzteren die Flüsse und Bäche mit oft stark veränderlichen Querschnitten. Bei den natürlichen Gerinnen ist der Abflußvorgang häufig mit einer Geschiebebewegung verbunden. Diese tritt auf, wenn der Fluß bei seinem Lauf vom Gebirge talabwärts mehr oder weniger grobe, bewegliche Körper (Sand, Kies, größere Steinblöcke) mit sich führt. In solchen Fällen können die Gerinnewandungen im Gegensatz zu Rohren und befestigten Kanälen nicht mehr als vollkommen fest angesehen werden. Es ist einleuchtend, daß bei derartigen Strömungsvorgängen die Schwierigkeiten, die sich schon bei der Rohrströmung hinsichtlich einer genaueren Definition der Wandrauheit ergeben, noch wesentlich größer werden. Um diese Erscheinungen einigermaßen richtig zu erfassen, müssen z. T. ganz neue Vorstellungen entwickelt werden. Bei den nachstehenden Betrachtungen sollen derartige Geschiebebewegungen ausgeschlossen, d. h. die Gerinnewandungen als fest und starr angesehen werden. Das umfangreiche Aufgabengebiet der Strömungen in offenen Gerinnen wird als Gerinnehydraulik bezeichnet[63].

Strömungsverhalten. Die Flüssigkeitsströmung in offenen Gerinnen kann stationär sein, also unabhängig von der Zeit; sie kann aber auch instationär sein, z. B. beim Hochwasserablauf, beim Öffnen und Schließen gewisser Absperrvorrichtung (Schieber, Schütze usw.). Die stationäre Strömung ist dadurch gekennzeichnet, daß durch jeden Querschnitt des Gerinnes zu jeder Zeit das gleiche Flüssigkeitsvolumen fließt. Eine solche Bewegung ist gleichförmig, wenn die Strömungsquerschnitte wie in Abb. 3.55a überall gleich groß sind. Sie ist ungleichförmig, wenn sich die Querschnitte wie in Abb. 3.55b in Strömungsrichtung verkleinern (absenken) oder sich wie in Abb. 3.55c vergrößern (aufstauen).

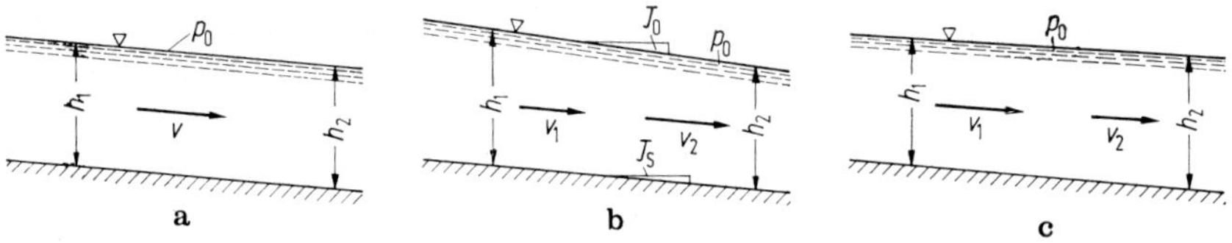

Abb. 3.55. Abflußformen stationärer Gerinneströmung. **a** Gleichförmige Bewegung, $h_2 = h_1$, $v_2 = v_1$. **b** Beschleunigte Bewegung, $h_2 < h_1$, $v_2 > v_1$. **c** Verzögerte Bewegung, $h_2 > h_1$, $v_2 < v_1$. J_s Sohlengefälle, J_0 Spiegelgefälle

Die Strömung in offenen Gerinnen ist eine Folge des vorhandenen Gefälles, wobei im allgemeinen zwischen dem flüssigkeitsbedingten Spiegelgefälle J_0 und dem geometrischen Sohlengefälle J_s zu unterscheiden ist. Bei gleichförmiger Bewegung und unter der Voraussetzung eines prismatischen Betts sind Spiegel- und Sohlengefälle gleich groß, $J_0 = J_s$ Die höher liegenden Flüssigkeitsteile besitzen eine bestimmte Lageenergie (potentielle Energie), die beim Abwärtsfließen in Geschwindigkeitsenergie (kinetische Energie) umgesetzt wird und zur Überwindung der infolge Reibung auftretenden Strömungswiderstände dient. Der Strömungsvorgang von Flüssigkeiten mit freien Oberflächen wird im wesentlichen also durch die Einflüsse der Schwere und der Flüssigkeitsreibung bestimmt. Wie bei der Strömung in geschlossenen Rohrleitungen hat man auch hier grundsätzlich zu unterscheiden zwischen laminarer und turbulenter Strömung. Indessen

63 Einschlägiges in Buchform erschienenes Schrifttum ist in der Bibliographie (Abschnitt D) am Schluß des Bandes II zusammengestellt.

kommt bei den praktisch interessierenden Geschwindigkeiten und Gerinneabmessungen fast ausschließlich die turbulente Fließart in Frage.

Unabhängig vom Begriff der laminaren oder turbulenten Bewegung kann sich die Flüssigkeit (Wasser) in offenen Gerinnen, einschließlich teilgefüllter Rohrleitungen, auf zweierlei Art fortbewegen. Für die unterschiedlichen Abflußarten der Freispiegelströmungen werden die Bezeichnungen strömender und schießender Abfluß benutzt. Dabei versteht man beim Strömen einen ruhigeren und beim Schießen einen schnelleren, heftigeren Abflußvorgang. Unter bestimmten Bedingungen kann eine schießende Bewegung mittels eines Wechselsprungs (Wassersprung) in eine strömende Bewegung unstetig übergehen, vgl. Kap. 1.3.3.3.

Geschwindigkeit. Wesentlich schwieriger als bei der Rohrströmung lassen sich Angaben über die Geschwindigkeitsverteilung der turbulenten Gerinneströmung machen, da jetzt nicht mehr die Symmetrieeigenschaften vorhanden sind, welche die Rohrströmung auszeichnen. Es ist einleuchtend, daß solche Verteilungen um so unbestimmter ausfallen, je unregelmäßiger die Strömungsquerschnitte sind. Das Geschwindigkeitsprofil über einem Gerinnequerschnitt $v(n)$ hat etwa die aus Abb. 3.56a ersichtliche Gestalt. Die maximale Geschwindigkeit v_{max} liegt in der

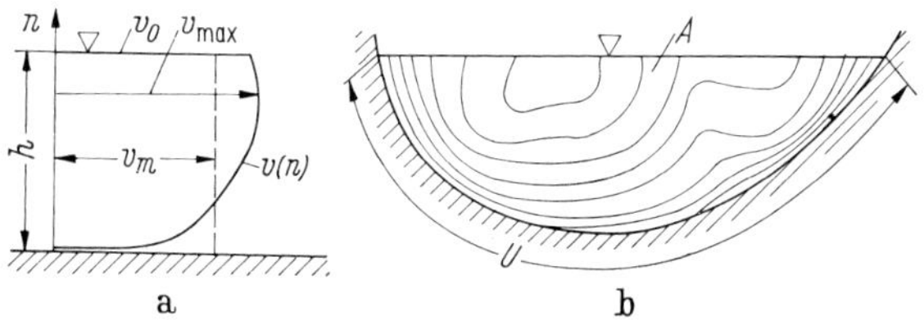

Abb. 3.56. Geschwindigkeitsverteilung über den Strömungsquerschnitt eines offenen Gerinnes. **a** Geschwindigkeitsprofil. **b** Isotachen. *A* Flüssigkeitsführender Querschnitt, *U* benetzter Umfang

Regel nicht genau im Flüssigkeitsspiegel, wie man zunächst vermuten könnte sondern etwas unterhalb desselben, bei rechteckigen Kanälen etwa in ein Fünftel der Kanaltiefe. Dies dürfte im wesentlichen wohl auf den Reibungseinfluß zwischen der Flüssigkeit (Wasser) und dem angrenzenden Gas (Luft) zurückzuführen sein. Bei unsymmetrischen Querschnitten tritt das Maximum auch nicht in der Gerinnemitte auf, sondern mehr oder weniger seitlich verschoben. An der Sohle ist nach genauen Untersuchungen die Geschwindigkeit null. Der Abfall erfolgt allerdings in einer sehr schmalen Randzone so schnell, daß bei praktischen Messungen gewöhnlich eine gewisse Sohlengeschwindigkeit festgestellt wird. Auch von der Mitte nach den seitlichen Wandungen hin nimmt die Geschwindigkeit ab und erreicht am Rand wieder den Wert null.

Bei Flußläufen ist wegen der bestehenden Unregelmäßigkeiten eine rechnerische Bestimmung der Geschwindigkeitsverteilung so gut wie ausgeschlossen. Man ist hier ausschließlich auf Messungen angewiesen. Zu diesem Zweck werden häufig sog. hydrometrische Flügel verwendet. Für genauere Versuche benutzt man gewöhnlich ein Prandtl-Rohr nach Abb. 3.11c. Alle Punkte gleicher Geschwindigkeit miteinander verbunden bilden die Isotachen, welche nach Abb. 3.56b ein anschauliches Bild der Geschwindigkeitsverteilung liefern.

3.5.2 Grundlegende Erkenntnisse

3.5.2.1 Begriffe der Gerinnehydraulik

Geometrie. In Analogie zur Rohrströmung kann man auch bei der Gerinneströmung nach (3.77) einen gleichwertigen Durchmesser D_g definieren. Im Wasserbau wird häufig auch mit der hydraulischen Querschnittstiefe h_f, früher auch hydraulischer Radius oder Profilradius genannt, gearbeitet. Es gilt

$$D_g = 4\,\frac{A}{U}, \quad h_f = \frac{A}{U} \qquad \text{(Definitionen)} \qquad (3.173\text{a, b})$$

mit A als Fläche des flüssigkeitsführenden Querschnitts normal zur Fließrichtung und U als Umfang der von der Flüssigkeit benetzten Gerinnewand, vgl. Abb. 3.56 b. Von der Anschauung her wäre bei Strömungen durch vollgefüllte Rohrleitungen der gleichwertige Durchmesser und bei Strömungen durch Gerinne die hydraulische Querschnittstiefe als Bezugsgröße zweckmäßig. Zwischen beiden besteht der Zusammenhang $D_g = 4h_f$. Da sehr viele Ergebnisse der Rohrströmung auf die Gerinneströmung übertragen werden können, soll auch bei der Gerinneströmung der hier nicht immer anschauliche gleichwertige Durchmesser verwendet werden. Für ein Gerinne mit rechteckigem Querschnitt (Rechteckgerinne) der Breite b, das bis zur Höhe h (normal zur Hauptströmrichtung gemessen) mit Flüssigkeit gefüllt ist, gilt

$$D_g = 4\,\frac{hb}{b + 2h} \approx 4h, h_f = \frac{bh}{b + 2h} \approx h \qquad (b = \text{const}), \qquad (3.174\text{a, b})$$

wobei die zweiten Beziehungen jeweils das sehr breite Gerinne mit $b \to \infty$ beschreiben.

Mittlere Geschwindigkeit. Die mittlere Fließgeschwindigkeit ist entsprechend (3.66a) zu $v_m = \dot{V}/A$ definiert, wobei $\dot{V}$ der zu einem festgehaltenen Zeitpunkt längs der Hauptströmrichtung unveränderliche Volumenstrom (zeitliche Änderung des abfließenden Volumens) in m³/s und A die flüssigkeitsgefüllte Gerinnequerschnittsfläche in m² bedeutet. Ist $d\dot{V} = v\,dA$ der Volumenstrom durch ein Flächenelement dA des Gerinnequerschnitts, dann ist, vgl. Tab. 3.2a,

$$v_m = \frac{\dot{V}}{A} = \frac{1}{A}\int\limits_{(A)} v\,dA = \frac{1}{h}\int\limits_0^h v(n)\,dn \qquad (b = \text{const}), \qquad (3.175\text{a, b, c})$$

wobei die letzte Beziehung für ein Rechteckgerinne mit der Flüssigkeitshöhe h (normal zur Hauptströmrichtung) gilt. Das Verhältnis der mittleren Geschwindigkeit v_m zur größten Oberflächengeschwindigkeit v_0 beträgt bei Flüssen ungefähr $0{,}7 < v_m/v_0 < 0{,}8$. Es nimmt mit wachsender Rauheit ab.

Kennzahlen. Der Strömungsverlauf in einem offenen Gerinne hängt zum einen von der Reynolds-Zahl und der Rauheit der Gerinnewandung sowie zum anderen von der Froude-Zahl ab. Die Reynolds-Zahl werde bei der Gerinneströmung gemäß (1.47c) mit dem gleichwertigen Durchmesser D_g nach (3.173a), der mittleren Geschwindigkeit v_m nach (3.175) sowie der kinematischen Viskosität $\nu = \eta/\varrho$ nach (1.12) gebildet, vgl. Kap. 1.2.3.2. Bei der Froude-Zahl werde gemäß (1.47d) die hydraulische Querschnittstiefe h_f nach (3.173b), die mittlere Geschwindigkeit v_m nach (3.175) sowie Fallbeschleunigung g nach (1.19b) benutzt. Mithin gilt für die Kennzahlen der Gerinneströmung, vgl. (3.80a),

$$Re = \frac{v_m D_g}{\nu}, \quad Fr = \frac{v_m}{\sqrt{g h_f}}. \qquad (3.176\text{a, b})$$

Die Größe der Reynolds-Zahl ist nach Kap. 1.3.3.2 maßgebend dafür, ob es sich um eine laminare oder turbulente Strömung handelt, und zwar beträgt die Reynolds-Zahl, bei welcher der Wechsel von der laminaren in die turbulente Strömung eintritt, in Analogie zur Rohrströmung etwa $Re_u = 2300$. Bei Wasserströmungen in offenen Gerinnen wird $Re \gg Re_u$ bei weitem überschritten, was turbulenten Strömungszustand bedeutet. Die Froude-Zahl kann nach Kap. 1.3.3.3 als Verhältnis der Fließgeschwindigkeit v_m zur Ausbreitungsgeschwindigkeit der Grundwelle c_0 als maßgebend dafür angesehen werden, ob es sich um strömende oder schießende Flüssigkeitsbewegung handelt.

Energiehöhe. In der Gerinnehydraulik wird bei stationärer Strömung im allgemeinen mit der Höhenform der Energiegleichung gerechnet. Diese wird für die reibungslose Strömung in (3.22c), vgl. hierzu Abb. 3.9, und für die reibungsbehaftete Rohrströmung im Anschluß an (3.67a), vgl. hierzu Abb. 3.20b, angegeben. Für zwei Stellen (*1*) und (*2*) längs des Gerinnes gilt somit

$$(z_s + z_p + z_v)_1 = (z_s + z_p + z_v)_2 + (z_e)_{1\to 2}. \qquad (3.177)$$

In Abb. 3.57 ist dieser Sachverhalt dargestellt. Es ist z_s die Lage der Gerinnesohle (Ortshöhe), $h = z_p$ die Flüssigkeitstiefe (Druckhöhe), $z_v = \alpha(v_m^2/2g)$ die Geschwindigkeitshöhe mit $\alpha > 1$ als Energiebeiwert nach Tab. 3.2c und v_m als mittlerer Geschwindigkeit sowie z_e entsprechend (3.64b) die Energieverlusthöhe (Verlust

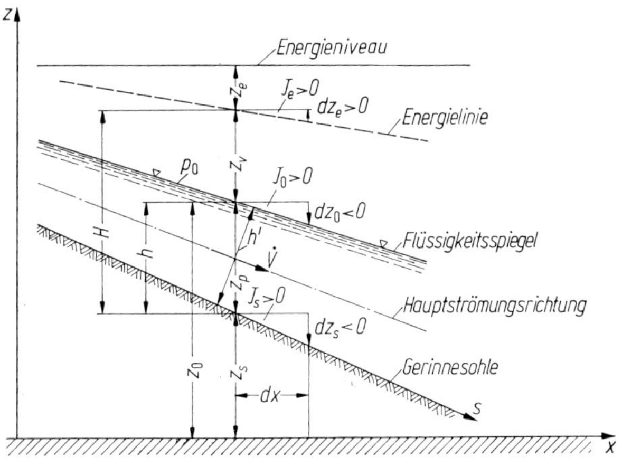

Abb. 3.57. Zur Erläuterung der Energiegleichung (Höhenform) für die Gerinneströmung, man vergleiche Abb. 3.20b für die Rohrströmung

an strömungsmechanischer Energie). Bei turbulenter Strömung, die, wie schon gesagt wurde, bei Strömungen in Gerinnen fast ausnahmslos vorliegt, kann $\alpha \approx 1$ gesetzt werden. Die Lage des Flüssigkeitsspiegels beträgt $z_0 = z_s + h$. Für die Neigungen der Gerinnesohle (Sohlengefälle), des Flüssigkeitsspiegels (Spiegelgefälle) sowie der Energielinie (Energiegefälle) kann man aus Abb. 3.57 die Beziehungen $J_s = -dz_s/dx > 0$, $J_0 = -dz_0/dx > 0$ bzw. $J_e = dz_e/dx > 0$ ablesen. In vielen Fällen sind die Neigungen J_s und J_0 verhältnismäßig klein, so daß die Flüssigkeitstiefe h' normal zur Hauptströmrichtung gemessen näherungsweise gleich der vertikal gemessenen Flüssigkeitstiefe h ist, $h' \approx h$.

Zur Beschreibung der Lage der Energielinie über der Gerinnesohle sei der Ausdruck Energiehöhe mit $H = h + z_v = h + \alpha(v_m^2/2g)$ eingeführt. Mit (3.175a) wird für einen bestimmten Gerinnequerschnitt

$$H = h + \alpha \frac{\dot{V}^2}{2gA^2} \quad \text{(Energiehöhe)} \qquad (3.178)$$

mit $A = A(h)$ sowie $\alpha \approx 1$.

Krafthöhe. Nach Kap. 2.5.2.2 stellt die Impulsgleichung für den Kontrollfaden (3.73) eine Kraftgleichung dar. Dabei kommt dem Impulsintegral (Integral über die totalen Impulsströme) eine für den Bewegungsvorgang wesentliche Bedeutung zu. Der Betrag des Integrals sei mit $T = (p_m + \beta\varrho v_m^2)\,A$ gekennzeichnet, wobei nach Tab. 3.2b $\beta > 1$ der Impulsbeiwert und p_m der mittlere Druck des flüssigkeitsführenden Querschnitts A ist. Für Gerinne mit gerader Sohle und parallel verlaufenden geradlinigen Stromlinien folgt mittels der hydrostatischen Grundgleichung (3.1c) die Beziehung $p_m = p_0 + \varrho g(z_0 - z_S) = p_0 + \varrho g(h - h_S)$, wenn h_S die Lage des Schwerpunkts der Fläche A von der Gerinnesohle aus gemessen ist, vgl. (3.3b). Da p_0 nur ein Bezugsdruck ist, kann er im folgenden fortgelassen werden, wenn man unter p_m den Druckunterschied gegenüber p_0 (reduzierter Druck) versteht. Der totale Impulsstrom ergibt sich zu

$$T = \varrho g h \left(1 - \frac{h_S}{h} + \beta \frac{v_m^2}{gh}\right) A \quad \text{(Impulsstrom)} \qquad (3.179\text{a})$$

und hieraus durch Division mit $\varrho g A/2h$ die sogenannte Krafthöhe zu

$$K = h \sqrt{2\left(1 - \frac{h_S}{h}\right) + \beta \frac{2\dot{V}^2}{ghA^2}} \quad \text{(Krafthöhe)}\,. \qquad (3.179\text{b})$$

Es ist $\dot{V} = v_m A$ der Volumenstrom, und weiterhin gilt $h_S = h_S(h)$, $A = A(h)$ sowie $\beta \approx 1$. Während T die Bedeutung einer Kraft in N hat, stellt K eine Länge in m dar.

3.5.2.2 Fließzustand und Grenzverhalten

Grenztiefe und Grenzgeschwindigkeit. Der folgenden Aufgabenstellung liegt der Gedanke zugrunde, zu untersuchen, welchen Änderungen die Energiehöhe nach (3.178) oder die Krafthöhe nach (3.179b) in ein und demselben Fließquerschnitt unterworfen sind, wenn der Durchfluß (Volumenstrom) konstant gehalten wird. Die Frage kann auch umgekehrt gestellt werden, wenn die Veränderlichkeit des Durchflusses mit der örtlich zur Verfügung stehenden Energie- oder Krafthöhe angegeben werden soll. Bei den Gerinneströmungen gelangt man dabei zu außerordentlich wichtigen Aussagen über die Lage des Flüssigkeitsspiegels (Wassertiefe), die unabhängig sind von den Begriffen wie Gleich- oder Ungleichförmigkeit des Abflusses bzw. laminare oder turbulente Strömung.

Ausgangspunkt für die weiteren Überlegungen sind die Beziehungen für die Energiehöhe nach (3.178) sowie für die Krafthöhe nach (3.179b). Für den Fall des Rechteckgerinnes der Breite b findet man mit $A = bh$ und $h_S = h/2$ sowie der für turbulente Strömung gerechtfertigten Annahme $\alpha \approx 1 \approx \beta$

$$H = h + \frac{\dot{V}^2}{2gb^2h^2}, \quad K = h\sqrt{1 + \frac{2\dot{V}^2}{gb^2h^3}} \qquad (b = \text{const}). \qquad (3.180\text{a, b})$$

Bei bekannten Werten von b, H und $\dot{V}$ bzw. b, K und $\dot{V}$ stellen (3.180a, b) Gleichungen zur Berechnung der Flüssigkeitstiefe h dar. In Abb. 3.58a sind bei ungeändertem Volumenstrom $\dot{V} = \text{const}$ die Energiehöhe $H(h)$ als Kurve (*1*)

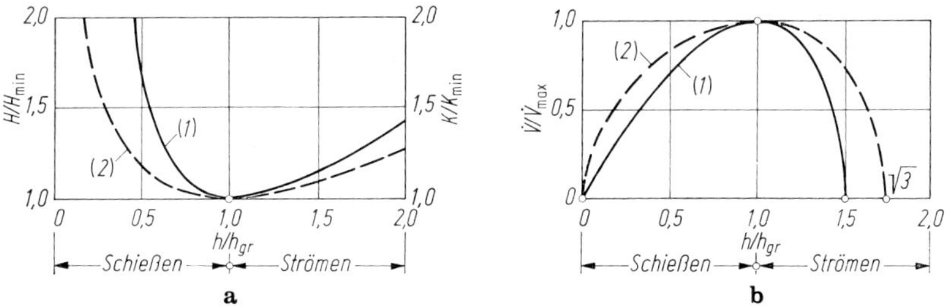

Abb. 3.58. Fließzustand und Grenzverhalten in Rechteckgerinnen. (*1*) Energiebetrachtung (Energiehöhe), (*2*) Impulsbetrachtung (Krafthöhe). **a** Energie- und Krafthöhe in Abhängigkeit von der Flüssigkeitstiefe bei konstantem Volumenstrom, (3.183a, b). **b** Volumenstrom in Abhängigkeit von der Flüssigkeitstiefe bei konstanter Energie- bzw. Krafthöhe, (3.187a, b)

und die Krafthöhe $K(h)$ als Kurve (*2*) in dimensionsloser Form dargestellt. Beide Kurven besitzen danach ein Minimum $H = H_{\text{min}}$ bzw. $K = K_{\text{min}}$. Dies findet man aus der Bedingung $dH/dh = 0$ bzw. $dK/dh = 0$. In beiden Fällen ergibt sich für den Wert, bei dem sich das Minimum einstellt, dasselbe Ergebnis, nämlich

$$h_{gr} = \sqrt[3]{\frac{\dot{V}^2}{gb^2}}, \quad v_{gr} = \sqrt{gh_{gr}} \qquad (\dot{V} = \text{const}). \qquad (3.181\text{a, b})$$

Diese Tiefe bezeichnet man mit Grenztiefe $h = h_{gr}$. Die zugehörige Grenzgeschwindigkeit $v_m = v_{gr}$ erhält man unter Beachtung der Kontinuitätsbedingung $\dot{V} = v_m bh = v_{gr} bh_{gr} = \text{const}$. Die Extremwerte für H und K betragen

$$H_{\text{min}} = \frac{3}{2}\, h_{gr} = \frac{3}{2} \sqrt[3]{\frac{\dot{V}^2}{gb^2}}, \quad K_{\text{min}} = \sqrt{3}\, h_{gr} = \sqrt{3} \sqrt[3]{\frac{\dot{V}}{gb^2}}. \qquad (3.182\text{a, b})$$

Energiehöhenminimum bzw. Krafthöhenminimum stellen diejenigen Höhen dar, die zur Erzielung eines Volumenstroms $\dot{V}$ mindestens erforderlich sind. Nach Einsetzen von (3.182a, b) in (3.180a, b) erhält man die der Abb. 3.58a zugrunde liegenden dimensionslosen Ausdrücke

$$\frac{H}{H_{\min}} = \frac{2}{3}\frac{h}{h_{gr}}\left[1 + \frac{1}{2}\left(\frac{h_{gr}}{h}\right)^3\right] \geqq 1, \quad \frac{K}{K_{\min}} = \frac{1}{\sqrt{3}}\frac{h}{h_{gr}}\sqrt{1 + 2\left(\frac{h_{gr}}{h}\right)^3} \geqq 1. \tag{3.183a, b}$$

Bei Energiehöhen $H > H_{\min}$ bzw. Krafthöhen $K > K_{\min}$ können sich jeweils zwei verschiedene Abflußtiefen $h \lesseqgtr h_{gr}$ einstellen. Wegen dieses Ergebnisses kann zwischen einem strömenden Abfluß (Flüsse) bei großer Flüssigkeitstiefe $h > h_{gr}$ und geringer Geschwindigkeit $v < v_{gr}$ sowie einem schießenden Abfluß (Wildbäche) bei kleiner Flüssigkeitstiefe $h < h_{gr}$ und großer Geschwindigkeit $v > v_{gr}$ unterschieden werden, vgl. hierzu die Ausführungen in Kap. 1.3.3.3.

Volumenstrom. Aus (3.180) erhält man nach $\dot{V}$ aufgelöst für das Rechteckgerinne

$$\dot{V} = bh\sqrt{2g(H - h)}, \quad \dot{V} = b\sqrt{\frac{1}{2}gh(K^2 - h^2)} \quad (b = \text{const}). \tag{3.184a, b}$$

Der Volumenstrom ist null bei $h = 0$ und $h = H$ bzw. bei $h = 0$ und $h = K$. In Abb. 3.58b ist der Volumenstrom $\dot{V}(h)$ bei ungeänderter Energiehöhe $H = \text{const}$ als Kurve (*1*) und bei ungeänderter Krafthöhe $K = \text{const}$ als Kurve (*2*) in dimensionsloser Form dargestellt. Beide Kurven besitzen danach ein Maximum $\dot{V} = \dot{V}_{\max}$. Dies findet man aus der Bedingung $d\dot{V}/dh = 0$. Die Maxima stellen sich bei der Grenztiefe

$$h_{gr} = \frac{2}{3}H \quad (H = \text{const}), \quad h_{gr} = \frac{1}{\sqrt{3}}K \quad (K = \text{const}) \tag{3.185a, b}$$

ein und betragen

$$\dot{V}_{\max} = b\sqrt{g\left(\frac{2}{3}H\right)^3}, \quad \dot{V}_{\max} = b\sqrt{g\left(\frac{1}{\sqrt{3}}K\right)^3}, \quad \dot{V}_{\max} = b\sqrt{gh_{gr}^3}. \tag{3.186a, b, c}$$

Durch Einsetzen von (3.185a, b) ergibt sich für beide Fälle dasselbe in (3.186c) wiedergegebene Ergebnis oder auch $h_{gr} = \sqrt[3]{\dot{V}_{\max}^2/gb^2}$. Ein Vergleich mit (3.182a, b) zeigt, daß bei $\dot{V} = \dot{V}_{\max}$ für $H = H_{\min}$ bzw. $K = K_{\min}$ die Grenztiefen h_{gr} in beiden Betrachtungen (Energiehöhe bzw. Krafthöhe) übereinstimmen. Dies bedeutet, daß $\dot{V}_{\max}$, $H_{\min}$ und $K_{\min}$ im gegebenen Gerinne simultan auftreten. Die in Abb. 3.58b zugrunde gelegte dimensionslose Darstellung lautet

$$\frac{\dot{V}}{\dot{V}_{\max}} = \frac{h}{h_{gr}}\sqrt{3 - 2\frac{h}{h_{gr}}}, \quad \frac{\dot{V}}{\dot{V}_{\max}} = \sqrt{\frac{1}{2}\frac{h}{h_{gr}}\left[3 - \left(\frac{h}{h_{gr}}\right)^2\right]}. \tag{3.187a, b}$$

Für $h/h_{gr} = 0$ und $h/h_{gr} = 1$ stimmen die Werte beider Beziehungen miteinander überein. Der zweite Punkt, wo $\dot{V}/\dot{V}_{\max} = 0$ wird, ergibt sich bei der Energiehöhe zu $h/h_{gr} = 1{,}5$ und bei der Krafthöhe zu $h/h_{gr} = \sqrt{3} = 1{,}732$. Volumenströme $\dot{V} < \dot{V}_{\max}$ können sowohl im strömenden als auch im schießenden Bereich abgeführt werden. Daß die Kurvenverläufe nicht vollständig übereinstimmen, liegt an der gemachten Vernachlässigung der Stromfadenkrümmung, an der Annahme konstanter Geschwindigkeitsverteilung über den Querschnitt, $\alpha \approx 1 \approx \beta$, und vor allem an der Tatsache, daß H und K nicht gleichzeitig konstant gehalten werden können. Über Einzelheiten zur Aufklärung der bestehenden Unterschiede sei z. B. auf [58] verwiesen. Dort werden auch Ausführungen über andere Gerinnequerschnittsformen als das hier behandelte Rechteckgerinne gemacht.

Froude-Zahl. In (3.176b) wurde die Froude-Zahl als Kennzahl für die Beschreibung schwerbehafteter Flüssigkeitsströmungen angegeben. Als Bezugstiefe h_f werde die Flüssigkeitstiefe h eingeführt, so daß $Fr = v_m/\sqrt{gh}$ ist[64]. Hierin ist c_0

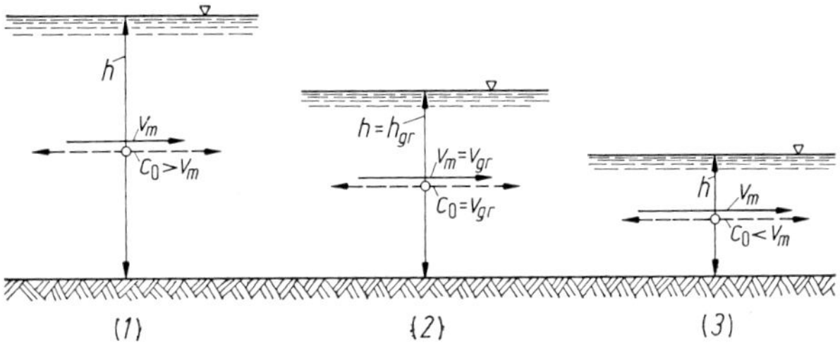

Abb. 3.59. Zur Erläuterung des Fließzustands. (*1*) Strömen: $h > h_{gr}$, $v_m < c_0$, (*2*) Grenzfall: $h = h_{gr}$, $v_m = v_{gr} = c_0$, (*3*) Schießen: $h < h_{gr}$, $v_m > c_0$. —— Fließgeschwindigkeit $v_m = (h_{gr}/h)\, v_{gr}$. ---- Ausbreitungsgeschwindigkeit der Flachwasserwelle $c_0 = \sqrt{gh} = \sqrt{h/h_{gr}}\, v_g$, mit $v_{gr} = \sqrt{gh_{gr}}$

$= \sqrt{gh}$ die Ausbreitungsgeschwindigkeit der Grundwelle (Flachwasserwelle), vgl. Kap. 5.3.4.2. Die mittlere Fließgeschwindigkeit ermittelt man aus (3.181a) zu $v_m = \dot{V}/bh = \sqrt{gh_{gr}^3/h^2}$. Mithin gilt für die im obigen Sinn definierte Froude-Zahl

$$Fr = \frac{v_m}{c_0} = \frac{v_m}{\sqrt{gh}} = \sqrt{\left(\frac{h_{gr}}{h}\right)^3} = \left(\frac{v_{gr}}{c_0}\right)^3 \lesseqgtr 1 \qquad (b = \text{const}) \qquad (3.188)$$

mit v_{gr} nach (3.181b).

Die Grenzgeschwindigkeit $v_{gr} = \sqrt{gh_{gr}}$ ist zugleich die Ausbreitungsgeschwindigkeit der Flachwasserwelle bei $h = h_{gr}$. Strömender Abfluß tritt bei $Fr < 1$ und schießender Abfluß bei $Fr > 1$ auf. Physikalisch bedeutet diese Aussage, daß sich bei einem strömenden Abfluß Störungen wegen $c_0 > v_m$ sowohl stromaufwärts als auch stromabwärts ausbreiten können, während sich beim schießenden Abfluß Störungen wegen $c_0 < v_m$ nur stromabwärts auswirken können. In Abb. 3.59 sind die Fließvorgänge für den Fall des Strömens (*1*), den Grenzfall (*2*) und den Fall des Schießens (*3*) anschaulich dargestellt. Formelmäßig gilt zusammen-

---

64 Nach (3.174b) ist für sehr breite Rechteckgerinne $h_f = h$.

gefaßt

$$\text{Strömen:}\quad Fr < 1, \qquad h > h_{gr},\ v_{gr} > v_m < c_0, \tag{3.189a}$$

$$\text{Grenzfall:}\quad Fr = 1, \qquad h = h_{gr},\ v_{gr} = v_m = c_0, \tag{3.189b}$$

$$\text{Schießen:}\quad Fr > 1, \qquad h < h_{gr},\ v_{gr} < v_m > c_0. \tag{3.189c}$$

Grenzgefälle. Zu jeder Abflußmöglichkeit ist jeweils ein anderes Gefälle notwendig. Unter Bezugnahme auf die Fließformel (3.199) lassen sich hierfür einfache Angaben machen. Mit $(J_s)_{gr} = J_{gr}$ als Grenzgefälle gilt

$$\text{Strömen: } J_s < J_{gr}, \qquad \text{Schießen: } J_s > J_{gr}. \tag{3.190a, b}$$

Für Rechteckgerinne mit sehr großer Breite $b \gg h$ beträgt der gleichwertige Durchmesser nach (3.174a) $D_g = 4h$ und mithin nach (3.199) die Grenzgeschwindigkeit $v_{gr} = v_m$ mit $h = h_{gr}$ und $J_s = J_{gr}$. Durch Vergleich mit (3.181b) folgt für das Grenzgefälle

$$J_{gr} = \frac{\lambda}{8} = \frac{1}{8c^2} > 0 \qquad (b = \text{const}). \tag{3.191a, b}$$

Die Möglichkeit zweier verschieden großer Flüssigkeitstiefen (Wassertiefen) bei gleichen Werten von $\dot{V}$ und H bzw. $\dot{V}$ und K kann zu einem Wechselsprung (Wassersprung) führen, worüber in Kap. 3.5.4.3 noch berichtet wird.

3.5.2.3 Druckverteilung in einem Gerinnequerschnitt

Ohne Stromlinienkrümmung. Längs geradlinig und parallel verlaufender Stromlinien erhält man nach Abb. 3.60 aus dem Kräftegleichgewicht quer zur Stromlinie, d. h. in n-Richtung, bei stationärer Strömung analog zu (3.81) die Druckverteilung in einem Gerinnequerschnitt zu

$$p - p_0 - \varrho g(z_0 - z) \qquad (r_k \to \infty, \quad s = \text{const}), \tag{3.192a}$$

wobei p_0 und z_0 die Größen am Flüssigkeitsspiegel sind. Den Druck am Ort der Gerinnesohle $z = z_s$ findet man zu

$$p_s = p_0 = \varrho g(z_0 - z_s) = \varrho g h \cos^2 \vartheta \approx \varrho g h. \tag{3.192b}$$

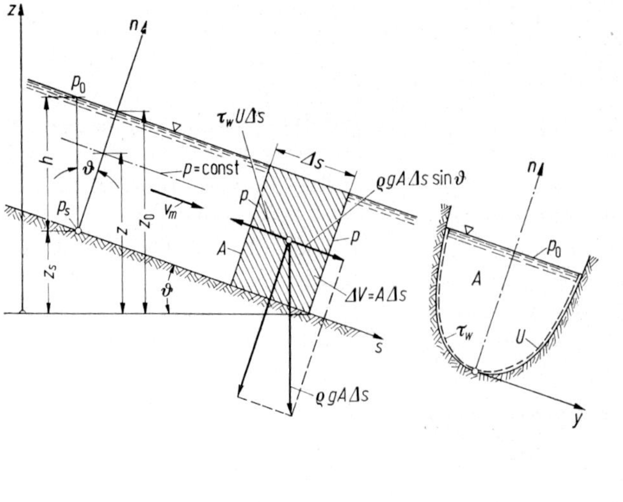

Abb. 3.60. Zur Ermittlung der Druck- und Wandschubspannungsverteilung sowie des Kräftegleichgewichts in einem Gerinne bei geradlinig und parallel verlaufenden Stromlinien

Hierin wurde die geometrische Beziehung $z_0 - z_s = h \cos^2 \vartheta$ aus Abb. 3.60 ermittelt. Wegen des im allgemeinen kleinen Gerinnegefälles $J_s = \sin \vartheta < 0{,}1$ kann $\cos^2 \vartheta \approx 1{,}0$ gesetzt werden.

Mit Stromlinienkrümmung. Während man es bei Rohrleitungen nach Kap. 3.4 mit Ausnahme der örtlich begrenzten Umlenkungen und Verzweigungen im allgemeinen mit schwach gekrümmten Leitungen, d. h. nahezu geradlinig verlaufenden Stromlinien, zu tun hat, treten im Wasserbau häufiger Strömungen auf, bei denen die Stromlinien auf längeren Strecken des Gerinnes gekrümmt sind. Besondere Bedeutung kommt hierbei den Überfällen über Wehre zu. Es mögen im folgenden einige grundsätzliche Aussagen über die Druckverteilung in einer konvex oder in einer konkav gekrümmten, in vertikalen Ebenen verlaufenden Flüssigkeitsströmung gemacht werden. Die Stromlinien sollen nach Abb. 3.61a in dem betrachteten Bereich konzentrische Kreise sein. Bei Annahme einer stationären,

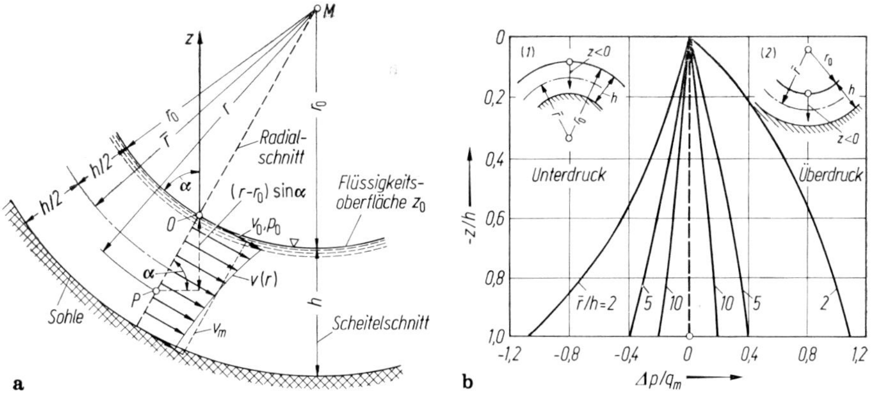

Abb. 3.61. Einfluß der Stromlinienkrümmung auf die Druckverteilung in einem Gerinnequerschnitt. **a** Bezeichnungen. **b** Krümmungsbedingte Druckverteilung. (*1*) Konvexe Krümmung, $\bar{r} < r_0$, (*2*) konkave Krümmung $\bar{r} > r_0$

reibungslosen Strömung gilt mit den Bezeichnungen von Abb. 3.61a (konkave Krümmung) nach (3.22c) und (2.94b) mit $\varrho = \text{const}$ für die Druckverteilung in einem radialen Schnitt in der Vertikalebene mit $\partial/\partial n = -\partial/\partial r$ und $r_k = r$

$$\frac{p}{\varrho g} + z + \frac{v^2}{2g} = C, \qquad \frac{1}{\varrho g}\frac{\partial p}{\partial r} + \frac{\partial z}{\partial r} - \frac{v^2}{gr} = 0. \tag{3.193a, b}$$

Hierin ist $\varrho g = \gamma$ nach (1.21) die Wichte der Flüssigkeit. Da reibungslose Strömung vorausgesetzt wird, ist nach den Ausführungen auf S. 116 diese drehungsfrei. Das bedeutet, daß die Bernoullische Konstante C im ganzen Strömungsfeld unveränderlich ist. Die Tieflage eines Punkts P gegenüber dem Punkt 0 an der Flüssigkeitsoberfläche beträgt $z = -(r - r_0) \sin \alpha$, so daß $\partial z/\partial r = -\sin \alpha$ wird. Durch Eliminieren der Geschwindigkeit v lassen sich die beiden Gleichungen wie folgt zusammenfassen:

$$\frac{1}{\varrho g}\left(\frac{\partial p}{\partial r} + \frac{2}{r} p\right) + \frac{2}{r}(r_0 \sin \alpha - C) - 3 \sin \alpha = 0. \tag{3.193c}$$

Dies stellt bei $\alpha = \text{const}$ eine lineare Differentialgleichung erster Ordnung für $p/\varrho g = f(r)$ dar, welche die Lösung

$$\frac{p}{\varrho g} = C + \frac{B}{r^2} + (r - r_0) \sin \alpha = C + \frac{B}{r^2} - z \tag{3.193d}$$

hat. Die Integrationskonstanten C und B in (3.193a) und (3.193d) bestimmen sich aus der

Bedingung an der Flüssigkeitsoberfläche $z = z_0 = 0$ bzw. $r = r_0$ mit $p = p_0$ und $v = v_0$. Nach Einsetzen in (3.193d) erhält man die gesuchte Druckverteilung in einem Radialschnitt $\alpha = \text{const}$ zu[65]

$$p - p_0 = -\varrho g z + \left[1 - \left(\frac{r_0}{r}\right)^2\right] \frac{\varrho}{2} v_0^2 = -\varrho g z + \Delta p. \tag{3.193e}$$

Das erste Glied auf der rechten Seite stellt die Verteilung bei geradlinig verlaufenden Stromlinien ($r = \infty = r_0$) nach (3.192a) dar, während das zweite Glied auf der rechten Seite den Einfluß der Krümmung der Stromlinien beschreibt. Bei konkaver Krümmung ist $r/r_0 > 1$ und bei konvexer Krümmung $r/r_0 < 1$, so daß die konkave Krümmung einen zusätzlichen Überdruck $\Delta p > 0$ und die konvexe Krümmung einen zusätzlichen Unterdruck $\Delta p < 0$ bewirkt.

Für die Geschwindigkeitsverteilung der hier vorliegenden drehungsfreien Strömung gilt nach (2.103a) wegen $v \sim 1/r$

$$vr = v_0 r_0 \qquad \text{(drehungsfrei).} \tag{3.194}$$

Von der Richtigkeit dieses Ergebnisses überzeugt man sich, wenn man (3.193a) für die Punkte z und $z_0 = 0$ aufschreibt und die Druckdifferenz $p - p_0$ nach (3.193e) einsetzt.

Es werde jetzt noch der Volumenstrom und die mittlere Geschwindigkeit bestimmt. Führt man den mittleren Krümmungsradius $\bar{r}$ als arithmetisches Mittel der Krümmungsradien der Flüssigkeitsoberfläche und der Gerinnesohle ein, dann ist die Geschwindigkeitsverteilung über den Bereich von $\bar{r} - h/2$ bis $\bar{r} + h/2$ zu integrieren, wobei h die Flüssigkeitshöhe im Scheitelschnitt ($\alpha = 90°$) bedeutet[66]. Mit b als Breite und $A = bh$ als Querschnittsfläche des Gerinnes gilt für den Volumenstrom und die mittlere Geschwindigkeit

$$\dot{V} = b \int_{\bar{r}-h/2}^{\bar{r}+h/2} v(r)\, dr = b v_0 r_0 \ln \frac{2\bar{r} + h}{2\bar{r} - h}, \qquad v_m = v_0 \frac{r_0}{h} \ln \frac{2\bar{r} + h}{2\bar{r} - h}. \tag{3.195a, b}$$

Unter Einführen von v_0 kann man die durch die Stromlinienkrümmung zusätzlich verursachten Drücke Δp in (3.193e) auch in Abhängigkeit von $(\varrho/2)\, v_m^2$ statt von $(\varrho/2)\, v_0^2$ darstellen. Für den Scheitelschnitt ergibt sich mit $r_0 = \bar{r} \mp h/2$ und $r = r_0 \mp z = \bar{r} \mp (h/2 + z)$ für den auf den Geschwindigkeitsdruck $q_m = (\varrho/2)\, v_m^2$ bezogenen dimensionslosen Druckbeiwert

$$\frac{\Delta p}{q_m} = \frac{1 - \left[\dfrac{k \mp 1}{k \mp (1 + 2z/h)}\right]^2}{\dfrac{1}{4}\left[(k \mp 1) \ln \left(\dfrac{k+1}{k-1}\right)\right]^2} \gtrless 0 \qquad \text{mit} \qquad k = \frac{2\bar{r}}{h}. \tag{3.196}$$

Hierin gelten die oberen Vorzeichen für die konkave und die unteren für die konvexe Krümmung. Es stellt $\bar{r}/h = k/2$ den Krümmungsparameter dar. Bei geradliniger Bewegung ist $k = \infty$, was in diesem Fall zu $\Delta p/q_m = 0$ führt. Nach (3.196) hängt $\Delta p/q_m$ außer von der Tieflage ($z/h < 0$) noch vom Krümmungsparameter ab. In Abb. 3.61b sind die krümmungsbedingten Druckverteilungen für den Scheitelschnitt über $z/h < 0$ mit $\bar{r}/h$ als Parameter dargestellt. Man erkennt das grundsätzlich verschiedene Verhalten bei konkaver oder konvexer Krümmung.

---

65 Auf die Lösung des Falls ohne Schwereinfluß nach (2.103a) sei hingewiesen.

66 Man beachte, daß nach Abb. 3.61b bei konkaver Krümmung $\bar{r} = r_0 + h/2$ und bei konvexer Krümmung $\bar{r} = r_0 - h/2$ ist.

3.5.3 Gleichförmige Strömung in geradlinig verlaufenden Gerinnen

3.5.3.1 Voraussetzungen und Ausgangsgleichungen

Unter einer gleichförmigen Gerinneströmung soll nach Kap. 3.5.1 eine stationäre Strömung verstanden werden, bei der sich die flüssigkeitsführenden Querschnitte nach Abb. 3.55a in Strömungsrichtung nicht ändern.

Flüssigkeitstiefe. Bei einem geradlinig verlaufenden Gerinne von unveränderlichem, prismatischem Querschnitt nach Abb. 3.60 ist bei gleichförmiger Strömung die Flüssigkeitshöhe an allen Stellen längs der Gerinneachse gleich groß

$$h = h(s) = \text{const} \qquad (r \to \infty). \tag{3.197}$$

Druckverteilung. Die Druckverteilung in einem Gerinnequerschnitt verteilt sich entsprechend (3.192a) nach der hydrostatischen Grundgleichung, wobei die Neigung des Gerinnes (Sohlengefälle = Spiegelgefälle) vernachlässigt werden darf, zu

$$p = p_0 + \varrho g(z_0 - z). \tag{3.198}$$

Die mit z und z_0 gekennzeichneten Punkte liegen auf einer Vertikalen.

Fließformel. Bei prismatischen Gerinnen mit festen Wänden wird bei gleichförmiger Bewegung der Fließvorgang durch die Komponente der Schwerkraft längs der Gerinnesohle (parallel zur Flüssigkeitsoberfläche) aufrechterhalten. Die jeweils nach dem hydrostatischen Grundgesetz (3.198) verteilten Druckkräfte liefern keinen Kraftbeitrag in Strömungsrichtung. Ein Druckgefälle in Strömungsrichtung ist bei gleichförmiger Bewegung also nicht vorhanden. Nach Abb. 3.60 gilt für das Kräftegleichgewicht an einem Element des Gerinnes der Länge Δs mit dem flüssigkeitsführenden Querschnitt A sowie mit dem benetzten Umfang U, über den die Wandschubspannungen τ_w näherungsweise gleichmäßig verteilt sein sollen, $\varrho g A \Delta s \sin\vartheta - \tau_w U \Delta s = 0$. Hieraus folgt unter Einführen des Sohlengefälles $J_s = \sin\vartheta$ nach der Wandschubspannung aufgelöst $\tau_w = \varrho g(A/U) \times J_s = (\varrho g/4)\, D_g J_s$, wobei $D_g = 4A/U$ der gleichwertige Durchmesser nach (3.173a) ist. Den Zusammenhang mit der Rohrströmung stellt man über (3.86b) mit $\tau_w = (\lambda/8)\, \varrho v_m^2$ her, wobei λ die Rohrreibungszahl ist. Löst man nach der mittleren Geschwindigkeit auf, dann wird

$$v_m = \frac{1}{\sqrt{\lambda}} \sqrt{2gD_gJ_s} = c\sqrt{2gD_gJ_s}, \tag{3.199a, b}$$

wobei $c = 1/\sqrt{\lambda}$ als Geschwindigkeitsbeiwert eingeführt und λ als Reibungszahl der Gerinneströmung bezeichnet wird. Diese von A. Brahms und A. de Chezy angegebene Fließformel wurde in gleicher Weise schon bei der Rohrströmung durch (3.110) angegeben. Beim gleichförmig durchströmten Gerinne ist das Energiegefälle J_e gleich dem Sohlengefälle J_s. Es können somit die bei der Rohrströmung gewonnenen Erkenntnisse zu einem sehr großen Teil für die Gerinneströmung übernommen werden, [71]. Vorstehende Feststellung zeigt, daß es auch bei der

Gerinneströmung zweckmäßig ist, mit dem gleichwertigen Durchmesser nach (3.173a) anstelle der hydraulischen Querschnittstiefe nach (3.173b) zu rechnen.

Wandschubspannung. Für die Sonderfälle des sehr breiten und des sehr tiefen Rechteckgerinnes seien Angaben über die Verteilung der Schubspannungen über die Strömungsquerschnitte gemacht. Bei sehr breitem, im Grenzfall bei unendlich breitem Gerinne, treten Wandschubspannungen nur an der Gerinnesohle auf. Für ein Fluidelement der Breite b, der Länge Δs und der Höhe dn nach Abb. 3.60 und 3.62a lautet das Kräftegleichgewicht in Fließrichtung (s-Richtung) $-\tau b \Delta s + \left(\tau + \frac{\partial \tau}{\partial n} dn\right) b \Delta s + \varrho g b \Delta s \, dn \sin \vartheta = 0$ oder mit $\sin \vartheta = -dz_s/ds = J_s$ ein-

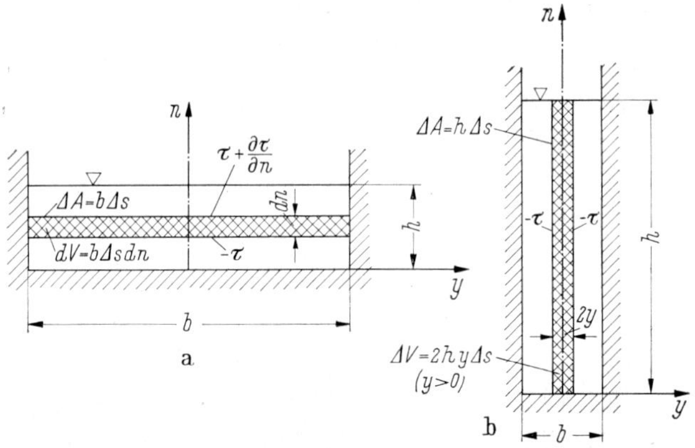

Abb. 3.62. Zur Berechnung der Schubspannungsverteilung in Gerinnen mit einfachem Querschnitt. **a** Sehr breites Rechteckgerinne. **b** Sehr tiefes Rechteckgerinne

fach $\partial \tau / \partial n = -\varrho g J_s$. Durch Integration über n und beachten der Randbedingung an der Sohle ($n = 0$, $\tau = \tau_w$) wird $\tau = \tau_w - \varrho g J_s n$. Hieraus folgt mit der Randbedingung für den Flüssigkeitsspiegel ($n = h$, $\tau = 0$)

$$\tau_w = \varrho g h J_s \quad \text{und} \quad \frac{\tau}{\tau_w} = 1 - \frac{n}{h} \quad (b \gg h). \qquad (3.200\text{a, b})$$

Die Schubspannung nimmt also linear vom Wert τ_w an der Sohle auf den Wert $\tau = 0$ an der Oberfläche ab und verhält sich damit ähnlich wie bei der Rohrströmung entsprechend (3.84c).

Bei sehr tiefem, im Grenzfall bei unendlich tiefem Gerinne, treten Wandschubspannungen nur an den vertikalen Gerinnewänden auf. Die Geschwindigkeitsverteilung ist über die Querschnitte y symmetrisch. Für ein Fluidelement der Breite $2\,|y|$, der Länge Δs und der Höhe h nach Abb. 3.62b lautet das Kräftegleichgewicht in Fließrichtung $-2\tau h \Delta s + 2\varrho g h \,|y|\, \Delta s \sin \vartheta = 0$ oder mit $\sin \vartheta = J_s$ einfach $\tau = \varrho g J_s \,|y|$. Hieraus folgt für $|y| = b/2$ und $\tau = \tau_w$

$$\tau_w = \frac{1}{2} \varrho g b J_s \quad \text{und} \quad \frac{\tau}{\tau_w} = \frac{|y|}{b/2} \quad (b \ll h). \qquad (3.201\text{a, b})$$

Auch bei einem sehr tiefen Rechteckgerinne verteilt sich die Schubspannung ähnlich wie bei der Rohrströmung von der Mitte aus linear über die Breite. Die gleichwertigen Durchmesser für die zwei besprochenen Sonderfälle betragen $D_g = 4A/U = 4bh/(b+2h) \approx 4h$ für $b \to \infty$ bzw. $D_g = 4bh/(b+2h) \approx 2b$ für $h \to \infty$. Nach Einsetzen in (3.200a) und (3.201a) erhält man in beiden Fällen für die Wandschubspannung

$$\tau_w = \frac{1}{4}\,\varrho g D_g J_s. \tag{3.202}$$

Dieses zunächst für sehr breite oder sehr tiefe Rechteckgerinne abgeleitete Gesetz gilt auch für andere Gerinneformen, sofern angenommen werden darf, daß alle Elemente des benetzten Umfangs unabhängig von der Querschnittsform in gleichem Maß an der Übertragung der Wandschubspannung τ_w beteiligt sind. Trifft dies nicht zu, so stellt (3.202) eine brauchbare Näherung dar. Es hat sich in der Tat gezeigt, daß bei großen Reynolds-Zahlen die Profilform des Gerinnes nur von untergeordneter Bedeutung auf den Mittelwert der Wandschubspannung ist.

Um die Fließformel anwenden zu können, kommt es jetzt darauf an, die Größe c in Abhängigkeit von den die Strömung bestimmenden Größen darzustellen. Wie bei durchströmten Rohren ist sie offenbar eine Funktion der Reynolds-Zahl und der relativen Wandrauheit.

3.5.3.2 Gleichförmige laminare Gerinneströmung

In einem geradlinigen Rohr mit unveränderlichem Querschnitt liegt laminare Strömung vor, sofern die Reynolds-Zahl Re gemäß (3.176a) kleiner als die Reynolds-Zahl des laminar-turbulenten Umschlags Re_u ist. Als unterster Wert ist nach (3.80b) $Re_u = 2320$ anzusehen. In analoger Weise wie bei der laminaren Rohrströmung in Kap. 3.4.3.3 gelten nach dem Newtonschen Reibungsgesetz (3.88a) für die Schubspannung des sehr breiten und sehr tiefen Gerinnes nach Abb. 3.62a, b die Beziehungen $\tau = \eta(\partial v/\partial n)$ bzw. $\tau = \pm\eta(\partial v/\partial y)$ für $y \lesseqgtr 0$. Nach Einsetzen in (3.200b) bzw. (3.201b), Integration über n bzw. y sowie Beachtung der Randbedingungen bei $n = 0$ bzw. $|y| = b/2$ erhält man die Geschwindigkeitsverteilungen zu

$$v(n) = \frac{\tau_w}{2\eta h}\,(2h - n)\,n \;(b \gg h), \qquad v(y) = \frac{\tau_w}{\eta b}\left(\frac{b^2}{4} - y^2\right)\;(b \ll h). \tag{3.203a, b}$$

In beiden Fällen ergeben sich in Analogie zur laminaren Rohrströmung entsprechend (3.90) Geschwindigkeitsverteilungen mit parabolischem Verlauf über die Strömungsquerschnitte mit den maximalen Geschwindigkeiten bei $n = h$ bzw. $y = 0$, nämlich $v_{max} = \tau_w D_g/8\eta$, wenn man die oben ermittelten gleichwertigen Durchmesser mit $D_g = 4h$ bzw. $D_g = 2b$ einführt. Die mittlere Geschwindigkeit erhält man wie in Kap. 2.5.3.3 für die laminare Spaltströmung (Beispiel a) zu $v_m = \dot{V}/A = (2/3)\,v_{max} = \tau_w D_g/12\eta$. Die Reibungszahl λ und den Geschwindigkeitsbeiwert c in (3.199) findet man mit (3.86a) und wegen $c = 1/\sqrt{\lambda}$ zu

$$\lambda = \frac{96}{Re}, \qquad c = 0{,}102\,\sqrt{Re} \qquad \text{(laminar)}. \tag{3.204a, b}$$

Hierin stellt $Re = v_m D_g/\nu$ die mit dem gleichwertigen Durchmesser gebildete Reynolds-Zahl dar. Die Beziehung (3.204a) wurde bereits in (3.95c) als Spaltreibungszahl gefunden. In Abb. 3.63 sind die Reibungszahl und der Geschwindigkeitsbeiwert für die laminare Gerinneströmung über der Reynolds-Zahl in doppeltlogarithmischem Maßstab als Kurve (*1*) aufgetragen, man vergleiche hierzu die Kurve (*1'*) in Abb. 3.24.

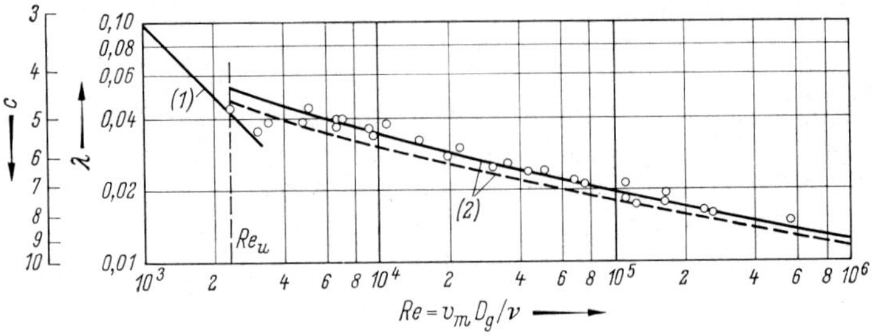

Abb. 3.63. Reibungszahlen der Gerinneströmung λ (= Rohrreibungszahlen) und Geschwindigkeitsbeiwerte c des glatten Rechteckgerinnes ($3{,}75 < b/h < 150$) bei gleichförmiger Strömung nach [59]. (*1*) Laminar, (3.204), (*2*) turbulent, (3.205). ------ $a = 0{,}8$; —— $a = 1{,}06$

3.5.3.3 Gleichförmige turbulente Gerinneströmung

In analoger Weise, wie bei der turbulenten Rohrströmung in Kap. 3.4.3.4 und 3.4.3.5 die Rohrreibungszahl λ von der Reynolds-Zahl $Re = v_m D/\nu > Re_u = 2320$ und von der relativen Wandrauheit k/D abhängt, gilt dies auch für den Geschwindigkeitsbeiwert c der turbulenten Gerinneströmung. Alle Formeln für die Strömung durch vollgefüllte, kreisförmige Rohre mit dem Durchmesser D können auf die Gerinneströmung übertragen werden, wenn man die Reynolds-Zahl und die relative Rauheit jeweils mit dem gleichwertigen Durchmesser D_g bildet. Für Gerinne mit strömungsmechanisch glatter Wandung gilt in Anlehnung an (3.103) und (3.104)

$$c = \frac{1}{\sqrt{\lambda}} = 2{,}0 \lg \left(Re \sqrt{\lambda}\right) - b \quad \text{(turbulent, glatt)} \qquad (3.205)$$

mit $Re = v_m D_g/\nu$. Während beim Kreisrohr $b = 0{,}8$ und beim Spalt $b = 1{,}0$ ist, fand u. a. Reinius [59] für ein breites Rechteckgerinne $b = 1{,}06$. In Abb. 3.63 sind die Reibungszahl λ und der Geschwindigkeitsbeiwert c für die turbulente Strömung im strömungsmechanisch glatten Gerinne über der Reynolds-Zahl als Kurve (*2*) aufgetragen, man vgl. hierzu die Kurven (2) und (2') in Abb. 3.24. Messung und Theorie stimmen recht gut miteinander überein.

Für ein Gerinne mit strömungsmechanisch vollkommen rauher Wandung gilt in Anlehnung an (3.106) und (3.107)

$$c = \frac{1}{\sqrt{\lambda}} = \hat{a} - 2{,}0 \lg (k/D_g) \quad \text{(turbulent, rauh)}. \qquad (3.206)$$

Werte für $\hat{d}$ wurden für Gerinne mit Sand- oder Kugelrauheit aufgrund experimenteller Ergebnisse u. a. von Reinius [59] und Keulegan [36] mit $\hat{d} = 0{,}98$ bis $1{,}0$ gefunden, während für Kreisrohre $\hat{d} = 1{,}14$ angegeben wurde.

Sowohl beim vollkommen glatten als auch beim vollkommen rauhen Gerinne sind hinsichtlich der Reibungszahlen die Unterschiede gegenüber den Werten beim glatten bzw. rauhen Rohr nur gering. Es liegt daher nahe, auch den Übergangsbereich vom glatten zum rauhen Zustand entsprechend den Gesetzmäßigkeiten der Rohrströmung auf die Gerinneströmung zu übertragen. Für technische Rauheiten wurde die Zuverlässigkeit dieser Annahme von Schröder [71] nachgewiesen. Nach (3.108a) kann man also für den Geschwindigkeitsbeiwert

$$c = \frac{1}{\sqrt{\lambda}} = -2{,}0 \lg\left(\frac{2{,}51}{Re\sqrt{\lambda}} + 0{,}27\,\frac{k}{D_g}\right) \quad \text{(glatt-rauh)} \qquad (3.207)$$

schreiben. Nach Messungen an Gerinnen wurde 3,40 anstelle von 2,51 und 0,32 anstelle von 0,27 gefunden. Die Unterschiede der für Gerinne ermittelten Zahlenwerte sind gegenüber denjenigen für Kreisrohre noch tragbar, so daß es für praktische Zwecke ausreichend sein dürfte, für die Strömung durch Rohre und Gerinne mit derselben Formel zu rechnen. Dies ist um so gerechtfertigter, als durch die zwangsläufig auftretende Unsicherheit bei der Wahl eines der natürlichen Rauheit entsprechenden Werts für k ohnehin gewisse Ungenauigkeiten in Kauf genommen werden. Eine sowohl für Rohre als auch für Gerinne gültige Zusammenstellung der äquivalenten Rauheitshöhen wurde von Schröder [71], vgl. [58], erarbeitet; siehe auch Tab. 3.4.

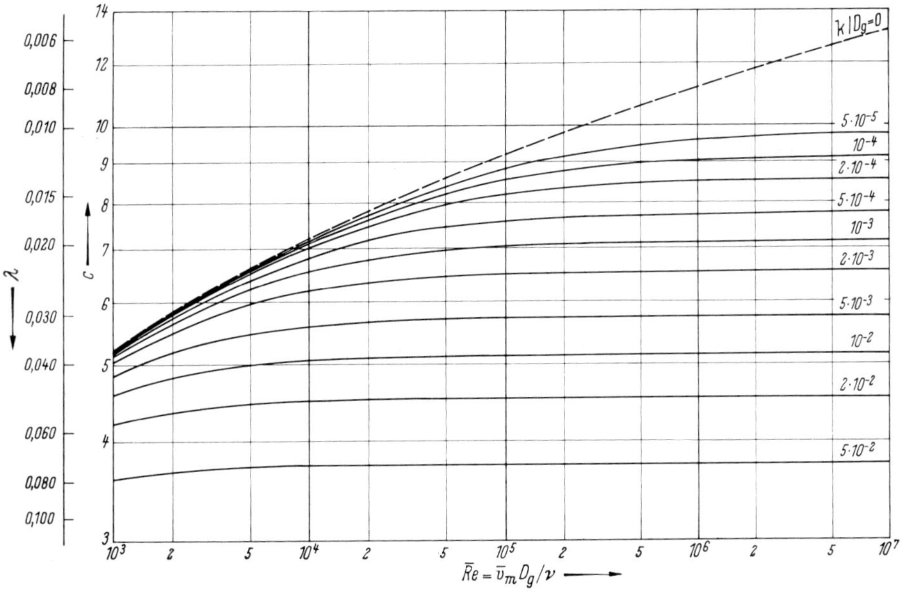

Abb. 3.64. Geschwindigkeitsbeiwert c in der Fließformel (3.199) für turbulent durchflossene, technisch rauhe Gerinne (Rohre) nach (3.209)

Zur praktischen Anwendung der Fließformel (3.199) sei noch folgendes bemerkt: Neben der tatsächlichen Geschwindigkeit v_m werde für den hypothetischen Fall $c = 1/\sqrt{\lambda} = 1$ eine rechnerische Geschwindigkeit $\bar{v}_m$ eingeführt, so daß man

$$v_m = c\bar{v}_m \qquad \text{mit} \qquad \bar{v}_m = \sqrt{2gD_gJ_s} \tag{3.208a}$$

schreiben kann. In ähnlicher Weise wird eine rechnerische Reynolds-Zahl definiert:

$$\overline{Re} = \frac{\bar{v}_m D_g}{\nu} = \frac{D_g\sqrt{2gD_gJ_s}}{\nu} = \sqrt{\lambda}\,Re = \frac{1}{c}\,Re. \tag{3.208b}$$

Den Geschwindigkeitsbeiwert nach (3.207) kann man also für technisch rauhe Gerinne (Rohre) auch in der Form

$$c = \frac{1}{\sqrt{\lambda}} = -2{,}0 \lg\left(\frac{2{,}51}{\overline{Re}} + 0{,}27\frac{k}{D_g}\right) \tag{3.209}$$

schreiben, wobei c und λ in Abb. 3.64 als Funktionen der rechnerischen Reynolds-Zahl $\overline{Re}$ und der relativen Rauheit k/D_g dargestellt sind.

Auf die vielen empirischen, älteren Fließformeln (Gebrauchsformeln) über Gerinneströmungen, die im allgemeinen als Potenzgesetze der Einflußgrößen angegeben werden, sei hier nicht eingegangen, [31, 58]. Auf die vornehmlich anwendungsbezogenen Schriftenreihen von Franke [20] und Schröder [70] sei hingewiesen.

3.5.4 Ungleichförmige Strömung in geradlinig verlaufenden Gerinnen

3.5.4.1 Voraussetzungen und Ausgangsgleichungen

Unter einer ungleichförmigen Gerinneströmung soll nach Kap. 3.5.1 eine stationäre Strömung verstanden werden, bei der sich die flüssigkeitsführenden Querschnitte nach Abb. 3.55b und c in Strömungsrichtung ändern können. Im Gegensatz zu vollkommen gefüllten Rohrleitungen (Druckrohren) mit vorgegebenen Querschnitten nach Kap. 3.4.3 kann sich nach Kap. 3.5.1 bei offenen Gerinnen oder Kanälen ähnlich wie bei teilweise gefüllten Rohrleitungen für einen bestimmten Volumenabfluß die Flüssigkeitstiefe zunächst beliebig einstellen. Über grundlegende Erkenntnisse zu diesem Fragenkreis wurde bereits in Kap. 3.5.2 berichtet.

Kontinuitätsgleichung. Der längs des Gerinnes bei veränderlicher Flüssigkeitstiefe $h(s)$ konstante Volumenstrom $\dot{V}$ berechnet sich in Analogie zur Kontinuitätsgleichung (3.66) bei stationärer Strömung (t = const) allgemein oder für die Stellen (*1*) und (*2*) längs der Gerinnesohle zu

$$\dot{V} = v_m(s)\,A(s) = v_1A_1 = v_2A_2\,. \tag{3.210a; b}$$

Hierin sind $v_m(s)$, v_1 und v_2 die mittleren Geschwindigkeiten in den flüssigkeitsführenden Gerinnequerschnitten normal zur Hauptströmrichtung, vergleiche

Abb. 3.55. In einem Schnitt $s = \text{const}$ hängen sowohl die Geschwindigkeit v_m als auch die Querschnittsfläche A von der Flüssigkeitstiefe $h = h(s)$ ab. Soll also z. B. bei gegebenem Volumenstrom die Abflußgeschwindigkeit berechnet werden, so reicht bei offenen Gerinnen hierzu die Kontinuitätsgleichung nicht aus. Erst durch Hinzunahme der Energie- und/oder Impulsgleichung läßt sich die Aufgabe lösen.

Energiegleichung. Die Höhenform der Energiegleichung für reibungsbehaftete Strömung bei stationärer Strömung lautet mit den Bezeichnungen nach Abb. 3.57, vgl. auch (3.177),

$$z_{s1} + h_1 + z_{v1} = z_{s2} + h_2 + z_{v2} + (z_e)_{1\to 2}. \tag{3.211}$$

Hierin sind jeweils an den Stellen (*1*) und (*2*) die Lage der Gerinnesohle durch z_{s1} bzw. z_{s2}, die Flüssigkeitstiefe (vertikal gemessen) durch h_1 bzw. h_2 und die Geschwindigkeitshöhe durch z_{v1} bzw. h_{v2} gegeben. Unter $(z_e)_{1\to 2}$ ist der Verlust an Energiehöhe zwischen den beiden Stellen (*1*) und (*2*) zu verstehen.

Impulsgleichung. Ausgangspunkt hierfür stellt (3.73a) dar. Für stationäre turbulente Strömung ist mit $\beta_1 \approx 1 \approx \beta_2$

$$(p_1 + \varrho v_1^2)\,\boldsymbol{A}_1 + (p_2 + \varrho v_2^2)\,\boldsymbol{A}_2 = \boldsymbol{F}_B + (\boldsymbol{F}_A)_{1\to 2} + \boldsymbol{F}_S. \tag{3.212a}$$

Unter Beachtung der Ausführung zu (3.73a) wurde $(\boldsymbol{F}_A)_{1\to 2}$ als Kraft auf die freie Flüssigkeitsoberfläche $A_{1\to 2}$, an welcher der Druck $p = p_0$ herrscht, hinzugefügt. Unter p_1 und p_2 sind in gleicher Weise wie bei der Krafthöhe nach Kap. 3.5.2.1 die Drücke in den Flächenschwerpunkten der Querschnitte A_1 bzw. A_2 zu verstehen, d. h. $p_{1,2} = p_0 + \varrho g(h - h_S)_{1,2}$ mit h als Höhe des Flüssigkeitsspiegels und h_S als Schwerpunktabstand des flüssigkeitsführenden Querschnitts (beide von der Gerinnesohle aus gemessen). Die Stützkraft $\boldsymbol{F}_S$ setzt sich aus den Druck- und Schubspannungskräften an der benetzten Gerinnewand $S_{1\to 2}$ zusammen. Für sie sei $\boldsymbol{F}_S = \boldsymbol{F}_{S0} + \boldsymbol{F}_S'$ gesetzt, wobei $\boldsymbol{F}_{S0}$ der Beitrag von p_0 ist. Der Einfluß des Drucks $p = p_0$ fällt wegen $p_0(\boldsymbol{A}_1 + \boldsymbol{A}_2) + (\boldsymbol{F}_A)_{1\to 2} + \boldsymbol{F}_{S0} = 0$ aus (3.212a) heraus, so daß man

$$\varrho[g(h - h_S)_1 + v_1^2]\,\boldsymbol{A}_1 + \varrho[g(h - h_S)_2 + v_2^2]\,\boldsymbol{A}_2 = \boldsymbol{F}_B + \boldsymbol{F}_S' \tag{3.212b}$$

schreiben kann. Hierin ist $\boldsymbol{F}_B$ die Massenkraft (Schwerkraft) der zwischen den Querschnitten A_1 und A_2 befindlichen Flüssigkeit. $\boldsymbol{A}_1$ und $\boldsymbol{A}_2$ sind die Flächennormalen der Gerinnequerschnitte A_1 bzw. A_2, und zwar ist $\boldsymbol{A}_1$ stromaufwärts und $\boldsymbol{A}_2$ stromabwärts gerichtet.

3.5.4.2 Lage des Flüssigkeitsspiegels (Wasserspiegel)

Berechnungsgrundlage. In einem prismatischen, offenen Gerinne denke man sich durch Einbau eines Hindernisses, etwa eines Wehrs oder einer Schütze, den gleichförmigen Abfluß gestört. Dann wird diese Störung einen Einfluß auf den Verlauf der Flüssigkeitsoberfläche (Wasserspiegel) hinter und unter bestimmten Voraussetzungen auch vor der Störungsstelle ausüben. Zur Bestimmung dieses

Spiegelverlaufs soll vorausgesetzt werden, daß die jetzt vorhandene ungleichförmige Bewegung stationär und turbulent sei, was praktisch in der Regel der Fall sein wird. Weiter sei angenommen, daß die Störung sich gleichmäßig über die ganze Gerinnebreite erstreckt, so daß alle Spiegelpunkte eines Querschnitts die gleiche Erhöhung oder Absenkung gegenüber der ungestörten Lage erfahren. Zur Berechnung der Spiegellage geht man am zweckmäßigsten von der differentiellen Form der Energiegleichung (3.211), aus, d. h. es ist

$$\frac{dh}{ds} + \frac{dz_s}{ds} + \frac{dz_v}{ds} + \frac{dz_e}{ds} = 0 \qquad \text{mit} \qquad J_s = -\frac{dz_s}{ds} \qquad (3.213\,\text{a, b})$$

als Sohlengefälle. Weiterhin gilt für die Änderungen der Geschwindigkeitshöhe $dz_v = d[\alpha(v_m^2/2g)]$ mit $\alpha \approx$ const und der Verlusthöhe nach (3.83b) $dz_e = (\lambda/2gD_g)\, v_m^2 \times ds$. Es sei ein prismatisches Gerinne angenommen, bei dem sowohl der flüssigkeitsführende Querschnitt A als auch der benetzte Umfang U eindeutige Funktionen der Flüssigkeitstiefe h sind, d.h. $A = A(h)$ bzw. $U = U(h)$. Bei Berücksichtigung der Kontinuitätsgleichung (3.210a) mit $v_m(s) = \dot{V}/A(s)$ ergibt sich

$$\frac{dz_v}{ds} = -\alpha\,\frac{b\dot{V}^2}{gA^3}\,\frac{dh}{ds}, \quad \frac{dz_e}{ds} = \frac{\lambda}{8}\,\frac{U\dot{V}^2}{gA^3} > 0 \qquad (3.214\,\text{a, b})$$

Im einzelnen ist zu beachten, daß bei der Herleitung von (3.214a) für den zunächst auftretenden Differentialquotienten $dA(h)/ds = (dA/dh)\,(dh/ds) = b(dh/ds)$ mit $b = b(h)$ als Breite des Gerinnes in Höhe des Flüssigkeitsspiegels gesetzt und in (3.214b) der gleichwertige Durchmesser $D_g = 4A/U$ nach (3.173a) eingeführt wurde. Die Reibungszahl (Rohrreibungszahl) λ ist für technisch rauhe Gerinnewände bei turbulenter Strömung nach (3.207) gegeben, vgl. hierzu Abb. 3.64.

Die angegebenen Beziehungen werden in (3.213a) eingesetzt, und man erhält nach dh/ds aufgelöst die Differentialgleichung der Spiegelkurve für prismatische Gerinne bei Vernachlässigung der Stromlinienkrümmung zu

$$\frac{dh}{ds} = \frac{J_s - \dfrac{\lambda}{8}\,\dfrac{U\dot{V}^2}{gA^3}}{1 - \alpha\,\dfrac{bV^2}{gA^3}} = \frac{gb^2h^3 - (\lambda/8J_s)\,\dot{V}^2}{gb^2h^3 - V^2}\,J_s \quad (b \gg h). \qquad (3.215\,\text{a, b})$$

In (3.215a) sind $b = b(h)$, $U = U(h)$ und $A = A(h)$ Funktionen der gesuchten Flüssigkeitstiefe h. Die Beziehung (3.215b) gilt für ein sehr breites Rechteckgerinne mit $b \gg h$, $U \approx b$ und $A = bh$. Weiterhin wird $\alpha \approx 1$ gesetzt. Ohne zunächst die Integration von (3.215b) auszuführen, kann man sie benutzen, um einige allgemeine Aussagen über den möglichen Verlauf der Spiegelkurve zu machen. Dabei ist von besonderer Bedeutung, daß sowohl der Zähler als auch der Nenner verschwinden können.

Ist der Zähler gleich null, so sind wegen $dh/ds = 0$ die Flüssigkeitstiefe und damit auch die Abflußgeschwindigkeit ungeändert[67]. Diese Strömungsart sei

---

67 Aus $\dot{V}^2 = (8g/\lambda)\,J_s b^2 h^3$ mit $\dot{V} = v_m bh$ und $D_g = 4h$ findet man die Fließformel (3.199a) bestätigt.

Normabfluß genannt (Index n). Ihr ist die Normtiefe h_n zugeordnet. Ist der Nenner gleich null, so entspricht dies dem in Kap. 3.5.2.2 behandelten Grenzzustand (Index gr). Für das breite Rechteckgerinne gilt somit für die zwei genannten Fälle

$$h_n = \frac{1}{2}\sqrt[3]{\frac{\lambda}{J_s}\frac{\dot{V}^2}{gb^2}}, \quad h_{gr} = \sqrt[3]{\frac{\dot{V}^2}{gb^2}}, \quad \frac{h_{gr}}{h_n} = \sqrt[3]{\frac{J_s}{J_{gr}}} \quad (b = \text{const}), \qquad (3.216\text{a, b, c})$$

wobei die Beziehungen für die Grenztiefe und das Grenzgefälle in (3.181a) bzw. (3.191a) bereits angegeben sind. Nach (3.189) beschreibt $h > h_{gr}$ die strömende und $h < h_{gr}$ die schießende Bewegung[68].

Eliminiert man in (3.215b) den Volumenstrom, indem man dort h_n und h_{gr} einführt, so kann man die Differentialgleichung der Spiegelkurve für breite Rechteckgerinne auch in der Form

$$\frac{dh}{ds} = \frac{h^3 - h_n^3}{h^3 - h_{gr}^3} J_s \quad \text{(Form I)} \qquad (3.217\text{a})$$

angeben. Dies ist als Formel von J. A. C. Bresse bekannt und beschreibt die Spiegelneigungen gegenüber der Gerinnesohle. Neben (3.217a) kann man die Spiegelkurve auch in der Weise anschaulich deuten, daß man die Lage des Flüssigkeitsspiegels gegenüber der Horizontalen $z_0 = z_s + h$ bestimmt. Wegen $dz_s/ds = -J_s$ erhält man für die Spiegelneigung gegenüber der Horizontalen

$$\frac{dz_0}{ds} = \frac{h_{gr}^3 - h_n^3}{h^3 - h_{gr}^3} J_s \quad \text{(Form II)}. \qquad (3.217\text{b})$$

Der Flüssigkeitsspiegel verläuft mit $dh/ds = 0$ nach (3.217a) bei $h = h_n$ parallel zur Gerinnesohle. Horizontale Flüssigkeitsspiegel stellen sich mit $dz_0/ds = 0$ nach (3.217b) bei $h_{gr} = h_n$ ein, d. h. wenn nach (3.216c) das Sohlengefälle $J_s = J_{gr} = \lambda/8$ beträgt, oder wenn die Flüssigkeitstiefe $h \to \infty$ wird. Für die weitere Betrachtung sei durchweg positives Sohlengefälle ($J_s > 0$) vorausgesetzt. Je nach dem Vorzeichen des Faktors von J_s in (3.217a, b) kann die Spiegelneigung gegenüber der Gerinnesohle dh/ds bzw. die Spiegelneigung gegenüber der Horizontalen dz_0/ds ansteigen oder abfallen. Es bedeutet $dh/ds > 0$ eine verzögerte und $dh/ds < 0$ eine beschleunigte Strömung. Dabei kann das Spiegelgefälle $J_0 = -dz_0/ds$ positiv (fallend) oder negativ (steigend) sein.

Die Integration von (3.217a) liefert bei konstantem Sohlengefälle $J_s = \text{const}$ mit $\eta = h/h_n$ und $\eta_{gr} = h_{gr}/h_n$ für das Rechteckgerinne

$$J_s \frac{s}{h_n} = \eta - (1 - \eta_{gr}^3)\left[\frac{1}{6}\ln\left(\frac{1 + \eta + \eta^2}{(1 - \eta)^2}\right) - \frac{1}{\sqrt{3}}\operatorname{arccot}\left(\frac{1 + 2\eta}{\sqrt{3}}\right)\right] + C. \qquad (3.218)$$

Angaben über die numerische Auswertung findet man z. B. in [58]. Die Integra-

---

68 Gelegentlich werden $h_n > h_{gr}$ als strömender Normabfluß und $h_n < h_{gr}$ als schießender Normabfluß bezeichnet.

tionskonstante C ist zunächst willkürlich und muß dem jeweiligen Fall angepaßt werden. Es sind sieben verschiedene Formen des Flüssigkeitsspiegels möglich, über die nachstehend kurz berichtet wird.

Strömende Bewegung. In Abb. 3.65a und 3.65b sind für die Fälle $h > h_{gr}$, d. h. wenn die Nenner in (3.217a, b) positiv sind, die möglichen Spiegelkurven schematisch gezeigt. Die Kurven (*1*) bis (*3*) stellen Staulinien dar, bei denen die Flüssigkeitstiefen von einem gegebenen Ausgangswert $h_n > h_{gr}$, $h_n = h_{gr}$ bzw. $h_n < h_{gr}$ aus ansteigen (verzögerte Strömungen) und sich asymptotisch der Horizontalen annähern und dabei theoretisch die Tiefe $h \to \infty$ erreichen. Bei strömendem Zufluß nach Kurve (*1*) bildet sich ein stetiger Spiegelverlauf, der asymptotisch aus dem Flüssigkeitsspiegel des gleichförmigen Normzuflusses $dh/ds = 0$ entsteht.

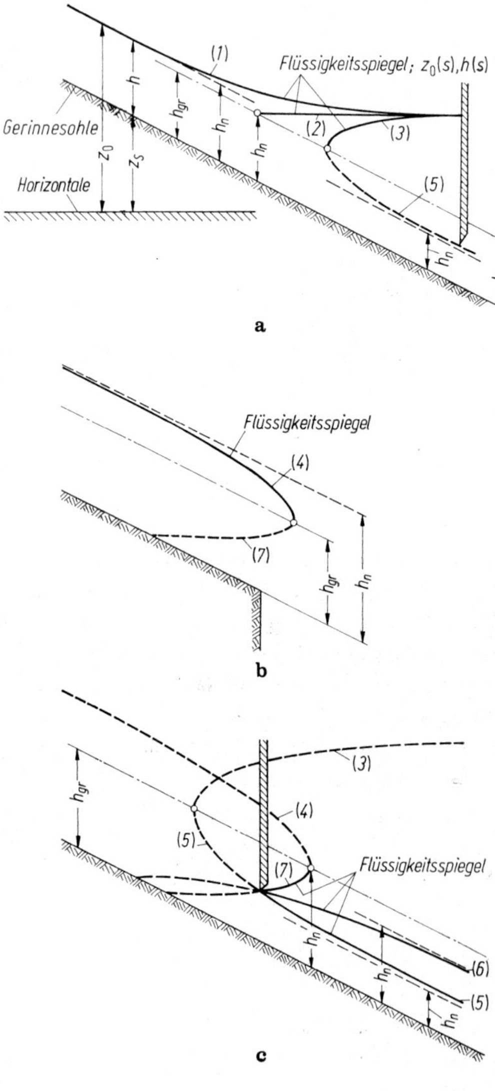

Abb. 3.65. Formen von Flüssigkeitsspiegeln in Gerinnen bei ungleichförmiger Strömung (schematisch, Ordinaten überhöht). **a** Strömende Bewegung, $h > h_{gr}$, Staulinien: (*1*) $h_n > h_{gr}$, (*2*) $h_n = h_{gr}$, (*3*) $h_n < h_{gr}$. **b** Strömende Bewegung, $h > h_{gr}$, Senkungslinie: (*4*) $h_n > h_{gr}$. **c** Schießende Bewegung, $h < h_{gr}$, Schußstrahlen: (*5*), (*6*) $h_n < h_{gr}$, (*7*) $h_n = h_{gr}$

Wegen des asymptotischen Übergangs vom Normzufluß zur Staulinie kann eine Staugrenze nicht genau definiert werden. Man legt sie üblicherweise dort fest, wo die Staulinie den Wert $h/h_n = 1{,}01$ annimmt. Erfolgt der Zufluß nach Kurve (*2*) mit $h_n = h_{gr}$, so liefert (3.217b) hierfür $dz_0/ds = 0$, d. h. die Staulinie verläuft horizontal und schließt mit einem Knick an die Zuflußkurve an. Die strömend verlaufende Staulinie nach Kurve (*3*) kann nur aus einem schießenden Zufluß $h < h_{gr}$ mittels eines Wechselsprungs (Wassersprung) bei $h \approx h_{gr}$ entstanden sein. Die in Abb. 3.65b dargestellte Kurve (*4*) nennt man eine Senkungslinie, bei der die Flüssigkeitstiefe von dem gegebenen Ausgangswert $h_n > h_{gr}$ aus abnimmt (beschleunigte Strömung). Die durch die Kurven (*1*) bis (*4*) beschriebenen Gerinneströmungen werden durch Schütze, Wehre oder Überfälle stromaufwärts gestört. Die Kurven (*1*) und (*4*) nennt man auch gewöhnliche Stau- bzw. Senkungslinie, weil bei ihnen der weit stromaufwärts liegende Zufluß wegen $h_n > h_{gr}$ strömend erfolgt. Der Abfluß bei den gestauten Kurven unter einer Absperrvorrichtung kann wegen $h < h_{gr}$ nur schießend erfolgen, man vergleiche hierzu die folgenden Ausführungen.

Schießende Bewegung. In Abb. 3.65c sind für schießenden Abfluß $h < h_{gr}$, d. h. wenn die Nenner in (3.217a, b) negativ sind, die möglichen Spiegelkurven gezeigt. Die dargestellten Kurven (*5*) bis (*7*) können beim Unterströmen einer Absperrvorrichtung als Schußstrahlen auftreten. Dabei stellen die Kurve (*5*) eine beschleunigte und die Kurven (*6*) und (*7*) verzögerte Strömungen dar. Die Verläufe von (5) und (*6*) nähern sich asymptotisch der Flüssigkeitstiefe des Normabflusses $h \to h_n$, während Kurve (*7*) mittels eines Wechselsprungs an der Stelle $h \approx h_{gr}$ in strömenden Abfluß übergeht. Für $h = h_{gr}$ wird in (3.217a) die Änderung der Flüssigkeitstiefe $dh/ds = \pm\infty$. Es sind dies die beiden Stellen, an denen die Kurven (*4*) und (*7*) bzw. (*3*) und (*5*) theoretisch aneinanderschließen.

3.5.4.3 Wechselsprung (Wassersprung)

Bei schießender Strömung vollzieht sich der Übergang aus der gleichförmigen in die ungleichförmige Bewegung kurz oberhalb der Störstelle in Gestalt einer nahezu plötzlichen, unstetigen Erhebung des Flüssigkeitsspiegels (Wasserspiegel), die als Wechselsprung (Wassersprung) bezeichnet wird. Derartige Erscheinungen können auch auftreten, wenn sich in der Gerinnesohle ein Knick befindet, und zwar dergestalt, daß oberhalb des Knicks ein größeres Sohlengefälle und damit größere Fließgeschwindigkeit vorhanden ist als unterhalb des Knicks. Im folgenden sollen nur einige grundsätzliche Bemerkungen gemacht werden. Im übrigen sei auf das Schrifttum, z. B. [20, 31, 58] verwiesen.

Wechselsprung auf horizontaler Sohle. Die Berechnung eines Wechselsprungs auf horizontaler Sohle nach Abb. 3.66 läßt sich durch Anwenden der Kontinuitätsgleichung und der Impulsgleichung durchführen. Das Gerinne sei rechteckig angenommen und besitze die Breite b. Mit $A_1 = bh_1$ und $A_2 = bh_2$ ergibt sich aus (3.210b) für den Volumenstrom $\dot{V} = bv_1h_1 = bv_2h_2$. In (3.212b) tritt in horizontaler Strömungsrichtung keine Komponente der Massenkraft (Schwerkraft) $\boldsymbol{F}_B$ auf. Da der Bereich, in dem sich der Wechselsprung vollzieht, nur eine geringe Längenausdehnung besitzt, kann die von der Gerinnewand auf die Flüssigkeit übertragene

Reibungskraft als horizontale Komponente der Stützkraft $\boldsymbol{F}'_S$ vernachlässigt werden. Mithin lautet mit $h_{S1} = h_1/2$ und $h_{S2} = h_2/2$ die Impulsgleichung in Strömungsrichtung $(gh_1 + 2v_1^2)\,h_1 = (gh_2 + 2v_2^2)\,h_2$. Nach Eliminieren von $v_2 = (h_1/h_2) \times v_1$ und Einführen der Froude-Zahl des Zuflusses $Fr_1 = v_1/\sqrt{gh_1}$ erhält man nach einiger Umformung eine quadratische Gleichung für das Tiefenverhältnis h_2/h_1 in der Form $(h_2/h_1)^2 + h_2/h_1 = 2Fr_1^2$. Hieraus folgt für die sog. konjugierten Tiefen des Wechselsprungs

$$\frac{h_2}{h_1} = \frac{1}{2}\left(\sqrt{8Fr_1^2 + 1} - 1\right) = \frac{1}{2}\left(\sqrt{8\left(\frac{h_{gr}}{h_1}\right)^3 + 1} - 1\right) \qquad (b = \text{const}). \tag{3.219a, b}$$

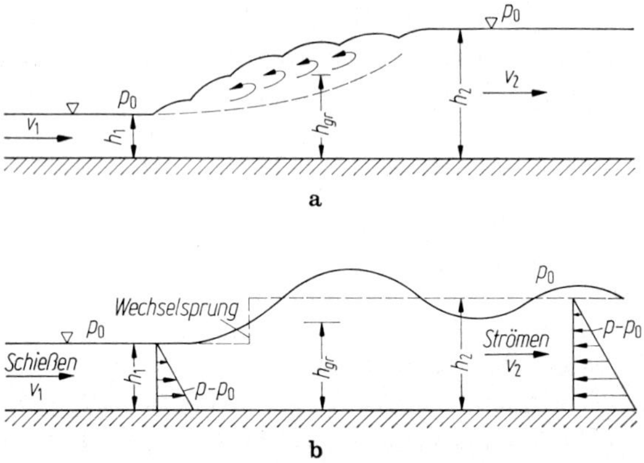

Abb. 3.66. Wechselsprung (Wassersprung) in offenen Gerinnen. **a** Wechselsprung mit Deckwalze. **b** Wechselsprung mit gewellter Oberfläche

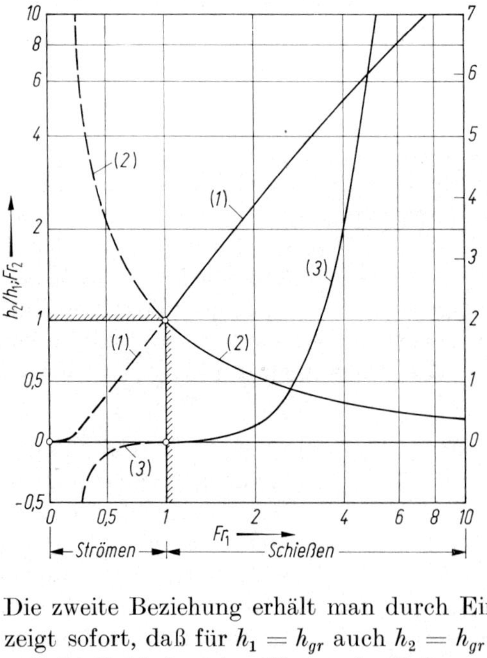

Abb. 3.67. Strömungsmechanische Größen des Wechselsprungs in Abhängigkeit von der Froude-Zahl des Zuflusses $Fr = v_1/\sqrt{gh_1} = \sqrt{(h_{gr}/h_1)^3}$, vgl. Abb. 3.66. (*1*) Konjugierte Tiefen des Wechselsprungs (Tiefenverhältnis h_2/h_1), (*2*) Froude-Zahl des Abflusses $Fr_2 = v_2/\sqrt{gh_2}$, (*3*) Verlusthöhe des Wechselsprungs z_e/h_1

Die zweite Beziehung erhält man durch Einsetzen von (3.188) mit $h = h_1$. Man zeigt sofort, daß für $h_1 = h_{gr}$ auch $h_2 = h_{gr}$ ist, d. h. hierfür kein Wechselsprung auftritt. Bei bekannten Werten des Zuflusses h_1 und Fr_1 oder h_1 und h_{gr} kann man nach (3.219a, b) die Tiefe hinter dem Wechselsprung h_2 und damit die Sprunghöhe $(h_2 - h_1)$ berechnen. Obwohl die Voraussetzungen, welche der Ableitung dieser Gleichung zugrunde liegen, verhältnismäßig grob sind, steht das gewonnene Ergebnis doch in guter Übereinstimmung mit der Erfahrung. In Abb. 3.67 ist h_2/h_1 über Fr_1 als Kurve (*1*) aufgetragen. Im Bereich der strömenden Bewegung ($0 < Fr_1 < 1$) ist $h_2/h_1 < 1$, und im Bereich der schießenden Bewegung ($Fr_1 > 1$) ist $h_2/h_1 > 1$. Daß das Ergebnis für die erstgenannte Strömungsform physikalisch nicht möglich ist, wird noch gezeigt. Zunächst soll noch der Zusammenhang zwischen der Froude-Zahl des Zuflusses $Fr_1 = v_1/\sqrt{gh_1}$ und der Froude-Zahl des Abflusses $Fr_2 = v_2/\sqrt{gh_2}$ angegeben werden. Mit $v_1 h_1 = v_2 h_2$ erhält man $Fr_2/Fr_1 = (h_1/h_2)^{3/2}$ und hieraus unter Einsetzen von (3.219a)

$$Fr_2 = \sqrt{8}\left(\sqrt{8Fr_1^2 + 1} - 1\right)^{-\frac{3}{2}} Fr_1. \tag{3.220}$$

Dies Ergebnis ist als Kurve (*2*) in Abb. 3.67 wiedergegeben. Danach gelten die Zuordnungen $Fr_1 < 1$, $Fr_2 > Fr_1$ und $Fr_1 > 1$, $Fr_2 < Fr_1$. Für $Fr_1 \to \infty$ geht $Fr_2 \to 0$.

Den Verlust an strömungsmechanischer Energie, d. h. die Verlusthöhe $z_e = (z_e)_{1\to 2}$ erhält man aus der Energiegleichung (3.211) mit $z_{s1} = z_{s2}$, $z_{v1} = v_1^2/2g$ und $z_{v2} = v_2^2/2g$ zunächst zu $z_e = (v_1^2 - v_2^2)/2g + h_1 - h_2$.[69] Hieraus wird bei Berücksichtigung der Kontinuitäts- und Impulsgleichung nach einiger Umformung

$$\frac{z_e}{h_1} = \frac{1}{4}\frac{h_1}{h_2}\left(\frac{h_2}{h_1} - 1\right)^3 = \frac{1}{16}\frac{\left(\sqrt{8Fr_1^2 + 1} - 3\right)^3}{\sqrt{8Fr_1^2 + 1} - 1}. \tag{3.221a, b}$$

Die letzte Beziehung folgt durch Einführen der Froude-Zahl Fr_1 mittels (3.219a). Auch dies Ergebnis ist in Abb. 3.67, und zwar als Kurve (*3*) dargestellt. Bei $Fr_1 = 1$, d. h. wenn wegen $h_2 = h_1$ kein Wechselsprung auftritt, ist erwartungsgemäß die Verlusthöhe null. Eine positive Verlusthöhe (mechanischer Energieverlust) $z_e/h_1 > 0$ ergibt sich nur bei schießendem Zufluß mit $Fr_1 > 1$, während sich bei strömendem Zufluß mit $Fr_1 < 1$ eine physikalisch nicht mögliche negative Verlusthöhe (mechanischer Energiegewinn) einstellen würde. Damit ist gezeigt, daß ein Wechselsprung nur beim Wechsel von der schießenden zur strömenden Bewegung und nicht umgekehrt auftreten kann. Wegen $Fr_1 = \sqrt{(h_{gr}/h_1)^3} > 1$ folgt, daß stets $h_1 < h_{gr} < h_2$ ist, vgl. Abb. 3.66b.

Wechselsprung mit Deckwalze. Bei größeren Sprunghöhen von $h_2/h_1 > 2{,}0$, d. h. bei Froude-Zahlen des Zuflusses von $Fr_1 > 1{,}7$, ist der Wechselsprung nach Abb. 3.66a von einem starken Wirbel, der sog. freien Deckwalze, überlagert, was mit erheblichen mechanischen Energieverlusten verbunden ist. Die Lage des Wechselsprungs ergibt sich näherungsweise aus der Berechnung der Lage des Flüssigkeitsspiegels gemäß Kap. 3.5.4.2. Die Länge der Deckwalze ist theoretisch nur unvollkommen zu ermitteln; hierfür bedient man sich vielmehr bestimmter empirischer Formeln.

---

69 Bei der Rohrströmung gilt bei einer horizontal liegenden plötzlichen Erweiterung sinngemäß nach (3.121b) für die Verlusthöhe $z_e' = p_e/\varrho g = (v_1 - v_2)^2/2g$. Würde man hiermit die Verlusthöhe des Wechselsprungs bestimmen, so ergäben sich wegen $z_e'/z_e = [(h_2/h_1 + 1)/(h_2/h_1 - 1)]^2 > 1$ größere Werte als nach (3.221).

Wechselsprung mit Oberflächenwellen. Für kleinere Sprunghöhen von $h_2/h_1 < 2$, d. h. bei Froude-Zahlen des Zuflusses von $Fr_1 < 1{,}7$, kann der Wechselsprung nach Abb. 3.66b auch in gewellter Form auftreten. Zwischen einem gewellten Wechselsprung mit stationären Oberflächenwellen ($1 < Fr_1 < 1{,}6$) und einem Wechselsprung mit Deckwalze ($Fr > 1{,}7$) kann man einen Wechselsprung mit anfänglich kleiner Deckwalze und anschließenden stationären Oberflächenwellen ($1{,}6 < Fr < 1{,}7$) beobachten.

3.5.5 Sonstige Strömungsvorgänge in offenen Gerinnen[70]

3.5.5.1 Überfallströmung und Abfluß unter einer Schütze

Allgemeines. Die in Abb. 3.65 dargestellten theoretischen Formen der Spiegelkurven werden in der Praxis tatsächlich beobachtet. Einige kennzeichnende Fälle sind in Abb. 3.68 schematisch wiedergegeben. Störungen der gleichförmigen Strömung, wie sie im Wasserbau besonders häufig vorkommen, werden verursacht durch Stauwehre, Sohlenstufen, Gefällsknicke, Schütze, Pfeilereinbauten und dergleichen mehr. Bei strömendem Zufluß ist die Ursache der Störung stromabwärts zu suchen (Staumauer, Wehr). Die Berechnung hat hier stromaufwärts zu erfolgen. Bei schießendem Abfluß ist die Ursache der Störung stromaufwärts zu suchen. Die Berechnung ist stromabwärts vorzunehmen. Diese Aussagen sind in Übereinstimmung mit den in Kap. 3.5.2.2 bereits gemachten Angaben über die Ausbreitung von Grundwellen.

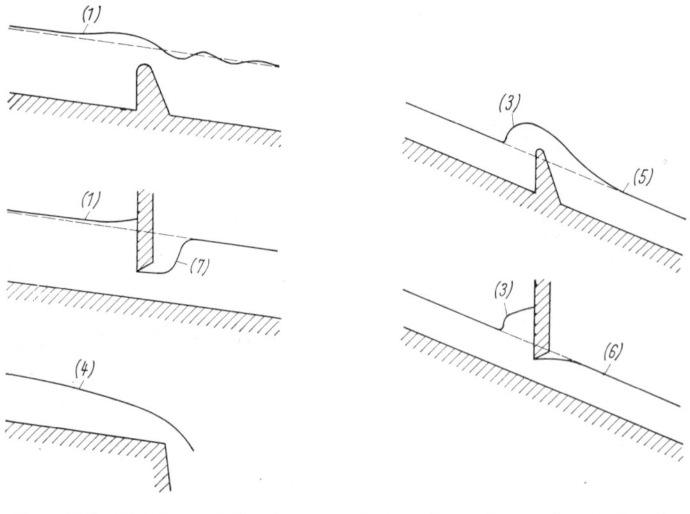

Abb. 3.68. Mögliche Spiegelkurven bei strömender und schießender Bewegung in offenen Gerinnen (schematisch), die Bezeichnung der Kurven ist Abb. 3.65 zu entnehmen

70 Wegen des unmittelbaren Bezugs auf Fragen des Wasserbaus wird in diesem Kapitel immer von Wasserströmungen anstelle von Flüssigkeitsströmungen gesprochen.

Überfallströmung. Für den Abflußvorgang, der sich beim Überströmen einer im allgemeinen horizontal liegenden Oberkante eines Staubauwerks einstellt, benutzt man häufig den Ausdruck Überfall, obwohl das Bauwerk mit seiner Ausbildung, der sog. Überfallkrone, selbst als Überfall oder auch als Wehr bezeichnet wird. Je nach Verwendungszweck unterscheidet man Überfallwehre zur geregelten Wasserabführung und Meßwehre zur genauen Bestimmung von Wassermengen in hydraulischen Versuchsanstalten oder bei Hochdruckwasserkraftanlagen. Je nach Lage des Unterwasserspiegels wird in vollkommene und unvollkommene Überfälle eingeteilt. Das Abführvermögen des vollkommenen Überfalls wird allein durch die Lage des Oberwasserspiegels bestimmt, während der Abfluß des unvollkommenen Überfalls durch die Höhenlage sowohl des Ober- als auch des Unterwasserspiegels beeinflußt wird. Um das Abführvermögen möglichst groß zu machen, werden Überfälle mit gut abgerundeter Krone ausgeführt, während Meßwehre mit scharfkantiger horizontaler Krone (Plattenwehre) und mit Belüftung der Unterseite des Überfallstrahls ausgebildet werden. Oft werden Überfälle zwecks Regulierung auch beweglich ausgeführt. Abb. 3.69 zeigt einige Überfallformen. Die Fülle der verschiedenen Formen und Aufgaben der Überfälle schließt eine ausführliche Behandlung hier aus, vgl. z. B. [20, 31, 40, 58].

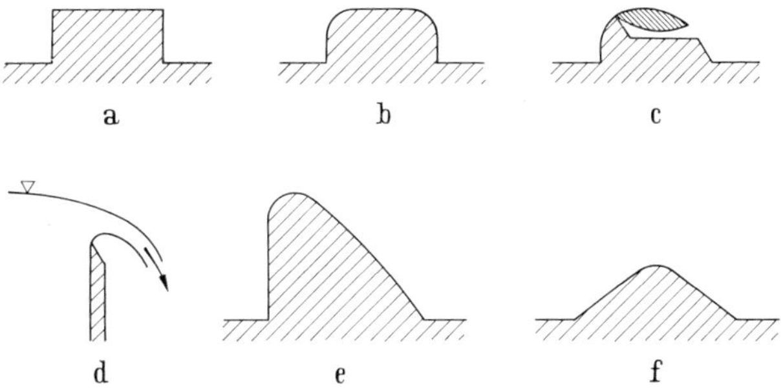

Abb. 3.69. Überfallformen, nach [58], Kennzeichnungen a bis f sind Tab. 3.6 zu entnehmen

Bei normal angeströmten Überfällen kann der Abflußvorgang als ebene Strömung behandelt werden. Den Volumenstrom kann man näherungsweise aus den Formeln berechnen, die in Kap. 3.3.2.3 für den Ausfluß aus Öffnungen abgeleitet werden, wenn man in Abb. 3.14 die obere Begrenzung der Öffnung als nicht vorhanden ansieht. Die tatsächliche Absenkung des Wasserspiegels an der Überfallkrone sowie die Tatsache, daß der Geschwindigkeitsvektor nicht überall gleichgerichtet ist (gekrümmte Stromlinien), wird durch eine Überfallziffer μ berück-

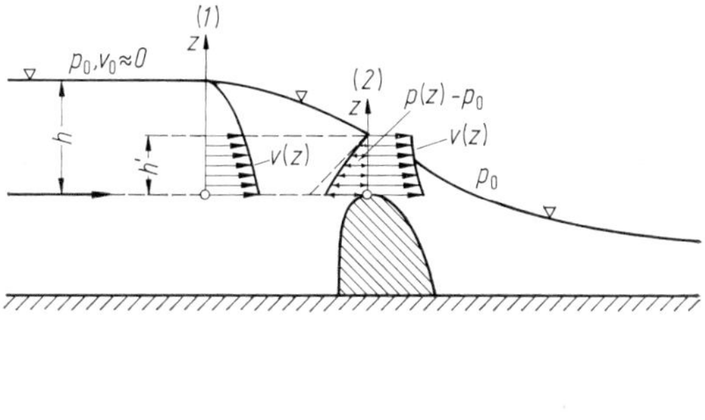

Abb. 3.70. Vollkommener Überfall mit abgerundeter Krone, Druck- und Geschwindigkeitsverteilung im Scheitelschnitt

sichtigt. Erfolgt wie z. B. bei Schußwehren nach Abb. 3.70 kein Rückstau des Unterwassers, so liegt ein vollkommener Überfall vor. Er entspricht dem Ausfluß ins Freie nach Abb. 3.14. Tritt dagegen wie z. B. bei Grundwehren Rückstau des Unterwassers auf, so ist dies ein unvollkommener Überfall.

Beim vollkommenen Überfall ändert sich im Scheitelschnitt die Geschwindigkeit ähnlich wie die Ausflußgeschwindigkeit eines Freistrahls nach Torricelli, (3.28b). Es gilt mit den Bezeichnungen von Abb. 3.70 im Schnitt (*1*) für die Geschwindigkeitsverteilung $v(z) = \sqrt{2g(h - z)}$. Die Höhe des wasserführenden Querschnitts beträgt $0 \leqq z \leqq h' = nh$ mit $n < 1$. Den überfallenden Volumenstrom erhält man zu

$$\dot{V} = b \int_0^{h'} v(z)\,dz = \mu \frac{2}{3}\, bh \sqrt{2gh} \qquad \text{mit} \qquad \mu = 1 - (1 - n)^{3/2}. \qquad (3.222\text{a, b})$$

Tabelle 3.6. Überfallziffern nach [58]

Überfallform nach Abb. 3.69	Kronenausbildung	μ
a	breit, scharfkantig, horizontal	0,49···0,51
b	breit, gut abgerundete Kanten, horizontal	0,50···0,55
c	breit, vollständig abgerundet, z. B. mit ganz umgelegter Stauklappe	0,65···0,73
d	scharfkantig, Überfallstrahl belüftet	$\approx$ 0,64
e	rundkronig, mit vertikaler Oberwasser- und geneigter Unterwasserseite	0,73···0,75
f	dachförmig, gut ausgerundet	$\leqq$ 0,79

Hierin ist b die Breite des Überfalls und μ die Überfallziffer. Letztere berücksichtigt die Absenkung des Wasserspiegels an der Überfallkrone sowie die Tatsache, daß die Geschwindigkeit nicht überall den Scheitelschnitt normal durchströmt. Für einen vollkommenen Überfall mit breiter Überfallkrone erhält man unter stark vereinfachten Annahmen theoretisch $\mu = 1/\sqrt{3} = 0{,}577$ bzw. $n = 0{,}437$. Die Überfallsziffer μ ist in erster Linie von der Form des Überfalls abhängig. Gut abgerundete Überfälle ohne Ablösung des Überfallstrahls ergeben günstigere Werte für μ gegenüber Überfällen mit scharfkantigen Formen. Für die in Abb. 3.69 dargestellten Überfallformen gelten nach [58] die in Tab. 3.6 angegebenen Zahlenwerte. Eine Steigerung der Leistungsfähigkeit eines Überfalls kann durch Belüftung der Strahlunterseite erreicht werden.

Abgerundete Überfälle besitzen eine konvexe Krümmung der Überfallkrone. Dies führt zu Druck- und Geschwindigkeitsverteilungen im Scheitelquerschnitt, wie sie durch (3.193e) bzw. (3.194) beschrieben werden, vergleiche Abb. 3.61a

(Flüssigkeitsoberfläche und Sohle sind in ihrer Wirkung miteinander zu vertauschen) und Abb. 3.61b, Kurven (*1*). Die Verteilungen sind in Abb. 3.70 im Schnitt (*2*) skizziert.

Abfluß unter einer Schütze. Neben der Ermittlung des Ausflusses einer Flüssigkeit aus oben offenen Gefäßen spielt bei den Gerinneströmungen auch der Abfluß unter einer Schütze nach Abb. 3.71 eine wichtige Rolle. Bei den erstgenannten Ausflußvorgängen hat man nach Kap. 3.3.2.3, Beispiel b, zu unterscheiden zwischen einem Ausfluß ins Freie mit dem zugehörigen Freistrahl sowie einem Ausfluß unter Wasser mit dem zugehörigen Tauchstrahl. Befindet sich die Abflußöffnung bei einer Schütze an der Gerinnesohle, so hat man es mit einem Grundstrahl zu tun. Je nach den Abflußbedingungen stromabwärts von der Schütze kann der Abfluß analog zu den Überfallströmungen vollkommen oder unvollkommen sein. Ein vollkommener Abfluß liegt vor, sofern der erzwungene schießende Grundstrahl nach Abb. 3.71a nicht von einem Rückstau des Unterwassers betroffen ist. Der schießende Abfluß geht nach Abb. 3.71b stromabwärts mittels eines Wechselsprungs über in einen strömenden Abfluß. Erst wenn der Wechselsprung die Schütze erreicht, wird der Grundstrahl nach Abb. 3.71c vom Unterwasser überdeckt, und man spricht dann von einem unvollkommenen Abfluß.

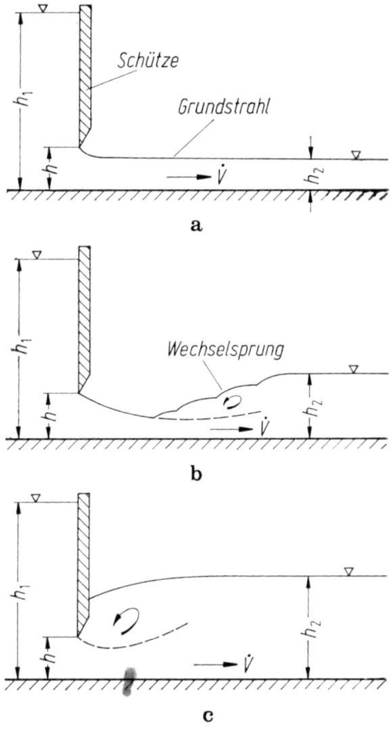

Abb. 3.71. Abfluß unter einer Schütze, Beeinflussung des Grundstrahls durch den Unterwasserstand, nach [58]. **a** Vollkommener Abfluß, $h_2 \leqq h$, schießender Grundstrahl. **b** Vollkommener Abfluß, $h_2 > h$, schießender Grundstrahl mit Wechselsprung stromabwärts von der Schütze. **c** Unvollkommener Abfluß, $h_2 > h$, Grundstrahl tritt als Tauchstrahl in das Unterwasser ein

Für den vollkommenen Abfluß durch eine spaltförmige Öffnung der Breite b und der Höhe h erhält man aus (3.29b) für den abfließenden Volumenstrom

$$\dot{V} = \mu^* b h \sqrt{2 g h_1} \qquad \text{(Grundstrahl)} \qquad (3.223)$$

mit μ^* als Abflußziffer. Bei scharfkantigen Planschützen entsprechen die Werte für die Abflußziffer etwa denjenigen für die Ausflußziffer für schlitzförmige Öffnungen, d. h. $\mu^* \approx 0{,}6$. Bei einer in Richtung des Grundstrahls geneigten Planschütze ist $\mu^* > 0{,}6$, vgl. [58].

3.5.5.2 Gerinneströmung bei Querschnitts- und Richtungsänderung

Querschnittsänderung. Ähnlich wie bei der Rohrströmung in Kap. 3.4.4.2 treten auch bei der Gerinneströmung Querschnittsänderungen in Form von Verengungen oder Erweiterungen auf, die entweder allmählich (stetig) oder plötzlich (unstetig) vor sich gehen. Neben einfachen Querschnittsübergängen spielen weitere, meistens plötzliche Querschnittsänderungen als positive oder negative Sohlenstufen, als Sohlenwellen, als Pfeilerein- oder -vorbauten sowie als Rechen eine wesentliche Rolle. Durch die genannten Profiländerungen des Gerinnes kann je nach den vorliegenden Umständen die ungleichförmige Bewegung ohne oder mit einem Wechsel der Fließweise (Strömen oder Schießen) vor sich gehen, [20, 31,58].

Für Gerinne, bei denen die wasserführenden Querschnitte Rechteckform haben, lassen sich durch Anwenden der Impulsgleichung (3.212b) in Verbindung mit der Kontinuitätsgleichung (3.210b) die unstetigen Querschnittsänderungen (positive oder negative Sohlenstufe, plötzliche Breitenänderung) einfache Beziehungen für das Verhältnis der Wassertiefe hinter und vor der Querschnittsänderung sowie für die strömungsmechanischen Verluste herleiten. Dies geschieht in ähnlicher Weise wie bei der Berechnung des Wechselsprungs in Kap. 3.5.4.3. Der Einfluß der Schubspannung an der Gerinnewand bleibt dabei unberücksichtigt. Einer theoretischen Behandlung des Pfeilerstaus stehen im allgemeinen erhebliche Schwierigkeiten entgegen, da es sich hier um ein Widerstandsproblem handelt, bei dem nicht nur die Flüssigkeitsreibung, sondern auch die Vorgänge an der freien Oberfläche (Wellenwiderstand) eine Rolle spielen.

Richtungsänderung. Der in einer Gerinnekrümmung auftretende Verlust an strömungsmechanischer Energie ist noch schwieriger zu bestimmen als bei der Rohrströmung nach Kap. 3.4.4.3. Dies trifft besonders für den Fall der schießenden Bewegung zu. Einzelheiten zu diesem Fragenkreis kann man u. a. [58] entnehmen.

3.5.5.3 Instationäre Strömungsvorgänge in offenen Gerinnen

Bei den bisherigen Betrachtungen handelte es sich durchweg um Strömungsvorgänge, die von der Zeit unabhängig sind, d. h. um stationäre Bewegungen. Danach ist zu unterscheiden zwischen gleichförmigen Bewegungen, bei denen die Erscheinungen unabhängig von Zeit und Ort sind, und ungleichförmigen Bewegungen, bei denen eine Abhängigkeit vom Ort, d. h. von der Lage des Querschnitts, besteht. Bei den von der Zeit abhängigen, nichtstationären Strömungen ist die theoretische Behandlung der einzelnen Vorgänge wesentlich verwickelter als bei den stationären. Alle an der freien Oberfläche eines Gerinnes beobachtbaren instationären Erscheinungen können im weiteren Sinn als Wellen aufgefaßt werden, vgl. z. B. Abb. 3.66b. Hierzu gehören z. B. die kleinen Anschwellungen, welche durch vorübergehende Störung einer an sich stationären Strömung entstehen, sowie die Wasserbewegungen, die sich in Kanälen und Werkgräben beim Öffnen und Schließen von Abschlußorganen ausbilden und die man gewöhnlich als Schwall oder Sunk (Hebung bzw. Senkung des Wasserspiegels) bezeichnet. Auch die Frage nach dem Verlauf des Hochwassers in Flüssen sowie des als Flutwelle flußaufwärts wandernden Schwalls beim Eindringen der Flut in Flußmündungen u. a. m. gehört in den Gedankenkreis dieser Betrachtungen. Im übrigen muß hier auf das einschlägige Schrifttum verwiesen werden, [20, 31, 58]. In Kap. 5.3.4 wird auf die instationären Potentialströmungen mit freien Oberflächen noch eingegangen.

3.6 Mehrdimensionale stationäre Strömungsvorgänge dichtebeständiger Fluide

3.6.1 Voraussetzungen und Ausgangsgleichungen

Während in Kap. 3.3 bis 3.5 Strömungsvorgänge behandelt wurden, die sich als eindimensional oder quasi-eindimensional darstellen lassen (Stromfaden, Rohr-, Gerinneströmung), sollen jetzt mehrdimensionale Strömungsvorgänge besprochen werden, deren Berechnung sich durch besondere Einfachheit auszeichnet. Dies ist insbesondere dann der Fall, wenn man die gestellte Aufgabe durch Anwenden des Impulssatzes lösen kann. Die Untersuchungen werden auf stationäre Strömungen beschränkt. Die Dichte des Fluids wird bereichsweise konstant angenommen[71].

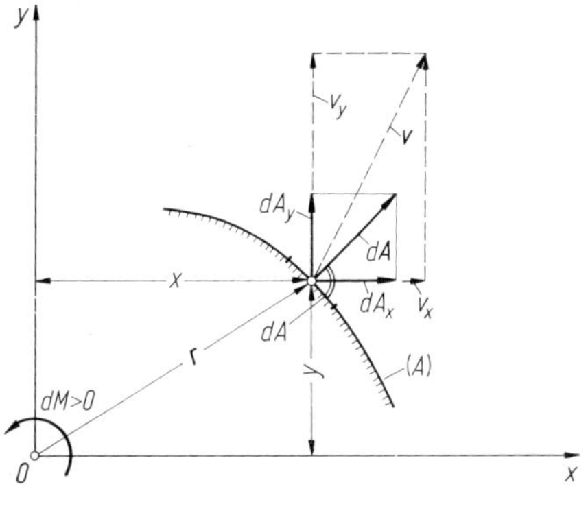

Abb. 3.72. Bezeichnungen in den Ausgangsgleichungen bei zweidimensionaler Strömung in der x,y-Ebene, Flächenelement dA am freien Teil der Kontrollfläche (A), Volumenstrom $d\dot{V} = \boldsymbol{v} \cdot d\boldsymbol{A}$

Nach Abb. 2.27 oder 2.29 sei ein bestimmtes Kontrollvolumen (V) durch eine raumfeste Kontrollfläche $(O) = (A) + (S)$ abgegrenzt. Hierbei bedeutet (A) den in der Strömung liegenden freien Teil und (S) den bei einem festen Körper gebundenen Teil der Kontrollfläche. Über die zweckmäßige Wahl des freien Teils der Kontrollfläche wird in Kap. 2.5.2.1 im Zusammenhang mit Abb. 2.30 berichtet.

71 Diese Annahme wird im Hinblick auf die Berechnung der Schubkraft eines Strahltriebwerks (jeweils konstante, jedoch nicht gleiche Dichte ϱ im Austrittsstrahl und in seiner Umgebung) gemacht, Beispiel d.2 in Kap. 3.6.2.2.

Die nachstehend wiedergegebenen Ausgangsgleichungen gelten für eine zweidimensionale Strömung in der x,y-Ebene nach Abb. 3.72. Dargestellt ist ein Flächenelement des freien Teils der Kontrollfläche dA mit dem zugehörigen Flächenvektor $d\boldsymbol{A}$ (positiv nach außen). Dieser besitzt die Komponenten dA_x und dA_y. Für die Geschwindigkeit $\boldsymbol{v}$ lauten die Komponenten entsprechend v_x und v_y. Für ein Flächenelement des körpergebundenen Teils der Kontrollfläche $d\boldsymbol{S}$ gelten sinngemäße Angaben.

Massenerhaltungssatz. Für das abgegrenzte Kontrollgebiet lautet die Kontinuitätsgleichung (2.50a)

$$\oint_{(O)} \varrho\, d\dot{V} = \int_{(A)} \varrho\, d\dot{V} + \int_{(S)} \varrho\, d\dot{V} = 0 \qquad \text{(stationär)}. \qquad (3.224\text{a})$$

Nach (2.51) ist die Größe $d\dot{V} = \boldsymbol{v} \cdot d\boldsymbol{A} = v_x\, dA_x + v_y\, dA_y$ bzw. $d\dot{V} = \boldsymbol{v} \cdot d\boldsymbol{S} = v_x\, dS_x + v_y\, dS_y$ der Volumenstrom, der örtlich die Flächenelemente der Kontrollfläche dA bzw. dS mit der Geschwindigkeitskomponente normal zu den Flächenelementen durchströmt. Eintretende Volumenströme sind negativ ($d\dot{V} < 0$) und austretende Volumenströme positiv ($d\dot{V} > 0$) zu rechnen. Bei nichtporöser Wand des umströmten Körpers verschwindet in (3.224a) das Integral über (S). Bei unveränderlicher Dichte hebt sich ϱ aus (3.224a) heraus, und es verbleibt

$$\oint_{(O)} d\dot{V} = \int_{(A_x)} v_x\, dA_x + \int_{(A_y)} v_y\, dA_y = 0 \qquad (\varrho = \text{const}). \qquad (3.224\text{b})$$

Impulssatz. Aus der Kraftgleichung (2.79) ergeben sich die Komponentengleichungen in x- und y-Richtung zu

$$\oint_{(O)} \varrho v_x\, d\dot{V} = F_{Bx} + F_{Ax} + F_{Sx}, \quad \oint_{(O)} \varrho v_y\, d\dot{V} = F_{By} + F_{Ay} + F_{Sy}, \qquad (3.225\text{a, b})$$

wobei jeweils über die Kontrollfläche $(O) = (A) + (S)$ zu integrieren ist. Hierin bedeuten F_{Bx}, F_{By}, F_{Ax}, F_{Ay} und F_{Sx}, F_{Sy} die Komponenten der Massenkraft (Volumenkraft), der Kraft auf den freien Teil der Kontrollfläche (A) bzw. der Stützkraft auf den körpergebundenen Teil der Kontrollfläche (S). Besteht die Massenkraft nur aus der Schwerkraft und fällt die negative y-Achse mit der Richtung der Fallbeschleunigung zusammen, dann gilt nach (2.76b)

$$F_{Bx} = 0, \qquad F_{By} = -mg \qquad \text{(Massenkraft = Schwerkraft)}, \qquad (3.226\text{a, b})$$

wobei m die im abgegrenzten Kontrollvolumen (V) eingeschlossene Masse ist. Die Kräfte auf den freien Teil der Kontrollfläche (A) bestehen nach (2.78a) nur aus Druckkräften, wenn sich (A) weit genug entfernt vom Körper befindet:

$$F_{Ax} \approx -\int_{(A_x)} p\, dA_x, \; F_{Ay} \approx -\int_{(A_y)} p\, dA_y \qquad \text{(Druckkraft)}. \qquad (3.227\text{a, b})$$

Hierin sind dA_x und dA_y die Komponenten des Flächenvektors $d\boldsymbol{A}$. Im allgemeinen wird die Kraft des strömenden Fluids auf den um- oder durchströmten Körper gesucht. Diese wirkt nach dem Wechselwirkungsgesetz (2.78b) der Stützkraft entgegen und beträgt

$$F_{Kx} = -F_{Sx},\ F_{Ky} = -F_{Sy} \qquad \text{(Körperkraft).} \qquad (3.228\,\text{a, b})$$

Von der Momentengleichung (2.88) tritt für den Fall ebener Strömung nur eine Komponentengleichung, nämlich

$$\oint_{(O)} \varrho(xv_y - yv_x)\, d\dot{V} = M_B + M_A + M_S \qquad (3.229)$$

auf, wobei wieder über $(O) = (A) + (S)$ zu integrieren ist. Es wird angenommen daß die Momentenbezugsachse durch den Koordinatenursprung $x = y = 0$ geht und normal auf der x,y-Ebene steht. Die Größen x und y auf der linken Seite sind die Komponenten des Fahrstrahls $\boldsymbol{r}$ und geben die Lagen der Flächenelemente des freien Teils der Kontrollfläche (A) an, die vom Volumenstrom $d\dot{V}$ durchströmt werden. Die Momente M_B, M_A und M_S sind linksdrehend positiv. Sie bestimmen sich nach (2.86b) und (2.87a, b) zu

$$M_B = -mgx_B,\ M_A \approx \int_{(A)} p(x\, dA_y - y\, dA_x),\ M_K = -M_S. \qquad (3.230\,\text{a, b, c})$$

M_B enthält nur den Einfluß der Schwere. Mit x_B wird die horizontale Lage des Schwerpunkts der Masse m gemessen.

Energiesatz. Zur Anwendung kommt die Energiegleichung der Fluidmechanik (Arbeitssatz der Mechanik) bei reibungsloser Strömung nach (2.180a) bzw. (2.102a) mit $i = p/\varrho$ nach (2.4c). Es gilt im ganzen Strömungsfeld

$$\frac{\varrho}{2} v^2 + \varrho u_B + p = \text{const} \qquad \text{(reibungslos).} \qquad (3.231)$$

Soll wie in (3.226) von der Massenkraft wieder nur die Schwerkraft berücksichtigt werden, dann ergibt sich das bezogene Schwerkraftpotential nach (2.12a) zu $u_B = gy$.

Die Untersuchungen der folgenden Kapitel betreffen sowohl reibungslose als auch reibungsbehaftete zwei- oder dreidimensionale Strömungen. Dabei werden einige grundlegende Erkenntnisse gewonnen, die über einfache Beispielrechnungen hinausgehen.

3.6.2 Reibungslose zweidimensionale Strömung dichtebeständiger Fluide

3.6.2.1 Theorie des Auftriebs angeströmter ebener Körper

a.1) Auftriebskraft eines geraden Flügelgitters. Abb. 3.73 zeigt ein gestaffeltes, gerades und ebenes Flügelgitter, auch Schaufelgitter genannt, mit unendlich vielen kongruenten Flügel- bzw. Schaufelprofilen, welche der Einfachheit halber durch ihre Skelettprofile ersetzt werden. Den jeweils konstanten Profilabstand t in Richtung der Gitterfront bezogen auf die Profiltiefe l bezeichnet man als Gitterteilung. Die Breite des Gitters sei mit b angenommen. Das Koordinatensystem wird durch die n-Achse (x-Achse) normal zur Gitterfront und durch die t-Achse (y-Achse) tangential zur Gitterfront festgelegt. Das ruhende Gitter soll mit der ungestörten Parallelgeschwindigkeit $\boldsymbol{v}_1$ in großer Entfernung vor dem

Gitter beim Druck p_1 angeströmt werden. Bei der vorausgesetzten ebenen Strömung herrscht dann längs jedes Profils sowie auch längs jeder kongruenten Stromfläche der gleiche Strömungszustand, d. h. gleiche Geschwindigkeit und gleicher Druck an geometrisch eindeutig zugeordneten Stellen. Nach der Strömungsumlenkung durch das Gitter liegt weit hinter dem Gitter wieder Parallelströmung vor, und zwar mit der Geschwindigkeit $\boldsymbol{v}_2$ beim Druck p_2. Die Komponenten der Geschwindigkeiten in Richtung der Gitterfront und normal dazu sind v_{1t}, v_{2t} bzw. v_{1n}, v_{2n}. Im folgenden soll die Kraft, welche von dem strömenden Fluid auf die Flügel des Gitters ausgeübt wird, berechnet werden. Diese Kraft sei zunächst als Körperkraft F_K mit den Komponenten F_{Kn} und F_{Kt} normal bzw. tangential zur Gitterfront bezeichnet. Zu ihrer Berechnung müssen alle drei in Kap. 3.6.1 wiedergegebenen Grundgesetze der Fluidmechanik, nämlich die Kontinuitäts-, Impuls- und Energiegleichung herangezogen werden.

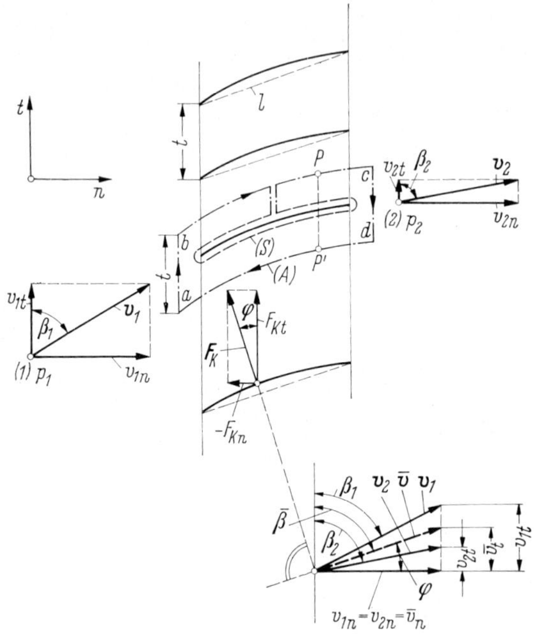

Abb. 3.73. Strömung durch ein gerades Flügelgitter, Berechnung der Auftriebskraft (Kutta-Joukowskyscher Auftriebssatz)

Nach Abb. 3.73 wird die Kontrollfläche (O) im Sinn von Abb. 2.30b so gelegt, daß ihr freier Teil (A) aus zwei der Gitterfront parallelen Flächen der Länge t und der Breite b vor und hinter dem betrachteten Flügel (a—b bzw. c—d) sowie ihren Verbindungsflächen längs kongruenter Stromflächen (b—c bzw. d—a) gebildet wird. Der körpergebundene Teil der Kontrollfläche (S) umschließt einen herausgegriffenen Flügel in der gezeichneten Weise. Vor und hinter dem Gitter sei die Kontrollfläche so weit vom Gitter entfernt, daß dort die Geschwindigkeiten und die Drücke jeweils konstant über die zugehörigen Teile der freien Kontrollfläche (a—b bzw. c—d) angenommen werden können. Nach dem Wechselwirkungsgesetz (3.228) ist die vom Flügel auf das strömende Fluid ausgeübte Stützkraft $\boldsymbol{F}_S(F_{Sn}, F_{St})$ entgegengesetzt gleich groß der gesuchten Körperkraft $\boldsymbol{F}_K = -\boldsymbol{F}_S$ oder $F_{Kn} = -F_{Sn}$ und $F_{Kt} = -F_{St}$. Im Hinblick auf später wird das vektorielle Mittel aus der Zu- und Abströmgeschwindigkeit gebildet und als mittlere Geschwindigkeit durch Überstreichen gekennzeichnet:

$$\bar{\boldsymbol{v}} = \frac{1}{2}(\boldsymbol{v}_1 + \boldsymbol{v}_2), \qquad \bar{v}_n = \frac{1}{2}(v_{1n} + v_{2n}), \qquad \bar{v}_t = \frac{1}{2}(v_{1t} + v_{2t}). \qquad (3.232\,\text{a, b, c})$$

Nach der Kontinuitätsgleichung (3.224b) muß, da kein Massenstrom über die Stromflächen (b—c bzw. d—a) auftritt, der Volumenstrom $\dot{V} = -v_{1n}bt + v_{2n}bt = 0$ sein mit bt

als Ein- oder Austrittsfläche. Hieraus folgt die bemerkenswerte Beziehung

$$v_{1n} = v_{2n} = \bar{v}_n, \tag{3.232 d}$$

nach der die Normalkomponente keine Änderung erfährt. In Abb. 3.73 sind unter Beachtung dieses Zusammenhangs die Geschwindigkeitsdreiecke dargestellt.

Die Impulsgleichung wird nach (3.225) normal und tangential zur Gitterfront angewendet. Dabei soll der Einfluß der Massenkraft (Schwerkraft) vernachlässigt werden, $F_{Bn} = 0 = F_{Bt}$. Die Komponenten der Körperkraft erhält man zu

$$F_{Kn} = -\varrho \int\limits_{(A)} v_n \, d\dot{V} + F_{An}, \quad F_{Kt} = -\varrho \int\limits_{(A)} v_t \, d\dot{V} + F_{At}. \tag{3.233 a, b}$$

Da durch die Flügel kein Massentransport erfolgen kann, braucht das Impulsintegral nur über den freien Teil der Kontrollfläche (A) ausgewertet zu werden. Dabei liefern nur die Ein- und Austrittsfläche bt Beiträge, während über die Stromflächen im Inneren des Gitters keine Impulsströme auftreten können. Beachtet man, daß eintretende Volumenströme negativ und austretende Volumenströme positiv einzusetzen sind, so wird für die Impulsintegrale mit $\dot{V} = \mp \bar{v}_n bt$

$$\varrho \int\limits_{(A)} v_n \, d\dot{V} = -\varrho \bar{v}_n (v_{1n} - v_{2n}) \, bt = 0, \qquad \varrho \int\limits_{(A)} v_t \, d\dot{V} = -\varrho \bar{v}_n (v_{1t} - v_{2t}) \, bt \neq 0. \tag{3.234 a}$$

Da auf den kongruenten Stromflächen jeweils gleiche Strömungszustände herrschen, heben sich die Druckkräfte an zwei auf dem freien Teil der Kontrollfläche entsprechenden Punkten P und P' sowohl in normaler als auch tangentialer Richtung gegeneinander auf. Es können also bei der Druckkraft nach (3.227) nur Druckanteile an der Ein- und Austrittsfläche auftreten:

$$F_{An} = (p_1 - p_2) \, bt \neq 0, \qquad F_{At} = 0. \tag{2.234 b}$$

In der Formel für F_{An} kann man die Drücke mittels der Energiegleichung (3.231) durch die Geschwindigkeiten ausdrücken. Mit $u_B = 0$, $v_1^2 = v_{1n}^2 + v_{1t}^2$ und $v_2^2 = v_{2n}^2 + v_{2t}^2$ erhält man unter Beachtung von (3.232 c, d) für die Differenz der Drücke vor und hinter dem Gitter

$$p_1 - p_2 = \frac{\varrho}{2} (v_2^2 - v_1^2) = -\frac{\varrho}{2} (v_{1t}^2 - v_{2t}^2) = -\varrho \bar{v}_t (v_{1t} - v_{2t}). \tag{3.234 c}$$

Nach Einsetzen der gefundenen Beziehungen in (3.233) folgen die Komponenten der Körperkraft

$$F_{Kn} = -\varrho \bar{v}_t (v_{1t} - v_{2t}) \, bt, \qquad F_{Kt} = \varrho \bar{v}_n (v_{1t} - v_{2t}) \, bt \tag{3.235 a, b}$$

und hieraus der Betrag der resultierenden Körperkraft

$$F_K = \sqrt{F_{Kn}^2 + F_{Kt}^2} = \varrho \bar{v} (v_{1t} - v_{2t}) \, bt \tag{3.235 c}$$

mit $\bar{v}^2 = \bar{v}_t^2 + \bar{v}_n^2$. Die Angriffsrichtung der Kraft $\boldsymbol{F}_K$ ist nach Abb. 3.73 gegenüber der Gitterfront um den Winkel φ geneigt. Es gilt also, wenn man (3.235 a, b) berücksichtigt,

$$\tan \varphi = \frac{-F_{Kn}}{F_{Kt}} = \frac{\bar{v}_t}{\bar{v}_n}, \qquad \bar{v}_n F_{Kn} + \bar{v}_t F_{Kt} = 0 \qquad \text{oder} \qquad \bar{\boldsymbol{v}} \cdot \boldsymbol{F}_K = 0. \tag{3.236 a, b, c}$$

Das Verschwinden des skalaren Produkts $\bar{\boldsymbol{v}} \cdot \boldsymbol{F}_K = 0$ bringt zum Ausdruck, daß die Körperkraft normal auf der durch (3.232 a) definierten mittleren Anströmrichtung $\bar{\boldsymbol{v}}$ steht. Dies Ergebnis läßt sich auch aus dem Geschwindigkeitsdreieck ablesen. Man nennt eine Kraft, die normal zur Anströmrichtung steht, eine Auftriebskraft, oder kurz auch einen Auftrieb (Quertrieb). Es sei hierfür die Bezeichnung $\boldsymbol{A} = \boldsymbol{F}_K$ eingeführt, was zu

$$A = \varrho \bar{v} (v_{1t} - v_{2t}) \, bt, \qquad A \perp \bar{v} \qquad \text{(Auftrieb)} \tag{3.237 a, b}$$

führt[72]. Bezieht man den Auftrieb auf die Projektionsfläche eines Flügels bl und auf den Geschwindigkeitsdruck der mittleren Geschwindigkeit $\bar{q} = (\varrho/2)\,\bar{v}^2$, so findet man den Auftriebsbeiwert $c_A = A/\bar{q}bl$ zu

$$c_A = 2\,\frac{t}{l}\left(\frac{v_{1t}}{\bar{v}} - \frac{v_{2t}}{\bar{v}}\right) = 2\,\frac{t}{l}\,\sin\bar{\beta}\,(\cot\beta_1 - \cot\beta_2). \qquad (3.238\,\text{a, b})$$

Der Übergang von (3.237a) nach (3.238b) geschieht durch Einführen der in Abb. 3.73 dargestellten Zu- und Abströmwinkel, und zwar ist $\sin\bar{\beta} = \bar{v}_n/\bar{v}$, $\cot\beta_1 = v_{1t}/\bar{v}_n$ sowie $\cot\beta_2 = v_{2t}/\bar{v}_n$.

Die Formel für die Auftriebskraft soll durch Einführen einer kinematischen Größe, der sog. Zirkulation, noch etwas umgeschrieben werden. Unter der Zirkulation Γ versteht man nach (5.6) das Linienintegral der Geschwindigkeit über eine geschlossene Kurve (L). Es sei die Zirkulation um einen Flügel im Gitterverband berechnet, wobei der Integrationsweg rechts herum positiv gewählt wird. Im Gegensatz zur Kontrollfläche (O), die den Flügel ausschließt, schließt die Kurve (L) den Flügel ein. Eine rechtsdrehende Zirkulation wird positiv gerechnet. Im vorliegenden Fall sei die in Abb. 3.73 in der Strömungsebene gezeigte Begrenzung des freien Teils der Kontrollfläche als Kurve $(L) = (a{-}b{-}c{-}d{-}a)$ gewählt. Bei der Bildung der Zirkulation wird die untere Stromlinie $d{-}a$ gegenüber der oberen Stromlinie $b{-}c$ im entgegengesetzten Sinn durchlaufen. Wegen der bestehenden Kongruenz beider Linien und der somit gleichen Strömungszustände an entsprechenden Punkten P und P' können beide Linien zusammengenommen keinen Beitrag zur Zirkulation liefern. Es verbleiben demnach nur die Beiträge der parallel zur Gitterfront verlaufenden Linien $a{-}b$ und $c{-}d$, so daß die Zirkulation um einen Flügel

$$\Gamma = \oint_{(L)} \boldsymbol{v}\cdot d\boldsymbol{l} = (v_{1t} - v_{2t})\,t \qquad (3.239\,\text{a, b})$$

wird[73]. Durch Einsetzen in (3.237a) erhält man für die Auftriebskraft (Auftrieb)

$$A = \varrho b \Gamma \bar{v}, \qquad A \perp \bar{v} \qquad \text{(Kutta, Joukowsky).} \qquad (3.240\,\text{a, b})$$

Dies ist der Kutta-Joukowskysche Auftriebssatz, der aussagt, daß die Größe des Auftriebs A außer von der Dichte ϱ des strömenden Fluids und von der Breite b des Flügels nur abhängt vom Betrag der mittleren Anströmgeschwindigkeit $\bar{v}$ und der Zirkulation Γ um den Flügel. In dieser allgemein gültigen Darstellung spielen die Form des Gitters und die Ausbildung der Flügelprofile keine Rolle.

a.2) Flügelgitter als Elemente von Strömungsmaschinen. Im folgenden mögen einige Hinweise über die Verwendung von Flügelgittern in Strömungsmaschinen gemacht werden. Wesentliche Elemente bei Strömungsmaschinen (Turbinen, Verdichter, Pumpen) stellen die Leiträder, auch Leitapparate genannt, und die Laufräder dar. Während die feststehenden Leiträder der Zu- und Ableitung des strömenden Fluids dienen, sind die um eine feste Achse sich drehenden Laufräder die eigentlichen Arbeitsorgane der Strömungsmaschine.

Erfolgt die Durchströmung des Laufrads nach Abb. 3.74a im wesentlichen in axialer Richtung, so spricht man von axial beaufschlagten Rädern (Axialräder). Denkt man sich in Abb. 3.74a einen koaxialen Zylinderschnitt gelegt und wickelt den Zylindermantel auf eine Ebene ab, so erhält man als Schnittfigur der Laufradschaufeln eine gerade Flügelreihe. Legt man jetzt sehr nahe zum ersten Schnitt einen zweiten Zylinderschnitt und wickelt diesen ebenfalls ab, so kann man die Strömung zwischen beiden Zylindermänteln als eben ansehen, sofern alle radialen Geschwindigkeitskomponenten im Arbeitsraum des Laufrads als klein gegenüber den axialen Komponenten vernachlässigt werden können. Dabei

72 Eine Verwechslung mit dem Symbol A für eine Fläche kann hier im Rahmen der sonst verwendeten Bezeichnungen ausgeschlossen werden.

73 Es ist $\boldsymbol{v}\cdot d\boldsymbol{l}$ das skalare Produkt aus dem Wegelement $d\boldsymbol{l}$ als Teil der geschlossenen Kurve (L) und dem zugehörigen Geschwindigkeitsvektor $\boldsymbol{v}$.

wiederholt sich an jedem Flügel (Schaufel) der gleiche Vorgang, genauso als handle es sich um die Strömung durch ein gerades Flügelgitter, wie es oben besprochen wurde. Im Gegensatz zu den Axialrädern gibt es nach Abb. 3.74b die radial beaufschlagten Räder (Radialräder). Das System der Laufradschaufeln kann als kreisförmiges Flügelgitter aufgefaßt werden, welches durch symmetrische Anordnung der Flügel (Schaufeln) gekennzeichnet ist. Die Flügelprofile beider Gitter können aus geraden oder gewölbten Platten sowie auch aus

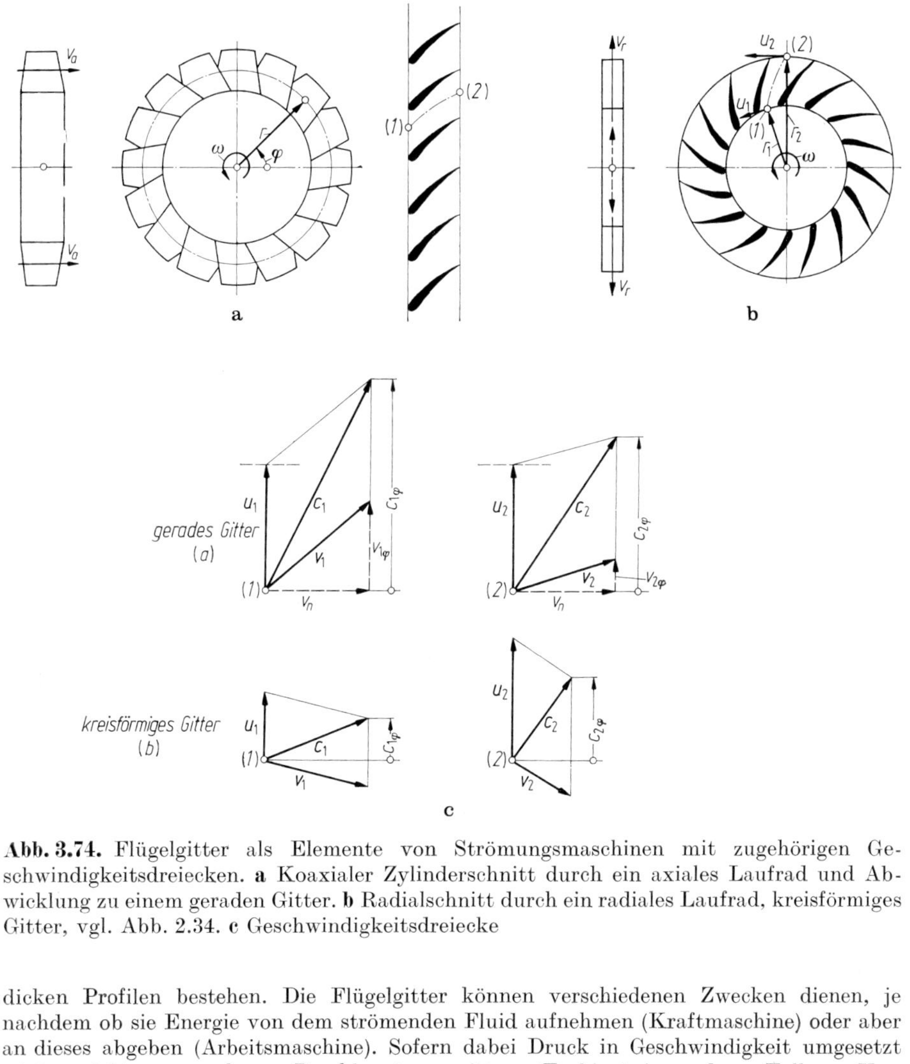

Abb. 3.74. Flügelgitter als Elemente von Strömungsmaschinen mit zugehörigen Geschwindigkeitsdreiecken. **a** Koaxialer Zylinderschnitt durch ein axiales Laufrad und Abwicklung zu einem geraden Gitter. **b** Radialschnitt durch ein radiales Laufrad, kreisförmiges Gitter, vgl. Abb. 2.34. **c** Geschwindigkeitsdreiecke

dicken Profilen bestehen. Die Flügelgitter können verschiedenen Zwecken dienen, je nachdem ob sie Energie von dem strömenden Fluid aufnehmen (Kraftmaschine) oder aber an dieses abgeben (Arbeitsmaschine). Sofern dabei Druck in Geschwindigkeit umgesetzt wird, spricht man auch von Beschleunigungsgittern (Turbine), im anderen Fall von Verzögerungsgittern (Verdichter, Pumpe). In beiden Fällen wird man bestrebt sein, die bei der Energieumsetzung auftretenden Strömungsverluste durch entsprechende Form und Anordnung der Flügel (Schaufeln) in möglichst geringen Grenzen zu halten. Die Aufgabe der Flügelgitter wird durch Umlenkung der Strömung erfüllt. Nach Abb. 3.73 ist für ein gerades Verzögerungsgitter $|\boldsymbol{v}_2| < |\boldsymbol{v}_1|$ oder $p_2 > p_1$, also $\bar{\beta} < \pi/2$ und für ein gerades Beschleunigungsgitter $|\boldsymbol{v}_2| > |\boldsymbol{v}_1|$ oder $p_2 < p_1$, also $\bar{\beta} > \pi/2$.

In einem ruhenden Bezugssystem ist die Strömung im rotierenden Laufrad instationär. Man nennt sie die Absolutströmung mit der zugehörigen Absolutgeschwindigkeit $\boldsymbol{c}$. Die

Strömung um das mit der Umfangsgeschwindigkeit (Führungsgeschwindigkeit) $\boldsymbol{u}$ gleichförmig sich drehende Laufrad wird stationär, wenn man ein rotierendes Bezugssystem einführt, von dem aus die einzelnen Flügel (Schaufeln) als ruhend angesehen werden können. Diese Strömung nennt man dann die Relativströmung mit der zugehörigen Relativgeschwindigkeit $\boldsymbol{v}$. In einem Raumpunkt besteht zwischen den Geschwindigkeiten die vektorielle Beziehung $\boldsymbol{c} = \boldsymbol{u} + \boldsymbol{v}$. In Abb. 3.74c sind die hieraus gebildeten Geschwindigkeitsdreiecke an der Eintritts- und Austrittsseite des geraden und kreisförmigen Flügelgitters, Index (1) bzw. (2) dargestellt. Für die angenommene ebene Strömung ist $u = \omega r$, wenn ω die gleichförmige Winkelgeschwindigkeit und r der Abstand des Raumpunkts von der Drehachse ist. Die Komponentenzerlegung in Achs- und Umfangsrichtung (Zylinderkoordinaten mit den Indizes a und φ) liefert $c_a = v_a$ und $c_\varphi = v_\varphi + u$. In Kap. 2.5.2.3 wurde als Beispiel der Impulsmomentengleichung die Hauptgleichung der Strömungsmaschinentheorie (Eulersche Turbinengleichung) für ein gleichförmig rotierendes kreisförmiges Flügelgitter abgeleitet, und zwar beträgt nach (2.90a) die an die Welle abgegebene Leistung

$$P_K = \dot{m}_A(u_1 c_{1\varphi} - u_2 c_{2\varphi}) \qquad \text{(Maschinenleistung)} \qquad (3.241)$$

mit $\dot{m}_A$ als Massenstrom durch sämtliche Gitterkanäle und $u_1 = \omega r_1$, $u_2 = \omega r_2$, $c_{1\varphi}$, $c_{2\varphi}$ als Geschwindigkeiten in Umfangsrichtung an den Stellen (*1*) und (*2*) entsprechend Abb. 2.34.

Für ein gerades Flügelgitter ist $r_1 \approx r_2 \approx r$ und damit $u_1 \approx u_2 \approx u = \omega r$ sowie $v_{1t} - v_{2t} = v_{1\varphi} - v_{2\varphi} = c_{1\varphi} - c_{2\varphi}$. Die von allen Flügeln durch die Strömung hervorgerufene Umfangskraft erhält man nach (3.235b) zu $F_{Kt} = \dot{m}_A(v_{1t} - v_{2t}) = \dot{m}_A(c_{1\varphi} - c_{2\varphi})$ mit $\dot{m}_A$ als Massenstrom durch das gesamte Gitter bestehend aus der Summe der Gitterteilungen $t_g = 2\pi r$. Hieraus folgen das vom Fluid ausgeübte Moment $M_K = rF_{Kt}$ sowie die übertragene Leistung $P_K = \omega M_K = \dot{m}_A r(c_{1\varphi} - c_{2\varphi})$. Dies Ergebnis ist wegen $u_1 = u_2 = \omega r$ in Übereinstimmung mit (3.241).

Die Leistungsgleichung ist unabhängig von der Anzahl und der besonderen Form der Laufradschaufeln. In dieser Hinsicht verhält sich der Ausdruck für die Leistung ähnlich wie in (3.237a) der Ausdruck für die Auftriebskraft beim geraden Flügelgitter, $A = \dot{m}_A(v_{1t} - v_{2t})$. Vom Standpunkt der zugrunde gelegten Theorie ist dies durchaus verständlich. Das vorstehend dargestellte einfache Verfahren zur Berechnung von Gitterströmungen gibt die wirklichen Vorgänge um so besser wieder, je größer die Flügelzahl ist. Bei kleiner Flügelzahl ist diese Voraussetzung nicht mehr erfüllt. Es gestattet nicht die Berechnung der Geschwindigkeits- und Druckverteilung am Ort der Flügelprofile selbst. Es ist einleuchtend, daß der Strömungsverlauf zwischen den einzelnen Flügeln durch Profil- und Gitterparameter beeinflußt wird, was sich besonders auf die Reibungsschicht an den Profilen auswirken muß. Letztere hat entscheidenden Einfluß auf die Größe des Profilwiderstands der einzelnen Flügel und damit auf den Verlust an strömungsmechanischer Energie. Um über den so entstehenden Verlust an strömungsmechanischer Energie genauere Aussagen machen zu können, muß zunächst das Verhalten der reibungslosen Strömung an den Flügeln selbst bekannt sein, man vgl. hierzu Kap. 5.4.3.4, Beispiel a. Zusammenfassende Darstellungen über Gitterströmungen stammen u. a. von Betz [4] und Scholz [69].

a.3) Auftriebskraft an einem einzelnen Tragflügel. Vom geraden Flügelgitter gelangt man zum Einzelflügel dadurch, daß man im Sinn von Abb. 2.30c in Abb. 3.73 den Gitterabstand $t \to \infty$ gehen läßt. Besitzt der Flügel (Tragflügel) einen Auftrieb $A \neq 0$, dann muß nach (3.240a) die Zirkulation $\Gamma \neq 0$ endlich bleiben, was bedeutet, daß in (3.239b) die Geschwindigkeitsdifferenz $(v_{1t} - v_{2t}) \to 0$ gehen muß. Mit $v_{1t} = v_{2t} = \bar{v}_t$ werden die resultierenden Geschwindigkeiten $\boldsymbol{v}_1$ und $\boldsymbol{v}_2$ vor bzw. hinter dem Flügel gleich groß, und zwar nach (3.232a) gleich der ungestörten Anströmgeschwindigkeit $\boldsymbol{v} = \boldsymbol{v}_\infty$. Es gilt jetzt der Kutta-Joukowskysche Auftriebssatz in der Form

$$A = \varrho b v_\infty \Gamma, \qquad A \perp v_\infty, \qquad W = 0 \qquad \text{(Tragflügelprofil).} \qquad (3.242\,\text{a, b, c})$$

Die Auftriebskraft steht nach Abb. 3.75 normal auf der vor und hinter dem Flügel ungestörten Anströmrichtung. Damit an einem Tragflügel ein Auftrieb erzeugt werden kann, muß eine Zirkulation um den Körper vorhanden sein. Die Frage, weshalb am Flügel eine Zirkulationsströmung überhaupt auftritt und wie man die Größe der Zirkulation berechnen kann, wird später in Kap. 5.4.3.1 erörtert. Dort werden weitere Angaben zur Theorie des Tragflügels (Profiltheorie) gemacht.

Die Auftriebskraft A ist zugleich die resultierende Strömungskraft. Diese Erkenntnis besagt, daß in der nach Voraussetzung ebenen und reibungslosen Strömung keine Kraftkomponente in Anströmrichtung, die man Widerstandskraft W nennt, auftritt. Dies Ergebnis bestätigt das d'Alembertsche Paradoxon nach (2.81 b)[74].

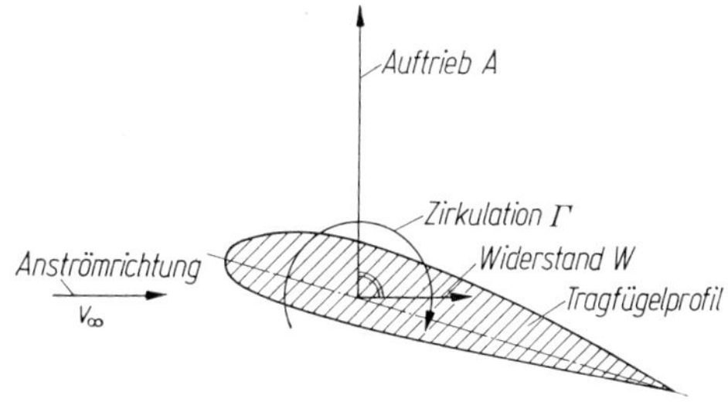

Abb. 3.75. Strömungskraft an einem angestellten Tragflächenprofil bei reibungsloser ebener Strömung

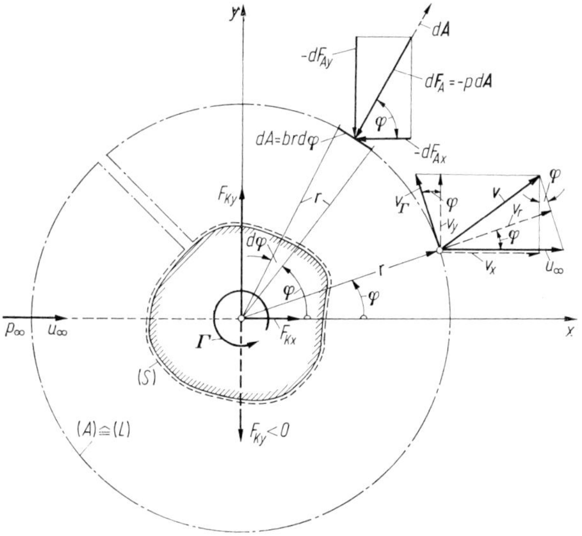

Abb. 3.76. Zur Berechnung der Strömungskraft (Querkraft) an einem angeströmten prismatischen Körper von beliebigem Querschnitt bei zirkulatorischer Umströmung mittels der Impulsgleichung

a.4) Strömung um einen quertrieberzeugenden ebenen Körper. Ein ebener (prismatischer) Körper mit beliebiger Querschnittsform von der Breite b werde nach Abb. 3.76 mit der Geschwindigkeit u_∞ in x-Richtung angeströmt. Damit der Körper eine zur x-Richtung normal wirkende Querkraft F_{Ky} erfahren kann, muß entsprechend dem Kutta-Joukowskyschen Auftriebssatz nach (3.242 a) um den Körper eine zirkulatorische Strömung mit der Zirkulation Γ herrschen. Diese Strömung ist der Parallelströmung u_∞ zu überlagern. Zur Ermittlung der auf den Körper von der resultierenden Strömung ausgeübten Kraft sei wieder die Impulsgleichung (3.225) angewendet. Zu diesem Zweck wird um den Körper nach Abb. 3.76 eine freie zylindrische Kontrollfläche (A) gelegt. Der in der Zeichenebene liegende Kreis habe den Radius r. Der Kreis soll zugleich die geschlossene Kurve (L) sein, längs der

---

74 Es sei darauf hingewiesen, daß unter bestimmten Voraussetzungen auch bei reibungsloser Strömung Widerstandskräfte auftreten können, nämlich beim Tragflügel endlicher Spannweite (induzierter Widerstand, Kap. 5.4.3.3) und bei der Umströmung eines Flügels mit Überschallgeschwindigkeit (Wellenwiderstand, Kap. 4.5.3.1).

die Zirkulation als Linienintegral der Geschwindigkeit gemäß (3.239a) berechnet werden soll. Ist r sehr groß, d. h. befinden sich die Punkte auf der Kurve (L) sehr weit vom Körper entfernt, so besitzt die zirkulatorische Strömung die konstante Umfangsgeschwindigkeit $v_\Gamma = \text{const}$. Die linksdrehende positive Zirkulation beträgt dann $\Gamma = 2\pi r v_\Gamma$, wobei $2\pi r$ der Umfang des Kreises ist[75]. Zur Auswertung der Impulsgleichung (3.225) werden sowohl die kartesischen als auch die polaren Geschwindigkeitskomponenten benötigt. Dabei sind u_∞ und $v_\Gamma = \Gamma/2\pi r$ bekannt. Nach Abb. 3.76 ist

$$x_x(\varphi) = u_\infty - \frac{\Gamma}{2\pi r}\sin\varphi, \qquad v_y(\varphi) = \frac{\Gamma}{2\pi r}\cos\varphi, \qquad v_r(\varphi) = u_\infty \cos\varphi. \tag{3.243a}$$

Der Volumenstrom durch ein Flächenelement des Kreiszylinders $dA = br\,d\varphi$ beträgt $d\dot{V}(\varphi) = v_r\,dA = bru_\infty \cos\varphi\,d\varphi$ mit $d\dot{V} > 0$ für austretende Volumenströme im Bereich $-\pi/2 < \varphi < \pi/2$ und $d\dot{V} < 0$ für eintretende Volumenströme im Bereich $\pi/2 < \varphi < 3\pi/2$. Aus den Geschwindigkeiten erhält man die Druckverteilung auf dem Zylinder nach (3.231) bei Vernachlässigung des Schwereinflusses ($u_B = 0$) zu

$$p(\varphi) = p_\infty + \frac{\varrho}{2}\,[u_\infty^2 - (v_x^2 + v_y^2)] = p_c + \frac{\varrho u_\infty \Gamma}{2\pi r}\sin\varphi \tag{3.243b}$$

mit $p_c = p_\infty - (\varrho/2)\,(\Gamma/2\pi r)^2 = \text{const}$ für $r = \text{const}$. Auf den freien Teil der Kontrollfläche (A) wirken am Flächenelement $dA = r\,d\varphi$ die Druckkräfte $dF_{Ax} = -p\,dA\cos\varphi = -brp\cos\varphi\,d\varphi$ und $dF_{Ay} = -p\,dA\sin\varphi = -brp\sin\varphi\,d\varphi$. Mit den gefundenen Beziehungen erhält man aus der Impulsgleichung mit $F_{Bx} = 0 = F_{By}$ sowie $F_{Kx} = -F_{Sx}$ und $F_{Ky} = -F_{Sy}$

$$F_{Kx} = -br\int_0^{2\pi}(p\cos\varphi + \varrho u_\infty v_x \cos\varphi)\,d\varphi = 0 \tag{3.244a}$$

$$F_{Ky} = -br\int_0^{2\pi}(p\sin\varphi + \varrho u_\infty v_y \cos\varphi)\,d\varphi = -\varrho b u_\infty \Gamma < 0. \tag{3.244b}$$

Dies Ergebnis bestätigt den Kutta-Joukowskyschen Auftriebssatz (3.242) für ebene Körper von beliebigem Querschnitt, die normal zu ihren Erzeugenden angeströmt werden, vgl. die Ausführungen in Kap. 5.4.3.1.

Im Zusammenhang mit der dargestellten Quertriebtheorie steht eine Erscheinung, die unter dem Namen Magnus-Effekt bekannt ist. Dabei handelt es sich um einen rotierenden Zylinder in einer Parallelströmung. Infolge der Oberflächenreibung am Zylinder wird das umgebende Fluid in zirkulatorische Bewegung versetzt, vgl. (2.130), so daß beim Anströmen des Zylinders durch eine normal zu seiner Achse gerichtete Strömung ganz ähnliche Verhältnisse entstehen, wie sie (3.244b) zugrunde liegen. Es tritt dabei ein Quertrieb auf, der bereits bei der von A. Flettner ausgeführten Konstruktion von Rotoren zum Antrieb von Schiffen technisch verwertet wurde.

3.6.2.2 Strahlkraft auf angeströmte und durchströmte Körper

b) Strahlkraft auf angeströmte ruhende Körper[76]

b.1) Geneigte Platte. Ein aus einer Düse austretender Strahl trifft nach Abb. 3.77 auf eine gegen die Düsenachse unter dem Winkel α geneigte, unendlich ausgedehnte Platte. Dabei werden die einzelnen Fluidelemente bei hinreichend großer Ausdehnung der Platte als

---

75 Man beachte, daß die Zirkulation im Gegensatz zu Abb. 3.75 linksdrehend positiv angenommen wird, was dem Drehsinn des Winkels φ entspricht.

76 Die Anwendungsbeispiele werden in Kap. 3.6.2 fortlaufend mit kleinen Buchstaben gekennzeichnet.

Teilstrahlen in die zur Platte parallelen Richtungen abgelenkt. Nimmt man an, daß dabei keine tangential wirkenden Reibungskräfte hervorgerufen werden, so übt der Düsenstrahl eine normal zur Platte stehende Druckkraft aus, die man auch als Strahlkraft (Strahldruck) bezeichnet. Ist die Geschwindigkeit v über den Düsenstrahl gleichmäßig verteilt, dann beträgt der austretende Volumenstrom $\dot{V} = vA$. Der Druck p_∞ außerhalb des Strahls wird, da die Stromlinien geradlinig aus der Düse austreten sollen, gemäß der Querdruckgleichung (2.97a) auch dem Strahl aufgeprägt. Diese Aussage gilt auch für die Teilstrahlen,

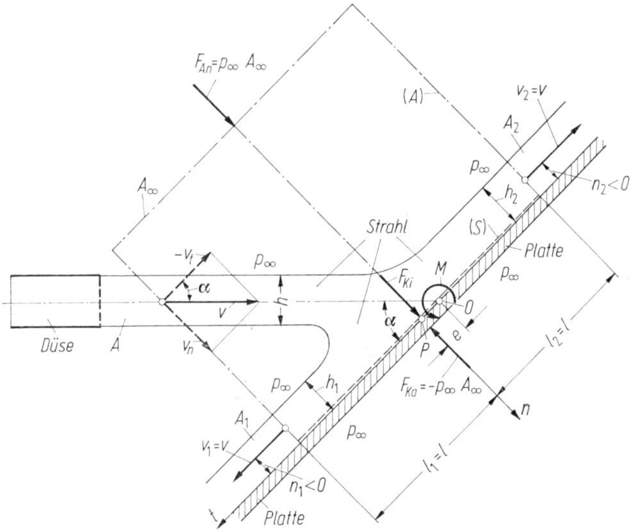

Abb. 3.77. Düsenstrahl gegen eine geneigte ebene Platte; Anwendung der Impuls- und Impulsmomentengleichung zur Berechnung der Größe und des Angriffspunkts der Strahlkraft

wenn man sie weit genug entfernt vom Ablenkpunkt P betrachtet, d. h. dort, wo die Stromlinien bereits wieder parallel zur Platte verlaufen. Wegen $p_1 = p_2 = p_\infty$ führt dies nach der Energiegleichung (3.231) mit $u_B = 0$ zu dem Ergebnis, daß die Geschwindigkeiten v_1 und v_2 genauso groß sind wie die Geschwindigkeit v des aus der Düse austretenden Strahls, $v = v_1 = v_2$.

Für die Anwendung der Impulsgleichung denke man sich die Kontrollfläche $(O) = (A) + (S)$ so abgegrenzt, daß ihr freier Teil (A) in der gezeichneten Weise sowohl den von der Platte noch unbeeinflußten Gesamtstrahl als auch die abgelenkten Teilstrahlen schneidet. Der körpergebundene Teil (S) falle mit der beströmten Plattenfläche zusammen. Die Impulsgleichung normal zur Platte ist durch (3.225b) gegeben, wenn die y-Richtung durch die n-Richtung ersetzt wird. Die im Impulsintegral auftretende Komponente der Strahlgeschwindigkeit ist $v_n = v \sin\alpha$ mit $v = |\boldsymbol{v}|$ als Betrag der Düsengeschwindigkeit. Der Schwereinfluß sei vernachlässigt, $F_{Bn} = 0$. Die Druckkraft auf den freien Teil der Kontrollfläche (A) in Richtung der Normalen beträgt $F_{An} = p_\infty A_\infty$, wobei A_∞ die in ihrer Größe willkürlich wählbare Fläche parallel zur Platte ist. Die Stützkraftkomponente F_{Sn} stellt die Normalkraft dar, welche der beströmte Teil der Platte dem Strahl entgegensetzt. Sie ist gleich dem negativen Betrag der Strahlkraft auf die innere Plattenseite $F_{Ki} = -F_{Sn}$. Auf die äußere nicht beströmte Plattenseite wirkt entgegen der Normalrichtung auf eine Fläche der Größe A_∞ die Kraft $F_{Ka} = -p_\infty A_\infty$. Die gesamte infolge des Strahldrucks auf die Platte in n-Richtung ausgeübte Kraft beträgt $F_K = F_{Ki} + F_{Ka}$. Mithin erhält man aus der Impulsgleichung (3.225b) mit $\dot{V} = -vA$ als eintretendem Volumenstrom (negativ)

$$F_K = -\varrho \oint_{(O)} v_n \, d\dot{V} = \varrho v^2 A \sin\alpha = \dot{m}_A v \sin\alpha \qquad \text{(Strahlkraft).} \qquad (3.245\text{a, b})$$

Hierin bedeutet $\dot{m}_A = \varrho v A$ den aus der Düse mit der Geschwindigkeit v austretenden Massenstrom. Wie (3.245) zeigt, spielt die Größe der Platte keine Rolle, da sich $F_{An} = p_\infty A_\infty$ und $F_{Ka} = -p_\infty A_\infty$ gegenseitig aufheben. Weiterhin erkennt man, daß die Düsenquerschnittsform (Kreisrohr, Spalt) auf die Berechnung der Strahlkraft ohne Einfluß ist.

Im folgenden soll die Untersuchung auf den Fall ebener Strömung beschränkt werden, d. h. der Strahl tritt aus einer Spaltdüse der Höhe h und der Breite b aus. Wie bereits ausgeführt wurde, herrschen in allen Strahlen, sofern sie keine Stromlinienkrümmung mehr besitzen, der konstante Druck p_∞ sowie die gleichen Geschwindigkeiten $v = v_1 = v_2$. Aus der Kontinuitätsgleichung (3.224b) erhält man mit den Volumenströmen $\dot{V} = -vA$ (eintretend) sowie $\dot{V}_1 = v_1 A_1 = vA_1$ und $\dot{V}_2 = v_2 A_2 = vA_2$ (austretend) eine erste Bestimmungsgleichung für die Strahlquerschnitte $A = bh$, $A_1 = bh_1$ und $A_2 = bh_2$ bzw. deren Höhe

$$\oint_{(O)} d\dot{V} = v(-A + A_1 + A_2) = 0, \qquad h = h_1 + h_2. \tag{3.246a}$$

Da die Kontinuitätsgleichung, die Energiegleichung und die Impulsgleichung für die Richtung normal zur Wand bereits verbraucht wurden, liegt es nahe, für die weitere Lösung der Aufgabe die Impulsgleichung in Richtung tangential zur Platte heranzuziehen. Diese ist in (3.225a) angegeben, wenn die t-Richtung der x-Richtung entspricht. Bei Vernachlässigung der Schwere und Reibung sind $F_{Bt} = 0$ bzw. $F_{St} = 0$. Da die Drücke auf dem freien Teil der Kontrollfläche (A) überall gleich p_∞ sind, ist darüber hinaus auch $F_{At} = 0$. Für die Auswertung des Impulsintegrals müssen die tangentiale Geschwindigkeitskomponente des zuströmenden Gesamtstrahls sowie die Geschwindigkeiten in den beiden abfließenden Teilstrahlen bekannt sein. Es ist $v_t = -v \cos\alpha$, $v_{1t} = v$, $v_{2t} = -v$. Somit wird als zweite Bestimmungsgleichung für die Strahlquerschnitte bzw. deren Höhe

$$\varrho \oint_{(O)} v_t \, d\dot{V} = \varrho v^2 (A \cos\alpha + A_1 - A_2) = 0, \qquad h \cos\varphi = h_1 - h_2. \tag{3.246b}$$

Aus (3.246a, b) erhält man für die Höhen der Teilstrahlen normal zur Platte

$$h_1 = \frac{1}{2}(1 - \cos\alpha)\, h, \qquad h_2 = \frac{1}{2}(1 + \cos\alpha)\, h \qquad (b = \text{const}). \tag{3.247a, b}$$

Bei normal zur Platte auftreffendem Strahl ($\alpha = \pi/2$) ist $h_1 = h_2$ und bei längs zur Platte verlaufendem Strahl ($\alpha = 0$) ist $h_1 = 0$, $h_2 = h$.

Zur Berechnung der Lage des Angriffspunkts der Strahlkraft F_K wird die Impulsmomentengleichung (3.229) herangezogen. Als Bezugsachse für Impulsmoment und Kraftmoment sei die Achse durch den Schnittpunkt der Düsenachse mit der Platte gewählt, Punkt 0 in Abb. 3.77. Linksdrehende Momente sind positiv anzusetzen. Der Angriffspunkt der resultierenden Strahlkraft (Druckkraft) F_K nach (3.245) sei mit P bezeichnet. Er habe von 0 den noch unbekannten Abstand e. Soll die auf die äußere Plattenseite wirkende Kraft F_{Ka} auch im Punkt P angreifen, so muß, wie in Abb. 3.77 gezeichnet, die Fläche A_∞ symmetrisch zu P liegen, d. h. es muß $l_1 = l_2 = l$ sein. Hierauf muß beim Festlegen der Kontrollfläche (O) für die Impulsmomentengleichung geachtet werden. Für die Kraftmomente nach (3.230) gilt $M_B = 0$, $M_A = p_\infty A_\infty e$, $M_S = -M_{Ki}$ und $M_{Ka} = -p_\infty A_\infty e$. Das auf die Achse durch 0 ausgeübte Moment beträgt $M_K = M_{Ki} + M_{Ka}$. Mit $\dot{V}_1 = bh_1 v$, $v_{1n} = 0$, $v_{1t} = v$ und $n_1 = -h_1/2$ sowie $\dot{V}_2 = bh_2 v$, $v_{2n} = 0$, $v_{2t} = -v$ und $n_2 = -h_2/2$ erhält man aus (3.229)

$$M_K = -\varrho \oint_{(O)} (t v_n - n v_t)\, d\dot{V} = \varrho \oint_{(O)} n\, v_t \, d\dot{V} = \frac{\varrho}{2} v^2 b (h_2^2 - h_1^2). \tag{3.248}$$

Da die Achse des Gesamtstrahls durch den Bezugspunkt 0 geht, liefert der eintretende Impuls keinen Beitrag zum Impulsmoment. Das Moment aus (3.248) muß gleich $M_K = F_K e$ sein mit $F_K = \varrho v^2 bh \sin\alpha$. Mithin erhält man unter Beachtung von (3.247) für die gesuchte

Lage des Angriffspunkts der resultierenden Strahlkraft das einfache Ergebnis

$$e = \frac{1}{2} h \cot \alpha \qquad \text{(Angriffspunkt der Strahlkraft).} \qquad (3.249)$$

Für die normal angeströmte unendlich ausgedehnte Platte ($\alpha = \pi/2$) wird nach (3.245), (3.247) und (3.249)

$$F_{K\,\max} = \varrho v^2 A = \dot{m}_A v, \qquad h_1 = h_2 = \frac{h}{2}, \quad e = 0 \qquad \left(\alpha = \frac{\pi}{2}\right). \qquad (3.250\,\mathrm{a, b, c})$$

Das vorstehende Beispiel zur Anwendung der Impuls- und Impulsmomentengleichung wurde sehr ausführlich besprochen, um die Vielseitigkeit des Impulssatzes nicht nur für die Berechnung von Kräften, sondern auch für die Bestimmung anderer interessierender Größen, wie z. B. der Strömungsquerschnitte und des Angriffspunkts der Strömungskraft, zu zeigen.

b.2) Gewölbte und geknickte Platten. Die bisherigen Ausführungen über den Strahldruck auf gerade Platten lassen sich auf die Berechnung der Strahlkraft auf gewölbte und geknickte Platten (Umlenkkörper), wie sie in Abb. 3.78 dargestellt sind, erweitern. Der

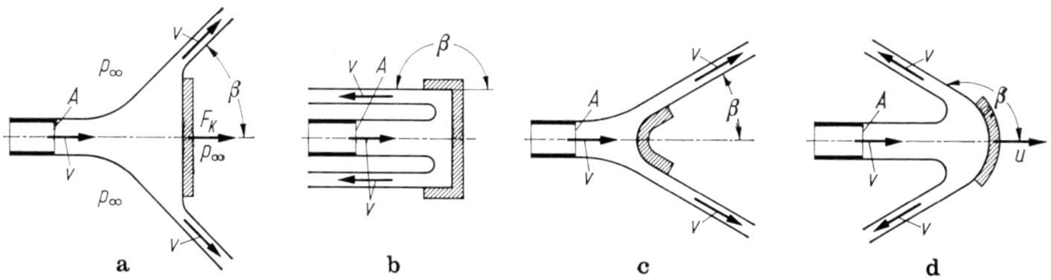

Abb. 3.78. Düsenstrahl gegen symmetrisch angeströmte gewölbte und geknickte Platten (Umlenkkörper, eben oder drehsymmetrisch). **a** Gerade Platte mit endlicher Ausdehnung. **b** Geknickte Platte mit vollständiger Strahlumkehr. **c, d** Gewölbte Platten. v Strahlgeschwindigkeit, β Abströmwinkel der Strömung an den Plattenrändern, u Geschwindigkeit des gegebenenfalls bewegten Körpers, wie in **d**

Strahl möge die Umlenkkörper, welche entweder eben oder drehsymmetrisch ausgebildet sein können, symmetrisch treffen. Nach dem Verlassen der inneren Umlenkflächen sollen die Teilstrahlen den Abströmwinkel β besitzen. Während nach Abb. 3.77 für die normal angeströmte unendlich ausgedehnte Platte $\beta = \pi/2$ ist, sei für die endlich ausgedehnte Platte nach Abb. 3.78a und c der Abströmwinkel zwischen $0 < \beta < \pi/2$ angenommen. Bei Strahlumkehr, wie sie in Abb. 3.78b und d gezeigt ist, wird $\pi/2 < \beta \leqq \pi$. Ohne hier im einzelnen auf die Durchrechnung einzugehen, liefert die Anwendung der Impulsgleichung die in Strahlrichtung auf den Umlenkkörper wirkende Strahlkraft

$$F_K = \varrho v^2 A(1 - \cos\beta) = \dot{m}_A v(1 - \cos\beta) \qquad \text{(Strahlkraft).} \qquad (3.251\,\mathrm{a, b})$$

Bei vollständiger Umlenkung $\beta = \pi$ ergibt sich $F_{K\max} = 2\dot{m}_A v$, d. h. der doppelte Wert wie bei der normal angeströmten unendlich ausgedehnten Platte nach (3.250a). Auch bei den hier betrachteten Umlenkkörpern spielt die Größe der vom Strahl getroffenen Körperfläche keine Rolle.

c) Strahlkraft auf angeströmte bewegte Körper

c.1) Bewegte Umlenkkörper. Wird der Körper selbst mit einer Geschwindigkeit $u < v$ in Strahlrichtung bewegt, so ist der Strömungsvorgang instationär, Abb. 3.78d. Man kann ihn stationär machen, indem man ein Bezugssystem einführt, welches relativ zum Körper in Ruhe ist und damit seine Bewegung mitmacht. Für die Berechnung des Strahldrucks kommt also anstelle von v nur die Relativgeschwindigkeit des Strahls gegenüber dem Körper $(v - u)$ in Betracht. In (3.251a) ist also v durch $(v - u)$ zu ersetzen. Dies führt für die symmetrisch angeströmten Umlenkkörper zu folgendem Ergebnis für die Strahlkraft:

$$F_K = \varrho(v - u)^2 A(1 - \cos\beta) = \dot{m}'_A(v - u)(1 - \cos\beta), \qquad (3.252\,\text{a, b})$$

wobei A wieder den Strahlquerschnitt bezeichnet. Im Gegensatz zu dem aus der Düse austretenden Absolutmassenstrom $\dot{m}_A = \varrho v A$ bedeutet $\dot{m}'_A = \varrho(v - u)A$ den Relativmassenstrom. Die am Körper bei der Bewegung mit der Geschwindigkeit u verrichtete Leistung berechnet sich zu $P = uF_K$. Sie beträgt z. B. bei vollständiger Umlenkung $(\beta = \pi)$

$$P = 2\varrho A u(v - u)^2, \qquad P_{\max} = \frac{8}{3}\,\dot{m}_A u^2 \qquad \left(u = \frac{v}{3}\right). \qquad (3.253\,\text{a, b})$$

Die maximale Leistung $P_{\max}$ erhält man bei $\dot{m}_A = \varrho v A = \text{const}$ aus $dP/du = 0$. Sie wird bei $u = v/3$ erbracht.

c.2) Umlenkkörper als Elemente von Strömungsmaschinen. Umlenkkörper finden Anwendung bei Becherturbinen (Freistrahl-Wasserturbine, Pelton-Turbine). Dabei handelt es sich nach Abb. 3.79a um eine von einem oder mehreren Düsenstrahlen tangential beaufschlagte Gleichdruck-Strömungsmaschine. Die einzelnen auf dem Umfang des Laufrades angeordneten Umlenkkörper bestehen nach Abb. 3.79b aus zwei spiegelbildlich angebrachten Bechern (Halbellipsoidschalen), gegen deren gemeinsame Schneide der allseitig freie Wasserstrahl strömt und gemäß Abb. 3.79c in einer Ebene parallel zur Drehachse (Schnitt $B - B$) nahezu vollständig nach beiden Seiten umgelenkt wird. Wegen des symmetrischen Umlenkvorgangs können dabei keine Kräfte in axialer Richtung auftreten. Damit das zugeführte Wasser die nachfolgenden Becher nicht mehr trifft, ist der Umlenkwinkel etwas kleiner als $\beta = \pi$.

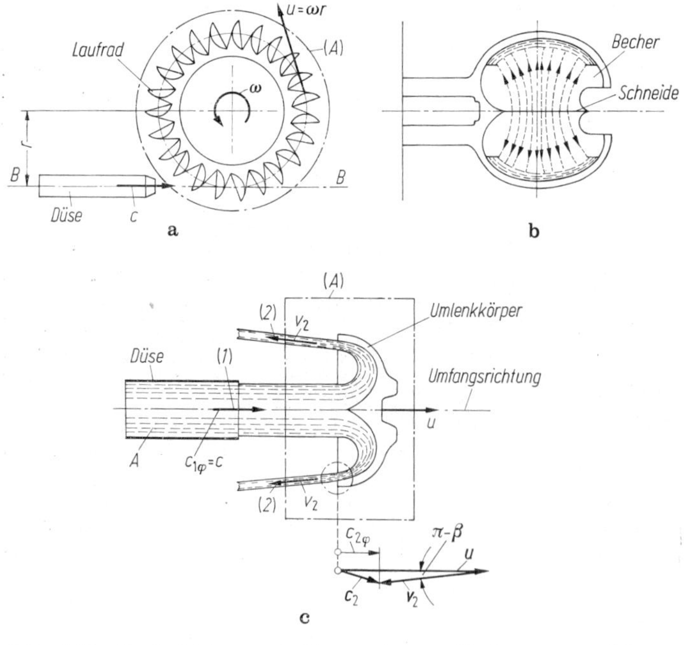

Abb. 3.79. Umlenkkörper als Elemente von Strömungsmaschinen. **a** Laufrad einer Freistrahl-Turbine (Pelton-Turbine). **b** Freistrahl-Becher. **c** Strömungsverhalten im Schnitt $(B-B)$

Zur Anwendung des Impulssatzes wird der freie Teil der raumfesten Kontrollfläche (A) entsprechend Abb. 3.79a, c gewählt. Der aus der Düse (Querschnitt A) mit der Absolutgeschwindigkeit c ausströmende Massenstrom $\dot{m}_A = \varrho c A$ tritt an der Stelle (*1*) in den Kontrollraum ein und verläßt diesen wieder an den seitlich liegenden Stellen (*2*). Auf diesen Strömungsvorgang läßt sich die Hauptgleichung der Strömungsmaschinentheorie anwenden, und zwar erhält man nach (3.241) mit der Umfangsgeschwindigkeit $u_1 = u_2 = u = \omega r$ die vom Düsenstrahl am Laufrad verrichtete Maschinenleistung zu $P = \dot{m}_A u(c_{1\varphi} - c_{2\varphi}) = \varrho A c u(c_{1\varphi} - c_{2\varphi})$. Die Komponenten der Absolutgeschwindigkeiten in Umfangsrichtung findet man aus Abb. 3.79c zu $c_{1\varphi} = c$ und $c_{2\varphi} = u - v_2 \cos(\pi - \beta)$. Nach den bisherigen Überlegungen über die Strahlkraft von angeströmten Platten und Umlenkkörpern ist bei reibungsloser Strömung der Betrag der Relativgeschwindigkeit des abströmenden Strahls v_2 genauso groß wie der Betrag der Relativgeschwindigkeit des auftreffenden Strahls, d. h. $v_2 = v_1 = c - u$. Berücksichtigt man, daß wegen $(\pi - \beta) \approx 0$ näherungsweise $\cos(\pi - \beta) \approx 1$ gesetzt werden darf, erhält man für die Umfangskomponente der Absolutgeschwindigkeit am Austritt $c_{2\varphi} \approx u - v_2 = 2u - c$. Die Leistung der Freistrahl-Turbine ergibt sich somit zu

$$P = 2\varrho A c u(c - u), \qquad P_{\max} = 2\dot{m}_A u^2 \quad \left(u = \frac{c}{2}\right). \tag{3.254a, b}$$

Die maximale Leistung erhält man bei $\dot{m}_A = \varrho c A = \text{const}$ aus $dP/du = 0$. Sie wird bei $u = c/2$ erbracht. Würde man mit (3.253a) rechnen, indem man dort $v = c$ setzt, so ergäbe sich $P = 2\varrho A u(c - u)^2$. Der Unterschied zu (3.254a) erklärt sich daraus, daß im Fall der Freistrahlturbine der Absolutmassenstrom $\dot{m}_A = \varrho c A$ in den freien Teil der Kontrollfläche (A) eintritt, während bei dem bewegten Umlenkkörper nur der Relativmassenstrom $\dot{m}'_A = \varrho(c - u)\, A < \dot{m}_A$ wirksam ist. Im Gegensatz zu dem bewegten Umlenkkörper, der sich von der Düsenöffnung laufend entfernt, gelangen bei der Freistrahlturbine immer wieder neue Becher bei im Mittel ungeänderter Entfernung von der Düse in den Strahl, so daß hierbei der gesamte Massenstrom $\dot{m}_A$ einen Beitrag liefern kann. Bei gebremstem Rad ist $u = 0$ und damit in beiden Fällen ebenfalls $P = 0$. Bei gleichem aus der Düse austretenden Massenstrom $\dot{m}_A = \varrho c A = \varrho v A$ und gleicher Körpergeschwindigkeit $u = c/2$ erhält man für die Freistrahl-Turbine nach (3.254) mit $c = 2u$ die Leistung $P = P_{\max} = 2\dot{m}_A u^2$, während ein bewegter Umlenkkörper nach (3.253a) mit $v = c = 2u$ die Leistung $P = \dot{m}_A u^2$ erfährt. Dies Ergebnis besagt, daß unter den getroffenen Annahmen die Leistung aller beaufschlagten Becher eines Laufrads gerade doppelt so groß ist wie die Leistung, die von einem einzelnen bewegten Umlenkkörper verrichtet wird.

d) Strahlantriebe

Im folgenden sollen Strahlantriebe besprochen werden, die vornehmlich in der Flugtechnik verwendet werden. Hierbei gibt es grundsätzlich zwei Antriebsarten, nämlich den Propeller (Luftschraube) und das Turbostrahltriebwerk (auch mit Propeller gekoppelt) oder die Rakete. Die Schuberzeugung dieser Antriebe beruht darauf, daß jeweils eine bestimmte Fluidmasse (Stützmasse) nach hinten mit erhöhter Geschwindigkeit in Bewegung gesetzt wird. Während der Propeller und das Turbostrahltriebwerk bordfremde Masse (umgebende Luft) verarbeiten, wird bei der Rakete bordeigene Masse (mitgeführter flüssiger oder fester Treibstoff) verwendet. Im Sinn der Strömungsmechanik kann man die erste Art der Antriebe als Durchströmtriebwerke und die zweite Art als Ausströmtriebwerke bezeichnen. Ausführliche Angaben über Aufbau und Wirkungsweise der verschiedenen Flugantriebe findet man u. a. bei Münzberg [49].

Die Berechnung der Schubkraft (Vortriebskraft) erfolgt im wesentlichen durch Anwenden der Impulsgleichung. Dabei kommt der Wahl des freien Teils der Kontrollfläche (A) besondere Bedeutung zu. In Abb. 2.30 wurden hierfür drei Möglichkeiten herausgestellt. Die Verwendung einer strömungsmechanisch orientierten freien Kontrollfläche im Sinn von Abb. 2.30b wurde bei der Berechnung der Schubkraft eines freifahrenden Propellers nach der einfachen Strahltheorie in Kap. 3.3.2.3, Beispiel c, gezeigt. Dabei mußte jedoch eine Annahme über die Drücke an der freien Strahlgrenze getroffen werden, deren Richtigkeit noch nachzuweisen ist.

d.1) Propeller in einem Rohr. Nach Abb. 3.80a befinde sich der Propeller mit der Propellerkreisfläche A_S in einem horizontal liegenden Rohr mit der Querschnittsfläche A_1. Die Kontrollfläche $(O) = (A) + (S)$ besteht aus dem freien und dem körpergebundenen Teil. Dabei kann die Mantelfläche des Rohrs als erzwungene freie Kontrollfläche $A_{1\to 2}$ im Sinn von Abb. 2.30c aufgefaßt werden. Wichtig ist, daß durch die Mantelfläche kein Volumenstrom, und damit kein Impulsstrom erfolgen kann. Bei reibungsloser Durchströmung des Rohrs treten an der Mantelfläche nur normal wirkende Druckkräfte auf, die

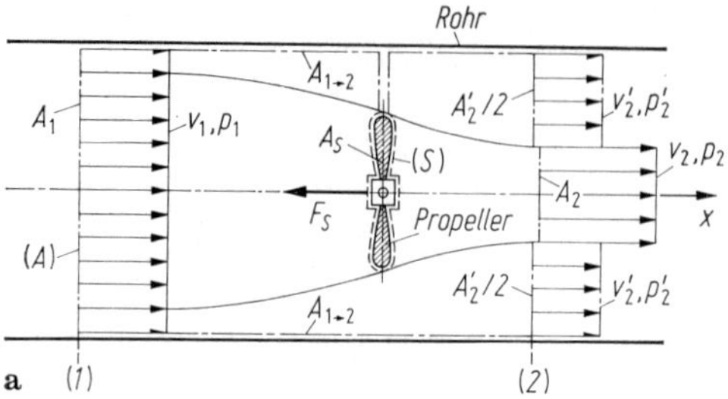

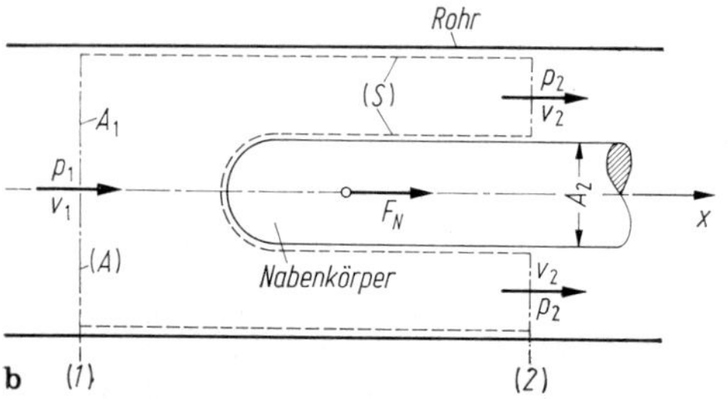

Abb. 3.80. Zur Anwendung der Impulsgleichung bei reibungsloser Strömung. **a** Propeller (erzwungene freie Kontrollfläche). **b** Nabenkörper in einem Rohr

keinen Beitrag zur Schubkraft des Propellers F_S (positiv in Richtung der negativen x-Achse) liefern. Bei der Auswertung der Impulsgleichung in x-Richtung spielen also die Eintritts- und die Austrittsfläche $A_1 = A_2 + A_2' = \text{const}$ als freie Teile der Kontrollfläche (A) und die den Propeller umschließende Fläche als körpergebundener Teil der Kontrollfläche (S) die bestimmende Rolle. Wie schon bei der einfachen Strahltheorie nach Abb. 3.15 sollen die Geschwindigkeitsverteilungen vor dem Propeller über A_1, im stromabwärts gelegenen Propellerstrahl über A_2 und in seiner Nachbarschaft über A_2' jeweils konstant sein, und mit v_1, v_2 bzw. v_2' bezeichnet werden. Eine entsprechende Annahme soll auch für die Druckverteilungen p_1, p_2 bzw. p_2' getroffen werden. Wegen der hinter dem Propeller geradlinig verlaufenden Stromlinien wird dem Strahl A_2 der umgebende Druck aufgeprägt, $p_2 = p_2'$. Bei der angenommenen reibungslosen Strömung gilt nach der Energiegleichung (3.231) für

$$p_2 = p_2' = p_1 + \frac{\varrho}{2}\,(v_1^2 - v_2'^2). \tag{3.255a}$$

Weiterhin muß die Kontinuitätsgleichung (3.224b) wegen $\dot V_1 = -v_1 A_1$, $\dot V_2' = v_2'(A_1 - A_2)$ und $\dot V_2 = v_2 A_2$ in der Form

$$\oint\limits_{(O)} d\dot V = -v_1 A_1 + v_2'(A_1 - A_2) + v_2 A_2 = 0 \tag{3.255b}$$

erfüllt werden. Aus der Impulsgleichung in x-Richtung (3.225a) erhält man den Propellerschub F_S (Stützkraftkomponente F_{Sx}) mit $v_{1x} = v_1$, $v_{2x}' = v_2'$ und $v_{2x} = v_2$ zu

$$F_S = \varrho \oint\limits_{(O)} v_x\, d\dot V - F_{Ax} = \varrho[-v_1^2 A_1 + v_2'^2(A_1 - A_2) + v_2^2 A_2] - (p_1 - p_2')\, A_1. \tag{3.255c}$$

Faßt man die Beziehungen (3.255a, b, c) zusammen, indem man dabei v_2' eliminiert, dann folgt nach einiger Umformung für die Schubkraft eines Propellers in einem Rohr der Querschnittsfläche A_1

$$F_S = \frac{\varrho}{2} \frac{A_1 A_2}{(A_1 - A_2)^2} [(2A_1 - 3A_2)\, v_2^2 - 2(A_1 - 2A_2)\, v_1 v_2 - A_2 v_1^2] \quad (2.256\,\text{a})^{77}$$

Läßt man jetzt $A_1 \to \infty$ gehen, so erhält man die Schubkraft eines freifahrenden Propellers

$$F_S = \dot{m}_S(v_A - v_\infty) > 0 \qquad (v_A > v_\infty) \qquad (3.256\,\text{b})$$

mit $\dot{m}_S = \varrho v_2 A_2$ als dem vom Propeller beim Durchströmvorgang erfaßten Massenstrom. Es wurden die neuen Abkürzungen $v_\infty = v_1$ für die ungestörte Anströmgeschwindigkeit und $v_2 = v_A$ für die Strahlgeschwindigkeit weit hinter dem Propeller eingeführt. Die Formel (3.256b) ist in Übereinstimmung mit (3.37b)[77]. Sie bestätigt, daß die Annahme des konstanten Drucks p_1 auf der freien Strahlgrenze berechtigt ist, vgl. hierzu Abb. 3.15.

Aus (3.256a) läßt sich in einfacher Weise die Kraft auf einen Nabenkörper F_N (positiv in Strömungsrichtung), der sich nach Abb. 3.80b in einem Rohr befindet, ermitteln. An die Stelle des Propellerstrahls in Abb. 3.80a tritt jetzt der feste Nabenkörper, was man in (3.256a) durch $v_2 = 0$ und $F_N = -F_S + p_2 A_2$ berücksichtigen kann. Als Ergebnis folgt

$$F_N = \left(p_1 - \frac{A_2}{A_1 - A_2} \frac{\varrho}{2} v_1^2\right) A_2 \lesseqgtr 0. \qquad (3.257)$$

Diese Beziehung gilt für reibungslose Strömung. Bei gegebenem Flächenverhältnis A_2/A_1 nimmt die Nabenkraft F_N mit steigender Geschwindigkeit v_1 ab. Je nach der Größe von

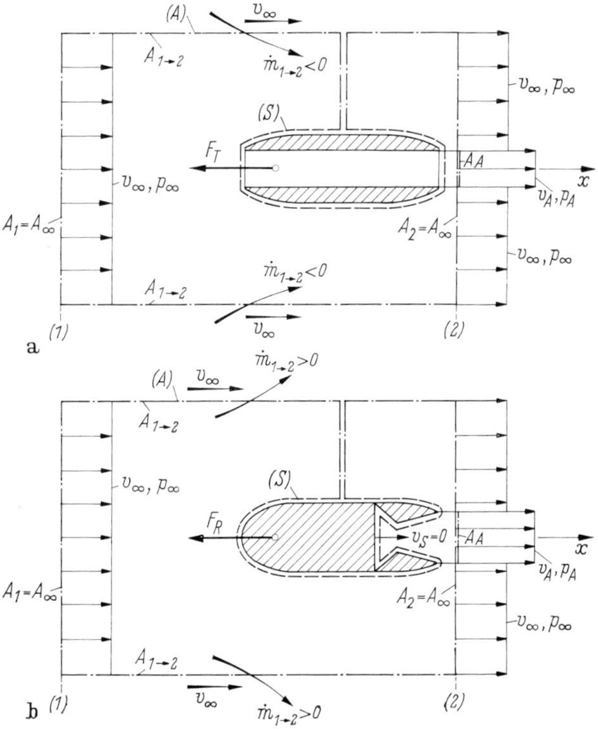

Abb. 3.81. Zur Berechnung der Schubkraft von Strahlantrieben mittels der Impulsgleichung, geometrisch orientierte freie Kontrollfläche (A), vgl. Tab. 3.7. **a** Turbostrahltriebwerk (Propeller). **b** Rakete

77 In Abb. 3.15 ist $v_1 \equiv v_\infty$ und $v_4 \equiv v_A$ zu setzen.

p_1 kann sie sogar nach vorn gerichtet sein, $F_N < 0$. Man nennt sie dann den Nabenschub. Für $A_1/A_2 \to \infty$ wird $F_N = p_1 A_2$.

d.2) Turbo- und Raketenstrahltriebwerk. Bei der Berechnung der Schubkraft eines Durchströmtriebwerks (Turbostrahltriebwerk, Index T) und eines Ausströmtriebwerks (Raketenstrahltriebwerk, Index R) nach der Impulsgleichung soll der freie Teil der Kontrollfläche (A) im Gegensatz zu Abb. 3.15 und Abb. 3.80 nach geometrischen Gesichtspunkten im Sinn von Abb. 2.30a gewählt werden. Abb. 3.81a, b zeigt die Lage der Kontrollfläche $(O) = (A) + (S)$ für die beiden zu untersuchenden Fälle. Dabei sind die von dem körpergebundenen Teil der Kontrollfläche (S) umschlossenen Triebwerkteile nur schematisch dargestellt. Während für den freien Teil der Kontrollfläche (A) normal zur Fläche $A_1 = A_\infty$ und in der in großer Entfernung vom Triebwerk gelegenen Fläche $A_{1\to2}$ die ungestörte Anströmgeschwindigkeit $v_x = v_\infty$ herrscht, sind in der Fläche $A_2 = A_\infty$ wegen der im Austrittsquerschnitt A_A erhöhten Strahlgeschwindigkeit $v_x = v_A > v_\infty$ die Geschwindigkeiten ungleichmäßig über A_2 verteilt. Es soll angenommen werden, daß diese in den Flächen $(A_\infty - A_A)$ und A_A jeweils konstant sind, und zwar v_∞ bzw. v_A. Außerhalb und innerhalb des austretenden Strahls seien ähnlich wie bei den Geschwindigkeiten auch die Drücke und Dichten über die betrachteten Flächen jeweils konstant angenommen, und zwar überall $p = p_\infty$, $\varrho = \varrho_\infty$ mit Ausnahme der Strahlquerschnittsfläche A_A mit $p = p_A$, $\varrho = \varrho_A$. Diese Angaben sind für die verschiedenen den Kontrollraum abgrenzenden Flächen in Tab. 3.7 zusammengestellt.

Die zugehörigen Massenströme sind für das Turbostrahltriebwerk und für das Raketentriebwerk getrennt aufgeführt, wobei nach Vereinbarung eintretende Massenströme negativ und austretende Massenströme positiv einzusetzen sind, vergleiche die Ausführungen zu (3.224a). Während die Ermittlung der Massenströme durch A_1, durch $(A_2 - A_A)$ sowie durch A_A sofort einleuchtet, bedarf es bei der Bestimmung der Massenströme über $A_{1\to2}$ und (S) besonderer Überlegungen. Nach der Kontinuitätsgleichung (3.224a) muß der gesamte Massenstrom über die Kontrollfläche $(O) = (A) + (S)$ null sein

$$\dot{m}_A + \dot{m}_S = 0, \qquad \dot{m}_1 + \dot{m}_{1\to2} + \dot{m}_2 + \dot{m}_S = 0. \qquad (3.258\text{a, b})^{78}$$

Beim Turbostrahltriebwerk tritt keine Masse über den körpergebundenen Teil der Kontrollfläche (S) in den Kontrollraum ein, wenn man von dem eingespritzten Kraftstoff absieht, d. h. es ist hierfür $\dot{m}_S = 0$ zu setzen. Der Massenstrom im Raketenstrahl beträgt $\dot{m}_A = \varrho_A v_A A_A$. Dieser kommt dadurch zustande, daß durch den Abbrand des Raketentreibstoffs eine auf die Zeit bezogene Masse $\dot{m}_S$ von der Geschwindigkeit $v_S = 0$ am Ort der Rakete mittels einer Düse (im allgemeinen einer Überschalldüse = Laval-Düse) auf die Strahlgeschwindigkeit v_A gebracht wird. Über den körpergebundenen Teil der Kontrollfläche (S) eines Raketentriebwerks gelangt bei verschwindender Geschwindigkeit ($v_S = 0$) die auf die Zeit bezogene Masse $\dot{m}_S = -\dot{m}_A$ (eintretend negativ) in den Kontrollraum. Kennt man $\dot{m}_1$ (eintretend), $\dot{m}_2$ (austretend) und gegebenenfalls $\dot{m}_S$ (eintretend), dann läßt sich $\dot{m}_{1\to2}$ nach (3.258b) berechnen. Die Ergebnisse sind in Tab. 3.7 wiedergegeben. Damit die Kontinuitätsbedingung erfüllt werden kann, muß beim Turbostrahltriebwerk ein Massenstrom $\dot{m}_{1\to2} < 0$ in den Kontrollraum eintreten, während bei dem Raketentriebwerk ein Massenstrom $\dot{m}_{1\to2} > 0$ austreten muß. Diesen grundlegenden Unterschied kann man sich anschaulich folgendermaßen klarmachen: Beim Turbostrahltriebwerk tritt im Schnitt (*2*) mehr Masse aus als im Schnitt (*1*) eintritt. Der Massenüberschuß des Schnittes (*2*) muß also über die Fläche $A_{1\to2}$ einströmen. Beim Raketentriebwerk kann die durch den Schnitt (*1*) eintretende Masse nicht vollständig durch den Schnitt (*2*) austreten, da durch den Raketenstrahl ein Teil des Schnitts (*2*) hierfür nicht zur Verfügung steht. Es muß also der Massenüberschuß des Schnitts (*1*) über die Fläche $A_{1\to2}$ ausströmen. Die genannten Massenüberschüsse betragen $\dot{m}_{1\to2} = \varrho_\infty \boldsymbol{v}_\infty \cdot \boldsymbol{A}_{1\to2}$. Da $\boldsymbol{v}_\infty$ jedoch nur eine Komponente in x-Richtung besitzen soll, muß die Fläche $A_{1\to2}$ unendlich groß sein, damit das skalare Produkt $\boldsymbol{v}_\infty \cdot \boldsymbol{A}_{1\to2}$ einen endlichen Wert annimmt. Der freie Teil der Kontrollfläche $A_{1\to2}$ befindet sich theoretisch gesehen in unendlicher Entfernung vom Strahltriebwerk oder von der Rakete.

---

78 Es wurde vereinfacht $\dot{m}_1 = \dot{m}_{A1}$, $\dot{m}_2 = \dot{m}_{A2}$ und $\dot{m}_{1\to2} = \dot{m}_{A1\to2}$ geschrieben.

Tabelle 3.7. Zur Berechnung der Schubkraft von Strahlantrieben (Turbo-, Raketenstrahltriebwerk), Massenstrom und Impulsstrom in x-Richtung, vgl. Abb. 3.81

Kontrollfläche		Zustand			Massenstrom		Impulsstrom (in x-Richtung)	
		ϱ	p	v_x	Turbostrahltriebwerk	Raketentriebwerk	Turbostrahltriebwerk	Raketentriebwerk
(A)	A_1	ϱ_∞	p_∞	v_∞	$-\varrho_\infty v_\infty A_\infty$		$-\varrho_\infty v_\infty^2 A_\infty$	
	A_2	ϱ_∞	p_∞	v_∞	$+\varrho_\infty v_\infty (A_\infty - A_A)$		$+\varrho_\infty v_\infty^2 (A_\infty - A_A)$	
		ϱ_A	p_A	v_A	$+\varrho_A v_A A_A$		$+\varrho_A v_A^2 A_A$	
	$A_{1\to 2}$	ϱ_∞	p_∞	v_∞	$-(\varrho_A v_A - \varrho_\infty v_\infty)\, A_A$	$+\varrho_\infty v_\infty A_A$	$-(\varrho_A v_A - \varrho_\infty v_\infty)\, v_\infty A_A$	$+\varrho_\infty v_\infty^2 A_A$
(S)	S	$v_S = 0$			0	$-\varrho_A v_A A_A$	0	0
(O)	$= (A) + (S)$				$\dot{m}_A + \dot{m}_S = 0$		$\varrho_A v_A A_A (v_A - v_\infty)$	$\varrho_A v_A^2 A_A$

Die Schubkraft soll nach (3.225a) berechnet werden. Die Impulsströme in Strahlrichtung (x-Richtung) durch die verschiedenen den Kontrollraum abgrenzenden Flächen erhält man durch Multiplikation der Massenströme mit den zugehörigen Geschwindigkeiten v_x. Die Auswertung ist in Tab. 3.7 vorgenommen. Durch Summation erhält man hieraus die in den dick umrandeten Feldern hervorgehobenen resultierenden Impulsströme. Der Schwereinfluß soll vernachlässigt werden, $F_{Bx} = 0$. Von den Drücken wird auf den freien Teil der Kontrollfläche (A) in x-Richtung die Ersatzkraft $F_{Ax} = (p_\infty - p_A) A_A$ ausgeübt, wenn p_∞ der Druck außerhalb und p_A der Druck innerhalb des Strahls ist. Die Schubkraft eines Turbostrahltriebwerks F_T oder eines Raketenstrahltriebwerks F_R ist nach dem Wechselwirkungsgesetz (3.228a) entgegengesetzt gleich groß wie die Komponente der Stützkraft in x-Richtung, F_{Sx}. Die Schubkräfte sollen entgegen der x-Richtung positiv gerechnet werden, so daß $F_T = F_{Sx}$ bzw. $F_R = F_{Sx}$ ist. Unter Beachtung der gefundenen Einzelergebnisse wird

$$F_T = \dot{m}_T(v_A - v_\infty) + (p_A - p_\infty) A_A, \qquad F_R = \dot{m}_R v_A + (p_A - p_\infty) A_A \qquad (3.259\text{a, b})$$

mit $\dot{m}_T = \varrho_A v_A A_A = \dot{m}_R$ als Massenstrom im Austrittsstrahl, der beim Turbostrahltriebwerk aus bordfremder Stützmasse(Luft) und beim Raketenstrahltriebwerk aus bordeigener Stützmasse (Raketentreibstoff) besteht. Die Druckglieder $(p_A - p_\infty) A_A$ in (3.259) treten bei ungenügender Entspannung des Strahls $p_A \neq p_\infty$ auf. Erfolgt die Entspannung auf den Außendruck $p_A = p_\infty$, dann erhält man

$$F_T = \dot{m}_T(v_A - v_\infty), \qquad F_R = \dot{m}_R v_A \qquad (p_A = p_\infty). \qquad (3.260\text{a, b})$$

Aus (3.260b) kann man schließen, daß bei einem Turbostrahltriebwerk durch den eingespritzten bordeigenen Kraftstoff der Masse $\dot{m}_B$ eine im allgemeinen vernachlässigbare zusätzliche Schubkraft $\Delta F_T = \dot{m}_B v_A$ entsteht. Bei Vernachlässigung des eingespritzten Kraftstoffs sowie bei vollständiger Entspannung entspricht das Turbostrahltriebwerk in seiner strömungsmechanischen Wirkung einem freifahrenden Propeller. Für beide Antriebe berechnet sich die Schubkraft nach der gleichen Formel, nämlich (3.260a) bzw. (3.256b). Die Schubkraft hängt jeweils ab von der zeitlich verarbeitenden bordfremden Masse $\dot{m}_T$ und dem Unterschied der Strahlgeschwindigkeit v_A von der ungestörten Geschwindigkeit (Fluggeschwindigkeit) v_∞ ab. Das Turbostrahltriebwerk (Propeller) liefert nur einen geringen Schub in stark verdünnter Atmosphäre ($\dot{m}_T \to 0$) sowie bei Geschwindigkeiten des austretenden Gases in der Größenordnung der Fluggeschwindigkeit ($v_A \to v_\infty$). Dies Verhalten macht es ebenso wie auch die Abarten (z. B. Staustrahltriebwerk) für Aufgaben der Raumfahrt ungeeignet. Diese Erkenntnis führt zur Entwicklung des Raketenstrahltriebwerks. Für solche Triebwerke hängt die Schubkraft nur von der zeitlich verarbeiteten bordeigenen Masse $\dot{m}_R$ und von der Austrittsgeschwindigkeit v_A, die größer als die Schallgeschwindigkeit ist, ab. Der wesentliche strömungsmechanische Unterschied in den Beziehungen für die Schubkräfte nach (3.260a, b) besteht darin, daß beim Turbostrahltriebwerk der bordfremde Strahl infolge der Fluggeschwindigkeit bereits einen Eintrittsimpuls (in die Kontrollfläche) besitzt, während dieser beim bordeigenen Strahl des Raketenstrahltriebwerks fehlt. Der Raketenschub entspricht der Reaktionskraft beim Ausfluß einer Flüssigkeit aus einem Gefäß nach (3.31a).

3.6.2.3 Quellströmung eines dichtebeständigen Fluids

e.1) Radial verlaufende Strömungen. Unter Quellströmungen versteht man ebene oder räumliche Strömungen, die sich nach Abb. 3.82a auf geradlinig verlaufenden Stromlinien radial nach außen mit der Geschwindigkeit $v_r = v(r)$ ausbreiten mit r als Zylinder- bzw. Kugelkoordinate. Solche Strömungen kann man sich entstanden denken beim Ausströmen eines Fluids aus einem geraden, normal zur Strömungsebene stehenden zylindrischen Körper mit poröser Oberfläche bzw. aus einem kugelförmigen Körper mit poröser Oberfläche. Auf zylindrischen Flächen bzw. Kugelflächen vom Radius r sind die physikalischen Größen, wie die Geschwindigkeit v und der Druck p, jeweils ungeändert.

Nach der Kontinuitätsgleichung beträgt beim Durchtritt der Strömung durch den

Zylinder bzw. die Kugel (beide vom Radius r) der Volumenstrom $\dot{V} = 2\pi r b v = bE$ bzw. $\dot{V} = 4\pi r^2 v = E$. Dabei ist im ebenen Fall E in m²/s m die auf die Breite b bezogene von r unabhängige ebene Quellergiebigkeit und im räumlichen Fall E in m³/s die ebenfalls von r unabhängige räumliche Quellergiebigkeit. Für die Geschwindigkeitsverteilung $v(r)$ erhält man unmittelbar

$$v = \frac{E}{2\pi r} \sim \frac{1}{r} \text{ (eben)}, \qquad v = \frac{E}{4\pi r^2} \sim \frac{1}{r^2} \text{ (räumlich)}. \qquad (3.261\,\text{a, b})$$

Im räumlichen Fall nimmt die Geschwindigkeit erheblich schneller mit wachsendem Abstand r ab als im ebenen Fall. Im Ursprung $r = 0$ besitzen die Geschwindigkeiten unendlich große Werte, $v = \infty$. Man hat es hier mit singulären Stellen zu tun. Liegt eine Sinkenströmung vor, dann ist $E < 0$ und $v < 0$, d. h. die Strömung strömt nach innen.

Ausschnitte aus Quell- und Sinkenströmungen kommen nach Abb. 3.82b in keil- oder kegelförmigen divergenten bzw. konvergenten Düsen vor. Die Sinkenströmung kann man nach Abb. 3.82c als Austrittsströmung aus einer Ecke oder nach Abb. 3.82d als Austrittsströmung aus einer horizontalen oder auch irgendwie geneigten, schlitz- oder kreisförmigen Öffnung deuten. Weitere Ausführungen über die Quellströmung dichtebeständiger Fluide findet man in Kap. 5.3.2.4, Beispiel b und Kap. 5.3.2.6, Beispiel c.

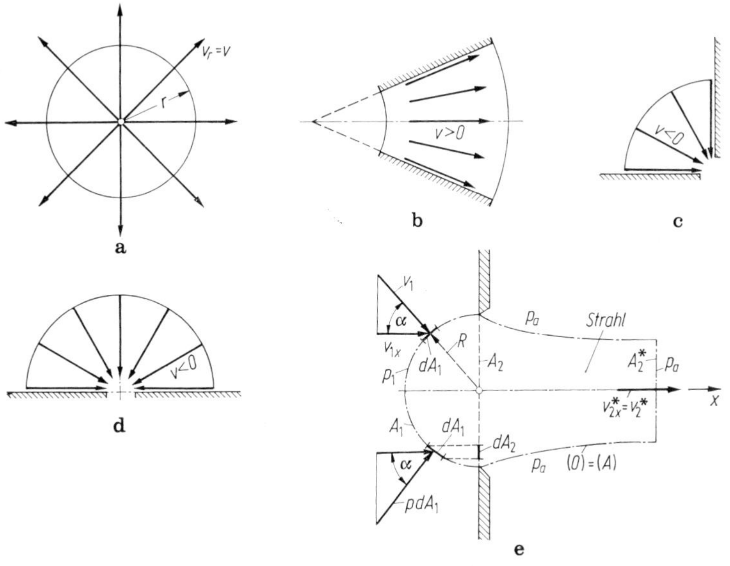

Abb. 3.82. Radial verlaufende Strömungen. **a** Ebene oder räumliche Quellströmung, Quelle $v > 0$, Sinke $v < 0$. **b** Keil- oder kegelförmige divergente Düse (Diffusor), **c** Austritt aus einer Ecke. **d** Austritt aus einer schlitz- oder kreisförmigen Öffnung (Bodenabfluß). **e** Zur Berechnung der Kontraktionsziffer bei scharfkantiger Austrittsöffnung.

e.2) Abschätzung der Kontraktionsziffer. Die in Abb. 3.82d beschriebene ebene oder räumliche Sinkenströmung kann man zur Abschätzung der Kontraktionsziffer (Einschnürungszahl des austretenden Strahls) bem Ausströmen durch kleine scharfkantige Schlitz- bzw. Kreisöffnungen heranziehen. In Anlehnung an Abb. 3.13b ist in Abb. 3.82e die Austrittöffnung mit dem dazugehörigen Austrittsstrahl dargestellt. Die Zuströmung werde als radiale Strömung mit der Geschwindigkeit $v_1 = \text{const}$ auf der Kreis- bzw. Kugelhalbfläche A_1 aufgefaßt. Der eingeschnürte Strahl habe den Querschnitt A_2^* und besitze die Geschwindigkeit v_2^*. Im folgenden können die ebene und räumliche Strömung zunächst gemeinsam betrachtet werden. Es werden die Flächenverhältnisse $m = A_2/A_1 < 1$ mit A_2

als Fläche der Öffnung (Projektionsfläche des Halbzylinders bzw. der Halbkugel) und $\mu = A_2^*/A_2 < 1$ als Kontraktionsziffer eingeführt. Weiterhin ist aus Abb. 3.82e sowohl für den ebenen als auch für den drehsymmetrischen Fall die Beziehung $dA_2 = dA_1 \cos \alpha$ abzulesen. Nach der Kontinuitätsgleichung beträgt der durch A_1 ein- und durch A_2^* austretende Volumenstrom $\dot{V}_A = v_1 A_1 = v_2^* A_2^*$, d. h. $v_1/v_2^* = A_2^*/A_1 = m\mu$. Für ein Flächenelement dA_1 ist der eintretende Volumenstrom $d\dot{V} = -v_1 dA_1$. Zur Anwendung der Impulsgleichung (3.225a) sei die Kontrollfläche entsprechend Abb. 3.82e festgelegt. Sie besteht danach nur aus einem freien Teil $(O) = (A)$, wobei A_1 die Eintritts- und A_2^* die Austrittsfläche ist. In Richtung des Strahls (x-Richtung) gilt für die Geschwindigkeitskomponenten $v_{1x} = v_1 \cos \alpha$ und $v_{2x}^* = v_2^*$. Somit ergibt sich der Impulsstrom zu

$$\varrho \oint_{(O)} v_x \, d\dot{V} = \varrho(-v_1^2 A_2 + v_2^{*2} A_2^*) = \varrho(\mu - m^2\mu^2) \, A_2 v_2^{*2} . \qquad (3.262\text{a})$$

Bei der Berechnung der Kraft auf den freien Teil der Kontrollfläche spielt nur die von der Strömung hervorgerufene Druckänderung eine Rolle. Der Außendruck p_a herrsche sowohl an der Strahlgrenze als auch im Querschnitt A_2^*. Angewendet auf Punkte der Flächen A_1 und A_2^* liefert die Energiegleichung (3.231) die Druckänderung (reduzierter Druck) $p_1 - p_a = (\varrho/2)\,(v_2^{*2} - v_1^2) = (1 - m^2\mu^2)\,(\varrho/2)\, v_2^{*2}$. Die Komponente der Druckkraft am Flächenelement dA_1 in x-Richtung beträgt $dF_{Ax} = (p_1 - p_a)\, dA_1 \cos \alpha = (p_1 - p_a)\, dA_2$. Die gesamte auf den freien Teil der Kontrollfläche in x-Richtung wirkende Kraft wird also

$$F_{Ax} = (p_1 - p_a)\, A_2 = \frac{\varrho}{2}\,(1 - m^2\mu^2)\, A_2 v_2^{*2} . \qquad (3.262\text{b})$$

Aufgrund der getroffenen Annahmen ist $F_{Bx} = 0$ und $F_{Sx} = 0$. Mithin folgt aus (3.225a) die Beziehung $1 - 2\mu + m^2\mu^2 = 0$ mit der Lösung für die Kontraktionsziffer

$$\mu = \frac{1}{m^2}\left(1 - \sqrt{1 - m^2}\right) < 1 \qquad \left(m = \frac{A_2}{A_1} < 1\right) . \qquad (3.263)$$

Für die Schlitzöffnung wird mit $m = 2bR/\pi bR = 2/\pi$, wobei b die Schlitzbreite ist, $\mu = 0{,}565$ und mit $m = \pi R^2/2\pi R^2 = 1/2$ für die Kreisöffnung $\mu = 0{,}536$. Diese Werte sind kleiner als die in (3.130a, b) gegebenen, experimentell oder theoretisch ermittelten Kontraktionsziffern. Diese Abweichungen sind die Folge der getroffenen stark vereinfachenden Annahmen[79]. Einer besonderen wissenschaftlichen Bearbeitung hat Hansen [25] das Ausströmproblem hinsichtlich der Einflüsse der Schwere, Reibung und Grenzflächenspannung sowie des Vergleichs zwischen vertikalem und horizontalem Austritt unterzogen.

3.6.3 Reibungsbehaftete mehrdimensionale Strömungen dichtebeständiger Fluide

3.6.3.1 Ermittlung des Reibungswiderstands eines Körpers aus dem Impulsverlust hinter dem Körper (Nachlauf)

Allgemeines. In einer reibungsbehafteten Strömung werden an der rückwärtigen Körperseite eines umströmten Körpers die der reibungslosen Strömung entsprechenden Drücke nicht mehr erreicht. Die dadurch in Anströmrichtung bedingte Kraft, d. h. die vektorielle Summe aller Druckspannungskräfte, wird als Druckwiderstand infolge Reibung bezeichnet. Er bildet zusammen mit dem von den

---

79 Der in [40] auf der gleichen Grundlage für die Kreisöffnung gefundene Wert $\mu = 0{,}595$ gibt den tatsächlichen Wert richtig wieder. Die dortige Herleitung ist jedoch fehlerhaft.

Wandschubspannungen hervorgerufenen Schubspannungswiderstand den Reibungswiderstand des Körpers, auch Profilwiderstand genannt[80]. Bei profilierten Körpern, wie z. B. bei angeströmten Tragflügelprofilen, hat man es weitgehend mit einer am Körper anliegenden Strömung zu tun, während bei stumpfen Körpern, wie z. B. bei einer normal angeströmten Platte, bei einem querangeströmten Kreiszylinder oder bei einer angeströmten Kugel, die wandnahe Strömung auf der rückwärtigen Körperfläche unter Bildung von Wirbeln ablöst. Als Folge der reibungsbehafteten Strömung entsteht eine Verminderung der Strömungsenergie hinter dem Körper. In Abb. 3.83 ist eine Nachlaufströmung hinter einem ange-

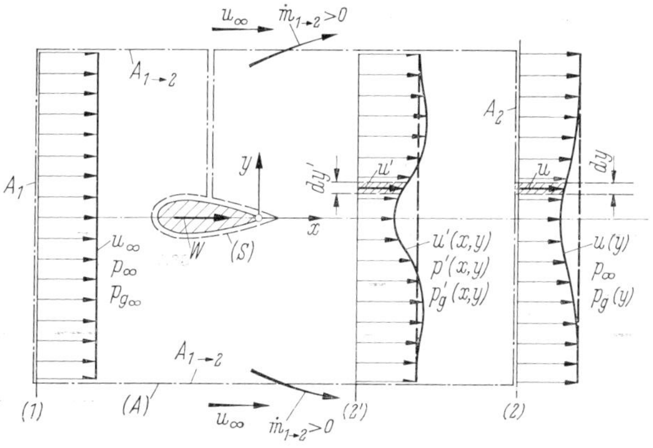

Abb. 3.83. Zur theoretischen und experimentellen Ermittlung des Reibungswiderstands eines Körpers aus dem Impulsverlust hinter dem Körper (Nachlauf), (*A*), vgl. Tab. 3.8

strömten Körper in Form der Geschwindigkeitsverteilungen über die Strömungsquerschnitte normal zur Anströmrichtung dargestellt. Während vor dem Körper überall die gleiche Geschwindigkeit herrscht, weist das Geschwindigkeitsprofil als Folge der anliegenden oder gegebenenfalls auch abgelösten körpernahen Reibungsschicht hinter dem Körper eine Nachlaufdelle auf, die in sehr weitem Abstand hinter dem Körper allmählich wieder ausgeglichen wird. Zwischen der Größe dieser Delle und dem Reibungswiderstand besteht ein ursächlicher Zusammenhang.

Der Einfachheit halber soll nur der ebene Fall in der x, y-Ebene näher behandelt werden. Betrachtet wird ein in der Strömung festgehaltener prismatischer Körper. Die ungestörte Anströmung sei stationär und habe die Geschwindigkeit u_∞, während die Geschwindigkeit im Nachlauf mit $u(x, y)$ bezeichnet werde. Bekannt ist, daß stromabwärts vom Körper die ungestörten Werte vor dem Körper wesentlich schneller vom Druck als von der Geschwindigkeit erreicht werden. Nach Abb. 3.83 werde durch das strömende Fluid in der x-Richtung auf den ruhenden Körper die Widerstandskraft, kurz der Widerstand W genannt, ausgeübt.

Theoretische Ermittlung des Reibungswiderstands. Die Anwendung der Impulsgleichung (3.225a) zur Berechnung des Widerstands eines festen Körpers

80 Es sei vermerkt, daß Druckwiderstände auch in reibungsloser Strömung auftreten können, und zwar als Wellenwiderstand bei Überschallströmung (Kap. 4.5.3.1) und als induzierter Widerstand bei Tragflügeln endlicher Spannweite (Kap. 5.4.3.3).

geschieht in ähnlicher Weise, wie es für das Turbostrahltriebwerk in Kap. 3.6.2.2, Beispiel d.2 gezeigt wurde. Dabei soll die Anströmrichtung mit der x-Achse zusammenfallen. Entsprechend Abb. 3.81a wird die Kontrollfläche $(O) = (A) + (S)$ in Abb. 3.83 so gewählt, daß die Stelle (2) sich so weit hinter dem Körper befindet, wo der (statische) Druck bereits den ungestörten Wert $p = p_\infty$ wieder erreicht hat. Dies ist theoretisch für $x \to \infty$ der Fall. Bei Vernachlässigung des Schwereinflusses und wegen der konstanten Drücke auf dem freien Teil der Kontrollfläche (A) sind $F_{Bx} = 0$ und $F_{Ax} = 0$. Die Kraft von dem körpergebundenen Teil der Kontrollfläche (S) auf das Fluid, d. h. die Stützkraft, ist entgegengesetzt gleich der gesuchten Widerstandskraft, d. h. $W = -F_{Sx}$. Mithin verbleibt von (3.225a) mit $v_x = u$

$$W = -\varrho \oint_{(O)} u \, d\dot{V}, \qquad \varrho \oint_{(O)} d\dot{V} = 0 \qquad (\varrho = \text{const}), \qquad (3.264\text{a, b})$$

Tabelle 3.8. Zur theoretischen Ermittlung des Reibungswiderstands aus dem Impulsverlust hinter einem Körper (Nachlaufdelle), vgl. Abb. 3.83

Kontrollfläche		Zustand			Massenstrom	Impulsstrom (in x-Richtung)
		ϱ	p	v_x		
(A)	A_1	ϱ	p_∞	u_∞	$-\varrho b \int u_\infty \, dy$	$-\varrho b \int u_\infty^2 \, dy$
	A_2	ϱ	p_∞	$u(y)$	$+\varrho b \int u \, dy$	$+ \varrho b \int u^2 \, dy$
	$A_{1\to 2}$	ϱ	p_∞	u_∞	$+\varrho b \int (u_\infty - u) \, dy$	$+ \varrho b \int u_\infty(u_\infty - u) \, dy$
(O)	Ergebnis				0	$-\varrho b \cdot \int (u_\infty - u) \, u \, dy$

wobei die Auswertung des Impulsstromintegrals (3.264a) unter Beachtung der Kontinuitätsgleichung (3.264b), vergleiche (3.224a) mit $\varrho = \text{const}$, zu erfolgen hat. In Analogie zu Tab. 3.7 erstellt man Tab. 3.8. Dabei bedeutet b die Breite des prismatischen Körpers normal zur Strömungsebene. Den Widerstand erhält man aus dem Impulsverlust hinter dem Körper zu

$$W = \varrho b \int_{-\infty}^{\infty} (u_\infty - u) \, u \, dy \qquad (\text{Theorie für } x \to \infty). \qquad (3.265)$$

Die Integration ist über die gesamte Nachlaufdelle $-\infty \leqq y \leqq +\infty$ zu erstrecken.

Experimentelle Ermittlung des Reibungswiderstands. Zur Bestimmung des Widerstands ist man weitgehend auf Messungen angewiesen. Die experimentelle Ermittlung des gesamten Reibungswiderstands aus einer Kraftmessung ist in vielen Fällen, z. B. im Windkanal, wegen des großen Zusatzwiderstands der Modellaufhängung zu ungenau, so daß andere Methoden zur Anwendung kommen müssen. Die Beziehung (3.265), nach der man den Widerstand aus der Nachlaufströmung hinter dem Körper berechnen kann, ist in der vorliegenden Form für Messungen im Windkanal nicht zu gebrauchen, da $u(y)$ in einem zu großen Abstand vom Körper bestimmt werden müßte. Man kann sie jedoch im Hinblick auf die praktische Anwendung in der Weise abändern, daß man den Schnitt (*2*) nicht in unendliche Entfernung ($x \to \infty$) hinter den Körper, sondern nach Abb. 3.83 in einen dem Körper näher gelegenen Meßquerschnitt (*2'*) verlegt. Durch Messungen des (statischen) Drucks p' und des Gesamtdrucks p'_g über die Nachlaufdelle dieses Schnitts kann man dann den Widerstand ermitteln. Diese Aufgabe ist auf zwei in der Methode etwas voneinander abweichende Arten gelöst worden, und zwar von Betz sowie von Jones [32]. Beide Verfahren sind in ihrem Endergebnis als gleichwertig anzusehen. Da die zweite Methode in der Beweisführung und auch in der rechnerischen Auswertung die einfachere ist, soll diese nachstehend besprochen werden.

In den Schnitten (*1*), (*2'*) und (*2*) herrschen jeweils die Geschwindigkeiten $u_1 = u_\infty$, $u_{2'} = u'$ und $u_2 = u$ sowie die (statischen) Drücke $p_1 = p_\infty$, $p_{2'} = p'$ und $p_2 \approx p_\infty$. B. M. Jones nimmt an, daß die Strömung vom Schnitt (*2'*) bis zum Schnitt (*2*) ohne strömungsmechanische Verluste vor sich geht, was bedeutet, daß die zugehörigen Gesamtdrücke gleich groß sind, $p'_g = p_g$ mit $p'_g = p' + (\varrho/2)\, u'^2$ und $p_g = p_\infty + (\varrho/2)\, u^2$. Führt man noch den Gesamtdruck der Anströmung $p_{g\infty} = p_\infty + (\varrho/2)\, u_\infty^2$ ein, dann gilt für die Geschwindigkeiten

$$u_\infty = \sqrt{\frac{2}{\varrho}\,(p_{g\infty} - p_\infty)}, \qquad u(y) = \sqrt{\frac{2}{\varrho}\,(p'_g - p_\infty)}, \qquad u'(x, y) = \sqrt{\frac{2}{\varrho}\,(p'_g - p')} \tag{3.266}$$

Betrachtet man zwischen den Ebenen (*2'*) und (*2*) einen schmalen, aus zwei Stromflächen gebildeten Bereich, so muß aus Kontinuitätsgründen $d\dot{V} = u'b\,dy' = ub\,dy$ sein, wenn dy' die Dicke des Strömungsbereichs in der Ebene (*2'*) und dy die zugehörige Dicke in der Ebene (*2*) ist. Schreibt man (3.265) für den Schnitt (2') mit $u\,dy = u'\,dy'$ an und setzt die für die Geschwindigkeiten gefundenen Ausdrücke ein, so erhält man als Formel für die experimentelle Bestimmung des Widerstands

$$W = 2b \int_{-\infty}^{\infty} \left(\sqrt{p_{g\infty} - p_\infty} - \sqrt{p'_g - p_\infty}\right) \sqrt{p'_g - p'}\; dy' \qquad \text{(Experiment)}. \tag{3.267}$$

Die ungestörten Werte $p_{g\infty}$ und p_∞ sind als gegeben anzusehen. Zur Berechnung des Widerstands W kommt es somit nur auf die Messung des Gesamtdrucks p'_g und des (statischen) Drucks p' über den Querschnitt (*2'*) an. Da außerhalb der Nachlaufdelle der Integrand von (3.267) wegen $p'_2 = p_{g\infty}$ verschwindet, hat man das Integral nur über die Delle zu erstrecken.

Widerstandsbeiwert. Bereits I. Newton konnte feststellen, daß der Widerstand eines umströmten Körpers proportional der größten Querschnittsfläche A des Körpers quer zur Anströmrichtung, der Dichte des Fluids ϱ und dem Quadrat der Anströmgeschwindigkeit u_∞^2 ist. Das Produkt $\varrho A u_\infty^2$ hat die Dimension einer Kraft. Den dimensionslosen Proportionalitätsfaktor nahm I. Newton als eine Konstante an, die nur von der Gestalt des Körperw auf der Vorderseite abhängen sollte. Auf Grund genauerer Beobachtungen und aus den Erkenntnissen der Grenzschicht-theorie nach Kap. 6.3 weiß man jedoch, daß für die Größe des Widerstands besonders die rückwärtige Ausbildung der Körperform maßgebend ist. Darüber hinaus ist der Widerstand im allgemeinen von der Reynolds-Zahl $Re_\infty = u_\infty l/\nu$ abhängig, wobei l eine charakteristische Längenabmessung des Körpers und ν die kinematische Viskosität ist. Nach dem Reynoldsschen Ähnlichkeitsgesetz ist der Proportionalitätsfaktor bei geometrisch ähnlichen Körpern nur so lange konstant, als die Reynolds-Zahl Re_∞ dieselbe bleibt. Über die Größe des Faktors selbst kann man, von einigen Sonderfällen abgesehen, zunächst nichts aussagen. Es ist allgemein üblich, als Proportionalitätsfaktor $c_W/2$ mit c_W als Widerstandsbeiwert zu setzen und das Widerstandsgesetz in der Form

$$W = \frac{c_W}{2}\,\varrho A u_\infty^2 = c_W q_\infty A, \quad c_W = \frac{W}{q_\infty A} \quad \text{(Definition)} \qquad (3.268\text{a, b})$$

anzuschreiben. Hierin bezeichnet $q_\infty = (\varrho/2)\,u_\infty^2$ den Geschwindigkeitsdruck der Anströmung in N/m^2. Er ist gleichbedeutend mit der auf das Volumen bezogenen kinetischen Energie in $Nm/m^3 = J/m^3$. Neben der Körperabmessung A ist also der Widerstand proportional dieser Energie, wobei c_W angibt, welcher Anteil hiervon durch Reibung strömungsmechanisch verlorengeht. Die Formel (3.268b) ist kein Gesetz im physikalischen Sinne, sondern lediglich eine Definition des Widerstandsbeiwerts, der seinerseits die Unbekannte des Problems darstellt.

Aus der Beziehung zur theoretischen Ermittlung des Widerstands aus dem Impulsverlust hinter dem Körper nach (3.265) erhält man bei ebener Strömung mit $A = bl$ als Bezugsfläche (b Körperbreite, l charakteristische Körperlänge) den Widerstandsbeiwert zu

$$c_W = 2\,\frac{\delta_{2\infty}}{l} \quad \text{mit} \quad \delta_{2\infty} = \int_{-\infty}^{\infty} \left(1 - \frac{u}{u_\infty}\right) \frac{u}{u_\infty}\, dy \quad (x \to \infty) \qquad (3.269\text{a, b})$$

als Impulsverlustdicke sehr weit hinter dem Körper. Bei nicht abgelöster Reibungsschicht kann man $\delta_{2\infty}$ durch eine einfache Beziehung aus der Impulsverlustdicke an der Hinterkante des Körpers ermitteln. Die Widerstandsformel läßt sich dann noch weiter auswerten, vgl. [77].

Die Bestimmung des Widerstandsbeiwerts für beliebig gestaltete Körper, bei denen in größerem Umfang Ablösungserscheinungen auftreten, ist zuverlässig nur auf experimentellem Weg, insbesondere durch Messungen in Windkanälen möglich. In denjenigen Fällen, wo der Schubspannungswiderstand gegenüber dem Druckwiderstand klein ist, tritt keine merkliche Abhängigkeit des Widerstandsbeiwerts von der Reynolds-Zahl auf, $c_W \approx$ const. Der Widerstandsbeiwert ist dann für eine bestimmte Körperform eine Konstante (Formfaktor), und es gilt in bezug auf die Geschwindigkeit das quadratische Widerstandsgesetz (3.268a). Dies trifft z. B. für normal angeströmte dünne Platten nach Tab. 3.9 zu. Tab. 3.10 gibt einen Überblick über Widerstandsbeiwerte von einfachen drehsymmetrischen Körpern. Bei gleicher Stirnfläche und gleicher Anströmgeschwindigkeit sind die Widerstandsbeiwerte c_W zugleich ein Maß für den Widerstand selbst. Bei vorn und hinten abgerundeten Körpern ist der Widerstandsbeiwert im allgemeinen eine Funktion der Reynolds-Zahl. Dies hängt damit zusammen, daß die Strömung bei einer

Tabelle 3.9. Widerstandsbeiwerte normal angeströmter Platten, $c_W = W/q_\infty A$ mit q_∞ als Geschwindigkeitsdruck der Anströmung und A als Stirnfläche, vgl. [26]

Rechteckige Platte, b Breite, h Höhe							Kreisplatte
b/h	1	2	4	10	18	∞	
c_W	1,10	1,15	1,19	1,29	1,40	2,01	1,11

Tabelle 3.10. Widerstandsbeiwerte einfacher drehsymmetrischer Körper, $c_W = W/q_\infty A$ mit q_∞ als Geschwindigkeitsdruck und A als Stirnfläche, vgl. [26]. (1) Kreisscheibe; (2), (3) Kegel (mit Boden, Spitzenwinkel 30° bzw. 60°; (4), (5) Halbkugel (ohne Boden); (6) Drehkörper geringsten Widerstands

Körper	c_W
(1)	1,11
(2)	0,34
(3)	0,51
(4)	0,34
(5)	1,33
(6)	0,06

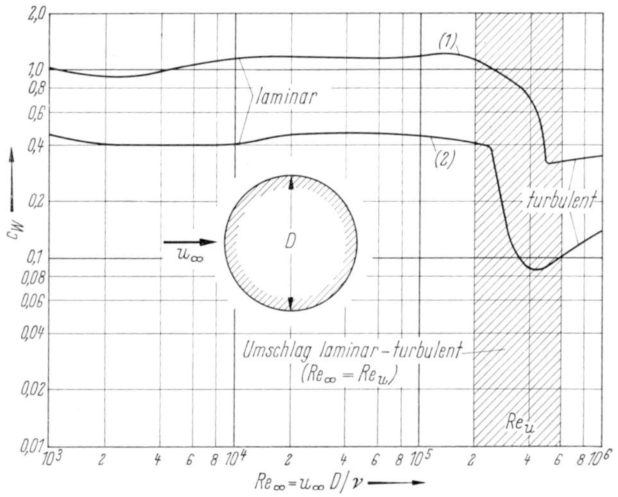

Abb. 3.84. Widerstandsbeiwerte querangeströmter Kreiszylinder (*1*) und angeströmter Kugeln (*2*), $c_W = W/q_\infty A$ mit q_∞ als Geschwindigkeitsdruck und $A = (\pi/4)\, D^2$ als Stirnfläche (D Körperdurchmesser) in Abhängigkeit von der Reynolds-Zahl $Re_\infty = u_\infty D/\nu$, vgl. [26]

bestimmten Reynolds-Zahl vom laminaren in den turbulenten Strömungszustand umschlägt. In Abb. 1.15 wurden bereits Widerstandsbeiwerte von elliptischen Zylindern mit verschiedenen Dickenverhältnissen in Abhängigkeit von der Reynolds-Zahl wiedergegeben. Weiterhin sind in Abb. 3.84 die Widerstandsbeiwerte für einen Kreiszylinder, der quer zu seiner Achse angeströmt wird (ebene Strömung) und für eine angeströmte Kugel (räumliche Strömung) über der Reynolds-Zahl $Re_\infty = u_\infty D/\nu$ mit D als Körperdurchmesser als Kurve (*1*) bzw. (*2*) dargestellt. Der erwähnte laminar-turbulente Umschlag findet in dem schraffiert gezeichneten Reynolds-Zahl-Bereich statt. Sowohl für $Re_\infty < Re_u$ als auch für $Re_\infty > Re_u$ sind die Widerstandsbeiwerte c_W nahezu konstant, und zwar ist c_W bei turbulenter Strömung kleiner als bei laminarer Strömung.

3.6.3.2 Theorie der hydromechanischen Schmiermittelreibung

Allgemeines. Zwei gegeneinander bewegte, aufeinander Druckkräfte ausübende Maschinenteile werden zur Verhütung schneller Abnutzung ihrer Lagerflächen und zur Herabsetzung der Reibungsverluste durch eine dünne Schmierschicht (Ölschicht) voneinander getrennt. Die Erfahrung lehrt, daß die in geschmierten Lagern auftretenden Reibungswiderstände wesentlich anderen Gesetzen folgen als bei trockener Reibung ohne Schmierschicht. Während im letzteren Fall die Reibung im wesentlichen vom Normaldruck und von der Oberflächenbeschaffenheit der sich berührenden Körper abhängt, zeigt sich bei der hydrodynamischen Schmierung, daß die Reibungskraft von der Oberflächenbeschaffenheit der Körper fast gar nicht, jedoch wesentlich von der Viskosität des Schmiermittels, von der Größe der Gleitgeschwindigkeit und von der Dicke der Schmierschicht bestimmt wird. Da das viskose Fluid an den Wandungen der von ihr getrennten Körper haftet, wird diese Gleitgeschwindigkeit auch auf das Fluid übertragen. Die Schmiermittelreibung ist also auf die Viskosität in der Schmierschicht zurückzuführen und somit ein Problem der Fluidmechanik. Erste Untersuchungen zur ebenen Theorie der Schmiermittelreibung stammen von Reynolds sowie von Sommerfeld [62]. Dabei zeigt sich, daß zur Übertragung einer Druckkraft zwischen Zapfen und Lager eine Schmierschicht von veränderlicher Dicke vorhanden sein muß. Trotz der nicht immer der Wirklichkeit entsprechenden Voraussetzungen (ebenes Problem, voll umschließende Lagerschale, allseitige Schmierung des Zapfens, konstante Viskosität, Vernachlässigung der Trägheitskräfte im Schmierfilm) bildet die genannte Theorie Grundlage und Ausgangspunkt für alle theoretischen und experimentellen Untersuchungen über die Schmiermittelreibung.

Bei den in Frage kommenden Anwendungsgebieten der Schmiermitteltheorie handelt es sich durchweg um Querschnitte von sehr geringer Höhe und um Fluide mit großer Viskosität (Öl). Die Reynolds-Zahl wird also immer sehr klein sein[81]. Die folgende Darstellung gibt nur stark vereinfachte Überlegungen wieder. Zu tiefergehendem Studium muß auf das einschlägige Schrifttum verwiesen werden, vgl. den Übersichtsbeitrag von Saibel und Macken sowie das Buch von Vogelpohl [62].

---

81 Man faßt daher die Bewegung des Schmiermittels auch als schleichende Strömung im Sinn von Kap. 2.5.3.4 auf.

a) Gleitlager auf ebener Führung. Der sich bei der Schmiermittelreibung einstellende Strömungszustand läßt sich am leichtesten übersehen bei der Bewegung eines Gleitschuhs auf ebener Führung, dessen Breite b zwecks Erzeugung einer annähernd ebenen Strömung hinreichend groß angenommen wird. Der Gleitschuh bewege sich gegenüber der ruhenden Stützebene mit der konstanten Geschwindigkeit U nach links. Zwecks Erlangung einer stationären Strömung soll der Gleitschuh nach Abb. 3.85a als ruhend angenommen und die

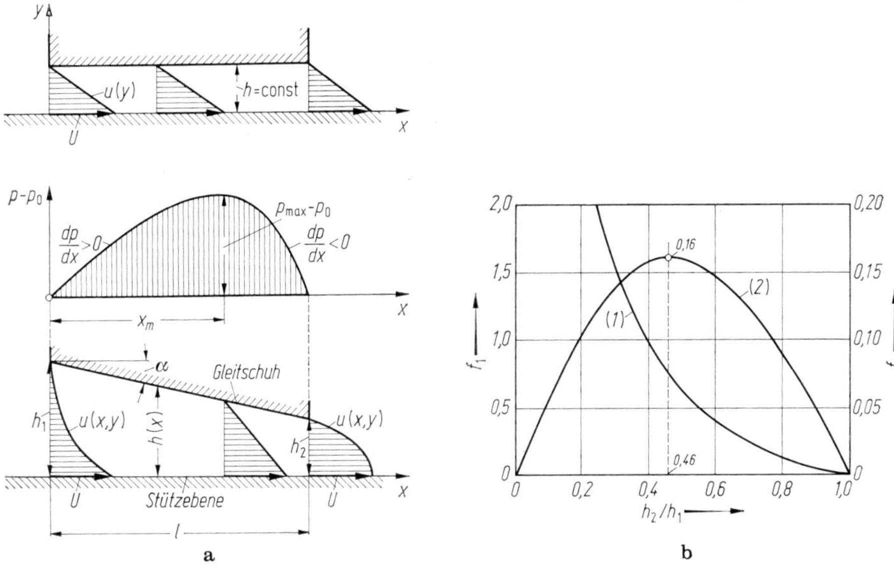

Abb. 3.85. Zur Theorie der Schmiermittelreibung, Gleitlager auf ebener Führung (Gleitschuh der Breite b und der Tiefe l). **a** Bezeichnungen, Geschwindigkeits- und Druckverteilungen im Spalt, zum Vergleich ist das Lager mit konstanter Spalthöhe dargestellt. **b** Mittlerer Überdruck $\bar{p} - p_0$ auf die Stützebene nach (3.275b), aufgetragen sind $f_1(h_2/h_1)$ als Kurve (*1*) und $f_2(h_2/h_1)$ als Kurve (*2*)

Stützebene mit der Relativgeschwindigkeit U nach rechts bewegt werden. Der zwischen beiden Körpern vorhandene keilförmige Spalt sei vollkommen von dem Schmiermittel erfüllt. Für die in x-Richtung veränderliche Spalthöhe gilt $h(x) = h_1 - \alpha x$, wobei $\alpha = (h_1 - h_2)/l$ der klein angenommene Spaltöffnungswinkel ist. Erfolgt die Strömung, wie die stationäre Spaltströmung nach Kap. 2.5.3.3, Beispiel a, zwischen zwei parallelen Wänden, so ist der Druckgradient dp/dx in x-Richtung konstant. Neigt man dagegen die ruhende Wand nach Abb. 3.85a um einen kleinen Winkel α, so ist zu erwarten, daß sich jetzt der Druckgradient mit der Längsrichtung ändert. Das Strömungsverhalten entspricht näherungsweise der stationären Scherströmung nach Kap. 2.5.3.3, Beispiel b, und zwar gilt analog zu (2.126a) für die Geschwindigkeitsverteilung[82]

$$u(x, y) = \left(1 - \frac{y}{h}\right)\left[U - \frac{y}{h}\,\frac{h^2}{2\eta}\,\frac{dp(x)}{dx}\right] \qquad (0 \leqq y \leqq h(x)). \qquad (3.270)$$

Hierin ist $dp/dx \neq$ const eine Funktion nur von x und nicht von y. Bei $dp/dx = 0$ ist $u(x, y) = (1 - y/h)\,U$ eine von y lineare Funktion. Durch Integration von $u(x, y)$ über

82 Man beachte, daß in Abb. 2.39b die obere und in Abb. 3.85a die untere Platte bewegt wird.

einen Querschnitt der Schmierschicht $bh(x)$ erhält man zunächst den Volumenstrom zu

$$\dot{V} = \mathrm{b} \int_0^{h(x)} u(x, y)\, dy = \frac{1}{2}\, bh(x) \left[U - \frac{h^2(x)}{6\eta} \frac{dp(x)}{dx} \right] = \text{const.} \qquad (3.271\,\text{a, b})$$

Dieser darf wegen der Kontinuitätsbedingung nicht von x abhängig sein, d. h. es ist $\dot{V} = \text{const.}$ Löst man (3.271b) nach dem Druckgradienten dp/dx auf, dann liefert eine Integration über x mit $h(x) = h_1 - \alpha x$ die Druckverteilung, wobei die Drücke an den Stellen $x = 0$ und $x = l$ gleich dem Atmosphärendruck p_0 sein müssen. Unter Berücksichtigung dieser Randbedingungen wird nach einiger Umformung mit $\alpha = (h_1 - h_2)/l$

$$p(x) - p_0 = 6\eta \frac{h_1 - h_2}{h_1 + h_2} \frac{l(l - x)\, x}{[h_1(l - x) + h_2 x]^2}\, U. \qquad (3.272)$$

Bei parallelen Begrenzungsflächen der Schmierschicht wäre $h(x) = h_1 = h_2$ und somit der Druck $p(x) = p_0 = \text{const.}$ Ein Überdruck über den äußeren Luftdruck hinaus könnte also nicht entstehen, so daß eine Last nicht übertragen werden kann. Bildet man von (3.272) die Größe dp/dx und führt diese in (3.271b) ein, dann ergibt sich für den Volumenstrom des Schmiermittels die einfache Beziehung[83]

$$\dot{V} = b \frac{h_1 h_2}{h_1 + h_2}\, U \qquad \left(\frac{dp}{dx} \lesseqgtr 0\right). \qquad (3.273)$$

Nach Einsetzen in (3.271b) erhält man die Druckgradienten bei $x = 0$ mit $h(x) = h_1$ und bei $x = l$ mit $h(x) = h_2 < h_1$ zu

$$\left(\frac{dp}{dx}\right)_0 = \frac{6\eta U}{h_1^2} \frac{h_1 - h_2}{h_1 + h_2} > 0, \qquad \left(\frac{dp}{dx}\right)_l = -\frac{6\eta U}{h_2^2} \frac{h_1 - h_2}{h_1 + h_2} < 0. \qquad (3.274\,\text{a, b})$$

Erwartungsgemäß herrscht bei $x = 0$ ein Druckanstieg und bei $x = l$ ein Druckabfall. Der Druckanstieg verschwindet nach (3.271b) und (3.273) bei $h_m = 2h_1h_2/(h_1 + h_2)$ oder $x_m/l = h_1/(h_1 + h_2)$. Für die Schnitte $x = 0$, $x = x_m$ und $x = l$ sind die Geschwindigkeitsverteilungen nach (3.270) über y dargestellt. Weiterhin zeigt Abb. 3.85a die Druckverteilung über x an der Stützebene nach (3.272). Der Maximalwert liegt bei x_m. Die resultierende Überdruckkraft des Gleitlagers wird nach nochmaliger Integration über x

$$F_P = b \int_0^l (p - p_0)\, dx = \frac{6\eta b l^2}{(h_1 - h_2)^2} \left[\ln\left(\frac{h_1}{h_2}\right) - 2\,\frac{h_1 - h_2}{h_1 + h_2} \right] U. \qquad (3.275\,\text{a})$$

Der Angriffspunkt von F_P liegt, wie man aus Abb. 3.85a erkennt, nicht in der Lagermitte, sondern hinter dieser, was für die praktische Anwendung der Gleitlager besonders beachtenswert ist. In Abb. 3.85b ist der mittlere Druck als Funktion von h_2/h_1 wiedergegeben, und zwar in der Form

$$\bar{p} - p_0 = \frac{F_P}{bl} = \frac{\eta l U}{h_1^2} \cdot f_1\left(\frac{h_2}{h_1}\right) = \frac{\eta l U}{h_2^2} \cdot f_2\left(\frac{h_2}{h_1}\right). \qquad (3.275\,\text{b})$$

Während die Kurve (*1*) für f_1 monoton vom Wert $f_1 = \infty$ bei $h_2/h_1 = 0$ auf $f_1 = 0$ bei $h_2/h_1 = 1$ abnimmt, besitzt die Kurve (*2*) bei $h_2/h_1 = 0{,}457$ ein Maximum mit $f_2 = 0{,}160$. Für ein Lager mit der mittleren Spalthöhe $\bar{h} = (h_1 + h_2)/2 = 0{,}2$ mm $= 2 \cdot 10^{-4}$ m, dem Spalthöhenverhältnis $h_2/h_1 = 0{,}5$ und der Länge $l = 0{,}1$ m ergibt sich bei einer Geschwindigkeit von $U = 10$ m/s mit einer Viskosität des Schmieröls von $\eta = 4 \cdot 10^{-2}$ N s/m² für den mittleren Druck $\bar{p} - p_0 = 3{,}6 \cdot 10^5$ N²/m² $= 3{,}6$ bar. Dies Beispiel zeigt, wie außerordentlich groß die Drücke in der sehr dünnen Schmierschicht von $\bar{h} = 0{,}2$ mm sein können.

83 Diese Formel kann man in Zusammenhang mit der Bestimmung der Integrationskonstanten auch unmittelbar finden.

b) Zapfenlager. Die vorstehend angestellten Überlegungen können auch auf den sich in einer Lagerschale drehenden Lagerzapfen übertragen werden. Dabei kann man, was praktisch immer der Fall ist, annehmen, daß der zwischen Zapfen und Lagerschale vorhandene, von dem Schmiermittel ausgefüllte Spalt sehr eng, d. h. wesentlich kleiner als der Zapfenhalbmesser ist. Auf die für diesen Fall von Sommerfeld [62] entwickelte Theorie kann hier nicht eingegangen werden. Als wesentliches Ergebnis sei in Übereinstimmung mit der bereits beim Gleitschuh gewonnenen Erkenntnis festgehalten, daß bei verschwindender Exzentrizität (Lager- und Zapfenachse fallen zusammen) keine Druckkraft übertragen werden kann. Um also eine bestimmte Druckkraft aufnehmen zu können, ist eine gewisse Exzentrizität, die sich als veränderliche Spaltweite in Umfangsrichtung äußert, erforderlich.

Literatur zu Kapitel 3

1. Ackeret, J.: Grenzschichten in geraden und gekrümmten Diffusoren. In: Grenzschichtforschung (Hrsg. Görtler, H.), S. 22—40. Berlin, Göttingen, Heidelberg: Springer 1958
2. Barbin, A. R.; Jones, J. B.: Turbulent flow in the inlet region of a smooth pipe, ASME D, J. Bas. Eng. 85 (1963) 29—34. Bowlus, D. A.; Brighton, J. A.: ASME D, J. Bas. Eng. 90 (1968) 431—433. Wang, J.-S.; Tullis, J. P.: ASME I, J. Fluids Eng. 96 (1974) 62—68
3. Benedict, R. P.; Carlucci, N. A.; Swetz, S. D.: Flow losses in abrupt enlargements and contractions, ASME A. J. Eng. Pow. 88 (1966) 73—81
4. Betz, A.: Einführung in die Theorie der Strömungsmaschinen, Karlsruhe: Braun 1959
5. BHRA (Brit. Hyd. Res. Ass.): Reviews of the literature on system losses. Cockrell, D. J.; King, A. L.: Flow through diffusers, TN 902 (1967). Crown, D. A.; Wharton, R.: Division and combination of flow, TN 937 (1968). Zanker, K. J.; Brock, T. E.: Flow through bends, TN 901 (1967). Campbell, F. B.; Rhone, T. J.; Schumann, J. E. jr.; Lawton, F. L.: J. Hyd. Div. 91 (1965) 123—152
6. Blaisdell, F. W.; Manson, P. W.: Loss of energy at sharp-edged pipe junctions in water conveyance systems. US Dep. Agric., Techn. Bull. Nr. 1283 (1963)
7. Blasius, H.: Das Ähnlichkeitsgesetz bei Reibungsvorgängen in Flüssigkeiten. Forsch. Ing.-Wes., VDI-Heft 131 (1913)
8. Bluschke, H. u. a.: Messungen an Normventuridüsen. Brennst.-Wärme-Kraft 15 (1963) 327—330; 17 (1965) 306—309; 18 (1966) 68—73, 605—608; 20 (1968) 104—108
9. Brauer, H.: Grundlagen der Einphasen- und Mehrphasenströmungen. Aarau: Sauerländer 1971
10. Campbell, W. D.; Slattery, J. C.: Flow in the entrance of a tube. ASME D, J. Bas. Eng. 85 (1963) 41—46. Chen, R.-Y.: ASME I 95 (1973); J. Fluids Eng. 153—158. Langhaar, H. L.: J. Appl. Mech. 9 (1942) A 55—58
11. Cockrell, D. J. und Markland, E.: A review of incompressible diffuser flow. Aircr. Eng. 35 (1963) 286—292. Patterson, G. N.: Aircr. Eng. 10 (1938) 267—273. 46 (1974) 16—26
12. Colebrook, C. F.: Turbulent flow in pipes, with particular reference to the transition region between the smooth and rough pipe laws. J. Inst. Civ .Eng. 11 (1938/39) 133 bis 156; 12 (1938/39) 393—422. Colebrook, C. F.; White, C. M.: J. Inst. Civ. Eng. 7 (1937/38) 99—118; 9 (1937/38) 381—400. Proc. Roy. Soc. Lond. A 161 (1937) 367—381. Kirschmer, O.: Tabellen. Heidelberg: Straßenbau, Chemie und Technik Verl.-Ges. 1966. Moody, L. F.: Trans. ASME 66 (1944) 671—684
13. Czwalina, A.: Die Mechanik des schwimmenden Körpers, Leipzig: Akad. Verlagsges. 1956
14. Deissler, R. G.: Turbulent heat transfer and friction in the entrance regions of smooth passages. Trans. ASME 77 (1955) 1221—1233. Ross, D.; Whippany, N. J.: Trans. ASME 78 (1956) 915—923
15. Deutscher Normenausschuß: Durchflußmessung mit genormten Düsen, Blenden und Venturidüsen (VDI-Durchflußmeßregeln); DIN 1952 (1971). Kretschmer, F.: Forsch. Ing.-Wes., VDI-Heft 381 (1936)
16. Dubs, R.: Angewandte Hydraulik, S. 161—184. Zürich: Rascher 1947

17. Durst, F.; Melling, A.; Whitelaw, J. H.: Low Reynolds number flow over a plane symmetric sudden expansion. J. Fluid Mech. 64 (1974) 111—128. Macagno, E. O.; Hung, T.-K.: J. Fluid. Mech. 28 (1967) 43—64
18. Favre, H.: Sur les lois régissant le mouvement des fluides dans les conduites en charge avec adduction latérale. Rev. Uni. Min. 13 (1937) 502—512
19. Frank, J.: Nichtstationäre Vorgänge in den Zuleitungs- und Ableitungskanälen von Wasserkraftwerken, 2. Aufl. Berlin, Göttingen, Heidelberg: Springer 1957. Giesecke, J.: Ing.-Arch. 37 (1968) 161—175
20. Franke, P.-G.: Abriß der Hydraulik. 10 Hefte. Wiesbaden: Bauverlag 1970/75
21. Gardel, A.: Les pertes de charge dans les écoulements au travers de branchements en Té. Bull. Tech. Suisse Romande 83 (1957) 123—130; 143—148. Schmid, P.: Diss. TU München, 1977
22. Gibson, A. H.: On the flow of water through pipes and passages having converging or diverging boundaries. Proc. Roy. Soc. Lond. A 83 (1910) 366—378; Engineering 93 (1912) 205—206. ESDU (Eng. Sci. Dat. Unit) Nr. 73024 (1974)
23. Gilman, S. F.: Pressure losses of divided-flow fittings. Heat. Pip. Air. Cond. (1955) 141—147
24. Hagen, G.: Über die Bewegung des Wassers in engen cylindrischen Röhren. Pogg. Ann. Phys. Chem. 46 (1839) 423—442; Ostwald's Klass. exakt. Wiss. Nr. 237 (1933)
25. Hansen, M.: Über das Ausflußproblem. Forsch. Ing.-Wes., VDI-Heft 428 (1950)
26. Hoerner, S. F.: Fluid-dynamic drag, 3. Aufl. Midland Park: Eigenverlag 1965
27. Hofmann, A.: Neue Untersuchungen über den Druckverlust in Rohrkrümmern. Hyd. Inst., TH München 2 (1928) 70—71; 3 (1929) 45—67. Wasielewski, R.: Hyd. Inst., TH München 5 (1932) 53—67. Vušković, I.: Hyd. Inst., TH München 9 (1939) 51 bis 73
28. Idel'chick, I. E.: Handbook of hydraulic resistance, Coefficients of local resistance and of friction (Übersetzg. d. russ. Aufl. 1960). Jerusalem: Isr. Prog. Sci. Translat. 1966
29. Itō, H.: Pressure losses in smooth pipe bends, ASME D. J. Bas. Eng. 82 (1960) 131 bis 143; 81 (1959) 123—134; Z. angew. Math. Mech. 49 (1969) 653—663. Dean, W. R.: Phil. Mag. Ser. 7, 4 (1927) 208—223; 5 (1928) 673—695. Pigott, R. J. S.: Trans. ASME 72 (1950) 679—688; 79 (1957) 1767—1783. Yao, L.-S.; Berger, S. A.: J. Fluid Mech. 67 (1975) 177—196
30. Itō, H.; Imai, K.: Energy losses at 90° pipe junctions, J. Hyd. Div. 99 (1973) 1353 bis 1368
31. Jaeger, Ch.: Technische Hydraulik. Basel: Birkhäuser 1949
32. Jones, B. M. (Hrsg.): The measurement of profile drag by the pitot-traverse method, Aer. Res. Com. (ARC) 1688 (1936); Gemeinschaftsarbeit: Cambr. Uni. Aeron. Lab. Betz, A.: Z. Flug. Mot. 16 (1925) 42—44
33. Kármán, Th., von: Über laminare und turbulente Reibung, Z. angew. Math. Mech. 1 (1921) 233—252. Nachdruck: Coll. Works 2, S. 70—97; London: Butterworths 1956
34. Kármán, Th., von: Mechanische Ähnlichkeit und Turbulenz, Nachr. Ges. Wiss. Göttingen, Math.-phys. Kl. (1930) 58—76; Proc. 3. Int. Cong. Appl. Mech. (1930). Nachdruck: Coll. Works 2, S. 322—346; London: Butterworths 1956
35. Katz, S. Mechanical potential drops at a fluid branch, ASME D, J. Bas. Eng. 89 (1967) 732—736
36. Keulegan, G. H.: Laws of turbulent flow in open channels, Nat. Bur. Stand., J. Res. 21 (1938) 707—741
37. Kinne, E.: Beiträge zur Kenntnis der hydraulischen Verluste in Abzweigstücken, Hyd. Inst., TH München 4 (1931) 70—93. Petermann, F.: Hyd. Inst., TH München 3 (1929) 98—117. Vogel, G.: Hyd. Inst., TH München 1 (1926) 75—90, 2 (1928) 61—69
38. Kirchbach, H.: Verluste in Kniestücken, Hyd. Inst., TH München 2 (1928) 72—73, 3 (1929) 68—97. Haase, D.: Ing.-Arch. 22 (1954) 282—292. Schubart, W.: Hyd. Inst., TH München 3 (1929) 121—144
39. Kirschmer, O.: Kritische Betrachtungen zur Frage der Rohrreibung. Z. VDI 94 (1952) 785—791
40. Knapp, F. H.: Ausfluß, Überfall und Durchfluß im Wasserbau, Karlsruhe: Braun 1960
41. Kochenov, I. S.; Kuznetsov, Y. N.: Transient flow in tubes, Int. Chem. Eng. 7 (1967)

689—692. Daily, J. W.; Hankey, W. L. jr.; Olive, R. W.; Jordaan, J. M. jr.: Trans. ASME 78 (1956) 1071—1077

42. Kröber, G.: Schaufelgitter zur Umlenkung von Flüssigkeitsströmungen mit geringem Energieverlust. Ing.-Arch. 3 (1932) 516—541. Frey, K.: Forsch. Ing.-Wes. 5 (1934) 105—117. Wille, R.; Haase, D.: Allg. Wärmetech. 4 (1953) 1—6
43. Latzko, H.: Der Wärmeübergang an einen turbulenten Flüssigkeits- oder Gasstrom. Z. ang. Math. Mech. 1 (1921) 268—290. Nunner, W.: Forsch. Ing.-Wes., VDI-Heft 455 (1956). Stephan, K.: Ing.-Arch. 29 (1960) 176—186. Szablewski, W.: Ing.-Arch. 21 (1953) 323—330
44. Levin, S. R.: Delenie potokov v truboprovodakh (Stream division in pipes). Trudy LTI im. S. M. Kirova, No. 2/3, 1948
45. Liepe, F.: Untersuchungen über das Verhalten von Drallströmungen in Kegeldiffusoren. Masch.-bautech. 12 (1963) 137—147; 9 (1960) 405—412. Liepe, F.; Jahn, K.: Masch.-bautech. 11 (1962) 588—589
46. Lundgren, T. S.; Sparrow, E. M.; Starr, J. B.: Pressure drop due to the entrance region in ducts of arbitrary cross section. ASME D, J. Bas. Eng. 86 (1964) 620—626. McComas, S. T.: ASME D, J. Bas. Eng. 89 (1967) 847—850. Sparrow, E. M.; Lin, S. H.: ASME D, J. Bas. Eng. 86 (1964) 827—834
47. Miller, D. S.: Internal flow systems 1978. Internal flow, a guide to losses in pipe and duct systems 1971. BHRA (Brit. Hyd. Res. Ass.) Fluid. Eng. Ser.
48. Mises, R. von: Berechnung von Ausfluß- und Überfallzahlen. Z. VDI 61 (1917) 447 bis 452, 469—474, 493—498. Betz, A.; Petersohn, E.: Ing.-Arch. 2 (1932) 190—211
49. Münzberg, H. G.: Flugantriebe, Grundlagen, Systematik und Technik der Luft- und Raumfahrtantriebe. Berlin, Heidelberg, New York: Springer 1972
50. Nikuradse, J.: Untersuchung über die Geschwindigkeitsverteilung in turbulenten Strömungen. Forsch. Ing.-Wes., VDI-Heft 281 (1926); VDI-Heft 356 (1932); VDI-Heft 361 (1933). Szablewski, W.: Z. angew. Math. Mech. 54 (1974) 670—672
51. Nikuradse, J.: Untersuchungen über die Strömungen des Wassers in konvergenten und divergenten Kanälen. Forsch. Ing.-Wes., VDI-Heft 289 (1929). Szablewski, W.: Ing.-Arch. 20 (1952) 37—45; 22 (1954) 268—281
52. Nikuradse, J.: Untersuchungen über turbulente Strömungen in nicht kreisförmigen Rohren. Ing.-Arch. 1 (1930) 306—332. Carlson, L. W.; Irvine, T. F.: ASME C, J. Heat. Transf. 83 (1961) 441—444. Hodge, R. I.: ASME C, J. Heat Transf. 83 (1961) 384 385. Sparrow, E. M.; Haji-Sheikh, A.: ASME C, J. Heat. Transf. 87 (1965) 426—428
53. Nippert, H.: Über den Strömungsverlust in gekrümmten Kanälen. Forsch. Ing.-Wes., VDI-Heft 320 (1929). Adler, M.: Z. angew. Math. Mech. 14 (1934) 257—275. Spalding, W.: Z. VDI 77 (1933) 143—148
54. Poiseuille, J. L. M.: Recherches expérimentales sur le mouvement des liquides dans les tubes de très petits diamètres. Comp. Rend. Acad. Sci. Paris 11 (1840) 961—967; 1041—1048; 12 (1841) 112—115; Poggend. Ann. Phys. Chem. 58 (1843) 424—448; Ostwald's Klass. exakt. Wiss. Nr. 237 (1933)
55. Prandtl, L.: Über den Reibungswiderstand strömender Luft. Erg. Aer. Vers.-Anst. Göttingen, 3. Lief. S. 1—5. München: Oldenbourg 1927. Nachdruck: Ges. Abh., S. 620 bis 626; Berlin, Göttingen, Heidelberg: Springer 1961
56. Prandtl, L.: Zur turbulenten Strömung in Rohren und längs Platten. Erg. Aer. Vers.-Anst. Göttungen, 4. Lief. S. 18—29; München: Oldenbourg 1932. Nachdruck: Ges. Abh., S. 632—648; Berlin, Göttingen, Heidelberg: Springer 1961
57. Prandtl, L.: Neuere Ergebnisse der Turbulenzforschung, Z. VDI 77 (1933) 105—114. Nachdruck: Ges. Abh., S. 819—845; Berlin, Göttingen, Heidelberg: Springer 1961
58. Press, H.; Schröder, R.: Hydromechanik im Wasserbau. Berlin: Ernst & Sohn 1966
59. Reinius, E.: Steady uniform flow in open channels. Trans. Roy. Inst. Tech. Stockholm, Nr. 179 (1961)
60. Reneau, L. R.; Johnston, J. P.; Kline, S. J.: Performance and design of straight, two-dimensional diffusers. ASME D, J. Bas. Eng. 89 (1967) 141—150; 81 (1959) 321—331; 83 (1961) 349—360; 84 (1962) 303—316; 89 (1967) 151—160; 643—654; 715—731; 91 (1969) 462—474; 551—553. McMillan, O. J.; Johnston, J. P.: ASME I,

J. Fluids Eng. 95 (1973) 385—400; 96 (1974) 11—15. Moses, H. L.; Chappell, J. R.: ASME D, J. Bas. Eng. 89 (1967) 655—665
61. Reynolds, O.: An experimental investigation of the circumstances which determine whether the motion of water shall be direct or sinuous, and of the law of resistance in parallel channels. Phil. Trans. Roy. Soc. Lond. A 174 (1883) 935—982. Meissner, W.; Schubert, G. U.: Ann. Phy. 3 (1948) 163—182
62. Saibel, E. A.; Macken, N. A.: The fluid mechanics of lubrication. Ann. Rev. Fluid Mech. 5 (1973) 185—212. Reynolds, O.: Phil. Trans. Roy. Soc. Lond. 177 (1886) 157—234. Sommerfeld, A.: Z. Math. Phy. 50 (1904) 97—155. Hopf, L. (Hrsg.): Ostwald's Klass. exakt. Wiss. Nr. 218 (1927). Kahlert, W.: Ing.-Arch. 16 (1947/48) 321—342; 17 (1949) 264. Nahme, R.: Ing.-Arch. 11 (1940) 191—209. Vogelpohl, G.: Betriebssichere Gleitlager, 2. Aufl. 1. Bd. Berlin, Heidelberg, New York: Springer 1967
63. Schiller, L.: Untersuchungen über laminare und turbulente Strömung. Forsch. Ing.-Wes. VDI-Heft 248 (1922); Z. angew. Math. Mech. 1 (1921) 436—444; 2 (1922) 96—106
64. Schiller, L.: Über den Strömungswiderstand von Rohren verschiedenen Querschnitts und Rauhigkeitsgrades. Z. angew. Math. Mech. 3 (1923) 2—13
65. Schlichting, H.: Laminare Kanaleinlaufströmung. Z. angew. Math. Mech. 14 (1934) 368—373
66. Schlichting, H.: Experimentelle Untersuchungen zum Rauhigkeitsproblem. Ing.-Arch. 7 (1936) 1—34
67. Schlichting, H.; Gersten, K.: Berechnung der Strömung in rotationssymmetrischen Diffusoren mit Hilfe der Grenzschichttheorie. Z. Flugwiss. 9 (1961) 135—140. Fernholz, H.: Ing.-Arch. 35 (1966) 192—201
68. Scholz, N.: Berechnung des laminaren und turbulenten Druckabfalles im Rohreinlauf. Chem.-Ing.-Techn. 32 (1960) 404—409
69. Scholz, N.: Aerodynamik der Schaufelgitter, Grundlagen, zweidimensionale Theorie, Anwendungen. Karlsruhe: Braun 1965
70. Schröder, R.: Strömungsberechnungen im Bauwesen. Bauing.-Prax. Heft 121/122. Berlin: Ernst & Sohn 1968/72
71. Schröder, R.: Einheitliche Berechnung gleichförmiger turbulenter Strömungen in Rohren und Gerinnen. Bauing. 40 (1965) 191—195; 38 (1963) 218—220; Bautechn. 41 (1964) 9—13; 45 (1968) 81—85
72. Schultz-Grunow, F.: Pulsierender Durchfluß durch Rohre. Forsch.-Ing.-Wes. 11 (1940) 170—187; 12 (1941) 117—126
73. Schütt, H.: Versuche zur Bestimmung der Energieverluste bei plötzlicher Rohrerweiterung. Hyd. Inst., TH München 1 (1926) 42—58
74. Sovran, G.; Klomp, E. D.: Experimentally determined optimum geometries for rectilinear diffusers with rectangular, conical or annular cross-section. In: Fluid mechanics of internal flow (Hrsg. Sovran, G.), S. 270—319; Amsterdam: Elsevier 1967
75. Sparrow, E. M.; Lin, S. H.; Lundgren, T. S.: Flow development in the hydrodynamic entrance region of tubes and ducts. Phy. Fluids 7 (1964) 338—347. Carlson G. A.; Hornbeck, R. W.: ASME E, J. Appl. Mech. 95 (1973) 25—30. Fiebig, M.: Z. Flugwiss 18 (1970) 84—92. Han, L. S.: ASME E, J. Appl. Mech. 82 (1960) 403—409. Sparrow, E. M.; Hixon, C. W.; Shavit, G.: ASME D, J. Bas. Eng. 89 (1967) 116—124
76. Sprenger, H.: Experimentelle Untersuchungen an geraden und gekrümmten Diffusoren. Mitt. Inst. Aero. ETH Zürich Nr. 27 (1959); Z. angew. Math. Phys. 7 (1956) 372—374; VDI-Ber. 3 (1955) 109—110; Schweiz. Bauztg. 87 (1969) 223—231. Peters, H.: Ing.-Arch. 2 (1931/32) 92—107. Winternitz, F. A. L.; Ramsay, W. J.: J. Roy. Aer. Soc. 61 (1957) 116—124
77. Squire, H. B.; Young, A. D.: The calculation of the profile drag of aerofoils. Aer. Res. Com. (ARC) 1838 (1937). Pretsch, J.: Jb. Deutsch. Luft. 1938, I 60—81. Helmbold, H. B.: Ing.-Arch. 17 (1949) 273—279. Scholz, N.: Jb. Schiffb. 45 (1951) 244—263
78. Stucky, A.: Druckwasserschlösser von Wasserkraftanlagen, (Übersetzg. d. franz. Aufl. 1958). Berlin, Göttingen, Heidelberg: Springer 1962
79. Truckenbrodt, E.: Die instationäre und quasistationäre Betrachtungsweise beim Ausfluß einer Flüssigkeit aus einem Gefäß. Theor. Prax. Ing.-Wes., S. 25—29. Berlin:

Ernst & Sohn 1971. Immich, H.: Z. angew. Math. Mech. 57 (1977) 357–362. Stary, F.: Z. angew. Math. Mech. 42 (1962) 256–257
80. Truckenbrodt, E.: Zur Ermittlung der Kräfte bei instationären Flüssigkeitsbewegungen in oben offenen Gefäßen. Z. angew. Math. Mech. 53 (1973) 729–735. Liu, H.-C.: Ing.-Arch. 20 (1952) 302–314
81. Truckenbrodt, E.: Strömungstechnik. In: Heiz- und Klimatechnik (Hrsg. Esdorn, H.) 16. Aufl. Berlin, Heidelberg, New York: Springer (in Vorb.)
82. Unser, K.; Holzke, H.: Widerstandsgesetze für die Darcy-Formel, Eine Bestandsaufnahme. Bautech. 53 (1976) 116–126
83. Vazsonyi, A.: Pressure loss in elbows and duct branches. Trans. ASME 66 (1944) 177–183
84. Ward Smith, A. J.: Pressure losses in ducted flows. London: Butterworths 1971
85. Weisbach, J.: Die Experimental-Hydraulik. Freiberg: Engelhardt 1855. Lehrbuch der Theoretischen Mechanik, 5. Aufl. (Bearb. Hermann, G.) 6. und 7. Abschn. Braunschweig: Vieweg & Sohn 1875
86. White, F. M.: Viscous fluid flow. New York: McGraw-Hill 1974
87. Williamson, J. V.; Rhone, T. J.: Dividing flow in branches and wyes. J. Hyd. Div. 99 (1973) 747–769

Namenverzeichnis

Ackeret, J. 357
Adler, M. 359
Andrade, E. N. da C. 47
Ans, J. d' 47
Armstrong, R. C. 47

Bach, J. 47
Baehr, H. D. 47, 185
Barbin, A. R. 357
Bednarczyk, H. 185
Benedict, R. P. 357
Berger, S. A. 358
Berker, R. 185
Bernoulli, D. 185
Bernoulli, J. 185
Bertram, H. J. 47
Betz, A. 357, 358, 359
Bird, R. B. 47
Blaisdell, F. W. 357
Blasius, H. 357
Bluschke, H. 357
Boussinesq, J. 185
Bowlus, D. A. 357
Brauer, H. 357
Brenner, H. 186
Brighton, J. A. 357
Brock, T. E. 357
Buckingham, E. 47

Campbell, F. B. 357
Campbell, W. D. 357
Carlson, G. A. 360
Carlson, L. W. 359
Carlucci, N. A. 357
Cebeci, T. 185
Chapman, S. 47
Chappell, J. R. 360
Chen, R.-Y. 357
Cockrell, D. J. 357
Colebrook, C. F. 357
Coleman, B. D. 47
Corrsin, S. 185
Cowling, T. G. 47
Crown, D. A. 357
Curtiss, C. F. 47
Czwalina, A. 357

Daily, J. W. 359
Davey, A. 185
Dean, W. R. 358
Deissler, R. G. 357
Denbigh, K. G. 47
Driest, E. R. van 185
Dryden, H. L. 185
Dubs, R. 357
Durst, F. 358

Eirich, F. R. 47
Euler, L. 185

Favre, H. 358
Fernholz, H. 360
Fiebig, M. 360
Frank, J. 358
Franke, P-G. 358
Fredrickson, A. G. 47
Frey, K. 359

Gardel, A. 358
Gersten, K. 360
Gibson, A. H. 358
Giesecke, J. 358
Gilman, S. F. 358
Goldstein, S. 185
Görtler, H. 47
Grigull, U. 47
Groot, S. R. de 185
Gutmann, F. 47

Haase, D. 358, 359
Hagen, G. 358
Haji-Sheikh, A. 359
Han, L. S. 360
Hankey, W. L. jr. 359
Hansen, M. 358
Happel, J. 186
Hassager, O. 47
Hein, H. 187
Helmbold, H. B. 360
Hinze, J. O. 186
Hirschfelder, J. O. 47
Hixon, C. W. 360
Hodge, R. I. 359
Hoerner, S. F. 47, 358
Hofmann, A. 358
Holzke, H. 361
Hopf, L. 360
Hornbeck, R. W. 360
Hung, T.-K. 358

Idel'chick, I. E. 358
Imai, K. 358
Immich, H. 361
Irvine, T. F. 359
Itō, H. 358

Jaeger, Ch. 358
Jahn, K. 359
Jeffrey, A. 186
Johnston, J. P. 359
Jones, B. M. 358
Jones, J. B. 357
Jordaan, J. M. jr. 359

Kahlert, W. 360
Kármán, Th. von 186, 358
Katz, S. 358
Kazavchinskii, Y. Z. 48
Kestin, J. 186
Keulegan, G. H. 358
Keyes, F. G. 47
King, A. L. 357
Kinne, E. 358
Kirchbach, H. 358
Kirschmer, O. 357, 358
Kline, S. J. 359
Klomp, E. D. 360
Knapp, F. H. 358
Kochenov, I. S. 358
Kohlrausch, F. 48
Kolmogoroff, A. N. 186
Kretschmer, F. 357
Kröber, G. 359
Kruger, C. H. jr. 48
Kuethe, A. M. 185
Kuznetsov, Y. N. 358

Lamb, H. 186
Landolt-Börnstein 48
Langhaar, H. L. 357
Latzko, H. 359
Laufer, J. 186
Lawton, F. L. 357
Lax, E. 47
Levin, S. R. 359
Liepe, F. 359
Lin, C. C. 186
Lin, S. H. 359, 360
Liu, H.-C. 361
Lundgren, T. S. 359, 360

Macagno, E. O. 358
Mach, E. 48
Macken, N. A. 360
Manson, P. W. 357
Markland, E. 357
Markovitz, H. 47
Mayinger, F. 47, 48
Mazur, P. 185
McComas, S. T. 359
McMillan, O. J. 359
Meissner, W. 360
Meixner, J. 186
Melling, A. 358
Miller, D. S. 359
Mises, R. von 359
Moody, L. F. 357
Moses, H. L. 360
Moses, R. von 359
Münzberg, H. G. 359

Nahme, R. 360
Navier, C. L. M. H. 186
Nikuradse, J. 359
Nippert, H. 359
Noll, W. 47
Nunner, W. 359

Olive, R. W. 359
Oseen, C. W. 186
Oswatitsch, K. 48, 186

Patterson, G. N. 35
Petermann, F. 358
Peters, H. 360
Petersohn, E. 359
Pigott, R. J. S. 358
Poiseuille, J. L. M. 359
Prandtl, L. 48, 186, 359
Press, H. 359
Pretsch, J. 360

Rabinovich, V. A. 48
Ramsay, W. J. 360
Ražnjević, K. 48
Reid, R. C. 48
Reid, W. H. 186
Reik, H. G. 186
Reimann, M. 47
Reiner, M. 48
Reinius, E. 359
Reneau, L. R. 359
Reynolds, O. 48, 186, 360
Rhone, T. J. 357, 361
Roache, P. J. 186
Rosner, N. 47
Ross, D. 357
Rotta, J. 186

Saibel, E. A. 360
Saint-Venant, B. de 186
Salcher, P. 48
Scheffler, K. 47
Schiller, L. 360
Schlichting, H. 186, 360
Schmid, P. 358
Schmidt, E. 48
Scholz, N. 360
Schröder, R. 359, 360
Schubart, W. 358
Schubauer, G. B. 186
Schubert, G. U. 360
Schultz-Grunow, F. 187, 360
Schumann, J. E. jr. 357
Schütt, H. 360
Schwaben, R. 48
Serrin, J. 187
Shavit, G. 360
Sherwood, T. K. 48
Simmons, L. M. 47
Skelland, A. H. P. 48
Skramstad, H. K. 186
Slattery, J. C. 357
Smith, A. M. O. 185
Sommerfeld, A. 360
Sovran, G. 360
Spalding, W. 359
Sparrow, E. M. 359, 360
Sprenger, H. 360
Squire, H. B. 360
Starr, J. B. 359
Stary, F. 361
Stephan, K. 48, 359
Stokes, G. G. 187
Straub, J. 47
Stucky, A. 360
Sutherland, D. M. 48
Swetz, S. D. 357
Szablewski, W. 186, 359
Szabó, I. 48, 187

Taylor, G. I. 187
Tietjens, O. 187
Tollmien, W. 187
Touloukian, Y. S. 48
Truckenbrodt, E. 187, 360, 361
Tullis, J. P. 357

Umstätter, H. 48
Unser, K. 361

Vasserman, A. A. 48
Vazsonyi, A. 361
Vincenti, W. G. 48
Vogel, G. 358
Vogelpohl, G. 360
Vušković, I. 358

Wang, J.-S. 357
Ward Smith, A. J. 361
Wasielewski, R. 358
Weast, R. C. 48
Weisbach, J. 361
Wharton, R. 357
Whippany, N. J. 357
White, C. M. 357
White, F. M. 187, 361
Whitelaw, J. H. 358
Wieghardt, K. 48, 187
Wille, R. 359
Williamson, J. V. 361
Winternitz, F. A. L. 360

Yao, L.-S. 358
Young, A. D. 360

Zanker, K. J. 357
Zierep, J. 48

Sachverzeichnis

Ableitung, Änderung (vollständiges Differential), substantiell (total, materiell), lokal, konvektiv 31, 69, 81, 84, Tab. 2.4
→ Beschleunigung
Ablösung 226, 265, 273, 278, 349, 352
Absaugen, Ausblasen → Randbedingung
Absolutbewegung, Absolutströmung 33, 74, 96, 107, 109, 118, 333
Aeromechanik (Aerodynamik) 2, 5, 18, 39
Aerostatik 2, 50, 58
Aggregatzustand 1, 3, 5, 25, 29
Ähnlichkeitsgesetze 33, 37, 128, 147, 242
Anfangsbedingung (Öffnen, Schließen)
—, Gefäßausfluß 219
—, Wasserschloßschwingung 293
Arbeit (Prozeßgröße) 152, 158, 162, Tab. 2.11
—, Dissipationsarbeit 135, 167, 169, 182, 184, 237, 280, Tab. 2.12
—, Formänderungsarbeit 164, 168, 169
—, Maschinenarbeit 153, 159
—, Schlepparbeit 163, 164, 168, 182
—, total 155
—, Volumen-, Dichteänderungsarbeit 167, 168
—, Wärmeleitung 160, 167, 171
Arbeitssatz der Mechanik 49, 154, Tab. 2.11
→ Energiegleichung der Fluidmechanik
Auftrieb, Quertrieb
—, Umströmung (Kutta, Joukowsky) 329, 334, 335
—, Verdrängung (statisch) 60, 103, 193
—, Wärme (thermisch) 61, 168
Ausbreitungsgeschwindigkeit, Druckwelle (Schallgeschwindigkeit) 11, 44
—, Grundwelle (Flachwasserwelle) 43, 305
—, Oberflächenwelle 29
Ausflußziffer 208

Bahnlinie 65, 66, 70, 81, 91, 111, 179
Barotropes (kompressibles) Fluid 7, 23, 53, 57, 113, 119, 159, 179
Bernoullische Druckgleichung 200
→ Energiegleichung
Beschleunigung, substantiell, lokal konvektiv 62, 69, 71, 82, 90, 109, 137, Tab. 2.2
—, Bezugssystem, rotierend 74, 118
—, Schmiegebene 70
Beschleunigungsdruck 212
Bewegungsgleichung 2, 34, 49, 95, 109, Tab. 2.5, 2.6
—, laminare Strömung (Navier, Stokes) 119, 126, 129, 148, Tab. 2.7
—, reibungslose Strömung (Euler, Bernoulli) 110, 113, 116, Tab. 2.7
—, schleichende Strömung (Stokes, Oseen) 133
—, turbulente Strömung (Reynolds) 134, 137, 142, Tab. 2.10 A
Bewegungszustand (Kinematik) 2, 39, 49, 63—86, 95
—, gleich-, ungleichförmig 49, 62, 107, 121, 133
→ Gerinne
—, momentan (turbulent) 135, 180
—, rotierend 76, 80, 107
—, quasistationär 39, 219
—, statistisch 135, 136, 141
—, translatorisch 76, 79
Bezogene Größe — massebezogen
Bezugs-, Koordinatensystem 33, 63
—, begleitend (Dreibein) 70
—, rotierend 73, 118, 333
Bibliographie 62, 222, 298
Bilanzgleichungen 81, 156, Tab. 2.4
Bodenabfluß 219, 347
Bodendruckkraft 59, 190
Borda-Mündung 208, 272

Corioliskraft 119

Dampf, Wasserdampf 1, 3, 10, 14, 26, Tab. 1.1
Dampfdruck (Sättigung) 29, 30, 202
Deformationszustand, -tensor 79, 120, 122
Dichte, Massendichte 6, 81, Tab. 1.1

Dichteänderung 5, 11, 16, 39, 46, 91, 123, 168, 202
Diffusor, Stoßdiffusor 204, 262, 265, 268, 347
Dilatation, Volumenausdehnung 78, 122, 164
Dimensionsanalyse 34, 234
Dissipation, Wärmeproduktion, Reibungswärme
→ Wärme
Divergenz (Operator) 84, Tab. 2.1 A
Drall, Drehimpuls 96, 118
→ Impulsmoment
Drehung (Rotation) 76, 129, Tab. 2.3
Drehungsbehaftete Strömung 77, 80, 117
Drehungsfreie Strömung 73, 77, 79, 80, 116, 117, 126, 308, Tab. 2.6
Druck, -spannung 6, 7, 9, 50, 62, 99, 121, 123, 159, 189
—, kinetisch 200
—, statisch 109, 201, 203
—, thermodynamisch 123
—, total, Ruhedruck 200, 203, 280
Druckabfall, -gefälle 226, 236, 257, 287
Druckänderung 5, 6, 11, 29, 46, 113, 117, 202, 266
Druckbedingung (dynamische Randbedingung) 69
—, freie Oberfläche 58, 59, 115, 196
—, Strahl aufgeprägt 113, 205, 209, 342
Druckbeiwert 37, 203, 258, 308
Druckenergie, -kraftpotential 23, 53, 57, 113, 159, 166, 169
—, Enthalpie bei konstanter Entropie 23
—, innere Energie (im Sinn der Mechanik) 154, 159, 160, 169, Tab. 2.11
Druckgleichung 200
→ Energie-, Querdruckgleichung
Druckhöhe 201, 213, 229, 301
Druckkraft (Spannungskraft) 4, 20, 50, 51, 54, 62, 99, 125, 137, 159, 189, Tab. 2.6, 2.11
—, Fluidelement 52, 109, 112, 137
—, Kontrollfläche 97, 99, 104, 188, 199
—, Reibungswiderstand 348
Druckkraftpotential (Druckfunktion) 23, 53, 57, 113, 179
Drucklinie, Flüssigkeitslinie 201, 227
Druckmessung 196, 203
Druckrohrleitung (Falleitung) 291
Druckrückgewinnziffer (Diffusor) 266
Drucksonde 203
Druckstollen 291
Druckstörung, -welle 11, 43, 44, 47, 292
Druckverlust 234, 236, 238, 241, 243
Druckverteilung 189, 202, 306, 309
Durchmesser, gleichwertiger 231, 240, 300
Durchströmziffer 204
Düse 205, 268, 269, 272

Eckert-Zahl 37, 39, 173
Eigenschaftsgröße (Feldgröße, Volumen) 3, 5, 19, 31, 81, 82, Tab. 2.4
Eigenschaftsstrom 84, 86
Eintauchtiefe 193
Elastizitätsmodul (Fluid) 6, 7
Energie (Zustandsgröße) 12, 152, 157, 162, Tab. 2.11
—, äußere, innere 21, 154, 155, 158, 159, 167, 169, Tab. 1.3
—, kinetisch → Geschwindigkeitsenergie
—, potentiell → Druck-, Lageenergie
—, total 155, 164
—, turbulent → Geschwindigkeitsenergie
→ Strömungsmechanischer Energieverlust
Energieaustausch 24, 51, 183
Energiebeiwert 225, 233, 301, Tab. 3.2c
Energiebetrachtung 236, 279
Energiedichte 200, 225, 226
Energieentnahme, -zufuhr 159, 208, 211, 283
Energiegefälle 235, 302
Energiegleichung 34, 96, 127, 130, 154, Tab. 2.4
—, Bezugssystem, rotierend 119
—, Fluidelement 113, 162, 164, 180
—, Höhenform 201, 228, 301, 315
—, Kontrollfaden, Rohr, Gerinne 162, 200, 212, 227, 281, 315
—, Kontrollraum 156, 160, 280
—, statisch 57
—, Stromlinie 113, 116, 119, 165
—, Strömungsfeld 116, 165, 329
Energiehöhe 301, 303
Energielinie 229, 302
Energieniveau 201
Energiesatz (Energetik) 2, 49, 152, 180, 185, 329, Tab. 2.11
Energiestrom (Energie/Zeit) 152, 157, 224
Enthalpie (Wärmeinhalt) 19, 21, 161, 165, 167, 178, Tab. 1.3
—, konstante Entropie 23, 162, 179
—, total, Ruheenthalpie 165
Entropie (Verwandlungsgröße) 174, 183, 242, Tab. 2.13
—, is-, hom-entrop 7, 11, 20, 23, 160, 162, 179, 202
Entropieaustausch, -strom 175, 176, 178
Entropieerzeugung, -quelldichte 175, 177, 178
Entropiegleichung 49, 156, 173
—, Fluidelement 178, 179
—, Kontrollraum 176

Ersatzkraft, -moment 99, 104, 107
Euler-Zahl 36, 37
Eulersche Betrachtungsweise (lokal) 31, 64, 65, 82, 84, 109
— Bewegungsgleichung 110, 116, 126, Tab. 2.5, 2.6, 2.7
— Turbinengleichung 108, 334

Fadenströmung, instationär 211—221
—, stationär 198—211
Fall-, Förderhöhe 284
Fall-, Schwerbeschleunigung 17, 55, 112
Flächennormale, Flächenvektor 51, 69, 85, 89, 99, 157, 213
Flachwasseranalogie 46
Flachwasserwelle, Grundwelle 43, 305
Fließformel 256, 309, 314
Flügelgitter, gerade 329, 333
—, kreisförmig 107, 333
Fluid (besondere Eigenschaft)
—, dichtebeständig (iso-, homo-chor) 6, 7, 11, 21, 23, 39, 58, 78, 90, 91, 188—357, Tab. 1.3
—, homogen 5, 15, 126, 172, 180, Tab. 2.7
—, schwerlos 18, 55
Flüssigkeit 1, 4, 7, 11, 14, 21, 24, 25, Tab. 1.1, 1.3
—, im Bewegungszustand 43, 198—221, 284—297
—, im Ruhezustand 188—197
—, Spiegel, freie Oberfläche 4, 26, 39, 43, 58, 59, 61, 69, 115, 188, 196, 214, 298, 302, 315
—, Spiegelgefälle 298, 302, 309, 317
—, Spiegelkurve (Stau-, Senkungslinie) 318, 322
→ Gerinne, Rohr
Formänderung → Verformung
Fouriersches Gesetz der Wärmeleitung 23, 160
Froudesches Ähnlichkeitsgesetz 39
Froude-Zahl 36, 43, 128, 301, 305, 320
Führungsbewegung 73, 107, 118, 334

Gas 1, 4, 9, 11, 14, 21, 23, 24, 25, 29, Tab. 1.1., 1.2, 1.3
Gaskonstante 9, 21
Gasströmung 44, 166, 179, 202
Gefäß (Behälter)
—, Ausfluß 205, 207, 219, 285, 290
—, Bodendruckkraft 59
—, kommunizierend, U-Rohr 196, 214, 217, 289
—, rotierend 60, 77, 80
Gerinne, -strömung (Gerinnehydraulik) 32, 43, 130, 156, 229, 297—327
—, gleich-, ungleichförmig 298, 309, 311, 312, 314
Gerinne, laminar, turbulent 43, 298, 301, 303, 311, 312
—, Kennzahlen: Froude-, Reynolds-Zahl 43, 300, 305
—, Rechteckgerinne 300, 302, 310, 317
Gesamtdruck 200, 351
Gesamtdruckverlust 226, 259
Geschwindigkeit 64, 66, 135
—, Bezugssystem, rotierend 74, 107, 333
—, mittlere (Gerinne, Rohr, Spalt) 131, 224, 232, 238, 244, 300, Tab. 3.2a
—, Wand 69
Geschwindigkeitsausgleichswert 224, 232, 238, 240, 245, Tab. 3.2b, c
Geschwindigkeitsbeiwert 256, 309, 311, 312
Geschwindigkeitsdruck 42, 200, 201, 212, 226
Geschwindigkeitsenergie, kinetische Energie 39, 113, 154, 158, 164, 180, 182, 200, 264, 269, 298
Geschwindigkeitsfeld 63, 66, 72, 75, 79, 142
Geschwindigkeitshöhe 201, 229, 301
Geschwindigkeitsmessung 204, 299
Geschwindigkeitspotential, Potential-, Stromfunktion 92, 116, Tab. 2.1
Geschwindigkeitsverteilung, -profil 40, 103, 131, 132, 145, 231, 238, 243, 299
Geschwindigkeitsziffer 206, 208, 268
Gewicht 18, 59, 192 → Schwerkraft
Gibbssche Fundamentalgleichung (Entropie) 176, 178
Gradient (Operator) Tab. 2.1C
Grashof-Zahl 62
Grenzfläche (Kapillarität) 4, 26, 39, 51, 59
Grenzschicht, Strömungsgrenzschicht 2, 38, 40, 99, 142, 144, 150, 159, 267
Grenzzustand (Gerinne) 302
Grunddimension 34
Grundwelle Flachwasserwelle 43, 305

Haftbedingung 69, 127, 141, 224, 232, 247
Hauptsatz der Thermodynamik
—, erster 20, 49, 155, Tab. 2.11
→ Energiegleichung der Thermo-Fluidmechanik
—, zweiter 173, Tab. 2.13
→ Entropiegleichung
Höhe, geodätisch (Ortshöhe) 201
—, hydraulisch 206, 213
—, metazentrisch 195
Höhenform der Energiegleichung 201, 228, 301
Hydromechanik (Hydrodynamik) 2, 5, 17
Hydrostatik 2, 50, 58, 188—197
Hydrostatische Grundgleichung 58, 113
Hydrostatisches Paradoxon 58

Impuls (Bewegungsgröße) 95, 97, 109
Impulsaustausch (turbulent) 17, 41, 140, 143
Impulsbeiwert 224, 229, 233, Tab. 3.2b
Impuls-, Kraftgleichung 95, 96, 156, Tab. 2.4
—, Bezugssystem, rotierend 118
—, Fluidelement 109, 112, 126, 133, 137, 141, Tab. 2.6
—, Kontrollfaden, Rohr, Gerinne 103, 199, 213, 229, 315
—, Kontrollraum 97, 100, 328
—, Schmiegebene 111
→ Bewegungsgleichung
Impuls-, Kraftmomentengleichung 95, 96, 156, Tab. 2.4
—, Eulersche Turbinengleichung 107
—, Kontrollraum 106, 338
Impulsmoment 96, 97, 106
Impulssatz (Dynamik, Kinetik) 2, 49, 95 bis 152, 327
Impulsstrom (Impuls/Zeit) 97, 105, 107, 108, 224, 302
Impulsverlust hinter Körpern 348, Tab. 3.8
Integralsatz, Gauss 84, Green 54
Isentropenexponent 7, 9, 20, 21, Tab. 1.1
Isentropenkoeffizient 20

Kalorimetrische Gleichung 19, 167
Kapillarität, Grenzfläche 4, 26, 39, 51, 59
Kapillarkonstante, Grenzflächenspannung 27, Tab. 1.4
Kapillarrohr 27, 197
Kapillarwelle 29, 39
Kavitation, Hohlraumbildung 26, 29, 38, 202
Kennzahl 24, 33, 36, 41, 43, 44, 62, 128
Kompressibilität (Zusammendrückbarkeit) 6
Kompressibilitätskoeffizient 6, 7, 9, Tab. 1.1
Kompressible, inkompressible Strömung 6
Kondensation 10, 30
Kontinuitätsgleichung 49, 87, 96, 100, 156, Tab. 2.4
—, Fluidelement 91, 136, Tab. 2.5
—, Kontrollfaden, Rohr, Gerinne 68, 89, 199, 212, 227, 314
—, Kontrollraum 87, 100, 328
—, Stromfunktion 92, 94, 129, 149
Kontraktion, Einschnürung 206, 269
Kontraktionsziffer 206, 208, 270, 347
Kontrollelement (Fluidelement) 63, Tab. 2.4
Kontrollfaden 63, 85, 89, 96, 103, 162
Kontrollfläche 84
—, erzwungener freier Teil 102, 342
Kontrollfläche, freier, körpergebundener Teil 87, 97, 100, 104, 106, 156, 176, 199, 229, 327
Kontrollraum (Kontrollvolumen) 33, 63, 84, 87, 97, 106, 156, 176, 327
Körper, angeströmt 45, 63, 68, 102, 202, 209, 329, 335
—, eingetaucht 60, 193, 197
—, schwimmend 193
Körpergebundener Teil → Kontrollfläche
Körperkraft, Reaktions-, Strahlkraft 100, 105, 199, 206, 213, 216, 336 → Auftrieb, Widerstand
Körperleistung 159
Körpermoment, Reaktionsmoment 107, 338
Körperoberfläche → Wand
Kraft 54, 95, 98, 109, 153, Tab. 2.6, 2.11
→ Körper-, Strahlkraft
—, radiales Gleichgewicht 113, 117, 233
—, Vergleich (Kennzahl) 34, 38, 235
Kraftgleichung → Impulsgleichung
Krafthöhe 302, 303
Kraftmoment 95, 107
Kraftpotential, -feld (konservativ) 57
Kreisströmung 80, 117, 132
Kreiszylinder, rotierend 132
Kreiszylinderumströmung 63
Kreiszylinderwiderstand 42, 354
Krümmungs-, Kapillardruck 27, 197
Kugelkennzahl 152
Kugelwiderstand 134, 354

Lageenergie, Schwerkraftpotential 39, 57, 113, 154, 200, 298
Lagrangesche Betrachtungsweise (substantiell) 31, 64, 65, 109
— Stromfunktion 67, 93
Laminare Strömung 12, 14, 40, 110, 119 bis 134, 237—241, 256—260, 311—312, Tab. 1.6
— —, Energiegleichung 162, Tab. 2.12
— —, Kontinuitäts-, Impulsgleichung 119, Tab. 2.5, 2.7
— —, Spannungstensor 122, 123, Tab. 2.8
— —, Stabilität 133, 148, 150
— —, Wärmetransportgleichung 171
Laplace-Operator, Tab. 2.1D
Laplacesche Potentialgleichung 134
Leistung (Arbeit/Zeit) 152, 154, 159, 181
Literatur 47, 185, 357
Luft, Tab. 1.1, 1.4

Mach-Kegel, -Linie, -Winkel 45
Mach-Zahl 37, 202
Machsches Ähnlichkeitsgesetz 38, 39
Magnus-Effekt 336

Manometer 196, 203
Mantelfläche, Stromröhre 68, 85, 102, 104, 162, 199, 229
Masse 4, 87, 88, 109
—, Bezugsgröße, massebezogen (bezogen, spezifisch) 81
—, körpereigen, -fremd 89, 346
Massendichte 6, 81, 91 → Dichte
Massenerhaltungssatz (Kontinuität) 2, 49, 87—95, 328
Massenkraft (Volumenkraft) 50, 54, 97, 98, 104, 109, 112, 137, 153, 199, Tab. 2.6, 2.11
Massenkraftmoment 107
Massenkraftpotential 55, 57, 59, 154, 158
Massenstrom 46, 68, 88, 90, 94, 209, 344
Mehrdimensionale Strömungsvorgänge 327 bis 357
Meßblende, -düse 272
Metazentrum 194
Modellgesetze 34, 38, 39

Nabenkörper 343
Nachlaufströmung 103, 144, 348
Navier-Stokessche Bewegungsgleichung 2, 119, 126, 129, Tab. 2.5, 2.6, 2.7
Newtonsches Elementargesetz der Zähigkeitsreibung 14, 123, 142
— Fluid 12, 16
— Grundgesetz der Mechanik (Impulsgleichung 18, 95, 109, 118, Tab. 2.6
Niveaufläche 59, 60, 61, 196
Normabfluß, -zufluß (Gerinne) 317, 319
Normalspannung (druck-, reibungsbedingt) 79, 121, 122, 123, 140

Oberflächenkraft 97, 98, 104, 109
Oberflächenspannung 122
Oberflächenwelle 29, 39, 43, 322 →Flüssigkeitsspiegel
Öffnung, scharfkantig 206, 348

Pascalsekunde (Einheit) 13
Péclet-Zahl 37, 39
Pitot-Druck, -Rohr 293
Platte, längsangeströmt 13, 40, 42, 132, 150, 172
—, normal angeströmt 349, 352
Polytropenexponent 7, 9, 23
Potentialfläche 59
Potentialfunktion 53, 57, 134
Potentialkraft 57
Potentialströmung 73, 116
Potentialwirbel 80, 133
Prandtl-Rohr 204, 299
— -Zahl 24, 37, 173, 185, Tab. 1.1
Prandtlsche Grenzschichtgleichung 2, 131, 142
Prandtlscher Mischungsweganssatz 144, 183
Profilradius (Gerinne) 300
Propeller (durchlässige Scheibe), einfache Strahltheorie 208
—, im Rohr (freie erzwungene Kontrollfläche) 342
Prozeß-Differential (unvollständiges Differential) 20, 154, 177, 182
Pumpe 159, 222, 281, 283, 287, 333

Quell-, Sinkenströmung 87, 89, 91, 92, 346
Quellfreies Strömungsfeld 84, 88, 92, 94, 158, 159, 167, 168, 176, 178
Querdruckgleichung 113, 202, 210, 233, 274

Radiales Gleichgewicht 117
Raketenstrahltriebwerk 89, 327, 341, 344
Rand-, Strömungs-, Wandbedingung 129
—, Anströmung (stationär) 63, 134, 164
—, dynamisch, kinematisch 58, 65, 69, 115, 127, 141
—, Flüssigkeitsspiegel 58, 69, 115, 188, 196
—, Kessel (ruhend) 164
—, Wand → körpergebundene Kontrollfläche
—, —, bewegt 13, 115, 132, 159, 172
—, —, Haftbedingung 13, 28, 40, 69, 127, 131, 141, 147
—, —, stoffdurch-, undurchlässig (porös, massedicht) 69, 87, 97, 115, 127, 158, 159
—, —, Temperatur 172
—, —, wärmedurch, -undurchlässig (diabat, adiabat) 153, 156, 160, 162, 173
Rauheitshöhe 147, 247, 249, 250, Tab. 3.4 → Wandbeschaffenheit
Reaktionskraft → Körper-, Strahlkraft
Reibungsbehaftete Strömung 2, 5, 12, 38, 40, 62, 94, 103, 109, 119—152, 153, 169, 174, 222—327, 348—357, Tab. 2.6
Reibungslose Strömung 10, 12, 62, 94, 102, 109, 110—119, 159, 160, 161, 156, 198 bis 221, 295, 329—348, Tab. 2.6
Reibungskraft (Spannungskraft) 12, 62, 140, Tab. 2.11
Reibungsschicht → Grenzschicht
Reibungswärme 153, 166, 170, 173
Reibungswiderstand, Profilwiderstand 348
Reibungszahl (Gerinne, Rohr) 309, 312, Tab. 3.3
Relaminarisierung 43
Relativbewegung, -strömung 33, 74, 96, 107, 118, 334
Reynolds-Spannung (Korrelationstensor) 140, 142, 145

Reynolds-Zahl 36, 41, 128, 133, 150, 233, 239, 242, 301
Reynoldssche Bewegungsgleichung 110, 134, 137, Tab. 2.6, 2.10 A
Reynoldssches Ähnlichkeitsgesetz 38, 39
— Transport-Theorem 84
Rheologie (Fließkunde) 2, 12, 16
Rohr, -strömung (Rohrhydraulik) 2, 32, 40, 130, 156, 222—297, Tab. 3.1
—, glatt, rauh 234, 241, 249, Tab. 3.4
—, laminar, turbulent 40, 134, 144, 222, 232, 237, 241, 249
—, stationär, instationär 285, 288
—, Verlustbeiwert, -höhe 226, 234
Rohranfang, -ende 231, 256, 264, 269, 271, Tab. 3.5
Rohrkrümmung 105, 273, 278
Rohrquerschnitt 224, 230, 237, 239, 248, 261, 321, Tab. 3.2
Rohrreibungsgesetz 234, 239, 242, 248, 261
Rohrreibungszahl 234, Tab. 3.3
Rohrverzweigung 278
Rotation (Operator), Tab. 2.1 B
Rückströmung 132
Ruhe-, Totaldruck 58, 200, 201
Ruheenthalpie 165
Ruhetemperatur 166
Ruhezustand (Statik) 2, 49—62, 188 bis 197, Tab. 2.6

Schallgeschwindigkeit 5, 11, 39, 44, 143, Tab. 1.1
Scherströmung, laminar 13, 40, 80, 120, 125, 131, 132, 148, 172
—, turbulent 17, 141, 142, 145, 183
Scherung, Schiebung, Winkeldeformation 78, 120, 122, 164
Scherviskosität, Schichtviskosität 13, Tab. 1.1
Schießen (Gerinne) 43, 46, 299, 305, 319, Tab. 1.6
Schleichende Strömung 38, 110, 133, 354, Tab. 2.6
Schlepparbeit, -kraft, -leistung 162, 163, 169, 181, 182
Schmiegebene (natürliche Koordinaten) 70, 111
Schmiermittelreibung 130, 133, 241, 354
Schubkraft 5, 13
Schubspannung 13, 16, 17, 125, 141, 142, 144, 183, 230, 231, 236, 246, 257, 310
Schubspannungsgeschwindigkeit 145, 245
Schubspannungswiderstand 349
Schütze 315, 325
Schwereinfluß, Gravitation 5, 17, 39, 43, 98
Schwerdruck 58, 189
Schwerkraft 18, 55, 59, 98, 104, 109, 112, 199
Schwerkraftdichte, Wichte 18
Schwerkraftmoment 107
Schwerkraftpotential, Lageenergie 18, 57, 114, 154
Schwerwelle 39, 43
schwimmender Körper 193
Schwingungsgleichung (Flüssigkeit) 215, 288
—, kommunizierendes Gefäß 214, 217, 289
—, Wasserschloß 291
Sekundärströmung 133, 226, 249, 273, 278
Sickerströmung 130, 132, 133, 241
Sohlengefälle 298, 302, 309
Spaltströmung, laminar 131, 133, 240, 311, 355
—, turbulent 249
Spannung 50, 98, 120, 157
—, Gleichheit einander zugeordneter Tangentialspannungen 122
Spannungskraft 62, 95, 98, 109, 120, 125, 140, 153, 159, Tab. 2.9, 2.11
Spannungstensor, laminar 122, 123, Tab. 2.8
Spannungstensor, turbulent 140
Spezifische Größe 81
Staudruck 200
Staupunkt 67, 69, 203
Staurohr 204
Stoffgesetze, -größen 3—30, 123, 127, 130, 156, 172, 177, Tab. 1.1, 1.2, 1.3
Stokessche Stromfunktion 67, 94, 95
Stokessches Gesetz der Zähigkeitsreibung 14, 123
Störquelle (bewegt) 44
Störung (klein) 11, 44, 148, 203, 305, 315
Strahlantrieb 208, 341
Strahl, Frei-, Grund-, Schuß-, Tauch- 144, 206, 208, 264, 269, 319, 325
Strahlgrenze 113, 119, 205, 210, 342
Strahlkontraktion, -einschnürung 206, 269
Strahlkraft (auf Körper) 336, 339
Strahlreaktion (Gefäßausfluß) 206, 221
Strombahn 65 → Bahnlinie
Strömen (Gerinne) 43, 46, 299, 305, 318, Tab. 1.6
Stromfaden 33, 68 → Kontrollfaden
Stromfadenquerschnitt 46, 68
Stromfläche, -röhre 68, 102 → Mantelfläche
Stromfunktion, drehsymmetrisch (Stokes) 67, 94
—, eben (Lagrange) 67, 93, 117, 129
—, räumlich (vektoriell) 92
Stromlinie 65, 70, 73, 74, 81, 91, 111, 118
—, Krümmung 70, 111, 119, 307

Strömungsenergie 161, 200
Strömungsfeld 32, 66, 71, 75, 91, 165, 179
Strömungsmaschine (Turbine, Pumpe) 107, 153, 159, 222, 283, 332, 340
Strömungsmechanischer Energieverlust (Gesamtdruckverlust, Verlusthöhe) 12, 96, 222, 225, 228, 234, 247, 259, 261, 283, 301, 321, Tab. 3.1 → Verlustbeiwert
Strömungsumkehr 106, 115, 128, 174, 207
Strouhal-Zahl 36, 39, 71, 128
Stützkraft (Halte-, Fremdkraft) 99, 104, 199
Stützkraftmoment 107
Stützmasse (bordeigen, -fremd) 341
Summationsvereinbarung 65, 75
Sutherlandkonstante 14, Tab. 1.1
Systemvolumen (mitbewegt) 82, 87, 95, 96, 153, 154, 173, Tab. 2.11

Tangentialspannung (reibungsbedingt) 12, 79, 120, 122, 140
Taylor-Wirbel 133
Temperatur 5, 6, 9, 11, 14, 19, 27, 29, 61, 166, 172, 185
Temperaturleitfähigkeit 24, 37, Tab. 1.1
Tensor-Operatoren, Tab. 2.1
Torricellische Ausflußformel 205
Totale Größen
— —, Arbeit 155
— —, Druck 200, 201
— —, Energie 155, 164
— —, Enthalpie 165
— —, Entropiestrom 178
— —, Impulsstrom 105, 224
Tragflügel 334
Trägheit, Bezugssystem, rotierend 118
—, Kraftvergleich (Kennzahl) 34, 38, 235
Trägheitskraft (d'Alembert) 62, 109, 110, 133, 140, 153, 158, Tab. 2.11
Trägheitsspannung 140
Translations-, Parallelströmung 63, 79, 103, 134
Transportgleichung 49, 63, 80, Tab. 2.4
—, Feldgröße 81
—, Fluidelement 86
—, Volumeneigenschaft 82, 84, 85
Turbine 30, 108, 159, 222, 283, 292, 333, 340
Turbostrahltriebwerk 209, 327, 341, 344
Turbulente Strömung (Schwankungsbewegung) 12, 17, 24, 41, 97, 110, 130, 134—148, 180—185, 241—260, Tab. 1.6
— —, Energiegleichung 180, Tab. 2.10B
— —, Impuls-, Bewegungsgleichung 134, 137, Tab. 2.6, 2.10A
Turbulente Strömung, Kontinuitätsgleichung 136, Tab. 2.10A
— —, logarithmisches Wandgesetz 147, 245
— —, Mischungsweg 143, 145, 148, 183, 247, 249
— —, momentane, gemittelte Größen 17, 24, 109, 135, 136, 142, 180, 183, 185, Tab. 2.10
— —, Prandtl-Zahl 25, 185
— —, Schließungsansätze 141, 142, 183
— —, Spannungstensor 140
— —, Wärmetransportgleichung 184
Turbulenzaustausch 17, 24, 41, 140, 143, 183
Turbulenzballen 134, 143
Turbulenzenergie 135, 180, Tab. 2.10B
Turbulenzentstehung 148, 241
Turbulenzgrad (Windkanal) 151
Turbulenzkraft (Trägheitskraft) 109, 137, 140, Tab. 2.6, 2.10

Überfallströmung 322, 323
Überfallziffer 324, Tab. 3.6
Übergangsschicht, viskos-turbulent 145, 246
Überschallströmung (supersonisch) 10, 44, 46, Tab. 1.6
Umlenkkörper 339, 340
Umschlag, Wechsel, laminar-turbulent 41, 133, 148, 233, 237, 239, 242, 301, Tab. 1.6
Unterschallströmung (subsonisch) 44, 46, Tab. 1.6
Unterschicht, viskose 41, 141, 145, 245, 249

Vakuum 10, 11, 196
Venturi-Rohr, -Düse 204, 272
Verdichtung (Kompression), Verdünnung (Expansion, Depression) 168
Verdichtungsstoß, Stoßfront 10, 45, 96, 166, Tab. 1.6
Verformung, Formänderung, Deformation 4, 12, 16, 78, 79, 120, 164, 168, 169
Verlustbeiwert (Rohrhydraulik) 226, Tab. 3.1
—, gerades Rohr 234
—, Rohrverbindungen, -leitungselemente 261—284
Verschiebungstensor 75
Viskosität (Zähigkeit)
—, anomalviskos (nicht-newtonsches Fluid) 12, 16
—, normalviskos (newtonsches Fluid) 12, 119, 133, 134, 171, Tab. 1.1
—, Funktion (Dichte, Temperatur) 15

Viskosität (Zähigkeit), Volumen-, Druck-, Kompressionsviskosität 16, 123, 170
—, Wirbelviskosität, scheinbar (turbulent) 17, 140, 142, 144, 183
Volumen, raumfest → Kontrollraum
—, spezifisch 6, 9, 20
Volumen-, Dichteänderungsarbeit 167, 168, 177
Volumenkraft → Massenkraft
Volumenstrom (Volumen/Zeit) 46, 84, 89, 90, 101, 162, 199
—, Gefäßausfluß 206, 219, 285, 291
—, Gerinne 43, 300, 303, 304, 308
—, Messung 204, 272
—, Rohr 224, 227, 229, 232, 238, 285
—, Spalt 131, 240
—, Stromfunktion 94

Wand, gekrümmt, geneigt 188—192
→ Platte, Rohr
Wandbeschaffenheit (glatt, rauh) 147, 222, 242, 297, Tab. 3.3
Wanddruckverteilung 189, 202, 203
Wandschubspannung 99, 145, 230, 231, 257, 310
Wandwinkel (Grenzflächenspannung) 29, 197
Wärme, -menge 19, 39, 96, 153, 155, 164, 169, 173, Tab. 2.11
Wärmearbeit, -leistung 160, 167, 171
Wärmeauftrieb 61, 168
Wärmeausdehnungskoeffizient 6, 7, 9, 62, 172, Tab. 1.1
Wärmeaustausch (turbulent) 24, 185
Wärmedissipation (-produktion, Reibungswärme) 135, 153, 166, 169, 177, 182, 184, Tab. 2.12
Wärmekapazität 19, 20, Tab. 1.1, 1.2
Wärmekonvektion 39, 166, 167
Wärmeleitung 39, 154, 157, 160, 166, 171, 173
Wärmeleitfähigkeit 23, Tab. 1.1
—, scheinbar (turbulent) 24, 185
Wärmestrom (Wärmemenge/Zeit) 23, 39, 152, 160, 167, 177, 184
→ Zustandsänderung
Wärmetransportgleichung, Wärmeübertragung 49, 130, 155
—, Fluidelement 166, 171, 172, 184
—, Kontrollraum 160
Wasser 7, 18, 58, 206, 242, Tab. 1.1, 1.4
Wasserschloß 291, 294
—, Schwingung (Öffnen, Schließen) 292
—, Stabilität 297
Weber-Zahl 37, 39
Webersches Ähnlichkeitsgesetz 39
Wechselsprung, Wassersprung 44, 47, 299, 319
Wehr 315, 322, 325
Wellenbewegung 29, 39, 43, 322
Wichte (spezifisches Gewicht) 18, 57
Widerstand 12, 39, 103, 335, 348, 352
Widerstandsbeiwerte (angeströmte Körper) 42, 134, 152, 352, 354, Tab. 3.9, 3.10
Windrad (durchlässige Scheibe) 208, 211
Wirbel 76, 80, 133
Wirbelflußmaschine 118
Wirbelgebiet 63, 262, 269, 349
Wirbellinie 73, 77, 116
Wirbeltransportgleichung 129, 144
Wirkungsgrad, Diffusor 264, 266
—, Propeller 211
—, Pumpe, Turbine 283, 284

Zähigkeitsbehaftete Strömung 12, 15, 17, 80, 120, 126, 128, 133, 137, Tab. 2.6
Zähigkeitskraft (Spannungskraft) 38, 97, 109, 120, 126, 129, 133, 137, Tab. 2.1, 2.11
Zähigkeitsspannung 122, 123, 140, 145, Tab. 2.8
→ Viskosität (Stoffgröße)
Zentrifugalkraft 55, 59, 118, 133, 151
Zentrifugalpotential 57
Zirkulation 133, 332, 334
Zustandsänderung, Prozeß 19, 20, 173, Tab. 2.13
—, diabat, adiabat (wärmedurch-, undurchlässig) 7, 153, 161, 162, 165, 166, 179
—, is-, anis-, hom-entrop 7, 9, 10, 11, 20, 23, 160, 162, 179
—, is-, hom-energet 161, 165
—, iso-bar; iso-, homo-chor; isotherm 7, 20, 91, 290
—, polytrop 7,23
—, reversibel, irreversibel (umkehr-, nicht umkehrbar) 7, 162, 170, 174, 179
Zustandsgleichung, kalorisch 20, 23, Tab. 1.2, 1.3
—, thermisch 9, Tab. 1.2
—, van der Waal 10

DG 721/6/79